U0687483

最新版

2024年

执业兽医资格考试

（兽医全科类）

基础科目应试指南

《执业兽医资格考试应试指南》编写组　编

中国农业出版社

北　京

编 委 会

编委会主任

汪　明

编委会委员

陈向武	陈耀星	江青艳	邹思湘
刘维全	佘锐萍	曾振灵	杨汉春
文心田	刘　群	张彦明	王晶钰
邓干臻	黄克和	侯加法	余四九
许剑琴	王自力	罗满林	曹伟胜
赵光辉	陈义洲	陈昺蕾	鲁文赓
贾杏林			

本书编写组

审稿人员

陈焕春　陈杖榴　陆承平　王　哲　崔治中　高得仪

编写人员

兽医法律法规

主编　陈向武
编者　陈向武　孙敬秋　张凡建　虞　鹃　刘陆世　韩玉刚　陈孙林枫

动物解剖学、组织学及胚胎学

主编　陈耀星
编者　陈耀星　雷治海　彭克美　董常生

动物生理学

主编　江青艳
编者　江青艳　崔　胜　沈赞明　姚　钢　束　刚　柳巨雄　张才乔
　　　杨晓静　栾新红

动物生物化学

主编　邹思湘　刘维全
编者　邹思湘　张　映　刘维全　张永亮

动物病理学

主编　佘锐萍
编者　佘锐萍　张书霞　程国富

兽医药理学

主编　曾振灵
编者　曾振灵　吴聪明　操继跃　胡功政　杨大伟

目 录

第 一 篇

兽医法律法规

第一单元　动物防疫基本法律制度

第一节　中华人民共和国动物防疫法

《中华人民共和国动物防疫法》于 1997 年 7 月 3 日经第八届全国人民代表大会常务委员会第二十六次会议通过，根据 2013 年 6 月 29 日第十二届全国人民代表大会常务委员会第三次会议《关于修改〈中华人民共和国文物保护法〉等十二部法律的决定》第一次修正，根据 2015 年 4 月 24 日第十二届全国人民代表大会常务委员会第十四次会议《关于修改〈中华人民共和国电力法〉等六部法律的决定》第二次修正，2021 年 1 月 22 日第十三届全国人民代表大会常务委员会第二十五次会议第二次修订。

一、《中华人民共和国动物防疫法》概述

（一）动物防疫法的概念

动物防疫法是调整动物防疫活动的管理以及预防、控制、净化、消灭动物疫病过程中形成的各种社会关系的法律规范的总称。

（二）动物防疫法的立法目的

为了加强对动物防疫活动的管理，预防、控制、净化、消灭动物疫病，促进养殖业发展，防控人畜共患传染病，保障公共卫生安全和人体健康。

（三）动物防疫法的调整对象

在中华人民共和国领域内的动物防疫及其监督管理活动适用动物防疫法，但进出境动物、动物产品的检疫，适用《中华人民共和国进出境动植物检疫法》。

（四）动物防疫工作的方针

我国对动物防疫实行预防为主，预防与控制、净化、消灭相结合的方针。

（五）动物防疫工作的行政管理

1. 人民政府 县级以上人民政府对动物防疫工作实行统一领导，采取有效措施稳定基层机构队伍，加强动物防疫队伍建设，建立健全动物防疫体系，制定并组织实施动物疫病防治规划。乡级人民政府、街道办事处组织群众做好本辖区的动物疫病预防与控制工作，村民委员会、居民委员会予以协助。

2. 农业农村主管部门 国务院农业农村主管部门主管全国的动物防疫工作。县级以上地方人民政府农业农村主管部门主管本行政区域的动物防疫工作。县级以上人民政府其他有关部门在各自职责范围内做好动物防疫工作。军队动物卫生监督职能部门负责军队现役动物和饲养自用动物的防疫工作。

3. 其他政府部门 县级以上人民政府卫生健康主管部门和本级人民政府农业农村、野生动物保护等主管部门应当建立人畜共患传染病防治的协作机制。国务院农业农村主管部门和海关总署等部门应当建立防止境外动物疫病输入的协作机制。

4. 动物卫生监督机构 县级以上地方人民政府的动物卫生监督机构依照动物防疫法的规定，负责动物、动物产品的检疫工作。

5. 动物疫病预防控制机构 县级以上人民政府按照国务院的规定，根据统筹规划、合理布局、综合设置的原则建立动物疫病预防控制机构。动物疫病预防控制机构承担动物疫病的监测、检测、诊断、流行病学调查、疫情报告以及其他预防、控制等技术工作；承担动物疫病净化、消灭的技术工作。

（六）动物疫病的分类

根据动物疫病对养殖业生产和人体健康的危害程度，动物防疫法规定的动物疫病分为下列三类：

1. 一类疫病 一类动物疫病是指口蹄疫、非洲猪瘟、高致病性禽流感等对人、动物构成特别严重危害，可能造成重大经济损失和社会影响，需要采取紧急、严厉的强制预防、控制等措施的动物疫病。

2. 二类疫病 二类动物疫病是指狂犬病、布鲁氏菌病、草鱼出血病等对人、动物构成严重危害，可能造成较大经济损失和社会影响，需要采取严格预防、控制等措施的动物疫病。

3. 三类疫病 三类动物疫病是指大肠杆菌病、禽结核病、鳖腮腺炎病等常见多发，对人、动物构成危害，可能造成一定程度的经济损失和社会影响，需要及时预防、控制的动物疫病。

一、二、三类动物疫病具体病种名录由国务院农业农村主管部门制定并公布。国务院农业农村主管部门应当根据动物疫病发生、流行情况和危害程度，及时增加、减少或者调整一、二、三类动物疫病具体病种并予以公布。人畜共患传染病名录由国务院农业农村主管部门会同国务院卫生健康、野生动物保护等主管部门制定并公布。

（七）动物、动物产品、动物疫病以及动物防疫的含义

1. 动物 动物防疫法所称的动物，是指家畜家禽和人工饲养、捕获的其他动物。

2. 动物产品 动物防疫法所称的动物产品，是指动物的肉、生皮、原毛、绒、脏器、脂、血液、精液、卵、胚胎、骨、蹄、头、角、筋以及可能传播动物疫病的奶、蛋等。

3. 动物疫病　动物防疫法所称的动物疫病，是指动物传染病、包括寄生虫病。

4. 动物防疫　动物防疫法所称的动物防疫，是指动物疫病的预防、控制、诊疗、净化、消灭和动物、动物产品的检疫，以及病死动物、病害动物产品的无害化处理。

（八）鼓励社会力量参与动物防疫工作

国家鼓励社会力量参与动物防疫工作。各级人民政府采取措施，支持单位和个人参与动物防疫的宣传教育、疫情报告、志愿服务和捐赠等活动。

（九）行政相对人的动物防疫责任

从事动物饲养、屠宰、经营、隔离、运输以及动物产品生产、经营、加工、贮藏等活动的单位和个人，依照动物防疫法和国务院农业农村主管部门的规定，做好免疫、消毒、检测、隔离、净化、消灭、无害化处理等动物防疫工作，承担动物防疫相关责任。

（十）动物防疫科学研究与国际合作交流

国家鼓励和支持开展动物疫病的科学研究以及国际合作与交流，推广先进适用的科学研究成果，提高动物疫病防治的科学技术水平。

（十一）动物防疫法律法规和动物防疫知识的宣传

各级人民政府和有关部门、新闻媒体，应当加强对动物防疫法律法规和动物防疫知识的宣传。

（十二）动物防疫的表彰、奖励，以及防疫人员工伤保险、补助和抚恤

各级人民政府和有关部门按照国家有关规定对在动物防疫工作、相关科学研究、动物疫情扑灭中做出贡献的单位和个人给予表彰、奖励。有关单位应当依法为动物防疫人员缴纳工伤保险费。对因参与动物防疫工作致病、致残、死亡的人员，按照国家有关规定给予补助或者抚恤。

（十三）动物防疫法几个用语的含义

1. 无规定动物疫病区　无规定动物疫病区，是指具有天然屏障或者采取人工措施，在一定期限内没有发生规定的一种或者几种动物疫病，并经验收合格的区域。

2. 无规定动物疫病生物安全隔离区　无规定动物疫病生物安全隔离区，是指处于同一生物安全管理体系下，在一定期限内没有发生规定的一种或者几种动物疫病的若干动物饲养场及其辅助生产场所构成的，并经验收合格的特定小型区域。

3. 病死动物　病死动物，是指染疫死亡、因病死亡、死因不明或者经检验检疫可能危害人体或者动物健康的死亡动物。

4. 病害动物产品　病害动物产品，是指来源于病死动物的产品，或者经检验检疫可能危害人体或者动物健康的动物产品。

二、动物疫病的预防法律规定

（一）动物疫病风险评估制度

国家建立动物疫病风险评估制度。国务院农业农村主管部门根据国内外动物疫情以及保护养殖业生产和人体健康的需要，及时会同国务院卫生健康等有关部门对动物疫病进行风险评估，并制定、公布动物疫病预防、控制、净化、消灭措施和技术规范。省、自治区、直辖市人民政府农业农村主管部门会同本级人民政府卫生健康等有关部门开展本行政区域的动物疫病风险评估，并落实动物疫病预防、控制、净化、消灭措施。

（二）强制免疫

国家对严重危害养殖业生产和人体健康的动物疫病实施强制免疫。

1. 强制免疫病种的区域的确定主体 国务院农业农村主管部门确定强制免疫的动物疫病病种和区域。

2. 强制免疫计划的制定主体 省、自治区、直辖市人民政府农业农村主管部门制定本行政区域的强制免疫计划；根据本行政区域动物疫病流行情况增加实施强制免疫的动物疫病病种和区域，报本级人民政府批准后执行，并报国务院农业农村主管部门备案。

3. 强制免疫的义务主体 强制免疫是饲养动物的单位和个人的法定义务，无论是具备一定规模的集约化饲养者，还是零散饲养者，都必须按照强制免疫计划和技术规范的要求，对饲养的动物实施免疫接种，履行强制免疫义务，否则将受到法律制裁。

4. 补充免疫及不符合免疫质量要求动物的处理 实施强制免疫接种的动物未达到免疫质量要求，实施补充免疫接种后仍不符合免疫质量要求的，有关单位和个人应当按照国家有关规定处理。

5. 疫苗质量要求 用于预防接种的疫苗应当符合国家质量标准。

6. 追溯管理 饲养动物的单位和个人对动物实施免疫接种后，应当按照国家有关规定建立免疫档案、加施畜禽标识，保证可追溯。

7. 强制免疫的组织实施及监督管理 县级以上地方人民政府农业农村主管部门负责组织实施动物疫病强制免疫计划，并对饲养动物的单位和个人履行强制免疫义务的情况进行监督检查。乡级人民政府、街道办事处组织本辖区饲养动物的单位和个人做好强制免疫，协助做好监督检查；村民委员会、居民委员会协助做好相关工作。

8. 强制免疫计划实施情况和效果进行评估 县级以上地方人民政府农业农村主管部门应当定期对本行政区域的强制免疫计划实施情况和效果进行评估，并向社会公布评估结果。

（三）动物疫病监测和疫情预警制度

国家实行动物疫病监测和疫情预警制度。

1. 县级以上人民政府的职责 县级以上人民政府建立健全动物疫病监测网络，加强动物疫病监测，并完善野生动物疫源疫病监测体系和工作机制，根据需要合理布局监测站点。陆路边境省、自治区人民政府根据动物疫病防控需要，合理设置动物疫病监测站点，健全监测工作机制，防范境外动物疫病传入。

2. 监测计划 国务院农业农村主管部门会同国务院有关部门制定国家动物疫病监测计划。省、自治区、直辖市人民政府农业农村主管部门根据国家动物疫病监测计划，制定本行政区域的动物疫病监测计划。

3. 动物疫病预防控制机构在监测中的职责 动物疫病预防控制机构按照国务院农业农村主管部门的规定和动物疫病监测计划，对动物疫病的发生、流行等情况进行监测。

4. 科技、海关和野生动物保护、农业农村主管部门在动物病监测和疫情预警中的职责 科技、海关等部门按照动物防疫法和有关法律法规的规定做好动物疫病监测预警工作，并定期与农业农村主管部门互通情况，紧急情况及时通报。野生动物保护、农业农村主管部门按照职责分工做好野生动物疫源疫病监测等工作，并定期互通情况，紧急情况及时通报。

5. 行政相对人在动物疫情监测中的义务 从事动物饲养、屠宰、经营、隔离、运输以及动物产品生产、经营、加工、贮藏、无害化处理等活动的单位和个人不得拒绝或者阻碍。

6. 动物疫情的预警 国务院农业农村主管部门和省、自治区、直辖市人民政府农业农村主管部门根据对动物疫病发生、流行趋势的预测，及时发出动物疫情预警。地方各级人民政府接到动物疫情预警后，应当及时采取预防、控制措施。

（四）动物疫病区域化管理

1. 无规定动物疫病区和生物安全隔离区建设和验收 国家支持地方建立无规定动物疫病区，鼓励动物饲养场建设无规定动物疫病生物安全隔离区。对符合国务院农业农村主管部门规定标准的无规定动物疫病区和无规定动物疫病生物安全隔离区，国务院农业农村主管部门验收合格予以公布，并对其维持情况进行监督检查。

2. 无规定动物疫病区建设方案的制定和组织实施主体 省、自治区、直辖市人民政府制定并组织实施本行政区域的无规定动物疫病区建设方案。国务院农业农村主管部门指导跨省、自治区、直辖市无规定动物疫病区建设。

3. 分区防控及措施 国务院农业农村主管部门根据行政区划、养殖屠宰产业布局、风险评估情况等对动物疫病实施分区防控，可以采取禁止或者限制特定动物、动物产品跨区域调运等措施。

（五）动物疫病的净化、消灭

1. 动物疫病净化、消灭规划的制定主体 国务院农业农村主管部门制定并组织实施动物疫病净化、消灭规划。

2. 动物疫病净化、消灭计划的制定主体 县级以上地方人民政府根据动物疫病净化、消灭规划，制定并组织实施本行政区域的动物疫病净化、消灭计划。

3. 动物疫病预防控制机构在动物疫病净化、消灭中的职责 动物疫病预防控制机构按照动物疫病净化、消灭规划、计划，开展动物疫病净化技术指导、培训，对动物疫病净化效果进行监测、评估。

4. 鼓励支持饲养动物的单位和个人开展动物疫病净化 国家推进动物疫病净化，鼓励和支持饲养动物的单位和个人开展动物疫病净化。饲养动物的单位和个人达到国务院农业农村主管部门规定的净化标准的，由省级以上人民政府农业农村主管部门予以公布。

（六）生产经营场所的动物防疫条件

1. 四类场所必须具备的动物防疫条件 动物饲养场和隔离场所、动物屠宰加工场所以及动物和动物产品无害化处理场所，应当符合下列动物防疫条件：①场所的位置与居民生活区、生活饮用水水源地、学校、医院等公共场所的距离符合国务院农业农村主管部门的规定；②生产经营区域封闭隔离，工程设计和有关流程符合动物防疫要求；③有与其规模相适应的污水、污物处理设施，病死动物、病害动物产品无害化处理设施设备或者冷藏冷冻设施设备，以及清洗消毒设施设备；④有与其规模相适应的执业兽医或者动物防疫技术人员；⑤有完善的隔离消毒、购销台账、日常巡查等动物防疫制度；⑥具备国务院农业农村主管部门规定的其他动物防疫条件。动物和动物产品无害化处理场所除应当符合前述规定的条件外，还应当具有病原检测设备、检测能力和符合动物防疫要求的专用运输车辆。

2. 动物防疫条件审查 国家实行动物防疫条件审查制度。

（1）**申请** 开办动物饲养场和隔离场所、动物屠宰加工场所以及动物和动物产品无害化处理场所，应当向县级以上地方人民政府农业农村主管部门提出申请，并附具相关材料。

（2）**审查** 受理申请的农业农村主管部门应当依照动物防疫法和《中华人民共和国行政

许可法》的规定进行审查。经审查合格的，发给动物防疫条件合格证；不合格的，应当通知申请人并说明理由。动物防疫条件合格证应当载明申请人的名称（姓名）、场（厂）址、动物（动物产品）种类等事项。

3. 对集贸市防疫管理的规定　经营动物、动物产品的集贸市场应当具备国务院农业农村主管部门规定的动物防疫条件，并接受农业农村主管部门的监督检查。

4. 在城市特定区域禁止家畜家禽活体交易　县级以上地方人民政府应当根据本地情况，决定在城市特定区域禁止家畜家禽活体交易。

（七）动物疫病预防的其他重要措施

1. 动物健康标准和检测要求的规定　种用、乳用动物应当符合国务院农业农村主管部门规定的健康标准。饲养种用、乳用动物的单位和个人，应当按照国务院农业农村主管部门的要求，定期开展动物疫病检测；检测不合格的，应当按照国家有关规定处理。

2. 运载工具等相关物品的动物防疫要求　动物、动物产品的运载工具、垫料、包装物、容器等应当符合国务院农业农村主管部门规定的动物防疫要求。

3. 染疫动物及其相关物品的处理规定　染疫动物及其排泄物、染疫动物产品，运载工具中的动物排泄物以及垫料、包装物、容器等被污染的物品，应当按照国家有关规定处理，不得随意处置。

4. 动物病料采集、保存、运输和病原微生物实验活动管理的规定　采集、保存、运输动物病料或者病原微生物以及从事病原微生物研究、教学、检测、诊断等活动，应当遵守国家有关病原微生物实验室管理的规定。

5. 关于经营等动物、动物产品的禁止性规定　禁止屠宰、经营、运输下列动物和生产、经营、加工、贮藏、运输下列动物产品：①封锁疫区内与所发生动物疫病有关的；②疫区内易感染的；③依法应当检疫而未经检疫或者检疫不合格的；④染疫或者疑似染疫的；⑤病死或者死因不明的；⑥其他不符合国务院农业农村主管部门有关动物防疫规定的。

因实施集中无害化处理需要暂存、运输动物和动物产品并按照规定采取防疫措施的，不适用前述规定。

6. 对犬只的动物防疫管理规定

（1）犬只的免疫及登记　单位和个人饲养犬只，应当按照规定定期免疫接种狂犬病疫苗，凭动物诊疗机构出具的免疫证明向所在地养犬登记机关申请登记。

（2）犬只的携带　携带犬只出户的，应当按照规定佩戴犬牌并采取系犬绳等措施，防止犬只伤人、疫病传播。

（3）流浪犬、猫的控制和处置主体　街道办事处、乡级人民政府组织协调居民委员会、村民委员会，做好本辖区流浪犬、猫的控制和处置，防止疫病传播。

（4）农村地区犬只的防疫管理主体　县级人民政府和乡级人民政府、街道办事处应当结合本地实际，做好农村地区饲养犬只的防疫管理工作。

三、动物疫情的报告、通报和公布法律规定

（一）动物疫情报告法律制度

1. 动物疫情报告的义务主体　从事动物疫病监测、检测、检验检疫、研究、诊疗以及动物饲养、屠宰、经营、隔离、运输等活动的单位和个人，发现动物染疫或者疑似染疫的，应当

立即向所在地农业农村主管部门或者动物疫病预防控制机构报告，并迅速采取隔离等控制措施，防止动物疫情扩散。其他单位和个人发现动物染疫或者疑似染疫的，应当及时报告。

2. 接受动物疫情报告的主体　接受动物疫情报告的主体有两个。动物疫情报告义务人可以选择向当地的农业农村主管部门或者动物疫病预防控制机构报告动物疫情。接到动物疫情报告的单位，应当及时采取临时隔离控制等必要措施，防止延误防控时机，并及时按照国家规定的程序上报。

3. 动物疫情的认定主体　动物疫情由县级以上人民政府农业农村主管部门认定；其中重大动物疫情由省、自治区、直辖市人民政府农业农村主管部门认定，必要时报国务院农业农村主管部门认定。

4. 重大动物疫情的定义及报告期间的可采取的措施

（1）重大动物疫情的定义　重大动物疫情，是指一、二、三类动物疫病突然发生，迅速传播，给养殖业生产安全造成严重威胁、危害，以及可能对公众身体健康与生命安全造成危害的情形。

（2）重大动物疫情报告期间可采取的措施　在重大动物疫情报告期间，必要时，所在地县级以上地方人民政府可以作出封锁决定并采取扑杀、销毁等措施。

（二）动物疫情通报法律制度

国家实行动物疫情通报制度。

1. 重大动物疫情的通报　国务院农业农村主管部门应当及时向国务院卫生健康等有关部门和军队有关部门以及省、自治区、直辖市人民政府农业农村主管部门通报重大动物疫情的发生和处置情况。

2. 进出境动物疫病的通报　海关发现进出境动物和动物产品染疫或者疑似染疫的，应当及时处置并向农业农村主管部门通报。

3. 野生动物疫病的通报　县级以上地方人民政府野生动物保护主管部门发现野生动物染疫或者疑似染疫的，应当及时处置并向本级人民政府农业农村主管部门通报。

4. 履行国际义务的通报　国务院农业农村主管部门应当依照我国缔结或者参加的条约、协定，及时向有关国际组织或者贸易方通报重大动物疫情的发生和处置情况。

5. 发生人畜共患病的通报、措施及禁止性规定

（1）发生人畜共患病的通报　发生人畜共患传染病疫情时，县级以上人民政府农业农村主管部门与本级人民政府卫生健康、野生动物保护等主管部门应当及时相互通报。

（2）发生人畜共患病应采取的措施　发生人畜共患传染病时，卫生健康主管部门应当对疫区易感染的人群进行监测，并应当依照《中华人民共和国传染病防治法》的规定及时公布疫情，采取相应的预防、控制措施。

（3）患有人畜共患病的人员不得从事相关活动　患有人畜共患传染病的人员不得直接从事动物疫病监测、检测、检验检疫、诊疗以及易感染动物的饲养、屠宰、经营、隔离、运输等活动。

（三）动物疫情公布法律制度

国务院农业农村主管部门向社会及时公布全国动物疫情，也可以根据需要授权省、自治区、直辖市人民政府农业农村主管部门公布本行政区域的动物疫情。其他单位和个人不得发布动物疫情。

（四）关于动物疫情报告的禁止性规定

任何单位和个人不得瞒报、谎报、迟报、漏报动物疫情，不得授意他人瞒报、谎报、迟报动物疫情，不得阻碍他人报告动物疫情。

四、动物疫病的控制法律规定

（一）发生一类动物疫病的控制措施

发生一类动物疫病时，应当采取下列控制措施：

1. 划定疫点、疫区和受威胁区　所在地县级以上地方人民政府农业农村主管部门应当立即派人到现场，划定疫点、疫区、受威胁区，调查疫源，及时报请本级人民政府对疫区实行封锁。

2. 发布封锁令　所在地县级以上人民政府接到农业农村主管部门的报告后，应当对疫区实行封锁。疫区范围涉及两个以上行政区域的，由有关行政区域共同的上一级人民政府对疫区实行封锁，或者由各有关行政区域的上一级人民政府共同对疫区实行封锁。必要时，上级人民政府可以责成下级人民政府对疫区实行封锁。

3. 控制、扑灭措施　县级以上地方人民政府应当立即组织有关部门和单位采取封锁、隔离、扑杀、销毁、消毒、无害化处理、紧急免疫接种等强制性措施。

4. 封锁措施　在封锁期间，禁止染疫、疑似染疫和易感染的动物、动物产品流出疫区，禁止非疫区的易感染动物进入疫区，并根据需要对出入疫区的人员、运输工具及有关物品采取消毒和其他限制性措施。

（二）发生二类动物疫病的控制措施

发生二类动物疫病时，应当采取下列控制措施：

1. 划定疫点、疫区和受威胁区　所在地县级以上地方人民政府农业农村主管部门应当划定疫点、疫区、受威胁区。

2. 控制、扑灭措施　县级以上地方人民政府根据需要组织有关部门和单位采取隔离、扑杀、销毁、消毒、无害化处理、紧急免疫接种、限制易感染的动物和动物产品及有关物品出入等措施。

（三）解除封锁

疫点、疫区、受威胁区的撤销和疫区封锁的解除，按照国务院农业农村主管部门规定的标准和程序评估后，由原决定机关决定并宣布。

（四）发生三类动物疫病的防治措施

发生三类动物疫病时，所在地县级、乡级人民政府应当按照国务院农业农村主管部门的规定组织防治。

（五）二、三类动物疫病呈暴发性流性时的处理

二、三类动物疫病呈暴发性流行时，按照一类动物疫病处理。

（六）发生动物疫情时，行政相对人和运输企业的义务

1. 行政相对人的义务　疫区内有关单位和个人，应当遵守县级以上人民政府及其农业农村主管部门依法作出的有关控制动物疫病的规定。任何单位和个人不得藏匿、转移、盗掘已被依法隔离、封存、处理的动物和动物产品。

2. 运输企业的义务　发生动物疫情时，航空、铁路、道路、水路运输企业应当优先组

织运送防疫人员和物资。

（七）制定重大动物疫情应急预案和实施方案

国务院农业农村主管部门根据动物疫病的性质、特点和可能造成的社会危害，制定国家重大动物疫情应急预案报国务院批准，并按照不同动物疫病病种、流行特点和危害程度，分别制定实施方案。县级以上地方人民政府根据上级重大动物疫情应急预案和本地区的实际情况，制定本行政区域的重大动物疫情应急预案，报上一级人民政府农业农村主管部门备案，并抄送上一级人民政府应急管理部门。县级以上地方人民政府农业农村主管部门按照不同动物疫病病种、流行特点和危害程度，分别制定实施方案。重大动物疫情应急预案和实施方案根据疫情状况及时调整。

（八）发生重大动物疫情时采取的限制调运措施

发生重大动物疫情时，国务院农业农村主管部门负责划定动物疫病风险区，禁止或者限制特定动物、动物产品由高风险区向低风险区调运。

（九）重大动物疫情应急

发生重大动物疫情时，依照法律和国务院的规定以及应急预案采取应急处置措施。

五、动物和动物产品的检疫法律规定

（一）实施动物检疫的主体

动物卫生监督机构依照动物防疫法和国务院农业农村主管部门的规定对动物、动物产品实施检疫。动物卫生监督机构的官方兽医具体实施动物、动物产品检疫。

（二）检疫管理法律制度

1. 检疫申报 屠宰、出售或者运输动物以及出售或者运输动物产品前，货主应当按照国务院农业农村主管部门的规定向所在地动物卫生监督机构申报检疫。

2. 检疫许可 动物卫生监督机构接到检疫申报后，应当及时指派官方兽医对动物、动物产品实施检疫；检疫合格的，出具检疫证明、加施检疫标志。实施检疫的官方兽医应当在检疫证明、检疫标志上签字或者盖章，并对检疫结论负责。

3. 执业兽医、动物防疫人员协助检疫 动物饲养场、屠宰企业的执业兽医或者动物防疫技术人员，应当协助官方兽医实施检疫。

4. 野生动物的检疫管理 因科研、药用、展示等特殊情形需要非食用性利用的野生动物，应当按照国家有关规定报动物卫生监督机构检疫，检疫合格的，方可利用。人工捕获的野生动物，应当按照国家有关规定报捕获地动物卫生监督机构检疫，检疫合格的，方可饲养、经营和运输。

5. 流通过程中检疫证明、检疫标志管理的规定 屠宰、经营、运输的动物，以及用于科研、展示、演出和比赛等非食用性利用的动物，应当附有检疫证明；经营和运输的动物产品，应当附有检疫证明、检疫标志。

6. 动物、动物产品运输的管理规定

（1）动物、动物产品凭检疫证明运输 经航空、铁路、道路、水路运输动物和动物产品的，托运人托运时应当提供检疫证明；没有检疫证明的，承运人不得承运。

（2）进出口动物、动物产品凭进口报关单证或检疫单证运递 进出口动物和动物产品，承运人凭进口报关单证或者海关签发的检疫单证运递。

（3）运输备案管理 从事动物运输的单位、个人以及车辆，应当向所在地县级人民政府农业农村主管部门备案，妥善保存行程路线和托运人提供的动物名称、检疫证明编号、数量等信息。具体办法由国务院农业农村主管部门制定。

（4）运载工具的防疫管理 运载工具在装载前和卸载后应当及时清洗、消毒。

7. 无规定动物疫病区的检疫管理 输入到无规定动物疫病区的动物、动物产品，货主应当按照国务院农业农村主管部门的规定向无规定动物疫病区所在地动物卫生监督机构申报检疫，经检疫合格的，方可进入。

（三）道路运输动物的指定通道管理

省、自治区、直辖市人民政府确定并公布道路运输的动物进入本行政区域的指定通道，设置引导标志。跨省、自治区、直辖市通过道路运输动物的，应当经省、自治区、直辖市人民政府设立的指定通道入省境或者过省境。

（四）跨省引进乳用、种用动物的隔离管理

跨省、自治区、直辖市引进的种用、乳用动物到达输入地后，货主应当按照国务院农业农村主管部门的规定对引进的种用、乳用动物进行隔离观察。

（五）检疫不合格的动物、动物产品处理

经检疫不合格的动物、动物产品，货主应当在农业农村主管部门的监督下按照国家有关规定处理，处理费用由货主承担。

六、病死动物和病害动物产品的无害化处理法律规定

（一）病死动物和病害动物产品无害化处理的主体责任

1. 病死动物和病害动物产品无害化处理的义务主体 从事动物饲养、屠宰、经营、隔离以及动物产品生产、经营、加工、贮藏等活动的单位和个人，应当按照国家有关规定做好病死动物、病害动物产品的无害化处理，或者委托动物和动物产品无害化处理场所处理。

2. 在病死动物和病害动物产品无害化处理中运输者的义务 从事动物、动物产品运输的单位和个人，应当配合做好病死动物和病害动物产品的无害化处理，不得在途中擅自弃置和处理有关动物和动物产品。

3. 禁止性规定 任何单位和个人不得买卖、加工、随意弃置病死动物和病害动物产品。

（二）水域、城市公共场所、乡村以及野外环境死亡动物的收集、处理

1. 在水域发现死亡畜禽的收集、处理主体 在江河、湖泊、水库等水域发现的死亡畜禽，由所在地县级人民政府组织收集、处理并溯源。

2. 在城市公共场所、乡村发现死亡畜禽的收集、处理主体 在城市公共场所和乡村发现的死亡畜禽，由所在地街道办事处、乡级人民政府组织收集、处理并溯源。

3. 在野外环境发现的死亡野生动物的收集、处理主体 在野外环境发现的死亡野生动物，由所在地野生动物保护主管部门收集、处理。

（三）动物和动物集中无害处理建设规划及运作机制

省、自治区、直辖市人民政府制定动物和动物产品集中无害化处理场所建设规划，建立政府主导、市场运作的无害化处理机制。

（四）病死动物无害化处理补助

各级财政对病死动物无害化处理提供补助。具体补助标准和办法由县级以上人民政府财

政部门会同本级人民政府农业农村、野生动物保护等有关部门制定。

七、动物诊疗法律规定

1. 从事动物诊疗活动的条件　从事动物诊疗活动的机构，应当具备下列条件：有与动物诊疗活动相适应并符合动物防疫条件的场所；有与动物诊疗活动相适应的执业兽医；有与动物诊疗活动相适应的兽医器械和设备；有完善的管理制度。

2. 动物诊疗机构的范围　动物诊疗机构包括动物医院、动物诊所以及其他提供动物诊疗服务的机构。

3. 动物诊疗许可证的申请与审核　从事动物诊疗活动的机构，应当向县级以上地方人民政府农业农村主管部门申请动物诊疗许可证。受理申请的农业农村主管部门应当依照动物防疫法和《中华人民共和国行政许可法》的规定进行审查。经审查合格的，发给动物诊疗许可证；不合格的，应当通知申请人并说明理由。

4. 动物诊疗许可证内容及其变更的规定　动物诊疗许可证应当载明诊疗机构名称、诊疗活动范围、从业地点和法定代表人（负责人）等事项。动物诊疗许可证载明事项变更的，应当申请变更或者换发动物诊疗许可证。

5. 动物诊疗活动中的防疫要求　动物诊疗机构应当按照国务院农业农村主管部门的规定，做好诊疗活动中的卫生安全防护、消毒、隔离和诊疗废弃物处置等工作。

6. 诊疗活动中的执业规范　从事动物诊疗活动，应当遵守有关动物诊疗的操作技术规范，使用符合规定的兽药和兽医器械。

八、兽医管理法律规定

（一）官方兽医管理

1. 官方兽医的任命制度　国家实行官方兽医任命制度。官方兽医应当具备国务院农业农村主管部门规定的条件，由省、自治区、直辖市人民政府农业农村主管部门按照程序确认，由所在地县级以上人民政府农业农村主管部门任命。海关的官方兽医应当具备规定的条件，由海关总署任命。

2. 保障官方兽医依法履职的规定　官方兽医依法履行动物、动物产品检疫职责，任何单位和个人不得拒绝或者阻碍。

3. 官方兽医的培训和考核　县级以上人民政府农业农村主管部门制定官方兽医培训计划，提供培训条件，定期对官方兽医进行培训和考核。

（二）执业兽医和乡村兽医管理

1. 执业兽医资格考试制度　国家实行执业兽医资格考试制度。具有兽医相关专业大学专科以上学历的人员或者符合条件的乡村兽医，通过执业兽医资格考试的，由省、自治区、直辖市人民政府农业农村主管部门颁发执业兽医资格证书；从事动物诊疗等经营活动的，还应当向所在地县级人民政府农业农村主管部门备案。

2. 执业兽医执业备案管理　取得执业兽医资格证书，从事动物诊疗等经营活动的，还应当向所在地县级人民政府农业农村主管部门备案。

3. 执业兽医开具处方的规定　执业兽医开具兽医处方应当亲自诊断，并对诊断结论负责。

4. 执业兽医的继续教育　国家鼓励执业兽医接受继续教育。执业兽医所在机构应当支持执业兽医参加继续教育。

5. 乡村兽医的从业区域　乡村兽医可以在乡村从事动物诊疗活动。

6. 执业兽医、乡村兽医在动物防疫中的义务　执业兽医、乡村兽医应当按照所在地人民政府和农业农村主管部门的要求，参加动物疫病预防、控制和动物疫情扑灭等活动。

（三）兽医行业协会的职责

兽医行业协会提供兽医信息、技术、培训等服务，维护成员合法权益，按照章程建立健全行业规范和奖惩机制，加强行业自律，推动行业诚信建设，宣传动物防疫和兽医知识。

九、监督管理法律规定

1. 动物防疫的监督管理主体及内容　动物防疫的监督管理由县级以上地方人民政府农业农村主管部门实施。县级以上地方人民政府农业农村主管部门依照动物防疫法规定，对动物饲养、屠宰、经营、隔离、运输以及动物产品生产、经营、加工、贮藏、运输等活动中的动物防疫实施监督管理。

2. 动物防疫检查站的规定　为控制动物疫病，县级人民政府农业农村主管部门应当派人在所在地依法设立的现有检查站执行监督检查任务；必要时，经省、自治区、直辖市人民政府批准，可以设立临时性的动物防疫检查站，执行监督检查任务。

3. 监督管理措施　县级以上地方人民政府农业农村主管部门执行监督检查任务，可以采取下列措施，有关单位和个人不得拒绝或者阻碍：①对动物、动物产品按照规定采样、留验、抽检；②对染疫或者疑似染疫的动物、动物产品及相关物品进行隔离、查封、扣押和处理；③对依法应当检疫而未经检疫的动物和动物产品，具备补检条件的实施补检，不具备补检条件的予以收缴销毁；④查验检疫证明、检疫标志和畜禽标识；⑤进入有关场所调查取证，查阅、复制与动物防疫有关的资料。

县级以上地方人民政府农业农村主管部门根据动物疫病预防、控制需要，经所在地县级以上地方人民政府批准，可以在车站、港口、机场等相关场所派驻官方兽医或者工作人员。

4. 规范执法人员执法行为的规定　执法人员执行动物防疫监督检查任务，应当出示行政执法证件，佩戴统一标志。县级以上人民政府农业农村主管部门及其工作人员不得从事与动物防疫有关的经营性活动，进行监督检查不得收取任何费用。

5. 检疫证明、检疫标志和畜禽标识管理的规定　禁止转让、伪造或者变造检疫证明、检疫标志或者畜禽标识。禁止持有、使用伪造或者变造的检疫证明、检疫标志或者畜禽标识。

十、动物防疫的保障措施法律规定

1. 动物防疫工作是各级政府和全社会的共同目标　县级以上人民政府应当将动物防疫工作纳入本级国民经济和社会发展规划及年度计划。

2. 鼓励和支持动物防疫领域科学技术研究开发　国家鼓励和支持动物防疫领域新技术、新设备、新产品等科学技术研究开发。

3. 动物检疫工作人员保障的规定　县级人民政府应当为动物卫生监督机构配备与动物、动物产品检疫工作相适应的官方兽医，保障检疫工作条件。

4. 派驻工作人员的规定　县级人民政府农业农村主管部门可以根据动物防疫工作需要，

向乡、镇或者特定区域派驻兽医机构或者工作人员。

5. 兽医社会化服务的规定 国家鼓励和支持执业兽医、乡村兽医和动物诊疗机构开展动物防疫和疫病诊疗活动；鼓励养殖企业、兽药及饲料生产企业组建动物防疫服务团队，提供防疫服务。地方人民政府组织村级防疫员参加动物疫病防治工作的，应当保障村级防疫员合理劳务报酬。

6. 动物防疫经费保障的规定 县级以上人民政府按照本级政府职责，将动物疫病的监测、预防、控制、净化、消灭，动物、动物产品的检疫和病死动物的无害化处理，以及监督管理所需经费纳入本级预算。

7. 动物防疫应急物资储备的规定 县级以上人民政府应当储备动物疫情应急处置所需的防疫物资。

8. 动物防疫补偿的规定 对在动物疫病预防、控制、净化、消灭过程中强制扑杀的动物、销毁的动物产品和相关物品，县级以上人民政府给予补偿。

9. 动物防疫卫生防护、医疗保健措施和卫生津贴的规定 对从事动物疫病预防、检疫、监督检查、现场处理疫情以及在工作中接触动物疫病病原体的人员，有关单位按照国家规定，采取有效的卫生防护、医疗保健措施，给予畜牧兽医医疗卫生津贴等相关待遇。

十一、法律责任

（一）行政处分法律责任

1. 地方各级人民政府及其工作人员未按照规定履行动物防疫职责的法律责任 地方各级人民政府及其工作人员未依照动物防疫法规定履行职责的，对直接负责的主管人员和其他直接责任人员依法给予处分。

2. 农业农村主管部门及其工作人员违法行为的法律责任 县级以上人民政府农业农村主管部门及其工作人员违反动物防疫法规定，有下列行为之一的，由本级人民政府责令改正，通报批评；对直接负责的主管人员和其他直接责任人员依法给予处分：①未及时采取预防、控制、扑灭等措施的；②对不符合条件的颁发动物防疫条件合格证、动物诊疗许可证，或者对符合条件的拒不颁发动物防疫条件合格证、动物诊疗许可证的；③从事与动物防疫有关的经营性活动，或者违法收取费用的；④其他未依照动物防疫法规定履行职责的行为。

3. 动物卫生监督机构及其工作人员违法行为的法律责任 动物卫生监督机构及其工作人员违反动物防疫法规定，有下列行为之一的，由本级人民政府或者农业农村主管部门责令改正，通报批评；对直接负责的主管人员和其他直接责任人员依法给予处分：①对未经检疫或者检疫不合格的动物、动物产品出具检疫证明、加施检疫标志，或者对检疫合格的动物、动物产品拒不出具检疫证明、加施检疫标志的；②对附有检疫证明、检疫标志的动物、动物产品重复检疫的；③从事与动物防疫有关的经营性活动，或者违法收取费用的；④其他未依照动物防疫法规定履行职责的行为。

4. 动物疫病预防控制机构及其工作人员违法行为的法律责任 动物疫病预防控制机构及其工作人员违反动物防疫法规定，有下列行为之一的，由本级人民政府或者农业农村主管部门责令改正，通报批评；对直接负责的主管人员和其他直接责任人员依法给予处分：①未履行动物疫病监测、检测、评估职责或者伪造监测、检测、评估结果的；②发生动物疫情时未及时进行诊断、调查的；③其他未依照动物防疫法规定履行职责的行为。

5. 地方各级人民政府、有关部门及其工作人员未履行动物疫情报告义务的法律责任　地方各级人民政府、有关部门及其工作人员瞒报、谎报、迟报、漏报或者授意他人瞒报、谎报、迟报动物疫情，或者阻碍他人报告动物疫情的，由上级人民政府或者有关部门责令改正，通报批评；对直接负责的主管人员和其他直接责任人员依法给予处分。

（二）行政处罚法律责任

1. 关于违反强制免疫计划、种用和乳用动物检测、犬只免疫接种、运载工具清洗消毒等规定的法律责任　违反动物防疫法规定，有下列行为之一的，由县级以上地方人民政府农业农村主管部门责令限期改正，可以处一千元以下罚款；逾期不改正的，处一千元以上五千元以下罚款，由县级以上地方人民政府农业农村主管部门委托动物诊疗机构、无害化处理场所等代为处理，所需费用由违法行为人承担：①对饲养的动物未按照动物疫病强制免疫计划或者免疫技术规范实施免疫接种的；②对饲养的种用、乳用动物未按照国务院农业农村主管部门的要求定期开展疫病检测，或者经检测不合格而未按照规定处理的；③对饲养的犬只未按照规定定期进行狂犬病免疫接种的；④动物、动物产品的运载工具在装载前和卸载后未按照规定及时清洗、消毒的。

2. 违反建立免疫档案或者加施畜禽标识方面规定的法律责任　违反动物防疫法规定，对经强制免疫的动物未按照规定建立免疫档案，或者未按照规定加施畜禽标识的，依照《中华人民共和国畜牧法》的有关规定处罚。

3. 动物、动物产品的运载工具、垫料、包装物、容器等不符合防疫要求的法律责任　违反动物防疫法规定，动物、动物产品的运载工具、垫料、包装物、容器等不符合国务院农业农村主管部门规定的动物防疫要求的，由县级以上地方人民政府农业农村主管部门责令改正，可以处五千元以下罚款；情节严重的，处五千元以上五万元以下罚款。

4. 未按照规定处置染疫动物、染疫动物产品及被污染的有关物品的法律责任　违反动物防疫法规定，对染疫动物及其排泄物、染疫动物产品或者被染疫动物、动物产品污染的运载工具、垫料、包装物、容器等未按照规定处置的，由县级以上地方人民政府农业农村主管部门责令限期处理；逾期不处理的，由县级以上地方人民政府农业农村主管部门委托有关单位代为处理，所需费用由违法行为人承担，处五千元以上五万元以下罚款。造成环境污染或者生态破坏的，依照环境保护有关法律法规进行处罚。

5. 患有人畜共患传染病的人员违法从事相关活动的法律责任　违反动物防疫法规定，患有人畜共患传染病的人员，直接从事动物疫病监测、检测、检验检疫，动物诊疗以及易感染动物的饲养、屠宰、经营、隔离、运输等活动的，由县级以上地方人民政府农业农村或者野生动物保护主管部门责令改正；拒不改正的，处一千元以上一万元以下罚款；情节严重的，处一万元以上五万元以下罚款。

6. 屠宰、经营、运输动物或者生产、经营、加工、贮藏、运输动物产品违反禁止性规定的法律责任

（1）屠宰、经营、运输动物或者生产、加工、贮藏、运输动物产品违反相关规定的法律责任　违反动物防疫法规定，屠宰、经营、运输动物或者生产、经营、加工、贮藏、运输动物产品有下列情形之一的，由县级以上地方人民政府农业农村主管部门责令改正、采取补救措施，没收违法所得、动物和动物产品，并处同类检疫合格动物、动物产品货值金额十五倍以上三十倍以下罚款；同类检疫合格动物、动物产品货值金额不足一万元的，并处五万元以上十五万元以下罚款：①封锁疫区内与所发生动物疫病有关的；②疫区内易感染的；③依法应当检疫而未经检疫或者检疫不合格的；④染疫或者疑似染疫的；⑤病死或者死因不明的；⑥其他不符合国务院农业农村主管部门有关动物防疫规定的。其中依法应当检疫而未检疫的，由县级以上地方人民政府农业农村主管部门责令改正，处同类检疫合格动物、动物产品货值金额一倍以下罚款；对货主以外的承运人处运输费用三倍以上五倍以下罚款，情节严重的，处五倍以上十倍以下罚款。

（2）违法行为人及其法定代表人（负责人）、直接负责的主管人员和其他直接责任人员的责任　屠宰、经营、运输动物或者生产、加工、贮藏、运输动物产品违反禁止性规定的违法行为人及其法定代表人（负责人）、直接负责的主管人员和其他直接责任人员，自处罚决定作出之日起五年内不得从事相关活动；构成犯罪的，终身不得从事屠宰、经营、运输动物或者生产、经营、加工、贮藏、运输动物产品等相关活动。

7. 未取得动物防疫条件合格证和不具备防疫条件，未经备案从事动物运输，未按照规定保存行程路线和托运人提供的相关信息，未经检疫合格向无规定动物疫病区输入动物、动物产品，跨省引进种用、乳用动物未按照规定进行隔离观察，以及未按照规定处理或者随意弃置病死动物和病害动物产品等违法行为的法律责任　违反动物防疫法规定，有下列行为之一的，由县级以上地方人民政府农业农村主管部门责令改正，处三千元以上三万元以下罚款；情节严重的，责令停业整顿，并处三万元以上十万元以下罚款：①开办动物饲养场和隔离场所、动物屠宰加工场所以及动物和动物产品无害化处理场所，未取得动物防疫条件合格证的；②经营动物、动物产品的集贸市场不具备国务院农业农村主管部门规定的防疫条件的；③未经备案从事动物运输的；④未按照规定保存行程路线和托运人提供的动物名称、检疫证明编号、数量等信息的；⑤未经检疫合格，向无规定动物疫病区输入动物、动物产品的；⑥跨省、自治区、直辖市引进种用、乳用动物到达输入地后未按照规定进行隔离观察的；⑦未按照规定处理或者随意弃置病死动物、病害动物产品的。

8. 有关场所生产经营条件不再符合规定防疫条件的法律责任　动物饲养场和隔离场所、动物屠宰加工场所以及动物和动物产品无害化处理场所，生产经营条件发生变化，不再符合本法第二十四条规定的动物防疫条件继续从事相关活动的，由县级以上地方人民政府农业农村主管部门给予警告，责令限期改正；逾期仍达不到规定条件的，吊销动物防疫条件合格证，并通报市场监督管理部门依法处理。

9. 未附有检疫证明从事相关活动的法律责任　违反动物防疫法规定，屠宰、经营、运输的动物未附有检疫证明，经营和运输的动物产品未附有检疫证明、检疫标志的，由县级以上地方人民政府农业农村主管部门责令改正，处同类检疫合格动物、动物产品货值金额一倍以下罚款；对货主以外的承运人处运输费用三倍以上五倍以下罚款，情节严重的，处五倍以上十倍以下罚款。违反动物防疫法规定，用于科研、展示、演出和比赛等非食用性利用的动物未附有检疫证明的，由县级以上地方人民政府农业农村主管部门责令改正，处三千元以上一万元以下罚款。

10. 将禁止或者限制调运的特定动物、动物产品由动物疫病高风险区调入低风险区的法律责任　违反动物防疫法规定，将禁止或者限制调运的特定动物、动物产品由动物疫病高风险区调入低风险区的，由县级以上地方人民政府农业农村主管部门没收运输费用、违法运输的动物和动物产品，并处运输费用一倍以上五倍以下罚款。

11. 跨省运输动物未经指定通道入省境或者过省境的法律责任　违反动物防疫法规定，

通过道路跨省、自治区、直辖市运输动物，未经省、自治区、直辖市人民政府设立的指定通道入省境或者过省境的，由县级以上地方人民政府农业农村主管部门对运输人处五千元以上一万元以下罚款；情节严重的，处一万元以上五万元以下罚款。

12. 转让、伪造或者变造检疫证明、检疫标志或者畜禽标识的法律责任　违反动物防疫法规定，转让、伪造或者变造检疫证明、检疫标志或者畜禽标识的，由县级以上地方人民政府农业农村主管部门没收违法所得和检疫证明、检疫标志、畜禽标识，并处五千元以上五万元以下罚款。

13. 持有、使用伪造或者变造检疫证明、检疫标志或者畜禽标识的法律责任　违反动物防疫法规定，持有、使用伪造或者变造的检疫证明、检疫标志或者畜禽标识的，由县级以上人民政府农业农村主管部门没收检疫证明、检疫标志、畜禽标识和对应的动物、动物产品，并处三千元以上三万元以下罚款。

14. 擅自发布动物疫情、不遵守有关控制动物疫病规定、破坏动物和动物产品有关处理措施的法律责任　违反动物防疫法规定，有下列行为之一的，由县级以上地方人民政府农业农村主管部门责令改正，处三千元以上三万元以下罚款：①擅自发布动物疫情的；②不遵守县级以上人民政府及其农业农村主管部门依法作出的有关控制动物疫病规定的；③藏匿、转移、盗掘已被依法隔离、封存、处理的动物和动物产品的。

15. 未取得动物诊疗许可证从事动物诊疗活动的法律责任　违反动物防疫法规定，未取得动物诊疗许可证从事动物诊疗活动的，由县级以上地方人民政府农业农村主管部门责令停止诊疗活动，没收违法所得，并处违法所得一倍以上三倍以下罚款；违法所得不足三万元的，并处三千元以上三万元以下罚款。

16. 动物诊疗机构未按照规定实施卫生安全防护、消毒、隔离和处置诊疗废弃物的法律责任　动物诊疗机构违反动物防疫法规定，未按照规定实施卫生安全防护、消毒、隔离和处置诊疗废弃物的，由县级以上地方人民政府农业农村主管部门责令改正，处一千元以上一万元以下罚款；造成动物疫病扩散的，处一万元以上五万元以下罚款；情节严重的，吊销动物诊疗许可证。

17. 未经执业兽医备案从事经营性动物诊疗活动的法律责任　违反动物防疫法规定，未经执业兽医备案从事经营性动物诊疗活动的，由县级以上地方人民政府农业农村主管部门责令停止动物诊疗活动，没收违法所得，并处三千元以上三万元以下罚款；对其所在的动物诊疗机构处一万元以上五万元以下罚款。

18. 执业兽医违反从业规范的法律责任　执业兽医有下列行为之一的，由县级以上地方人民政府农业农村主管部门给予警告，责令暂停六个月以上一年以下动物诊疗活动；情节严重的，吊销执业兽医资格证书：①违反有关动物诊疗的操作技术规范，造成或者可能造成动物疫病传播、流行的；②使用不符合规定的兽药和兽医器械的；③未按照当地人民政府或者农业农村主管部门要求参加动物疫病预防、控制和动物疫情扑灭活动的。

19. 生产经营不符合要求的兽医器械的法律责任　违反动物防疫法规定，生产经营兽医器械，产品质量不符合要求的，由县级以上地方人民政府农业农村主管部门责令限期整改；情节严重的，责令停业整顿，并处二万元以上十万元以下罚款。

20. 不履行动物疫情报告义务、不如实提供与动物防疫活动有关资料以及拒绝监督检查、监测、检测或者拒绝官方兽医诊法履行职责的法律责任　违反动物防疫法规定，从事动物疫病研究、诊疗和动物饲养、屠宰、经营、隔离、运输，以及动物产品生产、经营、加工、贮藏、无害化处理等活动的单位和个人，有下列行为之一的，由县级以上地方人民政府农业农村主管部门责令改正，可以处一万元以下罚款；拒不改正的，处一万元以上五万元以下罚款，并可以责令停业整顿：①发现动物染疫、疑似染疫未报告，或者未采取隔离等控制措施的；②不如实提供与动物防疫有关的资料的；③拒绝或者阻碍农业农村主管部门进行监督检查的；④拒绝或者阻碍动物疫病预防控制机构进行动物疫病监测、检测、评估的；⑤拒绝或者阻碍官方兽医依法履行职责的。

（三）刑事法律责任

违反动物防疫法规定，构成犯罪的，依法追究刑事责任。

（四）民事法律责任

违反动物防疫法规定，给他人人身、财产造成损害的，依法承担民事责任。

第二节　重大动物疫情应急条例

《重大动物疫情应急条例》于2005年11月16日经国务院第113次常务会议通过，根据2017年10月7日《国务院关于修改部分行政法规的决定》修改。

一、《重大动物疫情应急条例》概述

（一）立法目的

迅速控制、扑灭重大动物疫情，保障养殖业生产安全，保护公众身体健康与生命安全，维护正常的社会秩序。

（二）重大动物疫情的定义

重大动物疫情，是指高致病性禽流感等发病率或者死亡率高的动物疫病突然发生，迅速传播，给养殖业生产安全造成严重威胁、危害，以及可能对公众身体健康与生命安全造成危害的情形，包括特别重大动物疫情。

（三）重大动物疫情应急工作的指导方针和应急工作原则

1. 指导方针　重大动物疫情应急工作应当坚持加强领导、密切配合，依靠科学、依法防治，群防群控、果断处置的24字方针。

2. 工作原则　重大动物疫情应急工作应当遵循及时发现，快速反应，严格处理，减少损失的16字原则。

（四）重大动物疫情应急工作的行政管理

1. 重大动物疫情应急工作的管理原则　重大动物疫情应急工作按照属地管理的原则，实行政府统一领导、部门分工负责，逐级建立责任制。

2. 兽医主管部门及其他有关部门的职责　县级以上人民政府兽医主管部门具体负责组织重大动物疫情的监测、调查、控制、扑灭等应急工作。县级以上人民政府其他有关部门在各自的职责范围内，做好重大动物疫情的应急工作。

3. 陆生野生动物疫源疫病的监测　县级以上人民政府林业主管部门、兽医主管部门按照职责分工，加强对陆生野生动物疫源疫病的监测。

（五）重大动物疫情通报制度

出入境检验检疫机关应当及时收集境外重大动物疫情信息，加强进出境动物及其产品的检验检疫工作，防止动物疫病传入和传出。兽医主管部门要及时向出入境检验检疫机关通报国内重大动物疫情。

（六）关于重大动物疫情科学研究与国际交流的规定

国家鼓励、支持开展重大动物疫情监测、预防、应急处理等有关技术的科学研究和国际交流与合作。

（七）表彰和奖励制度

县级以上人民政府应当对参加重大动物疫情应急处理的人员给予适当补助，对作出贡献的人员给予表彰和奖励。

（八）重大动物疫情工作中的社会监督制度

对不履行或者不按照规定履行重大动物疫情应急处理职责的行为，任何单位和个人有权检举控告。

二、应急准备法律制度

（一）应急预案制度

1. 制定全国重大动物疫情应急预案及实施方案　国务院兽医主管部门应当制定全国重大动物疫情应急预案，报国务院批准，并按照不同动物疫病病种及其流行特点和危害程度，分别制定实施方案，报国务院备案。

2. 制定地方重大动物疫情应急预案及实施方案　县级以上地方人民政府根据本地区的实际情况，制定本行政区域的重大动物疫情应急预案，报上一级人民政府兽医主管部门备案。县级以上地方人民政府兽医主管部门，应当按照不同动物疫病病种及其流行特点和危害程度，分别制定实施方案。

重大动物疫情应急预案及其实施方案应当根据疫情的发展变化和实施情况，及时修改、完善。

（二）重大动物疫情应急预案的内容

重大动物疫情应急预案主要包括下列内容：①应急指挥部的职责、组成以及成员单位的分工；②重大动物疫情的监测、信息收集、报告和通报；③动物疫病的确认、重大动物疫情的分级和相应的应急处理工作方案；④重大动物疫情疫源的追踪和流行病学调查分析；⑤预防、控制、扑灭重大动物疫情所需资金的来源、物资和技术的储备与调度；⑥重大动物疫情应急处理设施和专业队伍建设。

（三）应急物资储备法律制度

国务院有关部门和县级以上地方人民政府及其有关部门，应当根据重大动物疫情应急预案的要求，确保应急处理所需的疫苗、药品、设施设备和防护用品等物资的储备。

（四）关于疫情监测网络和预防控制体系的规定

县级以上人民政府应当建立和完善重大动物疫情监测网络和预防控制体系，加强动物防疫基础设施和乡镇动物防疫组织建设，并保证其正常运行，提高对重大动物疫情的应急处理能力。

（五）应急预备队法律制度

1. 应急预备队　县级以上地方人民政府根据重大动物疫情应急需要，可以成立应急预备队。

2. 应急预备队的任务　应急预备队在重大动物疫情应急指挥部的指挥下，具体承担疫情的控制和扑灭任务。

3. 应急预备队的组成 应急预备队由当地兽医行政管理人员、动物防疫工作人员、有关专家、执业兽医等组成；必要时，可以组织动员社会上有一定专业知识的人员参加。公安机关、中国人民武装警察部队应当依法协助其执行任务。

4. 应急预备队培训和演练 应急预备队应当定期进行技术培训和应急演练。

（六）关于重大动物疫情应急知识和重大动物疫病科普知识的宣传

县级以上人民政府及其兽医主管部门应当加强对重大动物疫情应急知识和重大动物疫病科普知识的宣传，增强全社会的重大动物疫情防范意识。

三、监测、报告和公布法律制度

（一）重大动物疫情监测制度

1. 重大动物疫情的监测主体 动物防疫监督机构负责重大动物疫情的监测。

2. 重大动物疫情监测中行政相对人的义务 饲养、经营动物和生产、经营动物产品的单位和个人应当配合动物防疫监督机构的监测工作，不得拒绝和阻碍。

（二）重大动物疫情报告制度

1. 重大动物疫情的报告义务人 从事动物隔离、疫情监测、疫病研究与诊疗、检验检疫以及动物饲养、屠宰加工、运输、经营等活动的有关单位和个人，是重大动物疫情的报告义务人。

2. 重大动物疫情的报告时机 重大动物疫情报告义务人发现动物出现群体发病或者死亡的，应当立即向所在地的县（市）动物防疫监督机构报告。

3. 接受重大动物疫情报告的主体 疫情所在地的县（市）动物防疫监督机构是接受重大动物疫情报告的主体。

4. 重大动物疫情的逐级报告制度 县（市）动物防疫监督机构接到报告后，应当立即赶赴现场调查核实。初步认为属于重大动物疫情的，应当在2h内将情况逐级报省、自治区、直辖市动物防疫监督机构，并同时报所在地人民政府兽医主管部门；兽医主管部门应当及时通报同级卫生主管部门。

省、自治区、直辖市动物防疫监督机构应当在接到报告后1h内，向省、自治区、直辖市人民政府兽医主管部门和国务院兽医主管部门所属的动物防疫监督机构报告。

省、自治区、直辖市人民政府兽医主管部门应当在接到报告后1h内报本级人民政府和国务院兽医主管部门。

重大动物疫情发生后，省、自治区、直辖市人民政府和国务院兽医主管部门应当在4h内向国务院报告。

5. 重大动物疫情报告内容 重大动物疫情报告包括下列内容：①疫情发生的时间、地点；②染疫、疑似染疫动物种类和数量、同群动物数量、免疫情况、死亡数量、临床症状、病理变化、诊断情况；③流行病学和疫源追踪情况；④已采取的控制措施；⑤疫情报告的单位、负责人、报告人及联系方式。

6. 重大动物疫情报告期间的临时性控制措施 在重大动物疫情报告期间，有关动物防疫监督机构应当立即采取临时隔离控制措施；必要时，当地县级以上地方人民政府可以做出封锁决定并采取扑杀、销毁等措施。有关单位和个人应当执行。

（三）重大动物疫情的认定权限

重大动物疫情由省、自治区、直辖市人民政府兽医主管部门认定；必要时，由国务院兽医主管部门认定。

（四）重大动物疫情公布制度

重大动物疫情由国务院兽医主管部门按照国家规定的程序，及时准确公布；其他任何单位和个人不得公布重大动物疫情。

（五）重大动物疫病病原管理制度

重大动物疫病应当由动物防疫监督机构采集病料。其他单位和个人采集病料的，应当具备以下条件：①重大动物疫病病料采集目的、病原微生物的用途应当符合国务院兽医主管部门的规定；②具有与采集病料相适应的动物病原微生物实验室条件；③具有与采集病料所需要的生物安全防护水平相适应的设备，以及防止病原感染和扩散的有效措施。从事重大动物疫病病原分离的，应当遵守国家有关生物安全管理规定，防止病原扩散。

（六）重大动物疫情通报制度

国务院兽医主管部门应当及时向国务院有关部门和军队有关部门以及各省、自治区、直辖市人民政府兽医主管部门通报重大动物疫情的发生和处理情况。

（七）卫生主管部门在发生重大动物疫情时采取的措施

发生重大动物疫情可能感染人群时，卫生主管部门应当对疫区内易受感染的人群进行监测，并采取相应的预防、控制措施。卫生主管部门和兽医主管部门应当及时相互通报情况。

（八）重大动物疫情报告中的禁止性规定

有关单位和个人对重大动物疫情不得瞒报、谎报、迟报，不得授意他人瞒报、谎报、迟报，不得阻碍他人报告。

四、应急处理法律制度

（一）应急系统启动

1. 启动重大动物疫情应急指挥部　重大动物疫情发生后，国务院和有关地方人民政府设立的重大动物疫情应急指挥部统一领导、指挥重大动物疫情应急工作。

2. 重大动物疫情应急指挥部的权力　重大动物疫情应急处理中设置临时动物检疫消毒站以及采取隔离、扑杀、销毁、消毒、紧急免疫接种等控制、扑灭措施的，由有关重大动物疫情应急指挥部决定，有关单位和个人必须服从；拒不服从的，由公安机关协助执行。

重大动物疫情应急指挥部根据应急处理需要，有权紧急调集人员、物资、运输工具以及相关设施、设备。单位和个人的物资、运输工具以及相关设施、设备被征集使用的，有关人民政府应当及时归还并给予合理补偿。

（二）重大动物疫情分级管理制度

国家对重大动物疫情应急处理实行分级管理，按照应急预案确定的疫情等级，由有关人民政府采取相应的应急控制措施。根据突发重大动物疫情的范围、性质和危害程度，国家通常将重大动物疫情划分为特别重大（Ⅰ级）、重大（Ⅱ级）、较大（Ⅲ级）和一般（Ⅳ级）四级。

（三）人民政府及有关单位和人员在重大动物疫情发生后的责任

1. 县级以上人民政府的主要职责　第一，根据兽医主管部门的建议，决定启动重大动物疫情应急指挥系统、应急预案和对疫区实施封锁。第二，重大动物疫情发生地的人民政府和毗邻地区的人民政府应当通力合作,相互配合,做好重大动物疫情的控制、扑灭工作。

2. 县级以上地方人民政府兽医主管部门的主要职责

(1) 重大动物疫情发生时的职责 重大动物疫情发生后,县级以上地方人民政府兽医主管部门应当立即划定疫点、疫区和受威胁区,调查疫源,向本级人民政府提出启动重大动物疫情应急指挥系统、应急预案和对疫区实行封锁的建议。

疫点、疫区和受威胁区的范围应当按照不同动物疫病病种及其流行特点和危害程度划定,具体划定标准由国务院兽医主管部门制定。

(2) 重大动物疫情应急处理中的职责 重大动物疫情发生后,县级以上人民政府兽医主管部门应当及时提出疫点、疫区、受威胁区的处理方案,加强疫情监测、流行病学调查、疫源追踪工作,对染疫和疑似染疫动物及其同群动物和其他易感染动物的扑杀、销毁进行技术指导,并组织实施检验检疫、消毒、无害化处理和紧急免疫接种。

3. 县级以上人民政府有关部门的职责 重大动物疫情应急处理中,县级以上人民政府有关部门应当在各自的职责范围内,做好重大动物疫情应急所需的物资紧急调度和运输、应急经费安排、疫区群众救济、人的疫病防治、肉食品供应、动物及其产品市场监管、出入境检验检疫和社会治安维护等工作。

4. 军队和武警部队的职责 中国人民解放军、中国人民武装警察部队应当支持配合驻地人民政府做好重大动物疫情的应急工作。

5. 乡镇人民政府、村民委员会和居民委员会的职责 重大动物疫情应急处理中,乡镇人民政府、村民委员会、居民委员会应当组织力量,向村民、居民宣传动物疫病防治的相关知识,协助做好疫情信息的收集、报告和各项应急处理措施的落实工作。

6. 饲养、经营动物和生产、经营动物产品有关单位和个人的义务 饲养、经营动物和生产、经营动物产品的有关单位和个人必须服从重大动物疫情应急指挥部在重大动物疫情应急处理中作出的采取隔离、扑杀、销毁、消毒、紧急免疫接种等控制、扑灭措施的决定;拒不服从的,由公安机关协助执行。

7. 关于人员防护的规定 有关人民政府及其有关部门对参加重大动物疫情应急处理的人员,应当采取必要的卫生防护和技术指导等措施。

(四) 应急处理措施

1. 对疫点采取的措施 对疫点应当采取下列措施:①扑杀并销毁染疫动物和易感染的动物及其产品;②对病死的动物、动物排泄物、被污染饲料、垫料、污水进行无害化处理;③对被污染的物品、用具、动物圈舍、场地进行严格消毒。

2. 对疫区采取的措施 对疫区应当采取下列措施:①在疫区周围设置警示标志,在出入疫区的交通路口设置临时动物检疫消毒站,对出入的人员和车辆进行消毒;②扑杀并销毁染疫和疑似染疫动物及其同群动物,销毁染疫和疑似染疫的动物产品,对其他易感染的动物实行圈养或者在指定地点放养,役用动物限制在疫区内使役;③对易感染的动物进行监测,并按照国务院兽医主管部门的规定实施紧急免疫接种,必要时对易感染的动物进行扑杀;④关闭动物及动物产品交易市场,禁止动物进出疫区和动物产品运出疫区;⑤对动物圈舍、动物排泄物、垫料、污水和其他可能受污染的物品、场地,进行消毒或者无害化处理。

3. 对受威胁区采取的措施 对受威胁区应当采取下列措施:①对易感染的动物进行监测;②对易感染的动物根据需要实施紧急免疫接种。

（五）应急处理工作终止

1. 终止应急处理工作的条件 第一，自疫区内最后一头（只）发病动物及其同群动物处理完毕起；第二，经过一个潜伏期以上的监测；第三，未出现新的病例。

2. 终止应急处理工作的程序 符合终止应急处理工作条件的，彻底消毒后，经上一级动物防疫监督机构验收合格，由原发布封锁令的人民政府宣布解除封锁，撤销疫区；由原批准机关撤销在该疫区设立的临时动物检疫消毒站。

（六）经费保障和补偿制度

县级以上人民政府应当将重大动物疫情确认、疫区封锁、扑杀及其补偿、消毒、无害化处理、疫源追踪、疫情监测以及应急物资储备等应急经费列入本级财政预算。国家对疫区、受威胁区内易感染的动物免费实施紧急免疫接种；对因采取扑杀、销毁等措施给当事人造成的已经证实的损失，给予合理补偿。紧急免疫接种和补偿所需费用，由中央财政和地方财政分担。

五、法律责任

（一）管理机关违法行为的法律责任

1. 兽医主管部门及其所属的动物防疫监督机构违法行为的法律责任 违反重大动物疫情应急条例规定，兽医主管部门及其所属的动物防疫监督机构有下列行为之一的，由本级人民政府或者上级人民政府有关部门责令立即改正、通报批评、给予警告；对主要负责人、负有责任的主管人员和其他责任人员，依法给予记大过、降级、撤职直至开除的行政处分；构成犯罪的，依法追究刑事责任：①不履行疫情报告职责，瞒报、谎报、迟报或者授意他人瞒报、谎报、迟报，阻碍他人报告重大动物疫情的；②在重大动物疫情报告期间，不采取临时隔离控制措施，导致动物疫情扩散的；③不及时划定疫点、疫区和受威胁区，不及时向本级人民政府提出应急处理建议，或者不按照规定对疫点、疫区和受威胁区采取预防、控制、扑灭措施的；④不向本级人民政府提出启动应急指挥系统、应急预案和对疫区的封锁建议的；⑤对动物扑杀、销毁不进行技术指导或者指导不力，或者不组织实施检验检疫、消毒、无害化处理和紧急免疫接种的；⑥其他不履行重大动物疫情应急条例规定的职责，导致动物疫病传播、流行，或者对养殖业生产安全和公众身体健康与生命安全造成严重危害的。

2. 县级以上人民政府有关部门违法行为的法律责任 违反重大动物疫情应急条例规定，县级以上人民政府有关部门不履行应急处理职责，不执行对疫点、疫区和受威胁区采取的措施，或者对上级人民政府有关部门的疫情调查不予配合或者阻碍、拒绝的，由本级人民政府或者上级人民政府有关部门责令立即改正、通报批评、给予警告；对主要负责人、负有责任的主管人员和其他责任人员，依法给予记大过、降级、撤职直至开除的行政处分；构成犯罪的，依法追究刑事责任。

3. 有关地方人民政府违法行为的法律责任 违反重大动物疫情应急条例规定，有关地方人民政府阻碍报告重大动物疫情，不履行应急处理职责，不按照规定对疫点、疫区和受威胁区采取预防、控制、扑灭措施，或者对上级人民政府有关部门的疫情调查不予配合或者阻碍、拒绝的，由上级人民政府责令立即改正、通报批评、给予警告；对政府主要领导人依法给予记大过、降级、撤职直至开除的行政处分；构成犯罪的，依法追究刑事责任。

4. 截留、挪用重大动物疫情应急经费，或者侵占、挪用应急储备物资违法行为的法律责任 地方各级人民政府、财政主管部门、兽医主管部门、动物防疫监督机构等部门截留、挪用重大动物疫情应急经费，或者侵占、挪用应急储备物资的，按照《财政违法行为处罚处分条例》的规定处理；构成犯罪的，依法追究刑事责任。

（二）行政相对人违法行为的法律责任

1. 拒绝、阻碍重大动物疫情监测以及不报告动物疫情违法行为的法律责任　违反重大动物疫情应急条例规定，拒绝、阻碍动物防疫监督机构进行重大动物疫情监测，或者发现动物出现群体发病或者死亡，不向当地动物防疫监督机构报告的，由动物防疫监督机构给予警告，并处 2 000 元以上 5 000 元以下的罚款；构成犯罪的，依法追究刑事责任。

2. 不按规定采集重大动物疫病病料和分离重大动物疫病病原违法行为的法律责任　违反重大动物疫情应急条例规定，不符合相应条件采集重大动物疫病病料，或者在重大动物疫病病原分离时不遵守国家有关生物安全管理规定的，由动物防疫监督机构给予警告，并处 5 000元以下的罚款；构成犯罪的，依法追究刑事责任。

3. 破坏社会秩序和市场秩序违法行为的法律责任　在重大动物疫情发生期间，哄抬物价、欺骗消费者，散布谣言、扰乱社会秩序和市场秩序的，由价格主管部门、工商行政管理部门或者公安机关依法给予行政处罚；构成犯罪的，依法追究刑事责任。

第二单元　动物防疫条件审查法律制度

《动物防疫条件审查办法》于 2022 年 9 月 7 日农业农村部令 2022 年第 8 号公布，自 2022 年 12 月 1 日起施行。

一、《动物防疫条件审查办法》概述

（一）立法目的

规范动物防疫条件审查，有效预防、控制、净化、消灭动物疫病，防控人畜共患传染病，保障公共卫生安全和人体健康。

（二）审查范围

为了有效预防控制动物疫病，维护公共卫生安全，农业农村主管部门对动物饲养场、动物隔离场所、动物屠宰加工场所、动物和动物产品无害化处理场所以及经营动物和动物产品的集贸市场的动物防疫条件进行审查，要求上述场所必须符合《动物防疫条件审查办法》规定的动物防疫条件。其中动物饲养场、动物隔离场所、动物屠宰加工场所以及动物和动物产品无害化处理场所必须取得动物防疫条件合格证，才能从事相应的活动。但动物饲养场内自用的隔离舍，参照《动物防疫条件审查办法》第八条规定执行，不再另行办理动物防疫条件合格证；动物饲养场、隔离场所、屠宰加工场所内的无害化处理区域，参照《动物防疫条件审查办法》第十条规定执行，不再另行办理动物防疫条件合格证。

（三）动物防疫条件审查的管理体制

农业农村部主管全国动物防疫条件审查和监督管理工作。县级以上地方人民政府农业农村主管部门负责本行政区域内的动物防疫条件审查和监督管理工作。

（四）动物防疫条件审查的原则

动物防疫条件审查应当遵循公开、公平、公正、便民的原则。

（五）《动物防疫条件审查办法》中几个用语的含义

1. 动物饲养场　动物饲养场，是指《中华人民共和国畜牧法》规定的畜禽养殖场。

2. 经营动物和动物产品的集贸市场　经营动物和动物产品的集贸市场，是指经营畜禽或者专门经营畜禽产品，并取得营业执照的集贸市场。

二、动物防疫条件

（一）动物饲养场、动物隔离场所、动物屠宰加工场所以及动物和动物产品无害化处理场所的一般动物防疫条件

（1）各场所之间，各场所与动物诊疗场所、居民生活区、生活饮用水水源地、学校、医院等公共场所之间保持必要的距离。

（2）场区周围建有围墙等隔离设施；场区出入口处设置运输车辆消毒通道或者消毒池，并单独设置人员消毒通道；生产经营区与生活办公区分开，并有隔离设施；生产经营区入口处设置人员更衣消毒室。

（3）配备与其生产经营规模相适应的执业兽医或者动物防疫技术人员。

（4）配备与其生产经营规模相适应的污水、污物处理设施，清洗消毒设施设备，以及必要的防鼠、防鸟、防虫设施设备。

（5）建立隔离消毒、购销台账、日常巡查等动物防疫制度。

（二）动物饲养场的特殊动物防疫条件

动物饲养场除符合一般动物防疫条件外，还应当符合下列条件：

（1）设置配备疫苗冷藏冷冻设备、消毒和诊疗等防疫设备的兽医室。

（2）生产区清洁道、污染道分设；具有相对独立的动物隔离舍。

（3）配备符合国家规定的病死动物和病害动物产品无害化处理设施设备或者冷藏冷冻等暂存设施设备。

（4）建立免疫、用药、检疫申报、疫情报告、无害化处理、畜禽标识及养殖档案管理等动物防疫制度。

禽类饲养场内的孵化间与养殖区之间应当设置隔离设施，并配备种蛋熏蒸消毒设施，孵化间的流程应当单向，不得交叉或者回流。

种畜禽场除符合上述条件外，还应当有国家规定的动物疫病的净化制度；有动物精液、卵、胚胎采集等生产需要的，应当设置独立的区域。

（三）动物隔离场所的特殊动物防疫条件

动物隔离场所除符合一般动物防疫条件外，还应当符合下列条件：

（1）饲养区内设置配备疫苗冷藏冷冻设备、消毒和诊疗等防疫设备的兽医室。

（2）饲养区内清洁道、污染道分设。

（3）配备符合国家规定的病死动物和病害动物产品无害化处理设施设备或者冷藏冷冻等

暂存设施设备。

（4）建立动物进出登记、免疫、用药、疫情报告、无害化处理等动物防疫制度。

（四）动物屠宰加工场所的特殊动物防疫条件

动物屠宰加工场所除符合一般动物防疫条件外，还应当符合下列条件：

（1）入场动物卸载区域有固定的车辆消毒场地，并配备车辆清洗消毒设备。

（2）有与其屠宰规模相适应的独立检疫室和休息室；有待宰圈、急宰间，加工原毛、生皮、绒、骨、角的，还应当设置封闭式熏蒸消毒间。

（3）屠宰间配备检疫操作台。

（4）有符合国家规定的病死动物和病害动物产品无害化处理设施设备或者冷藏冷冻等暂存设施设备。

（5）建立动物进场查验登记、动物产品出场登记、检疫申报、疫情报告、无害化处理等动物防疫制度。

（五）动物和动物产品无害化处理场所的特殊动物防疫条件

动物和动物产品无害化处理场所除符合一般动物防疫条件外，还应当符合下列条件：

（1）无害化处理区内设置无害化处理间、冷库。

（2）配备与其处理规模相适应的病死动物和病害动物产品的无害化处理设施设备，符合农业农村部规定条件的专用运输车辆，以及相关病原检测设备，或者委托有资质的单位开展检测。

（3）建立病死动物和病害动物产品入场登记、无害化处理记录、病原检测、处理产物流向登记、人员防护等动物防疫制度。

（六）经营动物和动物产品的集贸市场的动物防疫条件

（1）经营动物和动物产品的集贸市场应当符合下列条件：①场内设管理区、交易区和废弃物处理区，且各区相对独立；②动物交易区与动物产品交易区相对隔离，动物交易区内不同种类动物交易场所相对独立；③配备与其经营规模相适应的污水、污物处理设施和清洗消毒设施设备；④建立定期休市、清洗消毒等动物防疫制度。经营动物的集贸市场，除符合上述动物防疫条件外，周围应当建有隔离设施，运输动物车辆出入口处设置消毒通道或者消毒池。

（2）活禽交易市场除符合上述经营动物和动物产品的集贸市场防疫条件外，还应当符合下列条件：①活禽销售应单独分区，有独立出入口；市场内水禽与其他家禽应相对隔离；活禽宰杀间应相对封闭，宰杀间、销售区域、消费者之间应实施物理隔离。②配备通风、无害化处理等设施设备，设置排污通道。③建立日常监测、从业人员卫生防护、突发事件应急处置等动物防疫制度。

三、审查发证

（一）申请选址

开办动物饲养场、动物隔离场所、动物屠宰加工场所以及动物和动物产品无害化处理场所，应当向县级人民政府农业农村主管部门提交选址需求。

（二）确认选址

县级人民政府农业农村主管部门依据评估办法，结合场所周边的天然屏障、人工屏障、饲养环境、动物分布等情况，以及动物疫病发生、流行和控制等因素，实施综合评估。确定各场所之间，各场所与动物诊疗场所、居民生活区、生活饮用水水源地、学校、医院等公共场所之间的距离，确认选址。

（三）申请动物防疫条件合格证

动物饲养场、动物隔离场所、动物屠宰加工场所以及动物和动物产品无害化处理场所建设竣工后，开办者应当向所在地县级人民政府农业农村主管部门提出申请，并提交以下材料：①《动物防疫条件审查申请表》；②场所地理位置图、各功能区布局平面图；③设施设备清单；④管理制度文本；⑤人员信息。

申请材料不齐全或者不符合规定条件的，县级人民政府农业农村主管部门应当自收到申请材料之日起 5 个工作日内，一次性告知申请人需补正的内容。

（四）审核与发证

县级人民政府农业农村主管部门应当自受理申请之日起 15 个工作日内完成材料审核，并结合选址综合评估结果完成现场核查，审查合格的，颁发动物防疫条件合格证；审查不合格的，应当书面通知申请人，并说明理由。

动物防疫条件合格证应当载明申请人的名称（姓名）、场（厂）址、动物（动物产品）种类等事项，具体格式由农业农村部规定。

四、监督管理

（一）管理主体

县级以上地方人民政府农业农村主管部门依照《中华人民共和国动物防疫法》和《动物防疫条件审查办法》以及有关法律、法规的规定，对动物饲养场、动物隔离场所、动物屠宰加工场所以及动物和动物产品无害化处理场所的动物防疫条件实施监督检查，有关单位和个人应当予以配合，不得拒绝和阻碍。

（二）监管措施

推行动物饲养场分级管理制度，根据规模、设施设备状况、管理水平、生物安全风险等因素采取差异化监管措施。

（三）人畜共患传染病防控管理

患有人畜共患传染病的人员不得在动物饲养场、动物隔离场所、动物屠宰加工场所以及动物和动物产品无害化处理场所直接从事动物疫病检测、检验、协助检疫、诊疗以及易感染动物的饲养、屠宰、经营、隔离等活动。

（四）行政相对人的义务

1. 变更场址或者经营范围 动物饲养场、动物隔离场所、动物屠宰加工场所以及动物和动物产品无害化处理场所变更场址或者经营范围的，应当重新申请办理，同时交回原动物防疫条件合格证，由原发证机关予以注销。

2. 变更布局、设施设备和制度 变更布局、设施设备和制度，可能引起动物防疫条件发生变化的，应当提前 30 日向原发证机关报告。发证机关应当在 15 日内完成审查，并将审查结果通知申请人。

3. 变更单位名称或者法定代表人（负责人） 变更单位名称或者法定代表人（负责人）的，应当在变更后 15 日内持有效证明申请变更动物防疫条件合格证。

4. 报告动物防疫条件情况和防疫制度执行情况　动物饲养场、动物隔离场所、动物屠宰加工场所以及动物和动物产品无害化处理场所，应当在每年3月底前将上一年的动物防疫条件情况和防疫制度执行情况向县级人民政府农业农村主管部门报告。

5. 禁止性规定　禁止转让、伪造或者变造动物防疫条件合格证。

6. 申请补发动物防疫条件合格证　动物防疫条件合格证丢失或者损毁的，应当在15日内向原发证机关申请补发。

五、法律责任

（一）行政处罚法律责任

1. 变更场所地址或者经营范围，未按规定重新办理动物防疫条件合格证的法律责任　动物饲养场、动物隔离场所、动物屠宰加工场所以及动物和动物产品无害化处理场所变更场所地址或者经营范围，未按规定重新办理动物防疫条件合格证的，依照《中华人民共和国动物防疫法》第九十八条的规定予以处罚，即由县级以上地方人民政府农业农村主管部门责令改正，处三千元以上三万元以下罚款；情节严重的，责令停业整顿，并处三万元以上十万元以下罚款。

2. 经营动物和动物产品的集贸市场不符合动物防疫条件的法律责任　经营动物和动物产品的集贸市场不符合《动物防疫条件审查办法》规定动物防疫条件的，依照《中华人民共和国动物防疫法》第九十八条的规定予以处罚，即由县级以上地方人民政府农业农村主管部门责令改正，处三千元以上三万元以下罚款；情节严重的，责令停业整顿，并处三万元以上十万元以下罚款。

3. 未经审查变更布局、设施设备和制度，不再符合规定的动物防疫条件的法律责任　动物饲养场、动物隔离场所、动物屠宰加工场所以及动物和动物产品无害化处理场所未经审查变更布局、设施设备和制度，不再符合规定的动物防疫条件的，依照《中华人民共和国动物防疫法》第九十九条的规定予以处罚，即由县级以上地方人民政府农业农村主管部门给予警告，责令限期改正；逾期仍达不到规定条件的，吊销动物防疫条件合格证，并通报市场监督管理部门依法处理。

4. 变更单位名称或者法定代表人（负责人）未办理变更手续的法律责任　动物饲养场、动物隔离场所、动物屠宰加工场所以及动物和动物产品无害化处理场所变更单位名称或者法定代表人（负责人）未办理变更手续的，由县级以上地方人民政府农业农村主管部门责令限期改正；逾期不改正的，处一千元以上五千元以下罚款。

5. 未按规定报告动物防疫条件情况和防疫制度执行情况的法律责任　动物饲养场、动物隔离场所、动物屠宰加工场所以及动物和动物产品无害化处理场所未按规定报告动物防疫条件情况和防疫制度执行情况的，依照《中华人民共和国动物防疫法》第一百零八条的规定予以处罚，即由县级以上地方人民政府农业农村主管部门责令改正，可以处一万元以下罚款；拒不改正的，处一万元以上五万元以下罚款，并可以责令停业整顿。

（二）刑事法律责任

违反《动物防疫条件审查办法》规定，涉嫌犯罪的，依法移送司法机关追究刑事责任。

第三单元　动物检疫管理法律制度

《动物检疫管理办法》于2022年9月7日农业农村部令2022年第7号公布，自2022年12月1日起施行。

一、《动物检疫管理办法》概述

（一）立法目的

加强动物检疫活动管理，预防、控制、净化、消灭动物疫病，防控人畜共患传染病，保障公共卫生安全和人体健康。

（二）调整对象

在中华人民共和国领域内的动物、动物产品的检疫及其监督管理活动适用《动物检疫管理办法》，但陆生野生动物检疫办法，由农业农村部会同国家林业和草原局另行制定。

（三）动物检疫的原则

动物检疫遵循过程监管、风险控制、区域化和可追溯管理相结合的原则。

（四）动物检疫的管理体制

1. 农业农村主管部门的职责　农业农村部主管全国动物检疫工作，制定、调整并公布检疫规程，明确动物检疫的范围、对象和程序。县级以上地方人民政府农业农村主管部门主管本行政区域内的动物检疫工作，负责动物检疫监督管理工作。县级人民政府农业农村主管部门可以根据动物检疫工作需要，向乡、镇或者特定区域派驻动物卫生监督机构或者官方兽医。

2. 动物疫病预防控制机构的职责　县级以上人民政府建立的动物疫病预防控制机构应当为动物检疫及其监督管理工作提供技术支撑。

3. 动物卫生监督机构的职责　县级以上地方人民政府的动物卫生监督机构负责本行政区域内动物检疫工作，依照《中华人民共和国动物防疫法》《动物检疫管理办法》以及检疫规程等规定实施检疫。水产苗种产地检疫，由从事水生动物检疫的县级以上动物卫生监督机构实施。

4. 官方兽医的职责　动物卫生监督机构的官方兽医实施检疫，出具动物检疫证明、加施检疫标志，并对检疫结论负责。

（五）动物检疫的信息化管理

1. 农业农村部的职责　农业农村部加强信息化建设，建立全国统一的动物检疫管理信息化系统，实现动物检疫信息的可追溯。

2. 动物卫生监督机构的职责　县级以上动物卫生监督机构应当做好本行政区域内的动物检疫信息数据管理工作。

3. 行政相对人的义务　从事动物饲养、屠宰、经营、运输、隔离等活动的单位和个人，应当按照要求在动物检疫管理信息化系统填报动物检疫相关信息。

（六）实验室疫病检测报告的出具

实验室疫病检测报告应当由动物疫病预防控制机构、取得相关资质认定、国家认可机构认可或者符合省级农业农村主管部门规定条件的实验室出具。

二、检疫申报

国家实行动物检疫申报制度。出售或者运输动物、动物产品前，或者屠宰动物以及向无规定动物疫病区输入相关易感动物、易感动物产品的，要求行政相对人按照规定的时限申报检疫，并取得动物检疫证明后，方可从事相关活动。

（一）申报时限

1. 出售或者运输动物、动物产品的申报时限　出售或者运输动物、动物产品的，货主应当提前 3d 向所在地动物卫生监督机构申报检疫。

2. 屠宰动物的申报时限　屠宰动物的，应当提前 6h 向所在地动物卫生监督机构申报检疫；急宰动物的，可以随时申报。

3. 向无规定动物疫病区输入相关易感动物、易感动物产品的申报时限　向无规定动物疫病区输入相关易感动物、易感动物产品的，货主除向输出地动物卫生监督机构申报检疫外，还应当在启运 3d 前向输入地动物卫生监督机构申报检疫。输入易感动物的，向输入地隔离场所在地动物卫生监督机构申报；输入易感动物产品的，在输入地省级动物卫生监督机构指定的地点申报。

（二）动物检疫申报点的设置

动物卫生监督机构应当根据动物检疫工作需要，合理设置动物检疫申报点，并向社会公布。县级以上地方人民政府农业农村主管部门应当采取有力措施，加强动物检疫申报点建设。

（三）申报材料及形式

申报检疫的货主，应当提交检疫申报单以及农业农村部规定的其他材料，并对申报材料的真实性负责。申报检疫采取在申报点填报或者通过传真、电子数据交换等方式申报。

（四）受理申报

动物卫生监督机构接到申报后，应当及时对申报材料进行审查。申报材料齐全的，予以受理；有下列情形之一的，不予受理，并说明理由：①申报材料不齐全的，动物卫生监督机构当场或在三日内已经一次性告知申报人需要补正的内容，但申报人拒不补正的；②申报的动物、动物产品不属于本行政区域的；③申报的动物、动物产品不属于动物检疫范围的；④农业农村部规定不应当检疫的动物、动物产品；⑤法律法规规定的其他不予受理的情形。

受理申报后，动物卫生监督机构应当指派官方兽医实施检疫，可以安排协检人员协助官方兽医到现场或指定地点核实信息，开展临床健康检查。

三、产地检疫

出售或者运输的动物、动物产品取得动物检疫证明后，方可离开产地。

（一）产地检疫出具动物检疫证明的条件

1. 出售或运输的动物 经检疫符合以下条件的，出具动物检疫证明：①来自非封锁区及未发生相关动物疫情的饲养场（户）；②来自符合风险分级管理有关规定的饲养场（户）；③申报材料符合检疫规程规定；④畜禽标识符合规定；⑤按照规定进行了强制免疫，并在有效保护期内；⑥临床检查健康；⑦需要进行实验室疫病检测的，检测结果合格。

2. 出售、运输的种用动物精液、卵、胚胎、种蛋 经检疫符合以下条件的，出具动物检疫证明：①经检疫其种用动物饲养场为非封锁区及未发生相关动物疫情；②申报材料符合检疫规程规定；③供体动物畜禽标识符合规定；④按照规定进行了强制免疫，并在有效保护期内；⑤临床检查健康；⑥需要进行实验室疫病检测的，检测结果合格。

3. 出售、运输的生皮、原毛、绒、血液、角等产品 经检疫符合以下条件，且按规定消毒合格的，出具动物检疫证明：①经检疫其饲养场（户）为非封锁区及未发生相关动物疫情；②申报材料符合检疫规程规定；③供体动物畜禽标识符合规定；④按照规定进行了强制免疫，并在有效保护期内；⑤临床检查健康；⑥需要进行实验室疫病检测的，检测结果合格。

4. 出售或者运输水生动物的亲本、稚体、幼体、受精卵、发眼卵及其他遗传育种材料等水产苗种 经检疫符合以下条件的，出具动物检疫证明：①来自未发生相关水生动物疫情的苗种生产场；②申报材料符合检疫规程规定；③临床检查健康；④需要进行实验室疫病检测的，检测结果合格。但水产苗种以外的其他水生动物及其产品不实施检疫。

（二）已经取得产地检疫证明继续出售或者运输动物的检疫

已经取得产地检疫证明的动物，从专门经营动物的集贸市场继续出售或者运输的，或者动物展示、演出、比赛后需要继续运输的，经检疫符合以下条件的，出具动物检疫证明：①有原始动物检疫证明和完整的进出场记录；②畜禽标识符合规定；③临床检查健康；④原始动物检疫证明超过调运有效期，按规定需要进行实验室疫病检测的，检测结果合格。

（三）跨省引进乳用、种用动物的隔离

跨省、自治区、直辖市引进的乳用、种用动物到达输入地后，应当在隔离场或者饲养场内的隔离舍进行隔离观察，隔离期为30d。经隔离观察合格的，方可混群饲养；不合格的，按照有关规定进行处理。隔离观察合格后需要继续运输的，货主应当申报检疫，并取得动物检疫证明。

四、屠宰检疫

（一）派驻（出）官方兽医实施检疫

动物卫生监督机构向依法设立的屠宰加工场所派驻（出）官方兽医实施检疫。屠宰加工场所应当提供与检疫工作相适应的官方兽医驻场检疫室、工作室和检疫操作台等设施。

（二）入场查验登记、待宰巡查以及疫情报告制度

进入屠宰加工场所的待宰动物应当附有动物检疫证明并加施有符合规定的畜禽标识。屠宰加工场所应当严格执行动物入场查验登记、待宰巡查等制度，查验进场待宰动物的动物检疫证明和畜禽标识，发现动物染疫或者疑似染疫的，应当立即向所在地农业农村主管部门或者动物疫病预防控制机构报告。

（三）宰前检查

官方兽医应当检查待宰动物健康状况，回收进入屠宰加工场所待宰动物附有的动物检疫证明，并将有关信息上传至动物检疫管理信息化系统。回收的动物检疫证明保存期限不得少于12个月。

（四）同步检疫

官方兽医在屠宰过程中开展同步检疫和必要的实验室疫病检测，并填写屠宰检疫记录。

（五）屠宰检疫出具动物检疫证明的条件

经检疫符合以下条件的，对动物的胴体及生皮、原毛、绒、脏器、血液、蹄、头、角出具动物检疫证明，加盖检疫验讫印章或者加施其他检疫标志：①申报材料符合检疫规程规定；②待宰动物临床检查健康；③同步检疫合格；④需要进行实验室疫病检测的，检测结果合格。

五、进入无规定动物疫病区的动物检疫

向无规定动物疫病区运输相关易感动物、动物产品，需经过两次检疫，即分别由输出地动物卫生监督机构和输入地动物卫生监督机构检疫合格。

（一）动物检疫

输入到无规定动物疫病区的相关易感动物，或者跨省、自治区、直辖市输入到无规定动物疫病区的乳用、种用动物，应当在输入地省级动物卫生监督机构指定的隔离场所进行隔离，隔离检疫期为30d。隔离检疫合格的，由隔离场所在地县级动物卫生监督机构的官方兽医出具动物检疫证明。

（二）动物产品检疫

输入到无规定动物疫病区的相关易感动物产品，应当在输入地省级动物卫生监督机构指定的地点，按照无规定动物疫病区有关检疫要求进行检疫。检疫合格的，由当地县级动物卫生监督机构的官方兽医出具动物检疫证明。

六、官方兽医

（一）官方兽医的条件

官方兽医应当符合以下条件：①动物卫生监督机构的在编人员，或者接受动物卫生监督机构业务指导的其他机构在编人员；②从事动物检疫工作；③具有畜牧兽医水产初级以上职称或者相关专业大专以上学历或者从事动物防疫等相关工作满3年以上；④接受岗前培训，并经考核合格；⑤符合农业农村部规定的其他条件。

（二）官方兽医的任命程序

国家实行官方兽医任命制度。县级以上动物卫生监督机构提出官方兽医任命建议，报同级农业农村主管部门审核。审核通过的，由省级农业农村主管部门按程序确认、统一编号，并报农业农村部备案。经省级农业农村主管部门确认的官方兽医，由其所在的农业农村主管部门任命，颁发官方兽医证，公布人员名单。官方兽医证的格式由农业农村部统一规定。

（三）官方兽医证的使用

官方兽医实施动物检疫工作时，应当持有官方兽医证。禁止伪造、变造、转借或者以其他方式违法使用官方兽医证。

（四）官方兽医的培训

农业农村部制定全国官方兽医培训计划。县级以上地方人民政府农业农村主管部门制定本行政区域官方兽医培训计划，提供必要的培训条件，设立考核指标，定期对官方兽医进行培训和考核。

（五）协检人员

官方兽医实施动物检疫的，可以由协检人员进行协助。协检人员不得出具动物检疫证明。协检人员的条件和管理要求由省级农业农村主管部门规定。

（六）动物饲养场、屠宰加工场所的协检义务

动物饲养场、屠宰加工场所的执业兽医或者动物防疫技术人员，应当协助官方兽医实施动物检疫。

（七）医疗保健措施和卫生津贴待遇

对从事动物检疫工作的人员，有关单位按照国家规定，采取有效的卫生防护、医疗保健措施，全面落实畜牧兽医医疗卫生津贴等相关待遇。

（八）表彰、奖励制度

对在动物检疫工作中做出贡献的动物卫生监督机构、官方兽医，按照国家有关规定给予表彰、奖励。

七、动物检疫证章标志管理

（一）动物检疫证章的范围

动物检疫证章标志包括：①动物检疫证明；②动物检疫印章、动物检疫标志；③农业农村部规定的其他动物检疫证章标志。动物检疫证章标志的内容、格式、规格、编码和制作等要求，由农业农村部统一规定。

（二）动物检疫证章的管理

县级以上动物卫生监督机构负责本行政区域内动物检疫证章标志的管理工作，建立动物检疫证章标志管理制度，严格按照程序订购、保管、发放。

（三）禁止性规定

任何单位和个人不得伪造、变造、转让动物检疫证章标志，不得持有或者使用伪造、变造、转让的动物检疫证章标志。

八、监督管理

（一）禁止性规定

禁止屠宰、经营、运输依法应当检疫而未经检疫或者检疫不合格的动物。禁止生产、经营、加工、贮藏、运输依法应当检疫而未经检疫或者检疫不合格的动物产品。

（二）检疫不合格的动物、动物产品的处理

经检疫不合格的动物、动物产品，由官方兽医出具检疫处理通知单，货主或者屠宰加工场所应当在农业农村主管部门的监督下按照国家有关规定处理。动物卫生监督机构应当及时向同级农业农村主管部门报告检疫不合格情况。

（三）动物检疫证明的撤销

有以下情形之一的，出具动物检疫证明的动物卫生监督机构或者其上级动物卫生监督机构，根据利害关系人的请求或者依据职权，撤销动物检疫证明，并及时通告有关单位和个人：①官方兽医滥用职权、玩忽职守出具动物检疫证明的；②以欺骗、贿赂等不正当手段取得动物检疫证明的；③超出动物检疫范围实施检疫，出具动物检疫证明的；④对不符合检疫申报条件或者不符合检疫合格标准的动物、动物产品，出具动物检疫证明的；⑤其他未按照《中华人民共和国动物防疫法》《动物检疫管理办法》和检疫规程的规定实施检疫，出具动物检疫证明的。

（四）按照依法应当检疫而未经检疫处理处罚的情形

有以下情形之一的，按照依法应当检疫而未经检疫处理处罚：①动物种类、动物产品名称、畜禽标识号与动物检疫证明不符的；②动物、动物产品数量超出动物检疫证明载明部分的；③使用转让的动物检疫证明的。

（五）动物、动物产品的补检

依法应当检疫而未经检疫的动物、动物产品，由县级以上地方人民政府农业农村主管部门依照《中华人民共和国动物防疫法》处理处罚，不具备补检条件的，予以收缴销毁；具备补检条件的，由动物卫生监督机构补检。

1. 动物的补检　补检的动物具备以下条件的，补检合格，出具动物检疫证明：①畜禽标识符合规定；②检疫申报需要提供的材料齐全、符合要求；③临床检查健康；④不符合第一个或第二个规定条件，货主于七日内提供检疫规程规定的实验室疫病检测报告，检测结果合格。

2. 动物产品的补检

（1）不予补检的动物产品　依法应当检疫而未经检疫的胴体、肉、脏器、脂、血液、精液、卵、胚胎、骨、蹄、头、筋、种蛋等动物产品，不予补检，予以收缴销毁。

（2）补检的动物产品　补检的生皮、原毛、绒、角等动物产品具备以下条件的，补检合格，出具动物检疫证明：①经外观检查无腐烂变质；②按照规定进行消毒；③货主于七日内提供检疫规程规定的实验室疫病检测报告，检测结果合格。

（六）行政相对人的义务

1. 按照动物检疫证明载明的目的地运输　经检疫合格的动物应当按照动物检疫证明载明的目的地运输，并在规定时间内到达，运输途中发生疫情的应当按有关规定报告并处置。

2. 运输动物应当遵守指定通道规定　跨省、自治区、直辖市通过道路运输动物的，应当经省级人民政府设立的指定通道入省境或者过省境。

3. 不得接收未附有动物检疫证明的动物　饲养场（户）或者屠宰加工场所不得接收未附有有效动物检疫证明的动物。

4. 履行报告义务　运输用于继续饲养或屠宰的畜禽到达目的地后，货主或者承运人应当在三日内向启运地县级动物卫生监督机构报告；目的地饲养场（户）或者屠宰加工场所应当在接收畜禽后三日内向所在地县级动物卫生监督机构报告。

九、法律责任

（一）申报动物检疫隐瞒有关情况或者提供虚假材料的，或者以欺骗、贿赂等不正当手段取得动物检疫证明的法律责任

申报动物检疫隐瞒有关情况或者提供虚假材料的，或者以欺骗、贿赂等不正当手段取得动物检疫证明的，依照《中华人民共和国行政许可法》有关规定予以处罚。即，申报动物检疫隐瞒有关情况或者提供虚假材料的，动物卫生监督机构不予受理或者不予行政许可，并给予警告，申请人在一年内不得再次申请动物检疫证明；以欺骗、贿赂等不正当手段取得动物检疫证明的，撤销动物检疫证明，申请人在三年内不得再次申请动物检疫证明，构成犯罪的，依法追究刑事责任。

（二）运输用于继续饲养或者屠宰的畜禽到达目的地后，未向启运地动物卫生监督机构报告的法律责任

运输用于继续饲养或者屠宰的畜禽到达目的地后，未向启运地动物卫生监督机构报告的，由县级以上地方人民政府农业农村主管部门处一千元以上三千元以下罚款；情节严重的，处三千元以上三万元以下罚款。

（三）未按照动物检疫证明载明的目的地运输的法律责任

未按照动物检疫证明载明的目的地运输的，由县级以上地方人民政府农业农村主管部门处一千元以上三千元以下罚款；情节严重的，处三千元以上三万元以下罚款。

（四）未按照动物检疫证明规定时间运达且无正当理由的法律责任

未按照动物检疫证明规定时间运达且无正当理由的，由县级以上地方人民政府农业农村主管部门处一千元以上三千元以下罚款；情节严重的，处三千元以上三万元以下罚款。

（五）实际运输的数量少于动物检疫证明载明数量且无正当理由的法律责任

实际运输的数量少于动物检疫证明载明数量且无正当理由的，由县级以上地方人民政府农业农村主管部门处一千元以上三千元以下罚款；情节严重的，处三千元以上三万元以下罚款。

（六）其他违反《动物检疫管理办法》规定的行为，依照《中华人民共和国动物防疫法》有关规定予以处罚

第四单元　执业兽医及诊疗机构管理法律制度

第一节 执业兽医和乡村兽医管理办法

《执业兽医和乡村兽医管理办法》于 2022 年 9 月 7 日农业农村部令 2022 年第 6 号公布，自 2022 年 10 月 1 日起施行。

一、《执业兽医和乡村兽医管理办法》概述

（一）立法目的

维护执业兽医和乡村兽医合法权益，规范动物诊疗活动，加强执业兽医和乡村兽医队伍建设，保障动物健康和公共卫生安全。

（二）执业兽医、乡村兽医的分类

执业兽医，包括执业兽医师和执业助理兽医师。乡村兽医，是指尚未取得执业兽医资格，经备案在乡村从事动物诊疗活动的人员。

（三）执业兽医和乡村兽医的管理体制

农业农村部主管全国执业兽医和乡村兽医管理工作，加强信息化建设，建立完善执业兽医和乡村兽医信息管理系统。

农业农村部和省级人民政府农业农村主管部门制定实施执业兽医和乡村兽医的继续教育计划，提升执业兽医和乡村兽医素质和执业水平。

县级以上地方人民政府农业农村主管部门主管本行政区域内的执业兽医和乡村兽医管理工作，加强执业兽医和乡村兽医备案、执业活动、继续教育等监督管理。

（四）继续教育

鼓励执业兽医和乡村兽医接受继续教育。执业兽医和乡村兽医继续教育工作可以委托相关机构或者组织具体承担。执业兽医所在机构应当支持执业兽医参加继续教育。

（五）兽医行业管理

执业兽医、乡村兽医依法执业，其权益受法律保护。兽医行业协会应当依照法律、法规、规章和章程，加强行业自律，及时反映行业诉求，为兽医人员提供信息咨询、宣传培训、权益保护、纠纷处理等方面的服务。

（六）表彰和奖励制度

对在动物防疫工作中做出突出贡献的执业兽医和乡村兽医，按照国家有关规定给予表彰和奖励。

（七）补助和抚恤待遇

对因参与动物防疫工作致病、致残、死亡的执业兽医和乡村兽医，按照国家有关规定给予补助或者抚恤。

（八）优先确定村级动物防疫员制度

县级人民政府农业农村主管部门和乡（镇）人民政府应当优先确定乡村兽医作为村级动物防疫员。

二、执业兽医资格考试

（一）考试制度

国家实行执业兽医资格考试制度。执业兽医资格考试由农业农村部组织，全国统一大纲、统一命题、统一考试、统一评卷。

（二）考试条件

具备以下条件之一的，可以报名参加全国执业兽医资格考试：①具有大学专科以上学历的人员或全日制高校在校生，专业符合全国执业兽医资格考试委员会公布的报考专业目录；②2009年1月1日前已取得兽医师以上专业技术职称；③依法备案或登记，且从事动物诊疗活动10年以上的乡村兽医。

（三）考试类别和科目

执业兽医资格考试类别分为兽医全科类和水生动物类，包含基础、预防、临床和综合应用四门科目。

（四）考试管理

农业农村部设立的全国执业兽医资格考试委员会负责审定考试科目、考试大纲，发布考试公告、确定考试试卷等，对考试工作进行监督、指导和确定合格标准。

（五）资格证书的取得

执业兽医资格证书分为两种，即执业兽医师资格证书和执业助理兽医师资格证书。通过执业兽医资格考试的人员，由省、自治区、直辖市人民政府农业农村主管部门根据考试合格标准颁发执业兽医师或者执业助理兽医师资格证书。

三、执业备案

（一）执业备案的程序

1. 执业兽医的备案条件　取得执业兽医资格证书并在动物诊疗机构从事动物诊疗活动的，应当向动物诊疗机构所在地备案机关备案。动物饲养场、实验动物饲育单位、兽药生产企业、动物园等单位聘用的取得执业兽医资格证书的人员，可以凭聘用合同办理执业兽医备案，但不得对外开展动物诊疗活动。

2. 乡村兽医的备案条件　具备以下条件之一的，可以备案为乡村兽医：①取得中等以上兽医、畜牧（畜牧兽医）、中兽医（民族兽医）、水产养殖等相关专业学历；②取得中级以上动物疫病防治员、水生物病害防治员职业技能鉴定证书或职业技能等级证书；③从事村级动物防疫员工作满5年。

备案机关，是指县（市辖区）级人民政府农业农村主管部门；市辖区未设立农业农村主管部门的，备案机关为上一级农业农村主管部门。

3. 备案材料　执业兽医或者乡村兽医备案的，应当向备案机关提交以下材料：①备案信息表；②身份证明。除前述规定的材料外，执业兽医备案还应当提交动物诊疗机构聘用证明，乡村兽医备案还应当提交学历证明、职业技能鉴定证书或职业技能等级证书等材料。

（二）备案管理

1. 备案机关　备案机关是指县（市辖区）级人民政府农业农村主管部门；市辖区未设立农业农村主管部门的，备案机关为上一级农业农村主管部门。

2. 备案审查　备案材料符合要求的，应当及时予以备案；不符合要求的，应当一次性告知备案人补正相关材料。备案机关应当优化备案办理流程，逐步实现网上统一办理，提高备案效率。

3. 执业兽医多点执业的备案制度　执业兽医可以在同一县域内备案多家执业的动物诊疗机构；在不同县域从事动物诊疗活动的，应当分别向动物诊疗机构所在地备案机关备案。执业的动物诊疗机构发生变化的，应当按规定及时更新备案信息。

四、执业活动管理

（一）执业限制

（1）患有人畜共患传染病的执业兽医和乡村兽医不得直接从事动物诊疗活动。

（2）经备案专门从事水生动物疫病诊疗的执业兽医，不得从事其他动物疫病诊疗。

（二）执业场所

执业兽医应当在备案的动物诊疗机构执业，但动物诊疗机构间的会诊、支援、应邀出诊、急救等除外。乡村兽医应当在备案机关所在县域的乡村从事动物诊疗活动，不得在城区从业。

（三）执业权限

1. 执业兽医师的权限　执业兽医师可以从事动物疾病的预防、诊断、治疗和开具处方、填写诊断书、出具动物诊疗有关证明文件等活动。

2. 执业助理兽医师的权限　执业助理兽医师可以从事动物健康检查、采样、配药、给药、针灸等活动，在执业兽医师指导下辅助开展手术、剖检活动，但不得开具处方、填写诊断书、出具动物诊疗有关证明文件。省、自治区、直辖市人民政府农业农村主管部门根据本地区实际，可以决定执业助理兽医师在乡村独立从事动物诊疗活动，并按执业兽医师进行执业活动管理。

（四）处方笺、病历的管理制度

执业兽医师应当规范填写处方笺、病历。未经亲自诊断、治疗，不得开具处方、填写诊断书、出具动物诊疗有关证明文件。执业兽医师不得伪造诊断结果，出具虚假动物诊疗证明文件。

（五）关于实习管理的规定

参加动物诊疗教学实践的兽医相关专业学生和尚未取得执业兽医资格证书、在动物诊疗机构中参加工作实践的兽医相关专业毕业生，应当在执业兽医师监督、指导下协助参与动物诊疗活动。

（六）执业兽医和乡村兽医的执业义务

执业兽医和乡村兽医在执业活动中应当履行下列义务：①遵守法律、法规、规章和有关管理规定；②按照技术操作规范从事动物诊疗活动；③遵守职业道德，履行兽医职责；④爱护动物，宣传动物保健知识和动物福利。

（七）兽药和兽医器械的使用制度

执业兽医和乡村兽医应当按照国家有关规定使用兽药和兽医器械，不得使用假劣兽药、农业农村部规定禁止使用的药品及其他化合物和不符合规定的兽医器械。

（八）兽药和兽医器械的不良反应报告制度

执业兽医和乡村兽医发现可能与兽药和兽医器械使用有关的严重不良反应的，应当立即向所在地人民政府农业农村主管部门报告。

（九）兽医器械和诊疗废弃物的处理规定

执业兽医和乡村兽医在动物诊疗活动中，应当按照规定处理使用过的兽医器械和诊疗废弃物。

（十）疫情报告义务的控制措施

执业兽医和乡村兽医在动物诊疗活动中发现动物染疫或者疑似染疫的，应当按照国家规定立即向所在地人民政府农业农村主管部门或者动物疫病预防控制机构报告，并迅速采取隔离、消毒等控制措施，防止动物疫情扩散。执业兽医和乡村兽医在动物诊疗活动中发现动物患有或者疑似患有国家规定应当扑杀的疫病时，不得擅自进行治疗。

（十一）履行动物疫病的防控义务

执业兽医和乡村兽医应当按照当地人民政府或者农业农村主管部门的要求，参加动物疫病预防、控制和动物疫情扑灭活动，执业兽医所在单位和乡村兽医不得阻碍、拒绝。

（十二）承接政府购买服务的规定

执业兽医和乡村兽医可以通过承接政府购买服务的方式开展动物防疫和疫病诊疗活动。

（十三）执业情况报告制度

执业兽医应当于每年3月底前，按照县级人民政府农业农村主管部门要求如实报告上年度兽医执业活动情况。

（十四）监督管理规定

县级以上地方人民政府农业农村主管部门应当建立健全日常监管制度，对辖区内执业兽医和乡村兽医执行法律、法规、规章的情况进行监督检查。

五、法律责任

（一）在责令暂停动物诊疗活动期间从事动物诊疗活动的法律责任

违反《执业兽医和乡村兽医管理办法》规定，执业兽医在责令暂停动物诊疗活动期间从事动物诊疗活动的，依照《中华人民共和国动物防疫法》第一百零六条第一款的规定予以处罚。即，由县级以上地方人民政府农业农村主管部门责令停止动物诊疗活动，没收违法所得，并处三千元以上三万元以下罚款；对其所在的动物诊疗机构处一万元以上五万元以下罚款。

（二）超出备案所在县域或者执业范围从事动物诊疗活动的法律责任

违反《执业兽医和乡村兽医管理办法》规定，执业兽医超出备案所在县域或者执业范围从事动物诊疗活动的，依照《中华人民共和国动物防疫法》第一百零六条第一款的规定予以处罚。即，由县级以上地方人民政府农业农村主管部门责令停止动物诊疗活动，没收违法所得，并处三千元以上三万元以下罚款；对其所在的动物诊疗机构处一万元以上五万元以下罚款。

（三）执业助理兽医师直接开展手术，或者开具处方、填写诊断书、出具动物诊疗有关证明文件的法律责任

违反《执业兽医和乡村兽医管理办法》规定，执业助理兽医师直接开展手术，或者开具处方、填写诊断书、出具动物诊疗有关证明文件的，依照《中华人民共和国动物防疫法》第一百零六条第一款的规定予以处罚。即，由县级以上地方人民政府农业农村主管部门责令停止动物诊疗活动，没收违法所得，并处三千元以上三万元以下罚款；对其所在的动物诊疗机构处一万元以上五万元以下罚款。

（四）执业兽医对患有或者疑似患有国家规定应当扑杀的疫病的动物进行治疗，造成或者可能造成动物疫病传播、流行的法律责任

违反《执业兽医和乡村兽医管理办法》规定，执业兽医对患有或者疑似患有国家规定应当扑杀的疫病的动物进行治疗，造成或者可能造成动物疫病传播、流行的，依照《中华人民共和国动物防疫法》第一百零六条第二款的规定予以处罚。即，由县级以上地方人民政府农业农村主管部门给予警告，责令暂停六个月以上一年以下动物诊疗活动；情节严重的，吊销执业兽医资格证书。

（五）执业兽医未按县级人民政府农业农村主管部门要求如实形成兽医执业活动情况报告的法律责任

违反《执业兽医和乡村兽医管理办法》规定，执业兽医未按县级人民政府农业农村主管部门要求如实形成兽医执业活动情况报告的，依照《中华人民共和国动物防疫法》第一百零八条的规定予以处罚。即，由县级以上地方人民政府农业农村主管部门责令改正，可以处一万元以下罚款；拒不改正的，处一万元以上五万元以下罚款，并可以责令停业整顿。

（六）执业兽医在动物诊疗活动中不使用病历，或者应当开具处方未开具处方的法律责任

违反《执业兽医和乡村兽医管理办法》规定，执业兽医在动物诊疗活动中不使用病历，或者应当开具处方未开具处方的，由县级以上地方人民政府农业农村主管部门责令限期改正，处一千元以上五千元以下罚款。

（七）执业兽医在动物诊疗活动中不规范填写处方笺、病历的法律责任

违反《执业兽医和乡村兽医管理办法》规定，执业兽医在动物诊疗活动中不规范填写处方笺、病历的，由县级以上地方人民政府农业农村主管部门责令限期改正，处一千元以上五千元以下罚款。

（八）执业兽医在动物诊疗活动中未经亲自诊断、治疗，开具处方、填写诊断书、出具动物诊疗有关证明文件的法律责任

违反《执业兽医和乡村兽医管理办法》规定，执业兽医在动物诊疗活动中未经亲自诊断、治疗，开具处方、填写诊断书、出具动物诊疗有关证明文件的，由县级以上地方人民政府农业农村主管部门责令限期改正，处一千元以上五千元以下罚款。

（九）执业兽医在动物诊疗活动中伪造诊断结果，出具虚假动物诊疗证明文件的法律责任

违反《执业兽医和乡村兽医管理办法》规定，执业兽医在动物诊疗活动中伪造诊断结果，出具虚假动物诊疗证明文件的，由县级以上地方人民政府农业农村主管部门责令限期改正，处一千元以上五千元以下罚款。

（十）乡村兽医不按照备案规定区域从事动物诊疗活动的法律责任

违反《执业兽医和乡村兽医管理办法》规定，乡村兽医不按照备案规定区域从事动物诊疗活动的，由县级以上地方人民政府农业农村主管部门责令限期改正，处一千元以上五千元以下罚款。

第二节　动物诊疗机构管理办法

《动物诊疗机构管理办法》于 2022 年 9 月 7 日农业农村部令 2022 年第 5 号公布，自 2022 年 10 月 1 日起施行。

一、《动物诊疗机构管理办法》概述

（一）立法目的

加强动物诊疗机构管理，规范动物诊疗行为，保障公共卫生安全。

（二）调整对象

在中华人民共和国境内从事动物诊疗活动的机构，应当遵守《动物诊疗机构管理办法》。

（三）动物诊疗的定义

动物诊疗，是指动物疾病的预防、诊断、治疗和动物绝育手术等经营性活动，包括动物的健康检查、采样、剖检、配药、给药、针灸、手术、填写诊断书和出具动物诊疗有关证明文件等。

（四）动物诊疗机构的分类

动物诊疗机构，包括动物医院、动物诊所以及其他提供动物诊疗服务的机构。

（五）动物诊疗机构的管理体制

农业农村部负责全国动物诊疗机构的监督管理。县级以上地方人民政府农业农村主管部门负责本行政区域内动物诊疗机构的监督管理。

（六）动物诊疗机构的信息化管理

农业农村部加强信息化建设，建立健全动物诊疗机构信息管理系统。县级以上地方人民政府农业农村主管部门应当优化许可办理流程，推行网上办理等便捷方式，加强动物诊疗机构信息管理工作。

二、诊疗许可

（一）动物诊疗许可制度

国家实行动物诊疗许可制度。从事动物诊疗活动的机构，应当取得动物诊疗许可证，并在规定的诊疗活动范围内开展动物诊疗活动。

（二）动物诊疗机构的条件

1. 动物诊疗机构的一般条件　从事动物诊疗活动的机构，应当具备以下条件：①有固定的动物诊疗场所，且动物诊疗场所使用面积符合省、自治区、直辖市人民政府农业农村主管部门的规定；②动物诊疗场所选址距离动物饲养场、动物屠宰加工场所、经营动物的集贸市场不少于 200 米；③动物诊疗场所设有独立的出入口，出入口不得设在居民住宅楼内或者院内，不得与同一建筑物的其他用户共用通道；④具有布局合理的诊疗室、隔离室、药房等功能区；⑤具有诊断、消毒、冷藏、常规化验、污水处理等器械设备；⑥具有诊疗废弃物暂存处理设施，并委托专业处理机构处理；⑦具有染疫或者疑似染疫动物的隔离控制措施及设施设备；⑧具有与动物诊疗活动相适应的执业兽医；⑨具有完善的诊疗服务、疫情报告、卫生安全防护、消毒、隔离、诊疗废弃物暂存、兽医器械、兽医处方、药物和无害化处理等管理制度。

2. 动物诊疗所的条件 动物诊所除具备动物诊疗机构的一般条件外，还应当具备以下条件：①具有一名以上执业兽医师；②具有布局合理的手术室和手术设备。

3. 动物医院的条件 动物医院除具备动物诊疗机构的一般条件外，还应当具备以下条件：①具有三名以上执业兽医师；②具有 X 线机或者 B 超等器械设备；③具有布局合理的手术室和手术设备。除动物医院外，其他动物诊疗机构不得从事动物颅腔、胸腔和腹腔手术。

《动物诊疗机构管理办法》施行前已取得动物诊疗许可证的机构，应当自 2022 年 10 月 1 日起一年内达到该办法规定的条件。

乡村兽医在乡村从事动物诊疗活动的，应当有固定的从业场所。

（三）设立动物诊疗机构的程序

1. 申请 从事动物诊疗活动的机构，应当向动物诊疗场所所在地的发证机关提出申请。发证机关，是指县（市辖区）级人民政府农业农村主管部门；市辖区未设立农业农村主管部门的，发证机关为上一级农业农村主管部门。

2. 申请材料 申请设立动物诊疗机构的，应当提交以下材料：①动物诊疗许可证申请表；②动物诊疗场所地理方位图、室内平面图和各功能区布局图；③动物诊疗场所使用权证明；④法定代表人（负责人）身份证明；⑤执业兽医资格证书；⑥设施设备清单；⑦管理制度文本。申请材料不齐全或者不符合规定条件的，发证机关应当自收到申请材料之日起 5 个工作日内一次性告知申请人需补正的内容。

3. 动物诊疗机构的名称 动物诊疗机构应当使用规范的名称。未取得相应许可的，不得使用"动物诊所"或者"动物医院"的名称。

4. 审核 发证机关受理申请后，应当在 15 个工作日内完成对申请材料的审核和对动物诊疗场所的实地考察。符合规定条件的，发证机关应当向申请人颁发动物诊疗许可证；不符合条件的，书面通知申请人，并说明理由。专门从事水生动物疫病诊疗的，发证机关在核发动物诊疗许可证时，应当征求同级渔业主管部门的意见。发证机关办理动物诊疗许可证，不得向申请人收取费用。

（四）动物诊疗许可证管理

动物诊疗许可证应当载明诊疗机构名称、诊疗活动范围、从业地点和法定代表人（负责人）等事项。动物诊疗许可证格式由农业农村部统一规定。

动物诊疗许可证不得伪造、变造、转让、出租、出借。动物诊疗许可证遗失的，应当及时向原发证机关申请补发。

（五）分支机构的设立

动物诊疗机构设立分支机构的，应当按照《动物诊疗机构管理办法》的规定另行办理动物诊疗许可证。

（六）动物诊疗机构的变更

动物诊疗机构变更名称或者法定代表人（负责人）的，应当在办理市场主体变更登记手续后 15 个工作日内，向原发证机关申请办理变更手续。动物诊疗机构变更从业地点、诊疗活动范围的，应当按照《动物诊疗机构管理办法》规定重新办理动物诊疗许可手续，申请换发动物诊疗许可证。

三、诊疗活动管理

（一）从业活动管理

县级以上地方人民政府农业农村主管部门应当建立健全日常监管制度，对辖区内动物诊疗机构和人员执行法律、法规、规章的情况进行监督检查。动物诊疗机构应当依法从事动物诊疗活动，建立健全内部管理制度，在诊疗场所的显著位置悬挂动物诊疗许可证和公示诊疗活动从业人员基本情况。

（二）利用互联网开展动物诊疗活动的管理

动物诊疗机构可以通过在本机构备案从业的执业兽医师，利用互联网等信息技术开展动物诊疗活动，活动范围不得超出动物诊疗许可证核定的诊疗活动范围。

（三）关于实习管理的规定

动物诊疗机构应当对兽医相关专业学生、毕业生参与动物诊疗活动加强监督指导。

（四）兽药和兽医器械的使用制度

动物诊疗机构应当按照国家有关规定使用兽医器械和兽药，不得使用不符合规定的兽医器械、假劣兽药和农业农村部规定禁止使用的药品及其他化合物。

（五）兼营的管理规定

动物诊疗机构兼营动物用品、动物饲料、动物美容、动物寄养等项目的，兼营区域与动物诊疗区域应当分别独立设置。

（六）病历、处方笺的管理制度

1. 病历　动物诊疗机构应当使用载明机构名称的规范病历，包括门（急）诊病历和住院病历。病历档案保存期限不得少于 3 年。病历根据不同的记录形式，分为纸质病历和电子病历。电子病历与纸质病历具有同等效力。病历包括诊疗活动中形成的文字、符号、图表、影像、切片等内容或者资料。

2. 处方笺　动物诊疗机构应当为执业兽医师提供兽医处方笺，处方笺的格式和保存等应当符合农业农村部规定的兽医处方格式及应用规范。

（七）放射性诊疗设备的管理制度

动物诊疗机构安装、使用具有放射性的诊疗设备的，应当依法经生态环境主管部门批准。

（八）疫情报告义务

动物诊疗机构发现动物染疫或者疑似染疫的，应当按照国家规定立即向所在地农业农村主管部门或者动物疫病预防控制机构报告，并迅速采取隔离、消毒等控制措施，防止动物疫情扩散。动物诊疗机构发现动物患有或者疑似患有国家规定应当扑杀的疫病时，不得擅自进行治疗。

（九）染疫动物、诊疗废弃物的处理规定

动物诊疗机构应当按照国家规定处理染疫动物及其排泄物、污染物和动物病理组织等。动物诊疗机构应当参照《医疗废物管理条例》的有关规定处理诊疗废弃物，不得随意丢弃诊疗废弃物，排放未经无害化处理的诊疗废水。

（十）履行动物疫病的防控义务

动物诊疗机构应当支持执业兽医按照当地人民政府或者农业农村主管部门的要求，参加动物疫病预防、控制和动物疫情扑灭活动。动物诊疗机构应当配合农业农村主管部门、动物卫生监督机构、动物疫病预防控制机构进行有关法律法规宣传、流行病学调查和监测工作。

（十一）承接政府购买服务的规定

动物诊疗机构可以通过承接政府购买服务的方式开展动物防疫和疫病诊疗活动。

（十二）业务培训制度

动物诊疗机构应当定期对本单位工作人员进行专业知识、生物安全以及相关政策法规培训。

（十三）诊疗活动报告制度

动物诊疗机构应当于每年3月底前将上年度动物诊疗活动情况向县级人民政府农业农村主管部门报告。

四、法律责任

（一）主管部门违法行为的法律责任

县级以上地方人民政府农业农村主管部门不依法履行审查和监督管理职责，玩忽职守、滥用职权或者徇私舞弊的，依照有关规定给予处分；构成犯罪的，依法追究刑事责任。

（二）动物诊疗机构及诊疗活动从业人员违法行为的法律责任

1. 超出诊疗活动范围从事诊疗活动、变更从业地点、诊疗活动范围未按规定重新办理诊疗许可证的法律责任 违反《动物诊疗机构管理办法》，动物诊疗机构超出动物诊疗许可证核定的诊疗活动范围从事动物诊疗活动，或者变更从业地点、诊疗活动范围未重新办理动物诊疗许可证的，依照《中华人民共和国动物防疫法》第一百零五条第一款的规定予以处罚。即，由县级以上地方人民政府农业农村主管部门责令停止诊疗活动，没收违法所得，并处违法所得一倍以上三倍以下罚款；违法所得不足三万元的，并处三千元以上三万元以下罚款。

2. 使用伪造、变造、受让、租用、借用的动物诊疗许可证的法律责任 使用伪造、变造、受让、租用、借用的动物诊疗许可证的，县级以上地方人民政府农业农村主管部门应当依法收缴，并依照《中华人民共和国动物防疫法》第一百零五条第一款的规定予以处罚。即，由县级以上地方人民政府农业农村主管部门责令停止诊疗活动，没收违法所得，并处违法所得一倍以上三倍以下罚款；违法所得不足三万元的，并处三千元以上三万元以下罚款。

3. 动物诊疗机构不再具备规定条件，继续从事动物诊疗活动的法律责任 动物诊疗场所不再具备《动物诊疗机构管理办法》设立动物诊疗机构规定条件，继续从事动物诊疗活动的，由县级以上地方人民政府农业农村主管部门给予警告，责令限期改正；逾期仍达不到规定条件的，由原发证机关收回、注销其动物诊疗许可证。

4. 动物诊疗机构变更机构名称或者法定代表人（负责人）未办理变更手续的法律责任　违反《动物诊疗机构管理办法》规定，动物诊疗机构变更机构名称或者法定代表人（负责人）未办理变更手续的，由县级以上地方人民政府农业农村主管部门责令限期改正，处一千元以上五千元以下罚款。

5. 动物诊疗机构未在诊疗场所悬挂动物诊疗许可证或者公示诊疗活动从业人员基本情况的法律责任　违反《动物诊疗机构管理办法》规定，动物诊疗机构未在诊疗场所悬挂动物诊疗许可证或者公示诊疗活动从业人员基本情况的，由县级以上地方人民政府农业农村主管部门责令限期改正，处一千元以上五千元以下罚款。

6. 动物诊疗机构未使用规范的病历或未按规定为执业兽医师提供处方笺的，或者不按规定保存病历档案的法律责任　违反《动物诊疗机构管理办法》规定，动物诊疗机构未使用规范的病历或未按规定为执业兽医师提供处方笺的，或者不按规定保存病历档案的，由县级以上地方人民政府农业农村主管部门责令限期改正，处一千元以上五千元以下罚款。

7. 动物诊疗机构使用未在本机构备案从业的执业兽医从事动物诊疗活动的法律责任　违反《动物诊疗机构管理办法》规定，动物诊疗机构使用未在本机构备案从业的执业兽医从事动物诊疗活动的，由县级以上地方人民政府农业农村主管部门责令限期改正，处一千元以上五千元以下罚款。

8. 动物诊疗机构未按规定实施卫生安全防护、消毒、隔离和处置诊疗废弃物的法律责任　动物诊疗机构未按规定实施卫生安全防护、消毒、隔离和处置诊疗废弃物的，依照《中华人民共和国动物防疫法》第一百零五条第二款的规定予以处罚。即，由县级以上地方人民政府农业农村主管部门责令改正，处一千元以上一万元以下罚款；造成动物疫病扩散的，处一万元以上五万元以下罚款；情节严重的，吊销动物诊疗许可证。

9. 动物诊疗机构未按规定报告动物诊疗活动情况的法律责任　违反《动物诊疗机构管理办法》规定，动物诊疗机构未按规定报告动物诊疗活动情况的，依照《中华人民共和国动物防疫法》第一百零八条的规定予以处罚。即，由县级以上地方人民政府农业农村主管部门责令改正，可以处一万元以下罚款；拒不改正的，处一万元以上五万元以下罚款，并可以责令停业整顿。

10. 诊疗活动从业人员违法行为的法律责任　诊疗活动从业人员有以下行为之一的，依照《中华人民共和国动物防疫法》第一百零六条第一款的规定，对其所在的动物诊疗机构予以处罚。即，由县级以上地方人民政府农业农村主管部门责令停止动物诊疗活动，没收违法所得，并处三千元以上三万元以下罚款；对其所在的动物诊疗机构处一万元以上五万元以下罚款：①执业兽医超出备案所在县域或者执业范围从事动物诊疗活动的；②执业兽医被责令暂停动物诊疗活动期间从事动物诊疗活动的；③执业助理兽医师未按规定开展手术活动，或者开具处方、填写诊断书、出具动物诊疗有关证明文件的；④参加教学实践的学生或者工作实践的毕业生未经执业兽医师指导开展动物诊疗活动的。

第三节　兽医处方格式及应用规范

为规范兽医处方管理，根据《中华人民共和国动物防疫法》《执业兽医和乡村兽医管理办法》《动物诊疗机构管理办法》《兽用处方药和非处方药管理办法》，2023 年 12 月 12 日农业农村部公告第 734 号对 2016 年出台的《兽医处方格式及应用规范》（农业部公告第 2450

号）进行了修订，自 2024 年 5 月 1 日起执行。农业部 2016 年 10 月 8 日公布的《兽医处方格式及应用规范》同时废止。

一、基本要求

兽医处方是指执业兽医师在动物诊疗活动中开具的，作为动物用药凭证的文书。执业兽医开具兽医处方应当符合以下要求：

1. 执业兽医师根据动物诊疗活动的需要，按照兽药批准的使用范围，遵循安全、有效、经济的原则开具兽医处方。

2. 执业兽医师在备案单位签名留样或者专用签章、电子签名备案后，方可开具处方。兽医处方经执业兽医师签名、盖章或者电子签名后有效。

3. 执业兽医师利用计算机开具、传递兽医处方时，应当同时打印出纸质处方，其格式与手写处方一致。

4. 有条件的动物诊疗机构可以使用电子签名进行电子处方的身份认证。可靠的电子签名与手写签名或者盖章具有同等的法律效力。电子兽医处方上没有可靠的电子签名的，打印后需要经执业兽医师签名或者盖章方可有效。《兽医处方格式及应用规范》所称的可靠的电子签名是指符合《中华人民共和国电子签名法》规定的电子签名。

5. 兽医处方限于当次诊疗结果用药，开具当日有效。特殊情况下需延长处方有效期的，由开具兽医处方的执业兽医师注明有效期限，但有效期最长不得超过三天。

6. 除兽用麻醉药品、精神药品、毒性药品和放射性药品等特殊药品外，动物诊疗机构和执业兽医师不得限制动物主人或者饲养单位持处方到兽药经营企业购药。

二、处方笺格式

兽医处方笺规格和样式由农业农村部规定，从事动物诊疗活动的单位应当按照规定的规格和样式印制兽医处方笺或者设计电子处方笺。兽医处方笺规格如下：①兽医处方笺一式三联，可以使用同一种颜色纸张，也可以使用三种不同颜色纸张。②兽医处方笺分为两种规格，小规格为：长 210 mm、宽 148 mm；大规格为：长 296 mm、宽 210 mm。小规格为横版，大规格为竖版。

兽医处方笺样式 1（个体动物）

注："xxxxxxx 处方笺"中，"xxxxxxx"为从事动物诊疗活动的单位名称。

兽医处方笺样式2（群体动物）

XXXXXXX 处方笺

动物主人/饲养单位＿＿＿＿＿＿＿＿＿＿＿＿＿＿＿　病历号＿＿＿＿＿＿＿＿＿

动物种类＿＿＿＿＿＿＿　患病动物数量＿＿＿＿＿＿　同群动物数量＿＿＿＿＿＿

年（日）龄＿＿＿＿＿＿＿＿＿　开具日期＿＿＿＿＿＿＿

诊断：	Rp:

执业兽医师＿＿＿＿＿＿＿＿＿＿　　发药人＿＿＿＿＿＿＿＿＿＿

第一联　从事动物诊疗活动的单位留存

注："xxxxxxx 处方笺"中，"xxxxxxx"为从事动物诊疗活动的单位名称。

三、处方笺内容

兽医处方笺内容包括前记、正文、后记三部分，要符合以下标准：

1. 前记　对个体动物进行诊疗的，至少包括动物主人姓名或者饲养单位名称、病历号、开具日期和动物的种类、毛色、性别、体重、年（日）龄。对群体动物进行诊疗的，至少包括动物主人姓名或者饲养单位名称、病历号、开具日期和动物的种类、患病动物数量、同群动物数量、年（日）龄。

2. 正文　正文包括初步诊断情况和 Rp（拉丁文 Recipe "请取"的缩写）。Rp 应当分列兽药名称、规格、数量、用法、用量等内容；对于食品动物还应当注明休药期。

3. 后记　后记至少包括执业兽医师签名或者盖章、发药人签名或者盖章。

四、处方书写要求

兽医处方书写应当符合下列要求：

1. 动物基本信息、临床诊断情况应当填写清晰、完整，并与病历记载一致。

2. 字迹清楚，原则上不得涂改；如需修改，应当在修改处签名或者盖章，并注明修改日期。

3. 兽药名称应当以兽药的商品名或者国家标准载明的名称为准。兽药名称简写或者缩写应当符合国内通用写法，不得自行编制兽药缩写名或者使用代号。

4. 书写兽药规格、数量、用法、用量及休药期要准确规范。

5. 兽医处方中包含兽用化学药品、生物制品、中成药的，每种兽药应当另起一行。中药自拟方应当单独开具。

6. 兽用麻醉药品应当单独开具处方，每张处方用量不能超过一日量。兽用精神药品、毒性药品应当单独开具处方。

7. 兽药剂量与数量用阿拉伯数字书写。剂量应当使用法定计量单位：质量以千克（kg）、克（g）、毫克（mg）、微克（μg）为单位；容量以升（L）、毫升（mL）为单位；有效量单位以国际单位（IU）、单位（U）为单位。

8. 片剂、丸剂、胶囊剂以及单剂量包装的散剂、颗粒剂分别以片、丸、粒、袋为单位；多剂量包装的散剂、颗粒剂以 g 或 kg 为单位；单剂量包装的溶液剂以支、瓶为单位，多剂量包装的溶液剂以 mL 或 L 为单位；软膏及乳膏剂以支、盒为单位；单剂量包装的注射剂以支、瓶为单位，多剂量包装的注射剂以 mL 或 L、g 或 kg 为单位，应当注明含量；兽用中药自拟方应当以剂为单位。

9. 开具纸质处方后的空白处应当划一斜线，以示处方完毕。电子处方最后一行应当标注"以下为空白"。

五、处方保存

1. 兽医处方开具后，第一联由从事动物诊疗活动的单位留存，第二联由药房或者兽药经营企业留存，第三联由动物主人或者饲养单位留存。

2. 兽医处方由处方开具、兽药核发单位妥善保存 3 年以上，兽用麻醉药品、精神药品、毒性药品处方保存 5 年以上。保存期满后，经所在单位主要负责人批准、登记备案，方可销毁。

第四节 动物诊疗病历管理规范

为规范动物诊疗病历管理，依据《中华人民共和国动物防疫法》《动物诊疗机构管理办法》《执业兽医和乡村兽医管理办法》等有关规定 2023 年 12 月 12 日农业农村部制定发布了《动物诊疗病历管理规范》（农业农村部公告第 734 号），自 2024 年 5 月 1 日起执行。

一、门（急）诊病历

1. 门（急）诊病历内容包括基本信息、病历记录、处方、检查报告单、影像学 检查资料、病理资料、知情同意书等。动物诊疗机构可以根据诊疗活动需要增加相关内容。

2. 对个体动物进行诊疗的，基本信息包括动物主人姓名或者饲养单位名称、联系方式、病历号和动物种类、性别、体重、毛色、年（日）龄等内容。对群体动物进行诊疗的，基本信息包括动物主人姓名或者饲养单位名称、联系方式、病历号和动物种类、患病动物数量、同群动物数量、年（日）龄等内容。

3. 病历记录包括就诊时间、主诉、现病史、既往史、检查结果、诊断及治疗意见、医嘱等。门（急）诊病历记录应当由接诊执业兽医师在动物就诊时完成并签名（盖章）确认。

4. 检查报告单包括基本信息、检查项目、检查结果、报告时间等内容。检查报告单应当由报告人员签名（盖章）确认。

5. 影像学检查资料包括通过 X 线、超声、CT、磁共振等检查形成的医学影像。

6. 病理资料包括病理学检查图片或者病理切片等资料。

7. 门（急）诊病历应当在患病动物就诊结束后 24h 内归档保存。

二、住院病历

1. 住院病历内容包括基本信息、入院记录、病程记录、检查报告单、影像学检查资料、病理资料、知情同意书等。动物诊疗机构可以根据诊疗活动需要增加相关内容。

2. 入院记录包括入院时间、主诉、现病史、既往史、检查结果、入院诊断等内容。动物入院后，执业兽医师通过问诊、检查等方式获得有关资料，经归纳分析形成入院记录并签名（盖章）确认。

3. 入院记录完成后，由执业兽医师对动物病情和诊疗过程进行连续性病程记录并签名（盖章）确认。病程记录包括患病动物住院期间每日的病情变化情况、重要的检查结果、诊断意见、所采取的诊疗措施及效果、医嘱以及出院情况等内容。

4. 住院病历应当在患病动物出院后三日内归档保存。

5. 住院病历中基本信息、检查报告单、影像学检查资料、病理资料等内容要求与门（急）诊病历一致。

三、电子病历

1. 电子病历包括门（急）诊病历和住院病历。电子病历内容应当符合纸质门（急）诊病历和住院病历的要求。

2. 动物诊疗机构使用电子病历系统应当具备以下条件：

（1）有数据存储、身份认证等信息安全保障机制；

（2）有相关管理制度和操作规程；

（3）符合其他有关法律、法规、规章规定。

3. 电子病历系统应当能够完整准确保存病历内容以及操作时间、操作人员等信息，具备电子病历创建、修改、归档等操作的追溯功能，保证历次操作痕迹、操作时间和操作人员信息可查询、可追溯。

4. 电子病历系统应当对操作人员进行身份识别，为操作人员提供专有的身份标识和识别手段，并设置相应权限。操作人员对本人身份标识的使用负责。

5. 动物诊疗机构可以使用电子签名进行电子病历系统身份认证，可靠的电子签名与手写签名或者盖章具有同等法律效力。

6. 动物诊疗机构因存档等需要可以将电子病历打印后与纸质病历资料合并保存，也可以对纸质病历资料进行数字化采集后纳入电子病历系统管理，原件另行妥善保存。

7. 需要打印电子病历时，动物诊疗机构应当统一打印的纸张、字体、字号、排版格式等。

四、病历填写

1. 病历填写应当客观真实、及时准确、完整规范。

2. 病历填写应当使用中文，规范使用医学术语，通用的外文缩写和无正式中文译名的症状、体征、疾病名称等可以使用外文。

3. 病历中的日期和时间应当使用阿拉伯数字书写，采用 24 小时制记录。

4. 医嘱应当由接诊执业兽医师书写，内容应当准确、清楚，并注明下达时间。

5. 纸质病历填写出现错误时，应当在修改处签名或者盖章，并注明修改日期。

6. 病历归档后原则上不得修改，特殊情况下确需修改的，应当经动物诊疗机构负责人批准，并保留修改痕迹。

7. 病历样式可参考附件形式，动物诊疗机构也可根据本机构实际情况设计病历样式。

五、病历管理

1. 动物诊疗机构应当设置病历管理部门或者指定专人负责病历管理工作，建立健全病历管理制度。设置病历目录表，确定本机构病历资料排列顺序，做好病历分类归档。定期检查病历填写、保存等情况。

2. 动物诊疗机构应当使用载明机构名称的规范病历，为就诊动物建立病历号。已建立电子病历的动物诊疗机构，可以将病历号与动物主人或者饲养单位信息相关联，使用病历号、动物主人信息或者饲养单位信息均能对病历进行检索。

3. 动物诊疗机构可以为动物主人或者饲养单位提供病历资料打印或者复制服务。打印或者复制的病历资料经动物主人或者饲养单位和动物诊疗机构双方确认无误后，加盖动物诊疗机构印章。

4. 除为患病动物提供诊疗服务的人员，以及经农业农村部门或者动物诊疗机构授权的单位或者人员外，其他任何单位或者个人不得擅自查阅病历。其他单位或者个人因科研、教学等活动，确需查阅病历的，应当经动物诊疗机构负责人批准并办理相应手续后方可查阅。

5. 病历保存时间不得少于3年。保存期满后，经动物诊疗机构负责人批准并做好登记记录，方可销毁。

六、附 则

《动物诊疗病历管理规范》下列用语的含义：

1. 知情同意书，是指开展手术、麻醉等诊疗活动前，执业兽医师向动物主人或者饲养单位告知拟实施诊疗活动的相关情况，并由动物主人或者饲养单位签署是否同意该诊疗活动的文书。

2. 主诉，是指动物主人或者饲养单位对促使动物就诊的主要症状（或体征）及持续时间的描述。

3. 现病史，是指动物本次疾病的发生、演变、诊疗等方面的详细情况，应当按时间顺序书写。内容包括发病情况、主要症状特点及其发展变化情况、伴随症状、发病后诊疗经过及结果等。

4. 既往史，是指动物以往的健康和疾病情况。内容包括既往一般健康状况、疾病史、预防接种史、手术外伤史、驱虫史、食物或者药物过敏史等。

5. 检查结果，是指所做的与本次疾病相关的临床检查、实验室检测、影像学检查等各项检查检验结果，应当分类别按检查时间顺序记录。

6. 入院诊断，是指经执业兽医师根据患病动物入院时情况，综合分析所作出的诊断。

7. 医嘱，是指执业兽医师在动物诊疗活动中下达的医学指令，通常包括病情评估、用药指导、护理要点、注意事项、预后判断等。

8. 电子签名，是指《中华人民共和国电子签名法》第二条规定的数据电文中 以电子形式所含、所附用于识别签名人身份并表明签名人认可其中内容的数据。

9. 可靠的电子签名，是指符合《中华人民共和国电子签名法》第十三条有关条件的电子签名。

七、门（急）诊病历和住院病历样式

门（急）诊病历样式

	XXXXXXX门（急）诊病历（个体动物） 普通□　急诊□
基本信息	动物主人/饲养单位_____　　病历号_____ 联系方式_____　动物种类_____　动物性别_____ 体重_____　毛色_____　年（日）龄_____
门诊记录	就诊时间： （在此填写主诉、现病史、既往史、检查结果、诊断及治疗意见、医嘱等内容） 执业兽医师_____

注1："XXXXXXX门（急）诊病历"中，"XXXXXXX"为从事动物诊疗活动的单位名称。
注2：处方、检查报告、影像学检查资料、病理资料、知情同意书等需要附页。

	XXXXXXX门（急）诊病历（群体动物） 普通□　急诊□
基本信息	动物主人/饲养单位_____　　病历号_____ 联系方式_____　动物种类_____ 患病动物数量_____　同群动物数量_____　年（日）龄_____
门诊记录	就诊时间： （在此填写主诉、现病史、既往史、检查结果、诊断及治疗意见、医嘱等内容） 执业兽医师_____

注1："XXXXXXX门（急）诊病历"中，"XXXXXXX"为从事动物诊疗活动的单位名称。
注2：处方、检查报告、影像学检查资料、病理资料、知情同意书等需要附页。

住院病历样式

	XXXXXXX住院病历 **入院记录（个体动物）**
基本信息	动物主人/饲养单位_____　　病历号_____ 联系方式_____　动物种类_____　动物性别_____ 体重_____　毛色_____　年（日）龄_____
入院记录	入院时间： （在此填写主诉、现病史、既往史、检查结果、入院诊断等内容） 执业兽医师_____

注1："XXXXXXX住院病历"中，"XXXXXXX"为从事动物诊疗活动的单位名称。
注2：病程记录、检查报告、影像学检查资料、病理资料、知情同意书等需要附页。病程记录样式见后页。

	XXXXXXX住院病历 **入院记录（群体动物）**
基本信息	动物主人/饲养单位_____　　病历号_____ 联系方式_____　动物种类_____ 患病动物数量_____　同群动物数量_____　年（日）龄_____
入院记录	入院时间： （在此填写主诉、现病史、既往史、检查结果、入院诊断等内容） 执业兽医师_____

注1："XXXXXXX住院病历"中，"XXXXXXX"为从事动物诊疗活动的单位名称。
注2：病程记录、检查报告、影像学检查资料、病理资料、知情同意书等需要附页。病程记录样式见后页。

基本信息	**XXXXXXX住院病历** **病程记录（个体动物）**
	动物主人/饲养单位＿＿＿＿＿ 病历号＿＿＿＿ 联系方式＿＿＿＿＿ 动物种类＿＿＿＿ 动物性别＿＿＿ 体重＿＿＿ 毛色＿＿＿ 年（日）龄＿＿＿
记录时间	
记录内容	（在此记录患病动物住院期间每日的病情变化情况、重要的检查结果、诊断意见、所采取的诊疗措施及效果、医嘱以及出院情况等内容，出院情况可单独记录。）
执业兽医师 ＿＿＿＿＿	

注："XXXXXXX住院病历"中，"XXXXXXX"为从事动物诊疗活动的单位名称。

基本信息	**XXXXXXX住院病历** **病程记录（群体动物）**
	动物主人/饲养单位＿＿＿＿＿ 病历号＿＿＿＿ 联系方式＿＿＿＿＿ 动物种类＿＿＿＿ 患病动物数量＿＿＿ 同群动物数量＿＿＿ 年（日）龄＿＿＿
记录时间	
记录内容	（在此记录患病动物住院期间每日的病情变化情况、重要的检查结果、诊断意见、所采取的诊疗措施及效果、医嘱以及出院情况等内容，出院情况可单独记录。）
执业兽医师 ＿＿＿＿＿	

注："XXXXXXX住院病历"中，"XXXXXXX"为从事动物诊疗活动的单位名称。

第五单元 病死畜禽和病害畜禽产品无害化处理管理法律制度

第一节 病死畜禽和病害畜禽产品无害化处理管理办法

《病死畜禽和病害畜禽产品无害化处理管理办法》于 2022 年 5 月 11 日农业农村部令 2022 年第 3 号公布，自 2022 年 7 月 1 日起施行。

一、《病死畜禽和病害畜禽产品无害化处理管理办法》概述

（一）立法目的

加强病死畜禽和病害畜禽产品无害化处理管理，防控动物疫病，促进畜牧业高质量发展，保障公共卫生安全和人体健康。

（二）调整范围

在畜禽饲养、屠宰、经营、隔离、运输等过程中病死畜禽和病害畜禽产品的收集、无害化处理及其监督管理活动，适用《病死畜禽和病害畜禽产品无害化处理管理办法》；病死水产养殖动物和病害水产养殖动物产品的无害化处理，参照该办法执行。

（三）无害化处理范围

以下畜禽和畜禽产品应当进行无害化处理：①染疫或者疑似染疫死亡、因病死亡或者死因不明的；②经检疫、检验可能危害人体或者动物健康的；③因自然灾害、应激反应、物理挤压等因素死亡的；④屠宰过程中经肉品品质检验确认为不可食用的；⑤死胎、木乃伊胎等；⑥因动物疫病防控需要被扑杀或销毁的；⑦其他应当进行无害化处理的。

（四）无害化处理的原则

病死畜禽和病害畜禽产品无害化处理坚持统筹规划与属地负责相结合、政府监管与市场运作相结合、财政补助与保险联动相结合、集中处理与自行处理相结合的原则。

（五）生产经营者主体责任

从事畜禽饲养、屠宰、经营、隔离等活动的单位和个人，应当承担主体责任，按照《病死畜禽和病害畜禽产品无害化处理管理办法》对病死畜禽和病害畜禽产品进行无害化处理，或者委托病死畜禽无害化处理场处理。运输过程中发生畜禽死亡或者因检疫不合格需要进行无害化处理的，承运人应当立即通知货主，配合做好无害化处理，不得擅自弃置和处理。

（六）无主死亡畜禽的处理

在江河、湖泊、水库等水域发现的死亡畜禽，依法由所在地县级人民政府组织收集、处理并溯源。在城市公共场所和乡村发现的死亡畜禽，依法由所在地街道办事处、乡级人民政府组织收集、处理并溯源。

（七）无害化处理的技术要求

病死畜禽和病害畜禽产品收集、无害化处理、资源化利用应当符合农业农村部相关技术规范，并采取必要的防疫措施，防止传播动物疫病。

（八）无害化处理的管理体制

农业农村部主管全国病死畜禽和病害畜禽产品无害化处理工作。县级以上地方人民政府农业农村主管部门负责本行政区域病死畜禽和病害畜禽产品无害化处理的监督管理工作。

（九）无害化处理的建设规划

省级人民政府农业农村主管部门结合本行政区域畜牧业发展规划和畜禽养殖、疫病发生、畜禽死亡等情况，编制病死畜禽和病害畜禽产品集中无害化处理场所建设规划，合理布局病死畜禽无害化处理场，经本级人民政府批准后实施，并报农业农村部备案。鼓励跨县级以上行政区域建设病死畜禽无害化处理场。

（十）无害化处理的支持保障

县级以上人民政府农业农村主管部门应当落实病死畜禽无害化处理财政补助政策和农机

购置与应用补贴政策，协调有关部门优先保障病死畜禽无害化处理场用地、落实税收优惠政策，推动建立病死畜禽无害化处理和保险联动机制，将病死畜禽无害化处理作为保险理赔的前提条件。

(十一)《病死畜禽和病害畜禽产品无害化处理管理办法》几个用语的含义

1. 畜禽　畜禽是指《国家畜禽遗传资源目录》范围内的畜禽，不包括用于科学研究、教学、检定以及其他科学试验的畜禽。

2. 隔离场所　隔离场所是指对跨省、自治区、直辖市引进的乳用种用动物或输入到无规定动物疫病区的相关畜禽进行隔离观察的场所，不包括进出境隔离观察场所。

3. 病死畜禽和病害畜禽产品无害化处理场所　病死畜禽和病害畜禽产品无害化处理场所是指病死畜禽无害化处理场以及畜禽养殖场、屠宰厂（场）、隔离场内的无害化处理区域。

二、收　集

(一) 生产经营者收集要求

畜禽养殖场、养殖户、屠宰厂（场）、隔离场应当及时对病死畜禽和病害畜禽产品进行贮存和清运。

畜禽养殖场、屠宰厂（场）、隔离场委托病死畜禽无害化处理场处理的，应当符合以下要求：①采取必要的冷藏冷冻、清洗消毒等措施；②具有病死畜禽和病害畜禽产品输出通道；③及时通知病死畜禽无害化处理场进行收集，或自行送至指定地点。

(二) 集中暂存点设立要求

病死畜禽和病害畜禽产品集中暂存点应当具备下列条件：①有独立封闭的贮存区域，并且防渗、防漏、防鼠、防盗，易于清洗消毒；②有冷藏冷冻、清洗消毒等设施设备；③设置显著警示标识；④有符合动物防疫需要的其他设施设备。

(三) 运输车辆备案管理制度

1. 备案管理　专业从事病死畜禽和病害畜禽产品收集的单位和个人，应当配备专用运输车辆，并向承运人所在地县级人民政府农业农村主管部门备案。

2. 备案材料　备案时应当通过农业农村部指定的信息系统提交车辆所有权人的营业执照、运输车辆行驶证、运输车辆照片。

3. 备案机关　县级人民政府农业农村主管部门应当核实相关材料信息，备案材料符合要求的，及时予以备案；不符合要求的，应当一次性告知备案人补充相关材料。

4. 备案车辆的要求　病死畜禽和病害畜禽产品专用运输车辆应当符合以下要求：①不得运输病死畜禽和病害畜禽产品以外的其他物品；②车厢密闭、防水、防渗、耐腐蚀，易于清洗和消毒；③配备能够接入国家监管监控平台的车辆定位跟踪系统、车载终端；④配备人员防护、清洗消毒等应急防疫用品；⑤有符合动物防疫需要的其他设施设备。

(四) 运输作业要求

运输病死畜禽和病害畜禽产品的单位和个人，应当遵守以下规定：①及时对车辆、相关工具及作业环境进行消毒；②作业过程中如发生渗漏，应当妥善处理后再继续运输；③做好人员防护和消毒。

（五）跨行政区域运输的监管责任

跨县级以上行政区域运输病死畜禽和病害畜禽产品的，相关区域县级以上地方人民政府农业农村主管部门应当加强协作配合，及时通报紧急情况，落实监管责任。

三、无害化处理

（一）无害化处理的形式

病死畜禽和病害畜禽产品无害化处理以集中处理为主，自行处理为补充。

（二）无害化处理能力要求

病死畜禽无害化处理场的设计处理能力应当高于日常病死畜禽和病害畜禽产品处理量，专用运输车辆数量和运载能力应当与区域内畜禽养殖情况相适应。

（三）符合建设规划和动物防疫要求

病死畜禽无害化处理场应当符合省级人民政府病死畜禽和病害畜禽产品集中无害化处理场所建设规划，并依法取得动物防疫条件合格证。

（四）规模生产经营主体自行处理要求

畜禽养殖场、屠宰厂（场）、隔离场在本场（厂）内自行处理病死畜禽和病害畜禽产品的，应当符合无害化处理场所的动物防疫条件，不得处理本场（厂）外的病死畜禽和病害畜禽产品。畜禽养殖场、屠宰厂（场）、隔离场在本场（厂）外自行处理的，应当建设病死畜禽无害化处理场。

（五）生产经营主体委托处理要求

畜禽养殖场、养殖户、屠宰厂（场）、隔离场委托病死畜禽无害化处理场进行无害化处理的，应当签订委托合同，明确双方的权利、义务。无害化处理费用由财政进行补助或者由委托方承担。

（六）边远和交通不便地区以及畜禽养殖户自行零星处理技术要求

对于边远和交通不便地区以及畜禽养殖户自行处理零星病死畜禽的，省级人民政府农业农村主管部门可以结合实际情况和风险评估结果，组织制定相关技术规范。

（七）无害化处理的人员管理

病死畜禽和病害畜禽产品集中暂存点、病死畜禽无害化处理场应当配备专门人员负责管理。从事病死畜禽和病害畜禽产品无害化处理的人员，应当具备相关专业技能，掌握必要的安全防护知识。

（八）无害化处理产物的利用和销售管理

鼓励在符合国家有关法律法规规定的情况下，对病死畜禽和病害畜禽产品无害化处理产物进行资源化利用。病死畜禽和病害畜禽产品无害化处理场所销售无害化处理产物的，应当严控无害化处理产物流向，查验购买方资质并留存相关材料，签订销售合同。

（九）无害化处理的安全生产和环保责任

病死畜禽和病害畜禽产品无害化处理应当符合安全生产、环境保护等相关法律法规和标准规范要求，接受有关主管部门监管。病死畜禽无害化处理场处理《病死畜禽和病害畜禽产品无害化处理管理办法》第三条之外的病死动物和病害动物产品的，应当要求委托方提供无特殊风险物质的证明。

四、监督管理

（一）信息化管理制度

农业农村部建立病死畜禽无害化处理监管监控平台，加强全程追溯管理。从事畜禽饲养、屠宰、经营、隔离及病死畜禽收集、无害化处理的单位和个人，应当按要求填报信息。县级以上地方人民政府农业农村主管部门应当做好信息审核，加强数据运用和安全管理。

（二）生物安全风险调查评估制度

农业农村部负责组织制定全国病死畜禽和病害畜禽产品无害化处理生物安全风险调查评估方案，对病死畜禽和病害畜禽产品收集、无害化处理生物安全风险因素进行调查评估。省级人民政府农业农村主管部门应当制定本行政区域病死畜禽和病害畜禽产品无害化处理生物安全风险调查评估方案并组织实施。

（三）分级管理制度

根据病死畜禽无害化处理场规模、设施装备状况、管理水平等因素，推行分级管理制度。

（四）无害化处理场所管理制度

病死畜禽和病害畜禽产品无害化处理场所应当建立并严格执行以下制度：①设施设备运行管理制度；②清洗消毒制度；③人员防护制度；④生物安全制度；⑤安全生产和应急处理制度。

（五）台账和视频监控管理措施

1. 台账 从事畜禽饲养、屠宰、经营、隔离以及病死畜禽和病害畜禽产品收集、无害化处理的单位和个人，应当建立台账，详细记录病死畜禽和病害畜禽产品的种类、数量（重量）、来源、运输车辆、交接人员和交接时间、处理产物销售情况等信息。相关台账记录保存期不少于2年。

2. 视频监管 病死畜禽和病害畜禽产品无害化处理场所应当安装视频监控设备，对病死畜禽和病害畜禽产品进（出）场、交接、处理和处理产物存放等进行全程监控。相关监控影像资料保存期不少于30d。

（六）报告制度

病死畜禽和病害畜禽产品无害化处理场所应当于每年1月底前向所在地县级人民政府农业农村主管部门报告上一年度病死畜禽和病害畜禽产品无害化处理、运输车辆和环境清洗消毒等情况。

（七）配合监督检查义务

县级以上地方人民政府农业农村主管部门执行监督检查任务时，从事病死畜禽和病害畜禽产品收集、无害化处理的单位和个人应当予以配合，不得拒绝或者阻碍。

（八）举报制度

任何单位和个人对违反《病死畜禽和病害畜禽产品无害化处理管理办法》规定的行为，有权向县级以上地方人民政府农业农村主管部门举报。接到举报的部门应当及时调查处理。

五、法律责任

1. 未按照规定处理病死畜禽和病害畜禽产品的法律责任 未按照《病死畜禽和病害畜

禽产品无害化处理管理办法》规定处理病死畜禽和病害畜禽产品，有以下情形之一的，按照《中华人民共和国动物防疫法》第九十八条规定予以处罚。即，由县级以上地方人民政府农业农村主管部门责令改正，处三千元以上三万元以下罚款；情节严重的，责令停业整顿，并处三万元以上十万元以下罚款：①畜禽养殖场、养殖户、屠宰厂（场）、隔离场未及时对病死畜禽和病害畜禽产品进行贮存和清运的；②畜禽养殖场、屠宰厂（场）、隔离场委托病死畜禽无害化处理场处理不符合规定条件的；③病死畜禽和病害畜禽产品集中暂存点不具备规定条件的；④运输病死畜禽和病害畜禽产品的单位和个人未遵守作业规定的；⑤畜禽养殖场、屠宰厂（场）、隔离场在本场（厂）内自行处理病死畜禽和病害畜禽产品不符合无害化处理场所的动物防疫条件的，或者在本场（厂）外自行处理未建设病死畜禽无害化处理场的，或者处理本场（厂）外的病死畜禽和病害畜禽产品的；⑥病死畜禽和病害畜禽产品集中暂存点、病死畜禽无害化处理场未配备专门人员负责管理的，或者从事病死畜禽和病害畜禽产品无害化处理的人员不具备相关专业技能、不掌握必要的安全防护知识的。

2. 畜禽养殖场、屠宰厂（场）、隔离场、病死畜禽无害化处理场未取得动物防疫条件合格证的法律责任　畜禽养殖场、屠宰厂（场）、隔离场、病死畜禽无害化处理场未取得动物防疫条件合格证的，按照《中华人民共和国动物防疫法》第九十八条规定予以处罚。即，由县级以上地方人民政府农业农村主管部门责令改正，处三千元以上三万元以下罚款；情节严重的，责令停业整顿，并处三万元以上十万元以下罚款。

3. 畜禽养殖场、屠宰厂（场）、隔离场、病死畜禽无害化处理场生产经营条件发生变化，不再符合动物防疫条件继续从事无害化处理活动的法律责任　畜禽养殖场、屠宰厂（场）、隔离场、病死畜禽无害化处理场生产经营条件发生变化，不再符合动物防疫条件继续从事无害化处理活动的，按照《中华人民共和国动物防疫法》第九十九条规定予以处罚。即，由县级以上地方人民政府农业农村主管部门给予警告，责令限期改正；逾期仍达不到规定条件的，吊销动物防疫条件合格证，并通报市场监督管理部门依法处理。

4. 专业从事病死畜禽和病害畜禽产品运输的车辆未经备案的法律责任　专业从事病死畜禽和病害畜禽产品运输的车辆未经备案的，按照《中华人民共和国动物防疫法》第九十八条规定予以处罚。即，由县级以上地方人民政府农业农村主管部门责令改正，处三千元以上三万元以下罚款；情节严重的，责令停业整顿，并处三万元以上十万元以下罚款。

5. 专业从事病死畜禽和病害畜禽产品运输的车辆不符合规定要求的法律责任　专业从事病死畜禽和病害畜禽产品运输的车辆不符合《病死畜禽和病害畜禽产品无害化处理管理办法》第十四条规定要求的，按照《中华人民共和国动物防疫法》第九十四条规定予以处罚。即，由县级以上地方人民政府农业农村主管部门责令改正，可以处五千元以下罚款；情节严重的，处五千元以上五万元以下罚款。

6. 病死畜禽和病害畜禽产品无害化处理场所未建立管理制度的法律责任　病死畜禽和病害畜禽产品无害化处理场所未建立管理制度的，由县级以上地方人民政府农业农村主管部门责令改正；拒不改正或者情节严重的，处二千元以上二万元以下罚款。

7. 从事畜禽饲养、屠宰、经营、隔离以及病死畜禽和病害畜禽产品收集、无害化处理的单位和个人未建立台账的法律责任　从事畜禽饲养、屠宰、经营、隔离以及病死畜禽和病害畜禽产品收集、无害化处理的单位和个人未建立台账的，由县级以上地方人民政府农业农村主管部门责令改正；拒不改正或者情节严重的，处二千元以上二万元以下罚款。

8. 病死畜禽和病害畜禽产品无害化处理场所未进行视频监控的法律责任 病死畜禽和病害畜禽产品无害化处理场所未进行视频监控的，由县级以上地方人民政府农业农村主管部门责令改正；拒不改正或者情节严重的，处二千元以上二万元以下罚款。

第二节 病死及病害动物无害化处理技术规范

为了进一步规范病死及病害动物和相关动物产品无害化处理操作，防止动物疫病传播扩散，保障动物产品质量安全，农业部于2017年7月3日发布了《病死及病害动物无害化处理技术规范》（农医发〔2017〕25号）。

一、适用范围

该规范适用于国家规定的染疫动物及其产品、病死或者死因不明的动物尸体，屠宰前确认的病害动物、屠宰过程中经检疫或肉品品质检验确认为不可食用的动物产品，以及其他应当进行无害化处理的动物及动物产品。

该规范规定了病死及病害动物和相关动物产品无害化处理的技术工艺和操作注意事项，处理过程中病死及病害动物和相关动物产品的包装、暂存、转运、人员防护和记录等要求。

二、术语和定义

1. 无害化处理 该规范所称无害化处理，是指用物理、化学等方法处理病死及病害动物和相关动物产品，消灭其所携带的病原体，消除危害的过程。

2. 焚烧法 焚烧法是指在焚烧容器内，使病死及病害动物和相关动物产品在富氧或无氧条件下进行氧化反应或热解反应的方法。

3. 化制法 化制法是指在密闭的高压容器内，通过向容器夹层或容器内通入高温饱和蒸汽，在干热、压力或蒸汽、压力的作用下，处理病死及病害动物和相关动物产品的方法。

4. 高温法 高温法是指常压状态下，在封闭系统内利用高温处理病死及病害动物和相关动物产品的方法。

5. 深埋法 深埋法是指按照相关规定，将病死及病害动物和相关动物产品投入深埋坑中并覆盖、消毒，处理病死及病害动物和相关动物产品的方法。

6. 硫酸分解法 硫酸分解法是指在密闭的容器内，将病死及病害动物和相关动物产品用硫酸在一定条件下进行分解的方法。

三、病死及病害动物和相关动物产品的处理

（一）焚烧法

1. 适用对象 国家规定的染疫动物及其产品、病死或者死因不明的动物尸体，屠宰前确认的病害动物、屠宰过程中经检疫或肉品品质检验确认为不可食用的动物产品，以及其他应当进行无害化处理的动物及动物产品。

2. 直接焚烧法

（1）技术工艺 ①可视情况对病死及病害动物和相关动物产品进行破碎等预处理。②将病死及病害动物和相关动物产品或破碎产物，投至焚烧炉本体燃烧室，经充分氧化、热解，

产生的高温烟气进入二次燃烧室继续燃烧，产生的炉渣经出渣机排出。③燃烧室温度应≥850℃。燃烧所产生的烟气从最后的助燃空气喷射口或燃烧器出口到换热面或烟道冷风引射口之间的停留时间应≥2s。焚烧炉出口烟气中氧含量应为 6%～10%（干气）。④二次燃烧室出口烟气经余热利用系统、烟气净化系统处理，达到 GB 16297 要求后排放。⑤焚烧炉渣与除尘设备收集的焚烧飞灰应分别收集、贮存和运输。焚烧炉渣按一般固体废物处理或资源化利用；焚烧飞灰和其他尾气净化装置收集的固体废物需按 GB 5085.3 要求做危险废物鉴定，如属于危险废物，则按 GB 18484 和 GB 18597 要求处理。

（2）操作注意事项　①严格控制焚烧进料频率和重量，使病死及病害动物和相关动物产品能够充分与空气接触，保证完全燃烧。②燃烧室内应保持负压状态，避免焚烧过程中发生烟气泄露。③二次燃烧室顶部设紧急排放烟囱，应急时开启。④烟气净化系统包括急冷塔、引风机等设施。

3. 炭化焚烧法

（1）技术工艺　①病死及病害动物和相关动物产品投至热解炭化室，在无氧情况下经充分热解，产生的热解烟气进入二次燃烧室继续燃烧，产生的固体炭化物残渣经热解炭化室排出。②热解温度应≥600℃，二次燃烧室温度≥850℃，焚烧后烟气在 850℃ 以上停留时间≥2s。③烟气经过热解炭化室热能回收后，降至 600℃ 左右，经烟气净化系统处理，达到 GB 16297 要求后排放。

（2）操作注意事项　①应检查热解炭化系统的炉门密封性，以保证热解炭化室的隔氧状态。②应定期检查和清理热解气输出管道，以免发生阻塞。③热解炭化室顶部需设置与大气相连的防爆口，热解炭化室内压力过大时可自动开启泄压。④应根据处理物种类、体积等严格控制热解的温度、升温速度及物料在热解炭化室内停留时间。

（二）化制法

1. 适用对象　不得用于患有炭疽等芽孢杆菌类疫病，以及牛海绵状脑病、痒病的染疫动物及产品、组织的处理。其他适用对象同焚烧法相同。

2. 干化法

（1）技术工艺　①可视情况对病死及病害动物和相关动物产品进行破碎等预处理。②病死及病害动物和相关动物产品或破碎产物输送入高温高压灭菌容器。③处理物中心温度≥140℃，压力≥0.5MPa（绝对压力），时间≥4h（具体处理时间根据处理物种类和体积大小而设定）。④加热烘干产生的热蒸汽经废气处理系统后排出。⑤加热烘干产生的动物尸体残渣传输至压榨系统处理。

（2）操作注意事项　①搅拌系统的工作时间应以烘干剩余物、基本不含水分为宜，根据处理物量的多少，适当延长或缩短搅拌时间。②应使用合理的污水处理系统，有效去除有机物、氨氮，达到 GB 8978 要求。③应使用合理的废气处理系统，有效吸收处理过程中动物尸体腐败产生的恶臭气体，达到 GB 16297 要求后排放。④高温高压灭菌容器操作人员应符合相关专业要求，持证上岗。⑤处理结束后，需对墙面、地面及其相关工具进行彻底清洗消毒。

3. 湿化法

（1）技术工艺　①可视情况对病死及病害动物和相关动物产品进行破碎等预处理。②将病死及病害动物和相关动物产品或破碎产物送入高温高压容器，总质量不得超过容器总承受力的 4/5。③处理物中心温度≥135℃，压力≥0.3MPa（绝对压力），处理时间≥30min（具体处理时间根据处理物种类和体积大小而设定）。④高温高压结束后，对处理产物进行初次固液分离。⑤固体物经破碎处理后，送入烘干系统；液体部分送入油水分离系统处理。

（2）操作注意事项　①高温高压容器操作人员应符合相关专业要求，持证上岗。②处理结束后，需对墙面、地面及其相关工具进行彻底清洗消毒。③冷凝排放水应冷却后排放，产生的废水应经污水处理系统处理，达到 GB 8978 要求。④处理车间废气应通过自动喷淋消毒系统、排风系统和高效微粒空气过滤器（HEPA 过滤器）等处理，达到 GB 16297 要求后排放。

（三）高温法

1. 适用对象　不得用于患有炭疽等芽孢杆菌类疫病，以及牛海绵状脑病、痒病的染疫动物及产品、组织的处理。其他适用对象同焚烧法相同。

2. 技术工艺

（1）可视情况对病死及病害动物和相关动物产品进行破碎等预处理。处理物或破碎产物体积（长宽高）≤125cm³（5cm×5cm×5cm）。

（2）向容器内输入油脂，容器夹层经导热油或其他介质加热。

（3）将病死及病害动物和相关动物产品或破碎产物输送入容器内，与油脂混合。在常压状态下，维持容器内部温度≥180℃，持续时间≥2.5h（具体处理时间根据处理物种类和体积大小而设定）。

（4）加热产生的热蒸汽经废气处理系统后排出。

（5）加热产生的动物尸体残渣传输至压榨系统处理。

3. 操作注意事项

（1）搅拌系统的工作时间应以烘干剩余物基本不含水分为宜，根据处理物量的多少，适当延长或缩短搅拌时间。

（2）应使用合理的污水处理系统，有效去除有机物、氨氮，达到 GB 8978 要求。

（3）应使用合理的废气处理系统，有效吸收处理过程中动物尸体腐败产生的恶臭气体，达到 GB 16297 要求后排放。

（4）高温高压灭菌容器操作人员应符合相关专业要求，持证上岗。

（5）处理结束后，需对墙面、地面及其相关工具进行彻底清洗消毒。

（四）深埋法

1. 适用对象　发生动物疫情或自然灾害等突发事件时病死及病害动物的应急处理，以及边远和交通不便地区零星病死畜禽的处理。不得用于患有炭疽等芽孢杆菌类疫病，以及牛海绵状脑病、痒病的染疫动物及产品、组织的处理。

2. 选址要求

（1）应选择地势高燥，处于下风向的地点。

（2）应远离学校、公共场所、居民住宅区、村庄、动物饲养和屠宰场所、饮用水源地、河流等地区。

3. 技术工艺

（1）深埋坑体容积以实际处理动物尸体及相关动物产品数量确定。

（2）深埋坑底应高出地下水位 1.5m 以上，要防渗、防漏。

（3）坑底洒一层厚度为 2～5cm 的生石灰或漂白粉等消毒药。

（4）将动物尸体及相关动物产品投入坑内，最上层距离地表 1.5m 以上。

（5）生石灰或漂白粉等消毒药消毒。

（6）覆盖距地表 20～30cm，厚度不少于 1～1.2m 的覆土。

4. 操作注意事项

（1）深埋覆土不要太实，以免腐败产气造成气泡冒出和液体渗漏。

（2）深埋后，在深埋处设置警示标识。

（3）深埋后，第一周内应每日巡查 1 次，第二周起应每周巡查 1 次，连续巡查 3 个月，深埋坑塌陷处应及时加盖覆土。

（4）深埋后，立即用氯制剂、漂白粉或生石灰等消毒药对深埋场所进行 1 次彻底消毒。第一周内应每日消毒 1 次，第二周起应每周消毒 1 次，连续消毒三周以上。

（五）化学处理法

1. 硫酸分解法

（1）**适用对象**　不得用于患有炭疽等芽孢杆菌类疫病，以及牛海绵状脑病、痒病的染疫动物及产品、组织的处理。其他适用对象同焚烧法相同。

（2）**技术工艺**　①可视情况对病死及病害动物和相关动物产品进行破碎等预处理。②将病死及病害动物和相关动物产品或破碎产物，投至耐酸的水解罐中，按每吨处理物加入水 150～300kg，后加入 98％的浓硫酸 300～400kg（具体加入水和浓硫酸量随处理物的含水量而设定）。③密闭水解罐，加热使水解罐内升至 100～108℃，维持压力≥0.15MPa，反应时间≥4h，至罐体内的病死及病害动物和相关动物产品完全分解为液态。

（3）**操作注意事项**　①处理中使用的强酸应按国家危险化学品安全管理、易制毒化学品管理有关规定执行，操作人员应做好个人防护。②水解过程中要先将水加入耐酸的水解罐中，然后加入浓硫酸。③控制处理物总体积不得超过容器容量的 70％。④酸解反应的容器及储存酸解液的容器均要求耐强酸。

2. 化学消毒法

（1）**适用对象**　适用于被病原微生物污染或可疑被污染的动物皮毛消毒。

（2）**盐酸食盐溶液消毒法**　①用 2.5％盐酸溶液和 15％食盐水溶液等量混合，将皮张浸泡在此溶液中，并使溶液温度保持在 30℃左右，浸泡 40h，1m² 的皮张用 10L 消毒液（或按 100mL 25％食盐水溶液中加入盐酸 1mL 配制消毒液，在室温 15℃条件下浸泡 48h，皮张与消毒液之比为 1∶4）。②浸泡后捞出沥干，放入 2％（或 1％）氢氧化钠溶液中，以中和皮张上的酸，再用水冲洗后晾干。

（3）**过氧乙酸消毒法**　①将皮毛放入新鲜配制的 2％过氧乙酸溶液中浸泡 30min。②将皮毛捞出，用水冲洗后晾干。

（4）**碱盐液浸泡消毒法**　①将皮毛浸入 5％碱盐液（饱和盐水内加 5％氢氧化钠）中，室温（18～25℃）浸泡 24h，并随时加以搅拌。②取出皮毛挂起，待碱盐液流净，放入 5％盐酸液内浸泡，使皮上的酸碱中和。③将皮毛捞出，用水冲洗后晾干。

四、收集转运要求

（一）包装

1. 包装材料应符合密闭、防水、防渗、防破损、耐腐蚀等要求。

2. 包装材料的容积、尺寸和数量应与需处理病死及病害动物和相关动物产品的体积、数量相匹配。

3. 包装后应进行密封。

4. 使用后，一次性包装材料应作销毁处理，可循环使用的包装材料应进行清洗消毒。

（二）暂存

1. 采用冷冻或冷藏方式进行暂存，防止无害化处理前病死及病害动物和相关动物产品腐败。

2. 暂存场所应能防水、防渗、防鼠、防盗，易于清洗和消毒。

3. 暂存场所应设置明显警示标识。

4. 应定期对暂存场所及周边环境进行清洗消毒。

（三）转运

1. 可选择符合 GB 19217 条件的车辆或专用封闭厢式运载车辆。车厢四壁及底部应使用耐腐蚀材料，并采取防渗措施。

2. 专用转运车辆应加施明显标识，并加装车载定位系统，记录转运时间和路径等信息。

3. 车辆驶离暂存、养殖等场所前，应对车轮及车厢外部进行消毒。

4. 转运车辆应尽量避免进入人口密集区。

5. 若转运途中发生渗漏，应重新包装、消毒后运输。

6. 卸载后，应对转运车辆及相关工具等进行彻底清洗、消毒。

五、其他要求

（一）人员防护

1. 病死及病害动物和相关动物产品的收集、暂存、转运、无害化处理操作的工作人员应经过专门培训，掌握相应的动物防疫知识。

2. 工作人员在操作过程中应穿戴防护服、口罩、护目镜、胶鞋及手套等防护用具。

3. 工作人员应使用专用的收集工具、包装用品、转运工具、清洗工具、消毒器材等。

4. 工作完毕后，应对一次性防护用品作销毁处理，对循环使用的防护用品消毒处理。

（二）记录要求

1. 病死及病害动物和相关动物产品的收集、暂存、转运、无害化处理等环节应建有台账和记录。有条件的地方应保存转运车辆行车信息和相关环节视频记录。

2. 台账和记录

（1）暂存环节

①接收台账和记录应包括病死及病害动物和相关动物产品来源场（户）、种类、数量、动物标识号、死亡原因、消毒方法、收集时间、经办人员等。

②运出台账和记录应包括运输人员、联系方式、转运时间、车牌号、病死及病害动物和相关动物产品种类、数量、动物标识号、消毒方法、转运目的地以及经办人员等。

（2）处理环节

①接收台账和记录应包括病死及病害动物和相关动物产品来源、种类、数量、动物标识号、转运人员、联系方式、车牌号、接收时间及经手人员等。

②处理台账和记录应包括处理时间、处理方式、处理数量及操作人员等。

3. 涉及病死及病害动物和相关动物产品无害化处理的台账和记录至少要保存 2 年。

第六单元　动物防疫其他规范性文件

第一节　国家突发重大动物疫情应急预案

一、动物疫情分级

根据突发重大动物疫情的性质、危害程度、涉及范围，将突发重大动物疫情划分为特别重大（Ⅰ级）、重大（Ⅱ级）、较大（Ⅲ级）和一般（Ⅳ级）四级。

二、工作原则

（一）统一领导，分级管理

各级人民政府统一领导和指挥突发重大动物疫情应急处理工作；疫情应急处理工作实行属地管理；地方各级人民政府负责扑灭本行政区域内的突发重大动物疫情，各有关部门按照预案规定，在各自的职责范围内做好疫情应急处理的有关工作。根据突发重大动物疫情的范围、性质和危害程度，对突发重大动物疫情实行分级管理。

（二）快速反应，高效运转

各级人民政府和兽医行政管理部门要依照有关法律、法规，建立和完善突发重大动物疫情应急体系、应急反应机制和应急处置制度，提高突发重大动物疫情应急处理能力；发生突发重大动物疫情时，各级人民政府要迅速做出反应，采取果断措施，及时控制和扑灭突发重大动物疫情。

（三）预防为主，群防群控

贯彻预防为主的方针，加强防疫知识的宣传，提高全社会防范突发重大动物疫情的意识；落实各项防范措施，做好人员、技术、物资和设备的应急储备工作，并根据需要定期开展技术培训和应急演练；开展疫情监测和预警预报，对各类可能引发突发重大动物疫情的情况要及时分析、预警，做到疫情早发现、快行动、严处理。突发重大动物疫情应急处理工作要依靠群众，全民防疫，动员一切资源，做到群防群控。

三、应急组织体系

应急组织体系由应急指挥部、日常管理机构、专家委员会和应急处理机构四部分组成。

应急指挥部分为全国突发重大动物疫情应急指挥部和省级突发重大动物疫情应急指挥部。

日常管理机构包括农业农村部、省级人民政府兽医行政管理部门和市（地）级、县级人民政府兽医行政管理部门。

专家委员会由突发重大动物疫情专家委员会和突发重大动物疫情应急处理专家委员会组成。

应急处理机构包括动物防疫监督机构和出入境检验检疫机构。

四、疫情的监测、预警与报告

（一）监测

国家建立突发重大动物疫情监测、报告网络体系。农业农村部和地方各级人民政府兽医行政管理部门要加强对监测工作的管理和监督，保证监测质量。

（二）预警

各级人民政府兽医行政管理部门根据动物防疫监督机构提供的监测信息，按照重大动物疫情的发生、发展规律和特点，分析其危害程度、可能的发展趋势，及时做出相应级别的预警，依次用红色、橙色、黄色和蓝色表示特别严重、严重、较重和一般四个预警级别。

（三）报告

任何单位和个人有权向各级人民政府及其有关部门报告突发重大动物疫情及其隐患，有权向上级政府部门举报不履行或者不按照规定履行突发重大动物疫情应急处理职责的部门、单位及个人。

五、疫情的应急响应和终止

（一）应急响应的原则

发生突发重大动物疫情时，事发地的县级、市（地）级、省级人民政府及其有关部门按照分级响应的原则做出应急响应。同时，要遵循突发重大动物疫情发生发展的客观规律，结合实际情况和预防控制工作的需要，及时调整预警和响应级别。要根据不同动物疫病的性质和特点，注重分析疫情的发展趋势，对势态和影响不断扩大的疫情，应及时升级预警和响应级别；对范围局限、不会进一步扩散的疫情，应相应降低响应级别，及时撤销预警。

突发重大动物疫情应急处理要采取边调查、边处理、边核实的方式，有效控制疫情发展。

未发生突发重大动物疫情的地方，当地人民政府兽医行政管理部门接到疫情通报后，要组织做好人员、物资等应急准备工作，采取必要的预防控制措施，防止突发重大动物疫情在本行政区域内发生，并服从上一级人民政府兽医行政管理部门的统一指挥，支援突发重大动物疫情发生地的应急处理工作。

（二）应急响应

1. 特别重大突发动物疫情（Ⅰ级）的应急响应 确认特别重大突发动物疫情后，按程序启动国家突发重大动物疫情应急预案。

（1）**县级以上地方各级人民政府** ①组织协调有关部门参与突发重大动物疫情的处理；

②根据突发重大动物疫情处理需要，调集本行政区域内各类人员、物资、交通工具和相关设施、设备参加应急处理工作；③发布封锁令，对疫区实施封锁；④在本行政区域内采取限制或者停止动物及动物产品交易、扑杀染疫或相关动物，临时征用房屋、场所、交通工具；封闭被动物疫病病原体污染的公共饮用水源等紧急措施；⑤组织铁路、交通、民航、质检等部门依法在交通站点设置临时动物防疫监督检查站，对进出疫区、出入境的交通工具进行检查和消毒；⑥按国家规定做好信息发布工作；⑦组织乡镇、街道、社区以及居委会、村委会，开展群防群控；⑧组织有关部门保障商品供应，平抑物价，严厉打击造谣传谣、制假售假等违法犯罪和扰乱社会治安的行为，维护社会稳定。必要时，可请求中央予以支持，保证应急处理工作顺利进行。

（2）兽医行政管理部门　①组织动物防疫监督机构开展突发重大动物疫情的调查与处理；划定疫点、疫区、受威胁区；②组织突发重大动物疫情专家委员会对突发重大动物疫情进行评估，提出启动突发重大动物疫情应急响应的级别；③根据需要组织开展紧急免疫和药物预防；④县级以上人民政府兽医行政管理部门负责对本行政区域内应急处理工作的督导和检查；⑤对新发现的动物疫病，及时按照国家规定，开展有关技术标准和规范的培训工作；⑥有针对性地开展动物防疫知识宣教，提高群众防控意识和自我防护能力；⑦组织专家对突发重大动物疫情的处理情况进行综合评估。

（3）动物防疫监督机构　①县级以上动物防疫监督机构做好突发重大动物疫情的信息收集、报告与分析工作；②组织疫病诊断和流行病学调查；③按规定采集病料，送省级实验室或国家参考实验室确诊；④承担突发重大动物疫情应急处理人员的技术培训。

（4）出入境检验检疫机构　①境外发生重大动物疫情时，会同有关部门停止从疫区国家或地区输入相关动物及其产品，加强对来自疫区运输工具的检疫和防疫消毒，参与打击非法走私入境动物或动物产品等违法活动；②境内发生重大动物疫情时，加强出口货物的查验，会同有关部门停止疫区和受威胁区的相关动物及其产品的出口，暂停使用位于疫区内的依法设立的出入境相关动物临时隔离检疫场；③出入境检验检疫工作中发现重大动物疫情或者疑似重大动物疫情时，立即向当地兽医行政管理部门报告，并协助当地动物防疫监督机构做好疫情控制和扑灭工作。

2. 重大突发动物疫情（Ⅱ级）的应急响应　确认重大突发动物疫情后，按程序启动省级疫情应急响应机制。

（1）省级人民政府　省级人民政府根据省级人民政府兽医行政管理部门的建议，启动应急预案，统一领导和指挥本行政区域内突发重大动物疫情应急处理工作。①组织有关部门和人员扑疫；②紧急调集各种应急处理物资、交通工具和相关设施设备；③发布或督导发布封锁令，对疫区实施封锁；④依法设置临时动物防疫监督检查站堵截疫源；⑤限制或停止动物及动物产品交易、扑杀染疫或相关动物；⑥封锁被动物疫源污染的公共饮用水源等；⑦按国家规定做好信息发布工作；⑧组织乡镇、街道、社区及居委会、村委会，开展群防群控；⑨组织有关部门保障商品供应，平抑物价，维护社会稳定。必要时，可请求中央予以支持，保证应急处理工作顺利进行。

（2）省级人民政府兽医行政管理部门　重大突发动物疫情确认后，向农业农村部报告疫情。必要时，提出省级人民政府启动应急预案的建议。同时，迅速组织有关单位开展疫情应急处置工作。①组织开展突发重大动物疫情的调查与处理；②划定疫点、疫区、受威胁区；

③组织对突发重大动物疫情应急处理的评估；④负责对本行政区域内应急处理工作的督导和检查；⑤开展有关技术培训工作；⑥有针对性地开展动物防疫知识宣教，提高群众防控意识和自我防护能力。

（3）省级以下地方人民政府　疫情发生地人民政府及有关部门在省级人民政府或省级突发重大动物疫情应急指挥部的统一指挥下，按照要求认真履行职责，落实有关控制措施。具体组织实施突发重大动物疫情应急处理工作。

（4）农业农村部　加强对省级兽医行政管理部门应急处理突发重大动物疫情工作的督导，根据需要组织有关专家协助疫情应急处置；并及时向有关省份通报情况。必要时，建议国务院协调有关部门给予必要的技术和物资支持。

3. 较大突发动物疫情（Ⅲ级）的应急响应

（1）市（地）级人民政府　市（地）级人民政府根据本级人民政府兽医行政管理部门的建议，启动应急预案，采取相应的综合应急措施。必要时，可向上级人民政府申请资金、物资和技术援助。

（2）市（地）级人民政府兽医行政管理部门　对较大突发动物疫情进行确认，并按照规定向当地人民政府、省级兽医行政管理部门和农业农村部报告调查处理情况。

（3）省级人民政府兽医行政管理部门　省级兽医行政管理部门要加强对疫情发生地疫情应急处理工作的督导，及时组织专家对地方疫情应急处理工作提供技术指导和支持，并向本省有关地区发出通报，及时采取预防控制措施，防止疫情扩散蔓延。

4. 一般突发动物疫情（Ⅳ级）的应急响应　县级地方人民政府根据本级人民政府兽医行政管理部门的建议，启动应急预案，组织有关部门开展疫情应急处置工作。县级人民政府兽医行政管理部门对一般突发重大动物疫情进行确认，并按照规定向本级人民政府和上一级兽医行政管理部门报告。市（地）级人民政府兽医行政管理部门应组织专家对疫情应急处理进行技术指导。省级人民政府兽医行政管理部门应根据需要提供技术支持。

5. 非突发重大动物疫情发生地区的应急响应　应根据发生疫情地区的疫情性质、特点、发生区域和发展趋势，分析本地区受波及的可能性和程度，重点做好以下工作：①密切保持与疫情发生地的联系，及时获取相关信息。②组织做好本区域应急处理所需的人员与物资准备。③开展对养殖、运输、屠宰和市场环节的动物疫情监测和防控工作，防止疫病的发生、传入和扩散。④开展动物防疫知识宣传，提高公众防护能力和意识。⑤按规定做好公路、铁路、航空、水运交通的检疫监督工作。

（三）应急处理人员的安全防护

要确保参与疫情应急处理人员的安全。针对不同的重大动物疫病，特别是一些重大人畜共患病，应急处理人员还应采取特殊的防护措施。

（四）突发重大动物疫情应急响应的终止

1. 应急响应终止的条件　突发重大动物疫情应急响应的终止需符合以下条件：疫区内所有的动物及其产品按规定处理后，经过该疫病的至少一个最长潜伏期无新的病例出现。

2. 突发重大动物疫情应急响应终止的程序

（1）特别重大突发动物疫情　由农业农村部对疫情控制情况进行评估，提出终止应急措施的建议，按程序报批宣布。

（2）重大突发动物疫情　由省级人民政府兽医行政管理部门对疫情控制情况进行评估，

提出终止应急措施的建议，按程序报批宣布，并向农业农村部报告。

（3）较大突发动物疫情　由市（地）级人民政府兽医行政管理部门对疫情控制情况进行评估，提出终止应急措施的建议，按程序报批宣布，并向省级人民政府兽医行政管理部门报告。

（4）一般突发动物疫情　由县级人民政府兽医行政管理部门对疫情控制情况进行评估，提出终止应急措施的建议，按程序报批宣布，并向上一级和省级人民政府兽医行政管理部门报告。

上级人民政府兽医行政管理部门及时组织专家对突发重大动物疫情应急措施终止的评估提供技术指导和支持。

六、善后处理

（一）后期评估

突发重大动物疫情扑灭后，各级兽医行政管理部门应在本级政府的领导下，组织有关人员对突发重大动物疫情的处理情况进行评估，提出改进建议和应对措施。

（二）奖励

县级以上人民政府对参加突发重大动物疫情应急处理做出贡献的先进集体和个人，进行表彰；对在突发重大动物疫情应急处理工作中英勇献身的人员，按有关规定追认为烈士。

（三）责任

对在突发重大动物疫情的预防、报告、调查、控制和处理过程中，有玩忽职守、失职、渎职等违纪违法行为的，依据有关法律法规追究当事人的责任。

（四）灾害补偿

按照各种重大动物疫病灾害补偿的规定，确定数额等级标准，按程序进行补偿。

（五）抚恤和补助

地方各级人民政府要组织有关部门对因参与应急处理工作致病、致残、死亡的人员，按照国家有关规定，给予相应的补助和抚恤。

（六）恢复生产

突发重大动物疫情扑灭后，取消贸易限制及流通控制等限制性措施。根据各种重大动物疫病的特点，对疫点和疫区进行持续监测，符合要求的，方可重新引进动物，恢复畜牧业生产。

（七）社会救助

发生重大动物疫情后，国务院民政部门应按《中华人民共和国公益事业捐赠法》和《救灾救济捐赠管理暂行办法》及国家有关政策规定，做好社会各界向疫区提供的救援物资及资金的接收、分配和使用工作。

七、疫情应急处置的保障

突发重大动物疫情发生后，县级以上地方人民政府应积极协调有关部门，做好突发重大动物疫情处理的应急保障工作。

（一）通信与信息保障

县级以上指挥部应将车载电台、对讲机等通信工具纳入紧急防疫物资储备范畴，按照规定做好储备保养工作。根据国家有关法规对紧急情况下的电话、电报、传真、通信频率等予以优先待遇。

（二）应急资源与装备保障

1. 应急队伍保障　县级以上各级人民政府要建立突发重大动物疫情应急处理预备队伍，具体实施扑杀、消毒、无害化处理等疫情处理工作。

2. 交通运输保障　运输部门要优先安排紧急防疫物资的调运。

3. 医疗卫生保障　卫生部门负责开展重大动物疫病（人畜共患病）的人间监测，做好有关预防保障工作。各级兽医行政管理部门在做好疫情处理的同时应及时通报疫情，积极配合卫生部门开展工作。

4. 治安保障　公安部门、武警部队要协助做好疫区封锁和强制扑杀工作，做好疫区安全保卫和社会治安管理。

5. 物资保障　各级兽医行政管理部门应按照计划建立紧急防疫物资储备库，储备足够的药品、疫苗、诊断试剂、器械、防护用品、交通及通信工具等。

6. 经费保障　各级财政部门为突发重大动物疫病防治工作提供合理而充足的资金保障。各级财政在保证防疫经费及时、足额到位的同时，要加强对防疫经费使用的管理和监督。各级政府应积极通过国际、国内等多渠道筹集资金，用于突发重大动物疫情应急处理工作。

（三）技术储备与保障

建立重大动物疫病防治专家委员会，负责疫病防控策略和方法的咨询，参与防控技术方案的策划、制定和执行。设置重大动物疫病的国家参考实验室，开展动物疫病诊断技术、防治药物、疫苗等的研究，做好技术和相关储备工作。

（四）培训和演习

各级兽医行政管理部门要对重大动物疫情处理预备队成员进行系统培训。在没有发生突发重大动物疫情状态下，农业农村部每年要有计划地选择部分地区举行演练，确保预备队扑灭疫情的应急能力。地方政府可根据资金和实际需要情况，组织训练。

（五）社会公众的宣传教育

县级以上地方人民政府应组织有关部门利用广播、影视、报刊、互联网、手册等多种形式对社会公众广泛开展突发重大动物疫情应急知识的普及教育，宣传动物防疫科普知识，指导群众以科学的行为和方式对待突发重大动物疫情。要充分发挥有关社会团体在普及动物防疫应急知识、科普知识方面的作用。

八、相关概念

（一）重大动物疫情

重大动物疫情是指陆生、水生动物突然发生重大疫病，且迅速传播，导致动物发病率或者死亡率高，给养殖业生产安全造成严重危害，或者可能对人民身体健康与生命安全造成危害的，具有重要经济社会影响和公共卫生意义。

（二）我国尚未发现的动物疫病

我国尚未发现的动物疫病是指疯牛病、非洲马瘟等在其他国家和地区已经发现，在我国尚未发生过的动物疫病。

（三）我国已消灭的动物疫病

我国已消灭的动物疫病是指牛瘟、牛肺疫等在我国曾发生过，但已扑灭净化的动物疫病。

（四）暴发

暴发是指在一定区域，动物疫病短时间内发生，波及范围广泛，出现大量患病动物或死亡病例，其发病率远远超过常年的发病水平。

（五）疫点

患病动物所在的地点划定为疫点，疫点一般是指患病禽类所在的禽场（户）或其他有关屠宰、经营单位。

（六）疫区

以疫点为中心的一定范围内的区域划定为疫区，疫区划分时注意考虑当地的饲养环境、天然屏障（如河流、山脉）和交通等因素。

（七）受威胁区

疫区外一定范围内的区域划定为受威胁区。

第二节　一、二、三类动物疫病病种名录

根据《中华人民共和国动物防疫法》有关规定，农业农村部对原《一、二、三类动物疫病病种名录》（农业部公告第 1125 号）进行了修订，于 2022 年 6 月 23 日重新发布了《一、二、三类动物疫病病种名录》（农业农村部公告第 573 号），自发布之日起施行。2008 年发布的农业部公告第 1125 号、2011 年发布的农业部公告第 1663 号、2013 年发布的农业部公告第 1950 号同时废止。

一、一类动物疫病

一类动物疫病（11 种）：口蹄疫、猪水疱病、非洲猪瘟、尼帕病毒性脑炎、非洲马瘟、牛海绵状脑病、牛瘟、牛传染性胸膜肺炎、痒病、小反刍兽疫、高致病性禽流感。

二、二类动物疫病

二类动物疫病（37 种），其中：

（一）多种动物共患病（7 种）

狂犬病、布鲁氏菌病、炭疽、蓝舌病、日本脑炎、棘球蚴病、日本血吸虫病。

（二）牛病（3 种）

牛结节性皮肤病、牛传染性鼻气管炎（传染性脓疱外阴阴道炎）、牛结核病。

（三）绵羊和山羊病（2 种）

绵羊痘和山羊痘、山羊传染性胸膜肺炎。

（四）马病（2 种）

马传染性贫血、马鼻疽。

（五）猪病（3 种）

猪瘟、猪繁殖与呼吸综合征、猪流行性腹泻。

（六）禽病（3 种）

新城疫、鸭瘟、小鹅瘟。

（七）兔病（1种）

兔出血症。

（八）蜜蜂病（2种）

美洲蜜蜂幼虫腐臭病、欧洲蜜蜂幼虫腐臭病。

（九）鱼类病（11种）

鲤春病毒血症、草鱼出血病、传染性脾肾坏死病、锦鲤疱疹病毒病、刺激隐核虫病、淡水鱼细菌性败血症、病毒性神经坏死病、传染性造血器官坏死病、流行性溃疡综合征、鲫造血器官坏死病、鲤浮肿病。

（十）甲壳类病（3种）

白斑综合征、十足目虹彩病毒病、虾肝肠胞虫病。

三、三类动物疫病

三类动物疫病（126种），其中：

（一）多种动物共患病（25种）

伪狂犬病、轮状病毒感染、产气荚膜梭菌病、大肠杆菌病、巴氏杆菌病、沙门氏菌病、李氏杆菌病、链球菌病、溶血性曼氏杆菌病、副结核病、类鼻疽、支原体病、衣原体病、附红细胞体病、Q热、钩端螺旋体病、东毕吸虫病、华支睾吸虫病、囊尾蚴病、片形吸虫病、旋毛虫病、血矛线虫病、弓形虫病、伊氏锥虫病、隐孢子虫病。

（二）牛病（10种）

牛病毒性腹泻、牛恶性卡他热、地方流行性牛白血病、牛流行热、牛冠状病毒感染、牛赤羽病、牛生殖道弯曲杆菌病、毛滴虫病、牛梨形虫病、牛无浆体病。

（三）绵羊和山羊病（7种）

山羊关节炎/脑炎、梅迪-维斯纳病、绵羊肺腺瘤病、羊传染性脓疱皮炎、干酪性淋巴结炎、羊梨形虫病、羊无浆体病。

（四）马病（8种）

马流行性淋巴管炎、马流感、马腺疫、马鼻肺炎、马病毒性动脉炎、马传染性子宫炎、马媾疫、马梨形虫病。

（五）猪病（13种）

猪细小病毒感染、猪丹毒、猪传染性胸膜肺炎、猪波氏菌病、猪圆环病毒病、格拉瑟病、猪传染性胃肠炎、猪流感、猪丁型冠状病毒感染、猪塞内卡病毒感染、仔猪红痢、猪痢疾、猪增生性肠病。

（六）禽病（21种）

禽传染性喉气管炎、禽传染性支气管炎、禽白血病、传染性法氏囊病、马立克病、禽痘、鸭病毒性肝炎、鸭浆膜炎、鸡球虫病、低致病性禽流感、禽网状内皮组织增殖病、鸡病毒性关节炎、禽传染性脑脊髓炎、鸡传染性鼻炎、禽坦布苏病毒感染、禽腺病毒感染、鸡传染性贫血、禽偏肺病毒感染、鸡红螨病、鸡坏死性肠炎、鸭呼肠孤病毒感染。

（七）兔病（2种）

兔波氏菌病、兔球虫病。

（八）蚕、蜂病（8 种）

蚕多角体病、蚕白僵病、蚕微粒子病、蜂螨病、瓦螨病、亮热厉螨病、蜜蜂孢子虫病、白垩病。

（九）犬猫等动物病（10 种）

水貂阿留申病、水貂病毒性肠炎、犬瘟热、犬细小病毒病、犬传染性肝炎、猫泛白细胞减少症、猫嵌杯病毒感染、猫传染性腹膜炎、犬巴贝斯虫病、利什曼原虫病。

（十）鱼类病（11 种）

真鲷虹彩病毒病、传染性胰脏坏死病、牙鲆弹状病毒病、鱼爱德华氏菌病、链球菌病、细菌性肾病、杀鲑气单胞菌病、小瓜虫病、黏孢子虫病、三代虫病、指环虫病。

（十一）甲壳类病（5 种）

黄头病、桃拉综合征、传染性皮下和造血组织坏死病、急性肝胰腺坏死病、河蟹螺原体病。

（十二）贝类病（3 种）

鲍疱疹病毒病、奥尔森派琴虫病、牡蛎疱疹病毒病。

（十三）两栖与爬行类病（3 种）

两栖类蛙虹彩病毒病、鳖鳃腺炎病、蛙脑膜炎败血症。

第三节　人畜共患传染病名录

根据《中华人民共和国动物防疫法》有关规定，农业农村部对原《人畜共患传染病名录》（农业部第 1149 号公告）进行了修订，于 2022 年 6 月 23 日重新发布了《人畜共患传染病名录》（农业农村部公告第 571 号），自发布之日起施行。2009 年发布的农业部第 1149 号公告同时废止。

《人畜共患传染病名录》共列举了 24 种人畜共患传染病，分别为牛海绵状脑病、高致病性禽流感、狂犬病、炭疽、布鲁氏菌病、弓形虫病、棘球蚴病、钩端螺旋体病、沙门氏菌病、牛结核病、日本血吸虫病、日本脑炎（流行性乙型脑炎）、猪链球菌 II 型感染、旋毛虫病、囊尾蚴病、马鼻疽、李氏杆菌病、类鼻疽、片形吸虫病、鹦鹉热、Q 热、利什曼原虫病、尼帕病毒性脑炎、华支睾吸虫病。

第七单元　兽药管理法律制度

第一节　兽药管理条例

　　《兽药管理条例》于 2004 年 3 月 24 日经国务院第 45 次常务会议审议通过，根据 2014 年 7 月 9 日国务院第 54 次常务会议《国务院关于修改部分行政法规的决定》修正，根据 2016 年 1 月 13 日国务院第 119 次常务会议《国务院关于修改部分行政法规的决定》修正，根据 2020 年 3 月 27 日国务院令第 726 号《国务院关于修改和废止部分行政法规的决定》修改。

一、《兽药管理条例》概述

（一）立法目的
　　加强兽药管理，保证兽药质量，防治动物疾病，促进养殖业的发展，维护人体健康。
（二）调整对象
　　在中华人民共和国境内从事兽药的研制、生产、经营、进出口、使用和监督管理，应当遵守兽药管理条例。
（三）兽药行政管理
　　国务院兽医行政管理部门负责全国的兽药监督管理工作。县级以上地方人民政府兽医行政管理部门负责本行政区域内的兽药监督管理工作。

（四）兽用处方药和非处方药分类管理制度

国家实行兽用处方药和非处方药分类管理制度。兽用处方药和非处方药分类管理的办法和具体实施步骤，由国务院兽医行政管理部门规定。2013 年 8 月 1 日，农业部第 7 次常务会议审议通过了《兽用处方药和非处方药管理办法》，自 2014 年 3 月 1 日起施行。

（五）兽药储备制度

国家实行兽药储备制度。发生重大动物疫情、灾情或者其他突发事件时，国务院兽医行政管理部门可以紧急调用国家储备的兽药；必要时，也可以调用国家储备以外的兽药。

（六）相关名词术语定义

1. 兽药　兽药是指用于预防、治疗、诊断动物疾病或者有目的地调节动物生理机能的物质（含药物饲料添加剂），主要包括血清制品、疫苗、诊断制品、微生态制品、中药材、中成药、化学药品、抗生素、生化药品、放射性药品及外用杀虫剂、消毒剂等。

2. 兽用处方药　兽用处方药是指凭兽医处方笺方可购买和使用的兽药。

3. 兽用非处方药　兽用非处方药是指由国务院兽医行政管理部门公布的、不需要凭兽医处方笺就可以自行购买并按照说明书使用的兽药。

4. 兽药生产企业　兽药生产企业是指专门生产兽药的企业和兼产兽药的企业，包括从事兽药分装的企业。

5. 兽药经营企业　兽药经营企业是指经营兽药的专营企业或者兼营企业。

6. 新兽药　新兽药是指未曾在中国境内上市销售的兽用药品。

7. 兽药批准证明文件　兽药批准证明文件是指兽药产品批准文号、进口兽药注册证书、允许进口兽用生物制品证明文件、出口兽药证明文件、新兽药注册证书等文件。

二、兽药经营法律制度

为了保证兽药经营质量和动物用药的安全，我国对影响兽药经营质量的关键环节进行管理和控制。主要表现在以下三个方面：

（一）经营兽药的企业应具备的条件及审批程序

1. 经营兽药的企业必须具备的条件　经营兽药的企业必须具备以下条件：①有与所经营的兽药相适应的兽药技术人员；②有与所经营的兽药相适应的营业场所、设备、仓库设施；③有与所经营的兽药相适应的质量管理机构或者人员；④兽药经营质量管理规范规定的其他经营条件。

2. 审批程序　符合经营兽药条件的企业，可以向市、县人民政府兽医行政管理部门提出申请，并提供符合经营兽药应具备条件的证明材料。但经营兽用生物制品的企业，必须向省、自治区、直辖市人民政府兽医行政管理部门提出申请，并提供符合经营兽药应具备条件的证明材料。县级以上地方人民政府兽医行政管理部门在收到申请之日起 30 个工作日内完成审查，审查合格的，发给兽药经营许可证；不合格的，书面通知申请人。

（二）兽药经营许可证管理制度

1. 兽药经营许可证的内容及期限　兽药经营许可证应当载明经营范围、经营地点、有效期和法定代表人姓名、住址等事项。兽药经营许可证的有效期为 5 年。有效期届满，需要继续经营兽药的，必须在许可证有效期届满前 6 个月到发证机关申请换发兽药经营许可证。

2. 兽药经营许可证内容的变更　兽药经营许可证是取得兽药经营资格的法定凭证，兽药经营企业必须在兽药经营许可证载明的经营地点和经营范围内进行销售。兽药经营企业变更经营范围、经营地点的，必须按照开办兽药经营企业的条件和程序向发证机关申请换发兽药经营许可证。兽药经营企业变更企业名称、法定代表人事项时，应当在办理工商变更登记手续后 15 个工作日内，到发证机关申请换发兽药经营许可证。

3. 兽药经营许可证的收回　为了规范兽药经营许可证的使用行为，维护兽药经营许可证的严肃性，兽药经营企业停止经营超过 6 个月或者关闭的，发证机关应当责令兽药经营企业交回兽药经营许可证。

4. 兽药经营许可证的使用　兽药经营许可证是国家依法许可符合条件的企业从事兽药经营行为的法律凭证，任何单位和个人不得买卖、出租、出借，否则要承担法律责任。

（三）兽药经营管理法律制度

1. 兽药经营质量管理规范　兽药经营质量管理规范，国际上统称为 Good Supply Practice，简称 GSP，农业部于 2010 年 1 月 15 日发布了《兽药经营质量管理规范》（农业部 2010 年第 3 号令，2017 年 11 月 30 日农业部令 2017 年第 8 号令修订）。目的是为了控制可能影响兽药质量的各种因素，消除发生质量问题的隐患，保证兽药的安全性、有效性和稳定性不会降低。该规范要求经营企业必须建立一整套质量保证体系，以规范企业兽药经营条件和行为，进而维护兽药经营市场的正常秩序。因此，兽药企业必须遵守《兽药经营质量管理规范》。县级以上地方人民政府兽医行政管理部门，必须对兽药经营企业是否符合兽药经营质量管理规范的要求进行监督检查，并对社会公开检查结果。

2. 购进兽药的核对制度　兽药经营企业购进兽药必须要进行质量控制，核对兽药产品与产品标签或者说明书是否与农业农村部公布的标签、说明书内容一致，产品有无质量合格证书。不一致或无产品质量合格证的兽药，不得购进。

3. 销售兽药管理制度　兽药经营企业应配备有药学专业知识的人员，销售兽药时必须向购买者说明兽药的功能主治、用法、用量和注意事项，注明兽用中药材的产地。禁止兽药经营企业销售人用药品和假、劣兽药。兽药经营企业销售兽用处方药的，应当遵守兽用处方药管理办法。

4. 购销兽药的记录制度　兽药不仅关系到动物的健康发展，而且也是关系到人身安全的特殊商品。所以国家对兽药经营企业购销活动实施特殊的管理措施，要求兽药经营企业购销兽药必须建立购销记录，购销记录应当载明兽药的商品名称、通用名称、剂型、规格、批号、有效期、生产厂商、购销单位、购销数量、购销日期和农业农村部规定的其他事项。实行购销兽药记录管理制度，有利于加强对兽药经营活动的监督管理，有利于保证动物用药安全，进而维护人类食品安全。

5. 兽药保管制度　兽药在生产、贮藏、使用过程中，光线、空气、温度、湿度等自然因素都会影响兽药的质量。因此，兽药经营企业应当建立兽药保管制度，采取必要的冷藏、防冻、防潮、防虫、防鼠等措施，保证所经营兽药的质量。兽药入库、出库，必须执行检查验收制度，并有准确记录。

6. 兽用生物制品的组织与供应制度　为了对动物疫病进行有效的控制，保障兽用生物制品的质量，国家对强制免疫所需兽用生物制品的经营实行强制性管理，要求经营强制免疫兽用生物制品的单位，必须符合农业农村部的规定。

7. 兽药广告审批制度　兽药广告的内容必须与兽药说明书内容一致，不得有误导、欺骗和夸大的情形。兽药生产或经营企业在全国重点媒体发布兽药广告，必须取得农业农村部批准的兽药广告审查批准文号；在地方媒体发布兽药广告，必须取得省、自治区、直辖市人民政府兽医行政管理部门兽药广告审查批准文号。未经批准的，任何单位和个人不得发布兽药广告。

三、兽药使用法律制度

（一）用药记录管理制度

兽药使用单位，应当遵守国务院兽医行政管理部门制定的兽药安全使用规定，并建立用药记录。

（二）禁用兽药管理制度

禁止使用假、劣兽药以及国务院兽医行政管理部门规定禁止使用的药品和其他化合物。

（三）休药期管理制度

有休药期规定的兽药用于食用动物时，饲养者应当向购买者或者屠宰者提供准确、真实的用药记录；购买者或者屠宰者应当确保动物及其产品在用药期、休药期内不被用于食品消费。

（四）药物饲料添加剂管理制度

禁止在饲料和动物饮用水中添加激素类药品和国务院兽医行政管理部门规定的其他禁用药品。经批准可以在饲料中添加的兽药，应当由兽药生产企业制成药物饲料添加剂后方可添加。禁止将原料药直接添加到饲料及动物饮用水中或者直接饲喂动物。禁止将人用药品用于动物。

（五）兽药残留监控管理制度

1. 监控计划的制定　国务院兽医行政管理部门，应当制订并组织实施国家动物及动物产品兽药残留监控计划。

2. 检测计划的实施　县级以上人民政府兽医行政管理部门，负责组织对动物产品中兽药残留量的检测。兽药残留检测结果，由国务院兽医行政管理部门或者省、自治区、直辖市人民政府兽医行政管理部门按照权限予以公布。

3. 检测结果异议的处理　动物产品的生产者、销售者对检测结果有异议的，可以自收到检测结果之日起 7 个工作日内向组织实施兽药残留检测的兽医行政管理部门或者其上级兽医行政管理部门提出申请，由受理申请的兽医行政管理部门指定检验机构进行复检。

禁止销售含有违禁药物或者兽药残留量超过标准的食用动物产品。

（六）麻醉药品管理制度

兽用麻醉药品、精神药品、毒性药品和放射性药品等特殊药品，依照国家有关规定管理。

四、兽药监督管理法律制度

（一）兽药监督管理主体

1. 执法机构　县级以上人民政府兽医行政管理部门行使兽药监督管理权。

2. 检验机构　兽药检验工作由国务院兽医行政管理部门和省、自治区、直辖市人民政府兽医行政管理部门设立的兽药检验机构承担。国务院兽医行政管理部门，可以根据需要认定其他检验机构承担兽药检验工作。当事人对兽药检验结果有异议的，可以自收到检验结果之日起 7 个工作日内向实施检验的机构或者上级兽医行政管理部门设立的检验机构申请复检。

（二）兽药国家标准

兽药应当符合兽药国家标准。国家兽药典委员会拟定的、国务院兽医行政管理部门发布的《中华人民共和国兽药典》和国务院兽医行政管理部门发布的其他兽药质量标准为兽药国家标准。兽药国家标准的标准品和对照品的标定工作由国务院兽医行政管理部门设立的兽药检验机构负责。

（三）兽医行政管理部门的监督检查措施

兽医行政管理部门在进行监督检查时，根据需要采取下列措施：

1. 对有证据证明可能是假、劣兽药的，应当采取查封、扣押的行政强制措施。未经行政强制措施决定机关或者其上级机关批准，不得擅自转移、使用、销毁、销售被查封或者扣押的兽药及有关材料。

2. 自采取行政强制措施之日起7个工作日内，采取行政强制措施的兽医行政管理部门必须作出是否立案的决定。

3. 对于当场无法判定是否是假、劣兽药而需要实验室检验的物品，采取行政强制措施的兽医行政管理部门必须自检验报告书发出之日起15个工作日内作出是否立案的决定。

4. 对于不符合立案条件的，采取行政强制措施的兽医行政管理部门应当解除行政强制措施。

5. 需要暂停生产的，由国务院兽医行政管理部门或者省、自治区、直辖市人民政府兽医行政管理部门按照权限作出决定；需要暂停经营、使用的，由县级以上人民政府兽医行政管理部门按照权限作出决定。

（四）假兽药的判定标准

1. 有下列情形之一的，为假兽药：①以非兽药冒充兽药或者以他种兽药冒充此种兽药的；②兽药所含成分的种类、名称与兽药国家标准不符合的。

2. 有下列情形之一的，按照假兽药处理：①国务院兽医行政管理部门规定禁止使用的；②依照兽药管理条例规定应当经审查批准而未经审查批准即生产、进口的，或者依照兽药管理条例规定应当经抽查检验、审查核对而未经抽查检验、审查核对即销售、进口的；③变质的；④被污染的；⑤所标明的适应证或者功能主治超出规定范围的。

（五）劣兽药的判定标准

有下列情形之一的，为劣兽药：①成分含量不符合兽药国家标准或者不标明有效成分的；②不标明或者更改有效期或者超过有效期的；③不标明或者更改产品批号的；④其他不符合兽药国家标准，但不属于假兽药的。

（六）禁止性规定

禁止将兽用原料药拆零销售或者销售给兽药生产企业以外的单位和个人。禁止未经兽医开具处方销售、购买、使用国务院兽医行政管理部门规定实行处方药管理的兽药。禁止买卖、出租、出借兽药生产许可证、兽药经营许可证和兽药批准证明文件。

（七）兽药不良反应报告制度

国家实行兽药不良反应报告制度。兽药生产企业、经营企业、兽药使用单位和开具处方的兽医人员发现可能与兽药使用有关的严重不良反应，应当立即向所在地人民政府兽医行政管理部门报告。

五、法律责任

（一）经营假、劣兽药，或无证经营兽药，或者经营人用药品的法律责任

违反兽药管理条例规定，无兽药生产许可证、兽药经营许可证生产、经营兽药的，或者虽有兽药生产许可证、兽药经营许可证，生产、经营假、劣兽药的，或者兽药经营企业经营人用药品的，责令其停止生产、经营，没收用于违法生产的原料、辅料、包装材料及生产、经营的兽药和违法所得，并处违法生产、经营的兽药（包括已出售的和未出售的兽药）货值金额2倍以上5倍以下罚款，货值金额无法查证核实的，处10万元以上20万元以下罚款。无兽药生产许可证生产兽药，情节严重的，没收其生产设备；生产、经营假、劣兽药（包括已出售的和未出售的兽药），情节严重的，吊销兽药生产许可证、兽药经营许可证；构成犯罪的，依法追究刑事责任；给他人造成损失的，依法承担赔偿责任。生产、经营企业的主要负责人和直接负责的主管人员终身不得从事兽药的生产、经营活动。

（二）未按兽药安全使用规定使用兽药违法行为的法律责任

违反兽药管理条例规定，未按照国家有关兽药安全使用规定使用兽药的、未建立用药记录或者记录不完整真实的，或者使用禁止使用的药品和其他化合物的，或者将人用药品用于动物的，责令其立即改正，并对饲喂了违禁药物及其他化合物的动物及其产品进行无害化处理；对违法单位处1万元以上5万元以下罚款；给他人造成损失的，依法承担赔偿责任。

（三）违法销售尚在用药期、休药期，或者销售含有违禁药物和兽药残留超标的动物产品的法律责任

违反兽药管理条例规定，销售尚在用药期、休药期内的动物及其产品用于食品消费的，或者销售含有违禁药物和兽药残留超标的动物产品用于食品消费的，责令其对含有违禁药物和兽药残留超标的动物产品进行无害化处理，没收违法所得，并处3万元以上10万元以下罚款；构成犯罪的，依法追究刑事责任；给他人造成损失的，依法承担赔偿责任。

（四）擅自转移、使用、销毁、销售被查封或者扣押的兽药及有关材料违法行为的法律责任

违反兽药管理条例规定，擅自转移、使用、销毁、销售被查封或者扣押的兽药及有关材料的，责令其停止违法行为，给予警告，并处5万元以上10万元以下罚款。

（五）不按规定报告与兽药使用有关的严重不良反应违法行为的法律责任

违反兽药管理条例规定，兽药生产企业、经营企业、兽药使用单位和开具处方的兽医人员发现可能与兽药使用有关的严重不良反应，不向所在地人民政府兽医行政管理部门报告的，给予警告，并处5 000元以上1万元以下罚款。

（六）不按规定销售、购买、使用兽用处方药违法行为的法律责任

违反兽药管理条例规定，未经兽医开具处方销售、购买、使用兽用处方药的，责令其限期改正，没收违法所得，并处5万元以下罚款；给他人造成损失的，依法承担赔偿责任。

（七）违反规定销售原料药，或者拆零销售原料药违法行为的法律责任

违反兽药管理条例规定，兽药生产、经营企业把原料药销售给兽药生产企业以外的单位和个人的，或者兽药经营企业拆零销售原料药的，责令其立即改正，给予警告，没收违法所得，并处2万元以上5万元以下罚款；情节严重的，吊销兽药生产许可证、兽药经营许可证；给他人造成损失的，依法承担赔偿责任。

（八）不按规定添加药品违法行为的法律责任

违反兽药管理条例规定，在饲料和动物饮用水中添加激素类药品和国务院兽医行政管理部门规定的其他禁用药品，依照《饲料和饲料添加剂管理条例》的有关规定处罚；直接将原料药添加到饲料及动物饮用水中，或者饲喂动物的，责令其立即改正，并处1万元以上3万元以下罚款；给他人造成损失的，依法承担赔偿责任。

第二节　兽药经营质量管理规范

《兽药经营质量管理规范》于2010年1月15日农业部令2010年第3号公布，2017年11月30日农业部令2017年第8号令修订。

兽药是一种特殊的商品，在生产、经营过程中，由于内外因素的作用，随时都可能出现质量问题，因此，必须在各环节采取严格的控制措施。才能从根本上保证兽药质量。兽药经营质量管理规范是在兽药流通过程中，针对计划采购、购进验收、储存养护、销售及售后服务等环节制定的防止质量事故发生、保证兽药符合质量标准的一整套管理标准和规程，其核心是通过严格的管理制度来约束兽药经营企业的行为，对兽药经营全过程进行质量控制，防止质量事故发生，对售出兽药实施有效追踪，保证向用户提供合格的兽药。

一、场所与设施

1. 对营业场所及仓库的要求　兽药经营企业应当具有固定的经营场所和仓库，其面积应符合省级兽医行政管理部门的规定。经营场所和仓库应布局合理，相对独立。经营场所和仓库的地面、墙壁、顶棚等应当平整、光洁，门、窗应当严密、易清洁。经营场所的面积、设施和设备应当与经营的兽药品种、经营规模相适应。兽药经营区域与生活区域、动物诊疗区域应当分别独立设置，避免交叉污染。

兽药经营企业应当具有与经营的兽药品种、经营规模适应并能够保证兽药质量的常温库、阴凉库（柜）、冷库（柜）等仓库和相关设施、设备。仓库面积和相关设施、设备应当满足合格兽药区、不合格兽药区、待验兽药区、退货兽药区等不同区域划分和不同兽药品种分区、分类保管、储存的要求。

变更经营场所面积以及变更仓库位置，增加、减少仓库数量、面积以及相关设施、设备的，应当在变更后30个工作日内向发证机关备案。

2. 对经营地点的要求　兽药经营企业的经营地点必须与《兽药经营许可证》载明的地点一致，变更经营地点的，应当申请换发兽药经营许可证。《兽药经营许可证》应当悬挂在经营场所的显著位置。

3. 对设施设备的要求　兽药经营企业的经营场所和仓库必须具有以下设施、设备：①与经营兽药相适应的货架、柜台；②避光、通风、照明的设施、设备；③与储存兽药相适应的控制温度、湿度的设施、设备；④防尘、防潮、防霉、防污染和防虫、防鼠、防鸟的设施、设备；⑤进行卫生清洁的设施、设备等；⑥实施兽药电子追溯管理的相关设备。

兽药经营企业经营场所和仓库的设施、设备应当齐备、整洁、完好，并根据兽药品种、类别、用途等设立醒目标志。兽药直营连锁经营企业在同一县（市）内有多家经营门店的，可以统一配置仓储和相关设施、设备。

二、机构与人员

目前，我国兽药经营企业发展水平还不均衡，区域间差距较大，因此，《兽药经营质量管理规范》没有强制性要求兽药经营企业必须建立质量管理机构，而是规定有条件的兽药经营企业，可以建立质量管理机构，由企业根据实际经营情况自愿建立。同时，为了加强人员的管理，确保兽药质量，对兽药经营企业负责人、主管质量的负责人、质量管理机构的负责人以及质量管理人员的资质进行了规范。兽药企业在经营过程中，其主管质量的负责人、质量管理机构的负责人、质量管理人员发生变更的，必须在变更后 30 个工作日内向发放《兽药经营许可证》的机关备案。

1. 对企业负责人的要求　兽药经营企业直接负责的主管人员应当熟悉兽药管理法律、法规及政策规定，具备相应兽药专业知识。

2. 对主管质量管理的负责人和质量管理机构的负责人的要求　兽药经营企业应当配备与经营兽药相适应的质量管理人员。兽药经营企业主管质量的负责人和质量管理机构的负责人应当具备相应兽药专业知识，且其专业学历或技术职称应当符合省、自治区、直辖市人民政府兽医行政管理部门的规定。

3. 对兽药质量管理人员的要求　兽药质量管理人员应当具有兽药、兽医等相关专业中专以上学历，或者具有兽药、兽医等相关专业初级以上专业技术职称。经营兽用生物制品的，兽药质量管理人员应当具有兽药、兽医等相关专业大专以上学历，或者具有兽药、兽医等相关专业中级以上专业技术职称，并具备兽用生物制品专业知识。兽药质量管理人员不得在本企业以外的其他单位兼职。

4. 对从事兽药采购、保管、销售、技术服务等工作人员的要求　兽药经营企业从事兽药采购、保管、销售、技术服务等工作的人员，应当具有高中以上学历，并具有相应兽药、兽医等专业知识，熟悉兽药管理法律、法规及政策规定。

5. 培训要求　兽药经营企业应当制订培训计划，定期对员工进行兽药管理法律、法规、政策规定和相关专业知识、职业道德培训、考核，并建立培训、考核档案。

三、规章制度

1. 建立质量管理体系，制定质量管理文件　兽药经营企业必须建立质量管理体系，制定管理制度、操作程序等质量管理文件。质量管理文件应当包括以下内容：①企业质量管理目标；②企业组织机构、岗位和人员职责；③对供货单位和所购兽药的质量评估制度；④兽药采购、验收、入库、陈列、储存、运输、销售、出库等环节的管理制度；⑤环境卫生的管理制度；⑥兽药不良反应报告制度；⑦不合格兽药和退货兽药的管理制度；⑧质量事故、质量查询和质量投诉的管理制度；⑨企业记录、档案和凭证的管理制度；⑩质量管理培训、考核制度；⑪兽药产品追溯管理制度。

2. 建立兽药购销、入库、出库等记录　兽药经营企业必须建立以下记录：①人员培训、考核记录；②控制温度、湿度的设施、设备的维护、保养、清洁、运行状态记录；③兽药质量评估记录；④兽药采购、验收、入库、储存、销售、出库等记录；⑤兽药清查记录；⑥兽药质量投诉、质量纠纷、质量事故、不良反应等记录；⑦不合格兽药和退货兽药的处理记录；⑧兽医行政管理部门的监督检查情况记录；⑨兽药产品追溯记录。记录应当真实、准确、完整、清晰，不得随意涂改、伪造和变造。确需修改的，应当签名、注明日期，原数据应当清晰可辨。

3. 建立质量管理档案　兽药经营企业必须建立兽药质量管理档案，设置档案管理室或者档案柜，并由专人负责。质量管理档案必须包括：①人员档案、培训档案、设备设施档案、供应商质量评估档案、产品质量档案；②开具的处方、进货及销售凭证；③购销记录及兽药经营质量管理规范规定的其他记录。质量管理档案不得涂改，保存期限不得少于 2 年；购销等记录和凭证应当保存至产品有效期后一年。

四、采购与入库

1. 采购管理　兽药经营企业应当采购合法兽药产品，必须对供货单位的资质、质量保证能力、质量信誉和产品批准证明文件进行审核，并与供货单位签订采购合同。购进兽药时，必须依照国家兽药管理规定、兽药标准和合同约定，对每批兽药的包装、标签、说明书、质量合格证等内容进行检查，符合要求的方可购进。必要时，应当对购进兽药进行检验或者委托兽药检验机构进行检验，检验报告应当与产品质量档案一起保存。

兽药经营企业必须保存采购兽药的有效凭证，建立真实、完整的采购记录，做到有效凭证、账、货相符。采购记录应当载明兽药的通用名称、商品名称、批准文号、批号、剂型、规格、有效期、生产单位、供货单位、购入数量、购入日期、经手人或者负责人等内容。

2. 入库管理　兽药入库时，应当进行检查验收，将兽药入库的信息上传兽药产品追溯系统，并做好记录。有以下情形之一的兽药，不得入库：①与进货单不符的；②内、外包装破损可能影响产品质量的；③没有标识或者标识模糊不清的；④质量异常的；⑤其他不符合规定的。兽用生物制品入库，应当由两人以上进行检查验收。

五、陈列与储存

1. 陈列、储存要求　陈列、储存兽药必须符合以下要求：①按照品种、类别、用途以及温度、湿度等储存要求，分类、分区或者专库存放；②按照兽药外包装图示标志的要求搬运和存放；③与仓库地面、墙、顶等之间保持一定间距；④内用兽药与外用兽药分开存放，兽用处方药与非处方药分开存放；易串味兽药、危险药品等特殊兽药与其他兽药分库存放；⑤待验兽药、合格兽药、不合格兽药、退货兽药分区存放；⑥同一企业同一批号的产品集中存放。

2. 识别标识要求　不同区域、不同类型的兽药应当具有明显的识别标识。标识应当放置准确、字迹清楚。不合格兽药以红色字体标识；待验和退货兽药以黄色字体标识；合格兽药以绿色字体标识。

3. 兽药经营企业应当定期对兽药及其陈列、储存的条件和设施、设备的运行状态进行检查，并做好记录。

4. 兽药经营企业应当及时清查兽医行政管理部门公布的假劣兽药，并做好记录。

六、销售与运输

1. 遵循先产先出和按批号出库的原则　兽药经营企业销售兽药，应当遵循先产先出和按批号出库的原则。兽药出库时，应当进行检查、核对，建立出库记录，并将出库信息上传兽药产品追溯系统。兽药出库记录应当包括兽药通用名称、商品名称、批号、剂型、规格、生产厂商、数量、日期、经手人或者负责人等内容。有以下情形之一的兽药，不得出库销售：①标识模糊不清或者脱落的；②外包装出现破损、封口不牢、封条严重损坏的；③超出有效期限的；④其他不符合规定的。

2. 建立销售记录 兽药经营企业必须建立销售记录。销售记录应当载明兽药通用名称、商品名称、批准文号、批号、有效期、剂型、规格、生产厂商、购货单位、销售数量、销售日期、经手人或者负责人等内容。

3. 开具有效凭证 兽药经营企业销售兽药，应当开具有效凭证，做到有效凭证、账、货、记录相符。

4. 销售兽药的其他规定 兽药经营企业销售兽用处方药的，应当遵守兽用处方药管理规定；销售兽用中药材、中药饮片的，应当注明产地。兽药拆零销售时，不得拆开最小销售单元。

5. 经营特殊兽药的要求 兽药经营企业经营兽用麻醉药品、精神药品、易制毒化学药品、毒性药品、放射性药品等特殊药品，除遵守《兽药经营质量管理规范》外，还应当遵守国家其他有关规定。

6. 运输要求 兽药经营企业必须按照兽药外包装图示标志的要求运输兽药。有温度控制要求的兽药，在运输时应当采取必要的温度控制措施，并建立详细记录。

七、售后服务

1. 正确宣传 兽药经营企业必须按照兽医行政管理部门批准的兽药标签、说明书及其他规定进行宣传，不得误导购买者。

2. 提供技术咨询服务 兽药经营企业必须向购买者提供技术咨询服务，在经营场所明示服务公约和质量承诺，指导购买者科学、安全、合理使用兽药。

3. 收集、报告兽药使用信息 兽药经营企业应当注意收集兽药使用信息，发现假、劣兽药和质量可疑兽药以及严重兽药不良反应时，应当及时向所在地兽医行政管理部门报告，并根据规定做好相关工作。

第三节　兽用处方药和非处方药管理办法

《兽用处方药和非处方药管理办法》于2013年8月1日经农业部第7次常务会议审议通过，自2014年3月1日起施行。

兽药是用于预防、治疗、诊断动物疾病或者有目的地调节动物生理机能的特殊商品。合理使用兽药，可以有效防治动物疾病，促进养殖业的健康发展，使用不当、使用过量或违规使用，将会造成动物或动物源性产品质量安全风险。目前，一些应当严格控制使用的兽药，如兽用抗生素、镇静药等，可以随意购买。这种自由销售状态，导致养殖户在没有足够专业知识的情况下，自行购买、不合理使用兽药，给畜产品质量安全造成极大威胁。因此，出台兽用处方药和非处方药分类管理制度，进一步加强兽药监管，对减少兽药的滥用，促进合理用药，提高动物源性产品质量安全具有重要意义，也符合国际通行做法。

一、兽药分类管理制度

国家对兽药实行分类管理，根据兽药的安全性和使用风险程度，将兽药分为兽用处方药和非处方药。兽用处方药是指凭兽医处方笺方可购买和使用的兽药。兽用非处方药是指不需要兽医处方笺即可自行购买并按照说明书使用的兽药。哪些兽药应当作为兽用处方药管理、哪些作为非处方药管理，不是兽药生产企业或经营企业自行决定，而是农业农村部组织有关专家进行遴选并批准。

截至 2016 年 12 月，农业部公布了两批兽用处方药品种目录，遴选出 9 类 246 个品种；兽用处方药目录以外的兽药为兽用非处方药。

二、兽用处方药和非处方药标识制度

1. 兽用处方药　兽用处方药的标签和说明书应当标注"兽用处方药"字样，不再标注"兽用"；属于外用药的，还应当按照规定标注"外用药"。对附加在包装盒内的说明书，"兽用处方药"标识的颜色可与说明书文字颜色一致。不得通过粘贴或盖章方式对产品的标签和说明书增加"兽用处方药"标识。最小包装为安瓿、西林瓶等产品的，如受包装尺寸限制，瓶身标签可以不标注"兽用处方药"标识。

2. 兽用非处方药　兽用非处方药的标签和说明书应当标注"兽用非处方药"字样。但是，鉴于目前兽用处方药目录仍在完善过程中，兽用处方药品种目录外的兽药品种目前可以不标注"兽用非处方药"标识。标注"兽用非处方药"的，不再标注"兽用"。

3. 进口兽药　进口兽药的标签和说明书应当按照农业农村部公告批准的内容印制，属于兽用处方药的品种，应当增加"兽用处方药"标识。

4. 兽用原料药　兽用原料药不属于制剂，标签只需标注"兽用"标识。

5. 对标识字样的要求　"兽用处方药"和"兽用非处方药"字样应当在标签和说明书的右上角以宋体红色标注，背景应当为白色，字体大小根据实际需要设定，但必须醒目、清晰。

三、兽用处方药经营制度

兽药经营者应当在经营场所显著位置悬挂或者张贴"兽用处方药必须凭兽医处方购买"的提示语。兽药经营者对兽用处方药、兽用非处方药应当分区或分柜摆放。兽用处方药不得采用开架自选方式销售。兽药经营者应当对兽医处方笺进行查验，单独建立兽用处方药的购销记录，并保存 2 年以上。

四、兽医处方权制度

兽医处方笺由依法注册的执业兽医按照其注册的执业范围开具。兽用处方药凭兽医处方笺方可买卖，但是考虑到兽药进出口以及兽药生产经营者等批量购买兽药的行为，属于生产与使用的中间环节，不是直接使用兽药的行为；同时，聘有专职执业兽医的动物饲养场、动物园等单位可以保障处方药的正确使用。为便于兽用处方药的流通和使用，《兽用处方药和非处方药管理办法》规定以下情形无须凭兽医处方笺买卖兽用处方药：①进出口兽用处方药的；②向动物诊疗机构、科研单位、动物疫病预防控制机构和其他兽药生产企业、经营者销售兽用处方药的；③向聘有依照《执业兽医管理办法》规定注册的专职执业兽医的动物饲养场（养殖小区）、动物园、实验动物饲育场等销售兽用处方药的。

<h3 style="text-align:center">五、兽医处方笺基本要求</h3>

兽医处方笺应当记载下列事项：畜主姓名或动物饲养场名称；动物种类、年（日）龄、体重及数量；诊断结果；兽药通用名称、规格、数量、用法、用量及休药期；开具处方日期及开具处方执业兽医注册号和签章。处方笺一式三联，第一联由开具处方药的动物诊疗机构或执业兽医保存，第二联由兽药经营者保存，第三联由畜主或动物饲养场保存。动物饲养场（养殖小区）、动物园、实验动物饲育场等单位专职执业兽医开具的处方笺由专职执业兽医所在单位保存。处方笺应当保存二年以上。

兽用处方药应当依照处方笺所载事项使用。兽用麻醉药品、精神药品、毒性药品等特殊药品的生产、销售和使用，还应当遵守国家有关规定。

<h3 style="text-align:center">六、兽用处方药和非处方药监督管理制度</h3>

农业农村部主管全国兽用处方药和非处方药管理工作。县级以上地方人民政府兽医行政管理部门负责本行政区域内兽用处方药和非处方药的监督管理，具体工作可以委托所属执法机构承担。

兽药生产企业应当跟踪本企业所生产兽药的安全性和有效性，发现不适合按兽用非处方药管理的，应当及时向农业农村部报告。兽药经营者、动物诊疗机构、行业协会或者其他组织和个人发现兽用非处方药有前款规定情形的，应当向当地兽医行政管理部门报告。

<h3 style="text-align:center">七、法律责任</h3>

1. 不按规定标注"兽用处方药"和"兽用非处方药"字样的法律责任 不按规定在标签和说明书标注"兽用处方药"和"兽用非处方药"字样，或标注字样不符合规定的，责令其限期改正；逾期不改正的，按照生产、经营假兽药处罚；有兽药产品批准文号的，撤销兽药产品批准文号；给他人造成损失的，依法承担赔偿责任。

2. 未经注册执业兽医开具处方销售、购买、使用兽用处方药的法律责任 未经注册执业兽医开具处方销售、购买、使用兽用处方药的，责令其限期改正，没收违法所得，并处5万元以下罚款；给他人造成损失的，依法承担赔偿责任。

3. 其他违法行为的法律责任 违反《兽用处方药和非处方药管理办法》的规定，有下列情形之一的，给予警告，责令其限期改正；逾期不改正的，责令停止兽药经营活动，并处5万元以下罚款；情节严重的，吊销兽药经营许可证；给他人造成损失的，依法承担赔偿责任：①兽药经营者未在经营场所明显位置悬挂或者张贴提示语的；②兽用处方药与兽用非处方药未分区或分柜摆放的；③兽用处方药采用开架自选方式销售的；④兽医处方笺和兽用处方药购销记录未按规定保存的。

<h2 style="text-align:center">第四节 兽用处方药品种目录</h2>

根据《兽药管理条例》和《兽用处方药和非处方药管理办法》规定，截至2019年12

月，农业农村部组织制定了三批兽用处方药品种目录。

一、兽用处方药品种目录（第一批）

《兽用处方药品种目录（第一批）》（2013 年农业部公告第 1997 号），于 2013 年 9 月 30 日发布，自 2014 年 3 月 1 日起施行。

（一）抗微生物药

抗微生物药共 150 个品种，其中：

1. 抗生素类（79 个品种）

（1）β-内酰胺类（16 个品种）　注射用青霉素钠、注射用青霉素钾、氨苄西林混悬注射液、氨苄西林可溶性粉、注射用氨苄西林钠、注射用氯唑西林钠、阿莫西林注射液、注射用阿莫西林钠、阿莫西林片、阿莫西林可溶性粉、阿莫西林克拉维酸钾注射液、阿莫西林硫酸黏菌素注射液、注射用苯唑西林钠、注射用普鲁卡因青霉素、普鲁卡因青霉素注射液、注射用苄星青霉素。

（2）头孢菌素类（5 个品种）　注射用头孢噻呋、盐酸头孢噻呋注射液、注射用头孢噻呋钠、头孢氨苄注射液、硫酸头孢喹肟注射液。

（3）氨基糖苷类（15 个品种）　注射用硫酸链霉素、注射用硫酸双氢链霉素、硫酸双氢链霉素注射液、硫酸卡那霉素注射液、注射用硫酸卡那霉素、硫酸庆大霉素注射液、硫酸安普霉素注射液、硫酸安普霉素可溶性粉、硫酸安普霉素预混剂、硫酸新霉素溶液、硫酸新霉素粉（水产用）、硫酸新霉素预混剂、硫酸新霉素可溶性粉、盐酸大观霉素可溶性粉、盐酸大观霉素盐酸林可霉素可溶性粉。

（4）四环素类（11 个品种）　土霉素注射液、长效土霉素注射液、盐酸土霉素注射液、注射用盐酸土霉素、长效盐酸土霉素注射液、四环素片、注射用盐酸四环素、盐酸多西环素粉（水产用）、盐酸多西环素可溶性粉、盐酸多西环素片、盐酸多西环素注射液。

（5）大环内酯类（14 个品种）　红霉素片、注射用乳糖酸红霉素、硫氰酸红霉素可溶性粉、泰乐菌素注射液、注射用酒石酸泰乐菌素、酒石酸泰乐菌素可溶性粉、酒石酸泰乐菌素磺胺二甲嘧啶可溶性粉、磷酸泰乐菌素磺胺二甲嘧啶预混剂、替米考星注射液、替米考星可溶性粉、替米考星预混剂、替米考星溶液、磷酸替米考星预混剂、酒石酸吉他霉素可溶性粉。

（6）酰胺醇类（12 个品种）　氟苯尼考粉、氟苯尼考粉（水产用）、氟苯尼考注射液、氟苯尼考可溶性粉、氟苯尼考预混剂、氟苯尼考预混剂（50%）、甲砜霉素注射液、甲砜霉素粉、甲砜霉素粉（水产用）、甲砜霉素可溶性粉、甲砜霉素片、甲砜霉素颗粒。

（7）林可胺类（5 个品种）　盐酸林可霉素注射液、盐酸林可霉素片、盐酸林可霉素可溶性粉、盐酸林可霉素预混剂、盐酸林可霉素硫酸大观霉素预混剂。

（8）其他（1 个品种）　延胡索酸泰妙菌素可溶性粉。

2. 合成抗菌药（71 个品种）

（1）磺胺类药（21 个品种）　复方磺胺嘧啶预混剂、复方磺胺嘧啶粉（水产用）、磺胺对甲氧嘧啶二甲氧苄啶预混剂、复方磺胺对甲氧嘧啶粉、磺胺间甲氧嘧啶粉、磺胺间甲氧嘧啶预混剂、复方磺胺间甲氧嘧啶可溶性粉、复方磺胺间甲氧嘧啶预混剂、磺胺间甲氧嘧啶钠粉（水产用）、磺胺间甲氧嘧啶钠可溶性粉、复方磺胺间甲氧嘧啶钠粉、复方磺胺间甲氧嘧啶钠可溶性粉、复方磺胺二甲嘧啶粉（水产用）、复方磺胺二甲嘧啶可溶性粉、复方磺胺甲噁唑粉、复方磺胺甲噁唑粉（水产用）、复方磺胺氯达嗪钠粉、磺胺氯吡嗪钠可溶性粉、复方磺胺氯吡嗪钠预混剂、磺胺喹噁啉二甲氧苄啶预混剂、磺胺喹啉钠可溶性粉。

（2）喹诺酮类药（48个品种）* 恩诺沙星注射液、恩诺沙星粉（水产用）、恩诺沙星片、恩诺沙星溶液、恩诺沙星可溶性粉、恩诺沙星混悬液、盐酸恩诺沙星可溶性粉、乳酸环丙沙星可溶性粉、乳酸环丙沙星注射液、盐酸环丙沙星注射液、盐酸环丙沙星可溶性粉、盐酸环丙沙星盐酸小檗碱预混剂、维生素C磷酸酯镁盐酸环丙沙星预混剂、盐酸沙拉沙星注射液、盐酸沙拉沙星片、盐酸沙拉沙星可溶性粉、盐酸沙拉沙星溶液、甲磺酸达氟沙星注射液、甲磺酸达氟沙星溶液、甲磺酸达氟沙星粉、甲磺酸培氟沙星可溶性粉、甲磺酸培氟沙星注射液、甲磺酸培氟沙星颗粒、盐酸二氟沙星片、盐酸二氟沙星注射液、盐酸二氟沙星粉、盐酸二氟沙星溶液、诺氟沙星粉（水产用）、诺氟沙星盐酸小檗碱预混剂（水产用）、乳酸诺氟沙星可溶性粉（水产用）、乳酸诺氟沙星注射液、烟酸诺氟沙星注射液、烟酸诺氟沙星可溶性粉、烟酸诺氟沙星溶液、烟酸诺氟沙星预混剂（水产用）、噁喹酸散、噁喹酸混悬液、噁喹酸溶液、氟甲喹可溶性粉、氟甲喹粉、盐酸洛美沙星片、盐酸洛美沙星可溶性粉、盐酸洛美沙星注射液、氧氟沙星片、氧氟沙星可溶性粉、氧氟沙星注射液、氧氟沙星溶液（酸性）、氧氟沙星溶液（碱性）。

（3）其他（2个品种） 乙酰甲喹片、乙酰甲喹注射液。

（二）抗寄生虫药

抗寄生虫药共15个品种，其中：

1. 抗蠕虫药（7个品种） 阿苯达唑硝氯酚片、甲苯咪唑溶液（水产用）、硝氯酚伊维菌素片、阿维菌素注射液、碘硝酚注射液、精制敌百虫片、精制敌百虫粉（水产用）。

2. 抗原虫药（5个品种） 注射用三氮脒、注射用喹嘧胺、盐酸吖啶黄注射液、甲硝唑片、地美硝唑预混剂。

3. 杀虫药（3个品种） 辛硫磷溶液（水产用）、氯氰菊酯溶液（水产用）、溴氰菊酯溶液（水产用）。

（三）中枢神经系统药物

中枢神经系统药物共20个品种，其中：

1. 中枢兴奋药（5个品种） 安钠咖注射液、尼可刹米注射液、樟脑磺酸钠注射液、硝酸士的宁注射液、盐酸苯噁唑注射液。

2. 镇静药与抗惊厥药（6个品种） 盐酸氯丙嗪片、盐酸氯丙嗪注射液、地西泮片、地西泮注射液、苯巴比妥片、注射用苯巴比妥钠。

3. 麻醉性镇痛药（2个品种） 盐酸吗啡注射液、盐酸哌替啶注射液。

4. 全身麻醉药与化学保定药（7个品种） 注射用硫喷妥钠、注射用异戊巴比妥钠、盐酸氯胺酮注射液、复方氯胺酮注射液、盐酸赛拉嗪注射液、盐酸赛拉唑注射液、氯化琥珀胆碱注射液。

---

* 用于食品动物的洛美沙星、培氟沙星、氧氟沙星、诺氟沙星4种原料药的各种盐、酯及其各种制剂，经评价，认为可能对养殖业、人体健康造成危害或者存在潜在风险，因此，自2015年12月31日起停止生产，自2016年12月31日起停止经营、使用（农业部公告第2292号，2015年9月1日）。

（四）外周神经系统药物

外周神经系统药物共 9 个品种，其中：

1. 拟胆碱药（2 个品种） 氯化氨甲酰甲胆碱注射液、甲硫酸新斯的明注射液。

2. 抗胆碱药（3 个品种） 硫酸阿托品片、硫酸阿托品注射液、氢溴酸东莨菪碱注射液。

3. 拟肾上腺素药（2 个品种） 重酒石酸去甲肾上腺素注射液、盐酸肾上腺素注射液。

4. 局部麻醉药（2 个品种） 盐酸普鲁卡因注射液、盐酸利多卡因注射液。

（五）抗炎药

抗炎药共 7 个品种，包括氢化可的松注射液、醋酸可的松注射液、醋酸氢化可的松注射液、醋酸泼尼松片、地塞米松磷酸钠注射液、醋酸地塞米松片、倍他米松片。

（六）泌尿生殖系统药物

泌尿生殖系统药物 9 个品种，包括丙酸睾酮注射液、苯丙酸诺龙注射液、苯甲酸雌二醇注射液、黄体酮注射液、注射用促黄体释放激素 A2、注射用促黄体释放激素 A3、注射用复方鲑鱼促性腺激素释放激素类似物、注射用复方绒促性素 A 型、注射用复方绒促性素 B 型。

（七）抗过敏药

抗过敏药 3 个品种，包括盐酸苯海拉明注射液、盐酸异丙嗪注射液、马来酸氯苯那敏注射液。

（八）局部用药物

局部用药物 8 个品种，包括注射用氯唑西林钠、头孢氨苄乳剂、苄星氯唑西林注射液、氯唑西林钠氨苄西林钠乳剂（泌乳期）、氨苄西林钠氯唑西林钠乳房注入剂（泌乳期）、盐酸林可霉素硫酸新霉素乳房注入剂（泌乳期）、盐酸林可霉素乳房注入剂（泌乳期）、盐酸吡利霉素乳房注入剂（泌乳期）。

（九）解毒药

解毒药 6 个品种，其中：

1. 金属络合剂（2 个品种） 二巯丙醇注射液、二巯丙磺钠注射液。

2. 胆碱酯酶复活剂（1 个品种） 碘解磷定注射液。

3. 高铁血红蛋白还原剂（1 个品种） 亚甲蓝注射液。

4. 氰化物解毒剂（1 个品种） 亚硝酸钠注射液。

5. 其他解毒剂（1 个品种） 乙酰胺注射液。

二、兽用处方药品种目录（第二批）

根据《兽药管理条例》和《兽用处方药和非处方药管理办法》规定，农业部组织制定了《兽用处方药品种目录（第二批）》（2016 年农业部公告第 2471 号），于 2016 年 11 月 28 日发布，自发布之日起施行。对列入《兽用处方药品种目录（第二批）》的兽药品种，兽药生产企业按照有关要求自行增加"兽用处方药"标识，印制新的标签和说明书。原标签和说明书，兽药生产企业可继续使用至 2017 年 6 月 30 日，此前使用原标签和说明书生产的兽药产品，在产品有效期内可继续销售使用。

1. 抗生素类（9 个品种） 硫酸黏菌素预混剂、硫酸黏菌素预混剂（发酵）、硫酸黏菌素可溶性粉、复方阿莫西林粉、复方氨苄西林粉、氨苄西林钠可溶性粉、硫酸庆大-小诺霉素注射液、注射用硫酸头孢喹肟、乙酰氨基阿维菌素注射液。

2. 磺胺类药（5个品种）　盐酸氨丙啉磺胺喹噁啉钠可溶性粉、复方磺胺二甲嘧啶钠可溶性粉、联磺甲氧苄啶预混剂、复方磺胺喹噁啉钠可溶性粉、磺胺氯达嗪钠乳酸甲氧苄啶可溶性粉。

3. 中枢神经系统药物（1个品种）　复方水杨酸钠注射液（含巴比妥）。

4. 泌尿生殖系统药物（1个品种）　三合激素注射液。

5. 杀虫药（3个品种）　高效氯氰菊酯溶液、精制敌百虫粉、敌百虫溶液（水产用）。

三、兽用处方药品种目录（第三批）

根据《兽药管理条例》和《兽用处方药和非处方药管理办法》规定，农业农村部组织制定了《兽用处方药品种目录（第三批）》，于2019年12月19日发布，自发布之日起施行。对列入《兽用处方药品种目录（第三批）》的兽药品种，兽药生产企业按照有关要求自行增加"兽用处方药"标识，印制新的标签和说明书。原标签和说明书，兽药生产企业可继续使用至2020年6月30日，此前使用原标签和说明书生产的兽药产品，在产品有效期内可继续销售使用。

1. 抗生素类（11个品种）　吉他霉素预混剂、金霉素预混剂、磷酸替米考星可溶性粉、亚甲基水杨酸杆菌肽可溶性粉、头孢氨苄片、头孢噻呋注射液、阿莫西林克拉维酸钾片、阿莫西林硫酸黏菌素可溶性粉、阿莫西林硫酸黏菌素注射液、盐酸沃尼妙林预混剂、阿维拉霉素预混剂。

2. 合成抗菌药（4个品种）　马波沙星片、马波沙星注射液、注射用马波沙星、恩诺沙星混悬液。

3. 抗炎药（1个品种）　美洛昔康注射液。

4. 泌尿生殖系统药物（2个品种）　戈那瑞林注射液、注射用戈那瑞林。

5. 局部用药物（4个品种）　土霉素子宫注入剂、复方阿莫西林乳房注入剂、硫酸头孢喹肟乳房注入剂（泌乳期）、硫酸头孢喹肟子宫注入剂。

第五节　兽用生物制品经营管理办法

《兽用生物制品经营管理办法》于2021年3月2日经农业农村部第3次常务会议审议通过，自2021年5月15日起施行。

一、《兽用生物制品经营管理办法》概述

（一）立法目的

为了加强兽用生物制品经营管理，保证兽用生物制品质量。

（二）调整对象

在中华人民共和国境内从事兽用生物制品的分发、经营和监督管理，应当遵守《兽用生物制品经营管理办法》。

（三）兽用生物制品的定义

《兽用生物制品经营管理办法》所称兽用生物制品，是指以天然或者人工改造的微生物、

寄生虫、生物毒素或者生物组织及代谢产物等为材料，采用生物学、分子生物学或者生物化学、生物工程等相应技术制成的，用于预防、治疗、诊断动物疫病或者有目的地调节动物生理机能的兽药，主要包括血清制品、疫苗、诊断制品和微生态制品等。

（四）兽用生物制品的分类

兽用生物制品分为国家强制免疫计划所需兽用生物制品（以下简称国家强制免疫用生物制品）和非国家强制免疫计划所需兽用生物制品（以下简称非国家强制免疫用生物制品）。国家强制免疫用生物制品品种名录由农业农村部确定并公布。非国家强制免疫用生物制品是指农业农村部确定的强制免疫用生物制品以外的兽用生物制品。

（五）政府采购和分发制度

省级人民政府畜牧兽医主管部门对国家强制免疫用生物制品可以依法组织实行政府采购、分发。承担国家强制免疫用生物制品政府采购、分发任务的单位，应当建立国家强制免疫用生物制品贮存、运输、分发等管理制度，建立真实、完整的分发和冷链运输记录，记录应当保存至制品有效期满2年后。

二、兽用生物制品的经营制度

（一）生产企业经营兽用生物制品的方式

1. 自主经营制度 兽用生物制品生产企业可以将本企业生产的兽用生物制品销售给各级人民政府畜牧兽医主管部门或养殖场（户）、动物诊疗机构等使用者，也可以委托经销商销售。发生重大动物疫情、灾情或者其他突发事件时，根据工作需要，国家强制免疫用生物制品由农业农村部统一调用，生产企业不得自行销售。

2. 代理销售制度 兽用生物制品生产企业可自主确定、调整经销商，并与经销商签订销售代理合同，明确代理范围等事项。经销商只能经营所代理兽用生物制品生产企业生产的兽用生物制品，不得经营未经委托的其他企业生产的兽用生物制品。经销商可以将所代理的产品销售给使用者和获得生产企业委托的其他经销商。

（二）经营兽用生物制品的资格

从事兽用生物制品经营的企业，应当依法取得《兽药经营许可证》。《兽药经营许可证》的经营范围应当具体载明国家强制免疫用生物制品、非国家强制免疫用生物制品等产品类别和委托的兽用生物制品生产企业名称。经营范围发生变化的，应当办理变更手续。

（三）养殖场（户）的强制免疫补助和采购等记录制度

1. 强制免疫补助 向国家强制免疫用生物制品生产企业或其委托的经销商采购自用的国家强制免疫用生物制品的养殖场（户），在申请强制免疫补助经费时，应当按要求将采购的品种、数量、生产企业及经销商等信息提供给所在地县级地方人民政府畜牧兽医主管部门。

2. 采购、贮存、使用记录制度 养殖场（户）应当建立真实、完整的采购、贮存、使用记录，并保存至制品有效期满2年后。

（四）兽用生物制品的贮存、销售、采购、冷链运输记录制度

兽用生物制品生产、经营企业应当遵守兽药生产质量管理规范和兽药经营质量管理规范各项规定，建立真实、完整的贮存、销售、冷链运输记录，经营企业还应当建立真实、完整

的采购记录。贮存记录应当每日记录贮存设施设备温度；销售记录和采购记录应当载明产品名称、产品批号、产品规格、产品数量、生产日期、有效期、供货单位或收货单位和地址、发货日期等内容；冷链运输记录应当记录起运和到达时的温度。

（五）兽用生物制品的配送要求

兽用生物制品生产、经营企业自行配送兽用生物制品的，应当具备相应的冷链贮存、运输条件，也可以委托具备相应冷链贮存、运输条件的配送单位配送，并对委托配送的产品质量负责。冷链贮存、运输全过程应当处于规定的贮藏温度环境下。

（六）兽用生物制品生产、经营的追溯管理

兽用生物制品生产、经营企业以及承担国家强制免疫用生物制品政府采购、分发任务的单位，应当按照兽药产品追溯要求及时、准确、完整地上传制品入库、出库追溯数据至国家兽药追溯系统。

三、兽用生物制品的监督管理制度

（一）监督管理主体

农业农村部负责全国兽用生物制品的监督管理工作。县级以上地方人民政府畜牧兽医主管部门负责本行政区域内兽用生物制品的监督管理工作，应当依法加强对兽用生物制品生产、经营企业和使用者监督检查，发现有违反《兽药管理条例》和《兽用生物制品经营管理办法》规定情形的，应当依法做出处理决定或者报告上级畜牧兽医主管部门。

各级畜牧兽医主管部门、兽药检验机构、动物卫生监督机构、动物疫病预防控制机构及其工作人员，不得参与兽用生物制品生产、经营活动，不得以其名义推荐或者监制、监销兽用生物制品和进行广告宣传。

（二）行政相对人的义务及法律责任

1. 兽用生物制品的生产、经营企业未实施追溯，以及未建立真实、完整的贮存、销售、冷链运输记录或未实施冷链贮存、运输的法律责任　兽用生物制品生产、经营企业未按照要求实施兽药产品追溯，以及未按照要求建立真实、完整的贮存、销售、冷链运输记录或未实施冷链贮存、运输的，按照《兽药管理条例》第五十九条的规定处罚。

2. 兽用生物制品经营超范围经营的法律责任　兽用生物制品经营企业超出《兽药经营许可证》载明的经营范围经营兽用生物制品的，属于无证经营，按照《兽药管理条例》第五十六条的规定处罚；属于国家强制免疫用生物制品的，依法从重处罚。

3. 使用者的禁止性义务以及违反该义务的法律责任　养殖场（户）、动物诊疗机构等使用者采购的或者经政府分发获得的兽用生物制品只限自用，不得转手销售。转手销售兽用生物制品的，属于无证经营，按照《兽药管理条例》第五十六条的规定处罚；属于国家强制免疫用生物制品的，依法从重处罚。

第六节　兽药标签和说明书管理办法

《兽药标签和说明书管理办法》于 2002 年 10 月 31 日农业部令第 22 号公布，2004 年 7 月 1 日农业部令第 38 号、2007 年 11 月 8 日农业部令第 6 号、2017 年 11 月 30 日农业部令 2017 第 8 号修订。

一、兽药标签的基本要求

（一）兽药标签使用管理制度

兽药产品（原料药除外）必须同时使用内包装标签和外包装标签。

（二）兽药内包装标签应注明的事项

内包装标签必须注明兽用标识*、兽药名称、适应证（或功能与主治）、含量/包装规格、批准文号或《进口兽药登记许可证》证号、生产日期、生产批号、有效期、生产企业信息等内容。安瓿、西林瓶等注射或内服产品由于包装尺寸的限制而无法注明上述全部内容的，可适当减少项目，但至少须标明兽药名称、含量规格、生产批号。

（三）兽药外包装标签应注明的事项

外包装标签必须注明兽用标识、兽药名称、主要成分、适应证（或功能与主治）、用法与用量、含量/包装规格、批准文号或《进口兽药登记许可证》证号、生产日期、生产批号、有效期、停药期、贮藏、包装数量、生产企业信息等内容。

（四）兽药原料药标签应注明的事项

兽用原料药的标签必须注明兽药名称、包装规格、生产批号、生产日期、有效期、贮藏、批准文号、运输注意事项或其他标记、生产企业信息等内容。

（五）对贮藏有特殊要求的必须在标签的醒目位置标明

（六）兽药有效期的标注方法

兽药有效期按年月顺序标注。年份用四位数表示，月份用两位数表示，如"有效期至2002年09月"，或"有效期至2002.09"。

二、兽药说明书的基本要求

（一）兽用化学药品、抗生素产品的单方、复方及中西复方制剂的说明书应注明的内容

兽用化学药品、抗生素产品的单方、复方及中西复方制剂的说明书必须注明以下内容：兽用标识、兽药名称、主要成分、性状、药理作用、适应证（或功能与主治）、用法与用量、不良反应、注意事项、停药期、外用杀虫药及其他对人体或环境有毒有害的废弃包装的处理措施、有效期、含量/包装规格、贮藏、批准文号、生产企业信息等。

（二）中兽药说明书应注明的内容

中兽药说明书必须注明以下内容：兽用标识、兽药名称、主要成分、性状、功能与主治、用法与用量、不良反应、注意事项、有效期、规格、贮藏、批准文号、生产企业信息等。

（三）兽用生物制品说明书应注明的内容

兽用生物制品说明书必须注明以下内容：兽用标识、兽药名称、主要成分及含量（型、株及活疫苗的最低活菌数或病毒滴度）、性状、接种对象、用法与用量（冻干疫苗须标明稀

---

  *《兽用处方药和非处方药管理办法》自2014年3月1日施行，为了做好该办法的贯彻实施工作，有效规范兽药产品标签和说明书，农业部于2014年2月18日发布了第2066号公告。该公告规定，属于兽用处方药的品种，应在产品标签和说明书的右上角以宋体红色标注"兽用处方药"，不再标注"兽用"。同时，鉴于兽用处方药目录仍在完善过程中，兽用处方药品种目录外的兽药品种目前可不标注"兽用非处方药"标识，标注"兽用非处方药"的，不再标注"兽用"。

释方法）、注意事项（包括不良反应与急救措施）、有效期、规格（容量和头份）、包装、贮藏、废弃包装处理措施、批准文号、生产企业信息等。

三、《兽药标签和说明书管理办法》中相关用语的含义

（一）兽药通用名

系指国家标准、农业农村部行业标准、地方标准及进口兽药注册的正式品名。

（二）兽药商品名

系指某一兽药产品的专有商品名称。

（三）内包装标签

系指直接接触兽药的包装上的标签。

（四）外包装标签

系指直接接触内包装的外包装上的标签。

（五）兽药最小销售单元

系指直接供上市销售的兽药最小包装。

（六）兽药说明书

系指包含兽药有效成分、疗效、使用以及注意事项等基本信息的技术资料。

（七）生产企业信息

包括企业名称、邮编、地址、电话、传真、电子邮箱、网址等。

第七节　特殊兽药的使用

一、麻醉剂和精神药物使用规定

（一）兽用麻醉药品使用管理制度

为了加强兽用麻醉药品的管理，1980 年 11 月 20 日农业部、卫生部、国家医药管理总局共同发布了《兽用麻醉药品的供应、使用、管理办法》，对兽用麻醉药品的管理、供应和使用进行了规定。

1. 麻醉药品的供应

（1）兽用麻醉药品的供应，由国家指定的中国医药公司的麻醉药品供应点统一供应，每季度限购一次。

（2）县级以上兽医医疗单位（包括动物园、牧场）和科研大专院校等部门，可向当地畜牧（农业）局办理申请手续，经地区（市、州）畜牧（农业）局批准，核定供应级别后，发给"麻醉药品购用印鉴卡"，购用时需填写与印鉴卡相符的"麻醉药品订购单"一式三份（印鉴卡、订购单可参照卫生部门的式样）。

教学、科研临时需用的麻醉药品，由需用单位填写"科研、教学单位申请购用麻醉药品审批单"，一式三份，报经地区以上畜牧（农业）局批准后，向麻醉药品供应点购用。

（3）每季购用麻醉药品的数量，按"兽用麻醉药品品种范围及每季购用限量表"的规定办理，每季的储存量，不得超过限量标准。

有特殊需要（如接羔等）者，应专项报请地区畜牧（农业）局，说明原因和数量，经核

实确属需要后，再行批准，由指定的麻醉药品供应点供应。购用单位在使用完了时，应向批准单位列表报销备查。

2. 麻醉药品的使用

（1）兽用麻醉药品，只能用于畜禽医疗、教学和科研上的正当需要，严禁以兽用名义，给人使用。

（2）使用麻醉药品的人员，必须是经本单位领导审查批准的有一定临床经验的兽医（大专院校毕业有 2 年以上临床经验的、中专毕业有 5 年以上临床经验和相当学历的兽医）。必须直接使用于病畜，严禁交给畜主使用。

（3）麻醉药品的每张处方用量，不能超过 1 日量。麻醉药品必须用单独处方，并应书写完整，签全名，以资核查。

（4）兽医医疗队携带的麻醉药品，应由所在地的畜牧（农业）局指定兽医医疗单位供应。

3. 麻醉药品的管理

（1）购用麻醉药品的单位，要指定专人负责（可兼任），加强质量管理，严格保管并建立领发制度。

（2）麻醉药品要有专柜加锁、专用账册、单独处方，专册登记。处方应保存 5 年。

（3）对霉变坏损的麻醉药品，使用单位每年报损一次，由本单位领导审核批准，报上级主管部门监督就地销毁，并向当地畜牧（农业）局报销备查。

（4）对违反条例和本办法者，应严肃处理，并根据情节轻重，进行行政处分，经济制裁或依法惩处。

（二）兽药安钠咖的临床使用法律制度

安钠咖属于国家严格控制管理的精神药品，同时也是治疗动物疫病的兽药产品，必须加强管理，防止滥用，保护人体健康。1999 年 3 月 22 日，农业部以农牧发〔1999〕5 号公布了《兽用安钠咖管理规定》，并于 2007 年 11 月 8 日农业部令第 6 号进行了修订，对兽用安钠咖的生产、使用和经销进行了规定。

1. 临床使用管理　各省、自治区、直辖市畜牧（农牧、农业）厅（局）负责本辖区兽用安钠咖的监督管理工作，并确定省级总经销单位和基层定点经销单位、定点使用单位，负责核发兽用安钠咖注射液经销、使用卡。

2. 经销管理制度　省级总经销单位凭兽用安钠咖注射液经销、使用卡负责本辖区定点经销单位的产品供应，不得擅自扩大供应范围，严禁跨省、跨区域供应。各兽用安钠咖注射液定点经销单位需严格凭兽用安钠咖注射液经销、使用卡向本辖区兽医医疗单位供应产品，并建立相应账卡，凭当年销售记录于 9 月底前向省、自治区、直辖市畜牧厅（局）申报下年度需求计划。

3. 临床使用管理制度　兽用安钠咖注射液仅限量供应乡以上畜牧兽医站（个体兽医医疗站除外）、家畜饲养场兽医室以及农业科研教学单位所属的兽医院等兽医医疗单位临床使用，上述单位凭兽用安钠咖注射液经销、使用卡到本省指定的定点经销单位采购。各兽医医疗单位仅允许在临床医疗时使用该产品，必须建立相应的兽医处方制度和账目，并接受兽药管理部门的监督检查。

经销单位在经销该产品时不得搭配其他产品，不得零售或转售，并严禁将兽用安钠咖注射液供人使用。

（三）兽用复方氯胺酮注射液的临床使用法律制度

氯胺酮属于一类精神药品，其生产、销售、使用和库存都必须执行严格的管理制度，防止滥用，保护人体健康。农业部办公厅于 2005 年 6 月 29 日发布了《兽用复方氯安酮注射液管理规定》（农业部办公厅关于加强氯胺酮生产、经营、使用管理的通知，农办医〔2005〕22 号），对兽用复方氯胺酮注射液的生产、经营、使用进行了规定。

1. 行政管理

（1）省级兽医行政管理部门职责 ①指定专人对兽用复方氯胺酮注射液定点生产企业实施监管，定期核查企业生产、检验、仓储、销售情况，核对出入库记录；②配制制剂当天派员对投料实施监控，核对原料药投放记录；③定期核查批生产记录、批检验记录及销售记录、台账；④发现问题责令停止生产、销售，并将问题及时上报农业农村部；⑤确定一家省级兽用复方氯胺酮注射液经销单位，分别报农业农村部、中亚公司备案；⑥收集、汇总使用情况。

（2）市、县级兽医行政管理部门职责 ①负责兽用复方氯胺酮注射液使用监管工作；②指定专人定期对使用单位的采购、使用记录进行核查；③发现问题提出整改意见，违反兽药管理法规的，依法严肃处理，并将处理结果上报农业农村部及省级兽医行政管理部门。

2. 使用单位责任 氯胺酮类兽药使用单位的责任包括：①必须从复方氯胺酮注射液指定经销单位采购产品，产品仅限自用，不得转手倒买倒卖；②凭兽医处方使用产品；③保存兽医处方，建立使用记录和不良反应记录，定期向县级以上兽医行政管理部门上报使用情况总结，并接受监督管理。

二、食品动物中禁止使用的药品及其他化合物

1. 农业农村部公告第 250 号 食品动物是指各种供人食用或其产品供人食用的动物。为了进一步规范养殖用药行为，保障动物源性食品安全，根据《兽药管理条例》有关规定，农业农村部于 2019 年 12 月 27 日以第 250 号公告修订发布了《食品动物中禁止使用的药品及其他化合物清单》（表 1-1），自发布之日起施行。食品动物中禁止使用的药品及其他化合物以该清单为准，农业部公告第 193 号、235 号、560 号等文件中的相关内容同时废止。

表 1-1 食品动物中禁止使用的药品及其他化合物清单

序号	药品及其他化合物名称
1	酒石酸锑钾（Antimony potassium tartrate）
2	β-兴奋剂（β-agonists）类及其盐、酯
3	汞制剂：氯化亚汞（甘汞）（Calomel）、醋酸汞（Mercurous acetate）、硝酸亚汞（Mercurous nitrate）、吡啶基醋酸汞（Pyridyl mercurous acetate）
4	毒杀芬（氯化烯）（Camahechlor）

（续）

序号	药品及其他化合物名称
5	卡巴氧（Carbadox）及其盐、酯
6	呋喃丹（克百威）（Carbofuran）
7	氯霉素（Chloramphenicol）及其盐、酯
8	杀虫脒（克死螨）（Chlordimeform）
9	氨苯砜（Dapsone）
10	硝基呋喃类：呋喃西林（Furacilinum）、呋喃妥因（Furadantin）、呋喃它酮（Furaltadone）、呋喃唑酮（Furazolidone）、呋喃苯烯酸钠（Nifurstyrenate sodium）
11	林丹（Lindane）
12	孔雀石绿（Malachite green）
13	类固醇激素：醋酸美仑孕酮（Melengestrol acetate）、甲基睾丸酮（Methyltestosterone）、群勃龙（去甲雄三烯醇酮）（Trenbolone）、玉米赤霉醇（Zeranal）
14	安眠酮（Methaqualone）
15	硝呋烯腙（Nitrovin）
16	五氯酚酸钠（Pentachlorophenol sodium）
17	硝基咪唑类：洛硝达唑（Ronidazole）、替硝唑（Tinidazole）
18	硝基酚钠（Sodium nitrophenolate）
19	己二烯雌酚（Dienoestrol）、己烯雌酚（Diethylstilbestrol）、己烷雌酚（Hexoestrol）及其盐、酯
20	锥虫砷胺（Tryparsamile）
21	万古霉素（Vancomycin）及其盐、酯

2. 农业部公告第 2292 号 为保障动物产品质量安全和公共卫生安全，农业部组织开展了部分兽药的安全性评价工作。经评价，认为洛美沙星、培氟沙星、氧氟沙星、诺氟沙星4种原料药的各种盐、酯及其各种制剂可能对养殖业、人体健康造成危害或者存在潜在风险。

农业部于 2015 年 9 月 1 日发布了第 2292 号公告，根据《兽药管理条例》第六十九条规定，决定在食品动物中停止使用洛美沙星、培氟沙星、氧氟沙星、诺氟沙星4种兽药，撤销相关兽药产品批准文号。自该公告发布之日起，除用于非食品动物的产品外，停止受理洛美沙星、培氟沙星、氧氟沙星、诺氟沙星4种原料药的各种盐、酯及其各种制剂的兽药产品批准文号的申请。自 2015 年 12 月 31 日起，停止生产用于食品动物的洛美沙星、培氟沙星、氧氟沙星、诺氟沙星4种原料药的各种盐、酯及其各种制剂，涉及的相关企业的兽药产品批准文号同时撤销。2015 年 12 月 31 日前生产的产品，可以在 2016 年 12 月 31 日前流通使用。自 2016 年 12 月 31 日起，停止经营、使用用于食品动物的洛美沙星、培氟沙星、氧氟沙星、诺氟沙星 4 种原料药的各种盐、酯及其各种制剂。

3. 农业部公告第 2583 号 为保障动物产品质量安全和为保证动物源性食品安全，维护人民身体健康，根据《兽药管理条例》规定，农业部于 2017 年 9 月 15 日发布了第 2583 号公告，禁止非泼罗尼及相关制剂用于食品动物。

4. 农业部公告第 2638 号 为保障动物产品质量安全，维护公共卫生安全和生态安全，农业部组织对喹乙醇预混剂、氨苯胂酸预混剂、洛克沙胂预混剂 3 种兽药产品开展了风险评估和安全再评价。评价认为喹乙醇、氨苯胂酸、洛克沙胂等 3 种兽药的原料药及各种制剂可能对动物产品质量安全、公共卫生安全和生态安全存在风险隐患。农业部于 2018 年 1 月 11 日发布了第 2638 号公告，根据《兽药管理条例》第六十九条规定，决定停止在食品动物中使用喹乙醇、氨苯胂酸、洛克沙胂等 3 种兽药。自 2018 年 1 月 11 日起，农业部停止受理喹乙醇、氨苯胂酸、洛克沙胂等 3 种兽药的原料药及各种制剂兽药产品批准文号的申请。自 2018 年 5 月 1 日起，停止生产喹乙醇、氨苯胂酸、洛克沙胂等 3 种兽药的原料药及各种制剂，相关企业的兽药产品批准文号同时注销。2018 年 4 月 30 日前生产的产品，可在 2019 年 4 月 30 日前流通使用。自 2019 年 5 月 1 日起，停止经营、使用喹乙醇、氨苯胂酸、洛克沙胂等 3 种兽药的原料药及各种制剂。

三、禁止在饲料和动物饮水中使用的药物品种目录

为了加强饲料、兽药和人用药品管理，防止在饲料生产、经营、使用和动物饮用水中超范围、超剂量使用兽药和饲料添加剂，杜绝滥用违禁药品的行为，根据《饲料和饲料添加剂管理条例》《兽药管理条例》《药品管理法》的规定，农业部、卫生部、国家药品监督管理局联合发布公告（农业部、卫生部、国家食品药品监督管理局公告第 176 号），公布了《禁止在饲料和动物饮用水中使用的药物品种目录》，目录收载了 5 类 40 种禁止在饲料和动物饮用水中使用的药物品种。

（一）肾上腺素受体激动剂

1. 盐酸克仑特罗（Clenbuterol hydrochloride） β_2-肾上腺素受体激动药。

2. 沙丁胺醇（Salbutamol） β_2-肾上腺素受体激动药。

3. 硫酸沙丁胺醇（Salbutamol sulfate） β_2-肾上腺素受体激动药。

4. 莱克多巴胺（Ractopamine） 一种 β-兴奋剂，美国食品和药物管理局（FDA）已批准，中国未批准。

5. 盐酸多巴胺（Dopamine hydrochloride） 多巴胺受体激动药。

6. 西巴特罗（Cimaterol） 美国氰胺公司开发的产品，一种 β-兴奋剂，FDA 未批准。

7. 硫酸特布他林（Terbutaline sulfate） β_2-肾上腺素受体激动药。

（二）性激素

8. 己烯雌酚（Diethylstibestrol） 雌激素类药。

9. 雌二醇（Estradiol） 雌激素类药。

10. 戊酸雌二醇（Estradiol valerate） 雌激素类药。

11. 苯甲酸雌二醇（Estradiol benzoate） 雌激素类药。用于发情不明显动物的催情及胎衣滞留、死胎的排除。

12. 氯烯雌醚（Chlorotrianisene）

13. 炔诺醇（Ethinylestradiol）

14. 炔诺醚（Quinestml）

15. 醋酸氯地孕酮（Chlormadinone acetate）

16. 左炔诺孕酮（Levonorgestrel）

17. 炔诺酮（Norethisterone）

18. 绒毛膜促性腺激素（绒促性素）（Chorionic conadotrophin）　激素类药。用于性功能障碍、习惯性流产及卵巢囊肿等。

19. 促卵泡生长激素（尿促性素主要含卵泡刺激素 FSH 和黄体生成素 LH）（Menotropins）促性腺激素类药。

（三）蛋白同化激素

20. 碘化酪蛋白（Iodinated casein）　蛋白同化激素类，为甲状腺素的前驱物质，具有类似甲状腺素的生理作用。

21. 苯丙酸诺龙及苯丙酸诺龙注射液（Nandrolone phenylpropionate）

（四）精神药品

22.（盐酸）氯丙嗪（Chlorpromazine hydrochloride）　镇静药。用于强化麻醉以及使动物安静等。

23. 盐酸异丙嗪（Promethazine hydrochloride）　抗组胺药。用于变态反应性疾病，如荨麻疹、血清病等。

24. 安定（地西泮）（Diazepam）　镇静药、抗惊厥药。

25. 苯巴比妥（Phenobarbital）　巴比妥类药。缓解脑炎、破伤风、士的宁中毒所致的惊厥。

26. 苯巴比妥钠（Phenobarbital sodium）　巴比妥类药。缓解脑炎、破伤风、士的宁中毒所致的惊厥。

27. 巴比妥（Barbital）　中枢抑制和增强解热镇痛。

28. 异戊巴比妥（Amobarbital）　催眠药、抗惊厥药。

29. 异戊巴比妥钠（Amobarbital sodium）　巴比妥类药。用于小动物的镇静、抗惊厥和麻醉。

30. 利血平（Reserpine）　抗高血压药。

31. 艾司唑仑（Estazolam）

32. 甲丙氨脂（Meprobamate）

33. 咪达唑仑（Midazolam）

34. 硝西泮（Nitrazepam）

35. 奥沙西泮（Oxazepam）

36. 匹莫林（Pemoline）

37. 三唑仑（Triazolam）

38. 唑吡旦（Zolpidem）

39. 其他国家管制的精神药品

（五）各种抗生素滤渣

40. 抗生素滤渣　该类物质是抗生素类产品生产过程中产生的工业三废，因含有微量抗生素成分，在饲料和饲养过程中使用后对动物有一定的促生长作用。但对养殖业的危害很大，一是容易引起耐药性，二是由于未做安全性试验，存在各种安全隐患。

四、禁止在饲料和动物饮用水中使用的物质

为了加强饲料及养殖环节质量安全监管，保障饲料及畜产品质量安全，根据《饲料和饲料添加剂管理条例》有关规定，农业部于 2010 年以第 1519 号公告公布了《禁止在饲料和动物饮用水中使用的物质》。禁止在饲料生产、经营、使用和动物饮用水中违禁添加苯乙醇胺 A 等下列物质的违法行为：

1. **苯乙醇胺 A**（Phenylethanolamine A）　β-肾上腺素受体激动剂。
2. **班布特罗**（Bambuterol）　β-肾上腺素受体激动剂。
3. **盐酸齐帕特罗**（Zilpaterol hydrochloride）　β-肾上腺素受体激动剂。
4. **盐酸氯丙那林**（Clorprenaline hydrochloride）　β-肾上腺素受体激动剂。
5. **马布特罗**（Mabuterol）　β-肾上腺素受体激动剂。
6. **西布特罗**（Cimbuterol）　β-肾上腺素受体激动剂。
7. **溴布特罗**（Brombuterol）　β-肾上腺素受体激动剂。
8. **酒石酸阿福特罗**（Arformoterol tartrate）　长效型 β-肾上腺素受体激动剂。
9. **富马酸福莫特罗**（Formoterol fumarate）　长效型 β-肾上腺素受体激动剂。
10. **盐酸可乐定**（Clonidine hydrochloride）　抗高血压药。
11. **盐酸赛庚啶**（Cyproheptadine hydrochloride）　抗组胺药。

第八单元　病原微生物安全管理法律制度

第一节　病原微生物实验室生物安全管理条例

《病原微生物实验室生物安全管理条例》于 2004 年 11 月 5 日经国务院第 69 次常务会议通过，根据 2016 年 1 月 13 日国务院第 119 次常务会议《国务院关于修改部分行政法规的决

定》修正，根据 2018 年 3 月 19 日国务院令第 698 号《国务院关于修改和废止部分行政法规的决定》修正。

一、动物病原微生物分类

国家根据病原微生物的传染性、感染后对个体或者群体的危害程度，将病原微生物分为四类，第一类、第二类病原微生物统称为高致病性病原微生物。

（一）第一类病原微生物

第一类病原微生物是指能够引起人或者动物非常严重疾病的微生物，以及我国尚未发现或者已经宣布消灭的微生物。根据《动物病原微生物分类名录》（农业部第 53 号令），一类动物病原微生物包括口蹄疫病毒、高致病性禽流感病毒、猪水疱病病毒、非洲猪瘟病毒、非洲马瘟病毒、牛瘟病毒、小反刍兽疫病毒、牛传染性胸膜肺炎丝状支原体、牛海绵状脑病病原、痒病病原。

（二）第二类病原微生物

第二类病原微生物是指能够引起人或者动物严重疾病，比较容易直接或者间接在人与人、动物与人、动物与动物间传播的微生物。根据《动物病原微生物分类名录》，二类动物病原微生物包括猪瘟病毒、鸡新城疫病毒、狂犬病病毒、绵羊痘/山羊痘病毒、蓝舌病病毒、兔病毒性出血症病毒、炭疽芽孢杆菌、布鲁氏菌。

（三）第三类病原微生物

第三类病原微生物是指能够引起人或者动物疾病，但一般情况下对人、动物或者环境不构成严重危害，传播风险有限，实验室感染后很少引起严重疾病，并且具备有效治疗和预防措施的微生物。根据《动物病原微生物分类名录》，三类动物病原微生物包括：

1. 多种动物共患病病原微生物　低致病性流感病毒、伪狂犬病病毒等 18 种。

2. 牛病病原微生物　牛恶性卡他热病毒、牛白血病病毒等 7 种。

3. 绵羊和山羊病病原微生物　山羊关节炎/脑脊髓炎病毒、梅迪/维斯纳病病毒和传染性脓疱皮炎病毒 3 种。

4. 猪病病原微生物　日本脑炎病毒、猪繁殖与呼吸综合征病毒等 12 种。

5. 马病病原微生物　马传染性贫血病毒、马动脉炎病毒等 8 种。

6. 禽病病原微生物　鸭瘟病毒、鸭病毒性肝炎病毒等 17 种。

7. 兔病病原微生物　兔黏液瘤病病毒、野兔热土拉杆菌等 4 种。

8. 水生动物病病原微生物　流行性造血器官坏死病毒、传染性造血器官坏死病毒等 22 种。

9. 蜜蜂病病原微生物　美洲幼虫腐臭病幼虫杆菌、欧洲幼虫腐臭病蜂房蜜蜂球菌等 6 种。

10. 其他动物病原微生物　犬瘟热病毒、犬细小病毒等 8 种。

（四）第四类病原微生物

第四类病原微生物是指在通常情况下不会引起人或者动物疾病的微生物。第四类动物病原微生物包括危险性小、低致病力、实验室感染机会少的兽用生物制品、疫苗生产用的各种弱毒病原微生物以及不属于第一、二、三类的各种低毒力的病原微生物。

二、动物病原微生物实验室设立和管理

（一）动物病原微生物实验室的设立

1. 动物病原微生物实验室的分级　国家根据实验室对病原微生物的生物安全防护水平，并依照实验室生物安全国家标准的规定，将实验室分为一级、二级、三级、四级。

2. 动物病原微生物实验室的设立条件

（1）一级、二级实验室的设立条件　新建、改建或者扩建一级、二级实验室，应当向设区的市级人民政府兽医主管部门备案。设区的市级人民政府兽医主管部门应当每年将备案情况汇总后报省、自治区、直辖市人民政府兽医主管部门。

（2）三级、四级实验室的设立条件　新建、改建、扩建三级、四级实验室或者生产、进口移动式三级、四级实验室应当遵守以下规定：①符合国家生物安全实验室体系规划并依法履行有关审批手续；②经国务院科技主管部门审查同意；③符合国家生物安全实验室建筑技术规范；④依照《中华人民共和国环境影响评价法》的规定进行环境影响评价并经环境保护主管部门审查批准；⑤生物安全防护级别与其拟从事的实验活动相适应。三级、四级实验室需通过实验室国家认可并取得相应级别的生物安全实验室证书。

（二）动物病原微生物实验室的管理

1. 动物病原微生物实验室的管理体制

（1）政府部门　国务院兽医主管部门主管与动物有关的实验室及其实验活动的生物安全监督工作。国务院其他有关部门在各自职责范围内负责实验室及其实验活动的生物安全管理工作。县级以上地方人民政府及其有关部门在各自职责范围内负责实验室及其实验活动的生物安全管理工作。

（2）实验室的设立单位及其主管部门　实验室的设立单位及其主管部门负责实验室日常活动的管理，承担建立健全安全管理制度，检查、维护实验设施、设备，控制实验室感染的职责。

实验室的设立单位负责实验室的生物安全管理，依照《病原微生物实验室生物安全管理条例》的规定制定科学、严格的管理制度，并定期对有关生物安全规定的落实情况进行检查，定期对实验室设施、设备、材料等进行检查、维护和更新，以确保其符合国家标准。

（3）实验室负责人　实验室负责人为实验室生物安全的第一责任人，应当指定专人监督检查实验室技术规范和操作规程的落实情况，严格遵守有关国家标准和实验室技术规范、操作规程。

2. 动物病原微生物实验室的人员管理　实验室或者实验室的设立单位应当每年定期对工作人员进行实验室技术规范、操作规程、生物安全防护知识和实际操作技能培训，工作人员经培训考核合格的，方可上岗。从事高致病性病原微生物相关实验活动的实验室，应当每半年将培训、考核其工作人员的情况和实验室运行情况向省、自治区、直辖市人民政府兽医主管部门报告。

三、动物病原微生物实验活动管理

（一）管理范围

动物病原微生物实验活动管理范围为实验室从事与病原微生物菌（毒）种、样本有关的

研究、教学、检测、诊断等活动。

（二）从事实验活动应当具备的条件

一级、二级实验室不得从事高致病性动物病原微生物实验活动。三级、四级实验室从事高致病性动物病原微生物实验活动，必须具备以下条件：①实验目的和拟从事的实验活动符合国务院兽医主管部门的规定；②通过实验室国家认可；③具有与拟从事的实验活动相适应的工作人员；④工程质量经建筑主管部门依法检测验收合格。

三级、四级实验室需要从事某种高致病性动物病原微生物或者疑似高致病性动物病原微生物实验活动的，应当依照国务院兽医主管部门的规定报省级以上人民政府兽医主管部门批准。实验活动结果以及工作情况应当向原批准部门报告。

（三）其他管理规定

1. 对我国尚未发现或者已经宣布消灭的病原微生物相关实验活动的规定　对我国尚未发现或者已经宣布消灭的动物病原微生物，任何单位和个人未经批准不得从事相关实验活动。为了预防、控制传染病，需要从事我国尚未发现或者已经宣布消灭的动物病原微生物相关实验活动的，应当经国务院兽医主管部门批准，并在批准部门指定的专业实验室中进行。

2. 对实验活动中使用新技术、新方法的规定　实验室使用新技术、新方法从事高致病性动物病原微生物相关实验活动的，应当符合防止高致病性动物病原微生物扩散、保证生物安全和操作者人身安全的要求，并经国家病原微生物实验室生物安全专家委员会论证；经论证可行的，方可使用。

3. 对在动物体上从事实验活动的规定　需要在动物体上从事高致病性动物病原微生物相关实验活动的，应当在符合动物实验室生物安全国家标准的三级以上实验室进行。

4. 对从事高致病性病原微生物相关实验活动的规定　从事高致病性动物病原微生物相关实验活动的实验室应当向当地公安机关备案，并接受公安机关有关实验室安全保卫工作的监督指导。从事高致病性动物病原微生物相关实验活动的实验室的设立单位，应当建立健全安全保卫制度，采取安全保卫措施，严防高致病性动物病原微生物被盗、被抢、丢失、泄漏，保障实验室及其病原微生物的安全。实验室发生高致病性动物病原微生物被盗、被抢、丢失、泄漏的，实验室的设立单位应当进行报告。

5. 对从事高致病性病原微生物实验活动中的人员规定　从事高致病性动物病原微生物相关实验活动应当有2名以上的工作人员共同进行。进入从事高致病性动物病原微生物相关实验活动的实验室的工作人员或者其他有关人员，应当经实验室负责人批准。实验室应当为其提供符合防护要求的防护用品并采取其他职业防护措施。从事高致病性动物病原微生物相关实验活动的实验室，还应当对实验室工作人员进行健康监测，每年组织对其进行体检，并建立健康档案；必要时，应当对实验室工作人员进行预防接种。

6. 对实验活动的分区规定　在同一个实验室的同一个独立安全区域内，只能同时从事一种高致病性动物病原微生物的相关实验活动。

7. 对实验活动记录的规定　实验室应当建立实验档案，记录实验室使用情况和安全监督情况。实验室从事高致病性动物病原微生物相关实验活动的实验档案保存期，不得少于20年。

8. 对实验活动的防污染规定　实验室应当依照环境保护的有关法律、行政法规和国务院有关部门的规定，对废水、废气以及其他废物进行处置，并制订相应的环境保护措施，防止环境污染。

四、实验室感染控制

(一) 实验室感染控制的职责划分

1. 实验室设立单位的职责　实验室的设立单位应当指定专门的机构或者人员承担实验室感染控制工作,定期检查实验室的生物安全防护、病原微生物菌(毒)种和样本保存与使用、安全操作、实验室排放的废水和废气以及其他废物处置等规章制度的实施情况。

2. 负责实验室感染控制工作的机构或人员的职责　负责实验室感染控制工作的机构或者人员应当具有与该实验室中的病原微生物有关的传染病防治知识,并定期调查、了解实验室工作人员的健康状况。实验室工作人员出现与本实验室从事的高致病性动物病原微生物相关实验活动有关的感染临床症状或者体征时,实验室负责人应当向负责实验室感染控制工作的机构或者人员报告,同时派专人陪同及时就诊;实验室工作人员应当将近期所接触的动物病原微生物的种类和危险程度如实告知诊治医疗机构。接诊的医疗机构应当及时救治;不具备相应救治条件的,应当依照规定将感染的实验室工作人员转诊至具备相应传染病救治条件的医疗机构;具备相应传染病救治条件的医疗机构应当接诊治疗,不得拒绝救治。

(二) 实验室感染控制措施

1. 病原微生物泄漏的处理措施　实验室发生高致病性动物病原微生物泄漏时,实验室工作人员应当立即采取控制措施,防止高致病性动物病原微生物扩散,并同时向负责实验室感染控制工作的机构或者人员报告。

2. 实验室人员感染的应急处置措施　负责实验室感染控制工作的机构或者人员接到实验室发生工作人员感染事故或者病原微生物泄漏事件的报告后,应当立即启动实验室感染应急处置预案,并组织人员对该实验室生物安全状况等情况进行调查;确认发生实验室感染或者高致病性动物病原微生物泄漏的,应当依照《病原微生物实验室生物安全管理条例》的规定进行报告,并同时采取控制措施,对有关人员进行医学观察或者隔离治疗,封闭实验室,防止扩散。

3. 感染事故发生后的预防、控制措施　兽医主管部门接到关于实验室发生工作人员感染事故或者动物病原微生物泄漏事件的报告,或者发现实验室从事动物病原微生物相关实验活动造成实验室感染事故的,应当立即组织动物防疫监督机构和医疗机构以及其他有关机构依法采取以下预防、控制措施:①封闭被动物病原微生物污染的实验室或者可能造成病原微生物扩散的场所;②开展流行病学调查;③对病人进行隔离治疗,对相关人员进行医学检查;④对密切接触者进行医学观察;⑤进行现场消毒;⑥对染疫或者疑似染疫的动物采取隔离、扑杀等措施;⑦其他需要采取的预防、控制措施。

4. 感染事故发生后的报告、通报制度　动物诊疗机构及其执业兽医和其他辅助人员发现由于实验室感染而引起的与高致病性动物病原微生物相关的传染病病人、疑似传染病病人或者患有疫病、疑似患有疫病的动物,动物诊疗机构应当在 2h 内报告所在地的县级人民政府兽医主管部门;接到报告的兽医主管部门应当在 2h 内通报实验室所在地的县级人民政府卫生主管部门。接到通报的卫生主管部门应当依照《病原微生物实验室生物安全管理条例》的规定采取预防、控制措施。

5. 发生病原微生物扩散的处理措施 发生动物病原微生物扩散，有可能造成传染病暴发、流行时，县级以上人民政府兽医主管部门应当依照有关法律、行政法规的规定以及实验室感染应急处置预案进行处理。

第二节 动物病原微生物菌（毒）种或者样本运输包装规范和动物病原微生物菌（毒）种保藏管理

一、动物病原微生物菌（毒）种或者样本运输包装规范

（一）内包装

运输高致病性动物病原微生物菌（毒）种或者样本的，其内包装必须符合以下要求：①必须是不透水、防泄漏的主容器，保证完全密封；②必须是结实、不透水和防泄漏的辅助包装；③必须在主容器和辅助包装之间填充吸附材料。吸附材料必须充足，能够吸收所有的内装物。多个主容器装入一个辅助包装时，必须将它们分别包装；④主容器的表面贴上标签，表明菌（毒）种或样本类别、编号、名称、数量等信息；⑤相关文件，如菌（毒）种或样本数量表格、危险性声明、信件、菌（毒）种或样本鉴定资料、发送者和接收者的信息等应当放入一个防水的袋中，并贴在辅助包装的外面。

（二）外包装

运输高致病性动物病原微生物菌（毒）种或者样本的，其内包装必须符合以下要求：①外包装的强度应当充分满足对于其容器、重量及预期使用方式的要求；②外包装应当印上生物危险标识并标注"高致病性动物病原微生物，非专业人员严禁拆开"的警告语。生物危险标识如下图：

高致病性动物病原微生物

（非专业人员严禁拆开）

制冷剂_____

（三）包装要求

1. 冻干样本 主容器必须是火焰封口的玻璃安瓿或者是用金属封口的胶塞玻璃瓶。

2. 液体或者固体样本

（1）在环境温度或者较高温度下运输的样本 只能用玻璃、金属或者塑料容器作为主容

器，向容器中罐装液体时须保留足够的剩余空间，同时采用可靠的防漏封口，如热封、带缘的塞子或者金属卷边封口。如果使用旋盖，必须用胶带加固。

（2）在制冷或者冷冻条件下运输的样本　冰、干冰或者其他冷冻剂必须放在辅助包装周围，或者按照规定放在由一个或者多个完整包装件组成的合成包装件中。内部要有支撑物，当冰或者干冰消耗掉以后，仍可以把辅助包装固定在原位置上。如果使用冰，包装必须不透水；如果使用干冰，外包装必须能排出二氧化碳气体；如果使用冷冻剂，主容器和辅助包装必须保持良好的性能，在冷冻剂消耗完以后，应仍能承受运输中的温度和压力。

二、民用航空运输动物病原微生物菌（毒）种及动物病料要求

中国民用航空局 2008 年 11 月 28 日发布的《关于运输动物菌毒种、样本、病料等有关事宜的通知》（局发明电〔2008〕4487 号），明确规定了民用航空运输动物病原微生物菌（毒）种或者样本以及动物病料的运输要求。

（一）一般要求

1. 必须作为货物进行航空运输　菌（毒）种或者样本及动物病料必须作为货物进行航空运输，禁止随身携带或作为托运行李或邮件进行运输。

2. 包装合格　菌（毒）种或者样本及动物病料包装需符合《中国民用航空危险品运输管理规定》（CCAR276）和国际民航组织文件 Doc9284《危险品安全航空运输技术细则》以及农业部《高致病性病原微生物菌（毒）种或者样本运输包装规范》（农业部公告第 503 号）的要求，同时必须符合国家质量监督检验检疫部门的要求或附有进口包装材料符合国际标准的有关证明文件的要求。

（二）对托运人的要求

1. 托运人持证工作　菌（毒）种或者样本及动物病料的托运人或其代理人必须接受符合《中国民用航空危险品运输管理规定》（CCAR276）和国际民航组织文件 Doc9284《危险品安全航空运输技术细则》要求的危险品航空运输训练，并持有训练合格后颁布的有效证书。

2. 手续合法　菌（毒）种或者样本及动物病料的托运手续必须符合国务院和农业农村部制定的有关动物病原微生物生物安全管理的规范性法律文件的规定。托运人须持有农业农村部或省、自治区、直辖市人民政府兽医行政管理部门颁发的《动物病原微生物菌（毒）种或样本及动物病料准运证书》。菌（毒）种或者样本及动物病料的出入境运输，还需由出入境检验检疫机构进行检疫。

（三）对承运人的要求

1. 承运人须有承运资格　菌（毒）种或者样本及动物病料必须由已获得中国民用航空局颁发的《危险品航空运输许可》的航空公司进行运输。对于尚未获得危险品运输许可的航点，运输航空公司可向地区管理局申请《危险品航空运输临时许可》，通过特殊安排或派有资质的人员赴始发站办理收运。

2. 紧急事故按程序处置　民航各单位应制定航空运输感染性物质的应急处置程序。菌（毒）种或者样本及动物病料如在运输过程中出现紧急情况，应及时与运输申请单位及机场所在地的省、自治区、直辖市人民政府兽医行政管理部门联系，在机场应急部门、航空公司危险品运输管理部门和民航各地区管理局（含各监管办）危险品空运主管部门积极协助下妥

善处置紧急事故。

三、动物病原微生物菌（毒）种收集、保藏、供应、销毁管理

（一）动物病原微生物菌（毒）种的收集管理

保藏机构可以向国内有关单位和个人索取需要保藏的菌（毒）种和样本。从事动物疫情监测、疫病诊断、检验检疫和疫病研究等活动的单位和个人，应当及时将研究、教学、检测、诊断等实验活动中获得的具有保藏价值的菌（毒）种和样本，送交保藏机构鉴定和保藏，并提交菌（毒）种和样本的背景资料。保藏机构应当在每年年底前将保藏的菌（毒）种和样本的种类、数量报农业农村部。

（二）动物病原微生物菌（毒）种的保藏管理

1. 保藏机构 保藏机构是指承担菌（毒）种和样本保藏任务，并向合法从事动物病原微生物相关活动的实验室或者兽用生物制品企业提供菌（毒）种或者样本的单位。保藏机构由农业农村部指定，分为国家级保藏中心和省级保藏中心。保藏机构保藏的菌（毒）种和样本的种类由农业农村部核定。国家对实验活动用菌（毒）种和样本实行集中保藏，保藏机构以外的任何单位和个人不得保藏菌（毒）种或者样本。

2. 保藏要求

（1）专库（柜）保藏、分类存放 保藏机构应当设专库保藏一、二类菌（毒）种和样本，设专柜保藏三、四类菌（毒）种和样本。保藏机构保藏的菌（毒）种和样本应当分类存放，实行双人双锁管理。

（2）完善资料、健全档案 保藏机构应当建立完善的技术资料档案，详细记录所保藏的菌（毒）种和样本的名称、编号、数量、来源、病原微生物类别、主要特性、保存方法等情况。技术资料档案应当永久保存。

（3）定时检查、复壮菌（毒）种 保藏机构应当对保藏的菌（毒）种按时鉴定、复壮，妥善保藏，避免失活。保藏机构对保藏的菌（毒）种开展鉴定、复壮的，应当按照规定在相应级别的生物安全实验室进行。

（4）制定应急预案、防患于未然 保藏机构应当制定实验室安全事故处理应急预案。发生保藏的菌（毒）种或者样本被盗、被抢、丢失、泄漏和实验室人员感染的，应当按照《病原微生物实验室生物安全管理条例》的规定及时报告、启动预案，并采取相应的处理措施。

（三）动物病原微生物菌（毒）种的供应管理

1. 供应对象 向保藏机构提出申请、合法从事动物病原微生物实验活动的实验室或者兽用生物制品生产企业。

2. 供应条件 保藏机构应当按照以下规定提供菌（毒）种或者样本：①提供高致病性动物病原微生物菌（毒）种或者样本的，查验从事高致病性动物病原微生物相关实验活动的批准文件；②提供兽用生物制品生产和检验用菌（毒）种或者样本的，查验兽药生产批准文号文件；③提供三、四类菌（毒）种或者样本的，查验实验室所在单位出具的证明。保藏机构应当留存上述证明文件的原件或者复印件。

3. 登记制度 保藏机构提供菌（毒）种或者样本时，应当进行登记，详细记录所提供的菌（毒）种或者样本的名称、数量、时间以及发放人、领取人、使用单位名称等。

提供的菌（毒）种或者样本应当附有标签，标明菌（毒）种名称、编号、移植和冻干日期等。

4. 保密制度 保藏机构应当对具有知识产权的菌（毒）种承担相应的保密责任。保藏机构提供具有知识产权的菌（毒）种或者样本的，应当经原提供者或者持有人的书面同意。

（四）动物病原微生物菌（毒）种的销毁管理

1. 销毁情形 有下列情形之一的，保藏机构应当组织专家论证，提出销毁菌（毒）种或者样本的建议：①国家规定应当销毁的；②有证据表明已丧失生物活性或者被污染，已不适于继续使用的；③无继续保藏价值的。

2. 销毁审批和告知制度 保藏机构销毁一、二类菌（毒）种和样本的，应当经农业农村部批准；销毁三、四类菌（毒）种和样本的，应当经保藏机构负责人批准，并报农业农村部农村备案。保藏机构应当在实施销毁 30 日前书面告知被销毁菌（毒）种和样本的原提供者。

3. 销毁要求 保藏机构销毁菌（毒）种和样本的，应当制定销毁方案，使用可靠的销毁设施和销毁方法，必要时应当组织开展灭活效果验证和风险评估。销毁记录中注明销毁的原因、品种、数量，以及销毁方式方法、时间、地点、实施人和监督人等，经销毁实施人、监督人签字后存档，并将销毁情况报农业农村部。

第九单元 世界动物卫生组织（WOAH）及其标准

一、世界动物卫生组织简介

世界动物卫生组织于 1924 年创建，总部设在法国巴黎，是一个政府间的兽医卫生技术组织，目前有 182 个成员。创建之初所用名称为 Office International des Epizooties，缩写为 OIE，译作国际兽医局。2003 年，更名为 World Organisation for Animal Health。2022 年 5 月，其缩写由原来的 OIE 改为 WOAH。新网址为 www. woah. org。

WOAH 是 WTO 指定负责制定国际动物卫生标准规则的国际组织，各国开展动物及动物产品国际贸易都应遵循 WOAH 的规定。2007 年，世界动物卫生组织第 75 届国际委员会大会通过决议，决定恢复中华人民共和国行使在世界动物卫生组织的合法权利与义务。

二、主要任务

WOAH 工作内容涵盖兽医管理体制、动物疫病防控、兽医公共卫生、动物产品安全和动物福利等多个领域。WOAH 的主要职能：一是通报和管理全球动物疫情和人畜共患病疫情，促进各国疫情透明化；二是收集、整理和通报最新兽医科技进展和信息；三是统一协调各国动物疫病防控活动并提供专家支持;四是在世界贸易组织(WTO)和《实施卫生与植物卫生措施协定》(简称《WTO/SPS 协定》)框架下制定国际畜产品贸易中的动物卫生标准和规则,促进贸易发展;五是提高各国兽医立法和兽医体系服务水平并提供有关能力建设技术援助;六是以科学为依据提高动物产品安全和动物福利水平。

三、WOAH 法定报告疫病名录

WOAH 的国际标准包括《陆生动物卫生法典》《陆生动物诊断试验和疫苗手册》《水生动物卫生法典》和《水生动物诊断试验手册》四个标准出版物。

2023 年 5 月,WOAH 第 90 届国际代表大会通过新修订的疫病名录,将 13 类 122 种动物疫病列为法定报告疫病。

(一) 多种动物共患病 26 种

炭疽,克里米亚刚果出血热,马脑脊髓炎(东部),心水病,感染布鲁氏锥虫、刚果锥虫、猴锥虫、活锥虫,伪狂犬病病毒感染,蓝舌病病毒感染,布鲁氏菌(流产布鲁氏菌、羊布鲁氏菌、猪布鲁氏菌)感染,细粒棘球蚴感染,多房棘球蚴感染,利什曼原虫感染,流行性出血病,口蹄疫病毒感染,结核分枝杆菌感染,狂犬病病毒感染,裂谷热病毒感染,牛瘟病毒感染,旋毛虫感染,日本脑炎,新大陆螺旋蝇蛆病,旧大陆螺旋蝇蛆病,副结核病,Q 热,苏拉病(伊氏锥虫),土拉杆菌病,西尼罗热。

(二) 牛病 12 种

牛无浆体病,牛巴贝斯虫病,牛生殖道弯曲杆菌病,牛海绵状脑病,牛病毒性腹泻,地方流行性牛白血病,出血性败血症,牛传染性鼻气管炎/传染性脓疱外阴阴道炎,牛结节性皮肤病病毒感染,丝状支原体丝状亚种感染(牛传染性胸膜肺炎),泰勒虫(环形泰勒虫、东方泰勒虫和小泰勒虫)感染,毛滴虫病。

(三) 羊病 12 种

山羊关节炎/脑炎,接触传染性无乳症,山羊传染性胸膜肺炎,母羊地方性流产(绵羊衣原体),小反刍兽疫病毒感染,泰勒虫(莱氏泰勒虫、吕氏泰勒虫、尤氏泰勒虫)感染,梅迪-维斯那病,内罗毕羊病,绵羊附睾炎(布鲁氏菌病),羊沙门氏菌病(流产沙门氏菌),痒病,绵羊痘和山羊痘。

(四) 马病 11 种

马传染性子宫炎、马媾疫、马脑脊髓炎(西部)、马传染性贫血、马梨形虫病、鼻疽伯克霍尔德氏菌感染(马鼻疽)、非洲马瘟病毒感染、马疱疹病毒 1 型感染、马病毒性动脉炎病毒感染、马流感病毒感染、委内瑞拉马脑脊髓炎。

(五) 猪病 6 种

非洲猪瘟病毒感染、古典猪瘟病毒感染、猪繁殖与呼吸综合征病毒感染、尼帕病毒性脑炎、猪囊虫病、传染性胃肠炎。

(六) 禽病 14 种

禽衣原体病、鸡传染性支气管炎、鸡传染性喉气管炎、鸭病毒性肝炎、禽伤寒、高致病性禽流感病毒感染、鸟类(不包括家禽但含野鸟)感染高致病性甲型流感病毒、家禽和捕获野生鸟类感染低致病性禽流感病毒并已证实可自然传染人类且伴有严重后果、鸡败血支原体感染(禽支原体病)、滑液囊支原体感染(禽支原体病)、新城疫病毒感染、传染性法氏囊病

（甘布罗病）、鸡白痢、火鸡鼻气管炎。

（七）兔病 2 种

黏液瘤病、兔病毒性出血症。

（八）蜂病 6 种

蜜蜂蜂房蜜蜂球菌感染（欧洲幼虫腐臭病）、蜜蜂幼虫芽孢杆菌感染（蜜蜂美洲幼虫腐臭病、蜜蜂武氏蜂盾螨感染、蜜蜂小蜂螨感染、蜜蜂狄氏瓦螨感染（蜜蜂瓦螨病）、蜜蜂蜂巢小甲虫病（蜂窝甲虫）。

（九）其他陆生动物病 2 种

骆驼痘、中东呼吸综合征冠状病毒感染。

（十）鱼病 11 种

流行性溃疡综合征、丝囊霉感染（流行性溃疡综合征）、鲑三代虫感染、鲑传染性贫血、传染性造血器官坏死病、锦鲤疱疹病毒病、真鲷虹彩病毒病、鲑甲病毒感染、鲤春病毒血症、罗非鱼湖病毒病、病毒性出血性败血症。

（十一）软体动物病 7 种

鲍疱疹样病毒感染、牡蛎包纳米虫感染、杀蛎包纳米虫感染、折光马尔太虫感染、海水派琴虫感染、奥尔森派琴虫感染、加州立克次体感染。

（十二）甲壳类动物病 10 种

急性肝胰腺坏死病、变形藻丝囊霉菌感染（螯虾瘟）、十足目虹彩病毒 1 感染、对虾肝炎杆菌感染（坏死性肝胰腺炎）、传染性皮下和造血器官坏死病、传染性肌肉坏死病、桃拉综合征、罗氏沼虾白尾病、白斑综合征、黄头病。

（十三）两栖动物疫病 3 种

蛙病毒感染、箭毒蛙壶菌感染、蝾螈壶菌感染。

第十单元　执业兽医职业道德

一、执业兽医职业道德的概念和特征

（一）执业兽医职业道德的概念

道德是人类社会评价人类行为的基本尺度，是调整人与人之间、人与社会之间关系的行为规范总和。它是人们的道德行为和道德关系普遍规律的反映，是一定社会或阶级对人们行为的基本要求的概括，是人们的社会关系在道德生活中的体现。道德主要依靠社会舆论、传统习惯和人们的内心信念来约束、规范人们的行为。

职业道德是随着社会分工的发展，并在出现相对固定的职业集团时产生的，是社会道德在职业领域的具体体现。人类进入阶级社会以后，出现了商业、政治、军事、教育、医疗等职业。在一定社会的经济关系基础上，这些特定的职业不但要求人们具备特定的知识和技能，而且要求人们具备特定的道德观念、情感和品质。各种职业集团，为了维护其职业利益和信誉，适应社会的需要，从而在职业实践中，根据一般社会道德的基本要求，逐渐形成了职业道德规范。如医生有"医德"、教师有"师德"等。一般来讲，职业道德包括职业道德意识、职业道德行为和职业道德规则三个层次。

执业兽医职业道德是指执业兽医在动物诊疗活动中应当遵循的行为规范的总和。执业兽医职业道德是社会道德体系的重要组成部分，是指导执业兽医行为的基本准则，是衡量执业兽医从业行为是否符合执业兽医职业道德要求的基本标准，它不仅适用于执业兽医师，同时适用于执业助理兽医师和执业兽医辅助人员。执业兽医职业道德的内容包括奉献社会、爱岗敬业、诚实守信、服务群众和爱护动物等，其中奉献社会是执业兽医职业道德的最高境界，爱岗敬业、诚实守信是执业兽医执业行为的基础要素。

（二）执业兽医职业道德的特征

执业兽医职业道德与一般社会道德相比，具有主体的特定性、职业的特殊性的特征。

1. 主体的特定性　执业兽医职业道德所规范的是专门从事动物诊疗活动的执业兽医师、执业助理兽医师等兽医人员。根据《中华人民共和国动物防疫法》《执业兽医和乡村兽医管理办法》的规定，执业兽医执业必须具备以下两个条件：第一，备案。取得执业兽医师或执业助理兽医师资格证书后，并不能直接从事执业活动，只有向备案机关申请执业备案后，方可按规定从事动物诊疗活动。第二，接受动物诊疗机构的管理。执业兽医的执业活动必须接受动物诊疗机构，或者执业兽医所在的动物饲养场、实验动物饲育单位、兽药生产企业、动物园等单位的管理，动物诊疗机构或者执业兽医所在的动物饲养场、实验动物饲育单位、兽药生产企业、动物园等单位是执业兽医的执业机构。

2. 职业的特殊性　由于执业兽医从事的动物诊疗活动既关系到公共卫生安全的保障，又关系到动物健康和养殖业的持续发展，因此，执业兽医的道德规范更应该体现其职业的鲜明特点，树立其良好的社会形象。执业兽医在动物诊疗活动中发现动物染疫或者疑似染疫，必须要按规定报告，并采取隔离等控制措施，防止动物疫情扩散；同时，要按人民政府或者农业农村主管部门的要求，参加预防、控制和扑灭动物疫病活动。由于执业兽医的执业活动关系到动物健康和公共卫生安全，在动物疫病预防、控制和扑灭过程中起着举足轻重的作用，因此，客观上要求执业兽医必须有较高的职业道德水平，从而有效的保护动物健康和公共卫生安全。

二、建设执业兽医职业道德的作用

1. 调节社会关系的作用　执业兽医的执业活动涉及社会生活的诸多方面，它一方面可以调节从业人员内部的关系，即运用执业兽医的道德规范约束内部人员的行为，要求内部人员团结互助、爱岗敬业、齐心协力为发展本行业服务。另一方面可以调节从业人员和服务对象之间的关系，它要求执业兽医应当对服务对象负责，通过树立良好的执业兽医队伍的道德形象，进而带动整个社会的道德文明和精神文明的进步。

2. 提高本行业信誉的作用　执业兽医在社会公众中的信任程度，决定着它在社会中的发展前景。执业兽医的信誉主要由其服务水平质量的高低来决定，而执业兽医职业道德水平高是服务质量的有效保证，若执业兽医职业道德水平不高，很难提供优质的服务。因此，执业兽医良好的职业道德水平，对提高本行业的信誉和促进本行业的发展具有重要的作用。

3. 规范执业行为的作用 执业兽医职业道德在于规范执业兽医的执业行为。动物卫生法律规范中虽然有执业兽医职业道德的内容，但执业兽医的执业行为，不可能都在法律调整范围之内，所以规范执业兽医职业道德行为的主要手段还是依靠道德，通过道德的规范作用提高执业兽医的责任感和自觉性，从而使职业道德在执业活动中发挥作用，有效地提高服务质量。

三、执业兽医的行为规范

（一）执业兽医的执业机构概述

1. 执业兽医的执业机构 动物诊疗机构是执业兽医的主要执业机构，执业兽医的执业活动必须接受动物诊疗机构的管理。根据《中华人民共和国动物防疫法》《动物诊疗机构管理办法》的规定，动物诊疗机构应当具备以下一般条件：①有固定的动物诊疗场所，且动物诊疗场所使用面积符合省、自治区、直辖市人民政府农业农村主管部门的规定；②动物诊疗场所选址距离动物饲养场、动物屠宰加工场所、经营动物的集贸市场不少于200m；③动物诊疗场所设有独立的出入口，出入口不得设在居民住宅楼内或者院内，不得与同一建筑物的其他用户共用通道；④具有布局合理的诊疗室、隔离室、药房等功能区；⑤具有诊断、消毒、冷藏、常规化验、污水处理等器械设备；⑥具有诊疗废弃物暂存处理设施，并委托专业处理机构处理；⑦具有染疫或者疑似染疫动物的隔离控制措施及设施设备；⑧具有与动物诊疗活动相适应的执业兽医；⑨具有完善的诊疗服务、疫情报告、卫生安全防护、消毒、隔离、诊疗废弃物暂存、兽医器械、兽医处方、药物和无害化处理等管理制度。动物诊所除具备动物诊疗机构的一般条件外，还应当具备以下条件：①具有1名以上执业兽医师；②具有布局合理的手术室和手术设备。动物医院除具备动物诊疗机构的一般条件外，还应当具备以下条件：①具有3名以上执业兽医师；②具有X线机或者B超等器械设备；③具有布局合理的手术室和手术设备。除动物医院外，其他动物诊疗机构不得从事动物颅腔、胸腔和腹腔手术。

2. 执业兽医执业机构的行为规范

（1）遵守管理机关登记管理的义务 农业农村主管部门是执业兽医和动物诊疗机构的管理机关，管理的重要内容之一就是对动物诊疗机构的重大事项进行登记管理，因此动物诊疗机构变更名称、诊疗活动范围、从业地点和法定代表人（负责人）等重大事项，应当报原审批部门批准。动物诊疗机构应当使用规范的名称，未取得相应许可的，不得使用"动物诊所"或者"动物医院"的名称。设立分支机构必须另行办理动物诊疗许可证。动物诊疗许可证遗失的，应当及时向原发证机关申请补发。安装、使用具有放射性的诊疗设备的，应当依法经生态环境主管部门批准。

（2）动物诊疗机构内部管理的行为规范 ①动物诊疗机构应当依法从事动物诊疗活动，建立健全内部管理制度，在诊疗场所的显著位置悬挂动物诊疗许可证和公示诊疗活动从业人员基本情况。②动物诊疗机构应当使用载明机构名称的规范病历，包括门（急）诊病历和住院病历。病历档案保存期限不得少于3年。③动物诊疗机构应当为执业兽医师提供兽医处方笺，处方笺的格式和保存等应当符合农业农村部规定的兽医处方格式及应用规范。④动物诊疗机构应当定期对本单位工作人员进行专业知识、生物安全以及相关政策法规培训。⑤动物诊疗机构应当对兽医相关专业学生、毕业生参与动物诊疗活动加强监督指导。

（3）动物诊疗机构诊疗活动中的行为规范　①应当按照农业农村部的规定，做好诊疗活动中的卫生安全防护、消毒、隔离和诊疗废弃物处置等工作。②不得伪造、变造、转让、出租、出借动物诊疗许可证。③应当按照国家兽药管理的规定使用兽药和兽医器械，不得使用不符合规定的兽医器械、假劣兽药和农业农村部规定禁止使用的药品及其他化合物。④兼营动物用品、动物饲料、动物美容、动物寄养等项目的，兼营区域与动物诊疗区域应当分别独立设置。⑤发现动物染疫或者疑似染疫的，应当按照国家规定立即向当地农业农村主管部门或者动物疫病预防控制机构报告，并采取隔离、消毒等控制措施，防止动物疫情扩散。发现动物患有或者疑似患有国家规定应当扑杀的疫病时，不得擅自进行治疗。⑥应当按照国家规定处理染疫动物及其排泄物、污染物和动物病理组织等；不得随意丢弃诊疗废弃物，排放未经无害化处理的诊疗废水。⑦利用互联网等信息技术开展动物诊疗活动，活动范围不得超出动物诊疗许可证核定的诊疗活动范围。⑧应当支持执业兽医按照当地人民政府或者农业农村主管部门的要求，参加动物疫病预防、控制和动物疫情扑灭活动。⑨应当于每年3月底前将上年度动物诊疗活动情况向县级人民政府农业农村主管部门报告。⑩应当配合农业农村主管部门、动物卫生监督机构、动物疫病预防控制机构进行有关法律法规宣传、流行病学调查和监测工作。

（二）执业兽医的行为规范

2005年5月，国务院推进兽医管理体制改革，提出逐步实行执业兽医制度，2008年1月施行的《中华人民共和国动物防疫法》确立了执业兽医资格考试制度。2010年10月农业部组织在全国范围内开展执业兽医资格考试。2010年10月中国兽医协会成立，专门设立了中国兽医协会职业道德建设工作委员会，开展研究执业兽医职业道德规范和执业兽医依法执业行为的具体措施、法律咨询，以及办理执业兽医行业内重大影响的维权事项等工作。2011年11月，中国兽医协会发布了《执业兽医职业道德行为规范》，对提升执业兽医职业道德，规范执业兽医从业活动，提高执业兽医整体素质和服务质量，以及维护兽医行业的良好形象，将起到积极的促进作用。

1. 执业兽医在执业机构中的行为规范　①执业兽医应当在备案的动物诊疗机构执业，但动物诊疗机构间的会诊、支援、应邀出诊、急救等除外。②动物饲养场、实验动物饲育单位、兽药生产企业、动物园等单位聘用的取得执业兽医资格证书的人员，不得对外开展动物诊疗活动。

2. 执业兽医与行政管理机构之间的行为规范　①取得执业兽医资格证书并在动物诊疗机构从事动物诊疗活动的，应当向动物诊疗机构所在地备案机关备案。②执业的动物诊疗机构发生变化的，应当按规定及时更新备案信息。

3. 执业兽医在执业活动中的行为规范　《执业兽医职业道德行为规范》规定，执业兽医职业道德规范是执业兽医的从业行为职业道德标准和执业操守，执业兽医应当遵守，具体内容包括：

（1）执业兽医应当模范遵守有关动物诊疗、动物防疫、兽药管理等法律规范和技术规程的规定，依法从事兽医执业活动。

（2）执业兽医不对患有国家规定应当扑杀的患病动物擅自进行治疗；当发现动物染疫或者疑似染疫时，应当立即向农业农村主管部门或者动物疫病预防控制机构报告。

（3）执业兽医未经亲自诊断或治疗，不开具处方药、填写诊断书或出具有关证明文件。

（4）发现违法从事兽医执业行为或其他违法行为的，执业兽医应当向有关主管部门进行举报。

（5）执业兽医应当使用规范的处方笺、病历，并照章签名保存。发现兽药有不良反应的，应当向农业农村主管部门报告。

（6）执业兽医应当热情接待动物主人和患病动物，耐心解答动物主人提出的问题，尽量满足动物主人的正当要求。

（7）执业兽医应当如实告知动物主人患病动物的病情，制订合理的诊疗方案。遇有难以诊治的患病动物时，应当及时告知动物主人，并及时提出转诊意见。

（8）执业兽医应当如实表述自己的执业情况和技术水平，不做虚假广告，不在诊治活动中弄虚作假。

（9）执业兽医应当对动物诊疗的相关信息或资料保守秘密，未经动物主人同意不得用于商业用途。

（10）执业兽医在从业过程中应当注重仪表，着装整洁，举止端庄，语言文明。

（11）执业兽医应当为患病动物提供医疗服务，解除其病痛，同时尽量减少动物的痛苦和恐惧。

（12）执业兽医应当劝阻虐待动物的行为，宣传动物保健和动物福利知识。

（13）执业兽医应当积极参加兽医专业知识和相关政策法规的培训教育，提高业务素质。

（14）执业兽医应当积极参加有关兽医新技术和新知识的培训、研讨和交流，更新知识结构。

（15）执业兽医在从业活动中，应当明码标价，合理收费。

（16）执业兽医不得接受医疗设备、器械、药品等生产、经营者的回扣、提成或其他不当得利。

此外，《执业兽医职业道德行为规范》还规定了执业兽医的十种不道德的行为，具体内容包括：

（1）随意贬低兽医职业和兽医行业的。

（2）故意贬低同行或通过诋毁他人等方式招揽业务的。

（3）未取得专家称号，对外称"专家"谋取利益的。

（4）通过给其他兽医介绍患病动物，收取回扣或提成的。

（5）冒充其他执业兽医从业获利的。

（6）擅自篡改或删除处方、病历及相关诊疗数据，伪造诊断结果、违规出具证明文件或在诊疗活动中弄虚作假的。

（7）未经动物主人同意，将动物诊疗的相关信息或资料用于商业用途的。

（8）教唆、帮助或参与他人实施违法的兽医执业活动的。

（9）随意夸大动物病情或夸大治疗效果的。

（10）执业兽医在人才流动过程中损害原工作单位权益的。

四、执业兽医的职业责任

执业兽医职业责任，是指执业兽医在执业活动中违反有关执业兽医的法律规范和执业纪律规范应承担的法律责任，包括刑事责任、行政责任、民事责任和纪律处分。执业兽医的职业责任，对于督促执业兽医在执业过程中勤勉尽责、恪尽职守，增强执业兽医的自律意识、风险意识，树立执业兽医良好的社会形象具有十分重要的意义。

（一）执业兽医的刑事责任

执业兽医刑事责任是指执业兽医在执业活动中，因其行为触犯了刑事法律规范的有关规定，而应承担的法律责任。需要明确的是，这里所称的执业兽医的刑事责任是一种职业责任，该责任发生在执业兽医的执业活动中，如果与执业兽医的执业活动无关，则不能称之为执业兽医的刑事责任。根据我国刑法和动物防疫法的有关规定，执业兽医在执业活动中，违反有关动物防疫的国家规定，引起重大动物疫情，或者有引起重大动物疫情危险，情节严重的，处三年以下有期徒刑或者拘役，并处或者单处罚金。

（二）执业兽医的行政责任

执业兽医的行政责任是指执业兽医和动物诊疗机构违反与其执业活动有关的法律规范，而应承担的法律责任。执业兽医行政责任的主要法律依据是《中华人民共和国动物防疫法》《动物诊疗机构管理办法》和《执业兽医和乡村兽医管理办法》。对执业兽医违法行为实施行政处罚的种类有：警告、罚款、没收违法所得、暂停动物诊疗活动、吊销执业兽医资格证书。对动物诊疗机构违法行为实施行政处罚的种类有：警告、罚款、没收违法所得、停业整顿、吊销动物诊疗许可证。

（三）执业兽医的民事责任

执业兽医的民事责任是指执业兽医和动物诊疗机构在执业活动中，因违法执业或过错给他人造成损失，所应承担的民事责任。执业兽医在执业活动中，违反《中华人民共和国动物防疫法》《动物诊疗机构管理办法》和《执业兽医和乡村兽医管理办法》的规定，导致动物疫病传播、流行或造成动物诊疗事故等，给他人人身、财产造成损害的，应当依法承担民事责任。执业兽医从事动物诊疗活动，是一种民事法律关系，执业兽医在执业活动中因过错给他人造成损失的，其赔偿的主体是动物诊疗机构，即由执业兽医所在的动物诊疗机构承担民事赔偿责任。

（四）执业兽医的纪律处分

执业兽医的纪律处分是指兽医行业协会对执业兽医和动物诊疗机构违反执业兽医执业规范行为作出的行业处分。《执业兽医和乡村兽医管理办法》第五条规定，执业兽医、乡村兽医依法执业，其权益受法律保护；同时规定兽医行业协会要加强行业自律，及时反映行业诉求，为兽医人员提供信息咨询、宣传培训、权益保护、纠纷处理等方面的服务。为了维护动物诊疗执业秩序、保障执业兽医依法执业的权利，兽医行业协会对执业兽医和动物诊疗机构违规行为实施行业处分是十分必要的。对执业兽医和动物诊疗机构的纪律处分方式主要有：警告、通报批评、公开谴责、暂停会员资格、取消会员资格等。

第二篇

动物解剖学、组织学及胚胎学

第一单元　概　述

扫码看图

第一节　细　　胞★★

　　动物解剖学与组织胚胎学是研究正常动物有机体的形态、结构及发生发展规律的科学。动物体的最基本结构和功能单位是**细胞**（彩图 2 - 1）。它是机体进行新陈代谢、生长发育和繁殖分化的形态基础，在细胞之间存在有细胞间质。细胞间质是由细胞产生的，构成细胞生存的微环境，对细胞起支持、营养和保护作用。由一些起源相同、形态和功能相似的细胞和细胞间质构成组织，动物体有 4 种基本组织，即上皮组织、结缔组织、肌组织和神经组织。由几种不同的组织结合在一起，构成具有一定形态和执行特殊功能的结构，称为**器官**。由若干个功能相关的器官联系起来，共同完成某种特定的生理功能，则构成**系统**。动物体由运动系统、消化系统、呼吸系统、泌尿系统、生殖系统、心血管系统、淋巴系统、神经系统、内分泌系统、感觉器官和被皮系统组成。各系统之间有着密切的联系，在功能上相互影响、相互配合，构成一个统一的有机整体，表现出各种生命活动。

一、细胞的构造

　　构成动物体的细胞种类繁多，大小、形态、结构和功能各异，但却具有共同的特征：①一般都由细胞膜、细胞质（包括各种细胞器）和细胞核构成。②细胞是有机体代谢与执行功能的基本单位，具有独立的、有序的自控代谢体系。③具有生物合成的能力，能把小分子的简单物质合成为大分子的复杂物质，如蛋白质、核酸等。④细胞是遗传的基本单位，每个细胞都含有全套的遗传信息，即基因，它们具有遗传的全能性。近年来，研究获得的克隆动物就是通过已分化的体细胞克隆而被诱导发育为动物个体。⑤以细胞的分裂、增殖、分化与凋亡来实现有机体的生长与发育，细胞也是有机体生长与发育的基本单位。构成细胞的基本物质是原生质，其化学成分很复杂，主要由蛋白质、核酸、脂类、糖类等有机物和水、无机盐等无机物组成。

　　1. 细胞膜　细胞膜是包围在细胞质外面的一层薄膜，又称质膜。一般厚 7～10nm，通过高倍电镜观察，细胞膜分 3 层结构：内外两层电子密度高，中间层电子密度低，通常将具有这样三层结构的膜称为单位膜。除细胞膜外，在细胞内还有构成某些细胞器的细胞内膜。细胞膜和细胞内膜统称为生物膜。细胞膜的基本作用是保持细胞形态结构的完整，维护细胞内环境的相对稳定，细胞识别，与外界环境不断地进行物质交换，能量和信息的传递。

　　细胞膜的化学成分主要包括蛋白质、脂质和少量多糖。关于细胞膜的分子结构，目前普遍公认的是液态镶嵌模型学说。该学说认为：细胞膜是由液态的脂质双分子层中镶嵌着可移动的球形蛋白质构成。每个脂质分子均由一个头部和两个尾部构成。头部具有亲水性，它分别朝向膜的内、外表面。而尾部具有疏水性，伸入膜的中央。蛋白质分子有的镶嵌在脂质分子之间，称为嵌入蛋白；有的附着在脂质分子的内、外表面，主要在内表面，称为表在蛋白。少量的多糖可以和部分暴露在细胞外表面的蛋白质或脂质分子结合成糖蛋白或糖脂。

2. 细胞质 细胞质是执行细胞生理功能和化学反应的主要部分，填充在细胞膜与细胞核之间，生活状态下为半透明的胶状物，由基质、细胞器和内含物组成。

基质呈均匀、透明而无定形的胶状，内含有蛋白质、糖类、脂类、水和无机盐等。各种细胞器、内含物和细胞核均悬浮于基质中。

细胞器是细胞质内具有一定形态结构和执行一定功能的小器官，包括线粒体、核蛋白体、内质网、高尔基复合体、溶酶体、过氧化物酶体、中心体、微丝、微管和中间丝等。**线粒体**存在于除成熟红细胞以外的所有细胞内，主要功能是进行氧化磷酸化，为细胞生命活动提供直接能量，所以被称为细胞内的"能量工厂"。**核蛋白体**又称核糖体，是合成蛋白质的场所。**内质网**根据其表面是否附着有核糖体，可分为粗面内质网和滑面内质网；前者的主要功能是合成和运输蛋白质，后者是脂质合成的重要场所。横纹肌和心肌细胞内有大量滑面内质网，又称肌浆网，能摄取和释放 Ca^{2+}，参与肌纤维的收缩活动。**高尔基复合体**位于细胞核附近，主要功能与细胞的分泌、溶酶体的形成及糖类的合成有关。**溶酶体**的主要功能是进行细胞内消化作用，消化分解进入细胞的异物和细菌或细胞自身失去功能的细胞器，有细胞内消化器之称。**过氧化物酶体**又称微体，与细胞内物质的氧化以及过氧化氢（H_2O_2）的形成有关。**中心体**位于细胞的中央或细胞核附近，其功能与细胞分裂有关，此外还参与纤毛和鞭毛的形成。微管、微丝和中间丝参与组成细胞骨架结构。

内含物为广泛存在于细胞内的营养物质和代谢产物，包括糖原、脂肪、蛋白质和色素等。其数量和形态随细胞不同生理状态和病理情况而改变。

3. 细胞核 细胞核是细胞的重要组成部分，遗传信息的贮存场所，控制细胞的遗传和代谢活动。在家畜体内除成熟的红细胞没有核外，所有细胞都有细胞核。多数细胞只有 1 个核，但也有 2 个和多个核的（如肝细胞和骨骼肌细胞）。细胞核主要由核膜、核质、核仁和染色质组成。**核膜**是细胞核与细胞质之间的界膜，上有许多散在的核孔，是细胞核与细胞质之间进行物质交换的通道。**核质**是无结构的、透明、胶状物质，又称核液，成分与细胞质的基质很相似，含多种酶和无机盐。**核仁**有 1～2 个，也有 3～5 个的，是 rRNA 合成、加工和核糖体亚单位的装配场所。**染色质**是指细胞核内能被碱性染料着色的物质，当细胞进入有丝分裂期时，每条染色质丝均高度螺旋化，变粗变短，成为一条条的染色体。各种家畜家禽的染色体具有特定的数目和形态。如猪 38 条，牛 60 条，马 64 条，驴 62 条，绵羊 54 条，山羊 60 条，犬 78 条，兔 44 条，鸡 78 条，鸭 80 条。正常家畜体细胞的染色体为双倍体（即染色体成对），而成熟的性细胞其染色体是单倍体。在成对的染色体中有一对为性染色体。哺乳动物的性染色体又可分为 X 和 Y 染色体，它们决定性别。雌性动物体细胞的性染色体为 XX，雄性动物的则为 XY。在家禽中性染色体可分为 Z 和 W 染色体，雌性为 ZW，雄性为 ZZ。

二、细胞的主要生命活动

1. 细胞分裂 细胞增殖是细胞生命活动的重要特征之一，细胞增殖是通过细胞分裂来实现的。**细胞分裂**分为有丝分裂、无丝分裂和减数分裂。细胞从前一次分裂结束到下一次分裂完成，称为一个**细胞周期**。每个细胞周期又可分为分裂间期和分裂期。间期又分为 3 期，即 DNA 合成前期（G1 期）、DNA 合成期（S 期）与 DNA 合成后期（G2 期）。细胞分裂期包括前期、中期、后期、末期。细胞总是交替地处于分裂间期和分裂期这两个阶段（彩图 2-2）。

2. 细胞分化 在个体发育中，由一种相同的细胞类型经细胞分裂后逐渐在形态、结构和功能上形成稳定性的差异，产生不同细胞类群的过程称为**细胞分化**。组成动物有机体的各种细胞就是由一个受精卵细胞经增殖分裂和细胞分化衍生而来的后代。一般来说，分化程度低的细胞，其分裂繁殖的能力较强（如间充质细胞），有些细胞不断地分裂繁殖，同时又不断地进行着分化，如造血干细胞和精原细胞，这些细胞通常在形态上表现出细胞核大、核仁明显、染色浅、细胞质嗜碱性，这种幼稚的细胞（低分化细胞）常称为干细胞。分化程度较高的细胞，其分裂繁殖的潜力较弱或完全丧失，如神经细胞。细胞的分化既受内部遗传的影响，也受外界环境的影响。如某些化学药物、激素、维生素缺乏等因素，可引起细胞异常分化或抑制细胞分化。

3. 细胞衰老与死亡 细胞衰老和死亡是细胞发展过程中的必然规律。衰老的细胞主要表现为代谢活动降低、生理功能减弱，并出现形态结构的改变。不同类型的细胞，其衰老进程很不一致。一般说，寿命长的细胞，衰老出现很慢，如神经细胞和心肌细胞；寿命短的细胞，衰老较快，如红细胞和表皮细胞等。衰老的细胞濒临死亡时，除了代谢降低、生理功能减弱外，形态也发生显著的变化，如细胞质出现膨胀或缩小，嗜酸性增强；脂肪增多，出现空泡；色素蓄积等。进而核固缩，崩裂成碎片，称为核崩溃。当核内染色质出现溶解，则称核溶解，最后整个细胞解体死亡。在体内死亡的细胞被吞噬细胞所吞噬或自溶解体，随排泄物排出体外。在体表死亡的细胞则自行脱落。

4. 细胞凋亡与自噬 细胞凋亡是指细胞在一定的生理或病理条件下，受内在遗传机制的控制自动结束生命的过程，即**细胞程序性死亡**。细胞自噬是真核细胞的一种"自食"过程，当细胞受到内外环境的不利因素刺激时，通过溶酶体途径对胞内受损蛋白、衰老细胞器等物质进行降解，以维持细胞代谢平衡及内环境稳态。

第二节 动物体各部位名称

动物体可分为头部、躯干和四肢三部分。

1. 头部 包括颅部和面部。

（1）*颅部* 位于颅腔周围，可分为枕部、顶部、额部、颞部、耳部和眼部。

（2）*面部* 位于口腔和鼻腔周围，可分为眶下部、鼻部、咬肌部、颊部、唇部、颏部和下颌间隙部。

2. 躯干 分为：①颈部，包括颈背侧部、颈侧部和颈腹侧部；②背胸部，包括背部（分鬐甲部和背部）、胸侧部（肋部）和胸腹侧部（分胸前部和胸骨部）；③腰腹部，分为腰部和腹部；④荐臀部，包括荐部和臀部；⑤尾部。

3. 四肢

（1）*前肢部* 包括肩部、臂部、前臂部和前脚部。前脚部又可分为腕部、掌部和指部。

（2）*后肢部* 分为臀部、股部、膝部、小腿部和后脚部。后脚部又可分为跗部、跖部和趾部。

第三节 解剖学常用方位术语

解剖学方位术语是解剖学的基本术语，是正确描述动物体各部结构的位置关系的基础。

一、基本切面

1. 矢状面 矢状面是与动物体长轴并行而与地面垂直的切面。其中，通过动物体正中轴将动物体分成左、右两等份的面，称正中矢面；其他与正中矢面平行的矢状面，称侧矢面。

2. 横断面 横断面是与动物体的长轴或某一器官的长轴垂直的切面。

3. 额面（水平面） 额面是与地面平行且与矢状面和横断面垂直的切面。

二、用于躯干的术语

1. 前、后 是相对的两点，以某一横断面为参照面，近头侧的为前（亦称颅侧），近尾侧的为后（亦称尾侧）。

2. 背侧、腹侧 以某一额面为参照面，近地面为腹侧，背离地面者为背侧。

3. 内侧、外侧 以正中矢状面为参照，近者为内侧，远者为外侧。

4. 内、外 以某一腔壁为参照，位于内部者为内，位于其外者为外。与内侧和外侧意义不同。

5. 浅、深 近体表者为浅，反之为深。

三、用于四肢的术语

1. 近、远 对某一部位而言，近躯干的一侧为**近侧**，近躯干的某一点为**近端**。反之，称为远侧及远端。

2. 背侧、掌侧和跖侧 四肢的前面为**背侧**。前肢后面称**掌侧**，后肢的后面称**跖侧**。此外，前肢内侧为**桡侧**，外侧为尺侧；后肢的内侧为**胫侧**，外侧为腓侧。

第二单元 骨 骼★★

第一节 基本概念

动物体内每块骨是一个器官，主要由骨组织构成，具有一定的形态和功能，坚硬而富有弹性，有丰富的血管和神经，能不断地进行新陈代谢和生长发育，并具有改建、修复和再生的能力。骨内含有骨髓，是重要的造血器官。骨质内有大量的钙盐和磷酸盐，是动物体的钙、磷库。

一、骨的构造

骨由骨膜、骨质和骨髓构成，并含有丰富的血管和神经。

1. 骨膜 除关节面外，骨的内、外表面均被覆一层**骨膜**。位于骨质外表面的称**骨外膜**，较厚，分两层。外层为纤维层，富有胶原纤维束和血管、神经，并穿入骨质内，可固定骨膜。内层疏松，为成骨层，含有大量细胞和少量纤维。在幼龄时期正在生长的骨，成骨层很发达，细胞非常活跃，直接参与骨的生长；到成年期成骨层逐渐萎缩，细胞转为静止状态，但它终生保持分化能力。在骨受损失时，成骨层有修补和再生骨质的作用，故在骨的手术中应尽量保留骨膜，以免发生骨的坏死和延迟骨的愈合。在骨髓腔面、骨小梁表面、中央管和穿通管的内表面也衬有薄层结缔组织膜，称**骨内膜**。骨内膜的纤维细而少，富含细胞和血管。

2. 骨质 骨质是构成骨的主要成分，由骨组织构成。骨组织是动物体内最坚硬的组织，由骨细胞、成骨细胞、骨原细胞、破骨细胞等细胞成分和大量钙化的细胞间质（也称骨基质）组成。**骨基质**呈板层状，称为**骨板**。依骨板排列的松密程度不同，骨质可分为骨密质和骨松质两种。**骨密质**位于骨的外周，构成长骨的骨干和骺以及其他类型骨的外层，坚硬、致密。**骨松质**位于骨的深部，呈海绵状，由互相交错的骨小梁构成。骨松质小梁的排列方向与受力的作用方向一致。骨密质和骨松质的这种配合，使骨坚固且轻便。

3. 骨髓 分红骨髓和黄骨髓。**红骨髓**位于骨髓腔和所有骨松质的间隙内，具有造血机能。成年家畜长骨骨髓腔内的红骨髓被富含脂肪的黄骨髓代替，但长骨两端、短骨和扁骨的骨松质内终生保留红骨髓。当机体大量失血或贫血时，黄骨髓又能转化为红骨髓而恢复造血机能。骨松质中的红骨髓终生存在，所以临床上常进行骨髓穿刺，检查骨髓，诊断疾病。

4. 血管、神经 骨具有丰富的血液供应，血管的一部分经骨膜穿入骨质，另一部分由骨端的滋养孔穿入骨内。神经与血管伴行，分布于骨膜、骨质和骨髓。

二、物理特性和化学成分

骨的最基本物理特性是具有硬度和弹性。这与骨的形状、内部结构及其化学成分有密切的关系。骨的化学成分主要包括无机物和有机物。有机物主要是骨胶原，在成年家畜约占1/3，使骨具有弹性和韧性；无机物主要是磷酸钙和碳酸钙，在成年家畜约占2/3，使骨具有硬性和脆性。有机质和无机质在骨中的比例，随动物年龄和营养健康状况不同而变化。幼畜的骨，有机物较多，所以骨的弹性大、硬度小，不易发生骨折，但容易弯曲变形。老年家畜则相反，骨的脆性较大，易发生骨折。妊娠母畜骨内钙质被胎儿吸收，使母畜骨质疏松而易发生骨软症。乳牛在泌乳期，如饲料成分比例不适，可发生上述情况。为了预防骨软症，应注意饲料成分的调配。

<h2 style="text-align:center">三、畜体全身骨骼的划分</h2>

畜体全身骨骼的划分如下：

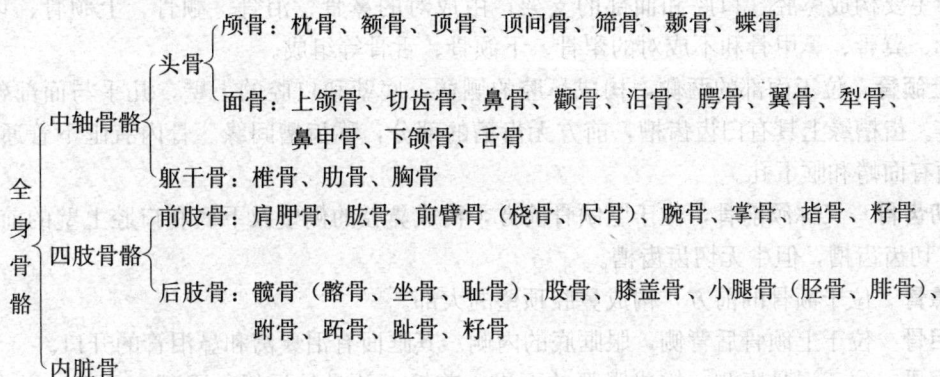

全身骨骼
├─ 中轴骨骼
│　├─ 头骨
│　│　├─ 颅骨：枕骨、额骨、顶骨、顶间骨、筛骨、颞骨、蝶骨
│　│　└─ 面骨：上颌骨、切齿骨、鼻骨、颧骨、泪骨、腭骨、翼骨、犁骨、
│　│　　　　　　鼻甲骨、下颌骨、舌骨
│　└─ 躯干骨：椎骨、肋骨、胸骨
├─ 四肢骨骼
│　├─ 前肢骨：肩胛骨、肱骨、前臂骨（桡骨、尺骨）、腕骨、掌骨、指骨、籽骨
│　└─ 后肢骨：髋骨（髂骨、坐骨、耻骨）、股骨、膝盖骨、小腿骨（胫骨、腓骨）、
│　　　　　　　跗骨、跖骨、趾骨、籽骨
└─ 内脏骨

牛的全身骨骼见彩图 2-3。

<h1 style="text-align:center">第二节　头　　骨</h1>

头骨主要由扁骨和不规则骨构成，分颅骨和面骨两部分。

<h2 style="text-align:center">一、颅　　骨</h2>

颅骨构成颅腔，由成对的额骨、顶骨、颞骨和不成对的枕骨、顶间骨、蝶骨和筛骨等组成。

1. 枕骨　构成颅腔的后壁和下底的一部分。枕骨的后上方有横向的枕嵴。猪的枕嵴特别高大。枕骨的后下方有枕骨大孔，后接椎管。枕骨大孔的两侧有枕骨髁，与寰椎构成寰枕关节。髁的外侧有颈静脉突，髁与颈静脉突之间的窝内有舌下神经孔。

2. 顶间骨　为一小骨，位于左、右顶骨和枕骨之间，常与相邻骨结合，故外观不明显，但在其脑面有枕内结节。

3. 顶骨　构成颅腔的顶壁（黄牛为后壁），其后面与枕骨相连，前面与额骨相接，两侧为颞骨。

4. 额骨　位于顶骨的前方，鼻骨的后方，构成颅腔的前上壁和鼻腔的后上壁。额骨的外部有突出的眶上突，构成眼眶的上界。眶上突的基部有眶上孔。突的后方为颞窝，突的前方为眶窝，是容纳眼球的深窝。额骨的内、外板以及与筛骨之间，形成额窦。

5. 筛骨　位于颅腔和鼻腔之间，由垂直板、筛板和一对侧块组成。垂直板位于正中，将鼻腔后部分为左右两部分。侧块由筛骨迷路组成，向前突入鼻腔后部。侧块后方是多孔的筛板，构成颅腔的前壁。

6. 蝶骨　构成颅腔下底的前部。由蝶骨体和两对翼（眶翼、颞翼）以及一对翼突组成，形如蝴蝶。蝶骨的后缘与枕骨及颞骨形成不规则的破裂孔。其前缘与额骨及腭骨相连处有 4 个孔，由上而下为筛孔、视神经孔、眶孔和圆孔。这些孔、裂都是血管和神经的通路。

7. 颞骨　位于颅腔的侧壁，又分为鳞部和岩部。鳞部与顶骨、额骨及蝶骨相连。在外面有颧突伸出，并转而向前与颧骨的突起合成颧弓。岩部位于鳞部与枕骨之间，是中耳和内耳的所在部位。

二、面　骨

面骨主要构成鼻腔、口腔和面部的支架，由成对的鼻骨、泪骨、颧骨、上颌骨、切齿骨、腭骨、翼骨、鼻甲骨和不成对的犁骨、下颌骨、舌骨等组成。

1. 上颌骨　位于面部的两侧，构成鼻腔的侧壁、底壁和口腔的上壁，几乎与面部各骨均相接连。齿槽缘上具有臼齿齿槽，前方无齿槽的部分，称齿槽间缘。骨内有眶下管通过。骨的外面有面嵴和眶下孔。

2. 切齿骨　又称颌前骨，位于上颌骨前方，构成鼻腔的侧壁及下底和口腔上壁的前部。骨体上有切齿齿槽，但牛无切齿齿槽。

3. 鼻骨　位于额骨的前方，构成鼻腔顶壁的大部。

4. 泪骨　位于上颌骨后背侧，眼眶底的内侧。其眶面有泪囊窝和鼻泪管的开口。

5. 颧骨　位于泪骨腹侧，构成眼眶的下界。前接上颌骨的后缘；下部有面嵴，并向后方伸出颧突，与颞骨的颧突结合形成颧弓。

6. 腭骨　位于上颌骨内侧的后方，形成鼻后孔的侧壁与硬腭的后部，构成硬腭和鼻后孔侧壁的骨质基础。

7. 翼骨　是成对的狭窄薄骨片，位于鼻后孔的两侧。

8. 犁骨　位于鼻腔底面的正中，背侧呈沟状，接鼻中隔软骨和筛骨垂直板。

9. 鼻甲骨　是两对卷曲的薄骨片，附着在鼻腔的两侧壁上，并将每侧鼻腔分为上、中、下 3 个鼻道。

10. 下颌骨　是头骨中最大的骨，有齿槽的部分，称为下颌骨体；下颌骨体之后没有齿槽的部分，称下颌支。下颌骨体呈水平位，前部为切齿齿槽，后部为臼齿齿槽。切齿槽与臼齿槽之间为齿槽间隙。下颌支呈垂直位，上部有下颌髁，与颞骨的髁状关节面成关节。两侧下颌骨体和下颌支之间，形成下颌间隙。

11. 舌骨　位于下颌间隙后部，由几枚小骨片组成。

三、鼻 旁 窦

鼻旁窦包括上颌窦、额窦、蝶腭窦和筛窦等，为一些头骨的内、外骨板之间的腔洞，可增加头骨的体积而不增加其重量，并对眼球和脑起保护、隔热的作用，因其直接或间接与鼻腔相通，故称为鼻旁窦。鼻旁窦内的黏膜和鼻腔的黏膜相延续，当鼻腔黏膜发炎时，常蔓延到鼻旁窦，引起鼻旁窦炎。兽医临床上较重要的有额窦和上颌窦，牛的额窦很大，而马的则上颌窦发达。

四、各种动物头骨的特征

各种动物的头骨差别比较大，主要表现：①因各种动物脑的发育不同，颅腔大小、形态有差别，例如，马的头骨呈长锥状，猪的呈锥状，牛的则比马的短。②动物食性不同，牙齿的发育不同，面部的长短也不一样。例如，马、兔的面部较长，而犬、猫则较短。③眶窝发育情况、角的有无等也不一样，如牛的额骨上有角突，猪有吻骨等。

第三节 躯 干 骨

一、椎 骨

按其位置分为颈椎、胸椎、腰椎、荐椎和尾椎。所有的椎骨按从前到后的顺序排列，由软骨、关节和韧带连接在一起形成身体的中轴，有保护脊髓、支持头部、悬挂内脏、传递冲力等作用，称为脊柱。

（一）椎骨的一般构造

椎骨的基本构造包括椎体、椎弓和突起。**椎体**位于椎骨的腹侧，呈短圆柱状，前端凸出为椎头，后端凹窝为椎窝。椎弓位于椎体的背侧，是拱形的骨板，与椎体共同围成椎孔。所有椎骨的椎孔按前后序列连接在一起形成一个连续的管道，称为**椎管**，主要容纳脊髓。椎弓基部的前缘和后缘两侧各有一个切迹，相邻的椎间切迹合成椎间孔。它是神经和血管出入椎管的通道。突起有 3 种，从椎弓背侧向上伸出的突起叫**棘突**，从椎弓基部向两侧横向伸出的突起叫**横突**。棘突和横突主要供肌肉和韧带附着。椎弓背侧前缘和后缘各有一对前、后**关节突**，它们与相邻椎骨的关节突构成关节。

（二）各段椎骨形态特征

1. 颈椎 颈椎一般有 7 个。第 1 颈椎呈环形，又称为**寰椎**。寰椎由背侧弓和腹侧弓构成。前面有成对关节窝，与枕骨髁成关节；后面有与第 2 颈椎成关节的鞍状关节面。寰椎两侧的宽板叫**寰椎翼**。第 2 颈椎又称**枢椎**，椎体发达，前端突出称为齿状突，与寰椎的鞍状关节面构成可转动的关节。棘突发达，呈板状。无前关节突。第 3～6 颈椎形态相似，椎体发达，椎头和椎窝明显；关节突发达，横突分前后两支。在横突基部有横突孔，各颈椎横突孔连接在一起形成横突管，供血管和神经通过。第 7 颈椎的椎体短而宽，椎窝两侧有与第 1 肋骨成关节的关节面，棘突明显。

2. 胸椎 牛、羊 13 个，猪 14 或 15 个，马 18 个，犬、猫 13 个。胸椎椎体大小较一致，在椎头和椎窝的两侧均有与肋骨头成关节的前、后肋凹。棘突发达，以 2～6（牛）或 3～5（马）胸椎的棘突最高，构成鬐甲的基础。横突短，有小关节面与肋骨结节成关节。

3. 腰椎 牛和马 6 枚，驴和骡常为 5 枚，猪和羊 6 或 7 枚，犬和猫为 7 枚。腰椎椎体长度与胸椎相近；棘突较发达，其高度与后段的胸椎的相等。横突长，牛的腰椎横突更长，呈上下压扁的板状，伸向外侧，有利于扩大胸腔顶壁的横径。

4. 荐椎 牛和马均 5 枚，羊和猪 4 枚，犬和猫 3 枚，是构成骨盆腔顶壁的基础。成年家畜的荐椎愈合在一起，称为**荐骨**。其前端两侧的突出部叫**荐骨翼**。第一荐椎体腹侧缘前端的突出部叫**荐骨岬**。荐骨的背面和盆面每侧各有 4 个孔，分别称为荐背侧孔和荐盆侧孔，是血管和神经的通路。

5. 尾椎 尾椎数目变化大，牛有 18～20 个，马有 14～21 个，羊有 3～24 个，猪有 20～23 个，犬有 20～30 个。除前 3 或 4 个尾椎具有椎骨的一般构造外，其余尾椎椎弓、棘突和横突则逐渐退化，仅保留有椎体。牛前几个尾椎椎体腹侧有成对腹棘，中间形成一血管沟，供尾中动脉通过。

二、肋 骨

肋包括肋骨和肋软骨。**肋骨**为弓形长骨，构成胸廓的侧壁，左右成对。其对数与胸椎数目相同：牛、羊 13 对，马 18 对，猪 14 或 15 对，犬、猫 13 对。肋骨的椎骨端（近端）有肋骨小头和肋骨结节，分别与相应的胸椎椎体和横突成关节。相邻肋骨间的空隙称为肋间隙。每一肋骨的下端接一**肋软骨**。经肋软骨与胸骨直接相接的肋骨称**真肋**。一般真肋有 8 对，但猪、犬分别为 7 对和 9 对。肋骨的肋软骨不与胸骨直接相连，而是连于前一肋软骨上，这些肋骨称为**假肋**。肋软骨不与其他肋相接的肋骨称为浮肋。最后肋骨与各假肋的肋软骨依次连接形成的弓形结构称为肋弓，作为胸廓的后界。

三、胸　　骨

胸骨位于胸底部，由 6～8 个胸骨节片借软骨连接而成。其前端为胸骨柄；中部为胸骨体，两侧有肋窝，与真肋的肋软骨相接；后端为剑状软骨。牛的胸骨较长，呈上下压扁状，无胸骨嵴。马的胸骨呈舟形，前部左右压扁，有发达的胸骨嵴；后部上下压扁。猪的胸骨与牛的相似，但胸骨柄明显突出。

背侧的胸椎、两侧的肋骨和肋软骨以及腹侧的胸骨围成胸部的轮廓称为**胸廓**。胸前口由第 1 胸椎、两侧的第 1 肋骨和胸骨柄构成。胸后口则由最后胸椎、两侧的肋弓和腹侧的剑状软骨所构成。马的胸廓前部两侧显著压扁，向后逐渐扩大。牛的胸廓较马的短。

第四节　四　肢　骨

一、前　肢　骨

前肢骨包括肩胛骨、肱骨、前臂骨和前脚骨。**前脚骨**包括腕骨、掌骨、指骨和籽骨。

1. 肩胛骨　为三角形扁骨，外侧面有一纵形隆起的肩胛冈。马的肩胛冈发达，尤其肩胛冈的中部较粗大，称为冈结节。牛和猫的肩胛冈远端突出明显，称为**肩峰**。猪的冈结节特别发达且弯向后方，肩峰不明显。肩胛冈前方称冈上窝，后方为冈下窝，供肌肉附着。肩胛骨内侧面的上部为三角形粗糙面，是锯肌面；中、下部凹窝，叫肩胛下窝。肩胛骨的上缘附有肩胛软骨，远端较粗大，有一圆形浅凹叫肩臼。肩臼前方突出部为肩胛结节。

2. 肱骨　为管状长骨，可分为骨干和两个骨端。近端后部球状关节面是肱骨头，前部内侧是小结节，外侧是大结节。两结节之间为肱二头肌沟。骨干呈不规则的圆柱状，形成一螺旋状沟为臂肌沟，外侧上部有三角肌粗隆，内侧中部有卵圆形的大圆肌粗隆。肱骨远端有内、外侧髁。髁间是肘窝，窝的两侧是内、外侧上髁。马的三角肌粗隆发达；而牛、羊、猪则不太发达，但大结节粗大。

3. 前臂骨　包括桡骨和尺骨。**桡骨**在前内侧，尺骨在后外侧。在马、牛和羊，桡骨发达；尺骨显著退化，仅近端发达，骨体向下逐渐变细，与桡骨愈合，近侧有间隙，称前臂骨间隙。尺骨近端突出部称肘突。在猪、犬的尺骨比桡骨长。

4. 腕骨　位于前臂骨与掌骨之间，为小的短骨，排成上下两列。近列腕骨有 4 块，自内向外为桡腕骨、中间腕骨、尺腕骨和副腕骨；但犬仅 3 块，其桡腕骨和中间腕骨愈合为 1 块。远列一般为 4 块，自内向外依次为第 1、2、3 和 4 腕骨，如猪和犬。但牛缺第 1 腕骨，而第 2 和 3 腕骨愈合。在马，第 1 和 2 腕骨愈合为 1 块。

5. 掌骨　为长骨，近端接腕骨，远端接指骨，由内向外分别称为第 1、2、3、4 和第 5 掌骨。犬、猫有 5 个掌骨。但蹄动物的掌骨有不同程度的退化。牛和羊有 3 块掌骨，第

3、4掌骨发达，相互愈合成大掌骨；第5掌骨为一圆锥形小骨，附于第4掌骨的近端外侧，称为小掌骨，而其他掌骨退化。马有3个，中间是大掌骨，即第3掌骨；内侧和外侧是小掌骨，即第2和第4掌骨，缺第1和第5掌骨。猪有4个掌骨，第3、4掌骨大，第2、5掌骨小，缺第1掌骨。

6. 指骨　一般每一指骨从上至下顺次包括系骨（近指节骨）、冠骨（中指节骨）和蹄骨（远指节骨）。牛、羊有4指，第3、4指发育完全，每指有3节；第2、5指仅2节，包括系骨和蹄骨，又称悬蹄。马只有第3指。猪有4指，第3、4指发达，第2、5指小。犬、猫有十指，但第1指仅含二指节。

7. 籽骨　一般每指有3枚籽骨，包括近籽骨和远籽骨。近籽骨位于掌骨远端掌侧，2枚。远籽骨位于冠骨和蹄骨交界部掌侧，1枚。但是，牛的悬指无籽骨，猪的第2、5指仅有1对近籽骨，犬的籽骨特殊。

二、后 肢 骨

后肢骨包括髋骨、股骨、膝盖骨（髌骨）、小腿骨和后脚骨。后脚骨包括跗骨、跖骨、趾骨和籽骨。

1. 髋骨　由髂骨、坐骨和耻骨结合而成。三块骨在外侧中部结合处形成深杯状的关节窝，称为髋臼，与股骨头成关节。左、右侧髋骨在骨盆中线处以软骨连结形成骨盆联合。骨盆是指由两侧髋骨、背侧的荐骨和前4枚尾椎以及两侧的荐结节阔韧带共同围成的结构，呈前宽后窄的圆锥形腔。前口以荐骨岬、髂骨和耻骨为界；后口的背侧为尾椎，腹侧为坐骨，两侧为荐结节阔韧带后缘。雌性动物骨盆的底壁平而宽，雄性动物则较窄。

（1）髂骨　位于外上方，为三角形的扁骨。前部宽大，称髂骨翼；后部窄小，称髂骨体。髂骨翼的外侧角粗大，称为髋结节；内侧角为荐结节。

（2）坐骨　为不正的四边形，位于后下方，构成骨盆底的后部。坐骨前缘与耻骨围成闭孔；后外角粗大，称坐骨结节。左、右侧坐骨的后缘连成坐骨弓。两侧坐骨内侧缘被软骨结合形成坐骨联合，形成骨盆联合的后部。

（3）耻骨　较小，位于前下方，构成骨盆底的前部。耻骨后缘与坐骨前缘共同围成闭孔。两侧耻骨内侧缘由软骨结合形成耻骨联合，构成骨盆联合的前部。

2. 股骨　为管状长骨。近端粗大，内侧是球状的股骨头，头的中央有一凹陷称头窝，供圆韧带附着，与髋臼成关节；外侧有粗大的突起，称大转子。骨干呈圆柱状，内侧近上1/3处的嵴称为小转子；外侧缘在与小转子相对处有一较大的突，称第3转子。牛、猪和犬的第3转子不明显，马的第3转子发达。股骨远端粗大，前部是滑车关节面，由内侧嵴和外侧嵴组成，内侧嵴高，与膝盖骨成关节；后部由股骨内、外侧髁构成，与胫骨成关节。在两髁间有深的髁间窝，而髁内、外侧的上方有内、外侧上髁，供肌肉、韧带附着。

3. 膝盖骨　呈顶端向下的楔形，位于股骨远端的前方。膝盖骨的前面粗糙，供肌腱、韧带附着，后面为与股骨滑车形成关节的关节面。

4. 小腿骨　包括胫骨和腓骨。**胫骨**位于内侧，粗大，呈三面棱柱状的长骨。近端粗大，有胫骨内、外侧髁，与股骨髁成关节。骨干为三面体，背侧缘隆起，称胫骨嵴。远端有螺旋状滑车，与胫跗骨成关节。**腓骨**细小，位于胫骨近端外侧。腓骨近端较大，称腓骨头，远端细小。在牛、羊，腓骨退化，仅有两端，无骨体，其远端腓骨或称踝骨。猪、犬的腓骨发达。

5. 跗骨　由数块短骨构成，位于小腿骨与距骨之间。各种家畜跗骨的数目不同，但一般分为近、中、远三列。近列有 2 枚，内侧是距骨（胫跗骨），外侧是跟骨（腓跗骨）。跟骨近端粗大，称跟结节。中列仅有 1 枚中央跗骨。远列由内向外依次是第 1、2、3 和 4 跗骨。牛、羊的跗骨共 5 枚，第 2、3 跗骨愈合，第 4 跗骨与中央跗骨愈合。马的跗骨共 6 枚，第 1、2 跗骨愈合。猪、犬共有 7 枚跗骨。

6. 跖骨　与前肢掌骨相似，但较细长。

7. 趾骨　分系骨、冠骨和蹄骨，与前肢指骨相似。

8. 籽骨　近籽骨 2 枚，远籽骨 1 枚。位置、形态与前肢籽骨相似。

第三单元　关　　节★★★☆

第一节　基本概念

动物体全身骨借助骨连结连接成骨架。其中骨与骨之间借助膜性的结缔组织囊连结，其间有腔隙，能进行灵活的运动。这种连结又叫滑膜连结，简称关节。

一、关节的基本结构

1. 关节面和关节软骨　关节面是形成关节的骨与骨相对的光滑面，骨质致密，其表面覆盖有透明软骨，称关节软骨（彩图 2-4）。关节面的形状多样，主要是适应关节的运动。关节软骨富有弹性，有减少摩擦和缓冲震动的作用。

2. 关节囊　关节囊（彩图 2-4）由结缔组织构成，附着于关节面周缘。囊壁分内、外两层，外层为纤维层，内层为滑膜层，滑膜层与关节软骨围成密闭的关节腔。滑膜可分泌滑液，有营养软骨和润滑关节的作用。

3. 关节腔　关节腔（彩图 2-4）为关节软骨与滑膜围成的密闭腔隙，内有滑液。关节腔内为负压，有助于维持关节的稳定。

4. 血管、淋巴管及神经　关节的动脉来自附近动脉的分支，在关节周围形成动脉网，再分支到骨骺和关节囊。关节囊各层均有淋巴管网分布。神经亦来自附近神经的分支，在关节囊内有丰富的神经分布。关节软骨内无血管、神经和淋巴管分布。

二、关节的辅助结构

1. 韧带　韧带见于多数关节，是由致密结缔组织构成的纤维带，分囊外韧带和囊内韧带。**囊外韧带**在关节囊之外，其中在关节两侧的称内、外侧副韧带。**囊内韧带**位于关节囊壁的纤维层与滑膜层之间，如髋关节的圆韧带。韧带可增强关节的稳定性，并对关节的运动有限定作用。

2. 关节盘 关节盘是位于两关节面之间的纤维软骨板。它可使两关节面更加吻合，并有扩大关节运动范围和缓冲震动的作用。如膝关节中的半月板等。

3. 关节唇 关节唇指附着在关节面周缘的纤维软骨环，有加深关节窝、扩大关节面、增强关节稳定性的作用。如髋臼周缘的唇软骨。

第二节 四肢关节

一、前肢关节

1. 肩关节（彩图2-5） 由肩胛骨的肩臼和肱骨头构成，为多轴单关节。关节角在后方，没有侧韧带，具有松大的关节囊，故肩关节的活动性大。但由于受内、外侧肌肉的限制主要做屈伸运动，而内收和外展运动范围较小。

2. 肘关节（彩图2-5） 由肱骨远端和前臂骨近端构成的单轴复关节，肘关节角在前方。关节囊背侧强厚，掌侧壁松大，两侧有侧副韧带。由于侧副韧带将关节牢固连结与固定，故只能做伸屈运动。

3. 腕关节（彩图2-5） 由桡骨远端、近列和远列腕骨以及掌骨近端构成，是单轴复关节。关节角在后方。它包括桡腕关节、腕间关节和腕掌关节。其关节囊纤维层包围整个腕关节，背侧面薄而宽松，掌侧面特别厚而紧，使腕关节仅能向掌侧屈曲。

4. 指关节（彩图2-5） 包括系关节、冠关节和蹄关节。家畜的指关节在正常站立时呈背屈状态或过度伸展状态，均系单轴关节。

（1）系关节 又称球节。由掌骨远端、系骨近端和一对近籽骨构成。关节囊背侧壁强厚，掌侧壁松大。内、外侧副韧带分别位于关节的内、外侧，与关节囊紧密相连。系关节除侧副韧带外，还有较发达的籽骨韧带。籽骨上韧带又称悬韧带或骨间肌，是由骨间中肌腱质化而形成，位于掌骨的掌侧面，起于大掌骨近端，大部分止于近籽骨，并有分支转向背侧，并入指伸肌腱。牛的悬韧带含有肌质，称骨间中肌。

（2）冠关节 由系骨远端和冠骨近端构成。有关节囊、侧副韧带和掌侧韧带，韧带紧连于关节囊。仅能做小范围的屈伸运动。

（3）蹄关节 由冠骨与蹄骨及远籽骨构成。关节囊背侧及两侧强厚，并与伸肌腱及侧副韧带紧密结合，掌侧较薄。蹄关节韧带较多，除具有侧副韧带外，有与籽骨相连的韧带，侧副韧带短而强，只能进行屈伸运动。

牛为偶蹄，两指关节成对，其构造与上述各指关节结构相似。

二、后肢关节

1. 荐髂关节 由荐骨翼和髂骨翼的耳状关节面构成。关节面不平整，周围有关节囊，囊壁紧张，并有短而强的韧带固定。因此，荐髂关节几乎不能活动，主要起连结后肢和躯干的作用。

2. 髋关节（彩图2-6） 由髋臼和股骨头构成的多轴关节。关节角在前方。关节囊宽松。髋臼的边缘以纤维软骨环形成关节盂缘。在髋臼与股骨头之间有一短而强的圆韧带，又称股骨头韧带。马属动物还有一条副韧带，来自腹直肌的耻前腱，沿耻骨腹面向两侧连于股骨头。髋关节能进行多方面的运动，并可伴有轻微的内收、外展、旋内、旋外运动。

3. 膝关节（彩图 2-6）　包括股胫关节和股膝关节。关节角在后方，属单轴复关节，可做伸屈动作。

（1）股膝关节　又称股髌关节，由膝盖骨和股骨远端前部滑车关节面构成。膝盖骨的内侧缘有纤维软骨构成的软骨板，与滑车内侧嵴相适应。关节囊宽松。股膝关节除有内外侧副韧带（支持带）外，在其前方，牛和马还有 3 条强大的膝直韧带（即膝外直韧带、膝中直韧带和膝内直韧带），起自膝盖骨，止于胫骨近端的胫骨粗隆，将膝盖骨连于胫骨近端。但犬仅有 1 条。膝直韧带与关节囊之间填充有脂肪。股膝关节的运动，主要是膝盖骨在股骨滑车上滑动，通过改变股四头肌作用力的方向，而伸展膝关节。

（2）股胫关节　由股骨远端后部的内外侧髁与胫骨近端构成。其间有两个半月状软骨板。关节囊附着于股胫关节的周围及半月板的周缘，前壁薄，后壁厚。除有侧韧带外，关节中央还有一对交叉的十字韧带。股胫关节的运动主要是屈伸运动，在屈曲时可进行小范围的旋转运动。

4. 跗关节（彩图 2-6）　又称飞节，由小腿骨远端、跗骨和跖骨近端构成的单轴复关节。包括小腿跗关节、跗间近和远关节、跗跖关节。关节角在前方。牛的跗关节除胫跗关节活动范围较大外，跗间近关节也有一定的活动性。马的跗关节仅胫跗关节能做屈伸运动，其余三个关节连结紧密，活动范围极小，只起缓冲作用。

5. 趾关节（彩图 2-6）　包括系关节（跖趾关节）、冠关节（近趾节间关节）和蹄关节（远趾节间关节）。其构造与前肢指关节相似。

第三节　脊柱连结

脊柱连结包括椎体间连结、椎弓间连结、寰枕关节和寰枢关节。

1. 椎体间连结　为相邻椎体之间借纤维软骨和韧带相连结。纤维软骨呈圆盘状，称椎间盘。盘的中央为柔软而富有弹性的髓核，外周是纤维环，为胚胎时期脊索的遗迹。椎间盘具有弹性，在运动时起缓冲作用。椎间盘越厚的部位，活动范围越大。颈部和尾部的椎间盘厚，所以活动性也较大。但是，寰枕关节和寰枢关节缺如纤维软骨。

主要韧带有背侧纵韧带和腹侧纵韧带。背侧纵韧带位于椎管的底壁，由枢椎向后伸延止于荐骨，有防止椎间盘脱出的作用；腹侧纵韧带位于椎体和椎间盘的腹侧，起始于第 7～9 胸椎，止于荐骨的骨盆面。

2. 椎弓间连结　主要由相邻的关节突间或棘突间借助关节囊和短的韧带相连形成。颈部的关节囊宽大，活动性也大，胸腰部的小而紧。

椎弓间连结的韧带包括棘上韧带、横突间韧带和棘间韧带。

棘上韧带和项韧带：棘上韧带为由枕骨向后伸延到荐骨，连于多数椎骨棘突顶端的长的韧带。颈部和胸前部的棘上韧带特别强大而富有弹性，主要由弹性纤维构成，呈黄色，称为项韧带，并分为左右两侧部，每侧又分索状部和板状部。索状部呈圆索状，起始于枕外隆凸，由枢椎向后，左右并列，沿颈的背侧缘向后延伸至第 3～4 胸椎棘突两侧，逐渐加宽变扁，并逐渐变小，至腰部消失。板状部呈板状，位于索状部和颈椎棘突之间，由左右两层构成，两层间以疏松结缔组织相连，由第2～3胸椎棘突及索状部，向前下方伸延止于颈椎棘突。牛、马的项韧带很发达，牛项韧带板状部后部为单层。猪的项韧带不发达。犬的项韧带无板状部。

横突间韧带和棘间韧带为分别连结相邻椎骨的横突、棘突之间的短韧带，均由弹性纤维构成。腰部无横突间韧带。

3. 寰枕关节 由寰椎的前关节窝与枕骨的枕髁构成，为双轴关节，可作屈、伸和小范围的侧转运动。它的关节囊宽大，而且有一对连结在寰椎翼和枕骨颈静脉突之间的外侧韧带。

4. 寰枢关节 由寰椎的鞍状关节面与枢椎齿突构成，关节囊松大，运动范围较大，可做旋转运动，即左右转动头部。

第四单元 肌 肉★★☆

第一节 基本概念

运动系统的肌肉（彩图2-7）由横纹肌组织构成，它们附着于骨骼上，又称为**骨骼肌**，是运动的动力器官。

一、肌肉的构造

每一块肌肉都是一个肌器官，可分为能收缩的肌腹和不能收缩的肌腱两部分。

1. 肌腹 肌腹是肌器官的主要部分，位于肌器官的中间，由无数骨骼肌纤维借结缔组织结合而成，具有收缩能力。肌纤维为肌器官的实质部分，在肌肉内部先集合成肌束，肌束再集合成一块肌肉。肌肉的结缔组织形成肌膜，构成肌器官的间质部分。每一条肌纤维外面包有肌膜，称肌内膜。若干肌纤维组成肌束，肌束外面包有肌束膜。整块肌肉外面由肌外膜包裹。肌膜是肌肉的支持组织，使肌肉具有一定的形状。血管、淋巴管和神经随着肌膜进入肌肉内，对肌肉的代谢和机能调节有重要意义。当动物营养良好的时候，在肌膜内蓄积有脂肪组织，使肌肉横断面上呈大理石状花纹。

2. 肌腱 肌腱位于肌腹的两端或一端，由规则的致密结缔组织构成。在四肢多呈索状；在躯干多呈薄板状，又称**腱膜**。腱纤维借肌内膜直接连接肌纤维的两端或贯穿于肌腹中。腱不能收缩，但有很强的韧性和抗张力，不易疲劳。它传导肌腹的收缩力，以提高肌腹的工作效力。其纤维伸入骨膜和骨质中，使肌肉牢固附着于骨上。

二、肌肉的辅助结构

1. 筋膜　筋膜分浅筋膜和深筋膜。浅筋膜位于皮下，由疏松结缔组织构成，覆盖在全身肌的表面。有些部位的浅筋膜中有皮肌。营养良好的家畜在浅筋膜内蓄积有脂肪。**深筋膜**由致密结缔组织构成，位于浅筋膜下。在某些部位深筋膜形成包围肌群的筋膜鞘；或伸入肌间，附着于骨上，形成肌间隔；或提供肌肉的附着面。筋膜主要起保护、固定肌肉位置的作用。

2. 黏液囊　黏液囊是密闭的结缔组织囊。囊壁内衬有滑膜，腔内有滑液。多位于骨的突起与肌肉、腱和皮肤之间，起减少摩擦的作用。位于关节附近的黏液囊多与关节腔相通。

3. 腱鞘　腱鞘由黏液囊包裹于腱外而成，多位于活动范围较大的关节处。腱鞘内有少量滑液，可减少腱活动时的摩擦。

第二节　头部肌肉

头部肌分为面部肌和咀嚼肌。面部肌位于口和鼻腔周围，主要有鼻唇提肌、上唇固有提肌、鼻翼开肌、下唇降肌、口轮匝肌和颊肌。咀嚼肌包括闭口肌（咬肌、翼肌和颞肌）和开口肌（枕颌肌和二腹肌）。

咬肌位于下颌支的外侧。两侧同时收缩，可上提下颌（闭口）；交替收缩，使下颌左右运动，以咀嚼食物。

第三节　躯干肌肉

一、脊柱肌

1. 背腰最长肌　为全身最长的肌肉，呈三棱形，位于胸、腰椎棘突与横突和肋骨椎骨端所形成的夹角内。自髂骨、荐骨向前，伸延至颈部。两侧同时收缩时可伸腰背，另外还有伸颈、侧偏脊柱和助呼吸的作用。

2. 髂肋肌　由一束束斜向的肌束组成，位于背最长肌的腹外侧。起于腰椎横突末端和后 8（牛）或 15（马）肋的前缘，向前止于所有肋骨后缘和第 7 颈椎横突。可向后牵引肋骨，协助呼吸。它与背腰最长肌之间形成髂肋肌沟，沟内有针灸穴位。

3. 夹肌　位于颈侧部，呈三角形。起自棘横筋膜和项韧带索状部，止于枕骨及前 2 个（牛）或 4、5 个（马）颈椎。两侧同时收缩可抬头颈，单侧收缩可偏头颈。

4. 头半棘肌　又称复肌。位于夹肌和项韧带板状部之间。起自棘横筋膜，前 6、7 个（马）或 8、9 个（牛）胸椎横突和颈椎关节突，以强腱止于枕骨。作用同夹肌。

5. 颈多裂肌　被头半棘肌覆盖位于后 6 个颈椎椎弓背侧。起于第一胸椎横突和后 4～5 颈椎关节突，止于后 6 个颈椎的棘突和关节突。有伸、偏头颈的作用。

二、颈腹侧肌

1. 胸头肌 位于颈下部的外侧，起自胸骨柄，止于下颌骨后缘，呈长带状。它与臂头肌之间形成颈静脉沟，沟内有颈静脉。牛的止端分浅、深两部。浅部止于下颌骨下缘，称胸下颌肌；深部止于颞骨，称胸乳突肌。作用为屈头颈。

2. 胸骨甲状舌骨肌 位于气管的腹侧，扁平带状。起自胸骨柄，向前分为二支。外侧支止于喉的甲状软骨，称为胸骨甲状肌；内侧支止于舌骨，称为胸骨舌骨肌。作用为向后牵引舌和喉，以助吞咽。

3. 肩胛舌骨肌 呈薄带状。起于肩胛下筋膜，止于舌骨体。它位于颈侧，臂头肌的深面，在颈前部，经颈总动脉和颈静脉之间穿过，形成颈静脉沟的沟底。作用同胸骨甲状舌骨肌。

三、胸 廓 肌

胸廓肌位于胸侧壁和胸腔后壁。参与呼吸，可分为吸气肌和呼气肌。

1. 吸气肌

（1）**肋间外肌** 位于相邻两肋骨间隙内，起自肋骨后缘，斜向后下方止于后一肋骨的前缘。作用是向前外方牵引肋骨，扩大胸腔，引起吸气。

（2）**前背侧锯肌** 位于胸壁前上部，背最长肌的表面，由几片薄肌组成。起于胸腰筋膜，止于第 6～9（牛）或 5～11（马）肋骨近端的外侧面。作用可向前牵引肋骨以助吸气。

（3）**膈** 膈是一圆拱形凸向胸腔的板状肌，构成胸腔和腹腔间的分界。其周围由肌纤维构成，称肉质缘；中央是强韧的腱质，称中心腱。肉质缘分别附着于前 4 个腰椎腹侧面、肋弓内侧面和剑状软骨的背侧面。在腰椎附着部，膈的肉质缘形成左、右膈脚。两脚间裂孔供主动脉通过，称主动脉裂孔。在膈上还有分别供食管和后腔静脉通过的食管裂孔和后腔静脉裂孔。膈的收缩和舒张改变了胸腔的大小，从而导致呼吸。故膈是重要的呼吸肌。

2. 呼气肌

（1）**后背侧锯肌** 为薄肌片，位于胸壁后下部，背腰最长肌的表面。起自腰背筋膜，肌纤维方向为后上至前下，止于后 7～8 个（马）或后 3 个（牛）肋骨的后缘。作用是向后牵引肋骨，协助呼气。

（2）**肋间内肌** 位于肋间外肌深肌，起于肋骨和肋软骨的前缘，肌纤维方向自后上向前下，止于前一个肋骨的后缘。作用为牵引肋骨向后并拢，协助呼气。

四、腹 壁 肌

构成腹侧壁和腹底壁，由 4 层纤维方向不同的板状肌构成，自浅至深分别有腹外斜肌、腹内斜肌、腹直肌和腹横肌，其表面覆盖有腹壁筋膜。在牛和马等草食动物，腹壁肌外包的深筋膜含有大量的弹性纤维，呈黄色，称为腹黄膜。它可加强腹壁的强韧性。

1. 腹外斜肌 为腹壁肌最外层，以锯齿状自第 5 至最后肋骨的外侧面起始，肌纤维由前上方斜向后下方，在肋弓下约一掌处变为腱膜，止于腹白线。

2. 腹内斜肌　位于腹外斜肌深面，其肌质部起自髋结节，呈扇形向前下方扩展，逐渐变为腱膜，止于耻前腱、腹白线及最后几个肋软骨的内侧面。

3. 腹直肌　为一宽带状肌，左、右二肌并列于腹腔底的白线两侧，肌纤维纵行，有数条横向的腱划将肌纤维分成数段。腹直肌起于胸骨及肋软骨，以强厚的耻前腱止于耻骨前缘。

4. 腹横肌　是腹壁的最内层肌，起自腰椎横突及假肋下端的内侧面，肌纤维横行，走向内下方，以腱膜止于腹白线。

5. 腹股沟管　位于腹底壁后部，耻前腱两侧，是腹内斜肌（形成管的前内侧壁）与腹股沟韧带（形成管的后外侧壁）之间的斜行裂隙。管的内口通腹腔，称腹环，由腹内斜肌的后缘及腹股沟韧带围成；外口通皮下，称为皮下环，是腹外斜肌腱膜上的一个裂孔。公畜的腹股沟管明显，是胎儿时期睾丸从腹腔下降到阴囊的通道，内有精索、总鞘膜、提睾肌和脉管、神经通过。母畜的腹股沟管仅供脉管、神经通过。

腹壁肌各层肌纤维走向不同，彼此重叠，再加上腹黄膜，形成了柔韧的腹壁，对腹脏内器官起着重要的支持和保护作用。腹肌收缩时，可增大腹压，有助于呼气、排便和分娩等活动。

第四节　四肢肌肉

一、前肢主要肌肉

前肢肌肉（彩图 2-8）按部位分为肩带肌、肩部肌、臂部肌、前臂部肌和前脚部肌。

（一）肩带肌

肩带肌是连接前肢与躯干的肌肉。多数起于躯干，止于肩部和臂部。主要包括斜方肌、菱形肌、背阔肌、臂头肌、胸肌和腹侧锯肌。牛、羊、猪、犬还有肩胛横突肌。

1. 斜方肌　为三角形薄板状肌，位于肩颈上部浅层。起于项韧带索状部和前 10 个胸椎棘突，止于肩胛冈。有提举、摆动和固定肩胛骨的作用。

2. 菱形肌　位于斜方肌深面，分颈、胸二部。颈菱形肌狭长，起于项韧带索状部，止于肩胛骨前上角内侧。胸菱形肌呈四边形，起于前数个胸椎棘突，止于肩胛骨后上角内侧。具有提举肩胛骨的作用。

3. 背阔肌　呈三角形，位于胸侧壁，自腰背筋膜起始，在牛还起于第 9～11 肋骨、肋间外肌和腹外斜肌的筋膜，肌纤维向前止于肱骨。其作用可向后上方牵引肱骨，屈肩关节，在牛还可协助吸气。

4. 臂头肌　位于颈侧部浅层，长带状。起始于枕嵴、寰椎和第 2～4 颈椎横突，止于肱骨外侧三角肌结节。它形成颈静脉沟的上界。牛的臂头肌前宽后窄，可明显分为上部的锁枕肌和下部的锁乳突肌。其作用为牵引前肢向前，伸肩关节。

5. 肩胛横突肌　前部位于臂头肌深面，后部位于颈斜方肌与臂头肌之间。起始于寰椎翼，止于肩峰部筋膜。有牵引前肢向前，侧偏头颈的作用。马无此肌。

6. 胸肌　位于臂和前臂内侧与胸骨之间。分为胸前浅肌、胸后浅肌、胸前深肌和胸后深肌。有内收前肢的作用。当前肢向前踏地时，可牵引躯干向前。

7. 腹侧锯肌　位于颈、胸部的外侧面，为一宽大的扇形肌，下缘呈锯齿状。可分颈、胸二部，自后 3～4 颈椎横突和前 4～9（牛）或 8～9（马）肋骨外侧面，集聚止于肩胛骨内侧上部锯肌面及肩胛软骨内侧。其作用为举颈、提举和悬吊躯干，并能协助呼吸。

（二）肩部肌

肩部肌分布于肩胛骨的内侧及外侧面，起自肩胛骨，止于肱骨，跨越肩关节。可分为外侧组和内侧组。

1. 外侧组

（1）冈上肌　位于肩胛骨冈上窝内。起自冈上窝，止腱分二支，分别止于肱骨大结节和小结节。作用为伸展或固定肩关节。

（2）冈下肌　位于肩胛骨冈下窝内，一部分被三角肌覆盖。起于冈下窝及肩胛软骨，止于肱骨近端外侧结节。可外展臂部和固定肩关节。

（3）三角肌　位于冈下肌的外面，呈三角形。起于肩胛冈及冈下肌腱膜，牛还起于肩峰，止于肱骨外侧三角肌结节。可屈肩关节。

（4）小圆肌　较小，呈短索状或楔状，位于三角肌肩胛部的深面。

2. 内侧组

（1）肩胛下肌　位于肩胛骨内侧面，起于肩胛下窝，在牛明显分为 3 个肌束，止于肱骨近端内侧小结节。可内收肱骨或固定肩关节。

（2）大圆肌　呈长菱形，位于肩胛下肌后方，起于肩胛骨后角，止于肱骨内侧圆肌结节。具有屈肩关节和内收肱骨的作用。

（3）喙臂肌　呈扁而小的菱形，位于肩关节和肱骨的内侧上部。起于肩胛骨的喙突。止于肱骨内侧面。具有内收和屈曲肩关节的作用。

（三）臂部肌

臂部肌分布于肱骨周围，主要作用在肘关节。可分伸、屈两组。伸肌组位于肱骨后方，屈肌组在前方。

1. 伸肌组

（1）臂三头肌　位于肩胛骨和肱骨后方的夹角内，呈三角形。肌腹大，分长头、外侧头和内侧头。长头最大，起于肩胛骨后缘；外侧头较厚，起自肱骨外侧面；内侧头最小，起自肱骨内侧面。三个头共同止于肘突。主要作用为伸肘关节。

（2）前臂筋膜张肌　位于臂三头肌的后缘及内侧面。以一薄的腱膜起于背阔肌的止端腱及肩胛骨的后缘，止于肘突及前臂筋膜。作用为伸肘关节。

2. 屈肌组

（1）臂二头肌　位于肱骨前面，呈圆柱状（牛）或纺锤形（马）。起自肩胛结节，越过肩关节前面和肘关节，止于桡骨近端前面的桡骨结节。另分出一个长腱支并入腕桡侧伸肌，间接止于掌骨。主要作用是屈肘关节，也有伸肩关节的作用。

（2）臂肌　位于肱骨臂肌沟内。起自肱骨后面上部，止于桡骨近端内侧缘。作用为屈肘关节。

（四）前臂及前脚部肌

前臂及前脚肌可分为背外侧肌群和掌内侧肌群。

1. 背外侧肌群　分布于前臂骨的背侧和外侧面，由前向后依次为腕桡侧伸肌、指总伸肌和指外侧伸肌，在前臂下部还有腕斜伸肌。在牛，腕桡侧伸肌和指总伸肌之间还有指内侧伸肌。它们是作用于腕、指关节的伸肌。

（1）腕桡侧伸肌 位于桡骨的背侧面，起于肱骨远端外侧，肌腹于前臂下部延续为一扁腱，止于第 3 掌骨近端。主要作用是伸腕关节。

（2）腕斜伸肌 又称拇长外展肌，呈扁三角形，在指伸肌覆盖下，起自桡骨外侧下半部，斜伸延向腕关节内侧，止于第 3（牛）或第 2（马）掌骨近端。有伸和旋外腕关节的作用。

（3）指总伸肌 牛的指总伸肌较细，位于指内侧伸肌和指外侧伸肌之间，起于肱骨外侧上髁（浅头）和尺骨外侧面（深头），其腱向下伸延至掌骨远端分为两支，分别沿第 3 指和第 4 指背侧面下行，止于蹄骨。

马的指总伸肌位于腕桡侧伸肌的后方，桡骨的外侧。主要起于肱骨远端前面，至前臂下部延续为腱，经腕关节背外侧面、掌骨和系骨背侧面向下伸延，止于蹄骨的伸腱突。主要作用是伸指和腕关节，也可屈肘。

（4）指外侧伸肌 位于前臂外侧面，在指总伸肌后方，牛的发达，马的很小。起自桡骨近端外侧，其腱经腕关节外侧面下延，至掌部，沿指总伸肌腱外侧缘下行。牛的止于第 4 指的冠骨和蹄骨，又称第 4 指固有伸肌；马的止于系骨近端。有伸指和腕关节的作用。

（5）指内侧伸肌 又称第 3 指固有伸肌，马无此肌。它位于腕桡侧伸肌和指总伸肌之间，肌腹和腱紧贴其后缘的指总伸肌及其腱。起于肱骨外侧上髁，以长腱止于第 3 指冠骨近端和蹄骨内侧缘。有伸第 3 指的作用。

2. 掌侧肌群 分布于前臂骨的掌侧面，为腕和指关节的屈肌。肌群的浅层为屈腕的肌肉，包括腕外侧屈肌、腕尺侧屈肌和腕桡侧屈肌；深层为屈指的肌肉，有指浅屈肌和指深屈肌。

（1）腕外侧屈肌 又称尺外侧肌，位于前臂外侧后部，指外侧伸肌的后方。起自肱骨远端，止于副腕骨和第 4 掌骨近端。作用为屈腕、伸肘。

（2）腕尺侧屈肌 位于前臂部内侧后部，起于肱骨远端内侧和肘突，止于副腕骨。有屈腕、伸肘作用。

（3）腕桡侧屈肌 位于腕尺侧屈肌前方，桡骨之后，它与桡骨内侧缘之间形成前臂正中沟，沟内有正中动脉、正中静脉和正中神经。起于肱骨远端内侧，牛的止于第 3 掌骨近端，马的止于第 2 掌骨近端。作用为屈腕、伸肘。

（4）指浅屈肌 位于腕尺侧屈肌的深面与指深屈肌之间。牛的指浅屈肌起于肱骨内侧上髁，肌腹分浅、深两部，肌腱分别止于第 3、4 指冠骨近端的两侧。马的指浅屈肌，有两个起点，一个起于肱骨远端内侧，另一个以腱质起自桡骨掌侧面下半部。肌腹与指深屈肌不易分离。其腱索经腕管至掌部，位于指深屈肌腱的浅面。在系关节附近形成一腱环，供指深屈肌腱通过。在系骨远端分为二支，分别止于系骨和冠骨的两侧。作用为屈指和腕关节。

（5）指深屈肌 其肌腹在前臂掌侧面，被其他屈肌包围。以三个头分别起自肱骨远端内侧、肘突和桡骨近端后面。三个头的腱合成一个总腱，经腕管向下伸延至掌部，走在指浅屈肌腱深面，悬韧带的浅面，在系关节附近，穿过指浅屈肌的腱环，并在其分支间下行，以扁腱止于蹄骨的屈腱面。牛的指深屈肌腱分支分别止于第 3、4 指蹄骨的屈腱面。其作用为屈指和腕关节。

二、后肢主要肌肉

后肢肌肉（彩图 2-9）较前肢肌肉发达，是推动身体前进的主要动力。可分为臀部肌、股部肌、小腿和后脚部肌。

（一）臀部肌

分布于臀部，跨越髋关节，止于股骨。可伸、屈髋关节及外旋大腿。

1. 臀浅肌　牛、羊无此肌。马的臀浅肌位于臀部浅层，有两个起点，一是髋结节，另一是臀筋膜。止于股骨第三转子。有外展后肢和屈髋关节的作用。

2. 臀中肌　是臀部的主要肌肉，大而厚。起自髂骨翼和荐结节阔韧带，止于股骨大转子。主要作用是伸髋关节，外展后肢。另外，由于其与背最长肌结合，还参与竖立、蹴踢和推动躯干前进等动作。

3. 臀深肌　位于最深层，臀中肌的下面。起自坐骨棘，在牛还起于荐结节阔韧带，止于大转子前部。有外展髋关节和内旋后肢的作用。

4. 髂肌　起自髂骨腹侧面，止于小转子。因其与腰大肌的止部紧密结合在一起，故常合称为髂腰肌。其作用为屈髋关节及外旋后肢。

（二）股部肌

分布于股骨周围，分为股前、股后和股内侧肌群。

1. 股前肌群　位于股骨前面。

（1）阔筋膜张肌　位于股前外侧皮下，起自髋结节，向下呈扇形连于阔筋膜，并借阔筋膜止于膝盖骨和胫骨前缘。可紧张阔筋膜，屈髋关节和伸膝关节。

（2）股四头肌　大而厚，位于股骨前面及两侧，被阔筋膜张肌覆盖。有 4 个肌头，包括股直肌、股内侧肌、股外侧肌和股中间肌。股直肌起自髂骨体，其余 3 个肌头起于股骨。4 个头都止于膝盖骨。作用为伸膝关节。

2. 股后肌群　位于股后部。

（1）臀股二头肌　位于股后外侧，有两个头，一是椎骨头（长头），起于荐骨；二是坐骨头（短头），起自坐骨结节。二头合并后下行逐渐变宽，牛的分前、后两部，马的明显地分为前、中、后三部，分别止于膝盖骨侧缘、胫骨嵴，另分出一腱支加入跟腱，止于跟结节。可伸髋关节、膝关节、跗关节。提举后肢时又可屈膝关节。

（2）半腱肌　长而大，位于臀股二头肌后方，止端转到内侧。其起点是前 2 个尾椎和荐结节阔韧带（马）以及坐骨结节（马、牛），止点是胫骨嵴、小腿筋膜和跟结节。作用同臀股二头肌。

（3）半膜肌　大，呈三菱形，位于半腱肌后内侧。起于荐结节阔韧带后缘（马）和坐骨结节（马、牛），止于股骨远端内侧。有伸髋关节并内收后肢的作用。

3. 股内侧肌群　位于股部内侧。

（1）股薄肌　呈四边形，薄而宽，位于缝匠肌后方。起自骨盆联合及耻前腱，止于膝内侧直韧带和胫骨近端内侧面。它将耻骨肌、内收肌覆盖于其下。有内收后肢的作用。

（2）耻骨肌　位于耻骨前下方，起于耻骨前缘和耻前腱，止于股骨中部的内侧缘。可内收后肢和屈髋关节。

（3）内收肌　呈三菱形，位于耻骨肌后面，半膜肌前方，股薄肌深面。起于耻骨和坐骨的腹侧面，止于股骨。可内收后肢，也可伸髋关节。

（4）缝匠肌　呈狭长带状，位于股内侧前部，起于骨盆盆面髂筋膜和腰小肌腱，止于胫骨近端内面。有内收后肢的作用。

（三）小腿和后脚部肌

多为纺锤形肌，肌腹位于小腿部，在跗关节均变为腱，作用于跗关节和趾关节。可分为背外侧肌群和跖侧肌群。

1. 小腿背外侧肌群

（1）趾长伸肌　位于小腿背外侧部，在马位于浅层，而牛、猪的趾长伸肌被第3腓骨肌覆盖着。起自股骨远端，在跗关节上方延续为一长腱。经跗、跖及趾的背侧面伸向趾端，止于蹄骨伸腱突。在牛、猪，趾长伸肌的肌腹分内侧肌腹（趾内侧伸肌）和外侧肌腹，分别止于第3、4趾。有伸趾关节、屈跗关节的作用。

（2）趾外侧伸肌　在牛又称为第4趾固有伸肌。位于小腿的外侧部，在趾长伸肌的后方（马）或腓骨长肌的后方（牛、猪）。起于胫骨近端外侧及腓骨，于跖中部并入趾长伸肌腱（马），或沿趾长伸肌腱的外侧缘下行，止于第4趾冠骨（牛、猪）。作用同趾长伸肌。

（3）腓骨第3肌　马的腓骨第3肌无肌质，为一强腱。位于胫骨前肌与趾长伸肌之间。牛、猪的腓骨第3肌比马的发达，呈纺锤形，位于小腿背侧面的浅层，在趾长伸肌的表面。起自股骨远端，沿胫骨前肌背侧下行，在跗关节上方分为二支，分别止于大跖骨近端和跗骨。有屈跗关节的作用。

（4）胫骨前肌　紧贴于胫骨前外侧，被腓骨第3肌（牛）或趾长伸肌（马）覆盖。起自胫骨近端外侧，在跗关节背侧，其止腱自腓骨第3肌二腱间穿过，分为二支，分别止于大跖骨近端和第1、2跗骨（马）或第2、3跗骨（牛）。有屈跗关节的作用。

（5）腓骨长肌　马无此肌。位于小腿背外侧部，在趾长伸肌和趾外侧伸肌之间。起于胫骨外侧髁和腓骨，止于跗骨近端和第1跗骨。有屈跗关节和旋内后脚的作用。

2. 小腿跖侧肌

（1）腓肠肌　位于小腿后部，分内、外两头，起自股骨远部跖侧，于小腿中部变为腱，与趾浅屈肌腱扭结在一起，止于跟结节。作用为伸跗关节。腓肠肌腱以及附着于跟结节的趾浅屈肌腱、股二头肌腱和半腱肌腱合成一粗而坚硬的腱索，称为跟总腱。

（2）趾浅屈肌　肌腹夹于腓肠肌二头之间，几乎全为腱质。起于股骨髁上窝，其腱与腓肠肌腱扭结在一起，在跟结节处变宽，呈帽状罩于其上，两侧附着于跟结节两旁。主腱继续下行，经跗部和跖部后面向下伸延至趾部，止于冠骨两侧（马），或分二支，分别止于第3、4趾的冠骨（牛）。其主要作用是屈趾关节。

（3）趾深屈肌　肌腹位于胫骨后面，有三个头，即外侧浅头、外侧深头和内侧头，均起于胫骨后面。三部肌腱在跗关节处合成一总腱，沿趾浅屈肌深面下行，止于蹄骨的屈腱面（马），或分二支，止于第3、4趾的蹄骨（牛）。作用为屈趾关节，伸跗关节。

（4）腘肌　位于膝关节后面。以圆形腱起于股骨远端，肌腹扩大为厚的三角形，止于胫骨近端后面。主要作用是屈股胫关节。

第五单元　被皮系统★★

被皮系统是由皮肤和皮肤衍生物构成。**皮肤衍生物**是在动物机体的某些部位，由皮肤演变而成的形态特殊的器官，如家畜的毛、皮肤腺、蹄、角、枕等都属于皮肤的衍生物。皮肤腺又包括汗腺、皮脂腺和乳腺。

第一节　皮　　肤

皮肤覆盖于动物体表，在天然孔（口裂、鼻孔、肛门和尿生殖道外口等）处与黏膜相接。由复层扁平上皮和结缔组织构成，含有大量的血管、淋巴管、汗腺和多种感受器，具有感觉、分泌、保护深层组织、调节体温、排泄废物、吸收及贮存营养物质等功能。皮肤一般可分为表皮、真皮和皮下组织3层（彩图2-10）。

一、表　　皮

表皮位于皮肤的最表层，由复层扁平上皮构成，没有血管和淋巴管，但有丰富的神经末梢。表皮由角质形成细胞和非角质形成细胞组成。非角质形成细胞中的黑素细胞，所产生的黑色素与皮肤的颜色有关，并能吸收阳光中的紫外线，从而保护深部组织不受紫外线的损伤。表皮的厚薄因部位不同而异，长期受摩擦的部位，表皮较厚。表皮结构由内向外依次为基底层、棘层、颗粒层、透明层和角质层。

二、真　　皮

真皮位于表皮的深层，由致密结缔组织构成，是皮肤最厚的一层。其胶原纤维和弹性纤维交错排列，使皮肤具有一定的弹性和韧性。皮革就是真皮鞣制而成，各种动物真皮的厚度不同。牛的真皮最厚，绵羊的最薄。同一种动物，老龄的真皮比幼龄的厚，公畜的真皮比母畜的厚。临床上进行的皮内注射就是把药液注入真皮层内。真皮又分为乳头层和网状层，两层互相移行，无明显界限。

1. 乳头层　为真皮的浅层，较薄，在与表皮相衔接处形成许多乳头状的突起，称为真皮乳头。乳头内有丰富的毛细血管和感受器。生发层细胞的营养代谢依靠乳头层供给。

2. 网状层　为真皮的深层，较厚。网状层内含有大量粗大的胶原纤维和少量的弹性纤维，两者交错排列，故皮肤坚韧而富有弹性。网状层内还有较大的血管、淋巴管和神经。

三、皮下组织

皮下组织位于真皮的深层，由疏松结缔组织构成，又称浅筋膜。皮下组织内有皮血管、皮神经和皮肌，在营养好的家畜还蓄积大量的脂肪，如猪膘。马、牛、羊颈侧部的皮下组织较发达，因此是常用的皮下注射部位。

第二节　乳　　房

乳腺属复管泡状腺，为哺乳动物所特有。在雌雄两性动物虽都有乳腺，但只有雌性的能充分发育并具有泌乳能力。雌性动物的乳腺均形成较发达的乳房。目前，利用乳腺的泌乳特性研制乳腺生物反应器，在现代生物技术中具有广泛的应用前景。

一、乳房的结构

乳房的最外面是薄而柔软的皮肤，其深面为一浅筋膜和一深筋膜。深筋膜的结缔组织伸入乳腺实质内，构成乳腺的间质，将腺实质分隔成许多腺叶和腺小叶。

乳腺实质由分泌部和导管部组成。分泌部包括腺泡和分泌小管，其周围有丰富的毛细血管网。导管部由许多小的输乳管汇合成较大的输乳管，较大的输乳管再汇合成乳道，开口于乳头上方的乳池。乳池为不规则的腔体，经乳头管向外开口。

二、不同动物乳房的特点

1. 牛乳房（彩图 2-11）　由 3 对乳腺合成，但最后一对乳腺常不发育。整个乳房呈倒置圆锥状，悬吊于耻骨部腹下壁，可分紧贴腹壁的基部、中间的体部和游离的乳头部。乳房腹侧面中央有一前后纵行的乳房间沟，将乳房分成左、右两半，每半又由一不明显的横沟分为前、后两部，共 4 个乳丘。每个乳丘有一乳头，每个乳头有一个乳头管。左右两侧乳腺的深筋膜在中线合并成乳房间隔（悬韧带），向上与腹横膜相连。牛乳房与阴门裂之间呈线状毛流的皮肤纵褶称为乳镜，对鉴定产乳能力有重要意义。

2. 羊乳房　位置和结构与牛的相似，但每侧只有 1 个乳头。

3. 马乳房　与羊的相似，但每个乳头有 2～3 个乳头管。

4. 猪乳房　成对排列于胸部和腹正中部腹白线的两侧，常有 5～8 对，每个乳房有 1 个乳头，每个乳头有 2～3 个乳头管。

5. 犬乳房　一般形成 4 或 5 对乳丘，对称排列于胸、腹部正中线两侧。每个乳房有 1 个乳头，每个乳头有 7～16 个乳头管的开口。

6. 兔乳房　位于胸腹正中线两侧，一般 3～6 对，每个乳头约有 5 条乳腺管开口。

第三节　蹄

蹄是家畜四肢的着地器官，位于指（趾）端。由皮肤演变而成，其结构似皮肤，也具有表皮、真皮和少量皮下组织。表皮因角质化而称角质层，构成蹄匣，无血管和神经；真皮部含有丰富的血管和神经，呈鲜红色，感觉灵敏，通常称肉蹄。

一、牛（羊）蹄的结构

牛、羊为偶蹄动物，每指（趾）端有4个蹄，直接与地面接触的两个称为主蹄，不与地面接触的两个称为悬蹄（彩图2-12）。

（一）主蹄

主蹄包括蹄匣和蹄真皮两部分。

1. 蹄匣　由表皮衍生而成，可分为蹄壁角质、蹄底角质和蹄球角质三部分。

（1）蹄壁角质　构成蹄匣的背壁和侧壁，由釉层、冠状层和小叶层构成。釉层位于蹄壁表皮的最表面，由角质化扁平细胞构成。冠状层是蹄壁最厚的一层，由纵行的角质小管和小管间角质构成。角质中常有色素，使蹄壁呈深暗色；最内层角质较软，缺乏色素。小叶层是蹄壁表皮的最内层，由角质小叶构成。

（2）蹄底角质　与地面接触，和蹄壁角质下缘有蹄白线分开。蹄白线是由角质小叶层向蹄底延伸而成。蹄底角质的内表面有许多小孔，容纳蹄底真皮上的乳头。

（3）蹄球角质　呈球状隆起，由较柔软的角质构成。

2. 蹄真皮　又称肉蹄，由真皮演化而成，富含血管和神经，供应表皮营养，并有感觉作用，分为蹄壁真皮、蹄底真皮和蹄球真皮三部分。

（1）蹄壁真皮（肉壁）　和蹄壁角质相对应，无皮下组织，与蹄骨的骨膜紧密接合，包括蹄缘真皮、蹄冠真皮和真皮小叶三部分。

（2）蹄底真皮（肉底）　与蹄底角质相对应，其乳头插入蹄底角质的小孔中，也无皮下组织，与骨膜紧密相连。

（3）蹄球真皮（肉球）　皮下组织发达，含有丰富的弹性纤维，构成指（趾）端的弹力结构。

（二）悬蹄

悬蹄不与地面接触，结构和主蹄相似。

二、马蹄的结构特征

马为奇蹄兽，蹄由蹄匣和蹄真皮（肉蹄）组成。

（一）蹄匣

蹄匣是蹄的角质层，由蹄壁、蹄底和蹄叉组成。

1. 蹄壁　构成蹄匣的背侧壁和两侧壁。结构与牛蹄匣的角质壁相似。

2. 蹄底　为向着地面略凹陷的部分，结构似牛蹄匣的角质底。白带为蹄壁角质与蹄底角质连接处的白色环状线，由蹄壁冠状层的内层与角小叶构成，是装蹄铁时下钉的标志。

3. 蹄叉　呈楔形，位于蹄底的后方，角质层较厚，富有弹性。

（二）蹄真皮

由真皮组成，同样富含血管和神经。形态与蹄匣相似，分为蹄壁真皮、蹄底真皮和蹄叉真皮三部分。其结构分别相似于牛、羊肉蹄的蹄壁真皮、蹄底真皮和蹄球真皮。

三、猪蹄的特征

猪蹄为偶蹄，由两个主蹄和两个副蹄组成，结构与牛蹄相似。蹄内有完整的指（趾）节骨。

四、犬脚的结构特点

犬、猫、兔等动物的指（趾）骨末端附有爪，由皮肤的表皮层衍化形成，相当坚硬。真皮层较薄，只起连接爪和骨的作用，皮下组织在爪的后部与真皮共同形成垫，相当于家畜的蹄球。按部位可分为爪轴、爪冠、爪壁和爪底。爪具有防御、捕食、挖掘等功能。

第六单元　内　　脏

一、内脏概念

内脏广义上的概念是指动物身体内部的器官，但从狭义上是指绝大部分位于体腔（胸腔、腹腔和骨盆腔）内的器官，一般包括消化、呼吸、泌尿和生殖四个器官系统。这些器官系统的共同特点是，每个器官都直接或间接地以一端或两端与外界环境相通，借以保证动物体物质代谢和种族延续。

二、内脏器官的结构特点

根据内脏器官的基本结构，可将其分为管状器官和实质性器官两大类。

1. 管状器官　大多数内脏器官属于**管状器官**，如消化道、呼吸道、泌尿和生殖管道。其结构有两个特点：一个是器官的中央都有管腔，而管壁结构从内向外依次由黏膜、黏膜下层、肌层和浆膜（或外膜）组成；另一个是都以一端或两端与体外相通。

（1）黏膜　构成管壁的最内层，由上皮、固有膜和黏膜肌构成。黏膜的色泽呈淡红色或鲜红色，柔软而湿润，有一定的伸展性，空虚状态常形成皱褶。

（2）黏膜下层　位于肌层与黏膜层之间，由疏松结缔组织构成，含有大量的血管、淋巴管和神经丛，有些部位还有淋巴组织和腺体。

（3）肌层　主要由平滑肌组成，一般可分为内环肌、外纵肌两层，两层之间有少量的结缔组织和神经丛。

（4）浆膜或外膜　为管状器官的最外层，是一薄层的疏松结缔组织，称为外膜。有的管状器官，在外膜表面覆盖一层间皮，则合称浆膜，能分泌浆液，有润滑作用，以减少内脏器官的摩擦。

2. 实质性器官　包括肺、胰、肾、睾丸和卵巢等。实质性器官无特定的空腔，由实质和间质两部分组成。实质部分是器官的结构和功能的主要部分。间质是结缔组织，它覆盖于器官的外表面并伸入实质内构成支架。

三、体腔与浆膜腔

1. 体腔　是指身体内部的腔洞，一般包括胸腔、腹腔和骨盆腔。

（1）胸腔 位于体腔的前部、胸廓内的腔洞，由骨骼、肌肉和皮肤围成，呈截顶的圆锥形，以膈与腹腔分隔开。胸腔内有心、肺、气管、食管和血管等。

（2）腹腔 位于胸腔的后方，与胸腔之间以膈为界。它由部分胸壁和软腹壁共同围成。腹腔内有胃、肠、胰、肾、输尿管、卵巢、输卵管和子宫（部分）等。

（3）骨盆腔 以荐骨岬、髂骨和耻骨前缘组成的骨盆前口与腹腔相通。骨盆腔后口由尾椎、髂骨、荐结节阔韧带和坐骨弓围成。骨盆腔内有直肠、输尿管和膀胱，公畜有输精管、尿生殖道骨盆部和副性腺，母畜有子宫（后部）和阴道。

2. 浆膜腔 体腔内表面和位于体腔内器官的表面衬有一层光滑、透明的薄膜（由间皮细胞组成），称为**浆膜**。它贴在体壁内表面，称为浆膜壁层。包在内脏各器官外表面，称为浆膜脏层。存在于浆膜壁层和脏层之间的腔隙为**浆膜腔**，腔内有少量浆液，以减少器官在活动时的摩擦。

衬在胸腔内的浆膜称为**胸膜**，衬在腹腔和骨盆腔内的浆膜称为**腹膜**。例如，临床上的胸膜炎或者腹膜炎，就是位于胸腔或腹腔内的浆膜发生炎症。由胸膜或腹膜的壁层和脏层围成的腔隙分别称为**胸膜腔和腹膜腔**。胸膜或腹膜具有分泌作用，分泌少量稀薄的透明液体，称为浆液。在腹膜有炎症时，腹膜的分泌增加，造成大量液体积蓄在腹膜腔内，称为腹水。胸膜或腹膜还具有吸收作用，所以在治疗某些疾病或对动物进行麻醉时，必要时可以把药物注射到腹膜腔内。通常所说的腹腔注射，实际上是把药物注射到腹膜腔内。

腹膜从体壁移行到内脏器官表面，或者从一个器官移行至另一器官之间，形成各种形式的腹膜褶，分别称为系膜、网膜和韧带，借以固定各器官。它们多数由双层腹膜构成，内含有结缔组织、脂肪、淋巴结以及分布于脏器的血管、淋巴管和神经等。系膜为连于腹腔顶壁与肠管之间宽而长的腹膜褶，如空肠系膜等。网膜为连于胃与其他脏器之间的腹膜褶，如大网膜和小网膜。韧带为连于腹腔、骨盆腔壁与脏器之间或脏器与脏器之间短而窄的腹膜褶，如回盲韧带、子宫阔韧带等。

第七单元　消化系统★★★

第一节　口　　腔

口腔(彩图 2-13) 由唇、颊、硬腭、软腭、口腔底、舌和齿组成，是消化管的起始部，有采食、吸吮、咀嚼、尝味、吞咽和泌涎等功能。口腔可分为口腔前庭和固有口腔。口腔前庭指唇、颊和齿弓之间的空隙；固有口腔指齿弓以内的空隙，舌位于固有口腔内。口腔内面衬有黏膜，呈粉红色，常有色素沉积，黏膜在唇与皮肤相连。黏膜下组织有丰富的毛细血管、神经和腺体。

1. 唇　唇构成口腔最前壁，分上唇和下唇，其游离缘共同围成口裂。牛唇较短厚，坚实而不灵活。在上唇中部与两鼻孔之间的无毛区，称为鼻唇镜，鼻唇镜的表面有鼻唇腺开口。羊唇薄而灵活，采食时起重要作用，上唇正中有深沟状的"人中"，在两鼻孔间形成光滑的鼻镜。猪唇运动不灵活，上唇宽厚，与鼻端一起形成吻突，有掘地觅食作用。下唇小而尖，口裂很大。马唇运动灵活，是采食的主要器官。犬、猫上唇与鼻端间形成鼻镜，鼻镜正中有纵沟为人中。兔上唇中央有一裂缝，称唇裂。唇裂与上端圆厚的鼻端构成三瓣鼻唇。

2. 颊　颊构成口腔的侧壁，以颊肌为基础，内衬黏膜、外覆皮肤。在颊黏膜上有颊腺的开口和腮腺管的开口。牛的颊黏膜上，有许多尖端向后的锥状乳头。而猪、马的颊黏膜平滑。犬、猫的颊部黏膜光滑，且常有色素。

3. 硬腭和软腭　硬腭构成固有口腔的顶壁，向后延续成软腭。硬腭黏膜厚而坚实，上皮高度角质化。在硬腭的正中矢面处，有一纵行的腭缝，腭缝的两侧各有一些横行的腭褶，腭褶上有角质化的锯齿状乳头。牛的硬腭前端无切齿，形成厚而致密的角质垫称为齿枕，又称齿垫。在齿垫正中有一菱形突起，称为切齿乳头。牛、猪在其两侧各有一个鼻腭管的开口，管的另一端通鼻腔。马硬腭厚而坚实，有16～18条横行的腭褶，腭缝前端有一扁平的切齿乳头，幼驹的切齿乳头两侧有切齿管。犬硬腭也有腭褶，腭褶前有切齿乳头和切齿管。

软腭构成口腔的后壁，为一含肌组织和腺体的黏膜褶，在吞咽过程中起活瓣的作用。马的软腭较发达，后缘伸达会厌基部，将口咽部与鼻咽部隔开，故马不能用口呼吸，病理情况下逆呕时逆呕物从鼻腔流出。

4. 口腔底　大部分被舌占据，前部以下颌骨切齿部为基础，表面被覆黏膜。口腔底前部舌尖下面有一对突出物，称为舌下肉阜，为下颌腺管的开口处。

5. 舌　舌附着在舌骨上，占据固有口腔的大部分，主要由舌肌构成，表面被覆有黏膜，分舌尖、舌体和舌根三部分。在舌背表面的黏膜形成乳头状隆起，称为舌乳头。根据形状可分为5种：圆锥状乳头、丝状乳头、菌状乳头、轮廓乳头和叶状乳头，后3种乳头有味蕾。

牛（羊）的舌宽厚有力，是采食的主要器官。舌背后部有一椭圆形的隆起，称为舌圆枕。在舌背上分布有圆锥状乳头、豆状乳头、菌状乳头和轮廓乳头4种。轮廓乳头每侧有8～17个。猪和犬的舌背黏膜上分布有5种舌乳头，猪舌系带有两条，无舌下肉阜。犬的轮廓乳头每侧2～3个。马和兔无圆锥状乳头。猫的舌背面有丝状乳头、菌状乳头和轮廓乳头3种。丝状乳头呈倒钩状，表面覆盖硬的角质层。

6. 齿　齿镶嵌于上、下颌骨的齿槽内，因其排列成弓形，所以又分别称之为上齿弓和下齿弓。每一侧的齿弓由前向后顺序排列为切齿、犬齿和臼齿。

（1）切齿　位于齿弓前部，与口唇相对。牛、羊无上切齿，下切齿有4对。猪、马、犬、猫上、下切齿各3对。兔上切齿2对，下切齿1对。

（2）犬齿　尖而锐，在切齿和前臼齿之间，约与口角相对，牛、羊和兔无犬齿，猪、公马、犬、猫上、下犬齿各1对。

（3）臼齿　位于齿弓后部，与颊相对，分前臼齿和后臼齿。牛、马上、下颌各有前臼齿3对，猪上、下颌各有4对前臼齿。后臼齿均为3对。

齿在动物出生后逐个长出。除后臼齿和猪的前臼齿外，其余齿到一定年龄时均按一定顺序进行更换。更换前的齿称为乳齿，一般个体较小、颜色乳白、磨损较快；更换后的齿称为恒齿，相对较大而坚硬。在实践中，常根据齿出生和更换的时间次序来估算动物的年龄。

牛、猪、马、犬、猫、兔的齿式如下：

	恒齿式：	乳齿式：
牛、羊：	$2(\dfrac{0\quad 0\quad 3\quad 3}{4\quad 0\quad 3\quad 3})=32$	$2(\dfrac{0\quad 0\quad 3\quad 0}{4\quad 0\quad 3\quad 0})=20$
猪：	$2(\dfrac{3\quad 1\quad 4\quad 3}{3\quad 1\quad 4\quad 3})=44$	$2(\dfrac{3\quad 1\quad 3\quad 0}{3\quad 1\quad 3\quad 0})=28$
马（♂）：	$2(\dfrac{3\quad 1\quad 3(4)\quad 3}{3\quad 1\quad 3\quad 3})=40\sim42$	$2(\dfrac{3\quad 0\quad 3\quad 0}{3\quad 0\quad 3\quad 0})=24$
马（♀）：	$2(\dfrac{3\quad 0\quad 3(4)\quad 3}{3\quad 0\quad 3\quad 3})=36\sim38$	
犬：	$2(\dfrac{3\quad 1\quad 4\quad 2}{3\quad 1\quad 4\quad 3})=42$	$2(\dfrac{3\quad 1\quad 3\quad 0}{3\quad 1\quad 3\quad 0})=28$
猫：	$2(\dfrac{3\quad 1\quad 3\quad 1}{3\quad 1\quad 2\quad 1})=30$	$2(\dfrac{3\quad 1\quad 3\quad 0}{3\quad 1\quad 2\quad 0})=26$
兔：	$2(\dfrac{2\quad 0\quad 3\quad 3}{1\quad 0\quad 2\quad 3})=28$	$2(\dfrac{2\quad 0\quad 3\quad 0}{1\quad 0\quad 2\quad 0})=16$

7. 唾液腺 唾液腺是导管开口于口腔，能分泌唾液的腺体。主要有腮腺、下颌腺和舌下腺 3 对（牛、羊、马、猪）。犬、兔唾液腺发达，有 4 对（多眶下腺）。猫的唾液腺特别发达，有 5 对（多臼齿腺和眶下腺）。

第二节 咽

咽（彩图 2-13）为消化管和呼吸道的公共通道，位于颅底下方，口腔和鼻腔的后方，喉和气管的前上方，为前宽后窄的漏斗形的肌膜性管道，其内腔称咽腔。可分为鼻咽部、口咽部和喉咽部三部分。

1. 鼻咽部 位于鼻腔后方，软腭的背侧，为鼻腔向后的直接延续。咽中隔分为左、右隐窝，向后以鼻后孔通鼻腔，两侧壁各有一个缝状的咽鼓管咽口，经咽鼓管通中耳鼓室。马的咽鼓管在鼻咽部膨大形成喉囊（咽鼓管囊）。

2. 口咽部 又称咽峡，位于软腭与舌根之间，较宽大，前端以咽峡与口腔相通，后方在会厌与喉咽部相接。

3. 喉咽部 位于喉口的背侧，较短，向下经喉口通于喉和气管，向后以食管口通食管，向上则经软腭游离缘与舌根形成的咽内口与鼻咽部相通。

第三节 食 管

食管（彩图 2-13）是食物通过的肌膜性管道，起于喉咽部，连接咽和胃之间。食管可分为颈、胸和腹三段。颈段于颈前 1/3 位于气管背侧与颈长肌之间，到颈中部逐渐偏至气管左侧，直至胸腔前口。胸段位于纵隔内，又转至气管背侧与颈长肌的胸部之间继续向后伸延，越过主动脉右侧，然后穿过膈的食管裂孔进入腹腔。腹段很短，以贲门开口于胃。

食管壁由黏膜、黏膜下组织、肌层和外膜构成。平时黏膜集拢成若干纵褶，几乎将管腔闭塞，当食物通过时，管腔扩大，纵褶展平，其上皮为复层扁平上皮。黏膜下组织含有食管腺，但不同的动物食管腺的性质和数量不一样。猪和犬的食管腺为混合性腺体，且猪食管前半段腺体丰富，后半段缺失。犬食管全段均有腺体，并延伸到胃的贲门区。反刍动物、马和猫的食管腺只分布于咽和食管连接处。反刍动物和犬的食管肌层全部是骨骼肌；马食管前2/3为骨骼肌，后1/3逐渐变为平滑肌；猪食管前1/3属于骨骼肌，中1/3是平滑肌和骨骼肌混合分布，后1/3为平滑肌；猫骨骼肌占食管前4/5，后1/5变为平滑肌。

第四节　胃

胃位于腹腔内，为消化管的膨大部分，前端以贲门接食管，后端以幽门通十二指肠，具有暂时储存食物、进行初步消化和推送食物进入十二指肠的作用。胃可分为单室胃和多室胃两种类型。

一、多室胃

牛、羊的胃为多室胃，依次为瘤胃、网胃、瓣胃和皱胃（彩图2-13和彩图2-14）。前3个胃的黏膜衬以复层扁平上皮，浅层细胞角化，且黏膜内不含腺体，主要起贮存食物和分解粗纤维的作用，常称为前胃。皱胃黏膜内分布有消化腺，能分泌胃液，具有化学性消化作用，也称为真胃。

（一）瘤胃

成年牛的瘤胃最大，占胃总容积的80%，呈前后稍长、左右略扁的椭圆形大囊，几乎占据整个腹腔左侧，其后腹侧部越过正中平面而突入腹腔右侧。瘤胃前端至膈，后端达盆腔前口。左侧面为壁面，与脾、膈及腹壁相接触；右侧面为脏面，与瓣胃、皱胃、肠、肝及胰相接触。

瘤胃的前、后两端有较深的前沟和后沟，左、右侧面有较浅的左纵沟和右纵沟，它们围成的环状沟将瘤胃分为较大的背囊和腹囊。背囊和腹囊的后部，由较深的后背冠状沟和后腹冠状沟将其分为后背盲囊和后腹盲囊。背囊和腹囊的前端称前背盲囊（又称瘤胃房）和瘤胃隐窝，前背盲囊不明显，其基部称为瘤胃前庭，与食管相连的孔称贲门口。瘤胃的前端以瘤网口与网胃相通。

瘤胃壁的黏膜呈棕黑色或棕黄色，无腺体，表面有密集的长约1cm的瘤胃乳头，在与瘤胃各沟相对应的内侧面，有光滑的肉柱。在肉柱和瘤胃前庭黏膜上无乳头。

（二）网胃

牛网胃的容积约占4个胃容积的5%，是4个胃中最小的。网胃的外形略呈梨形，前后稍扁。位于季肋部的正中矢面上，与第6~8肋骨相对。壁面（前面）凸，与膈、肝接触；脏面（后面）平，与瘤胃背囊贴连。瘤网口的右下方有网瓣口与瓣胃相通。网胃与心包之间仅以膈相隔，当牛吞食尖锐物体停留在网胃中时，常会穿通胃壁引起创伤性网胃炎，严重时还可穿过膈而刺破心包，引起创伤性心包炎。

网胃黏膜呈黑褐色，表面形成许多高低不等的网格状皱褶，形似蜂房。房底还有许多较低的初级皱褶形成更小的网格。皱褶及其围成的房底上有许多细小的锥状角质乳头。瘤胃和网胃之间的网胃沟黏膜较为平滑，有纵行的皱褶。在网胃壁上的网胃沟，又称食管沟。网胃沟起于贲门，沿瘤胃前庭和网胃右侧壁向下伸延至网瓣口，与瓣胃相接。犊牛的网胃沟发达，机能完善，当吸吮时，可反射性地闭合两唇形成管状，乳汁从贲门经网胃沟和瓣胃沟直达皱胃。成年牛的网胃沟闭合不全。

（三）瓣胃

牛的瓣胃占胃总容积的 7%～8%，**瓣胃**呈两侧稍扁的球形，位于右季肋部，在网胃和瘤胃交界处的右侧，与第 7～11（12）肋间隙下半部相对，肩关节水平线通过瓣胃中线。凸缘为瓣胃弯，朝向右后上方，凹缘为短的瓣胃底，与凸缘方向相反。瓣胃以较细的瓣胃颈与网胃相连接，以较大的瓣皱胃沟与皱胃为界。瓣胃的壁面（右面）斜向右前方，隔着小网膜与膈、肝和胆囊接触；脏面（左面）与瘤胃、网胃和皱胃相贴。羊的瓣胃在四个胃中最小，呈卵圆形，位于第 8～10 肋骨的下半部。

瓣胃黏膜形成百余片大小、宽窄不同的瓣叶。瓣叶呈新月形，按宽窄分大、中、小和最小四级，呈有规律的相间排列，横切面很像一叠"百叶"，故又称为百叶胃。瓣叶上有许多乳头。

（四）皱胃

皱胃占胃部容积的 7%～8%，呈前端粗、后端细的弯曲长囊，位于右季肋部和剑状软骨部，与第 8～12 肋骨相对。在网胃和瘤胃腹囊的右侧、瓣胃腹侧和后方，大部分与腹腔底壁紧贴。皱胃前端粗大称胃底，与瓣胃相连；后端狭窄，称幽门部，与十二指肠相接。

皱胃黏膜平滑而柔软，在底部形成 12～14 条螺旋形的大皱褶。黏膜表面被覆单层柱状上皮，黏膜内有腺体，按其位置和颜色分为贲门腺区（色较淡）、胃底腺区（色深红）和幽门腺区（色黄）。

（五）犊牛胃的特点

哺乳期犊牛皱胃特别发达，瘤胃和网胃相加的容积约等于皱胃的 1/2。牛 10～12 周龄后，由于瘤胃逐渐发育，皱胃仅为其容积的 1/2，此时，瓣胃因无机能，仍然很小。4 个月后，随着消化植物性饲料能力的出现，前胃迅速增大，瘤胃和网胃相加的容积约达瓣胃和皱胃的 4 倍。到 1 岁多时，瓣胃和皱胃的容积几乎相等，4 个胃的容积达到成年的比例。

（六）牛、羊的网膜

牛、羊的网膜比猪和马的发达，亦分为大网膜和小网膜。

1. 大网膜 分为浅层和深层。每层均由两层浆膜构成。浅层和深层大网膜分别起自瘤胃的左纵沟和右纵沟，向下右侧延伸。浅层大网膜经过瘤胃腹囊底面转到右侧，位于深层大网膜的表面，两层大网膜将位于瘤胃右侧的各肠管覆盖，向上主要止于十二指肠第二段和皱胃大弯。

2. 小网膜 从肝的脏面包过瓣胃表面到瓣胃小弯、幽门部及十二指肠起始部。

二、单 室 胃

（一）马胃

马胃为单室混合胃，容积为 5～8L，呈横向朝下弯曲的囊状，胃的腹缘凸出称大弯，背缘短而凹入称小弯。大部分位于左季肋部，小部分位于右季肋部。胃左端向后上方膨大形成胃盲囊，位于左膈脚和第 15～17 肋骨上端的腹侧。胃的左侧与脾相连，腹侧与大结肠膈曲相邻。壁面与膈和肝相邻，脏面接大结肠、空肠和胰。

马胃黏膜分为腺部和无腺部。无腺部的结构与食管相似，缺消化腺，黏膜苍白，占整个胃盲囊和幽门口以上的胃黏膜区。腺部黏膜富有皱褶，呈红褐色或灰色，内有丰富的贲门腺、胃底腺和幽门腺分布。幽门黏膜形成一环形褶，称为幽门瓣。

（二）猪胃

猪胃为单室混合胃，但比马胃相对容积大，容积 5～7L，呈弯曲的囊状。横位于腹前部，大部分在左季肋部，小部分在右季肋部。饱食时胃大弯可向后伸达剑状软骨部和脐部之间的腹底壁，并与第 9～12 肋软骨相对的腹壁相贴。壁面向前，又称膈面，与肝、膈相邻；脏面向后，与大网膜、肠、肠系膜和胰等相接触。胃左侧特别发达，近贲门处有一盲突，称为胃憩室。在幽门的小弯处，有一纵长的鞍状隆起，称为幽门圆枕，与对侧的唇形隆起相对，有关闭幽门的作用。

猪胃黏膜的无腺部很小，仅位于贲门周围，呈苍白色。贲门腺区很大，由胃的左端达中间，呈淡灰色。胃底腺区较小，沿胃大弯分布，呈棕红色。幽门腺区位于幽门部，呈灰白色。

（三）犬胃

犬胃容积大，呈弯曲的梨形。左侧贲门部和胃底部膨大，呈圆形。右侧的幽门部小，呈圆筒状。胃黏膜全为有腺部。贲门腺区呈环带状，灰白色，较小；胃底腺区较大，占胃黏膜面积的 2/3，黏膜很厚；幽门腺区黏膜较薄而小。大网膜特别发达，从腹面完全覆盖肠管。

（四）胃壁的组织结构

胃壁由内向外分为黏膜、黏膜下层、肌层和浆膜四层。

1. 黏膜　由上皮、固有层和黏膜肌层组成。根据黏膜内有无腺体，分为有腺部和无腺部两大部分。有腺部黏膜有腺体，黏膜上皮为单层柱状上皮，其表面形成许多凹陷，称为胃小凹，是胃腺的开口。无腺部面积较小，黏膜上皮为复层扁平上皮，颜色苍白，黏膜无腺体。

有腺部根据其位置、颜色和腺体的不同，又分为贲门腺区、幽门腺区和胃底腺区。其中贲门腺区和幽门腺区主要分泌黏液；胃底腺区最大，位于胃底部，是分泌胃消化液的主要部位，其细胞主要有 4 种：①主细胞，数量较多，可分泌胃蛋白酶原、胃脂肪酶（少量）、凝乳酶（幼畜），参与消化。②壁细胞，又称盐酸细胞，数量较少，夹在主细胞之间，分泌盐酸。③颈黏液细胞，一般成群地分布在腺体的颈部，分泌黏液，保护胃黏膜。④内分泌细胞，广泛存在于动物的全部消化道，具有内分泌功能。

2. 黏膜下层　由疏松结缔组织构成，猪的黏膜下层有淋巴小结。

3. 肌层　发达，可分为三层：内层为斜行肌，仅分布于无腺部，在贲门部最发达，形成贲门括约肌；中层为环形肌，很发达，在胃的幽门部特别增厚，形成强大的幽门括约肌；外层为不完整的纵行肌，主要分布于胃的大弯和小弯处。

4. 浆膜　被覆于胃的表面。

第五节　肠

一、肠的形态和位置

肠起自胃的幽门，止于肛门，分为小肠和大肠两部分。草食动物肠管较长，肉食动物的较短。小肠是细长的管道，前端起于皱胃的幽门，后端止于盲肠，可分为十二指肠、空肠和回肠三部分。十二指肠位于右季肋部和腰部，位置较为固定。空肠是最长的一段，形成许多迂曲的肠圈，并以肠系膜固定于腹腔顶壁，活动范围较大。**回肠**较短，肠管直，肠壁较厚，末端开口于盲肠或盲肠与结肠交界处。回肠以回盲韧带与盲肠相连。**大肠**比小肠短，管径较粗，分为盲肠、结肠和直肠。草食动物的盲肠特别发达。多数动物盲肠位于腹腔右侧。**结肠**分为升结肠、横结肠和降结肠。**直肠**位于骨盆腔内，以直肠系膜连于骨盆腔顶壁。后端以肛门与外界相通。

(一) 牛（羊）的肠（彩图 2-13 和彩图 2-15）

1. 小肠 牛的小肠长约 40m，直径 5～6cm；羊的小肠长约 25m，直径 2～3cm。

（1）**十二指肠** 起于皱胃的幽门，向前上方伸延，在肝的脏面形成乙状弯曲。由此再向后上方伸延，到髋结节的前方，折转向左并向前方形成一后曲，再向前伸延到右肾腹侧，移行为空肠。

（2）**空肠** 位于腹腔右侧，借助于空肠系膜悬吊在结肠圆盘周围，形成花环状肠圈，空肠的右侧和腹侧隔着大网膜与腹壁相邻，左侧与瘤胃相邻，背侧为大肠，前方为瓣胃和皱胃。

（3）**回肠** 较短而直，从空肠最后肠圈起，直向前上方伸延至盲肠腹侧，以回肠口开口于盲结肠交界处腹内侧壁，开口处形成略隆起的回肠乳头，突入盲肠腔内。

2. 大肠 牛的大肠长 6.4～10m，羊的大肠长 7.8～10m。管径比小肠略粗，无肠袋和纵肌带。

（1）**盲肠** 呈长圆筒状，位于右髂部。起自于回肠口，沿右髂部的上部向后伸延，盲端可达骨盆腔入口处，前端移行为结肠。

（2）**结肠** 是大肠最长的一段，借总肠系膜附着于腹腔顶壁，可分为升结肠、横结肠和降结肠，起始部的管径与盲肠相似，以后逐渐变细。

升结肠分为初袢、旋袢和终袢三段，初袢起自盲结口，形成乙状弯曲，在小肠和结肠旋袢的背侧。向前伸达第 2、3 腰椎腹侧，移行为旋袢。旋袢位于瘤胃右侧，呈一扁平的圆盘状，分为向心回和离心回。向心回是初袢的延续，以顺时针方向向内旋转约 2 圈（羊约 3 圈）至中心曲。离心回自中心曲起，按相反方向旋转约 2 圈（羊约 3 圈），移行为终袢。终袢离开旋袢后，向后伸延到骨盆腔入口处，再折转向前并向左延续为横结肠。**横结肠**由右侧通过肠系膜前动脉而至左侧，转而向后延续为降结肠。**降结肠**沿肠系膜根的左侧面向后伸延，至骨盆前口处形成乙状弯曲，移行为直肠。

（3）**直肠和肛门** **直肠**位于骨盆腔内，不形成直肠壶腹。肛门位于尾根的下方，平时不向外突出。

(二) 马的肠（彩图 2-16）

1. 小肠

（1）**十二指肠** 长约 1m，起始部形成乙状弯曲，然后向后伸延到右肾的后下方，在盲肠底附着处弯向左侧，在左肾的腹侧移行为空肠。

（2）**空肠** 长约 22m，借助空肠系膜悬吊于第 2～3 腰椎腹侧。空肠大部分位于左髂部的上 2/3 处，并与小结肠混在一起。

（3）**回肠** 长约 1m，肠壁较厚，肠管较直，以回盲韧带与盲肠相连。从左髂部斜向右后上方，开口于盲肠。

2. 大肠

（1）**盲肠** 发达，外形呈逗点状，长约 1m。位于腹腔右侧，从右髂部的上部起，沿腹侧壁向前下方伸延，达剑状软骨部。可分为盲肠底、盲肠体和盲肠尖三部分。盲肠底是后上方弯曲的部分，背缘较凸，称大弯，借结缔组织附着于腹腔顶壁。腹缘凹，称小弯，偏向内侧，有回盲口和盲结口。两口相距约5cm，口上有由黏膜隆起形成的皱褶，分别称为回盲瓣和盲结瓣。盲肠体沿右侧腹壁和底壁向前向下伸达脐部。盲肠尖是盲肠体前端逐渐缩小的部分，为一盲端，在剑状软骨的稍后方。在盲肠底和盲肠体上有4条纵肌带和4列肠袋，盲肠尖部有2条纵肌带。

(2) **结肠** 可分为升结肠、横结肠和降结肠。升结肠通常称大结肠，降结肠通常称小结肠。

大结肠特别发达，长3～3.7m（驴约2.5m），几乎占据腹腔的下3/4，盘曲成双层马蹄铁形。可分为四段三个弯曲，从盲结口开始，顺次为右下大结肠→胸骨曲→左下大结肠→骨盆曲→左上大结肠→膈曲→右上大结肠。大结肠管径的变化很大，下大结肠除起始部外均较粗，管径20～25cm。至骨盆曲处突然变细，约8cm。右上大结肠管径逐渐变粗，末端可达30cm，因此，又叫胃状膨大部。从胃状膨大部向后又突然变细成短的横结肠。下大结肠有四条纵肌带和四列肠袋，骨盆曲有一条纵肌带。左上大结肠开始有1条纵肌带，到中部增加至3条，经膈曲延续到右上大结肠。

横结肠为升结肠和降结肠之间的移行部，即自升结肠末端在肠系膜前动脉之前从右向左，横越正中面至左肾腹侧延续为小结肠。

小结肠长约3m，直径约6cm，有两条纵肌带和两列肠袋，借后肠系膜连于腰椎腹侧，活动范围较大，常与空肠混在一起，位于腹腔左髂部，在骨盆腔入口处移行为直肠。

(3) **直肠和肛门** 直肠长约30cm。前部管径小，称狭窄部；后段管径增大，称直肠壶腹。肛门呈圆锥状，突出于尾根之下。

(三) 猪的肠（彩图2-17）

1. 小肠 全长15～20m。

(1) **十二指肠** 起始部在肝的脏面形成乙状弯曲，然后经右肾和结肠之间，向后伸延至右肾的后端，转而向左再向前延续为空肠。

(2) **空肠** 形成许多肠圈，以较长的空肠系膜与总肠系膜相连。空肠大部分位于腹腔右半部，在结肠圆锥的右侧。

(3) **回肠** 较短，开口于盲肠与结肠的交界处。

2. 大肠

(1) **盲肠** 短而粗，呈圆锥状，长20～30cm，有3条纵肌带和3列肠袋，位于左髂部。

(2) **结肠** 升结肠在肠系膜中盘曲成结肠圆锥或结肠旋袢。锥底朝向背侧，附着于腰部和左髂部。锥顶向下向左与腹腔底壁接触。结肠圆锥可分向心回和离心回。向心回位于结肠圆锥的外周，肠管较粗，有两条纵肌带和两列肠袋。按顺时针方向向下旋转约三圈到锥顶，然后转为离心回；离心回位于结肠圆锥的里面，肠管较细，纵肌带不发达。按逆时针方向旋三圈半或四圈半到腰部转为横结肠。横结肠在腰下部前行至胃的后方，然后向左绕过肠系膜前动脉，折转向后移行为降结肠。降结肠在左肾内侧，向后伸延至骨盆前口移行为直肠。

(3) **直肠和肛门** 直肠形成直肠壶腹。肛门黏膜形成许多纵行的细褶。

（四）犬的肠

肠管较短，小肠平均 4m，大肠 60～75cm。

1. 小肠 十二指肠自幽门向后上方延伸，经右髂部至骨盆前口处转而向左，再沿升结肠和左肾内侧前行至胃后部，然后转向后方移行为空肠。空肠由 6～8 个肠袢组成，位于肝、胃和骨盆前口之间。回肠短，沿盲肠内侧向前，以回肠口开口于结肠起始处。

2. 大肠 无纵肠带和肠袋。盲肠呈螺旋状弯曲，位于右髂区内侧，在十二指肠和胰的腹侧。前端以盲结口与结肠相通，后方盲端尖。结肠呈 U 形袢，升结肠沿十二指肠降部前行，至幽门处转向左侧为横结肠，降结肠沿左肾腹内侧后行，入骨盆腔后延续为直肠。直肠壶腹宽大，在肛管两侧有肛囊，壁内有肛囊腺，其分泌物有难闻的异味。

二、肠的组织结构

1. 小肠壁的构造 小肠壁由黏膜、黏膜下组织、肌层和浆膜构成。

黏膜和黏膜下层形成许多环形皱襞，黏膜表面有许多微细的指状突起，突向肠腔，称肠绒毛，以增加与食物接触的面积。绒毛由上皮和固有层构成。黏膜上皮为单层柱状上皮，由柱状细胞、杯状细胞和少量内分泌细胞构成。柱状细胞最多，具有吸收作用，呈高柱状，胞核呈椭圆形，位于细胞基部，细胞游离面有纹状缘。在柱状细胞之间夹有杯状细胞和内分泌细胞。杯状细胞能够分泌黏液，对黏膜表面起保护作用。固有层构成绒毛的中轴，为富含网状纤维的结缔组织，内含大量肠腺及毛细血管、神经和各种细胞成分（如淋巴细胞、嗜酸性粒细胞、浆细胞和肥大细胞等）；还有一条粗大的毛细淋巴管（绵羊有两条），它的起始端为盲端，称中央乳糜管。管壁由一层内皮细胞构成，通透性较大，便于大分子的脂肪乳糜颗粒进入管内。

黏膜下组织为疏松结缔组织，内有较大的血管、淋巴管、神经丛及淋巴小结等，在十二指肠黏膜下组织中有十二指肠腺。肌层由较厚的内环和较薄的外纵两层平滑肌组成，回肠的肌层较空肠厚。浆膜被覆于肠管表面，并延伸形成系膜等。

2. 大肠壁的构造 大肠壁的构造与小肠壁基本相似，也由黏膜、黏膜下组织、肌层和外膜构成。主要特点有：①黏膜表面比较平滑，不形成环形皱襞和绒毛。杯状细胞多，纹状缘不明显。②固有层内肠腺比较发达，直而长。孤立淋巴小结较多，集合淋巴小结却很少。腺上皮含有大量杯状细胞，分泌碱性黏液，中和粪便发酵的酸性产物。分泌物不含消化酶，但有溶菌酶。③肌层特别发达，猪和马的外纵行肌形成纵肌带。

第六节 肝和胰

一、肝

（一）肝的形态位置

肝呈扁平状，暗褐色，是动物体内最大的腺体。位于腹前部，膈的后方，大部分位于右季肋部。背缘短而厚，腹缘薄锐。在腹缘上有深线不同的切迹，将肝分成大小不等的肝叶。壁面凸，脏面凹，中部有肝门。门静脉和肝动脉经肝门入肝，胆汁的输出管和淋巴管经肝门出肝。肝各叶的输出管合并在一起形成肝管。无胆囊的动物，肝管和胰管一起开口于十二指肠。有胆囊的动物，胆囊的胆囊管与肝管合并，称为胆管，开口于十二指肠。

1. 牛（羊）肝（彩图2-13和彩图2-18） 扁而厚，略呈长方形，质坚实而脆，略有弹性。大部分位于右季肋部，无叶间切迹，故分叶不明显，被胆囊和圆韧带分为左、中、右三叶。幼龄和营养良好的个体肝呈淡褐色，老龄或消瘦个体的肝呈深红褐色。有胆囊的动物，胆管在十二指肠的开口距幽门50～70cm。

2. 马肝（彩图2-18） 较扁，质脆，色棕红。没有胆囊，分叶较明显。在肝的腹侧缘上有两个切迹，将肝分为左、中、右三叶。大部分位于右季肋部，小部分位于左季肋部。肝脏的输出管为肝总管，由肝左管和肝右管汇合而成，开口于十二指肠憩室。

3. 猪肝（彩图2-18） 较发达，分叶明显，腹侧缘有3条较深的叶间切迹将肝分为左叶、左内叶、右内叶和右叶。中叶包括位于肝门和胆囊之间的方叶及肝门上方的尾叶和尾状突。由于猪肝小叶间结缔组织发达，所以在肝的表面，肉眼可见明显的肝小叶。胆囊位于右内叶的胆囊窝内。胆管开口于距幽门2～5cm处的十二指肠憩室。

4. 犬肝（彩图2-18） 体积较大，相当于体重的3%，呈紫褐色。由辐射状的裂缝分为6叶，即左外叶、左内叶、右外叶、右内叶、方叶和尾叶。尾叶的右侧有尾状突，左侧有明显的乳头突。胆囊隐藏在脏面的右外叶和右内叶之间。胆总管开口于距幽门5～8cm处的十二指肠。

（二）肝的组织结构

肝表面大部分被覆一层富含弹性纤维的结缔组织被膜，被膜表面有浆膜覆盖，结缔组织在肝门处随门静脉、肝动脉和肝管的分支伸入肝实质内，将肝实质分隔成许多肝小叶，猪、猫的肝小叶间结缔组织发达，所以肝小叶很明显。

肝小叶是肝的基本结构和功能单位，呈多面棱柱状。每个肝小叶的中央沿长轴都贯穿着一条中央静脉。肝细胞以中央静脉为轴心呈放射状排列为索状，称为**肝细胞索**。相邻肝细胞索之间的空隙称为**窦状隙（血窦）**。窦壁由有孔内皮细胞围成，内皮细胞间隙较大，外无基膜，所以通透性大，利于物质交换。肝细胞为多边形，有1～2个圆形细胞核。相邻肝细胞间有毛细胆管，肝细胞所分泌的胆汁被排入毛细胆管，最后经肝管或胆囊排入十二指肠。

二、胰

（一）胰的形态和位置

胰呈淡红黄色，柔软而分叶明显，其形状、大小各种动物差异较大。胰位于腹腔背侧，靠近十二指肠，可分为左、中、右三叶，中叶又称胰头。胰的输出管，有的动物（牛、猪）有一条，有的动物（马、犬）有两条，其中一条叫胰管，另一条叫副胰管。

1. 牛（羊）的胰（彩图2-13） 呈不正的四边形，分叶不明显。通常只有一条胰管自右叶末端穿出，在胆管开口后方30cm处开口于十二指肠内。羊的胰管和胆管合成一条总管，开口于十二指肠。

2. 猪的胰 呈不规则三角形，分为胰头、左叶和右叶。胰管由右叶末端发出，开口于距幽门10～12cm处的十二指肠内。

3. 马的胰 呈不正三角形，分为胰头（中叶）、胰尾（左叶）和右叶。胰管由左、右两支汇合而成，从胰头穿出与肝管一同开口于十二指肠憩室。副胰管开口于十二指肠憩室对侧的黏膜上。

4. 犬的胰　位于十二指肠、胃和横结肠之间，粉红色，呈 V 形，左、右叶均狭长，两叶在幽门后方会合。胰管与胆总管共同开口于十二指肠，副胰管较粗，开口于胰管入口的后方 3～5cm 处。

（二）胰的组织结构

胰的表面包有薄层结缔组织被膜，结缔组织伸入腺内，将腺实质分隔成许多小叶。胰的实质分外分泌部和内分泌部。外分泌部分泌胰液，含有多种酶，由胰管排入十二指肠，参与消化作用；内分泌部称胰岛，分泌激素，对糖代谢起重要调节作用。

第八单元　呼吸系统★★☆

呼吸系统（彩图 2-19）包括鼻、咽、喉、气管、支气管和肺等器官，以及胸膜腔等辅助装置。鼻、咽、喉、气管和支气管是气体出入肺的通道，称为呼吸道。肺是气体交换的器官。

第一节　鼻

鼻是呼吸道的起始部分，对吸入的空气有温暖、湿润和清洁作用。同时，鼻又是嗅觉器官。鼻位于口腔背侧，分为外鼻、鼻腔和鼻旁窦三部分。

一、鼻腔的结构

鼻腔呈圆桶状，前方经鼻孔与外界相通，后方以鼻后孔与咽相通。**鼻孔**一对，位于鼻尖，由内、外侧鼻翼围成。鼻腔被鼻中隔分为左、右两半。**鼻中隔**主要由筛骨垂直板和鼻中隔软骨组成。鼻腔分为鼻前庭和固有鼻腔。

（一）鼻前庭

鼻前庭是鼻腔前部衬有皮肤的部分，相当于鼻翼围成的空间。在鼻前庭的外侧壁上有鼻泪管的开口。马鼻前庭背侧皮下有一盲囊，向后伸达鼻切齿骨切迹，称**鼻憩室**或**鼻盲囊**。

（二）固有鼻腔

固有鼻腔是鼻腔衬有黏膜的部分，位于鼻前庭后方。每侧鼻腔侧壁上附有上、下鼻甲，将鼻腔分为三个鼻道。**上鼻道**位于鼻腔顶壁与上鼻甲之间，狭窄，后端通嗅区；**中鼻道**位于上、下鼻甲之间，通鼻旁窦；**下鼻道**位于下鼻甲与鼻腔底壁之间，最宽，直接通鼻后孔。上、下鼻甲与鼻中隔之间形成**总鼻道**，与以上三个鼻道相通。这四个鼻道在鼻腔横切面上呈 E 字形。固有鼻腔根据黏膜性质分为呼吸区和嗅区。**呼吸区**占据鼻腔前部大部分，黏膜为淡红色，被覆假复层柱状纤毛上皮。嗅区位于筛鼻甲和鼻中隔后部，黏膜颜色因畜种而异，马、牛呈灰黄色，山羊为黄色，绵羊为黑色，猪、犬为棕色，被覆嗅上皮，为嗅觉器官。

二、鼻旁窦的结构

鼻旁窦亦称**副鼻窦**，为一些头骨的内、外骨板之间含气腔洞的总称，因其直接或间接与鼻腔相通，故称鼻旁窦。幼畜的鼻旁窦很小，成年之前逐渐发育扩大。兽医临床上重要的有上颌窦和额窦（参见第2单元第2节）。

第二节　喉

喉既是空气出入肺的通道，又是发声器官，位于头颈交界的腹侧、下颌间隙的后方，悬于两甲状舌骨之间。喉壁主要由喉软骨和喉肌组成，内面衬有喉黏膜。

一、喉软骨的组成与结构特点

喉软骨有4种5块，包括环状软骨、甲状软骨、会厌软骨和成对的杓状软骨。**环状软骨**位于第1气管软骨环前方，呈戒指样，背侧宽大为板，其余为弓。**甲状软骨**位于环状软骨前方，呈U形，两侧为板，底部为体。牛的甲状软骨板呈四边形，马的呈菱形。甲状软骨腹侧面后部（犬、猪和反刍兽）有一突起，称喉结。**会厌软骨**位于甲状软骨前方，呈叶片状，分底和尖，尖弯向舌根，在吞咽时可向后翻转盖住喉口，防止食物落入喉内。**杓状软骨**位于甲状软骨背内侧、环状软骨前方，呈三面锥体形，分底和尖，底向腹侧伸出声带突，尖向前上方弯曲呈钩状称小角突。

二、声带的位置

声带由声襞及其外侧的声韧带和声带肌构成。声襞为喉腔中部侧壁上的一对黏膜襞，两侧声襞之间的裂隙称声门裂，声襞与声门裂合称声门。声襞是发声器官。声门裂前方的喉腔称**喉前庭**，内有喉室，后方的喉腔称**声门下腔**（喉后腔）。马和犬的喉前庭有前庭襞，位于喉室的前缘。牛无喉室。

第三节　气管和支气管

气管和支气管为圆筒状长管，由软骨环构成支架。气管位于颈腹侧中线，由喉向后延伸，经胸前口入胸腔，在心底背侧（相当于第4～6肋间隙处）分为左、右两条主支气管，分别经肺门进入左、右肺。反刍动物和猪的气管在分为主支气管之前，在右侧先分出一**气管支气管**（前叶或右尖叶支气管），进入右肺前叶。一般左主支气管稍细长，右主支气管较短粗。气管和支气管由黏膜、黏膜下层、软骨纤维膜（外膜）组成。软骨环呈C形，为透明软骨，缺口朝向背侧，由气管肌和结缔组织封闭。牛的气管较短，垂直径大于横径，气管软骨环48～60个，游离的两端重叠。马的气管横径大于垂直径，气管软骨环50～60个，游离的两端不相接触。猪的气管呈圆柱状，气管软骨环32～36个，游离的两端重叠或相互接触。犬的气管软骨环大约有35个。

第四节　肺

肺为气体交换器官，正常为粉红色，富有弹性，入水不沉，表面光滑、湿润。

一、肺的位置、形态和组织结构

（一）位置、形态

肺位于胸腔内、心脏两侧，分左肺和右肺，右肺较大。肺呈底面斜切的三面棱柱状，有3个面和3个缘。**肋面**隆突，与肋接触，可见肋压迹；**膈面**略凹，与膈相邻；内侧面较平，与胸椎椎体（脊椎部）和纵隔（纵隔部）接触，有大血管、食管、心等器官的压迹，中部有**肺门**，为支气管、血管、神经出入肺的门户，这些结构被结缔组织包裹在一起称肺根。背侧缘隆突；腹侧缘较薄，有心切迹，左侧与第3～6肋相对；底缘薄，为从第6肋骨肋软骨交界处至第11肋骨上端的弧线，在临床诊断上有重要意义。肺以主支气管在肺内的第一级分支为准分为肺叶（气管支气管属肺叶支气管），左肺分二叶［前叶（尖叶）和后叶（膈叶）］，右肺分四叶［前叶、中叶、后叶和副叶，其中副叶位于后叶内侧，其外侧有沟供后腔静脉通过］。

（二）组织结构

肺表面被覆一层浆膜称为**肺胸膜**。浆膜下结缔组织伸入肺内形成肺间质，将肺组织分隔成许多肺小叶。肺实质是指肺内各级支气管及其分支和肺泡。左、右主支气管经肺门入肺后分出肺叶支气管，肺叶支气管分出肺段支气管，如此反复分支，形成各级小支气管。当管径细至1mm以下时，称为细支气管。细支气管继续反复分支，管径至0.5mm以下时，称为**终末细支气管**。终末细支气管再次分支，管壁上出现肺泡开口，称为呼吸性细支气管，后者进一步分支形成大量肺泡开口，致使管壁失去原有的连续结构，称为**肺泡管**。由数个肺泡围成的结构称**肺泡囊**。由于支气管在肺内反复分支成树状，故名支气管树。每个细支气管连同其所属分支和周围的肺泡共同组成一个肺小叶。临床上的小叶性肺炎，即指肺小叶的病变。

1. 肺的导气部　管壁分为黏膜、黏膜下层和外膜三层。随管道反复分支，管径逐渐变细，管壁逐渐变薄，组织结构也随之发生变化。黏膜上皮为假复层柱状纤毛上皮，内有纤毛细胞和无纤毛细胞（包括基细胞、刷细胞、K细胞和分泌细胞）；随管径变细，杯状细胞逐渐减少，固有膜外方出现平滑肌并逐渐增多形成完整一层；黏膜下层的腺体数量逐渐减少；外膜结缔组织中的软骨环逐渐变为软骨小片，数量逐渐减少至接近消失。在终末细支气管，黏膜形成皱襞，上皮转变为单层柱状纤毛上皮或单层柱状上皮，杯状细胞、腺体和软骨片完全消失，平滑肌形成完整的环形肌层。

2. 肺的呼吸部

（1）**呼吸性细支气管**　每个终末细支气管可以分出两支或两支以上的呼吸性细支气管，后者的管壁上有零散的肺泡直接开口。黏膜上皮由单层柱状纤毛上皮移行为单层柱状或单层立方上皮，上皮下有少量结缔组织与平滑肌。

（2）**肺泡管**　管壁上出现大量肺泡连续开口，致使管壁结构只有在相邻肺泡开口之间才出现，该处上皮为单层立方或扁平细胞，上皮下有薄层结缔组织和少量的环形平滑肌，因此，在切片上肺泡管壁断面呈现结节状膨大。

（3）**肺泡囊**　为数个肺泡共同开口处。

（4）肺泡 是肺进行气体交换的场所。**肺泡**呈半球状，一面开口于肺泡囊、肺泡管或呼吸性细支气管，另一面则与结缔组织的肺泡隔相贴。相邻肺泡之间相通的小孔称为**肺泡孔**，是沟通相邻肺泡内气体的孔道。当细支气管发生阻塞时，可通过肺泡孔建立侧支通气道。但当肺发生感染时，微生物也可通过肺泡孔扩散，造成炎症蔓延。肺泡壁菲薄，腔面衬以上皮细胞，上皮下即为肺泡隔的结缔组织和血管等。肺泡上皮根据细胞的形态和功能分为Ⅰ型肺泡细胞和Ⅱ型肺泡细胞。Ⅰ型肺泡细胞呈扁平状，是执行气体交换的主要部分。Ⅱ型肺泡细胞是分泌细胞，常单个或三两成群地镶嵌于Ⅰ型肺泡细胞之间，呈立方形，突向肺泡腔，胞核大而圆，胞质呈泡沫状。电镜下Ⅱ型肺泡细胞的胞质内含大量嗜锇性板层小体。板层小体周围包有界膜，内包肺泡表面活性物质，以胞吐方式分泌后，分布于肺泡上皮表面。表面活性物质具有降低肺泡表面张力、稳定肺泡形态的作用，当呼气时，肺泡缩小，表面活性物质密度增加，肺泡表面张力减小，肺泡回缩力降低，从而防止肺泡过度回缩而塌陷；吸气时，肺泡扩张，表面活性物质密度减小，表面张力增大，肺泡回缩力增强，进而防止肺泡过度膨胀。临床上，如果由于某种原因引起表面活性物质合成与分泌受到抑制或破坏，可引起肺泡塌陷，造成肺功能衰竭。

（5）肺泡隔 **肺泡隔**是相邻肺泡之间的薄层结缔组织，其内分布着丰富的毛细血管、网状纤维和弹性纤维等。在肺泡隔结缔组织中，还分布有巨噬细胞，胞体大而不规则，具有明显的吞噬功能。这种巨噬细胞还可以穿过肺泡上皮进入肺泡腔，并能逆着支气管树的分支方向排出体外。当肺内巨噬细胞吞噬尘埃颗粒后，称为尘细胞，它们属于单核吞噬细胞系统。

（6）气-血屏障 机体的气体交换发生于肺泡上皮和肺泡隔毛细血管之间。肺泡Ⅰ型细胞下方及肺泡隔毛细血管内皮之外，各有一层基膜，两层基膜间夹有薄层结缔组织。所以，肺泡与血液之间进行气体交换时，至少要通过肺泡上皮、上皮基膜、血管内皮基膜和内皮细胞四层结构，这四层结构合称为气-血屏障。气-血屏障的任何一层发生病理变化，都会影响气体交换。

二、牛、马、猪、犬肺的形态特点

牛的左肺分为2叶，前叶又以心切迹分为前、后两部分，前部称前叶，后部称心叶；右肺分为4叶，前叶也分前、后两部分（彩图2-19）。马的左肺分为2叶；右肺分为3叶，即前叶、后叶和副叶。猪的左肺分为2叶，前叶又分为前、后两部分；右肺分为4叶。犬的左肺分为2叶，前叶又分为前、后两部分；右肺分为4叶（彩图2-20）。

第九单元　泌尿系统★★

泌尿系统（彩图 2-21）由肾、输尿管、膀胱和尿道组成。肾是生成尿液的器官，输尿管为输送尿液至膀胱的管道，膀胱为暂时贮存尿液的器官，尿道是排出尿液的管道。后三者合称尿路。

第一节 肾

一、肾的位置、形态和组织结构

（一）肾的位置、形态

肾（彩图 2-22）为成对的实质性器官，呈豆形，红褐色至深褐色，位于腹主动脉和后腔静脉两侧、腰椎的腹侧。右肾位置略靠前，常在肝尾叶和右叶上形成肾压迹。肾的外面通常包有厚层的脂肪，称脂肪囊；其深面有结缔组织构成的纤维囊，纤维囊易与肾剥离。肾的内侧缘中部凹陷为肾门，内陷形成肾窦。输尿管、肾血管、神经和淋巴管等由肾门出入肾。

（二）肾的组织结构

1. 被膜 由结缔组织构成，结缔组织在肾门处进入实质，形成肾间质。

2. 肾实质 分为皮质和髓质。皮质位于外周，因富含血管而呈红褐色，切面上可见许多红色小颗粒，为肾小体。髓质位于内部，血管较少而色较浅，呈圆锥形，称肾锥体；锥尖钝圆，称肾乳头。在髓质切面上可见有许多放射状、淡色条纹，伸入皮质形成髓放线。每个髓放线及其周围的皮质组成一个肾小叶。肾实质实际上是由大量泌尿小管构成，其间有少量结缔组织和血管。泌尿小管包括肾单位和集合小管两部分。

（1）肾单位 由肾小体和肾小管组成。

肾小体： 呈球形，由血管球和肾小囊组成。肾小体具有两个极，小动脉进出的一端为血管极，与血管极相对的一端是尿极。血管球为一团盘曲成团球状的动脉毛细血管。血管球的动脉毛细血管为有孔毛细血管，无隔膜，血管内皮外是一层基膜。肾小囊为近端小管起始盲端凹陷而成的双层杯状结构，包绕中央的血管球。肾小囊的外层为壁层，为单层扁平上皮，在尿极与近端小管相连。内层为脏层，其细胞形态特殊，胞体较大，凸向肾小囊腔，从胞体上伸出若干大的初级突起，初级突起上又分出许多次级突起和三级突起，这些突起的末端膨大并紧贴于毛细血管基膜上，参与形成肾脏滤过膜。脏层的细胞又称足细胞。相邻足细胞的次级突起或三级突起相互穿插，形成栅栏状，其间有狭窄的裂隙。足细胞突起有收缩能力，调节裂隙的宽度。肾小囊壁层和脏层之间的狭窄腔隙称为肾小囊腔，原尿滤过后首先进入肾小囊腔。血管球有孔内皮、基膜和足细胞裂隙膜合称为滤过膜或原尿的滤过屏障。一般情况下，肾小体滤过膜只允许相对分子质量 60 000 以下的物质滤过。肾小囊腔内的原尿，除不含大分子的蛋白质外，其余成分与血浆基本相似。在某些病理条件下，滤过膜受损伤，其通透性增高，一些正常情况下不能滤过的大分子蛋白，甚至血细胞也能漏出，导致蛋白尿或血尿。

肾小管： 包括近端小管、细段和远端小管。近端小管与肾小囊尿极相连并盘曲行走于肾小体附近，之后，离开皮质进入髓放线并直行至髓质。近端小管曲部简称近曲小管，长而弯曲，管径较粗，管壁由单层锥体形细胞组成，管腔小而不规则。上皮游离面可见明显的刷状缘，基底面有纵纹。近曲小管上皮细胞的侧面伸出许多侧突，相邻细胞的侧突指状交错，造成光镜下细胞界线不清楚。侧突细胞膜上具有许多 Na^+ 泵，可将原尿中的 Na^+ 主动运输到细胞间隙，同时 Cl^- 也伴随 Na^+ 进入间隙。细胞间隙内离子浓度增高，渗透压升高，引起原尿中的大量水分被重吸收到细胞间隙中，再经过肾间质进入毛细血管。近端小管直部简称**近直小管**，其组织结构与近曲小管基本相同，只是上皮细胞变得略矮，线粒体较少，质膜内褶和细胞侧突不如近曲小管明显。近端小管是原尿重吸收的主要部位，可吸收原尿中全部葡萄糖、氨基酸、蛋白质、维生素，以及 60%以上的钠离子、50%的尿素和 65%～70%的水分等。细段管径小，由单层扁平上皮构成，有核部分凸向管腔。细胞质染色浅，游离面无刷状缘结构。细段的扁平上皮有利于水和离子透过。远端小管包括直部和曲部，分别称为远直小管和远曲小管。**远直小管**经髓质又返回所属肾小体附近的皮质，盘曲形成远曲小管。远直小管的上皮为单层立方上皮，较近端小管的上皮细胞矮小，着色也浅。圆形细胞核位于细胞中央或近腔面，细胞游离面不形成刷状缘，但质膜内褶更发达。电镜观察有的质膜内褶可伸达细胞顶部，褶间线粒体细长、数量多。质膜内褶上分布着大量钠泵，主动向间质泵出 Na^+，导致从肾锥体底部至肾乳头间质内的渗透压逐渐增高，有利于集合小管进行尿液浓缩，进而保留体内水分。**远曲小管**在皮质的肾小体周围弯曲行走，但其长度要比近曲小管短，外径也较细。电镜观察远曲小管上皮细胞的线粒体和质膜内褶不如远直小管发达，但细胞高度比直部略高。远曲小管是离子交换的重要部位，在醛固酮的作用下，远曲小管能主动吸收 Na^+，并以钠-钾交换的方式排出钾。远曲小管还可分泌氢离子和氨，并继续吸收原尿的水分。在神经垂体释放的抗利尿激素（亦称加压素）作用下，远曲小管重吸收水分，减少尿量，收缩血管平滑肌，升高血压。

（2）集合小管　包括弓形集合小管、直集合小管和乳头管。**弓形集合小管**与远曲小管相延续，由皮质迷路进入髓放线与直集合小管连接。**直集合小管**在髓放线和髓质内下行，至肾乳头处改称**乳头管**并开口于肾乳头。集合小管上皮一般为单层立方上皮，细胞界线清晰，管腔大而平整，细胞着色较淡。靠近肾乳头开口处，小管上皮转变为变移上皮。肾小体形成的原尿，经过肾小管和集合小管的重吸收、分泌和排泄作用，有用的物质大部分或全部被重吸收入血，并把无用的物质分泌和排泄到管腔，最后形成终尿。

（3）球旁复合体　在肾小体血管极，由球旁细胞、致密斑和球外系膜细胞组成，也称**血管球旁器**，具有内分泌和调节功能。

球旁细胞：入球小动脉进入肾小囊时，动脉管壁上的平滑肌纤维转变为上皮样细胞，体积变大，细胞呈立方形，胞质充满特殊分泌颗粒，内含肾素。

致密斑：远曲小管进入皮质时，在穿过肾小体血管极时，紧靠肾小体一侧的管壁上皮细胞转变为高柱状，细胞排列紧密，形成一个椭圆形斑，称为致密斑。致密斑是一个化学感受器，对肾小管内尿液钠离子浓度变化很敏感，当钠离子浓度降低或升高时，致密斑将信息通过球外系膜细胞传递给球旁细胞，使得后者增加或减少肾素分泌。

球外系膜细胞：指入球小动脉、出球小动脉和致密斑形成的三角区内的一群细胞，也称**极垫细胞**，与球内系膜细胞相连续。球外系膜细胞较小，有突起，胞质中可见分泌颗粒，它们的功能与信息传导有关。

二、肾的类型和结构特点

(一) 肾的类型

根据肾叶愈合的程度，肾分为 4 种类型，即复肾、有沟的多乳头肾、光滑的多乳头肾和光滑的单乳头肾。由许多独立的肾叶构成的肾，为**复肾**，见于鲸、熊、水獭等动物的肾。如果相邻肾叶仅中部合并，肾表面以沟分开，每一肾叶仍保留独立的肾乳头，为**有沟的多乳头肾**，如牛的肾。如果所有肾叶的皮质完全合并，肾表面光滑无分界，但每一肾叶仍保留独立的肾乳头，为**光滑的多乳头肾**，如猪和人的肾。如果所有肾叶的皮质和髓质完全合并，肾乳头也愈合为一个总乳头，称**光滑的单乳头肾**。大多数动物的肾属于这一类，如马、羊、兔、犬等。

（二）牛肾的位置形态和结构特点

牛的右肾位于最后肋间隙上部至第 2～3 腰椎横突腹侧，呈背腹压扁的椭圆形，前端位于肝的肾压迹内，背侧面隆突，腹侧面较平，腹内侧缘凹陷为肾门；左肾位于第 3～5 腰椎椎体的腹侧，呈三棱形，前端较小，后端较大而圆，背侧面隆突，前外侧有裂隙状的肾门。牛肾为有沟的多乳头肾，表面有沟，分叶明显。皮质位于外周，髓质位于深部，肾锥体明显，有 18～22 个肾乳头。皮质伸入相邻肾锥体之间，称**肾柱**。输尿管在肾内分为两个**肾大盏**，肾大盏分支形成肾小盏。**肾小盏**呈喇叭状，包围每一个肾乳头（彩图 2-22）。

（三）马肾的位置形态和结构特点

马的右肾呈圆角的等边三角形，位于最后 2～3 个肋骨椎骨端及第 1 腰椎横突腹侧；左肾呈长椭圆形或豆形，位于最后肋骨的椎骨端及前 2～3 腰椎横突腹侧。马肾为光滑的单乳头肾，表面光滑无沟，内侧缘中部有肾门。皮质与髓质之间有深红色的中间区，肾柱不如多乳头肾发达，所有肾乳头合并形成肾嵴。输尿管在肾窦内膨大呈漏斗状，称**肾盂**，并向两端延伸形成裂隙样的**终隐窝**。

（四）猪肾的位置形态和结构特点

猪的左、右肾位置对称，位于前 4 个腰椎横突腹侧，呈长椭圆形。猪肾为光滑的多乳头肾，表面光滑无沟，皮质较厚，髓质的肾锥体和肾乳头明显。输尿管入肾后膨大为漏斗状的肾盂，肾盂分为两支肾大盏，肾大盏分支为 8～12 个肾小盏，包围每一个肾乳头。

（五）犬肾的位置形态和结构特点

犬的右肾位于第 1～3 腰椎横突腹侧；左肾位于第 2～4 腰椎横突腹侧，呈豆形。犬肾为光滑的单乳头肾，结构与马肾相似。

第二节 输 尿 管

输尿管为将尿液输送至膀胱的细长管道，左右各一，出肾门后沿腹腔顶壁向后延伸，横过髂外、髂内动脉入盆腔，在尿生殖褶（公畜）中或经子宫阔韧带（母畜）向后延伸至膀胱颈背侧面，斜穿膀胱壁开口于膀胱颈，这种方式可以防止尿液逆流。牛、羊左侧输尿管常因左肾位置的变化而变化，开始位于正中矢状面的右侧，并在右侧输尿管的下方，其后端逐渐移向左侧，至膀胱颈背侧面斜穿膀胱壁开口于膀胱颈。输尿管管壁由黏膜、肌层和外膜构成。

第三节 膀 胱

一、位置、结构特点

膀胱是储存尿液的器官，位于盆腔内，大小如拳头，充满尿液时可伸达腹腔底壁。膀胱呈长卵圆形或梨形，分为膀胱顶、膀胱体和膀胱颈。膀胱前端钝圆为**膀胱顶**，中部膨隆为**膀胱体**，后部缩细为**膀胱颈**，以尿道内口与尿道相连。膀胱由黏膜、黏膜下层、肌层和外膜组成。黏膜形成许多不规则的皱褶，在靠近膀胱颈的背侧壁上，输尿管末端在膀胱黏膜下层内走行使黏膜隆起，称输尿管柱，终于输尿管口。有一对黏膜襞自输尿管口向后延伸，称输尿管襞，两输尿管襞之间所夹的三角形区域称膀胱三角。肌层在膀胱颈形成括约肌。外膜在膀胱顶和体为浆膜，在膀胱颈为结缔组织的外膜。膀胱由一对膀胱侧韧带和一膀胱正中韧带固定，膀胱侧韧带的游离缘为索状的膀胱圆韧带，为胎儿期脐动脉的遗迹。

二、幼龄动物膀胱的位置特点

幼龄动物膀胱的位置与成年动物的略有不同，小部分位于盆腔内，大部分位于腹腔内，腹侧邻接腹底壁，向前可达脐与耻骨前缘之间。

第四节　尿　　道

一、雄性尿道的位置、结构特点

雄性尿道为排尿和排精的共同管道，亦称尿生殖道。雄性尿道以坐骨弓为界分为骨盆部和阴茎部，两者交界处变狭窄，称尿道峡。

（1）骨盆部　位于骨盆底壁与直肠之间，以尿道内口起始于膀胱颈，起始部背侧中央有一圆形隆起，称精阜，有输精管和精囊腺管的开口。射精口以前的骨盆部称前列腺前部，为纯粹的尿道；射精口以后的部分为前列腺部，兼有排尿和排精的作用。骨盆部背侧有副性腺。

（2）阴茎部　位于阴茎腹侧，起自坐骨弓，沿阴茎腹侧向前行至阴茎头，以尿道外口开口于外界。雄性尿道由黏膜、海绵体层、肌层和外膜组成。黏膜常形成纵褶，被覆变移上皮，在雄性尿道起始部背侧壁黏膜形成精阜，在尿道峡之前，牛和猪的黏膜形成半月形的黏膜襞，该黏膜襞给公畜导尿带来困难。阴茎部海绵体层发达，形成尿道海绵体，在尿道峡处膨大形成阴茎球（尿道球）。肌层在骨盆部主要为尿道肌，在阴茎球和阴茎部为球海绵体肌。肌层有协助排尿和排精的作用。

二、雌性尿道的位置、结构特点

母畜的尿道较短，位于阴道腹侧、骨盆底壁，以尿道内口接膀胱颈，借尿道外口开口于阴道与阴道前庭交界处。母牛、猪尿道外口腹侧有尿道下憩室。

第十单元　生殖系统★★★★★

第一节　雄性生殖器官

一、雄性生殖器官的组成

雄性生殖系统由睾丸、附睾、输精管和精索、雄性尿道、副性腺、阴茎、包皮和阴囊组成（彩图2-23）。其中睾丸为生殖腺，附睾、输精管和雄性尿道为生殖管，阴茎和包皮为交配器官。雄性尿道已在第九单元叙述过。

二、睾丸、附睾的位置、形态与组织结构特点

（一）睾丸的位置、形态

睾丸（彩图2-23）是产生精子和分泌雄性激素的器官。位于阴囊内，左右各一，呈椭圆形或卵圆形，表面光滑，分两面、两缘和两端。内侧面较平坦，外侧面较隆凸；有附睾附着的一侧为附睾缘，与其相对的一侧为游离缘；有血管、神经进入的一端为睾丸头端，与其相对的一端为睾丸尾端。牛、羊睾丸的长轴呈上下垂直位，椭圆形，睾丸头端朝上，附睾位于睾丸后缘；睾丸实质呈黄色，羊呈白色。马睾丸呈前后水平位，睾丸头端朝前，附睾位于睾丸背侧；睾丸实质呈淡棕色。猪睾丸由前下方斜向后上方，睾丸头朝向前下方，附睾位于睾丸前背侧；睾丸实质呈淡灰色。犬睾丸卵圆形，长轴由前下方斜向后上方，附睾位于睾丸背侧；睾丸实质呈白色。

（二）睾丸的组织结构

睾丸表面被覆一层浆膜称固有鞘膜，其深面为致密结缔组织构成的白膜。白膜自睾丸头端沿纵轴伸向尾端，形成睾丸纵隔，自睾丸纵隔呈放射状分出许多睾丸小隔，将睾丸实质分成许多睾丸小叶，每个小叶中有1～4条精小管。精小管分为曲精小管和直精小管两段。曲精小管以盲端起自小叶边缘，在小叶内盘曲折叠，末端变为短而直的直精小管。直精小管在睾丸纵隔中相互吻合形成睾丸网，最后汇合成6～12条较粗的睾丸输出管，从睾丸头端走出进入附睾头。分布在曲精小管间的疏松结缔组织称为睾丸间质，间质中有一种特殊的内分泌细胞，称睾丸间质细胞。

1. 曲精小管　直径$150～300\mu m$，管壁细胞分两类，即生精细胞和支持细胞。生精细胞包括精原细胞、初级精母细胞、次级精母细胞、圆形精子细胞及长形精子细胞。它们依次由精曲小管的基底部向管腔排列。支持细胞占成年生精上皮的25%。上皮外有一薄层基膜，基膜外为一层肌样细胞，其结构与平滑肌细胞相近，可收缩，有助于曲精小管内精子的排出。

精原细胞是精子形成过程的干细胞，紧贴基底膜，胞核圆形，有1～2个核仁。精原细胞经有丝分裂不断增殖，一部分作为储备干细胞，另一部分进入生长期，发育成初级精母细胞。初级精母细胞较大，胞核大而圆，处于第一次减数分裂期，分裂前期较长，有明显的分裂象。经第一次减数分裂产生2个次级精母细胞。次级精母细胞位于初级精母细胞内侧，较初级精母细胞小，细胞体及核均为圆形，染色质呈细粒状。次级精母细胞存在时间很短，很快完成第二次减数分裂，产生2个单倍体的精子细胞，所以在切片上不易观察到次级精母细胞。精子细胞靠近曲精小管的管腔，核小而圆，核仁明显，细胞质少，经变态形成精子。精子形似蝌蚪，由头部和尾部组成。

支持细胞又称塞托利细胞，呈高柱状或锥状。细胞底部附着在基膜上，顶部伸达腔面。在相邻支持细胞的侧面之间，镶嵌有许多各级生精细胞。在游离端，多个变态中的精子细胞以头部嵌附其上。由于各类生精细胞的嵌入，使支持细胞在光镜下难辨其轮廓，但细胞核为椭圆形或不规则形，核仁明显，异染色质少而淡染。支持细胞具有支持营养生精细胞，分泌雄激素，参与血-睾屏障的形成等功能。

2. 直精小管　管径细，管壁无生精细胞，仅由单层立方或柱状的支持细胞组成。

3. 睾丸间质　为疏松结缔组织，除含有丰富的血管、淋巴管外，还有睾丸间质细胞。它们成群分布于精曲小管之间，胞体较大，呈圆形或不规则状，胞质强嗜酸性，其主要作用是分泌雄性激素——睾酮。

（三）附睾的位置、形态

附睾（彩图 2-23）是贮存精子和精子成熟的地方，呈新月形，附着于睾丸的附睾缘，分附睾头、体和尾。**附睾头**膨大，覆盖睾丸的头端，由睾丸输出管组成。**附睾体**和**附睾尾**由附睾管盘曲而成，在尾端延续为输精管。在附睾尾与睾丸尾间有睾丸固有韧带，在附睾尾与阴囊间有附睾尾韧带。附睾外面包有固有鞘膜和白膜。在动物胚胎时期，睾丸和附睾位于腹腔内肾附近。出生前后，在睾丸韧带牵引下，睾丸和附睾从腹腔经腹股沟管下降到阴囊的过程，称睾丸下降。

三、输精管、精索和副性腺

（一）输精管

输精管是将精子从附睾输送到雄性尿道的细长管道。起于附睾尾部的附睾管，沿附睾和精索内侧上行，经腹股沟管入腹腔，在腹环处转折向后入盆腔，在尿生殖褶中向后行，越过输尿管腹侧，其后部膨大形成输精管壶腹（猪除外），末端变细，或单独开口于尿道起始部背侧的精阜上（猪、犬），或与同侧的精囊腺管合并形成射精管（牛、马），开口于精阜。公马的输精管壶腹最发达，反刍动物的次之，犬的较小。

（二）精索

精索是由睾丸血管、神经、淋巴管、平滑肌束及输精管构成的扁平圆锥形结构，表面被覆鞘膜脏层，其基部附着于睾丸和附睾，上端达鞘膜管鞘环。

（三）副性腺

副性腺为位于尿生殖道骨盆部背侧面的腺体，包括**精囊腺**、**前列腺**和**尿道球腺**。凡去势家畜的副性腺均发育不良。

1. 精囊腺　一对，位于膀胱颈背侧的尿生殖褶中，在输精管壶腹外侧，一些动物的精囊腺导管与输精管共同形成射精管开口于精阜。牛的精囊腺呈不规则的长卵圆形。羊的为圆形，呈分叶状。猪的精囊腺十分发达，呈三棱锥体形，导管多数单独开口于精阜。马的精囊腺呈梨形囊状，表面平滑，囊壁由黏膜、肌膜和外膜组成。犬无精囊腺。

2. 前列腺　分为体部和扩散部，体部位于尿生殖道起始部的背侧，扩散部位于尿生殖道骨盆部海绵体层与肌层之间。前列腺导管有多条，开口于精阜两侧及后方的尿生殖道背侧壁。牛的前列腺分体部和扩散部，体部呈横向的卵圆形。羊前列腺只有扩散部。猪的前列腺与牛的相似，但体部较圆。马前列腺发达，由左右侧叶和中间的峡部组成。犬前列腺很发达，体部呈淡黄色球形体，环绕在整个膀胱颈和尿生殖道的起始部，扩散部薄，包围尿道

盆部。

3. 尿道球腺 一对，位于骨盆部末端背侧，坐骨弓附近，导管有多条直接开口于尿生殖道背侧壁。牛、羊的尿道球腺呈卵圆形，外有球海绵体肌覆盖，导管仅有一条，开口处有一半月状黏膜褶遮盖。马尿道球腺呈椭圆形，有5～8条导管。猪的尿道球腺发达，呈长圆柱状，位于尿生殖道骨盆部后2/3的背侧。犬无尿道球腺。

四、阴茎的形态特点

阴茎为交配器官，位于腹壁下方，起自坐骨结节，经两股之间沿中线向前伸延至脐部，分为阴茎头、阴茎体和阴茎根三部分。阴茎根包括一对阴茎脚和尿道阴茎部起始段，两阴茎脚附着于坐骨结节腹侧，外面被覆发达的坐骨海绵体肌，向后汇合成阴茎体。**阴茎体**呈圆柱状，构成阴茎的大部分，借阴茎悬韧带附着于骨盆腹侧面。**阴茎头**位于阴茎前端，藏于包皮腔内，其形状因畜种而异。

牛、羊的阴茎呈圆柱状，细而长，在阴囊后方形成乙状弯曲。牛的阴茎头较尖，略向右侧扭转，右侧的浅沟内有尿道突，上有尿道外口。羊的阴茎头较膨大，尿道突长。

马的阴茎呈左右略扁的圆柱状，粗大，没有乙状弯曲，阴茎头膨大，后缘膨隆称阴茎头冠。阴茎头腹侧的深窝称阴茎头窝，内有短的尿道突，末端有尿道外口。

猪的阴茎与牛的相似，但乙状弯曲位于阴囊的前方，阴茎头扭转呈螺旋状，尿道外口呈裂隙状，位于阴茎头前端腹外侧。

犬的阴茎头较长，分前、后两部，且内含阴茎骨。前部为阴茎头长部，后部为阴茎头球。阴茎头球由尿道海绵体扩大而成，充血后呈球状，交配时可延长阴茎在母犬阴道中的停留时间。阴茎骨位于阴茎的中下部，后端膨大、前端尖细，形成纤维软骨突。阴茎骨的腹侧有尿道沟。

阴茎由皮肤、（浅、深）筋膜、阴茎海绵体和尿道阴茎部构成。阴茎的外层为皮肤，薄而柔软，富有伸展性。**阴茎海绵体**为长的柱形体，构成阴茎的背侧部，从阴茎脚向前伸至阴茎前端。背侧有阴茎背侧沟，供血管、神经通过；腹侧有尿道沟，容纳尿道阴茎部。阴茎海绵体外面包有致密结缔组织构成的白膜，白膜沿中轴形成阴茎中隔（明显程度因家畜而异），并分出阴茎海绵体小梁，小梁之间的腔隙称阴茎海绵体腔，实为扩大的毛细血管窦，充血时可使阴茎勃起。尿道阴茎部位于阴茎腹侧，中央为尿道，黏膜被覆变移上皮，在尿道外口处移行为复层扁平上皮。尿道海绵体构造与阴茎海绵体相似，在阴茎前端形成阴茎头海绵体，覆盖阴茎海绵体尖而构成阴茎头。

包皮为包裹阴茎游离部的双层皮肤鞘。外层与腹壁皮肤连续，内层结构似黏膜，内、外两层在包皮口处转折移行。包皮内层与阴茎头之间形成包皮腔。

五、阴囊的结构

阴囊（彩图2-23）为容纳睾丸、附睾和部分精索的腹壁囊。牛、马的阴囊位于两股之间。牛的阴囊呈瓶状，上端略细，形成阴囊颈，阴囊颈前方通常有两对雄性乳头。马的呈球形，阴囊颈较明显，皮肤颜色较深。猪的阴囊位于肛门下方，与周围界线不明显。犬的阴囊呈球形，位于两股之间。阴囊壁的结构与腹壁相似，由外向内依次为皮肤、肉膜、精索外筋膜、提睾肌、精索内筋膜和鞘膜壁层。阴囊皮肤较薄，与腹壁皮肤相延续，阴囊腹侧中线有阴囊缝。**肉膜**相当于腹壁的浅筋膜，由结缔组织和平滑肌束组成，与阴囊皮肤紧贴，并形成阴囊中隔；肉膜有调节阴囊内温度的作用。**精索外筋膜**由腹外斜肌筋膜延续而来，以疏松结缔组织连接肉膜和提睾肌。精索外筋膜在附睾尾附近与肉膜相连，称阴囊韧带。**提睾肌**由腹内斜肌分出，位于阴囊外侧壁，有与肉膜一起调节阴囊内温度的作用。**精索内筋膜**为腹横筋膜的延续，与鞘膜壁层结合，合称**总鞘膜**。鞘膜壁层折转覆盖到睾丸和附睾表面称**固有鞘膜**，两者之间的腔隙称**鞘膜腔**，上部较细称**鞘膜管**，经鞘膜环与腹膜腔相通。如果鞘膜环扩大，腹腔中游离度较大的肠管会落入鞘膜管或鞘膜腔，引发腹股沟疝和阴囊疝。

第二节　雌性生殖器官

一、雌性生殖器官的组成

　　雌性生殖器官由卵巢、输卵管、子宫、阴道、阴道前庭和阴门组成（彩图2-24和彩图2-25）。其中卵巢为生殖腺，输卵管和子宫为生殖管，阴道、阴道前庭和阴门为交配器官和产道。

二、卵巢的位置、形态和组织结构

（一）卵巢的位置、形态

　　卵巢（彩图2-26）是产生卵子和分泌雌激素的器官，呈卵圆形或圆形，借**卵巢系膜**悬挂于肾后方的腰下部或盆腔入口附近。卵巢分两缘、两端和两面。卵巢背侧与卵巢系膜相连，称卵巢系膜缘，系膜缘有神经、血管、淋巴管出入卵巢，该处称**卵巢门**；卵巢腹侧为游离缘。前端与输卵管伞相接，称输卵管端；后端借**卵巢固有韧带**与子宫角相连，称子宫端。输卵管系膜和卵巢固有韧带之间形成**卵巢囊**，卵巢位于其中。卵巢的大小、形态、位置依畜种、年龄、妊娠与否、妊娠次数及性周期变化而异。

（二）卵巢的组成结构

　　卵巢的结构依动物的种类、年龄、生殖周期的阶段而有所不同。卵巢由**被膜**和**实质**组成。

　　1. 被膜　包括生殖上皮和白膜。卵巢表面除卵巢系膜附着部以外，均被有单层扁平或立方形的生殖上皮，其下方是结缔组织构成的白膜。马卵巢的生殖上皮仅位于排卵窝处，其余部分均被覆浆膜。

　　2. 实质　分为外周的皮质和内部的髓质，但马卵巢的皮质与髓质的位置颠倒。

　　（1）皮质　位于白膜的内侧，由基质、卵泡和黄体构成。基质中主要是紧密排列的较幼稚的结缔组织细胞，呈菱形，细胞核长杆状。基质中胶原纤维较少，网状纤维多。皮质中的卵泡大小、形态各不相同，是卵泡发育的不同阶段。通常在外周的卵泡较小而多，朝向髓质的较大。有的未能发育成熟即退化而成为闭锁卵泡。动物幼年期的卵巢含许多小卵泡，性成熟后卵泡发育，可见到许多不同发育阶段的卵泡。

　　（2）髓质　位于卵巢中部，占小部分。含有较多的疏松结缔组织。其中有许多大的血管、神经及淋巴管。在近卵巢门处有少量的平滑肌，血管、淋巴管及神经由门部进入卵巢。

　　（3）卵泡发育　由原始卵泡发育成为生长卵泡和成熟卵泡的生理过程，称**卵泡发育**。卵泡是由中央的一个卵母细胞及其周围的卵泡细胞组成。根据卵泡的发育特点，将卵泡分为原始卵泡、生长卵泡和成熟卵泡。

原始卵泡：位于皮质浅层，体积小、数量多，为处于静止状态的卵泡。原始卵泡呈球形，由一个大而圆的初级卵母细胞及外周单层扁平的卵泡细胞组成，在卵泡细胞外有基膜。动物出生前，初级卵母细胞进入最后一轮 DNA 合成，然后被抑制在第一次成熟分裂（减数分裂）的前期，直至性成熟排卵时才完成第一次成熟分裂。

生长卵泡：静止的原始卵泡开始生长发育，根据发育阶段不同，又可分为初级卵泡、次级卵泡。①**初级卵泡**：由原始卵泡发育而成，卵泡细胞为单层立方或柱状细胞。卵母细胞增大，卵泡细胞由单层变为多层，这是卵泡开始生长的标志。在卵母细胞周围和颗粒细胞之间出现一层嗜酸性、折光强的膜状结构，称透明带。透明带是颗粒细胞与初级卵母细胞共同分泌形成的。②**次级卵泡**：由初级卵母细胞及周围多层的卵泡细胞组成。此期的卵泡细胞有6～12层，称颗粒细胞。位于基膜上的一层颗粒细胞呈柱状，其余为多边形。颗粒细胞间出现若干充满液体的小腔隙，并逐渐融合变大。卵泡周围的结缔组织分化为界线明显的卵泡膜。中央出现一个大的新月形腔，称**卵泡腔**，腔中充满卵泡液。颗粒细胞参与分泌卵泡液。由于卵泡腔的扩大及卵泡液的增多，使卵母细胞及其外周的颗粒细胞位于卵泡腔的一侧，并与周围的卵泡细胞一起凸入卵泡腔，形成丘状隆起，称为卵丘。卵丘中紧贴透明带外表面的一层颗粒细胞，随卵泡发育而变为高柱状，呈放射状排列，称**放射冠**。

成熟卵泡：次级卵泡发育到即将排卵的阶段，卵泡液及其压力激增，即为**成熟卵泡**。此时卵泡体积显著增大，卵泡壁变薄，并向卵巢的表面突出。由于卵泡腔扩大及卵泡颗粒细胞分裂增生逐渐停止，导致颗粒层变薄。成熟卵泡的透明带达到最厚。许多动物的卵母细胞在成熟卵泡接近排卵时，完成第一次成熟分裂，而犬和马在排卵后才完成第一次减数分裂。分裂时，胞质的分裂不均等，形成大小不等的两个细胞。大的称为次级卵母细胞，其形态与初级卵母细胞相似；小的只有极少的胞质，附在次级卵母细胞与透明带的间隙中，称第一极体。次级卵母细胞接着进入第二次成熟分裂，但停滞在分裂中期，直到受精才能完成第二次成熟分裂，并释放出第二极体。

排卵：卵泡破裂，卵母细胞及其周围的透明带和放射冠自卵巢排出的过程，称为**排卵**。卵泡液将卵母细胞及周围的放射冠、卵丘细胞冲出。排出的卵被输卵管伞接收。每个性周期中单胎动物一般只排 1 个卵，而多胎动物可排多个卵，如猪、兔、鼠等可排 10～26 个卵。

黄体的形成和发育：排卵后，卵泡壁塌陷形成皱襞，卵泡内膜毛细血管破裂引起出血，基膜破碎，血液充满卵泡腔内，形成血体（红体）。同时残留在卵泡壁的颗粒细胞和内膜细胞向腔内侵入，胞体增大，胞质内出现脂质颗粒，颗粒细胞分化成粒性黄体细胞，而内膜细胞分化成膜性黄体细胞。黄体是内分泌腺，主要分泌孕酮及雌激素，有刺激子宫分泌和乳腺发育的作用，保证胚胎附植和胎儿在子宫内的发育。黄体发育程度和存在时间，完全取决于卵细胞是否受精。如母畜未妊娠，黄体则逐渐退化，此种黄体称为发情黄体或假黄体。如果动物已妊娠，黄体在整个妊娠期继续维持其大小和分泌功能，这种黄体称为妊娠黄体或真黄体。黄体完成其功能后即退化成为结缔组织瘢痕，称为白体。

卵泡的闭锁和间质腺：在正常情况下，卵巢内的卵泡绝大多数都不能发育成熟，而在各发育阶段中逐渐退化，统称为闭锁卵泡。原始卵泡和初级卵泡闭锁时，卵细胞皱缩并退变，最后被吸收，不留痕迹。次级卵泡和接近成熟的卵泡闭锁时，卵泡失去圆形。卵母细胞核偏位，皱缩，染色质粗糙呈致密颗粒状；透明带膨胀，塌陷；卵泡壁颗粒细胞松散脱落入卵泡腔。退变的残物很快被吸收。同时，卵泡内膜细胞变为多角形，被结缔组织、毛细血管分隔成辐射状排列的细胞索。在有些动物，如啮齿类、食肉类等，这些细胞变为间质腺或间质细胞。该细胞在光镜下与黄体细胞很相似，可分泌雌激素、孕酮和雄激素。

三、牛、马、猪、犬卵巢的位置和结构特点

（一）牛的卵巢

呈稍扁的椭圆形，右侧卵巢较大，位于骨盆前口两侧附近，处女牛多位于骨盆腔内，经产牛位于腹腔内，在耻骨前缘前下方。性成熟后，有成熟的卵泡和黄体突出于卵巢表面。

（二）马的卵巢

呈豆形，位于第 4（右侧）至第 5（左侧）腰椎横突腹侧。卵巢游离缘有一凹陷，称排卵窝，成熟卵泡由此排出。

（三）猪的卵巢

呈卵圆形，左侧卵巢较右侧的稍大。性成熟前较小，表面光滑，位于荐骨岬两侧稍后方；接近性成熟时，体积增大，表面有许多卵泡突出呈桑葚状，位于髋结节平面上；性成熟后及经产母猪的卵巢更大，表面有卵泡、黄体等突出呈结节状，卵巢向前向下移至髋关节与膝关节连线的中点上。

（四）犬的卵巢

位于第 3～4 腰椎横突腹侧，呈扁椭圆形，因有卵泡和黄体突出于表面而呈结节状。

四、输 卵 管

输卵管是输送卵子到子宫的细而弯曲的肌性管道，也是受精的场所。输卵管分为漏斗、壶腹、峡和子宫部。①输卵管漏斗：为输卵管前端漏斗状的膨大部，其游离缘有许多不规则的皱褶，称输卵管伞；中央有与腹膜腔相通的输卵管腹腔口。②输卵管壶腹：为输卵管漏斗后方管腔较粗的部分，是精子和卵子结合受精的部位。③输卵管峡：为输卵管后段连接子宫角的狭窄部分。④子宫部：为输卵管末端位于子宫壁内的部分，以输卵管子宫口开口于子宫角，见于马和食肉类。牛、羊的输卵管较长，弯曲少，壶腹部不明显，与子宫角之间无明显分界。猪的输卵管壶腹部较粗而弯曲，后部较细而直，与子宫角之间无明显分界。马的输卵管较长，壶腹部明显且特别弯曲，有子宫部，与子宫角之间界线清楚。犬的输卵管细，弯曲较少。输卵管壁由黏膜、肌膜和浆膜三层构成，无黏膜下组织。

五、子宫的位置、形态和组织结构特点

（一）子宫的位置、形态

子宫（彩图 2 - 25）为孕育胎儿的肌质器官。大部分位于腹腔内，小部分位于盆腔内，借子宫系膜附着于腹腔顶壁和盆腔侧壁。根据两侧子宫的合并程度，哺乳动物的子宫分为双子宫、双角子宫和单子宫三种。家畜均为双角子宫，由子宫角、子宫体和子宫颈组成。子宫角一对，位于腹腔内，呈弯曲的圆筒状，后端汇合为子宫体。子宫体多位于盆腔内，部分在腹腔内，呈圆筒状，向后延续为子宫颈。子宫角与子宫体内的空腔，称子宫腔。子宫颈位于骨盆腔内，阴道前方的部分称阴道前部，突入阴道内的部分称阴道部。子宫颈壁厚，内腔狭窄，称子宫颈管。子宫颈管分别以子宫内口和外口与子宫体和阴道相通。

（二）牛、马、猪、犬子宫的形态特点

1. 牛子宫 子宫角呈卷曲的绵羊角状；子宫角分叉处有角间背侧和腹侧韧带相连；子宫体短，牛子宫角和子宫体黏膜上有100多个卵圆形隆起，称子宫阜；子宫颈长，黏膜形成环形皱褶，子宫颈管呈螺旋状，有子宫颈阴道部。

2. 马子宫 整体呈Y形，子宫角略呈向下弯曲的弓形；子宫体与子宫角等长，子宫角和子宫体无子宫阜；子宫颈阴道部明显。

3. 猪子宫 子宫角长而弯曲，似小肠；子宫体较短，子宫角和体内无子宫阜；子宫颈黏膜形成两排半球形隆起，称子宫颈枕，子宫颈管呈螺旋状。无子宫颈阴道部，与阴道无明显的界限。

4. 犬子宫 整体呈Y形，子宫角细长而直，子宫体和子宫颈很短。有子宫颈阴道部。

（三）子宫的组织结构特点

子宫从内向外由子宫内膜、肌层和外膜三层组成。在发情周期中，子宫经历一系列明显的变化。

1. 子宫内膜 由上皮和固有层构成。上皮随动物种类和发情周期而不同，反刍动物和猪为单层柱状或假复层柱状上皮，马、犬、猫等动物为单层柱状上皮。固有层的浅层有较多的细胞成分及子宫腺导管，深层中细胞成分较少，但布满了分支管状的子宫腺及其导管（子宫阜处除外）。腺上皮由有纤毛或无纤毛的单层柱状上皮组成。子宫腺分泌物为富含糖原等营养物质的浓稠黏液，称子宫乳，可供给着床前附植阶段早期胚胎所需的营养。

子宫阜是反刍动物固有层形成的圆形隆起，其内有丰富的成纤维细胞和大量的血管。牛的子宫阜为圆形隆突，羊的子宫阜中心凹陷。子宫阜参与胎盘的形成，属胎盘的母体部分。

2. 肌层 由发达的内环、外纵平滑肌组成。在两层间或内层深部存在有大量的血管及淋巴管。这些血管主要是供应子宫内膜营养，在反刍动物子宫阜区特别发达。

3. 外膜 为浆膜，由疏松结缔组织和间皮构成。在子宫外膜中有时可见少数平滑肌细胞存在。

六、阴道、阴道前庭和阴门

（一）阴道

阴道是雌性动物的交配器官和产道，为中空的肌质器官。位于骨盆腔内，背侧为直肠，腹侧为膀胱和尿道。阴道前端与子宫颈阴道部形成一环行或半环形的隐窝，称阴道穹隆；后端以尿道外口与阴道前庭为界。在尿道外口前方有一横行或环形的黏膜褶，称阴瓣，以驹和仔猪的最为发达。阴道壁由黏膜、肌层和外膜组成，黏膜呈粉红色，形成许多纵行皱褶。

（二）阴道前庭

阴道前庭是雌性动物的交配器官和产道，前方以尿道外口与阴道为界，后方经阴门与外界相通。阴道前庭由黏膜、肌层和外膜组成，黏膜呈粉红色。在尿道外口后方两侧，有前庭小腺的开口，在阴道前庭的两侧壁有前庭大腺的开口。

（三）阴门

阴门为雌性生殖器官的末部，位于肛门的腹侧，由左、右阴唇构成，两阴唇间的裂隙称阴门裂。阴门腹侧联合前方有一阴蒂窝，内有阴蒂。阴蒂相当于公畜的阴茎。

第十一单元　心血管系统★★★

　　脉管系亦称**循环系**，分为心血管系和淋巴系。**心血管系**由心、动脉、毛细血管和静脉构成。**心**是血液循环的动力器官。**动脉**是将血液由心运输到全身各部的血管。**静脉**是将血液由全身各部运输到心的血管。**毛细血管**是血液与组织液进行物质交换的场所。

第一节　心

一、心的形态、位置和结构

（一）心的位置和形态

　　1. 心的位置　心位于胸腔纵隔内，夹于左、右肺之间，略偏左侧（牛心约5/7、马心约3/5位于正中线左侧），在第3~6肋骨之间。牛心底约位于肩关节水平线上，心尖距膈2~5cm。马心底位于胸高中点稍下方，心尖距膈5~8cm。

　　2. 心的形态　呈倒圆锥形，外有心包包围（彩图2-27）。心的上部宽大为心底，与出入心的大血管相连。心的下部尖而游离，为心尖。心的前缘隆凸，称**右心室缘**；后缘短而平直，称**左心室缘**；心的左侧面称**心耳面**，右侧面称**心房面**。心底有呈C形的冠状沟，将心分为上部的心房和下部的心室。心室左、右侧面各有一纵沟，分别称为**锥旁室间沟**（左纵沟）和**窦下室间沟**（右纵沟），为左、右心室外表的分界标志。上述沟内含有血管、神经和脂肪。

（二）心腔的结构

　　心腔以房间隔和室间隔分为左右两半，每半上部为心房，下部为心室。因此，心腔分为右心房、右心室、左心房和左心室四部分，同侧的心房和心室经房室口相通（彩图2-28）。

　　1. 右心房　位于心底右前方，分为腔静脉窦和右心耳两部分。右心耳为圆锥形盲囊，其盲端伸向左侧至肺动脉干前方，内壁上有梳状肌。**腔静脉窦**是前、后腔静脉开口处的膨大部，前、后腔静脉分别开口于腔静脉窦的背侧壁和后壁，在两静脉开口处有发达的半月形静脉间结节（静脉间嵴）。在后腔静脉口下方有**冠状窦**，窦口有一半月形瓣膜；心大静脉和心中静脉注入冠状窦，牛左奇静脉也汇入冠状窦。马右奇静脉口位于前、后腔静脉口之间或直接注入前腔静脉。在后腔静脉口附近的房间隔上有一卵圆窝，是胎儿时期卵圆孔的遗迹。右心房以右房室口通右心室。

　　2. 右心室　位于右心房腹侧，构成心的右前部，横切面略呈三角形，不达心尖部。右心室上部有两个开口，入口为右房室口，出口为肺动脉干口。**右房室口**略呈卵圆形，口周缘有由致密结缔组织构成的纤维环，环上附着有 3 片三角形瓣膜，称**右房室瓣**(三尖瓣)，游离缘借腱索附着于心室侧壁和室间隔上的乳头肌，每片瓣膜的腱索分别连至相邻的两个乳头肌上。**乳头肌**为心室壁突出的锥形肌柱，有三个，两个位于室间隔上，一个位于心室侧壁上。当心室收缩时，室内压升高，血液将三尖瓣推向上，使其互相合拢，关闭右房室口，由于腱索的牵引，瓣膜不致翻向右心房，以防止血液逆流回右心房。**肺动脉干口**位于右心室左前方或主动脉口左前方，呈圆形，口周围也有纤维环，环上附着有 3 片半月形瓣膜，称**肺动脉干瓣**(半月瓣)。瓣膜呈袋状，袋口朝着肺动脉干。当心室舒张时，肺动脉干血液倒流，将半月瓣口袋装满，3 片半月瓣展开将肺动脉干口关闭，防止血液倒流入右心室。此外，右心室内还有**隔缘肉柱**(心横肌)，由室间隔伸至心室侧壁，有防止心室舒张时过度扩张的作用。

3. 左心房 位于心底左后方，其构造与右心房相似。左心耳盲端向前，内有梳状肌。在左心房背侧壁后部，有 5～8 个肺静脉口，聚集为 3 组。左心房以左房室口通左心室。

4. 左心室 位于左心房腹侧，横切面略呈圆锥形，上部有两个开口，入口为左房室口，出口为主动脉口。**左房室口**呈圆形，口周围有纤维环，环上有两片强大的瓣膜，称**左房室瓣**(二尖瓣)，其形态、构造和功能与右房室口的三尖瓣相同，游离缘借腱索附着于心室侧壁的两个乳头肌上。**主动脉口**呈圆形，约在心底中部，口周围的纤维环上附着有 3 片**主动脉瓣**(半月瓣)，其形态、构造和功能与肺动脉干口的半月瓣相同。牛的纤维环内有 2 块心小骨，马有 2～3 块心软骨，猪有 1 块心软骨。左心室有两个乳头肌，较右心室发达，位于心室侧壁，隔缘肉柱有两条，分别自室间隔伸至乳头肌。

(三) 心壁的结构

分 3 层，由内向外依次为心内膜、心肌膜和心外膜。**心内膜**由内皮、内皮下层和心内膜下层构成，心内膜下层的结缔组织中分布着具有传导功能的浦金野细胞。**心肌膜**最厚，分心房肌和心室肌，主要由心肌纤维构成，可分内纵、中环和外斜三层，心肌纤维之间具有闰盘结构，实际上是心肌细胞之间的特殊连接。**心外膜**是心包浆膜的脏层结构，外表面被覆间皮，间皮下是薄层结缔组织。

二、心传导系统的组成

心传导系统由特殊的心肌纤维所构成，能自动而有节律地产生兴奋和传导兴奋，使心房和心室交替性地收缩和舒张，包括窦房结、房室结、房室束和浦金野纤维。**窦房结**位于前腔静脉和右心耳之间的沟内，心外膜下。**房室结**呈结节状，位于房间隔右心房侧的心内膜下，冠状窦口前下方。**房室束**为房室结向下的直接延续，在室间隔上部分为左、右两脚，分别在室间隔左侧面和右侧面的心内膜向下伸延，分支分布于室间隔，并有分支通过左、右心室的隔缘肉柱（心横肌），分布于左、右心壁的外侧壁。**浦金野纤维**为房室束的微细分支，交织成网，与普通心肌纤维相连。

三、心包的组成和结构

心包为包在心脏外面的圆锥形纤维浆膜囊，分纤维层和浆膜层。纤维层为心包的外层，背侧附着于心底的大血管，腹侧以胸骨心包韧带与胸骨后部相连。纤维层外面被覆纵隔胸膜

（心包胸膜）。浆膜层为心包的内层，分壁层和脏层，壁层紧贴于纤维层内面，脏层紧贴于心脏外面，构成心外膜。壁层和脏层之间的腔隙称为心包腔，内含心包液，起润滑作用，可减少心搏动时的摩擦。

第二节　肺　循　环

血液由右心室输出，经肺动脉、肺毛细血管、肺静脉回流到左心房，称肺循环（小循环）。

肺循环的动脉主干为肺动脉干，静脉为肺静脉。**肺动脉干**起始于右心室的肺动脉干口，在左、右心耳之间向上向后伸延，经主动脉左侧伸达后方，分为左、右肺动脉，经肺门入肺，牛和猪的右肺动脉还分出前叶支至右肺前叶。肺动脉在肺内随支气管反复分支，最后形成毛细血管网，包绕在肺泡周围。肺动脉干与主动脉之间有动脉韧带相连。**肺静脉**由肺毛细血管汇集而成，最后形成5～8支肺静脉，开口于左心房。

第三节　体　循　环

血液由左心室输出，经主动脉及其分支运输到全身各部，通过毛细血管、静脉回流到右心房，称体循环（大循环）。

一、主动脉及其主要分支

主动脉是体循环的动脉主干，起于左心室的主动脉口，分为升主动脉、主动脉弓和降主动脉。**升主动脉**位于心包内，在肺动脉干和左、右心房之间向上伸延，穿出心包延续为主动脉弓。**主动脉弓**呈弓形向上向后伸延至第5～6胸椎腹侧，延续为降主动脉。**降主动脉**沿胸椎腹侧向后伸延至膈的一段，称为**胸主动脉**，然后穿过膈的主动脉裂孔进入腹腔，称**腹主动脉**。腹主动脉沿腰椎腹侧向后延伸，在第5～6腰椎腹侧分为左、右髂外动脉，左、右髂内动脉和荐中动脉。升主动脉短，起始部膨大称主动脉球，并分出左右冠状动脉。主动脉弓向前分出臂头干。臂头干为分布于胸廓前部、头颈和前肢的动脉主干，在纵隔中沿气管腹侧向前向上伸延，至第1肋附近分出左锁骨下动脉，其主干在胸前口处分出双颈干后，延续为右锁骨下动脉（彩图2-29）。猪和犬的左锁骨下动脉直接从主动脉弓上分出。

（一）胸主动脉及其主要分支

包括成对的肋间背侧动脉、支气管食管动脉等。

1. 肋间背侧动脉　前1～5对由肋间最上动脉发出，其余均由胸主动脉发出，沿椎体外侧面向上伸延至相应肋间上端分出背侧支和腹侧支。背侧支较小，分出肌支和脊髓支分布于脊髓及脊柱背侧的肌肉和皮肤。腹侧支较粗，沿肋骨后缘向下伸延，分布于胸膜、肋骨、肋间肌、乳房（猪、犬）和皮肤。

2. 支气管食管动脉　约在第6胸椎腹侧起于胸主动脉，分为支气管支和食管支，分布于食管和肺内支气管。牛的支气管动脉和食管动脉单独起始于胸主动脉。

（二）腹主动脉及其主要分支

包括腹腔动脉、肠系膜前动脉、肾动脉、肠系膜后动脉、睾丸动脉或卵巢动脉、腰动脉等。

1. 腹腔动脉 紧靠膈主动脉裂孔后方起于腹主动脉腹侧，分为脾动脉、胃左动脉、肝动脉等，分布于脾、胰、胃、肝、十二指肠和大网膜。

2. 肠系膜前动脉 在腹腔动脉后方起自腹主动脉腹侧面，分为空肠动脉、回结肠动脉等，分布于空肠、回肠、盲肠、结肠和十二指肠等。

3. 肾动脉 在肠系膜前动脉后方自腹主动脉分出，经肾门入肾。

4. 肠系膜后动脉 在第4～5腰椎腹侧、两髂外动脉起始部之间起自腹主动脉，分为结肠左动脉和直肠前动脉，分布于降结肠后部和直肠。

5. 睾丸动脉或卵巢动脉 在肠系膜后动脉起始部附近起自腹主动脉，**睾丸动脉**沿腹壁向后向下进入腹股沟管，分布于睾丸、附睾、精索等结构。**卵巢动脉**在子宫阔韧带中向后延伸，分出输卵管支和子宫支后，经卵巢系膜入卵巢，分布于卵巢、输卵管和子宫角。

6. 腰动脉 牛、马有6对，前5对起于腹主动脉，在相应腰椎横突后缘向外伸延，分布于脊髓、腰椎背侧和腹侧的肌肉和皮肤。

(三) 锁骨下动脉及其主要分支

自臂头干分出后向前、向下和向外侧呈弓状延伸，绕过第1肋骨前缘移行为腋动脉。**锁骨下动脉**在胸腔内的分支有肋颈干、胸廓内动脉和颈浅动脉。马左侧锁骨下动脉在胸腔内的分支有肋颈干、颈深动脉、椎动脉、胸廓内动脉和颈浅动脉，但右侧的肋颈干、颈深动脉和椎动脉由臂头干分出。牛的肋颈干起自锁骨下动脉起始部的背侧，在第1肋的前缘向前向上延伸，由后向前顺次发出肋间最上动脉、肩胛背侧动脉和颈深动脉后，主干延续为椎动脉。其中肋间最上动脉分出前几对肋间背侧动脉，**肩胛背侧动脉**分布于鬐甲部，**颈深动脉**分布于颈背侧部，**椎动脉**在横突管内前行，分布于颈部的肌肉和皮肤及脊髓等。**胸廓内动脉**沿第1肋内侧面和胸骨背侧面向后延伸至第7肋软骨间隙，分为肌膈动脉和腹壁前动脉，分布于膈、胸壁和腹壁前部。

(四) 腋动脉及其主要分支

是前肢的动脉主干，为锁骨下动脉的直接延续，位于腋部称腋动脉，位于臂部称臂动脉，位于前臂部称正中动脉，在掌部称指掌侧第2（马）或第3（牛）总动脉。**腋动脉**分出胸廓外动脉、肩胛上动脉、肩胛下动脉和旋肱前动脉，其中肩胛上动脉分布于冈上肌、肩胛下肌和肩关节；肩胛下动脉分为3支，分布于肩胛骨内、外侧的肌肉及肩后部的肌肉和皮肤。**臂动脉**分支有臂深动脉、尺侧副动脉、肘横动脉、骨间总动脉等，其中尺侧副动脉分布于臂三头肌及腕和指的屈肌，肘横动脉分布于腕和指的伸肌。**正中动脉**的分支有前臂深动脉和桡动脉等，前者分布于腕和指的屈肌。指掌侧（第2～4）总动脉伸达指部，分为指掌侧固有动脉，分布于指。

(五) 颈总动脉及其主要分支

双颈动脉干很短，分为左右颈总动脉。**颈总动脉**在颈静脉沟深部伴随迷走交感干向前延伸，在寰枕关节腹侧分为颈外动脉和颈内动脉，沿途分支至食管、支气管、甲状腺等。在颈总动脉分叉处有小结节称颈动脉球（马），或枕动脉起始部略膨大称颈动脉窦，分别为对血液的化学感受器和压力感受器。**颈内动脉**经破裂孔或颈静脉孔入颅腔分布于脑和脑膜，成年牛的颈内动脉退化。牛的枕动脉自颈内动脉分出，马的自颈外动脉分出，分布于中耳、脑膜、枕部肌肉和皮肤等。**颈外动脉**向前上方延伸，分出颞浅动脉后延续为上颌动脉，沿途分支有舌面干、咬肌动脉（支）、耳后动脉。舌面干分为舌动脉和面动脉。舌动脉分布于舌。面动脉经下颌骨面血管切迹至面部，沿咬肌前缘上行分支分布于下唇、上唇、颊、鼻和眼角等，猪、羊无面动脉。咬肌动脉分布于咬肌。耳后动脉分布于耳。颞浅动脉在颞下颌关节腹侧分出，分为数支分布于颞肌、咬肌、耳、角、眼睑等。上颌动脉向前向上向内延伸，沿途分出下齿槽动脉、至颅腔的侧支（牛）、颊动脉、眼外动脉、颧动脉等，分布于下颌骨、下颌的齿、颊、翼肌、颞肌、脑和脑膜、眼球及其附属结构等，最后分为眶下动脉和腭降动脉。眶下动脉经眶下管出眶下孔，分布于上颌的齿和鼻唇部。腭降动脉分为3支，分布于软腭、硬腭和鼻腔。

（六）髂内动脉及其主要分支

髂内动脉为盆腔脏器和盆壁的动脉主干，沿荐结节阔韧带内侧面向后腹侧延伸，沿途分出脐动脉、臀前动脉、前列腺动脉（阴道动脉）等，在坐骨小孔附近分为臀后动脉和阴部内动脉。**脐动脉**分布于膀胱、输尿管、输精管、子宫（子宫动脉）。**臀前动脉**和**臀后动脉**分别自坐骨大、小孔走出分布于臀肌和股二头肌。**前列腺动脉**（公畜）和**阴道动脉**（母畜）分布于膀胱、输尿管、尿道、输精管、副性腺、子宫、阴道、直肠、会阴等。阴部内动脉分布于直肠、会阴部、阴茎、阴蒂、阴唇和乳房等。马的髂内动脉主要分为阴部内动脉和臀后动脉，由阴部内动脉分出脐动脉和前列腺动脉等，由臀后动脉分出臀前动脉等。

（七）髂外动脉及其主要分支

髂外动脉为后肢的动脉主干，在腹腔称髂外动脉，在股部称股动脉，在膝关节后方称腘动脉，在小腿部称胫前动脉，在跗部称足背动脉，在跖部为跖背侧第3动脉，延续为趾背侧总动脉。**髂外动脉**分出旋髂深动脉、子宫动脉（马）和股深动脉，其中旋髂深动脉约在髋结节相对处分为前、后两支，分布于腹壁肌、髂腰肌、股前肌群等；股深动脉分为阴部腹壁干和旋股内侧动脉，前者向前下方延伸至腹股沟管深环处，分为腹壁后动脉和阴部外动脉，分布于腹壁、阴囊、包皮、乳房和阴唇；后者分布于股内侧和股后肌群。**股动脉**的分支有旋股外侧动脉（股前动脉）、隐动脉、股后动脉等，其中旋股外侧动脉分布于股四头肌，隐动脉向后向下延伸至跟骨内侧分为足底内侧动脉和足底外侧动脉，在跖部延续为趾跖侧第2～4总动脉，分支分布于趾跖侧面。股后动脉分布于臀股二头肌、腓肠肌、趾浅屈肌、腘淋巴结等。**腘动脉**分为胫前动脉和胫后动脉，后者分布于腘肌、趾浅屈肌、趾深屈肌等。胫前动脉沿胫骨前肌与胫骨背侧之间向下延伸，分支分布于胫骨背外侧面的肌肉、胫骨等，主干向下延续为足背动脉。足背动脉在跗关节背侧分出跗穿动脉后称跖背侧第3动脉，在跖远端延续为趾背侧总动脉，分布于趾背侧面。

二、大　静　脉

（一）前腔静脉及其主要属支

前腔静脉为收集头、颈、前肢和部分胸壁和腹壁血液回流入右心房的静脉干（彩图2-30），马、牛由左、右颈（内、外）静脉和左、右锁骨下静脉在胸前口处汇合而成，猪、犬的左、右颈外静脉和左、右锁骨下静脉先汇集成左、右臂头静脉，然后合并形成前腔静脉。前腔静脉位于心前纵隔内、臂头干的右腹侧，经主动脉右侧注入右心房的腔静脉窦。前腔静脉的侧支有肋颈静脉、胸内静脉和右奇静脉。锁骨下静脉为前肢的深静脉干，由第3、第4指掌轴侧固有静脉、指掌侧第3总静脉、正中静脉、臂静脉、腋静脉依次汇聚而成，均与同名动脉伴行。

（二）后腔静脉及其主要属支

后腔静脉为收集腹部、骨盆部、尾部及后肢血液入右心房的静脉干（彩图2-30）。由左、右髂总静脉在第5～6腰椎腹侧汇合而成，沿腹主动脉右侧向前延伸，经肝的腔静脉沟穿过膈的腔静脉裂孔进入胸腔，注入右心房。后腔静脉在途中有腰静脉、肝静脉、肾静脉、睾丸静脉或卵巢静脉等属支汇入。**髂总静脉**由髂内静脉和髂外静脉在盆腔前口处汇集而成，为收集后肢、骨盆腔、尾部等处血液的短静脉干。**髂内静脉**与髂内动脉伴行，其属支有臀前静脉、臀后静脉、前列腺静脉、阴部内静脉等，均与同名动脉伴行。**髂外静脉**为后肢的静脉主干，由足背静脉、胫前静脉、腘静脉、股静脉顺次汇集而成，均与同名动脉伴行。

（三）颈静脉

颈静脉包括颈外静脉和颈内静脉，马无颈内静脉。**颈外静脉**由舌面静脉和上颌静脉汇集而成，为头颈部粗大的静脉干，其属支有舌面静脉、上颌静脉、颈浅静脉和头静脉等。颈外静脉位于颈静脉沟内，是临床上采血、放血、输液的重要部位。

（四）肝门静脉

肝门静脉是收集腹腔内不成对脏器［胃、脾、胰、小肠、大肠（直肠后段除外）］血液回流的静脉主干，其属支有胃十二指肠静脉、脾静脉、肠系膜前静脉和肠系膜后静脉。肝门静脉位于后腔静脉腹侧，穿过胰，与肝动脉一起经肝门入肝，开口于肝小叶的窦状隙。窦状隙的血液依次汇流入中央静脉、小叶下静脉和肝静脉。

全身的静脉汇集成心静脉、前腔静脉、后腔静脉和奇静脉四个静脉系（彩图2-30）。

三、四肢静脉的特点

四肢静脉分深静脉和浅静脉，两者之间常有交通。**深静脉**位置较深，与同名动脉伴行。**浅静脉**位于皮下，无动脉伴行，在体表可见，常用于采血和静脉注射等。

（一）头静脉

头静脉亦称**臂皮下静脉**，为前肢的浅静脉干，无动脉伴行，起于蹄静脉丛，沿前臂内侧面上行，经前臂前面入胸外侧沟向上向内延伸注入颈外静脉。头静脉是小动物静脉注射的常用部位，用指按压肘部背侧，可使该静脉怒张。副头静脉位于前脚部背侧，起于蹄静脉丛，由指背侧固有静脉、指背侧总静脉依次汇聚而成，注入头静脉。

（二）隐静脉

隐静脉为后肢的浅静脉干，包括内侧隐静脉和外侧隐静脉，均注入深静脉干。**外侧隐静脉**又称小隐静脉或小腿外侧皮下静脉，分前、后两支，无动脉伴行，起于蹄静脉丛，牛和猪的外侧隐静脉汇入旋股内侧静脉，马和犬的注入股后静脉。外侧隐静脉是小动物静脉注射的常用部位。**内侧隐静脉**又称大隐静脉或小腿内侧皮下静脉，在跗关节内侧起于足底内侧静脉，与隐动脉和隐神经伴行，注入股静脉。

第四节 微 循 环

一、微循环的组成

微循环是指由微动脉到微静脉之间微血管的循环系统，是血液循环的基本功能单位，既是血液和组织之间进行物质交换的部位，又是调节局部血流、影响局部代谢和功能的结构。微血管包括微动脉、中间微动脉、真毛细血管、直捷通路、动静脉吻合和微静脉 6 个连续的部分。

二、微循环的结构特点

微动脉直径一般小于 $300\mu m$，由内膜、中膜和外膜组成。内膜包括内皮、内皮下层和内弹性膜。中膜常为 1~2 层螺旋状平滑肌。外膜薄，由疏松结缔组织构成。中间微动脉的内膜无内弹性膜，中膜平滑肌稀疏。真毛细血管管壁极薄，相互吻合成网，最后汇入多条微静脉。毛细血管起始部有环行平滑肌组成的毛细血管前括约肌，起调节微循环"闸门"的作用。根据机体局部机能活动的需要，血液流经微循环的途径有三种：微动脉→真毛细血管→微静脉；微动脉→直捷通路→微静脉；微动脉→动静脉吻合→微静脉。与毛细血管相连的微静脉为毛细血管后微静脉，其结构与毛细血管相似，细胞间隙较宽，物质通透性较大。动静脉吻合的动脉缺乏内弹性膜，但有纵向排列的上皮样平滑肌细胞。

第十二单元　淋巴系统★★★

第一节　淋巴系统的组成

淋巴系统包括淋巴管、淋巴组织和淋巴器官。淋巴组织和淋巴器官可产生淋巴细胞，通过淋巴管或血管进入血液循环，参与机体的免疫活动，因此，淋巴系统是机体的主要防御系统。

一、淋　巴　管

淋巴管是收集淋巴回流的管道，始于组织间隙，结构与静脉相似，管道内含有淋巴，最终汇入静脉，是血液循环的辅助结构。淋巴管根据管径大小分为毛细淋巴管、淋巴管、淋巴干和淋巴导管。胸导管是全身最大的淋巴管，汇集除右淋巴导管以外的全身淋巴，始于乳糜池，沿胸主动脉的右上方向前延伸，然后越过食管和气管的左侧面向下走行，于胸腔入口处注入前腔静脉或左颈外静脉。

二、淋巴组织

淋巴组织是含有大量淋巴细胞的网状组织，包括弥散淋巴组织和淋巴小结。**弥散淋巴组**

织的特点是淋巴细胞呈弥散性分布，与周围组织无明显界限。**淋巴小结**是由淋巴细胞构成的圆形或卵圆形结构，与周围组织分界明显。典型淋巴小结的中央为淡染区，称生发中心，又分为暗区（主要含大淋巴细胞）和明区（主要含中淋巴细胞）；边缘为深染区，称小结帽，由密集的小淋巴细胞构成。弥散淋巴组织和淋巴小结主要分布于消化系统、呼吸系统、泌尿生殖系统及其他部位的结缔组织中。

三、淋巴器官

淋巴器官是以淋巴组织为主构成的器官，包括淋巴结、脾、胸腺、扁桃体等。根据其功能和淋巴细胞的来源分为中枢（初级）淋巴器官和周围（次级）淋巴器官，前者包括胸腺、骨髓和禽类的法氏囊（腔上囊），后者包括淋巴结、脾、扁桃体等，是引起免疫应答的主要场所。

第二节　中枢淋巴器官

一、胸腺的位置、形态

单蹄类和肉食类动物的胸腺位于胸腔内，偶蹄动物的位于胸部和颈部。牛、羊、猪的胸腺分为胸叶和颈叶，胸叶大，位于心前纵隔内，向前分为左、右颈叶，沿气管两侧分布，前端可达喉部。新生动脉的胸腺在生后继续发育，至性成熟期体积达到最大，到一定年龄（犬1岁，马2～3岁，猪1～2岁，牛4～5岁）开始退化，直至消失。

二、胸腺的结构

胸腺表面被覆薄层结缔组织构成的被膜，被膜伸入实质内部形成小叶间隔，将胸腺分成许多大小不等的胸腺小叶，每一小叶分为外周的皮质和中央的髓质，由于小叶间隔不完整，因此相邻小叶的髓质常彼此相连。**胸腺皮质**以有突起、呈网状排列的上皮性网状细胞为支架，间隙内含有大量密集的淋巴细胞（又称胸腺细胞）和少量巨噬细胞等。**胸腺髓质**的胸腺细胞数量较少，染色较淡；髓质中一些上皮性网状细胞呈同心圆状排列，构成特殊的**胸腺小体**。

胸腺具有培育、选择和向外周淋巴器官和淋巴组织输送 T 淋巴细胞的作用，还有内分泌功能，可分泌胸腺素、胸腺生成素、胸腺肽等多种激素，有促进胸腺细胞分化的作用。

第三节　周围淋巴器官

一、脾的位置、形态与组织结构特点

（一）脾的位置、形态

脾位于腹前部、胃的左侧。家畜脾的形态各异，分述如下：

1. 牛脾　呈长而扁的椭圆形，蓝紫色，质较硬。位于左季肋部，贴附于瘤胃背囊左前部，从最后 2 肋骨椎骨端斜向前下方达第 8～9 肋骨下 1/3。壁面略凸，邻接膈。脏面略凹，紧贴瘤胃左侧面。脏面上 1/3 近前缘处稍凹，为脾门。

2. 羊脾　扁平，略呈钝三角形，红紫色，质较软，位于瘤胃左侧，脾门靠近脏面前上角。

3. 马脾　呈镰刀形，蓝红色或铁青色，位于胃大弯左侧。上端宽而下端窄，从第 1 腰椎腹侧和后 2～3 个肋骨椎骨端斜向前下方至第 9～11 肋骨下 1/3。壁面略凸；脏面略凹，有一纵嵴，上有脾门。

4. 猪脾　呈细而长的带状，暗红色，质地较硬。位于胃大弯左侧，长轴几乎呈背腹向。上端较宽，位于后 3 个肋骨椎骨端腹侧；下端稍窄，位于脐部。脏面有一纵嵴，上有脾门。猪瘟剖检的特征性病变是脾出血性梗死。

5. 犬脾　略呈舌形或靴形，中部稍狭，紫红褐色，质较硬。上端与第一腰椎横突和最后肋骨椎骨端相对。壁面凸；脏面凹，有一纵嵴，脾门位于其内。

（二）脾的组织结构

脾由被膜和实质构成，具有造血、滤血、灭血和贮血等作用。

1. 被膜和小梁　被膜由一层富含平滑肌和弹性纤维的结缔组织构成，表面被覆间皮。被膜的结缔组织伸入脾内形成许多分支的小梁，它们互相连接构成脾的支架。

2. 实质　由白髓、边缘区和红髓组成。

（1）白髓　包括脾小结和动脉周围淋巴鞘。**脾小结**即淋巴小结，主要由 B 细胞构成。发育良好的脾小结也可呈现明区、暗区和小结帽，小结帽朝向红髓。健康动物脾内脾小结较少，当受到抗原刺激引起体液免疫应答时，脾小结增多、增大。**动脉周围淋巴鞘**是围绕中央动脉周围的厚层弥散淋巴组织，由大量 T 细胞、少量巨噬细胞、交错突细胞等构成，属胸腺依赖区，相当于淋巴结的深层皮质。

（2）边缘区　在白髓与红髓之间，呈红色。其中淋巴细胞较白髓稀疏，但较红髓密集，主要含 B 细胞，也含 T 细胞、巨噬细胞、浆细胞和其他各种血细胞。中央动脉分支而成的一些毛细血管，其末端在白髓与边缘区之间膨大形成边缘窦，窦的附近有许多的巨噬细胞，能对抗原进行处理。因此，边缘区是脾内首先捕获、识别、处理抗原和诱发免疫应答的重要部位。边缘窦是血液中的淋巴细胞进入脾内淋巴组织的重要通道，脾内淋巴细胞也可经过此区转移至边缘窦，参与再循环。

（3）红髓　分布于被膜下、小梁周围、白髓及边缘区的外侧，因含大量血细胞，在新鲜切面上呈红色，因而得名。红髓包括脾索和脾血窦。脾索是由富含血细胞的索状淋巴组织构成的，内含 T 细胞、B 细胞、浆细胞、巨噬细胞和其他血细胞。脾索相互连接成网，与脾窦相间排列。脾索内含有各种血细胞，是滤血的主要场所。脾血窦简称脾窦，为相互连通的、不规则的静脉窦。窦壁由一层长杆状的内皮细胞呈纵向平行排列而成，细胞之间有宽的间隙，脾索内的血细胞可经此穿越进入脾窦，内皮外有不完整的基膜和环行的网状纤维围绕。因此，脾窦如同多孔隙的栅栏状结构。当脾收缩时，血窦壁的孔隙变窄或消失，脾扩张时孔隙变大。脾窦外侧有较多的巨噬细胞，其突起可通过内皮间隙伸入窦腔内。

二、扁桃体的位置、形态与组织结构特点

扁桃体由淋巴组织构成，既有弥散淋巴组织，也有淋巴小结，分布于舌、咽等处上皮下结缔组织中，为机体重要的防御器官。扁桃体滤泡的特点之一是表面上皮凹陷，称**隐窝**。一个隐窝及其相连的淋巴组织为一个扁桃体滤泡，数个滤泡聚集成一个扁桃体。在家畜主要有以下扁桃体：

1. 舌扁桃体　位于舌根部背侧。

2. 腭扁桃体　位于咽部侧壁、腭舌弓和腭咽弓之间。反刍动物具有腭扁桃体窦，腭扁

桃体位于窦壁内。马腭扁桃体位于舌根两侧，在黏膜上可见无数小孔。猪无腭扁桃体。犬具有腭扁桃体窝，腭扁桃体位于其内。

3. 腭帆扁桃体　位于软腭口腔面黏膜下，猪的特别发达。

4. 咽扁桃体　位于鼻咽部后背侧壁，猪和反刍动物位于咽隔。

三、主要浅在淋巴结的位置、形态与组织结构特点

（一）淋巴结的位置、形态

淋巴结多沿血管周围分布，**浅淋巴结**多位于体表凹陷处的皮下，**深淋巴结**多位于深部的大血管附近、血管主干分叉处、器官门附近、纵隔和肠系膜等处（彩图 2-31）。淋巴结通常有固定的位置，其输入淋巴管引流附近器官或部位的淋巴，并沿一定的方向汇集，通过输出淋巴管汇入附近的淋巴结、淋巴干或淋巴导管。当某一器官或部位发生病变时，淋巴结的细胞迅速增殖，体积增大。故了解局部淋巴结的正常位置、大小、引流区域及其引流的方向，对临床诊断、病理剖检及兽医卫生检验有重要的指导意义。淋巴结呈圆形或椭圆形，牛的较大，数目较少；马的较小，数目较多。在活体呈浅红色，在尸体略呈黄灰白色，亦可因所处环境而有所变化。淋巴结表面的凹陷处为淋巴结门，有血管、神经和输出淋巴管出入。

（二）主要的浅在淋巴结

家畜有 19 个淋巴中心，其中头部 3 个（腮腺淋巴中心、下颌淋巴中心和咽后淋巴中心）、颈部 2 个（颈浅淋巴中心和颈深淋巴中心）、前肢 1 个（腋淋巴中心）、胸腔 4 个（胸背侧淋巴中心、胸腹侧淋巴中心、支气管淋巴中心和纵隔淋巴中心）、腹腔内脏 3 个（腹腔淋巴中心、肠系膜前淋巴中心和肠系膜后淋巴中心）、腹壁和骨盆壁 4 个（腰淋巴中心、荐髂淋巴中心、腹股沟淋巴中心和坐骨淋巴中心）、后肢 2 个（腘淋巴中心和髂股淋巴中心）。下面仅介绍生产实践中常用的浅在淋巴结。

1. 下颌淋巴结　下颌淋巴结位于下颌间隙后部、下颌骨支后内侧。引流区域为头下半部的肌肉和皮肤、鼻腔前半部、口腔、唾液腺等，汇入咽后外侧淋巴结。牛、犬和马的下颌淋巴结可触知，但需注意区别牛的下颌淋巴结与下颌腺。

2. 颈浅淋巴结　颈浅淋巴结又称肩前淋巴结，牛、马、犬只有颈浅淋巴结，猪有颈浅背侧、中和腹侧淋巴结。位于肩关节前上方，臂头肌和肩胛横突肌（牛）的深层。引流颈部、胸壁和前肢皮肤和肌肉、胸部乳房的淋巴，汇入胸导管或右气管淋巴干。

3. 腹股沟浅淋巴结　母牛、母马的位于乳房基部后上方或外侧的皮下，称乳房淋巴结；母猪、母犬的位于最后乳房的后外侧或基部的后上方。乳房临床检查时常触诊此淋巴结。公畜的称阴囊淋巴结，公牛的位于阴茎背侧、精索的后方；公马有 2 群，分别位于精索前、后方；公猪、公犬的位于阴茎外侧、腹股沟管皮下环的前方。输出淋巴管汇入髂内侧淋巴结。

4. 髂下淋巴结　又称股前淋巴结，位于阔筋膜张肌前缘的膝褶中，活体上易于触摸。引流腹壁、骨盆、股部和小腿皮肤的淋巴，汇入髂内、外侧淋巴结。

5. 腘淋巴结　位于臀股二头肌与半腱肌之间，腓肠肌外侧头起始部的脂肪中。猪的腘淋巴结分为腘浅淋巴结和腘深淋巴结。引流后肢小腿下部肌肉和皮肤的淋巴，汇入髂内侧淋巴结（牛）或腹股沟深淋巴结（马）。

（三）淋巴结的组织结构

淋巴结分为间质和实质。

1. 间质　包括表面的被膜和伸入实质内的网状小梁。淋巴结表面被覆薄层致密结缔组织构成的被膜，数条输入淋巴管穿越被膜进入被膜下淋巴窦。被膜和门部的结缔组织伸入淋巴结实质，形成许多粗细不等的小梁。小梁互相连接成网，构成淋巴结的支架。

2. 实质　分为外周的皮质和中央的髓质，二者之间无明显界限。猪淋巴结的皮质和髓质的位置恰好相反。

（1）**皮质**　位于被膜下方，由浅层皮质、深层皮质和皮质淋巴窦构成。①浅层皮质：为紧靠被膜下淋巴窦的淋巴组织，由淋巴小结和小结间弥散淋巴组织构成。在抗原刺激下，淋巴小结发育良好，可见明显的暗区、明区和小结帽。淋巴小结内有 B 细胞、巨噬细胞、滤泡树突细胞、T 细胞等。暗区位于基部，其中大的 B 细胞分裂分化为中 B 细胞后，移至明区。小结帽的小淋巴细胞中，主要是浆细胞的前身，另有一些 B 记忆细胞。②深层皮质：又称副皮质区，位于皮质深部，为厚层弥散淋巴组织，主要含 T 细胞。深层皮质分布有许多毛细血管后微静脉，是血液内淋巴细胞进入淋巴结的重要通道。③皮质淋巴窦：是淋巴结内淋巴流动的通道，包括被膜下淋巴窦和小梁周围淋巴窦。淋巴窦壁衬有一层连续内皮细胞，内皮外有薄层基质、少量网状纤维和一层扁平网状细胞。窦腔内有一些呈星状的内皮细胞和网状纤维作支架，并有许多巨噬细胞附于其上或游离于窦腔内，网眼内还有许多淋巴细胞。因此，淋巴在窦内流动缓慢，有利于巨噬细胞清除异物和摄取抗原。

（2）**髓质**　位于淋巴结中央和淋巴结门附近，由髓索和髓质淋巴窦组成。①髓索：是由弥散淋巴组织构成的不规则形条索，彼此相连成网，主要含 B 细胞，另有一些 T 细胞、浆细胞、肥大细胞和巨噬细胞等。髓索是淋巴结产生抗体的部位。髓索中央常有一条毛细血管后微静脉，是血液内淋巴细胞进入髓索的通道。②髓质淋巴窦：位于髓索之间，相互连接成网，其结构与皮质淋巴窦相同，但窦腔大，腔内巨噬细胞较多，因此有较强的滤过作用。

周围淋巴器官和淋巴组织内的淋巴细胞，可经淋巴管进入血液循环于全身，它们又可通过毛细血管后微静脉再回到淋巴器官或淋巴组织内，如此周而复始，使淋巴细胞从一个地方到另一个地方，这种现象称为淋巴细胞再循环。

猪的淋巴结与上述典型淋巴结的结构不同。仔猪的淋巴结"皮质"和"髓质"的位置恰好相反。淋巴小结位于中央区域，而不甚明显的淋巴索和少量较小的淋巴窦则位于周围。输入淋巴管从一处或多处经被膜和小梁一直穿行到中央区域，然后流入周围窦，最后汇集成几条输出淋巴管，从被膜的不同地方穿出。在成年猪，皮质和髓质混合排列。

淋巴结是机体内重要的免疫器官，构成机体免疫的第二道防线，主要功能包括滤过侵入机体的抗原物质，形成具有免疫活性的淋巴细胞，引发免疫反应。当引起体液免疫应答时，淋巴小结增多、增大，髓索内浆细胞增多；引起细胞免疫应答时，副皮质区明显扩大，效应 T 细胞输出增多。淋巴结常同时发生体液免疫和细胞免疫，免疫反应剧烈时，临床上表现为肿大和出血等。

四、猪腹腔淋巴结位置与形态特点

1. 腹腔淋巴结　位于腹腔动脉及其分支附近，有 2～4 个。

2. 肝淋巴结　位于肝门或门静脉表面，有2~7个，肉品检验时常规检查。

3. 脾淋巴结　沿脾动脉和静脉分布，一些淋巴结位于脾门背侧，有1~10个。

4. 胃淋巴结　位于胃贲门或沿胃左动脉分布，有1~5个。

5. 胰十二指肠淋巴结　位于胰和十二指肠之间，邻近胰十二指肠动脉，一部分淋巴结包埋在胰中，有5~10个。

6. 肠系膜前淋巴结　位于肠系膜前动脉起始部附近。

7. 空肠淋巴结　位于空肠系膜中，在肠系膜每侧形成两排淋巴结。

8. 回结肠淋巴结　位于回盲褶和回肠口附近，有5~9个。

9. 结肠淋巴结　位于结肠圆锥轴心，邻近结肠右动脉及其分支，多达50个。

10. 肠系膜后淋巴结　沿降结肠分布，有7~12个。

第十三单元　神经系统★★☆

神经系统由脑、脊髓、神经节和分布于全身的神经组成。神经系统能接受来自体内器官和外界环境的各种刺激，并将刺激转变为神经冲动进行传导，一方面调节机体各器官的生理活动，保持器官之间的平衡和协调，另一方面保证畜体与外界环境之间的平衡和协调一致，以适应环境的变化。因此，神经系统在畜体调节系统中起主导作用。

第一节　基本概念

一、神经的定义

神经元的细胞体与突起及神经胶质一起在神经系统的中枢和外周部组成一些结构，常给这些结构不同的术语名称。

1. 神经元　即神经细胞，是一种高度分化的细胞，它是神经系统的结构和功能单位。

2. 突触　相邻的神经元之间借突触彼此发生联系。

3. 神经纤维　神经纤维是中枢神经和外周神经的组成部分，由神经元的突起构成，包括有髓神经纤维和无髓神经纤维。

4. 灰质和皮质 在中枢部，神经元胞体及其树突集聚的地方，在新鲜标本上呈灰白色，称为灰质，如脊髓灰质。灰质若在脑表面成层分布，称为皮质，如大脑皮质、小脑皮质。

5. 白质和髓质 白质是泛指神经纤维集聚的地方，大部分神经纤维有髓鞘，呈白色，如脊髓白质。分布在小脑皮质深面的白质特称髓质。

6. 神经核和神经节 在中枢神经内，由功能相似的神经细胞体和树突集聚而成的灰质团块称为**神经核**。在外周部，神经元的细胞体聚集形成**神经节**，神经节可分为感觉神经节和植物性神经节。

7. 神经和神经纤维束 起止行程和功能基本相同的神经纤维聚集成束，在中枢称**神经纤维束**。由脊髓向脑传导感觉冲动的神经束，称**上行束**；由脑传导运动冲动至脊髓的，称**下行束**。神经纤维在外周部聚集形成粗细不等的神经。神经根据冲动的性质分为感觉神经、运动神经和混合神经。

8. 神经末梢 为神经纤维的末端部分，在各种组织器官内形成多种样式的末梢装置。按其功能可分感觉神经末梢和运动神经末梢两大类。感觉神经末梢能感受内、外环境的各种刺激，故又称**感受器**，主要有游离神经末梢、触觉小体、环层小体和肌梭。运动神经末梢是中枢发出的传出神经纤维末梢装置，故又称**效应器**，包括躯体运动神经末梢（如运动终板）和内脏运动神经末梢。

二、中枢神经系和外周神经系的组成

中枢神经系包括脑和脊髓，周围神经系指由中枢发出，且受中枢神经支配的神经，包括脑神经、脊神经和植物性神经。从脑部出入的神经，称**脑神经**；从脊髓出入的神经，称**脊神经**；控制心肌、平滑肌和腺体活动的神经，称**植物性神经**。植物性神经又分为交感神经和副交感神经。神经系统的组成如下：

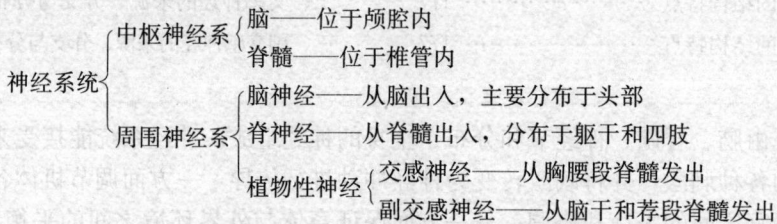

```
          ┌ 中枢神经系 ┬ 脑——位于颅腔内
          │           └ 脊髓——位于椎管内
神经系统 ─┤
          │           ┌ 脑神经——从脑出入，主要分布于头部
          └ 周围神经系 ┼ 脊神经——从脊髓出入，分布于躯干和四肢
                      │           ┌ 交感神经——从胸腰段脊髓发出
                      └ 植物性神经 ┤
                                  └ 副交感神经——从脑干和荐段脊髓发出
```

第二节 脊 髓

一、位置和形态

脊髓位于椎管内，呈上下略扁的圆柱形。前端在枕骨大孔处与延髓相连；后端到达荐骨中部，逐渐变细呈圆锥形，称脊髓圆锥。脊髓末端有一根细长的终丝。脊髓各段粗细不一，在颈后部和胸前部较粗，称颈膨大；在腰荐部也较粗，称腰膨大，为四肢神经发出的部位。

二、结构特点

脊髓中部为灰质，周围为白质，灰质中央有一纵贯脊髓的中央管。

（1）灰质 主要由神经元的胞体构成，横断面呈蝶形，有一对背侧角（柱）和一对腹侧角（柱）。背侧角和腹侧角之间为灰质联合。在脊髓的胸段和腰前段腹侧柱基部的外侧，还有稍隆起的外侧角（柱）。腹侧柱内有运动神经元的胞体，支配骨骼肌纤维。外侧柱内有植物性神经节前神经元的胞体，背侧柱内含有各种类型的中间神经元的胞体，这些中间神经元接受脊神经节内的感觉神经元的冲动，传导至运动神经元或下一个中间神经元。

（2）白质　被灰质柱分为左、右对称的3对索。背侧索位于背正中沟与背侧柱之间，腹侧索位于腹侧柱与腹正中裂之间，外侧索位于背侧柱与腹侧柱之间。背侧索内的纤维是由脊神经节内的感觉神经元的中枢突构成的。外侧索和腹侧索均由来自背侧柱的中间神经元的轴突（上行纤维束）以及来自大脑和脑干的中间神经元的轴突（下行纤维束）所组成。

三、脊　膜

脊髓外周包有三层结缔组织膜，由外向内依次为脊硬膜、脊蛛网膜和脊软膜（彩图2-32）。

脊硬膜为厚而坚实的结缔组织膜。脊硬膜和椎管之间为硬膜外腔。硬膜外麻醉即自腰荐间隙将麻醉剂注入硬膜外腔。

脊蛛网膜薄，位于脊硬膜与脊软膜之间。在硬膜与蛛网膜之间为硬膜下腔，向前与脑硬膜下腔相通。在脊蛛网膜与脊软膜之间为蛛网膜下腔，内含脑脊液。

脊软膜薄而富有血管，紧贴于脊髓的表面。

第三节　脑

脑是神经系统中的高级中枢，位于颅腔内，在枕骨大孔与脊髓相连。脑可分大脑、小脑、间脑、中脑、脑桥和延髓6部分（彩图2-33）。通常将延髓、脑桥、中脑和间脑称为脑干。

一、大脑的结构特点

大脑位于脑干前上方，被大脑纵裂分为左、右两大脑半球，纵裂的底是连接两半球的横行宽纤维板，即**胼胝体**。大脑半球包括大脑皮质和白质、嗅脑、基底神经核和侧脑室等结构。

1.海马　呈弓带状，为古老的皮质，位于侧脑室底的后内侧，海马的吻侧由梨状叶的后部和内侧部形成。左、右半球的海马前端于正中相连接，形成侧脑室后部的底壁。

2.边缘系统　大脑半球内侧面的扣带回和海马旁回等，因其位置在大脑和间脑之间，所以称为边缘叶。边缘系统由边缘叶与附近的皮质以及有关的皮质下结构，包括与扣带回前端相连的隔区（即胼胝体前部前方的皮质）、杏仁核、下丘脑、丘脑前核以及中脑被盖等组成的一个功能系统，与内脏活动、情绪变化及记忆有关。

二、小脑的结构特点

小脑近似球形，其表面有许多沟和回。小脑被两条纵沟分为中间的蚓部和两侧的小脑半球。蚓部最后有一小结，向两侧伸入小脑半球腹侧，与小脑半球的绒球合称绒球小结叶，是小脑最古老的部分。小脑的浅层为灰质，称小脑皮质，其结构由外向内分为3层：分子层细胞稀少；浦肯野细胞层的细胞体积最大，整齐排列为一层；颗粒层细胞数量最多。小脑的深部为白质，称小脑髓质。髓质呈树枝状伸入小脑各叶，形成髓树。

小脑借 3 对小脑脚（小脑后脚、小脑中脚及小脑前脚）分别与延髓、脑桥和中脑相连。

三、脑干的结构特点

脑干通常包括延髓、脑桥、中脑和间脑。延髓、脑桥和小脑的共同室腔为第四脑室。中脑内部室腔狭小，称中脑导水管。有第 3～12 对脑神经根与脑相连。脑干也由灰质和白质构成，但灰质不像脊髓灰质那样形成连续的灰质柱，而是由功能相同的神经细胞体集合成团块状的神经核，分散存在于白质中。脑干内的神经核可分为两类：①一类是与脑神经直接相连的脑神经核，其中接受感觉纤维的，称脑神经感觉核；发出运动纤维的，称脑神经运动核。②另一类为传导径上的中继核，是传导径上的联络站，如薄束核、楔束核、红核等。此外，脑干内还有网状结构，它是由纵横交错的纤维网和散在其中的神经细胞所构成，在一定程度上也集合成团，形成神经核。网状结构既是上行和下行传导径的联络站，又是某些反射中枢。脑干的白质为上、下行传导径。较大的上行传导径多位于脑干的外侧部和延髓靠近中线的部分；较大的下行传导径位于脑干的腹侧部。

间脑位于中脑和大脑之间，被两侧大脑半球所遮盖，内有第 3 脑室。间脑主要分为丘脑和丘脑下部。

丘脑占间脑的最大部分，为一对卵圆形的灰质团块，由白质（内髓板等）分隔为许多不同机能的核群组成。

丘脑下部位于丘脑腹侧，包括第 3 脑室侧壁内的一些结构，是植物性神经系统的皮质下中枢。

第四节　脑　神　经

脑神经是指与脑相联系的外周神经，共有 12 对，按其与脑相连的部位先后次序以罗马数字的 I～XII 表示（表 2-1）。

表 2-1　12 对脑神经的主要分支和支配的器官

	名　称	与脑联系部位	纤维成分	支配的器官
I	嗅神经	嗅球	感觉神经	鼻黏膜
II	视神经	间脑外侧膝状体	感觉神经	视网膜
III	动眼神经	中脑的大脑脚	运动神经	眼球肌
IV	滑车神经	中脑四叠体的后丘	运动神经	眼球肌
V	三叉神经	脑桥	混合神经	面部皮肤，口、鼻黏膜，咀嚼肌
VI	外展神经	延髓	运动神经	眼球肌
VII	面神经	延髓	混合神经	面、耳、睑肌和部分味蕾
VIII	前庭耳蜗神经	延髓	感觉神经	前庭、耳蜗和半规管
IX	舌咽神经	延髓	混合神经	舌、咽和味蕾
X	迷走神经	延髓	混合神经	咽、喉、食管、气管和胸、腹腔内脏
XI	副神经	延髓和颈部脊髓	运动神经	咽、喉、食管以及胸头肌和斜方肌
XII	舌下神经	延髓	运动神经	舌肌和舌骨肌

第五节 脊 神 经

一、脊神经的组成

脊神经为混合神经，含有感觉纤维和运动纤维，由椎管中的背侧根（感觉）和腹侧根（运动）自椎间孔或椎外侧孔穿出形成，分为背侧支和腹侧支，每支均含有感觉纤维和运动纤维，分布到邻近的肌肉和皮肤，分别称为肌支和皮支。

脊神经按照从脊髓所发出的部位，分为颈神经、胸神经、腰神经、荐神经和尾神经。

脊神经的背侧支自椎间孔发出后，分布于颈背侧、鬐甲、背部、腰部和荐尾部的肌肉和皮肤。

脊神经的腹侧支粗大，分布于颈侧、胸壁、腹壁以及四肢肌肉和皮肤。

二、臂神经丛

臂神经丛由第6、7、8颈神经的腹侧支和第1、2胸神经的腹侧支构成，位于肩关节的内侧。由此丛发出的主要神经有：肩胛上神经、桡神经、正中神经、尺神经（彩图2-34）。

1. 肩胛上神经 由臂神经丛前部发出，经肩胛下肌与冈上肌之间，绕过肩胛骨前缘，分布于冈上肌、冈下肌和肩关节。由于位置关系，临床上常可见肩胛上神经麻痹。

2. 桡神经 由臂神经丛后部发出，在臂内侧经臂三头肌长头与内侧头之间进入臂肌沟，沿臂肌后缘向下伸延，分出肌支分布于臂三头肌和肘肌之后，在臂三头肌外侧头的深面分为深、浅两支。深支分布于腕和指的伸肌。浅支在马分布于前臂背外侧的皮肤；在牛经腕桡侧伸肌前面，沿指伸肌腱内侧至腕部和掌部，分布于第3、4指的背侧面。桡神经由于其位置和径路，易受压迫、牵引而损伤，在临床上可见到桡神经麻痹。

3. 正中神经 在臂内侧与肌皮神经合成一总干，随同臂动脉、静脉向下伸延。在肌皮神经分出之后，正中神经行经于肘关节内侧，进入前臂的正中沟。它在前臂近端分出肌支分布于腕桡侧屈肌和指深屈肌；在正中沟内分出骨间神经进入前臂骨间隙，分布于骨膜。

4. 尺神经 在臂内侧，沿臂动脉后缘和前臂部尺沟向下伸延。在臂中部分出一皮支，分布于前臂后面的皮肤。在臂部远端分出一些肌支，分布于腕尺侧屈肌、指深屈肌和指浅屈肌。

马的尺神经在腕关节上分为一背侧支和一掌侧支。掌侧支合并于掌外侧神经。背侧支分布于腕、掌部的背外侧和掌侧的皮肤。

牛的尺神经在腕关节上分为一背侧支和一掌侧支。背侧支在掌部的背外侧面向指端伸延，分布于第4、5指背外侧面。掌侧支在掌近端分出一深支进入悬韧带后，沿指浅屈肌腱外侧缘向指端伸延，分布于第4指掌外侧面。

三、腰荐神经丛

腰荐神经丛由第4、5、6腰神经的腹侧支和第1、2荐神经的腹侧支构成，位于腰荐部腹侧。由此神经丛发出的主要神经有：坐骨神经、闭孔神经、股神经（彩图2-35）。

1. 坐骨神经 为全身最粗、最长的神经，扁而宽。由坐骨大孔走出，沿荐坐韧带的外侧面向后下方伸延，在大转子与坐骨结节之间绕过髋关节后方而至股后部，在腓肠肌上方分为腓神经和胫神经。坐骨神经在臀部有分支分布于闭孔肌；在股部分出大的肌支，分布于半膜肌、股二头肌和半腱肌。

2. 闭孔神经　由腰荐丛前部发出，沿髂骨内侧面向后下方伸延，穿出闭孔，分布于闭孔外肌、耻骨肌、内收肌和股薄肌。

3. 股神经　由腰荐丛前部发出，行经腰大肌与腰小肌之间和缝匠肌深面而进入股四头肌。股神经分出肌支分布于髂腰肌。还分出一隐神经，分布于缝匠肌和股部、小腿部和跖内侧的皮肤。

第六节　植物性神经

一、植物性神经的概念及其特点

在神经系统中，分布到内脏器官、血管和皮肤的平滑肌，以及心肌、腺体等的神经，称为**内脏神经**。其中的传出神经称为**植物性神经或自主神经**。

植物性神经的特点：①躯体运动神经支配骨骼肌，而植物性神经支配平滑肌、心肌和腺体。②躯体运动神经神经元的胞体存在于脑和脊髓，神经冲动由中枢传至效应器只需一个神经元；而植物性神经神经元的胞体部分存在于中脑、延髓和胸腰段脊髓，部分存在于外周神经系的自主神经节，神经冲动由中枢部传至效应器需通过两个神经元。③躯体运动神经由脑干和脊髓全长的每个节段向两侧对称地发出；植物性神经由脑干及第1胸椎至第3、4腰椎段脊髓质外侧柱和荐部脊髓发出。④躯体运动神经纤维一般为粗的有髓纤维，且通常以神经干的形式分布；植物性神经的节前纤维为细的有髓纤维，节后纤维为细的无髓纤维，常形成神经丛，再由神经丛发出分支分布于效应器。⑤躯体运动神经一般都受意识支配；植物性神经在一定程度上不受意识的直接控制，具有相对的自主性。植物性神经根据形态和机能的不同，分交感神经和副交感神经两部分。

二、交感神经的来源、分支与分布

交感神经节前神经元的胞体位于胸腰段脊髓的外侧柱，又称胸腰系统。自脊髓发出的节前神经纤维经白交通支到达交感神经干。交感神经干位于脊柱两侧，自颈前端伸延到尾根的一对神经干，干上有一系列的椎神经节。交感神经干有交通支与脑脊神经相连。自交感神经干发出的节后神经纤维经灰交通支进入脑脊神经，并随之分布于躯体的血管和腺体。交感神经干有内脏支分布于内脏。内脏支在动脉周围和器官内外构成神经丛，丛内有神经节。内脏支有的含有节后神经纤维（神经元的胞体在交感干），有的主要含有节前神经纤维。内脏支中的节前神经纤维大都在椎下神经节内更换神经元，即与该神经节内的节后神经元形成突触。由该神经节发出的节后神经纤维直接分布于平滑肌或腺体。但也有少数节前纤维在椎下神经节内不换神经元，直接伸到器官附近的终末神经节，与那里的节后神经元形成突触。交感神经干按部位可分颈部、胸部、腰部和荐尾部。

1. 颈部交感神经干　包含有3个神经节，即颈前神经节、颈中神经节和颈后神经节。位于颈前神经节与颈中神经节之间的神经干是由来自前部胸段脊髓的节前神经纤维组成的，向前到颈前神经节，位于气管的背外侧，常与迷走神经合并成迷走交感干，简称迷交干。

颈前神经节：位于颅底腹侧，呈长梭状。由颈前神经节发出灰交通支连于附近的脑神经和第1颈神经，形成颈内动脉神经丛和颈外动脉神经丛（内脏支），随动脉分布于唾液腺、泪腺和虹膜的瞳孔开大肌。

颈后神经节和颈中神经节：左侧的常与第 1 或第 1、2 胸椎神经节合并成星状神经节；右侧的颈中神经节保持独立，仅颈后神经节与胸椎神经节合并成星状神经节。左、右侧的星状神经节均位于胸前口、第一肋骨椎骨端的内侧，紧贴于颈长肌的外侧面。神经节向四周发出神经，向前上方发出椎神经（灰交通支）与各颈神经相连，向背侧发出交通支与第 1 或第 1、2 胸神经相连，向后下方发出心支（内脏支）参与构成心神经丛，分布至心脏和肺。

2. 胸部交感干 紧贴于椎体的腹外侧面。每节都有一椎神经节。每一椎神经节均有白交通支和灰交通支与脊神经相连。胸部交感干发出内脏大神经、内脏小神经及一些分布于心、肺和食管的内脏支。

内脏大神经：自胸部交感干发出，由节前神经纤维构成，在胸腔内与交感干并行，分开后穿经膈脚的背侧入腹腔。在腹腔动脉的根部连于腹腔肠系膜神经节。

内脏小神经：由最后胸部脊髓和第一、二腰部脊髓的节前神经纤维构成，在内脏大神经后方连于腹腔肠系膜神经节，且有分支参与构成肾神经丛。

3. 腰部交感干 在腰肌与主动脉之间向后延伸。每节均有一椎神经节。每个节都有交通支与脊神经相连，前 3 个节有灰、白交通支，后数节只有灰交通支。腰部交感干发出的内脏支称腰内脏支。腰内脏支自腰部交感干连于肠系膜后神经节。

腹腔肠系膜前神经节：位于腹腔动脉和肠系膜前动脉根部，包括左右 2 个腹腔神经节和 1 个肠系膜前神经节。从此神经节上发出的纤维形成腹腔肠系膜前神经丛，沿动脉的分支分布到肝、胃、脾、胰、小肠、大肠和肾等器官。腹腔肠系膜前神经节与肠系膜后神经节之间有节间支沿主动脉腹侧伸延。

肠系膜后神经节：在肠系膜后动脉根部两侧，位于肠系膜后神经丛内，接受来自腰交感神经干的腰内脏支和来自腹腔肠系膜前神经节的节间支。从肠系膜后神经节发出分支沿动脉分布到结肠后段、精索、睾丸、附睾或通向卵巢、输卵管和子宫角。还分出 1 对腹下神经，向后伸延到盆腔内，参与构成盆神经丛。腹下神经内含有节后神经纤维和节前神经纤维。

4. 荐尾交感神经干 沿荐骨骨盆面向后伸延且逐渐变细。前 1 对荐神经节较大，后部的较小，均以灰交通支与脊神经相连。

三、副交感神经的来源、分支与分布

副交感神经节前神经元的胞体位于中脑、延髓和荐段脊髓，又称颅荐系统。节后神经元的胞体多数位于器官壁内的终末神经节，少数位于器官附近的终末神经节。自脑发出的节前神经纤维加入动眼神经、面神经、舌咽神经和迷走神经，自荐段脊髓发出的节前纤维形成盆神经。

1. 动眼神经 动眼神经内的副交感神经节前纤维在眼眶中的睫状神经节更换神经元，由此发出的节后神经纤维分布于虹膜的瞳孔括约肌。

2. 面神经 面神经内的副交感神经节前纤维，部分在蝶腭神经上方的蝶腭神经节更换神经元，由此发出节后神经纤维分布于泪腺、腭腺、颊腺和唇腺；部分则行经鼓索神经和舌神经而到舌根外侧的下颌神经节更换神经元，其节后神经纤维分布于下颌腺和舌下腺。

3. 舌咽神经 舌咽神经内的副交感神经节前纤维在颅底附近的耳神经节更换神经元，其节后纤维分布于腮腺。

4. 迷走神经 迷走神经为混合神经。含有来自消化管和呼吸道以及外耳的感觉纤维，分布于咽喉横纹肌的运动纤维，分布于食管、胃、肠、支气管、心和肾的副交感神经纤维。运动

神经核和副交感神经核位于延髓内，感觉神经节位于破裂孔附近。迷走神经经破裂孔出颅腔，与交感干合并而行，形成迷走交感干，沿气管的背外侧和颈总动脉的背侧向后伸延。至颈后端与交感干分离，经锁骨下动脉腹侧入胸腔，在纵隔中继续向后伸延，约于支气管背侧分为一食管背侧支和一食管腹侧支。左右迷走神经的食管背侧支合成较粗的食管背侧干。腹侧支合成较细的食管腹侧干，分别沿食管的背侧和腹侧向后伸至膈的食管裂孔。穿过食管裂孔入腹腔，食管腹侧干分布于胃、幽门、十二指肠、肝和胰；食管背侧干除分布于胃外，还分出一大支通过腹腔神经节参与构成腹腔神经丛，分布于胃、肠、肝、胰、脾、肾等。迷走神经分出的侧支有咽支、喉前神经、喉后神经（返神经）、心支、支气管支，以及一些分布于食管、气管及外耳的小支。①咽支，在咽外侧发出，分布于咽和食管前端。②喉前神经，在咽外侧发出，分布于咽、喉和食管前端。③喉后神经又称返神经，在胸腔中发出，绕过主动脉弓（左侧）或右锁骨下动脉（右侧），沿气管向前伸延，分布于喉肌。④心支，常有2～3支，在胸腔内发出，参与构成心神经丛，分布于心和肺。⑤支气管支，在胸腔中发出，参与构成肺神经丛，分布于肺。迷走神经的副交感节前纤维在心神经丛、肺神经丛及其他内脏器官的神经丛进入终末神经节，并在这些神经节内更换神经元，其节后纤维分布在这些神经节所在的器官。

5. 盆神经　来自第3、4荐神经的腹侧支，有1～2支，沿骨盆壁向腹侧伸延，参与构成盆神经丛。盆神经的副交感节前纤维在盆神经丛中的终末神经节内更换神经元，由终末神经节发出的节后纤维分布于直肠、膀胱、输尿管、尿道、副性腺、输精管、睾丸和阴茎（公畜）或卵巢、子宫、阴道等器官（母畜）。

第十四单元　内分泌系统

一、内分泌系统的概念及其组成

1. 概念　内分泌系统是动物体的重要的调节系统，它以体液的形式进行调节，主要作用于动物体的新陈代谢，保持内部环境的平衡，对外界的适应，个体的生长发育和生殖方面等。

2. 组成　内分泌系统包括独立的内分泌器官和分散在其他器官中的内分泌组织。内分泌器官有甲状腺、甲状旁腺、垂体、肾上腺和松果体。内分泌组织分散存在于其他器官或组织内，共同组成混合腺的器官，如胰脏内的胰岛、肾脏内的肾小球旁复合体、睾丸内的间质细胞、卵巢内的间质细胞、卵泡和黄体等。

二、内分泌器官的位置与结构特点

1. 内分泌器官的位置

（1）垂体　位于蝶骨体颅腔面的垂体窝内，借漏斗与间脑的丘脑下部相连。

垂体是动物机体内最重要的内分泌腺，结构复杂，分泌的激素种类很多，作用广泛，并与其他内分泌腺关系密切。

（2）甲状腺　一般位于喉的后方，前2～3个气管环的两侧面和腹侧面，表面覆盖胸骨甲状肌和胸骨舌骨肌。

（3）甲状旁腺　通常有两对，位于甲状腺附近或埋于甲状腺实质内。

（4）肾上腺　成对，借助于肾脂肪囊与肾相连。左、右肾上腺分别位于左、右肾的前内侧缘附近。

（5）松果体　位于间脑背侧壁中央，大脑半球的深部，以柄连接于丘脑上部。

2. 内分泌腺的结构特点　①腺体的表面被覆一层被膜；②腺细胞在腺小叶内排列成索、团、滤泡或腺泡；③没有排泄管；④腺内富有血管，腺小叶内形成毛细血管网或血窦，激素进入毛细血管或血窦内，加入血液循环。

各种激素在血液中经常保持着适宜的浓度，彼此间互相对抗和协调，以维持机体的正常生理活动。如果某个内分泌腺的激素分泌量过多或者过少，就会出现该内分泌腺机能亢进症或机能不足症，表现出一系列的病理变化和临床症状。

第十五单元　感觉器官★★

第一节　眼

一、眼球壁的结构

1. 纤维膜　位于眼球壁外层，分为前部的角膜和后部的巩膜（彩图 2-36）。

2. 血管膜　是眼球壁的中层，富有血管和色素细胞，具有输送营养和吸收眼内分散光线的作用。血管膜由后向前分为虹膜、睫状体和脉络膜（彩图 2-36）。

3. 视网膜　位于眼球壁内层，分为视部和盲部（彩图 2-36）。

二、眼球的内含物

眼球的内含物主要是折光体，包括晶状体、眼房水和玻璃体（彩图 2-36）。其作用是与角膜一起，将通过眼球的光线经过曲折，使焦点集中在视网膜上，形成影像。

三、眼球的辅助结构

眼球的辅助结构主要有眼睑、眼球肌、泪器，分别具有保护眼球、使眼球灵活运动和分泌眼泪清洗眼球的作用。

第二节　耳

耳由外耳、中耳和内耳三部分构成。外耳收集声波，中耳传导声波，内耳是听觉感受器和位置觉感受器所在地。

外耳、中耳和内耳的形态与结构特点：①外耳包括耳郭、外耳道和鼓膜三部分。②中耳由鼓室、听小骨和咽鼓管组成。③内耳分为骨迷路和膜迷路。它们是盘曲于鼓室内侧骨质内的骨管，在骨管内套有膜管。骨管称骨迷路，膜管称膜迷路。膜迷路内充满内淋巴，在膜迷路与骨迷路之间充满外淋巴，它们起着传递声波刺激和机体位置变动刺激的作用。

第十六单元 家禽解剖特点★★

第一节 消化系统的特点

一、口腔的特点

禽类没有软腭、唇和齿，颊不明显，上下颌形成喙（彩图2-37）。舌的形状与喙相似，舌肌不发达，黏膜上缺少味觉乳头，仅分布有数量少、结构简单的味蕾。口腔与咽没有明显的界线，唾液腺比较发达。

二、嗉囊的特点

嗉囊（彩图2-37）为食管的膨大部，位于食管的下1/3，胸前口皮下。鸡的偏于右侧。

三、腺胃和肌胃的特点

1. 腺胃（彩图2-37） 腺胃呈纺锤形，位于腹腔左侧，在肝的左右两叶之间。腺胃黏膜表面形成30～40个圆形的矮乳头，其中央是深层复管腺的开口。

2. 肌胃（彩图2-37） 肌胃紧接腺胃之后，为近圆形或椭圆的双凸体。肌胃内经常有吞食的砂砾，又称砂囊。肌胃以发达的肌层和胃内沙砾及粗糙而坚韧的类角质膜对吞入食物起机械性磨碎作用，因而在机械化养鸡场饲料中，须定期掺入一些砂粒。

四、小肠和大肠的特点

1. 小肠（彩图2-37）　十二指肠位于腹腔右侧，形成较直的肠袢，分为降支和升支，两支平行，升支、降升之间夹有胰腺。空肠形成许多肠袢，中部有一小突起，叫卵黄囊憩室，是胚胎期卵黄囊柄的遗迹。回肠短而直。

2. 大肠（彩图2-37）　包括一对盲肠和一短的直肠（也称结直肠）。肉食禽类盲肠很短，仅1～2cm。

五、盲肠扁桃体和泄殖腔的特点

禽类盲肠基部有丰富的淋巴组织，称盲肠扁桃体，是禽病诊断的主要观察部位。泄殖腔为肠管末端膨大形成的腔道，为消化、泌尿、生殖三系统的共同通道。泄殖腔背侧有法氏囊，性未成熟的法氏囊体积很大，性成熟后逐渐退化。泄殖腔内有两个由黏膜形成的不完整的环形襞，把泄殖腔分成粪道、泄殖道和肛道三部分。粪道为直肠末端的膨大。泄殖道背侧有一对输尿管开口，母鸡的左输卵管开口于左输尿管口的腹外侧。公鸡的输精管末端呈乳头状，开口于输尿管口腹内侧。泄殖腔的对外开口称肛门。

第二节　呼吸系统的特点

一、鸣管的特点

鸣管是禽类的发音器官，由数个气管环和支气管环以及一块鸣骨组成。鸣骨呈楔形，位于鸣管腔分叉处。在鸣管的内侧、外侧壁覆以两对鸣膜。当禽呼吸时，空气经过鸣膜之间的狭缝，振动鸣膜而发声。公鸭鸣管形成膨大的骨质鸣泡，故发声嘶哑。

二、气囊的特点

气囊是禽类特有的器官，分为前、后两群。前群气囊有1个锁骨气囊和成对的颈气囊、前胸气囊；后群气囊有1对后胸气囊和1对腹气囊。气囊分出憩室进入骨中。前群气囊、后胸气囊分别与次级支气管直接相通，腹气囊直接与初级支气管相通（彩图2-38）。

三、肺的特点

禽肺略呈扁平四边形，不分叶，位于胸腔背侧，从第1～2肋骨向后延伸到最后肋骨。其背侧面有椎肋骨嵌入，形成几条肺沟；脏面有肺门和几个气囊开口。

第三节　泌尿系统的特点

一、家禽泌尿系统的组成

禽类泌尿系统由肾和输尿管组成，没有膀胱。

二、家禽泌尿系统的特点

禽肾比例较大，占体重的1‰以上，位于综荐骨两旁和髂骨的内面，前端达最后椎肋骨。肾外无脂肪囊，仅垫以腹气囊的肾憩室。禽肾呈红褐色，长豆荚状，分为前、中、后三部。没有肾门，血管、神经和输尿管在不同部位直接进出肾脏。输尿管在肾内不形成肾盂或肾盏，而是分支为初级分支和次级分支。输尿管两侧对称，起自肾髓质集合管，沿肾内侧后行达骨盆腔，开口于泄殖道背侧，接近输卵管或输精管开口的背侧。

第四节　公禽生殖器官的特点

公禽生殖器官由睾丸、附睾、输精管和交配器官组成（彩图2-39）。

禽类的**睾丸**呈豆形，乳白色，左右对称，由睾丸系膜吊于腹腔背中线两侧，约在最后两个椎肋上部。

附睾小，纺锤形，紧贴在睾丸的背内侧，主要由睾丸输出小管组成。附睾管很短，出附睾后延续为输精管。

输精管是一对极为卷曲的导管，沿着肾脏内侧腹面与同侧的输尿管在结缔组织鞘内后行，到肾脏后端形成略为膨大的圆锥形体，最后形成输精管乳头开口于泄殖腔。

公鸡无阴茎，却有一套完整的交媾器，性静止期，隐匿在泄殖腔内，由一对输精管乳头、一对脉管体、阴茎体和淋巴襞组成。

公鸭和公鹅的阴茎发达，位于肛道腹侧偏左，但和哺乳动物的阴茎并非同源器官。勃起时，阴茎变硬加长而伸出，阴茎沟闭合成管状。

第五节　母禽生殖器官的特点

卵巢（彩图2-40）以短的系膜悬吊于腹腔背侧。成体仅左侧的卵巢和输卵管发育正常，右侧退化。性成熟时，卵巢可达3cm×2cm，重2～6g。产蛋期常见4～6个体积依次递增的大卵泡，在卵巢腹侧面有成串似葡萄样的白色小卵泡，以短柄与卵巢紧接。产蛋结束时，卵巢又恢复到静止期时的形状和大小。

输卵管以背韧带和腹韧带悬吊于腹腔顶壁，小母鸡输卵管较平直而短。经产母鸡输卵管长度可达60～70cm，占据腹腔大部分，休产期长度变短。输卵管根据其形态、结构和功能特点，由前向后，可分为漏斗部、膨大部、峡部、子宫、阴道部（彩图2-40）。

第六节　淋巴器官的特点

一、胸腺、脾脏的结构特点

1. 胸腺　家禽胸腺呈黄色或灰红色，分叶状，从颈前部到胸部沿着颈静脉延伸为长链状。在近胸腔入口处，后部胸腺常与甲状腺、甲状旁腺及腮后腺紧密相接，彼此间无结缔组织隔开，幼龄时体积增大，到接近性成熟时达到最高峰，随后逐渐退化，成年时仅留下残迹。

2. 脾脏　鸡的脾脏呈球形。鸭脾脏呈三角形，背面平，腹面凹。脾脏呈棕红色，位于腺胃与肌胃交界处的右背侧，直径约1.5cm，重3～5g。家禽脾脏的功能主要是造血、滤血和参与免疫反应等，无贮血和调节血量的作用。

二、法氏囊的位置和结构特点

法氏囊（腔上囊）为椭圆形盲囊状，位于泄殖腔背侧，紧贴尾椎腹侧，以短柄开口于肛道。性成熟时达到最大体积。性成熟后法氏囊开始退化。法氏囊的构造与消化道构造相似，但黏膜层形成多条富含淋巴小结的纵行皱襞。

法氏囊的功能与体液免疫有关，是产生 B 淋巴细胞的初级淋巴器官。B 淋巴细胞受到抗原刺激后，可迅速增生，转变为浆细胞，产生抗体起防御作用。

三、肠道淋巴集结的结构特点

肠道黏膜固有层或黏膜下层内，具有弥散性淋巴集结，较大的有如下两种：

1. 回肠淋巴集结　存在于回肠后段，可见直径约 1cm 的弥散性淋巴团。

2. 盲肠扁桃体　位于回-盲-直肠连接部的盲肠基部。鸡的发达，外表略膨大。

第七节　神经系统的特点

坐骨神经粗大，穿过髂坐孔到腿部，分布到股外、后、内侧肌群及皮肤，在股下 1/3 处分为两支。

1. 胫神经　分布至小腿、跖、趾屈侧的肌肉、关节和皮肤，如腓肠肌内部、中部、趾长屈肌和腘肌。

2. 腓总神经　分布至小腿、趾的伸侧肌肉、关节和皮肤。鸡患马立克氏病时，坐骨神经水肿、变性、颜色灰黄。

第十七单元　胚 胎 学★★★☆

第一节　胚胎的发育

一、受　精

1. 受精的概念　受精是指两性配子（精子和卵子）相融合形成合子（受精卵）的过程。它标志着胚胎发育的开始，是一个具有双亲遗传特性的新生命的起点。受精是有性生殖的特征和必不可少的步骤。

2. 受精的生物学意义　①标志着新生命的开始；②染色体的数目复原；③传递双亲的遗传基因；④决定性别。

3. 受精部位　在输卵管前 1/3。

4. 受精条件　精子必须发育正常，精子必须获能，交配时间。

5. 受精过程　精子入卵，原核形成和融合。

二、家畜早期胚胎发育

1. 卵裂　合子（受精卵）在输卵管内进行多次连续的分裂过程称为**卵裂**，产生的细胞叫**卵裂球**，是一个实心的细胞团。当卵裂球的数目为 16～32 个细胞时，称为**桑葚胚**。

2. 囊胚形成　卵裂球达到 16 个细胞以后，由于卵裂球分泌液体，在实心的细胞团中央开始出现不规则的裂隙。随着胚胎的继续发育，各裂隙不断扩大，并联合起来，形成一个大的圆形腔隙，称为**囊胚腔**；其内部充满液体，称为**囊胚液**。此时的胚胎称为**囊胚**或**胚泡**。

3. 胚胎附植（着床）　随着囊胚不断发育，体积增大，透明带逐渐变薄，最后破裂，胚胎裸露。进入子宫的胚泡，从子宫内膜腺体分泌的子宫乳中，吸收营养而迅速发育，囊胚腔也迅速增大。此时细胞开始分化，位于囊胚顶端分裂慢的细胞构成内细胞团，胚内所有组织都是由内细胞团分化而来的。分裂快、包围成囊胚腔的细胞，变成扁平状，形成滋养层。漂浮在子宫腔内的胚胎逐渐长大。在神经内分泌系统的调节下，随着胚泡长大，制约了胚胎在子宫腔内运动，逐渐陷入子宫内膜中，此过程称为**胚胎附植**或**着床**。其重要意义在于使胚胎停留在子宫内，与母体组织建立起物质交换的结构——胎盘。

4. 原肠胚和胚层形成　胚泡继续发育、分化，开始形成原肠，这在胚胎发生过程中是一个重要的阶段。在原肠形成过程中，胚胎细胞经过一系列的运动和变化，迁移到囊胚内部，形成**内胚层**；此时的滋养层留在外面，叫**外胚层**。具有内、外两个胚层结构的胚胎，叫**原肠胚**。原肠胚细胞迁移过程，称为原肠形成。内胚层包围的腔称为原肠。原肠胚继续发育，外胚层的部分细胞经中轴向内转移，在内、外胚层之间扩展形成**中胚层**。之后，中胚层的细胞间出现裂隙，又分出壁中胚层与脏中胚层。

5. 三胚层分化及器官的形成　胚胎的三个胚层分别形成不同的器官系统。

（1）外胚层　分化形成神经系统、感觉器官的上皮、肾上腺髓质、垂体前叶、复层扁平上皮及衍生物。

（2）中胚层　分化形成肌肉、结缔组织、心血管、淋巴系统、肾上腺皮质及泌尿、生殖器官的大部分、体腔上皮。

（3）内胚层　分化形成消化系统，从咽到直肠末端的上皮及腺上皮，呼吸系统从喉到肺泡的上皮。

三、家禽早期胚胎发育

1. 卵裂　家禽卵属于多黄卵、端黄卵，由于受精卵植物极的卵黄不能分裂，卵裂就在动物极的一个小圆盘的范围内进行，这种分裂形式称为**盘状卵裂**。卵裂时，中央的细胞分裂完全，而周围的细胞分裂不完全。由于卵裂集中在动物极的范围内，随着卵裂的进行，形成一个逐渐扩大的盘状结构，称为**胚盘**。

2. 囊胚形成　胚盘的细胞位于卵黄表面，胚盘细胞与卵黄之间，逐渐形成一个腔隙。此腔的下方为卵黄，没有卵裂球包围，称为胚盘下腔。此时的胚胎称为囊胚。

3. 原肠胚和胚层形成　受精蛋产出体外后，温度降低导致胚胎发育暂停，给予适当的孵化条件，胚胎则继续发育。囊胚进一步发育，胚盘扩大并出现明显的变化。胚盘的一端形成原条，确定了胚体的方向。

原条形成的同时，一些细胞沉入深层，与由胚盘深层以分层方式分离出来的零散细胞共同形成内胚层。内胚层下面的腔，称为原肠腔。内胚层上面的细胞层称为外胚层。中胚层的发生起始于原条的形成，原条开始时较短，以后逐渐变长。原条两侧的细胞向原条集中，并沿着原沟卷入内、外胚层之间，同时向两侧扩展形成中胚层。

4. 三胚层分化及器官的形成　与哺乳动物的形式相似。

第二节　胎盘与胎膜

一、胎膜的组成

哺乳动物和禽类的胎膜包括4种：卵黄囊、尿囊、羊膜和浆膜（绒毛膜）。

1. 卵黄囊　卵黄囊是由内胚层和脏中胚层包围形成。禽类因卵黄丰富，所以卵黄囊很发达。哺乳动物卵黄很少，卵黄囊很快退化。

2. 尿囊　哺乳动物的尿囊和禽类的相同，是从后肠腹侧突出形成的，由内胚层和脏中胚层组成。

3. 羊膜和浆膜　二者在胚体上方以起褶的方式同时形成，组织结构相同，但位置相反。内层为羊膜，由外胚层在内、壁中胚层在外翻卷形成，羊膜腔内充满羊水，可保护胎儿。外层为浆膜，外胚层在外、壁中胚层在内形成。哺乳动物的浆膜上因有许多突起，并与母体子宫内膜直接联系，因此称为绒毛膜。

二、胎盘的组成

胎盘是哺乳动物胎儿和母体进行物质交换的特殊结构，由胎盘的母体部分和胎儿部分所组成。母体部分是子宫内膜，胎儿部分则是由各种胎膜构成的。

三、胎盘的类型、结构和功能

1. 胎盘的类型、结构　根据子宫的组织学结构对胎盘进行分类（彩图2-41）。

（1）上皮绒毛膜胎盘（分散型胎盘）　母体子宫组织的所有三层结构都存在。猪和马的胎盘属于这一类；大多数反刍动物的叶状胎盘初期也属于这一类。

（2）结缔绒毛膜胎盘（绒毛叶胎盘）　母体的子宫上皮溶掉了，结缔组织和血管内皮完好。牛、羊等反刍动物胎盘后期属于这一类型。

（3）内皮绒毛膜胎盘（环状胎盘）　母体的子宫上皮和结缔组织都被溶解，只剩下母体血管的内皮与胎儿绒毛膜上皮接触。此类胎盘主要见于犬、猫等食肉动物。

（4）盘状胎盘（血绒毛膜胎盘）　母体的子宫上皮、血管内皮和结缔组织都被溶解，只剩下胎儿胎盘的三层。此类胎盘主要见于兔和灵长类。

2. 胎盘的功能　胎盘是维持胎儿生长和发育的器官，不仅对胎儿有营养和保护作用，而且具有免疫、代谢、造血、屏障和内分泌功能。

（1）胎盘的物质转运功能　胎盘是胎儿与母体进行物质转运的器官。胎儿所需营养物质和氧气，通过胎盘从母体吸取；胎儿的代谢产物，如二氧化碳、尿素、肌酸、肌酸苷等，通过胎盘排泄到母体血液内。

胎盘能够选择性地进行物质转运。一方面，一些小分子的、脂溶性的物质可通过自由扩散进出胚胎；另一方面，很多营养物质通过通道和载体进出胚胎，这些通道、载体数量和种类的差异就决定物质运输的差异。

（2）胎盘的保护作用　上皮绒毛膜胎盘在母体和胎儿之间形成许多绒毛膜嵌合，起到固定胎儿位置的作用。同时胎盘形成胎盘屏障作用，可防止病原菌和异物对胎儿的损伤。胎盘屏障组织结构中细胞的层数和完整性，是衡量胎盘通透性大小的重要指标，胎盘中细胞层数较多的有蹄类动物胎盘就比灵长类胎盘屏障作用大。一般来说，细菌不能通过绒毛进入胎儿血液，但随妊娠期的变化也有不同。在有蹄类动物的妊娠后期，细菌可通过胎盘，如牛的胎儿能检测到布鲁氏菌。

（3）胎盘的内分泌功能　胎盘是一个暂时性的内分泌器官，能够分泌很多激素，主要有绒毛膜促性腺激素、孕激素、雌激素和胎盘促乳素等。在妊娠早期，胎盘就分泌绒毛膜促性腺激素，是鉴别妊娠的重要指标。早期妊娠母马血清中的孕马血清促性腺激素，具有促卵泡生成素和促黄体生成素的双重作用。

（4）胎盘的免疫功能　胎盘中母体和胎儿组织结合在一起，由于两类组织并不相同，应该存在免疫排斥问题，但实际上并未发生类似同种异体移植的免疫排斥反应。说明有一种特殊机制在发挥重要作用。一些细胞因子和激素参与和调控了这些过程，如果这些成分表达失衡，可能导致妊娠动物习惯性流产等。

（5）胎盘的造血功能　脐血中含有大量的造血干细胞，并且在早期胎盘中造血干细胞的数量比骨髓中还高，表明在卵黄囊造血功能逐渐消退而胎儿肝脏和骨髓造血功能尚未形成时，胎儿绒毛膜是造血的重要器官。

第三节　胎儿血液循环的特点

一、出生前心血管系统的结构特点

1. 脐带　胎盘是胎儿与母体进行气体及物质交换的特殊器官，借脐带与胎儿相连。脐带内有两条脐动脉和一条（马、猪）或两条（牛）脐静脉。

脐动脉由髂内动脉（牛）或阴部内动脉（马）分出，经脐带到胎盘，分支形成毛细血管网；脐静脉由胎盘毛细血管汇集而成，经脐带由脐孔进入胎儿腹腔，沿肝的镰状韧带延伸，经肝门入肝。

2. 卵圆孔　胎儿心脏的房中隔上有一卵圆孔，使左、右心房相通。该孔左侧有瓣膜，所以血液只能由右心房流向左心房。

3. 动脉导管　胎儿的主动脉与肺动脉间有动脉导管相通。因此，来自右心房的大部分血液由肺动脉通过动脉导管流入主动脉，仅少量血液经肺动脉入肺（彩图 2-42）。

二、出生后心血管系统的变化

胎儿出生后，肺和胃肠开始功能活动，同时脐带中断，胎盘循环停止，血液循环随之发生改变。脐动脉和脐静脉闭锁，分别形成膀胱圆韧带和肝圆韧带；动脉导管闭锁，形成动脉导管索；卵圆孔闭锁形成卵圆窝；左、右心房完全分开，左心房内为动脉血，右心房内为静脉血。

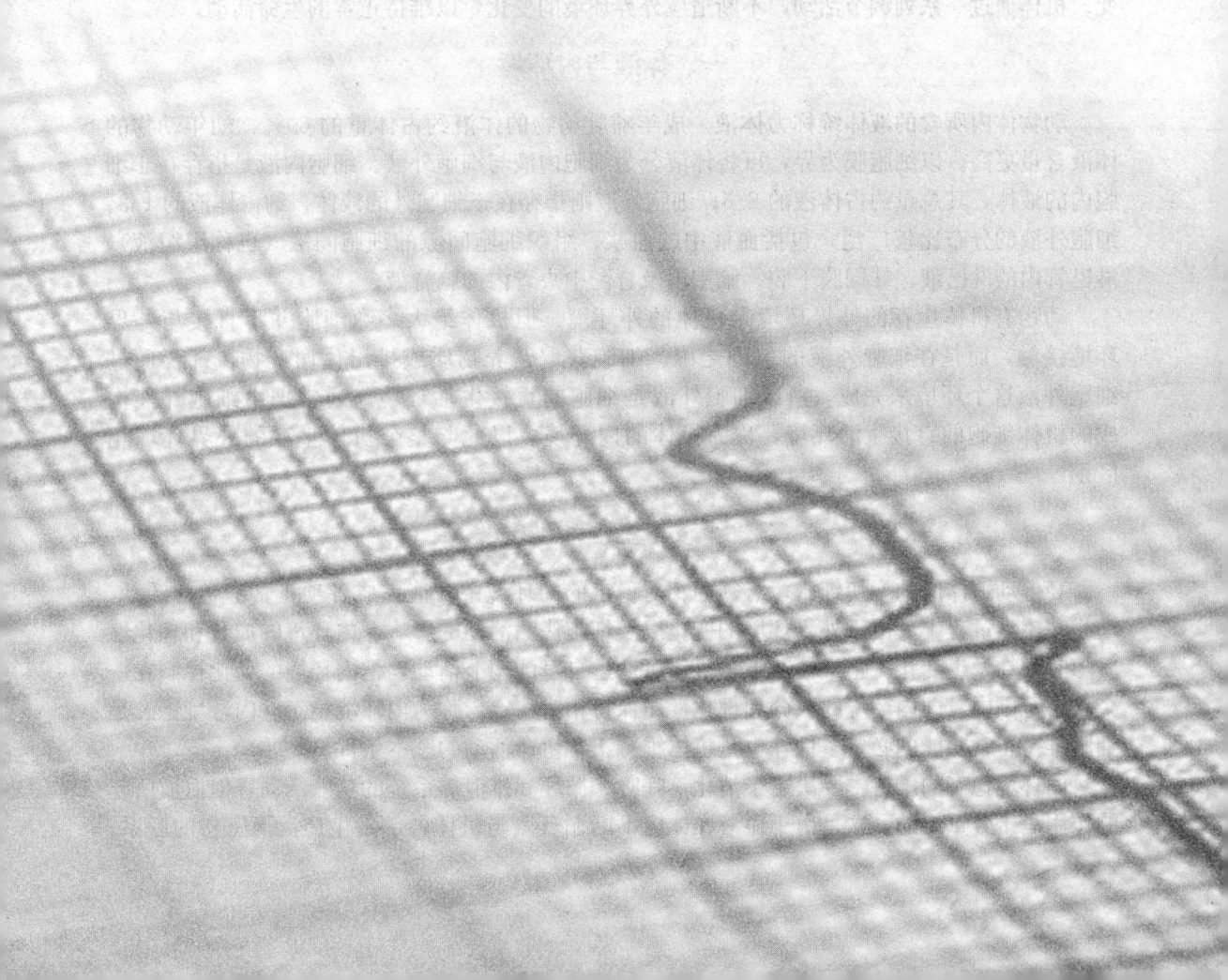

第三篇

动物生理学

第一单元　概　　述★☆

动物生理学是研究动物机体的生命活动及其规律的科学，其研究内容包括动物整体、系统、器官及组织细胞的生理功能，以及各部分功能活动的调节机制。例如，食物的消化和吸收，气体的吸入和呼出，血液的循环，代谢产物的生成和排出，等等。

第一节　机体功能与环境

动物体内各器官、系统的功能互相协调，作为一个完整的有机体进行着有规律的活动。同时，生命活动与外界环境有着十分密切的联系，环境的变化常常引起动物生理功能的改变。机体通过一系列调节活动，不断适应外界环境的变化，以维持正常的生命活动。

一、体液与内环境

动物体内所含的液体统称为**体液**。成年哺乳动物的体液约占体重的 60％，幼年动物的体液含量更高。以细胞膜为界，可将体液分为细胞内液与细胞外液。**细胞内液**是指存在于细胞内的液体，其总量约占体液的 2/3；**细胞外液**则指存在于细胞外的液体，约占体液的 1/3。细胞外液的分布比较广泛，包括血液中的血浆，组织细胞间隙的细胞间液（也称组织液），淋巴管内的淋巴液，蛛网膜下腔、脑室以及脊髓中央管内的脑脊液。

动物有机体生存的外界环境是机体的外环境，但机体绝大多数细胞并不直接与外界环境接触，而是在细胞外液的包围之中。细胞获取营养物质或排出代谢产物，都要通过细胞外液这个环境来完成，所以细胞外液是细胞的直接生活环境。通常把由细胞外液构成的机体细胞的直接生活环境，称为机体的**内环境**。以此与整个机体生存的外界环境相区别。

二、稳态与生理活动的关系

高等动物体内的一切细胞，必须在相对稳定的内环境中才能完成各项正常的生命活动。动物在生活过程中，由于外界环境的变化以及细胞代谢活动的影响，内环境的成分和理化性质随时都在发生变化。正常情况下，机体可通过自身的调节活动，把内环境的变化控制在一个狭小范围内，即内环境的成分和理化性质保持相对稳定，称为**内环境稳态**。内环境稳态是细胞维持正常功能的必要条件，也是机体维持正常生命活动的基本条件。

内环境稳态的维持主要决定于消化、呼吸、循环和排泄等系统的功能活动，但血液所起的作用是十分重要的。这是由于血液在体内不断循环，与机体各部发生广泛而密切的联系，是体内组织细胞之间以及体内外物质交换的媒介。并且，血液本身对内环境某些理化性质的变化也具有一定的"缓冲"能力。由于内环境中许多因素的变化，能够在血液成分和理化性质的变化上直接反映出来，因此，检查血液成分和理化性质的变化是临床诊断的重要手段之一。

随着生命科学的发展，稳态的概念已经扩展至机体众多生理过程，并且成为动物生理学的核心概念之一。正常的生命活动有赖于稳态的维持。如果内环境的变化超过一定限度，稳态被打破，则必然对机体造成危害。

第二节　机体功能的调节

机体不同的系统、器官和组织分别执行不同的功能。但是，同一组织器官在不同时间的机能活动，或在同一时间不同组织器官之间的机能活动，无论在时间和空间上都相互联系、协调配合，作为一个统一的整体而活动。各组织器官之间在功能上的协调与配合有赖于机体功能的调节。

一、机体功能调节的基本方式

动物机体功能的调节主要有三种方式，即神经调节、体液调节以及器官、组织、细胞的自身调节。

1. 神经调节　通过神经系统的活动调节机体功能，其基本方式是反射。

2. 体液调节　指机体通过内分泌激素、生物活性物质和代谢产物等调节机体功能的方式。内分泌激素经血液循环到达相应的靶组织、靶细胞，调节这些靶组织、靶细胞的功能。生物活性物质和代谢产物则通过旁分泌、自分泌、神经分泌等途径调节机体功能。

3. 自身调节　是神经调节、体液调节以外的调节方式，指组织器官和细胞依靠自身对环境的适应所做出的功能性改变。例如，在心室充盈压 12～15mmHg* 范围内，心室充盈压升高可引起心室肌细胞的初长度增加，后者导致每搏输出量增加。

二、反射、反射弧与机体功能的调节

机体许多生理功能都是通过神经系统的活动来调节的，神经系统的基本活动方式是反射。反射是指在中枢神经系统的参与下，机体对内外环境变化所产生的规律性应答。完成反射所需的结构称为反射弧，它包括感受器、传入神经、神经中枢、传出神经、效应器五个环节。感受器能够感受体内外环境的变化，并将这种变化转变成神经信号，通过传入神经纤维传至相应的神经中枢，中枢对传入信号进行分析、整合，并作出反应，通过传出神经纤维改变效应器的活动。

由于神经冲动的传导速度很快，神经纤维的分布很精细，因此，神经调节具有迅速而准确的特点。

　＊　毫米汞柱（mmHg）为非法定计量单位，1mmHg＝133.3224Pa。

第二单元 细胞的基本功能★

第一节 细胞的兴奋性和生物电现象

一、静息电位和动作电位

细胞水平的生物电主要有两种表现形式：静息电位和动作电位。

静息电位和动作电位

1. 静息电位和静息电位的产生

（1）静息电位 指细胞未受到刺激时存在于细胞膜两侧的电位差，也称静息膜电位。若规定膜外电位为0，则膜内为负电位。

（2）静息电位的产生 静息状态下，细胞膜内的 K^+ 浓度远高于膜外，且此时膜对 K^+ 的通透性高，结果 K^+ 以易化扩散的形式移向膜外，但带负电荷的大分子蛋白不能通过膜而留在膜内，故随着 K^+ 的移出，膜内电位变负而膜外变正，当 K^+ 外移造成的电场力足以对抗 K^+ 继续外移时，膜内外不再有 K^+ 的净移动，此时存在于膜内外两侧的电位差即为静息电位。因此，静息电位主要是 K^+ 外流所致，是 K^+ 的平衡电位。高等哺乳动物神经和肌肉细胞膜静息电位一般为 $-90\sim-70mV$。只要细胞未受到刺激且保持正常代谢水平，静息电位就稳定在某一恒定水平。

2. 动作电位和动作电位的产生

（1）动作电位 是细胞受到刺激时静息膜电位发生改变的过程。当细胞受到一次适当强度的刺激后，膜内原有的负电位迅速消失，进而变为正电位，如由原来的 $-90\sim-70mV$ 变到 $+20\sim+40mV$，整个膜电位的变化幅度达到 $90\sim130mV$，这构成了动作电位的上升支。此后，膜内电位急速下降，复极化至接近静息膜电位的水平，形成动作电位的降支，两者共同形成尖峰状的电位变化，称为峰电位。由此可见，动作电位实际上是膜受到刺激后，膜两侧电位的快速翻转和复原的全过程。

（2）动作电位的产生 细胞受到刺激后，细胞膜的 Na^+ 通道开放，膜对 Na^+ 的通透性突然增大，超过了对 K^+ 的通透性，膜外高浓度的 Na^+ 在膜内负电位的吸引下以易化扩散的方式迅速内流，结果造成膜内负电位迅速降低。由于膜外 Na^+ 具有较高的浓度势能，当膜电位减小到0时仍可继续内移转为正电位，直至膜内正电位足以阻止 Na^+ 内移为止，此时膜两侧的电位差即为 Na^+ 的平衡电位。但是，膜内电位并不停留在正电位状态，因为 Na^+ 通道开放时间很短，它很快进入失活状态，从而使膜对 Na^+ 的通透性很快变小，而此时 K^+ 通道开放，膜内 K^+ 在浓度差和电位差的推动下又向膜外扩散，使膜内电位由正值又向负值发展，直至恢复到静息电位水平。此后，Na^+ 泵活动加强，将动作电位期间从细胞外进入细胞的 Na^+ 转运到细胞外，同时将外流的 K^+ 转运入细胞内，从而使细胞膜内外的离子分布也恢复到原初静息水平。

二、细胞的兴奋性与兴奋、阈值

细胞受到刺激后能产生动作电位的能力称为兴奋性。在体内条件下，产生动作电位的过程称为兴奋。神经细胞、肌肉细胞和某些腺细胞具有较高的兴奋性，习惯上称它们为可兴奋细胞。不同细胞受到刺激而发生反应（产生动作电位）时，具有不同的外部表现，如肌细胞表现为收缩、腺细胞表现为分泌活动等，这些反应是兴奋的表现。

引起细胞兴奋或产生动作电位的最小刺激强度称为阈刺激，该刺激强度的值称为刺激的阈值。比阈刺激弱的刺激称为阈下刺激，比阈刺激强的则称为阈上刺激。

细胞产生兴奋时，其兴奋性的变化经历了四个时期。①绝对不应期：在细胞接受刺激而兴奋时的一个短暂时期内，细胞的兴奋性下降至零，对任何新的刺激都不发生反应。②相对不应期：在绝对不应期之后，细胞的兴奋性有所恢复，但低于正常水平，要引起细胞的再次兴奋，所用的刺激强度必须大于该细胞的阈强度。③超常期：经过绝对不应期、相对不应期之后，细胞的兴奋性继续上升，超过正常水平，用低于正常阈强度的刺激就可引起细胞第二次兴奋。④低常期：继超常期之后细胞的兴奋性又下降到低于正常水平的时期。

三、极化、去极化、复极化、超极化、阈电位

细胞在静息状态下所保持的膜两侧电位外正内负的状态称为极化，当细胞受到刺激后静息电位的数值向膜内负值减小的方向变化称为去极化，去极化到膜外为负而膜内为正时称反极化。去极化后，膜内电位再向正常安静时外正内负的极化状态恢复，称为复极化。极化状态下膜电位向负值进一步增大的方向变化，称为超极化。

细胞所受的刺激达到阈值后即可引发动作电位，而这种能使细胞膜产生去极化达到产生动作电位的临界膜电位的数值，称为阈电位。阈电位是所有可兴奋细胞兴奋性的一项重要功能指标，阈电位大约比静息电位的绝对值小 $10 \sim 20 \text{mV}$。不论何种性质的刺激，只要达到一定的强度，在同一细胞所引起的动作电位的波形和变化过程都是一样的；并且在刺激强度超过阈刺激以后，即使再增加刺激强度，也不能使动作电位的幅度进一步加大。这个现象称为"全或无"现象。这是因为产生动作电位的关键是去极化能否达到阈电位的水平，而与原刺激的强度无关。

第二节　骨骼肌的收缩功能

一、神经-骨骼肌接头处的兴奋传递

神经-骨骼肌接头也叫运动终板，是由运动神经纤维末梢和与它相接触的骨骼肌细胞的膜形成的，神经末梢在接近肌细胞处失去髓鞘，裸露的轴突末梢沿肌膜表面深入到一些向内凹陷的突触沟槽，这部分轴突末梢也称为接头前膜，与其相对的肌膜称终板膜或接头后膜，两者之间为接头间隙。神经-骨骼肌接头处的兴奋传递与经典化学性突触传递过程基本相似。轴突末梢中含有许多囊泡状的突触小泡，内含乙酰胆碱（ACh），在终板膜则有密集的 ACh

受体。

当神经纤维传来的动作电位到达神经末梢时，引起接头前膜的去极化和膜上电压门控 Ca^{2+} 通道的瞬时开放，Ca^{2+} 借助于膜两侧的电化学驱动力流入神经末梢内，使末梢内的 Ca^{2+} 浓度升高。Ca^{2+} 浓度可驱动突触小泡的出胞机制，使其与接头前膜融合，并将小泡内的 ACh 释放到接头间隙，ACh 通过接头间隙扩散至终板膜上，与 ACh 受体结合并激活后者，使间隙内正离子（主要是 Na^+）大量内流，使终板膜发生去极化，产生兴奋性突触后电位，也称终板电位。突触后电位和终板电位都是一种局部电位，不具"全或无"特征，不能传播，只能在局部呈紧张性扩布，其大小可随 ACh 释放量增多而增加，可以产生总和。

由于终板电位的紧张性扩布，可使与之邻接的普通肌细胞膜去极化而达到阈电位水平，激活该处的电压门控性通道，引发一次可沿整个肌细胞膜传导的动作电位。神经肌肉接头的传递保持 1∶1 的关系，在终板膜以外的肌纤维膜的基膜上含有能使 ACh 分解的胆碱酯酶，能将 ACh 迅速降解，以便再次接受新的 ACh。

二、骨骼肌的兴奋-收缩偶联

在以膜电位的变化为特征的兴奋过程与以肌丝滑行为基础的收缩活动之间，存在的能把两者联系起来的中介过程，叫骨骼肌兴奋-收缩偶联。包括三个主要过程：电兴奋通过横管系统传向肌细胞的深处，三联管结构处信息的传递，肌浆网（即纵管系统）对 Ca^{2+} 的释放与再聚积。其全过程可总结如下：

当肌细胞膜兴奋时，动作电位可沿着凹入细胞内的横管膜传导，引起横管膜产生动作电位。当动作电位传到终末池时，激活 T 管和 L 型 Ca^{2+} 通道，L 型 Ca^{2+} 通道发生构型改变，消除对终末池膜上 Ca^{2+} 释放通道的堵塞作用，使终末池内的 Ca^{2+} 大量释放进入肌浆，并与肌钙蛋白（TnC）结合，从而触发肌丝的相对滑行，引发肌肉收缩。

第三单元　血　　液★★

　　血液是由血浆和血细胞组成的流体组织，是体液的重要组成部分。血液在心脏的推动下，在血管系统内循环流动时实现运输营养物质、维持稳态、保护机体以及传递信息等生理功能。组织液源于血液，并与细胞内液发生交换，终又回归血液；尿液也来源于血液。因而，血液在沟通各部位的体液，完成体内外物质交换等活动中起着尤为重要的作用。

第一节　血液的组成与特性

一、血量、血液的基本组成和血细胞比容

（一）血量

　　血量指机体内的血液总量，是血浆和血细胞量的总和。成年畜禽的血量为体重的 $5\%\sim9\%$，即每千克体重有 $50\sim90mL$ 血液。猪和犬的血量平均为体重的 $5\%\sim6\%$，牛、羊和猫为 $6\%\sim7\%$，马和鸡为 $8\%\sim9\%$。

　　血液总量中，在循环系统中不断流动的部分，称为**循环血量**；另一部分常常滞留于肝、脾、肺和皮下的血窦、毛细血管网和静脉内，流动很慢，称为**储备血量**。循环血与储备血之间保持着频繁的交换，在剧烈运动和大量失血等情况下，储备血液可补充循环血量的不足，以适应机体的需要。

　　机体血量一般都相对恒定，但也会随着年龄、性别、体重、营养、妊娠、泌乳、健康状况以及环境因素的改变而稍有变化。

　　失血是引起血量减少的主要原因。失血对机体的危害程度，通常与失血速度和失血量有关。快速失血对机体危害较大，缓慢失血危害较小。一次失血若不超过血量的 10%，一般不会影响健康，因为这种失血所损失的水分和无机盐，在 $1\sim2h$ 就可从组织液中得到补充；血浆蛋白质可由肝脏在 $1\sim2d$ 加速合成得到恢复；血细胞可由储备血液的释放而得到暂时补充，还可由造血器官生成血细胞来逐渐恢复。一次急性失血若达到血量的 20% 时，生命活动将受到明显影响。一次急性失血超过血量的 30% 时，则会危及生命。

（二）血液的基本组成

　　血液由液态的血浆和混悬于其中的血细胞组成。

　　取一定量的血液与抗凝剂混匀后置于分血计中，经离心沉淀（$3\,000r/min$，$30min$）后，血细胞因相对密度较大而下沉并被压紧、分层：上层淡黄色液体为血浆，底层为红色的红细胞，红细胞层的表面有一薄层灰白色的白细胞和血小板。

（三）血细胞比容

　　压紧的血细胞在全血中所占的容积百分比，称为**血细胞比容**。

　　白细胞和血小板在血细胞中所占的容积约 1%，常被忽略不计，因而通常也将血细胞比容称为**红细胞比容**或**红细胞压积**。血液比容可反映血浆容积、红细胞数量或体积的变化。临

床上测定血细胞比容有助于诊断机体脱水、贫血和红细胞增多症等。

二、血液的理化性质

（一）血液的颜色、相对密度与气味

血液呈红色，动脉血中，血红蛋白氧结合量高，呈鲜红色；静脉血中，血红蛋白氧结合量低，呈暗红色。血液中由于存在挥发性脂肪酸，有特殊的血臭，即血腥气；又由于血液中含有氯化钠而稍带咸味。

动物全血的相对密度为 1.050～1.060，其中红细胞的相对密度最大，白细胞和血小板次之，血浆的相对密度最小。全血相对密度的大小主要决定于红细胞比容的高低以及所含血红蛋白的浓度，也与血浆中蛋白质的浓度有关。

（二）血液的黏滞性

液体流动时，由于液体分子间相互碰撞摩擦而产生阻力，以致流动缓慢并表现出黏着的特性，称为黏滞性。全血的黏滞性比水高 4～5 倍。血浆的黏滞性比水高 1.5～2.5 倍。血液黏滞性的大小，主要决定于红细胞数目的多少和血浆蛋白质的浓度。红细胞数目越多，血浆蛋白质浓度越高，血液黏滞性就越大。

血液黏滞性的相对恒定，对于维持正常的血流速度和血压起重要作用。黏滞性增高，血管内血流阻力增大，血流速度减慢，血压升高；黏滞性降低，血流阻力减小，流速增快，血压降低。

（三）血液的酸碱性

血液呈弱碱性，pH 为 7.35～7.45。不同种属动物血液的平均 pH 略有差异，如马为 7.40、牛为 7.50、绵羊为 7.49、猪为 7.47、犬为 7.40、猫为 7.35。静脉血内含碳酸较多，因此其 pH 比动脉血的稍低一些，但变化幅度一般不超过平均 pH 的 ±0.05。如果超过这个限度，将会引起机体酸中毒或碱中毒。机体生命活动所能耐受的 pH 极限在 7.00～7.80，严重的失衡会导致动物死亡。

第二节　血　浆

一、血浆与血清的区别

血液流出血管后如不经抗凝处理，很快会凝成血块，随着血块逐渐缩紧析出的淡黄色清亮液体，称为血清。由于血浆中的纤维蛋白原在血液凝固过程中已转变成为不溶性的纤维蛋白，并被留在血凝块中，因而血清与血浆的主要区别在于血清中无纤维蛋白原。同时，血浆中参与凝血反应的一些成分也不会存于血清之中。

二、血浆的主要成分

血浆是有机体内环境的重要组成部分，其主要成分是水、低分子物质、蛋白质和 O_2、CO_2 等。血浆中含 90%～92% 的水，水的含量与维持循环血量相对恒定密切相关。低分子物质包括多种电解质和小分子有机化合物，如营养物质、代谢产物和激素等，约占总量的 2%。血浆电解质中主要的阳离子有 Na^+、K^+、Ca^{2+}、Mg^{2+}，主要的阴离子有 Cl^-、HCO_3^-、HPO_4^{2-} 等，电解质的含量与组织液基本相同。这些无机离子及铜、锌、铁、锰、

碘、钴等微量元素在维持血浆渗透压、酸碱平衡和神经肌肉正常兴奋性等方面起重要作用。

三、血浆蛋白的功能

血浆蛋白是血浆中多种蛋白质的总称。用盐析法可将血浆蛋白分为白蛋白（清蛋白）、球蛋白和纤维蛋白原三类。各种血浆蛋白所占的比例有较大的种别差异。纤维蛋白原的含量一般不超过血浆蛋白总量的 10%。用电泳法可将球蛋白再区分为 α_1-球蛋白、α_2-球蛋白、β-球蛋白、γ-球蛋白等；用免疫电泳等高分辨率的技术，还可将血浆蛋白进一步分为大约 120 个组分。白蛋白、α-球蛋白、β-球蛋白和纤维蛋白原主要由肝脏合成，γ-球蛋白主要是由淋巴细胞和浆细胞分泌。各种蛋白有各自的功能特点。①γ-球蛋白几乎都是免疫抗体，故称之为免疫球蛋白，包括 IgM、IgG、IgA、IgD 和 IgE 五种，以 IgG 含量最高。许多种新生幼畜的血浆中不含γ-球蛋白，因此只能依靠吮吸初乳来获得被动免疫。②血浆白蛋白的主要功能有：形成血浆胶体渗透压，运输激素、营养物质和代谢产物，保持血浆 pH 的相对恒定。③纤维蛋白原参与凝血和纤溶的过程。

补体（C）是血浆中一组参与免疫反应的蛋白酶系，它由 11 种蛋白组成，分别为 C_1（C_{1q}、C_{1r}、C_{1s}）、C_2、C_3、…、C_9。C_1 包含三个亚单位，通常它们处于酶原状态，在某些因素如特异性抗原-抗体复合物的作用下可转化为活性状态。当补体系统被激活时，发生特异性的连锁反应，影响靶细胞（如侵入的微生物）膜表面的性质、功能和结构，最后使靶细胞崩解或崩溃。补体是机体免疫反应的重要组成部分，测定其消长情况在兽医临床诊断和治疗中有十分重要的意义。

四、血浆渗透压

促使纯水或低浓度溶液中的水分子透过半透膜向高浓度溶液中渗透的力量，称为**渗透压**。血浆渗透压包括晶体渗透压和胶体渗透压两部分，其值约为 771.0kPa。其中晶体渗透压约占血浆总渗透压的 99.5%，约为 767.5kPa，主要来自溶解于血浆中的晶体物质，有 80% 来自 Na^+ 和 Cl^-。**血浆胶体渗透压**是由血浆中的胶体物质（主要是白蛋白）所形成的渗透压，约占血浆总渗透压的 0.5%。

血浆晶体渗透压在维持细胞内外水平衡、细胞内液与组织液的物质交换、消化道对水和营养物质的吸收、消化腺的分泌活动以及肾脏尿的生成等生理活动中，都起着重要的作用。血浆胶体渗透压对于维持血浆和组织液之间的液体平衡极为重要。

有机体细胞的渗透压与血浆的渗透压相等。与细胞和血浆渗透压相等的溶液叫做**等渗溶液**。0.9% 的氯化钠溶液和 5% 的葡萄糖溶液的渗透压与血浆渗透压大致相等。通常，把 0.9% 的氯化钠溶液称为等渗溶液或**生理盐水**。渗透压比它高的溶液称为**高渗溶液**，渗透压比它低的溶液称为**低渗溶液**。

第三节 血 细 胞

一、红细胞的形态和数量、渗透脆性、血沉，红细胞的生理功能

（一）红细胞的形态和数量

哺乳动物成熟的红细胞为无核、双凹碟形，呈圆盘状（骆驼和鹿为椭圆形）。这种形态

可使红细胞表面积与体积的比值增大，具有很强的变形性和可塑性，较易通过比其直径还小的毛细血管和血窦空隙。此外，这种形态使细胞膜到细胞内的距离缩短，对于 O_2 和 CO_2 的扩散、营养物质和代谢产物的运输，都非常有利。禽类的红细胞有核，呈椭圆形。

红细胞是各种血细胞中数量最多的一种，不同种类的动物红细胞数量不同（表 3-1）。同种动物红细胞数量也因品种、年龄、性别、生理状态和生活环境不同而有所差异。

表 3-1 几种动物的红细胞数量（$\times 10^{12}$ 个/L）

动 物	红细胞数量
马	7.5 (5.0～10.0)
牛	7.0 (5.0～10.0)
猪	6.5 (5.0～8.0)
犬	6.8 (5.0～8.0)
绵羊	10.0 (8.0～12.0)
山羊	13.0 (8.0～18.0)
猫	7.5 (5.0～10.0)
鸡	3.5 (3.0～4.0)
鸭	2.5 (2.0～3.0)

（二）红细胞的生理特性和功能

1. 红细胞的生理特性

（1）**膜通透性** 红细胞膜是以脂质双分子层为骨架的半透膜。红细胞的通透性有严格的选择性，水、尿素、氧和二氧化碳等可以自由通过细胞膜。电解质中，负离子如 Cl^-、HCO_3^- 较易通过细胞膜，但正离子则很难通过。

（2）**悬浮稳定性** 双凹碟形的红细胞由于表面积与体积的比值较大，以致与血浆之间的摩擦力也较大，因此下沉缓慢，能较稳定地悬浮于血浆中，此种特性称为**红细胞的悬浮稳定性**。它常用红细胞沉降率来表示。将抗凝血放入血沉管中垂直静置，红细胞由于密度较大而下沉。通常以红细胞在第一小时末下沉的距离表示红细胞的沉降速度，称为**红细胞的沉降率**（简称血沉）。动物种别不同血沉也不同，例如，牛的血沉很慢，1h 红细胞仅沉降若干毫米；而马的血沉却很快，1h 可下降几十毫米。动物患某些疾病时，血沉也发生明显变化，因而临床上有一定诊断价值。

（3）**渗透脆性** 红细胞在低渗溶液中，水分会渗入胞内，膨胀成球形，胞膜最终破裂并释放出血红蛋白，这一现象称为**溶血**。红细胞在低渗溶液中抵抗破裂和溶血的特性称为**红细胞渗透脆性**。对低渗溶液的抵抗力大，则脆性小；反之，对低渗溶液的抵抗力小，则脆性大。衰老的红细胞脆性较大。在某些病理状态下，红细胞脆性会显著增大或减小。

2. 红细胞的生理功能 红细胞的主要功能是运输 O_2 和 CO_2，并对酸、碱物质有缓冲作用，这些功能的实现主要依赖于细胞内的血红蛋白。

（1）**血红蛋白与气体运输** 血红蛋白是一种含铁的特殊蛋白质，由珠蛋白和亚铁血红素组成，占红细胞成分的 $30\% \sim 35\%$。血红蛋白既能与氧结合，形成**氧合血红蛋白**（HbO_2），又易于将它释放，形成**脱氧血红蛋白**（或还原血红蛋白，HHb）。释放出的氧，供组织细胞代谢需要。此外，二氧化碳也可与 Hb 结合，以氨基甲酸血红蛋白形式经血液运输。

血红蛋白的含量是以每升血液中含有的克数表示（表 3-2）。在正常情况下，每克血红蛋白能与 1.34mL 的氧结合，若以每 100mL 血液中含血红蛋白 15g 计算，即 100mL 血液约可携带 20mL 的 O_2。

表 3-2　几种动物的血红蛋白含量（g/L）

动　物	血红蛋白
马	115（80～140）
牛	110（80～150）
绵羊	120（80～160）
山羊	110（80～140）
猪	130（100～160）
犬	150（120～180）
猫	120（80～150）
兔	117（80～150）
鸡	105（90～120）
鸭	135（120～150）

（2）血红蛋白的酸碱缓冲功能　在 pH 约为 7.4 的环境下，还原血红蛋白（HHb）和氧合血红蛋白（HbO$_2$）两种形式的血红蛋白均为弱酸性物质。它们一部分以酸分子形式存在，一部分与红细胞内的钾离子构成血红蛋白钾盐，因而组成了 KHb/HHb 和 KHb-O$_2$/HHb-O$_2$ 两个缓冲对，共同参与血液酸碱平衡的调节作用。

二、红细胞生成所需的主要原料及辅助因子

红细胞由红骨髓的髓系多功能干细胞分化增殖而成。某些放射性物质或药物会抑制骨髓的造血功能，造成再生障碍性贫血。造血过程中除了骨髓造血机能必须处于正常以外，还要供应充足的造血原料和促进红细胞成熟的辅助因子。蛋白质和铁是红细胞生成的主要原料，若供应或摄取不足，造血将发生障碍，出现营养性贫血。促进红细胞发育和成熟的辅助因子主要是维生素 B_{12}、叶酸和铜离子。前二者在核酸（尤其是 DNA）合成中起辅酶作用，可促进骨髓原红细胞分裂增殖；铜离子是合成血红蛋白的激动剂。叶酸缺乏会引起与维生素 B_{12} 缺乏时相似的巨幼细胞性贫血。维生素 B_{12} 是一种含钴的化合物，一旦吸收不足就可引起贫血。此外，红细胞生成还需要氨基酸、维生素 B_6、维生素 B_2、维生素 C、维生素 E 和微量元素锰、钴、锌等。

三、红细胞生成的调节

红细胞数量的自稳态主要受促红细胞生成素的调节，雄激素也起一定作用。

促红细胞生成素主要在肾脏产生，正常时在血浆中维持一定浓度，使红细胞数量相对稳定。该物质可促进骨髓内造血细胞的分化、成熟和血红蛋白的合成，并促进成熟的红细胞释

放入血液。在机体贫血、组织中氧分压降低时，血浆中的促红细胞生成素的浓度增加。当促红细胞生成素增加到一定水平时，反而能抑制促红细胞生成素的合成与释放。这种反馈调节，使红细胞数量维持相对恒定，以适应机体的需要。

雄激素可以直接刺激骨髓造血组织，促使红细胞和血红蛋白的生成，也可作用于肾脏或肾外组织产生促红细胞生成素，从而间接促使红细胞增生。这也可能是雄性动物的红细胞和血红蛋白量高于雌性动物的原因之一。

四、白细胞的种类、数量及各种白细胞的生理功能

（一）白细胞的种类和数量

白细胞是一类有核的血细胞。根据形态、功能和来源，白细胞可分为粒细胞、单核细胞和淋巴细胞三大类。按粒细胞胞浆颗粒的嗜色性质不同，又分为中性粒细胞、嗜酸性粒细胞和嗜碱性粒细胞。

几种动物白细胞数量及各类白细胞所占的百分比见表3-3。白细胞数量随动物生理状况而变化，如下午高于早晨，初生幼畜高于成年畜，剧烈运动、进食和疼痛时增多等，同时存在个体差异。正常情况下，各类白细胞所占的百分比能够保持相对恒定。

表3-3　几种动物的白细胞数量及各类白细胞的百分比

动物	白细胞总数 ($\times 10^9$个/L)	各类白细胞所占百分比（%）						
		嗜碱性粒细胞	嗜酸性粒细胞	中性粒细胞		淋巴细胞	单核细胞
				杆形核	分叶核		
马	8.77	0.5	4.5	4.5	53.0	34.5	3.5
牛	7.62	0.5	4.0	3.5	33.0	57.0	2.0
绵羊	8.25	0.5	5.0	2.0	32.5	59.0	2.0
山羊	9.70	0.1	6.0	1.0	34.0	57.5	1.5
猪	14.66	0.5	0.5	6.0	31.5	55.5	3.5
骆驼	24.00	0.5	8.0	7.0	47.5	35.0	1.5
犬	11.50	1.0	6.0	3.0	60.0	25.0	5.0
猫	12.50	0.5	5.0	0.5	59.0	32.0	3.0

（二）各种白细胞的生理功能

白细胞具有渗出、趋化性和吞噬作用等特性，并以此实现对机体的保护功能。除淋巴细胞外，其他白细胞能伸出伪足做变形运动，并得以穿过血管壁，称为血细胞渗出。白细胞具有向某些化学物质游走的特性，称为趋化性。机体细胞的降解产物、抗原-抗体复合物、细菌和细菌毒素等都是能引起趋化作用的物质。白细胞在骨髓和淋巴组织中产生，凭借血液的运输，到达发挥作用的部位。

1. 中性粒细胞　中性粒细胞有很强的变形运动和吞噬能力，趋化性强。能吞噬侵入的细菌或异物，还可吞噬和清除衰老的红细胞和抗原-抗体复合物等。中性粒细胞内含有大量的溶酶体酶，能将吞噬入细胞内的细菌和组织碎片分解，在非特异性免疫系统中有十分重要的作用。

2. 嗜酸性粒细胞 嗜酸性粒细胞内虽有溶酶体和一些特殊颗粒，但因不含溶菌酶，所以能进行吞噬，但没有杀菌能力。它的主要机能在于缓解过敏反应和限制炎症过程。当机体发生抗原-抗体相互作用而引起过敏反应时，大量嗜酸性粒细胞趋向局部，并吞噬抗原-抗体复合物，从而减轻对机体的危害。

3. 嗜碱性粒细胞 嗜碱性粒细胞与组织中的肥大细胞有很多相似之处，都含有组胺、肝素和5-羟色胺等生物活性物质，细胞自身不具备吞噬能力。组胺对局部炎症区域的小血管有舒张作用，增加毛细血管的通透性，有利于其他白细胞的游走和吞噬活动。它所含的肝素对局部炎症部位起抗凝血作用。

4. 单核细胞 单核细胞有变形运动和吞噬能力，可渗出血管变成巨噬细胞。单核细胞能与组织中的巨噬细胞构成单核巨噬细胞系统，在体内发挥防御作用。

5. 淋巴细胞 淋巴细胞根据其生长发育过程、细胞表面标志和功能的不同，可划分为T淋巴细胞和B淋巴细胞两大类。**T淋巴细胞**主要参与**细胞免疫**。它与含有某种特异抗原性的物质或细胞相互接触时，发挥免疫功能，以对抗病毒、细菌和癌细胞的侵入。另有一些T淋巴细胞受到抗原刺激后，能合成一些免疫活性物质，如淋巴因子、干扰素等，参与体液免疫反应。**B淋巴细胞**主要存在于淋巴结、脾和肠道淋巴组织内，在抗原刺激下转化为浆细胞。浆细胞产生和分泌多种特异性抗体，释放入血液能阻止细胞外液中相应抗原、异物的伤害。这种由免疫细胞产生和分泌的特异性抗体引起的免疫反应，称为**体液免疫**。

五、血小板的形态、数量及生理功能

（一）血小板的形态和数量

血小板是从骨髓成熟的巨核细胞胞浆裂解脱落下来的活细胞，无色，无细胞核，呈椭圆形、杆形或不规则形。血小板虽然无核，但胞浆中含有多种与其功能有关的活性因子，包括：①引起血小板收缩的肌动蛋白、肌球蛋白和血栓收缩蛋白；②残存的内质网、高尔基体以合成各种酶，特别是贮存大量的 Ca^{2+}；③形成 ATP 和 ADP 的线粒体和酶系统；④合成前列腺素的酶系统；⑤合成与凝血有关的血纤维蛋白稳定因子；⑥促进血管内皮细胞等生长的生长因子，有助于修复损伤的血管壁。几种动物血小板的数量见表3-4。

表3-4 几种动物的血小板数量（$\times 10^9$个/L）

动物	血小板数量	动物	血小板数量
马	200～900	驴	400
牛	260～710	骆驼	367～790
绵羊	170～980	犬	199～577
山羊	310～1 020	猫	100～760
猪	130～450	兔	125～250

（二）血小板的生理功能

血小板具有重要的保护机能，主要包括生理性止血、凝血功能、纤维蛋白溶解作用和维持血管壁的完整性等。血小板生理功能的实现，与其具有黏附、聚集、释放、吸附和收缩等生理特性密切相关。

1. 生理性止血　生理性止血指小血管损伤出血后，能在很短时间内自行停止出血的过程。在生理性止血过程中，血小板的作用有：①释放缩血管物质（如 5-羟色胺、儿茶酚胺等），促进受伤血管收缩，减少出血；②在损伤的血管内皮处黏附、聚集，填塞损伤处以减少出血；③释放参与血液凝固的物质，并通过血小板收缩蛋白使血凝块紧缩，形成坚实的血栓，堵塞在血管损伤处起到持久止血的作用。

2. 参与凝血　血小板内含有多种凝血因子，如血小板第 3 因子（PF_3）、血小板第 2 因子（PF_2）、血小板第 4 因子（PF_4）等。其中 PF_3 在凝血过程中起着重要的作用。PF_3 提供的磷脂表面，是许多凝血因子进行凝血反应的重要场所，并加速了反应的过程。PF_2 促进纤维蛋白原转变为纤维蛋白单体。PF_4 有抗肝素作用，有利于凝血酶的生成并加速凝血。

3. 参与纤维蛋白的溶解　血小板对纤维蛋白的溶解过程既有促进作用，又有抑制效应。在纤维蛋白形成前，血小板释放抗纤溶物质（PF_6、尿激酶），可以抑制纤溶过程、促进止血。血栓形成晚期，随着血小板解体和释放反应增加，一方面释放纤溶酶原激活物，直接参与纤维蛋白溶解，另一方面释放 5-HT、组胺、儿茶酚胺等物质，刺激血管壁释放纤溶酶原激活物，间接参与纤维蛋白溶解，使血凝块重新溶解，血管内血流重新畅通。

4. 维持血管内皮细胞的完整性　血小板可黏附在血管壁上、填补于内皮细胞间隙或脱落处，并可融入内皮细胞，起到修补和加固作用，从而维持血管内皮细胞的完整性和降低血管壁的脆性。

第四节　血液凝固和纤维蛋白溶解

血液由流动的溶胶状态转变为不能流动的凝胶状态的过程，称为**血液凝固**或**血凝**。血液凝固现象可避免机体失血过多，为机体的一种保护功能。

一、血液凝固的基本过程

凝血过程大体上经历三个阶段：第一阶段为凝血酶原激活物的形成；第二阶段为凝血酶的形成；第三阶段为纤维蛋白的形成。最终形成血凝块。

二、纤维蛋白溶解系统

血液凝固过程中形成的纤维蛋白被分解、液化的过程，称为**纤维蛋白溶解**，简称**纤溶**。纤溶的基本过程可分为纤溶酶原的激活与纤维蛋白和纤维蛋白原的降解两个阶段。参与纤溶的物质有纤维蛋白溶解酶原（纤溶酶原）、纤维蛋白溶解酶（纤溶酶）、纤溶酶原激活物与抑制物等，统称为**纤维蛋白溶解系统**。

三、抗凝物质及其作用

血浆中有多种抗凝物质，统称为**抗凝系统**，下列物质在抗凝机制中起着重要作用。

1. 抗凝血酶Ⅲ　血浆中有 6 种以上的抗凝血酶，其中最重要的**抗凝血酶Ⅲ**，是由肝脏合成的一种丝氨酸蛋白酶抑制物。抗凝血酶Ⅲ分子中的精氨酸残基与凝血因子Ⅸa、Ⅹa、Ⅺa、Ⅻa 活性部位的丝氨酸残基结合，可封闭这些因子的活性中心，使它们失去活性，从而起到抗凝作用。抗凝血酶Ⅲ本身的抗凝作用非常慢而弱，但一旦与肝素结合形成复合物后，抗凝血酶Ⅲ的抗凝作用可增加成千倍。

2. 肝素 肝素是一种酸性黏多糖，主要由肥大细胞产生，血中嗜碱性粒细胞也产生一部分。肝素有多方面的抗凝作用：如增强抗凝血酶的作用；抑制血小板黏附、聚集和释放反应；使血管内皮细胞释放凝血抑制物和纤溶酶原激活物等。此外，肝素是脂蛋白酶的辅基，有利于血浆乳糜微粒的清除，防止与血脂有关的血栓形成。

3. 蛋白质 C 蛋白质C是由肝脏合成的维生素K依赖性蛋白。凝血酶与血管内皮细胞上的凝血酶调制素结合后，可激活蛋白质C并使其产生如下作用：①在磷脂和Ca^{2+}存在时使Ⅴa和Ⅷa失活；②阻碍因子Ⅹa与血小板上的磷脂膜结合，削弱因子Ⅹa对凝血酶原的激活作用；③刺激纤溶酶原激活物的释放，增强纤溶酶活性，促进纤维蛋白降解。血浆中蛋白质S可大大增强蛋白质C的作用。

此外，外源性凝血过程中来自小血管内皮细胞的糖蛋白组织因子抑制物，能抑制凝血的发生，也是体内重要的抗凝物质。

四、加速和减缓血液凝固的基本原理和措施

（一）抗凝或减缓凝血的原理和常用方法

1. 移钙法 凝血过程的三个阶段中均有Ca^{2+}参与，除去血浆中的Ca^{2+}可以达到抗凝的目的。常用的移钙法，也是制备抗凝血的常用方法。例如：①血液中加入适量柠檬酸钠可与Ca^{2+}结合成络合物柠檬酸钠钙；②加入适量草酸盐，如草酸钾、草酸铵，可与Ca^{2+}结合成不溶性草酸钙；③用乙二胺四乙酸（EDTA）螯合钙等。

2. 肝素 肝素是非常有效的抗凝剂，可注射到体内防止血管内凝血和血栓的形成，也可用于体外抗凝。具有用量少、对血液影响小、易保存的优点。

3. 脱纤法 使用一小束细木条不断搅拌流入容器的血液，不久后木条上将黏附一团细丝状的纤维蛋白，即脱纤抗凝法。脱纤血不会凝固，但此方法不能保全血细胞。

4. 低温 凝血过程是一系列酶促反应，酶的活性明显受温度影响。将盛血容器置于低温环境中，可以延缓凝血过程。

5. 血液与光滑面接触 盛血容器内壁预先涂层石蜡，可因凝血因子Ⅻ的活化延迟等原因而延缓血凝。

6. 双香豆素 牛或羊吃了发霉的草苜蓿，15d后血液凝固能力减弱，导致内部出血，在30～50d内死亡。这种"草苜蓿病"是由于饲草中的香豆素腐败后转成的双香豆素，具有在肝细胞内竞争性抑制维生素K的作用，阻碍了凝血因子Ⅱ、Ⅶ、Ⅸ、Ⅹ在肝内的合成，使血液凝固减慢。双香豆素可作为抗凝剂在临床中防止血栓形成。过量应用双香豆素后，可口服水溶性维生素K来解毒。

（二）加速或促凝的原理和常用方法

1. 血液加温 能提高酶的活性，加速凝血反应。接触粗糙面，可促进凝血因子Ⅻ的活化，也可促进血小板聚集、解体并释放凝血因子。手术中常用温热生理盐水纱布压迫术部，以加快凝血与止血。除了温度因素外，纱布粗糙面及其带有负电荷也是促凝的因素。

2. 补充维生素 K 许多凝血因子合成过程需要维生素K的参与，维生素K缺乏可导致凝血障碍，补充维生素K能促进凝血。

第四单元 血液循环★★★★

第一节 心脏的泵血功能

一、心动周期和心率的概念

1. 心动周期 心脏（包括心房和心室）每收缩、舒张一次称为一个心动周期，一般以心房的收缩作为心动周期的开始。由于心脏是由心房和心室两个合胞体构成的，因此一个心动周期包括了心房收缩和舒张以及心室收缩和舒张四个过程。在一个心动周期中，首先是左右心房同时收缩（称心房收缩期），接着转为舒张，心房开始舒张时左、右心室几乎同时开始收缩（心室收缩期），心室收缩的持续时间比心房要长。当心室收缩转为舒张时，心房仍处于舒张状态（即心房、心室均处于舒张，故称全心舒张期），至此一个心动周期完结。

2. 心率 每分钟的心动周期数，即为心率。因此，心动周期的持续时间对心率有影响。以健康成年猪为例，心率为 75 次/min，每个心动周期则为 0.8s，其中心房收缩时间较短，约 0.1s（舒张期则为 0.7s），心室收缩历时约 0.3s（舒张期则为 0.5s）。由此可见，正常情况下，在心动周期中，不论心房还是心室，都是舒张期长于收缩期，如果心率加快，心动周期缩短时，收缩期与舒张期均将相应缩短。但一般情况下，舒张期的缩短要比收缩期明显，这对心脏的持久活动是不利的。

二、心脏泵血过程

每次心动周期中，左右心室舒张时均有血液回流入心室，而左右心室收缩时又都有一定的血液射入主动脉及肺动脉，这就是**心脏泵血**。

1. 心房收缩对心室充盈的影响 心房收缩前，心脏处于全心舒张状态，此时房内压低于外周静脉压，故有静脉血回流入心房。当心室内压力降至低于房内压时，房室瓣开放，外周及心房内血液回流心室，心室开始充盈。心房的收缩起始于心房与外周静脉的交界处，从而阻断了心房与外周的通道。因此，心房收缩使心室进一步充盈，心房的收缩起到了初级泵血的功能。

2. 心室收缩与射血　心房收缩结束转为舒张时，心室开始收缩。心室的收缩引起房室瓣关闭，半月瓣开放，血液被射入动脉，即射血。根据心室收缩过程中心室内压力与容积的变化、瓣膜的启闭及血流状况，可以分为等容收缩、快速射血和缓慢射血三个时期。

3. 心室舒张与血液充盈　当心室由收缩转为舒张后，在心室舒张期内心室将经历：等容舒张期、快速充盈期和减慢充盈期三个过程。

每个心动周期中左右心室的射血量基本是相等的，但肺动脉压则只有主动脉压的 1/6 左右。因此，右心室内的压力变化要比左心室小得多。

三、心输出量及其影响因素、射血分数和心指数的概念

1. 心输出量及其影响因素　左、右心室收缩时射入主动脉或者肺动脉的血量，称为**心输出量**，有每搏输出量和每分输出量之分。**每搏输出量**为一侧心室一次心搏射出的血量；而**每分输出量**则是每分钟内一侧心室射出的血量，其值＝每搏输出量×心率。生理学一般所说的心输出量指的是每分输出量。心输出量在很大程度上是与机体代谢水平相适应的，机体静息时代谢率低、心输出量少，相反则大，以满足机体细胞代谢的需要。

影响心输出量的因素：

心输出量是每搏输出量与心率的乘积。在一定范围内心率加快可致心输出量增加，但是，心率过快，则心室充盈时间显著缩短，充盈量减少，每搏输出量减少。当每搏输出量减少到正常值的50％时，心输出量下降。反之，心率太慢，心输出量也下降。

每搏输出量则受心室舒张末期容量、心室肌收缩力和大动脉弹性的影响。心室舒张末期容量在一定范围内（12～15mmHg）决定每搏输出量，因此，增加回心血量可相应增加每搏输出量。除心室舒张末期容量，心肌收缩力也是影响每搏输出量的因素，当血液中肾上腺素和去甲肾上腺素浓度升高时，静脉回流血量增多，且心肌收缩力增强，心室射血更快、更有力，射血分数增大，心缩末期容积减小，心输出量增加。大动脉血压是心室射血时遇到的后负荷。在其他条件不变的情况下，动脉血压升高将使心室射血的阻力增大，半月瓣的开放将推迟，等容收缩期延长，射血速度减慢，射血期缩短，每搏输出量减小。

2. 射血分数　心室舒张末期心室内充盈的血液的容积，称舒张末期容积。在心室收缩射血后，留在心室内的血液容量则为收缩末期容积，把每搏输出量与舒张末期容积之比，定义为**射血分数**。处在安静状态下动物的射血分数，一般为60％左右。心肌收缩力量的大小对射血分数影响很大。

3. 心指数　心输出量是以个体为单位计量的，但个体大小对心输出量影响很大，因此，用心输出量的绝对值，在个体大小不同的动物之间比较心脏功能是不全面的。研究发现，在安静状态下心输出量与动物体表面积成正比，遂将每平方米体表面积、每分钟的心输出量定义为心指数。用心指数在不同大小个体间评价心脏功能比较合理。

第二节　心肌的生物电现象和生理特性

心肌细胞和其他可兴奋细胞如肌细胞、神经细胞一样，在细胞膜两侧存在着电位差，这

种电位差又称作**跨膜电位**,它包括静息状态下的静息电位和兴奋时的动作电位。鉴于心脏主要依赖心室收缩推动血液循环,因此,下文主要介绍心室肌的膜电位变化。

心室肌细胞在静息状态下,膜两侧呈极化状态,用微电极可测出膜内电位比膜外电位约低 90mV。以膜外电位为 0 计,膜内电位为 −90mV。心室肌细胞的静息电位及其形成原理,基本上与神经细胞和骨骼肌细胞相似,也是由于细胞内 K^+ 向细胞膜外流动所产生的 K^+ 跨膜电位或平衡电位。

一、心肌的基本生理特性

心肌细胞在兴奋性、自律性、传导性和收缩性等方面与骨骼肌、平滑肌有不同的生理特性。

(一)心肌细胞的兴奋性

各类心肌细胞都有兴奋性,即都有在受到刺激时产生兴奋的能力。心肌细胞兴奋性的高低,可用阈值来表示。阈值高,兴奋性低;相反则高。而阈值的高低和心肌细胞的静息电位(或舒张期最大电位)与阈电位之间的电位差有关。差距大,引起兴奋所需的刺激强度就大,兴奋性就低,因此,兴奋性和静息电位及阈电位的高低有关。此外,兴奋性还与心肌细胞膜上的 Na^+ 通道的性状有关。Na^+ 通道的活动是电压依从性和时间依从性的,当膜电位处于静息电位水平时,Na^+ 通道处于备用状态,此时的 Na^+ 通道是关闭的,但当膜电位去极化到阈电位水平时,即可被激活,使 Na^+ 快速内流。Na^+ 通道在激活后又立即失活、关闭。处于失活状态的 Na^+ 通道不仅限制 Na^+ 跨膜扩散,而且不能再次被激活,只有当膜电位恢复到静息电位水平时,才重新恢复到备用状态。所以 Na^+ 通道是否处于备用状态是心肌细胞是否具有兴奋性的前提。

心肌细胞在一次兴奋过程中其兴奋性不是固定不变的,而是随其膜电位的变化而发生有规律的改变。主要表现为:

1. 有效不应期 当心肌细胞受刺激而兴奋后,膜由 0 期去极到 3 期复极化达到 −55mV 前的这段时间内,不论给以多大的刺激,都不能引起心肌细胞产生任何程度的去极化。这是因为在此段时间内,快反应细胞的快 Na^+ 通道和慢反应细胞的慢钙通道都处于失活状态,这一状态称为**绝对不应期**。当膜内电位由 −55mV 复极到 −60mV 时,在此段时间内,若给予心肌细胞足够大的刺激,心肌可产生局部的去极化,但不会产生可以扩布的动作电位。因此,把膜由 0 期去极开始到 3 期复极到 −60mV 期间,不能产生动作电位的时间,称为**有效不应期**。与神经细胞和骨骼肌细胞不同,心肌兴奋时的有效不应期特别长,一直可以延续到心肌机械收缩的舒张期开始之后。因此,如果有新的刺激在心肌收缩完成前作用于心脏,心脏将不会产生新的收缩活动,这对心脏完成泵血功能十分重要。

2. 相对不应期 从有效不应期末(−60mV)到复极化基本完成(−80mV)的这段时间称为**相对不应期**。这段时间的特点是给予阈上刺激时心肌可以产生新的兴奋,但阈刺激不能引起兴奋。因为此时的 Na^+ 通道虽已逐渐复活,但膜电位(负值)仍低于静息电位,所以心肌细胞的兴奋性仍低于正常,引起兴奋的刺激强度要比阈值大,产生的动作电位的幅度和速度都较正常为小,兴奋的传导也慢。

3. 超常期 相对不应期后,心肌细胞继续复极,膜电位由 −80mV 恢复到 −90mV 前的这段时期。此时,膜电位虽仍低于静息电位,但较 4 期复极时更接近阈电位水平,因此,引起该细胞兴奋的阈值较正常要低，所以给予低于阈值的刺激，就可引起动作电位的爆发，即此时的兴奋性比平常高，故称为**超常期**。由于此时 Na$^+$ 通道已基本恢复到可被激活的正常备用状态，但开放能力仍未完全恢复，故产生的动作电位的 0 期去极的幅度、速度、兴奋传导速度等仍低于正常。到了 3 期复极末膜电位恢复正常时，兴奋性也恢复正常。

（二）心肌的自动节律性

心脏在没有外来刺激的条件下，能自发地产生节律性兴奋的特性，称自动节律性，简称**自律性**。单位时间内自动发生兴奋的次数，即兴奋频率，是衡量自律性高低的指标。并非所有的心肌细胞都有自律性，只有自律细胞才有自律性，心肌中非自律细胞是在接受了由自律细胞传来的刺激时才兴奋、收缩的。

心脏中的自律细胞主要是 P 细胞和浦肯野氏细胞，它们分布在特殊的传导组织中。P 细胞主要存在于窦房结，而窦房结以外的传导组织（除房室结结区细胞外）中都有浦肯野氏细胞分布，传导系统中不同部位的自律细胞的自律性高低是不同的。正常情况下，窦房结是心脏的起搏点。由窦房结引发的心脏收缩节律称为窦性节律。异常情况下，由窦房结以外的部位也可引发心脏的收缩节律，称为异位节律。

（三）心肌的传导性和兴奋在心脏内的传导

心肌在功能上是一种合胞体，因此心肌细胞膜上任何部位产生的动作电位不仅可传遍整个细胞，还可通过细胞间的闰盘结构传至邻近的细胞，乃至整块心肌，并引起心肌的兴奋和收缩。传导性的高低，常用动作电位沿细胞膜传播的速度来衡量。

在同一个心肌细胞内，传导动作电位的机制是局部电流学说，即兴奋部位和邻近的静息部位膜之间存在电位差，从而产生局部电流而传导。在不同细胞间，由于心肌细胞间的闰盘结构是低电阻的缝隙连接，因此局部电流可以通过闰盘结构，直接由一个细胞传至另一个细胞。导致兴奋在心脏的同种细胞和心脏内不同组织间的传导。

（四）心肌细胞的收缩性

收缩性指心房与心室工作细胞在兴奋时具有产生收缩反应的能力。心肌细胞收缩的机理与骨骼肌相同。正常情况下心肌细胞仅接受来自窦房结的节律性兴奋的刺激。心肌细胞收缩性的特点表现为：①不发生强直收缩；②期前收缩和代偿间隙。这两个特点都和心肌细胞兴奋性的周期性变化有关。

二、心肌细胞动作电位的特点及其与功能的关系

心室肌细胞受到刺激兴奋后产生的动作电位，也由去极（或除极）和复极两部分组成，但与神经细胞相比，其形式比较复杂，特别是复极化过程复杂、持续时间长，可持续 200～300ms。心室肌细胞整个动作电位可分为 0、1、2、3、4 五个时期，其中 0 期为去极过程，表现为膜内电位由 -90mV 迅速上升到 +20～+30mV（膜内电位由 0mV 转化为正电位的过程称超射，又称反极化）；1 期为快速复极初期，膜电位由 +20mV 快速下降到 0 电位水平的时期，历时约 10ms；2 期复极化过程非常缓慢，又称平台期，此期膜电位稳定于 0mV，可持续 100～150ms，是心室肌细胞区别于神经和骨骼肌细胞动作电位的主要特征，也是心室肌复极化过程较长的主要原因；3 期为快速复极末期，膜电位快速降低；4 期为静息期，膜电位已恢复至静息电位水平。

心室肌细胞平台期持续时间长与心室肌细胞不应期长、不产生强直收缩、维持泵血功能有关。

三、正常心电图的波形及其生理意义

各种导联所描记的心电图波形虽有所不同，但是基本波形都含有 P 波、QRS 波群和 T 波。

P 波是一个小波，反映兴奋在心房传导过程中的电位变化。P 波起点标志心房有一部分开始兴奋，P 波终点说明左、右心房已全部兴奋，暂时不存在电位差，曲线回到基线水平。在大型动物，尤其是马，兴奋在两心房之间传导需经历相当时程，可出现双峰状 P 波。

QRS 波群反映兴奋在心室各部位传导过程中的电位变化。波群起点标志心室已有一部分开始兴奋，终点标志两心室均已全部兴奋，各部位之间暂无电位差，曲线又回至基线。

T 波呈一个持续时间较长、幅度也较大的波，它反映心室肌复极化过程中的电位变化，因为不同部位复极化先后不同，它们之间又出现电位差。T 波终点标志两心室均已全部复极化完毕。有时在 T 波之后可能还有一个小波，叫 U 波，它代表兴奋后的后电位。

P-R 间期是从 P 波起点到 QRS 波群起点之间的时程，它反映心房开始兴奋到心室开始兴奋所经历的时间。

Q-T 间期是从 QRS 波群起点到 T 波终点之间的时程，它反映心室开始兴奋到心室全部复极化结束所需的时间。

分析心电图主要观察曲线的形状、时程以及电压的大小等，例如 P-Q 和 Q-T 间期是否正常，ST 段是否升高或降低，还需测量 P 波与 ORS 波形的关系，判定兴奋的起点是否正常等。心电图对某些心脏疾患的确诊，有重要的参考价值。

四、心　　音

在每个心动周期中，通过直接听诊或借助听诊器，在胸壁的适当部位可听到两个心音：分别称为第一心音和第二心音，偶尔尚能听到第三心音。如用仪器记录，在心音图上还可观察到第四心音。

第一心音发生于心缩期的开始，又称**心缩音**。心缩音音调低，持续时间较长。产生的原因主要包括心室肌的收缩、房室瓣的关闭以及射血开始引起的主动脉管壁的振动。

第二心音发生于心舒期的开始，又称**心舒音**，音调较高，持续时间较短。产生的主要原因包括半月瓣突然关闭、血液冲击瓣膜以及主动脉中血液减速等引起的振动。

第三心音和第四心音：第三心音出现在第二心音之后，音调低，与血流快速流入心室引起心壁与瓣膜的振动有关。第四心音很弱，仅于心音图上见到，它由心房收缩引起，也称心房音。

第三节　血管生理

一、影响动脉血压的主要因素

血管内血液对单位面积血管壁的侧压力，称为血压。动脉血压是指动脉内血液对管壁的侧压力，通常指大动脉的血压。在一个心动周期中，心室收缩时动脉血压上升所达到的最高值称**收缩压**（高压）；心室舒张时，动脉血压下降所达到的最低值称**舒张压**（低压）；收缩压与舒张压之间的差值称为**脉搏压**，简称**脉压**。在一个心动周期内动脉血压的平均值，称**平均动脉压**。心脏射血和外周阻力是形成血压的主要条件，因此，凡是能够影响心输出量和外周阻

力的各种因素，都能影响动脉血压，主要包括以下几种。

1. 每搏输出量　在外周阻力和心率相对稳定的条件下，每搏输出量增大，心缩期进入主动脉和大动脉的血量增多，管壁所受的张力也更大，故收缩期动脉血压升高。由于动脉血压升高使血流速度加快，所以即使外周阻力和心率变化不大，大动脉内增多的血量仍可在心舒期流至外周，故到舒张期末，与每搏输出量增加之前相比，大动脉内存留的血量增加并不多。因此，动脉血压主要表现为收缩压的升高，而舒张压可能升高不多，故脉搏压增大。反之，当每搏输出量减少时，主要使收缩压降低，脉压减少。由此可见，收缩压的高低主要反映心脏每搏输出量的多少。

2. 心率　每搏输出量和外周阻力保持不变而心率加快时，由于心舒期缩短，心舒期内流至外周的血量减少，故心舒末主动脉内存留的血液增多，舒张期血压就升高。动脉血压升高使心缩期血流速度加快，有较多的血液流至外周，故收缩压的升高不如舒张压显著，致使脉压比心率增加前下降。相反，心率减慢时，舒张压与收缩压均下降，但舒张压比收缩压降低的幅度大，故脉压增大。

3. 外周阻力　如心输出量不变而外周阻力加大，则心舒期血液外流的速度减慢，心舒期末主动脉中存留的血量增多，舒张压升高。在心缩期心室射血动脉血压升高，使血流速度加快，因此收缩压的升高不如舒张压的升高明显，脉压就相应下降。反之，当外周阻力减小时，舒张压与收缩压均下降，舒张压的下降比收缩压更明显，故脉压加大。这说明，在一般情况下，舒张压的高低主要反映外周阻力的大小。

外周阻力的改变，常与骨骼肌和腹腔器官阻力血管口径的改变有关，阻力血管口径变小，可造成外周阻力过高，是原发性高血压发病的原因之一。另外，血液黏滞度也影响外周阻力。如果血液黏滞度增高，外周阻力就增大，舒张压就升高。

4. 主动脉弹性　如前所述，由于主动脉和大动脉的弹性贮器作用主要与管壁的弹性有关，弹性好，收缩压低，舒张压相对高，故动脉血压的波动幅度小，脉搏压低。所以，动脉管壁硬化，大动脉的弹性贮器作用差时，脉压增大。

5. 循环血量和血管系统容量比　在正常情况下，循环血量和血管容量是相适应的，血管内维持着一定的体循环平均充盈压。在循环血量减少，而血管系统的容量保持不变时，动脉血压降低。而循环血量不变、血管系统容量相对增大时，也将导致体循环平均充盈压降低，动脉血压下降。

对上述影响动脉血压的各种因素的分析，都是在假设其他因素不变的前提下进行的。实际上，在各种不同的生理条件下，上述各种影响动脉血压的因素可同时发生改变。因此，在某种生理情况下动脉血压的变化，往往是各种因素相互作用的综合结果。

二、中心静脉压、静脉回心血量及其影响因素

(一) 中心静脉压

体循环血液经过动脉和毛细血管到达微静脉时，血压下降至约 1.9kPa。到全身血压最低的右心房，则接近于零。通常将右心房和胸腔内大静脉的血压称为**中心静脉压**，而各器官静脉的血压称为外周静脉压。中心静脉压的高低取决于心脏射血能力和静脉回心血量之间的相互关系。心脏射血能力强，能将回心血液及时地射入动脉，中心静脉压就较低；反之，心脏射血能力减弱，中心静脉压就升高；如果静脉回流速度加快，中心静脉压也会升高。因

此，在全身血量增加、静脉收缩，或因微动脉舒张而使外周静脉压升高时，中心静脉压都可能升高。中心静脉压是反映心血管功能的又一指标。中心静脉压的正常变动范围为 $0.4\sim1.2kPa$，常用于临床输血或输液时监测输入量和输液速度是否恰当的指标。在心功能较好时，如果中心静脉压迅速升高，可能是输入量过大或输入速度过快所致；而输血或输液后中心静脉压仍然偏低，可能是血液容量不足。在中心静脉压高于 $1.6kPa$ 时，输血或输液应慎重。

（二）静脉回心血量及其影响因素

静脉回心血量的大小取决于外周静脉压和中心静脉压之差，以及静脉对血流的阻力。因此，凡能影响上述因素者，都能影响静脉回心血量，但单位时间内回心血量和心输出量应是动态平衡的。

1. 体循环平均充盈压　体循环平均充盈压升高，静脉血回心量也增加。因此，当全身血量增加或容量血管收缩时，体循环平均充盈压升高，静脉回心血量也就增多。反之，静脉回心血量减少。

2. 心脏收缩力量　心脏泵血过程中，如果心肌收缩力量强，收缩末期容量少，心舒期心室内压就较低，对心房和大静脉内血液的抽吸力量也就较大，回心血量就多。右心衰竭时，射血力量显著减弱，在收缩末期右心房和大静脉内血液淤积增多，回心血量大大减少。病畜可出现颈外静脉怒张，肝充血、肿大，下肢浮肿等体征。左心衰竭时，左心房压和肺静脉压升高，引起肺淤血和肺水肿。

3. 体位改变　动物从卧位转变为立位时，四肢部分静脉扩张，容量增大，故回心血量减少。

4. 骨骼肌的挤压作用　肌肉收缩时肌肉内和肌肉间的静脉受挤压，使静脉血流加快。因静脉内有瓣膜，其游离缘只朝向心脏方向开放，使血液只能向心脏方向流动。因此，骨骼肌和静脉瓣膜一起成了推动静脉回流的"泵"。例如，家畜运动时，肌肉收缩，可将静脉内血液向心脏推送；肌肉舒张时，静脉内压力降低，有利于微静脉和毛细血管内血液流入静脉，使静脉充盈。下肢"肌肉泵"的作用在相当程度上加速了全身的血液循环，对心脏的泵血起辅助的作用。但是，如果肌肉始终维持在紧张性收缩，而不作节律性的舒缩，则静脉持续受压，静脉回流反而减少。

5. 呼吸运动　由于胸膜腔内压为负压，胸腔内大静脉的跨壁压（血管内血液对管壁的压力和血管外组织对管壁的压力之差）较大，故经常处于充盈扩张状态。在吸气时，胸腔容积增大，胸膜腔负压值也进一步增大，使胸腔内的大静脉和右心房更加扩张，压力也进一步降低，因此有利于外周静脉内的血回流入右心房。由于回心血量增加，心输出量也相应增加。呼气时，胸膜腔负压值减小，由静脉回流入右心房的血量也相应减少。可见呼吸运动对静脉回流也起着"泵"的作用。需要指出的是，呼吸运动对肺循环静脉回流的影响不同于对体循环的影响。吸气时，由于肺的扩张，肺部的血管容积显著增大，能潴留较多的血液，致使由肺静脉回流至左心房的血量减少，左心室的输出量也相应减少；呼气时的情况则相反。

三、微循环的组成及作用

典型的微循环单元由微动脉、后微动脉、毛细血管前括约肌、真毛细血管、通血毛细血管（或称直捷通路）、动-静脉吻合支和微静脉等七部分组成。

微动脉管壁有环行的平滑肌，故其收缩和舒张控制着微血管的血流量。后微动脉通常呈直角方向分支出真毛细血管。在真毛细血管的起始端通常存在由 1~2 个平滑肌细胞形成的环，即毛细血管前括约肌。该括约肌的舒缩决定了进入真毛细血管的血流量。

微静脉介于毛细血管和静脉之间。最细的微静脉管径不超过 20~30μm，管壁没有平滑肌成分，在功能上有交换血管的作用。较大的微静脉管壁有平滑肌，能收缩，属毛细血管后阻力血管。微静脉的舒缩可影响毛细血管血压，进而影响毛细血管处的液体交换和静脉回心血量。

微动脉血液也可经后微动脉和通血毛细血管进入微静脉，这条通路称为**直捷通路**。还可经动-静脉短路直接进入微静脉。直捷通路是后微动脉的直接延伸，通血毛细血管管壁平滑肌逐渐稀少以致消失。直捷通路经常处于开放状态，因此，血流速度较快，其主要功能在于调动部分血液迅速通过微循环进入静脉。直捷通路在骨骼肌组织的微循环中较为多见。**动-静脉短路**主要通过动-静脉吻合支，其管壁结构类似微动脉，是吻合微动脉和微静脉的通道。在动物某些部位的皮肤和皮下组织，如肢端、耳郭等处，此类短路血管较多。动-静脉吻合支在体温调节中发挥作用。当环境温度升高时，动-静脉吻合支开放增多，体表皮肤血流量增加，皮肤温度升高，有利于体热的发散；环境温度低时，动-静脉短路关闭，流至皮肤的血量减少，有利于体热的保存。动-静脉短路开放，会相对地减少组织对血液中氧的摄取。

真毛细血管管壁由单层内皮细胞构成，外面有基膜包围，总的厚度约 0.5μm。内皮细胞之间存在着细微的裂隙，成为沟通毛细血管内外的孔道，利于组织液的生成和回收，属交换血管。

四、组织液的生成及其影响因素

（一）组织液的生成

组织液是血浆滤过毛细血管壁而形成的。液体通过毛细血管壁的滤过和重吸收，由四个因素共同完成，即毛细血管血压（P_c）、组织液静水压（P_{if}）、血浆胶体渗透压（π_p）和组织液胶体渗透压（π_{if}）。它们的作用：P_c 和 π_{if} 是促使液体由毛细血管内向血管外滤过（即生成组织液）的力量，而 π_p 和 P_{if} 是将液体从血管外重吸收入毛细血管内（即重吸收）的力量。滤过的力量（即 $P_c+\pi_{if}$）和重吸收的力量（即 π_p+P_{if}）之差，称为**有效滤过压**。单位时间内通过毛细血管壁滤过的液体量 V 等于有效滤过压与滤过系数 K_f 的乘积，即：

$$V=K_f\left[\left(P_c+\pi_{if}\right)-\left(\pi_p+P_{if}\right)\right]$$

式中 K_f 的大小则由毛细血管壁对液体的通透性和滤过面积决定。一般情况下，流经毛细血管的血浆，有 0.5%~2% 在毛细血管动脉端以滤过方式进入组织间隙，其中的 90% 左右在静脉端被重吸收回血液，未被重吸收的（包括过滤的蛋白分子）则进入毛细淋巴管，成为淋巴液。

（二）影响组织液生成的因素

在正常情况下，组织液的生成和重吸收处于动态平衡状态，故血量和组织液量能维持相对稳定。若这种动态平衡遭到破坏，如发生组织液生成过多或重吸收减少，组织间隙中就有过多的液体潴留，形成组织水肿。一旦与有效滤过压有关的因素发生改变，或毛细血管壁的通透性发生变化，都将影响组织液的生成。

1. 毛细血管血压 毛细血管血压升高，组织液生成增加；静脉压升高时，也可使组织液生成增多。临床上心脏衰竭时，导致血液在静脉淤积，易引起水肿。

2. 血浆胶体渗透压 当血浆蛋白生成减少或蛋白排出增加时，均可使血浆胶体渗透压、有效滤过压降低，从而使组织液生成增加，甚至发生水肿。动物营养不良，或因肝脏疾病导致蛋白合成减少，或因肾脏疾病导致蛋白从尿中丢失，都可使血浆蛋白含量降低，易发生水肿。

3. 淋巴回流 因有少量的组织液是生成淋巴后经淋巴回流的，一旦淋巴回流受阻可导致水肿。

4. 毛细血管通透性 通透性大时血浆蛋白也可能漏出，使血浆胶体渗透压突然下降，而组织液胶体渗透压升高，有效滤过压上升，组织液生成增多。例如，炎症时局部毛细血管通透性增大，易引发局部水肿。

第四节 心血管活动的调节

机体对心血管活动的调节，主要包括神经调节与体液调节。神经调节主要是通过各种心血管反射来完成，心脏与血管均接受植物性神经支配。体液调节主要通过一些激素和血管活性物质来实现。

一、心交感神经和心迷走神经对心脏和血管功能的调节

（一）心脏的神经支配

支配心脏的传出神经为心交感神经和心迷走神经。

1. 心交感神经及其作用 心交感神经的节前神经元位于第 1～6 胸段脊髓灰质外侧角的中间外侧柱，其轴突末梢释放的递质为乙酰胆碱，后者能激活节后神经元膜上的 N 型胆碱能受体。心交感神经节后神经元位于星状神经节或颈前、颈中交感神经节内。节后神经元的轴突组成心脏神经丛，支配心脏各个部分，包括窦房结、房室交界、房室束、心房肌和心室肌。

两侧心交感神经对心脏的支配有所差别。右侧心交感神经主要支配窦房结，兴奋时以引起心率加快的效应为主，支配房室交界的交感纤维主要来自左侧心交感神经，兴奋则以加强心肌收缩能力的效应为主。

心交感神经节后神经元末梢释放的递质为去甲肾上腺素，作用于心肌细胞膜的 β 肾上腺素能受体，从而激活腺苷酸环化酶，使细胞内 cAMP 浓度升高，继而激活蛋白激酶和细胞内蛋白质的磷酸化过程，使心肌膜上的钙通道激活，导致心率加快（称为正性变时作用），房室交界的传导加快（正性变传导作用），心房肌和心室肌的收缩能力加强（正性变力作用）。循环血液中的儿茶酚胺也有此作用。心肌细胞膜上也有 α 型肾上腺素能受体，去甲肾上腺素也能激活心肌的 α 受体，主要引起心肌收缩能力的加强，而心率的变化不显著。

2. 心迷走神经及其作用 支配心脏的副交感神经是迷走神经的心脏支，其节前神经元位于延髓的迷走神经背核和疑核，节前纤维行走于颈部迷走神经干中。进入心脏后，与心内神经节细胞发生突触联系。节后神经纤维支配窦房结、心房肌、房室交界、房室束及其分支。心室肌也有少量迷走神经分布。右侧迷走神经对窦房结的影响占优势，

左侧迷走神经对房室交界的作用占优势。心迷走神经的节前和节后神经元都是胆碱能神经元。

心迷走神经节后纤维末梢释放的递质是乙酰胆碱，后者作用于心肌细胞膜的 M 型胆碱能受体，可产生负性变时、变力和变传导作用，导致心率减慢、心房肌不应期缩短、收缩能力减弱、房室传导速度减慢等。乙酰胆碱作用于心肌 M 型胆碱能受体后，抑制腺苷酸环化酶，使细胞内 cAMP 浓度降低，肌浆网释放 Ca^{2+} 减少引起的。一般情况下，心迷走神经和心交感神经对心脏的作用是拮抗的。在多数情况下，心迷走神经的作用比心交感神经的作用占有较大的优势。

（二）血管的神经支配

除真毛细血管外，血管壁都存在平滑肌成分。绝大多数血管平滑肌都受自主神经支配，它们的活动受神经调节。毛细血管前括约肌上神经分布很少，它们的舒缩活动主要受局部组织代谢产物的影响。支配血管平滑肌的神经纤维，统称血管运动神经纤维，包括缩血管神经纤维和舒血管神经纤维两大类。

1. 缩血管神经纤维 缩血管神经纤维都是交感神经纤维，故一般称为交感缩血管纤维，其节前神经元位于胸、腰段的脊髓侧角，末梢释放的递质为乙酰胆碱；节后神经元位于椎旁和椎前神经节内，末梢释放的递质为去甲肾上腺素。血管平滑肌细胞有 α 和 β 两类肾上腺素能受体。去甲肾上腺素与 α 受体结合，可导致血管平滑肌收缩；与 β 受体结合，则导致血管平滑肌舒张。去甲肾上腺素与 α 受体结合的能力较与 β 受体结合的能力强，故缩血管纤维兴奋时引起缩血管效应。

体内几乎所有的血管平滑肌都受交感缩血管纤维支配，但缩血管纤维分布密度不同。一般皮肤血管分布最密，骨骼肌和内脏血管次之，冠状血管和脑血管分布较少。在同一器官中，缩血管纤维在动脉中的分布密度高于静脉，微动脉中密度最高，但神经纤维在毛细血管前括约肌上的分布很少。

体内多数血管只接受交感缩血管纤维的支配。在安静状态下还存在交感缩血管紧张的现象，即交感缩血管纤维有持续的低频冲动发放，频率 1～3 次/s。这种紧张性活动可使血管平滑肌始终保持一定程度的收缩状态。在此基础上，交感缩血管紧张增强，血管平滑肌进一步收缩；交感缩血管紧张减弱，血管平滑肌收缩程度下降，血管舒张。

2. 舒血管神经纤维 体内有部分血管除接受缩血管纤维支配外，还接受舒血管纤维支配。舒血管神经纤维主要有以下几种：

（1）交感舒血管神经纤维 在犬和猫等动物，支配骨骼肌微动脉的交感神经中除有缩血管纤维外，还有舒血管纤维。交感舒血管纤维末梢释放的递质为乙酰胆碱，阿托品可阻断其效应。交感舒血管纤维在平时没有紧张性冲动发放，只有当动物处于情绪激动和发生防御反应时才发放冲动，交感舒血管神经兴奋，使骨骼肌血管舒张，血流量增多。

（2）副交感舒血管神经纤维 少数器官如脑膜、唾液腺、胃肠道的外分泌腺和外生殖器等，其血管平滑肌除接受交感缩血管纤维支配外，还接受副交感舒血管纤维支配。例如，面神经、迷走神经和盆神经中分别有支配脑膜血管、肝脏血管和盆腔器官及外生殖器血管的副交感舒血管纤维。副交感舒血管纤维末梢释放的递质为乙酰胆碱，后者与血管平滑肌的 M 型胆碱能受体结合，引起血管舒张。副交感舒血管纤维的活动主要调节所支配器官组织的局部血流，对循环系统总外周阻力的影响很小。

二、心血管活动的压力和化学感受性反射调节

神经系统对心血管活动的调节是通过各种心血管反射活动实现的。机体姿势的改变、运动、睡眠，或机体内、外环境发生的变化，被各种感受器感受到，经不同的传导途径传递到达各级心血管调节中枢，引起各种心血管反射，使心输出量、动脉血压和各器官的血管收缩状况发生相应的改变。心血管反射一般都能很快完成，其生理意义在于使循环功能能适应机体当时所处状态或环境变化的需要。心血管反射主要有：

（一）颈动脉窦和主动脉弓压力感受性反射

当动脉血压升高时，可引起压力感受性反射，反射的效应是使心率减慢，外周血管阻力降低，血压回降。因此，这一反射曾被称为降压反射。

1. 动脉压力感受器　压力感受性反射的感受装置是位于颈动脉窦和主动脉弓血管外膜下的感觉神经末梢，称为动脉压力感受器。当动脉血压升高时，动脉管壁被牵张的程度就升高，压力感受器发放的神经冲动也就增多。在一定范围内，压力感受器传入冲动的频率与动脉管壁的扩张程度是成正比的。在一个心动周期内，随着动脉血压的波动，窦神经的传入冲动频率也发生相应的变化。

2. 传入神经和中枢的联系　颈动脉窦压力感受器的传入神经纤维组成颈动脉窦神经。窦神经随舌咽神经进入延髓，和孤束核的神经元发生突触联系。主动脉弓压力感受器的传入神经纤维行走于迷走神经干内，然后进入延髓，到达孤束核。

来自压力感受器的传入冲动到达孤束核后，通过延髓内的神经通路抑制延髓头端腹外侧部的血管运动神经元，使交感神经紧张性活动减弱；孤束核神经元还与延髓内其他神经核团以及脑干其他部位如脑桥、下丘脑等的一些神经核团发生联系，其效应也是使交感神经紧张性活动减弱。另外，压力感受器的传入冲动到达孤束核后还与迷走神经背核和疑核发生联系，使迷走神经的活动加强。

3. 反射效应　动脉血压升高时，压力感受器传入冲动增多，通过中枢机制，使心迷走紧张加强，心交感紧张和交感缩血管紧张减弱，其效应为心率减慢，心输出量减少，外周血管阻力降低，故动脉血压下降。反之，当动脉血压降低时，压力感受器传入冲动减少，使迷走紧张减弱，交感紧张加强，于是心率加快，心输出量增加，外周血管阻力增高，血压回升。

（二）颈动脉体和主动脉体化学感受性反射

在颈总动脉分叉处和主动脉弓区域，存在对某些化学物质敏感的化学感受器，包括颈动脉体和主动脉体化学感受器。血液中某些化学成分的变化，如缺氧、CO_2分压过高、H^+浓度过高等，可以刺激这些感受器。化学感受器受到刺激后，其感觉信息分别由颈动脉窦神经和迷走神经传入延髓孤束核，然后使延髓内呼吸神经元和心血管活动神经元的活动发生改变。

动物自然呼吸的情况下，化学感受器受刺激时主要是引起呼吸的加深、加快，并可间接地引起心率加快，心输出量增加，外周血管阻力增大，血压升高。如在实验中人为地维持呼吸频率和深度不变的条件下，化学感受器传入冲动对心血管活动的直接效应是心率减慢，心输出量减少，冠状动脉舒张，骨骼肌和内脏血管收缩。由于外周血管阻力增大的作用超过心输出量减少的作用，故血压升高。

化学感受性反射在平时对心血管活动并不起明显的调节作用。只有在低氧、窒息、失血、动脉血压过低和酸中毒等情况下才发生作用。

三、肾上腺素和去甲肾上腺素对心血管功能的调节

循环血液中的肾上腺素和去甲肾上腺素主要由肾上腺髓质分泌。肾上腺髓质释放的肾上腺素约占 80％，去甲肾上腺素约占 20％。肾上腺素能神经末梢释放的去甲肾上腺素也有一小部分进入血液循环。

因为肾上腺素和去甲肾上腺素对不同的肾上腺素能受体的结合能力不同，所以它们对心脏和血管的作用虽有许多共同点，但并不完全相同。肾上腺素可与 α 和 β 两类肾上腺素能受体结合。在心脏，肾上腺素与 β 受体结合，产生正性变时和变力作用，使心输出量增加，而肾上腺素对血管的作用取决于血管平滑肌上 α 和 β 受体分布的情况。在皮肤、肾脏和胃肠道的血管平滑肌上，α 受体占优势，肾上腺素的作用是使这些器官的血管收缩；在骨骼肌和肝脏的血管，β 受体占优势，小剂量的肾上腺素常以兴奋 β 受体的效应为主，引起血管舒张；大剂量时也兴奋 α 受体，引起血管收缩。去甲肾上腺素主要与 α 受体结合，也可与心肌 β_1 肾上腺素能受体结合，但与血管平滑肌的 β_2 肾上腺素能受体结合的能力较弱。静脉注射去甲肾上腺素，可使全身血管广泛收缩，动脉血压升高。血压升高又使压力感受性反射活动加强，该反射对心脏的效应超过了去甲肾上腺素对心脏的直接效应，故心率减慢。

第五单元 呼 吸★★★

机体与外界环境之间的气体交换过程称为呼吸。呼吸的全过程由外呼吸、气体运输和内呼吸三个环节完成：①**外呼吸**包括肺通气和肺换气。**肺通气**是指外界气体与肺内气体的交换过程；**肺换气**是指肺泡气与肺泡壁毛细血管内血液间的气体交换过程。②**气体运输**是指机体通过血液循环把肺摄取的氧运送到组织细胞，并把组织细胞产生的二氧化碳运送到肺的过程。③**内呼吸**或称组织呼吸是指血液与组织细胞间的气体交换。

第一节 肺的通气功能

实现肺通气的呼吸器官包括呼吸道、肺泡及胸廓。呼吸道是沟通肺泡与外界环境的通

道，位于胸腔外的鼻、咽、气管，称为**上呼吸道**；位于胸腔内的气管、支气管及其在肺内的分支，称为**下呼吸道**；肺泡是肺泡气与血液气进行交换的主要场所；而呼吸肌舒缩引起胸廓的节律性运动，则是产生肺通气的原动力。

一、胸 内 压

胸内压又称胸膜腔内压。构成胸膜腔的胸膜有两层：紧贴于肺表面的脏层和紧贴于胸廓内壁的壁层，两层胸膜形成一个密闭的、潜在的腔隙。在平静呼吸过程中，胸膜腔内压比大气压低，故称为负压。

胸内压负压形成的原理：胸内压是由加于胸膜表面的压力间接形成的。胸膜腔壁层的胸膜表面受到胸廓组织的保护，不受大气压的影响。而作用于胸膜腔脏层表面的压力来自两个不同方向：其一是肺内压，使肺泡扩张，吸气末与呼气末与大气压相等；其二是肺的回缩力，使肺泡缩小，其作用方向与肺内压相反。因此，胸膜腔内的压力实际上是这两种方向相反的力的代数和：胸膜腔内压＝肺内压（大气压）－肺回缩力。

正常情况下，肺总是表现回缩倾向，胸膜腔内压因而通常为负。吸气时胸廓扩大，肺被扩张，回缩力增大，胸内负压也增大；呼气时相反，胸内负压减小。如马在平和呼吸时，吸气末胸内负压值为 2.12kPa，呼气末为 0.79kPa。

胸膜腔内负压的生理意义：一是使肺和小气道维持扩张状态，不致因回缩力而使肺完全塌陷，从而能持续地与周围血液进行气体交换。二是有助于静脉血和淋巴的回流：作用于腔静脉和心脏，则可降低中心静脉压，促进静脉血和淋巴回流及右心充盈。另外，其作用于食管，则有利于呕吐反射。在牛、羊等反刍动物，可促进食团逆呕入口腔进行再咀嚼。

如果胸膜腔破裂，空气将立即进入胸膜腔形成气胸，胸内负压消失，两层胸膜彼此分开，肺将因其本身的回缩力而塌陷。这时，尽管呼吸运动仍在进行，肺却减小或失去了随胸廓运动而运动的能力。此外，胸腔大静脉和淋巴回流也将受阻，甚至因呼吸、循环功能严重障碍而危及生命。

二、肺通气的动力和阻力

气体进出肺取决于推动气体流动的动力和阻止气体流动的阻力之间的相互作用，只有在动力克服阻力的情况下，方能实现肺通气。

（一）肺通气的动力

大气和肺泡气之间的压力差是气体进出肺的直接动力。当肺扩张、肺容积增大时，肺内压暂时下降并低于大气压，空气顺压力差进入肺，造成**吸气**；反之，当肺缩小，肺容积减小时，肺内压暂时升高并高于大气压，肺内气体便顺此压力差排出肺，造成**呼气**。肺没有主动扩张、缩小的能力，在自然条件下，肺的扩大和缩小是由胸廓的扩大和缩小被动引起的，而胸廓的扩大和缩小又是由呼吸肌的收缩和舒张所引起。当吸气肌收缩时，胸廓扩大。反之，当吸气肌舒张和（或）呼气肌收缩时，胸廓缩小。呼吸肌收缩、舒张所造成的胸廓的扩大和缩小，称为**呼吸运动**。

呼吸运动可分为平静呼吸和用力呼吸两种类型。安静状态下的呼吸称为**平静（平和）呼吸**。它由膈肌和肋间外肌的舒缩而引起，主要特点是呼吸运动较为平衡均匀，吸气是主动的，呼气是被动的。家畜运动时，用力而加深的呼吸称为**用力呼吸**。用力吸气时，不但膈肌和肋间外肌收缩加强，其他辅助吸气肌也参加收缩，使胸廓进一步扩大，吸气量增加；发生呼气时，呼气肌收缩，使胸廓和肺容积尽量缩小，使呼气量增加。因此，用力呼吸时，吸气和呼气都是主动过程。此外，在缺氧或二氧化碳增多较严重的情况下不仅呼吸大大加深，而且出现鼻翼扇动等，动物感觉不适。

1. 呼吸运动

（1）吸气动作　由吸气肌的收缩而产生。平静呼吸时，主要的吸气肌是肋间外肌和膈肌。膈肌收缩使膈后移，从而增大了胸腔的前后径；肋间外肌的肌纤维起自前一肋骨的近脊椎端的后缘，斜向后下方走行，止于后一肋骨近胸骨端的前缘，肋间外肌收缩时，牵拉后一肋骨向前移、并向外展，同时胸骨下沉，结果使胸腔的左右径和上下径增大。由于胸廓被扩大，肺也随之被扩张，肺容积增大，肺内压低于大气压，引起吸气动作。

（2）呼气动作　平静呼气时，呼气运动只是膈肌与肋间外肌舒张，依靠胸廓及肺本身的回缩力量而回位，增大肺内压，产生呼气。

2. 呼吸类型和呼吸频率

（1）呼吸类型　根据在呼吸过程中，呼吸肌活动的强度和胸腹部起伏变化的程度将呼吸分为三种类型：①**胸式呼吸**，主要由肋间肌舒缩使肋骨和胸骨运动而产生的呼吸运动，称为胸式呼吸。②**腹式呼吸**，因膈肌收缩，膈后移时，腹腔内器官因受压迫而使腹壁突出；膈肌舒张时，腹腔内脏恢复原来的位置，这种主要由膈肌舒缩引起的呼吸运动称为腹式呼吸。③**胸腹式呼吸**，如果肋间外肌和膈肌都参与呼吸活动，胸腹部都有明显起伏运动的称为胸腹式呼吸。

（2）呼吸频率　动物每分钟的呼吸次数称为**呼吸频率**。呼吸频率可因种别、年龄、外界温度、海拔高度、新陈代谢强度以及疾病等的影响而发生变化。

（二）肺通气的阻力

肺通气的阻力有两种：弹性阻力（肺的弹性阻力和胸廓的弹性阻力）和非弹性阻力。**弹性阻力**是平静呼吸时的主要阻力，约占总阻力的70%；**非弹性阻力**包括气道阻力、惯性阻力和组织的黏滞阻力，约占总阻力的30%，以气道阻力为主。

1. 弹性阻力　肺扩张的弹性阻力即肺组织的回缩力，与肺扩张的方向相反，由肺组织弹性纤维的回缩力和肺泡表面张力共同构成。①肺组织的弹性纤维和胶原纤维形成弹性阻力，当肺扩张时，这些纤维被牵拉便倾向于回缩，肺扩张越大，对纤维的牵拉程度也越大，回缩力也越大，弹性阻力也越大。弹性阻力用顺应性来度量。顺应性是指在外力作用下弹性组织的可扩张性。顺应性大，弹性阻力小，肺易于扩张；顺应性小，弹性阻力大，肺不易扩张。顺应性（C）与弹性阻力（R）成反比关系，即C=1/R。②肺泡表面张力是弹性阻力的主要来源，肺泡内表面的一薄层液体与肺泡内的气体构成了液-气界面，液体表面具有表面张力，而球形液-气界面的表面张力方向是向中心的，产生弹性阻力，倾向于使肺泡缩小。表面张力约占肺总弹性阻力的2/3，而肺组织的弹性阻力仅约占肺总弹性阻力的1/3，因此，表面张力对肺的扩张和缩小有重要作用。③肺表面活性物质：具有重要生理功能，可降低肺泡表面张力，稳定肺泡容积，使小肺泡不致塌陷；防止液体渗入肺泡，保证了肺的良好换气机能。

2. 非弹性阻力　非弹性阻力包括气道阻力、惯性阻力、组织黏滞阻力这三种力量。平静呼吸时的非惯性阻力占肺总阻力的30%，主要来自气道阻力。

三、肺容积和肺容量

（一）肺容积

肺量计记录有四种基本肺容积，全部相加等于肺的最大容量。基本**肺容积**由以下几部分组成。

（1）潮气量　平静呼吸时，每次吸入或呼出的气体量。

（2）补吸气量　平和吸气末，再尽力吸气，多吸入的气体量为**补吸气量**。

（3）补呼气量　平和呼气末，再尽力呼气，多呼出的气体量为**补呼气量**。

（4）残气量　补呼气后肺内残留的气体量为残气量，或称**余气量**。

（二）肺容量

（1）功能残气量　平和呼气后留存于肺内的气体量称为**功能残气量**，是补呼气量与残气量之和，相当于潮气量的4～5倍。每次从外界吸入或自肺循环进入肺泡的气体，首先被功能残气量稀释，缓冲了肺泡中氧分压（PO_2）和二氧化碳分压（PCO_2）的急剧变化，使吸气时肺内PO_2不至于突然升得太高，PCO_2也不至于降得太低；呼气时肺内PO_2不至于降得太低，PCO_2也不至于升得太高。这样，肺泡气和动脉血液中的PO_2和PCO_2就不会随着呼吸发生大幅度波动。

（2）肺活量　用力吸气后再用力呼气，所能呼出的气体量。即补吸气量、潮气量与补呼气量之和为**肺活量**。肺活量反映了一次通气时的最大能力，在一定程度上可作为肺通气机能的指标。

（3）肺总容量　肺所容纳的最大气体量为**肺总容量**或**肺容量**。即肺活量与残气量之和。各种动物的肺容量不同，如马为40L。马的潮气量为6L、补吸气量与补呼气量各为12L，残气量为10L。

四、肺通气量

（一）每分通气量

每分通气量是指每分钟进或出肺的气体总量。每分通气量＝潮气量×呼吸频率。马在休息时，每分通气量为35～45L。健康家畜平地步行时为80～150L，负重时为150～250L，挽拽时为300～450L。以最快速度、最大深度呼吸时，每分钟肺能够吸入或呼出的最大气体量，称为**肺的最大通气量**，健康动物的最大通气量可比平和呼吸时的每分通气量大10倍多，反映了肺通气量的储备力量。

（二）肺泡通气量

每次吸入的气体，一部分停留在呼吸性细支气管以上部位的呼吸道内，这部分气体不能参与肺泡间的气体交换，称为**解剖无效腔**或**死腔**。进入肺泡内的气体，也可能由于血液在肺内分布不均而未能与血液进行气体交换。未能发生气体交换的这部分肺泡容量称**肺泡无效腔**。肺泡无效腔与解剖无效腔一起合称为**生理无效腔**。健康动物的肺泡无效腔接近于0，因此，生理无效腔几乎与解剖无效腔相等。由于无效腔的存在，每次吸入的新鲜空气，一部分停留在无效腔内，另一部分进入肺泡。可见肺泡通气量才是真正的有效通气量。**肺泡通气量**按下式计算：

肺泡通气量＝（潮气量－无效腔量）×呼吸频率

例如，一匹马解剖无效腔为1.5L，潮气量为6L，呼吸频率为12次/min，则每分通气

量为 $6\times12=72L$，肺泡通气量为 $(6-1.5)\times12=54L$。若潮气量减半，呼吸频率加倍，虽然每分通气量不变，但肺泡通气量可因无效腔的存在而减少。从气体交换效果看，浅而快的呼吸不利于机体的气体交换。

第二节　气体交换与运输

一、肺泡与血液及组织与血液间气体交换的原理和主要影响因素

（一）气体交换原理

肺泡与血液以及组织与血液间气体交换是通过扩散进行的，气体扩散遵守物质扩散的一般规律。混合气体中，每种气体分子运动所产生的压力为该气体的分压，气体分子从压力高的区域向压力低的区域扩散。

（二）肺和组织内的气体交换

1. 肺换气　肺与组织间的气体交换称肺换气。肺泡内氧分压（PO_2）为 13.59kPa（102mmHg），二氧化碳分压（PCO_2）为 5.33kPa（40mmHg）。肺毛细血管内 PO_2 为 5.33kPa（40mmHg），PCO_2 为 6.13kPa（46mmHg）。由于气体总是由分压高的一侧透过呼吸膜向分压低的另一侧扩散，因此，肺泡气中的氧气（O_2）透过呼吸膜扩散进入毛细血管内，而血中的二氧化碳（CO_2）透过呼吸膜扩散进入肺泡内。

2. 组织换气　组织与血液间的气体交换称为组织换气。体循环毛细血管中动脉血的 PO_2 为 13.33kPa（100mmHg），PCO_2 为 5.33kPa（40mmHg），而组织中由于氧化营养物质不断消耗 O_2，PO_2 为 4.76kPa（35mmHg）。在组织代谢过程中由于不断产生 CO_2，PCO_2 为 $6.00\sim7.332$kPa（$45\sim55$mmHg），依据气体扩散规律，组织中的 CO_2 进入血液，而血液中的 O_2 进入组织。毛细血管中的动脉血边流动、边进行气体交换，逐渐变成为静脉血。

（三）影响气体交换的主要因素

1. 气体分压差、溶解度和分子量　气体扩散率与气体分压差、溶解度成正比，与分子量平方根成反比。CO_2 的溶解度比 O_2 的溶解度大得多（24∶1）；在相同分压下，CO_2 的扩散速度是 O_2 的 20.5 倍。通常情况下，肺换气不足往往缺 O_2 显著，而 CO_2 储留不明显。

2. 呼吸膜面积与厚度　单位时间内气体的扩散量与呼吸膜面积成正比，与厚度成反比。健康动物呼吸膜的有效交换面积与动物的代谢状况有关，安静时，部分肺毛细血管关闭，有效交换面积减小；运动或使役时，肺毛细血管全部开放，有效交换面积增大。呼吸膜很薄，有很高的通透性，但在患病情况下，如肺纤维化、肺水肿等，由于呼吸膜增厚，通透性降低，因此，气体扩散速率下降。

3. 肺通气/血流量比值　肺通气/血流量比值是指每分肺泡通气量（VA）和每分肺血流量（Q）之间的比值（VA/Q），健康动物 VA/Q 比值是相对恒定的、比例是恰当的，可以实现良好的肺换气。如果 VA/Q 比值增大，则表明部分肺泡不能与血液中气体充分交换，即增大了肺泡无效腔；VA/Q 比值减小，则表明通气不良，血流量过剩，部分血液流经通气不良的肺泡，混合静脉血中的气体未得到充分更新，未能成为动脉血就流回了心脏。由此可见，无论 VA/Q 增大还是减小，两者都妨碍了气体有效交换，导致血液缺 O_2 或 CO_2 储留，尤其是缺 O_2。

二、氧和二氧化碳在血液中运输的基本方式

O_2 和 CO_2 都以物理溶解和化学结合两种形式存在于血液中，但溶解度很低，O_2 在动脉血和静脉血中的溶解度分别为 0.3％ 和 0.12％，CO_2 的溶解度分别为 2.6％ 和 3％，绝大部分 O_2 和 CO_2 都以化学结合形式存在于血液中。

机体内血中的 O_2 和 CO_2 的物理溶解和化学结合状态保持着动态平衡。在肺或组织进行气体交换时，进入血中的 O_2 和 CO_2 都是先溶解、提高其分压后再结合。O_2 和 CO_2 从血液释放时，也是溶解的先逸出，分压下降，被结合的再解离出来补充所失去的溶解的气体。

（一）氧的运输

1. 血红蛋白与 O_2 的结合 血液中的 O_2 主要是与红细胞内的血红蛋白（Hb）结合，以氧合血红蛋白（HbO_2）的形式运输的约占 98.4％，溶解运输仅占 1.6％。血红蛋白与 O_2 结合有下列特征：①反应快、可逆，不需酶催化，在肺泡 PO_2 高时，血红蛋白与 O_2 结合形成氧合血红蛋白（HbO_2）；在组织 PO_2 降低时，氧合血红蛋白迅速解离，释放 O_2。②由于血红蛋白与 O_2 结合，其中铁仍为二价，因此该反应是氧合而不是氧化。③只有在血红素的 Fe^{2+} 和珠蛋白的链结合的情况下，才具有运输 O_2 的机能。

1g Hb 可以结合 1.34～1.36mL 的 O_2，100mL 血液中 Hb 所能结合的最大氧量称 Hb 氧容量（**血氧容量**）。Hb 实际结合的 O_2 量称 Hb 的氧含量（**血氧含量**）。Hb 氧含量与氧容量的百分比为 Hb **氧饱和度**。用 Hb 氧饱和度表示血液中含氧程度更为确切。

2. 氧离曲线 氧离曲线或称氧合血红蛋白解离曲线，是表示 PO_2 与 Hb 氧饱和度的关系曲线。该曲线表示不同 PO_2 下 O_2 与 Hb 分离情况，同样也反映了不同 PO_2 时 O_2 与 Hb 的结合情况。

氧离曲线上段相当于 PO_2 值在 8～13.33kPa（60～100mmHg），这段曲线较平坦，表明 PO_2 的变化对 Hb 氧饱和度影响不大，Hb 氧饱和度在 90％ 以上。在这个范畴内，即使 PO_2 有所下降，只要 PO_2 不低于 8kPa（60mmHg），Hb 氧饱和度仍能保持在 90％ 以上，血液仍可携带足够的氧，不致发生缺氧。

氧离曲线下段相当于 PO_2 5.33～1.33kPa（40～10mmHg）。这段曲线陡直，是 HbO_2 释放 O_2 的部分，即 PO_2 稍有下降，Hb 氧饱和度就会有较大幅度下降，有较多的 O_2 释放出来供组织活动需要。

氧离曲线呈 S 形，是血液运输 O_2 有效的特性表现。Hb 的 4 个亚单位，无论在结合 O_2 或释放 O_2 时，彼此间有协同效应，即第一个亚单位与 O_2 结合时，由于其蛋白亚单位排列改变会促使其他亚单位与 O_2 结合；反之，当 HbO_2 中的一个亚单位释放 O_2 后，可促使其他亚单位释放 O_2，因此氧离曲线呈 S 形。

Hb 与 O_2 的结合和解离可受多种因素的影响，使氧离曲线的位置偏移。

（1）pH 和 CO_2 浓度的影响 血液中的 pH 越低或 PCO_2 越高，Hb 氧饱和度下降越明显，氧离曲线右移；反之则氧饱和度升高。这种影响对于组织供氧具有十分重要的意义，因为当血液流经组织时，CO_2 大量进入血液，使血中 PCO_2 明显升高，同时组织代谢产生的酸与 CO_2 一起进入血液，使血中 pH 大大下降，从而促进了 HbO_2 的解离，释放 O_2，有利于组织对 O_2 的摄取。而当血液流经肺时，由于 CO_2 的排出，PCO_2 下降，则有利于 Hb 与 O_2 的结合。

（2）温度的影响 温度增高可使氧离曲线向右移动。动物运动或使役时，活动部位由于

代谢增强而温度升高，有利于 HbO_2 解离，释放 O_2 对于活动组织获得充足的氧供给是十分有利的。

（3）2,3-二磷酸甘油酸（2,3-DPG） 2,3-DPG 在调节 Hb 和 O_2 的亲和力中起重要作用。当血液的 PO_2 降低时，红细胞内无氧酵解增强，致使 2,3-DPG 产生增多。2,3-DPG 浓度升高，Hb 和 O_2 亲和力下降，氧离曲线右移；反之，2,3-DPG 浓度下降，Hb 和 O_2 的亲和力增加，曲线左移。

（4）Hb 自身性质的影响 当 Hb 中 Fe^{2+} 氧化成 Fe^{3+} 时，则会失去运输氧气的能力。如猪的饱浦病就是因为猪吃了含亚硝酸盐的烂青菜后中毒所致，亚硝酸盐可使 Hb 中的 Fe^{2+} 氧化为 Fe^{3+}，因而失去运氧能力。此外，一氧化碳（CO）与 Hb 的亲和力比 O_2 大 210 倍。这意味着 PCO 极低时，CO 仍可以从 HbO_2 中取代 O_2，CO 和 Hb 牢固地结合在一起，难以分离，使 Hb 失去了运氧机能。

（二）二氧化碳的运输

CO_2 在血中以化学结合形式运输的量高达94%，主要以两种结合形式运输：即**碳酸氢盐运输形式**（87%）和**氨基甲酸血红蛋白运输形式**（7%）。以溶解形式运输仅占 5%。

1. 氨基甲酸血红蛋白 当组织中一部分 CO_2 进入红细胞内，即可与还原型血红蛋白（HHb）的氨基（NH_2）结合，形成氨基甲酸血红蛋白（Hb·NHCOOH）。这一反应是氧合作用，无须酶参与。在组织毛细血管内，CO_2 与 HHb 结合形成 Hb·NHCOOH，血液流经肺部时，Hb 与 O_2 结合，促使 CO_2 释放进入肺泡而排出体外。

2. 碳酸氢盐 组织中的 CO_2 扩散进入血液后透过红细胞膜进入红细胞内，在红细胞内碳酸苷酶作用下，H_2O 和 CO_2 迅速生成 H_2CO_3，生成的 H_2CO_3 又迅速分解成为 H^+ 和 HCO_3^-。在生成 H_2CO_3 的同时，红细胞内的氧合血红蛋白钾盐（$KHbO_2$），由于组织内的 PO_2 低而放出 O_2，生成脱氧血红蛋白钾盐（KHb）。KHb 酸性较弱，其结合的钾容易被 HCO_3^- 中的 H^+ 所置换，生成 HHb 和 $KHCO_3$。

即：$KHbO_2 \longrightarrow KHb + O_2$

$KHb + H_2CO_3 \longrightarrow HHb + KHCO_3$

CO_2 不断进入红细胞，使 HCO_3^- 含量逐渐增多，当超过血浆中 HCO_3^- 的含量时，HCO_3^- 透过红细胞膜扩散进入血浆，并与血浆中的 Na^+ 结合生成 $NaHCO_3$。在 HCO_3^- 扩散入血浆的过程中，又有等量的 Cl^- 从血浆扩散入红细胞，以维持红细胞内外正负离子的静电平衡。这种 Cl^- 与 HCO_3^- 的交换现象，称为**氯转移**，使 HCO_3^- 不至于在红细胞内蓄积，以利组织中的 CO_2 不断进入血液。生成的 $KHCO_3$（红细胞）和 $NaHCO_3$（血浆中）经血液循环运至肺部。

当静脉血流经肺泡时，由于肺泡中的 PCO_2 比静脉血低，同时红细胞中的还原血红蛋白（HHb）大部分与氧结合生成氧合血红蛋白（HbO_2），氧合血红蛋白可与 $KHCO_3$ 作用生成 HCO_3^-。红细胞内的 H_2CO_3 在碳酸苷酶催化下，分解为 CO_2 和 H_2O，CO_2 扩散进入血浆，进而扩散到肺泡中，经肺呼出体外。

这样，红细胞内的 H_2CO_3 逐步降低，于是血浆中的 $NaHCO_3$ 分解，被分解出来的 HCO_3^- 进入红细胞内，与此同时红细胞内的 Cl^- 又返回血浆，进行反向的氯转移。

第三节 呼吸运动的调节

机体通过神经和体液调节维持正常呼吸节律。在环境条件或体内代谢改变的情况下，调节呼吸深度和频率，使肺的通气机能与环境变化及代谢变化相适应，以满足机体对氧的需求和排出二氧化碳。

一、呼吸的神经反射性调节

1. 呼吸中枢 呼吸中枢是指中枢神经系统内产生和调节呼吸运动的神经细胞群。它们分布在大脑皮质、间脑、脑桥、延髓和脊髓等部位。脊髓是呼吸反射的初级中枢，基本呼吸节律产生于延髓，在脑桥上 1/3 处的 PBKF 核群中存在**呼吸调整中枢**，其作用是限制吸气，促使吸气转为呼气。几种重要的反射性调节列举如下：

2. 肺牵张反射 由肺扩张或肺缩小引起的吸气抑制或兴奋的反射称**肺牵张反射**，又称**黑-伯二氏反射**，它包括肺扩张反射和肺缩小反射。感受器位于支气管至细支气管的平滑肌中，属牵张感受器，传入纤维在迷走神经干内。当肺扩张时（吸气），牵张感受器兴奋，兴奋冲动沿迷走神经传入纤维传至延髓，引起吸气切断机制兴奋，吸气转入呼气，维持了呼吸节律。

肺缩小反射是肺缩小时引起的吸气反射。这一反射只有在肺极度缩小时才出现，对平和呼吸的调节意义不大，但初生仔畜的最初几天存在这一反射。

3. 呼吸肌的本体感受性反射 呼吸肌内有本体感受器，当呼吸肌收缩时，其内的本体感受器受到牵张刺激，反射性地引起呼吸肌增强收缩，使呼吸运动达到一定的深度。此外，当呼吸道通气阻力增大时，通过本体感受器反射增强呼吸肌的收缩力，克服通气阻力，保持足够的肺通气量。

4. 防御性呼吸反射 常见的呼吸性防御反射有咳嗽反射和喷嚏反射。机械刺激鼻腔黏膜感受器时，感受器兴奋，冲动经三叉神经传入延髓，引起喷嚏反射，排出鼻腔中的异物；机械或化学刺激喉、气管和支气管黏膜感受器时，感受器兴奋，冲动经迷走神经的传入纤维传入延髓，引起咳嗽反射。

二、呼吸的体液性调节

体内有化学感受器，当血中或脑脊液中的 CO_2、H^+ 浓度升高，O_2 浓度降低时，刺激化学感受器通过调节呼吸，排出体内过多的 CO_2、H^+，摄入 O_2 以维持血液与脑脊液中 CO_2、O_2、H^+ 浓度的相对恒定。

1. 化学感受器 指与呼吸有关的化学感受器，分为中枢化学感受器和外周化学感受器。

（1）中枢化学感受器 位于延髓腹外侧附近浅表部位，左右对称。引起中枢化学感受器兴奋的有效刺激是 H^+，血液中 CO_2 通过血-脑脊液屏障和血-脑屏障，需与 H_2O 生成 H_2CO_3，再解离为 H^+ 和 HCO_3^-，引起中枢化学感受器兴奋。

（2）外周化学感受器 位于颈动脉窦与主动脉弓附近，分别称为颈动脉体和主动脉体。外周化学感受器对血液中缺 O_2 和 H^+ 增高很敏感。

2. 二氧化碳对呼吸的影响 血液中一定水平的 PCO_2 对维持呼吸和呼吸中枢的兴奋性是必需的，但血中 PCO_2 增高或降低对呼吸有显著影响。当动脉血中 PCO_2 增高 0.2kPa（1.5mmHg），便可使肺通气容量增大一倍，加快 CO_2 的排出，以维持血中的 CO_2 含量的相对恒定。若 PCO_2 降低 0.2kPa（1.5mmHg），会引起呼吸暂停。当吸入气中 CO_2 浓度由 0.04％增加到 4％，则肺通气量增加一倍；增加到 6％～9％时，肺通气量达到最大数值；若吸入气中 CO_2 浓度增加到 35％～40％及以上时，将引起动物死亡。

CO_2 对呼吸的影响是通过两种途径实现的。一种是血中的 CO_2 刺激外周化学感受器，经化学感受反射，引起呼吸中枢兴奋；另一种是血中的 CO_2 透过血-脑屏障进入脑脊液，CO_2 和脑脊液中的水生成 H_2CO_3，继而解离出 H^+，H^+ 刺激延髓的中枢化学感受器，通过一定的神经联系引起呼吸中枢兴奋。后一途径是主要的。只有中枢化学感受器受到抑制、对 H^+ 的反应降低时，外周化学感受器才起主要作用。

3. 低氧对呼吸的影响 吸入的空气中，若 PO_2 在 10.6kPa（80mmHg）以下时可以引起呼吸增强，这是通过血氧下降刺激外周化学感受器，引起呼吸中枢反射性兴奋，导致呼吸加深、加快。缺 O_2 对延髓呼吸中枢是直接抑制效应，严重缺 O_2 时，外周化学感受性反射已不足以克服低 O_2 对中枢的抑制效应，终将导致呼吸障碍，甚至呼吸停止。

4. 氢离子对呼吸的影响 动脉血中 H^+ 增加，呼吸加深、加快；H^+ 降低，呼吸受到抑制。H^+ 对呼吸的调节也是通过外周化学感受器和中枢化学感受器实现的。中枢化学感受器对 H^+ 的敏感性较外周化学感受器高。但血液中 H^+ 通过血-脑屏障的速度很缓慢，因而限制了它对中枢化学感受器的作用。因此，血中 H^+ 对呼吸的调节主要是通过外周化学感受器进行。

第六单元 采食、消化和吸收★★★

畜禽用嘴摄入食物，并将食物送入口腔的过程称为**采食**。食物中的各种营养物质在消化道内被分解为可吸收和利用的小分子物质的过程，称为**消化**。食物在消化道内的消化有 3 种方式：机械性消化、化学性消化和微生物消化。食物经过消化后，透过消化道黏膜，进入血液和淋巴循环的过程，称为**吸收**。

第一节　口腔消化

一、马、牛、羊、猪和犬的采食方式

不同动物的采食方式不同。唇、舌、齿是各种动物采食的主要器官。

猫和犬用前肢按住食物，依靠头、颈的运动把食物送入口中。马的唇灵活、敏感，是采食的主要器官，放牧时，上唇将草送至门齿间切断，并依靠头部的牵引动作，把不能咬断的草茎扯断。牛的舌很长，舌面粗糙，灵活而坚强有力，能伸出口外，卷草入口，送至下切齿和上齿垫间锉断，或借头部的运动扯断，散落的饲料用舌舔取。绵羊和山羊则靠舌和切齿采食。绵羊的上唇有裂隙，能啃牧地上的短草。猪用鼻突掘地寻找食物，并靠尖形的上唇和舌将食物送入口内，饲喂时则靠齿、舌和头部运动来采食。

饮水时，猫和犬把舌头浸入水中，卷成匙状，将水送入口。其他家畜一般先把上下唇合拢，中间留一小缝，伸入水中，然后下颌下降，舌向咽部后撤，使口内形成负压，把水吸入口腔。仔畜吮乳也是靠口腔壁肌肉和舌肌收缩，使口腔形成负压来完成的。

二、唾液的组成和功能

消化过程从口腔开始。食物在口腔经过咀嚼和与唾液混合后形成食团，唾液中的消化酶对食物有较弱的化学消化作用。

(一) 唾液的组成

唾液是三对大唾液腺（腮腺、下颌腺和舌下腺）和口腔黏膜中许多小腺体的混合分泌物。

唾液为无色透明的黏稠液体，呈弱碱性反应，由水、无机物和有机物组成，水分约占98.92%。无机物有钾、钠、镁、氯化物、磷酸盐和碳酸盐等。不同种属的动物，唾液中无机物差别很大。反刍动物的唾液含有较多的碳酸氢钠和磷酸钠，pH较高，这种大量分泌的强缓冲溶液对中和瘤胃内发酵形成的酸是很必要的。成年牛一昼夜可分泌唾液100～200L，约相当于牛体液中细胞外液的量。

唾液的蛋白性分泌物有两种：一种为浆液性分泌物，富含唾液淀粉酶；另一种是黏液性分泌物，富含黏液，具有润滑和保护作用。猪和大鼠的唾液含α淀粉酶，能水解淀粉主链中的$\alpha - 1,4$糖苷键。食肉动物和牛唾液中一般不含淀粉酶。在犬、猫等动物唾液内还含有微量溶菌酶。此外，某些以乳为食的幼畜如犊牛，唾液中还含有消化脂肪的**舌脂酶**，此酶主要是由舌背侧浆液腺细胞分泌的。已知舌脂酶的最适pH为4～6.5，表明其在胃内酸性环境中以及到十二指肠后一定时间内仍具有活性。舌脂酶能迅速水解长链甘油三酯，但在反刍动物，舌脂酶则对短链的乳脂水解较快。舌脂酶在反刍动物的哺乳期活性很高，断奶后急剧下降，随着动物的发育逐渐消失。

各种动物的唾液一般呈弱碱性反应，猪的平均pH为7.32，犬和马为7.56，反刍动物为8.2。唾液分泌量较大，猪一昼夜分泌量为15～18L，羊约10L，马约40L，牛100～200L。

(二) 唾液的生理功能

唾液的生理功能表现在以下几个方面：①润湿口腔和饲料，有利于咀嚼和吞咽。食物溶解才能刺激味觉产生并引起各种反射活动。②唾液淀粉酶在接近中性环境中催化淀粉水解为麦芽糖。入胃后在胃液pH尚未降到4.5之前，唾液淀粉酶仍能发挥作用。③某些以乳为食的幼畜唾液中的舌脂酶可以水解脂肪成为游离脂肪酸。④清洁和保护作用。唾液分泌可经常冲洗口腔中饲料残渣和异物，其中的溶菌酶有杀菌作用。⑤维持碱性环境。在反刍动物，碱性较强的唾液咽入瘤胃后，能中和瘤胃发酵所产生的酸，调节瘤胃 pH，利于微生物对饲料的发酵作用。⑥某些动物如牛、猫和犬的汗腺不发达，可借助唾液中水分的蒸发来调节体温。有些异物（如汞、铅）、药物（如碘化钾）和病毒（如狂犬病毒）等常可随唾液排出。⑦反刍动物有大量尿素经唾液进入瘤胃，参与机体的尿素再循环。

第二节 胃的消化功能

胃具有暂时储存食物和初步消化食物的功能。食物在胃内经过机械性和化学性消化，形成食糜，然后被逐渐排入十二指肠。

一、单胃运动的主要方式

单胃动物胃运动的主要功能：①容纳进食时大量摄入的食物。②对食物进行机械性消化。③以适当的速率向小肠排出食糜。

单胃动物胃运动的形式主要有以下几种。

1. 容受性舒张 当动物咀嚼和吞咽时，食物刺激咽和食管等处的感受器，通过迷走神经反射性地引起胃的近侧区肌肉舒张，称为胃的**容受性舒张**，使胃更好地完成容受贮存食物的机能。

2. 蠕动 胃的**蠕动**是指胃壁肌肉呈波浪形向幽门推进的舒缩运动。强烈的蠕动波起始于胃中部，有节律地向幽门方向移行，当蠕动波到达幽门附近时，幽门收缩，只将一些小颗粒物质排入十二指肠，阻断了胃的通路。在消化活动期间离开胃的颗粒直径小于 2mm，不能通过幽门的大颗粒物质被蠕动波所挤压，返回胃窦。因此，远侧区蠕动的意义不仅仅在于推进食糜，更重要的是研磨和混合食糜。

3. 紧张性收缩 紧张性收缩是以平滑肌长时间收缩为特征的运动。这种收缩缓慢而有力，可使胃内压升高，压迫食糜向幽门部移动，并可使食物紧贴胃壁，促进胃液渗进食物。另外，紧张性收缩有维持胃腔内压和保持胃的正常形态和位置的作用。

通过胃的运动使胃内容物分批进入十二指肠的过程称为胃排空。排空的发生是胃和十二指肠连接处一系列运动协调的结果，主要取决于胃和十二指肠之间的压力差。当蠕动波将食糜推送至胃尾区时，胃窦、幽门和十二指肠起始部均处于舒张状态，食糜进入十二指肠。

二、反刍与嗳气

（一）反刍

反刍是指反刍动物在采食时，饲料不经咀嚼而吞进瘤胃，在瘤胃经浸泡软化和一定时间的发酵后，饲料返回到口腔仔细咀嚼的特殊消化活动。反刍包括逆呕、再咀嚼、再混唾液和再吞咽 4 个阶段。经过反刍可将饲料嚼细并混入大量唾液，以便更好地消化。

个体发育过程中，反刍动作的出现与摄取粗饲料有关。犊牛从出生后的 20～30 周开始选食饲草，这时动物开始出现反刍。成年动物反刍发生在非主动性进食时，多在采食后 0.5～1h 开始。一次反刍通常可持续 40～50min。成年牛一昼夜进行 6～8 次反刍，幼畜次数更多。反刍时间也与饲料的种类有关，采食谷物饲料反刍时间最短；采食秸秆饲料时每天反刍时间可长达 10h。反刍易受环境因素的影响，惊恐、疼痛等因素会干扰反刍，使反刍受到抑制；发情期、热性病和消化异常时反刍减少。因此，反刍是反刍动物健康的标志之一。

（二）瘤胃气体的产生与嗳气

1. 瘤胃气体的产生 瘤胃微生物在发酵过程中不断产生大量气体。牛一昼夜产生气体 600～1 300L，主要是二氧化碳（50%～70%）和甲烷（30%～40%），还含有少量的氮，以及微量的氢、氧和 H_2S。二氧化碳主要是由糖类发酵和氨基酸脱羧产生的，小部分是由唾液内碳酸氢盐中和脂肪酸时产生，或脂肪酸吸收时透过瘤胃上皮交换的结果。瘤胃中的甲烷主要是在甲烷细菌的作用下还原二氧化碳而生成。此外，瘤胃中的乙酸的甲基也产生甲烷。犊牛出生后几个月内，瘤胃内的气体以甲烷为多；随日粮中纤维素的增加，二氧化碳的量也增加，到 6 月龄时，达到成年牛的水平。正常动物瘤胃内二氧化碳的量比甲烷多，但饥饿或气胀时，则甲烷的量大大超过二氧化碳的量。

2. 嗳气 瘤胃中的气体约 1/4 通过瘤胃壁吸收入血后经肺排出，也有一部分被瘤胃内微生物所利用，一小部分随饲料残渣经胃肠道排出，但大部分是靠嗳气排出。

牛每小时嗳气 17～20 次。嗳气的次数决定于气体产生的速度。正常情况下，瘤胃内所产生的气体和通过嗳气等排出的气体之间维持相对平衡。如产生的气体多，不能及时排出，可形成瘤胃急性臌气。

嗳气是一种反射动作。当瘤胃内气体增多，对瘤胃背囊壁的压力增大时，兴奋了瘤胃背囊和贲门括约肌处的牵张感受器，经迷走神经的纤维，传到延髓嗳气中枢。中枢经迷走神经传出兴奋，引起背囊收缩，压迫气体进入瘤胃房，同时前肉柱与瘤胃肉褶收缩，阻挡液状食糜前涌，贲门区的液面下降，贲门口舒张，气体向前和向腹面流动而进入食管。然后，贲门口关闭，食管肌几乎同时收缩，迫使食管内气体进入咽部。这时因鼻咽括约肌闭锁，驱使大部分气体经口腔逸出。也有一小部分气体通过开放的声门进入气管和肺，并经过肺毛细血管吸收入血。

三、胃液的主要成分和功能

1. 胃液的分泌 单胃动物的胃黏膜贲门腺区的腺细胞分泌碱性的黏液，保护近食管处的黏膜免受胃酸的损伤。胃底腺区位于胃底部，由主细胞、壁细胞和黏液细胞组成。主细胞分泌胃蛋白酶原，壁细胞分泌盐酸，黏液细胞分泌黏液。此外，壁细胞还分泌内因子。幽门腺区的腺细胞分泌碱性黏液，还有散在的 G 细胞分泌促胃液素。

2. 胃液的主要成分和作用 纯净胃液为无色、透明、强酸性（pH 为 0.9～1.5）的液体。除水分外，主要成分为盐酸、胃蛋白酶、黏蛋白和电解质（如 H^+、Cl^-、HCO_3^-、Na^+、K^+ 等）。

（1）**胃蛋白酶** **胃蛋白酶**是胃液中主要的消化酶。刚分泌出来时以无活性的酶原形式存在，经盐酸激活后成为有活性的蛋白酶。后者又可激活胃蛋白酶原，称为自身激活作用。胃蛋白酶是一组蛋白水解酶。胃蛋白酶最适 pH 为 1.5~2.5，主要水解芳香族氨基酸、蛋氨酸或亮氨酸等残基组成的肽键。蛋白质经胃蛋白酶作用后，主要分解成为肷和胨，很少产生小分子肽和氨基酸。此外，胃蛋白酶对乳中的酪蛋白有凝固作用。

（2）盐酸　通常所说的胃酸即指盐酸。盐酸的主要生理作用：①有利于蛋白质消化，能激活胃蛋白酶原使其变成有活性的胃蛋白酶，同时为胃蛋白酶提供适宜的酸性环境，还能使蛋白质变性而易于消化；②具有一定的杀菌作用，可杀死随食物进入胃内的微生物；③盐酸进入小肠后，能促进胰液、肠液和胆汁分泌，并刺激小肠运动；④使食物中的 Fe^{3+} 还原为 Fe^{2+}，可与铁和钙结合形成可溶性盐，有利于吸收。

（3）黏液和碳酸氢盐　黏液是胃黏膜表面上皮细胞、胃腺的主细胞及颈黏液细胞、贲门腺和幽门腺共同分泌的，其主要成分为糖蛋白。有不溶性黏液与可溶性黏液之分。可溶性黏液较稀薄，系由胃腺的主细胞及颈黏液细胞分泌。胃运动时，它与胃内容物混合，起润滑食物及保护黏膜免受食物机械损伤的作用。不溶性黏液具有较高的黏滞性和形成凝胶的特征，内衬于胃腔表面成为厚约 1mm 的黏液层，与胃黏膜分泌的 HCO_3^- 一起构成了"**黏液-碳酸氢盐屏障**"。当胃腔中的 H^+ 向胃壁扩散时与胃黏膜上皮细胞分泌的 HCO_3^- 在黏膜中相遇，发生表面中和的缓冲作用。即使腔侧面 pH 低，黏膜仍处于中性或偏碱状态，阻止了胃酸和胃蛋白酶对黏膜的侵蚀。

（4）内因子　内因子为壁细胞分泌的一种糖蛋白。它能与维生素 B_{12} 结合成不透析的复合体，使维生素 B_{12} 在转运到回肠途中不被消化液中水解酶所破坏，促进维生素 B_{12} 吸收入血。

四、反刍动物前胃的消化

反刍动物的复胃由瘤胃、网胃、瓣胃和皱胃 4 个室构成，前 3 个胃合称**前胃**，其黏膜无腺体，不分泌胃液；只有皱胃衬以腺上皮，是真正有胃腺的胃。反刍动物与单胃动物的主要区别在于前胃，它具有独特的微生物发酵、反刍、嗳气、食管沟作用等特点。瘤胃和网胃在反刍动物的消化过程中占重要地位，饲料内可消化的干物质有 70%~85% 在此被微生物消化。

（一）瘤胃内环境和瘤胃微生物

瘤胃内具有微生物所需的营养物质，渗透压与血浆渗透压相近，温度通常为 38~41℃，pH 维持在 6~7。此外，瘤胃背囊的气体多为二氧化碳、甲烷及少量氮、氢等气体，随饲料进入的少量氧很快会被微生物利用，从而形成厌氧环境。在一般饲养条件下瘤胃中的微生物主要是**厌氧细菌、纤毛虫和厌氧真菌**。据测定，1g 瘤胃内容物中，细菌数量为 10^{10}~10^{11} 个，纤毛虫为 10^5~10^6 个，真菌为 10^6~10^7 个。微生物种群和数量随饲料性质、饲喂制度和动物年龄而变化。

1. 细菌　按照功能划分，**瘤胃细菌**主要有纤维素分解菌、蛋白质分解菌、蛋白质合成菌和维生素合成菌等。纤维素分解菌总量大，约占瘤胃活菌的 1/4，以厌氧杆菌为主。这类细菌能产生纤维素酶。纤维素酶是一类复合酶，能分解纤维素、纤维二糖等。已知的蛋白质分解菌有三种，可分泌蛋白酶，分解产物为肽和氨基酸。在产氨菌的作用下，氨基酸被进一步分解产生氨，为合成细菌蛋白提供必需的氮源。

2. 原虫　瘤胃原虫主要是纤毛虫。瘤胃纤毛虫可分为全毛虫和贫毛虫两属。瘤胃中的纤毛虫含有多种酶,有分解糖类的酶(α-淀粉酶、蔗糖酶、呋喃果聚糖酶等)、蛋白分解酶(蛋白酶、脱氨基酶)以及纤维素分解酶(纤维素酶、半纤维素酶)。它们能发酵糖、果胶、纤维素和半纤维素,产生乙酸、丙酸、乳酸、CO_2和氢等,也能降解蛋白质、水解脂类、氢化不饱和脂肪酸或使饱和脂肪酸脱氢。

3. 真菌 瘤胃厌氧真菌产生的酶种类较多,其中许多是胞外酶。除了降解细胞壁聚合物所需的纤维素酶外,还有与降解木质素中阿魏酸和P-香豆酸有关的酶类;瘤胃真菌还产生蛋白酶。可以消化植物细胞壁多聚糖、植物蛋白质以及植物中的碳水化合物。此外,真菌还可利用饲料中的碳、氮源合成胆碱和蛋白质等,进入后段消化道后被利用。

(二)瘤胃内消化

1. 瘤胃消化的特点 首先,瘤胃消化的主要方式是**微生物发酵**,主要发酵产物是乙酸、丙酸和丁酸,还有一些数量较少而有重要代谢作用的戊酸、异戊酸、异丁酸等,通称为**挥发性脂肪酸(VFA)**,VFA是反刍动物主要的能量来源。其次,瘤胃微生物能合成并分泌动物不具备的**纤维素酶**,降解饲料中的纤维素。再者,某些微生物能利用瘤胃中的无机氮源合成微生物蛋白质,瘤胃中的氨可进入微生物细胞直接用于菌体蛋白合成,也可被吸收并进入肝脏,经过尿素循环再回到瘤胃提供氨,从而将宿主动物不能直接利用的无机氮转化为优质蛋白质。

2. 糖类的分解和利用 瘤胃微生物利用饲料中的纤维素、果聚糖、淀粉、果胶物质、蔗糖、葡萄糖以及其他多糖醛苷等糖类物质进行发酵,但发酵的速度因底物的可降解性而不同,如可溶性糖>淀粉>纤维素和半纤维素。糖类在瘤胃发酵的途径如图3-1所示:纤维素经细菌或纤毛虫的协同或相继作用首先分解成纤维二糖,再变成己糖(如葡萄糖),然后经丙酮酸和乳酸阶段,最终生成VFA、甲烷和二氧化碳。其他糖类发酵遵循类似途径,最终产生VFA、甲烷和二氧化碳。

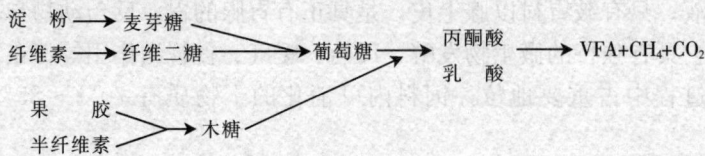

$$\begin{array}{l} \text{淀 粉} \longrightarrow \text{麦芽糖} \\ \text{纤维素} \longrightarrow \text{纤维二糖} \end{array} \longrightarrow \text{葡萄糖} \longrightarrow \begin{array}{l} \text{丙酮酸} \\ \text{乳 酸} \end{array} \longrightarrow \text{VFA} + CH_4 + CO_2$$

$$\begin{array}{l} \text{果 胶} \\ \text{半纤维素} \end{array} \longrightarrow \text{木糖}$$

图3-1 瘤胃糖代谢示意图

(陈杰,2003. 家畜生理学 [M] . 4版 . 北京:中国农业出版社)

瘤胃VFA的浓度随日粮组分、喂食时间等因素而变动,一般在$60\sim150mmol/L$。瘤胃中乙酸、丙酸、丁酸浓度的比例一般是70:20:10,但随饲料种类的不同而变化。当日粮中粗饲料较多,乙酸/丙酸比率升高,丁酸比例降低;日粮中富含蛋白质和碳水化合物时乙酸比例下降,丙酸和丁酸比例上升,乙酸/丙酸比率下降。

3. 瘤胃氮代谢 瘤胃中含氮化合物包括蛋白质、肽、氨基酸、黏蛋白等有机氮和氨、尿素等无机氮。其来源除饲料提供的蛋白质及少量肽和氨基酸,瘤胃蛋白质还来源于降解的瘤胃微生物和脱落的上皮细胞。此外,唾液和血液中的某些含氮物如尿素、黏蛋白、小肽及一些氨基酸,通过唾液分泌和(或)瘤胃壁的渗透作用,也可以进入瘤胃。

(1)蛋白质的分解 饲料蛋白进入瘤胃后,有50%~70%被微生物的蛋白酶水解为肽,继而分解为氨基酸。大部分氨基酸在微生物脱氨基酶的作用下,生成NH_3、CO_2、VFA和其他酸类；其他来源的蛋白质也遵循相同分解途径。瘤胃中有适量的肽，但氨基酸浓度较低。氨是瘤胃蛋白质代谢的重要中间产物，除了一部分被瘤胃壁吸收外，大部分被微生物用来合成蛋白质，还有一部分进入瓣胃被进一步吸收。瘤胃中氨浓度随着饲料性质而有较大变动，瘤胃液氨浓度一般在 $20\sim500mg/L$。

（2）微生物蛋白合成 瘤胃微生物蛋白合成时需要充足的氮源，瘤胃氮代谢产生的氨基酸、肽、氨以及饲料中的蛋白质、肽和氨基酸等都是蛋白合成的**氮源**，一定数量的肽和氨基酸可直接进入微生物细胞内合成菌体蛋白。此外，微生物蛋白合成还需要一定数量的**碳链**和**能量**，糖、VFA、CO_2 是蛋白质合成的主要碳链来源。一些支链脂肪酸如异丁酸、异戊酸和2-甲基丁酸，在蛋白质合成过程中具有特殊作用。能量是微生物蛋白合成的重要限制因素，易发酵糖类如可溶性糖、淀粉等，供给微生物蛋白合成所需的能量。由此可见，在瘤胃微生物合成蛋白质的过程中，氮代谢和糖代谢是密切相关的。

在可利用糖充足的情况下，氨可被瘤胃微生物作为无机氮源合成蛋白质，尤其在饲料蛋白不充足的情况下，氨成为合成微生物蛋白质的重要氮源。瘤胃中的非蛋白氮物质如尿素、铵盐和酰胺等被微生物分解所产生的氨，也用于合成微生物蛋白质。用非蛋白氮替代部分饲料蛋白以节约饲料蛋白质的技术即基于这个道理。

（3）尿素再循环 瘤胃中的氨除了被微生物用来合成蛋白，还有相当一部分经瘤胃壁和后段胃肠道吸收。被吸收的氨经门静脉进入肝脏，通过鸟氨酸循环转变成尿素。肝脏内形成的尿素，一部分经唾液重新进入瘤胃，另一部分则经瘤胃壁扩散进入瘤胃，其余则经尿排出。进入瘤胃的尿素，经微生物脲酶作用，被降解成氨，再次被微生物利用，这一过程称为**尿素再循环**。尿素再循环的强度与日粮中含氮物水平有关，日粮氮水平较低，进入瘤胃的尿素较多。因此，在低蛋白质日粮条件下，反刍动物可通过尿素再循环保证微生物有充足的氮源。

4. 脂肪的消化和代谢 瘤胃中脂肪的消化代谢主要包括三个方面：①饲料中的脂肪大部分被瘤胃微生物彻底水解，生成甘油和脂肪酸等物质，这是瘤胃微生物脂肪酶和植物来源脂肪酶作用的结果。②脂类的氢化作用。进入瘤胃的不饱和脂肪酸在微生物作用下转变成饱和脂肪酸。③脂肪酸的合成。瘤胃微生物可以利用 VFA 合成脂肪酸。

（三）前胃运动

1. 瘤网胃的运动 整个前胃运动从网胃两相收缩开始。第一相收缩使漂浮在网胃上部的粗糙饲料压向瘤胃。第二相收缩十分强烈，其内腔几乎消失，此时如网胃内有铁钉等异物存在，易造成创伤性网胃炎和心包炎。当反刍时，在两相收缩之前再出现一次额外的附加收缩，它使食物在瘤胃内顺着收缩的次序和方向移动和混合。

一般来说，瘤网胃收缩的频率是每分钟 $1\sim3$ 次。进食时收缩频率和强度明显增大，熟睡时收缩全部消失。收缩的强度和速度还与食物的性状有关，粗糙纤维多的饲料刺激产生高频率和高强度收缩。瘤胃运动检查是兽医临床诊断的重要指标。通常可在左侧欣部听诊或触摸。一般情况下休息时瘤胃运动频率平均为 1.8 次/min；进食时增加，平均可达2.8 次/min；反刍时约为 2.3 次/min。每次瘤胃运动持续 $15\sim25s$。

反刍动物采食时，进入网胃的食团饲料颗粒内部之间存在有空气，因重力较小而漂浮，直到网胃收缩才把食团送到瘤胃背囊的固体层。在背囊中细菌发酵饲料颗粒形成一些小气泡，降低颗粒重量。随着发酵进行，糖类分解，饲料颗粒体积变小，气体逸出，发酵气体生成速度减慢，饲料颗粒重力增加趋于下沉，进入瘤胃腹囊。在腹囊中当流动的食糜向瘤胃前肉柱相反的方向流动时，重力较小的食糜悬浮，继续保留在腹囊循环中。而较重的食糜颗粒就落入前肌柱和头囊，在头囊收缩时，经网瓣胃口离开瘤胃。微生物发酵和胃蠕动对食糜颗粒变小有着重要作用。

2. 瓣胃运动 瓣胃运动迫使新进来的食糜先进入瓣胃叶片之间，再迫使瓣胃体的食糜进入瓣胃沟，继而通过开放的瓣皱口进入皱胃。瓣胃和叶片的收缩对食糜起研磨作用，进一步改变食糜颗粒的大小。

第三节 小肠的消化与吸收

一、小肠运动的基本方式

小肠的运动可以分为两个时期：一是发生在进食后的消化期，有两种主要的运动形式，即分节运动和蠕动，它们都是发生在紧张性收缩基础上的；二是发生在消化间期的周期性、移行性复合运动。

1. 紧张性收缩 小肠平滑肌经常处于紧张状态，这种紧张性是小肠运动的基础。如果紧张性低，肠壁对食糜扩张的抵抗力小，混合食糜无力，推送食糜也慢；反之，紧张性高，推送和混合食糜就加快。

2. 分节运动 分节运动主要是由肠壁环行肌的收缩和舒张所形成。当小肠被食糜充盈时，肠壁的牵张刺激可引起所在肠管一定间隔距离的环行肌同时收缩，把食糜分割成许多邻接的小节段。随后，原先收缩部位发生舒张，而原先舒张部位发生收缩，使原来的小节段分为两部分，而来源于相邻的两个小节段部位的各一半则合拢以形成一个新的节段。如此反复进行，使小肠内食糜得以不断地被分割，又不断地混合。分节运动的主要作用：一是使食糜与消化液充分混合，便于进行化学性消化；二是使食糜与肠壁紧密接触，有利于吸收。另外，分节运动还能挤压肠壁，有助于血液和淋巴的回流。

3. 蠕动 蠕动是环行肌和纵行肌协同作用的结果。蠕动的产生：食糜前面的纵行肌收缩、环行肌舒张，而食糜后面的环行肌收缩、纵行肌舒张，从而将食糜在消化道中向前推进，这是一种速度缓慢的波浪式推进运动。还有一种进行速度很快、传播较远的蠕动，称为蠕动冲，可将食糜从小肠起始端一直推送到小肠末端。在十二指肠和回肠末端有时还会出现与蠕动方向相反的蠕动，叫逆蠕动。蠕动和逆蠕动可使食糜在两段肠管内来回移动，有利于食糜的充分消化和吸收。

4. 周期性移行性复合运动（MMC） 这是发生在消化间期的一种强有力的蠕动性收缩。这种波以慢波簇形式起始于胃体，由胃体移行至胃窦、十二指肠和空肠，也有些能传播整个小肠。MMC 的作用是推送未消化的物质、脱落的上皮细胞、细菌等离开小肠。另外，可阻止结肠内细菌向终末回肠移行。

二、胰液和胆汁的性质、主要成分和作用

（一）胰液的性质、主要成分和作用

胰液是由胰腺的外分泌部的腺泡细胞和小导管细胞所分泌的无色、无味的弱碱性液体，pH 为 $7.2 \sim 8.4$。胰液中的成分含有机物和无机物。无机物中以碳酸氢盐含量最高，由胰腺

内小导管细胞所分泌。其主要作用是中和十二指肠内的胃酸，使肠黏膜免受胃酸侵蚀，同时也为小肠内各种消化酶提供适宜的弱碱环境。胰液中有机物为多种消化酶，主要有：

1. 胰淀粉酶　是一种 α-淀粉酶，可将淀粉、糖原及其他碳水化合物分解为麦芽糖及少量三糖，最适 pH 为 6.7～7.0。

2. 胰脂肪酶　可分解脂肪为甘油、甘油一酯和脂肪酸，其最适 pH 为 7.5～8.5。

3. 胰蛋白分解酶　胰液中的蛋白酶主要是胰蛋白酶、糜蛋白酶、弹性蛋白酶。这些酶最初分泌出来时均以无活性的酶原形式存在。胰蛋白酶原分泌到十二指肠后迅速被肠激酶激活，胰蛋白酶被激活后，能迅速将糜蛋白酶原及弹性蛋白酶原等激活。胰蛋白酶也有较弱的自身激活作用。糜蛋白酶和胰蛋白酶的作用很相似，都能分解蛋白质为胨和䏡。当两者同时作用时，可进一步使胨和䏡分解为小分子多肽和少量氨基酸。糜蛋白酶还有较强的凝乳作用。

胰液中还含有水解多肽的羧肽酶、核糖核酸酶和脱氧核糖核酸酶等，它们分别水解多肽为氨基酸，部分水解相应核酸为单核苷酸。

（二）胆汁的性质、主要成分和作用

胆汁是一种具有苦味的黏滞性有色的碱性液体。肝胆汁中水含量为 96％～99％，胆囊胆汁含水量为 80％～86％。胆汁成分除水外，主要是**胆汁酸**、**胆盐**和**胆色素**，此外还有少量胆固醇、脂肪酸、卵磷脂、电解质和蛋白质等。除胆汁酸、胆盐和碳酸氢钠与消化作用有关外，胆汁中的其他成分都可看作是排泄物。

食草动物的胆汁呈暗绿色，食肉动物的胆汁呈赤褐色。胆汁的颜色决定于胆色素的种类和浓度。胆色素主要是血红蛋白的分解产物，包括胆绿素及其还原产物胆红素、胆素原等。胆盐主要是胆汁酸的钠盐，有由胆汁酸与甘氨酸结合的甘氨胆酸钠和由胆汁酸与牛磺酸结合的牛黄胆酸钠等。

胆汁的生理作用主要是胆盐或胆汁酸的作用。胆盐的作用是：①降低脂肪的表面张力，使脂肪乳化成极细小（直径 3 000～10 000nm）的微粒，增加脂肪与酶的接触面积，加速其水解；②增强脂肪酶的活性，起激活剂作用；③胆盐与脂肪分解产物脂肪酸和甘油酯结合，形成水溶性复合物（混合微胶粒，直径 4～6nm）促进吸收；④有促进脂溶性维生素（维生素 A、维生素 D、维生素 E、维生素 K）吸收的作用；⑤胆盐可刺激小肠运动。胆固醇是肝脏脂肪代谢的产物。胆盐、胆固醇和卵磷脂等都能降低脂肪颗粒的表面张力，使之乳化为微滴粒而增加了消化酶的作用面积，利于脂肪消化。

三、主要营养物质在小肠的吸收

（一）主要营养物质在小肠的吸收部位

小肠是吸收的主要部位。糖类、蛋白质和脂肪的消化产物大部分在十二指肠和空肠吸收，离子（钙、铁、氯等）也都在小肠前段吸收。因此，大部分营养成分到达回肠时，已被吸收完毕。回肠有其独特的功能，即主动吸收胆盐和维生素 B_{12}。

（二）主要营养物质在小肠的吸收机制

小肠吸收的主要机制可分为被动吸收和主动吸收两大类。被动吸收包括简单扩散、易化扩散和渗透。**简单扩散**是一种非耗能过程，它的发生主要由物理学驱动力（如渗透压、流体静力压等）引起物质由高浓度一侧向低浓度一侧转运。**易化扩散**也是一种非耗能的顺浓度梯

度进行的转运过程，但需要有特异性载体参与。**主动转运**则是一种逆浓度梯度、耗能的物质转运过程。它有两个必需的条件：①细胞膜上必须有特异性载体。②膜上有具有转运功能的ATP酶。由于提供能量的方式不同，主动转运可分为原发性主动转运和继发性主动转运两大类。

1. 糖的吸收　小肠腔中的葡萄糖、半乳糖通过同向转运机制吸收。这是因为Na^+在细胞的分布具有细胞外浓度高而细胞内浓度低的特点，因此，肠腔的Na^+顺着浓度差扩散进入细胞；肠绒毛上皮基底部有Na^+泵，通过消耗能量的主动运输机制将细胞内Na^+泵入细胞间液，维持细胞内外Na^+浓度差。小肠黏膜上皮细胞的刷状缘上存在着Na^+-葡萄糖和Na^+-半乳糖同向转运载体，它们有特定的与糖和钠结合的位点，形成Na^+-载体-葡萄糖复合体和Na^+-载体-半乳糖复合体，通过转运载体的变构转位，使复合体上的结合位点从肠腔面转向细胞浆面，释放出糖分子和钠离子。载体蛋白重新回到细胞膜的外表面，重新转运。细胞内的钠离子在钠泵的作用下转运至细胞间隙进入血液，细胞内的葡萄糖通过扩散进入细胞间液而转入血液中。此过程反复进行，把肠腔中的葡萄糖转运入血液，完成葡萄糖的吸收过程。

2. 蛋白质的吸收　在小肠内蛋白质降解产生的二肽、三肽和氨基酸，其吸收机制与葡萄糖、半乳糖相似，即通过与钠吸收相偶联的继发性主动转运机制。在小肠上皮顶膜上已确定有转运Na^+-氨基酸和Na^+-肽的同向转运载体，分别转运中性、酸性、碱性氨基酸和亚氨基酸，以及二肽、三肽进入细胞，再经过基底膜上氨基酸或肽转运体以易化扩散的方式进入细胞间液，然后进入血液。

在某些情况下，饲料中的蛋白质可以直接被吸收。例如，新出生的羊羔、仔猪、牛犊、犬崽，借着肠黏膜上皮的胞吞作用可完整地吸收初乳中的免疫球蛋白，从而获得被动免疫能力。

3. 脂类的吸收　脂类的吸收开始于十二指肠远端，在空肠近端结束。脂肪被脂肪酶分解，产生游离脂肪酸、甘油一酯和胆固醇等，它们与胆盐形成混合微胶粒。它能携带脂肪消化产物通过覆盖在小肠绒毛表面的静水层到达上皮细胞微绒毛，释放出脂类消化产物甘油一酯、长链脂肪酸等，后者顺着浓度梯度以简单扩散方式进入上皮细胞。胆盐则留在消化腔形成新的混合微胶粒，反复转运脂类消化产物。

在肠上皮细胞中，脂类消化产物在滑面内质网中再重新合成为甘油三酯、胆固醇酯及卵磷脂，并与细胞中生成的载脂蛋白合成乳糜微粒。这些乳糜微粒以胞吐的方式离开上皮细胞，进入中央乳糜管，再通过淋巴循环进入血液。

4. 水的吸收　由于肠内营养物质和电解质的吸收，造成了肠内低渗，水是通过渗透方式被吸收的。

5. 无机盐的吸收　Na^+的吸收是主动吸收过程。即由于肠上皮细胞基底膜上Na^+-K^+泵的活动造成细胞内Na^+浓度低，肠腔内Na^+借助于刷状缘上的运载体，以易化扩散形式进入细胞。由于Na^+往往与单糖或氨基酸共用这类载体，因此，Na^+的主动吸收可为单糖或氨基酸的吸收提供动力。

6. 维生素的吸收　水溶性维生素的吸收：多数B族维生素和维生素C都依赖于特异性载体的主动转运方式被吸收。维生素B_{12}必须与胃腺壁细胞分泌的"内因子"结合成复合物，到达回肠与回肠黏膜上皮细胞的特殊"受体"结合而被吸收。回肠是吸收维生素B_{12}的特异性部位。

脂溶性维生素的吸收：脂溶性维生素包括维生素A、维生素D、维生素E和维生素K。维生素D、维生素E和维生素K的吸收机制与脂类相似，需要与胆盐结合才能进入小肠黏膜表面的静水层，然后以扩散的方式进入上皮细胞，而后进入淋巴或血液循环。维生素 A 则通过载体主动吸收。

第四节　胃肠功能的调节

胃肠道功能受神经调节和体液调节。胃肠道平滑肌受副交感神经和交感神经的双重支配。副交感神经对胃肠的运动和分泌起兴奋作用，交感神经兴奋的效应是抑制胃肠运动和分泌。从食管至肛门的消化道拥有内在的神经系统，也叫**壁内神经丛**，由位于纵行肌和环行肌之间的肌间神经丛和位于黏膜下的黏膜下神经丛构成。大部分副交感神经和交感神经与壁内神经元形成突触联系。正常情况下，外来神经对壁内神经丛有调节作用。但在实验条件下，切断胃肠的外来神经后，经食糜对消化管的理化刺激，内在神经丛可以单独发挥作用，反射性引起消化管运动和腺体分泌。

胃肠道具有大量多种类型的内分泌细胞，分泌胃肠激素，包括促胃液素族、促胰液素族和 P 物质族等。促胃液素族包括促胃泌素、缩胆囊素；促胰液素族包括促胰液素、胰高血糖素、血管活性肠肽和糖依赖性胰岛素释放肽等；P 物质族包括 P 物质、神经降压素等。胃肠激素与神经系统一起，共同调节消化器官的运动、分泌、吸收。

一、胃液分泌的体液调节

（一）胃酸和胃蛋白酶原分泌的体液调节

1. 胃酸分泌的调节　胃酸分泌受体液因素（组胺、胃泌素等）的调节。胃黏膜固有层的肠嗜铬样细胞（ECL 细胞）释放组胺，组胺经扩散作用于壁细胞膜的受体，刺激壁细胞分泌盐酸。胃窦及小肠上段黏膜的 G 细胞分泌胃泌素，通过血液循环与壁细胞膜胃泌素受体结合，而后促进盐酸分泌。另外，迷走神经末梢释放的乙酰胆碱以及胃壁内神经丛分泌的其他神经递质，也通过神经调节途径刺激胃酸分泌。

2. 胃蛋白酶原分泌的调节　引起壁细胞分泌胃酸的大多数刺激物，也能刺激主细胞的分泌。如乙酰胆碱和胃泌素均作用于主细胞，促进胃蛋白酶原分泌。盐酸可通过胃壁内神经丛的反射途径为主细胞提供信号，释放胃蛋白酶原。

（二）消化期胃液分泌的调节

采食是胃液分泌最主要的刺激因子，它通过神经和体液途径调节胃液分泌。进食后，可按食物及有关感受器所在部位将胃液分泌的调节划分为三期：头期、胃期及肠期。

1. 头期　头期分泌发生在食物进入胃之前。食物的形状、气味、口味以及食欲等是引起头期反射活动、刺激胃液分泌的主要因子。头期反射中枢位于延髓、下丘脑、边缘系统和大脑皮层，传出神经是迷走神经。迷走神经兴奋通过两种作用机制：一是迷走神经直接刺激壁细胞分泌盐酸；二是迷走神经刺激 G 细胞和 ECL 细胞分别释放胃泌素和组胺，间接地促进胃液分泌。头期胃液分泌的特点是持续时间长、分泌量大、酸度高、胃蛋白酶含量高、消化力强。

2. 胃期　食物进入胃，所产生的机械性扩张刺激引起神经反射，使胃泌素释放，促进胃液分泌；蛋白质的消化产物（肽和氨基酸）直接刺激 G 细胞释放胃泌素引起胃液分泌。随着胃液分泌和消化的进行，胃内 pH 将下降，当下降到 pH＝2 时，胃泌素的分泌受到抑制，而当 pH 降到 1 时，胃泌素分泌会完全消失。这样，胃酸的分泌逐渐减少。胃期分泌的胃液酸度较高，但含酶量较头期少，消化力较弱。

3. 肠期　食糜进入小肠前部可继续引起胃液的分泌，但数量较少。肠期胃液分泌的主要机制是食物的机械扩张刺激和化学刺激作用于十二指肠黏膜，后者释放胃泌素促进胃液分泌。小肠内也存在着胃液分泌的负反馈调节机制。当胃的酸性食糜进入十二指肠后，十二指肠内的 pH 降低，胃酸的产生受到抑制。脂肪及其消化产物进入十二指肠，以及十二指肠内高渗溶液等，都是胃液分泌的抑制因素。

（三）消化间期胃液分泌

在这种生理状态下，胃每小时仅分泌数毫升胃液，这时的分泌物中酶很少，几乎没有盐酸，主要是黏液。

二、交感神经和副交感神经对消化活动的主要调节作用

1. 内在神经丛的作用　位于纵行肌和环行肌之间的肌间神经丛对小肠运动起主要调节作用。当食糜对肠壁的机械和化学刺激作用于肠壁感受器时，通过局部反射而引起平滑肌的运动。

2. 外来神经的作用　迷走神经兴奋加强小肠运动，而交感神经兴奋则抑制小肠运动。外来神经的作用一般是通过小肠的壁内神经丛实现的。小肠运动还受高级神经系统的影响，如情绪可改变空肠的运动。

第五节　家禽的消化特点

家禽的消化器官主要包括喙、口腔、咽、食管、嗉囊（鸭和鹅称为食管膨大部）、腺胃、肌胃、肝脏、胰腺、小肠、大肠、泄殖腔。家禽没有牙齿，食物进入口腔后不经咀嚼而直接吞咽。家禽口腔中的唾液腺分泌唾液量较少。唾液的主要成分是黏液，消化作用有限。嗉囊的主要作用是贮存、湿润和软化食物。由于嗉囊内栖居着大量微生物，食物在嗉囊中被发酵，小部分发酵产物可通过嗉囊壁直接吸收，大部分发酵产物进入消化道后端被进一步消化吸收。嗉囊可收缩，推动食物进入腺胃。家禽的腺胃能分泌胃液，但腺胃体积较小，食物停留的时间短。胃液的消化主要在肌胃内进行。肌胃具有坚实的肌肉和角质膜。肌胃内有一定数量的沙砾，能帮助肌胃在收缩过程中对食物进行磨碎，有助于消化。消化后的营养物质主要在小肠吸收。家禽的盲肠比较发达，其中栖居的微生物可消化饲料中的纤维。

第七单元　能量代谢和体温★☆

动物从周围环境摄取营养用于合成体内新的物质，同时将摄入的能量经过转化贮存在体内；另一方面动物不断分解自身原有物质，释放能量以供给各种生命活动的需要。动物体内伴随物质代谢而发生的能量的释放、转移、贮存和利用的过程，称为**能量代谢**。动物各项生命活动（呼吸、血液循环、腺体分泌、做功等）都需要消耗能量，用于维持基本生命活动的能量消耗是最低的，用基础代谢和静止能量代谢来表示。

第一节　基础代谢和静止能量代谢及其在实践中的应用

（一）基础代谢

动物在维持基本生命活动条件下的能量代谢水平，称为**基础代谢**。所谓基本生命活动条件是：①清醒；②肌肉处于安静状态；③最适宜的该动物的外界环境温度；④消化道内空虚，即要经过一段时间的饥饿。基础代谢是在动物清醒、静卧、空腹12h以上、室温保持在20～25℃的条件下测定的。由于此时排除了肌肉活动、精神活动、食物的特殊动力效应，以及环境温度等因素对能量代谢的影响，体内能量的消耗只用于维持基本的生命活动（如心跳、呼吸、泌尿、兴奋传导、腺体分泌等），能量代谢比较稳定。基础代谢的高低通常用基础代谢率来表示。**基础代谢率**是指动物在基本生命活动条件下，单位时间内每平方米体表面积所产生或散发的热量。家畜常以代谢体重计算，单位为 $kJ/(W^{0.75} \cdot h)$。

对家畜基础代谢的测定有很大困难，这是由于不易达到和掌握测定基础代谢的条件。如很难达到肌肉完全处于安静状态，在反刍动物即使饥饿2～3d或更长时间也不出现消化道空虚。因此，在实践中通常以测定静止能量代谢来代替基础代谢。

（二）静止能量代谢

动物在一般的畜舍或实验室条件下，早晨饲喂前休息时（以卧下为宜）的能量代谢水平称为**静止能量代谢**。这时，许多家畜的消化道并不处于空虚和吸收后的状态，环境温度也不一定适中。静止能量代谢与基础代谢的不同之处，在于静止能量代谢还包括数量不定的特殊动力效应的能量、用于生产的能量以及可能用于调节体温的能量消耗。

第二节　体　　温

新陈代谢过程中不断地产生热量，同时，体内热量又由血液带到体表，通过辐射、传导和对流以及水分蒸发等方式不断地向外界放散。当产热量和散热量达到平衡，体温就可维持在一定水平。可见，正常体温的维持，有赖于机体的产热过程和散热过程的动态平衡。

一、动物散热的主要方式

机体的主要散热器官是皮肤。另外，通过呼吸、排粪和排尿散失一部分热量。当外界环境温度低于体表温度时，通过皮肤以辐射、传导、对流等方式进行散热；当环境温度接近或高于皮肤温度时，则只能以蒸发方式散热。皮肤是机体热量散失的重要途径，可占全散失热量的75%～85%。

1. 辐射散热　动物以红外线的形式将体热传给外界温度较低的物体，称为**辐射散热**。

辐射散热量取决于皮肤和环境之间的温度差，以及机体辐射面积等因素。当皮温与环境间的温差增大或有效辐射面积增加时，辐射散热增多。环境温度较低时，通过皮肤辐射放散的热量可占总散热量的70％。如环境温度高于体表温度时，机体不但不能通过辐射散热，而且还要接收辐射热。寒冷天气受到阳光照射或靠近红外线灯及其他热源，均有利于畜体保温；炎热季节的烈日照射，可能使动物体温升高，发生热应激。

2. 对流散热　机体通过与体表接触的气体或液体流动来交换和散发热量的方式，称为对流散热。动物体周围有一层同体表接触的空气层，当空气层温度较体温低时，则体热可传给这一层空气。热空气趋于上流，温度较低的空气就流来填补，这样，体热即可向外界放散。对流散热多少受体表和空气之间温差的影响，即空气越冷、对流越强，带走的热量就越多。另外就是风速的影响。因此，在实际工作中，冬季应减少畜舍空气的对流，夏日则应加强通风。

3. 传导散热　传导散热是指机体的热量直接传给同它接触的较冷物体的一种散热方式。机体深部的热量主要由血液流动将其带到皮肤，再由皮肤直接传给和它相接触的物体。由于动物平时躺卧在冷凉地面上的时间不多，传导不是热量丢失的主要形式。但在某些情况下，动物可因传导而散失大量热能，使体温降低。如长时间躺卧在湿冷的地板上，保定在金属手术台上的麻醉动物，新生仔猪可因卧在水泥地面上而散失大量热能。

4. 蒸发散热　水分蒸发是吸热过程，蒸发1g水可带走2.43kJ热量，所以体表水分蒸发是一种很有效的散热途径。在通常的温度和湿度条件下，安静的哺乳动物约有25％的热量是由皮肤和呼吸道通过水分蒸发而散失。此时，机体的水分可透过皮肤角质层以及呼吸道黏膜不断蒸发带走热量，这种形式散热和体温调节关系不大，即不管环境温度高低，体表总是要蒸发水分的。在气温接近或超过体温时，汗腺分泌加强，此时，体表蒸发的水分主要来自汗液，蒸发散热成为唯一有效的散热方式。因为这种情况下，辐射、传导和对流方式的热交换已基本停止。出汗对调节散热的重要性有明显的畜种差异。例如，马属动物大量出汗，其汗腺受交感肾上腺素能纤维支配；牛有中等程度的出汗能力。

5. 热喘呼吸　汗腺不发达的动物依靠热喘呼吸实现散热。热喘呼吸是指呼吸频率升高到200～400次/min的张口呼吸，是炎热条件下增加蒸发散热的一种形式。犬几乎全部依靠热喘呼吸散热，此时呼吸深度减小，因而潮气量减少，气体在无效腔中快速流动，唾液分泌量明显增加。绵羊可以发汗，但热喘呼吸是其主要的散热方式。

6. 其他散热方式　啮齿动物既不热喘呼吸，也不发汗，靠水来蒸发散热。水牛汗腺不发达，天气炎热时依靠浸水后的体表蒸发散热。

二、动物维持体温相对恒定的基本调节方式

在环境温度改变的情况下，动物通过下丘脑的体温调节中枢、温度感受器、效应器等所构成的神经反射机制，调节机体的产热和散热过程，使之达到动态平衡，维持体温恒定。

1. 温度感受器　温度感受器是感受机体各个部位温度变化的特殊结构。按其感受的刺激，分为冷感受器和热感受器；按其分布的部位，可分为外周温度感受器和中枢温度感受器。

（1）外周温度感受器　外周温度感受器广泛分布在皮肤、黏膜和内脏中，包括冷感受器和热感受器，它们都是游离神经末梢。这两种感受器各自对一定范围的温度敏感。当局部温

度升高时，热感受器兴奋；反之，冷感受器兴奋。

（2）中枢温度感受器　**中枢温度感受器**指分布于脊髓、延髓、脑干网状结构以及下丘脑等处对温度变化敏感的神经元。根据它们对温度的不同反应，可分为两类神经元。在局部组织温度升高时冲动发放频率增加的神经元，称为**热敏神经元**；在局部组织温度降低时冲动的发放频率增加的神经元，称为**冷敏神经元**。

2.效应器　参与体温调节的效应器包括汗腺、皮肤血管、骨骼肌、甲状腺、肾上腺等。

3.体温调节中枢　调节体温的基本中枢位于下丘脑。

4.维持体温稳定的基本调节方式　当外界温度变化时，皮肤温度感受器受到刺激，温度变化的信息沿躯体传入神经经脊髓到达下丘脑的体温调节中枢；体表温度的变化通过血液引起机体深部组织温度改变，中枢温度感受器感受到体核温度的改变，也将温度变化信息传递到下丘脑；下丘脑对信息进行整合，发出传出指令，通过交感神经系统调节皮肤血管舒缩反应和汗腺分泌；通过躯体运动神经改变骨骼肌的活动，如战栗等；通过甲状腺激素、肾上腺激素、去甲肾上腺激素等的分泌改变机体代谢率。通过上述过程保持机体体温相对稳定。

第八单元　尿的生成和排出★☆

动物机体将代谢终产物、多余物质和进入体内的异物排出体外的生理过程称为**排泄**。体内具有排泄功能的器官主要有肺、皮肤、消化道和肾脏等。其中，肾脏是最主要的排泄器官。肾脏通过尿的生成，不仅能排除体内大部分代谢终产物，还具有调节机体水平衡、电解质平衡和酸碱平衡等主要功能，对维持机体内环境的相对稳定具有十分重要的作用。如果机体内的代谢活动或肾脏活动发生异常，其尿的理化性质和成分也必然会出现相应的异常性变化。因此，尿液的检验和分析在临床诊断中较为常用。

尿的生成是由肾单位和集合管协同完成的。每个肾单位包括肾小体和肾小管两部分。肾小体包括肾小球和肾小囊。肾小管始于肾囊腔，止于集合管，是一弯曲细管，由近球小管、髓袢和远球小管三部分组成。近球小管包括近曲小管和髓袢降支粗段，远球小管包括髓袢升支粗段和远曲小管。远曲小管末端与集合管相连。

尿的生成包括三个环节：①肾小球的滤过作用，形成原尿；②肾小管和集合管的重吸收；③肾小管和集合管的分泌与排泄作用，形成终尿。

第一节 尿的生成

一、肾小球的滤过功能

尿来源于血液。当血液流过肾小球时，血浆中的一部分水和小分子溶质依靠滤过作用滤入肾囊腔内，形成原尿。原尿中除了不含血细胞和大分子蛋白质外，其他成分与血浆基本相同。每分钟两侧肾脏生成原尿的量，叫做**肾小球滤过率**。每分钟两侧肾脏的血浆流量，称为**肾血浆流量**。肾小球滤过率和肾血浆流量的百分比，叫做**滤过分数**。据测定，一头体重50kg的猪，其肾小球滤过率约为100mL/min，每昼夜生成的原尿量可达144L，肾血浆流量为420mL/min。按照上述数值，该猪的肾小球滤过分数大约为24%。这说明流经肾脏的血浆约近1/4由肾小球滤过到肾囊腔中。由此可见，在尿生成的过程中，通过肾小球的滤过作用，生成原尿的量是相当大的。肾小球滤过率和滤过分数可作为衡量肾脏功能的重要指标。

二、有效滤过压

肾小球的滤过作用主要取决于两个因素：一是**滤过膜的通透性**；二是**有效滤过压**。

（1）**滤过膜的通透性** 滤过膜由肾小球毛细血管的内皮细胞层、基膜层和肾小囊的脏层上皮细胞层所组成。滤过膜虽然由三层组织构成，但总厚度在正常情况下，一般不超过$1\mu m$，加之各层都有孔隙结构，故滤过膜的通透性大。据测定，滤过膜比机体内其他毛细血管的通透性要大25倍以上。滤过膜对不同溶质分子的滤过起着机械屏障和电学屏障的作用。

（2）**有效滤过压** 肾小球滤过作用的动力是有效滤过压。由于滤过膜对血浆蛋白质几乎不通透，故滤过液的胶体渗透压可忽略不计。这样原尿生成的有效滤过压实际上只包括三种力量的作用，一种为促进血浆从肾小球滤过的力量，即肾小球毛细血管压；其余两种是阻止血浆从肾小球滤过的力量，即血浆胶体渗透压和肾囊腔内液压（常称囊内压）。因此，**有效滤过压＝肾小球毛细血管压－（血浆胶体渗透压＋囊内压）**。

用微穿刺法对慕尼黑大鼠和松鼠猴的浅表肾小球毛细血管压直接测定，从入球小动脉端到出球小动脉端的肾小球毛细血管压，平均值为6.00kPa；肾小球毛细血管内血浆胶体渗透压，由于其中水和小分子晶体物质被滤过到肾囊腔中，故测得入球端的血浆胶体渗透压为2.67kPa，出球端为4.67kPa，囊内压为1.33kPa。根据上述资料，原尿生成的有效滤过压可计算如下：

$$入球端有效滤过压＝6kPa－（2.67kPa＋1.33kPa）＝2kPa$$

$$出球端有效滤过压＝6kPa－（4.67kPa＋1.33kPa）＝0$$

以上计算表明，在入球端有效滤过压为正值时，可以不断地生成原尿。此有效滤过压虽然不高，但因滤过膜的通透性大，肾血流量大，故原尿生成不但可顺利进行，而且量也相当大。例如，牛两侧肾脏每天可生成原尿达1 400L以上，犬约50L，绵羊约140L。在出球端，有效滤过压为零，故无原尿生成。

三、肾小管与集合管的重吸收和分泌功能

原尿生成后进入肾小管中，称为小管液。小管液经过肾小管和集合管的作用后，即生成

终尿。终尿量一般仅为原尿量的1％左右。小管液在流经肾小管和集合管的过程中，其中有的物质全部、有的大部分、有的少部分被小管壁上皮细胞重吸收转运回到血液中。同时，远曲小管和集合管还向小管液中分泌和排泄部分代谢产物。肾小管和集合管的转运功能包括重吸收、分泌和排泄作用。肾小管各段的转运功能如下：

（一）近球小管

1. 对 Na^+ 的重吸收　原尿中的 Na^+ 有96％～99％都被重吸收，其中近球小管对 Na^+ 的重吸收率最大，占滤过量的65％～70％，在近球小管前半段，Na^+ 为主动重吸收：①大部分的 Na^+ 与葡萄糖、氨基酸同向转运（与肠黏膜上皮对葡萄糖和氨基酸的吸收相同）；②另一部分 Na^+ 与 H^+ 逆向转运（$Na^+ - H^+$ 交换），使小管液中的 Na^+ 进入细胞，而细胞中的 H^+ 则被分泌到小管液中。在近球小管后半段，Na^+ 与 Cl^- 为被动重吸收，主要通过细胞旁路而进行。

2. 对 Cl^- 的重吸收　大部分 Cl^- 的重吸收是与 Na^+ 相伴的。在近球小管，由于 Na^+ 的主动重吸收形成了小管内外两侧的电位差，使 Cl^- 顺电位差而被动重吸收。

3. 对水的重吸收　原尿中的水65％～70％在近球小管被重吸收。水的重吸收主要通过渗透作用。由于 Na^+、HCO_3^-、葡萄糖、氨基酸和 Cl^- 等被重吸收后，降低了小管液的渗透压，同时提高了细胞间隙的渗透压，于是小管液中的水不断进入上皮细胞，再从细胞进入细胞间隙，最后进入毛细血管而被重吸收。

4. 对 K^+ 的重吸收　小管液中的 K^+ 绝大部分在近球小管被主动重吸收。终尿中的 K^+ 主要由远曲小管和集合管所分泌。测定表明，近球小管内的电位较其管周液低4mV；小管液中的 K^+ 浓度（4mmoL/L）比小管上皮细胞内的 K^+ 浓度（150mmoL/L）低得多，故近球小管对 K^+ 的重吸收是逆电化学梯度，可能是靠小管上皮细胞的管腔侧细胞膜上的钾泵所进行的主动转运过程。

5. 对 HCO_3^- 的重吸收　小管液中85％的 HCO_3^- 在近球小管被重吸收。HCO_3^- 在血浆中是以钠盐（$NaHCO_3$）的形式存在，在小管液中解离成 Na^+ 和 HCO_3^-。由于 HCO_3^- 不易透过上皮细胞管腔侧的细胞膜，它的重吸收要与小管上皮细胞分泌 H^+ 的活动结合起来。肾小管和集合管的上皮细胞都能分泌 H^+ 到小管液中，并与小管液中的 Na^+ 进行交换。这样小管液中的 HCO_3^- 可与小管上皮细胞分泌的 H^+ 结合，生成 H_2CO_3，进而分解成为 CO_2 和 H_2O。CO_2 为高脂溶性物质，可快速通过上皮细胞的管腔膜进入细胞内，在碳酸酐酶的催化下和 H_2O 结合生成 H_2CO_3，再解离成 HCO_3^- 和 H^+。细胞内 HCO_3^- 可与 Na^+ 一起转运入血，H^+ 再分泌入小管液中，并与 Na^+ 进行交换和与 HCO_3^- 结合，重复上述过程。综上所述，小管液中的 HCO_3^- 是以 CO_2 的形式被重吸收的。正因如此，小管液中的 HCO_3^- 比 Cl^- 优先重吸收。小管液中 HCO_3^- 的量超过分泌的 H^+ 时，由于 HCO_3^- 不易透过小管上皮细胞的管腔膜，故多余的 HCO_3^- 几乎全部随尿排出。

6. 对葡萄糖的重吸收　小管液中100％的葡萄糖都在近球小管重吸收。肾小管和集合管的其他各段都无重吸收葡萄糖的能力。近球小管重吸收葡萄糖的机理是：①小管上皮细胞管腔侧刷状缘中的载体蛋白上，存在着两种结合位点，能分别与葡萄糖、Na^+ 相结合，当载体蛋白与葡萄糖、Na^+ 相结合而形成复合体后，该载体就可将小管液中的葡萄糖和 Na^+ 快速转运到细胞内，这种转运称为协同（同向）转运。②进入细胞内的 Na^+ 被钠泵泵入管周组织间液。转运入细胞内的葡萄糖则顺浓度差被易化扩散到管周的组织间液，进而回到血液中。③小管上皮细胞的管腔膜上的载体蛋白对葡萄糖和 Na^+ 的协同转运，是借助于 Na^+ 的主动转运而实现的。因为抑制钠泵后，上述协同转运也被抑制。根据以上三点，故认为葡萄糖在近球小管的重吸收是继发于 Na^+ 主动重吸收的转运过程，即为继发性主动转运。

近端小管对葡萄糖的重吸收有一定的限度。当血糖浓度超过 $160\sim180mg/100mL$ 时，尿中就可出现葡萄糖，在临床上称为糖尿病。一般把尿中刚出现葡萄糖时的血糖浓度值称为肾糖阈。其产生的机理可能是由于小管上皮细胞的管腔膜上，协同转运葡萄糖、Na^+ 的载体蛋白数量有一定限度的缘故。

（二）远曲小管与集合管

1. 对 Na^+、Cl^- 与水的重吸收　远曲小管和集合管对 Na^+、Cl^- 的重吸收量较少，约占 10%，并且可以根据机体的水、盐平衡状态进行调节。对水的重吸收在不同生理状态下变化较大，并且主要受到抗利尿激素的调节。集合管对 Na^+ 的重吸收也为主动转运，而且常同 H^+ 或 K^+ 的分泌联系在一起。对 Na^+、K^+ 的转运主要受醛固酮的调节。

远曲小管和集合管对水的通透性很小，但在垂体后叶分泌的抗利尿激素的调控下，对水的通透性会升高，参与机体水平衡的调节。

肾小管和集合管对水的重吸收量很大，终尿排出量只有原尿量的 1%。如果其他条件不变，水的重吸收率减少 1%，尿量即可增加 1 倍，由此可见水的重吸收与尿量的多少关系很大。

2. 对 H^+ 的分泌　这一过程主要由两种细胞完成。近球小管细胞可以通过 Na^+-H^+ 交换分泌 H^+，远曲小管和集合管的闰细胞也可分泌 H^+。H^+ 的分泌是一个逆电化学梯度进行的主动转运过程。细胞内的 CO_2 和 H_2O 在碳酸酐酶催化下生成 H_2CO_3，进而离解为 H^+ 和 HCO_3^-，H^+ 由管腔膜上的 H^+ 泵泵至小管液，HCO_3^- 则通过基侧膜回到血液中，因而 H^+ 分泌和 HCO_3^- 的重吸收与酸碱平衡的调节有关。闰细胞分泌的 H^+ 可与上皮细胞分泌的 NH_3 结合，形成 NH_4^+，和小管液中的 HPO_4^{2-} 结合形成 $H_2PO_4^-$、NH_4^+。$H_2PO_4^-$ 和 NH_4^+ 都不易透过管腔膜而留在小管液中，是决定尿液酸碱度的主要因素。

第二节　影响尿生成的因素

一、影响肾小球滤过的因素

（一）滤过膜通透性的变化

在正常情况下，滤过膜的通透性是比较稳定的，对肾小球滤过率的影响不大。只有在病理情况下，例如，急性肾小球肾炎时，由于内皮细胞肿胀，基膜增厚，致使肾小球毛细血管腔变得狭窄或阻塞不通，有效滤过面积明显减少，造成肾小球滤过率显著下降，结果出现少尿或无尿。在机体缺氧或中毒时，滤过膜的通透性增大，原来不能透过滤过膜的血细胞和蛋白质此时也可通过，造成肾小球滤过率增加，尿量增多，甚至可以出现蛋白尿和血尿。

（二）有效滤过压的变化

构成有效滤过压的三个因素中，任一因素的变化都将影响肾小球的滤过作用。

1. 肾小球毛细血管血压　生理条件下，肾血流量具有一定的自身调节功能，即使动脉血压在 10.7～24.1kPa 范围内变动，肾小球毛细血管血压仍能维持相对稳定，从而使肾小球滤过率基本保持不变，这种现象称为**肾血流量的自身调节**。但在大出血时，如果动脉血压降到 10.7kPa 以下，肾小球毛细血管血压将相应下降，于是有效滤过压降低，肾小球滤过率也减小。当动脉血压低于 5.3～6.7kPa 时，肾小球滤过率将降低到零，出现无尿。

2. 血浆胶体渗透压　在正常情况下，血浆胶体渗透压不会出现明显的变动，也不会对有效滤过压造成明显的影响。如果动物营养不良，出现血浆蛋白浓度降低，使血浆胶体渗透压下降时，会导致有效滤过压升高，肾小球滤过率增加。试验中给动物快速静脉内注射大量生理盐水后可出现尿量增加，其原因之一可能是大量生理盐水入血后，使血浆胶体渗透压相应降低，导致有效滤过压升高，肾小球滤过率加大而出现尿量增加。

3. 囊内压　囊内压正常时也比较稳定。肾盂和输尿管如果发生结石、肿瘤或其他异物阻塞，可引起囊内压升高、有效滤过压降低、肾小球滤过率减少，导致尿量减少。

（三）肾脏血流量

当肾血浆流量加大时，使更长甚至全段肾小球毛细血管都有滤液生成，有效滤过压和滤过面积增加，肾小球滤过率将随之上升。反之，则出现相反的效应。

二、影响肾小管重吸收的因素

肾小管管液的溶质形成渗透压，因而小管液的浓度高低是影响肾小管水分重吸收的因素。小管液中溶质（如葡萄糖、NaCl）浓度升高导致渗透压升高，减少肾小管特别是近曲小管对水分的重吸收，导致尿量增多。这种由于小管液溶质浓度升高引起的利尿成为渗透性利尿，甘露醇利尿就是这个道理。

三、抗利尿激素对尿液生成的调节

抗利尿激素（ADH）也称血管升压素，是由 9 个氨基酸残基组成的肽。抗利尿激素由下丘脑的视上核和室旁核的神经元所分泌，经下丘脑-垂体束被运输到神经垂体，由此释放入血。它的主要生理作用是提高远曲小管和集合管上皮细胞对水的通透性，促进水的重吸收，从而减少尿量，产生抗利尿作用。

调节抗利尿激素释放的主要因素是血浆晶体渗透压的变化。如果动物大量出汗、严重呕吐或腹泻，使机体大量失水，血浆晶体渗透压升高，就会刺激渗透压感受器，引起抗利尿激素分泌增加，导致远曲小管和集合管上皮细胞对水的通透性增大，增加水的重吸收量，减少尿量，以保留机体内的水分。当动物大量饮用清水后，机体内水分过多，血浆晶体渗透压降低，抗利尿激素分泌则减少，导致远曲小管和集合管上皮细胞对水的通透性降低，水的重吸收量减少，使体内多余的水分随尿排出。这种因大量饮用清水而引起的尿量增加，称为水利尿。

另外，循环血量的变化也可在一定程度上影响抗利尿激素的释放。例如，当体内血容量减少时，心肺感受器的刺激减弱，经迷走神经传入下丘脑的冲动减少，对抗利尿激素释放的抑制作用减弱，导致抗利尿激素释放增加，减少尿量；反之，当循环血量增加时，抗利尿激素释放减少，尿量增加。心肺感受器和压力感受器在调节抗利尿激素释放时，其敏感性比渗透压感受器要低。

四、肾素-血管紧张素-醛固酮系统对尿液生成的调节

醛固酮是由肾上腺皮质球状带细胞所分泌的一种激素，其主要作用是促进远曲小管和集合管对 Na^+ 的主动重吸收，同时促进 K^+ 的分泌，此即醛固酮的"保 Na^+ 排 K^+"作用。醛固酮在促进远曲小管和集合管上皮细胞对 Na^+ 重吸收的同时，Cl^- 和水在该管段的重吸收也相应增加。这些作用反映出肾脏在醛固酮的作用下，对机体内水和电解质平衡，具有重要的调节作用。

肾素-血管紧张素系统可刺激醛固酮的分泌。**肾素**是由肾小球旁器的球旁细胞所分泌的一种酸性蛋白酶，进入血液后，可将血浆中的血管紧张素原水解，使之成为血管紧张素Ⅰ（10 肽），后者可刺激肾上腺髓质释放肾上腺素。血管紧张素Ⅰ经肺循环时，在转换酶的作用下，成为血管紧张素Ⅱ（8 肽），具有很强的缩血管活性，可使小动脉平滑肌收缩，血压升高，并可促进肾上腺皮质球状带细胞分泌醛固酮。血管紧张素Ⅱ在氨基肽酶的作用下，生成血管紧张素Ⅲ（7 肽）。血管紧张素Ⅲ的缩血管作用比血管紧张素Ⅱ弱，但它刺激肾上腺皮质球状带细胞分泌醛固酮的作用比血管紧张素Ⅱ强。根据上述肾素和血管紧张素的密切关系，故称为**肾素-血管紧张素系统**。试验证明，每当肾素-血管紧张素在血液中的浓度增加时，醛固酮在血液中的浓度也伴随增加；反之，醛固酮在血液中的浓度也相应减少。

肾素的分泌受到多种因素的影响。例如，当入球小动脉血量减少、血压降低时，管壁受牵拉的程度减小，可刺激肾素的释放；当肾小球滤过减小或流经致密斑的小管液中 Na^+ 浓度降低时，也可刺激肾素的释放。

第三节　尿的排出

一、尿的浓缩与稀释

经过肾小球滤过、肾小管和集合管重吸收、分泌与排泄后生成的尿，还必须根据体内水代谢的状况调节其渗透压，以维持体内水分的稳定。在体内水量过多时，可通过肾脏的调节使排出的水量增加，导致尿的渗透压降低；当体内水量减少时，则排出的水量减少，尿的渗透压升高。尿的渗透压高于血浆渗透压时，称为**高渗尿**；尿的渗透压低于血浆渗透压时，称为**低渗尿**。因此，尿渗透压的调节也称为尿的浓缩与稀释。尿的浓缩与稀释对于机体水平衡和渗透压的稳定，具有十分重要的意义。

1. 尿的稀释　如果小管液中的溶质被重吸收，而水不被重吸收，则尿的渗透压下降，形成低渗尿。尿液的稀释主要发生在髓袢升支粗段。这与该段的重吸收功能特点有关。研究表明，髓袢升支粗段能主动重吸收 Na^+ 和 Cl^-，而不吸收水。因此，此段小管液处于低渗状态。此外，内分泌激素也参与尿液稀释的调节，集合管对水的通透性受控于抗利尿激素，体内水分过多时血中抗利尿激素水平下降，集合管对水的重吸收机能随之被抑制。因此，髓袢粗段中的小管液经远曲小管向集合管流动时，NaCl 继续不断被吸收，小管中的渗透浓度进一步下降，造成尿液的稀释。

2. 尿的浓缩　尿液的浓缩是小管液中水分被重吸收进而引起溶质浓度增加的结果。尿液的浓缩发生在肾脏的髓质部。研究证明肾脏髓质部和皮质部的渗透压有很大的差别，皮质部的组织液与血浆等渗，其渗透压比值为 1.0。而髓质部组织液与血浆的渗透压比值则随髓质外层向乳头部的深入而逐渐升高，最高可达血浆渗透压的 4 倍以上。这表明肾

组织液的渗透压存在由外髓到内髓不断增高的渗透压梯度。髓袢是形成髓质渗透梯度的结构基础。

当来自远曲小管的低渗或等渗小管液流经集合管时，要流经髓质高渗区。在抗利尿激素作用之下，集合管上皮细胞对水的通透性增大，小管液中水分顺渗透压梯度渗出管外，尿因而被浓缩，形成高渗尿。

动物形成高渗尿的能力与髓袢长度有关，髓袢越长，浓缩能力越强。人可产生渗透压4~5倍于血浆的尿液，猪约1.5倍，骆驼8倍，猫10倍，生活在沙漠中的沙鼠20倍，跳鼠25倍。

3. 尿浓缩与稀释的原理 由于肾髓质存在高渗梯度，小管液在流经集合管的过程中，一方面由于抗利尿激素的作用，使管壁对水的通透性增大，另一方面在髓质高渗梯度的作用下，小管液中的水被大量重吸收，形成高渗的浓缩液。反之，如果抗利尿激素分泌减少或髓质部渗透压降低，则小管液中水的重吸收减少，排出的尿成为低渗尿。

根据上述情况，可见肾髓质高渗梯度的存在是尿被浓缩的基本条件。尿被浓缩和稀释的程度，在正常情况下，是按照机体内水盐代谢的情况，由抗利尿激素调控远曲小管和集合管上皮细胞对水的通透性而实现的。

二、排尿反射

肾脏中尿的生成是连续不断的，生成的尿液经输尿管输入膀胱内暂时贮存。当膀胱内贮存的尿液逐渐增多，使其内压升高到一定程度时，即可产生反射性排尿，把贮存的尿液经尿道排出体外，因此，生理性排尿是间歇性的。

排尿受大脑皮层的调控，容易形成条件反射。对动物进行合理的调教，可以养成定点排尿的习惯，有利于保持舍内卫生。这一原理已在改善动物的饲养管理中得到广泛利用。

第九单元　神经系统★★

高等动物的神经系统是由神经元和神经胶质细胞组成的。神经元数量巨大，有数百亿个，神经胶质细胞更多，比神经元数量还大。神经系统按部位不同可分为中枢神经系统和外周神经系统。中枢神经系统包括脑和脊髓。外周神经系统根据其支配部位可分为躯体神经和内脏神经，根据其功能又分为感觉（传入）神经和运动（传出）神经。其中，支配内脏的传出神经又叫植物性神经，包括交感神经和副交感神经两类。

第一节　神经元的活动

神经元是神经系统的结构和功能单位，其形态和功能多种多样。根据其功能，可将神经元分为**感觉神经元**(传入神经元)、**中间神经元**(联络神经元) 和**运动神经元**(传出神经元)。神经元在结构上大致可分成**细胞体**和**突起**两部分，突起又分**轴突**和**树突**。树突一般短而粗，分支多；轴突往往细而长，且仅有一条，通常所说的神经纤维指的就是轴突。根据其有无髓鞘，习惯上将神经纤维分为**有髓神经纤维**和**无髓神经纤维**两种。实际上无髓神经纤维也有一薄层髓鞘，并非完全无髓鞘。

一、神经纤维传导兴奋的特征

神经纤维的基本生理特征是具有高度的兴奋性和传导性，其功能是传导动作电位，即传导神经冲动或兴奋。当神经纤维受到适宜刺激而兴奋时，立即表现出可传播的动作电位。神经纤维传导兴奋具有如下 5 个特征，即完整性、绝缘性、双向性、不衰减性与相对不疲劳性。

二、突触的种类及突触传递的基本特征

神经元与神经元、神经元与效应器相接触的部位称之为**突触**。在突触前面的神经元称突触前神经元，在突触后面的神经元称突触后神经元。

（一）突触的分类

1. 按突触的接触部位分　①**轴-树突触**：指一个神经元的轴突末梢与另一个神经元的树突发生接触。②**轴-体突触**：指一个神经元的轴突末梢与另一个神经元的胞体发生接触。③**轴-轴突触**：指一个神经元的轴突末梢与另一个神经元的轴丘（轴突始段）或轴突末梢发生接触。

此外，在中枢神经系统中，还存在树-树、体-体及树-体等多种形式的突触。同一个神经元的胞体和突起之间也能形成轴-树或树-树型的自身突触。

2. 按突触的性质分　①**化学性突触**：依靠突触前神经元的纤维末梢释放特殊的化学物质作为传递信息的媒介，对突触后神经元产生影响。化学性突触又可分为使突触后神经元产生兴奋的兴奋性突触和使突触后神经元产生抑制的抑制性突触。②**电突触**：依靠突触前神经元的生物电与离子交换来传递信息，对突触后神经元产生影响。

（二）突触传递的基本特征

神经冲动从一个神经元通过突触传递到另一个神经元的过程，叫做突触传递。

以化学性突触为例。在电镜下观察到，突触处两神经元的细胞膜并不融合，两者之间有一间隙，宽 20～50nm，称为**突触间隙**。前一个神经元的胞膜称**突触前膜**，后一神经元的胞膜称**突触后膜**。一个突触由突触前膜、突触间隙和突触后膜三部分构成。在突触小体内含有

较多的线粒体和大量的囊泡，此囊泡称为**突触小泡**。小泡内含有兴奋性递质或抑制性递质。线粒体内含有合成递质的酶。突触后膜上有特殊的受体，能与相应的递质发生特异性结合。当神经冲动传至轴突末梢时，突触前膜兴奋并释放递质，递质通过突触间隙，扩散到突触后膜，与后膜上的特殊受体结合，改变后膜对离子的通透性，使后膜电位发生变化。这种后膜的电位变化，称为**突触后电位**。由于不同递质对突触后膜通透性影响的不同，突触后电位有两种类型，即兴奋性突触后电位和抑制性突触后电位。

在突触传递过程中，递质发生效应后迅速失活而停止作用，即被酶所破坏（如乙酰胆碱被胆碱酯酶破坏，去甲肾上腺素被儿茶酚胺氧位甲基移位酶和单胺氧化酶所破坏）或者被移走（如去甲肾上腺素大部分被突触前膜所摄取）。因此，一次冲动只引起一次递质释放，产生一次突触后电位的变化。

三、神经递质、肾上腺素能受体、胆碱能受体的功能

（一）神经递质

大多数神经元之间的突触传递必须以突触前膜释放的化学物质为中介，才能完成信息的传递。这些由突触前神经元合成并在末梢处释放，经突触间隙扩散，特异地作用于突触后膜神经元或效应器上的受体，引起信息从突触前传递到突触后的化学物质称为**神经递质**。

神经递质根据其产生部位可分为外周递质和中枢递质。

1. 外周递质 外周递质由外周神经系统的神经元合成，包括乙酰胆碱、去甲肾上腺素和嘌呤类或肽类等。现已确认，全部植物性神经的节前纤维、绝大部分的副交感神经节后纤维、全部躯体运动神经以及支配汗腺和舒血管平滑肌的交感神经纤维，所释放的递质都是乙酰胆碱。凡是释放乙酰胆碱作为递质的神经纤维都称为**胆碱能纤维**。绝大部分交感神经节后纤维释放的递质都是去甲肾上腺素，这类纤维又称为**肾上腺素能纤维**。还发现支配肠管的迷走神经，在肠肌间神经丛中除了与胆碱能纤维形成突触外，还与末梢释放 ATP 或肽类递质的神经元形成突触联系，这类纤维也称为**嘌呤能**或**肽能纤维**。

2. 中枢递质

（1）乙酰胆碱 **乙酰胆碱**是中枢神经系统的重要递质。如脊髓腹角运动神经元、脑干网状结构的前行激动系统、纹状体（尤其是尾状核）内都具有乙酰胆碱递质。乙酰胆碱在这些部位一般起兴奋性递质的作用，与感觉、运动、学习、记忆等功能有关。

（2）单胺类 **单胺类**包括多巴胺、肾上腺素去甲肾上腺素和 5-羟色胺。多巴胺主要由黑质产生，沿黑质-纹状体系统分布，在纹状体内贮存，是锥体外系统的重要递质，它与躯体运动协调机能有关，一般起抑制性作用。

（3）氨基酸类 **氨基酸类**包括谷氨酸、甘氨酸和 γ-氨基丁酸等。谷氨酸是兴奋性递质，广泛分布于大脑皮质和脊髓内，与感觉冲动的传递及大脑皮质内的兴奋有关。甘氨酸在脊髓腹角的闰绍细胞浓度最高，能引起突触后膜超极化，产生突触后抑制。γ-氨基丁酸在大脑皮质的浅层和小脑的浦金野氏细胞内含量较高，引起突触后膜超极化，产生突触后抑制。γ-氨基丁酸在脊髓内能引起突触前膜去极化，产生突触前抑制。

（4）肽类 其中较重要的是 P 物质和脑啡肽。**P 物质**见于脊髓背根神经节内，是第一级传入神经元的末梢。尤其是痛觉传入纤维末梢释放的兴奋性递质。在中枢神经系统的高级部位，P 物质有明显的镇痛作用。**脑啡肽**在纹状体、下丘脑前区、中脑灰质和杏仁核等部位含

量最高，在脊髓背角的胶质区也有较高浓度，它可能是调节痛觉纤维传入活动的中枢递质。

（二）受体

受体指细胞膜或细胞内能够与特定的化学物质（如激素、递质等）结合并产生生物学效应的特殊分子，一般为大分子蛋白质。

目前认为，神经递质必须先与突触后膜或效应器细胞上的受体相结合，才能发挥作用。能与受体结合并产生生物学效应的化学物质称为**受体激动剂**。如果受体事先被某种药物结合，则递质很难再与受体结合，于是递质就不能发挥作用。这种与受体结合使递质不能发挥作用的药物，叫做**受体阻断剂**或**拮抗剂**。递质与其相应的受体阻断剂在化学结构上往往具有相似性，因此两者均能与同一受体结合并发生竞争。如果受体阻断剂剂量较大，势必减少递质与受体结合的可能性，也就阻断了递质的作用。

1. 肾上腺素能受体　凡是能与儿茶酚胺（包括去甲肾上腺素与肾上腺素等）结合的受体称之为肾上腺素能受体。肾上腺素能受体对效应器的作用，既有兴奋效应，也有抑制效应。肾上腺素能受体又可分为 α 和 β 两种。α 受体与儿茶酚胺结合后，主要是兴奋平滑肌，如使血管平滑肌收缩、子宫平滑肌收缩和瞳孔开张肌收缩等；但也有抑制作用，如使小肠平滑肌舒张。β 受体又可分为 β_1 和 β_2 两个亚型。β_1 受体主要分布在心肌，与儿茶酚胺结合后，对心肌产生兴奋效应。β_2 受体分布比较广泛，它与儿茶酚胺结合后，抑制平滑肌的活动，如使血管平滑肌舒张、子宫平滑肌收缩减弱、小肠及支气管平滑肌舒张等。一般说来，递质与 α 受体结合后引起效应器细胞膜的去极化，而与 β 受体结合后则引起超极化，因而出现不同的效应。

有些组织器官只有 α 受体或 β 受体，有些既有 α 又有 β 受体。α 和 β 受体不仅对交感神经末梢释放的递质起反应，而且对血液中存在的儿茶酚胺也起反应。去甲肾上腺素对 α 受体的作用强，而对 β 受体的作用弱；肾上腺素对 α 和 β 受体都有作用；异丙肾上腺素主要对 β 受体起作用。在试验中，给动物注射去甲肾上腺素使血压升高，从对血管的作用来看，这是 α 受体被作用而引起广泛的血管收缩的结果；注射异丙肾上腺素使血压下降，是由于 β 受体被作用，引起血管广泛舒张所致；注射肾上腺素，则血压先升高、后降低，这是 α 和 β 受体均被作用，致使血管先收缩、后舒张的结果。酚妥拉明是 α 受体的阻断剂，可消除去甲肾上腺素和肾上腺素的升压效应；普萘洛尔（心得安）是 β 受体的阻断剂，可消除肾上腺素和异丙肾上腺素的降压效应。

2. 胆碱能受体　凡是能与乙酰胆碱结合的受体叫做胆碱能受体。胆碱能受体又分为两种：一种是**毒蕈碱型受体**（M受体），与乙酰胆碱结合后，产生与毒蕈碱相似的作用；另一种叫做**烟碱型受体**（N受体），与乙酰胆碱结合后，产生与烟碱相似的作用。

M受体存在于副交感神经节后纤维支配的效应细胞上，以及交感神经支配的小汗腺、骨骼肌血管壁上。当它与乙酰胆碱结合时，则产生毒蕈碱样作用，也就是使心脏活动受抑制、支气管平滑肌收缩、胃肠运动加强、膀胱壁收缩、瞳孔括约肌收缩、消化腺及小汗腺分泌增加等。阿托品可与M受体结合，阻断乙酰胆碱的毒蕈碱样作用，故阿托品是M受体的阻断剂。

N受体又可分为神经肌肉接头型（N_2 型）和神经节型（N_1 型）两种亚型。它们分别存在于神经肌肉接头的后膜（终板膜）和交感神经、副交感神经节的突触后膜上。当N受体与乙酰胆碱结合时，则产生烟碱样作用，可引起骨骼肌和节后神经元兴奋。箭毒可与神经肌肉接头处的 N_2 受体结合而起阻断剂的作用；六烃季胺可与交感、副交感神经节突触后膜上的 N_1 受体结合而起阻断剂的作用。

第二节 脑的高级功能

非条件反射与条件反射的区别及意义

反射是神经系统的基本活动形式。巴甫洛夫把反射活动分为非条件反射和条件反射。

非条件反射是动物在种族进化过程中通过遗传而获得的先天性反射。它是动物生下来就有的，而且有固定的反射途径。非条件反射比较恒定，不易受外界环境的影响而改变，只要有一定强度的相应刺激，就会出现规律性的特定反射，其反射中枢大多数在皮质下部。例如，饲料进入动物口腔就会引起唾液分泌，机械刺激角膜就会引起眨眼等都属于非条件反射。非条件反射的数量有限，对保证动物各种基本生命活动的正常进行非常重要，但很难适应复杂的环境变化。

条件反射是动物在出生后的生活过程中，为适应个体所处的生活环境而逐渐建立起来的反射，它没有固定的反射途径，容易受环境影响而发生改变或消失。因此，在一定的条件下，条件反射可以建立，也可以消失。条件反射的建立，需要有大脑皮质的参与，是比较复杂的神经活动。条件反射对提高动物适应环境的能力特别重要。

第三节 神经系统的感觉功能

动物机体通过各种感受器接受内外环境的刺激，转化为神经冲动，并沿着感觉神经传入中枢神经系统，经过多次交换神经元，最后到达大脑皮质的特定区域，产生感觉。其中脊髓和脑干是接受感受器传入冲动的基本部位，丘脑是感觉机能的较高级部位，大脑皮质是感觉机能的最高级部位。

一、感受器的概念

感受器是指分布在体表或组织内部的专门感受机体内外环境变化的结构或装置。感受器种类较多。有的比较简单，只是一种游离的传入神经末梢（如痛觉纤维末梢）；有的很复杂，是接受某种刺激的能量而发生兴奋的特殊结构（如视网膜的光感受细胞）。尽管感受器结构各不相同，但它们的功能都是接受内外环境的刺激，并将其转化为神经冲动。

二、脊髓、丘脑与大脑皮质在感觉形成过程中的作用

来自全身各种感受器的神经冲动，除一部分通过脑神经直接传入大脑外，大部分经脊神经背根进入脊髓，然后分别经各自的传导路径传至丘脑。丘脑是感觉传导的接替站。来自全身各种感觉的传导通路（除嗅觉外），均在丘脑内更换神经元，然后投射到大脑皮质。根据丘脑各核团向大脑皮质投射纤维特征的不同，丘脑的感觉投射系统可分为特异投射系统和非特异投射系统。大脑皮质产生感觉，有赖于特异和非特异投射系统的互相配合。只有通过非特异投射系统的冲动，才能使大脑皮质的感觉区保持一定的兴奋性；同时只有通过特异投射系统的各种感觉冲动，才能在大脑皮质中产生特定的感觉。

三、视觉、听觉、嗅觉与味觉的形成

（一）视觉的形成

视觉的形成有赖于视觉器官与视觉中枢。视觉器官能够感受环境中的光信息，通过视神

经传递到视觉中枢，通过对光信息的分析与综合，形成视觉。**视觉器官**包括眼球与眼的辅助结构。眼球是接受光信息的器官，眼的辅助结构是指支持和保护眼球以及支配眼球运动的结构，包括眼睑、结膜、泪器和眼外肌等。

眼球由眼球壁和内部的折光物质所组成。眼球壁包括外膜、中膜与内膜三层。眼外膜是纤维性膜，坚韧而厚实，包裹整个眼球。外膜的前 1/6 部分称为角膜，凸起且透明，光线能透过角膜进入眼球内部。角膜受异物刺激时引起眼睑闭合的保护性反射，称角膜反射；外膜的后 5/6 部分称为巩膜，白色不透明，主要对眼球起保护作用。

眼球壁的中膜含有丰富的血管和色素。中膜由前至后分为虹膜、睫状体、脉络膜三部分。虹膜为圆盘形，中央有孔，称为瞳孔。不同的动物由于虹膜上沉积的色素不同而呈不同颜色，一般有棕色、红色、褐色或蓝色等。虹膜中有平滑肌，其中围绕瞳孔呈环状分布的是瞳孔括约肌，收缩时使瞳孔缩小；从瞳孔向四周呈辐射状排列的是瞳孔开大肌，收缩时使瞳孔开大。中膜的睫状体上有睫状肌，收缩时能增加晶状体的凸度（或曲度）以增加眼的折光力。因此，在正常情况下，眼球具有很强的自我调节能力，通过调节晶状体的平凸程度，可以使远处物体和近处物体都成像在视网膜上。脉络膜含丰富的血管，为眼球提供营养。

眼球壁的内膜为视网膜，由多层细胞构成，其中最主要的是感光细胞。感光细胞对光线刺激很敏感，人及大多数高等动物的视网膜上有两种感光细胞，即视杆细胞与视锥细胞，视杆细胞的数量多达上亿，视锥细胞也有几百万个。视杆细胞与视锥细胞中均含有不同的光敏色素（感光色素），能接受红、绿、蓝三种不同的光波刺激，是色觉形成的基础。除感光细胞外，视网膜上还有大量的神经细胞如双极细胞、水平细胞、无长突细胞核神经节细胞等。上述神经细胞之间形成复杂的突触联系，然后通过神经节细胞的轴突汇集成视神经。

眼球的折光物质包括角膜、房水、晶状体和玻璃体。光线从角膜和瞳孔进入眼球后，通过房水、晶状体和玻璃体的折射，最终使不同距离的光源都能聚焦在视网膜上。

视网膜上的感光细胞接受光刺激后，光敏色素发生光化学反应，引起膜电位变化。这种膜电位变化作为视觉信息在视网膜的神经细胞间传递并进行初加工，最后通过视神经将信息传进大脑皮质视觉区（枕叶），形成视觉。

（二）听觉的形成

耳是形成听觉的最重要器官。耳分为外耳、中耳和内耳三部分。外耳包括耳郭、外耳道和鼓膜。大多数动物的耳郭均较发达，并可以运动，有助于收集外界的声波，并辨别声音的来源。外耳道是声波在外耳内传递的通道，经外耳道传来的声波，可引起鼓膜发生振动。中耳包括鼓室和咽鼓管。鼓室是颞骨中的一个小腔，鼓室内的 3 块听小骨（锤骨、砧骨与镫骨）相继构成一串关节链，两端分别连接外耳的鼓膜与内耳的前庭窗，负责将鼓膜的振动信号传递进内耳。咽鼓管是一条连接鼓室和鼻咽部的通道，其在咽部的开口平时关闭，在吞咽、打呵欠、打喷嚏时开放，空气由此进入鼓室，使鼓室内气压与外界一致。

内耳在颞骨内，因其结构复杂，也称内耳迷路，包括骨迷路和膜迷路。骨迷路由致密的骨组织构成，包括前庭、骨半规管和耳蜗三部分。膜迷路是指套在骨迷路内的膜质管和囊，包括椭圆囊、球囊、膜半规管和蜗管。在骨迷路和膜迷路之间有外淋巴液，在膜迷路内有内淋巴液。内耳的前庭和半规管是位置和平衡感受器，耳蜗中的螺旋器（也称柯蒂氏器）则是感受声波刺激的听觉感受器。螺旋器由支持细胞和毛细胞组成。毛细胞能感受声波刺激，并与耳蜗神经（属听神经干的一部分）末梢有突触联系。

当鼓膜随外耳道传来的声波发生振动时，鼓室内的三块听小骨相继运动，使镫骨底板在内耳外侧壁的前庭窗上来回振动，推动内耳的外淋巴液也发生振动，从而将声波传进内耳。内耳的淋巴液振动能引起毛细胞发生膜电位变化，从而使耳蜗神经纤维产生动作电位，并传递至大脑皮质听觉区（颞叶），形成听觉。

人的听觉器官能听到的声音频率为 16～20 000 Hz，有些动物（如蝙蝠）能感受高于 20 000 Hz 的超声波，另一些动物（如猫、犬、海豚）能感受低于 16 Hz 的次声波。

（三）嗅觉的形成

嗅觉的形成有赖于鼻腔中能感受气味物质的嗅觉感受器。嗅觉感受器位于鼻腔上端嗅黏膜上皮的嗅细胞中。**嗅细胞**呈杆状，一端有嗅毛，并伸向嗅黏膜表面的黏液中，另一端变细，形成嗅细胞的中枢突。不同嗅细胞的中枢突合并组成嗅丝（嗅神经），并穿过筛骨板的小孔进入颅腔，终止于嗅球。

当嗅细胞受到气味物质刺激时，产生电位变化，神经冲动沿嗅神经传递至嗅球，嗅球内的僧帽细胞接受嗅觉信息并经过初步加工后，将信息传递至大脑皮质嗅觉区（额叶），形成嗅觉。

对嗅觉形成的机制研究近年来取得了突破。嗅细胞上的气味感受器实质上是一种细胞表面的蛋白质，称为嗅觉受体，能够与气味分子结合。尽管每一个嗅觉受体细胞只有一种嗅觉受体，能够结合的气味物质种类有限，但大多数气味是由多种气味物质分子构成的，每种气味分子均可激活相应的受体。因此，尽管气味受体只有大约 1 000 种，但它们可以产生不同的组合，形成许许多多的气味模式，人及动物能够辨别大约 1 万种不同的气味。不同物种的嗅觉灵敏度差异较大。鱼的嗅觉受体比人类少，约为 100 个，而鼠则略高于人类，达 1 000 个以上。犬的嗅觉上皮细胞总面积是人类的 40 倍，因此犬的嗅觉特别灵敏。

嗅觉对动物的觅食及个体识别均具有重要作用。适宜的气味刺激有助于提高动物的食欲。不同物种及同一物种的不同个体，其体内及体表的分泌物和排泄物带有不同的气味，在动物择偶、领域显示、母子及同伴识别等个体交往活动中具有极其重要的作用。

（四）味觉的形成

味觉有广义与狭义之分。广义上的味觉，是食物的色、香、味、形作用于人或动物的视觉、味觉、嗅觉和触觉等器官而引起的综合感觉，可分为心理味觉、物理味觉与化学味觉。狭义的味觉是指化学味觉，包括咸、酸、甜、苦和鲜 5 种基本味感。

味觉感受器称为**味蕾**，是由上皮细胞分化而成的卵圆形小体，主要分布在舌的背面、舌缘的舌乳头及咽部。味蕾顶端有味孔，通向口腔。每个成熟的味蕾含有 50～150 个味细胞，味细胞的更新周期很快，一般为 10 d 左右。味细胞的顶端有微绒毛伸向味孔，与唾液接触；味细胞的基部有神经纤维。呈味物质刺激味细胞后，通过改变细胞膜内外的离子流动，产生去极化和动作电位。其中，咸味物质（如氯化钠）主要通过微绒毛上的离子通道改变细胞的膜电位；酸味物质主要通过氢离子发挥作用；甜、苦及鲜三种呈味物质并不进入细胞，而是与味细胞表面的 G 蛋白偶联受体（简称味受体）结合，引起细胞膜去极化，最终导致神经递质的释放。

味细胞产生的神经冲动经脑神经传递到大脑。其中舌前部 2/3 的味觉冲动经面神经传导，舌后部 1/3 的味觉冲动经舌咽神经传导，咽部的味觉冲动则经迷走神经传导。上述味觉冲动传递至延髓和丘脑，再投射至大脑皮质中央后回的味觉区，产生味觉。

同一个味细胞能感受不同呈味物质的刺激，但不同区域的味细胞对不同呈味物质的敏感性不同，这种差异取决于味蕾的种类、性质及其分布密度。一般来说，舌尖对甜味最敏感，舌两侧的中间部对酸味最敏感，舌根部对苦味最敏感，舌两侧对咸味最敏感。味受体的蛋白结构如果产生变化，可能导致相应味觉的丧失。例如，猫科动物普遍感受不到甜味，其原因是甜味受体蛋白 $T1R2$ 基因发生了很大变异，导致甜味物质无法与受体结合。

第四节 神经系统对躯体运动的调节

任何形式的躯体运动，都是以骨骼肌的活动为基础的，骨骼肌的收缩有赖于神经的支配。骨骼肌一旦失去神经系统的调节，就会发生麻痹。不同肌群在神经系统的调节下，互相协调和配合，形成各种有意义的躯体运动。神经系统不同部位对躯体运动有着不同的调节作用。

一、脊髓反射

躯体运动最基本的反射中枢位于脊髓。在生理学上，为了研究脊髓机能的特征，常用去大脑动物（也称脊髓动物）为对象，这样可以避免脑的高级部位对脊髓机能的影响。最基本的**脊髓反射**包括牵张反射和屈肌反射。

二、骨骼肌的牵张反射、肌紧张与腱反射

当骨骼肌被牵拉时，肌肉内的肌梭受到刺激，产生的感觉冲动传入脊髓后，引起被牵拉的肌肉发生反射性收缩，叫做骨骼肌的**牵张反射**。牵张反射的感受器和效应器都存在于骨骼肌内，是维持动物姿势最基本的反射，一般又可分为腱反射和肌紧张。

1. 腱反射 腱反射是指快速牵拉肌腱时发生的牵张反射。例如，敲击股四头肌腱时，股四头肌发生收缩，膝关节伸直，叫做膝反射。敲击跟腱时，引起腓肠肌收缩，跗关节伸直，叫做跟腱反射。

2. 肌紧张 肌紧张是指骨骼肌受到缓慢而持续的牵拉时，被牵拉的肌肉发生缓慢而持久的收缩。肌紧张是通过同一肌肉内不同运动单位进行交替性收缩来维持的，故肌紧张活动能持久而不易疲劳。例如，在动物站立时，由于重力影响，支持体重的关节趋向于被重力所弯曲，关节弯曲势必使伸肌肌腱受到持续的牵拉，发生持续的牵张反射，引起该肌的收缩，以对抗关节的弯曲，从而维持站立姿势。

三、大脑皮质运动区的特点

大脑皮质的某些区域与骨骼肌运动有着密切关系。如刺激哺乳动物大脑皮质十字沟周围的皮质部分，可引起躯体相应部位的肌肉收缩，这个部位叫做运动区。运动区对骨骼肌运动的支配有如下特点：①一侧皮质支配对侧躯体的骨骼肌，呈交叉支配的关系。但对头部肌肉的支配大部分是双侧性的。②具有精细的功能定位，即刺激一定部位皮质会引起一定肌肉的收缩。③支配不同部位肌肉的运动区，可占有大小不同的定位区。运动较精细而复杂的肌群（如头部），占有较广泛的定位区；而运动较简单且粗糙的肌群（如躯干、四肢），只有较小的定位区。

第五节 神经系统对内脏功能的调节

交感神经和副交感神经调节内脏功能的基本特征：与支配骨骼肌的躯体神经相比，支配

内脏器官的交感神经和副交感神经具有以下结构和生理上的特征。

（1）交感神经起自脊髓胸腰段（从胸部第1至腰部第2或第3节段）侧角，经相应的腹根传出，通过白交通支进入交感神经节；副交感神经的起源比较分散，其中一部分起自脑干有关的副交感神经核（动眼神经中的副交感神经纤维起自中脑缩瞳核，面神经和舌咽神经中的副交感神经纤维分别起自延髓上唾液核和下唾液核，迷走神经中的副交感神经纤维起自延髓迷走背核和疑核），另一部分起自脊髓荐部荐当于侧角的部位。

（2）植物性神经纤维离开中枢后，不直接到达所支配的器官，而是先终止于神经节并更换神经元，再发出轴突到达效应器官。因此中枢的兴奋通过植物性神经传到效应器，必须经过两个神经元，由中枢发出到神经节的纤维叫做节前纤维，由神经节到效应器的纤维叫做节后纤维。交感神经节离开效应器较远，其节前纤维短而节后纤维长，而且，交感神经一条节前纤维往往和神经节内的几十个节后神经元发生突触联系，所以交感神经兴奋时，作用范围比较弥散。副交感神经节都位于所支配器官的附近或内部，其节前纤维较长而节后纤维短，副交感神经一条节前纤维常与神经节内1~2个节后神经元发生突触联系，所以副交感神经兴奋时，作用的范围比较局限。

（3）刺激交感神经节前纤维时，效应器发生反应的潜伏期长。刺激停止后，其作用仍可持续几秒或几分钟。刺激副交感神经节前纤维引起效应器活动时，其潜伏期短。刺激停止后，作用持续时间也短。

第十单元　内 分 泌★★★★★

第一节 概 述

一、激素的概念及分类

由内分泌腺体或内分泌细胞分泌、且具有特定生理功能的生物活性物质称为**激素**。

激素按化学性质可分为含氮激素、类固醇激素和脂肪酸衍生物。**含氮激素**包括两类。一类为肽类和蛋白质激素，包括下丘脑调节肽、腺垂体激素、神经垂体激素、胰岛素、甲状旁腺激素、降钙素以及胃肠激素等；另一类为胺类激素，包括肾上腺素、去甲肾上腺素和甲状腺激素等。**类固醇激素**主要包括肾上腺皮质分泌的皮质激素和性腺分泌的性激素等。**脂肪酸衍生物类激素**包括前列腺素。

二、内分泌、旁分泌、自分泌和神经内分泌及其对生理功能的调节

激素向相应靶细胞传递信息的方式有下列几种：①细胞分泌的激素进入血液，通过血液循环到达靶器官或靶细胞发挥生理调节功能的方式，称远距分泌，即经典的**内分泌**。②细胞分泌的激素到达细胞间液，通过扩散到达相邻靶细胞起作用的，称**旁分泌**。③有些细胞分泌的激素到达细胞间液，对自身起调节作用，称自分泌。④由神经细胞分泌的激素，通过血液循环到达靶器官或靶细胞发挥调节作用，称神经内分泌。

第二节 下丘脑的内分泌功能

下丘脑的许多神经元除保持了典型的神经细胞功能外，还具有内分泌细胞样的功能，可分泌神经激素，即神经内分泌细胞。这些神经内分泌细胞分为小细胞神经元（神经内分泌小细胞）和大细胞神经元（神经内分泌大细胞）两类，均分泌肽类激素。

下丘脑激素的种类及主要功能

1. 下丘脑-腺垂体系统 下丘脑的小细胞神经元发出的轴突末梢，终止于垂体门脉系统的第一级毛细血管网。神经元分泌的下丘脑调节肽，经垂体门脉系统运送至腺垂体，调节腺垂体的分泌活动，构成下丘脑-腺垂体系统。由下丘脑分泌，通过下丘脑-腺垂体系统调节腺垂体功能的神经内分泌激素有 9 种（表 3-5）。

表 3-5 下丘脑激素的种类与主要作用

	种 类	英文缩写	化学性质	主要作用
释放激素	促甲状腺激素释放激素	TRH	3 肽	促进 TSH 和 PRL 释放
	促性腺激素释放激素	GnRH	10 肽	促进 LH 与 FSH 释放（以 LH 为主）
	生长激素释放激素	GHRH	44 肽	促进 GH 释放
	促肾上腺皮质激素释放激素	CRH	41 肽	促进 ACTH 释放
	催乳素释放因子	PRF	肽	促进 PRL 释放
	促黑（素细胞）激素释放因子	MRF	肽	促进 MSH 释放

（续）

种　　类	英文缩写	化学性质	主要作用
抑制激素　生长激素释放抑制激素/生长抑素	GHRIH	14 肽	抑制 GH 释放
催乳素释放抑制激素	PIH	多巴胺	抑制 PRL 释放
促黑（素细胞）激素释放抑制因子	MIF	肽	抑制 PRL 释放

2. 下丘脑-神经垂体系统　下丘脑的大细胞神经元位于视上核、室旁核等处，细胞体积大，轴突末梢大部分终止于神经垂体。大细胞神经元分泌的激素包括血管升压素（抗利尿激素）和催产素。激素经轴突运送至神经垂体贮存，机体需要时由垂体释放入血，构成了下丘脑-神经垂体系统。

第三节　垂体的内分泌功能

垂体分为腺垂体和神经垂体两部分。

一、腺垂体激素及其生理功能

腺垂体分泌的激素参与调节动物的生殖、生长、代谢、泌乳等生理功能。由腺垂体分泌促甲状腺激素、促肾上腺皮质激素、促卵泡刺激素和促黄体生成素，促进各自靶腺的激素分泌活动，因而统称为"促激素"。由腺垂体分泌的生长激素、催乳素和促黑素细胞激素，直接作用于靶组织和靶细胞调节机体的功能活动。

（一）生长激素

生长激素（GH）属于蛋白激素，不同种属动物的 GH 的化学结构、生物活性有很大的差异，但生理功能相同。

GH 的生理功能主要有：①促进生长发育。GH 对机体各组织器官的生长和发育均有影响，特别是对骨骼、肌肉及内脏器官的作用尤为显著，因此也称为躯体刺激素。GH 的促生长作用主要通过促进骨、软骨、肌肉及其他组织细胞分裂增殖和蛋白质合成来实现。②调节物质代谢。GH 可通过胰岛素生长因子（IGF）促进氨基酸进入细胞来加速蛋白质合成，使机体呈正氮平衡。另外，GH 可促进脂肪分解，抑制外周组织摄取和利用葡萄糖，减少葡萄糖消耗，提高血糖水平。

幼年时期 GH 分泌不足会导致患儿生长停滞，身材矮小，即侏儒症；如 GH 分泌过多，会造成巨人症。成年时期 GH 分泌过多会出现肢端肥大症。

GH 的分泌主要受下丘脑的 GHRH 和 GHRIH 的双重调控。GHRH 经常性促进 GH 分泌的作用占优势。对 GH 分泌的抑制作用，只在应激反应 GH 分泌过多时作用明显。相反，GH 可对下丘脑 GHRH 和腺垂体 GH 分泌有负反馈调节作用。此外，低血糖、氨基酸和脂肪酸增多、运动、饥饿、慢波睡眠及应激刺激等，均可引起 GH 分泌增多。

（二）催乳素

催乳素（PRL）是一种蛋白质激素。PRL 在多种激素的参与下，促进乳腺的发育，发动并维持泌乳。在禽类，PRL 通过抑制卵巢对促性腺激素的敏感性而引起抱窝。

PRL 的分泌主要受下丘脑 PRF 和催乳素释放抑制因子（PIF）的双重调节。两者中以 PIF 的抑制作用为主。

（三）促性腺激素

促性腺激素是糖蛋白激素，包括促卵泡激素（FSH）和促黄体生成素（LH）两种。LH 和 FSH 在调节动物生殖活动方面，具有协同作用。

在雄性动物，FSH 作用于睾丸，促进生精上皮的发育、精子的生成和成熟。在雌性动物，FSH 可促进卵巢卵泡细胞增殖和卵泡生长发育并分泌卵泡液。在畜牧实践中，FSH 常用于诱导母畜发情排卵和超数排卵、治疗卵巢机能疾病等。

LH 主要是促进卵巢合成雌激素、卵泡发育和成熟、排卵和排卵后黄体的形成。在雄性动物，LH 促进睾丸间质细胞增殖并合成雄激素。

FSH 和 LH 的分泌主要受下丘脑-垂体-性腺轴的调节。下丘脑释放的促性腺激素释放激素到达腺垂体，促进腺垂体对促性腺激素（FSH/LH）的分泌，FSH 和 LH 通过血液循环到达性腺。

（四）促甲状腺激素

促甲状腺激素（TSH）是糖蛋白激素。TSH 主要生理作用是促进甲状腺的发育、甲状腺激素的合成与释放。

TSH 的分泌主要受下丘脑-垂体-甲状腺轴的调控。下丘脑释放的促甲状腺激素释放激素到达腺垂体，促进腺垂体对促甲状腺激素（TSH）的分泌，而促甲状腺激素通过血液循环到达甲状腺，促进甲状腺激素的合成与释放。

（五）促肾上腺皮质激素

促肾上腺皮质激素（ACTH）为 39 个氨基酸的直链多肽。ACTH 的生理作用主要是促进肾上腺皮质增生和肾上腺皮质激素的合成与释放。ACTH 的分泌除受下丘脑-垂体-肾上腺皮质轴的调节之外，也受生理性昼夜节律和应激刺激的调控。

（六）促黑激素

促黑激素（MSH）是低等脊椎动物（鱼类、爬行类和两栖类）的垂体中间部产生的一种肽类激素，人类垂体中间部退化后只留有痕迹。

MSH 主要生理作用是促使黑素细胞生成黑色素。MSH 使两栖类黑素细胞中的黑素颗粒在细胞内散开，肤色加深，利于动物在黑暗处隐蔽；促进哺乳动物和人黑色素的生成，从而加深皮肤和毛发的颜色。

MSH 的分泌主要受下丘脑 MRF 和 MIF 的调控，两者中以 MIF 的抑制作用为主。血中 MSH 可反馈调节腺垂体 MSH 的分泌。

二、神经垂体激素及其生理功能

神经垂体激素包括血管升压素（抗利尿素）和催产素。由下丘脑视上核和室旁核神经元产生的血管升压素和催产素，与同时合成的神经垂体激素运载蛋白形成复合物，以轴浆运输的方式运送至神经垂体贮存，在适宜刺激下，释放进入血中。

（一）血管升压素（抗利尿激素）

血管升压素（VP）或称抗利尿激素（ADH）的主要生理作用，是促进肾远曲小管和集合管对水重吸收的抗利尿作用。在生理状态下，血中 VP 浓度很低，不能引起血管收缩而使血压升高。机体脱水或失血时，VP 对血压的升高和维持起一定的调节作用。

血浆晶体渗透压和循环血量的改变，可分别通过脑内渗透压感受器和心房、肺容量感受器调节 ADH 的释放。动脉血压升高时，颈动脉窦压力感受器受到刺激，也可反射性地抑制 ADH 的释放。

（二）催产素

催产素（OXT）有促进乳汁排出和刺激子宫收缩的作用。催产素参与的排乳反射主要是通过神经-体液途径实现的，是典型的神经内分泌反射。吮吸和挤乳刺激，温热水洗涤乳房和乳头，以及幼畜口腔、牙齿、头、趾蹄对乳房的触撞等物理因素，可刺激 OXT 的分泌。畜牧生产中，良好的操作和环境能使母牛形成良性条件反射，提高产奶量。另外，交配和分娩时子宫颈、阴道受到刺激后，也可反射性引起催产素的释放。雌激素能增加子宫对催产素的敏感性，而孕激素的作用相反。

第四节　甲状腺激素

甲状腺激素是酪氨酸碘化物，主要包括甲状腺素（四碘甲腺原氨酸，T_4）和三碘甲腺原氨酸（T_3）。甲状腺激素中 T_4 分泌量占总量的 90% 以上，但 T_3 的生物活性比 T_4 约强 5 倍。

一、甲状腺激素的主要生理功能

1. 对物质代谢的影响

（1）**蛋白质代谢**　甲状腺激素促进蛋白质的合成和多种酶的生成。但超生理浓度的甲状腺素可加强蛋白质分解，尿氮排出增多。

（2）**糖代谢**　甲状腺激素能够促进小肠黏膜对糖的吸收和肝糖原分解，抑制糖原合成，升高血糖浓度。

（3）**脂肪代谢**　甲状腺激素促进脂肪酸氧化，对胆固醇的分解作用强于合成作用。

2. 对产热和组织氧化的作用　甲状腺激素可使体内绝大多数组织的耗氧率和产热量增加。T_3 的产热作用比 T_4 强 3～5 倍，但作用持续时间较短。甲状腺激素的产热效应与靶组织细胞 Na^+-K^+-ATP 酶活性升高密切相关，还能促进脂肪酸氧化产热。

3. 对生长发育的影响　甲状腺激素促进机体生长、发育和成熟，特别是对脑和骨骼的发育尤为重要。胚胎时缺碘导致甲状腺激素合成不足或出生后甲状腺功能低下，可使动物脑神经发育受阻、智力低下；同时长骨生长停滞，身材矮小，表现为呆小症。

4. 对神经系统的影响　甲状腺功能亢进时，中枢神经系统兴奋性增高，动物表现不安、过敏、易激动、失眠多梦及肌肉颤动等；功能低下时，中枢神经系统兴奋性降低，动物表现记忆力减退、行动迟缓、嗜睡等症状。

5. 对心血管系统活动的影响　甲状腺激素可使心率加快、心肌收缩力增强、心输出量增加；血管平滑肌舒张，外周阻力降低。

二、甲状腺激素分泌的调节

甲状腺的功能主要受下丘脑-腺垂体-甲状腺轴的调节。下丘脑释放的 TRH 经垂体门脉系统，促进腺垂体 TSH 的合成和释放；TSH 通过血液循环到达甲状腺，促进甲状腺激素的合成、释放、甲状腺细胞增生。血液中 T_4、T_3 浓度升高时，反馈性抑制腺垂体 TSH 的合成与分泌，并降低腺垂体对 TRH 的敏感性，从而降低血中 T_4、T_3 的浓度。

另外，甲状腺在神经和体液因素不影响的情况下，其自身具有适应血碘水平的变化而调节碘的摄取与合成甲状腺激素的能力，称为甲状腺的自身调节。碘的这种调节作用，可以缓解动物由于从食物中摄入的碘量的差异而带给甲状腺合成和分泌激素的影响。

第五节 甲状旁腺激素和降钙素

甲状旁腺主细胞分泌的甲状旁腺激素(PTH) 和甲状腺 C 细胞（滤泡旁细胞）分泌的**降钙素**(CT) 共同调节机体钙、磷代谢，维持血浆中钙和磷的稳态。

一、甲状旁腺激素

1. 甲状旁腺激素的生理作用 PTH 是调节血钙和血磷水平最重要的激素之一，它使血钙升高、血磷降低。主要作用方式：①促进骨钙溶解进入血液，血钙浓度升高。包括快速效应和延缓效应两个时相：快速效应是指 PTH 作用数分钟后可使骨细胞膜对 Ca^{2+} 的通透性迅速增高，骨液中的 Ca^{2+} 进入细胞，再由钙泵将 Ca^{2+} 转至细胞外液中，血钙增加。延缓效应是指 PTH 作用通过促进破骨细胞活动而使骨组织溶解，钙、磷进入血液。延缓效应需时较长，$12\sim14h$ 出现，几天甚至几周达到高峰。②PTH 可促进肾远球小管对钙的重吸收，使尿钙减少，血钙升高；抑制近球小管对磷的重吸收，尿中磷酸盐增加，血磷降低。

2. 甲状旁腺激素分泌的调节 血钙的水平是调节甲状旁腺分泌的最主要因素，它主要以负反馈方式进行调节。此外，高血磷使血钙降低和 PTH 分泌加强，$1,25-(OH)_2-D_3$、Mg^{2+} 和生长抑素抑制 PTH 的分泌。

二、降 钙 素

1. 降钙素的生理作用 降钙素的功能与 PTH 的相反，有降低血钙的功能。主要作用方式：①降钙素可抑制破骨细胞活动，减弱溶骨过程，使骨组织减少钙、磷的释放；CT 增强成骨过程，使骨组织增加钙、磷的沉积，血钙、血磷浓度下降。②减少肾小管对钙、磷、钠及氯等离子的重吸收，使这些离子从尿中排出量增多。

2. 降钙素分泌的调节 CT 的分泌主要受血钙浓度的调节。血钙浓度升高时，CT 的分泌增加；血钙浓度降低时，CT 的分泌减少。CT 与 PTH 共同调节血钙浓度的相对稳定。另外，促胃液素、促胰液素、缩胆囊素 (CCK) 等胃肠道激素和胰高血糖素都可促进 CT 的分泌。

第六节 肾上腺激素

肾上腺位于两侧肾脏的前缘。肾上腺周围部称为肾上腺皮质，中央部称为肾上腺髓质。肾上腺皮质和肾上腺髓质在胚胎发生、形态结构、分泌的激素种类、生理作用及其分泌的调节等各方面均不相同。

一、肾上腺皮质激素

肾上腺皮质激素主要包括糖皮质激素和盐皮质激素两类。

(一)糖皮质激素

糖皮质激素是指肾上腺皮质合成、对糖代谢起重要调节功能的皮质醇和皮质酮类激素。皮质酮的含量为皮质醇的 $1/20 \sim 1/10$，生物活性为皮质醇的 35%。

1. 糖皮质激素的生理作用

(1) 对物质代谢的作用　糖皮质激素是调节体内糖代谢的重要激素之一。它可促进糖原异生，减少对葡萄糖的利用，有显著的升血糖作用；促进肝外组织特别是肌肉的蛋白分解，抑制其合成；促进脂肪分解和脂肪酸在肝内的氧化。另外，糖皮质激素可增加肾小球血流量，使肾小球滤过率增加，促进水的排出。

(2) 参与应激反应　ACTH 和糖皮质激素是参与应激反应的主要激素，切除肾上腺皮质的动物，应激反应显著降低。

(3) 其他功能　在血管系统，糖皮质激素通过增强血管平滑肌对儿茶酚胺的敏感性，来保持血管的紧张性和维持血压；同时可降低毛细血管壁的通透性，利于血容量的维持。在神经系统，糖皮质激素可提高中枢神经系统的兴奋性。肾上腺皮质功能低下、糖皮质激素分泌不足时，动物表现脑力疲乏、郁闷及神经质。在消化系统，糖皮质激素促进多种消化液和消化酶的分泌。胃消化活动中，糖皮质激素能增加胃酸及胃蛋白酶原的分泌，还能提高胃腺细胞对迷走神经和促胃液素的反应性。另外，糖皮质激素可增加血液中性粒细胞、血小板、单核细胞和红细胞的数量，而使淋巴细胞、嗜酸性粒细胞和嗜碱性粒细胞数量减少。

2. 糖皮质激素分泌的调节

(1) 下丘脑-腺垂体对肾上腺皮质的调节　下丘脑合成释放 CRH，促进腺垂体 ACTH 的合成和释放，进而促进肾上腺皮质合成、释放糖皮质激素。各种应激刺激可作用于神经系统的不同部位，并通过神经递质将信息汇聚于 CRH 神经元，通过 CRH 和 ACTH，再使糖皮质激素分泌增多。

(2) 糖皮质激素对下丘脑-腺垂体的负反馈调节　皮质醇在血中浓度升高时，可反馈抑制下丘脑 CRH 神经元和腺垂体 ACTH 神经元，使 CRH 和 ACTH 合成减少。ACTH 也可反馈性地抑制 CRH 神经元的活动。

(二)盐皮质激素

肾上腺皮质球状带合成分泌的**盐皮质激素**主要包括醛固酮、11-去氧皮质酮、11-去氧皮质醇，其中以醛固酮的生物活性最高。

盐皮质激素的主要功能是对肾有保钠、保水和排钾作用，进而影响细胞外液和循环血量的相对稳定。此外，盐皮质激素能增强血管平滑肌对儿茶酚胺的敏感性。

盐皮质激素分泌的调节：醛固酮的分泌主要受肾素-血管紧张素-醛固酮系统的调节（详见泌尿系统）。

二、肾上腺髓质的内分泌

肾上腺髓质的嗜铬细胞分泌的肾上腺素（E）和去甲肾上腺素（NE）都属于儿茶酚胺类化合物。

1. 肾上腺素与去甲肾上腺素的主要生理功能　肾上腺素和去甲肾上腺素两者的功能虽然有差别，但均可通过调节心血管系统和平滑肌的功能活动以及物质代谢，来影响机体的应激反应（表3-6）。

表3-6　肾上腺素与去甲肾上腺素的主要生理作用

作用部位	肾上腺素	去甲肾上腺素
心脏	心率加快，收缩力增强，输出量增加	心率减慢（减压反射的作用）
血管	皮肤、胃肠、肾血管收缩；冠状动脉、骨骼肌血管舒张	冠状动脉舒张（局部体液因素的作用）全身其他血管均见收缩
血压	上升（心输出量增加）	明显上升（外周阻力增大）
支气管平滑肌	舒张	轻度舒张
代谢	增强	轻度增强

肾上腺素和去甲肾上腺素对各器官、组织的作用较为广泛。在机体代谢方面，肾上腺素可促进糖原分解，使血糖显著升高。肌糖原分解形成的乳酸可以随之氧化，并补充肝糖原。此外，肾上腺素和去甲肾上腺素都能动员脂肪，使机体氧耗量增加，产热量增加，基础代谢率升高。

2. 肾上腺髓质激素分泌的调节

（1）交感神经　肾上腺髓质受交感神经胆碱能节前纤维支配，其兴奋可引起肾上腺素和去甲肾上腺素的释放。

（2）ACTH 的调节　ACTH 直接或间接通过糖皮质激素促进肾上腺髓质激素的合成。

（3）自身反馈调节　肾上腺髓质激素达到一定量时，可负反馈抑制自身的合成。

第七节　胰岛激素

胰腺的内分泌部分为胰岛。胰岛细胞依其形态、染色特点和不同功能，可分为 A、B、D、F 等细胞类型。其中，A 细胞（25%）分泌胰高血糖素，B 细胞（60%～70%）分泌胰岛素，D 细胞（约10%）分泌生长抑素（SS）。

一、胰　岛　素

胰岛素是含有 51 个氨基酸的小分子蛋白质，由 A 链（21 肽）和 B 链（30 肽）组成。

1. 胰岛素的生理作用　胰岛素的主要功能是促进合成代谢、抑制分解代谢，对维持血糖相对稳定发挥重要的调节作用。当胰岛素缺乏时，引起明显的代谢障碍，大量的糖从尿液排出，称为糖尿病。胰岛素对物质代谢的具体功能包括：

（1）对糖代谢的作用　胰岛素有降低血糖浓度的作用。它能够促进全身组织对葡萄糖的摄取和利用，促进肝糖原和肌糖原的合成，抑制糖原分解和糖的异生。胰岛素分泌不足时，血糖浓度升高，如超过肾糖阈，糖从尿中排出，引起糖尿病。

（2）对脂肪代谢的作用　胰岛素能促进脂肪的合成与贮存。它使血中游离脂肪酸减少，同时抑制脂肪的分解氧化。胰岛素缺乏可造成糖利用受阻，脂肪分解使脂肪酸增多，生成大量酮体，引起酮血症与酸中毒；同时，脂肪代谢紊乱使血脂增加，可引起动脉硬化，导致心、脑血管系统疾病。

（3）对蛋白质代谢的作用　胰岛素既促进蛋白质合成，又抑制蛋白质分解。胰岛素对机体生长的促进作用与生长激素的作用相类似。

2. 胰岛素分泌的调节 胰岛 B 细胞的分泌活动，受代谢性、神经性和内分泌性等多因素的调节。其中血糖水平的变化最为重要。

(1) 血中代谢物质的作用 在影响胰岛素分泌的诸多因素中，血糖浓度是调节胰岛素分泌的最重要因素。高浓度血糖影响中枢神经的兴奋性，并通过迷走神经引起胰岛素的分泌，使血糖浓度下降。低血糖时，亦可通过负反馈调节抑制胰岛素的分泌，使血糖浓度增高。此外，血中游离脂肪酸、酮体和氨基酸含量增多可促进胰岛素的分泌。

(2) 内分泌调节 多种激素参与胰岛素分泌的调节。胃肠激素如促胃液素、促胰液素、胆囊收缩素、抑胃肽和胰高血糖素等均有促进胰岛素分泌的作用；生长素、甲状腺激素、皮质醇等激素，可通过升高血糖浓度间接引起胰岛素的分泌；胰岛 A 细胞分泌的胰高血糖素和 D 细胞分泌的生长抑素均可通过旁分泌作用于 B 细胞，分别促进和抑制胰岛素分泌；肾上腺素和去甲肾上腺素也有抑制作用。

(3) 神经调节 内脏大神经和迷走神经进入胰腺，支配胰岛也支配胰腺腺泡和血管。因此，胰岛细胞受到交感和迷走神经的双重支配。迷走神经兴奋时释放的乙酰胆碱作用于 B 细胞上的 M 受体，促使胰岛素分泌增强；同时，迷走神经还通过刺激胃肠道激素的释放，间接促进胰岛素的分泌。交感神经兴奋时，通过释放去甲肾上腺素抑制胰岛素的分泌。

二、胰高血糖素

胰高血糖素主要由胰岛 A 细胞分泌。胃和十二指肠可分泌少量的胰高血糖素。各种哺乳动物胰高血糖素的一级结构相同，是由 29 个氨基酸组成的直链多肽。

1. 胰高血糖素的生理作用 胰高血糖素是促进分解代谢的激素。胰高血糖素通过促进糖原分解和葡萄糖异生升高血糖；促进脂肪的分解和脂肪酸的氧化，使血液酮体增多；促进蛋白质分解和抑制合成。

2. 胰高血糖素分泌的调节

(1) 血中代谢物质的作用 血糖浓度是调节胰高血糖素分泌的最重要因素。血糖水平降低时，胰高血糖素分泌增加；反之，则分泌减少。血中氨基酸可促进胰高血糖素的分泌。

(2) 激素调节 胰岛素可通过降低血糖间接引起胰高血糖素的分泌。胰岛素和 D 细胞分泌的生长抑素也可通过旁分泌直接作用于邻近的 A 细胞，抑制胰高血糖素的分泌。胃肠道激素中，胆囊收缩素和促胃液素可刺激胰高血糖素分泌，促胰液素则有抑制作用。

(3) 神经调节 迷走神经兴奋抑制胰高血糖素的分泌，交感神经兴奋促进其分泌。

第八节 松果体激素与前列腺素

一、松果体分泌的激素及其主要功能

松果体又称松果腺或脑上腺，呈扁圆锥形，以细柄连于第三脑室顶。松果体表面包以软膜，软膜结缔组织伴随血管伸入腺实质，将实质分为许多小叶，小叶内主要由松果体细胞、神经胶质细胞和无髓神经纤维等组成。松果体细胞分泌的激素总称为**松果体激素**。除 GnRH、CRH 等激素外，褪黑素的合成和分泌是松果体的主要功能。

褪黑素是色氨酸的衍生物，主要的生理功能有下列几方面：①对生殖活动的影响：在哺乳动物，褪黑素主要是通过抑制垂体促性腺激素影响生殖系统的功能，表现为抑制性腺和副性腺的发育，延缓性成熟。②对于神经系统，褪黑激素具有镇静、镇痛和抗惊厥的作用。③在鱼类和两栖类动物，褪黑素可使皮肤色素细胞内的色素颗粒聚集，颜色变淡，以适应外界环境的色彩变化。

褪黑素的合成和分泌受交感神经的调节，并与昼夜光照节律有密切的关系。光照能抑制松果体的活动，使褪黑素的分泌减少；黑暗可促进松果体的活动，使褪黑素分泌增加。

二、前列腺素的分类及其主要功能

前列腺素（PG）是存在于动物和人体中且具有多种生理作用的一类不饱和脂肪酸。PG最早发现存在于人的精液中，当时以为这一物质是由前列腺释放的，因而定名为前列腺素。现已证明精液中的前列腺素主要来自精囊。此外，全身许多组织细胞都能产生前列腺素。

前列腺素在体内由花生四烯酸所合成，结构为一个五环和两条侧链构成的 20 碳不饱和脂肪酸。按其结构，前列腺素分为 A、B、C、D、E、F、G、H、I 等类型。不同类型前列腺素具有不同的功能，但总的来说，前列腺素的生理功能包括下列几方面：

（1）对生殖系统作用　刺激下丘脑 GnRH 和垂体 LH 的合成与释放，促进性激素的分泌和生殖细胞的成熟；通过调节子宫颈平滑肌的紧张性，影响精子在雌性动物生殖道中运行、受精、胚胎着床和分娩等生殖过程。

（2）对血管和支气管平滑肌的作用　不同的前列腺素对血管平滑肌和支气管平滑肌的作用效应不同。前列腺素 E 和前列腺素 F 能使血管平滑肌松弛，从而减少血流的外周阻力，降低血压。

（3）对胃肠道的作用　可引起平滑肌收缩，抑制胃酸分泌，防止强酸、强碱、无水酒精等对胃黏膜侵蚀，具细胞保护作用。对小肠、结肠、胰腺等也具保护作用。还可刺激肠液分泌、胆汁分泌，以及胆囊肌收缩等。

（4）对神经系统作用　广泛分布于神经系统，对神经递质的释放和活动起调节作用。也有人认为，前列腺素本身即有神经递质作用。

（5）对呼吸系统作用　前列腺素 E 有松弛支气管平滑肌的作用，而前列腺素 F 相反，是支气管收缩剂。

三、胸腺激素

胸腺位于胸腔，在动物出生后继续发育至性成熟，之后萎缩。胸腺是免疫器官，能够产生淋巴细胞。胸腺还能分泌多种激素，包括胸腺素、胸腺刺激素、胸腺生长素等，参与机体免疫系统的发育及免疫功能的调节，控制 T 淋巴细胞的分化与成熟。

第九节　胎盘激素

胎盘是一个多功能的器官，将胎儿连于子宫，并且是母体与胎儿间物质交换的场所。胎盘不仅是母体与胎儿多种激素的靶器官，其本身也是一个内分泌器官。胎盘可分泌多种物质，包括垂体激素样激素、下丘脑激素样激素，以及多肽、类固醇激素等生物活性物质。下面重点介绍绒毛膜促性腺激素。

绒毛膜促性腺激素（CG）是胎盘滋养层细胞产生的一种糖蛋白激素。人类和不同属种动物的绒毛膜促性腺激素在结构和功能方面与垂体产生的促性腺激素相似。根据动物的属种不同，分别称之马绒毛膜促性腺激素（eCG）或孕马血清促性腺激素（PMSG）、驴绒毛膜促性腺激素（dCG）、绵羊绒毛膜促性腺激素（oCG）。在人则称为人绒毛膜促性腺激素（hCG）。绒毛膜促性腺激素的主要功能与垂体促性腺激素（详见垂体激素）相似，因此绒毛膜促性腺激素（主要为 PMSG 和 hCG）广泛应用于动物繁殖或生殖生物学的研究中，如作为诱发排卵或治疗某些不育症的制剂，或作为妊娠及妊娠相关疾病的诊断指标等。另外，妊娠过程中胎盘产生的激素，具有促进胚胎发育及性腺发育等功能。

第十节　瘦　素

瘦素是一种主要由白色脂肪组织合成和分泌的蛋白质类激素。瘦素的分泌具有昼夜节律，夜间分泌水平较白天高。瘦素的生物学功能非常广泛，可参与调节机体的摄食、生长发育、能量代谢、生殖、内分泌及免疫机能；其主要作用是抑制脂肪细胞合成甘油三酯，并促进脂肪分解，降低体脂含量。

第十一单元　生殖和泌乳★★★☆

生殖是生物繁殖自身和延续种系的重要生命活动，是生物的基本特征之一。哺乳动物的生殖由雌雄两个个体共同来完成。生殖过程包括生殖细胞的生成、交配、着床、妊娠、分娩和哺乳等过程。

第一节　雄性生殖

一、睾丸的生理功能

睾丸是雄性动物的主要性器官，包括精子的生成和激素分泌两方面的主要功能。

1. 睾丸的生精作用　在睾丸内，精原细胞发育成为精子的过程称为生精作用。精子发生是一个连续的过程，其基本过程为：精原细胞→初级精母细胞→次级精母细胞→精细胞→精子。在精子发生过程中，睾丸支持细胞对生精细胞有营养支持作用，对退化的生精细胞和精子分化脱落的残余体有吞噬作用。支持细胞产生的雄激素结合蛋白和抑制素参与精子生成的调节机制。另外，血-睾屏障使精子细胞和精子难以发生免疫反应，可避免外来物质的损害。

2. 睾丸的内分泌功能　睾丸分泌的主要激素为**雄激素**，由睾丸间质细胞合成，包括睾酮、双氧睾酮和雄烯二酮。雄激素的主要功能包括：①促进精子的生成与成熟，并能延长其寿命；

②促进生殖器官发育，刺激副性征的出现、维持和性行为；③促进蛋白质合成、骨骼生长、钙磷沉积以及红细胞的生成；④对下丘脑 GnRH 和腺垂体 FSH、LH 进行负反馈调节。

睾丸间质细胞分泌的睾酮，在 5-α 还原酶作用下形成双氧睾酮，芳香化酶使其转变为雌激素。雌激素到达垂体可降低垂体对 GnRH 的反应性。

抑制素是支持细胞分泌的多肽激素，能选择性地抑制垂体合成和分泌 FSH，从而影响精子的生成。

<h3 style="text-align:center">二、睾丸功能的调节</h3>

1. 神经内分泌调节　下丘脑分泌的 GnRH 经垂体门脉系统作用于腺垂体，促进垂体对 FSH 和 LH 的合成和分泌。FSH 到达睾丸后，主要启动精子发生和维持生精过程。而 LH 到达睾丸后，促进间质细胞分泌雄激素，间接调节精子的发生。相反，睾丸产生的雄激素和抑制素可负反馈性地调节垂体对 FSH 和 LH 的合成与分泌。

2. 睾丸内的局部调节　睾丸内存在一些多肽物质、细胞因子或生长因子，可能通过自分泌或旁分泌方式局部调节睾丸对雄激素的分泌和精子的发育。此外，支持细胞内的芳香化酶将睾酮转化为雌二醇，雌二醇与间质细胞受体结合抑制睾酮的合成。

<h1 style="text-align:center">第二节　雌性生殖</h1>

<h3 style="text-align:center">一、卵巢的主要功能</h3>

卵巢具有产生卵子和分泌激素两方面的功能。

1. 生卵作用　卵巢内卵泡的发育和卵子的生成是同时发生的，原始卵泡经过初级卵泡、生长卵泡和成熟卵泡到排卵是连续的过程。卵巢内卵子从成熟卵泡中排出的过程称为**排卵**。哺乳动物的排卵分为自发排卵和诱发排卵两种。

（1）**自发性排卵**　是指卵泡发育成熟后，可自行破裂而排卵的过程。根据自发排卵后的黄体功能状态，又可分为两种情况：牛、马、猪、羊等大多数家畜排卵后即能形成功能性黄体；而鼠类排卵后需经交配后才能形成功能性黄体。

（2）**诱发性排卵**　是指卵泡发育成熟后必须通过交配才能排卵。猫、兔、骆驼（包括羊驼）、水貂等动物属于此类。

2. 卵巢的内分泌功能　卵巢是重要的内分泌器官。卵巢分泌雌激素、孕激素、少量雄激素及抑制素。妊娠期间还可分泌松弛素。

（1）**雌激素**　是由卵泡的内膜细胞和颗粒细胞共同参与合成的类固醇激素。卵巢分泌的雌激素主要是雌二醇。血中雌二醇大部分与性激素结合球蛋白结合，小部分与白蛋白结合，极少为游离型。雌激素在肝内降解，代谢产物最终随粪尿排出体外。雌激素的主要生理功能包括：①促进生殖器官的发育和成熟。促进生殖道的分泌活动和平滑肌收缩，利于卵子和精子的运行。②促进雌性副性征的出现、维持及性行为。③协同 FSH 促进卵泡发育，诱导排卵前 LH 峰出现，促进排卵。④提高子宫肌对催产素的敏感性，使子宫肌收缩，参与分娩发动。⑤刺激乳腺导管和结缔组织增生，促进乳腺发育。⑥增强代谢。能促进蛋白质合成；加速骨的生长，促进骨骺愈合；促使醛固酮分泌，增强水、钠的潴留。

（2）**孕激素**　也属于类固醇激素，其中活性最高的是孕酮。孕激素在体内主要由排卵后形成的黄体分泌，胎盘、肾上腺皮质也可分泌。血中孕酮绝大多数与血浆皮质类固醇结合球蛋白和白蛋白结合，只有极少量以游离型存在。孕酮在肝中降解，代谢产物随粪尿排出体外。孕激素的生理作用包括：①使子宫内膜增厚、腺体分泌，为受精卵附植和发育做准备。②降低子宫平滑肌的兴奋性，使子宫维持正常妊娠。③促使宫颈黏液分泌减少、变稠，黏蛋白分子弯曲并交织成网，使精子难以通过。④在雌激素作用基础上，促进乳腺腺泡系统发育。⑤反馈调节腺垂体 LH 的分泌。血中高浓度的孕酮可抑制动物发情和排卵。

二、卵巢激素分泌的调节

卵巢的分泌功能主要受下丘脑-腺垂体-性腺轴的调控。卵巢激素对下丘脑-腺垂体也有反馈性调节作用。

1. 下丘脑-腺垂体对卵巢的调节 在内外环境因素的影响下，下丘脑释放 GnRH，通过垂体门脉系统促使腺垂体分泌 FSH 和 LH。FSH 可促进卵巢中的卵泡发育、成熟，并增加颗粒细胞芳香化酶的活性，进一步促进雌激素的合成和分泌。FSH 还影响颗粒细胞上 LH 受体和排卵前 LH 峰的形成。LH 在排卵后维持黄体细胞分泌孕酮，因此，LH 是孕激素分泌的直接刺激因子。另外，抑制性神经递质 R-氨基丁酸通过下丘脑-垂体-性腺轴系抑制卵巢黄体对孕酮的分泌。

2. 卵巢激素对下丘脑-腺垂体的反馈调节 卵巢激素反馈性调节下丘脑和垂体激素的分泌。血中雌激素浓度达到一定量时，可负反馈调节 GnRH 和 FSH 的分泌。卵泡颗粒细胞产生的抑制素，抑制 FSH 的分泌。

第三节 泌 乳

一、乳的生成过程及其调节

（一）乳的生成

乳腺腺泡细胞从血液摄取营养物质生成乳，并分泌进入腺泡腔内的生理过程，称为**乳的分泌**。乳的分泌过程包括乳前体的获得、乳的合成和乳腺分泌物的转运三个基本过程。

1. 乳前体的获得 乳的前体来源于血液。乳中的无机盐、某些激素及一些蛋白与血液相似，而乳糖、乳脂及大部分乳蛋白与血液中成分不同，是由乳腺细胞合成的。因此，乳的生成并非物质的简单积聚，而是腺泡细胞进行了选择性吸收、浓缩与合成的过程。

2. 乳的合成 乳腺分泌细胞从血液摄取原料（营养物质），并在其中合成下列主要成分。①糖类：乳中的糖主要是乳糖。它由 1 分子葡萄糖和 1 分子半乳糖，通过 1,4 -碳键连接而成。乳腺细胞中葡萄糖来源于血液，大部分半乳糖由葡萄糖转变而来。乳糖是维持乳中渗透压的主要因素，因此泌乳量与乳糖浓度密切相关。②乳脂：乳脂中 97%～98% 是甘油三酯，磷脂及其他成分仅占 2%～3%。乳腺细胞中乳脂主要来源于血液中的葡萄糖、游离脂肪酸、乙酸和 β-羟丁酸三种途径。③蛋白质：乳中的蛋白质主要是酪蛋白和乳清蛋白。它们约占乳中总氮的 95%，其余 5% 是尿素、氨盐、氨基酸等非蛋白氮。乳中大部分蛋白是利用血液游离氨基酸合成的；有一些蛋白质（如免疫球蛋白、血清白蛋白）则直接来源于血液；还有少量可能来自废弃或完整的细胞。

3. 乳腺分泌物的转运 是指从合成部位到达腺泡细胞膜顶端，再跨膜进入腺泡腔的过程。

（二）乳分泌的调节

泌乳的活动包括泌乳的启动和泌乳的维持，在神经、内分泌的调节下与生殖功能活动相适应。

1. 泌乳的启动　家畜分娩时或分娩前后，乳腺的生长几乎停止而大量乳汁开始分泌，乳腺的泌乳发动称为泌乳的启动。启动泌乳受神经和体液的调节，其中激素起着主导作用。

（1）激素调节　妊娠期间，血中类固醇激素含量较高，催乳素维持较平稳的水平。分娩时，孕酮几乎停止分泌，催乳素含量增加。可能是孕酮解除了对催乳素分泌的抑制作用，成为生理上发动泌乳的重要触发因素。此外，分娩后胎盘催乳素解除了对其受体的封闭作用，以及由于分娩应激和前列腺素分泌增加，导致催乳素、肾上腺素皮质激素的增加，也对泌乳的发动起到一定的作用。

（2）神经调节　泌乳发动的神经调节通常是与激素协同作用的。临产前挤乳，乳头可将受到的刺激信息传至下丘脑，抑制催乳素释放抑制激素的分泌，促进促肾上腺皮质激素释放激素的分泌，从而使催乳素、促肾上腺皮质激素和肾上腺皮质激素释放，进一步诱导乳的分泌。

2. 泌乳的维持　乳腺的泌乳活动开始后，有一个较长的维持泌乳的过程。多种激素、因子和神经系统可调节乳腺的乳合成能力，维持泌乳。乳汁的排空也很重要。

（1）激素调节　催乳素是维持泌乳的关键性激素。动物因种类不同，对催乳素的依赖程度有很大的种别差异。例如，人、兔及大鼠对催乳素的依赖性很强，而牛、羊等反刍动物泌乳的维持与生长激素有密切关系，对催乳素的依赖性较弱。

（2）神经调节　泌乳发动后，哺乳或挤乳对乳房感受器的刺激，以及催乳素释放的神经体液调节，可经常性保持催乳素在血中的一定浓度，使泌乳持续。

二、排乳及其调节

哺乳或挤乳会引起动物乳房容纳系统紧张度的改变，储积在腺泡和乳导管系统内的乳汁迅速流向乳池，在神经、体液的共同调节下，乳汁被排出体外的过程，称为**排乳**。

乳汁的排出有一定的顺序。最先排出的是贮存在乳池内的**乳池乳**，当乳头括约肌开放时，依靠重力就可排出。乳牛的乳池乳一般占泌乳量的 $1/3 \sim 1/2$，我国黄牛、水牛、牦牛的乳池乳较少。排乳反射引起排出的乳即**反射乳**，占总乳量的 $1/2 \sim 2/3$。反射乳排完后，乳房中还会存留一部分未排出的乳即**残留乳**。它将与新生成的乳汁混合，再排出体外。

排乳是复杂的反射活动，由神经和内分泌的共同调节完成。

1. 排乳反射　感受器主要分布在乳头和乳房皮肤。吮吸和挤奶是最重要的兴奋性刺激。此外，温热刺激、刺激生殖道、仔畜对乳房的冲撞都可引起排乳反射。传入神经是精索外神经，将乳房、乳头感受器的兴奋传至脊髓，并可继续传至下丘脑甚至大脑皮层。由精索外神经传递的兴奋性信号到达脊髓，引起脊髓神经节段的反射，再由脊髓腹根相应的交感神经支配乳导管平滑肌的收缩活动。

除了上述非条件性刺激以外，外界的其他刺激通过听觉、视觉、嗅觉等都可建立促进或抑制排乳的条件反射。

2. 神经-体液调节　由精索外神经传递的兴奋性信号先到达脊髓，再上传至下丘脑室旁核和视上核，促使神经垂体释放催产素，通过血液作用于乳腺腺泡和终末乳导管周围的肌上皮细胞收缩，引起乳的排出。

3. 排乳抑制　在生产实践中，环境吵闹、不规范操作等异常刺激常常会抑制动物的排乳，导致产奶量下降。

（1）排乳反射的中枢抑制　由于较高位中枢受到异常刺激，进而引起神经垂体催产素释放的减少。如初产牛分娩后受到挤奶的应激刺激，常会抑制催产素的释放。排乳抑制主要是中枢抑制。

（2）排乳反射的外周抑制　外周抑制主要是由于应激时交感神经和肾上腺髓质的活动加强，肾上腺素和去甲肾上腺素分泌增加，乳导管和血管平滑肌细胞的紧张性增强，血液流量下降，以致到达肌上皮的催产素减少、乳导管部分闭塞。

第四篇

动物生物化学

第一单元　蛋白质化学及其功能

第一节　蛋白质的功能与化学组成

蛋白质是由一定数量和种类的氨基酸通过羧基与氨基缩合而成的肽键连接在一起，形成多肽链。由一条或几条多肽链经进一步修饰、折叠等加工而形成的具有一定空间构象和生物功能的生物大分子。

一、蛋白质的生物学功能

蛋白质是生物体重要的组成成分之一，是生命特征的体现者，具有广泛而又重要的功能：

1. 催化功能　生物体内几乎所有的化学反应都需要生物催化剂——酶来催化，而绝大多数酶的化学本质是蛋白质。如消化道中的蛋白酶可以帮助动物消化食物中的蛋白质。

2. 贮存与运输功能　有些蛋白质能够结合其他分子，以实现对这些分子的贮存或运输。如红细胞中的血红蛋白能结合氧并运输到组织中；血浆清蛋白能与多种物质结合，参与一些营养物、代谢物的运输；血浆脂蛋白是血液运输脂类物质的重要蛋白质。

3. 调节作用　有些蛋白质可作为激素调节某些特定细胞和组织的生长、发育或代谢。如生长激素参与调节动物肌肉与骨骼的生长发育。

4. 运动功能　如肌肉中的肌球蛋白和肌动蛋白是参与肌肉收缩的主要成分。

5. 防御功能　脊椎动物体内的免疫球蛋白能与细菌和病毒结合，发挥免疫保护作用；鸡蛋清、人乳、眼泪中的溶菌酶能够破坏细菌的多糖细胞壁。

6. 营养功能　有些蛋白可作为人和动物的营养物，为胚胎发育和婴幼儿生长提供营养，如卵白中的卵清蛋白、乳中的酪蛋白。

7. 结构成分　人和动物机体中的不溶性结构蛋白，如胶原蛋白、弹性蛋白等能提供机械保护，并赋予机体一定的形态。

8. 膜的组成成分　细胞膜上的受体、载体、离子通道等蛋白质，直接参与细胞识别、物质过膜转运、信息传递等重要生理过程。

9. 参与遗传活动 遗传信息的传递、基因表达的调控都需要多种蛋白质因子参与。

根据物理特性和功能的不同，可以将大多数蛋白质分成球蛋白和纤维蛋白两大类。球蛋白分子接近球形或椭球形，溶解度较好，包括酶和大多数蛋白质，具有广泛的生理功能。纤维蛋白分子类似纤维状或细棒状，包括皮肤和结缔组织中的主要蛋白，以及毛发、丝等动物纤维，有很好的物理稳定性，为细胞和机体提供机械支持和保护。纤维蛋白多不溶于水，如 α-角蛋白（毛发、指甲的主要成分）、胶原蛋白（肌腱、皮肤、骨、牙齿的主要蛋白成分）。血液中的纤维蛋白原是可溶性的。

根据化学组成的不同，又可以将蛋白质分为简单蛋白质和结合蛋白质两大类。简单蛋白质（又称单纯蛋白质）经过水解之后，只产生各种氨基酸。根据溶解度的不同，可以将简单蛋白质分为清蛋白、球蛋白、谷蛋白、醇溶蛋白、组蛋白、精蛋白及硬蛋白七类。结合蛋白质由蛋白质和非蛋白质两部分组成，水解时除了产生氨基酸外，还产生非蛋白组分。非蛋白部分通常称为辅基。根据辅基种类的不同，可以将结合蛋白质分为核蛋白、糖蛋白、脂蛋白、磷蛋白、黄素蛋白、色蛋白及金属蛋白七类。

二、蛋白质的基本结构单位——氨基酸

蛋白质是生物体内重要的生物大分子，经酸、碱或者蛋白酶可将其彻底水解，产物为 20 种氨基酸。可见氨基酸是蛋白质的基本结构单位。所有生物都以同样 20 种氨基酸作为蛋白质的结构单位，这些氨基酸被称为标准氨基酸。这些氨基酸都是由基因编码的，故又称编码氨基酸。

（一）氨基酸的结构

蛋白质中的 20 种氨基酸在结构上有一些共性，与羧基相邻的 α 碳原子上都连有一个氨基，故称为 α-氨基酸（脯氨酸为 α-亚氨基酸）。α 碳原子上还连有一个氢原子和一个侧链（称为 R 侧链或 R 基团），氨基酸之间的区别就在于 R 侧链的不同。

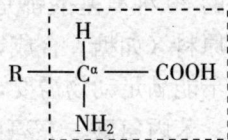

$$R \text{—} \overset{\displaystyle H}{\underset{\displaystyle NH_2}{C^\alpha}} \text{— COOH}$$

除甘氨酸（R 基团为氢原子）外，其余 19 种氨基酸的 α 碳原子都是不对称碳原子，并都为 L 型氨基酸。尽管蛋白质中的氨基酸只有 20 种，但是这些氨基酸的数量、排列顺序的变化会形成无数种蛋白质。氨基酸通常用其英文名称前 3 个字母或以单个大写英文字母来表示。

（二）氨基酸的分类

20 种氨基酸之间的区别在于它们分子中的 R 侧链基团在大小、形状和电荷等方面存在差异。通常根据 R 侧链的极性和电荷的不同，将 20 种氨基酸分为 4 类，即非极性氨基酸、不带电荷极性氨基酸、带正电荷极性氨基酸和带负电荷极性氨基酸。R 侧链都是非极性的，在生理 pH 下不带电荷的氨基酸有甘氨酸（Gly）、丙氨酸（Ala）、缬氨酸（Val）、亮氨酸（Leu）、异亮氨酸（Ile）、苯丙氨酸（Phe）、色氨酸（Trp）、蛋氨酸（甲硫氨酸）（Met）和脯氨酸（Pro）9 种。其中，Gly 是 20 种氨基酸中结构最简单的，这一独特的结构使其能存在于蛋白质立体结构十分"拥挤"的部位。Pro 为 α-亚氨基酸，具有环化的侧链，该侧链对

蛋白质的立体结构有很大的制约。Val、Leu、Ile 为高度疏水性氨基酸，其共同点是脂肪族侧链都具有分支，所以称为支链氨基酸，在肝脏以外的组织（如肌肉、脂肪、肾脏脑等组织）可作为燃料被氧化。不带电荷极性氨基酸是指 R 侧链具有一定极性，但在生理 pH 下不会发生解离的氨基酸，包括丝氨酸（Ser）、苏氨酸（Thr）、半胱氨酸（Cys）、酪氨酸(Tyr)、天冬酰胺（Asn）和谷氨酰胺（Gln）等六种。R 侧链基团带氨基，呈碱性的带正电荷极性氨基酸也称碱性氨基酸，有组氨酸（His）、赖氨酸（Lys）和精氨酸（Arg）3 种。R 侧链基团带羧基，呈酸性的带负电荷极性氨基酸也称酸性氨基酸，有天冬氨酸（Asp）和谷氨酸（Glu）2 种。此外，还有一些根据 R 侧链基团结构特点的分类方法。例如，Phe、Trp 和 Tyr 的 R 侧链都带有芳香环，故称为芳香族氨基酸；Met 和 Cys 的 R 侧链都含有 S 原子，称为含硫氨基酸等。

氨基酸在某些蛋白质中可以被修饰，包括羟化、羧化、乙酰化和磷酸化等。例如，胶原蛋白中存在的 4-羟脯氨酸和 5-羟赖氨酸；某些涉及细胞生长和调节的蛋白质可以在含羟基的氨基酸（如丝氨酸）残基上进行可逆性磷酸化，生成磷酸丝氨酸；凝血酶中的 γ-羧化谷氨酸、肌球蛋白中的 ε-N-甲基赖氨酸；甲状腺球蛋白中的甲状腺素、二碘酪氨酸等。这些修饰的氨基酸均没有遗传密码，是在蛋白质合成后通过相关酶的催化而形成的。

除蛋白质中的 20 种标准氨基酸外，机体中还有一些氨基酸是以游离形式存在的，它们不作为蛋白质的构件分子，称为非蛋白质氨基酸。例如，L-鸟氨酸、L-瓜氨酸是合成精氨酸的前体，参与尿素的合成；γ-氨基丁酸是一种神经递质。

（三）氨基酸的理化性质

氨基酸具有以下理化性质：①两性解离和等电点（pI）。②颜色反应：与茚三酮反应产生蓝紫色，与 2,4-二硝基氟苯反应产生黄色。③光吸收性：三种含有芳香环的氨基酸——色氨酸、酪氨酸和苯丙氨酸，具有紫外光吸收特性，它们的最大吸收波长平均约为 280nm。

（四）必需氨基酸★★★

动物合成其组织蛋白质时，所有的 20 种氨基酸都是不可缺少的。一些氨基酸，只要有氮的来源，就可在动物体内利用其他原料（如糖）合成，称为非必需氨基酸。一些氨基酸在动物体内不能合成，或合成太慢，远不能满足动物需要，因而必须由饲料供给，称为必需氨基酸，有赖氨酸、甲硫氨酸、色氨酸、苯丙氨酸、亮氨酸、异亮氨酸、缬氨酸和苏氨酸等。此外，雏鸡还需要甘氨酸。

第二节 蛋白质的结构

一、肽键和肽

蛋白质分子中不同氨基酸是以相同的化学键连接的，即前一个氨基酸分子的 α-羧基与后一个氨基酸分子的 α-氨基缩合，失去一个水分子形成肽键。肽键具有部分双键的性质，与之相连的 6 个原子处在同一个平面上，构成了肽平面，又称酰胺平面。由两个氨基酸分子缩合而成的肽，称为二肽；含三个氨基酸的肽，称为三肽；以此类推。含 20 个以上的称多肽。多肽与蛋白质之间无明显界限，一般 50 个以上氨基酸构成的肽称为蛋白质。有些蛋白质由几百甚至上千个氨基酸组成。蛋白质中的氨基酸不再是完整的氨基酸分子，称为**氨基酸残基**。除肽键外，蛋白质中往往还含有其他类型的共价键。例如，蛋白质分子中的两个半胱氨酸可通过其巯基形成二硫键（—S—S—，又称二硫桥）。

氨基酸之间通过肽键连接而形成的链状结构称为**多肽链**。一条多肽链只有一个游离的 NH_2 末端（N-末端）和一个游离的 COOH 末端（C-末端），有时在侧链会存在游离的氨基或羧基。肽键中的基团不带电荷，因此，蛋白质所带电荷主要是由氨基酸残基的侧链决定的。蛋白质的解离、溶解度等性质与其氨基酸组成有很大关系。在书写多肽链结构时，总是把含有 $\alpha\text{-}NH_2$ 的氨基酸残基写在多肽链的左边，称为氨基端（或 N-端），把含有 $\alpha\text{-}COOH$ 的氨基酸残基写在多肽链的右边，称为羧基端（或 C-端）。

二、蛋白质的一级结构

蛋白质的一级结构是指多肽链上各种氨基酸的种类、数目和排列顺序。一级结构是蛋白质的结构基础，也是各种蛋白质的区别所在，不同蛋白质具有不同的一级结构。蛋白质的一级结构是由遗传信息，即编码蛋白质的基因决定的，其信息量非常大。例如，仅是由 20 种氨基酸组成的三肽，理论上就有 8 000 种。

三、蛋白质的高级结构

蛋白质的高级结构是指具有的复杂空间结构，又称**构象**。通常将蛋白质的空间结构划分为几个层次，如二级结构、三级结构和四级结构等。蛋白质空间结构的形成主要依赖于其原子和基团之间的非共价相互作用。

（一）非共价相互作用

所有的生物结构和生命的化学过程既依赖于共价键，又依赖于非共价作用力，后者也称为**非共价相互作用或次级键**。无论在 DNA 的双螺旋结构中，还是在蛋白质分子的空间结构中，无论是酶与底物分子的结合，还是膜结构中磷脂分子的装配，数量巨大的非共价作用力都发挥了关键的作用。在生物分子之间存在的主要非共价相互作用力包括以下四类。

1. 氢键　氢键存在于带电荷的和不带电荷的分子之间。在一个氢键中有两个其他的原子分享一个氢原子，那个与氢原子联系较为密切的原子称为氢供体，而另一个原子则被称为氢受体。氢受体带有部分的负电荷，因此对氢原子有吸引。蛋白质分子和 DNA 分子中，氢键都起到重要的作用。

2. 离子键　离子键有时也称为盐键或盐桥。这是生物分子中带有相反电荷的基团之间通过静电引力的相互作用。氨基（$—NH_3^+$）与羧基（$—COO^-$）之间通过静电引力的相互作用是决定蛋白质空间结构的要素之一。溶液中的离子水合作用也是依靠静电引力。带电的离子周围常常吸引一层极性的水分子而被水化，从而降低了离子之间的作用力，使水成为许多离子和极性分子的优良溶剂。

3. 范德华力　从本质上讲，范德华力是静电引力所致，通常发生在两个原子之间的距离为 $0.3\sim0.4nm$ 的范围内。由于围绕着原子的电荷分布随时间变化，不是完全对称的，一个原子周围电荷分布的不对称可以诱导其相邻的原子发生类似的变化，于是，当它们在一定的距离内相互接近的时候，可以通过偶极发生相互吸引。

4. 疏水作用力　疏水作用力是非极性分子之间或分子的非极性基团之间在水相环境中互相吸引并聚集在一起，而把原来处在非极性基团附近的水分子排挤出去的作用力。疏水作用力在蛋白质多肽链的空间折叠、生物膜的形成、生物大分子之间的相互作用，以及酶对底物分子的催化过程中常常起着关键的作用。

（二）蛋白质的二级结构

蛋白质的二级结构是指多肽链主链的肽键之间借助氢键形成的有规则的构象，有 α-螺旋、β-折叠和 β-转角等。二级结构不包括 R 侧链的构象。α-螺旋是指多肽链主链骨架围绕同一中心轴呈螺旋式上升，形成棒状的螺旋结构。螺旋每圈包含 3.6 个氨基酸残基（1 个羰基、3 个 N—C—C 单位、1 个 N），螺距为 0.54nm。因此，每个氨基酸残基围绕螺旋中心轴旋转 $100°$，上升 0.15nm。β-折叠是蛋白质分子中常见的一种主链构象，是指多肽链中或之间两条平行或反平行的主链中伸展的、周期性折叠的构象，很像 α-螺旋适当伸展形成的锯齿状肽链结构。在某些情况下，α-螺旋与 β-折叠间发生的结构转换，导致疾病发生。如疯牛病的病因可能与这种转换有直接的关系。在多肽链的主链骨架中，还经常出现 $180°$ 的转弯，此处结构主要是 β-转角。主要由 4 个亲水氨基酸组成，第一个氨基酸残基的羰基氧原子与第 4 个氨基酸残基中氨基上的氢原子形成氢键。

（三）蛋白质的三级结构

蛋白质的三级结构是指多肽链中所有原子和基团在三维空间中的排布，是在二级结构基础上形成的有生物活性的构象。通过肽链折叠使在一级结构上相距很远的氨基酸残基彼此靠近，导致其侧链间发生相互作用。三级结构稳定主要依赖于非共价键，其中氨基酸侧链的疏水作用力有重要作用。此外，还有离子键、二硫键等。生物体内大多蛋白质通过氨基酸残基 R 侧链间的非共价键作用形成紧密球状构象（如肌红蛋白）。球蛋白的一个共同特征是有表面和内部之分，其中疏水的氨基酸多分布于分子内部，极性基团分布于分子的表面。

（四）蛋白质的四级结构

较大的球蛋白分子往往由两条或多条肽链组成。这些多肽链本身都具有特定的三级结构，称为亚基。亚基之间以非共价键相连。亚基的种类、数目、空间排布以及相互作用称为蛋白质的四级结构。如血红蛋白，是由两种亚基聚合而成的四聚体（$\alpha_2\beta_2$）。

第三节　蛋白质结构与功能的关系

蛋白质的功能不仅与其一级结构有关，而且还与其空间结构有直接联系。结构是功能的基础。研究多肽、蛋白质的结构与功能的关系，对于阐明生命现象的本质至疾病的机理都有十分重要的意义。

一、蛋白质的变性与复性

在一些理化因素作用下，蛋白质的一级结构保持不变，空间结构发生改变，即由天然的有序的状态转变成伸展的无序的状态，并引起生物功能的丧失以及理化性质的改变，称为蛋白质的变性。引起天然蛋白质变性的物理因素有加热、辐射、紫外线、X 线、超声波、高压、表面张力，以及剧烈的振荡、研磨、搅拌等；化学因素有酸、碱、有机溶剂（如乙醇、丙酮等）、尿素、盐酸胍、重金属盐、三氯醋酸、苦味酸、磷钨酸及去污剂等。对于含有二硫键的蛋白质，加入巯基试剂会通过还原作用破坏二硫键。蛋白质变性的结果是生物活性丧失、理化及免疫学性质的改变，其实质是维持高级结构的非共价作用力的破坏。

在生产实践和日常生活中，为了防止蛋白质的变性，蛋白质食品保鲜和防止酶丧失活性等，通常采用冷藏、避光等方法。有时蛋白质变性又有实际应用，如用酒精消毒手术部位的皮肤，可使细菌、病毒的蛋白质发生变性，从而失去致病作用，防止伤口感染。

变性蛋白质在变性因素消除后，可以部分或全部恢复折叠状态，并恢复相应的生物学功能，这种现象称为复性。

二、蛋白质的变构效应

(一) 变构效应

对许多具有四级结构的寡聚蛋白，当调节物分子与其中一个亚基结合后，引起其构象发生变化，这种变化又引起相邻其他亚基的构象发生变化，从而影响寡聚蛋白的功能。这种作用称为**变构**。引起变构效应的调节物分子称**变构剂**或**效应物**。变构剂可增加或降低变构蛋白的生物活性。

变构蛋白（或酶）与变构剂之间的动力学关系为典型的 S 形曲线。它们在生理活动中发挥重要的调节作用。

(二) 血红蛋白的变构效应与输氧功能

氧对于生命活动至关重要。哺乳类、鸟类借助红细胞中的血红蛋白运输氧。血红蛋白分子是由两个 α-亚基和两个 β-亚基构成的四聚体（$\alpha_2\beta_2$）。每个亚基都包括一条肽链和一个血红素辅基，与肌红蛋白（只有三级结构）很相似。血红素位于每个亚基的空穴中，血红素中央的 Fe^{2+} 是氧结合部位，可以结合一个氧分子。每个血红蛋白分子能与 4 个 O_2 进行可逆结合。

血红蛋白的氧结合曲线呈 S 形曲线。S 形曲线说明在血红蛋白分子与氧结合的过程中，其亚基之间存在变构作用。血红蛋白四聚体在开始与氧结合时，其氧亲和力很低，即与氧结合的能力很小。一旦其中一个亚基与氧结合，亚基的三级结构发生变化，并逐步引起其余亚基构象的改变，从而提高其余亚基与氧的亲和力；同样道理，当一个氧分子与血红蛋白亚基分离后，能降低其余亚基与氧的亲和力，有助于氧的释放。

X 线晶体结构分析表明，脱氧血红蛋白与氧合血红蛋白的分子构象不同，前者呈紧密型构象（T），与氧的亲和力低；后者呈松弛型构象（R），与氧的亲和力高。在不同部位的不同条件下，两种构象可以相互转变。在肺部由于氧分压高，血红蛋白呈松弛型构象而与氧的结合接近饱和；在肌肉中氧分压低时，血红蛋白变构为紧密型而释放氧，以满足肌肉运动和代谢对氧的需求。可见，血红蛋白比肌红蛋白更适合运输氧。由于肌红蛋白与氧的亲和力总是高于血红蛋白，因此它可接受氧合血红蛋白中的氧，贮存氧在肌肉中供利用。血红蛋白与 CO 也有很高的亲和力，但结合 CO 后就无法再结合氧、运输氧而导致人或动物中毒。

(三) 分子病★★★

分子病是由于遗传上的原因而造成的蛋白质分子结构或合成量的异常所引起的疾病。蛋白质分子是由基因编码的，即由脱氧核糖核酸（DNA）分子上的碱基顺序决定的。如果DNA 分子的碱基种类或顺序发生变化，那么由它所编码的蛋白质分子的结构就发生相应的变化，严重的蛋白质分子异常可导致疾病的发生。

第四节　蛋白质的理化学性质与分析分离技术

一、蛋白质的理化学性质

（一）蛋白质的两性解离和等电点

当蛋白质溶液处于某一 pH 时，蛋白质解离成正、负离子的趋势相等，即成为兼性离子（净电荷为 O），此时溶液的 pH 称为该蛋白质的等电点（Isoelectric point，pI）。

各种蛋白质分子由于所含的碱性氨基酸和酸性氨基酸的数目不同，因而有各自的等电点。根据蛋白质等电点的不同，建立了等电聚焦电泳技术，用于分离鉴定不同的蛋白质。

（二）蛋白质的呈色反应

1. 茚三酮反应（Ninhydrin reaction）　α-氨基酸与水化茚三酮（苯丙环三酮戊烃）作用时，产生蓝紫色。蛋白质是由许多 α-氨基酸组成的，故也呈此颜色反应。

2. 双缩脲反应（Biuret reaction）　蛋白质在碱性溶液中与硫酸铜作用呈紫红色，称双缩脲反应。凡分子中含有两个以上—CO—NH—键的化合物，都呈此反应。

3. 米伦反应（Millon reaction）　蛋白质溶液中加入米伦试剂，蛋白质首先沉淀，加热则变为红色沉淀。

此外，蛋白质溶液还可与酚试剂、乙醛酸试剂、浓硝酸等发生颜色反应。

（三）蛋白质的紫外吸收

蛋白质中含有 Trp、Tyr、Phe 等芳香氨基酸，约在 280nm 处有最大吸收峰，且 OD_{280} 与蛋白质的浓度呈正相关。测定蛋白质浓度的方法：标准曲线法和经验公式法。

（四）蛋白质的分子质量

蛋白质分子大小通常用 u 或 ku 表示，一般在 $6 \times 10^3 \sim 6 \times 10^6$ 之间。

测定蛋白质的分子量有许多方法，常用的有 SDS -聚丙烯酰胺凝胶电泳（SDS -PAGE）、凝胶过滤法（分子筛层析）等。还可以根据氨基酸的个数进行推算：

$$110 \times N \approx MW\ (u)\ （其中，N\ 表示氨基酸数目；MW\ 表示分子质量）$$

（五）蛋白质的胶体性质

根据溶质在溶剂中的颗粒大小（分散程度），可以把分散系统分为 3 类：溶质颗粒小于 1nm 的为真溶液，大于 100nm 的为悬浊液，介于 1～100nm 的为胶体溶液。在胶体系统中保持稳定，需具备 3 个条件：

①分散相质点大小在 1～100nm 范围内，这样大小的质点在动力学上是稳定的，介质分子对这种质点碰撞的合力不等于零，使它能在介质中不断做布朗运动（Brown movement）。

②分散相的质点带有同种电荷，互相排斥，不易聚集成大颗粒而沉淀。

③分散相的质点能与溶剂形成溶剂化层，如与水形成水化层（Hydration mantle），质点有了水化层，相互间不易靠拢而聚集。

（六）蛋白质的沉淀

蛋白质分子凝聚并从溶液中析出的现象，称为蛋白质沉淀（Precipitation）。变性蛋白质一般易于沉淀，但也可不变性而使蛋白质沉淀。在一定条件下，变性的蛋白质也可不发生沉淀。

蛋白质所形成的亲水胶体颗粒具有两种稳定因素：颗粒表面的水化层、电荷。除掉这两个稳定因素（如调节溶液 pH 至等电点和加入脱水剂），蛋白质便容易凝集析出。

常用的蛋白质沉淀方法：

1. 盐析（Salting Out） 在蛋白质溶液中加入大量的中性盐以破坏蛋白质的胶体稳定性而使其析出，这种方法称为盐析。常用的中性盐有硫酸铵、硫酸钠、氯化钠等。

2. 重金属盐沉淀蛋白质 蛋白质可以与重金属离子（如汞、铅、铜、银等）结合成盐沉淀，沉淀的条件以 pH 稍大于等电点为宜，因为此时蛋白质分子有较多的负离子易与重金属离子结合成盐。

3. 生物碱试剂以及某些酸类沉淀蛋白质 蛋白质又可与生物碱试剂（如苦味酸、钨酸、鞣酸）以及某些酸（如三氯醋酸、过氯酸、硝酸）结合成不溶性的盐沉淀，沉淀的条件应当是 pH 小于等电点，这时蛋白质带正电荷，易于与酸根负离子结合成盐。

4. 有机溶剂沉淀蛋白质 可与水混合的有机溶剂，如酒精、甲醇、丙酮等，对水的亲和力很大，能破坏蛋白质颗粒的水化膜，在等电点时使蛋白质沉淀。在常温下，有机溶剂沉淀蛋白质往往引起变性。例如，酒精消毒灭菌就是如此，但若在低温条件下，则变性进行较缓慢，可用于分离制备各种血浆蛋白质。

5. 加热凝固（Coagulation） 加热蛋白质溶液，可使蛋白质发生凝固而沉淀。加热首先使蛋白质变性，有规则的空间结构被打开，呈松散状不规则的结构，分子的不对称性增加，疏水基团暴露，进而凝聚成凝胶状的蛋白块。如煮熟的鸡蛋，其蛋黄和蛋清都凝固。

（七）蛋白质的变性与复性

在变性因素的作用下，蛋白质一级结构不发生变化，空间构象被破坏，生物学功能丧失，理化性质也发生改变的现象，称之为变性。变性蛋白质溶解度降低，黏度增加，结晶性被破坏，易发生沉淀。

在一定条件下，变性的蛋白质从伸展态恢复到折叠态，则称之为复性。复性后的蛋白质恢复其原来的理化性质和生物活性。

二、蛋白质的分析分离方法★★★

（一）盐溶与盐析

在蛋白质水溶液中，加入少量的中性盐，会增加蛋白质分子表面的电荷，增强蛋白质分子与水分子的作用，从而使蛋白质在水溶液中的溶解度增大。这种现象称为盐溶。但在高浓度的中性盐溶液中，无机盐离子从蛋白质分子的水膜中夺取水分子，破坏水膜，使蛋白质分子相互结合而发生沉淀。这种现象称为盐析。由于不同蛋白质分子的水膜厚度等不同，盐析所需要的盐浓度有不同程度差异。因此，可以通过逐步加大盐浓度，使不同蛋白质从溶液中分阶段沉淀，这种方法称为分级盐析法，可用于蛋白质的粗分离。盐析沉淀的蛋白质仍有生物活性，是提取和分离蛋白质最常用的方法之一。盐析后获得的蛋白质溶液可用透析法脱盐，即将复溶的蛋白质溶液装入用半透膜制成的透析袋中并密封，然后将透析袋放在流水或缓冲液中，小分子的盐可以穿过半透膜外渗，而蛋白质仍留在透析袋里。

（二）蛋白质的沉淀

蛋白质分子凝聚并从溶液中析出的现象，称为蛋白质沉淀。变性蛋白质一般易于沉淀，但也可不变性而使蛋白质沉淀。在一定条件下，变性的蛋白质也可不发生沉淀。蛋白质所形成的亲水胶体颗粒具有两个稳定因素：颗粒表面的水化层、电荷。这两个稳定因素遭到破坏，如调节溶液 pH 至等电点和加入脱水剂，蛋白质便容易凝集析出。除盐析外，高浓度的乙醇、丙酮等有机溶剂能够脱去蛋白质分子的水膜，同时降低溶液的介电常数，使蛋白质从溶液中沉淀。该法也是生产中提取和分离蛋白质常用的方法。在碱性溶液中，蛋白质分子中的负离子基团（如—COO⁻）可以与重金属盐（如醋酸铅、氯化汞、硫酸铜等）的正离子结合成难溶的蛋白质重金属盐，从溶液中沉淀下来。临床上可利用这种特性抢救重金属盐中毒的动物。生物碱试剂（如苦味酸、单宁酸、三氯醋酸、钨酸等）在 pH 小于蛋白质等电点时，其酸根负离子也能与蛋白质分子上的正离子相结合，成为溶解度很小的蛋白盐沉淀下来。临床化验时，常用上述生物碱试剂除去血浆中的蛋白质，以减少干扰。加热蛋白质溶液，也可使蛋白质发生凝固而沉淀。

（三）蛋白质的分离技术

除了前面提到的等电点沉淀、盐析和透析等技术可以用于分离蛋白质外，最重要的蛋白质分离技术有离心、电泳和层析三类。

离心技术是分离蛋白质的基本手段之一。低速离心可分离蛋白质沉淀与清液，而超速离心的强大离心力可将稳定存在于胶体溶液中的蛋白质分子按其质量大小分开，分析型超速离心机还被用于测定蛋白质的分子质量。

电泳技术是依据不同的蛋白质有不同的等电点，在一定 pH 的缓冲溶液中，它们所带的电荷多少或种类不同，在电场中将依不同的迁移率向与其所带电荷相反的电极移动，而实现将它们彼此分离。

层析技术是将作为固定相的介质装入玻璃或金属等材料制成的层析柱中，用流动相（常用缓冲液）洗脱将混合的蛋白质分离。其中，离子交换层析利用了蛋白质的两性电解质特点；凝胶过滤层析则通过分子筛效应分离不同大小的蛋白质分子；亲和层析是依据某些蛋白质分子具有特异的结合能力而建立的（如酶与底物、受体与配体等分离技术）。

第二单元　生物膜与物质的跨膜运输

第一节　生物膜的化学组成

生物膜指的是细胞的膜结构，包括包围在细胞外表面上的质膜和细胞（真核）内的细胞器，如细胞核、线粒体、内质网、溶酶体、高尔基体的膜结构，对于原核细胞则比较简单，细胞只含有质膜。生物膜主要由蛋白质和脂类组成，还有少量的糖、金属离子，并结合一定量的水。

一、膜　脂

（一）膜脂的种类

膜脂包括磷脂、少量的糖脂和胆固醇。磷脂中以甘油磷脂为主，其次是鞘磷脂。动物细胞膜中的糖脂以鞘糖脂为主。此外，膜脂含有游离胆固醇，但只限于真核细胞的质膜。

（二）膜脂的双亲性

生物膜中所含的磷脂、糖脂和胆固醇，虽然种类很多、结构各异，但都具有共同的特点，即它们都是双亲分子。在其分子中既有亲水的头部，又有疏水的尾部。膜脂分子的双亲性，赋予了它们一些特殊的性质。在水溶液中，膜脂极性的头部可通过氢键与水分子相互作用而朝向水相，其非极性的尾部会依赖疏水力的作用而相互聚拢，以避开水，结果形成脂质的双分子层。膜脂质分子的双亲性是形成脂双层结构的分子基础。

二、膜蛋白

膜蛋白是膜的生物学功能的主要体现者。目前所知道的膜蛋白有酶、膜受体、转运蛋白、抗原和结构蛋白等。根据蛋白质在膜中的位置和与膜结合的紧密程度，通常把膜上的蛋白质分为外在蛋白和内在蛋白两类。外在蛋白比较亲水，可通过离子键等非共价相互作用与膜的外表面或内表面上的膜脂质分子或其他蛋白质的亲水部分结合。内在蛋白通常半埋在或者贯穿于膜的内部。膜蛋白分子中亲水的部分位于膜的两侧，即面向水相；而疏水的部分在膜的中央，常以 α-螺旋形式镶嵌入膜的内部，与脂双层的疏水区域相结合。

三、膜　糖

膜上含有少量与蛋白质或脂质相结合的寡糖，形成糖蛋白或糖脂。在糖蛋白中，糖基可借助于 N-糖苷键或者 O-糖苷键与蛋白质分子相连接。膜上的寡糖链都暴露在质膜的外表面（伸向细胞外）上。它们与细胞的一些重要生理活动有关联，如细胞的相互识别和通讯。

第二节　生物膜的特点

一、膜的运动性

膜脂分子在脂双层中处于不停的运动中。其运动方式有：分子摆动（尤其是磷脂分子的烃链尾部的摆动）、围绕自身轴线的旋转、侧向的扩散运动以及在脂双层之间的跨膜翻转等。膜脂质的这些运动特点，是生物膜表现生物学功能时所必需的。

膜蛋白与膜脂一样，也是处在不断的运动之中。一方面膜蛋白有其自身的运动；另一方面由于它镶嵌在膜的脂质之中，脂质分子的运动对它也有影响。膜蛋白的运动主要有两种形式：一种是在膜的平面作侧向的扩散运动，另一种是绕着垂直轴做旋转运动。

二、膜脂的流动性与相变

膜脂双层中的脂质分子在一定的温度范围里，可以呈现有规则的凝胶态或流动的液态（实际是液晶态）。两种状态的转变温度称为相变温度（Tc）。磷脂分子赋予了生物膜可以在凝胶态和液晶态两相之间互变的特性。磷脂分子中所含的脂肪酸的烃链，其性质与膜脂的相变密切有关。一般来说，脂质分子中所含的脂肪酸烃链的不饱和程度越高，其相变温度越低；其所含脂肪酸的烃链越短，其相变温度也相应越低。较低相变温度使脂双层具有较好的流动性。一些变温动物，如水生生物的细胞膜上常含有较多的不饱和脂肪酸，以适应环境维持细胞的代谢活动。生理条件（体温）下，哺乳动物细胞的质膜处于流动的液晶态。

膜上的胆固醇对膜的流动性和相变温度有一定调节功能。插入磷脂分子之间的胆固醇与磷脂的脂肪酸烃链可发生相互作用。当高于相变温度时，胆固醇能增加脂双层分子排列的有序性，以降低膜的流动性；而低于相变温度时，胆固醇又能扰乱磷脂分子疏水的脂肪酸烃链尾部的排列，防止形成凝胶状态，以增加膜的流动性。由此可见，胆固醇对于膜的流动性具有双向的调节作用。

第三节 物质的跨膜运输★★★

物质的跨膜运输是生物膜的重要功能，也是活细胞维持正常生理内环境和进行各项生命活动所必需的。物质的跨膜转运有不同的方式。如果只是把一种物质由膜的一侧转运到另一侧，称为**单向转运**；如果一种物质的转运与另一种物质相伴随，称为**协同转运**。其中所转运的物质方向相同，称为**同向转运**；方向相反，称为**反向转运**。根据被转运的对象及转运过程是否需要载体和消耗能量，还可再进一步细分出各种跨膜转运的方式。

一、小分子与离子的跨膜转运

（一）简单扩散

简单扩散指小分子与离子由高浓度向低浓度穿越细胞膜的自由扩散过程。物质的转移方向依赖于它在膜两侧的浓度差。由于这是物质由高浓度向低浓度的扩散，不需要提供能量，也不需要任何转运载体帮助。但是不同的分子与离子并非以相同的速率进行过膜扩散。一般来说，脂溶性小分子的透过性较好，而带电荷的离子和多数的极性分子透过性较差。

（二）促进扩散

促进扩散又称易化扩散。与简单扩散相似，它也是物质由高浓度向低浓度的转运过程，也不需要提供能量。但不同的是，这种物质的跨膜转运需要膜上特异转运载体的参与。这些转运载体通常称为通道或载体，其成分有的是蛋白质，有的是肽类抗生素。

促进扩散过程只有在一定生理条件下才能进行，其转运速度随被转运物质的增加而增大，但必须有转运载体的参与。膜通道由过膜的 α-螺旋肽段形成，螺旋管通过瞬间的开放和关闭，使离子从膜的一侧顺浓度梯度转运到另一侧。与此相类似，跨膜的转运载体常具有两种可以互变的构象。一种构象对被转运物质有高亲和力，从高浓度的一侧与之可逆结合，然后转变为对被转运物质有低亲和力的另一种构象，把被转运物质在膜的另一侧释放出去。红细胞膜上的葡萄糖转运蛋白，神经突触后膜上的乙酰胆碱受体蛋白（Na^+ 内流/K^+ 外流），线粒体内膜上的 ATP/ADP 变换蛋白等都通过构象的变化来实现所转运分子和离子的过膜促进扩散。

（三）主动转运

主动转运是物质依赖于转运载体、消耗能量并能够逆浓度梯度进行的跨膜转运方式。其所需的能量来自 ATP 的水解。例如，细胞膜的钠-钾泵，又称 Na^+-K^+-ATP 酶，其作用是保持细胞内的高 K^+ 和低 Na^+、细胞外的高 Na^+ 和低 K^+。Na^+-K^+-ATP 酶有两种不同

的构象 E_1 和 E_2。通过它们之间的交替互变，把 K^+ 从胞外转入胞内，把 Na^+ 从胞内转到胞外。这种反向的协同转运可以逆浓度梯度进行，并消耗 ATP。据计算，每次消耗一分子的 ATP，可以将 3 个 Na^+ 从胞内泵到胞外，同时将 2 个 K^+ 从胞外泵入胞内，以维持细胞内外 Na^+ 和 K^+ 的浓度差。Na^+-K^+-ATP 酶广泛分布于动物组织中，其活性直接影响细胞的代谢活动。除了维持细胞中电解质的浓度和膜电位以外，相对高的 K^+ 浓度，对细胞内糖代谢的关键酶丙酮酸激酶的活性也是必需的。此外，小肠黏膜上皮细胞等吸收葡萄糖和氨基酸进入胞内时，还伴随着 Na^+ 的同向转运。因此，质膜上的钠-钾泵必须把在胞内累积的 Na^+ 不断地排出去，才能使葡萄糖和氨基酸的转运得以持续进行。

二、大分子物质的跨膜转运

蛋白质、核酸、多糖、病毒和细菌等大分子物质进出细胞是通过与细胞膜的一起移动实现的。其方式有内吞作用和外排作用。内吞作用是细胞从外界摄入大分子或颗粒时，逐渐被质膜的一小部分包围、内陷，然后从质膜上脱落下来，形成细胞内的囊泡的过程。血液中低密度脂蛋白（LDL）向组织细胞内的转运、血液中免疫球蛋白向围产期奶牛初乳中的大量转移（被动免疫转移）就是通过内吞机制实现的。外排作用基本上是内吞作用的逆过程。它是细胞内的物质先被囊泡裹入形成分泌囊泡，分泌囊泡向细胞质膜迁移，然后与细胞质膜接触、融合，再向外释放出其内容物的过程。例如，胰岛细胞中积蓄了胰岛素的分泌囊泡就是通过与细胞质膜融合并打开，向细胞外释放出胰岛素。有许多蛋白质在细胞内合成后要分泌到胞外去，或者要在细胞中定位到不同的细胞器中，还涉及跨越内质网膜、线粒体膜等复杂的转运过程。

第三单元　酶

第一节　酶分子结构

一、酶的化学本质

酶是活细胞产生的具有催化功能的生物大分子，也称为生物催化剂。1926 年，J. Summer 从刀豆中分离获得了脲酶结晶，并提出酶的化学本质是蛋白质。后来 J. Northrop 等分离到了胃蛋白酶、胰蛋白酶和胰凝乳蛋白酶的结晶，进一步指出酶的蛋白质本质。从已发现的数千种酶来看，证实其中绝大多数是蛋白质，并已得到了数百种酶的结晶。

在 20 世纪 80 年代，T. Cech 等发现某些 RNA 具有自我催化作用，并提出了核酶的概念。后来不少的实验证明某些 RNA 和 DNA 确实具有酶一样的催化活性。现代科学认为，酶是由活细胞产生的，能在体内或体外起同样催化作用的一类具有活性中心和特殊构象的生物大分子，包括蛋白质和核酸。

二、酶的化学组成

根据酶的组成成分，可将酶分为单纯酶和结合酶两类。

1. 单纯酶　基本组成成分仅为氨基酸的一类酶称为单纯酶。消化道内催化水解反应的酶，如蛋白酶、淀粉酶、酯酶、核糖核酸酶等都属于此类酶。这些酶只由氨基酸组成，不含其他成分，其催化活性仅仅决定于它的蛋白质结构。

2. 结合酶　结合酶的组成成分除蛋白质以外，还含有对热稳定的非蛋白质的小分子有机物以及金属离子。蛋白质部分称为酶蛋白，小分子有机物和金属离子统称为辅助因子。酶蛋白与辅助因子单独存在时，都没有催化活性，只有两者结合成完整分子时，才具有活性。这种完整的酶分子称作全酶。

三、酶的辅助因子

辅助因子包括辅酶、辅基和金属离子。除了金属离子，大部分辅助因子是耐热的小分子有机物，按其与酶蛋白结合的紧密程度不同分为辅酶和辅基两类。

辅酶与酶蛋白结合疏松，可以用透析或超滤方法除去，重要的辅酶有 NAD^+、$NADP^+$ 和 CoA 等；辅基与酶蛋白结合紧密，不易用透析或超滤方法除去，重要的辅基有 FAD、FMN、生物素等。辅酶和辅基的差别，仅仅在于它们与酶蛋白结合的牢固程度不同，并无严格的界限。现已知大多数维生素（特别是 B 族维生素）是许多酶的辅酶或辅基的成分。由于维生素对酶的作用十分重要，所以缺乏时会出现各种病症。

酶的种类很多，但辅酶与辅基的种类却较少，它们主要作用是在反应中传递电子、氢原子或一些基团。通常一种酶蛋白只能与一种辅酶结合，成为一种特异的酶，但一种辅酶往往能与不同的酶蛋白结合，构成许多种特异性酶。酶蛋白在酶促反应中主要起识别和结合底物的作用，决定酶促反应的专一性；而辅助因子则决定反应的种类和性质。

酶分子中常含有的金属离子有 K^+、Na^+、Mg^{2+}、Cu^{2+}、Zn^{2+} 和 Fe^{2+} 等。它们或者是酶活性部位的组成部分，或者是连接底物和酶分子的桥梁，或者是稳定酶蛋白分子构象所必需的。

四、酶分子结构组成

根据酶蛋白分子结构的特点，可将其分为单体酶、寡聚酶、多酶复合体及多功能酶等四类。单体酶只有一条多肽链组成。这类酶为数不多，一般多属于水解酶，如胃蛋白酶、胰蛋白酶等。寡聚酶是由 2 个以上，多至数十个亚基组成的酶。亚基可以相同，也可以不同，亚基之间多为非共价结合，如己糖激酶、乳酸脱氢酶等。这类酶大多属于调节酶类。多酶复合体则是由多种功能上相关的酶在空间上结合起来的更为复杂的分子结构，如丙酮酸脱氢酶复合体、脂肪酸合成酶复合体。它们可以催化某个阶段的代谢反应更加高效、定向和有序地进行。多功能酶由一条多肽链组成，但不同的结构域可行使不同的酶功能。

第二节　酶的催化作用★★★

一、酶的催化特点

酶作为生物催化剂，具有与一般催化剂相同的催化性质。例如：只能催化热力学所允许的化学反应，缩短达到化学平衡的时间，而不改变平衡点；在化学反应的前后没有质和量的改变；很少的量就能发挥较大的催化作用；其作用机理都在于降低了反应的活化能。但是，酶还具有与一般催化剂所不同的生物大分子的特点，主要表现在以下几点。

（一）极高的催化效率

酶的催化效率通常比一般催化剂高 $10^7 \sim 10^{13}$ 倍。例如，过氧化氢酶和铁离子都催化 H_2O_2 的分解（$H_2O_2 + H_2O_2 \longrightarrow 2H_2O + O_2$），但在相同的条件下，过氧化氢酶要比铁离子的催化效率高 10^{11} 倍。正是由于酶的催化效率极高，因此在生物体内酶的含量尽管很低，却可以迅速地催化大量底物发生反应，以满足代谢的需求。

（二）高度的专一性

一种酶只作用于一类化合物或化学键，催化一定类型的化学反应，并生成一定的产物，这种现象称为酶的专一性或特异性。酶对底物的专一性又可分为以下几种。

1. 绝对专一性　是指一种酶只作用于一种底物，发生一定的反应，并产生特定的产物。如脲酶，只能催化尿素水解成 NH_3 和 CO_2，而不能催化甲基尿素的水解反应。

2. 相对专一性　一种酶可作用于一类化合物或一种化学键，这种不太严格的专一性称为相对专一性。如脂肪酶不仅水解脂肪，也能水解简单的酯类；磷酸酯酶对一般的磷酸酯的水解反应都有作用。

3. 立体异构专一性　酶对底物的立体构型的特异有要求。如 α-淀粉酶只能催化水解淀粉中 α-1,4-糖苷键，不能催化水解纤维素中的 β-1,4-糖苷键；L-乳酸脱氢酶的底物只能是 L-型乳酸，而不能是 D-型乳酸。

（三）酶活性的可调节性

酶的催化活性和酶的含量可受多种因素的调控。对酶的调控作用保证了酶在体内新陈代谢中发挥其恰如其分的催化作用，使生命活动中的种种化学反应都能够有条不紊、协调一致地进行。例如，酶生物合成的诱导和阻遏、酶激活物和抑制物的调节作用、代谢物对酶的反馈调节、酶的变构调节及酶的化学修饰等。

（四）酶的不稳定性

绝大多数酶是蛋白质，酶促反应要求比较温和的 pH、温度等条件。强酸、强碱、有机溶剂、重金属盐、高温、紫外线等任何使蛋白质变性的理化因素，都可使酶的活性降低，甚至丧失。

二、酶的催化机理

催化剂的作用，主要是降低反应所需的活化能，从而加速反应的进行。酶是生物催化剂，同样能显著地降低反应活化能，表现出极高的催化效率。一般认为，酶催化某一反应时，酶（E）首先与底物（S）结合，生成酶-底物复合物（ES），ES 再进行分解，形成产物（P），同时释放出酶（E）。本来一步进行的反应分为了两步进行，此过程称为中间复合物学说。其反应过程可表示为：

$$E+S \Longleftrightarrow ES \rightarrow E+P$$

由于 E 与 S 的高亲和力，容易生成不稳定的过渡态复合物 ES，大大降低了 S 的活化能（Ea），使反应加速进行，但是反应前后的自由能（ΔG）保持不变。酶促反应中过渡态中间复合物的形成，导致活化能的降低，是反应快速进行的关键步骤，任何有助于过渡态形成的因素都是酶催化机制的重要组成部分。现已证实的几种主要因素有：酶和底物的邻近效应与定向效应、底物分子的形变或扭曲、酸碱催化和共价催化、酶活性部位的低介电性等。在同一酶分子催化的反应中并非各种因素都同时发挥作用，也并非是单一的机制引起，而是由多种因素配合完成的。

三、酶活性及其测定

酶的催化活性是指酶催化化学反应的能力，可用在一定的条件下酶催化某一化学反应的反应速度来衡量。酶活性的大小用酶活力单位来表示。酶活力单位是指在特定的条件下，酶促反应在单位时间内生成一定量的产物或消耗一定量的底物所需的酶量。每克酶制剂或每毫升酶制剂所含有的活力单位数称为酶的比活性。对同一种酶来说，酶的比活性越高，纯度越高。

第三节　酶的结构与功能的关系

一、酶的活性部位

在酶分子上，并不是所有氨基酸残基，而只是少数氨基酸残基与酶的催化活性有关。在这些氨基酸残基的侧链基团中，与酶活性密切相关的基团称为酶的必需基团。这些必需基团虽然在一级结构上可能相距很远，但在空间结构上彼此靠近，集中在一起形成具有一定空间结构的区域。该区域与底物相结合并催化底物转化为产物。这一区域称为酶的活性部位，又称为活性中心。

酶活性部位内的一些化学基团，是酶发挥催化作用及与底物直接接触的基团，称之为活性部位内的必需基团。就功能而言，活性部位内的必需基团又可分为两种，与底物结合的必需基团称为结合基团，催化底物发生化学反应的基团称为催化基团。结合基团和催化基团并不是各自独立的，而是相互联系的整体。有的必需基团可同时具有这两方面的功能。

有些酶在细胞内最初合成或分泌时是没有催化活性的前体，称之为无活性的酶原。在一定条件下，切除一些肽段后，可使其活性部位形成或暴露，于是转变成有活性的酶。这种由无活性的酶原转变成有活性的酶的过程称为酶原的激活。如胃蛋白酶、胰蛋白酶、胰凝乳蛋白酶等都是通过这种方式激活的。

二、酶原及酶原的激活

1. 酶原与酶原的激活　在初合成或初分泌时没有活性的酶的前体称为酶原。酶原在一定条件下，转变成有活性的酶的过程称为酶原的激活。酶原激活的实质是酶的活性中心形成或暴露的过程。

2. 酶原激活的意义　如胰蛋白质酶原、凝血酶原等的激活，一方面防止了自身消化，起到保护作用，另一方面保证特定的酶在特定的时间和部位发挥作用。

第四节　影响酶促反应速度的因素

影响酶促反应速度的因素反映了酶的动力学规律。这些因素主要包括酶浓度、底物浓度、pH、温度、抑制剂和激活剂等。

一、底物浓度的影响

在其他因素，如酶浓度、pH、温度等不变的情况下，底物浓度的变化与酶促反应速度之间呈矩形双曲线关系，称米氏曲线。其数学关系式为米氏方程：

$$v = \frac{V_{max}[S]}{K_m + [S]}$$

式中，v 是在不同 $[S]$ 时的反应速度，V_{max} 为最大反应速度，$[S]$ 为底物浓度，K_m 为米氏常数。当反应速度为最大反应速度一半时，所对应的底物浓度即是 K_m，单位是浓度。K_m 是酶的特征性常数之一，在酶学及代谢研究中是重要的特征数据。

K_m 值的大小，近似地表示酶和底物的亲和力。K_m 值大，意味着酶和底物的亲和力小；反之则大。因此，对于一个专一性较低的酶，作用于多个底物时，不同的底物有不同的 K_m 值，具有最小的 K_m 或最高的 V_{max}/K_m 比值的底物就是该酶的最适底物或称天然底物。

二、酶浓度的影响

在一定的温度和 pH 条件下，当底物浓度大大超过酶的浓度时，酶的浓度与反应速度呈正比关系。

三、温度的影响

酶促反应速度最大，此时的温度，称为酶的最适温度。从动物组织提取的酶，其最适温度多为 35～40℃，温度升高到 60℃ 以上时，大多数酶开始变性，80℃ 以上，多数酶的变性不可逆。

四、酸碱性的影响

酶反应介质的 pH 可影响酶分子的结构，特别是活性中心内必需基团的解离程度和催化基团中质子供体或质子受体所需的离子化状态，也可影响底物和辅酶的解离程度，从而影响酶与底物的结合。只有在特定的 pH 条件下，酶、底物和辅酶的解离状态，最适宜于它们相互结合，并发生催化作用，使酶促反应速度达到最大值，这时的 pH 称为酶的最适 pH。

动物体内多数酶的最适 pH 接近中性，但也有例外，如胃蛋白酶的最适 pH 约为 1.8，胰蛋白酶约为 8，而肝精氨酸酶约为 9.8。

五、抑制剂的影响

凡能使酶的催化活性削弱或丧失的物质，通称为抑制剂。抑制剂对酶的作用有不可逆的和可逆的之分。

（一）不可逆抑制作用

不可逆抑制剂通常以共价键方式与酶的必需基团进行结合，一经结合就很难自发解离，不能用透析或超滤等物理方法解除抑制。例如，有机磷杀虫剂能专一地作用于胆碱酯酶活性中心的丝氨酸残基，使其磷酰化而破坏酶的活性中心，导致酶的活性丧失，结构胆碱能神经末梢分泌的乙酰胆碱不能及时分解，过多的乙酰胆碱会导致胆碱能神经过度兴奋，使家畜产生多种严重中毒症状，甚至死亡。

（二）可逆性抑制作用

可逆抑制剂与酶的结合以解离平衡为基础，属非共价结合，用超滤、透析等物理方法除去抑制剂后，酶的活性能恢复。其中又有竞争性的和非竞争性的等不同类型。

竞争性抑制作用的抑制剂一般与酶的天然底物结构相似，可与底物竞争酶的活性中心，从而降低酶与底物的结合效率，抑制酶的活性。磺胺类药物是典型的例子。某些细菌中的二氢叶酸合成酶以对氨基苯甲酸、二氢蝶呤啶及谷氨酸为原料合成叶酸。它是细菌合成核酸不可缺少的辅酶。由于磺胺药与对氨基苯甲酸具有十分类似的结构，于是成为这个酶的竞争性抑制剂。它通过降低菌体内叶酸的合成能力，使核酸代谢发生障碍，从而达到抑菌的作用。

六、激活剂的影响

凡能使酶由无活性变为有活性或使酶活性提高的物质，通称为激活剂。其中大部分是无机离子或简单的有机小分子。如 Mg^{2+} 是多种激酶和合成酶的激活剂；Cl^- 是唾液淀粉酶的激活剂。抗坏血酸、半胱氨酸、还原型谷胱甘肽等则对某些巯基酶具有激活作用。

第五节　酶活性的调节

一、反馈作用

由代谢途径的终产物或中间产物对催化途径起始阶段的反应或途径分支点上反应的关键酶进行的调节（激活或抑制），称为反馈控制。这是物质代谢中普遍存在的一种方式。

二、同　工　酶

同工酶是指催化相同的化学反应，但酶蛋白的分子结构、理化性质和免疫学性质不同的一组酶。这类酶有数百种，其通过在种别、组织之间，甚至在个体发育的不同阶段的表达差异调节机体的代谢。例如，乳酸脱氢酶就是由 4 种亚基（M 和 H）构成了 5 种同工酶，每个酶分子都是四聚体，分别为 LDH_1（H_4）、LDH_2（MH_3）、LDH_3（M_2H_2）、LDH_4（M_3H）和 LDH_5（M_4），其中 LDH_1（H_4）主要存在在心肌中，而 LDH_5（M_4）主要存在在骨骼肌中。

三、变构调节

变构酶的分子组成一般是多亚基的。酶分子中与底物分子相结合的部位称为催化部位，与变构剂结合的部位称为调节部位。这两个部位可以在不同的亚基上，也可以位于同一亚基。变构剂可以与酶分子的调节部位进行非共价可逆地结合，改变酶分子构象，进而改变酶的活性。变构酶具有 S 形动力学特征。变构剂浓度稍有降低，酶的活性就明显下降；反之，浓度稍有升高，酶活性就迅速上升。因此，变构剂浓度的改变可以快速调节细胞内酶的活性，从而实现对代谢速度和方向的调节。这对于维持细胞内代谢恒定起着重要的作用。

四、共价修饰调节

共价修饰是机体内调节酶活性的又一重要方式。有些酶分子上的某些氨基酸基团，在另一组酶的催化下发生可逆的共价修饰，从而引起酶活性的改变。这种调节称为共价修饰调节。这类酶称为共价修饰酶。最重要的酶的共价修饰是酶的磷酸化/脱磷酸互变等。这类酶有两个特点：一是它们一般具有无活性（或低活性）与有活性（或高活性）的两种形式。它们之间的互变反应中，正逆两个方向由不同的酶所催化，催化互变反应的酶受激素等因素的调节。二是这种酶促反应常表现出级联放大效应，是许多代谢调节信号在细胞内传递的基本方式。

第六节 酶的实际应用

一、酶与动物健康的关系

酶的催化作用是机体实现物质代谢以维持生命活动的必要条件。酶的质或量的异常引起酶活性的改变是某些疾病的病因，如先天性酪氨酸酶缺乏使黑色素不能形成，引起人和动物的白化病。有些疾病的发生是由于酶的活性受到抑制。例如：人和动物一氧化碳中毒是由于呼吸链中细胞色素 c 氧化酶的活性受到了抑制；重金属盐中毒是由于巯基酶的活性受到了抑制。

临床上进行血清（或血浆）、尿液等体液中酶活性测定以帮助诊断疾病。由于某些组织器官受损伤时，细胞内的一些酶可大量释放入血液中，成为疾病诊断的依据。例如，急性胰腺炎时，血清淀粉酶活性升高；急性肝炎或心肌炎时，血清氨基转移酶活性升高。机体内许多酶在肝脏中合成，肝功能严重障碍时，血清中有些酶的含量下降。例如，患肝病时血液中凝血酶原、凝血因子Ⅶ等含量下降。此外，血清同工酶的测定对于疾病的器官定位也很有意义。

临床上常用的药用酶主要是消化酶和消炎酶类。如胃蛋白酶、胰蛋白酶、淀粉酶用于消化不良的治疗；尿激酶、链激酶、蚓激酶用于血管栓塞的治疗。酶的抑制作用原理是许多药物设计的前提，如磺胺类药物是细菌二氢叶酸合成酶的竞争性抑制剂，氯霉素可以通过抑制细菌转肽酶的活性而发挥抑菌作用等。

二、酶与动物生产的关系

目前，酶制剂在饲料生产中得到广泛应用，其大多为水解酶类。例如，利用微生物淀粉酶、纤维素酶、果胶酶等通过发酵法制备青贮饲料和糖化饲料，或用这些水解酶降解作物秸秆，降解产物用于饲料酵母，生产单细胞蛋白，成为饲料生产的新蛋白源。此外，酶制剂作为添加剂可直接用于饲料。如用微生物发酵法制得含多种消化酶的粗酶，经葡萄糖类载体吸附制成复合酶添加剂，配入饲料中，可促进饲料原料中大分子营养物的降解，易被畜禽消化吸收，提高饲料利用率。

第四单元 糖 代 谢★★★★

第一节 糖的生理功能

一、糖的生理功能

糖是动物机体的主要能源物质，动物所需能量的 70% 来自葡萄糖的分解代谢。**糖原**是动物体内糖的贮存形式，贮存于肌肉和肝脏，分别称为肌糖原和肝糖原。1mol 葡萄糖完全氧化成为二氧化碳和水可释放 2 840kJ 的能量，其中约 40% 转移到 ATP 分子中，以供动物生理活动所需。大脑、心脏、胎儿以及泌乳的动物都需要葡萄糖的稳定供给。

此外，糖也是动物组织结构的组成成分。糖蛋白、糖脂都是生物膜的组成成分。核糖与脱氧核糖是组成核酸的成分。一些血浆蛋白、抗体、有些酶和激素、细胞表面的一些受体等也含有糖。蛋白多糖构成结缔组织和细胞基质，保持组织间的水分，并与细胞间的黏合、相互识别及信息传递有关。糖也与血液凝固及神经冲动的传导等功能有关。

二、动物机体糖的来源和去路

（一）来源

动物体内糖的来源主要由消化道吸收，其次是通过糖的异生作用，即将非糖物质（如甘油、乳酸、丙酸和生糖氨基酸等）在肝和肾中转变而来。对于非反刍动物，糖的主要来源是淀粉在消化道中被酶水解转变成葡萄糖，然后通过小肠吸收；对于反刍动物，从饲料中摄入的糖主要是纤维素，在瘤胃中微生物分泌的纤维素酶的作用下，可以转变成乙酸、丙酸和丁酸等低级脂肪酸，其中丙酸是异生成葡萄糖的主要前体。

（二）去路

葡萄糖的代谢去路主要是分解供能，也可以以肝糖原和肌糖原的形式暂时贮存于肝脏和肌肉中。当有过多的糖摄入，能源物质过剩时，糖可以转变为脂肪。糖分解过程中的中间物可以通过提供"碳骨架"参与非必需氨基酸的合成。

三、血糖及其恒定的生理意义

（一）血糖

血液中所含的糖，除微量的半乳糖、果糖外，几乎都是葡萄糖。因此，血糖主要是指血液中的葡萄糖。

血糖的浓度受进食的影响。但在短时间不进食，也能维持正常水平。血糖浓度的相对恒定，是保证细胞正常代谢、维持组织器官正常机能的重要条件之一。动物机体各组织细胞需要不断地从血液中摄取葡萄糖，以满足生理活动的需要。如果血糖过低，就会引起葡萄糖进入各组织的量不足，造成各组织（首先是神经组织）机能障碍，出现低血糖症。动物处在疾病状态下或不合理的饲养和使役中，都易造成血糖供应困难。在这种情况下，应给予含糖丰富的饲料，在临床上必要时还应注射葡萄糖。

（二）血糖恒定的生理意义

动物血糖水平保持恒定是糖、脂肪、氨基酸代谢途径之间，肝、肌肉、脂肪组织之间相互协调的结果。动物在采食后的消化吸收期间，肝糖原和肌糖原合成加强而分解减弱，氨基酸的糖异生作用减弱，脂肪组织加快将糖转变为脂肪，使血糖在暂时上升之后很快恢复正常。动物持续饥饿时，血糖下降，但仍会保持一定的水平。此时血糖的来源主要靠非糖物质的异生作用，以保证动物脑组织对能量的需求。调节血糖浓度的主要激素有胰岛素、肾上腺素、糖皮质激素等。其中，除胰岛素可降低血糖外，其他激素均可使血糖浓度升高。

血糖浓度低于下限，称为低血糖，多由饥饿、营养不良等因素造成。低血糖时，出现心慌、眩晕、肌无力等症状。

因为胰岛素分泌缺陷或其生物作用受损，或两者兼有，导致血糖高于上限，少量的血糖从尿中排出体外，而且长时间持续，就形成了糖尿病，这是一种以高血糖为特征的代谢性疾病。糖尿病时长期存在的高血糖，导致各种组织，特别是眼、肾、心脏、血管、神经的慢性损害、功能障碍。

第二节　葡萄糖的分解代谢

一、糖酵解途径及其生理意义

（一）糖酵解途径

糖酵解途径是指在无氧情况下，葡萄糖生成乳酸并释放能量的过程，也称为糖的无氧分解。糖的无氧分解在胞液中进行，可分为两个阶段：

第一阶段由葡萄糖分解成丙酮酸。从葡萄糖开始进行的糖无氧分解，先由 1mol 葡萄糖消耗 2mol ATP 先后生成葡萄糖-6-磷酸和果糖-1,6-二磷酸，果糖-1,6-二磷酸分子再断裂成 2mol 磷酸丙糖（3-磷酸甘油醛和磷酸二羟丙酮，两者是可以互变的异构体）。接着 2mol 的 3-磷酸甘油醛经过氧化脱氢和磷酸化，转变成 2mol 丙酮酸，并产生 2mol NADH＋H^+ 和 4mol ATP。减去反应开始时形成己糖磷酸酯所消耗的 2mol ATP，净生成 2mol ATP。若酵解由糖原开始，由于少利用 1mol ATP，糖原分子中的 1mol 葡萄糖残基转变为 2mol 丙酮酸，可以生成 3mol ATP。

第二阶段是丙酮酸还原成乳酸。反应由乳酸脱氢酶催化，由第一阶段生成的 2mol NADH＋H^+ 将丙酮酸还原成 2mol 乳酸。

整个途径涉及三个关键酶，分别是己糖激酶（或葡萄糖激酶）、磷酸果糖激酶和丙酮酸激酶。

葡萄糖无氧分解的总反应为：

$$C_6H_{12}O_6＋2Pi＋2ADP \longrightarrow CH_3CH(OH)COO^-＋2ATP$$

（二）生理意义

糖的无氧分解最主要的生理意义在于能为动物机体迅速提供生理活动所需的能量。当动物在缺氧或剧烈运动时，氧的供应不能满足肌肉将葡萄糖完全氧化的需求。这时肌肉处于相对缺氧状态，糖的无氧分解过程随之加强，以补充运动所需的能量。但是，从葡萄糖无氧分解途径获得的能量有限。

即使在有氧情况下，少数组织也要进行糖的无氧分解，如表皮、视网膜、神经、睾丸、肾髓质、血细胞等，从无氧分解获得能量。成熟的红细胞由于没有线粒体，则完全依赖糖的无氧分解以获得能量。

在贫血、失血、休克等病理情况下，由于循环障碍造成组织供氧不足，糖的无氧分解得到加强。但是葡萄糖无氧分解途径中产生过多的乳酸会引起动物酸中毒。在一般情况下，动物机体大多数组织供氧充足，主要进行的是糖的有氧分解供能。

二、有氧氧化途径及其生理意义

（一）有氧氧化途径

有氧氧化途径是指葡萄糖在有氧条件下彻底氧化生成水和二氧化碳的过程，也称为糖的有氧分解。有氧分解是糖分解的主要方式，绝大多数细胞都通过它获得能量。其主要过程如下：

第一阶段由 1mol 葡萄糖（6C）转变为 2mol 丙酮酸（3C），生成 2mol ATP 和 2mol NADH＋H^+。此阶段与葡萄糖的无氧分解途径一致，即葡萄糖→丙酮酸，在胞液中进行。

第二阶段是 2mol 丙酮酸（3C）进入线粒体，在丙酮酸脱氢酶复合体的催化下，2mol 丙酮酸氧化脱羧生成 2mol 乙酰 CoA（2C）、2mol NADH＋H^+ 和 2mol CO_2。丙酮酸复合体由 3 个酶，以及 TPP（焦磷酸硫胺素）、硫辛酸、CoA、FAD 和 NAD^+ 等 5 个辅酶组成。

第三阶段是在线粒体中，乙酰 CoA（以 1mol 计，以下反应物和产物都要乘以 2）通过三羧酸循环（又称柠檬酸循环和 Kreb's 循环）彻底氧化分解成 CO_2 和水，并有

NADH＋H⁺、FADH₂ 和 ATP 生成。其反应过程为：乙酰 CoA 与草酰乙酸缩合生成柠檬酸，柠檬酸转变成异柠檬酸，后者经过第一次脱氢（产生 NADH＋H⁺）和脱羧转变成α-酮戊二酸。α-酮戊二酸在 α-酮戊二酸脱氢酶复合体（与丙酮酸脱氢酶复合体作用相似）的催化下经第二次脱氢（产生 NADH＋H⁺）和脱羧生成琥珀酰 CoA，接着在经过一次底物水平磷酸化（生成 1mol GTP）后，生成的琥珀酸再脱氢（第三次脱氢，产生 FADH₂）生成延胡索酸，后者再加水转变成苹果酸，苹果酸脱氢（第四次脱氢，产生 NADH＋H⁺）再生成草酰乙酸，至此完成一次循环。整个循环是不可逆的，每运转一周，经过 2 次脱羧，4 次脱氢，1mol 的乙酰 CoA 被彻底氧化分解。循环中有 3 个关键酶：柠檬酸合酶、异柠檬酸脱氢酶和 α-酮戊二酸脱氢酶复合体。整个途径中产生的 NADH＋H⁺ 和 FADH₂ 经过呼吸链最终分别生成 2.5mol 和 1.5mol 的 ATP，因此 1mol 的乙酰 CoA 经过一次循环可以生成 10mol ATP（由 3mol NADH＋H⁺、1mol FADH₂ 经呼吸链生成的 9mol ATP 和 1mol 底物磷酸化生成的 ATP）。

（二）生理意义

1. 糖的有氧分解是动物机体获得生理活动所需能量的主要来源　1mol 葡萄糖在有氧氧化的第一个阶段生成 2mol ATP 和 2mol NADH＋H⁺，在第二阶段生成 2mol NADH＋H⁺，在第三阶段生成 6mol NADH＋H⁺、2mol FADH₂ 和 2mol ATP。这些还原辅酶和辅基经过呼吸链氧化，并通过 ADP 的磷酸化合成 ATP。最终合计能得到 32（或 30）mol ATP。葡萄糖有氧分解的总反应为：

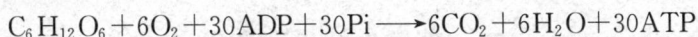

$$C_6H_{12}O_6 + 6O_2 + 30ADP + 30Pi \longrightarrow 6CO_2 + 6H_2O + 30ATP$$

2. 三羧酸循环是糖、脂肪、氨基酸及其他有机物质代谢的联系枢纽　糖有氧分解过程中产生的丙酮酸、α-酮戊二酸和草酰乙酸可以氨基化转变为丙氨酸、谷氨酸和天冬氨酸，反之，这些氨基酸脱去氨基又可转变成相应的酮酸进入糖的有氧分解途径。此外，丙酸等低级脂肪酸可经琥珀酰 CoA、草酰乙酸等途径异生成糖。因而，三羧酸循环将各种营养物质的相互转变联系在了一起。

3. 三羧酸循环又是三大物质分解代谢的共同归宿　乙酰 CoA 不仅是糖有氧分解的产物，同时也是脂肪酸和氨基酸代谢的产物。因此，三羧酸循环是三大营养物质的最终代谢通路。据估计，动物体内 2/3 的有机物质通过三羧酸循环被分解，三羧酸循环成为各种营养物质分解代谢的共同归宿。

三、磷酸戊糖途径及其生理意义

（一）磷酸戊糖途径

磷酸戊糖途径的反应在胞液中进行。其途径可分为两个阶段：第一阶段是氧化反应，包括葡萄糖-6-磷酸 2 次脱氢、1 次脱羧，形成五碳糖（核酮糖-5-磷酸），生成 CO₂ 和 NADPH＋H⁺；第二阶段是非氧化反应，包括核酮糖-5-磷酸异构化为核糖-5-磷酸，核酮糖-5-磷酸还通过差向异构形成木酮糖-5-磷酸，再通过转酮基反应和转醛基反应，将磷酸戊糖途径与糖无氧分解途径联系起来。

磷酸戊糖途径的总反应：

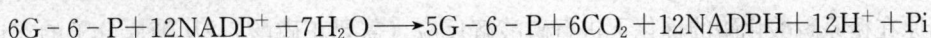

$$6G-6-P + 12NADP^+ + 7H_2O \longrightarrow 5G-6-P + 6CO_2 + 12NADPH + 12H^+ + Pi$$

（二）生理意义

（1）磷酸戊糖途径中产生的还原辅酶 NADPH＋H$^+$ 是生物合成反应的重要供氢体，为合成脂肪、胆固醇、类固醇激素和脱氧核苷酸提供氢。因此，在脂类合成旺盛的脂肪组织、哺乳期乳腺、肾上腺皮质、睾丸等组织中磷酸戊糖途径比较活跃。NADPH＋H$^+$ 对维持还原型谷胱甘肽（GSH）的正常含量，保护巯基酶活性，维持红细胞的完整性也很重要。

（2）磷酸戊糖途径生成的核糖-5-磷酸是合成核苷酸的原料。

（3）磷酸戊糖途径与糖的有氧氧化及糖酵解相互联系，因此成为不同碳原子数的单糖互相转变和氧化分解的共同途径。

第三节　糖的异生作用

一、糖异生的途径

非糖物质（如甘油、丙酸、乳酸、生糖氨基酸等）转变成葡萄糖或糖原的过程称为糖异生作用。该过程不能完全按糖无氧分解途径的逆过程进行，因为由己糖激酶、磷酸果糖激酶和丙酮酸激酶催化的三步反应是不可逆的，构成了糖异生过程的"能障"。要完成这3个不可逆反应的逆向反应，需要通过另外的催化过程克服这种障碍才能实现。它们分别是葡萄糖磷酸酶（肝）、果糖二磷酸酶以及由丙酮酸羧化酶与磷酸烯醇式丙酮酸羧基激酶组成的"丙酮酸羧化支路"。这个过程主要在肝脏和肾脏中进行。

二、糖异生的生理意义

由非糖物质通过异生作用转变成葡萄糖或糖原可以维持血糖的正常含量，保证动物细胞从血中取得必要的葡萄糖，尤其在饥饿等缺糖的情况下，糖异生作用对于满足大脑和神经系统、胎儿等的葡萄糖需求有重要意义。草食动物体内的糖主要是靠糖异生而来的（特别是丙酸的生糖作用），若用质量低下的饲料饲喂乳牛，由于糖异生前体物质缺乏，糖异生将迅速下降，不但影响乳的产量，有时还会引起酮病。

三、乳酸循环

在某些生理或病理情况下，如家畜在重役（或剧烈运动）时，肌肉中糖的无氧分解加剧，在获得部分能量的同时，引起肌糖原大量分解为乳酸。乳酸在肌肉组织中不能被继续利用，而是通过血液循环到达肝，经糖异生作用转变成糖原和葡萄糖，生成的葡萄糖又可进入血液以补充血糖。这一过程称为**乳酸循环**（Cori 循环）。可见糖异生作用对于清除体内多余的乳酸，使其被再利用，防止发生由乳酸引起的酸中毒，保证肝糖原生成，补充肌肉消耗的糖都有特殊的生理意义。动物在安静状态或产生乳酸甚少时，这种作用表现不明显。

第四节　糖原的分解与合成

一、糖原的分解

糖原在糖原磷酸化酶的催化下进行磷酸解反应（需要正磷酸），从糖原分子的非还原性

末端逐个移去以 α-1,4-糖苷键相连的葡萄糖残基生成葡萄糖-1-磷酸，这是糖原分解的主要产物，约占 85% 以上。在分支点上的以 α-1,6-糖苷键相连的葡萄糖残基则在 α-1,6-糖苷酶的作用下水解产生游离的葡萄糖。糖原分解的关键酶是磷酸化酶。

二、糖原的合成

首先，由葡萄糖-1-磷酸在 UDP-葡萄糖焦磷酸化酶的催化下与尿苷三磷酸（UTP）作用，生成尿苷二磷酸葡萄糖即 UDPG，形成的 UDPG 可看作是"活性葡萄糖"，在体内作为糖原合成的葡萄糖供体。然后，在糖原合酶作用下，UDPG 上的葡萄糖基转移到糖原引物上，形成 α-1,4-糖苷键，使糖原延长了一个葡萄糖残基。上述反应重复进行，可使糖链不断延长。糖原的支链由分支酶催化形成。糖原合成过程的关键酶是糖原合酶。

第五单元　生物氧化

第一节　生物氧化的概念

营养物质，如糖、脂肪和蛋白质在体内分解，消耗氧气，生成 CO_2 和 H_2O 同时产生能量的过程称为生物氧化。

从最简单的细胞变形运动到高级神经活动，凡是生命活动，都需要能量。生物氧化是营养物质在细胞内，并且有水存在的环境中进行的，机体内的代谢物主要以脱氢、脱羧、水化、加成和化学键的断裂等方式分解，而有机物在体外的燃烧则需要干燥的环境。生物氧化的反应介质是胞液，其 pH 接近中性。生物氧化中能量的生成是逐步的，并且可以转变成为可以利用的化学能，如 ATP。

但应注意，生物氧化并不是某一物质单独的代谢途径，而是营养物质分解氧化的共同的代谢过程。生物氧化也包括机体对药物与毒物的氧化分解过程。

真核生物的生物氧化发生在线粒体内膜上，而原核生物则在细胞膜上。线粒体的特殊结构及其特殊的酶系统，都为生物氧化提供了便利的条件。三羧酸循环酶系存在于线粒体，由此生成的 NADH+H^+ 和 FADH$_2$ 可以直接进入呼吸链与氧反应生成 H_2O，同时伴有 ATP 的合成。由于线粒体是生产 ATP 的主要场所，因此被称为细胞内的"发电站"。此外，营养物质在分解代谢过程中所生成的 NADH+H^+ 必须经过某种特殊的转运机制，才能从胞液转入线粒体参加生物氧化过程。

一、生物氧化的酶类

营养物质进行氧化分解是在各种氧化酶的催化下进行的,以下按照其催化反应的特点来介绍这些酶。

1. 不需氧脱氢酶 不需氧脱氢酶可使底物脱氢而氧化,但脱下来的氢并不直接与氧反应,而是通过呼吸链传递最终才与氧结合生成 H_2O。这些酶的辅酶包括 NAD^+、$NADP^+$ 和 FAD 等。例如,在葡萄糖的分解代谢中已经介绍过的 3 -磷酸甘油醛脱氢酶、丙酮酸脱氢酶、α -酮戊二酸脱氢酶、异柠檬酸脱氢酶、琥珀酸脱氢酶等都属于不需氧脱氢酶。

2. 辅酶 Q (CoQ) 又称泛醌。它是依靠醌式结构与酚式结构之间的变化来传递氢的,是一种递氢体。它在向下传递其所携带的一对氢原子时,将其中的一对电子传递给下一个电子传递体,而将两个 H^+ 释放于环境中,在呼吸链的末端交给氧。

3. 铁硫中心 铁硫中心又称铁硫簇,是铁硫蛋白的活性中心。铁硫蛋白又称为非血红素铁蛋白。铁硫中心有一铁一硫(Fe-S)、二铁二硫(2Fe-2S)和四铁四硫(4Fe-4S)等不同类型,通过铁原子的化合价的变化(Fe^{3+}/Fe^{2+})传递电子。

4. 细胞色素 主要的氧化酶有处于呼吸链末端的细胞色素氧化酶,又称细胞色素 aa3,可以催化细胞色素 c 的氧化,将电子直接传递给氧,生成 O^{2-},后者再接受 H^+ 生成 H_2O。氧化酶可被氰化物(CN^-)和 CO 抑制。酶分子需要 Cu^{2+} 等金属离子。

细胞色素是一类含有血红素铁卟啉的蛋白质,通过铁原子化学价的互变传递电子。根据其在可见光范围内的吸收光谱,分为 a、b、c 三类。

二、生物氧化中 CO_2 和 H_2O 的生成

(一)生物氧化中 CO_2 生成

营养物质,包括糖、脂肪和蛋白质在动物体内氧化释放的 CO_2 大多是以脱羧反应的形式进行的。大致有 4 种脱羧方式。

1. α -单纯脱羧 脱羧发生在 α -碳原子上,并且没有伴随的氧化反应发生。例如,氨基酸脱羧酶催化的氨基酸脱羧反应,生成相应的胺。

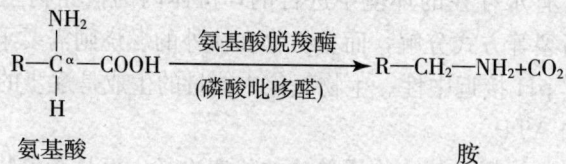

$$\underset{\text{氨基酸}}{R-\underset{\underset{H}{|}}{\overset{\overset{NH_2}{|}}{C^\alpha}}-COOH} \xrightarrow[\text{(磷酸吡哆醛)}]{\text{氨基酸脱羧酶}} \underset{\text{胺}}{R-CH_2-NH_2+CO_2}$$

2. α -氧化脱羧 脱羧发生在 α -碳原子上,并且有伴随的脱氢,即氧化反应的发生。例如,丙酮酸脱氢酶多酶复合体催化的丙酮酸脱氢脱羧反应,除 CO_2 外,还有 $NADH + H^+$ 生成。

3. β -单纯脱羧 脱羧发生在 β -碳原子上,并且未有伴随的氧化反应发生。例如,磷酸烯醇式丙酮酸羧激酶催化的反应。

4. β -氧化脱羧 脱羧发生在 β -碳原子上,并且伴随有脱氢形式的氧化反应发生。例

如，异柠檬酸脱氢酶催化的异柠檬酸既脱氢又脱羧的反应。

(二) 生物氧化中 H_2O 的生成

除了 CO_2 以外，生物氧化中另一个产物就是 H_2O。H_2O 生成的方式大致可分为两种方式：一种是直接由底物脱水，另一种是由呼吸链生成。后者是动物机体生成水的主要方式。

1. 底物脱水 营养物质在代谢过程中从底物直接脱水的只是少数。例如，在葡萄糖的无氧酵解中，烯醇化酶可催化 2-磷酸甘油酸脱水生成磷酸烯醇式丙酮酸。在脂肪酸的生物合成中，β-羟脂酰-ACP 脱水酶可以催化 β-羟脂酰-ACP 的脱水反应，生成 α,β-烯脂酰-ACP，并直接脱去水：

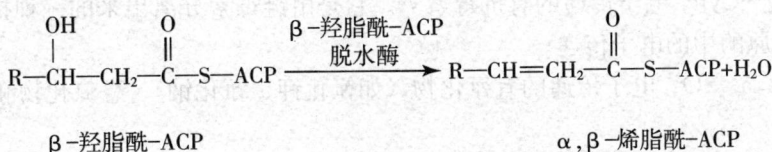

$$R-\underset{\underset{OH}{|}}{CH}-CH_2-\underset{\overset{O}{||}}{C}-S-ACP \xrightarrow[\text{脱水酶}]{\beta\text{-羟脂酰-ACP}} R-CH=CH_2-\underset{\overset{O}{||}}{C}-S-ACP+H_2O$$

β-羟脂酰-ACP　　　　　　　　　　　α,β-烯脂酰-ACP

2. 由呼吸链生成水 呼吸链是指排列在线粒体内膜上的一个由多种脱氢酶以及氢和电子传递体组成的氧化还原系统。在生物氧化过程中，底物脱下的氢（可以表示为 $H^+ + e$）通过一系列递氢体和电子传递体的顺次传递。

第二节 呼 吸 链 ★★★

一、呼吸链的组成

除前面提到的不需氧脱氢酶外，组成呼吸链的递氢体与电子传递体主要有 NADH 脱氢酶（以 FMN 为辅基，又称黄素蛋白）、铁硫蛋白、各种含 Fe^{3+} 的细胞色素及含 Cu^{2+} 的细胞色素 c 氧化酶等。

二、$NADH + H^+$ 呼吸链和 $FADH_2$ 呼吸链

分布在线粒体内膜上的不需氧脱氢酶、递氢体和电子传递体可以组成四种复合物，形成两条既有联系又互相独立的呼吸链——$NADH + H^+$ 呼吸链和 $FADH_2$ 呼吸链（也称琥珀酸呼吸链）。

由复合物 I、III、IV 组合组成以 NADH 为首的传递链，称为 NADH 呼吸链。它们的排列顺序如下：

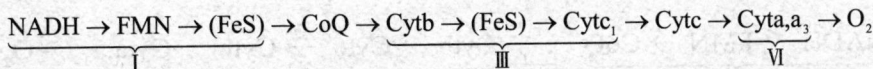

$$\underset{I}{\underline{NADH \to FMN \to (FeS)}} \to CoQ \to \underset{III}{\underline{Cytb \to (FeS) \to Cytc_1}} \to Cytc \to \underset{VI}{\underline{Cyta,a_3}} \to O_2$$

以复合物 II、III、IV 组合组成以琥珀酸为首的传递链，称 FADH2 呼吸链或琥珀酸呼吸链。它们的排列顺序如下：

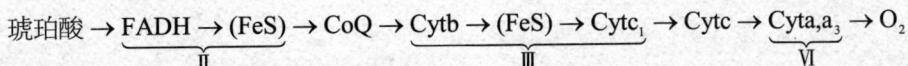

$$琥珀酸 \to \underset{II}{\underline{FADH \to (FeS)}} \to CoQ \to \underset{III}{\underline{Cytb \to (FeS) \to Cytc_1}} \to Cytc \to \underset{VI}{\underline{Cyta,a_3}} \to O_2$$

呼吸链中各个递氢体与电子传递体的位置是根据各个氧化还原对的标准氧化还原电位从低到高排列的，也就是电子传递的方向。

三、呼吸链的抑制作用

呼吸链是一个由各种递氢体和电子传递体按一定的顺序所组成的传递链，因此，只要其中某一个传递体受到抑制，将阻断整个传递链，这就是呼吸链的抑制作用。能够阻断呼吸链中某部位的电子传递的物质称为电子传递抑制剂。常见的电子传递抑制剂有：

阻断 $NADH \rightarrow CoQ$ 氢和电子传递的有鱼藤酮、安密妥（巴比妥酸盐呼吸抑制剂）和杀粉蝶菌素等。

阻断 $CoQ \rightarrow Cytc_1$ 电子传递的有抗霉素 A。它是由链霉素分离出来的一种抗生素，可干扰细胞色素还原酶中的电子传递。

阻断 $Cyta,a_3 \rightarrow O^{2-}$ 电子传递的有氰化物（如氰化钾、氰化钠）、叠氮化物和一氧化碳。

第三节　ATP 的生成

营养物质分解过程中产生的部分能量主要以各种高能化合物的形式被储存起来。在这些高能化合物中，ATP 的作用最重要。因为 ATP 水解自由能的水平在所有磷酸化合物中处于中间位置，所以它既可以容易地从自由能水平较高的化合物获得能量，也可以较容易地向自由能水平较低的化合物传递能量。ATP 还可以通过各种核苷酸激酶的催化，将其能量转移给其他的核苷酸，生成如 GTP、UTP 和 CTP 等。

ATP 的生成有两种方式：

1. 底物磷酸化　指营养物质在代谢过程中经过脱氢、脱羧、分子重排和烯醇化反应，产生高能磷酸基团或高能键后，直接将高能磷酸基团转移给 ADP 生成 ATP。例如，在糖的无氧氧化过程中，产生有限数量的 ATP 就是通过这种方式。

2. 氧化磷酸化　氧化磷酸化是指底物的氧化作用与 ADP 的磷酸化作用通过能量相偶联生成 ATP 的方式。底物脱下的氢经过呼吸链的依次传递，最终与氧结合生成 H_2O，这个过程所释放的能量用于 ADP 的磷酸化反应（ADP+Pi）生成 ATP。氧化磷酸化是需氧生物产生 ATP 的主要方式。在呼吸链中 ATP 生成的偶联部位发生在 NADH $\longrightarrow$ CoQ、细胞色素 b $\longrightarrow$ 细胞色素 c 以及细胞色素 a,a_3 $\longrightarrow$ O_2 之间。1mol 的 NADH 通过 NADH 呼吸链最终与氧化合生成水伴随有 2.5mol ATP 生成，而 1mol 的 FADH 通过 FADH 呼吸链最终与氧化合生成水伴随有 1.5mol 的 ATP 生成。

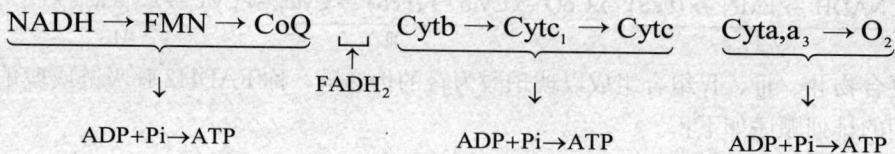

$$\underline{NADH \rightarrow FMN \rightarrow CoQ} \quad \underset{FADH_2}{\longmapsto} \quad \underline{Cytb \rightarrow Cytc_1 \rightarrow Cytc} \quad \underline{Cyta,a_3 \rightarrow O_2}$$

$$\downarrow \qquad\qquad\qquad\qquad \downarrow \qquad\qquad\qquad\qquad \downarrow$$

$$ADP+Pi \rightarrow ATP \qquad\quad ADP+Pi \rightarrow ATP \qquad\quad ADP+Pi \rightarrow ATP$$

第六单元 脂类代谢

第一节 脂类及其生理功能

一、脂类的分类

脂类是脂肪和类脂的总称。脂肪由甘油的 3 个羟基与 3 个脂肪酸缩合而成，又称三酰甘油。类脂主要包括磷脂、糖脂、胆固醇及其酯。

根据脂类在动物体内的分布，又可将其分为贮存脂和组织脂。贮存脂主要为中性脂肪，分布在动物皮下结缔组织、大网膜、肠系膜、肾周围等组织中。贮脂的含量随机体营养状况变动。组织脂主要由类脂组成，分布于动物体所有的细胞中，是构成细胞的膜系统（质膜和细胞器膜）的成分，含量稳定，不受营养等条件的影响。

二、脂类的生理功能

脂肪是动物机体用以贮存能量的主要形式。每克脂肪彻底氧化分解释放出的能量是同样重量的葡萄糖所能产生的能量的 2 倍多。脂肪是疏水性的，贮存脂肪并不伴有水的贮存，1g脂肪只占 1.2mL 体积，贮存 1g 糖原所占体积约是贮存 1g 脂肪的 4 倍，即贮存脂肪的效率远大于贮存糖原。

皮下脂肪可以保持体温，内脏周围的脂肪组织有固定内脏器官和缓冲外部冲击的作用。磷脂、糖脂和胆固醇等类脂分子由于其特殊的理化性质，可以形成双分子层的细胞膜结构，成为半透性的屏障。

此外，由胆固醇可以衍生出性激素、维生素 D_3 和促进脂类消化吸收的胆汁酸。磷脂的代谢中间物，如肌醇三磷酸（IP_3）可作为信号分子参与细胞代谢的调节过程。

还有一类多不饱和脂肪酸，即含有 2 个和 2 个以上双键的脂肪酸，如亚油酸（18：2，$\Delta^{9,12}$）、亚麻酸（18：3，$\Delta^{9,12,15}$）和花生四烯酸（20：4，$\Delta^{5,8,11,14}$）等。它们在动物体内不能合成，而又具有十分重要的生理功能，因此，必须从饲料中摄取（植物和微生物可以合成）。这类多不饱和脂肪酸称为必需脂肪酸。它们不仅是组成细胞膜的重要成分，而且前列腺素、血栓素和白三烯等都是由其衍生而来的。目前还发现，二十二碳六烯酸（DHA）和二十碳五烯酸（EPA）等 $n-3$（或 $\omega-3$）系列的多不饱和脂肪酸，参与了多种生理过程而不可缺少，并与炎症、过敏反应、免疫系统疾病心血管系统疾病、皮肤疾病、脱毛、生长停止等的病理过程有关。

第二节　脂肪的分解代谢

一、脂肪动员

在激素敏感脂肪酶作用下，贮存在脂肪细胞中的脂肪被水解为游离脂肪酸和甘油并释放入血液，被其他组织氧化利用，这一过程称为脂肪动员。禁食、饥饿或交感神经兴奋时，肾上腺素、去甲肾上腺素和胰高血糖素分泌增加，激活了脂肪酶，促进脂肪动员。

二、甘油的分解代谢

脂肪组织分解释放的甘油运送至肝脏，在磷酸甘油激酶催化下，使甘油磷酸化生成甘油-3-磷酸，然后脱氢转变成磷酸二羟丙酮，后者进入糖代谢途径分解或转变。

三、长链脂肪酸的 β-氧化过程★★★

脂肪酸的 β-氧化是脂肪酸分解的主要方式。下面以饱和脂肪酸（16C 的棕榈酸）为例予以简单说明。首先是脂肪酸的活化。脂肪酸在胞液中消耗 ATP 的 2 个高能磷酸键活化为脂酰 CoA，接着借助脂酰肉碱转移系统从胞液转移至线粒体内。然后，脂酰 CoA 在线粒体内，经过脱氢（辅基 FAD）、加水、再脱氢（辅酶 NAD^+）和硫解（CoA）四步反应，生成乙酰 CoA（2C）和比原来少了 2 个碳原子的脂酰 CoA（14C 的脂酰 CoA）。这个过程称为一次 β-氧化过程。

上述脱氢、加水、再脱氢和硫解四步反应可以反复进行，每进行一次 β-氧化可生成乙酰 CoA、$FADH_2$ 和 $NADH+H^+$ 各 1mol，最终脂酰 CoA 全部分解为乙酰 CoA，进入三羧酸循环进一步氧化分解。对 1mol 棕榈酸而言，经过 β-氧化分解的总反应如下：

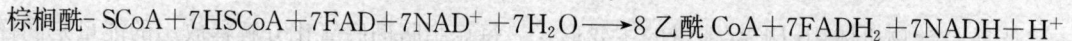

棕榈酰- $SCoA+7HSCoA+7FAD+7NAD^++7H_2O \longrightarrow 8$ 乙酰 $CoA+7FADH_2+7NADH+H^+$

以上 1mol 棕榈酸氧化分解最终能产生 108mol ATP。因为在脂肪酸活化时要消耗 2 个高能键，所以彻底氧化 1mol 棕榈酸净生成 106mol 的 ATP。

四、酮体的生成与利用★

酮体包括乙酰乙酸、β-羟丁酸和丙酮三种小分子物质，是脂肪酸分解的特殊中间产物。

（一）酮体的生成

酮体是在肝细胞线粒体中由乙酰 CoA 缩合而成。酮体生成的全套酶系位于肝细胞线粒体的内膜或基质中，其中 HMGCoA 合成酶是此途径的限速酶。除肝脏外，肾脏也能生成少量酮体。

（二）酮体的利用

肝脏中由于没有用于分解酮体的酶，因此只能产生酮体，而不能利用酮体。酮体随血液送到肝外组织。在肝外组织（主要是心肌、骨骼肌及大脑组织）中存在乙酰乙酸-琥珀酰

CoA 转移酶和硫解酶，可以将酮体再分解成乙酰 CoA，然后进入三羧酸循环彻底氧化供能。

（三）酮体的生理意义

酮体溶于水，分子小，能通过肌肉毛细血管壁和血脑屏障，是肝脏输出能源的一种形式，是易于被肌肉和脑组织利用的能源物质。在正常情况下，由于肝脏中产生酮体的速度和肝外组织分解酮体的速度处于动态平衡中，因此血液中酮体含量很少。但在有些情况下，肝中产生的酮体多于肝外组织的消耗量，超过了肝外组织所能利用的限度，而在体内积存，使血液和尿中的酮体升高，导致动物酸碱平衡失调，引起酮症酸中毒。

引起动物发生酮病的原因很复杂，其基本的机制可归结为糖与脂类代谢的紊乱所致。持续的低血糖（饥饿或废食）导致脂肪大量动员，脂肪酸在肝中经过 β-氧化产生的乙酰 CoA 缩合形成过量的酮体，于是血中的酮体增加。临床上常见的酮症病例大多出现在泌乳初期的高产奶牛和妊娠后期绵羊，由于泌乳和胎儿生长对葡萄糖需要的急剧增加，导致奶牛和绵羊因为缺糖而发生酮病。

五、丙酸代谢

奇数短链脂肪酸对于反刍动物有重要生理意义，是瘤胃细菌发酵纤维素的产物之一。反刍动物体内的葡萄糖，约有 50％ 来自丙酸的异生作用。游离的丙酸在硫激酶的催化下生成丙酰 CoA，然后羧化（加 CO_2）生成甲基丙二酸单酰 CoA。后者转变为琥珀酰 CoA，然后通过草酰乙酸转变为磷酸烯醇式丙酮酸，进入糖异生途径合成葡萄糖或糖原，或者经过三羧酸循环彻底氧化成二氧化碳和水，并提供能量。

第三节　脂肪合成

动物体内合成脂肪的主要器官是肝脏、脂肪组织和小肠黏膜上皮。家畜主要是在脂肪组织中合成；家禽主要在肝脏中合成。小肠黏膜则对饲料中的脂类消化产物进行再合成，然后组成乳糜微粒进入体液转运。畜禽合成脂肪都以脂酰 CoA 和 α-磷酸甘油（或甘油一酯）为原料。α-磷酸甘油来自糖代谢或某些氨基酸代谢的中间产物如磷酸丙糖，而脂酰 CoA 则由乙酰 CoA 从头合成。

一、脂肪酸的合成

脂肪酸的合成主要在胞液中进行。合成脂肪酸的直接原料是乙酰 CoA，主要来自葡萄糖的分解。反刍动物可以利用瘤胃生成的乙酸和丁酸，使其分别转变为乙酰 CoA 及丁酰 CoA。在非反刍动物，乙酰 CoA 必须从线粒体内转移到线粒体外的胞液中来才能被利用，这要借助于柠檬酸-丙酮酸循环来实现。

乙酰 CoA 原料分子转入胞液中后，在乙酰 CoA 羧化酶的催化下，利用 ATP 和 CO_2，合成丙二酸单酰 CoA。乙酰 CoA 羧化酶是脂肪酸合成的限速酶，必须被柠檬酸激活，并受长链的脂酰 CoA 抑制。脂肪酸的合成首先是在一个多酶复合体催化下完成的，主要产物是16 碳的饱和脂肪酸棕榈酸。脂肪酸合成酶系以丙二酸单酰 CoA 为 2C 的供体，经过缩合（释放 CO_2）、还原（辅酶 NADPH＋H$^+$）、脱水、还原（辅酶 NADPH＋H$^+$）和转移的循环反应，在乙酰 CoA 的基础上以 2 个碳原子为单位延长脂酰基的烃链。这个多酶复合体包含了 7 个酶和 1 个脂酰基载体蛋白（ACP）。它们是乙酰转移酶、丙二酸单酰转移酶、缩合酶、烯脂酰还原酶、脱水酶、β-酮脂酰还原酶、ACP 及硫酯酶。ACP 的巯基在反应过程中参与脂酰基的传递。脂酰 CoA 的合成所需的 NADPH＋H$^+$ 来自磷酸戊糖途径和柠檬酸-丙酮酸循环中的转氢反应。

在肝细胞的线粒体和微粒体系统（内质网系）中有催化脂肪酸碳链延长的酶系，可以得到碳链更长的脂肪酸。微粒体系统还有脂肪酸的脱饱和酶，催化饱和脂肪酸脱氢产生不饱和脂肪酸。动物机体本身缺乏 Δ^9 以上的脱饱和酶，因此上述提到的必需脂肪酸必须从饲料中获得。

二、三酰甘油（甘油三酯）的合成

（一）二酰甘油途径

主要存在于哺乳动物的肝脏和脂肪组织中。以甘油 3-磷酸为基础，在转脂酰基酶作用下，依次加上脂酰 CoA 转变成磷脂酸，后者再水解脱去磷酸生成二酰甘油；然后再一次在转脂酰基酶催化下，加上脂酰基即生成三酰甘油。

（二）一酰甘油途径

主要见于小肠黏膜上皮内。小肠消化吸收的一酰甘油可作为合成二酰甘油的前体，再经转脂酰基酶催化生成三酰甘油。

第四节　类脂的代谢

一、磷脂的代谢

含磷酸的类脂称为**磷脂**。动物体内有甘油磷脂和鞘磷脂两类，并以甘油磷脂为多，如卵磷脂、脑磷脂、丝氨酸磷脂和肌醇磷脂等。

（一）磷脂合成

磷脂合成是在细胞的内质网。以甘油磷脂为例，首先须把脂酰 CoA 转移到 α-磷酸甘油分子上，生成磷脂酸。接着由磷脂酸磷酸酶水解脱去磷酸生成甘油二酯。而合成脑磷脂和卵磷脂所必需的乙醇胺和胆碱都须由 CTP 参与经过转胞苷反应分别转变为 CDP-乙醇胺或 CDP-胆碱而活化。然后再将磷酸乙醇胺或磷酸胆碱转到上述的甘油二酯分子上，同时释放 CMP，生成脑磷脂或卵磷脂。丝氨酸、甲硫氨酸是动物合成乙醇胺或胆碱的前体。

（二）磷脂分解

甘油磷脂由磷脂酶催化水解被分解。磷脂酶作用于甘油磷脂分子中不同的酯键，如磷脂酶 A_1、A_2 分别作用于甘油磷脂的 1、2 位酯键，产生溶血磷脂 2 和溶血磷脂 1。溶血磷脂 2 和溶血磷脂 1 又可分别在磷脂酶 B_2 和磷脂酶 B_1 的作用下水解脱去脂酰基。磷脂酶 C 的作用产物是甘油二酯、磷酸乙醇胺或磷酸胆碱等。

二、胆固醇的合成与转变

（一）胆固醇的合成

胆固醇是一种以环戊烷多氢菲为母核的固醇类化合物。动物机体的几乎所有组织都可以合成胆固醇，其中肝是合成胆固醇的主要场所。其合成原料是乙酰 CoA。合成 1mol 27 个碳原子的胆固醇分子需利用 18mol 的乙酰 CoA，还需要 NADPH＋H⁺ 为合成过程提供还原氢，并消耗大量的 ATP。HMGCoA 还原酶是胆固醇生物合成途径的限速酶，受到胆固醇的反馈控制。

（二）胆固醇的转变

血中胆固醇的一部分运送到组织，构成细胞膜的组成成分。胆固醇可以经修饰后转变为 7 -脱氢胆固醇，后者在紫外线照射下，在动物皮下转变为维生素 D_3。胆固醇在肝细胞中经羟化酶作用转化为胆酸和脱氧胆酸等，以胆酸盐的形式，促进脂类在水相中乳化和在消化道中的吸收。胆固醇也是体内合成雌二醇、孕酮、睾酮等性激素的前体，还可以转变为醛固酮激素，调节水盐代谢，转变成皮质醇调节糖、脂和蛋白质代谢。

第五节　血　脂

一、血脂及其运输方式

血脂是指血浆中所含的脂质，包括三酰甘油、磷脂、胆固醇及其酯以及非酯化的游离脂肪酸。

脂类不溶于水，不能以游离的形式运输，而必须以某种方式与蛋白质结合起来才能在血浆中运转。非酯化的游离脂肪酸和血浆清蛋白结合形成可溶性复合体运输，其余的脂类都是以血浆脂蛋白的形式运输。

二、血浆脂蛋白的分类及功能

血浆脂蛋白是脂类在血液中的运输形式。它是由不同的载脂蛋白、三酰甘油、磷脂、胆固醇及其酯等成分结合而成的。不同种类的血浆脂蛋白具有大致相似的球状结构。疏水的三酰甘油、胆固醇酯常处于球的内核中，而兼有极性与非极性基团的载脂蛋白、磷脂和胆固醇则以单分子层覆盖于脂蛋白的球状分子的表面，其非极性基团朝向疏水的内核，而极性的基团则朝向外侧。血浆脂蛋白主要分为乳糜微粒、极低密度脂蛋白、低密度脂蛋白和高密度脂蛋白等类型。

（一）乳糜微粒

乳糜微粒（CM）是运输外源（来自肠道吸收的）三酰甘油和胆固醇酯的脂蛋白形式。新生 CM 通过淋巴管道进入血液。当 CM 到达肌肉、心和脂肪等组织时，黏附在微血管的内皮细胞表面，并由脂蛋白脂肪酶水解释出脂肪酸，被肌肉、心和脂肪组织摄取利用。

（二）极低密度脂蛋白

极低密度脂蛋白（VLDL）的功能与 CM 相似，其不同之处是把内源的，即肝内合成的三酰甘油、磷脂、胆固醇与载脂蛋白结合形成脂蛋白，运到肝外组织去贮存或利用。

（三）低密度脂蛋白

低密度脂蛋白（LDL）是由 VLDL 在血液中的代谢残余物形成的，富含胆固醇酯，因此，它是向组织转运肝脏合成的内源胆固醇的主要形式。当血浆中的 LDL 与组织细胞表面的 LDL 受体结合后，形成 LDL -受体复合物，然后通过胞吞作用将此复合体摄入胞内，由溶酶体中的水解酶将 LDL 降解。释放的胆固醇在细胞中进行生物转化，同时反馈调节胆固醇的合成。

（四）高密度脂蛋白

高密度脂蛋白（HDL）主要在肝脏和小肠内合成，其作用与 LDL 基本相反。它是机体胆固醇的"清扫机"，通过胆固醇的逆向转运，把外周组织中衰老细胞膜上的以及血浆中的胆固醇运回肝脏代谢。

第七单元 含氮小分子的代谢

第一节　动物体内氨基酸的来源与去路

一、氨基酸的来源

动物体内的氨基酸有两个来源：一是饲料蛋白质在消化道中被蛋白酶水解后吸收的，称**外源氨基酸**；二是体蛋白被组织蛋白酶水解产生的和由其他物质合成的，称**内源氨基酸**。两者混在一起，分布于体内各处，参与代谢，共同组成了**氨基酸代谢库**。

二、氨基酸的主要代谢去路

体内氨基酸的主要去向是合成蛋白质和多肽。其次，可转变成嘌呤、嘧啶、卟啉和儿茶酚胺类激素等多种含氮生理活性物质。多余的氨基酸通常用于分解供能。虽然不同的氨基酸结构不同，各有其自己的分解方式，但它们都有 α-氨基和 α-羧基，因此，有共同的代谢途径——脱氨基和脱羧基，构成了氨基酸的一般分解代谢。

第二节　氨基酸的一般分解代谢

在大多数情况下，氨基酸分解时首先脱去氨基生成氨和 α-酮酸。氨可转变成尿素、尿酸等排出体外，而 α-酮酸则可以再转变为氨基酸，或彻底分解为 CO_2 和 H_2O 并释放出能量，或转变为糖或脂肪作为能量的储备。脱氨基作用是氨基酸分解的主要途径。在少数情况下，氨基酸可经脱羧基作用生成 CO_2 和胺。这是氨基酸分解代谢的次要途径。

一、脱氨基作用

（一）氧化脱氨

氧化脱氨是氨基酸脱氨基的重要方式。在酶的作用下，氨基酸可以经各种氨基酸氧化酶作用先脱氢（其辅基是 FAD 或 FMN）形成亚氨基酸，进而与水作用生成 α-酮酸和氨。动物体内最重要的脱氨酶是 L-谷氨酸脱氢酶。它广泛存在于肝、肾和脑等组织中，是一种不需氧脱氢酶，其辅酶是 NAD^+ 或 $NADP^+$，有较强的活性，催化 L-谷氨酸氧化脱氨生成 α-酮戊二酸。

（二）转氨作用

在氨基转移酶（转氨酶）的催化下，某一种氨基酸的 α-氨基转移到另一种 α-酮酸的酮基上，生成相应的氨基酸和 α-酮酸，这种作用称为**转氨基作用**。体内大多数氨基酸都参与转氨基过程，并存在多种转氨酶。转氨酶的辅酶是磷酸吡哆醛。在各种转氨酶中，谷草转氨酶和谷丙转氨酶最为重要。在正常情况下，以心脏和肝脏中的活性为最高，血清中的活性较低。因此，当这些组织细胞受损时，可有大量的转氨酶逸入血液，造成血清中的转氨酶活性明显升高。例如，急性肝炎患者血清中谷丙转氨酶活性显著升高；心肌梗死患者血清中谷草转氨酶活性明显上升。临床上可以此作为疾病诊断和预后的指标之一。

（三）联合脱氨基作用

体内大多数的氨基酸脱去氨基是通过转氨基作用和氧化脱氨基作用两种方式联合起来进行的，这种作用方式称为**联合脱氨基作用**。例如，各种氨基酸先与 α-酮戊二酸进行转氨基反应，生成相应的 α-酮酸和 L-谷氨酸，然后，L-谷氨酸再经 L-谷氨酸脱氢酶作用，进行氧化脱氨基作用，生成氨和 α-酮戊二酸。联合脱氨基作用主要在肝、肾等组织中进行，全部过程是可逆的。

（四）嘌呤核苷酸循环

骨骼肌和心肌中 L-谷氨酸脱氢酶的活性弱，难以进行以上方式的联合脱氨基作用。肌肉中存在另一种氨基酸脱氨基反应，即通过嘌呤核苷酸循环脱去氨基。在此过程中，氨基酸可以通过连续的转氨基作用将氨基转移给草酰乙酸，生成天冬氨酸；天冬氨酸与次黄嘌呤核苷酸（IMP）反应生成腺苷酸代琥珀酸，后者经过裂解，释放出延胡索酸并生成腺嘌呤核苷酸（AMP）。AMP 在腺苷酸脱氨酶（在肌肉组织中活性较强）催化下水解再转变为次黄嘌呤核苷酸（IMP）并脱去氨。

二、脱羧基作用

在畜禽体内只有少量的氨基酸首先通过脱羧作用进行代谢，氨基酸的脱羧基作用是由其各自特异的脱羧酶催化的，肝、肾、脑和肠的细胞中都有这类酶。氨基酸在脱羧酶的催化下，脱去羧基，产生 CO_2 和相应的胺。氨基酸脱羧酶的辅酶也是磷酸吡哆醛。氨基酸脱羧作用产生的胺类大多具有特殊的生理功能，如谷氨酸脱羧生成的 γ-氨基丁酸，组氨酸脱羧生成的组胺，色氨酸羟化脱羧生成的 5-羟色胺等。这些胺在体内积蓄过多，可引起神经系统及心血管系统等的功能紊乱，但体内广泛存在胺氧化酶，特别是肝脏中此酶活性较高，可催化胺类的氧化，以消除其生理活性。

第三节 氨的代谢

一、氨的来源与去路

(一) 来源

畜禽体内氨的主要来源是氨基酸的脱氨基作用。胺类、嘌呤和嘧啶的分解也能产生少量氨。另外，还有从消化道吸收的氨，其中有的是未被吸收的氨基酸在细菌作用下脱氨基产生的，有的来源于饲料，如氨化秸秆和尿素。

(二) 去路

氨进入血液形成血氨。它可以通过脱氨基过程的逆反应与 α-酮酸再形成氨基酸，还可以参与嘌呤、嘧啶等重要含氮化合物的合成。但氨在体内具有毒性，血液中过多的氨会引起动物中毒。因此，氨的排泄是动物维持正常生命活动所必需的。氨排出体外有 3 种形式。许多水生动物借助于水直接排氨；绝大多数陆生脊椎动物以排尿素的方式排氨；鸟类和陆生爬行动物排尿酸。

二、氨的转运★★★★★

过量的氨对机体是有毒的，尤其对大脑，因此必须尽快转运出去，清除并解除其毒性。

一是通过谷氨酰胺从脑、肌肉等组织向肝或肾转运氨。组织中的氨首先与谷氨酸在谷氨酰胺合成酶的催化下生成中性无毒的谷氨酰胺，并由血液运送到肝和肾，再经谷氨酰胺酶水解成谷氨酸和释出氨，后者用于合成尿素。谷氨酰胺运至肾中后，同样分解将氨释出，直接随尿排出。当体内酸过多时，肾小管的谷氨酰胺酶活性增高，谷氨酰胺分解加快，氨的生成与释出增多，可与尿液中的 H^+ 中和生成 NH_4^+，以降低尿中的 H^+ 浓度，使 H^+ 不断从肾小管细胞排出，从而有利于维持动物机体的酸碱平衡。可见谷氨酰胺也是氨的储藏及运输形式。

二是通过丙氨酸-葡萄糖循环转运氨。肌肉可利用丙氨酸将氨运送到肝脏。肌肉中的氨基酸经转氨基作用将氨基转给丙酮酸生成丙氨酸，生成的丙氨酸经血液运到肝脏。在肝中通过联合脱氨基作用，释放出氨，用于尿素的形成。经转氨基作用产生的丙酮酸通过糖异生途径生成葡萄糖，形成的葡萄糖由血液回到肌肉，又沿糖分解途径转变成丙酮酸，后者再接受氨基生成丙氨酸。丙氨酸和葡萄糖反复地在肌肉和肝脏之间进行氨的转运，称为丙氨酸-葡萄糖循环。

三、尿素的合成——尿素循环及其意义★★★★★

哺乳动物体内氨的主要去路是合成尿素排出体外。肝脏是合成尿素的主要器官。肾脏、脑等其他组织虽然也能合成尿素，但合成量甚微。

氨转变为尿素是一个循环反应过程，称尿素循环，也称鸟氨酸-精氨酸循环，由一系列酶催化这个过程。首先，是游离的氨、CO_2 和 ATP 在氨甲酰磷酸合成酶Ⅰ的催化下，在线粒体内合成氨甲酰磷酸。然后，氨甲酰磷酸将其氨甲酰基转移给鸟氨酸，释放出磷酸，生成瓜氨酸。瓜氨酸随即离开线粒体转入胞液。在胞液中，瓜氨酸由精氨酸代琥珀酸合成酶催化与天冬氨酸结合形成精氨酸代琥珀酸。该酶需要 ATP 提供能量（消耗两个高能磷酸键）及

Mg^{2+} 的参与。接着，精氨酸代琥珀酸在精氨酸代琥珀酸裂解酶的催化下分解为精氨酸及延胡索酸。精氨酸由精氨酸酶催化水解生成尿素和鸟氨酸。尿素是无毒的，可以经过血液运送至肾脏，再随尿排出体外。鸟氨酸可通过特异的转运载体再进入线粒体与氨甲酰磷酸反应，进入第二轮循环过程。

尿素合成的总反应为：

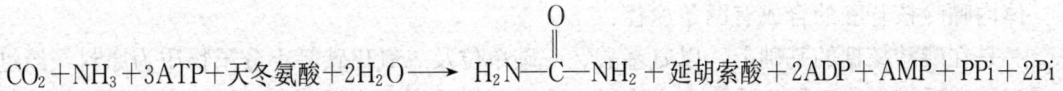

$$CO_2 + NH_3 + 3ATP + 天冬氨酸 + 2H_2O \longrightarrow H_2N\overset{\overset{\textstyle O}{\|}}{-}C-NH_2 + 延胡索酸 + 2ADP + AMP + PPi + 2Pi$$

尿素合成是一个消耗能量的过程，每生成 1mol 尿素，需水解 3mol ATP 中的 4 个高能磷酸键。形成 1mol 尿素，可以清除 2mol 氨和 1mol CO_2。这样不仅解除了氨对动物机体的毒性，也降低了动物体内由于 CO_2 溶于血液所产生的酸性。

四、尿　　酸

氨在禽类体内可以合成谷氨酰胺，以及用于其他一些氨基酸和含氮分子的合成，但不能合成尿素，而是把体内大部分的氨合成尿酸排出体外。其过程是：首先，以氨基酸提供的氨基合成嘌呤，再由嘌呤分解产生出尿酸。尿酸在水溶液中溶解度很低，以白色粉状的尿酸盐从尿中析出。

第四节　α-酮酸的代谢与非必需氨基酸的生成

一、α-酮酸的代谢

氨基酸经脱氨基作用之后，大部分生成相应的 α-酮酸。每个 α-酮酸的具体代谢途径虽然各不相同，但都有以下 2 条去路：一是氨基化。所有的 α-酮酸也都可以通过脱氨基作用的逆反应而氨基化，生成其相应的氨基酸。二是转变成糖和脂类。在动物体内可以转变成葡萄糖的氨基酸称为生糖氨基酸，有丙氨酸、半胱氨酸、甘氨酸、丝氨酸、苏氨酸、天冬氨酸、天冬酰胺、甲硫氨酸、缬氨酸、精氨酸、谷氨酸、谷氨酰胺、脯氨酸和组氨酸；能转变成酮的氨基酸称为生酮氨基酸，有亮氨酸和赖氨酸；既能生糖又能生酮的所谓兼生氨基酸，包括色氨酸、苯丙氨酸、酪氨酸和异亮氨酸。此外，α-酮酸最终都能通过三羧酸循环彻底氧化分解成 CO_2 和水，同时释放能量供生理活动需要。

二、非必需氨基酸的生成

只要有氨基供应，由糖的分解代谢生成的 α-酮酸可以作为"碳骨架"，通过氨基化反应合成非必需氨基酸。有时必需氨基酸也参与非必需氨基酸的合成。

三、个别氨基酸的代谢转变

苯丙氨酸、酪氨酸等芳香族氨基酸是甲状腺激素、肾上腺素和去甲肾上腺素等激素的前体。甘氨酸、精氨酸和甲硫氨酸参与肌酸、肌酐等的生物合成。丝氨酸、色氨酸、甘氨酸、组氨酸和甲硫氨酸是甲基的供体。半胱氨酸、甘氨酸和谷氨酸通过"γ-谷氨酰基循环"合成谷胱甘肽。色氨酸还是动物体内合成少量维生素 B_5 的原料。

第五节　核苷酸代谢

一、嘌呤核苷酸和嘧啶核苷酸的合成

(一) 嘌呤核苷酸的合成

体内嘌呤核苷酸的合成有两条途径：

一是在磷酸核糖的基础上，以氨基酸、一碳单位及二氧化碳等小分子物质为原料，经过一系列酶促反应合成，称为从头合成途径。这是合成的主要途径。嘌呤环的合成需要氨基酸提供原料和一碳单位。

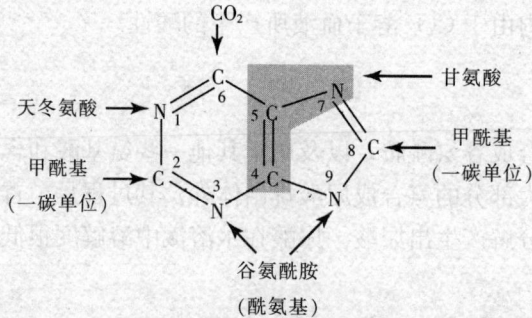

合成嘌呤环的原料来源

二是利用体内游离的嘌呤或嘌呤核苷，经过简单的反应过程合成，称为补救合成途径。

(二) 嘧啶核苷酸的合成

与嘌呤核苷酸从头合成的途径不同，嘧啶核苷酸的合成是首先形成嘧啶环，然后再与磷酸核糖相连而成。嘧啶环的合成原料来自谷氨酰胺、二氧化碳和天冬氨酸。

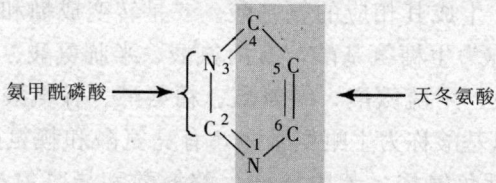

合成嘧啶环的原料来源

(三) 脱氧核苷酸的合成

脱氧核苷酸包括嘌呤脱氧核苷酸和嘧啶脱氧核苷酸。其所含的脱氧核糖并非先形成后再结合到脱氧核苷酸分子上，而是通过相应的核糖核苷酸的直接还原形成，这种还原作用是在二磷酸核苷（NDP）水平上进行的（在这里 N 代表 A、G、U、C 等碱基）。

脱氧胸腺嘧啶核苷酸的生成是个例外。脱氧胸腺嘧啶核苷酸不能由二磷酸胸腺嘧啶核糖核苷还原生成，只能由脱氧尿嘧啶核糖核苷酸（dUMP）甲基化产生。

二、嘌呤核苷酸和嘧啶核苷酸的分解

核酸在一系列酶的作用下进行分解生成其基本的结构单位——单核苷酸，包括嘌呤单核苷酸与嘧啶单核苷酸。单核苷酸及其水解产物均可被细胞吸收。其中的绝大部分在肠黏膜细胞中又被进一步分解，分解产生的戊糖被吸收可经磷酸戊糖途径进一步代谢；嘌呤和嘧啶碱基则可以经补救途径再利用或者进一步分解而排出体外。

（一）嘌呤核苷酸的分解

在许多动物体内含有腺嘌呤酶和鸟嘌呤酶，分别催化腺嘌呤和鸟嘌呤，水解、脱氨生成次黄嘌呤和黄嘌呤，在黄嘌呤氧化酶的作用下，最后生成尿酸。嘌呤在不同种类动物中代谢的最终产物不同。在灵长类、鸟类、爬虫类及大部分昆虫中，嘌呤分解的最终产物是尿酸，尿酸也是鸟类和爬虫类排除多余氨的主要形式。但除灵长类外的大多数哺乳动物则是排尿囊素；某些硬骨鱼类排出尿囊酸；两栖类和大多数鱼类可将尿囊酸再进一步分解成乙醛酸和尿素；某些海生无脊椎动物可把尿素再分解为氨和二氧化碳。

（二）嘧啶核苷酸的分解

胞嘧啶经水解、脱氨转化为尿嘧啶，尿嘧啶和胸腺嘧啶按相似的方式分解。它们首先被还原成相应的二氢尿嘧啶或二氢胸腺嘧啶，然后开环，生成 β-氨基酸、氨和二氧化碳。胞嘧啶和尿嘧啶生成的是 β-丙氨酸，而胸腺嘧啶生成的是 β-氨基异丁酸。β-氨基酸可以进一步代谢，也有小部分直接随尿排出体外。

第八单元　物质代谢的联系与调节

第一节　物质代谢的相互联系

动物机体中各种物质的代谢活动高度的协调，因此，物质代谢的各条途径不是孤立和分隔的，而是互相联系的。一些共同的代谢中间物通过分支点把许多途径连接起来，形成一个复杂的代谢网络并交织在一起。在代谢网络中，三羧酸循环处于中心的位置。它不仅是糖、脂、氨基酸和核苷酸等各种物质分解代谢的共同归宿，而且也是这些物质之间相互联系和转变的共同枢纽。

一、糖代谢与脂代谢的联系

糖与脂类的联系最为密切，糖可以转变成脂类。葡萄糖经氧化分解，生成磷酸二羟丙酮及丙酮酸等中间产物。磷酸二羟丙酮可以还原成 α-磷酸甘油。丙酮酸氧化脱羧转变为乙酰 CoA，由线粒体转入胞液，再由脂肪酸合成酶系催化合成脂酰 CoA。α-磷酸甘油与脂酰 CoA 再用来合成甘油三酯。此外，乙酰 CoA 也是合成胆固醇及其衍生物的原料。在糖转变成脂类的过程中，磷酸戊糖途径还为脂肪酸、胆固醇合成提供了大量所需的还原辅酶NADPH＋H$^+$。

在动物体内，脂肪转变成葡萄糖是有限度的。脂肪的分解产物包括甘油和脂肪酸。其中，甘油可由肝脏中的甘油激酶催化转变为α-磷酸甘油，再脱氢生成磷酸二羟丙酮，然后沿糖异生途径转变为葡萄糖或糖原。因此，甘油是一种生糖物质。奇数碳原子脂肪酸经β-氧化之后，有丙酰CoA产生。丙酸是反刍动物瘤胃微生物消化纤维素的产物。丙酸也可以转变成丙酰CoA。丙酰CoA经甲基丙二酸单酰CoA途径转变成琥珀酸，然后进入糖异生过程生成葡萄糖。然而，偶数碳原子脂肪酸β-氧化产生的乙酰CoA，在动物体内不能净合成糖。因为丙酮酸脱氢酶系催化产生乙酰CoA的反应是不可逆的，乙酰CoA需要在有其他来源的中间代谢物回补时才可转变为草酰乙酸，再经异生作用转变为糖。因此，脂肪酸不能净生成糖。

二、糖代谢与氨基酸代谢的联系

糖代谢的分解产物，特别是α-酮酸，可以作为"碳架"通过转氨基或氨基化作用进而转变成组成蛋白质的非必需氨基酸。大部分的氨基酸（生糖的或生糖兼生酮的氨基酸）又可以通过脱氨基作用直接地或间接地转变成糖异生途径中的某种中间产物，再沿异生途径合成糖和糖原。

三、脂代谢与氨基酸代谢的联系

所有的氨基酸，无论是生糖的、生酮的，还是生糖兼生酮的氨基酸都可以在动物体内转变成脂肪。生酮氨基酸可以通过解酮作用转变成乙酰CoA之后，合成脂肪酸。生糖氨基酸也能通过异生作用生成糖之后，再由糖转变成脂肪。此外，某些氨基酸如丝氨酸、蛋氨酸是合成磷脂的原料。丝氨酸脱去羧基之后形成的胆胺是脑磷脂的组成成分。胆胺在接受由蛋氨酸（以SAM形式）给出的甲基之后，形成胆碱，而胆碱是卵磷脂的组成成分。

脂肪分解产生的甘油可以转变成用以合成非必需氨基酸的碳骨架，如羟基丙酮酸，由此再直接合成丝氨酸等。但是在动物体内难以利用脂肪酸合成氨基酸，因为当乙酰CoA进入三羧酸循环，再由循环中的中间产物形成氨基酸时，消耗了循环中的有机酸，如无其他来源得以补充，反应则不能进行下去。

四、核苷酸在物质代谢中的作用

许多核苷酸在调节代谢中起着重要作用。例如，ATP是能量通用货币和转移磷酸基团的主要分子，UTP参与单糖的转变和糖原的合成，CTP参与磷脂的合成，而GTP为蛋白质多肽链的生物合成所必需。此外，许多重要的辅酶和辅基，如CoA、烟酰胺核苷酸（NAD和NADP）和黄素核苷酸（FMN和FAD）都是腺嘌呤核苷酸衍生物，参与酶的催化作用。环核苷酸（如cAMP、cGMP）作为胞内信号分子（第二信使）参与细胞信号的传导。

核酸本身的合成也与糖、脂类和蛋白质的代谢密切相关。糖代谢为核酸合成提供了磷酸核糖（及脱氧核糖）和还原辅酶NADPH＋H$^+$。甘氨酸、天冬氨酸、谷氨酰胺等作为原料参与嘌呤环和嘧啶环的合成。多种酶和蛋白因子参与了核酸的生物合成（复制和转录），糖、脂等燃料分子为核酸生物学功能的实现提供了能量保证。

第二节 细胞调节代谢的信号传导方式

一、信号分子、受体与信号传导分子

动物机体对代谢过程的调节可以在不同的层次上进行，而细胞水平的调节是其他水平代谢调节的基础。细胞代谢的调节依赖许多化学分子传递代谢调节的信息。激素、神经递质是多细胞的高等动物用以调节细胞代谢活动的重要信号分子。例如，胰岛素、胰高血糖素、促肾上腺皮质激素等蛋白类激素；肾上腺素、去甲肾上腺素和甲状腺激素等氨基酸类小分子激素；睾酮、雌二醇等类固醇性激素；前列腺素激素等脂肪酸衍生物；乙酰胆碱、γ-氨基丁酸和5-羟色胺等神经递质；各种生长因子，如类胰岛素生长因子、上皮生长因子，以及各种细胞因子（如白细胞介素，干扰素和肿瘤坏死因子等）。此外，有的气体分子，如一氧化氮（NO）是调节平滑肌松弛和细胞免疫的信号分子。

受体是指细胞膜上或细胞内能识别信号分子并与之结合的生物大分子。绝大部分受体是蛋白质，少数是糖脂。与受体相对应，信号分子通常被称为配体。受体与配体结合后可以通过一系列信号传导分子引发细胞内的生理效应。目前所知道的主要的信号传导分子有G蛋白、第二信使分子及多种信号传递蛋白因子。例如，环腺苷酸（cAMP）、环鸟苷酸（cGMP）、肌醇三磷酸（IP_3）、甘油二酯、Ca^{2+}等第二信使，以及细胞内的各种蛋白激酶等。

根据受体在细胞信号传导中所起作用，可将细胞的信号传导的通路分为两大类：与细胞膜上受体相联系的细胞信号通路，与细胞内受体相联系的细胞信号通路。

二、与膜受体相联系的细胞信号通路

1. cAMP-蛋白激酶A途径（PKA） 或称腺苷酸环化酶系统，是激素调节物质代谢的主要途径之一。胰高血糖素、肾上腺素和促肾上腺皮质激素等与靶细胞质膜上的特异性受体结合而激活受体。活化的受体催化G蛋白活化，后者激活腺苷酸环化酶，催化ATP转化成cAMP，使细胞内cAMP浓度升高，作为第二信使的cAMP能进一步激活胞内的蛋白激酶A（PKA）；PKA再通过一系列化学反应（如磷酸化胞内的其他蛋白质的丝/苏氨酸）将信号进一步传递，进而改变细胞的代谢。典型的例子是在应激情况下，肾上腺素通过上述机制引起肌肉糖原的快速分解，为动物机体提供急需的能量。

2. 蛋白激酶C途径（PKC） 当促甲状腺素释放激素、去甲肾上腺素和抗利尿激素等与靶细胞膜上特异性受体结合后，经活化的G蛋白介导，激活磷脂酶C，由磷脂酶C将质膜上的磷脂酰肌醇二磷酸（PIP_2）水解成三磷酸肌醇（IP_3）和二酰甘油（DG），后两者都可以作为第二信使发挥作用。DG生成后仍留在质膜上，在磷脂酰丝氨酸和Ca^{2+}的配合下激活蛋白激酶C，蛋白激酶C也能通过磷酸化一系列靶蛋白的丝/苏氨酸残基来达到进一步传导代谢信息的作用。IP3可以进入胞内与内质网上的Ca^{2+}门控通道结合，促使内质网中的Ca^{2+}释放到胞液中，胞内Ca^{2+}水平升高，同样作为第二信使既可以与DG共同激活蛋白激酶C，又能通过Ca^{2+}/钙调蛋白依赖性蛋白激酶（CaM酶）激活其他信号传导蛋白，从而改变细胞的代谢。

三、与胞内受体相联系的细胞信号通路

胞内受体一般有两个结构域，一个是结合相应配体的结构域，另一个是结合特定基因调

节序列的结构域。进入细胞内的信号分子与胞内或核内的相应受体结合后活化，再结合到核内染色体特定的调节基因上，促进相关基因的表达。能与胞内或核内受体结合的信号分子通常比较小且有亲脂的性质，因此可以穿越细胞质膜进入胞内和核内，如性激素等类固醇激素以及甲状腺激素和维甲酸等。

第九单元　核酸的功能与研究技术

第一节　核酸化学

一、核酸的种类与分布

核酸是遗传信息的载体，可分为脱氧核糖核酸（DNA）和核糖核酸（RNA）两大类。核酸在生物的生长、发育、繁殖、遗传和变异等生命活动过程中都具有极其重要的作用，其中生物遗传作用最为重要。已经证明，DNA 是主要的遗传物质，生物的遗传信息储存于 DNA 的核苷酸序列之中，即基因中。生物体通过 DNA 的复制、转录和翻译，把 DNA 上的遗传信息经 RNA 传递到蛋白质结构上，使遗传信息通过蛋白质得以表达。

所有的细胞都同时含有上述两类核酸。在真核细胞中，DNA 主要存在于细胞核内的染色体上，并与组蛋白等结合，是染色体的主要成分，只有少量的 DNA 存在于线粒体中。RNA 主要存在于细胞质中，微粒体含量最多，线粒体含有少量。在细胞核中也含有少量的 RNA，集中于核仁。原核细胞（如细菌）没有明确的细胞核，DNA 存在于核质部分，缺少结合的蛋白质，RNA 则分布在胞液。病毒一般含有 DNA 或 RNA 中的一种，因而分为 DNA 病毒和 RNA 病毒。RNA 依据其功能主要有三类：信使 RNA（mRNA）、转运 RNA（tRNA）和核糖体 RNA（rRNA）。生物个体的任何一个体细胞都含有同样数量和质量的 DNA，而 RNA 的含量通常是变动的。

二、核酸的化学组成★★★★

核酸（DNA 或 RNA）是由几十个至几千个单核苷酸聚合而成的大小不等的多聚核苷酸链。若将核酸逐步水解，则有如下中间产物：

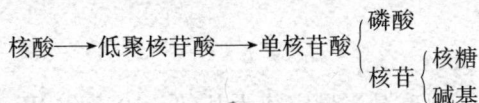

$$核酸 \longrightarrow 低聚核苷酸 \longrightarrow 单核苷酸 \begin{cases} 磷酸 \\ 核苷 \begin{cases} 核糖 \\ 碱基 \end{cases} \end{cases}$$

（一）碱基

核酸中的碱基主要是嘧啶碱基和嘌呤碱基两类。DNA 中含有胸腺嘧啶（T）和胞嘧啶（C）以及腺嘌呤（A）和鸟嘌呤（G）。RNA 中由尿嘧啶（U）代替胸腺嘧啶（T），所含嘌呤种类与 DNA 一样。核酸中还有一些含量甚少的稀有碱基（或修饰碱基）。常见的稀有嘧啶碱基有 5-甲基胞嘧啶、5,6-二氢尿嘧啶等；常见的稀有嘌呤碱基有 7-甲基鸟嘌呤、N^6-甲基腺嘌呤等。

（二）核糖

核糖属于戊糖，在 RNA 与 DNA 有所不同，RNA 中含的糖是核糖，DNA 中所含的是 2′-脱氧核糖。

（三）核苷

核苷由一个戊糖（核糖或脱氧核糖）和一个碱基（嘌呤碱基或嘧啶碱基）缩合而成。RNA 中的核苷称核糖核苷（或称核苷），共有 4 种，根据其 4 种碱基不同，分别以符号 A、G、C 和 U 表示。DNA 中的核苷称为脱氧核糖核苷，也有 4 种，分别以符号 dA、dG、dC 和 dT 表示，"d" 表示脱氧。

（四）核苷酸

核苷酸是由核苷中戊糖的 5′-OH 与磷酸缩合而成的磷酸酯，它们是构成核酸的基本单位。根据核苷酸中戊糖的不同将核苷酸分成两大类，即核糖核苷酸和脱氧核糖核苷酸。前者是构成 RNA 的基本单位，后者是构成 DNA 的基本单位。核苷酸分子中核糖 5′位含有一个磷酸基的称为核苷一磷酸，如腺苷一磷酸（AMP）。它可进一步磷酸化形成相应的腺苷二磷酸（ADP）和腺苷三磷酸（ATP）。ADP 和 ATP 都是高能磷酸化合物。

核苷酸除了作为核酸的基本结构单位外，它们还参与能量代谢，或作为辅酶的成分，或参与细胞信息传递（如 cAMP）。

三、核酸的结构

（一）DNA 的一级结构

核酸是线性的生物大分子，相对分子质量一般在 $10^6 \sim 10^{10}$。DNA 有的是双股线形分子，有些为环状，也有少量呈单股环状或线状。

1. 核苷酸之间的连接方式 核酸（DNA 和 RNA）都是单核苷酸的多聚体。核苷酸之间以磷酸二酯键连接起来的，即在 2 个核苷酸之间的磷酸基，既与前一个核苷的脱氧核糖的 3′-OH 以酯键相连，又与后一个核苷的脱氧核糖的 5′-OH 以酯键相连，形成 2 个酯键，鱼贯相连，成为一个长的多核苷酸链。在形成的多核苷酸链上，具有游离 5′-磷酸基的一端称为 5′-末端，具有游离 3′-OH 的一端称为 3′-末端。

2. DNA 的碱基组成特点　同一种 DNA 的碱基组成具有某种特点。腺嘌呤与胸腺嘧啶的摩尔数大致相等，即 A/T 大约等于 1；鸟嘌呤与胞嘧啶的摩尔数大致相等，即 G/C 也大约等于 1；因此，嘌呤碱基的总摩尔数约等于嘧啶碱基的总摩尔数，即（A+G）/（T+C）约等于 1。DNA 碱基组成的这个规律称为 DNA 的碱基当量定律。它是提出 DNA 分子双螺旋结构模型的基础。

（二）DNA 的高级结构

1. DNA 的双螺旋模型　以碱基当量定律为基础，1953 年 Watson 和 Crick 提出了 DNA 的双螺旋结构模型，即 DNA 的二级结构。其要点是：DNA 分子是一个右手双螺旋结构，具有以下特征：

①两条平行的多核苷酸链，以相反的方向（即一条由 $5'\rightarrow3'$，另一条由 $3'\rightarrow5'$）围绕着同一个中心轴，以右手旋转方式构成一个双螺旋。

②疏水的嘌呤和嘧啶碱基平面层叠于螺旋的内侧，亲水的磷酸基和脱氧核糖以磷酸二酯键相连形成的骨架位于螺旋的外侧。

③内侧碱基呈平面状，碱基平面与中心轴相垂直，脱氧核糖的平面与碱基平面几乎成直角。每个平面上有两个碱基（每条链各一个）形成碱基对。相邻碱基平面在螺旋轴之间的距离为 0.34nm，旋转夹角为 36°。因此，每 10 对核苷酸绕中心轴旋转一圈，螺旋的螺距为 3.4nm。

④双螺旋的直径为 2nm。沿螺旋的中心轴形成的大沟和小沟交替出现。DNA 双螺旋之间形成的沟称为大沟，而两股 DNA 单链之间形成的沟称为小沟。

⑤两股链被碱基对之间形成的氢键稳定地维系在一起。在双螺旋中，碱基总是腺嘌呤与胸腺嘧啶配对，用 A=T 表示；鸟嘌呤与胞嘧啶配对，用 G≡C 表示。

2. DNA 超螺旋　DNA 在双螺旋基础上再通过弯曲和扭转所形成的特定构象，称为 DNA 的三级结构，也即 DNA 超螺旋。在原核生物和病毒中发现的超螺旋共有的特征是环状或线状。真核生物的 DNA 超螺旋与组蛋白等结合，并且紧密压缩包裹成为染色质或染色体。

（三）RNA 的结构

RNA 主要包括三类：信使 RNA（mRNA）、核糖体 RNA（rRNA）和转移 RNA（tRNA）。它们都参与蛋白质的生物合成。生物体内绝大多数天然 RNA 分子呈线状的多核苷酸单链。然而，有些 RNA 分子，能自身回折，使一些碱基彼此靠近，于是在折叠区域中按碱基配对原则，A 与 U、G 与 C 之间通过氢键互补结合，从而使回折部位构成所谓"发卡"结构，进而再扭曲形成局部的双螺旋区，未能配对的碱基区可形成突环，被排斥在双螺旋区之外。RNA 分子中的螺旋区可以达到 70% 左右。

四、核酸的主要理化性质

（一）核酸的一般性质

DNA 具有以下性质：

（1）DNA 微溶于水，呈酸性，加碱促进其溶解，但不溶于有机溶剂，因此，常用有机溶剂（如乙醇）来沉淀 DNA。

（2）由于 DNA 分子很长，在溶液中呈现黏稠状，DNA 分子越大，黏稠度越高。在溶液中加入乙醇后，可用玻璃棒将黏稠的 DNA 搅缠起来。

（3）DNA 的双螺旋结构实际上显得僵直且具有刚性，受剪切力的作用，易断裂成碎片。这也是难以获得完整大分子 DNA 的原因之一。

（4）溶液状态的 DNA 易受 DNA 酶的作用而降解。脱去水分的 DNA 性质十分稳定。

（5）嘌呤环和嘧啶环具有紫外吸收特性，在 260nm 处有最大吸收值，因此，利用这一特性可以定性、定量分析测定核酸。

（二）核酸的变性

核酸的变性是指碱基对之间的氢键断裂，如 DNA 的双螺旋结构分开，成为两股单链的 DNA 分子。变性后的 DNA 生物学活性丧失，并且由于螺旋内部碱基的暴露使其在 260nm 处的紫外光吸收值升高，称为增色效应。结果使 DNA 溶液的黏度下降，沉降系数增加，比旋下降。

DNA 加热变性过程是在一个狭窄的温度范围内迅速发展的，有点像晶体的熔融。通常将 50％ 的 DNA 分子发生变性时的温度称为**解链温度**或**熔点温度**（Tm）。

影响 Tm 值的因素主要有：① DNA 的性质和组成。均一的 DNA，Tm 值范围较小；非均一的 DNA，Tm 值较宽。G—C 碱基对含量越高的 DNA 分子越不易变性，Tm 值也大。②溶液的性质。DNA 在离子强度低的溶液中，Tm 值较低，转变的温度范围也较宽。反之，离子强度较高时，Tm 值较高，转变的温度范围也较窄。

（三）核酸的复性

DNA 的变性是可逆过程。在适当的条件下，变性 DNA 分开的两股链又重新缔合而恢复成双螺旋结构，这个过程称为**复性**。复性速度受很多因素的影响：顺序简单的 DNA 分子比复杂的分子复性要快；DNA 浓度越高，越易复性；DNA 片段的大小、溶液的离子强度等对复性速度也有影响。复性后 DNA 的一系列物理化学性质和生物活性得到恢复。

（四）分子杂交

DNA 的变性和复性是以碱基互补为基础的，由此可以进行核酸的分子杂交。当不同来源的单链 DNA 或 RNA 经复性处理时，它们之间互补的或部分互补的碱基序列可以配对，形成 DNA/DNA 或 DNA/RNA 的杂合体从而形成杂交分子。许多分子生物学技术正是利用核酸片段之间可以通过碱基的互补进行分子杂交的重要性质而建立起来的。

第二节　DNA 的复制

一、中心法则

以亲代 DNA 分子为模板合成两个完全相同的子代 DNA 分子的过程称为**复制**。以 DNA 为模板合成 RNA 的过程称为**转录**，以 RNA 为模板指导合成蛋白质的过程称为**翻译**。遗传信息按 DNA→RNA→蛋白质的方向传递，这就是经典的分子遗传学的**中心法则**。后来发现，某些病毒的遗传物质是 RNA（RNA 病毒），也可通过复制传递给下一代；某些 RNA 病毒有反转录酶，能够催化 RNA 指导下的 DNA 合成，即遗传信息也可以从 RNA 传递给 DNA。这些都是对经典中心法则理论的发展和补充。

二、复制的半保留性

DNA 的复制是一个由酶催化的复杂的生物合成过程。在复制开始时，亲代 DNA 双股链间的氢键断裂，双链分开，然后以每一股链为模板，根据碱基互补配对的原则，分别复制出与其互补的子代链，从而使一个 DNA 分子转变成与之完全相同的两个 DNA 分子。两个新的子代 DNA 分子中除了一股新合成的 DNA 链外，都保留了一股来自亲代的旧链，因此，把这种复制方式称为半保留复制。半保留复制确保了遗传信息完整地、忠实地从亲代传递给子代。

三、主要的复制酶

（一）复制需要的酶和蛋白因子

（1）拓扑异构酶　拓扑异构酶是一类可以改变 DNA 拓扑性质的酶，有 I 和 II 两种类型。I 型可使 DNA 的一股链发生断裂和再连接，反应无须供给能量。II 型又称为旋转酶，能使 DNA 的两股链同时发生断裂和再连接，需要由 ATP 提供能量。两种拓扑异构酶在 DNA 复制、转录和重组中都发挥着重要作用。

（2）解旋酶　复制需要解开 DNA 双链，主要依赖于 DNA 解旋酶（也称为解链酶），还需要参与起始反应的多种蛋白因子（如 DnaA 和 ATP）。在转录、DNA 修复、DNA 重组中也需要解旋酶。

（3）单链 DNA 结合蛋白　被解旋酶解开的两股单链被单链 DNA 结合蛋白所覆盖，以稳定解开的 DNA 维持单链状态，同时防止其被核酸酶降解。

（4）引发酶　引发酶又称引物酶，催化合成复制过程中所需要的小片段 RNA 引物，DNA 新链在 DNA 聚合酶的催化下在 RNA 引物的 $3'-OH$ 上延伸。

（5）DNA 聚合酶★★★★　DNA 聚合酶是以 DNA 为模板，催化底物（dNTP）合成 DNA。原核生物的 DNA 聚合酶有 I、II 和 III 三型。它们的共同点是，都需要以 DNA 为模板，以 RNA 为引物，以 dNTP 为底物，在 Mg^{2+} 参与下，根据碱基互补配对的原则，催化底物加到 RNA 引物的 $3'-OH$ 上，形成 $3',5'-$磷酸二酯键，由 $5'→3'$ 方向延长 DNA 链。它们还都有 $3'→5'$ 外切酶活性，因此，在 DNA 新链的延伸过程中，具有校对和纠错的功能，保证复制的忠实性和准确性。DNA 聚合酶 III 被认为是真正的 DNA 复制酶。此外，DNA 聚合酶 I 还有 $5'→3'$ 外切酶活性，用以切除 RNA 引物和修复 DNA 的损伤。

从哺乳动物细胞（真核）中分离出 5 种 DNA 聚合酶，有 α、β、γ、δ、ε。它们与大肠杆菌 DNA 聚合酶的基本性质相同，但有不同的分工，用于指导合成染色体 DNA 或线粒体 DNA 或 DNA 损伤的修复。

（6）连接酶　它催化双链 DNA 缺口处的 $5'-$磷酸基和 $3'-$羟基之间生成磷酸二酯键。在原核生物，反应需要 NAD 提供能量，在真核生物中则需要 ATP 提供能量。

（7）端粒和端粒酶　在真核生物线性染色体 DNA 末端有一个特殊结构，称为端粒。它可以防止染色体间末端连接，并用以补偿滞后链 $5'-$末端在消除 RNA 引物后造成的空缺。复制可使端粒 $5'-$末端缩短，而端粒酶可外加重复单位到 $5'-$末端上，结果使端粒维持一定的长度。真核生物的端粒酶是一种含有 RNA 链的逆转录酶，在酶分子内，其以自身所含的 RNA 为模板来合成 DNA 的端粒结构。

（二）DNA 的复制过程

1. 复制原点　DNA 的复制都是从基因组 DNA 的特定部位开始的，DNA 复制开始的部位称为复制原点。原核生物的复制原点只有一个，真核生物有许多复制原点。复制大多是双向的，在复制原点的两侧形成两个复制叉。

2. 复制的过程

(1) 解链解旋　解链酶在 DnaA 等协助下解开亲代双螺旋形成复制叉，单链结合蛋白（SSB）阻止分开的两股链在链内复性。拓扑异构酶参与解链解旋。局部解开的两股单链分别作为复制模板。

(2) 合成引物　引发酶催化合成引物 RNA，其末端有一个游离的 $3'-OH$，新的子代 DNA 链在其 $3'-$末端延伸。

(3) 链的延伸　解开的两股单链 DNA 是反平行的，一条为 $5'→3'$，另一条为 $3'→5'$。以它们为模板合成的两股子代新链：一股是连续合成的，与解链方向即复制叉移动的方向一致，称为**前导链**；另一股是不连续合成的，称**滞后链**，不连续合成的 DNA 片段称为**冈崎片段**。新生 DNA 子链的延伸由 DNA 聚合酶Ⅲ催化。DNA 双股链的复制是半不连续的。

(4) 切除引物和填补空隙　DNA 聚合酶Ⅰ利用其 $5'→3'$ 外切活性将 RNA 引物切除，并由其 $5'→3'$ 聚合活性填补引物切除后留下的空隙，再由 DNA 连接酶将冈崎片段连接成完整的子代 DNA 链。

四、DNA 的损伤与修复方式

造成 DNA 损伤的原因很多，可能是生物因素，如 DNA 的重组、病毒的整合；某些物理化学因子（如紫外线、电离辐射和化学诱变剂）也会造成 DNA 局部结构和功能的破坏，受到破坏的可能是 DNA 的碱基、核糖或是磷酸二酯键；DNA 在复制过程中也仍然可能产生错配。造成 DNA 损伤的因素可能来自细胞内部，也可能来自细胞外部，损伤的结果是引起生物突变，甚至导致死亡。

保证 DNA 分子的完整性对于生物是至关重要的。在长期的进化过程中，生物体获得了复杂的 DNA 损伤修复系统，可以通过不同的途径对 DNA 的损伤进行修复。这些途径可分成光复活和暗修复两类。暗修复又以切除修复和重组修复最重要。

（一）切除修复

在核酸内切酶、DNA 聚合酶Ⅰ和连接酶等的作用下，将 DNA 分子一股链上受到损伤的部分切除，并以完整的另一股链为模板，合成切去的部分，使 DNA 恢复正常的结构。

（二）重组修复

有缺损的子代 DNA 分子还可通过分子内重组加以弥补，即从 DNA 的母链上将相应的 DNA 片段移至子链缺口处，然后利用再合成的序列来补上母链的空缺。

第三节　RNA 的转录

一、转录的概念

转录是以 DNA 为模板合成 RNA 的过程。转录有以下的特点：

(1) 以 DNA 的一股链为模板。双链 DNA 中只以一股链中的一个片段作为模板转录合成 RNA，因此，RNA 转录是不对称的。在 DNA 双链中，负责转录合成 RNA 的 DNA 链称模板链，另一股链称编码链。模板链与编码链互补，模板链转录合成的 RNA 的碱基顺序与编码链的碱基顺序完全一致，只是其中的 T 被 U 取代而已。

(2) 转录起始于 DNA 模板上的特定部位，该部位称为转录起始位点或启动子。被转录成单个 RNA 分子的一段 DNA 序列，称为一个转录单位。DNA 模板上转录终止的特殊顺序，称为终止位点或终止子。将负责编码蛋白质多肽链的 DNA 片段称为结构基因。一个转录单位可以包含 1 个基因——单顺反子，也可以包括多个基因——多顺反子。

（3）RNA 链延伸的方向为 $5'\rightarrow 3'$。

（4）RNA 转录不需要引物。

（5）转录的忠实性较弱。

二、转录有关的酶与转录后的加工

（一）启动子与 RNA 聚合酶

1. 启动子 在转录起始位点的附近有能够被 RNA 聚合酶识别并与之结合，并决定基因的转录与否及转录强度的一段大小为 20~200bp 的 DNA 序列，称之为启动子。

原核生物基因的启动子具有明显的共同特征：①在基因的 $5'$ 端，直接与 RNA 聚合酶结合，控制转录的起始和方向；②都含有 RNA 聚合酶的识别位点、结合位点和起始位点；③都含有保守序列，而且这些序列的位置是固定的，如—35 序列（即识别位点）的 TTGACA、—10 序列（结合位点）的 TATAAT 等。前者供 RNA 聚合酶的 σ 亚基识别并使核心酶与启动子结合，后者为 RNA 聚合酶与之牢固结合并将 DNA 双链打开的部位。根据启动子的启动效率，启动子的活性有强有弱。真核生物基因的启动子在—30 附近常含有 TATA 框结构。

2. RNA 聚合酶★★★★ 转录过程由 RNA 聚合酶催化。RNA 聚合酶识别启动子并与之结合，起始并完成基因的转录。原核生物的 RNA 聚合酶只有 1 种，共包含有 $\alpha_2\beta\beta'\sigma$ 5 个亚基。这 5 个亚基的聚合体称为全酶。σ 亚基以外的部分称为核心酶。σ 亚基的作用是帮助核心酶识别并结合启动子，保证转录的准确起始。转录起始后，σ 亚基迅速与核心酶脱离，核心酶继续与模板结合，并依据碱基互补的方式催化 NTP 原料形成 $3',5'$-磷酸二酯键，以 $5'\rightarrow 3'$ 方向延伸多核苷酸链。

真核生物有 Ⅰ、Ⅱ 和 Ⅲ 三种 RNA 聚合酶。RNA 聚合酶 Ⅰ 负责转录 5.8S、18S、28S rRNA 基因，RNA 聚合酶 Ⅱ 负责转录 mRNA 基因，RNA 聚合酶 Ⅲ 负责转录 5S rRNA 和 tRNA 基因。细胞器还有本身的 RNA 聚合酶。真核生物的 3 种 RNA 聚合酶各有其自己的启动子。

（二）转录过程概述

1. 模板的识别和转录的起始 原核生物中，σ 亚基识别—35 序列并与核心酶一起结合在启动子上，促使 DNA 双螺旋打开并以其中的一条链作为模板进行转录。当新生的 RNA 链形成第一个磷酸二酯键后，σ 亚基即由全酶中解离出来，由核心酶继续进行转录。

2. RNA 链的延伸 在核心酶催化下，按碱基互补配对的原则，依次连接上核苷酸，使 RNA 链按照 $5'\rightarrow 3'$ 方向延伸。由于 RNA 聚合酶没有核酸外切酶活性，不能校对新合成的 RNA 链，因而转录的误差比复制的大很多。

3. 转录的终止 终止的主要过程包括：停止 RNA 链延长；新生 RNA 链释放；RNA 聚合酶从 DNA 上释放。转录终止有两种方式：

（1）依赖于 ρ 因子的终止 ρ 因子又称为终止因子，是从大肠杆菌中分离出来的一种六聚体蛋白质。它具有两种活性：促进转录终止的活性和 NTPase 活性。需要 ATP 提供能量。

（2）不依赖于 ρ 因子的终止 依赖于转录终止区特异的序列。它们的共同特点是都有一段富含 GC 的序列，此 GC 区呈双折叠对称，即回文结构。由 GC 区转录出来的 RNA 自身互补而形成发夹结构。终止子的末尾还富含 AT，此区的模板链有连续的碱基 A，因此，转录出的 RNA 链的末尾为连续的碱基 U。当 RNA 聚合酶遇到此信号时便停止转录。

4. 转录后的加工 所有的 RNA（tRNA、mRNA 和 rRNA），无论是原核生物的，还是真核生物的，转录后首先得到的是其较大的前体分子，都要经过剪接和修饰才能转变为成熟的有功能的 RNA。

真核细胞的基因组基因绝大多数是不连续的，称为**断裂基因**。编码序列与间隔序列相间排列，前者称为**外显子**，后者称为**内含子**。转录产生的初始产物中包括了外显子和内含子，称为核不均 RNA，即 hnRNA。它比加工后成熟的 mRNA 大好几倍。

真核生物转录的 mRNA 初始产物必须经过一系列加工，才能形成有功能的 mRNA 分子。加工过程包括：对其首、尾进行修饰，即在其 5′-末端加"帽"[mG（5）pppNmpN-]结构，在其 3′-末端加上一个 50～200 个 A 的多聚腺苷酸的"尾"；将内含子切除掉，同时将外显子按顺序连接起来，这一过程称为剪接；还存在个别碱基的甲基化等修饰过程。

三、逆转录作用

以 RNA 为模板合成 DNA 称为**逆转录作用**。这个过程由逆转录酶催化。一些动物的 RNA 病毒在逆转录酶催化下以其 RNA 为模板，以 dNTP 为底物，催化合成一股与模板 RNA 互补的 DNA 链，此 DNA 链称为互补 DNA 链（cDNA）。然后，再将模板 RNA 降解，以单股的 cDNA 为模板合成双链互补 DNA，整合到宿主细胞染色体 DNA 中去。逆转录酶也是分子生物学技术中常用的重要工具酶。

第四节　蛋白质的翻译

一、翻译系统

蛋白质的翻译是指在细胞质中以 mRNA 为模板，在核糖体、tRNA 和多种蛋白因子与酶的共同参与下，将 mRNA 中由核苷酸顺序决定的遗传信息转变成由 20 种氨基酸组成的蛋白质的过程。

一种 mRNA 特异地指导合成一种蛋白质，不同 mRNA 指导合成不同的蛋白质。mRNA 的核苷酸排列顺序决定着由它指导合成的蛋白质多肽链中氨基酸的排列顺序。因此，mRNA 是翻译的模板或蛋白质生物合成的"蓝图"。

20 种氨基酸是合成蛋白质的原料。tRNA 是氨基酸的"搬运工"。由蛋白因子和酶与 rRNA 形成的复合体——核糖核蛋白体是合成蛋白质的"装配机"。所有这些构成了蛋白质的翻译系统。

二、mRNA 与遗传密码

mRNA 由 DNA 转录产生，包含了指导合成蛋白质的遗传信息，通过遗传密码的形式在蛋白质翻译过程中起模板的作用。

遗传密码是指 DNA 或由其转录的 mRNA 中的核苷酸（碱基）顺序与其编码的蛋白质多肽链中氨基酸顺序之间的对应关系。由每 3 个相邻的碱基组成 1 个密码子，共有 64 个密码子。AUG 和 GUG 除了作为蛋白质合成起始密码外，还代表肽链内部的蛋氨酸和缬氨酸。UAA、UAG、UGA 不编码任何氨基酸，表示肽链合成的终止信号，称为终止密码。其余 61 个分别代表不同的氨基酸。

密码子具有以下共同特性：①简并性。即多种密码子编码一种氨基酸的现象。除 UAA、UAG 和 UGA 不编码任何氨基酸外，其余 61 个密码子负责编码 20 种氨基酸，因此，出现了多种密码子编码一种氨基酸的现象。②通用性。从病毒、细菌到高等动植物都共同使用一套密码子。但在低等生物和高等生物线粒体 DNA 中，存在例外的使用情况。③不重叠，即连续性。绝大多数生物中的密码子是不重叠而连续阅读的，即同一个密码子中的核苷酸不会被重复阅读。在翻译过程中，由 tRNA 分子来"解读"这些密码子。

三、tRNA 的功能

tRNA 是氨基酸的"搬运工"。细胞中有 40～60 种不同的 tRNA。所有 tRNA 都是单链分子，长度为 70～90 个核苷酸残基。其二级结构呈三叶草形，三级结构呈紧密的倒"L"形状。tRNA 由 4 个茎-环和 1 个臂组成。4 个茎-环分别为二氢尿嘧啶茎-环、反密码子茎-环、可变茎-环及假尿嘧啶茎-环。$3'$-CCA 是氨基酸接受臂，氨基酸的 α-羧基与相应的 tRNA 的末端 A 的 $3'$-OH 以酯键相连。每种 tRNA 都能特异地携带一种氨基酸，并利用其反密码子，根据碱基配对的原则，识别 mRNA 上的密码子。通过这种方式，tRNA 能将其携带的氨基酸在该氨基酸在 mRNA 上所对应的遗传密码位置上"对号入座"。

四、rRNA 与核糖体

（一）核糖体的结构

核糖体都由大、小两个亚基组成。原核生物核糖体的大亚基（50S）由 34 种蛋白质和 23S rRNA 与 5S rRNA 组成；小亚基（30S）由 21 种蛋白质和 16S rRNA 组成。大、小两个亚基结合形成 70S 核糖体。真核生物核糖体的大亚基（60S）由 49 种蛋白质和 28S、5.8S 与 5S rRNA 组成；小亚基（40S）由 33 种蛋白质和 18S rRNA 组成。大、小两个亚基结合形成 80S 核糖体。

这些蛋白因子是翻译过程所必需的起始因子、延伸因子、终止因子及肽酰基转移酶等。

（二）核糖体的功能

核糖体上至少有 3 个功能部位是必需的：①P 位点，起始氨酰基-tRNA 或肽酰基-tRNA 结合的部位；②A 位点，内部氨酰基-tRNA 结合的部位；③E 位点，P 位点上空载的 tRNA 分子释放的部位。

五、翻译过程

1. 氨基酸的活化 所有的氨基酸必须活化以后才能彼此之间形成肽键连接起来。活化的过程是使氨基酸的羧基与 tRNA 的 CCA $3'$-末端核糖上的 $3'$-OH 形成酯键，生成氨酰基-tRNA。

催化氨基酸活化反应的酶称为氨酰基-tRNA 合成酶。不同的氨基酸在不同的酶催化下与相应的 tRNA 相连而活化。该反应消耗 ATP。

翻译起始的氨基酸在原核生物是甲酰甲硫氨酰-tRNAf。

2. 肽链的起始　蛋白质的合成起始包括 mRNA 模板、核糖体的 30S 亚基和甲酰甲硫氨酰- tRNAf 结合（P 位点）。首先形成 30S 起始复合体，接着进一步形成 70S 起始复合体。起始因子 IF - 1、IF - 2 和 IF - 3 和 GTP 参与这个过程。mRNA5′-末端的 SD 序列与 30S 小亚基上的 16S rRNA 的 3′-末端结合，保证了翻译起始的准确性。

3. 肽链的延长　延长阶段的第一步是携带有氨基酸的氨酰基- tRNA 进入 A 位，需要延伸因子 EF - Tu、EF - Ts 和 GTP 协助。当氨酰基- tRNA 占据 A 位点后，原来结合在 P 位点的 fMet - tRNAf 便将其活化的甲酰甲硫氨酸部分转移到 A 位的氨酰基- tRNA 的氨基上，形成肽键，催化此反应的酶是肽酰基转移酶。接着，无负荷的 tRNAf 由 E 位点释出；肽酰基 tRNA 从 A 位点移到 P 位点，移位过程需要延伸因子 EF - G 和 GTP 的推动。移位后 A 位点被空出，于是再结合一个氨酰基- tRNA，并重复以上过程，使肽链不断延长。

4. 合成的终止　当 mRNA 的终止密码子（UAA、UAG 或 UGA）进入核糖体的 A 位点时，在释放因子（RF）帮助下，肽链的合成终止，并从核糖体上释放出来。

5. 翻译后加工与跨膜运输　翻译后的加工包括折叠和修饰。新生的多肽链多数是没有生物活性的初级产物，必须经过 N 端甲酰甲硫氨酸的脱甲酰或切除甲硫氨酸、氨基酸侧链的磷酸化、糖基化修饰、多肽链的水解断裂、二硫键的形成及肽链的正确折叠等，才能转变成有功能的蛋白质。蛋白质翻译的加工过程实际上在翻译完成之前就开始了，即边翻译边加工。在细胞质中合成的蛋白质需要运输到不同的部位，如线粒体、高尔基体、溶酶体及细胞核内发挥不同的生物学功能，有些蛋白质还要运输到细胞外发挥作用。

第五节　核酸研究技术

一、核酸工具酶

目前，在临床分子诊断中广泛应用的核酸工具酶主要有限制性核酸内切酶、DNA 聚合酶、DNA 连接酶、碱性磷酸酶及逆转录酶等。本单元中主要介绍限制性核酸内切酶。

限制性核酸内切酶又称**限制性内切酶、限制酶**，是一类能识别双链 DNA 分子中某种特定核苷酸序列，并由此切割 DNA 双链结构的核酸内切酶。此类酶主要是从原核生物中分离纯化得到的。限制酶的发现和应用，使 DNA 分子能很容易地在体外被切割和连接，因此，被称为 DNA 重组技术中一把神奇的"手术刀"。

限制酶的识别序列大部分具有纵轴对称结构，或称回文序列。识别序列的长度多为 4 对或 6 对核苷酸。限制酶在其识别序列内有特定的识别位点，切割 DNA 分子时能形成两种形式的末端，即平齐末端和黏性末端。平齐末端是限制酶在识别序列的对称轴上切断。黏性末端是限制酶在识别序列对称轴左右的对称点上交错切割，产生的末端存在短的互补序列。被同一种限制酶切割的不同来源的 DNA，由于其切口处具有互补的碱基序列，因此，很容易互相黏合在一起，这个性质为不同来源的基因重组提供了极大的便利。

二、分子杂交技术

带有互补的特定核苷酸序列的单链 DNA 或 RNA，当它们混合在一起时，其具有互补或部分互补的碱基对将会形成双链结构。如果互补的核苷酸片段来自不同的生物有机体，如此形成的双链分子就是**杂交核酸分子**。能够杂交形成杂交分子的不同来源的 DNA 分子，其亲缘关系较为密切；反之，其亲缘关系比较疏远。因此，DNA/DNA 的杂交作用，可以用来检测特定生物有机体之间是否存在着亲缘关系，而形成 DNA/DNA 或 DNA/RNA 杂交分子的这种能力，可以用来揭示核酸片段中某一特定基因的位置。

目前，根据分子杂交原理，建立起来的常用的技术有：

1. Southern-印迹　其原理是将在电泳凝胶中分离的 DNA 片段转移并结合在适当的滤膜上，变性后，通过与标记的单链 DNA 或 RNA 探针杂交作用，以检测被转移 DNA 片段中特异的基因。

2. Northern-印迹　是将 RNA 分子从电泳凝胶转移并结合到适当的滤膜上，通过与标记的单链 DNA 或 RNA 探针杂交，以检测特异基因的表达。

3. 斑点印迹杂交（dot-印迹）**和狭线印迹杂交**（slot-印迹）　是在 Southern 印迹杂交的基础上发展的两种类似的快速检测特异核酸（DNA 或 RNA）分子的核酸杂交技术。由于在试验的加样过程中，使用了特殊设计的加样装置，使众多待测的核酸样品能一次同步转移到杂交滤膜上，并有规律地排列成点阵或线阵，因此，将这两种方法称为斑点印迹杂交和狭线印迹杂交。这两种方法适用于核酸样品的定量检测。

4. 原位杂交　是将菌落或噬菌斑转移到硝酸纤维素滤膜上，使溶菌变性的 DNA 与滤膜原位结合，再与标记的 DNA 或 RNA 探针杂交，然后显示与探针序列具有同源性的 DNA 印迹位置，与原来的平板对照，便可以从中挑选出含有插入序列的菌落或噬菌斑。该技术也称为菌落（或噬菌斑）原位杂交。

三、聚合酶链式反应

聚合酶链式反应（Polymerase chain reaction，PCR），即 PCR 技术，是一种在体外快速扩增特定基因或 DNA 序列的方法，又称为基因的体外扩增（Gene amplification）。它可以在试管中建立反应，经数小时之后，就能将极微量的目的基因或某一特定的 DNA 片段扩增数十万倍，乃至千百万倍，无须通过烦琐费时的基因克隆程序，便可获得足够数量的精确 DNA 拷贝。

聚合酶链式反应的原理与细胞内发生的 DNA 复制过程十分类似。首先，双链 DNA 分子在临近沸点的温度下加热时，会变性分离成两股单链的 DNA，然后，耐热的 DNA 聚合酶以单链 DNA 为模板，并利用反应混合物中 4 种脱氧核苷三磷酸（dNTPs）合成新生的 DNA 互补链。在每一条新合成的 DNA 链上都具有引物结合位点，然后，反应混合物经再次加热，使新、旧两条链分开，进入下一轮反应循环，即与引物杂交、DNA 合成和链的分离。经多次循环，反应混合物中所含有的双链 DNA 分子数，即两条引物结合位点之间的 DNA 区段的拷贝数可以大规模地扩增。PCR 技术是 DNA 分子在体外克隆的重要方法，在分子生物学研究和临床诊断中广泛应用，不仅可用来扩增、分离目的基因，而且在临床医疗诊断、胎儿性别鉴定、癌症治疗的监控、基因突变与检测、分子进化研究及法医学等诸多领域都有着重要的用途。

四、动物转基因技术

将人工分离和修饰过的基因导入到生物体（包括动物）基因组中，由于导入基因的表达，引起生物体的性状发生可遗传的修饰，这一技术称为转基因技术。转基因的基本方法有：①显微注射法，即将 DNA 注射到胚胎的细胞核内，再把注射过 DNA 的胚胎移植到动物体内，使之发育成正常的幼仔。②体细胞核移植法，即先在体外培养的体细胞中进行基因导入并筛选，然后将带转基因的体细胞移植到去掉细胞核的卵细胞中，生产重构胚胎。

转基因动物是对多种生命现象本质深入了解的工具，如用于研究基因的结构与功能的关系，还可以用来建立多种疾病的动物模型，进而研究这些疾病的发病机理及治疗方法。转基因动物技术能使家畜、家禽的经济性状改良更加有效，如使生长速度加快、瘦肉率提高、肉质改善，饲料利用率提高、抗病力加强等。转基因动物也可作为医用或食用蛋白的生物反应器，如通过转基因动物的乳腺、蛋合成大量安全、高效、廉价的药用蛋白。

广义上，动物克隆技术也属于转基因技术。克隆动物是通过无性繁殖所产生的动物个体或群体，具有完全相同的遗传背景。其基本过程为取供体的体细胞核，移植到已去核的受精卵中，通过体外培养发育为早期胚胎，并移植入代孕母体子宫中发育为个体。利用此项技术可大量繁殖优良品种，挽救濒危动物等。近年来，动物克隆技术越来越广泛地应用于动物的研究和生产。但是关于转基因动物，除了技术问题，还有涉及伦理、法律、安全性及产品如何被消费者接受等问题尚有待解决。但是转基因技术正在领导一场新的农业科技革命，其巨大的发展前景是毋庸置疑的。

五、DNA 指纹技术

DNA 指纹技术主要包括限制性片段长度多态性、DNA 指纹图谱等。

限制性片段长度多态性的基本原理为：在真核生物 DNA 分子遗传过程中，DNA 碱基由于代换、重排、插入、缺失等原因，在子代 DNA 中会产生差异而形成多态性。当用一种限制性内切酶切割 DNA 时，DNA 分子会降解成许多长短不等的片段，在个体间这些片段是特异的，因此，可以作为某一 DNA（或含这种 DNA 的生物）所特有的标记。这种方法称为限制性片段长度多态性（RFLP），用于生物的亲缘关系、遗传标记等研究。

第十单元 水、无机盐代谢与酸碱平衡

第一节 体 液★★★★★

水和无机盐是机体维持体液平衡的重要物质。**体液**是指由存在于动物体内的水和溶解于水中的各种电解质、低分子有机化合物和大分子的蛋白质等组成的一种液体。机体需要通过一定的调节机制来维持体液的容量、电解质浓度和酸碱度的相对恒定，以保证其正常的物质代谢和生命活动。

一、体液的容量与分布

正常成年动物体内所含的水量是相当恒定的，但可因品种、性别、年龄和个体的营养状况不同而有所不同。一般来说，成年动物体内总含水量相当于体重的 55%～65%，早期发育的胎儿含水量可高达 90% 以上，初生幼畜在 80% 左右。肥胖的动物由于脂肪含量较多，比瘦的动物含水量少。动物机体的含水量一般随年龄和体重的增加而减少。

体液在体内的分布大约可划分为两个分区，即细胞内液和细胞外液。它们是以细胞膜分隔开的。细胞内液是指存在于细胞内的液体，约占体重的 50%；细胞外液是指存在于细胞外的液体，约占体重的 20%。细胞外液又可分为两个主要的部分，即存在于血管内的血浆和血管外的组织间液。它们是以血管壁分开的。血浆约占体重的 5%，组织间液约为体重的 15%。细胞外液是沟通组织细胞之间和机体与外界环境之间的重要介质，称为机体的内环境。消化道、尿道等中的液体也可视为细胞外液，但由于这些液体量少而且很不恒定，性质与血浆和组织间液也很不相同，因此，在讨论细胞外液时，一般不把它们考虑在内。

二、体液电解质的组成特点

体液中除了作为重要溶剂的水之外，还含有多种电解质和葡萄糖、尿素等非电解质。细胞内液和细胞外液电解质的组成差异极大，存在着典型的不平衡，而在细胞外液的两大部分（血浆与组织间液）之间，电解质组成只有很小的差别。

（一）细胞外液的组成

细胞外液主要是指血浆和组织间液。此外，还包括淋巴液和脑脊液。细胞外液的无机盐含量基本相同，其主要差异是血浆中的蛋白质含量比组织间液中高很多。这说明蛋白质不易透过毛细血管壁，而其他电解质和较小的非电解质都可自由透过。在细胞外液中含量最多的阳离子是 Na^+，阴离子以 Cl^- 和 HCO_3^- 为主要成分，且阳离子和阴离子总量相等，其为电中性。

（二）细胞内液的组成

细胞内液的化学成分与细胞外液比较是很不相同的：一是细胞内的蛋白质含量很高；二是细胞内液的主要阳离子是 K^+，其次是 Mg^{2+}，而 Na^+ 则很少。由此可见，细胞内液和细胞外液之间在阳离子方面的突出差异是 Na^+、K^+ 浓度的悬殊，并已知这种差异是许多生理现象所必需的，因而必须维持。**细胞内液**的主要阴离子是蛋白质和磷酸根。Cl^- 虽然是细胞外液中的主要阴离子，但在细胞内液中几乎不存在。细胞内液和细胞外液中成分的这些差异表明，细胞膜是不允许绝大多数物质自由通过的。

三、体液渗透压

体液渗透压在体液平衡中具有重要的作用。**体液渗透压**的大小是由体液内所含溶质有效粒子数目的多少决定的，而与溶质粒子的大小和价数等性质无关。

体液中小分子晶体物质产生的渗透压称为**晶体渗透压**。晶体物质多为电解质，电离后其质点数较多，故渗透压作用也大。由蛋白质等大分子胶态物质产生的渗透压称为**胶体渗透压**。在体液中蛋白质的浓度虽然高，但分子大，其质点数较少，故渗透压作用也相对的小。

体液中的水可在渗透压的作用下被动地自由通过细胞膜，而 Na^+、K^+ 等离子则不易自由通过。因此，水在细胞内、外的流通主要是受无机盐产生的晶体渗透压的影响。毛细血管壁的通透性则不同，除大分子蛋白质不允许自由通过外，水及 Na^+、K^+ 等无机离子是可自由扩散的。因此，血浆中的蛋白质在渗透压的形成中虽然只占很小的部分，但在维持血浆与组织间液之间的水平衡中起着重要作用。

四、体液间的交流

在动物的生命过程中，各种营养物质不断地经过血浆到组织间液，再进入细胞。细胞代谢的产物以及多余的物质也不断地进入组织间液，再经过血液进入其他细胞或排出体外。这说明为了维持生命活动，体液各分区的成分必须不断地穿过毛细血管壁和细胞膜进行交流。

（一）血浆和组织间液的交流

物质在血浆和组织间液之间的交流需要穿过毛细血管壁。毛细血管壁虽然不允许蛋白质自由穿过（不是绝对的），但水和其他溶质则可自由通过。因此，水和其他溶质在血浆和组织间液之间的交流主要靠自由扩散，即各种溶质由高浓度一方向低浓度一方扩散，水由低渗一方向高渗一方扩散，直至平衡为止。正因为这样，血浆中各种物质的浓度与组织间液基本相同，只是血浆中蛋白质的浓度高于组织间液，使得血浆中蛋白质浓度所产生的胶体渗透压是有效的，而其他溶质不产生有效的渗透压。当血浆的渗透压大于组织间液时，成为组织间液流向血管内的力量。与之相反，血管内的水静压是使血管内的液体流向血管外的力量。在毛细血管的动脉端，水静压大于血浆的胶体渗透压，使体液向血管外流动；在毛细血管的静脉端，则水静压小于血浆的胶体渗透压，于是体液向血管内流动，这是血浆和组织间液交流的另一个方式。此外，淋巴循环也有一定作用。

（二）组织间液和细胞内液的交流

物质在组织间液和细胞内液的交流需要通过细胞膜。细胞膜只允许水、气体和某些不带电荷的小分子自由通过；蛋白质只能少量通过，有时甚至完全不能通过；无机离子，尤其是阳离子一般不能自由通过。这是造成细胞内液和细胞外液中的成分差异很大的原因。但生命活动过程需要各种物质不断地在这两个分区之间进行交流。已知细胞膜有主动转运物质的机能，它能使一些物质由低浓度向高浓度方向转运。例如，细胞膜上的 Na^+-K^+ 泵（又称 Na^+-K^+-ATP 酶）就是在消耗能量的基础上把 K^+ 摄入细胞内，把 Na^+ 排出细胞外，以保持细胞内外 K^+、Na^+ 浓度的巨大差异。另外，在细胞膜上还有转运各种离子的穿膜孔道。这些孔道随着生理条件的不同而时开时闭，开时则离子可顺浓度梯度转运，闭时则不能转运。关于水的转移主要取决于细胞内、外的渗透压。由于细胞外液的渗透压主要取决于其中钠盐的浓度，因此，水在细胞内、外的转移主要取决于细胞内外 K^+、Na^+ 的浓度。当饮水后，水首先进入细胞外液，使细胞外液 Na^+ 的浓度降低，从而降低了细胞外液的渗透压，于是水进入细胞，至细胞内、外的渗透压相等为止。反之，当细胞外液的水减少或 Na^+ 增多时，则细胞外液的渗透压升高，于是水由细胞内转向细胞外。

第二节　水的代谢

一、水的生理作用

水是机体含量最多的成分，也是维持机体正常生理活动的必需物质，动物生命活动过程中许多特殊生理功能都有赖于水的存在。

水是机体代谢反应的介质，机体要求水的含量适当，才能促进和加速化学反应的进行。水本身也参与许多代谢反应，如水解和加水（水合）等反应过程。营养物质进入细胞以及细胞代谢产物运至其他组织或排出体外，都需要有足够的水才能进行。水的比热值大，流动性也大，因此，水能起到调节体温的作用。此外，水还具有润滑作用。

二、水　平　衡

正常成年动物每天摄入的水量和排出的水量相等，保持动态平衡，称为**水平衡**。水平衡的维持主要是通过控制饮水量和尿量而实现的。正常生理状况下，动物体内的含水总量保持相对恒定，这种恒定依赖于体内水分的来源和去路之间的动态平衡。

动物体内水的来源有三条途径：即饮水、饲料中的水和代谢水。饮水和饲料中的水是体内水的主要来源，其次是营养物质在体内氧化所产生的水（即代谢水）。在一般情况下，动物从饲料摄入的水和代谢产生的水可不受体内水含量多少的影响。但是饮水的摄入量与前两种水不同，一方面饮水量比其他水的来源大，另一方面更重要的是饮水量的多少受丘脑下部渴中枢的调节。因此，饮水在动物体内水的来源中占有极重要的地位。

水的排出途径有：①从体表蒸发及流失。该途径排出的水包括皮肤蒸发及随呼气排出的水。②随粪排出。动物种类不同，由该途径排出的水量是不同的。③随尿排出。肾脏是排出体内水分的重要器官，排尿量受抗利尿激素的控制，而抗利尿激素的分泌又受血浆渗透压所控制。虽然动物的排尿量没有高限，但都有一个最低排尿量。这是因为代谢废物（主要是尿素）必须呈溶解状态才能排出体外。④泌乳动物由乳中排出水。

第三节　钠、钾的代谢

一、钠、钾的分布与生理功能★★★★★

（一）钠

体内的钠一半左右在细胞外液中，其余大部分存在于骨骼中，因此，可认为骨钠是钠的贮存形式。当体内缺钠时，一部分骨钠可被动员出来以维持细胞外液中钠含量的恒定。由于细胞外液中的 Na^+ 占阳离子总量的 90% 左右，Cl^- 的含量与 Na^+ 有平行关系，因此，Na^+ 和 Cl^- 所引起的渗透压作用占细胞外液总渗透压的 90% 左右。这说明 Na^+ 是维持细胞外液渗透压及其容量的决定因素。此外，Na^+ 的正常浓度对维持神经肌肉正常兴奋性也有重要作用。

（二）钾

钾的分布与钠相反，主要存在于细胞内液，约占体钾总量的98%，而细胞外液中很少。K^+ 是细胞内的主要阳离子，故 K^+ 的浓度对维持细胞内液的渗透压及细胞容积十分重要。体内 K^+ 的动向与水、Na^+ 及 H^+ 的转移密切相关，故与维持体内酸碱平衡也有关。细胞内外一定浓度的钾是维持神经肌肉正常兴奋性的必要条件。血浆 K^+ 浓度与心肌的收缩运动也有密切的关系，血浆 K^+ 浓度高时对心肌收缩有抑制作用，当血浆 K^+ 浓度高到一定程度时，可使心脏停搏在舒张期。相反，当血浆 K^+ 浓度过低时，可使心脏停搏在收缩期。此外，K^+ 在维持细胞的正常代谢与功能中也起重要作用。

二、水与钠、钾的代谢

体内的钠主要从饲料中摄入，并易于吸收。因植物中含钠很少，因此，在饲养家畜时，一般要在饲料中添加食盐（NaCl）。在正常情况下，尿中钠的排泄与其摄入量大致相等。当血浆中的钠浓度低于阈值时，则尿中不再排钠。体内的钾主要来自饲料，和钠一样也是易被动物吸收的。正常饲料中的钾含量很丰富，因此，只要正常喂饲，任何动物都很少缺钾。肾脏是排钾和调节钾平衡的主要器官。肾的排钾能力很强，但保钾却比保钠能力小得多。

由于水和 Na^+、K^+ 代谢过程与体液组分及容量密切相关，因此，机体通过各种途径对水和 Na^+、K^+ 在各部分体液中的分布进行调节，在维持水和这些电解质在体内动态平衡的同时，保持了体液的等渗性和等容性，即保持细胞各部分体液的渗透浓度和容量处于正常范围内。

水和 Na^+、K^+ 动态平衡的调节是在中枢神经系统的控制下，通过神经-体液调节途径实现的。神经-体液系统对水和 Na^+、K^+ 的调节中，主要的调节因素有抗利尿激素、盐皮质激素、心钠素和其他多种利尿因子。各种体液调节因素作用的主要靶器官为肾。

第四节　体液的酸碱平衡

一、体液酸碱平衡的概念

体液的酸碱平衡是指体液（特别是血液）能经常保持 pH 的相对恒定。动物的正常生理活动，除需要适当的温度和渗透压等因素外，还必须保持体液的适当酸碱度。动物细胞外液（以血浆为代表）的 pH 一般为 7.24～7.54，如果高于 7.8 或低于 6.8，动物就会死亡。动物在正常的生命活动中，不断地通过肠道吸收和物质代谢产生一些不同的酸性和碱性物质，这些物质进入血液后，使体液的酸碱度发生改变。但在正常生理条件下，动物并不发生酸或碱中毒现象，这表明机体具有完备而有效的调节体液酸碱平衡的机构。

二、体液酸碱平衡的调节

机体是通过体液的缓冲体系、由肺呼出二氧化碳和由肾排出酸性或碱性物质来调节体液的酸碱平衡的。

（一）血液的缓冲体系

动物体液中的缓冲体系是由一种弱酸及其盐构成的。血液中主要的缓冲体系有以下三种：碳酸氢盐缓冲体系、磷酸盐缓冲体系、血浆蛋白体系及血红蛋白体系。在血液中的各种缓冲体系中，以碳酸-碳酸氢盐的缓冲能力最大。肺和肾调节酸碱平衡的作用，主要是调节血浆中碳酸和碳酸氢盐的浓度。因此，在研究体液的酸碱平衡时，血浆中碳酸-碳酸氢盐缓冲体系是最重要的缓冲体系，其变化可反映出体内酸碱平衡的全貌。然而，当酸或碱侵入血液引起血浆 pH 发生改变时，血浆中所有的缓冲体系都会发生相应的变化。

由于动物在正常代谢过程中产生的酸（其中包括蛋白质分解代谢产生的硫酸和磷酸）比较多，因此，体液受到酸的影响比较大。血浆缓冲酸的能力下降到一定程度时，血浆就会失去缓冲能力。因此，机体为了维持体液 pH 的正常恒定，必须有随时调整血浆中 $[HCO_3^-]$ / $[H_2CO_3]$ 的比值以及维持二者的绝对浓度的机制，即必须经常保持一定量的 HCO_3^-，以便随时中和进入的酸。血浆中所含 HCO_3^- 的量称为**碱储**，即中和酸的碱储备，单位为毫摩尔每升（mmol/L）。但必须注意，当酸进入血液时，并非只是 HCO_3^- 去中和它，而是所有的缓冲体系都起作用，特别是血红蛋白起着相当重要的作用，它们的含量也都会有相应的改变。但由于 HCO_3^- 是血浆中缓冲能力最大的，并且易于测定，因此，通常以它的含量代表碱储。

（二）肺呼吸对血浆中碳酸浓度的调节

肺对血浆 pH 的调节机能在于加强或减弱 CO_2 的呼出，从而调节血浆和体液中 H_2CO_3 的浓度，使血浆中 $[HCO_3^-]$ / $[H_2CO_3]$ 的比值趋于正常，从而使血浆的 pH 趋于正常。

（三）肾脏的调节作用

肾脏通过肾小管的重吸收作用和分泌作用排出酸性或碱性物质，以维持血浆的碱储和 pH 的恒定。肾脏对血浆中碳酸氢钠浓度的调节，可通过多排出或少排出 HCO_3^-，以维持血浆中 HCO_3^- 的浓度恒定，并在肺脏机能的配合下，使血浆中 HCO_3^- 和 H_2CO_3 的浓度保持恒定，从而使其 pH 趋于正常恒定。此外，当肾小管管腔内尿液流经远曲小管时，尿中氨的含量逐渐增加，排出的 NH_3 与 H^+ 结合生成 NH_4^+，使尿的 pH 升高，肾小管的这种泌氨作用也有助于体内强酸的排出。

综上所述，动物体液酸碱平衡的调节是由体液的缓冲体系、肺脏和肾脏共同配合进行的。缓冲体系和肺调节酸碱平衡的作用是迅速的，它保证了当酸或碱突然进入体液时，体液的 pH 不发生或发生较小的改变。但不能把进入的酸（固定酸）或碱由体内清除出去。这种清除要靠肾脏的作用，但肾脏的作用较缓慢，因此，单靠肾脏不能应付酸或碱的突然进入。为了维持体液 pH 的正常恒定，这三方面的作用是缺一不可的。

第五节 钙、磷的代谢

一、钙、磷的分布与生理功能★★★★★

体内无机盐以钙、磷含量最多，它们约占机体总灰分的 70％以上。体内 99％以上的钙及 80％～85％的磷以羟磷灰石 $[3Ca_3(PO_4)_2 \cdot Ca(OH)_2]$ 的形式构成骨盐，分布在骨骼和牙齿中。其余的钙主要分布在细胞外液中，细胞内钙的含量很少。磷在细胞外液中和细胞内都有分布。

体液中钙、磷的含量虽然只占其总量的极少部分，但在机体内多方面的生理活动和生物化学过程中起着非常重要的调节作用。Ca^{2+}参与调节神经、肌肉的兴奋性，并介导和调节肌肉以及细胞内微丝、微管等的收缩；Ca^{2+}影响毛细血管壁通透性，并参与调节生物膜的完整性和质膜的通透性及其转运过程；Ca^{2+}参与血液凝固过程和某些腺体的分泌；Ca^{2+}还是许多酶的激活剂（如脂肪酶、ATP酶等）；Ca^{2+}更重要的作用是作为细胞内第二信使，介导激素的调节作用。骨骼外的磷则主要以磷酸根的形式参与糖、脂类、蛋白质等物质的代谢过程及氧化磷酸化作用；磷又是 DNA、RNA、磷脂的重要组成成分；磷还参与酶的组成和酶活性的调节作用；磷酸盐在调节体液平衡方面也具有重要的作用。

二、血钙与血磷

血液中的钙称为**血钙**，血钙主要以离子钙和结合钙两种形式存在。动物血浆钙的浓度平均为 0.1mg/mL。结合钙绝大部分与血浆蛋白质（主要是清蛋白）结合，少部分与柠檬酸、HPO_4^{2-} 结合。蛋白质结合钙不易透过毛细血管壁，又可称为非扩散性钙；离子钙和柠檬酸钙均可透过毛细血管壁，也称为扩散性钙。血浆中扩散性钙与非扩散性钙的含量各占一半。

血浆中的无机磷称为**血磷**。血液中的磷主要以无机磷酸盐、有机磷酸酯和磷脂三种形式存在，其中无机磷酸盐主要存在于血浆中，后两种形式的磷主要存在于红细胞内。成年动物的血磷含量为 0.04～0.07mg/mL 血浆，幼年动物血磷含量稍高。在正常情况下，血浆中的钙与磷含量有一定比例，其比值为（2.5～3.0）∶1。

三、钙、磷在骨中的沉积与动员

骨虽然是一种坚硬的固体组织，但它仍然与其他组织保持着活跃的物质交换。当骨溶解时，则发生钙、磷由骨中动员出来，使血中钙和磷的浓度升高；相反，在骨生成时，则钙、磷在骨中沉积，引起血中钙和磷的含量降低。由于骨的这种代谢，不仅保证了骨的生成与改造，也维持了血浆中钙和磷浓度的正常恒定及满足机体其他需要。甲状旁腺素、降钙素和 1,25-二羟维生素 D 参与骨细胞的转化调节，影响骨钙和血钙的平衡。

第十一单元　组织和器官的生物化学

第一节　红细胞的代谢

一、血红蛋白的代谢

（一）血红蛋白与氧的结合

由于氧分子在水中的溶解度很低，因此，哺乳类、鸟类动物借助红细胞中的血红蛋白运输氧。血红蛋白分子是由两个 α-亚基和两个 β-亚基构成的四聚体。每个亚基都包括一条肽链和一个血红素。血红素位于每个亚基的空穴中，血红素中央的 Fe^{2+} 是氧结合部位，可以结合一个氧分子。每个血红蛋白分子能与 4 个 O_2 进行可逆结合。

（二）血红蛋白与二氧化碳的作用

血红蛋白与二氧化碳作用时，蛋白质部分的游离氨基与二氧化碳结合成为碳酸血红蛋白（$HbCO_2$）。体内新陈代谢产生的二氧化碳约 18% 通过碳酸血红蛋白的形式运至肺部而排出体外，其余大部分以碳酸氢盐形式运输。

（三）血红蛋白与一氧化碳的作用

血红蛋白与一氧化碳作用能生成碳氧血红蛋白（HbCO），CO 与 Fe^{2+} 也是配位键结合。但血红蛋白与一氧化碳结合的能力比与 O_2 结合的能力强 200～300 倍，因此，极容易造成一氧化碳中毒。

（四）血红蛋白的氧化及其恢复

血红蛋白可被铁氰化钾、亚硝酸盐、盐酸盐、大剂量的亚甲蓝及过氧化氢等氧化剂氧化为高铁血红蛋白（MHb）。在高铁血红蛋白中，铁从二价变为三价而失去了运输氧的能力。正常的红细胞中也有少量氧化剂能把血红蛋白氧化为高铁血红蛋白，但红细胞也有使高铁血红蛋白缓慢地还原为亚铁血红蛋白的能力，因此，正常血液中只含有少量的高铁血红蛋白。但如果摄入较多的氧化剂，使高铁血红蛋白产生的速度超过了红细胞本身对其还原的速度，则可出现高铁血红蛋白血症。正常红细胞还原高铁血红蛋白的方式有酶促反应及非酶促反应两种。酶促反应由两类高铁血红蛋白还原酶催化；维生素 C 及还原型谷胱甘肽还原高铁血红蛋白为非酶促反应。

二、红细胞中的糖代谢

哺乳动物成熟的红细胞没有糖原的储存。红细胞膜上含有运载葡萄糖的载体，使葡萄糖很容易通过细胞膜，故葡萄糖的浓度在红细胞内与血浆中几乎相等。葡萄糖的代谢绝大部分是通过酵解途径。此外，还有小部分通过磷酸戊糖途径、2,3-二磷酸甘油酸支路及糖醛酸循环。糖酵解途径在第四单元中已介绍，下面只补充介绍其他途径。

（一）磷酸戊糖途径

成熟的红细胞内经磷酸戊糖途径可产生极为重要的还原型辅酶 $NADPH+H^+$，但不像其他细胞那样主要用于脂肪酸和胆固醇等的合成，而是用于保护细胞及血红蛋白不受各种氧化剂的氧化。其主要作用是使 GSSG 还原为 GSH，GSH 在细胞内能通过谷胱甘肽过氧化物酶还原体内生成的 H_2O_2，以消除 H_2O_2 对血红蛋白、含—SH 基的酶及膜上不饱和脂肪酸的氧化；也能直接还原高铁血红蛋白。因此，它能保护红细胞中酶、细胞膜及血红蛋白免受有害的氧化剂的损伤，维持红细胞的正常功能。在生理条件下，$3\%\sim11\%$ 的葡萄糖通过磷酸戊糖途径代谢。当红细胞内代谢不正常时，氧化型谷胱甘肽（GSSG）与还原型谷胱甘肽（GSH）的比值（GSSG/GSH）增大，或过氧化氢酶失活（Fe^{2+} 被氧化成 Fe^{3+}），致使过氧化氢在红细胞内堆积，可促进磷酸戊糖途径加速。

（二）糖醛酸循环

糖醛酸循环被重视的理由是它与 NAD^+ 及 $NADP^+$ 有关的反应非常多。通过糖醛酸循环途径可间接地使 $NADPH+H^+$ 的氢转给 NAD^+ 生成 $NADH+H^+$，这对于维持红细胞中血红蛋白的还原状态有重要意义。

（三）2,3-二磷酸甘油酸支路

在糖酵解过程中，$15\%\sim50\%$ 的 1,3-二磷酸甘油酸在甘油酸二磷酸变位酶的催化下可转变成 2,3-二磷酸甘油酸（DPG），后者再经 2,3-二磷酸甘油酸磷酸酶催化生成 3-磷酸甘油酸。由于甘油酸磷酸变位酶的活性比 2,3-二磷酸甘油酸磷酸酶的活性高，因此，2,3-二磷酸甘油酸的生成比分解快，可导致 2,3-二磷酸甘油酸在细胞中潴留。由于 2,3-二磷酸甘油酸对甘油酸二磷酸变位酶有很强的反馈抑制作用，因此，在其达到一定储量后，该支路可被抑制，使糖代谢仍主要按糖酵解进行。2,3-二磷酸甘油酸的生理功能是降低血红蛋白与氧的亲和力，促使氧的释放。

三、胆红素的代谢★★★★★

（一）胆红素的生成

衰老的红细胞在破裂后，血红蛋白的辅基血红素被氧化分解为铁及胆绿素。脱下的铁几乎都变为铁蛋白而储存，可重新利用。胆绿素则被还原成胆红素。胆红素有毒性，特别对神经系统的毒性较大，且在水中溶解度很小。胆红素进入血液后，即与血浆清蛋白或 α_1 球蛋白结合成溶解度较大的复合体。这种复合体既有利于运输，又可限制胆红素自由地通过各种生物膜，进入组织细胞产生毒性作用，也不能通过肾脏从尿排出，只能随血液进入肝脏。与蛋白质结合的胆红素在临床上称**间接胆红素**（也称**游离胆红素**）。由于蛋白质分子大，因此，间接胆红素不能通过肾脏从尿排出。某些有机阴离子，如磺胺类、脂肪酸、胆汁酸、水杨酸类等可与胆红素竞争同清蛋白结合，从而减少胆红素与清蛋白结合的机会，增加其透入细胞的可能性。

（二）胆红素在肝、肠中的转变

间接胆红素随血液运到肝脏时，胆红素即与清蛋白分离而进入肝细胞，主要与 UDP-葡萄糖醛酸反应生成葡萄糖醛酸胆红素，此为肝脏解毒作用的一种方式。葡萄糖醛酸胆红素在临床上称**直接胆红素**（也称**结合胆红素**），溶解度较大，可通过肾脏从尿排出，使尿中出现胆红素，也可随胆汁排入小肠。由于毛细胆管内胆红素浓度很高，因此，肝细胞排胆红素是一个复杂的耗能过程。

随胆汁进入小肠的葡萄糖醛酸胆红素在回肠末端及大肠内经肠道细菌的作用，先脱去葡萄糖醛酸，再经过逐步的还原过程转变为无色的尿胆素原及粪胆素原，两者结构相似又常同时存在，总称为**胆素原**。它们在大肠下部及排出体外时，均可被氧化成深黄色的胆素（尿胆素和粪胆素），成为粪便颜色的一种重要来源。

在肠内，一部分胆素原可被吸收进入血液，经门静脉而进入肝脏。这种被肝脏吸收的胆素原转变为结合胆红素后，可再随胆汁排入小肠，此即称为**胆素原的肝肠循环**。从门静脉进入肝脏的胆素原还有一小部分未被肝细胞吸取而从肝静脉流出，随血液循环至肾脏而排出，此即尿中含有少量胆素原的来源。尿中少量的胆素原在空气中可被氧化而变成尿胆素使尿色变深。

第二节　肝脏的代谢

一、肝脏在物质代谢中的作用

在糖代谢中，肝脏不仅有非常活跃的糖有氧及无氧的分解代谢，而且也是糖异生、维持血糖稳定的主要器官。

肝脏在脂类代谢中的作用同样非常重要。肝脏是脂肪酸 β-氧化的主要场所。不完全 β-氧化产生的酮体，可以为肝外组织提供容易氧化供能的原料。对于禽类，肝脏是合成脂肪的主要场所。虽然家畜主要在脂肪组织内合成脂肪，但肝内也能合成一定数量的脂肪，并且肝脏在体内脂类的转运中起重要的作用。如果脂肪的运入过多或运出障碍，则可能发生脂肪肝。肝脏也是改造脂肪的主要器官，能调整外源性脂肪酸的碳链长短及饱和度。血浆中的磷脂主要是由肝脏合成的，并且也主要回到肝脏进行进一步的代谢变化。肝脏是胆固醇代谢转变的重要场所，肝内胆固醇大部分可转变为胆汁酸盐，有助于促进脂类的消化吸收，小部分胆固醇随胆汁排出。

肝是蛋白质代谢最活跃的器官之一，其蛋白质的更新速度也最快。它不但合成本身的蛋白质，还合成大量血浆蛋白质。血浆中的全部清蛋白、纤维蛋白原、部分的球蛋白、凝血酶原以及凝血因子Ⅸ、Ⅴ、Ⅶ、Ⅹ也都在肝脏中合成。

肝脏是多种维生素（维生素 A、维生素 D、维生素 E、维生素 K、维生素 B_{12}）的储存场所。胡萝卜素可在肝脏内（部分在肠上皮细胞）转变为维生素 A。维生素 D_3 在肝脏经羟化反应转变为 1,25-二羟维生素 D_3。有多种维生素在肝脏合成辅酶。多种激素在发挥其调节作用后，主要在肝脏中转化、降解或失去活性，这一过程称为激素的灭活。某些激素（如儿茶酚胺类、胰岛素、氢化可的松、醛固酮、抗利尿激素、雌激素、雄激素等）在肝脏内不断被灭活，使这些激素在血中维持在一定的浓度范围中。一些类固醇激素可在肝脏内与葡萄糖醛酸或活性硫酸等结合后灭活。

二、肝脏的生物转化作用

动物常常会摄入一些非营养物质进入机体，如饲料中的一些色素、生物碱、农药、毒物，饮水中的化学性杂质，从肠道吸收的一些腐败物（胺类、硫化物、酚等），以及为治疗目的给予的药物等。机体内部正常代谢也会产生一些不能再被机体利用的物质，如物质代谢中产生的各种代谢终产物，完成了调控作用的各种生物活性物质等。这些物质绝大部分既不能被转化为构成组织细胞的原料，也不能被彻底氧化以供给能量，而必须由机体将它们排出体外。在排出以前，这些物质需要经过一定的代谢转变，使它们增强极性或水溶性，转变成比较容易排出的形式，然后再随尿或胆汁排出。这些物质排出前在体内所经历的这种代谢转变过程，叫做**生物转化作用**，也称**解毒作用**。肝脏是生物转化的主要场所，肝脏中的生物转化作用有结合、氧化、还原、水解等方式，其中以氧化及结合的方式最为重要。

（一）氧化反应

肠内腐败产生的有毒胺类（如腐胺、尸胺等）被吸收后，进入肝脏，大部分在肝脏中经胺氧化酶的催化，先被氧化成醛及氨，醛再氧化成酸，酸最后氧化成二氧化碳和水，氨则大部分在肝脏合成尿素，从而使胺类物质丧失生物活性。

（二）结合反应★

肝脏内最重要的解毒方式是结合解毒。参与结合解毒的物质有多种，如葡萄糖醛酸、硫酸、甘氨酸、乙酰 CoA 等。凡含有羟基、羧基的毒物或在体内氧化后含羟基、羧基的毒物，其中大部分是与葡萄糖醛酸结合而解毒的。许多药物如乙酰水杨酸（阿司匹林）、吗啡、樟脑，以及体内许多正常代谢产物，如胆红素、雌激素等大部分也都是通过与葡萄糖醛酸结合后排出体外。大肠内腐败产生的或由其他途径进入体内的酚类可与硫酸结合而解毒，此硫酸称为"活性硫酸"，即 3′-磷酸腺苷 5′-磷酸硫酸。色氨酸在大肠内腐败生成吲哚，吸收入肝后，先被氧化成吲哚酚，再与"活性硫酸"或 UDP - 葡萄糖醛酸作用而解毒。在肝脏中，乙酰辅酶 A 可与芳香族胺类作用使其乙酰化而解毒，如磺胺药类的解毒多属此类方式。甘氨酸也可在肝脏中起解毒作用。大肠细菌对饲料残渣的作用可产生苯甲酸，苯甲酸可与甘氨酸结合生成马尿酸，然后经肾脏由尿排出，因此，草食动物尿中含有较多的马尿酸。甘氨酸与胆酸可结合成甘氨胆酸，甘氨胆酸则是胆汁的重要成分，是脂类消化吸收所不可缺少的物质。谷胱甘肽（GSH）在肝细胞胞液谷胱甘肽 S-转移酶催化下，可与许多卤代化合物和环氧化合物结合，生成含 GSH 的结合产物。生成的谷胱甘肽结合物主要随胆汁排出体外，不能直接从肾脏排出。此外，一些重金属离子可与谷胱甘肽结合而排出。

三、肝脏的排泄作用

胆汁是肝细胞分泌的一种液体，通过胆管系统进入十二指肠，主要作用为促进脂类的消化与吸收。但胆汁在经"肝肠循环"的过程中也起到了排泄作用，如胆色素、胆固醇、碱性磷酸酶及钙、铁等正常成分，可随胆汁排出体外。解毒作用的产物，大部分随血液运至肾脏经尿排出，也有一小部分经胆汁排出。汞、砷等毒物进入体内后，一般先被保留在肝脏内，以防止向全身扩散，然后缓慢地随胆汁排出。

第三节　肌肉收缩的生化机制

一、肌纤维与肌原纤维

构成肌组织的肌细胞呈细而长的纤维状，故称**肌纤维**。骨骼肌的每个肌纤维呈圆柱形，直径为 $10\sim100\mu m$，但长度为几毫米到几百毫米。包裹肌纤维的膜称为**肌纤维膜**。肌纤维内充满了许多纵向排列的肌原纤维，其直径约为 $1\mu m$，这是肌肉收缩的组织。肌原纤维浸浴在肌浆中，肌浆中含有糖原、ATP、磷酸肌酸以及糖酵解酶类。每个肌原纤维都被肌浆网所包围，肌浆网是极细的管道形的网状物，其中贮存着 Ca^{2+}。肌浆网并与横向微管系统（T 系统）紧靠在一起。不同类型的肌纤维中含有不同数目的线粒体，为肌肉收缩提供 ATP。

每个肌原纤维由许多称为肌小节的重复单位所组成。肌小节之间由 Z 线结构分开。肌小节是肌原纤维的基本收缩单位。每个肌小节由许多粗丝和细丝重叠排列组成。粗丝位于肌小节中段，与肌原纤维的纵轴平行排列，形成 A 带。许多粗丝整齐排列成六角形，粗丝的中央由称为 M 线的纤维把它们固定起来。细丝的排列方式与粗丝相同，但细丝连于 Z 线，从肌小节的两端伸向中央，并插入粗丝中与之部分重叠。但从肌小节两端伸向中央的细丝彼此不相连接。A 带两端与 Z 线之间的部位称为 I 带。在粗丝和细丝的重叠区域，有横桥由粗丝伸向细丝。在肌肉收缩时，粗丝和细丝本身都不缩短，而是彼此之间做相对滑动，使粗丝和细丝之间的重叠部分增多，因而肌小节缩短，引起了收缩。肌肉舒张时的滑动方向相反，舒张是被动滑动过程。收缩则是在分解 ATP 的同时，引起横桥发生构象改变的消耗能量的过程。

二、肌球蛋白和粗丝

粗丝的主要成分是肌球蛋白。**肌球蛋白**是一个很大的分子，它由两条相同的重链和四条轻链所组成。电子显微镜观察表明，它具有一个很长的尾部，尾部的一端连有两个球形的头部。两条重链各自形成一条 α-螺旋，然后再相互缠绕形成双股螺旋，组成尾部的一部分，其余部分则各自形成球形的头部，轻链则成为两个头部的一部分，头部具有ATP酶活性。在肌球蛋白分子聚合形成粗丝时，它们的尾部聚合起来形成粗丝的主轴，而头部则凸出形成伸向细丝的横桥。在聚合时，所有肌球蛋白分子的尾部都伸向粗丝的中央，头部向两侧形成对称的双极结构。这样使粗丝的中央有一小段是无横桥的，而两侧则互为镜像的有许多伸出的横桥（头部），这些横桥呈螺旋形的排列在主轴上。粗丝的这种结构很重要，因为只有这样才能靠头部的活动，把细丝由两侧拉向中央，使肌小节缩短，肌肉收缩。

三、肌动蛋白和细丝

细丝的主要成分是肌动蛋白，此外，还含有原肌球蛋白和肌钙蛋白复合体。单个肌动蛋白是分子质量为42ku的球形分子，故称 G-肌动蛋白。许多肌动蛋白分子聚合起来形成纤维状，称为 F-肌动蛋白，即细丝的基本结构。在细丝中，由两条肌动蛋白单体聚合形成互相盘绕的呈螺旋形的丝状结构。原肌球蛋白是一种纤维蛋白，由两条不同的 α-螺旋肽链相互缠绕而成超螺旋结构，位于肌动蛋白的双螺旋沟中并与其松散结合。在安静状态下，由于原肌球蛋白分子结合于肌动蛋白活性位点上，阻碍了粗丝的横桥与肌动蛋白的结合而抑制肌肉的收缩。肌钙蛋白是含有三个亚单位的复合体。肌钙蛋白 C（TnC）又称钙结合亚基，当细胞内 Ca^{2+} 浓度增高时，肌钙蛋白 C 与 Ca^{2+} 结合，引起整个肌钙蛋白分子构象改变，进而引起原肌球蛋白分子变构，暴露肌动蛋白分子上的活性位点，使肌动蛋白与粗丝的横桥得以结合，最终导致肌纤维收缩。肌钙蛋白 I（TnI）对肌动蛋白具有高亲和力，是能抑制肌动蛋白与肌球蛋白相结合的亚单位。肌钙蛋白 T（TnT）是与原肌球蛋白相结合的亚单位，与其他肌钙蛋白亚基之间也有相互作用。

四、肌肉收缩与 ATP 的需求

肌肉收缩时必须有 ATP 的充分供应。肌肉中 ATP 的根本来源是酵解作用、三羧酸循环和氧化磷酸化过程。由于肌肉对能量的需求是不可预知的，有时会发生突然的大量的需求，因此，必须有一个能即刻利用的能量储备，以缓冲即刻的供应紧张。在哺乳动物肌肉中，这种能量储备物质是称为磷酸肌酸的高能磷酸化合物。当肌肉收缩时，在肌酸激酶的催化下，磷酸肌酸能把其磷酸基转给 ADP，产生 ATP。这是一个可逆反应，在肌肉休止时，ATP 可将其磷酸基转给肌酸，生成磷酸肌酸储备起来。

第四节　大脑和神经组织的生化

一、大脑的能量需求

动物的大脑组织可接受心排血量的 15％左右，静息时脑耗氧量占全身耗氧量的 20％左右，可见大脑代谢非常活跃。大脑中储存的葡萄糖和糖原，仅够其几分钟的正常活动，可见大脑主要是利用血液提供的葡萄糖供能，因此，大脑对血糖浓度的降低最敏感。在成年动物的大脑中，可通过一些酶的作用由酮体提供三羧酸循环所需的全部乙酰 CoA 氧化供能。在正常情况下，血液中酮体的浓度太低，不能在大脑的能量供应中起明显的作用。当发生较长时间的饥饿时，血液中酮体含量上升，血糖降低，则大脑氧化酮体的耗氧量可达其总量的 60％左右，而葡萄糖则仅占 30％左右。

幼畜在哺乳期，把酮体转变为乙酰 CoA 的酶活性比成年畜高，因而在大脑的氧化底物中酮体占相当的部分。在仔畜出生时，血糖和血液中酮体都暂时降低。但开始吮乳后，由于乳是高脂肪饲料，幼仔血液中酮体的浓度显著上升。因此，酮体可以作为其大脑的能源之一。动物在患糖尿病或摄入葡萄糖少时，大脑也利用酮体。

二、大脑中氨的代谢

在神经组织中，一些酶催化的反应能以高速度产生氨，原因有二：一是大脑蛋白质和核酸代谢率的加快，蛋白质和核酸的分解代谢必然产生氨；二是 γ-氨基丁酸生成和分解过程中产生氨。γ-氨基丁酸在脑组织中含量最高，是一种重要的中枢神经抑制性递质。其生成和分解过程称为 γ-氨基丁酸循环。这个循环反应是由谷氨酸脱羧基反应开始的，此反应需要磷酸吡哆醛作为辅酶。由于氨是有毒的，其在大脑内的恒态浓度只能维持在 0.3mmol/L 左右，多余的氨则形成谷氨酰胺运出脑外。但是形成谷氨酰胺又使大脑发生谷氨酸的净丢失，这种丢失的 63％左右由血液中的谷氨酸补充，其余的则靠葡萄糖的分解，从三羧酸循环中得以补充。即通过三羧酸循环中的 α-酮戊二酸在谷氨酸脱氢酶的作用下生成谷氨酸，而消耗的 α-酮戊二酸则由丙酮酸固定 CO_2 生成草酰乙酸来进行补充，丙酮酸则是由葡萄糖生成的。大脑中葡萄糖总转换量的 10％左右可能是被三羧酸循环的这个旁路所代谢的。这也是大脑利用葡萄糖多的原因之一。

第五节 结缔组织生化

结缔组织分布广泛，组成各器官包膜及组织间隔，散布于细胞之间。它既有联结和营养的功能，又有支持和保护器官的作用，能使细胞吸收养分和排出废物顺利地进行，还有防御某些疾病传染的功能。

结缔组织种类多，但只含有三种基本成分，即细胞、纤维及无定形的基质。在不同的结缔组织中，细胞组成种类各有差别，基质和纤维的性质及它们之间的比例相差甚大。基质和纤维是结缔组织中数量最多的成分。

一、纤维与胶原蛋白

（一）纤维的种类及其化学组成

纤维是结缔组织的重要部分，如肌腱、韧带等致密结缔组织中含纤维较多。而皮下器官的疏松结缔组织，不仅含纤维少，而且纤维的性质也有所不同。纤维是一种线状结构，由原纤维组成，按其性质可分为三类：

（1）**胶原纤维** 也称白色纤维，具有韧性，1mm 粗细的胶原纤维能耐受 $10\sim40$kg 的张力。如肌腱主要由此种纤维构成，骨、软骨及家畜的皮也含有很丰富的胶原纤维。胶原纤维由胶原蛋白组成。

（2）**弹性纤维** 也称黄色纤维，具有弹性。如血管、韧带等富含弹性纤维。弹性纤维主要由弹性蛋白组成。

（3）**网状纤维** 内脏的结缔组织往往以此种纤维为主，其主要化学成分为胶原蛋白。

（二）胶原蛋白

胶原蛋白是结缔组织中主要的蛋白质，约占体内总蛋白的 1/3，体内的胶原蛋白都以胶原纤维的形式存在。胶原蛋白很有规律地聚合并共价交联成胶原微纤维，胶原微纤维再进一步共价交联成胶原纤维。

胶原蛋白含有大量甘氨酸、脯氨酸、羟脯氨酸及少量羟赖氨酸。羟脯氨酸及羟赖氨酸为胶原蛋白所特有，体内其他蛋白质不含或含量甚微。胶原蛋白中含硫氨基酸及酪氨酸的含量甚少。

胶原蛋白分子是由三条 α-螺旋互作缠绕而成的三股绳索状结构，分子质量为 300ku，直径约 1.5nm，长约 300nm。在胶原蛋白分子聚合及交联成胶原微纤维时，是很有规律地依次头尾直线聚合。大量这种直线聚合物又呈阶梯式、有规律地定向平行排列，故染色的胶原微纤维可观察到有规则的横纹。

胶原蛋白不仅可由成纤维细胞合成，而且其他细胞如成软骨细胞、成骨细胞、某些上皮细胞、平滑肌细胞、神经组织的雪旺氏细胞等也能合成。胶原蛋白的合成是先在细胞内合成前胶原，然后分泌到细胞外，经酶的作用转变为胶原蛋白分子，胶原蛋白分子再进一步有规律地聚合成胶原微纤维。

二、基质与糖胺聚糖

（一）基质的组成

基质是无定形的胶态物质，充满在结缔组织的细胞和纤维之间。基质的化学成分有水、非胶原蛋白、糖胺聚糖及无机盐等。非胶原蛋白通过其分子中丝氨酸或苏氨酸残基上的羟基与糖胺聚糖以糖苷键结合成蛋白聚糖。

(二) 糖胺聚糖

(1) 糖胺聚糖的结构与分布　　**糖胺聚糖**又称为**氨基多糖**或**黏多糖**，是由氨基己糖、己糖醛酸等己糖衍生物与乙酸、硫酸等缩合而成的一种高分子化合物，在体内分布很广，是结缔组织基质中的主要成分。由于它含有许多糖醛酸及硫酸基团，具有酸性，因此，有时称为酸性黏多糖。常见的糖胺聚糖有：透明质酸、硫酸软骨素、硫酸皮肤素、硫酸角质素、肝素等。

(2) 糖胺聚糖的生理作用　　糖胺聚糖是基质的主要成分，结合水的能力很强，使皮肤及其他组织保持足够的水分，以维持丰满状态。糖胺聚糖分子中含有较多的酸性基团，对细胞外液中的 Ca^{2+}、Mg^{2+}、Na^+、K^+ 等离子有较大的亲和力，因此，也能调节这些阳离子在组织中的分布。在皮肤创伤后形成肉芽的过程中，通常都先有糖胺聚糖增生的现象，此种增生能进一步促进基质中纤维的增生，故糖胺聚糖有促进创伤愈合的作用。它又具有较大的黏滞性，在关节液中它们（主要是透明质酸）附着于关节面上，能减少关节面的摩擦，具有润滑、保护作用。糖胺聚糖可以形成凝胶，对于维持组织形态、阻止病菌或病毒的侵入有一定的作用。

(3) 糖胺聚糖的合成　　合成糖胺聚糖的基本原料是葡萄糖，氨基部分来自谷氨酰胺，乙酰基部分来自乙酰 CoA，硫酸部分来自"活性硫酸"。糖胺聚糖的合成是在细胞的内质网中逐步完成的。粗面内质网上新合成的蛋白质肽链，边合成边进入内质网腔，在内质网膜上的各种糖基转移酶的催化下，先在其丝氨酸或苏氨酸残基的羟基上连接糖基，然后糖基逐个继续加上，使寡糖链不断延长。从粗面内质网腔经滑面内质网腔到高尔基复合体逐步完成糖链的延长及硫酸化过程，最后分泌到细胞外。

第五篇

动物病理学

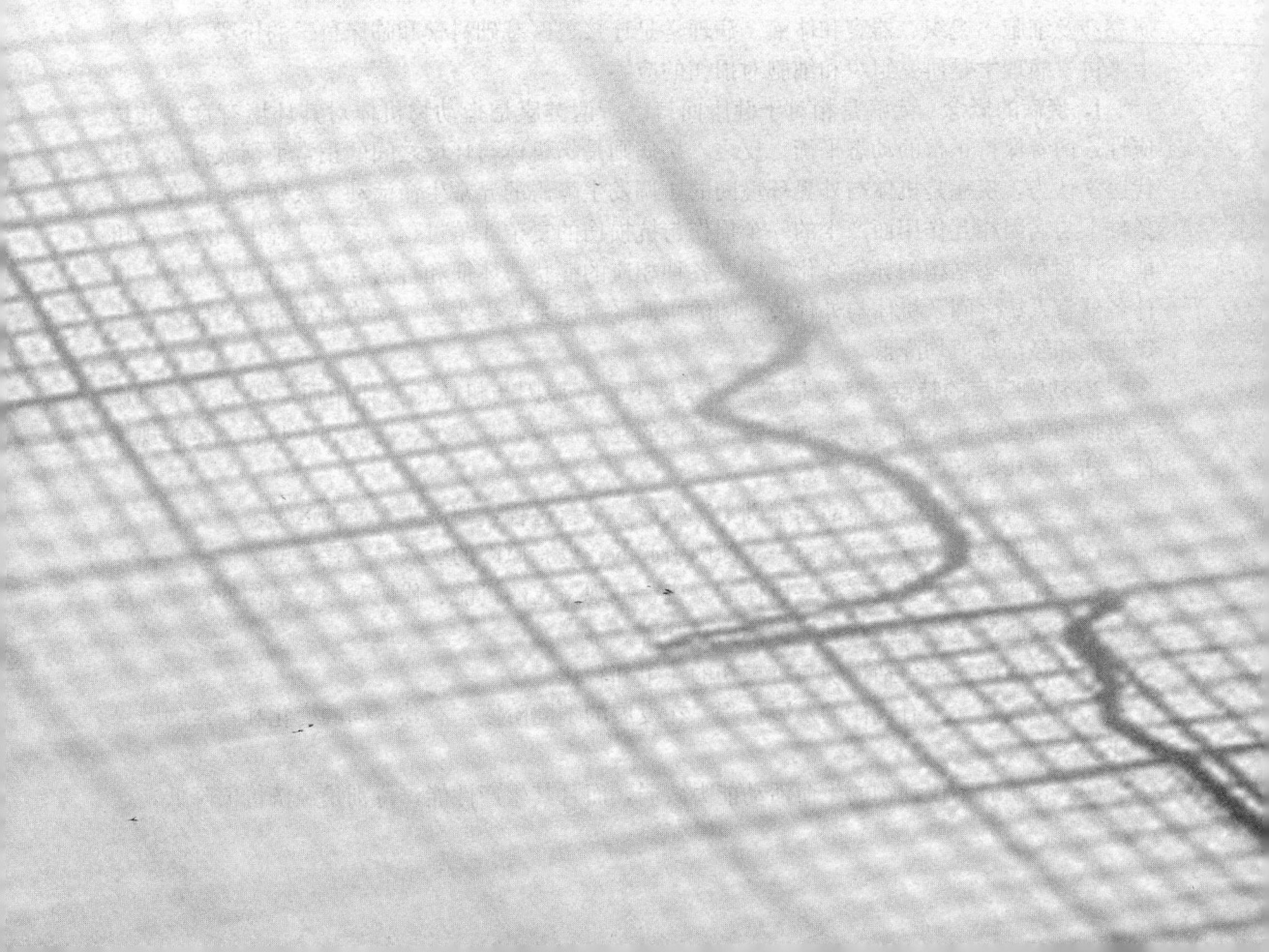

第一单元　动物疾病概论★

扫码看图

第一节　概　　述

一、动物疾病的概念及特点

　　动物病理学是以解剖学、组织学、生理学、生物化学、微生物学及免疫学等为基础，运用各种方法和技术研究疾病的发生原因（病因学），在病因作用下疾病的发生发展过程（发病学/发病机制）以及机体在疾病过程中的功能、代谢和形态结构的改变（病变），从而揭示患病机体的生命活动规律的一门学科。从最广义的意义上来说，病理学是异常的生物学。作为一门学科，它囊括了机体的各种结构和功能的异常，其研究涉及细胞、组织、器官和体液。病理学是连接兽医基础科学和临床科学的桥梁。从本质上来讲，病理学是研究组织和细胞对损伤的应答。

　　1. 疾病的概念　疾病是相对于健康而言。所谓**健康**是指动物机体对其环境有良好的适应性，两者保持正常的动态平衡。反之，**疾病**则是指机体与环境之间的正常平衡被打破。现代医学认为，疾病是机体与外界环境间的协调发生障碍的异常生命活动。疾病是机体在一定条件下与病因相互作用而产生的一个损伤与抗损伤的复杂斗争过程，疾病过程中出现各种机能、代谢和形态结构的异常变化，以及各种相应的症状、体征和行为异常。当患疾病时，机体各器官系统之间及机体与外环境之间的协调平衡关系发生改变，动物的生命活动能力、生产性能和经济价值均降低。

　　2. 动物疾病的特点　疾病是在一定条件下致病原因与机体相互作用而产生的一个损伤与抗损伤的复杂斗争过程。疾病是完整机体的复杂反应，其发生、发展和转归有一定的规律性。动物疾病包括以下基本特点：

　　（1）疾病是在正常生命活动基础上产生的一个新过程，与健康有质的区别。

　　（2）任何疾病的发生都是由一定原因引起的，没有原因的疾病是不存在的。

　　（3）任何疾病都是完整统一机体的反应，呈现一定的机能、代谢和形态结构的变化，这是发生疾病时产生各种症状和体征的内在基础。

　　（4）任何疾病都包括损伤与抗损伤的斗争和转化。

　　（5）疾病是一个有规律的发展过程，在发展的不同阶段，有其不同的变化和一定的因果转化关系。

　　（6）疾病时不仅动物的生命活动能力减弱，而且其生产性能，特别是经济价值降低，这是动物疾病的重要特征。

二、动物疾病的经过、分期及特点

疾病从发生、发展到结局的过程，称为**病程**。在这个过程中，具有一定的阶段性，通常可分为以下四个基本阶段。

1. 潜伏期 又称隐蔽期。从病因作用于机体开始，到疾病的第一批症状出现时为止的这一段时期。潜伏期的长短根据病因的特点和机体本身状况表现得并不一致，有的较长，有的较短。例如，狂犬病的潜伏期最长可达一年以上，而炭疽病多为1～3d。在普通疾病中的电击或刀伤的潜伏期，却往往短到难以计算。

在潜伏期中，机体动员各种防御机能与致病因素进行斗争，如果防御机能能克服致病因素的损害，则在出现症状之前疾病就停止进一步发展。

2. 前驱期 又称先兆期。从疾病出现最初症状，到主要症状开始暴露这一期间称前驱期或先兆期。在这一阶段中，机体的功能活动和反应性均有所改变，一般只出现某些非特异性症状，称为前驱症状。如精神沉郁、食欲减退、心脏活动及呼吸机能发生改变、体温升高和生产力降低等。

3. 临床经过期 又称症状明显期。这是指紧接前驱期之后，疾病的主要或典型症状已充分表现出来的阶段。由于疾病不同，所表现症状的特征和持续的时间也有所不同。在这一阶段中，患病动物抵抗疾病的防御机能已有了进一步的发展，同时，致病因素所造成的损伤也表现得相当明显，对诊断该病很有价值。

4. 终结期 又称转归期，是指疾病的结束阶段。在此阶段中，有时疾病结束得很快，症状在几小时到一昼夜之内迅速消失，称为骤退；有时则在较长的时间内逐渐消失，称为缓退。

在疾病经过中，有时可因抵抗力下降使症状和机能障碍加剧，称为疾病的**恶化**。若疾病症状在一定时间内暂时减弱或消失，称为**减轻**。此外，在某些疾病经过中，有时还可以发生并发症，例如幼畜副伤寒时可以并发肺炎。

三、动物疾病的转归

疾病的转归是指疾病过程的发展趋向和结局。它主要取决于致病因素作用于机体后发生的损伤与抗损伤反应的力量对比和是否得到正确及时的有效治疗。疾病的转归一般可分为完全康复（痊愈）、不完全康复和死亡三种形式。

（一）完全康复或痊愈

当致病因素作用停止或消失后，机体的机能恢复正常，损伤的组织也完全修补，疾病症状全部消除，病理性调节为生理性调节所取代，畜禽的生产能力也恢复正常，此称为**痊愈**。

（二）不完全康复

患病动物的主要症状虽然消除，但受损器官的机能和形态结构未完全恢复，而是通过其他器官的代偿来维持生命活动，甚至遗留有疾病的某些残迹或持久性的变化（后遗症），称为不完全康复。例如，关节炎转为慢性而形成关节周围结缔组织增生，关节肿大、粘连、变形并成为永久性病变；烧伤后形成的瘢痕；乳腺炎后造成结缔组织增生，而使乳房的泌乳机能降低；心内膜炎痊愈后遗留的瓣膜孔狭窄或闭锁不全等。这种在疾病之后遗留下的比较稳定的或发展极不明显的形态结构与机能的变化，称为**病理状态**。在有些情况下，有些疾病在恢复健康后经过一定时间，由于机体状态的改变，又使同样的疾病重新发作，此称为**再发**。

（三）死亡

是指机体作为一个整体的功能永久性停止。即生命的终结或生命有机体完整性的解体。在疾病过程中，由于损伤作用过强，机体的调节机能不能适应生存条件的要求，其抵抗能力已告耗竭，动物不能继续生存，便可发生死亡。根据死亡的原因不同，死亡可以分为两类：自然死亡和病理死亡。

1. 自然死亡　由于机体衰老所致。这种死亡实际上极为罕见。

2. 病理死亡　因疾病或暴力引起的死亡，它可发生于任何年龄的动物。病理死亡的原因可由于重要生命器官（脑、心、肝、肺）的严重而且不可恢复性损害，慢性消耗性疾病（结核、恶性肿瘤等）引起机体极度衰竭（称为恶病质），或由于失血、休克、窒息、中毒引起器官组织功能失调所致。

根据死亡的进程不同，动物机体的死亡过程可分为濒死期、临床死亡期和生物学死亡期（真死）3 个阶段。

（1）**濒死期**　此期的重要特征是脑干以上的神经中枢功能丧失或出现明显的抑制现象，各组织器官相应的功能均明显减弱。其特征是：机体的一切重要机能活动失调，如呼吸时断时续，或出现病理性呼吸，心脏活动障碍，中枢神经系统机能紊乱，反应迟钝，意识模糊，感觉消失，括约肌弛缓致使大小便失禁，血压下降，体温下降等。一般情况下，机体在死亡前有一个濒死阶段（期），此时患病动物只是垂死，并未死亡，故称为**临终状态**。临终状态的持续时间因病而异。凡是事先没有任何症状或先兆突然发生的死亡，即无明显的濒死期，称为**急死**或**骤死、猝死**。一般慢性疾病的死亡多是逐渐发生的，称为**渐死**，其临终状态或濒死期较长。可持续数小时至十余小时，甚至 2～3d。

（2）**临床死亡期**　临床死亡的特征是呼吸和心跳停止，反射活动消失以及中枢神经系统高度抑制。临床死亡是可逆的，在它发生之后的一个极短暂时间内，脑组织尚未遭受到不可逆的破坏，组织细胞还保持着最低水平的代谢，此时，若采取急救方法（如从动脉内向心脏方向注入血液或营养液，进行人工呼吸，或者将药物直接注入心脏等），有复活的可能。

（3）**生物学死亡期**　是死亡的不可逆阶段。此时大脑皮层以及各系统、器官的组织细胞功能和代谢均完全停止，并发生了不可逆的形态和功能的改变。但是，对缺氧耐受性强的组织、器官如皮肤、结缔组织等，在一定时间内仍维持较低水平的代谢过程，随着生物死亡期的发展，代谢的完全终止，则逐渐表现出死后变化，如尸冷、尸僵、尸斑，最终尸体腐烂、分解。

第二节　病因学概论

病因（disease cause）是引起某一疾病必不可少的并决定疾病特异性的特定因素。没有原因的疾病是不存在的。没有病因，相应的疾病就不可能发生。引起疾病的原因种类很多，大致可分为外因和内因两大类。

一、疾病发生的外因

1. 生物性因素（biological agents）　包括各种病原微生物（如细菌、病毒、支原体、衣原体、螺旋体、霉菌）和寄生虫（如原虫、蠕虫等）。生物性致病因素是动物疾病病因谱中重要的一大类。

2. 化学性因素（chemical agents）　包括强酸、碱等可引起接触性损伤的化学物质，有机毒物（如氯仿、乙醚、氰化物、有机磷、有机氯等），生物性毒物（如蛇毒、尸毒等），军用毒物（如双光气、芥子气等）。一定剂量的毒物被摄入机体后即可引起中毒和死亡。毒性极强的毒物，如有机磷、氰化物等，即使剂量很小，也可导致严重的损伤和死亡。

3. 物理性因素（physical agents）　包括高温（引起烧伤）、低温（引起冻伤）、电流（电击伤）、光、电离辐射（引起放射病）、噪声、紫外线、大气压等，还有来自体内外的一切机械性因素，如暴力可引起创伤、震荡、骨折、脱臼，锐器或钝器撞击，爆炸波的冲击，体内的肿瘤、异物、结石、脓肿等。

4. 营养性因素（nutritional agents）　机体的正常生命活动需要有充足的、合理的营养物质来保障。机体必需营养物质的缺乏或过剩，包括维持生命活动的一些基本物质（如氧、水等）、各种营养物质（如糖、脂肪、蛋白质、维生素、无机盐等）和矿物质（包括微量元素）等缺乏时，可引起各种营养缺乏症，可以由营养物质摄入不足或消化吸收不良引起。氧是机体不可缺少的物质，机体如果缺氧可引起极严重的后果，严重的缺氧可在短时间内引起机体死亡。

二、疾病发生的内因

疾病发生的内因一般是指机体防御机能的降低，遗传免疫特性的改变以及机体对致病因素的易感性等。

（一）机体防御机能

1. 屏障机能　皮肤、黏膜、骨骼、肌肉等均有阻挡或缓和外界致病因素的作用。若其机能受损或削弱，则容易发生某些疾病。

2. 吞噬及杀菌作用　机体内的单核巨噬细胞系统（如结缔组织的组织细胞、肝窦的星状细胞、肺泡壁的尘细胞、中枢神经的小胶质细胞等）具有吞噬病原菌，并通过其所含的各种水解酶分解和杀死吞噬的细菌的作用。当机体吞噬作用和杀菌能力减弱时，则容易发生感染性疾病。

3. 解毒机能　肝脏是机体的重要解毒器官，其能通过生物转化过程（氧化、还原等）将毒性物质转变为无毒或低毒的物质，再经肾脏排出体外。另外，肾脏也可通过脱氨基等方式对毒物进行解毒。当解毒机能障碍时，机体容易发生中毒。

4. 排除机能　呼吸道黏膜上皮的纤毛、胃肠道和肾脏等均有排出各种异物及有害物质的作用。因此，当这些排除机能受损时，可促进相应疾病的发生。

（二）机体的反应性

机体反应性不同，其对外界致病因素的抵抗力和感受性不尽相同。影响机体反应性的因素主要包括：

1. 种属 动物种属不同对同一致病因素的反应性也不同。如马可患传染性贫血，而牛不会；猪瘟病毒只引起猪发病，而不引起其他种属的动物发病。

2. 品种或品系 同类动物的不同品种或不同品系，对同一致病因素的反应性可能不同。如鸡腹水症主要侵害肉鸡，而很少侵害蛋鸡。

3. 个体 同种动物的不同个体对同一致病因素的反应性不同。

4. 年龄 同种动物不同年龄对同一疾病反应性不同。幼龄动物易患消化道和呼吸道疾病；老龄动物易患肿瘤性疾病；有的疾病对成年动物易感，而对幼龄动物则不易感，如兔病毒性出血热主要感染成年家兔，而不易感染 2 月龄以内家兔。

5. 性别 性别不同，感染某些疾病情况也不尽相同。如牛、犬的白血病，雌性发病率高于雄性。

（三）机体免疫特性

包括免疫机能障碍（如抗体生成不足、细胞免疫缺陷等）和免疫反应异常。

（四）遗传因素

遗传物质的改变可以直接引起遗传性疾病，如遗传性代谢病、遗传性畸形等。遗传因素的改变可使机体获得对疾病的遗传易感性，在一定的环境因素的作用下使机体发生相应的疾病。

三、影响疾病发生的因素

1. 自然环境 包括季节、气候、温度、地理位置等，虽不能直接引发疾病，但影响疾病的发生。如一般情况下，夏季多发消化系统疾病，而冬季多发呼吸系统疾病。

2. 社会环境 包括社会制度、政策管理、科技和生产水平、经济水平、生活水平等，对人及动物健康和疫病流行均具有重要影响。

四、疾病发生的一般机制

疾病的发生发展不仅受到致病原因、条件的影响，还受到体内调节功能的影响。疾病状态下，动物机体内各系统、器官、组织、细胞的功能发生变化，体内原有的正常稳态被破坏，机体通过各种复杂的机制进行调节，以建立疾病状态下的新稳态。在这些复杂的机制中，神经、体液、细胞以及分子水平的调节是所有疾病发生发展过程中的共同机制。

1. 神经机制 神经系统在人体生命活动的维持和调控中起主导作用，因此，许多致病因素可通过改变神经系统的结构、功能而影响疾病的发生发展。有些致病因子可直接破坏神经系统，如狂犬病病毒、细小病毒等嗜神经病毒，可直接导致神经元变性、坏死，引起感染动物出现发热、狂躁等症状。有些致病因子可改变神经系统的功能，如有机磷农药中毒可致神经系统中乙酰胆碱酯酶失活，使大量乙酰胆碱在神经-肌肉接头处堆积，引起肌肉痉挛、流涎等胆碱能神经过度兴奋的表现。有些致病因子可通过神经反射引起相应器官系统的功能变化，如动物在应激状态下，神经系统过度反应，引起神经-内分泌反应，动物出现消化道溃疡、肾上腺出血、抵抗力下降等变化。

2. 体液机制 体液是维持机体内环境稳定的重要因素。疾病中的体液机制主要是指致病因子引起体液的质和量的变化，继而导致机体稳态破坏引发疾病。体液因子种类繁多，包括存在于循环血液或其他体液（细胞间液、淋巴液）中的内分泌激素（如肾上腺皮质激素、性激素等）、化学介质（如组胺、补体、凝血因子等）、细胞因子（如 TNF、IL 等）。当致病因子作用于动物机体后，可引起上述体液因子发生量的改变或者是体液发生量的改变，推动疾病发生发展。如某些致病因子所致动物腹泻时，多量体液丢失，动物可出现脱水、酸中毒等。此外，在疾病发生发展过程中，体液机制与神经机制常常同时或先后起作用，共同参与，被称为神经-体液机制。

3. 细胞机制 细胞是动物机体的基本结构和功能单位。一些致病因子可直接或间接作用于组织、细胞，造成细胞的形态、结构、功能和代谢的变化，引起一系列的病理变化。例如，高温、强酸、强碱等致病因子可无选择性地直接作用于细胞，引起组织细胞的损伤。有些致病因子则可有选择性地直接损伤组织细胞，如巴贝斯虫可直接寄生于红细胞内，引起红细胞功能障碍、结构破坏，造成溶血。

4. 分子机制 分子是动物细胞重要的组成成分，也是细胞功能的主要执行者，任何致病因子所致的组织细胞损伤，均离不开分子的参与。随着分子生物学的发展，从分子水平研究机体生命活动和揭示疾病机制成为可能，也产生了分子医学、分子病理学等学科，还产生了分子病的概念。所谓分子病是指由于 DNA 遗传性变异引起的一类以蛋白质异常为特征的疾病。目前已经发现的分子病主要有如下几类：

（1）由酶缺陷引起的分子病 如犬糖原贮积病是一组由先天性酶缺陷所致的糖代谢障碍（Ⅰ型糖原贮积病——葡萄糖-6-磷酸酶缺陷；Ⅱ型糖原贮积病——葡萄糖苷酶缺陷；Ⅲ型糖原贮积病——脱支酶缺陷）。

（2）血浆蛋白和细胞蛋白缺陷所致的疾病 如镰刀型细胞贫血是由血红蛋白的珠蛋白分子变异所致。

（3）受体病 受体病是指由受体基因突变使受体缺失、减少或结构异常而致的疾病。如人类的家族性高胆固醇血症是由 LDL 受体基因突变而不能合成正常的受体蛋白所致。

（4）膜转运障碍所致疾病 如胱氨酸尿症是由遗传性缺陷导致肾小管上皮细胞对胱氨酸、精氨酸、鸟氨酸与赖氨酸转运障碍，这些氨基酸不能被肾小管重吸收所致。在动物疾病中，某些致癌病毒可通过转导或插入突变等机制将其遗传物质整合到宿主细胞 DNA 中，并使宿主细胞分生转化。

第二单元 组织与细胞损伤★☆

第一节 变 性

变性（degeneration）系指细胞或间质内出现异常物质或正常物质的数量显著增多，并伴有不同程度的功能障碍。但有时细胞内某种物质的增多属生理性适应的表现而非病理性改变。对这两种情况，应注意区别。一般而言，变性是可复性改变，当病因消除后，变性细胞的结构和功能仍可恢复，但严重的变性往往发展为坏死。

变性可分为两大类：一类为细胞内变性，如细胞肿胀、脂肪变性及玻璃样变性等；另一类为细胞间的变性，如黏液样变性、玻璃样变性、淀粉样变性及纤维素样变性等。

一、细胞肿胀

（一）概念

细胞肿胀（cell swelling）是指细胞内水分增多，胞体增大，细胞质内出现微细颗粒或大小不等的水泡。细胞肿胀多发于心、肝、肾等实质器官的实质细胞，也可见于皮肤和黏膜的被覆上皮细胞。它是一种常见的细胞变性，是细胞对损伤的一种最普遍的反应，大多数急性损伤时都能出现，很容易恢复，但也可能是其他严重病理变化的先兆。

（二）原因和发病机理

细菌和病毒感染、中毒、缺氧、缺血、脂质过氧化、免疫反应、机械性损伤、电离辐射等致病因素，凡是能改变细胞的离子浓度和水平衡的各种因素均能导致细胞肿胀。由于病因不同，引起细胞肿胀的机理也不同。

1. 细胞膜的损伤 由于细胞受致病因子的作用，造成细胞膜损伤，细胞膜钠-钾泵（$Na^+ - K^+ - ATP$ 酶）功能障碍，细胞内 Na^+ 不能被泵出细胞外，Na^+ 就在细胞内蓄积，致使胞内 Na^+ 浓度升高而使胞内渗透压增高，于是水分进入细胞，结果引起细胞肿胀。当细胞膜损伤严重，如直接损伤或膜脂质过氧化时，细胞膜通透性增强，血浆和间质液的大分子物质如血浆蛋白也可进入细胞使病变进一步加剧。

2. 线粒体的损伤 致病因子可破坏线粒体的生物氧化酶系统，使三羧酸循环和氧化磷酸化发生障碍，ATP生成减少而致使细胞能量供应不足。其结果是：一方面，可造成胞膜钠-钾泵功能低下，钠泵不能有效发挥排 Na^+ 的主动运输功能而致胞内 Na^+ 蓄积；另一方面，可造成细胞内中间代谢产物增多，细胞器和大分子物质崩解，使细胞嗜水性增强，进入大量水分，细胞体肿大，线粒体肿胀、空泡化，严重时线粒体内可出现磷酸盐颗粒，内质网等细胞器也肿胀和扩张，甚至形成囊泡。

（三）病理变化

发生细胞肿胀的器官眼观体积增大，边缘变钝，被膜紧张，色泽变淡，浑浊无光泽，质地脆软，切面隆起，切缘外翻。根据显微镜下的病变特点不同，细胞肿胀可分为颗粒变性和空泡变性。

1. 颗粒变性 是具有细胞肿胀的病变特征的早期细胞肿胀，是组织细胞最轻微且最常见的细胞变性。主要特征是变性细胞的体积肿大，胞浆内出现微细的淡红染色颗粒。这正是颗粒变性这一词的由来。胞核一般无明显变化，或稍显淡染。肉眼见变性的实质器官如心、肝、肾外观肿胀浑浊失去原有光泽，呈土黄色，似沸水烫过一样。此外，又因这种变性主要发生在心、肝、肾等实质器官的实质细胞，故又有实质变性之称。

2. 空泡变性（vacuolar degeneration） 也称**水泡变性**。其特点是在变性细胞的胞浆、胞核内出现大小不一的空泡（水泡），使细胞呈蜂窝状或网状，因此，又称为**水泡变性**。变性严重者，小水泡相互融合成大水泡，细胞核悬于中央，或被挤于一侧，细胞形体显著肿大，胞浆空白，外形如气球状，因此，又称为**气球样变**。空泡变性多发生于皮肤和黏膜上皮，如痘疹、口蹄疫等所见的皮肤和黏膜上的疱疹，就是上皮细胞的空泡变性。在神经组织中神经节细胞、白细胞及肿瘤细胞也可发生空泡变性。实质器官（如心、肝、肾）的空泡变性常常是由颗粒变性转化而来。

（四）结局

细胞肿胀是最常见的病理变化，是一种可逆的变化。当病因消除后，细胞可恢复正常的结构和功能。但如果病因不能及时消除，持续作用，则细胞可由肿胀发展成坏死。

二、脂肪变性和脂肪浸润

（一）概念

脂肪变性（fatty degeneration）是细胞内脂肪代谢障碍时的形态表现。其特点是，细胞胞浆内出现了正常情况在光镜下看不见的脂肪滴，或胞浆内脂肪滴增多。

在正常细胞结构中，脂滴是重要的胞浆内含物之一，同时，还有一些脂类与蛋白质结合成脂蛋白而存在于胞浆中。脂滴以极小的微粒散布于细胞质中，光镜下看不见，只有在电镜下方可见到（特别是在肝细胞中）。在病理情况下，细胞受病因作用导致脂肪代谢障碍，进而引起细胞质内脂类积聚。由于积聚的脂类量大，用特殊方法染色后即可在光镜下观察到。脂滴的主要成分是中性脂肪（甘油三酯）及类脂质（胆固醇之类）。在常规石蜡切片中由于脂滴被脂溶剂（酒精、二甲苯等）溶解而呈圆形空泡状，有时不易与水泡变性相区别，可做冰冻切片，用脂肪染色显示，即用能溶于脂肪的染料染色，如苏丹Ⅲ或油红将脂肪染成橘红色，苏丹Ⅳ将脂肪染成红色，苏丹黑 B 及锇酸将脂肪染成黑色。

（二）原因和发病机理

1. 原因 引起脂肪变性的原因很多，常见的有缺氧（如贫血和慢性淤血）、中毒（如磷、砷、酒精、四氯化碳、氯仿和真菌毒素中毒等）、感染、饥饿和缺乏必需的营养物质（如胆碱、蛋氨酸、抗脂肪肝因子等）等因素。

2. 发病机理 肝细胞脂肪变性，主要是由于肝细胞内甘油三酯转化成脂蛋白的过程受阻，以致甘油三酯在肝细胞胞浆内积聚，引起脂肪变性。

（1）载脂蛋白合成障碍 常见于合成脂蛋白的原料如磷脂或合成磷脂所必需的一些物质（如胆碱、蛋氨酸、抗脂肪肝因子等物质）缺乏，均能影响磷脂或脂蛋白的合成。此种现象多见于鸡的脂肪肝，主要由于饲料中缺乏胆碱或蛋氨酸所致，可见肝脏发生弥漫性脂肪变性，肝脏的脂肪含量可从正常的 5％增加到 30％，患病动物常因肝破裂而死亡。除此之外，缺氧、化学毒物（如酒精、四氯化碳）或其他毒素（如真菌毒素）通过破坏内质网或抑制某些酶的活性，使脂蛋白及组成脂蛋白的磷脂、蛋白质等的合成障碍，也都能导致肝脏不能及时将甘油三酯合成脂蛋白而运输出去，进而使甘油三酯蓄积于肝细胞胞浆内。

（2）进入肝细胞内的游离脂肪酸过多 常由于肠道吸收过多、饥饿或某些疾病（如消化道疾病）造成饥饿状态，或糖尿病时对糖的利用发生障碍时，脂肪组织分解加强，从脂库中动员出大量脂肪，其中大部分以脂肪酸的形式进入肝细胞，导致肝细胞合成脂肪增多，超过了肝细胞将其氧化利用和合成脂蛋白转移出去的能力，于是导致脂肪在肝内的蓄积。

（3）脂肪酸的氧化障碍　多见于缺氧。缺氧使催化脂肪氧化的酶受抑制，既影响脂肪酸的氧化，又影响脂蛋白的合成，从而促进甘油三酯的合成和在细胞内蓄积。

（4）脂肪显现　见于感染、中毒和缺氧，此时细胞结构破坏，细胞的结构脂蛋白崩解，脂质析出，于是在细胞内显现出成形的脂滴。

（5）细胞分泌作用的抑制　任何能干扰细胞内运输和排粒作用的损伤，都会使分泌颗粒积聚。肝细胞内的膜界性脂蛋白颗粒是通过排粒作用分泌到细胞外的，如果此过程被阻断，脂蛋白颗粒便在细胞内蓄积。

（三）病理变化及结局

1. 病理变化

（1）肝脂肪变性　肝轻度脂肪变性时，眼观无明显改变，如脂肪变性比较显著且呈弥漫性，则可见肝脏肿大，质地脆软，色泽淡黄至土黄，切面结构模糊，有油腻感，有的甚至质脆如泥。如鸡脂肪肝综合征时，肝切面由暗红色的淤血部分和黄褐色的脂肪变性部分相互交织，形成红黄相间的类似槟榔或肉豆蔻切面的花纹色彩，故称之为**槟榔肝**。由于病因的不同，脂肪变性在肝小叶中发生的部位也不同。妊娠中毒、有机磷中毒时脂肪变性主要出现在肝小叶的边缘区，称为**周边性脂肪变性**；而慢性肝淤血、缺氧、氯仿中毒、四氯化碳中毒等引起的脂肪变性则主要发生于肝小叶的中央区，称为**中心性脂肪变性**；严重中毒或感染时，各肝小叶的肝细胞可普遍发生重度脂肪变性，同一般的脂肪组织相似，因而被称为**脂肪肝**。光镜下发生脂变的肝细胞的胞浆内出现大小不等的脂肪空泡（石蜡切片）。脂肪变性初期脂肪空泡较小，多见于核的周围，以后逐渐变大，较密集分布于整个胞浆中，严重时可融合为一个大脂滴（大空泡），将肝细胞核挤向一边，状似脂肪细胞。

（2）心肌脂肪变性　心肌在正常情况下可含有少数脂滴，脂肪变性时脂滴明显增多，在严重贫血、中毒、感染（如恶性口蹄疫）及慢性心力衰竭时，心肌可发生脂肪变性。透过心内膜可见到乳头肌及肉柱的静脉血管周围有灰黄色的条纹或斑点分布在色彩正常的心肌之间，呈红黄相间的虎皮状斑纹，故有**虎斑心**之称。光镜下，可见脂肪小滴呈串珠状排列在心肌原纤维之间。电镜下可见脂滴主要位于肌原纤维 Z 带附近和线粒体分布区。肌纤维闰盘被掩盖。核也呈现退行性变化。

2. 结局　脂肪变性是一种可复性的病理过程，当病因消除，物质代谢恢复正常后，细胞结构能完全恢复。严重的脂肪变性则可进一步导致细胞死亡。

由于发生原因和变性程度不同，脂肪变性所造成的影响也不一致。有些只引起轻微的机能障碍，有些可导致严重的后果。如肝脏的脂肪变性，可导致肝糖原合成和解毒机能降低；心肌的脂肪变性，则可引起全身血液循环障碍和缺氧等一系列机能障碍。

（四）脂肪浸润

脂肪浸润（fatty infiltration）是指在实质细胞之间脂肪组织增多超过正常程度，又称间质脂肪浸润。严重的脂肪浸润可继发实质细胞萎缩、功能障碍。明显的脂肪浸润见于心肌、胰腺和骨骼肌，多发于肥胖动物。

1. 病因和发病机理　常见于老龄和肥胖动物，可能是老龄动物的间质细胞处理循环脂肪机能降低的缘故。

2. 病理变化 主要发生于心脏、胰腺、骨骼肌等组织内。例如，心肌发生脂肪浸润时，脂肪细胞可以通过心壁浸润至心内膜下，肉眼可见心内膜下方有脂肪沉着区，而心脏在外观上则出现假性肥大。镜检心肌纤维间出现脂肪组织，可见脂肪细胞排列于心肌细胞之间，成片或条状分布，心肌纤维可因受压迫而发生萎缩。

3. 结局和对机体的影响 一般器官的脂肪浸润对机能影响不明显，但生命重要器官的脂肪浸润，即使程度较轻，也会累及该器官机能的正常发挥，甚至容易引起器官的机能衰竭。如心肌的脂肪浸润。

三、玻璃样变性

（一）概念

玻璃样变性（hyaline degeneration）又称**透明变性**或**透明化**（hyalinization）或**玻璃样变**（hyaline change），泛指细胞质、血管壁和纤维结缔组织内出现一种均质无结构的、红染的毛玻璃样半透明蛋白样物质，即透明蛋白或透明素。根据病因及发生部位不同，玻璃样变性可分为细胞内玻璃样变性、血管壁玻璃样变性和纤维结缔组织玻璃样变性三种类型。

（二）原因、发病机理和病理变化

1. 细胞内玻璃样变性 亦称为**细胞内透明滴样变**（hyaline droplet degeneration），是指在变性的细胞内（胞浆中）出现大小不一、均质红染的玻璃样圆形小滴。这种病变常见于肾小球肾炎时，或其他疾病而伴有明显的蛋白尿时，肾小管上皮细胞内可出现多个大小不等的透明红染的圆形小滴。其发生机理：一方面是由于细胞本身变性所产生；另一方面是由于肾小球在炎症时通透性增高，血浆蛋白大量滤出于原尿而进入肾小管，并被肾小管上皮细胞吞饮，在肾小管上皮细胞内出现大量的透明蛋白。当这种变性的上皮细胞被破坏时，透明蛋白即游离在肾小管腔内，并相互融合凝集成透明管型。光镜下可见在肾小管上皮细胞的胞浆中充满大小不一的粉红色（嗜伊红）、圆球状颗粒，此颗粒边缘整齐光滑，似水滴，有透明感。变性的细胞肿胀，细胞界限不清。

2. 血管壁玻璃样变性 即小动脉管壁的透明变性，常发生于脾、心、肾等器官的小动脉管壁，如在坏死性动脉炎和血管壁纤维素样坏死等血管病变中。**血管壁玻璃样变性**包括急性和慢性变化两个过程。急性变化的特征是管壁坏死和血浆蛋白渗出，浸润在血管壁内。慢性变化为急性变化的修复过程，最后导致动脉硬化。畜禽常见的是急性变化，慢性变化仅见于犬的慢性肾炎。引起血管壁玻璃样变的原因最常见的是炎症性病变。例如，马病毒性动脉炎、牛恶性卡他热、鸡新城疫、鸭瘟等有动脉炎存在的疾病。有些化学药品和毒素，如细菌内毒素、生物碱及丙烯胺等，对血管内皮细胞具有毒性作用，可以使肌性动脉的中膜发生急性坏死而引起玻璃样变。血管壁玻璃样变的发病机理一般认为是血管内皮屏障受到损伤，导致血管内膜通透性增高，血浆蛋白渗入中膜。同时，由于血管内皮受损，引起中膜营养不良，导致中膜的平滑肌纤维发生变性。

血管壁玻璃样变在组织学上的共同特点是小动脉中膜的结构破坏，平滑肌纤维变性溶解和原纤维结构消失，加上大量的血浆蛋白的沉积，使中膜变成致密的无定形透明蛋白，呈均匀一致的无定形红染结构，PAS反应阳性。这种病变表示肌纤维溶解和动脉壁中有血浆蛋白渗透浸润。此时管壁增厚变硬，管腔狭窄甚至闭塞，导致该器官缺血。

3. 纤维结缔组织玻璃样变　常见于慢性炎症、瘢痕组织、纤维化的肾小球、动脉粥样硬化的纤维性瘢块、增厚的器官被膜和硬性纤维瘤等。眼观发生玻璃样变的结缔组织为灰白半透明，质地坚实，缺乏弹性。在光镜下可见结缔组织中纤维细胞明显减少，胶原纤维增粗并相互融合成为均质无结构红染的梁状、带状或片状，失去纤维的结构。

（三）结局和对机体的影响

轻度的透明变性可以吸收，组织可恢复正常；但变性严重时，不能完全被吸收，变性组织容易沉积钙盐，引起组织硬化。小动脉发生玻璃样变，管壁增厚，变硬，管腔变狭窄，甚至完全闭塞，此即小动脉硬化，可导致局部组织缺血和坏死。如猪瘟脾脏的贫血性梗死，即为脾小体中央玻璃样变所致。血管硬化如果发生在一些生命重要器官（如脑和心脏），则可造成严重的后果。

四、淀粉样变性

（一）概念

淀粉样变性（amyloid degeneration），也称为**淀粉样变**或**淀粉样物质沉积症**，是指在某些组织的网状纤维、血管壁或间质内出现淀粉样物质沉着的病变。淀粉样物质化学性质上属糖蛋白，是具有 β-片层结构的多肽链组成的一种纤维性蛋白。新鲜变性组织往往具有淀粉遇碘时的显色反应，即遇碘时被染成棕褐色，再滴加1‰硫酸溶液后则呈紫蓝色，故传统上称之为淀粉样物质，其实和淀粉并无关系，之所以出现淀粉样变色反应，是由于其中含有多糖物质之故。

（二）原因和发病机理

淀粉样变多发生于长期伴有组织破坏的慢性消耗性疾病和慢性抗原刺激的病理过程，如慢性化脓性炎症、骨髓瘤、结核、鼻疽以及供制造高免血清的马等。此外，鸭有一种自发性的全身性淀粉样变病，发生原因尚不清楚。

淀粉样变的发生机理一般认为淀粉样物质是蛋白质代谢障碍的一种产物，与全身免疫反应有关，它是由网状内皮细胞所产生。当组织发生淀粉样变时，在病灶中可以看到不典型的网状细胞，所以称之为**淀粉样蛋白细胞**，它能合成异常的蛋白质。兽医临床实践中常见的是反应性全身性淀粉样变性，属于继发性淀粉样变性，即淀粉样变性是继发于一些长期伴有组织破坏的慢性炎症性疾病，如骨髓炎、子宫炎、关节炎、结核或其他肉芽肿性疾病。原发性淀粉样变性可见于浆细胞瘤，产生淀粉样蛋白的肿瘤，其发生与免疫细胞机能失调有关。

（三）病理变化

淀粉样变性多发生于肝、脾、肾和淋巴结等器官。早期病变，眼观不易辨认，在镜检时方可发现。

1. 肝淀粉样变性　眼观肝脏肿大，呈灰黄或棕黄色，质脆易碎，常见有出血斑点，切面结构模糊似橡皮样或似脂变。镜下可见淀粉样物质主要沉着在肝细胞索和窦状隙之间的网状纤维上，形成粗细不等的粉红色均质的条索或毛刷状。严重时，肝细胞受压萎缩、消失，甚至整个肝小叶全部被淀粉样物质取代，残存少数变性或坏死的肝细胞。

2. 脾脏淀粉样变性　可呈局灶型和弥漫型。局灶型又称滤泡型，其淀粉样物质沉着于淋巴滤泡的周边部分、中央动脉壁的平滑肌和外膜之间及红髓的细胞间，其中以淋巴滤泡周边的量最多。在 HE 染色切片上可见淀粉样物质呈大的粉红色团块，周围有网状细胞包围，使淋巴滤泡和红髓逐渐萎缩消失，严重时仅见少量的红髓和脾小梁残存在淀粉样物质之中。弥漫型的淀粉样物质大量弥漫地沉着于脾髓细胞之间和网状纤维上，呈不规则形的团块或条索，淀粉样物质沉着部的淋巴组织萎缩消失。眼观脾脏体积增大，质地稍硬，切面干燥。淀粉样物质沉着在淋巴滤泡部位时，呈半透明灰白色颗粒状，外观如煮熟的西米，俗称西米脾。若淀粉样物质弥漫地沉着在红髓部分，则呈不规则的灰白区，没有沉着的部位仍保留脾髓固有的暗红色，互相交织成火腿样花纹，故俗称火腿脾。

（四）结局和对机体的影响

淀粉样变在初期是可以恢复的，但淀粉样变是一个进行性过程，单核巨噬细胞系统不能有效地将淀粉样物质清除掉，因为淀粉样蛋白分子很大，对吞噬作用和蛋白分解作用有很强的抵抗力。当肾小球淀粉样变时，可使血浆蛋白大量外漏，最终造成肾小球闭塞而滤过减少，引起尿毒症。肝脏发生淀粉样变时，可引起肝功能下降，严重时可引起肝破裂。

第二节　细胞死亡

一、细胞死亡的类型及其概念

细胞受到严重损伤累及细胞核时，则呈现代谢停止、结构破坏和功能丧失等不可逆性变化，即细胞死亡。细胞死亡包括细胞坏死和细胞凋亡两种类型。

1. 细胞坏死（necrosis）　指活体内局部组织、细胞的病理性死亡。坏死组织、细胞的物质代谢停止，功能丧失，出现一系列形态学改变，是一种不可逆的病理变化。坏死除少数是由强烈致病因子（如强酸、强碱）作用而造成组织的立即死亡之外，大多数坏死是由变性逐渐发展而来，是一个由量变到质变的渐进过程，故称为渐进性坏死。

2. 细胞凋亡（apoptosis）　指为维持内环境稳定，由基因控制的细胞自主而有序的死亡过程，是一种主动的由基因决定的细胞自我破坏的过程，又称为**程序性细胞死亡**（programmed cell death，PCD）。与有丝分裂的细胞增殖活动相对，细胞发生凋亡时，就像树叶或花的自然凋落一样，对于这种生物学现象，借用希腊词"apoptosis"来表示，意思是细胞死亡就像树叶或花瓣的自然凋落。

二、细胞凋亡与细胞坏死的区别

细胞凋亡与坏死是两种截然不同的细胞学现象。二者的主要区别是：坏死是指活动物机体内局部组织细胞的病理性死亡，它是极端的物理、化学因素或严重的病理性刺激引起的细胞损伤和死亡。细胞凋亡不是被动的过程，而是一种主动的细胞自我破坏的过程，它涉及一系列基因的激活、表达以及调控等的作用，它并不是病理条件下自体损伤的一种现象，而是为更好地适应生存环境而主动采取的一种死亡过程。

在细胞凋亡过程中，细胞膜反折，包裹断裂的染色质片段或细胞器，然后逐渐分离，形成众多的凋亡小体，凋亡小体继而被邻近的细胞所吞噬。在整个过程中，细胞膜的完整性保持良好，死亡细胞的内容物不会逸散到胞外环境中去，因而不引发炎症反应。相反，在细胞坏死时，细胞膜发生渗漏，细胞内容物，包括膨大和破碎的细胞器以及染色质片段释放到细胞外，导致炎症反应。细胞凋亡的机制及其调控是极其复杂的，在长期的进化过程中形成的这种复杂的机制对于维持生物体的正常功能是极其重要的。细胞凋亡与坏死的区别见表 5-1。

表 5-1　细胞凋亡与坏死的区别

	项目	细胞凋亡	细胞坏死
形态特征	分布特点	多为单个散在性细胞	多为连续性大片细胞和组织
	细胞膜	保持完整性	完整性受破坏
	细胞体积	固缩变小	肿胀变大
	细胞器	保持完整，内容物无外漏	肿胀，破裂，酶等外漏
	核染色质	边集于核膜下，呈半月形	分散凝集，呈絮状
	凋亡小体	有	无（细胞破裂、溶解）
	炎症反应	无	有
机制特征	诱导因素	生理、病理性因素均可	病理性因素
	死亡过程	主动由级联性基因表达调控进行	被动地呈无序状态的发展
	蛋白合成	有 RNA 和蛋白质合成	无
	DNA 降解	有规律，为 180～200bp 整数倍的片段，电泳上呈特征性阶梯状谱带	无规律，一般片段较大，电泳上不见阶梯状谱带特征，多呈涂抹状

三、细胞坏死的基本病理变化

（一）细胞核的变化

细胞核的变化是细胞坏死的主要形态学标志，镜下细胞核变化的特征表现为三种：

1. 核浓缩（pyknosis）　因为核蛋白分解，DNA 游离，核脱水，使细胞核染色质凝聚，嗜碱性增加，故表现为核体积缩小，染色加深，呈深蓝染，提示 DNA 停止转录。

2. 核碎裂（karyorrhexis）　核染色质崩解为小块，先积聚于核膜下，以后核膜破裂，核染色质呈许多大小不等、深蓝染的碎片散在于胞浆中。

3. 核溶解（karyolysis）　染色质中的 DNA 和核蛋白被 DNA 酶和蛋白酶分解，染色变淡，或只见核的轮廓或残存的核影。当染色质中的蛋白质全部被溶解时，核便完全消失。

（二）细胞质的变化

坏死细胞胞质内常可见蛋白颗粒、脂滴和空泡。由于胞质内微细结构崩解而使胞质碎裂成颗粒状。当含水分高时，胞质液化和空泡化以至溶解。由于坏死细胞质内嗜酸性物质（核蛋白体）解体而减少或丧失，胞质吸附酸性染料伊红增多，故胞质红染，即嗜酸性增强。有时胞质水分脱失而固缩为圆形小体，呈强嗜酸性染色，此时核也浓缩而后消失，形成所谓**嗜酸性小体**（acidophilic body），称为**嗜酸性坏死**（常见于病毒性肝炎）。电镜下，坏死的细胞膜突起或塌陷，胞质浓缩、空泡化，细胞器减少或消失，自噬泡和自噬溶酶体增加，线粒体溶解或浓缩，内腔出现绒毛或钙盐沉着。胞核染色质浓缩、碎裂或溶解消失，严重时胞核、胞质完全消失。

（三）间质的变化

细胞坏死时细胞间质的基质发生解聚，纤维成分（胶原纤维、弹力纤维和网状纤维）肿胀、崩解、断裂和液化，失去纤维结构。于是坏死的细胞和崩解的间质融合成一片颗粒状、无结构的红染物质。

四、细胞坏死的类型及特点

根据坏死组织的病变特点和机制，坏死组织的形态可分为以下几种类型：

（一）凝固性坏死（干性坏死）（coagulation necrosis）

坏死组织由于水分减少和蛋白质凝固而变成灰白或黄白、干燥无光泽的凝固状，故称**凝固性坏死**。肉眼观察凝固性坏死组织肿胀，质地坚实干燥而无光泽，坏死区界限清晰，呈灰白或黄白色，周围常有暗红色的充血和出血带。光镜下，坏死组织仍保持原来的轮廓，但实质细胞的精细结构已消失，胞核完全崩解消失，或有部分核碎片残留，胞浆崩解融合为一片淡红色均质无结构的颗粒状物质。以下几种属于常见的凝固性坏死。

1. 贫血性梗死（anemic infarction） 常见于肾、心、脾等器官，坏死区灰白色、干燥，早期肿胀，稍突出于脏器的表面，切面坏死区呈楔形，周界清楚。

2. 干酪样坏死（caseous necrosis） 见于结核分枝杆菌和鼻疽杆菌等引起的感染性炎症。干酪样坏死灶局部除了凝固的蛋白质外，还含有多量的由结核分枝杆菌产生的脂类物质。使坏死灶外观呈灰白色或黄白色，松软无结构，似干酪（奶酪）样或豆腐渣样，故称为干酪样坏死。组织病理学观察可见，坏死组织的固有结构完全被破坏而消失，融合成均质、红染的无定型结构，病程较长时，坏死灶内可见有蓝染的颗粒状的钙盐沉着。

3. 蜡样坏死（waxy necrosis） 多见于动物的白肌病。可见肌肉肿胀，无光泽、混浊，干燥坚实，呈灰红或灰白色，如蜡样，故名**蜡样坏死**。

（二）液化性坏死（湿性坏死）

指坏死组织因蛋白水解酶的作用而分解变为液态，称**液化性坏死**（liquefaction necrosis）。常见于富含水分和脂质的组织如脑组织，或含蛋白分解酶丰富的组织如胰腺。

1. 脑软化 脑组织中蛋白含量较少，水分与磷脂类物质含量多，而磷脂对凝固酶有一定的抑制作用，所以脑组织坏死后会很快液化，呈半流体状，常称**脑软化**。在脑组织，严重的、大的液化性坏死灶肉眼可见，呈空洞状，而轻度的小的液化性坏死灶只有在显微镜下才能看到，镜下可见发生于脑灰质的液化性坏死灶局部的神经细胞、胶质细胞和神经纤维消失，只见少量核碎屑，呈现微细网孔化或镂空筛网状结构；发生于脑白质的液化性坏死灶可见神经纤维脱髓鞘。如马霉玉米中毒引起的大脑软化、鸡硒-维生素 E 缺乏引起的小脑软化均属于液化性坏死。

2. 化脓性炎症 在化脓性炎灶或脓肿局部，由于大量中性粒细胞的渗出、崩解，释放出大量蛋白水解酶，使坏死组织溶解液化。胰腺坏死则由于大量胰蛋白酶的释出，溶解坏死胰组织而形成液化性坏死。

（三）坏疽（gangrene）

继发有腐败菌感染和其他因素影响的大块坏死，呈现灰褐色或黑色等特殊形态改变，称为坏疽。主要是血红蛋白分解产生的铁与组织蛋白分解产生的硫化氢结合成硫化铁，使坏死组织呈黑色。根据坏疽的形态特征和发生部位可分为三种类型：

1. 干性坏疽（dry gangrene） 常见于缺血性坏死、冻伤等，多继发于肢体、耳壳、尾尖等水分容易蒸发的体表部位。坏疽组织干燥、皱缩，质硬，呈灰黑色，腐败菌感染一般较轻，坏疽区与周围健康组织间有一条较为明显的炎性反应带分隔，所以边界清楚。最后坏疽部分可完全从正常组织分离脱落。如慢性猪丹毒时，颈部、背部直至尾根部常发的皮肤坏死；牛慢性锥虫病的耳、尾、四肢下部和球节的皮肤坏死；皮肤冻伤形成的坏死，都是典型的干性坏疽。

2. 湿性坏疽（wet gangrene） 多发生于与外界相通的内脏（肠、子宫、肺等），也可见于动脉受阻同时伴有淤血水肿的体表组织坏死，由于坏死组织含水分较多，故腐败菌感染严重，使局部肿胀，呈黑色或暗绿色。由于病变发展较快，炎症弥漫，故坏死组织与健康组织间无明显的分界线。牛和马的肠变位、马的异物性肺炎及母牛产后坏疽性子宫内膜炎等均属于湿性坏疽。坏死组织经腐败分解产生吲哚、粪臭素等，故有恶臭。同时，组织坏死腐败所产生的毒性产物及细菌毒素被吸收后，可引起全身中毒症状（毒血症），威胁生命。

3. 气性坏疽（gas gangrene） 常发生于深层的开放性创伤（如阉割等）合并产气菌等厌氧菌感染，细菌分解坏死组织时产生大量气体（H_2S、CO_2、N_2），使坏死组织内含气泡，呈蜂窝状和污秽的棕黑色，用手按之有捻发音，牛气肿疽时常见身体后部的骨骼肌发生气性坏疽。由于气性坏疽病变可迅速向周围和深部组织发展，产生大量有毒分解产物，可致机体迅速自体中毒而死亡。

五、细胞坏死的结局

（一）坏死的结局

坏死组织作为机体内的异物，和其他异物一样可刺激机体发生防御性反应，其结局有：

1. 反应性炎症 因坏死组织分解产物的刺激作用，在坏死区与周围活组织之间发生反应性炎症，表现为血管充血、浆液渗出和白细胞游出。眼观表现为坏死局部的周围呈现红色带，称为分界性炎。

2. 溶解吸收 较小的坏死灶可通过本身崩解或中性粒细胞释出的蛋白酶分解为小的碎片或完全溶解，经淋巴管或血管吸收，不能吸收的碎片则由巨噬细胞吞噬消化。小坏死灶可被完全吸收、清除。大坏死灶溶解后不易完全吸收，可形成含有淡黄色液体的囊腔，如脑软化灶。

3. 腐离脱落 位于体表和与外界相通脏器的较大坏死灶不易完全吸收，其周围由于分界性炎，其中的白细胞释放蛋白酶，可加速坏死灶边缘组织的溶解吸收，使坏死灶与健康组织分离，脱落，形成缺损。皮肤、黏膜处的浅表性坏死性缺损称为糜烂，较深的坏死性缺损称为溃疡。当深层组织坏死，于器官表面形成开口时，深在性盲管称为窦道；具两端开口的通道样坏死性缺损称为瘘管。在有天然管道与外界相通的器官（如肺、肾等）内，坏死组织液化后可经自然管道（支气管、口腔、输尿管、尿道）排出，残留的空腔称为空洞。

4. 机化和包囊形成 当坏死灶范围较大，不能完全溶解吸收或腐离脱落时，由新生肉芽组织吸收、取代坏死物的过程称为**机化**。机化的组织最终形成瘢痕。如果坏死组织不能被完全机化，则可以由周围新生的肉芽组织将坏死组织包裹起来，称为**包囊形成**。包囊形成后，中央的坏死组织逐渐干燥，可以进一步发生钙化，如结核、鼻疽的干酪样坏死灶和陈旧的化脓灶等。

5. 钙化（calcification）　坏死灶出现钙盐沉着，即发生**钙化**。如结核、鼻疽的坏死灶、陈旧的化脓灶、死亡的寄生虫虫体均易发生营养不良性钙化。

（二）坏死对机体的影响

坏死组织的机能完全丧失。坏死对机体的影响取决于其发生部位和范围大小，如心、脑等重要器官的坏死，常导致动物死亡。坏死范围越大对机体的影响也越大。一般器官的小范围坏死通常可通过相应健康组织的机能代偿而不致对机体产生严重的影响。坏死组织中有毒分解产物大量吸收后可导致机体自身中毒。

六、细胞自噬

（一）细胞自噬

细胞自噬（autophagy）是真核生物中高度保守的蛋白质或细胞器的降解过程。该过程中一些损坏的蛋白质或细胞器等胞质成分被双层膜结构的自噬小泡包裹，并最终运送至溶酶体（动物）或液泡（酵母和植物）中进行降解，降解产生的氨基酸和其他的小分子物质可被再利用或产生能量，以满足细胞本身的代谢需要和某些细胞器的更新，从而维持细胞基本的生命活动。细胞自噬可分为三种类型：巨自噬（macroautophagy）、微自噬（microautophagy）和分子伴侣介导的自噬（chaperone-mediated autophagy，CMA）。通常所讲的自噬指的是巨自噬。

巨自噬的第一步是细胞内的内质网、线粒体、高尔基复合体等膜结构形成非闭合的半月状分隔膜，包围在待降解的大分子、细胞器及外源物质周围。紧接着，分隔膜逐渐延伸，把内容物包裹起来，进而形成一个完整的双层膜结构，称为自噬体（autophagosome，APS）。在透射电子显微镜下，可观察到自噬体具备双层膜结构，囊泡直径为300～900nm，平均直径为500nm。最后，自噬体包裹着待降解的内容物与内体融合形成自噬内含体运输至溶酶体，自噬体膜与溶酶体膜发生融合并最终形成具有单位膜结构的自噬性溶酶体（autolysosome，ALS）。在自噬性溶酶体中，待降解的大分子、细胞器及外源物质被水解酶分解成氨基酸等重新释放至胞质中，从而实现代谢与能量物质的再循环利用。

（二）细胞自噬的生物学意义

在正常生理条件下细胞能进行较低水平的自噬，即基础自噬，以维持生理状态下机体内环境的稳态。自噬既是细胞的一种正常生理活动，也可在细胞遭受各种细胞外或细胞内刺激（如缺氧、营养缺乏、有毒化学物质作用、病原微生物感染、细胞器损伤、细胞内异常蛋白及其他代谢物质的过量堆积等）时作为应激反应而被激活，可起到保护细胞使之存活的作用。但是，过度活跃的自噬会引起细胞死亡，即"自噬性细胞死亡（autophagic cell death）"，也称为Ⅱ型程序性细胞死亡。动物机体内除红细胞外，各种细胞都可发生自噬。与自噬不同的是，吞噬作用只有巨噬细胞及其他具有吞噬功能的细胞才具有。在三聚氰胺染毒小鼠的肝脏及睾丸曲细精管上皮细胞中很易见到自噬现象。在细菌和病毒感染的动物组织细胞中常见吞噬现象，自噬也同时增多。

由于细胞自噬是溶酶体降解系统的一个组成部分，普遍将 Christian de Duve 视为此领域的奠基人。因为溶酶体是 1955 年 de Duve 由鼠肝细胞中发现的。他在 1974 年获得了诺贝尔生理学或医学奖也是由于他在溶酶体领域所做出的突出贡献。1962 年，Ashford 和 Porten 提出细胞存在"self eating"现象，随后 de Duve 在 1963 年国际溶酶体生物学论坛上首次将其命名为"autophagy"。这一单词来源希腊词根"auto"和"phagy"的组合，"auto"意为"自身"，"phagy"意为"食、噬"，因此合并后译为"自噬"。目前，普遍认为自噬是一种防御和应激调控机制。细胞可以通过自噬和溶酶体的作用，消除、降解和消化受损变性、衰老和失去功能的细胞、细胞器和变性蛋白质与核酸等生物大分子，为细胞的重建、再生和修复提供必需原料，实现退变细胞成分的再循环和再利用。所以说溶酶体不仅是机体内"消化"的主要场所及"垃圾处理厂"，而且更是机体内的"废品回收站"；它既可以抵御病原体的入侵，又可保卫细胞免受细胞内毒物的损伤。

1992 年，Yoshinori Ohsumi 实验室在酵母细胞中发现了与哺乳动物细胞自噬类似的形态学特征。1993 年，Ohsumi 实验室首次筛选并鉴定出了酵母自噬突变体。1995 年，Meijer 及其同事证明了雷帕霉素（西罗莫司）诱导细胞发生自噬的作用。1997 年，Ohsumi 实验室成功克隆了酵母自噬相关基因-1（Autophagy Related Gene 1，Atg1）。1998 年 Mizushima 等人发现了第一个哺乳动物自噬相关基因 Atg5 以及 Atg12，并证明了 Atg5-Atg12 的复合物形式从酵母、果蝇、脊椎动物到人在进化上是保守的，在上述各物种中都可找到自噬的同源基因。1999 年美国 Levine 研究组发现自噬相关基因 Bedinl 可以通过与 Bcl-2 的互作而抑制肿瘤的发生，第一次显示了自噬可能与重大疾病相关。

第三单元　病理性物质沉着★★☆

第一节 病理性钙化

一、概 念

在骨和牙齿以外的组织内出现钙盐的沉积称为**病理性钙化**（pathologic calcification）。沉积的钙盐主要是磷酸钙，其次为碳酸钙。病理性钙化可分为营养不良性钙化和转移性钙化两种类型。前者是由于局部组织发生变性或坏死造成局部理化环境发生改变而使钙在局部组织析出和沉积。后者是发生在高血钙的基础上。当血液中钙离子浓度升高时，钙盐可沉着在多处健康的器官与组织中。两种钙化的病理变化基本相同，但其发生机理及对机体的影响则不同。

二、类型、原因和病理变化

1. 营养不良性钙化 营养不良性钙化可简称为钙化，是在局部变性、坏死组织和病理产物中钙盐的异常沉积。包括：①各种类型的坏死组织，如结核病干酪样坏死、脂肪坏死、出血性坏死性胰腺炎、梗死、干涸的脓液等；②玻璃样变或黏液样变的组织，如玻璃样变或黏液样变的结缔组织、白肌病时的肌纤维；③血栓；④死亡寄生虫（虫体、虫卵）、死亡的细菌菌团；⑤其他异物等。这种钙化并无全身性钙磷代谢障碍，故血钙不升高，而仅是钙盐在局部组织的析出和沉积。钙化的机制可能与局部碱性磷酸酶升高有关。

2. 转移性钙化 由全身性钙盐代谢障碍，血钙和（或）血磷升高，使钙盐在机体多处健康组织上沉积所致。钙盐沉着的部位多见于肺脏、肾脏、胃黏膜动脉管壁，血钙升高可见于下列情况：

（1）甲状旁腺机能亢进 如甲状旁腺瘤或代偿性增生时，甲状旁腺素（PTH）分泌增多，可快速直接作用于骨细胞激活腺苷环化酶，使环磷酸腺苷增多，促进线粒体等胞内钙库释放钙离子进入血液，引起血钙升高。PTH 作用于肾小管，可抑制肾小管对磷酸根的重吸收，因此，磷酸根从肾脏排出增多，使血液中磷酸根降低，造成体液中 Ca^{2+} 和 PO_4^{3-} 的乘积下降，导致骨内钙盐分解，使血钙升高。血钙升高也和 PTH 促进肾小管对钙重吸收有关，但由于血钙含量高，肾小球滤出的钙量仍比平常时高，故尿钙仍高于正常。PTH 还可通过促进维生素 D 在肾脏转变为 1,25-二羟维生素 D，间接地促进肠对钙的吸收。

（2）骨质大量破坏 骨内大量钙质进入血液，使血钙浓度升高，常见于骨肉瘤和骨髓病。

（3）维生素 D 摄入量过多 可促进钙从肠道吸收，使血钙增加。

转移性钙化常发生于肺脏、肾脏、胃黏膜和动脉管壁等处，可能与这些器官组织排酸（肺脏排碳酸、肾脏排氢离子、胃黏膜排盐酸）后使其本身呈碱性状态有关。肾小管的钙化还与局部钙、磷离子浓度有关。广泛性的转移性钙化称为**钙化病**。

3. 病理变化 无论营养不良性钙化还是转移性钙化，其病理变化基本相同。病理性钙化表现程度与钙盐沉着量多少有关。眼观轻度的钙化不易辨认，光镜下才能识别。若严重钙化，范围较大时，则钙化组织表现为白色石灰样的坚硬颗粒或团块，触之有砂粒感，刀切时发出磨砂声，甚至不易切开，或使刀口轻卷、缺裂。光镜下，在 HE 染色切片时，钙盐呈蓝色颗粒状，时间长者聚集成较大颗粒或片块。转移性钙化，钙盐常沉积在某些健康器官尤其是肺泡壁、肾小管、胃黏膜的基膜和弹力纤维上。沉着的钙盐可均匀或不均匀地分布。

三、对机体的影响

病理性钙化对机体的影响，视具体情况而定。少量的钙化物，有时可被溶解吸收，如寄生虫结节钙化。若钙化灶较大时，则难以完全溶解吸收，历时经久的钙化灶常能刺激周围的结缔组织增生，并将其包裹限制起来。

一般说来，营养不良性钙化是机体的一种防御适应性反应。通过钙化及钙化后引起的纤维结缔组织增生和包囊形成，可以减少或消除钙化灶中的病原和坏死组织对机体的继续损害，使坏死组织或病理性产物在不能完全吸收时变成稳定的固体物质。例如，结核病灶的钙化会使其中的结核分枝杆菌逐渐失去活力，促进病灶愈合，减少复发的危险。但是结核分枝杆菌在钙化灶中经常可以继续存活很长时间，一旦机体抵抗能力下降，则有可能引起复发。但钙化严重时，易造成组织器官硬化，机能降低。

转移性钙化对机体影响的大小取决于钙化发生的部位和范围，如血管壁的硬化，能使血管壁弹性减弱变脆，影响血流，甚至导致血管破裂出血。

第二节　黄　疸

一、概　念

黄疸（jaundice）是血中胆红素浓度升高引起的全身皮肤、巩膜和黏膜等组织黄染的病理现象。黄疸是临床上常见的一个重要体征，它是机体胆色素代谢障碍的反应。

二、分类、原因和发病机理

根据引起黄疸的原因及机理，可将黄疸分为如下三种类型：

1. 溶血性黄疸　血液中红细胞大量破坏（如溶血），生成过多的间接胆红素，如果超过了肝脏对胆红素的处理能力，则造成血液中间接胆红素含量增高，引起黄疸。多见于中毒、血液寄生虫病、溶血性传染病、新生仔畜溶血病和腹腔大量出血后腹膜吸收胆红素等。溶血性黄疸时，血清中升高的主要是间接胆红素，范登白试验呈间接反应阳性。间接胆红素不能通过肾脏排出，因而尿液中不含胆红素。

2. 肝性黄疸　又称肝细胞性黄疸，主要是肝脏疾病，造成肝细胞物质代谢障碍和退行性变化。一方面肝处理血液中间接胆红素能力下降，间接胆红素增高；另一方面由于肝细胞坏死，毛细胆管破裂，胆汁排出障碍，导致肝脏中直接胆红素升高并进入血液。因此，发生此型黄疸时，血液中直接胆红素和间接胆红素含量均增多。范登白试验时直接反应和间接反应均呈阳性。因直接胆红素可以通过肾脏排出，故尿中含有胆红素。

3. 阻塞性黄疸　阻塞性黄疸是由胆管系统尤其是肝外胆管的闭塞，胆汁排出障碍，毛细胆管破裂后直接胆红素进入血液所致。多见于肝细胞肿胀引起的毛细胆管狭窄或闭塞、寄生虫性胆管阻塞、肝硬化和肿瘤压迫性阻塞等情况下。阻塞性黄疸时范登白试验直接反应阳性。由于胆红素不能或很少排入肠道导致粪便色变浅，并呈现脂肪痢。直接胆红素可通过肾脏排出，因而尿中含多量胆红素。

三、对机体的影响

黄疸时在血中聚集的异常成分，除胆红素外，还可有胆汁的其他成分，因此，黄疸对机体的影响包括多种因素的作用。

胆红素对机体的影响最严重的是对神经系统的毒性作用。尤其是游离的胆红素，具有脂溶性的特性，对组织中的脂类亲和力比较强，而神经中脂类含量丰富。例如，新生儿溶血性黄疸时，胆红素进入脑组织内，与脑部基底核的脂类结合，将神经核染成黄色，称为**核黄疸**。由于胆红素多侵犯脑神经核，可引起严重的抽搐、痉挛和锥体外系统运动障碍等神经症状，可致迅速死亡。在很多内脏器官，均可见有渐进性坏死。游离胆红素引起神经症状的机理在于它能抑制细胞的氧化磷酸化作用，从而阻断脑的能量供应。

胆汁中主要成分为结合胆汁酸盐。它在血中增多可刺激皮肤感觉神经末梢，引起瘙痒，且对神经系统也有刺激作用，还可引起血压下降，心动过缓。

另外，胆盐不能进入肠道时，可影响脂肪的消化、吸收。

第三节　含铁血黄素沉着
一、概　　念

含铁血黄素沉着指含铁血黄素在正常不见含铁血黄素的组织中出现和组织中含铁血黄素过多聚积的现象。含铁血黄素是由铁蛋白微粒集结而成的色素颗粒，是一种血红蛋白源性色素，为金黄色或棕黄色并具有折光性的大小不等、形状不一的颗粒。因其含铁，故称**含铁血黄素**。它是单核吞噬细胞系统的巨噬细胞吞噬红细胞后由血红蛋白衍生的，所以在肝、脾和骨髓内有少量含铁血黄素存在是正常现象。

二、原因、分类和发病机理

含铁血黄素沉着可以是全身性的，也可以是局部性的。全身性的含铁血黄素沉着称为**含铁血黄素沉着病**（hemosiderosis）。见于各种原因引起的大量红细胞破坏性疾病。红细胞可以在血管内被破坏，也可以在肺、脾、淋巴结、骨髓、肾脏等器官内被巨噬细胞吞噬而破坏，在酶的作用下，血红蛋白被分解为不含铁的橙色血质和含铁的含铁血黄素而沉着于组织内。

局部性含铁血黄素沉着见于出血部位和出血性炎灶。在心衰竭时，因肺发生慢性淤血，红细胞可被肺巨噬细胞吞噬后形成含铁血黄素，从而使肺及支气管的分泌物呈淡棕色或铁锈色，这种出现于心衰竭者肺内和痰内的含有含铁血黄素的巨噬细胞称为心力衰竭细胞或心衰细胞。除心力衰竭患畜外，在肺内有出血的患畜也可见到这种细胞，但这不能称为心力衰竭细胞。含铁血黄素由于含有高铁（Fe^{3+}），故遇铁氰化钾及盐酸后出现蓝色反应，即普鲁士蓝反应。

三、病理变化

含铁血黄素是一种黄棕色的色素，凡有此色素沉着的器官和组织，都呈不同程度的黄棕色或金黄色。该色素常见于富含巨噬细胞的器官和组织，如脾、肝、淋巴结和骨髓等。含铁血黄素沉着的器官和组织，除颜色变黄外，还常出现结节和硬化等病变。镜下，在 HE 染色的切片中，可见病变组织和细胞内，尤其是在巨噬细胞胞浆内有大量含铁血黄素颗粒沉着。这些颗粒呈棕黄色、大小不一的非结晶性颗粒状结构。用普鲁士蓝染色，含铁血黄素颗粒呈蓝色，细胞核呈红色。当巨噬细胞破裂后，此色素颗粒也可在组织间质中出现。

第四节　糖原沉着

一、概　念

糖原沉着（glycogen deposition）指细胞的胞浆内有大量糖原蓄积。

二、原因、分类和发病机理

1. 原因和分类　糖原沉着在兽医临床并不多见，根据发生原因分为：

（1）糖原浸润　主要见于任何原因引起的高血糖症，尤其是糖尿病的早期；药物引起的碳水化合物代谢障碍的代谢病。

（2）糖原贮积症　有关酶的遗传性缺乏引起的糖原贮积症，如牛、犬、绵羊的 Pompe 病（酸性 α-葡萄糖苷酶缺乏），犬、猫和绵羊的 Gauche 病（β-葡萄糖苷酶缺乏）等。此外，也可因某些激素引起，如大剂量应用肾上腺皮质类固醇会在肝细胞中出现糖原沉着。

2. 发生机理　其发生机理可能是由于糖原降解有关酶的先天性缺乏，使糖原降解障碍；也可能是由于糖原合成的间接升高，导致糖原在细胞质内大量蓄积。

三、病理变化

一般无眼观病变。由于糖原为水溶性的，在经福尔马林固定的 HE 染色切片上，细胞因糖原溶解而呈空泡状，应与水泡变性和脂肪变性相区别。如需确证为糖原沉着，可将组织块用纯酒精固定，胭脂红或 PAS 染色，糖原颗粒呈亮红色或深红色。糖尿病时肝细胞内糖原明显增多。

第五节　尿酸盐沉着

一、概　念

尿酸盐沉着即痛风（gout），是指体内嘌呤代谢障碍，血液中尿酸增高，并伴有尿酸盐（钠）结晶沉着在体内一些器官组织而引起的疾病。痛风可发生于人类及多种动物，但以家禽尤其是鸡最为多见。尿酸盐结晶易于沉着在关节间隙、腱鞘、软骨及内脏器官的浆膜上。临床表现为高尿酸血症，反复发作的关节炎，关节、肾脏或其他组织内因尿酸盐结晶沉着而引起相应器官组织的损伤，形成痛风石等。该病可分为原发性和继发性两种。**原发性痛风**又称特发性痛风，是先天性嘌呤代谢障碍（尿酸生成过多）或肾小管分泌尿酸的遗传性缺陷所致。**继发性痛风**则是以核酸分解增多或肾脏的获得性缺陷为特征的疾病。上述表现均可单独或联合存在。

二、原因和发病机理

痛风的发生原因和机理很复杂，一般认为，可能与下列原因有关：

1. 蛋白质特别是核蛋白的摄入过多　饲喂大量高蛋白饲料（如鱼粉、肉粉、动物的内脏等），因为动物性饲料核蛋白含量高，核蛋白是由核酸和蛋白质构成，核酸可进一步分解为核苷酸和磷酸。核苷酸在核苷酶的作用下，分解为戊糖、嘌呤和嘧啶类碱性化合物。

嘌呤类化合物在体内进一步氧化为次黄嘌呤和黄嘌呤，后者再形成尿酸。禽类肝内缺乏精氨酸酶，不能将氨基酸脱出的氨基经鸟氨酸循环生成尿素随尿排出，只能生成尿酸，故血中尿酸浓度异常高，更易沉积在内脏器官或关节里而发生痛风。

2. 肾脏的损害 维生素 A 缺乏，长期大量服用磺胺、某些抗菌药物，以及某些中毒病（如食盐、硫酸钠、碳酸氢钠等的中毒）、某些传染病（如肾型传染性支气管炎、传染性喉气管炎、传染性法氏囊病、包涵体肝炎、盲肠肝炎、鸡白痢、大肠杆菌病、减蛋综合征、单核细胞增多症、球虫病等），均可引起家禽肾脏的损害，尿酸排出障碍以及肾组织细胞破坏而产生较多核蛋白，使尿酸生成增多，结果血中尿酸盐的浓度增加并导致痛风的发生。

3. 饲养管理不良和遗传因素 如日粮配合不当、缺水、长途运输、运动不足、严寒等饲养管理问题，还有遗传因素等，在痛风的发生上也起一定作用。特别是高嘌呤食物（如肝、肾、脑、鱼子、豆类等），可以成为发病的促进因素。

三、病理变化

（一）**肉眼病变**

根据尿酸盐在体内沉着的部位，痛风可分为内脏型和关节型，有时这两种类型可以同时存在。

1. 内脏型 如尿酸盐沉积在肾脏，可见肾脏肿大，色泽变淡，表面呈白褐色花纹状，切面可见尿酸盐沉积而形成的散在的白色小点。输尿管扩张，管腔内充满白色石灰样物。有时尿酸盐变得很坚固，呈结石状；有时则呈撒粉样被覆于器官的表面。严重时体腔浆膜面及心、肝、脾、肠系膜表面出现灰白色粉末状尿酸盐沉着，量多时形成一层白色薄膜覆盖在器官表面。此型痛风多见于鸡。

2. 关节型 特征是脚趾和腿部关节肿胀，关节软骨、关节周围结缔组织、骨膜、腱鞘、韧带及骨骼等部位，均可见白色尿酸盐沉着。随着病情的发展，病变部周围结缔组织增生，形成致密坚硬的痛风结节。痛风结节多发生于趾关节。尿酸盐大量沉着可使关节变形，并可形成痛风石。

（二）**病理组织学变化**

在 HE 染色的组织切片，可见均质、粉红色、大小不等的痛风结石。在经酒精固定的组织切片上，可见针形或菱形尿酸盐结晶，局部组织细胞变性、坏死，其周围有巨噬细胞和炎性细胞浸润，时长者有结缔组织增生。

四、对机体的影响

轻度尿酸盐沉着可因原发病好转或饲料变更而逐渐消失，但尿酸盐大量沉着常可引起永久性病变并可导致严重的后果，如关节痛风带来的运动障碍，肾脏的尿酸盐沉着引起慢性肾炎，或因急性肾机能衰竭而导致死亡。

第六节 外源性色素沉着

外源性色素是由外界环境进入体内的色素物质，如炭末、文身进入皮内的色素、粉尘、类胡萝卜素和四环素。

一、炭末沉着

炭末是最常见的外源性色素，常常是通过吸入的方式进入体内，并在肺内蓄积可引起煤肺病（anthracosis），也称黑肺（black lung）。又如矿区的矿工可因吸入矿尘而引发尘肺病或肺尘埃沉着病（pneumoconiosis）。

炭末在空气中无处不在，所有的动物都暴露在空气中，但那些生活在空气污染的环境中的动物可能表现出病变，如生活在比邻繁忙的高速公路旁圈舍的畜禽，或生活在有吸烟者的房间里的动物。肺泡内的巨噬细胞吞噬炭末，通过淋巴管运输到支气管淋巴结。由于碳元素是惰性的，不能在体内代谢，可停留在动物组织内一生。在动物园的 5 岁以上圈养野生动物的肺门淋巴结内均可见有炭末沉着。

眼观可见肺胸膜上有直径 1～2mm 的黑色细斑点，在放血后的肺会更加明显。严重感染的病例支气管淋巴结髓质可能呈黑色，炭末沉着在淋巴结的髓质，是由于淋巴结髓质淋巴窦内巨噬细胞较多。显微镜下炭末呈现细小的黑色颗粒，沉着在巨噬细胞外或细胞内。炭末色素也可能出现在肺泡壁，在细支气管病灶或支气管周围病灶常常呈黑色。由于炭不活跃，没有组织化学检测方法能直接测出炭末。与其他色素不同，它能抵抗有机溶剂和漂白粉。

二、粉尘沉着

粉尘病是指吸入任何灰尘并在肺内潴留而引起疾病的总称。煤肺病吸入的是炭，是尘肺病的一种类型。吸入采石场硅面引起的疾病称为硅肺病（silicosis）。这些微小粒子逃避鼻和上呼吸道黏膜纤毛的防御机制，进入肺并沉积在肺泡，可能会被巨噬细胞吞噬并运送到支气管周围。二氧化硅的某些类型能引起纤维反应，最终可能会形成结节。偏振光显微镜下能看到呈双折射晶体的矿物。

三、文身色素

在实际工作中经常采用文身的方法做标识，来区别动物个体。文身的色素可进入真皮，一些色素被巨噬细胞吞噬，而其余的色素可留在真皮内，起到标记动物的作用，不会引起任何炎症反应。

四、四环素沉着

动物在牙齿发育过程中服用的四环素类抗生素，会沉积在其矿化的牙本质、牙釉质、牙骨质中，将全部或部分牙齿染成黄色或棕色。因此，怀孕动物服用四环素会影响幼仔乳牙的牙色。四环素还可储存于骨骼中，对其着色，在实验中可用来标记骨骼。

五、福尔马林色素沉着

这里所说的福尔马林沉着不是指动物吸入的，而是由于组织固定过程造成的。含血液丰富的组织在接触福尔马林酸性溶液时可产生一种显微镜下可观察到的福尔马林色素，也称为酸性福尔马林血色素（acid formalin hematin）。特别是动物死亡后，若采集的组织病料没有及时固定，随着时间的延迟，组织中红细胞溶解并释放出血红蛋白，更易与福尔马林反应。

福尔马林色素眼观不可见，因为福尔马林色素是在固定后形成的。福尔马林色素在显微镜下呈棕色甚至黑色、细小、颗粒状，并且具有双折射的针状结构。福尔马林色素常见于血管内，也可出现于含大量红细胞的其他组织中，位于红细胞间或红细胞中，普鲁士蓝反应呈阴性。福尔马林色素仅在固定过程中形成，因此，它在病理学上没有意义。但是福尔马林色素会干扰我们对组织切片的观察和理解。由于福尔马林色素是在酸性固定液中形成，而在 pH 6 以上的固定液中就不能形成，因此，采用合适的固定方法很容易防止福尔马林色素的形成。无缓冲液的福尔马林水溶液呈强酸性，所以不能用于固定。应采用 pH 6.5 以上的磷酸缓冲液配制 10％的中性福尔马林用于固定，就可避免福尔马林色素的沉积。另外，用戊二醛-多聚甲醛混合固定液，其平均 pH 在 7 以上，既可用于光学组织切片的固定，又可用于电子显微镜样品的双重固定。如果组织切片出现了福尔马林色素，可采用多种方法清除。常用的方法是在 HE 染色前将脱蜡的组织切片浸在饱和的苦味酸酒精溶液中，即可除去福尔马林色素。

第四单元　血液循环障碍★☆

　　在某些致病因子的作用下，心脏或血管系统受到损伤，血容量或血液性状发生改变，致使血液运行发生异常，而引起机体一系列病理变化的过程，称为**血液循环障碍**。

　　按血液循环障碍发生的原因及波及范围，可分为全身性和局部性两种类型。全身性血液循环障碍主要见于心血管系统损伤以及血容量、血液性状的改变，波及全身各器官组织。局部性血液循环障碍主要为某一局部或个别器官发生血液循环障碍。上述两种在发生原因、病理变化以及对机体的影响上均有所不同，但两者关系密切，互相影响。局部的损伤或循环障碍时，可引起全身性血液循环障碍。如当局部较大损伤时，可发生大出血，导致循环血量减少，引起全身性血液循环障碍。而全身性血液循环障碍往往通过局部形式表现出来，如动物发生心力衰竭时，因心肌收缩力下降，可致各组织器官缺血。

局部血液循环障碍的表现形式多样，或表现为局部血量改变（如局部缺血、充血），或表现为血液性状的改变（如血栓形成、栓塞），或表现为血管壁完整性的破坏和通透性的改变（如出血）等。

第一节 充 血

一、概念和类型

局部器官或组织内血液含量增多的现象，称为**充血**（hyperemia）。依据发生原因和机制不同，可分为动脉性充血和静脉性充血两类。由于小动脉扩张而流入组织或器官血量增多的现象，称为**动脉性充血**，也称主动性充血（简称充血）。由于静脉回流受阻，而引起局部组织或器官中血量增多的现象，称为**静脉性充血**，又称**淤血**。

1. 动脉性充血 肉眼观察显微充血的组织器官体积轻度肿大，色泽鲜红，温度升高；镜下，可见小动脉和毛细血管扩张，管腔内充满大量红细胞。动脉性充血多为暂时性，一旦病因消除，器官组织的代谢活动逐渐恢复正常。充血对机体的影响可根据充血时间的长短、部位等而不同，通常短时间的轻度充血可致机体组织代谢旺盛，机能增强，故临床上常采用涂刺激剂、理疗等方法治疗"血气不通"。但充血发生在某些器官时可产生不利影响，如脑、脑膜充血可致脑内压升高，表现出神经症状，严重者可致死亡。此外，长时间充血，可使血管壁的紧张性降低甚至丧失，引起器官组织淤血、水肿，甚至出血。

2. 静脉性充血 肉眼观察主要表现为淤血的组织或器官体积增大，颜色呈暗红或紫红色，局部温度降低。淤血发生在可视黏膜或无毛和少毛的皮肤时，淤血部位呈蓝紫色。镜下变化为小静脉和毛细血管扩张，充满大量红细胞。淤血对机体的影响取决于淤血的范围、程度、发生的器官、发生发展的速度、持续时间以及侧支循环建立的状况。急性的轻度淤血，可因病因消除而逐渐恢复。若淤血持续时间较长、侧支循环不能建立，则可导致淤血性水肿、出血、组织坏死、间质结缔组织增生等，甚至发生淤血性硬变。同时，淤血组织因酸性代谢产物蓄积、组织细胞损伤，抵抗力下降，易继发感染而发生炎症、坏死。因此，在临床包扎的过程中，应注意包扎的松紧程度，以避免人为所致的淤血现象发生。

二、肝淤血的原因、发生机理、病理变化及结局

肝淤血多见于右心衰竭时，因肝静脉血液回流受阻而发生。急性肝淤血时，肝脏体积肿大，质地变软，呈暗红紫色，切面流出大量暗红色液体。镜检下变化，见肝小叶中央静脉、窦状隙以及叶下静脉扩张，充满红细胞。慢性肝淤血时，在肝小叶中央静脉和窦状隙发生淤血的同时，肝小叶周边区肝细胞因淤血性缺氧而发生脂肪变性，呈灰黄色，因此在肉眼观察时，肝脏切面呈现暗红色（淤血区）和灰黄色（脂变区）相间的条纹，类似槟榔切面的纹理，故称为**槟榔肝**（nutmeg liver）。长期肝淤血可导致肝细胞萎缩、变性、坏死或消失，网状纤维胶原化和间质结缔组织增生，严重时发生淤血性肝硬化。

长期淤血的肝脏，其机能显著下降，表现为糖、蛋白质和脂肪代谢障碍，解毒能力降

低，可导致自体中毒。

三、肺淤血的原因、发生机理、病理变化及结局

肺淤血多见于左心衰竭和二尖瓣狭窄或关闭不全时，因此时左心腔内压力升高，肺静脉回流受阻，大量血液淤积在肺组织内而造成肺淤血。急性肺淤血时，肺脏体积膨大，被膜紧张，呈暗红色或紫红色，在水中呈半沉浮状态。切面常有暗红色不易凝固的血液流出，支气管内流出灰白色或淡红色泡沫样液体。若伴发肺水肿，可见肺表面湿润光滑，小叶间间质增宽明显，呈龟背样外观。镜下变化，可见肺内小静脉及肺泡壁毛细血管扩张，充满多量红细胞，肺泡腔内有均质嗜伊红物质和数量不等的红细胞，肺泡壁增厚。慢性肺淤血时，肺泡腔中见到吞噬有红细胞或含铁血黄素的巨噬细胞，因为慢性肺淤血常发生于心力衰竭时，因此被称为心力衰竭细胞（heart failure cells）。长期慢性肺淤血可致肺间质结缔组织增生而硬化，如此时伴有大量含铁血黄素沉积，使硬化的肺组织呈棕褐色，称为肺褐色硬化。

长期肺淤血，可使肺呼吸膜面积减少，气体交换困难，同时血液中含氧量下降，还原型血红蛋白增多，故临床上患肺淤血动物可出现呼吸困难、可视黏膜发绀，以及听诊有湿性啰音等症状。

四、肾淤血的原因、发生机理、病理变化及结局

肾淤血多见于右心衰竭时。肉眼变化：肾脏体积稍肿大，呈暗红色。切开时，从切面流出多量暗红色液体，因髓质淤血比皮质更明显，皮质常呈红黄色，故皮质和髓质分界清晰。镜下变化：肾间质特别是皮质和髓质交界部的间质中毛细血管扩张明显，内充盈多量红细胞，肾小管上皮细胞常发生不同程度的变性、坏死、脱落。

长期慢性肾淤血时，可导致肾小球间质水肿，肾小管腔内可出现细胞或蛋白管型。肾淤血时，由于血流缓慢，单位时间流经肾小球的血流量减少，故临床上患病动物尿量减少。

第二节 出 血

一、概念、类型及原因

血液流出心脏或血管外的现象，称为出血（hemorrhage）。血液流入组织间隙或体腔内，称为内出血；血液流出体外，称为外出血。

根据发生原因，可将出血分为破裂性出血和渗出性出血。

1. 破裂性出血 指由于血管壁或心脏明显受损而引起的出血。可发生在心脏、动脉、静脉或毛细血管，见于外伤（如刺伤、挫伤等）、炎症、恶性肿瘤的侵蚀，或发生血管瘤、动脉硬化时伴发血压突然升高，导致破裂性出血。

2. 渗出性出血 指由于血管壁通透性增高，红细胞通过内皮细胞间隙和损伤的血管基底膜漏出到血管外。渗出性出血多见于某些急性败血性传染病（如猪瘟、猪丹毒、炭疽、出血性败血病、鸡新城疫等），淤血，毒物（有机磷、灭鼠药、砷等）对血管的损伤，血小板数量减少，血小板功能障碍，以及凝血因子缺乏等。

二、病理变化

出血的病理变化常因出血的原因、受损血管的种类、局部组织特性不同而异。破裂性出血时，如发生的是外出血，容易察见，例如外伤出血。如发生的是内出血，发生出血的部位不同，其名称有所不同。较多量血液流入组织间隙，形成局限性血液团块，如球状，称为**血肿**；血液流入体腔内，称为积血（如胸腔积血、心包积血等），此时可见腔内蓄积有血液或凝血块；脑组织的出血又称为脑溢血；肾脏和泌尿道出血随尿液排出称为尿血；消化道出血经口排出体外称为吐血或呕血，经肛门排出称为**便血**；肺和呼吸道出血排出体外称为咳血；鼻出血称衄血。

渗出性出血的病理变化常见有点状出血、斑状出血、出血性浸润几种。点状出血又称瘀点，其出血量少，多呈针尖大至高粱米粒大散在或弥漫性分布，常见于皮肤、黏膜、浆膜以及肝、肾等器官表面。斑状出血又称瘀斑，其出血量较多，常形成绿豆大、黄豆大或更大的血斑，呈散在或密集分布。**出血性浸润**是指血液弥漫地分布于组织间隙，使出血的局部呈大片暗红色。当机体有全身性出血倾向时，称为**出血性素质**，表现为全身各器官组织出血。

镜下可见，红细胞在血管外的组织中清晰可见，且可保留其完整性达数天之久。若出血较久，有时可见组织中有含铁血黄素的巨噬细胞。

三、对机体的影响

出血对机体的影响，可因出血发生的原因、出血量、时间、部位不同而异。一般非生命重要器官小血管破裂性出血，可因破裂处血管收缩和血小板聚集，形成凝血块而止血。大血管的破裂性出血，常在短时间内造成大失血，若抢救不及时，动物可因失血性休克而死亡。如出血发生在脑或心脏，即使是少量的出血，也会导致严重后果，甚至死亡。流入体腔或组织间隙的血液，出血量少时，可随时间的延长而被吸收；量多时可被机化或形成结缔组织包囊。渗出性出血常因出血量较少，发展较为缓慢，一般不会引起严重的后果。但长期慢性或大范围的渗出性出血，可致全身性贫血。

第三节　血栓形成

一、血栓形成的概念和血栓的类型

在活体的心脏或血管内血液发生凝固，或某些有形成分析出而形成固体物质的过程，称为**血栓形成**（thrombosis）。所形成的固体物称为**血栓**（thrombus）。

血液中存在着相互拮抗的凝血系统和抗凝血系统，在生理状态下，凝血系统和抗凝血系统处于动态平衡状态，保证了血液的流体状态和物质运输的畅通。一旦该动态平衡被打破，且凝血系统的活性占主导地位时，血液就会在血管内凝固，形成血栓。

根据血栓的形成过程和形态特点，可将血栓分为白色血栓、混合血栓、红色血栓及透明血栓四种类型。此外，也根据血栓所在的脉管，将其分为动脉性血栓、静脉性血栓、毛细血管性血栓及淋巴管性血栓。

二、血栓形成的条件

血栓形成的条件大致可归纳为 3 个方面：即心血管内膜损伤、血流状态的改变及血流性质的改变（如血液凝固性增高）。

1. 心血管内膜损伤 这是血栓形成最重要和最常见的原因。正常情况下，心脏、血管的内膜是较为光滑的表面，血液流过是不会发生凝固的。在某些致病因子作用下，如细菌或病毒感染等引起的血管炎症、缝合结扎等机械性刺激、内毒素、酸中毒、免疫复合物及理化因素等，可造成心血管内膜发生损伤，内皮细胞合成的抗凝血物质减少，内皮下细胞外基质（主要胶原纤维）裸露，血小板与其接触而被激活，激活的血小板释放 Ca^{2+}、血栓素 A_2、纤维蛋白原、ADP 等物质。其中，血栓素 A_2 和 ADP 可使血小板发生黏附，而黏附的血小板又不断释放血栓素 A_2 和 ADP 等物质，加剧血小板的黏附。同时裸露的胶原纤维与血浆接触，激活凝血因子Ⅻ，从而启动内源性凝血系统；损伤的内皮细胞释出组织因子（凝血因子Ⅲ），启动外源性凝血过程，引起纤维蛋白析出、血小板凝集黏附，导致血液凝固、血栓形成。

2. 血流状态的改变 主要指血流缓慢、停滞或形成涡流等，这是临床上静脉血栓形成的最常见原因。正常血流中，红细胞、白细胞和血小板在血管的中轴流动（轴流），而血浆在周边流动（边流），血小板等有形成分不易与血管内膜接触。当血流缓慢（如淤血）或出现涡流（如血管内膜不平滑或静脉瓣未完全开放）时，轴流和边流的界限消失，血小板进入边流，增加了与血管内膜细胞接触和黏附的机会，同时凝血因子也容易在局部活化和堆积，易于达到凝血所需的浓度。

3. 血液凝固性增高 指血液中凝固系统活性高于抗凝系统活性，导致血液易于发生凝固的状态。常见于大面积创伤、失水过多引起的血液浓缩，大手术或产后等大失血，促凝物质进入血液，血液中新生的幼稚血小板数量增多、黏滞度增加，凝血酶原和纤维蛋白原也增多，这些血液成分的改变都可促使血液凝固性增高，利于血栓形成。

在血栓形成过程中，上述 3 个条件，往往同时或先后存在，相互影响。那么，血栓究竟是怎样形成的呢？血栓形成主要包括血小板的黏附凝集和血液凝固两个过程。首先血小板由轴流变为边流，析出黏附在受伤的血管壁。随着血小板不断地析出和黏附，血小板堆不断增大呈小丘状，并混入少量白细胞和纤维蛋白，这种由血小板、纤维蛋白、少量白细胞组成的血栓称为**析出性血栓**，因眼观呈灰白色，故又称为白色血栓。该血栓外观呈小丘状，表面粗糙，质硬，与血管壁紧密贴附，不易剥离；光镜下呈无结构、均匀一致的血小板团块，通常见于心脏和动脉系统内，如心瓣膜上。在静脉血流缓慢处，常构成血栓的头部。

小丘状突入血管腔的白色血栓形成后，该处血流减慢，产生涡流，促使大量血小板不断地析出、黏附和活化，在血管内形成许多分支和血小板梁，呈珊瑚状，表面黏附数量不等的白细胞。此时，小梁间的血流逐渐变慢，局部凝血因子浓度升高，激活凝血系统，形成纤维蛋白，并在小梁之间形成网状结构，网罗大量红细胞和少量白细胞（凝固过程），形成红白相间的血凝块，称为**混合血栓**。该血栓多见于静脉，主要由血小板、纤维蛋白和大量红细胞组成，它构成了血栓的体部。眼观可见血栓红白相间，表面干燥，呈波纹状。

血栓的头部、体部进一步增大并顺血流方向延伸，直至血管腔被完全阻塞，则局部血流停止，后部血液迅速发生凝固，形成**红色血栓**。该血栓主要由红细胞和纤维蛋白组成，也多见于静脉。它构成了血栓的尾部。红色血栓刚形成时，呈红色凝血块样，表面光滑，湿润有弹性。时间较久的红色血栓，因水分被吸收而失去弹性、干燥易碎，易于脱落形成血栓栓塞。

透明血栓是指在微循环内形成的血栓，主要由纤维蛋白凝集而成。这种血栓只能在显微镜下观察到，在石蜡切片 HE 染色中，往往呈红染、均质、无结构的透明物质。该血栓主要见于某些败血性传染病、中毒、药物过敏、休克等致弥散性血管内凝血的过程中。

此外，动物死后可在心脏、较大血管内出现凝血块。此种凝血块易与血栓相混淆，血栓和死后凝血块的区别见表 5-2。

表 5-2　血栓和死后凝血块的区别

项 目	血 栓	死后凝血块
表面	粗糙不平、干燥	光滑、湿润
质地	硬而脆弱	柔软有弹性
颜色	白色、红白相间及红色	暗红色，上层呈鸡脂样
与血管的关系	附着于血管，不易剥离	易与血管分离
组织结构	有特殊结构	无特殊结构

三、对机体的影响

血管中形成的血栓，一般可被白细胞释放的蛋白分解酶以及血液内的纤维蛋白溶解酶溶解，称为血栓的软化。较小的血栓可被完全溶解吸收，较大的血栓在软化过程中可部分脱落形成栓子，阻塞血管造成栓塞。不易被溶解吸收的血栓，可由血管壁内结缔组织和内皮细胞向血栓内生长，形成肉芽组织。这种被肉芽组织吸收替代的过程，称为血栓的机化。血栓机化后可致血管腔狭窄或阻塞，有时候也可以在已经机化的血栓中形成新的血管，使血流得到部分或完全恢复，称为血栓的再通。少数没有机化的血栓，也可能有钙盐沉着而发生钙化，在血管内形成结石，称为动脉石或静脉石。

动物器官组织出血时，在血管破裂处形成血栓，可使出血停止；炎灶周围小血管内的血栓形成，可起到防止病原菌蔓延扩散的作用。这些均是血栓对机体有利的一面。但在大多数情况下，血栓形成对机体不利。如动脉血栓形成可阻塞血管，引起组织器官缺血、梗死；静脉血栓形成后，若未建立有效的侧支循环，可引起局部组织淤血、水肿、出血，甚至坏死；血栓在软化中或血栓与血管壁粘连不太牢固时，整个血栓或血栓的一部分可以脱落，成为栓子，而引起栓塞；心瓣膜上的血栓机化后，可引起瓣膜增厚、粘连、卷曲或皱缩，导致瓣膜口狭窄或瓣膜关闭不全，引起心瓣膜病，严重时发生心功能不全；微循环血管中的血栓形成可致凝血因子和血小板大量消耗，从而引起全身广泛性出血、休克，甚至死亡。

第四节　栓　塞

一、栓塞与栓子的概念

血液循环中出现不溶性的异常物质随血流运行并阻塞血管腔的过程，称为栓塞（embolism）。阻塞血管的异常物质称栓子（embolus）。

二、栓子运行途径

栓子运行的方向与血流的方向一致。栓子的来源、运行方向和所阻塞部位均存在一定的规律性。来自大循环静脉系统的栓子，随静脉血回流到达右心，再通过肺动脉进入肺内，最后在肺内小动脉分支或毛细血管内形成栓塞。来自右心的栓子也通过肺动脉进入肺内，栓塞肺内小动脉分支或毛细血管。来自门静脉系统的栓子，大多随血流进入肝脏，引起栓塞。

在左心、大循环动脉以及肺静脉的栓子，随着血流运行，最后到达全身各器官的小动脉、毛细血管内形成栓塞。

三、栓塞的类型及对机体的影响

根据栓塞的原因及栓子的性质，将栓塞分为血栓性栓塞、空气性栓塞、脂肪性栓塞、组织性栓塞、细菌性栓塞及寄生虫性栓塞等。

1. 血栓性栓塞　由脱落的血栓引起的栓塞，是栓塞中最常见的一种。血栓性栓塞对机体的影响主要取决于栓子的大小、栓塞的部位、栓塞持续的时间以及能否建立有效的侧支循环。若血栓性栓塞发生在肺动脉小分支，因肺脏具有肺动脉和支气管动脉双重血液供应，一般不会有严重影响，如果栓塞前已发生左心衰竭和肺淤血，此时肺静脉压明显升高，侧支循环又不能有效代偿，可导致局部肺组织发生出血性梗死。若栓子数量多，可致肺动脉分支广泛性栓塞；当栓子较大时，可栓塞肺动脉主干或大分支，动物会突然发生呼吸困难、发绀、休克，甚至突然死亡。大循环动脉中的血栓性栓子主要来源于左心内膜的血栓，可致全身各器官动脉栓塞。这种栓塞多发生于脾、肾、脑和心脏的冠状动脉等处，多因血管的吻合支少而容易发生梗死。如果栓塞发生在肝脏和肠管等器官，因其血管吻合支较多故很少发生梗死。心脏和脑等重要器官发生血栓性栓塞，即使栓子较小，也会导致严重后果。

2. 空气性栓塞　指空气和其他气体由外界进入血液，形成气泡，随血流运行，阻塞血管的一种栓塞。空气性栓塞多见于静脉破裂后，由于负压关系，空气进入，或静脉注射、胸腔穿刺等手术操作不慎，注入空气。少量气体进入血液后会溶解，一般不会产生严重后果；若多量气体进入右心，随心脏搏动，将空气和心腔内血液搅拌形成大量泡沫，占据心腔不易排出，阻碍大循环静脉血回流，可致严重的循环障碍使动物死亡。

3. 脂肪性栓塞　指脂肪滴进入血液并阻塞血管的过程。此种栓塞多见于长骨骨折、手术、脂肪组织挫伤或脂肪肝挤压伤时，脂肪细胞破裂，游离出脂肪滴，通过破裂的血管进入血流。脂肪性栓塞主要影响肺和神经系统。如果进入肺的脂肪滴较多，可致广泛性肺血管栓塞、肺水肿和出血，甚至发生急性右心衰竭。因此，在移动或处理动物骨折时，要保持骨折部分相对固定，预防挫伤血管而发生脂肪性栓塞。

4. 组织性栓塞　指组织、细胞碎片或细胞团块进入血液而引起的栓塞。此种栓塞多见于组织外伤、坏死和恶性肿瘤，其影响可致器官组织梗死。恶性肿瘤细胞侵入血管或淋巴管成为瘤细胞栓子，随血液或淋巴流动，到达邻近的淋巴结或肺、肝、脑等器官，继续生长形成转移性肿瘤，这是恶性肿瘤转移的主要方式之一。

5. 细菌性栓塞　指感染组织中的细菌集落或含细菌的血栓、赘生物脱落进入血液而引起的栓塞，多见于细菌感染性病变。除造成血管栓塞、组织梗死外，还可导致细菌感染的扩散，是病原微生物播散的一种重要方式。如在左心瓣膜上的细菌性栓子，可向全身各组织器官播散大量的细菌；在右心瓣膜上的细菌性栓子，可向肺里传入大量细菌，严重时可引起败血症，故又称为败血性栓塞。

6. 寄生虫性栓塞　指某些寄生虫或虫卵进入血流所引起的栓塞。如旋毛虫侵入肠壁淋巴管，经胸导管而进入血流；单蹄兽的圆虫幼虫可经肝门静脉进入肝脏，引起门脉性栓塞。牛、羊等动物的血吸虫成虫可经后腔静脉进入肺动脉，造成肺动脉小分支栓塞；血吸虫卵常可引起肝、肠等部位的血管栓塞。

第五节　梗　　死

一、概　　念

因动脉血流断绝而引起局部组织或器官发生坏死，称为**梗死**（infarct）。形成梗死的过程，称为**梗死形成**（infarction）。凡能引起动脉血流阻断，同时又不能及时建立有效侧支循环的因素，均是梗死的原因。引起动脉血流阻断的因素主要有血栓形成、各种动脉性栓塞、血管受压及动脉持久而剧烈的痉挛等。

二、类型及病理变化

依据梗死灶眼观的颜色及有无细菌感染，可将梗死分为贫血性梗死和出血性梗死。

1. 贫血性梗死　因梗死灶的颜色呈灰白色，故又称为**白色梗死**。此种梗死常发生于心、脑、肾等组织结构较致密、侧支循环不丰富的器官组织。梗死灶呈黄白色，形状与阻塞动脉的分布区域相一致。如肾梗死灶呈锥体状，锥尖指向阻塞血管部位，底部在肾的表面；心脏的梗死灶呈不规则地图状。贫血性梗死灶的病变主要表现为病灶稍隆起，略干燥、硬固，灰白色，与周围的健康组织分界明显，分界处的血管发生扩张充血、出血和白细胞渗出等的炎性反应带。因脑组织含有多量的类脂质和水分，故脑组织梗死后，多发生软化（液化性坏死）而形成软化灶或囊腔。镜下变化，梗死组织结构轮廓可辨认，但实质细胞的微细结构消失。

2. 出血性梗死　因梗死灶的颜色呈暗红色，又称为**红色梗死**。此种梗死多见于肺、肠等组织结构疏松、血管吻合支较丰富的器官。在发生梗死之前这些器官已处于高度淤血状态，梗死发生后，大量红细胞进入梗死区，使梗死区呈现暗红色或紫色。眼观，梗死灶内出血而呈暗红色，梗死灶肿大、硬固，切面湿润，与周边界限清晰。镜下变化，梗死组织结构模糊，细胞坏死，血管扩张，充满红细胞。

第六节　弥散性血管内凝血

一、概　　念

弥散性血管内凝血（disseminated intravascular coagulation，DIC）指机体在某些致病因子作用下，以全身微血管内广泛微血栓形成和相继出现止血、凝血功能障碍为主要特征的病理过程。在此过程中，首先凝血系统被激活，血液处于高凝状态，在微循环内形成广泛性微血栓；继而因凝血因子和血小板大量消耗而继发纤溶系统激活，使血液处于低凝状态；最后因纤溶系统的广泛激活，使已经形成的微血栓溶解，从而出现继发性纤维蛋白溶解，并广泛出血。除出血外，其他主要临床症状还有休克、栓塞和贫血。

二、发生原因及机理

引起DIC的原因较多，根据其发生机制可归纳为血管内皮细胞损伤、组织严重破坏、血细胞破坏和促凝物质进入血液等。

1. 血管内皮细胞损伤 血管内皮细胞损伤，激活凝血因子Ⅻ（FⅫ），启动内源性凝血系统。多种致病因子，如病毒、细菌、缺氧、酸中毒、抗原抗体复合物等，均可损伤血管内皮细胞，暴露出内皮下胶原纤维，血浆中无活性的凝血因子Ⅻ（FⅫ）与胶原纤维接触后被激活，从而启动内源性凝血系统，血液凝固性升高。同时可激活纤溶系统、激肽和补体系统，加速DIC的形成。

2. 组织严重破坏 启动外源性凝血系统。在严重创伤、大手术、恶性肿瘤、烧伤、实质器官坏死、宫内死胎等情况下，均有严重的组织损伤，此时从损伤的细胞中释放大量组织因子（凝血因子Ⅲ，FⅢ）进入血液，启动外源性凝血系统，导致血液凝固性升高。

3. 血细胞破坏 某些致病因子如输血不当、血液原虫感染等引起溶血时，大量红细胞以及血小板被破坏，释放出具有促凝作用的磷脂蛋白和促血小板凝集作用的二磷酸腺苷（ADP）；中性粒细胞破坏可释放出大量凝血激酶，激活外源性凝血系统。

4. 促凝物质进入血液 羊水、脂肪栓子、蛇毒等具有促凝活性的物质进入血液，可启动凝血系统，使血液处于高凝状态，促进DIC的发生。

5. DIC的诱发因素 某些诱发因素可加速DIC的形成或对其发生、发展产生明显的影响。如单核巨噬细胞系统被抑制时，其消除血浆中的凝血酶、促凝物质的能力下降；肝功能障碍时，其合成、吞噬和解毒功能降低，抗凝及促纤溶物合成减少，活化的凝血因子及纤维蛋白降解产物（FDP）不能及时清除，破坏的肝细胞释放组织因子等；微循环障碍时，血小板聚集增强、血液瘀滞，不能有效地清除局部被激活的凝血因子；缺血、缺氧及酸中毒可致组织细胞坏死，释放组织因子；凝血因子及血小板增多、纤溶活性降低、抗凝活性降低等，使血液呈高凝状态，极易诱发DIC。

三、对机体的影响

DIC可对动物机体器官、组织产生明显的损伤，主要表现为出血、栓塞、休克和贫血。

1. 出血 是DIC最常见的表现之一，也是DIC诊断的一项重要依据。DIC引起出血的机制主要包括早期血液高凝所致大量凝血因子消耗、继发性纤溶功能增强、大量纤维蛋白降解产物产生以及微循环障碍等。DIC出血的特点主要有广泛多部位的出血、用常规止血药无效，并伴有DIC的其他症状等。

2. 栓塞 DIC时，广泛形成的微血栓可以栓塞在各种器官组织，根据栓塞的部位不同可以引起不同的后果。最常受累的器官是肾、肺、脑、肝、脾和胃肠道。如肾内广泛性微血栓形成，可致肾皮质坏死，引起急性肾功能衰竭，临床上动物出现少尿、血尿和蛋白尿等症状；肺内广泛性微血栓形成可致呼吸功能衰竭和右心衰竭；肝内广泛性微血栓形成可致肝功能衰竭，出现消化道淤血、肝性水肿和黄疸。

3. 休克 休克发生的中心环节是微循环血液灌流不足，而DIC时所形成的微血栓阻塞微循环血管，导致血流不畅或断绝，器官组织微循环血流减少；同时 DIC 引起的广泛性出血，可致血容量减少；如微血栓栓塞在冠状血管，则可导致心肌供血障碍，心输出量减少。这些因素的协同作用可致循环血量下降，微循环血液灌流不足，引起休克的发生。此外，在休克的晚期因微循环血管麻痹、扩张，血液浓缩，血流不畅，极易出现 DIC。DIC 与休克相互影响，互为因果，形成恶性循环。

4. 贫血　DIC 时，大量纤维蛋白沉积于微血管内并相互交织成网状，当红细胞流过网孔时，可被黏附甚至被割裂成碎片；沉积于小血管中的条索状纤维蛋白，使血管腔变窄，红细胞通过时受挤破裂溶血。此外，DIC 伴发的缺氧和酸中毒，可致红细胞可塑变形能力下降，脆性增大，大量红细胞的破裂导致溶血性贫血的发生，因此，常称为**微血管病性溶血性贫血**。此时，在外周血涂片中，可见有各种红细胞碎片和异常形态的红细胞（三角形、小球形、盔帽形），称为裂体细胞。

第七节　休　　克

一、概　　念

休克（shock）是机体在致病因素作用下发生的微循环血液灌流量急剧减少而导致各重要脏器血液灌流量减少和细胞及器官功能障碍的一种全身性危重病理过程。休克的临床表现主要是血压下降、脉搏频弱、皮肤湿冷、可视黏膜苍白或发绀、反应迟钝，甚至昏迷。

二、原因、分类及发生机理

引起休克的原因很多，常见的有失血或失液、严重创伤、大面积烧伤、严重感染、过敏、心脏疾患以及强烈的神经刺激等。

休克的种类较多，分类方法也不统一。临床工作中，常按休克发生的原因将其分为以下几种：

1. 失血性或失液性休克　失血性休克常见于脏器或大血管破裂，如消化道大出血、产后大出血、内脏破裂。失液性休克常见于严重脱水、剧烈呕吐、严重腹泻等。

2. 创伤性休克　常见于组织严重损伤，特别是伴有一定量出血所致的创伤。

3. 烧伤性休克　常见于大面积烧伤伴有大量血浆丧失。

4. 感染性休克　常见于严重感染，如败血性休克和内毒素性休克。

5. 心源性休克　常见于各种原因引起的心脏疾病，如心肌炎、心肌坏死等引起的心功能不全。

6. 过敏性休克　常见于某些药物（青霉素）、血清制剂（疫苗）等引起的过敏反应。

7. 神经源性休克　常见于神经系统受强烈刺激或损伤。

此外，按休克的血流动力学特点，将休克分为低动力型休克和高动力型休克。低动力型休克的特点是心脏的排血量低、外周血管阻力高，故又称为**低排高阻型休克**。失血性休克、创伤性休克、烧伤性休克、心源性休克和大多数感染性休克属此类。高动力型休克的特点是心脏的排血量高、外周血管阻力低，故又称为**高排低阻型休克**。部分感染性休克属于此类。

休克的本质是微循环血流灌注不足。微循环血流灌注量主要取决于心输出量和微循环血流的阻力。因此，通常将心输出量急剧减少、微循环血流阻力增加作为各类休克的基本发病环节或发生机制。心输出量急剧减少常见于失血、失液所致的全血量减少，以及由于心肌炎、心肌梗死、内毒素损伤心肌等引起的心功能不全。微循环血流阻力增加是毛细血管前阻力增加、毛细血管后阻力增加以及血液流变性改变的结果。毛细血管前阻力是由小动脉、微动脉、后微动脉和毛细血管前括约肌的紧张性构成的。当血液总量减少和心肌收缩力降低时，可兴奋交感-肾上腺髓质系统，释放大量儿茶酚胺，使小动脉、微动脉收缩，增加血流阻力。毛细血管后阻力是由微静脉和小静脉的紧张性构成的，交感神经兴奋和肾上腺髓质分泌增多，可致微静脉和小静脉收缩，毛细血管后阻力增加。在某些致病因子的作用下，如严重创伤、感染等时，可增加红细胞与血管壁以及红细胞之间的黏附性，红细胞变形能力降低，血液浓缩，血小板聚集，血液黏度增大，从而改变了正常血液的流变性，致使血流阻力加大，血流缓慢，继而引起微循环血流灌注不足。

三、休克的分期及特点

根据休克时微循环的变化规律，可将休克分为微循环缺血期、微循环淤血期和微循环凝血期。

1. 微循环缺血期 又称休克Ⅰ期，是休克发生的早期阶段。主要特点是微血管收缩，导致微循环缺血，其机制是由于交感-肾上腺髓质系统兴奋，儿茶酚胺释放，作用于除脑和心脏外的其他器官组织内微血管所致。此期回心血量增加、心输出量增加和外周阻力升高，在一定程度上调整和维持了动脉血压，血液重新分布，优先保证了心、脑等重要生命器官的血液供应。此期微循环的特点是少灌少流，灌少于流。患畜表现为烦躁不安、皮肤湿冷、可视黏膜苍白、心率加快、脉搏细速、尿量减少、血压稍升或无变化。

2. 微循环淤血期 又称休克Ⅱ期，是休克进一步发展的结果，也称为**休克期**或**失代偿期**或**淤血缺氧期**。其机制是微循环持续性缺血，导致组织缺氧而无氧代谢增强，酸性代谢产物蓄积，引起局部出现代谢性酸中毒。此时微动脉和毛细血管前括约肌因酸中毒首先丧失了对儿茶酚胺的反应而发生舒张（即毛细血管前阻力下降），微循环血流灌注增加。因微静脉和小静脉对酸中毒的耐受性较强，故仍然在儿茶酚胺的作用下继续收缩（即毛细血管后阻力增加），微循环由缺血状态转为淤血状态，大量血液淤积在毛细血管内。此期微循环的特点是灌而少流，灌大于流。由于回心血量显著减少、有效循环血量急剧下降，全身各组织缺氧更加严重，致使器官功能障碍。患病动物表现为皮温下降、可视黏膜发绀、心跳快而弱、血压下降、少尿或无尿、精神沉郁甚至昏迷。

3. 微循环凝血期 是休克的后期阶段，也称为**休克晚期**或**微循环衰竭期**或**弥散性血管内凝血期**。其机制是由于休克过程中，组织严重缺氧、酸中毒损伤了微血管内皮，启动内源性和外源性凝血系统引起凝血；同时缺氧和酸中毒可致微血管麻痹、扩张，血流减缓，血液浓缩，血液流变学改变加剧，广泛的微血栓形成。此期微循环的特点是不灌不流。由于回心血量进一步减少、继发性组织出血，患病动物表现为昏迷、呼吸不规则、脉搏快而弱或不易触及、血压极度下降、全身皮肤有出血点或出血斑、无尿等。

四、对机体的影响

休克对动物的影响主要表现为细胞损伤、物质代谢障碍、器官功能障碍等。

1. 细胞损伤 休克早期易引起细胞膜损伤，继而发生线粒体肿胀、嵴断裂，溶酶体肿胀、溶酶体膜通透性增强，导致细胞变性、坏死。同时某些细胞因子的产生和释放增加，引起休克的发生、发展。如单核巨噬细胞、中性粒细胞被激活后，因呼吸爆发产生大量的氧自由基和溶酶体酶，损伤宿主细胞。

2. 物质代谢障碍 休克时，由于缺氧，糖的有氧分解减少而无氧酵解过程增加，蛋白质和脂肪分解加强而合成减少，酸性代谢产物产生增加而出现酸中毒。同时 ATP 生成和能量储备减少、细胞膜上的 $Na^+ - K^+ - ATP$ 酶功能失调，易导致细胞水肿和高钾血症。

3. 器官功能障碍 休克时，器官组织缺氧，大量细胞破坏，极易引起器官功能障碍。肾脏是休克过程中最易受损害的器官之一。在休克早期，因肾血流量不足，易发生功能性肾功能障碍，临床出现少尿；若休克继续发展，出现肾小管上皮细胞坏死而发生器质性急性肾功能障碍，称为**休克肾**，临床表现出少尿或无尿等症状。休克初期，因肺脏缺氧而呼吸中枢兴奋，呼吸加快加深；在休克的中晚期，因肺微循环淤血、缺氧及酸中毒，发生肺淤血、水肿、血栓形成而导致急性呼吸衰竭，称为**休克肺**。在休克中晚期时，因脑组织血液灌流量下降，脑细胞缺血缺氧而出现脑神经细胞变性、脑水肿，临床表现出反应迟钝，甚至昏迷死亡。除心源性休克外，其他各类休克后期均会出现不同程度的心力衰竭，临床表现出心跳快而弱。肝脏在休克早期，会因血流减少，肝细胞缺血、缺氧而出现肝功能障碍；休克继续发展，肝脏淤血明显，加剧了肝功能衰竭的发生。胃肠道在休克早期，因缺血、缺氧而致黏膜上皮细胞变性、坏死；转入淤血期后，胃肠道会因淤血而出现水肿、出血或糜烂。肠道细菌大量繁殖并突破肠道的屏障功能，大量内毒素或细菌入血，引起大量促炎细胞因子释放，从而导致全身炎症反应综合征和多器官功能障碍综合征的发生。

五、多器官功能障碍综合征

多器官功能障碍综合征（multiple organ dysfunction syndrome，MODS）是指动物在严重创伤、休克和感染期间或经复苏病情平稳以后，同时或相继出现两个以上的系统或器官功能衰竭的现象。慢性病患者在原发器官功能障碍基础上激发另一器官功能障碍，如肺性脑病、肝肾综合征等，均不属于 MODS。

20 世纪 70 年代以来，随着医学理论研究和医疗技术的进展，单一器官衰竭的病患者抢救的成功率大大提高，与此同时，同一急性重症患者原先隐蔽或较轻微的一些器官功能障碍得以表现，可出现两个以上的器官功能障碍与衰竭的现象。为此 1975 年 Baue 提出多器官衰竭（multiple organ failure，MOF）的概念。为涵盖血液、消化等系统，1976 年 Border 建议修正为多系统器官衰竭（multiple system organ failure，MSOF）。1991 年美国胸科和危重医学会会议建议改用多器官功能障碍综合征来取代 MSOF，以此适应有些器官损伤早期只有功能障碍，没有衰竭的状况。

1. 原因和发病经过 一般来说，凡是能引发休克的原因均可导致 MODS 的发生，且多呈复合性。MODS 发生原因分为感染性和非感染性。感染性原因常见于败血症或严重的感染；而非感染性原因常见于大手术或严重创伤。MODS 的发病经过分为两种类型：其一是单相速发型。此型是指由致病因子直接引起，原无器官功能障碍的患者同时或短时间内相继发生两个以上器官系统的功能障碍。该型病情发展迅速，器官功能损伤只有一个高峰，病程的进程只有一个时相，故又称为原发型或一次打击型。其二是双相迟发型。此型是指机体出现创伤、失血、感染等原发因子（第一次打击）的作用后果，经过一定时间或治疗后得以缓解或有所恢复，经过一个相对稳定的缓解期（通常3～5d）后迅速出现脓毒症，遭受致炎因子的第二次打击，随后发生MODS。该型病程有两个高峰。第一次打击可能较轻、可以恢复；而第二次打击是由继发因素所引起，病情严重，可能有致死的危险。故又称为继发型或二次打击型。

2. 发病机制 MODS的发生机制十分复杂，涉及机体神经、体液、内分泌等诸多方面。目前认为失控的全身炎症反应综合征（systemic inflammatory response syndrome，SIRS）是其重要的发病机制。SIRS是指感染或非感染等致病因子作用于机体，过量激活炎症细胞，导致各种炎症介质过量释放，产生的一系列连续反应的一种全身性过度炎性反应状态。

该综合征典型的病理生理学变化包括：①广泛的炎性细胞激活，各种细胞因子、炎性介质的失控性释放。致病因子可过度激活炎性细胞（如中性粒细胞、单核巨噬细胞、血小板和内皮细胞等），导致TNF、IL-1、IL-2、IL-6、IL-8、IFN、集落刺激因子、趋化因子等细胞因子，以及花生四烯酸、PAF、补体、激肽、凝血和纤溶因子、氧自由基等炎症介质过度释放。②全身性持续高代谢状态。创伤后的高代谢本质是一种防御性应激反应，其交感-肾上腺髓质系统高度兴奋是MODS高代谢的主要原因。③高动力循环。

3. MODS防治的病理生理学基础 MODS的防治与休克防治一样，应针对病因学和发病学环节。在病因学防治方面，应积极防治引起休克和MODS的原发病，控制感染病灶，正确使用有效的抗生素。在发病学防治方面，积极有效改善微循环，提高组织灌流量，是发病学治疗的中心环节。其中，主要的治疗措施是扩充血容量、纠正酸中毒、合理使用血管活性药物。

第五单元 细胞、组织的适应与修复★☆

第一节 适 应

适应（adaption）是指动物机体对体内、外环境变化时所产生的各种积极有效的反应。适应贯穿于动物生命活动的整个过程中，是动物机体在进化过程中所获得的一种反应。无论是在生理条件还是病理条件下，动物机体均存在各种适应性反应。如动物饥饿时，动用机体储备；发热时，表现出寒战等均是动物的适应性反应。组织器官的适应从形态结构上来看，主要表现为增生、萎缩、肥大及化生等。这些反应涉及细胞数量、大小或分化的改变。

一、增 生

增生（hyperplasia）是指实质细胞数量增多并常伴发组织器官体积增大的病理过程。细胞增生是由各种原因引起的有丝分裂增强所致，但所增生细胞的功能物质（如细胞器、核蛋白体等）并不增多或轻微增多。

根据增生发生的原因不同，常将其分为生理性增生和病理性增生两种类型。

1. 生理性增生 是指生理条件下，组织器官由于生理机能增强而发生的增生。如妊娠后期及泌乳期乳腺的增生。

2. 病理性增生 是指由于某些致病因子作用所引起的组织器官的增生。此种增生常见于慢性刺激引起的过度再生、激素刺激以及营养物质缺乏等情况下。如消化道、呼吸道寄生虫寄生时，黏膜上皮细胞长期受到刺激而增生；雌激素绝对或相对增多时，可致子宫腺上皮增生；动物缺碘时，可致甲状腺上皮细胞增生。

增生是刺激所引起、受到控制的过程，除去刺激，增生即停止。这是增生与肿瘤细胞无限制性生长的主要区别。

二、萎 缩

已经发育正常的组织、器官，在病因作用下，体积缩小、功能减退的过程，称为**萎缩**（atrophy）。这同发育障碍造成的发育不良有本质区别。

根据萎缩发生的病因，可将萎缩分为生理性萎缩和病理性萎缩两种。动物机体发育到一定阶段时，某些器官、组织逐渐萎缩退化，称为**生理性萎缩**。如动物成年后的胸腺、禽类法氏囊及老龄动物性腺的退化。在致病因子作用下，发育正常的器官、组织所发生的萎缩，称为**病理性萎缩**。

根据发生的原因和萎缩的范围，将其分为全身性萎缩和局部性萎缩。

1. 全身性萎缩 指机体在致病因子作用下，全身各组织器官普遍发生的萎缩，多见于长期营养不良、慢性消化道疾病以及严重消耗性疾病，如慢性肠炎、结核、鼻疽、恶性肿瘤等。

2. 局部性萎缩 指致病因子作用下局部组织和器官发生的萎缩。常见病因有：

（1）压迫性萎缩 指组织器官因长期受某种压迫而发生的萎缩。该种萎缩程度与压迫时间长短、伴发血液循环障碍与否有关。一般压迫时间越长，并伴发血液循环障碍时，其萎缩程度越严重。如寄生虫包囊（如囊尾蚴等）可压迫寄生部位周围组织，引起萎缩。

（2）神经性萎缩 指致病因子引起神经损伤后，该神经所支配的效应器官发生的萎缩。如鸡发生马立克氏病的过程中，肿瘤可侵害坐骨神经和臂神经，致支配部位的肢体瘫痪和肌肉萎缩。

（3）废用性萎缩 指器官由于功能降低或废用后发生的萎缩。如骨折后肢体长期运动受限，肢体相应肌肉发生的萎缩。

（4）缺血性萎缩 指局部动脉血管发生不完全阻塞时，所支配的器官供血减少所发生的萎缩。多见于动脉硬化或血栓机化等致血管管腔狭窄。

（5）内分泌性萎缩 指内分泌功能低下所发生的相应靶器官萎缩。如去势动物性器官的萎缩。

动物发生全身性萎缩时，各组织、器官的萎缩过程有一定规律，其中脂肪组织的萎缩发生得最早且最明显，其次是肌肉，再次是肝、肾、脾、淋巴结、胃、肠等，而脑、心、内分泌器官（如肾上腺、垂体、甲状腺等）较少或不发生萎缩。患病动物主要表现为衰竭现象，其被毛粗乱，精神沉郁，严重消瘦，可视黏膜苍白，贫血和全身水肿，即呈恶病质状态。剖检见各器官体积均匀性缩小，原有形状基本保存，边缘锐薄，被膜增厚皱缩，重量减轻，有时可见脏器表面不平。脂肪组织消耗明显，皮下、心脏冠状沟和肾脏周围等的脂肪组织显著减少或完全消失，呈灰白色或灰黄色、半透明胶冻状，称为**浆液性萎缩**或**胶样萎缩**。全身骨骼肌变薄，色泽变淡；骨骼的骨质变薄，质脆而易断，红骨髓减少，黄骨髓呈胶冻样；血液变稀薄，色淡，红细胞和血红蛋白减少，呈明显贫血，由此可引起全身性水肿，皮下和肌间呈胶冻样外观，胸、腹腔和心包腔内蓄积多量稀薄透明的液体；肝脏体积缩小，边缘锐薄，硬度增加，因肝细胞内含多量棕褐色颗粒而致肝脏颜色加深，呈灰褐色，称为**褐色萎缩**。光镜下，可见萎缩器官的实质细胞体积缩小，胞浆致密，染色加深；邻近健康细胞体积增大（代偿性肥大），甚至出现实质细胞聚集成团现象，间质增生。

三、肥　大

组织、器官因实质细胞体积增大而致整个组织器官体积增大的现象，称为肥大（hypertrophy）。细胞体积增大的基础是细胞内合成了较多的细胞器，细胞器数量增多。此外，许多组织器官中，肥大常伴有细胞数量的增多（增生），即肥大与增生并存，只有心肌、骨骼肌的肥大不伴发增生。

根据肥大发生的原因，将其分为生理性肥大和病理性肥大两类。

1. 生理性肥大 指为适应生理机能需要或激素刺激所引起的组织器官的肥大。其特点是肥大的组织器官体积增大，机能增强。如妊娠期的子宫、泌乳期的乳腺以及赛马的心脏肥大等。

2. 病理性肥大 指在疾病过程中，为了实现某种功能代偿而引起相应组织或器官的肥大。病理性肥大又可分为真性肥大和假性肥大。

（1）真性肥大 指组织、器官的实质细胞体积增大，同时伴有机能增强的一种变化。这种肥大的组织或器官具有适应疾病造成的机能负担增加或代偿某器官机能不足的作用，故又称为代偿性肥大。如心瓣膜病时发生的心肌肥大；一侧肾脏因发育不全或损伤而丧失功能时，另一侧肾脏的肾小球、肾小管发生的肥大。真性肥大的组织器官在外形上保持其正常形态，但体积增大。显微镜下，可见肥大的细胞体积增大，细胞结构清晰，胞核增大，胞浆增多，胞浆中细胞器比正常大。代偿性肥大的发生是器官、组织的功能加重所致，在一定程度上对动物机体是有利的，但也是有限的。过度的肥大或负荷超过极限会使器官功能发生衰竭。如心肌肥大超过一定限度时，可导致心力衰竭。

（2）假性肥大 指组织、器官的间质增生所引起的体积增大现象。实质细胞因受增生的间质挤压而萎缩。因此，发生假性肥大的组织、器官虽然体积增大，但其机能却降低。如饲喂过多精料的役用家畜，在长期休闲、缺乏锻炼或运动时，体内脂肪蓄积，体型肥胖，心脏也因蓄积过多脂肪而发生假性肥大。剖检可见心脏体积增大，心脏的纵沟、冠状沟沉积多量脂肪，心肌切面的肌纤维间出现淡黄色的脂肪层，称为脂肪心。

四、化　生

已经分化成熟的组织在环境条件改变的情况下，在形态和功能上转变成另一种组织的过程，称为**化生**（metaplasia）。化生多发生在结缔组织和上皮组织。

引起组织化生的原因较为复杂，主要有慢性炎症、机械性刺激、某些物质缺乏、激素的作用、肿瘤化生以及某些化学物质的作用等。如维生素 A 缺乏时，鸡的食管腺单层柱状上皮化生为复层鳞状上皮；慢性支气管炎可引起支气管假复层纤毛柱状上皮鳞状上皮化等。

根据化生发生的过程不同，将其分为直接化生和间接化生。

1. 直接化生　指一种组织不经过细胞增殖而直接变成另一种类型组织的过程。如结缔组织中的疏松结缔组织化生为骨组织时，其纤维细胞可直接转变为骨细胞。

2. 间接化生　指一种组织通过细胞的分裂增殖而变成另一种类型组织的过程。如在慢性支气管炎时，支气管假复层纤毛柱状上皮可脱落，经新生的细胞转变为复层鳞状上皮。

化生是组织适应环境的一种反应，能增强局部组织对刺激的抵抗力。这是化生积极的一面。但是，化生后的组织类型发生改变，失去原有组织的某些机能，可造成不利的影响。如支气管假复层纤毛柱状上皮化生为鳞状上皮后，因鳞状上皮无纤毛，故失去了纤毛的清扫、分泌和自净的作用，容易造成局部感染，甚至可在此基础上继发肿瘤。

第二节　修　复

损伤造成机体部分细胞和组织丧失后，机体对所形成的缺损进行修补恢复的过程，称为修复。修复后可部分或完全恢复原组织的结构和功能。修复过程起始于损伤，损伤处坏死的细胞、组织碎片被清除后，由其周围健康细胞分裂增生来完成修复过程。修复过程可概括为两种不同的形式：①由损伤周围的同种细胞进行修复，称为再生。②由纤维结缔组织进行修复，称为纤维性修复，以后形成瘢痕。在多数情况下，由于有多种组织发生损伤，故上述两种修复过程常同时存在。

一、再　生

体内细胞或组织损伤后，由邻近健康的组织细胞分裂增殖以完成修复的过程，称为**再生**（regeneration）。通常再生主要是为了替代丧失的细胞，这一点可与增生加以区别。再生是动物进化过程中获得的一种代偿性、适应性反应。

（一）细胞再生的类型

按再生能力的强弱，可将细胞分为三类。

1. 不稳定细胞　又称持续分裂细胞。这类细胞总在不断地增殖，以代替衰亡或破坏了的细胞，如表皮细胞、呼吸道和消化道黏膜上皮细胞等。这类细胞的再生能力相当强。

2. 稳定细胞　又称静止细胞。生理情况下，这类细胞增殖现象不明显，在细胞周期中处于静止期。一旦受到组织损伤的刺激，即进入 DNA 合成期，表现出较强的再生能力。

3. 永久性细胞　又称非分裂细胞。神经细胞、骨骼肌细胞和心肌细胞均属于永久性细胞。中枢神经系统及周围神经的神经节细胞，在出生后都不能分裂增殖，一旦受到破坏则成为永久性缺失，但不包括神经纤维，在神经细胞存活的前提下，受损的神经纤维有着活跃的再生能力。

（二）各种组织的再生

动物机体内，各种组织的再生能力强弱是不同的。一般而言，在生理情况下经常发生更新的组织，其再生能力较强。反之，则再生能力较弱。如表皮、黏膜、肝细胞、纤维组织、毛细血管等有较强的再生能力，而肌肉、软骨组织等再生能力较弱。

1. 上皮组织的再生　皮肤或黏膜表面的复层上皮受损，由创缘的生发层细胞分裂增殖修复。新生的上皮细胞沿创缘生长，在创口中心汇合后形成薄的细胞层，后来逐渐成熟，分化为复层鳞状上皮，并发生角化。损伤的范围较大时，再生的细胞层不生成色素，故再生的皮肤呈白色，被毛和皮脂腺也多不能再生。

（1）被覆上皮的再生　鳞状上皮缺损时，由创缘或底部的基底层细胞分裂增生，向缺损中心迁移，先形成单层上皮，然后增殖分化为鳞状上皮。单层上皮如胃肠黏膜的上皮缺损，由邻近的腺体隐窝匀分裂增生来修补。新生的上皮细胞起初为立方形，然后增高变为柱状细胞。

（2）腺上皮的再生　再生细胞初期是立方形或低矮的幼稚形细胞，以后逐渐分化成柱状上皮细胞，并构成管状腺。但再生腺体不一定都能恢复原有功能。如胃黏膜处新生的腺体，不能恢复分泌功能；而子宫内膜再生的腺体完全具有正常的分泌机能。

2. 纤维组织的再生　在损伤的刺激下，受损处的成纤维细胞进行分裂增殖。成纤维细胞可由静止状态的纤维细胞转变而来，或由未分化的间叶细胞分化而来。幼稚的成纤维细胞体大，两端常有突起。当成纤维细胞停止分裂后，开始合成和分泌前胶原蛋白，在细胞周围形成胶原纤维，细胞逐渐成熟，变成长梭形，变为纤维细胞。

3. 肌组织的再生　骨骼肌的再生因肌膜是否完整或肌纤维是否完全断裂而有所不同。当肌纤维变性或部分发生坏死，而肌膜完整和肌纤维未完全断裂时，巨噬细胞进入，吞噬清除坏死物质，而后由残留的肌细胞核分裂增殖修复。如损伤使肌纤维完全断裂，断端肌细胞核分裂增殖增多，肌浆增多，断端膨大。虽然有这种明显的增生现象，但一般不能完全修复。

平滑肌再生能力较骨骼肌弱，损伤后主要由结缔组织修补。

4. 软骨组织和骨组织的再生　软骨组织的再生起始于软骨膜的增生，这些增生的幼稚细胞形似成纤维细胞，然后逐渐转变为软骨母细胞，并形成软骨基质。软骨再生能力弱，当软骨组织缺损较大时，由纤维组织参加修补。

骨组织的再生能力很强，但其再生程度取决于损伤的大小、固定的状况和骨膜的存在。骨组织主要依靠骨外膜和骨内膜中的间充质细胞增殖恢复。

5. 血管的再生　较大的血管损伤后，需手术吻合，吻合处两侧内皮细胞分裂增殖，互相连接，恢复原来内膜结构。但断离的肌层不易完全再生，而由结缔组织增生连接，形成瘢痕修复。

毛细血管的再生是以出芽方式完成的。毛细血管损伤后，首先在蛋白分解酶作用下基底膜分解，该处内皮细胞分裂增殖形成突起的幼芽，随着内皮细胞向前移动及后续细胞的增生而形成一条细胞索，数小时后便可出现管腔，形成新生的毛细血管，进而彼此吻合构成毛细血管网。增生的内皮细胞分化成熟时还分泌Ⅳ型胶原、层粘连蛋白和纤维连接蛋白，形成基底膜的基板。周围的成纤维细胞分泌Ⅲ型胶原及基质，组成基底膜的网板，本身则成为血管外皮细胞，至此毛细血管的构建完成。新生的毛细血管基底膜不完整，内皮细胞间空隙较大，故通透性较高。为适应功能的需要，这些毛细血管还会不断改建，有的管壁增厚发展为小动脉、小静脉，其平滑肌等成分可能由血管外未分化的间叶细胞分化而来。

6. 神经组织的再生 神经细胞没有再生能力，其损伤由神经胶质细胞及其纤维再生来修复，形成胶质瘢痕。外周神经纤维损伤时，如果与其相连的神经细胞仍然存活，则可完全再生。如果断裂后两断端离得很近或接触，神经细胞未受损伤，就能完全修复；若两断端相隔太远（超过2.5cm），或两断端间有疤痕组织，轴突不能到达远端，而与增生的结缔组织混在一起，卷曲成团，形成结节状肿瘤样神经疙瘩（创伤性神经瘤），常引起顽固性疼痛。

二、纤维性修复

组织结构的破坏，包括实质细胞和间质细胞的损伤，常伴有炎症反应。此时，即使损伤组织的实质细胞具有再生能力，其修复也不能单独由实质细胞的再生来完成。这种修复首先通过肉芽组织增生，溶解、吸收损伤局部的坏死组织和其他异物，并填补组织缺损，然后肉芽组织转化成以胶原纤维为主的瘢痕组织，修复即告完成。

（一）肉芽组织

肉芽组织（granulation）是指富有新生毛细血管内皮和成纤维细胞并伴有炎性细胞浸润的新生幼稚结缔组织，眼观为鲜红色、颗粒状、柔软湿润，形似鲜嫩的肉芽，故而得名。

1. 肉芽组织的形态 肉芽组织的表面被覆有一薄层红黄色黏稠渗出物，渗出物下肉芽组织表面湿润、鲜红色、颗粒状，形似嫩肉。肉芽组织因具有丰富的血管，触之易出血，但其中尚无神经长入，所以无痛觉。

显微镜下观察，肉芽组织常具有明显的层次结构，表层往往是均质红染、散在有许多炎性细胞（主要是中性粒细胞）和破碎细胞核的坏死层。因坏死层内有许多炎性细胞，具有抗感染作用，对肉芽组织起保护作用。坏死层下主要为幼稚的成纤维细胞和丰富的毛细血管，其中为混有一定数量炎性细胞的幼稚型结缔组织。再下层成纤维细胞逐渐成熟，并合成分泌许多胶原纤维，但排列紊乱，毛细血管和炎性细胞逐渐减少，这是较成熟的结缔组织。最下层或最后为排列规则的胶原纤维束和少量成熟型成纤维细胞构成的成熟结缔组织（瘢痕组织）。时间久的肉芽组织会发生透明变性。

2. 肉芽组织的功能 ①抗御感染，保护创面，清除坏死物。②机化或包裹血凝块、坏死组织、炎性渗出物及其他异物。③填补伤口或修复其他缺损。

（二）创伤愈合

创伤愈合是机体各种组织发生损伤后，由损伤周围的健康组织进行修复的过程。创伤愈合的过程很复杂，以炎症和组织再生为基础，主要以产生肉芽组织来修补创口。

1. 创伤愈合的基本过程 以皮肤手术切口为例，皮肤创伤愈合的基本过程：

（1）出血和渗出 各种因子引起局部组织创伤时，数小时内便会出现炎症反应，表现为充血、浆液性渗出及白细胞游出，故局部红肿。伤口中的血液和渗出液中的纤维蛋白原很快凝固形成凝块。

（2）创口收缩 伤口收缩是创伤部肉芽组织迅速增生以及创口边缘肉芽组织中新生的成肌纤维母细胞牵拉所致。成肌纤维母细胞在结构和功能上与平滑肌细胞相似，除能合成胶原纤维外，还具有收缩能力。

（3）肉芽组织的形成和增生　在创伤底部或周围健康组织内的毛细血管再生（芽生），创伤底部和周围的纤维细胞发生肿大而转化为成纤维细胞。创伤底部及周缘的新生肉芽组织逐渐长入创腔中的血凝块内，机化血凝块，并填平创腔。

（4）疤痕的形成　随着结缔组织的成熟，成纤维细胞开始停止分裂增殖，而其产生的胶原纤维则逐渐增多，成纤维细胞的数量逐渐减少，并转变为扁平、细长的纤维细胞。它们互相平行地排列于胶原纤维之间。与此同时，毛细血管也停止增殖，数量减少，并逐渐萎缩、闭合、消失。炎性细胞渗出减少，逐渐消失。最后，肉芽组织转为瘢痕组织（scar）使伤口发生收缩，创面缩小。

2. 创伤愈合的类型　根据损伤程度及有无感染，创伤愈合分为两种类型。

（1）一期愈合　又称直接愈合。这种愈合多见于创口较小、出血较少、组织破坏较轻、创缘密接、无感染的创伤。

（2）二期愈合　又称间接愈合。创伤的创缘不整，创内坏死组织较多，出血多，伴有感染，炎症反应明显。二期愈合前先有一个控制感染和清创的过程，还需大量肉芽组织增生填补创口，二期愈合常有明显的疤痕形成。

（三）骨折愈合

骨折愈合指骨折后局部所发生的一系列修复过程。骨折愈合同样经历创腔净化和再生修复两个过程。骨折愈合的基础是骨膜的成骨细胞再生。

骨折愈合的基本过程

（1）血肿形成　骨折处血管破裂出血，在骨折断端间及其周围受损的软组织中形成血肿，随后凝固，使两骨折断端初步连接，为肉芽组织生长提供了一个支架。

（2）纤维性骨痂形成　骨折后的 2～3d，血肿开始由肉芽组织取代而机化，继而发生纤维化形成纤维性骨痂。1 周左右，增生的肉芽组织和纤维组织可进一步分化，形成透明软骨。

（3）骨性骨痂形成　继纤维性骨痂形成之后，纤维性骨痂逐渐分化出骨母细胞，并形成类骨组织，以后出现钙盐沉积，类骨组织转变为编织骨。纤维性骨痂中的软骨组织也经软骨化骨过程演变为骨组织，至此形成骨性骨痂。

（4）改建或再塑　为适应骨活动时所受应力，编织骨经过进一步改建成为成熟的板层骨，皮质骨和髓腔的正常关系以及骨小梁正常的排列结构也重新恢复。负重的骨小梁变得致密，而不负重的骨组织逐渐被吸收。改建一般需要数月至 1 年。

（四）机化与包囊形成

在疾病过程中所出现的各种病理产物或异物（如渗出物、血栓、坏死组织、寄生虫、缝线等），被新生肉芽组织取代或包裹限制的过程。前者称机化（organization），后者称包囊形成（encapsulation）。值得注意的是脑组织坏死后，机化不是由肉芽组织取代，而是由神经胶质细胞来完成。

机化与包囊的形成可以消除或限制各种病理性产物或异物的致病作用，是机体抗御疾病的重要内容之一。但机化能造成永久性病理状态，故在一定条件下或在某些部位，会给机体带来严重的不良后果。如心肌梗死后机化形成瘢痕，伴有心脏功能障碍；心瓣膜赘生物机化能导致心瓣膜增厚、粘连、变硬、变形，造成瓣膜口狭窄或闭锁不全，严重影响瓣膜功能；

浆膜面纤维素性渗出物机化，可使浆膜增厚、不平，形成一层灰白色、半透明绒毛状或斑块状的结缔组织，有时造成内脏之间或内脏与胸、腹间的结缔组织性粘连；肺泡内纤维素性渗出物发生机化，肺组织形成红褐色质地如肉的组织，称其肉变，使肺组织呼吸功能丧失。

第六单元　水盐代谢及酸碱平衡紊乱★

第一节　水、钠代谢障碍

一、水、钠的生理功能

水、钠是动物机体重要的组成成分。水参与了机体内物质水解、水化和加水脱氢等重要反应，同时为一切生化反应提供场所；水是良好的溶剂，可是许多物质溶解，利于营养物质、代谢产物运输；水的比热大，能吸收代谢过程中产生的大量热量，参与体温的调节；水具有润滑作用，利于关节、眼球的活动，食物的吞咽；部分水还与体内蛋白质、黏多糖和磷脂结合（称为结合水），可保证各种肌肉具有独特的机械功能。钠是动物机体不可或缺的重要物质。Na^+是细胞外液中最主要的阳离子，调节着细胞外液的渗透压和容量；钠可通过细胞膜进入细胞内，参与细胞内液的调节；钠维持神经、肌肉的兴奋性，参与动作电位的形成。

正常情况下，由于神经、体液因子的共同调节，可使水、钠代谢维持动态平衡。水平衡主要受渴感和抗利尿激素的调节。钠平衡主要受醛固酮和心房利钠多肽的调节。水、钠代谢平衡是紧密相关的，共同影响着细胞外液的渗透压和容量。这种平衡关系一旦打破，必将导致细胞外液的渗透压和容量的改变，给动物带来了不利的影响。

不同动物血清中钠的含量为：马 132.00～136.00mmol/L，牛 132.00～152.00mmol/，绵羊（146.90±4.90）mmol/L，山羊 142.00～155.00mmol/L，猪 110.00～154.00mmol/L，犬 141.10～152.30mmol/L，猫 147.00～156.00mmol/L。

二、分　　类

水、钠代谢障碍是临床上最常见的病理过程。两者往往同时或先后发生，互相影响。依据体液容量和渗透压，可分为水肿、脱水和水中毒，详见本单元第二、三、四节。

第二节　水　　肿

一、概　　念

等渗性体液在组织间隙（细胞间隙）或体腔中积聚过多称为水肿（edema）。水肿时一般不伴有细胞内液增多，细胞内液增多称为细胞水肿。过多的体液在体腔中积聚也称为积水，是水肿的一种特殊形式，如胸腔积水、腹腔积水、心包积水等。

水肿不是一种独立的疾病，而是多种疾病中可能出现的病理过程。但有些疾病以水肿为主要症状或病理表现，如仔猪水肿病、肉鸡腹水综合征等。

二、发生机理及其病理变化

（一）发生机理

正常动物组织液的量很恒定，主要取决于两个因素，一是血管内外液体交换的平衡，二是体内外液体出入量的平衡。这两种平衡被打破是产生水肿的基本机理。

1. 血管内外液体交换失平衡——组织液的生成大于回流　毛细血管有效滤过压＝（毛细血管血压＋组织胶体渗透压）－（血浆胶体渗透压＋组织静水压）。此差值，在毛细血管的动脉端为正（为 1.34kPa 左右），促进液体滤出；在毛细血管的静脉端为负（为 －1.06kPa左右），促进液体回流入血。此外，尚有淋巴液回流，将占组织液 10%左右的液体回流至血液。当毛细血管血压、血浆胶体渗透压、毛细血管壁通透性、组织胶体渗透压、淋巴回流发生改变时，将直接影响组织液的生成量。

（1）毛细血管流体静压升高　见于毛细血管动脉端血压升高（充血、炎症）和静脉回流受阻时，如静脉血栓、栓塞、静脉炎、心功能不全、肿瘤压迫静脉等时。

（2）有效胶体渗透压降低　有效胶体渗透压是血浆胶体渗透压减去组织胶体渗透压的差值，是促进组织液回流的力量。血浆胶体渗透压取决于血浆蛋白的含量，在严重营养不良（低蛋白血症）、肝功能不全（白蛋白合成减少）、肾功能不全（白蛋白随尿丢失）等时，血浆蛋白含量降低，可使血浆胶体渗透压降低。组织胶体渗透压增高的因素有微血管壁通透性增高、组织分解加剧等。

（3）毛细血管壁通透性升高　可见于缺氧、酸中毒、炎症、变态反应时。一方面毛细血管的内皮细胞可发生变性、肿胀、脱落；另一方面，病因刺激机体产生组胺、缓激肽等血管活性物质，使毛细血管内皮细胞收缩，其间的间隙变大。

（4）局部淋巴回流受阻　见于淋巴管狭窄、阻塞（如马鼻疽致淋巴管炎），淋巴管痉挛和淋巴泵失去功能。

2. 体内外液体交换失平衡——水钠潴留

（1）肾小球滤过率降低　见于肾小球滤过膜总面积减少和通透性降低、肾血流量下降、有效滤过压降低，如严重心功能不全、休克、弥散性血管内凝血等，引起肾血流量明显减少，或肾小球肾炎导致肾小球大量破坏时，都会造成肾小球滤过率降低，水、钠在体内潴留。

（2）肾小管重吸收增多　见于肾血流重新分布、醛固酮和抗利尿激素增多、肾小球滤过分数增加。如醛固酮主要调节肾保钠排钾，抗利尿激素主要调节肾重吸收水，使尿量减少。当发生应激反应时，这两种激素都分泌增多；当发生肝功能不全时，对这两种激素灭活都减弱，其作用时间延长；肾上腺皮质机能亢进（如肿瘤）或视上核神经细胞分泌旺盛时，这两种激素分泌增多。结果均可引起体内水、钠潴留。

以上分析的是水肿发生的一般机理，不同类型的水肿还有一些特殊的发生机理，需要做具体分析。

（二）病理变化

1. 肺水肿　肺脏体积增大，重量增加，质地较实，被膜紧张、光亮、湿润、富有光泽，常伴有暗紫色的淤血区域或可见出血斑点。切面上从支气管、细支气管断端流出大量带泡沫的液体，呈白色或粉红色。镜下可见肺泡腔或间质内有均质淡粉红色的水肿液。

2. 黏膜水肿　黏膜肿胀、变厚，有波动感，重量增加，富有光泽，有时见出血点。

3. 皮下水肿　皮肤肿胀，弹性降低，质如面团，严重时指压留痕（此时透明质酸等凝胶网状物结合游离液体已饱和，细胞间出现游离液体所致，称为凹陷性水肿），颜色发浅（水肿液压迫血管，使组织含血量减少所致）。镜下可见水肿液存在于疏松结缔组织之间，使固有细胞成分、纤维成分距离变大，排列紊乱。

4. 全身性水肿　包括心性水肿、肾性水肿、肝性水肿等。心性水肿，是心功能不全，特别是右心功能不全时，引起的一种全身性水肿，主要表现为四肢、胸腹部皮下水肿，严重时出现胸腔积水、腹腔积水；而左心心功能不全主要引起肺水肿。肾性水肿，是急性肾功能不全引起的全身性水肿，常见于动物组织结构比较疏松的部位，如眼睑、面部、腹部皮下、公畜阴囊等处。肝性水肿，是严重肝功能不全，特别是肝硬化时，发生的全身性水肿，同时伴有大量的腹水形成。

三、对机体的影响

（一）水肿对机体的影响

1. 有利方面　炎性水肿时，水肿液有稀释毒素、运送抗体等作用；心性水肿时水肿液的形成一定程度上有降低静脉压、改善心肌收缩等作用。

2. 不利方面

（1）器官功能障碍　水肿可引起器官组织的功能障碍。通常，急性水肿比慢性水肿影响大；若为生命活动的重要器官发生水肿，可造成严重后果，如心包积水妨碍心脏的泵血机能，喉头水肿可引起气道阻塞和窒息。

（2）细胞营养障碍　因水肿液的存在，使细胞与毛细血管间的距离增大，可引起组织细胞营养不良，导致组织抗感染能力和再生能力降低。

（二）结局

水肿是一种可逆的病理过程。当病因消除后，发生水肿的组织器官，其机能和形态可恢复。但持续的水肿可引起组织（如皮下组织）、器官（如肺）发生纤维化，难以恢复正常。

第三节　脱　水

一、概　念

各种原因引起动物细胞外液容量减少称为脱水。根据脱水后动物血浆渗透压的变化，分为高渗性脱水、低渗性脱水和等渗性脱水。

二、类型、原因及特点

（一）高渗性脱水

1. 概念　失水多于失钠，细胞外液容量减少、渗透压升高，称高渗性脱水。

2. 原因

（1）进水不足　动物得不到饮水（如水源断绝），或吞咽困难（如咽炎、食道阻塞、破伤风时动物不能饮水）。

（2）失水过多　如高热病畜经皮肤、呼吸蒸发水分过多；下丘脑病变时导致抗利尿激素（ADH）分泌减少，远曲小管和集合管不能重吸收水而使之随尿排出；服用过多渗透性利尿剂（如甘露醇、山梨醇）时，肾排水过多。

3. 特点　细胞外液容量减少和渗透压升高是高渗性脱水的两大特点，由此造成下列后果。

（1）细胞内液向细胞外转移　由于细胞外液高渗，使细胞内液向细胞外转移，细胞外液容量得到部分恢复。但同时也引起细胞脱水，严重时发生脑细胞脱水，可出现神经症状，如步态不稳、肌肉抽搐、嗜睡、昏迷等。

（2）口渴和 ADH 分泌增加　细胞外液容量减少和渗透压增高，可通过渗透压感受器、口渴中枢引起 ADH 分泌增加，使水的重吸收增多、尿量减少、血钠浓度升高。动物有渴感，饮水增加。

（3）血液学变化　血钠和血浆蛋白浓度升高，单位体积血液中红细胞数量增加，血红蛋白含量增高，但红细胞比容通常变化不大（红细胞体积缩小所致）。

（4）细胞外液容量减少，使皮肤水分蒸发减少，影响散热，引发脱水热。

（二）低渗性脱水

1. 概念　失钠多于失水，细胞外液容量和渗透压均降低，称低渗性脱水。

2. 原因

（1）经肾丢失　如慢性间质性肾炎，由于肾髓质正常结构遭到破坏，不能维持正常的渗透压梯度，使钠随尿排出增加；长期使用排钠性利尿剂；肾上腺皮质功能低下，醛固酮分泌不足，使肾小管对钠的重吸收减少，均可造成大量钠盐随尿排出。

（2）肾外丢失　大量失血、呕吐、腹泻、大面积烧伤后，仅补充水而未补充氯化钠。如动物大出汗后仅饮水，或严重腹泻仅输 5％葡萄糖，未注意补充氯化钠时，均可导致低渗性脱水。

3. 特点　细胞外液容量减少和渗透压降低是低渗性脱水的两个特点，由此造成下列后果：

（1）细胞外液容量减少且低渗，使水分从细胞外液向渗透压相对较高的细胞内转移，从而使本来已减少的细胞外液进一步下降，严重时可导致循环衰竭，患畜出现血压下降、四肢厥冷、脉搏细速等症状；若水分进入脑细胞内，可引起脑细胞水肿，出现神经症状。

（2）血浆渗透压降低 一般无渴感，无饮水感觉，故机体虽缺水，但难以经口补充水。同时，由于细胞外液低渗，抑制渗透压感受器，使 ADH 分泌量减少，肾远曲小管和集合管对水的重吸收也相应减少，导致多尿和排水量增多。

（3）血液学变化 血浆容量减少和渗透压降低，可使单位体积血液中红细胞数量增加、血红蛋白量增多，红细胞比容显著增大。血容量减少，组织间液向血管内转移，使组织间液减少更明显，出现明显的失水性体征，如皮肤弹性减退、眼球凹陷等。

（三）等渗性脱水

1. 概念 动物体液中的钠与水按血浆中的比例丢失，其特点是细胞外液容量减少，渗透压不变，称为**等渗性脱水**。

2. 原因 等渗性脱水在动物临床上极常见。呕吐、腹泻（丧失大量消化液）、软组织损伤、大面积烧伤（丧失大量血浆）时，均可引起大量等渗性体液丢失。

3. 特点 细胞外液容量减少和渗透压正常是等渗性脱水的两大特点，由此造成下列后果：

（1）细胞外液容量减少使回心血量下降，心输出量降低，严重时可引起血压降低，甚至休克。

（2）细胞外液容量减少而细胞内液量变化不大，使血液浓缩，血液学检查可见单位体积血液中红细胞数增加，血红蛋白含量增高，红细胞比容增大。

（3）细胞外液容量减少可引起 ADH 和醛固酮的分泌，促进肾脏重吸收水和钠，使细胞外液量有所增加，渗透压有所上升。

第四节 水 中 毒

机体所摄入水总量大大超过了排出水量，以致水分在体内潴留，引起血浆渗透压下降和循环血量增多，称之为水中毒（water intoxication），又称高容量低钠血症。其特点是患畜体液量明显增多、血钠下降、体内总钠量正常或增多。

一、原因和机制

引起水中毒的原因主要有：

1. 水的摄入过多 常见于肠道吸收水分过多、持续性大量饮水、静脉输入含盐少或不含盐的液体过多过快等。

2. 抗利尿素分泌过多 常见于失血、休克、急性感染、手术等应激刺激，交感神经兴奋性解除了副交感神经对抗利尿激素分泌的抑制。有资料证明，手术后抗利尿激素分泌增多的时间通常可持续 $12\sim36h$，在此情况下，若过多输入葡萄糖等不含电解质的溶液，极易发生水中毒。

3. 肾功能障碍 在急性肾功能障碍或衰竭的少尿或无尿期，肾的稀释和浓缩功能均发生障碍，此时若摄入水分过多，容易发生水中毒。

二、对动物机体的影响

1. 中枢神经系统症状 由于细胞内外液容量增大，可致神经细胞内水肿、颅腔积液，颅内压升高，脑脊液压力增高，动物可出现嗜睡、抽搐和昏迷。

2. 细胞外液容量增加，组织水肿 血浆蛋白和血红蛋白浓度降低，单位体积血液中红细胞数减少，红细胞比容通常降低，但红细胞体积增大，严重的急性水中毒，可发生溶血。

3. 细胞内水肿 由于血钠浓度降低，细胞外液低渗，为达到细胞内外渗透压的平衡，水从细胞外向细胞内转移，引起各组织细胞内水肿。

第五节 钾代谢障碍

一、钾的功能和正常代谢

K^+ 是动物机体细胞内主要的阳离子，能维持细胞内液的渗透压；钾参与了糖、蛋白质和能量代谢，一些与糖代谢有关的酶类（如磷酸化酶、含巯基酶等）必须有高浓度钾存在才具有活性；钾是维持细胞膜静息电位的物质基础，对神经肌肉组织兴奋性有重要作用。正常情况下，机体可通过以下途径维持血浆钾的平衡：

（1）通过细胞膜 Na^+-K^+ 泵调节钾跨细胞转移，迅速、准确地维持细胞内外液中的钾浓度。

（2）通过细胞内外的 H^+-K^+ 交换，影响细胞内外液钾的分布。

（3）肾远球小管和集合管在醛固酮作用下对钾排泄的调节。

（4）通过结肠的排钾及出汗形式。

通常情况下，临床常用血钾浓度来反映动物体内钾代谢状态。测定血钾，可取血清或血浆。不同动物血清钾浓度的正常范围为：马 $2.40\sim4.70$mmol/L，牛 $3.90\sim5.80$mmol/L，绵羊 $3.90\sim5.40$mmol/L，山羊 $3.50\sim6.70$mmol/L，猪 $3.50\sim5.50$mmol/L，犬 $4.37\sim5.65$mmol/L，猫 $4.00\sim4.50$mmol/L。

二、钾代谢障碍的分类

按血钾浓度的高低，将钾代谢障碍分为低钾血症和高钾血症两大类。

（一）低钾血症

血清钾浓度低于正常范围低值称为低血钾症（hypokalemia）。血清钾浓度减少，除反映动物体内钾分布异常外，常同时有体内缺钾。

1. 原因和发病机制

（1）钾摄入不足 正常情况下，一般不会发生低钾血症。但在消化道梗阻、消化机能紊乱综合征、昏迷时，可致钾摄入不足。

（2）钾丢失过多 这是低血钾发生的主要原因，主要通过消化道、肾及皮肤失钾。消化道失钾常见于严重呕吐、腹泻等，消化道中钾的含量较高，故消化液丢失必然导致大量钾的丢失；同时消化液丢失会致血容量减少，可引起醛固酮分泌增加而使肾排钾增多。经肾失钾主要见于肾疾患（如急性肾功能多尿期）、长期使用某些药物（如利尿剂、盐皮质激素等）以及体内醛固酮分泌过多，大量的钾随尿液排出体外。经皮肤失钾主要见于高温环境大量出汗，自汗排出大量钾。此外，在急性碱中毒等发生时，细胞外液的钾较多转入细胞内，也可引起低钾血症，此时机体并不缺钾。

2. 对机体的影响 低钾血症对机体的影响主要是引起动物神经肌肉、心脏和肾脏功能障碍以及代谢性碱中毒。具体表现为肌肉组织兴奋性降低、横纹肌溶解，肌肉松弛无力，甚至发生呼吸肌麻痹而死亡。低血钾还可引起动物心律失常，传导性降低，心肌细胞代谢障碍而发生变性坏死、心肌收缩力减弱。对肾脏的损伤主要是髓质集合管上皮细胞肿胀、增生，尿浓缩功能障碍而出现多尿。低血钾时细胞外液 K^+ 浓度减少，此时细胞内液 K^+ 外出，细胞外液中的 H^+ 内移，同时肾小管上皮细胞 NH_3^+ 生成增加，近球小管对 HCO_3^- 重吸收增强，导致动物出现代谢性碱中毒，且尿液呈酸性。

（二）高钾血症

血清钾浓度高于正常范围高值称为高血钾症（hyperkalemia）。高钾血症时极少伴有细胞内钾的含量增高，体内钾也不一定过多。

1. 原因和发病机制

（1）钾摄入过多　主要见于经静脉输入过多钾盐。

（2）钾排出减少　肾脏排钾减少、细胞内钾外流是导致高钾血症的主要原因。肾脏排钾减少常见于肾功能衰竭（如急性肾功能衰竭少尿期、慢性肾功能衰竭晚期、休克、严重出血、脱水等），此时肾小球滤过率减少或肾小管排钾功能障碍。盐皮质激素缺乏也可引起醛固酮分泌减少，肾小管排钾减少。细胞内钾外流主要见于急性酸中毒、缺氧、组织分解等。酸中毒时，细胞外液的 H^+ 大量进入细胞内，细胞内的 K^+ 则转移到细胞外。缺氧致使细胞内 ATP 生成减少，细胞膜 Na^+-K^+ 泵运转发生障碍，细胞外液中的 K^+ 不易进入细胞内，致细胞外液 K^+ 浓度升高。组织细胞分解破坏，细胞内 K^+ 大量释放而引起高钾血症。

2. 对机体的影响　高钾血症对机体的影响主要表现为肌肉无力、心肌兴奋传导异常以及代谢性酸中毒。急性重度高钾血症可致动物肌肉软弱无力乃至麻痹，而慢性高钾血症时神经肌肉方面的症状不明显。高钾血症对心肌的毒性作用极强，可引起心律失常，传导速度减慢，心肌收缩性下降，甚至心跳停止。高钾血症时，细胞外液 K^+ 浓度升高，此时细胞外液 K^+ 内移，细胞内液中的 H^+ 外出，引起代谢性酸中毒，且尿液呈碱性。

第六节　酸碱平衡紊乱

如果以血浆中碳酸氢盐缓冲体系来表达血浆 pH 的计算公式，可写成：

$$pH = pKa + \lg [HCO_3^-] / [H_2CO_3]（此为汉-哈二氏方程式）$$

式中，pKa 代表碳酸解离常数的负对数，在 38℃ 时为 6.1。正常动脉血浆 HCO_3^- 的浓度为 24mmol/L。H_2CO_3 的浓度由物理溶解状态的 CO_2 与 H_2O 生成的 H_2CO_3 量决定，通常情况下为 1.2mmol/L。这些数据代入上式则得：

$$pH = 6.1 + \lg 24/1.2$$
$$= 6.1 + \lg 20/1$$
$$= 6.1 + 1.301$$
$$= 7.401$$

HCO_3^- 的浓度可近似地用 $NaHCO_3$ 的浓度来代替。由此可见，$NaHCO_3$ 和 H_2CO_3 的绝对量可以发生改变，但只要比值保持不变（即 20/1），血浆 pH 就会维持恒定。

正常动物动脉血 pH 为 7.35～7.45。机体维持内环境 pH 恒定的过程称为**酸碱平衡**，主要调节机制包括：①血液缓冲系统的调节，最重要的缓冲对是 $[HCO_3^-]/[H_2CO_3]$ 缓冲对。②肺的调节，通过 CO_2 呼出量调节 H_2CO_3 的浓度。③肾脏的调节，主要通过重吸收 HCO_3^- 和排出 H^+ 进行调节。④细胞内外的调节，通过细胞内外 H^+-Na^+、H^+-K^+ 等离子交换的方式进行调节。许多因素可打破这种平衡而造成酸碱平衡紊乱。

一、酸中毒的概念、分类、特点及结局

(一) 概念

酸中毒可简单地概括为：由于 $[HCO_3^-]$ 降低或（和）$[H_2CO_3]$ 升高所引起的酸碱平衡障碍，伴有或不伴有血液 pH 的降低。

(二) 分类

酸中毒可分为两类，即代谢性酸中毒和呼吸性酸中毒。

1. 代谢性酸中毒 以血浆 HCO_3^- 浓度原发性减少为特征的病理过程，在兽医临床上最为常见和重要，主要见于体内固定酸产生过多（如反刍动物瘤胃酸中毒、酮病等）或酸性物质摄入太多（如大量用氯化铵、水杨酸等）、碱性物质丧失过多（如肠液丢失等）或酸性物质排出减少（如急、慢性肾功能不全等）。

2. 呼吸性酸中毒 以血浆 H_2CO_3 浓度原发性升高为特征的病理过程，在兽医临床上也比较多见，主要见于 CO_2 排出障碍（如肺病变、呼吸肌麻痹等）和吸入过多。

(三) 特点

1. 代谢性酸中毒的特点 血浆 $NaHCO_3$ 含量原发性减少，二氧化碳结合力（指血浆中呈化学结合状态的 CO_2 的量，即血浆 $NaHCO_3$ 中的 CO_2 含量，CO_2 C. P.）降低；动脉血 CO_2 分压（指动脉血血浆中溶解的 CO_2 分子所产生的压力，$PaCO_2$）代偿性降低，H_2CO_3 含量代偿性减少；能充分代偿时，pH 可在正常范围内，失代偿后，pH 则低于正常值的下限。

2. 呼吸性酸中毒的特点 血浆 H_2CO_3 含量原发性增加，$PaCO_2$ 升高；$NaHCO_3$ 含量代偿性增多，CO_2 C. P. 代偿性升高；能充分代偿时，pH 可在正常范围内，失代偿后，pH 则低于正常值的下限。

(四) 酸中毒对机体的影响及结局

1. 代谢性酸中毒

（1）对中枢神经系统的影响 酸中毒尤其发生失代偿性酸中毒时，由于神经细胞能量代谢障碍和抑制性神经介质 γ-氨基丁酸含量增多，可使中枢神经系统功能抑制，动物表现为精神沉郁、感觉迟钝，甚至昏迷。

（2）对心血管系统功能的影响

①酸中毒产生的大量 H^+ 可竞争性地抑制 Ca^{2+} 与肌钙蛋白结合，同时也影响 Ca^{2+} 内流和心肌细胞内肌浆网释放 Ca^{2+}，抑制心肌兴奋-收缩偶联，使心肌收缩力降低，心输出量减少，容易引起急性心功能不全。

②酸中毒常伴发高钾血症。血清钾浓度升高可使心脏传导阻滞，引起心室颤动、心律失常，发生急性心功能不全。

③血浆 H^+ 浓度升高，可使小动脉、微动脉、后微动脉、毛细血管前括约肌对儿茶酚胺的敏感性降低，而微静脉、小静脉仍保持对儿茶酚胺的反应性（可能与微静脉、小静脉正常时即处于一种微酸环境中有关）。因此，毛细血管的"前门开放、后门关闭"，血容量扩大，

而回心血量显著减少，严重时可引发低血容量性休克。

（3）对骨骼系统的影响　慢性肾功能不全时可伴发慢性代谢性酸中毒。由于骨内磷酸钙不断释放入血以缓冲 H^+，因此对骨骼系统的正常发育和机能都造成严重影响，在幼畜可引起生长迟缓和佝偻病，在成畜可导致骨软化症。

2. 呼吸性酸中毒

（1）对中枢神经系统的影响　呼吸性酸中毒时，高浓度的 CO_2 能直接引起脑血管扩张、颅腔内压升高。此外，CO_2 分子为脂溶性的，能自由透过血脑屏障，而 $NaHCO_3$ 是水溶性的，不容易透过血脑屏障，故脑脊髓液 pH 降低较之血浆更加明显。因此，呼吸性酸中毒引起的脑功能紊乱比代谢性酸中毒更为严重，有时可因呼吸中枢、心血管运动中枢麻痹而使动物死亡。

（2）对心血管系统的影响　由于 H^+ 浓度增高和高钾血症可引起心肌收缩力减弱、末梢血管扩张、血压下降以及心律失常。

二、碱中毒的概念、分类、特点及结局

（一）概念

由于 HCO_3^- 浓度升高或（和）H_2CO_3 浓度降低所引起的酸碱平衡障碍，伴有或不伴有血液 pH 的升高，称碱中毒。

（二）分类

碱中毒可分为代谢性碱中毒和呼吸性碱中毒两类。

1. 代谢性碱中毒　以血浆 HCO_3^- 浓度原发性升高为特征的酸碱代谢障碍称代谢性碱中毒，兽医临床上主要见于严重呕吐、高位肠梗阻、低钾血症等情况。

2. 呼吸性碱中毒　以血浆 H_2CO_3 浓度原发性降低为特征的称为呼吸性碱中毒。主要见于呼吸中枢受刺激、环境缺氧（如高原地区）等情况，可因通气过度而发生。

（三）特点

1. 代谢性碱中毒的特点　代谢性碱中毒的主要特点是：血浆中 $NaHCO_3$ 含量原发性增多，CO_2C. P. 升高；$PaCO_2$ 代偿性升高，H_2CO_3 含量代偿性增多；能充分代偿时，pH 可在正常范围内，失代偿后，pH 则高于正常值的上限。

2. 呼吸性碱中毒的特点　呼吸性碱中毒的主要特点是：血浆中 H_2CO_3 含量原发性减少，$PaCO_2$ 降低；$NaHCO_3$ 代偿性减少，CO_2C. P. 代偿性降低；能充分代偿时，pH 可在正常范围内，失代偿后，pH 则高于正常值的上限。

（四）碱中毒对机体的影响及结局

1. 代谢性碱中毒对机体的影响

（1）对中枢神经系统的影响　碱中毒，特别是失代偿性碱中毒时，由于血浆 pH 升高，引起脑组织中 γ-氨基丁酸转氨酶的活性增强，具有抑制性作用的 γ-氨基丁酸分解代谢加强、脑内含量减少，故对中枢神经系统的抑制性作用减弱，患畜呈现躁动、兴奋等症状。

（2）对血液离子的影响　代谢性碱中毒，血 K^+、Cl^- 降低，Ca^{2+} 浓度降低，可引起神经肌肉组织的兴奋性升高，使患畜出现肢体肌肉抽搐、反射活动亢进，甚至发生痉挛。

2. 呼吸性碱中毒　对机体的影响严重的 $PaCO_2$ 降低可引起脑血管收缩和脑血流量减少，因此重症碱中毒可引起脑组织缺氧，使患畜由兴奋状态转化为萎靡不振、精神沉郁，甚

至昏迷。

三、混合性酸碱平衡紊乱的概念及特点

在临床实践中，除了上述 4 种单纯型的酸碱平衡紊乱外，有时两种或两种以上的酸碱中毒可能在一个动物个体上同时并存或相继发生，称为**混合型酸碱平衡紊乱**。

混合型酸碱平衡紊乱可分为两类，即酸碱一致型和酸碱混合型。

1. 酸碱一致型 指酸中毒或碱中毒在同一动物个体上同时发生。

（1）呼吸性酸中毒合并代谢性酸中毒 常见于通气障碍引起的呼吸功能不全时，如脑炎、延脑损伤等，CO_2 在体内滞留导致呼吸性酸中毒，而缺氧又可引起代谢性酸中毒。其特点为除单纯呼吸性酸中毒或代谢性酸中毒的特点外，最显著的是动物血浆 pH 明显下降。

（2）呼吸性碱中毒合并代谢性碱中毒 主要见于带有呕吐并发热的传染病，如犬瘟热，部分病犬剧烈呕吐并伴有高热。高热造成过度通气引起呼吸性碱中毒，呕吐导致胃酸丢失引起代谢性碱中毒。其最明显的特点是血浆 pH 显著升高，另伴有单纯性呼吸性碱中毒或代谢性碱中毒的特点。

2. 酸碱混合型 指酸中毒和碱中毒在同一动物个体上同时发生。

（1）代谢性酸中毒合并呼吸性碱中毒 见于动物发生高热、通气过度又合并发生肾病或腹泻，如严重肾功能不全又伴发高热时，可在原代谢性酸中毒的基础上因过度通气而合并发生呼吸性碱中毒。其显著特点是血浆 pH 变化不大。

（2）代谢性酸中毒合并代谢性碱中毒 见于动物发生肾炎、尿毒症又伴发呕吐时，如犬尿毒症又有呕吐。在原代谢性酸中毒基础上因胃酸大量丧失而引发代谢性碱中毒。其显著特点是血浆 pH 改变不明显。

此外，尚有三重性、四重性酸碱代谢障碍等。

第七单元 缺 氧★☆

第一节 概 述

一、缺氧的概念

组织细胞供氧不足或用氧障碍，机体的代谢、功能以及形态结构发生异常变化的病理过程，称为**缺氧**。缺氧是许多疾病中引起动物死亡的直接原因。

二、缺氧的类型、原因及主要特点

根据缺氧的原因将缺氧分为 4 种类型。

（一）低张性缺氧

1. 概念　氧分压（氧张力）降低引起的组织供氧不足称为低张性缺氧，又称为低张性低氧血症。主要表现为动脉血氧分压（PaO_2）下降，血氧含量减少，组织供氧不足。

2. 原因

（1）大气中氧分压过低　如高山、高空空气稀薄处，空气中氧含量少，氧分压低时，肺泡气氧分压及 PaO_2 下降，造成毛细血管血液与细胞间氧分压梯度差缩小，引起组织缺氧。

（2）外呼吸功能障碍　通气障碍，使肺泡气氧分压降低；换气障碍，影响氧弥散入血。见于呼吸中枢抑制、呼吸肌麻痹、上呼吸道阻塞或狭窄、肺部和胸膜疾患时。

（3）通气/血流比不一致　见于肺通气正常，但肺毛细血管血流不足（通气/血流比升高），如肺血管栓塞；或肺通气不足而血流没有变化（通气/血流比降低），如呼吸道阻塞、肺萎陷等。

（4）静脉血分流入动脉　见于某些先天性心脏病，如心室间隔缺损或心房间隔缺损，出现右心血向左心内分流，静脉血掺入左心的动脉血内，导致动脉血氧分压下降，引起组织缺氧。

3. 特点

（1）PaO_2 降低　由于外环境氧分压低、外呼吸功能障碍使肺泡气氧分压低，故 PaO_2 降低。

（2）血氧含量降低　血氧含量指的是单位体积血液中实际含有的氧量，包括血红蛋白结合的氧以及溶解在血浆的氧。由于肺泡气氧分压低，故血氧含量降低。

（3）氧容量正常　氧容量指 PaO_2 为 20.0kPa、二氧化碳分压为 5.33kPa、温度为 38℃时，每 1dL 血液所能容纳的最大氧量。由于动脉血中血红蛋白的含量及其与氧的结合能力并无改变，故氧容量正常。

（4）血氧饱和度降低　血氧饱和度指血红蛋白与氧结合的百分数，可用氧含量与氧容量的百分比来计算。因氧含量降低而氧容量不变，故血氧饱和度降低。

（5）动-静脉氧含量差降低　动-静脉氧含量差是指动脉血氧含量与静脉血氧含量的差，代表组织对氧的消耗量。由于氧含量降低，故动-静脉氧含量差降低，但组织细胞对氧的利用未变，故其也可能正常。

（6）发绀　低张性缺氧时，黏膜和浅色家畜的皮肤呈青紫色，临床上称为发绀。原因是，当毛细血管血液中脱氧血红蛋白的浓度达到或超过 5.0g/dL 时，就可引起发绀。一般发绀是缺氧的表现，但缺氧的患畜不一定都发绀，如血液性缺氧时可不出现发绀。

（二）血液性缺氧

1. 概念　由于血红蛋白含量减少或其性质发生改变，使血液携氧能力降低或血红蛋白结合的氧不易释出，导致组织细胞供氧不足而引起的缺氧，称为**血液性缺氧**。因此时动脉血氧分压正常，而氧含量降低，故又称为**等张性低氧血症**。

2. 原因

（1）血红蛋白含量减少　见于各种原因引起的严重贫血，如马传染性贫血、大失血等。

贫血使血液中氧含量、氧容量均下降，导致组织细胞供氧不足而发生缺氧。

（2）一氧化碳中毒　煤或天然气不完全燃烧产生的 CO 与血红蛋白有很高的亲和力，两者极易结合形成碳氧血红蛋白，从而使这部分血红蛋白丧失运输氧的能力。

（3）血红蛋白性质改变　多见于亚硝酸盐、磺胺类、苯胺、硝基苯化合物等中毒时。例如，亚硝酸盐是一种强氧化剂，可夺取血红蛋白中 Fe^{2+} 外层的 1 个电子，使 Fe^{2+} 变为 Fe^{3+}，血红蛋白则变成高铁血红蛋白，高铁血红蛋白丧失运氧能力。

萝卜、白菜、甜菜等作物的茎叶中含有较多的硝酸盐，动物（特别是猪）大量食入后，其肠道中的微生物可将硝酸盐还原为亚硝酸盐，就可发生亚硝酸盐中毒。通常在饲喂上述饲料 1h 后就开始出现症状，患畜呼吸困难，口吐白沫，倒地挣扎，可视黏膜发暗，末梢血液呈酱油色。

3. 特点　PaO_2 正常；氧容量降低（血红蛋白改变所致）；氧含量降低（血红蛋白含量减少或变性所致）；血氧饱和度正常；动-静脉氧差变小，这是由于患畜的 PaO_2 虽然正常，但血液携带氧能力降低，因此血液向组织释放少量氧后，PaO_2 迅速下降，使毛细血管床中的平均氧分压低于正常，氧向组织弥散的驱动力减小，组织细胞利用氧减少。皮肤、黏膜颜色改变：单纯严重贫血时，血中血红蛋白量显著减少，皮肤、黏膜苍白；CO 中毒时，血中碳氧血红蛋白增多，皮肤、黏膜呈樱桃红色；高铁血红蛋白血大量生成时，皮肤、黏膜呈咖啡色。

（三）循环性缺氧

1. 概念　因组织器官的血流量减少，使组织细胞供氧量不足所引起的缺氧，称为**循环性缺氧**。循环性缺氧有缺血性缺氧和淤血性缺氧两类。

2. 原因

（1）缺血性缺氧　由于动脉压降低或动脉阻塞使毛细血管内血液灌注量减少所引起。如心输出量减少时，可导致全身性缺氧。

（2）淤血性缺氧　由于静脉压升高使血液回流受阻，导致毛细血管内淤血所致。

3. 特点

（1）血液学变化　由于机体氧的摄入（外呼吸）、血液携氧功能正常，因此机体 PaO_2、氧含量、氧容量、氧饱和度均正常，但动-静脉氧差大于正常。

（2）皮肤、黏膜颜色的改变　缺血性缺氧时，皮肤、黏膜及器官呈苍白色。淤血性缺氧时，组织从血液中摄取的氧量增多，毛细血管中脱氧血红蛋白含量增加，容易出现发绀。

（四）组织性缺氧

1. 概念　由于组织细胞利用氧的过程发生障碍引起的缺氧，称为**组织性缺氧**。

2. 原因

（1）组织中毒　很多毒物如氰化物、砷化物、硫化物、锑化物、汞化物及甲醇等，都可造成线粒体呼吸链的损伤，使电子传递过程发生障碍，导致组织利用氧障碍。最典型的例子是氰化物中毒。各种氰化物（如 HCN、KCN、NaCN、NH_4CN 等）都可经消化道、呼吸道或皮肤进入机体内，氰离子（CN^-）迅速与氧化型细胞色素氧化酶中的 Fe^{3+} 结合生成氰化高铁细胞色素氧化酶，使之不能还原生成 Fe^{2+}，从而失去传递电子的功能，造成呼吸链中断，从而导致氧的利用障碍。

（2）呼吸酶合成障碍　呼吸链的递氢体黄素酶的辅酶为维生素 B_2；还原型烟酰胺腺嘌

吟二核苷酸（NADH）的辅酶为烟酰胺；三羧酸循环的丙酮酸脱氢酶的辅酶为维生素 B_1。当上述维生素严重缺乏时，可造成呼吸酶的合成及功能障碍，影响氧化磷酸化过程，引起细胞利用氧的过程出现障碍。

3. 特点

（1）血液学变化　机体 PaO_2、氧含量、氧容量、氧饱和度均正常，但动-静脉氧差降低。

（2）皮肤、黏膜颜色的改变　由于组织细胞利用氧减少，毛细血管中氧合血红蛋白的含量高于正常，故患畜皮肤、黏膜呈鲜红色或玫瑰红色。

缺氧一般分为上述 4 种类型，但临床疾病中常见的缺氧多由两种或两种以上的类型混合引起。例如，一些革兰氏阴性菌引起感染性休克时，导致循环性缺氧；而内毒素还可引起组织用氧功能障碍，发生组织性缺氧；若并发休克，还可引发肺低张性缺氧。

第二节　缺氧的病理变化

一、细胞和组织的变化

1. 红细胞增多和利用氧的能力增强　急性缺氧时，交感神经兴奋，使静脉血管及脾脏等储血器官收缩，将储存的血液释放出来，故外周血红细胞数增多；慢性缺氧时，低氧血流经肾脏刺激肾皮质肾小管周围的间质细胞，使之生成并释放促红细胞生成素，促红细胞生成素可促使骨髓红细胞系的增殖、成熟和释放。

在慢性缺氧时，通过线粒体数量增多，膜的表面积增加，呼吸链中的酶（如细胞色素氧化酶）含量增加或活性增强，使细胞的内呼吸功能增强，即细胞利用氧的能力有所增强，可起到一定的代偿作用。

缺氧时，红细胞内 2,3 -二磷酸甘油酸（2,3 - DPG）增加，可导致氧离曲线右移，易于将结合的氧释放出来以供给组织细胞利用。

2. 无氧酵解增强　缺氧时，ATP 生成减少，ATP/ADP 比值下降，使磷酸果糖激酶、丙酮酸激酶等控制糖酵解过程的限速酶的活性增强，导致糖酵解加强，并在有限范围内补充能量的不足。

3. 肌红蛋白增加　慢性缺氧时，骨骼肌中肌红蛋白的含量明显增加，有利于自血液中摄取更多的氧，起到氧储存库的作用，还可加快氧在组织中的弥散。

4. 低代谢状态　缺氧可使细胞耗能过程减弱，如蛋白质、葡萄糖及尿素的合成减少，离子泵功能降低，使细胞处于低代谢状态，有利于机体在缺氧条件下的生存。

二、呼吸系统的变化

1. 急性低张性缺氧　PaO_2 下降，呼吸中枢兴奋性增强，呼吸加深加快，从而使肺泡通气量增加，肺泡气氧分压升高，PaO_2 也随之升高。胸廓呼吸运动的增强使胸腔负压增大，促进静脉血回流，回心血量增多，从而有利于氧的摄取和运输。

2. 血液性缺氧和组织性缺氧　因 PaO_2 不降低，故呼吸运动一般不增强；循环性缺氧若累及肺循环（如心力衰竭引起肺淤血和肺水肿时），可使呼吸加快。

3. 低张性缺氧　如 PaO_2 显著下降（降到 3.90kPa 以下），对呼吸中枢产生显著的抑制和损害作用，此时患畜表现为呼吸减慢变浅、节律异常，可出现周期性呼吸甚至呼吸停止。

三、循环系统的变化

1. 一般性缺氧对循环系统的影响

（1）心输出量增加 缺氧作为一种应激原，可引起交感神经兴奋，致使心率加快、心肌收缩力增强以及静脉回流量增加，导致回心血量增加和心输出量增多。

（2）血液重新分布 缺氧时各器官血流量发生重新分布，其中心、脑血流量增加，而皮肤及腹腔内脏的血流量减少。这种变化具有重要的代偿意义。其发生机理主要与不同器官血管平滑肌上的受体分布及血管活性物质有关。例如，皮肤、腹腔内脏的血管平滑肌含丰富的 α 受体，交感神经兴奋时可引起强烈的血管收缩、血流减少；而脑血管含 α 受体少；心冠状动脉含 α 受体和 β 受体，但缺氧产生的腺苷、乳酸等具有显著的扩血管效应。因此，缺氧时心冠状动脉和脑血管扩张，血流量增加。

（3）肺血管收缩 肺血管在缺氧部位出现明显的收缩反应，其他部位的血流量代偿性升高。这有利于维持全肺肺泡通气与血流量的正常比值。因此，肺血管收缩在缺氧时有一定的代偿意义。

（4）毛细血管增生 长期缺氧可诱导血管内皮生长因子基因的表达，促使毛细血管增生，尤其是心、脑、骨骼肌毛细血管增生更明显，增加对细胞的供氧量，具有一定的代偿意义。

2. 严重缺氧时对循环系统的影响 严重的缺氧可引起循环系统的损伤，表现为心脏功能紊乱、肺动脉高压、静脉回心血量减少等。

（1）心脏功能紊乱 严重的缺氧可直接抑制心血管运动中枢，引起心肌能量代谢障碍，心肌发生变性、坏死，使心肌收缩力减弱，心率减慢，进而导致心输出量降低。

（2）肺动脉高压 严重的缺氧引起肺血管收缩、肺动脉高压。肺动脉高压增加了右心室射血阻力，导致右心室扩张、肥大，甚至发生心力衰竭。

（3）静脉回心血量减少 脑严重缺氧时，呼吸中枢的抑制使胸廓运动减弱，导致静脉血回流受阻。严重而持久的缺氧，体内乳酸、腺苷等代谢产物增多，可直接刺激外周血管发生舒张，大量血液淤积在外周血管内，造成回心血量减少、心输出量降低。

四、中枢神经系统的变化

脑是机体对氧依赖性最大的器官之一，其耗氧量占机体总耗氧量的 $20\%\sim30\%$。脑组织的能量主要来源于葡萄糖的有氧氧化，因此脑对缺氧极为敏感。比较严重的缺氧都会造成脑组织不同程度的功能和结构的损伤，形态学变化主要是脑细胞水肿、坏死及脑间质水肿。

缺血后再灌流损伤是缺血、缺氧后再灌流时机体产生的一种病理损伤过程。在一定条件下（取决于缺血时间）缺血后再疏通血管或再造血管使血液再灌流组织，不能恢复功能，反而加重该器官的结构损伤和功能障碍，引起更严重的后果。当出现各种临床的综合表现时称为"再灌流综合征"。常见于休克、器官或皮肤移植、断肢再植、心脏手术时。各种动物（如猪、犬、兔、豚鼠、大鼠等）都证实有此现象。

第八单元 发 热☆

第一节 概 述

一、发热的概念和原因

(一) 概念

恒温动物在内生性致热原的作用下，使体温调节中枢的调定点上移，引起调节性体温升高（高于正常体温的 0.5℃），称为发热。

(二) 原因

发热激活物的存在是引起发热的原因。**发热激活物**指能刺激机体产生和释放内生性致热原的物质。根据激活物的来源可将其分为两类。

1. 传染性发热激活物 各种病原微生物侵入机体后，在引起相应病变的同时所伴随的发热称为**传染性发热**。

(1) 革兰氏阴性细菌及其内毒素 包括大肠杆菌、沙门氏菌、耶尔森菌、巴氏杆菌等。其细胞壁含有内毒素，活性成分是脂多糖，是具有代表性的细菌致热原。临床上输液或输血引起的发热反应，多因污染内毒素所致。

(2) 革兰氏阳性细菌及其外毒素 包括链球菌、葡萄球菌、猪丹毒杆菌、结核分枝杆菌等。这类细菌除了全菌体具有致热作用外，有些代谢产物（如外毒素）也是重要的致热物质，如 A 群溶血性链球菌产生的致热外毒素等。

(3) 病毒 常见的有流感病毒、猪瘟病毒、猪传染性胃肠炎病毒、犬细小病毒、犬瘟热病毒等，其发热激活作用可能与病毒及其血凝素等有关。

(4) 其他 螺旋体（如疏螺旋体、钩端螺旋体的全菌体及菌体所含的溶血素等）、真菌（如白色念珠菌的全菌体及菌体所含的荚膜多糖等）、原虫（如球虫、弓形虫的代谢产物及红细胞裂解产物等）等也能引起机体发热。

2. 非传染性发热激活物 凡由病原微生物以外的各种致热物质所引起的发热，均属于非传染性发热。

(1) 无菌性炎症 非传染性致炎刺激物如尿酸盐结晶、硅酸盐结晶，以及其他物理、化学或机械性刺激引起组织坏死所产生的组织蛋白的分解产物，均可引起发热。

(2) 抗原-抗体复合物 超敏反应和自身免疫反应过程中形成的抗原抗体复合物，或其引起的组织细胞坏死和炎症产物，也可引起发热。

(3) 肿瘤 某些恶性肿瘤（如恶性淋巴瘤、肉瘤等）常伴有发热，主要是因为肿瘤细胞可产生和释放内生性致热原。

二、致热原的概念及分类

（一）致热原的概念

能引起机体发热的物质称为**致热原**（pyrogen）。致热原有外源性和内源性两大类。外源性致热原有细菌的内毒素，以及病毒、立克次氏体和疟原虫等产生的致热原。内源性致热原（endogenous pyrogen，EP）是由机体内的细胞（如中性粒细胞、单核巨噬细胞和嗜酸性粒细胞等）所释放的致热原。EP 是能够直接引起体温调节中枢的调定点升高的物质。能够引起发热的许多侵入体内的病原体或致炎刺激物，无论它们是否含有致热成分，其作用都是直接或间接激活产生 EP 的细胞，诱导 EP 的产生，再通过 EP 引起发热。为区别其性质，把来自体外或体内的激活并产生和释放 EP 细胞的物质统称为**发热激活物**（fever activator），又称为 EP 诱导物。

（二）发热激活物

发热激活物的存在是引起发热的原因。凡能刺激机体产生和释放内生性致热原，从而引起发热的物质称为**发热激活物**。根据来源不同，发热激活物包括外源性致热原和某些体内产物。

（1）外源性致热原 指传染性发热激活物，一般指引起感染性发热的生物病原体或其产物。各种病原微生物侵入机体后，在引起相应病变的同时所伴随的发热称为传染性发热。这类发热激活物包括：①革兰氏阴性细菌及其内毒素。②革兰氏阳性细菌及其外毒素。③病毒及其血凝素。④螺旋体（如疏螺旋体、钩端螺旋体的全菌体及菌体所含的溶血素等）及真菌（如白色念珠菌的全菌体及菌体所含的荚膜多糖等）。⑤原虫，如球虫、弓形虫的代谢产物及红细胞裂解产物等也能引起机体发热。

（2）某些体内产物 即非传染性发热激活物。凡由病原微生物以外的各种致热物质所引起的发热，均属于非传染性发热。这类发热激活物包括：①非传染性致炎刺激物（如尿酸盐结晶、硅酸盐结晶），以及其他物理、化学或机械性刺激引起组织坏死所产生的组织蛋白的分解产物，均可引起发热。②抗原抗体复合物或其引起的组织细胞坏死和炎症产物，也可引起发热。③某些恶性肿瘤，如恶性淋巴瘤、肉瘤等常伴有发热。这种发热主要是由于肿瘤组织坏死产物或由于肿瘤引发的抗原抗体免疫复合物的形成而引起。④类固醇：体内某些类固醇产物对机体有明显的致热性。

（三）内源性致热原的分类

EP 在细胞内合成后，随即释放入血液，并通过血液循环进入体温调节中枢，引起发热。现已明确的**内源性致热原**多属于细胞因子，包括白细胞介素 1（IL-1）、白细胞介素 6（IL-6）、肿瘤坏死因子（TNF）、干扰素（IFN）、巨噬细胞炎症蛋白 1（MIP-1）等。随着研究工作的不断深入，新的 EP 还在不断被发现。

（1）IL-1 是由单核巨噬细胞系统的细胞和树突状细胞、成纤维细胞、血管内皮细胞等产生的多肽。

（2）IL-6 由 T 淋巴细胞和巨噬细胞、成纤维细胞等产生。

（3）TNF 包括由单核巨噬细胞产生的 TNF-α 和由抗原或有丝分裂原激活的 T 细胞产生的 TNF-β；TNF 还能诱导单核细胞产生 IL-1。

（4）IFN 包括由白细胞、成纤维细胞、病毒感染的细胞产生的 IFN-α/β（也称 I 型

IFN)，以及由活化的 T 细胞、NK 细胞产生的 IFN-γ（也称 II 型 IFN）。

（5）MIP-1 由淋巴细胞、单核细胞、成纤维细胞、平滑肌细胞、内皮细胞等受细菌脂多糖、IL-1 和 TNF 诱导后产生。

此外，白细胞介素 2（IL-2）、白细胞介素 8（IL-8）、白细胞介素 11（IL-11）、内皮素等也与发热有关。

第二节 发热的经过及对机体的影响

一、发热的分期及其特点

发热的分期及其特点

发热过程可分为 3 个阶段，即体温上升期、高温持续期和体温下降期。

1. 体温上升期 是发热的初期。其热代谢的特点是产热大于散热，热量在体内蓄积，体温上升。体温上升的速度与疾病性质、致热原数量及机体的功能状态等有关。如高致病性禽流感、猪瘟、猪丹毒等疾病时动物体温升高较快，而马鼻疽、结核病、布鲁氏菌病时体温上升较慢。

临床表现：患病动物呈现兴奋不安，食欲减退，脉搏加快，皮温降低，畏寒战栗，被毛竖立等。

2. 高温持续期 热代谢的特点是产热与散热在新的高水平上保持相对平衡。病情不同，高温持续时间长短不一，如流行性感冒、牛传染性胸膜肺炎时，高热期可持续数天；而猫全白细胞减少综合征的高热期仅为数小时。

临床表现：患病动物呼吸、脉搏加快，可视黏膜充血、潮红，皮肤温度增高，尿量减少，有时开始排汗（犬、猫和禽类不出汗）。

3. 体温下降期 热代谢的特点是散热大于产热，体温下降。体温下降的速度可因病情不同而异。体温迅速下降为骤退，体温缓慢下降为渐退。体温下降过快，有时可引起急性循环衰竭而造成严重后果，往往是预后不良的先兆。

临床表现：患病动物体表血管舒张，排汗显著增多，尿量也增加。

二、热型的分类及其临床意义

发热的分类方法很多，如可根据体温升高的程度，将发热分为低热（超过正常体温 0.5~1℃）、中热（超过正常体温 1~2℃）、高热（超过正常体温 2~3℃）、超高热（超过正常体温 3℃）等；也可根据热型曲线，将发热分为稽留热、弛张热、间歇热、回归热、波状热、不规则热等。热型曲线是指把每天 1 次（或每天 2 次）测定的体温数值记录于特殊的表格内，然后将所测得的数值用线段连接起来而组成的图形。热型在畜禽疾病的诊断和鉴别上有一定的临床意义。

1. 稽留热 特点是体温升高到一定程度后，高热可较稳定地持续数天，而且每天温差在 1℃以内（图 5-1）。常见于急性马传染性贫血、犬瘟热、猪瘟、猪丹毒、流行性感冒、大叶性肺炎等。

2. 弛张热 特点是体温升高后一昼夜内变动范围较大，常超过 2℃以上，但又不降至常温（图 5-2）。弛张热常见于化脓性疾病、小叶性肺炎、败血症、犬瘟热第二次发热等。

3. 间歇热　特点是发热期和无热期较有规律地相互交替，间歇时间较短而且重复出现（图 5-3）。常见于慢性马传染性贫血、马锥虫病及马媾疫等。

4. 回归热　特点是发热期和无热期间隔的时间较长，并且发热期与无热期的出现时间大致相同。多见于亚急性或慢性马传染性贫血、梨形虫病等。

5. 波状热　特点是动物体温上升到一定高度，数天后又逐渐下降到正常水平，持续数天后又逐渐升高，如此反复发作。可见于布鲁氏菌病等。

6. 不规则热　特点是发热曲线无一定规律。可见于牛结核、支气管肺炎、仔猪副伤寒、渗出性胸膜炎等。

三、发热的生物学意义

发热是动物的一种生物现象，是机体长期进化所获得的抵御外界侵害的保护性反应。发热可充分调动机体的各种抵抗和代偿能力。例如，发热时网状内皮系统活跃，吞噬细胞激活，抗体生成增加，肝脏、心脏机能提高等。

另外，发热作为一个病理过程、疾病的症状，其产生和发展都是病理现象。尽管机体在发热后有调节和恢复的能力，但长期或过高的发热无疑是有害的。发热对营养物质的过度消耗、中间代谢产物生成过多、对组织细胞的损害等，可使疾病加重或影响预后。因此，临床上正确判断、掌握和处理动物机体发热状态是十分重要的。

四、发热对机体的影响

发热具有双重性。一定限度内的发热，能增强机体单核巨噬细胞的吞噬功能，加速抗体生成，增强肝脏的解毒功能等，有助于机体对致病因素的消除，因此，发热可视为机体对致病因子的一种防御适应性反应。但体温过高或持续发热，会对机体造成严重影响，甚至威胁生命，因此必须及时处理。

第九单元　应激与疾病☆

第一节　概　　述

一、应激的概念

应激（stress）指机体在受到各种强烈刺激时出现的一种非特异性全身性反应。应激的神经-内分泌反应主要以交感-肾上腺髓质系统和下丘脑-垂体-肾上腺皮质系统兴奋为主。

应激在本质上是一种生理反应，目的在于维持正常的生命活动，是机体整个适应和保护机制的重要组成部分。应激反应可提高机体的防御能力，有利于在变动的环境中维持自稳状态，增强机体的适应能力。

二、应激原

能使机体出现应激反应的刺激因子，称为**应激原**（stressor）。应激原可分为非损伤性和损伤性两大类：

1. 非损伤性应激原 包括突然的恐惧刺激、剧痛、过劳、饥渴、噪声、断奶和预防注射、环境温度过冷或过热、地理位置的较大改变、密集饲养（拥挤）、长途运输等。其中恐惧、拥挤、环境突变等又属于心理性应激。

2. 损伤性应激原 包括创伤、去角、去势、烧伤、冻伤、电离辐射、中毒、感染等。这类应激一般都伴有组织细胞的损伤和炎症反应，而非损伤性应激无这类变化。

第二节 应激反应的基本表现

一、应激的分期

应激反应可以分为如下 3 个阶段：

1. 警觉期（stage of alertness） 也称紧急动员期或紧急反应期（stage of alarm reaction）。以交感-肾上腺髓质系统的兴奋为主，伴有肾上腺皮质激素的增多。本期持续时间较短，如应激原持续存在，机体自身的防御适应能力降低，有可能发生休克，甚至死亡。但大多数动物很快会过渡到抵抗期。

2. 抵抗期（stage of resistance） 在此期机体对应激原已获得最大适应，以交感-肾上腺髓质为主的反应逐渐消失，代之以肾上腺皮质激素分泌增多的适应反应。机体代谢率升高，炎症、免疫反应减弱，胸腺、淋巴组织可见缩小。如果机体适应能力良好，则代谢开始加强，进入恢复期。反之，则过渡到衰竭期。

3. 衰竭期（stage of exhaustion） 如果应激原持续作用，前一时期所产生的抵抗力和适应性最后耗竭，动物对各种刺激的抵抗力下降。肾上腺皮质功能降低，表现为肾上腺皮质类脂颗粒显著减少，或发生变性、出血和坏死。

二、应激时机体的神经内分泌反应

应激时交感神经兴奋，儿茶酚胺分泌增多（交感-肾上腺髓质反应），下丘脑-垂体-肾上腺皮质功能亢进。此外，还包括内分泌腺的经典激素变化，以及在损伤性应激时分散的细胞分泌的"组织激素"或细胞因子的增多。

（一）交感-肾上腺髓质反应及对机体的影响

应激时交感神经兴奋，血浆儿茶酚胺浓度升高。其反应非常迅速，消除也很快。但如果是长期持续的刺激，则可使血浆儿茶酚胺维持于高水平。在动物体内儿茶酚胺含量可能与品种有关，如应激敏感的丹麦长白猪，尿中肾上腺素含量比其他抗应激品种长白猪高 3 倍。

应激时交感-肾上腺髓质反应对机体具有防御适应意义，但亦可能出现损害性作用。前者主要表现为：

①使心跳加快，心收缩力加强，从而提高每搏心输出量和每分钟的心输出量；外周小血管收缩，阻力增加，促进血液重新分配，以维持冠状血管及脑血管的供血量。

②促进糖原分解、血糖升高。促进脂肪动员，使血浆中游离脂肪酸增加，从而保证应激时机体对能量的需要。

③儿茶酚胺对许多激素，如促肾上腺皮质激素（ACTH）、胰高血糖素、生长素、甲状腺素、甲状旁腺素、降钙素、肾素、促红细胞生成素、胃泌素的分泌有促进作用，而对胰岛素有抑制作用。因此，儿茶酚胺分泌增多，引起机体激素分泌量变化，对提高机体防御适应能力有益。

由于儿茶酚胺分泌增加，可提高机体的防御适应能力。因此，鉴于严重创伤或烧伤病例的血浆儿茶酚胺降低，其预后不良。然而，血浆儿茶酚胺含量持续过高又会对机体产生不利影响，其主要表现：

①外周小血管持续收缩，各器官组织微循环灌流量减少，导致组织细胞缺血，严重或长期缺血，则引起细胞坏死及器官功能衰竭。

②代谢率升高，体内糖、脂肪、蛋白质及维生素大量消耗，使机体的特异性和非特异性免疫功能降低。

③血液凝固性增高，促进弥散性血管内凝血（DIC）的发生，这主要由于儿茶酚胺一方面作用于血小板 α_2-受体，促使血小板聚集，另一方面又可动员脂肪分解，使血浆脂肪酸含量升高，后者能激活Ⅻ因子并促进血小板聚集。

（二）下丘脑-垂体-肾上腺皮质反应及对机体的影响

应激时血浆糖皮质激素（皮质醇或皮质酮）浓度明显升高。其反应速度快、变化幅度大，可以作为判定应激状态的一个指标。

1. 应激时糖皮质激素分泌增多的机制 应激原作用机体后，使下丘脑促肾上腺皮质激素释放因子（corticotropin release factor，CRF）分泌增加，CRF通过垂体门脉系统到达腺垂体，刺激ACTH的合成和释放，ACTH作用于肾上腺皮质使糖皮质激素分泌增加。这就是下丘脑-垂体-肾上腺皮质轴在应激中的反应。

2. 应激时糖皮质激素分泌增多的意义 糖皮质激素有提高机体适应能力的作用。主要表现在以下几方面因素：

（1）促进蛋白质分解和糖原异生 对儿茶酚胺、生长素以及胰高血糖素的代谢功能起到允许作用，即这些激素要引起脂肪动员增加、糖原分解等代谢效应，必须要有足够量的糖皮质激素的存在。应激时如果糖皮质激素分泌不足，就容易出现低血糖症。

（2）维持循环系统对儿茶酚胺的正常反应性 在缺少糖皮质激素的情况下，血管对儿茶酚胺的反应性降低。

（3）稳定溶酶体膜 药理浓度的糖皮质激素具有稳定溶酶体膜，防止或减少溶酶体酶外漏的作用。糖皮质激素浓度升高，同样有此作用。

（4）抑制化学介质的生成、释放和激活 生理浓度的糖皮质激素和受体结合后，能诱导一种分子质量为40~45ku的蛋白质（maeroeortin或lipomodulin）的合成。它具有抑制磷脂酶A活性的作用，因此可以减少花生四烯酸的释放，以及前列腺素（PGS）、白三烯（LTS）、凝血噁烷（TX）的生成，从而对炎症、休克、创伤等病理过程具有一定的防御意义。

3. 应激时糖皮质激素受体的变化 糖皮质激素必须和靶细胞的受体（GCR）结合后才能引起各种效应，因此应激时糖皮质激素的作用，不仅取决于血浆中该激素的浓度，还与靶细胞上 GCR 的数量和亲和力有关。应激时，糖皮质激素受体有可能减少或结合力降低，应引起重视。

（三）其他腺垂体激素的变化

1. β-内啡肽的变化 许多实验证明，应激原（电刺激、注射内毒素、放血、脊髓损伤等）作用于各种动物（大鼠、猪、羊、猴），都可以引起血浆β-内啡肽明显增多，有时可达正常的 5～10 倍。应激动物对疼痛刺激反应降低，称为应激镇痛。这与β-内啡肽有很强的镇痛作用有关。

2. 生长素分泌增加 运动、创伤、烧伤等应激原引起应激反应时，血浆内生长素显著升高，有的可达正常的 10 倍。儿茶酚胺、ACTH、β-内啡肽、加压素等分泌增加，都可刺激生长素的分泌。生长素具有动员周围脂肪分解，抑制细胞利用葡萄糖的作用。此外，生长素还能增加氨基酸和蛋白质的合成，促进正氮平衡。

（四）胰岛激素的改变

1. 胰高血糖素浓度升高 应激时血浆胰高血糖素浓度可升高达正常的 4～20 倍，而且其升高程度与病情的严重程度相平行。应激时，胰高血糖素的升高可能与交感神经兴奋有关。

2. 胰岛素 应激时血浆胰岛素水平可能不变，也可能降低或升高。因为应激时，一方面出现应激性高血糖和胰高血糖素水平升高，可刺激胰岛素分泌增加，另一方面是血液中儿茶酚胺增加，又可抑制胰岛素分泌，所以应激时胰岛素水平变化是各种调控因素综合作用的结果。

应激时，胰高血糖素分泌增多，而胰岛素分泌受抑制。这对促进糖原分解、保证应激机体迅速获得足够的热量有重要意义。

另外，在应激情况下，机体的外周胰岛素依赖组织出现**胰岛素耐受**（insulin resistance），即尽管血浆胰岛素水平高于正常，外周组织利用葡萄糖的能力亦下降。其生理意义是减少胰岛素依赖性组织（如骨骼肌）对糖的利用，以保证创伤组织和胰岛素非依赖性组织（脑、外周神经、骨髓、白细胞等）能获得充分的葡萄糖。

（五）调节水、盐平衡的激素改变

1. 抗利尿激素增多 应激时 ADH 分泌可以增加，使应激动物排尿减少。

2. 肾素-血管紧张素 I 增加 应激时交感神经兴奋，儿茶酚胺增加，从而刺激肾素分泌增加。血管紧张素 I 可以刺激醛固酮和 ADH 分泌，也可能直接作用于下丘脑的摄水中枢引起渴感，同时使血管收缩，升高血压。

3. 醛固酮分泌增多 醛固酮分泌除受血管紧张素 I 调节外，还受血钾和 ACTH 的影响。血钾增高时，ACTH 分泌增多和血管紧张素 I 形成增多，都可刺激醛固酮分泌增多。应激时血浆醛固酮含量增高，具有促使肾小管重吸收钠和排出钾的功能，以维持机体水盐平衡。

（六）组织激素和细胞因子的变化

组织激素和细胞因子是一类由分散的、不构成内分泌腺的细胞所分泌的活性物质。

1. 花生四烯酸的代谢产物和激肽含量的改变 损伤性应激时，由于组织细胞的缺氧和损伤，细菌及其毒素、溶酶体酶及局部炎症等的作用，激活磷脂酶 A_2 并释放花生四烯酸，结果使其代谢产物 PGS、LTS 和 TX 等增加。

2. 白细胞介素-1（IL-1） 是巨噬细胞受到病毒、细菌、组织坏死产物、淋巴因子等刺激后分泌的一种激素。在动物发生损伤性应激时，血浆内 IL-1 含量增多。

3. 其他 应激时，甲状腺素分泌增加，具有促进代谢的作用。此外，促性腺激素、胃泌素等激素，在应激时都出现改变。

总之，应激是机体处于"生死关头"，借以摆脱危险，保护个体安全的防御反应，因此机体动员全身一切可以动员的力量，以应对可能出现的危险。

三、应激时的细胞反应

（一）急性期蛋白的变化

损伤性应激时，血浆内某些蛋白质发生迅速变化。这些蛋白质均由肝脏合成，称为**急性期蛋白**（acute phase protein，APP）。增加者为正性 APP（如 C-反应蛋白、血清淀粉样蛋白、结合珠蛋白、猪主要急性期蛋白等），减少者称为负性 APP（如运铁蛋白等）。

APP 的主要作用：

1. 抑制蛋白酶活化 有些 APP 具有抑制蛋白水解酶的作用。在严重创伤或感染引起的损伤性应激过程中，各种蛋白水解酶增加，大量分解机体各种蛋白质，将使机体造成严重损伤，因此蛋白酶抑制物对调控蛋白酶的活性、维持机体内环境的稳定具有重要意义。

2. 抑制自由基产生 有些 APP 能促进亚铁离子的氧化，故能减少羟自由基的产生。

3. 清除异物和坏死组织 APP 可对进入机体的异物进行迅速地、非特异性地清除，其发挥作用较机体出现特异性的免疫清除功能要早。参加这种清除过程的 APP 主要有 C-反应蛋白、血清淀粉样蛋白、纤维蛋白原和补体等。

4. 其他作用 APP 中的 α_1-蛋白酶抑制物和 α_2-巨球蛋白都有抑制 NK 细胞活性的作用，并抑制抗体依赖性细胞介导的细胞毒作用（ADCC）。

（二）热休克蛋白

生物机体在热环境下所表现的以基因表达变化为特征的反应称为**热休克反应**（heat shock response，HSR），而因此合成的蛋白质称为**热休克蛋白**（heat shock protein，HSP），其分子质量为 15～110ku。实际上，除热应激外，在所有应激原作用下都可诱导 HSP 的产生，故又称应激蛋白（stress protein，SP）。

1. 热休克蛋白的种类 按热休克蛋白的分子质量，将其分为 HSP110 家族、HSP90 家族、HSP70 家族、HSP40 家族、小分子质量 HSP 家族等。

2. 热休克蛋白的基本功能 HSP 高度保守，广泛见于从植物到动物、从原核生物到人的整个生物界。其主要功能是：①分子伴侣，帮助蛋白质的正确折叠、伸展、聚合和解聚，维持蛋白质的自稳。②增强机体抵抗力。③抗细胞凋亡。

第三节 应激时机体的代谢和功能变化

一、物质代谢改变

应激反应时，物质代谢总的特点是动员增加，贮存减少，表现为代谢率增高，血糖、血中游离脂肪酸含量升高，以及负氮平衡等。

1. 代谢率增高　严重应激初期，代谢率出现一时性降低后迅速上升，机体为适应需要可升高达正常时数倍。代谢率升高主要与儿茶酚胺释放增加有关。

2. 血糖升高　应激时胰岛素相对不足，加之糖原分解加强，引起血糖浓度高，严重时引起糖尿（应激性高血糖和糖尿）。猪发生应激时，肌糖原迅速分解以供能量需要，结果由于无氧酵解产生大量乳酸，并使体温升高达 42～45℃。

3. 脂肪酸增加　应激时机体消耗的能量 75%～95% 来自脂肪的氧化，由于大量脂肪动员，血液中游离脂肪酸和酮体都有不同程度的升高。

4. 负氮平衡　应激时体内蛋白质分解加强，血中氨基酸（主要是丙氨酸）浓度升高，尿氮排出量增多，呈现负氮平衡。

以上物质代谢变化可以为机体应付"紧急情况"提供足够的能量。但如果持续过久，则机体常由于营养物质消耗过多而出现消瘦、贫血、免疫力降低、创面不易愈合等现象。

二、心血管功能变化

应激时由于交感神经兴奋，儿茶酚胺分泌增加，从而引起心跳加快，心收缩力加强，外周小血管收缩，醛固酮和抗利尿激素分泌增多。因此具有维持血压和循环血量，保证心、脑的血液供应等代偿适应的意义。然而，应激亦常引起动物心律失常及心肌损伤，其发生机制与过度的持续性的交感神经兴奋和心肌内儿茶酚胺含量升高有关。

三、消化系统结构及功能改变

消化系统的特征性变化是胃黏膜的出血、水肿、糜烂和溃疡形成。这类病变是应激引起的非特异性损伤，常称为应激性胃黏膜病变或称应激性溃疡。目前认为，应激性溃疡的发生机制与胃黏膜缺血，屏障功能破坏，以及内源性胃黏膜保护剂（前列腺素 E）生成减少的综合作用有关。

1. 胃黏膜缺血　应激时由于交感神经兴奋，加之加压素和血管紧张素增多，胃肠血管收缩，引起胃壁血流减少。胃黏膜持续性的缺血、缺氧，致使黏膜上皮坏死、脱落，毛细血管壁通透性增高，而引起出血。

2. 胃黏膜氢离子屏障作用减弱　胃黏膜的屏障作用是以胃黏膜表面覆盖的黏液中 pH 梯度为基础的，即胃黏膜上皮分泌的 HCO_3^- 与胃腔内 H^+ 通过黏液层相对而扩散，从而形成梯度。因此，胃黏膜氢离子屏障又称胃黏膜-碳酸氢盐屏障。应激时该屏障的破坏与以下因素有关：

（1）胃黏膜缺血　胃黏膜缺血可使胃黏膜上皮分泌 HCO_3^- 减少，从而使屏障破坏。

（2）酸中毒　应激时机体内糖、脂肪、蛋白质的分解代谢增强，酸性代谢产物在体内蓄积，常引起酸中毒，血浆 HCO_3^- 含量降低，胃黏膜分泌 HCO_3^- 减少，从而加速了 H^+ 向黏膜上皮的扩散，造成对黏膜上皮的损害。

（3）糖皮质激素分泌增多　糖皮质激素使胃黏膜对损伤因子的抵抗力降低，因为糖皮质激素可以抑制黏膜上皮分泌黏液，直接破坏胃黏膜-碳酸氢盐屏障。

（4）胆汁逆流　胆汁酸盐可以破坏大分子疏水基团之间的作用，而生物膜的脂质双分子层靠疏水基团相互结合，胆汁酸盐由于应激时胃肠运动紊乱而逆流入胃内，损害胃黏膜上皮的生物膜的脂双层疏水基团，从而直接破坏上皮细胞对 H^+ 的屏障功能。

由于胃黏膜对 H^+ 的屏障功能降低，H^+ 反流入胃黏膜下，达到一定浓度时，则引起一系列病理变化：①H^+ 直接作用于肥大细胞，刺激肥大细胞释放组胺，后者刺激胃壁细胞，促进胃酸分泌；作用于毛细血管则使其通透性增高及血管扩张，可促进胃黏膜的淤血及渗出。②H^+ 直接作用于胃壁小血管，引起血管扩张及血管壁通透性增高，出现水肿、淤血和出血。③H^+ 作用于胃壁内神经丛，引起胃壁平滑肌收缩，胃腺分泌增加。

3. 胃黏膜前列腺素的作用　胃黏膜上皮细胞不断合成和分泌释放前列腺素（PGs），前列腺素是重要的细胞保护剂，因此能保护胃黏膜不受损伤。

此外，应激时肠黏膜上皮的更新减慢，加上肠壁微循环发生障碍，因此肠管的消化吸收功能及屏障作用降低，肠道内的毒素可透过黏膜侵害肠壁，甚至逆流入血引起毒血症。

四、免疫功能的改变

应激时，机体内 IL-1 增多，有促进机体细胞及体液免疫功能的作用；而 C-反应蛋白又有促进溶菌及细胞吞噬功能的作用；应激蛋白也具有提高机体抗损伤能力的效应。这些都是应激促使机体提高抵抗力的重要因素。另外，应激时，如果儿茶酚胺持续升高，使机体糖、脂肪、蛋白质大量消耗，则将降低机体的特异性或非特异性免疫功能；应激时糖皮质激素分泌增加虽有防御适应意义，但其也具有显著的免疫抑制作用；再者，有些急性期蛋白，如 α_1-蛋白酶抑制物和 α_2-巨球蛋白，都有抑制 NK 细胞活性的作用，还能抑制抗体依赖性细胞介导的细胞毒作用，从而使机体免疫力降低。

由此可见，应激虽然是一个防御适应反应，但如果应激原过强或持续时间过长，则可对机体造成损害。

第十单元　炎　　症★★☆

第一节　概　　述

一、概　　念

炎症（inflammation）是活机体对各种致炎因子及局部损伤所产生的以血管渗出为中心

的以防御为主的应答性反应。它是在种系进化过程中获得并不断完善的。其基本病理变化是局部组织的变质、渗出和增生；临床上炎症局部可有红、肿、热、痛及功能障碍，并伴有不同程度的全身反应。炎症是一种最常见的病理过程，是构成各种疾病的病理基础。例如，肺炎、肝炎、肾炎、阑尾炎、结核病、风湿病等，都属于炎症性疾病。任何能够引起组织损伤的因素均可成为炎症的原因。损伤因子作用于机体是否引起炎症，以及炎症反应的强弱不仅与损伤因子的性质和损伤的强度有关，而且还与机体对损伤因子的敏感性有关。因此，炎症反应的发生和发展取决于损伤因子和机体反应性两方面的综合作用。炎症是以局部改变为主的全身性反应。炎症是致炎因子对机体的损害与机体抗损害反应的矛盾斗争过程。一般来说，炎症过程中的变质、代谢障碍、血流停滞、发炎器官和组织的机能障碍，都属于不利于机体的损害性反应；而充血、代谢增强、渗出、白细胞的吞噬作用、发热、外周血液中白细胞增多、抗体生成增强等在本质上是属于机体抗损害的防御性反应。

二、炎症的基本表现

炎症局部可出现红、肿、热、痛和功能障碍，这些表现在急性体表炎症时较明显，而内脏炎症和慢性炎症则多不明显。其发生机理如下：

1. 红 是由于炎症局部血管扩张，病灶内充血所致。最初由于动脉充血，局部氧合血红蛋白增多，故呈鲜红色。后期随着炎症的发展，由动脉充血转为静脉淤血，血流缓慢，甚至停滞，氧合血红蛋白减少，还原血红蛋白增多，局部组织变为暗红色。

2. 肿 主要是由于局部血管扩张充血，炎性渗出物聚积，特别是炎性水肿所致。慢性炎症时局部肿胀，主要是由于局部组织增生所致。

3. 热 体表炎症时，炎灶局部的温度较周围组织的温度高，这是由于局部动脉性充血，血流量增多，血流加快，组织分解代谢增强和产热增强所致。但内脏器官发炎时，发炎组织的温度与正常组织温度相比，则无明显变化。

4. 痛 炎症时局部疼痛与多种因素有关。炎症局部分解代谢增强，钾离子、氢离子积聚刺激神经末梢引起疼痛；炎症渗出引起组织肿胀，张力升高，压迫或牵拉神经末梢引起疼痛，以及代谢产物、血管活性胺、缓激肽等炎症介质的刺激而引起疼痛。

5. 功能障碍 炎症时局部组织损伤或结构改变，实质细胞变性坏死，代谢功能异常，炎性渗出所造成的压迫或机械阻塞，都可引起发炎器官的功能障碍。如肝炎引起肝功能下降，肾炎导致泌尿功能下降，肺炎导致呼吸功能下降。

第二节 炎症局部的病理变化

任何一个疾病过程都是全身性的。炎症作为一个常见的病理过程更是全身性的。但其固有的基本反应是发生于局部（即炎灶内）。不同的致病因素，作用于不同部位所引起的炎症，都有自己的特点。各种炎症性疾病虽然在临床和病理形态学上有诸多不同的表现，但是任何炎症，不论它们的致病因素多么的不一样，不论发生在什么部位，都具有一些共同的基本发展规律，即炎症局部的基本病理变化或炎症反应的基本过程均表现为不同程度的组织变质、血管反应（即渗出）和局部组织的增生性反应。炎症过程中，核心是血管反应所带来的血浆成分和细胞的渗出变化。一般炎症早期以变质和渗出变化为主，后期以增生为主。

一、变 质

1. 变质的定义 变质（alteration）是指炎症局部（即炎灶）组织、细胞发生变性至坏死的全过程。炎区组织的变质，从轻度的变性以至出现渐进性坏死，其发展过程十分复杂，而且是逐步演变的结果。在致病因素作用下，或者在局部血流十分缓慢以后，组织、细胞代谢障碍，就出现变性、坏死。局部组织坏死时，代谢停止，许多大分子物质分解为小分子物质，炎灶内分子浓度升高，渗透压增高，使组织保留水分的力量加大，促进水肿的发生。在组织破坏过程中，还产生一些胺或多肽类物质，它们能使小血管扩张或者使血管壁的通透性增高。

2. 变质组织的主要特征 变质组织细胞呈现颗粒变性、脂肪变性、水泡变性等变性病变，以及组织细胞崩解坏死变化，间质常呈现水肿、黏液样变、纤维素样坏死。炎症过程中，在炎区局部组织细胞变质发生形态学变化的同时，伴有组织的物质代谢障碍。

二、渗 出

炎症局部血管内的液体和细胞成分，通过血管壁进入组织间隙、体腔、黏膜表面和体表的过程，称为**渗出**（exudation）。渗出的液体和细胞成分，称为**炎性渗出物**或**渗出液**（exudates）。

渗出病变是炎症最具特征性的变化。渗出在炎症反应中具有重要的防御作用，是消除病原因子和有害物质的积极因素。渗出过程是在充血、血管壁通透性升高的基础上发生发展的。炎症介质在渗出中起重要作用。渗出与血管壁通透性升高，组织内渗透压增强，局部充血及血管内压增高有关。渗出的全过程包括血管反应和血液流变学改变、血管壁通透性升高以致血液液体渗出、细胞渗出三部分。

（一）血管反应和血液流变学改变

在炎症过程中，组织发生损伤后微循环很快发生血液流变学变化，即血流和血管口径的改变，病变发展速度取决于损伤的严重程度。血液流变学变化过程如下：

（1）细动脉短暂收缩

（2）血管扩张、血流加速

（3）血流速度减慢

（4）白细胞附壁 随着血流停滞、轴流破坏，微循环血液中的白细胞，主要是中性粒细胞，受各种物理力的作用，从轴流进入边流，称为**白细胞边集**（leukocytic margination），并与内皮细胞黏附，这一现象称为**白细胞附壁**。随后白细胞借阿米巴样运动游出血管进入组织间隙。

（二）血液液体渗出

由于血管壁通透性升高，微循环血管内的流体静压增加和局部组织渗透压升高，使血液成分透过血管壁进入炎症局部组织，分为液体渗出和细胞成分渗出。炎症过程中血管内液体成分通过血管壁进入血管外的过程称为**液体渗出**。炎症过程中液体的渗出造成的局部水肿即为**炎性水肿**（edema），这种水肿液称为**渗出液**或**炎性渗出液**（exudates）。渗出液中蛋白含量较高，细胞成分也较多。渗出液潴留于浆膜腔（胸腔、腹腔、心包腔）或关节腔，称为**炎**

性积液（hydrops）。

1. 液体渗出的原因和机理

（1）微血管壁通透性升高 微循环血管通透性主要依赖于内皮细胞的完整性维持，炎症灶内微静脉和静脉端毛细血管壁通透性升高是最重要的炎症反应。在炎症过程中引起血管壁通透性升高的机理与下列因素有关：第一，内皮细胞收缩和穿胞作用增强；第二，血管内皮细胞功能的变化；第三，血管内皮细胞损伤。

（2）微循环内流体静压升高 由于炎症灶内细动脉和毛细血管扩张，细静脉淤血、血流缓慢以致毛细血管内流体静压升高，因此血管内液体和小分子蛋白易于穿过血管壁进入组织间隙。

（3）组织渗透压升高（或有效胶体渗透压下降） 在炎症过程中，由于炎症局部组织变质引起组织细胞变性、坏死崩解，许多大分子的物质分解成小分子物质，分子浓度升高，使组织内胶体渗透压升高，促进液体从血管内渗出。

2. 渗出液的成分 炎性渗出液的成分可因致炎因子、炎症部位和血管壁受损伤程度的不同而有所差异。液体成分的渗出，首先渗出的是水分子、无机盐，随着血管壁的通透性升高，血浆中各种成分相继渗出，依次为白蛋白→血红蛋白→β-球蛋白→γ-球蛋白→α-球蛋白→β-脂蛋白→纤维蛋白原。血管壁受损轻微时，渗出液中主要为水、盐类和分子较小的白蛋白；血管壁受损严重时，分子较大的球蛋白，甚至纤维蛋白原也能渗出。渗出的纤维蛋白原在坏死组织释放的组织因子等作用下，形成纤维蛋白（fibrin）。由于上述血浆成分的相继渗出，导致局部组织间隙内液体增多，引起炎性水肿。

炎性渗出液不同于单纯流体静压升高所形成的漏出液（transudate），其特点是蛋白含量高、相对密度大，混浊，易于凝固，并含有较多的细胞成分（主要是炎性细胞）。渗出液与一般水肿时的漏出液不同，两者的区别有重要临床意义。渗出液与漏出液的区别见表5-3。

表5-3 渗出液与漏出液的区别

项 目	渗出液	漏出液
原 因	炎 症	非炎症
外 观	混 浊	澄 清
蛋白含量	>25g/L	<25g/L
相对密度	>1.018	<1.018
细胞数	>0.50×10^9 个/L	<0.10×10^9 个/L
Rivalta 试验	阳 性	阴 性
凝 固	常自行凝固	不能自凝

Rivalta 试验：为醋酸沉淀试验。渗出液因含大量黏蛋白，被加入的0.1%醋酸所沉淀，为阳性反应。

3. 渗出的意义 炎性渗出具有积极的意义：一方面，渗出液中可带有抗体、补体、溶菌酶和药物，能稀释、抑制和杀灭炎症局部组织内的生物性病原体，中和毒素有害物质，减轻毒素对组织的损伤；另一方面，纤维蛋白原在组织中可转化为纤维蛋白，交织成网状结构，网罗病菌，可限制病菌的扩散，有利于炎症的局限化。纤维蛋白网是炎症后期的修复支架，有利于成纤维细胞产生胶原纤维。渗出液中的病原微生物和毒素随淋巴液被携带到局部淋巴结，可刺激机体产生细胞免疫和体液免疫反应。

对机体不利的方面：渗出液虽可经血管和淋巴管吸收回流，但如液体渗出过多，可压迫周围组织脏器，加剧局部血液循环障碍，引起不良后果。体腔积液过多，可影响器官的功能，如心包腔大量积液可压迫、限制心脏的搏动而造成血液循环障碍。渗出液中如含纤维蛋白过多，不能完全吸收时，可发生机化，造成粘连，给机体带来不利的影响。

（三）细胞渗出

炎症过程中，除了血浆液体成分渗出外，还有各种白细胞的渗（游）出。白细胞穿过血管壁游出到血管外的过程即为**白细胞渗出**。炎症时游出的白细胞称为**炎性细胞**（inflammatory cells）。炎性细胞进入组织间隙并发挥吞噬作用，称为**炎性细胞浸润**（inflammatory cell infiltration）。炎性细胞浸润是炎症反应的重要形态学特征。渗出的中性粒细胞和单核细胞可吞噬和降解细菌、免疫复合物和坏死组织碎片，构成炎症反应的主要防御环节。

1. 白细胞游出和吞噬作用　白细胞的渗出是一个主动运动过程，经过边集、附壁黏着、游出和趋化等步骤到达炎症局部病灶，发挥重要的防御作用。炎症时，由于损伤组织附近的毛细血管后微静脉血流缓慢，血液的轴流变宽或消失，其中的白细胞从轴流逐渐进入边流，靠近血管壁，即**白细胞边集**（leukocytic margination），然后黏附于血管壁上，此称为**白细胞附壁黏着**（adhesion）。随后白细胞伸出伪足穿过血管内皮细胞间隙，依靠它的阿米巴样运动，使整个胞体穿出血管，这一过程即为**白细胞游出**（leucocytic transmigration）。游出的白细胞最初围绕在血管周围，以后则沿组织间隙向炎灶中心集中。这种炎性细胞侵入到炎症的组织间隙内的现象即为**炎性细胞浸润**（inflammatory cell infiltration）。具有吞噬能力的白细胞游出后，能将病原体和组织崩解碎片吞噬并进行消化，此称为**白细胞的吞噬作用**（phagocytosis）。它是炎症防御过程的主要组成部分。吞噬作用是一个复杂的过程，经过附着→膜凹陷→包入、进入胞体→溶酶体消化。如果被吞噬的病原微生物毒力较强、不能被消化，则可能在吞噬细胞内繁殖（如结核分枝杆菌、布鲁氏菌、马鼻疽杆菌等），并通过吞噬细胞移动而造成病原体在患病动物体内播散。

2. 白细胞的游出机理——趋化作用　为什么白细胞能穿过血管壁而游出到炎灶内？白细胞游出是一种复杂的生物学现象，目前一般用趋化学说来解释。白细胞朝着化学刺激物做定向移动的现象称为**趋化作用**（chemotaxis）。能诱导白细胞定向游走的化学物质称为**趋化因子**（chemotactic factor）。趋化因子分为外源性和内源性两种。细菌及其代谢产物属于外源性趋化因子，而由体内产生的趋化因子为内源性趋化因子。在炎症过程中，多数趋化因子都是由体内产生的内源性趋化因子，其中补体系统、激肽系统、淋巴因子、阳离子蛋白及组织崩解产物等许多炎症介质，都属于内源性趋化因子。趋化因子的作用是特异性的，有些趋化因子只吸引中性粒细胞，有些趋化因子吸引单核细胞或嗜酸性粒细胞。不同细胞对趋化因子的反应能力不同。中性粒细胞和单核细胞对趋化因子的反应较显著，而淋巴细胞对趋化因子的反应较弱。

三、增　生

在致炎因子、组织崩解产物或某些理化因素的刺激下，炎症局部的实质细胞、间质细胞、炎性细胞（主要是巨噬细胞、淋巴细胞和浆细胞）等发生增殖，细胞数目增多，称为炎性增生（proliferation）。一般情况下，炎症早期，细胞增生不明显，随着病程的增长，增生逐渐明显，在炎症后期增生占主导地位。但少数炎症在初期就有明显的增生改变，如伤寒（沙门氏菌病）早期就有大量巨噬细胞增生。急性肾小球肾炎时，肾小球的血管内皮细胞和间质细胞明显增生等。一般说来，细胞和组织的增生是慢性炎症的主要表现。

增生的细胞除巨噬细胞、淋巴细胞、浆细胞等炎性细胞外，常见而且重要的还有成纤维细胞和血管内皮细胞，二者和其他炎性细胞共同构成肉芽组织。脑组织炎症时，小胶质细胞增生。在有些炎症中，如肝炎，还有肝细胞的增殖。

引起炎性增生的原因：一是炎症过程中组织变性、坏死、崩解产物的刺激；二是炎症代谢产物的刺激；三是由于炎区组织细胞坏死、崩解释放出 K^+，使局部 K^+ 浓度增高，促进细胞蛋白质合成过程而诱导增生。

炎症时的增生从一定意义上说也是机体对致炎因子损伤的防御性反应。增生的巨噬细胞具有吞噬病原体和清除组织崩解产物的作用；增生的成纤维细胞和血管内皮细胞形成肉芽组织，有助于使炎症局限化和最后形成瘢痕组织而修复。

综上所述，任何炎症的局部都有变质、渗出和增生三种基本病理变化。这三者既有区别，又互相联系、互相影响，组成一个复杂的炎症过程，这是各种炎症的共性所在。但因个体差异、致病因素的种类和疾病发展阶段的不同，上述三种基本病变并非均等，可能以其中的一种或两种基本病理变化为主，并决定了炎症的基本性质。一般说来，炎症早期以变质和渗出较明显，炎症后期或慢性炎症则以增生较为明显。

四、炎症细胞的种类及其主要功能

（一）中性粒细胞 （neutrophil granulocyte）

中性粒细胞又称小吞噬细胞，是炎症反应中最活跃的一种细胞。细胞直径 $10\sim12\mu m$，胞核呈肾形、杆状或分叶状，越老分叶越多，胞浆微嗜碱性。核染色质呈块状，着色深。细胞质内富含中性颗粒。中性颗粒含有酸性水解酶、中性蛋白酶、髓过氧化物酶（myeloperoxidase，MPO）、阳离子蛋白、溶菌酶和磷脂酶 A_2、溶菌酶、胶原酶、明胶酶、乳铁蛋白、纤维蛋白酶原激活因子、组胺酶及碱性磷酸酶等。中性粒细胞运动能力很强，当其进入炎灶后，出现脱颗粒现象，所以在炎区的中性粒细胞，常常只见其核。

1. 功能

（1）有活跃地游走和吞噬功能。在非酸性环境中能吞噬大多数病原微生物和细小的组织崩解产物。

（2）中性粒细胞溶酶体中的阳离子蛋白可促进血管壁通透性升高和对单核细胞有趋化作用。

（3）中性蛋白酶能引起组织损伤并促进脓肿形成。

（4）可释放致热原引起发热。

2. 临床意义　中性粒细胞常在炎症早期出现，且数量多，是机体清除和杀灭病原微生物的主要成分。它是急性炎症、化脓性炎症及炎症早期最常见的炎细胞，所以又称**急性炎细胞**。

中性粒细胞寿命较短，仅有 $3\sim4d$，完成吞噬作用后很快死亡并释放各种蛋白水解酶，能使炎症灶内坏死组织和纤维蛋白溶解液化，有利于吸收和排出体外。

（二）嗜酸性粒细胞（acidophilic granulocyte）

嗜酸性粒细胞直径 $12\sim17\mu m$，成熟细胞核多分为两叶，呈八字叶状，胞浆内含有丰富粗大的强嗜酸性颗粒（即溶酶体），内含多种水解酶（如组胺酶、芳基硫酸酯酶、组织蛋白酶、过氧化物酶、主要碱性蛋白、阴离子蛋白等），但不含溶菌酶和吞噬素。因此，当颗粒释放时可水解组胺等，对抑制 I 型超敏反应有重要的意义。在寄生虫引起的炎灶内，嗜酸性粒细胞释放物可吸附于虫体表面，其中所含的主要碱性蛋白、阴离子蛋白和过氧化物酶可导致虫体死亡。具有一定的吞噬能力，运动和吞噬能力较弱，能吞噬变态反应过程中产生的抗原抗体复合物，调整限制速发型变态反应，同时对寄生虫有直接杀伤作用。

【临床意义】嗜酸性粒细胞常见于寄生虫感染和过敏反应性炎症，如支气管哮喘、过敏性鼻炎等。

（三）嗜碱性粒细胞（basophilic granulocyte）

嗜碱性粒细胞来源于血液，胞体大小不等，直径 $6\sim30\mu m$，呈卵圆形或圆形。胞浆着色浅，胞浆内充满大小不等的嗜碱性异染颗粒，胞核较小而圆，分叶不清，胞核常呈 S 形/T形，被嗜碱性颗粒所覆盖。嗜碱性粒细胞存在于血液中，在家畜占血细胞的 $0.5\%\sim1\%$，在鸡占 4%。

嗜碱性粒细胞存在有 IgE 和 Fc 受体，能与 IgE 结合，当受到过敏因子刺激时，带有 IgE 的嗜碱性粒细胞与特异性抗原结合后，立即引起细胞脱颗粒，释放出组胺、5-羟色胺和肝素等炎症介质，引起过敏反应（ I 型变态反应），多见于变态反应性炎。

（四）淋巴细胞（lymphocyte）

淋巴细胞是免疫系统的最基本功能单位。它包括许多在形态上相似而功能上不同的各淋巴细胞亚群。从形态上，淋巴细胞可分为小、中、大三类。小淋巴细胞为成熟的淋巴细胞，中淋巴细胞和大淋巴细胞是未成熟的或处于转化中的淋巴细胞。根据来源、功能和淋巴细胞膜表面标志的不同，淋巴细胞可分为 T、B、K、NK 等几大类，T 淋巴细胞和 B 淋巴细胞又可分为若干个亚群。

1. T 淋巴细胞（T 细胞） 是骨髓中先驱细胞迁移至胸腺后发育生成的淋巴细胞，又称**胸腺依赖淋巴细胞**（thymus dependent lymphocyte）。T 细胞的功能大致可归纳如下：

（1）细胞免疫 T 淋巴细胞受到抗原刺激后，转变为致敏淋巴细胞，当其再次与相应抗原接触时，致敏的淋巴细胞释放多种淋巴因子，发挥细胞免疫作用。如淋巴毒素能直接杀伤带有特异性抗原的靶细胞；T 细胞对某些细菌和病毒，以及移植器官、组织或肿瘤细胞，有排斥或杀灭作用。

（2）调节功能 T 细胞对其他 T 细胞或 B 细胞介导的免疫反应能起重要的调节作用。这一调节作用是以促进或抑制免疫反应的方式表达出来的。能辅助 B 细胞和其他 T 细胞对某些抗原做出适当反应的细胞，称为 T 辅助细胞（T_H）；抑制免疫反应的，称为 T 抑制细胞（T_S）。

（3）其他 淋巴因子中的趋化因子能吸引巨噬细胞和中性粒细胞，游走抑制因子可抑制中性粒细胞从炎症灶内移动分散，使其聚集于炎症灶内。巨噬细胞激活因子可增强巨噬细胞的吞噬和杀菌能力。

2. B 淋巴细胞（B 细胞） 在禽类，B 细胞在法氏囊（bursa fabricius）中发育生成，故又称为**囊依赖性淋巴细胞**（bursa dependent lymphocyte）；在哺乳动物，则在类囊结构的骨髓组织中发育，故又称骨髓衍生淋巴细胞。B 细胞存在于血液、淋巴样组织和骨髓中。在周围血液中 10％～20％的淋巴细胞为 B 细胞。B 细胞的主要功能是参与体液免疫。当其受到抗原刺激后，经增殖、分化转化成浆细胞，合成抗体，在体液免疫中起着重要的作用。B 细胞在成熟过程中先产生 IgM，后产生 IgG 和 IgA。

3. K 细胞与 NK 细胞

（1）K 细胞（killer cell）　即杀伤细胞。K 细胞的特点是具有 Fc 受体，但缺乏如 T 细胞、B 细胞和巨噬细胞的标记，形态上与中、小淋巴细胞相似，有时被包括在"裸细胞"（nude cell）组中。"裸细胞"为异源性的细胞群，缺乏如 T 细胞、B 细胞及巨噬细胞的表面抗原。K 细胞凭着其 IgG Fc 受体能溶解包裹着抗原的靶细胞，这个过程称抗体依赖性细胞毒性（antibody-dependent cellular cytoxity，ADCC）。

（2）NK 细胞（natural killer cell）　即自然杀伤细胞，是一类具有自发性细胞毒活性的细胞。按形态分类，属于大颗粒淋巴细胞（large granular lymphocyte，LGL）。NK 细胞来源于骨髓造血干细胞，分布于周围血液和淋巴样组织内，占外周血循环中淋巴细胞的 10％～15％。NK 细胞体积较大，在吉姆萨染色的标本中，可见胞质丰富，着色较浅，细胞最大的特征是胞质内含有许多嗜天青颗粒，有些颗粒较大，故有大颗粒淋巴细胞之称。但是含有大颗粒的淋巴细胞并不都是 NK 细胞，也不是所有的 NK 细胞均含有大颗粒。只有 3/4 的 LGL 具有 NK 细胞的活性。NK 细胞能溶解肿瘤细胞及感染病毒的细胞，在抗肿瘤和抗病毒感染方面甚为重要，是抗病毒感染的第一道防线。

临床上在慢性炎症、急性炎症的恢复期及病毒性炎症和迟发性变态反应过程中，淋巴细胞为主要的炎性细胞。肿瘤组织的边缘也常见有淋巴细胞。

（五）浆细胞（plasma cell）

浆细胞呈圆形或卵圆形，大小不等，胞浆丰富，嗜碱性，核被挤于一侧，核染色颗粒粗大、致密，呈辐射状或车轮状排列，所以称为车轮状核。浆细胞是 B 细胞受到抗原刺激后，经过一系列的转化过程而来，即免疫母细胞→淋巴样浆细胞→幼浆细胞→过渡型浆细胞→浆细胞。浆细胞一般无吞噬能力，参与免疫反应，产生抗体，可与相应的抗原结合。临床主要见于慢性炎症（正常血中无浆细胞）。

（六）单核巨噬细胞（macrophage）

单核巨噬细胞又称大吞噬细胞，体积较大，直径 $25\mu m$ 左右，呈多形性，常有伪足样突起，细胞核呈肾形或折叠弯曲的不规则形，染色体颗粒纤细而疏松，着色较浅，胞浆较丰富，内有大小、致密度、形态和功能状态均不一致的溶酶体，富含酸性磷酸酶和过氧化物酶。单核巨噬细胞起源于骨髓，形成血液中的单核细胞（monocyte）和组织内的组织细胞（histocyte）。单核巨噬细胞的功能有：

①能吞噬大病原体、组织分解物、凋亡细胞及异物。

②可形成上皮样细胞和多核巨细胞（如结核灶处）。

③能将抗原信息传递给淋巴细胞而形成特异性致敏细胞、产生抗体。

④细胞毒作用。通过与靶细胞紧密接触而杀伤靶细胞（此功能对肿瘤细胞、大而不能吞噬的原虫的杀伤有重要意义）。它们常见于急性炎症后期、慢性炎症、某些非化脓性炎症（结核、伤寒）、病毒及寄生虫感染时。

（七）上皮样细胞（epithelioid cell）和多核巨细胞（multinucleated giant cell）或异物巨细胞（foreign body giant cell）

它们是肉芽肿性炎灶内的特异性成分，如见于结核结节中。在副结核引起的炎症反应部位也常见有大量上皮样细胞成片增生，并且也常见有多核巨细胞形成。上皮样细胞和多核巨细胞均由巨噬细胞转化而来。在某些情况下，巨噬细胞可联合形成巨细胞。这种细胞胞浆丰富，在一个细胞体中含有许多个形态和大小都比较一致的细胞核。此细胞具有很强的吞噬能力，见于慢性炎症或肉芽肿性炎症病灶（如结核、鼻疽结节）的边缘。

（八）肥大细胞（mast cell）

肥大细胞是疏松结缔组织内一种常见的细胞。肥大细胞通常出现在小血管和淋巴管附近，此类细胞含有许多异染颗粒，其中含有组胺和肝素成分，前者是一种平滑肌收缩剂，后者是一种抗凝剂。肥大细胞还释放嗜酸性粒细胞趋化因子和白三烯。由于肥大细胞质膜外表面存在免疫球蛋白，在敏感的个体中这些细胞可以脱颗粒（即释放颗粒内容物），导致过敏反应。在有些急性炎症过程中，肥大细胞明显增多。肥大细胞为圆形或卵圆形，体积较大，直径为 $20\sim30\mu m$。肥大细胞表面有大量的相当于嵴状皱褶的微绒毛状突起和小皱襞。细胞质内有很多分泌颗粒，呈圆形或卵圆形，大小不一，表面由单位膜包裹。高尔基复合体发达，游离核糖体和粗面内质网较少。胞质中线粒体不发达。

（九）红细胞（erythrocyte/red blood cell）

红细胞直径为 $6\sim7\mu m$。在出血性炎症时，渗出至炎灶内，说明血管损伤严重。红细胞是血液中数量最多的血细胞。在扫描电镜下，哺乳动物的红细胞呈两面微凹的圆盘状，表面平滑，直径 $7.2\sim7.5\mu m$；禽类及鱼类的红细胞为卵圆形。透射电镜下，红细胞呈中等或电子密度偏高的均质状。哺乳动物成熟的红细胞无核，禽类及鱼类的红细胞有核，细胞质中无其他细胞器，但含有抗菌肽类的物质。

（十）树突状细胞（dendritic cells）

树突状细胞包括一群以具有树枝状胞浆突起以及大量表面Ⅱ型组织相容性抗原（histocompatibility antigen D/DR，HLA - D/DR）为特点的细胞，位于淋巴样组织内，与表皮中朗汉斯巨细胞相似。由于细胞表面存在 HLA - D/DR 抗原，树突状细胞与朗汉斯巨细胞具有传递抗原的功能，但吞噬能力很弱（朗汉斯巨细胞），甚至完全缺乏（树突细胞），但目前仍认为它们是属于单核-吞噬系统。

光镜下各种炎症细胞的形态模式见图 5-4。

五、炎症介质

（一）炎症介质的概念

炎症介质（inflammatory mediators）是指在致炎因子作用下，由局部细胞释放或由体液中产生的、参与或引起炎症反应的化学活性物质，故亦称化学介质。炎症介质有外源性（细菌及其内毒素）和内源性两方面。内源性炎症介质又可分为体液（血浆）源性和细胞源性两大类。来自血浆的炎症介质是以前体的形式存在，须经蛋白酶裂解才能被激活。来自细胞的炎症介质，有些是以细胞内颗粒的形式储存于细胞质内，当需要的时候释放到细胞外；有些则可在某些致炎因子的刺激下新合成。多数炎症介质通过与靶细胞表面的受体结合而发挥其生物活性，有些炎症介质直接有酶的活性或者可介导出氧代谢产物而引起细胞损伤。炎症介质被激活或分泌到细胞外后的生存时间十分短暂，很快发生衰变，继而被酶解灭活，或被拮抗分子抑制或清除。

（二）炎症介质的种类及其功能作用

1. 体液中产生的炎症介质 由体液产生的炎症介质包括激肽系统、补体系统、凝血系统及纤溶系统。

（1）激肽系统（kinin system） **激肽系统**是由激肽原酶作用于激肽原（kininogen）而产生的。激肽原酶可分为血浆激肽原酶和组织激肽原酶两类。激肽系统的激活最终产物是缓激肽（bradykinin）。其主要作用包括：①使某些血管以外的平滑肌收缩，如支气管、胃肠等平滑肌。②使微循环的血管扩张。③能增强痛觉感受器的兴奋性，具有致痛作用，是已知的最强的致痛物，刺激感觉神经末梢。④在炎症晚期使细静脉通透性升高。⑤缓激肽能刺激成纤维细胞合成胶原纤维。缓激肽释放后，很快被血管和组织内的激肽酶灭活，其作用主要局限在血管壁通透性升高的早期。

（2）补体系统（complement system） **补体系统**由血清中一组 20 种具有酶活性的糖蛋白所组成。正常时在血液中以非活性状态存在，当受到某些物质激活时，补体各成分便按一定顺序呈现连锁的酶促反应，参与机体的防御功能，并作为一种炎症介质参与机体的炎症过程。补体系统各成分在炎症中的作用如下：①促进炎症反应。②协助消灭病原微生物。

（3）凝血系统（clotting system） 炎症时，由于组织变质而激活凝血系统，使凝血酶原转变成凝血酶，凝血酶可使纤维蛋白原形成纤维蛋白（纤维素），同时释放出纤维蛋白多肽（fibrinopeptide）。形成的凝血酶可促使白细胞黏着和成纤维细胞增生，也可增加血管壁的通透性，促进白细胞渗出。纤维蛋白多肽可使血管壁通透性升高，对白细胞也有趋化作用，促使白细胞渗出。

（4）纤溶系统（fibrinolytic system） 纤维蛋白溶解系统的激活与激肽系统的激活密切关联。激肽释放酶使纤维蛋白溶解酶原转变成纤维蛋白溶解酶。纤维蛋白溶解酶可溶解纤维蛋白，形成纤维蛋白降解产物，这些降解产物具有增加血管通透性的作用，并对白细胞有趋化作用。纤维蛋白溶解酶还可使 C3 降解，形成 C5a。

2. 细胞释放的炎症介质 由细胞释放的炎症介质有血管活性胺、花生四烯酸代谢产物、血小板激活因子、细胞因子、一氧化氮、白细胞产物和神经肽类等。

（1）血管活性胺 主要有组胺（histamine）和 5 - 羟色胺（5 - hydroxytrptamine，5 - HT）或血清素（serotonin）两种，是炎症过程中血管反应的最常见活性物质。

组胺主要存在于肥大细胞、嗜碱性粒细胞、血小板中。其作用是：①使细动脉、毛细血管静脉扩张，但使细静脉内皮细胞收缩。②使细静脉管通透性增加。③对嗜酸性粒细胞有特异性的化学趋化的作用。5 - 羟色胺主要存在于肥大细胞、血小板和消化道上皮组织间的嗜银细胞中。5 - 羟色胺的作用与组胺类似。主要作用是使血管壁通透性升高，低浓度时有致痛作用。

（2）花生四烯酸代谢产物（脂质介质） 包括前列腺素（prostaglandin，PG）和白细胞三烯（leukotriene，LT）。PG 是一组有一个五碳环和两条侧链构成的 20 碳不饱和脂肪酸衍生物。炎症反应中的主要作用有扩张血管，增加血管的通透性，加剧水肿；致痛和致热，并对中性粒细胞和嗜酸性粒细胞有微弱的趋化作用。LT 主要来源于肥大细胞、白细胞和巨噬细胞，包括有 LTA_4、LTB_4、LTC_4、LTD_4 和 LTE_4 等不同型，其中 LTB_4 致炎作用最强。

在炎症中主要是使血管壁的通透性升高，对中性粒细胞、巨噬细胞和嗜酸性粒细胞也有趋化作用。LT 可引起血管收缩、支气管痉挛以及血管壁的通透性增加。临床上采用的某些抗炎药物如消炎痛、阿司匹林和类固醇激素等即是通过抑制花生四烯酸的代谢作用，来达到消炎作用的。类固醇激素可抑制细胞膜磷脂产生花生四烯酸，而消炎痛和阿司匹林则可抑制环氧化酶途径，而抑制 PG 的产生。

（3）血小板激活因子（platelet activating factor，PAF） PAF 是一种很强的炎症介质，可参与多方面的炎症过程，如引起血流动力学改变；激活血小板，促进血小板聚集、脱颗粒释放血管活性胺类物质；增加血管壁的通透性；促进白细胞聚集和黏附，对成纤维细胞具有趋化作用。PAF 还可刺激细胞合成其他炎症介质，特别是 PG 和白细胞三烯的合成。PAF除促进血小板聚集、脱颗粒释放血管活性胺类物质外，其他作用与组胺相似，但作用比组胺强。

（4）细胞因子（cytokines） 是一类由多种细胞分泌产生，主要作用于免疫细胞、成纤维细胞、血管内皮细胞的多肽类分子。在免疫和炎症反应中有广泛的生物学活性，包括趋化、激活、促进增殖分化等。按功能，与炎症相关的细胞因子分为趋化细胞因子、炎性细胞因子、造血生长因子三类；按来源分为淋巴因子（lymphokine）和单核因子（monokine）两大类。

1）淋巴因子。由致敏的 T 细胞产生，包括巨噬细胞移动抑制因子、巨噬细胞趋化因子、巨噬细胞活化因子、中性粒细胞趋化因子、嗜酸性粒细胞趋化因子、嗜碱性粒细胞趋化因子、白细胞移动抑制因子、皮肤反应因子、γ-干扰素和淋巴毒素等。

2）单核因子。由单核巨噬细胞产生，包括：①干扰素（IFN），具有抗病毒、抗细胞增殖作用。②肿瘤坏死因子（TNF），能够活化白细胞，增强白细胞吞噬功能，增强内皮细胞对白细胞的黏附，促进中性粒细胞的聚集和激活间质组织释放蛋白水解酶，刺激巨噬细胞合成细胞因子。此外，还有抗病毒、抗肿瘤作用。③白细胞介素-1（IL-1），主要是增强机体的抗肿瘤、抗感染作用，促进 T 淋巴细胞和 B 淋巴细胞分裂，促进成纤维细胞增生和胶原纤维合成。此外，白细胞介素-5 能激活 B 淋巴细胞，产生抗体。

（5）一氧化氮（NO） 主要是由内皮细胞、巨噬细胞和一些特定的神经细胞所产生。它是在一氧化氮生成酶（NOS）作用下产生的。NO 参与炎症过程时，主要是作用于血管平滑肌，使血管扩张。另外，还可抑制血小板的黏着和聚集，抑制肥大细胞引起的炎症反应，调节、控制白细胞向炎灶的集中。NO 与活性氧代谢产物可形成多种具有杀灭微生物的物质，细胞内有大量 NO 可减少微生物的复制，但也可造成组织细胞的损伤。内皮细胞、巨噬细胞和其他细胞产生的一氧化氮（NO）可引起血管扩张并具有细胞毒性。

（6）白细胞产物 中性粒细胞和单核细胞被致炎因子激活后，可释放出溶酶体酶（如酸性蛋白酶、中性蛋白酶）和活性氧代谢产物，成为炎症介质，促进炎症反应和破坏组织。

中性粒细胞：其溶酶体成分释放后，有多种促发炎症的作用，如引起肥大细胞脱颗粒，增加血管壁通透性，对单核细胞有趋化作用，抑制中性粒细胞和嗜酸性粒细胞游走。中性蛋白酶如弹力蛋白酶、胶原酶和组织蛋白酶可介导组织损伤，降解各种细胞外成分，如胶原纤维、基底膜成分、弹力蛋白、纤维蛋白和软骨等。中性蛋白酶还有直接降解 C3 和 C5 的作用。

活性氧代谢产物：包括超氧负离子（O_2^-）、过氧化氢（H_2O_2）和羟自由基（—OH）

等。它们在细胞内可与一氧化氮（NO）结合，形成活性氮中间产物。这些物质大量释放到细胞外，可损伤血管内皮细胞导致血管通透性增强，还可损伤红细胞或其他实质细胞。

（7）神经肽类 主要有 P 物质（substance P，SP）和血管活性肠肽（vacoactive intestinal polypeptide，VIP）。这些神经肽类是由弥散神经内分泌系统（diffuse neuroendocrine system，DNES）的细胞产生的，尤其是分布于肠道和呼吸道上皮中的 DNES 细胞在受到抗原刺激后，可大量产生和释放此类物质。SP 可传递疼痛信号、调节血压，并刺激免疫细胞、内分泌细胞的分泌作用。SP 可刺激 T 细胞增殖，调节 B 细胞合成抗体。SP 还是增加血管通透性的强有力介质，能促进单核巨噬细胞释放溶酶体酶和花生四烯酸代谢物，可直接和间接刺激肥大细胞脱颗粒而引起血管扩张和通透性增加。VIP 是中枢和外周神经系统的重要递质，能引起平滑肌和血管的扩张以及神经的去极化、调节水盐代谢等作用。近年来研究发现，VIP 是神经系统和免疫系统之间的一种信号分子。

上述各种炎症介质在局部的产生与释放，导致渗出的发生。主要炎症介质的种类与作用见表 5-4。

表 5-4 急性炎症的重要反应及其主要的炎症介质

功 能	炎症介质种类
血管扩张	一氧化氮；缓激肽；前列腺素：PGD_2；白三烯；LTB_4
血管通透性升高	血管活性胺：组胺；缓激肽；补体因子：C5a，C3a； 血纤蛋白肽和纤维蛋白分解产物；前列腺素：PGE_2； 白三烯：LTB_4，LTC_4，LTD_4，LTE_4；血小板激活因子（PAF）；P 物质； 细胞因子：IL-1，TNF
平滑肌收缩	组胺；血清素；补体：C3a；缓激肽； 血小板激活因子（PAF）；白三烯：LTB_4
趋化作用，白细胞活化	补体因子：C5a；白三烯：LTB_4；防御素：α-防御素，β-防御素； 趋化因子：IL-8；细菌产物：细菌内毒素，肽聚糖，磷壁酸； 胶原凝聚素：纤维胶原素，表面活性蛋白 A 和 D，凝集素，甘露糖凝集； 细胞因子：IL-1，TNF
发热	细胞因子：IL-1，TNF，IL-6；前列腺素：PGE_2
恶心	细胞因子：IL-1，TNF，高迁移率族蛋白
疼痛	缓激肽；PGE_2
组织损伤	中性粒细胞和巨噬细胞溶酶体/颗粒内容物；基质金属蛋白酶； 活性氧代谢产物：超氧负离子，羟自由基；一氧化氮

3. 炎症介质的作用特点

（1）各种炎症介质的致炎效应不尽相同。一种炎症介质可表现为多种致炎效应，而不同的炎症介质也可表现出相同的致炎效应。

（2）炎症介质可作用于一种或多种靶细胞，依细胞和组织的类型不同而有不同的作用。炎症介质作用于细胞后可进一步引起靶细胞产生第二级炎症介质，使最初炎症介质的作用进一步加强或被抵消。

（3）炎症介质的释放可同时激活其反作用的拮抗物，起到负反馈作用。

（4）不同的炎症介质系统之间有着密切的联系，如补体系统、激肽系统、凝血系统和纤溶系统的激活产物在炎症反应中是重要的炎症介质，组织损伤时激活的Ⅻ因子可启动上述四大系统的激活，各系统激活过程的中间产物往往也可激活其他系统。这些炎症介质的作用是相互交织在一起的。

（5）几乎所有介质均处于灵敏的调控和平衡体系中。在细胞内处于严密隔离状态的介质，或在血液和组织内处于"前体"或"非活性"状态的介质，都必须经过许多步骤才能被激活，在其转化过程中，限速机制控制着产生介质的生化反应的速度。

六、炎症小体及其生物学意义

炎性小体（inflammasome），也称炎症小体，是由胞质内模式识别受体（PRRs）参与组装的多种蛋白质组成的复合体，分子质量约700ku，是天然免疫系统的重要组成部分。炎症小体能够识别病原相关分子模式（PAMPs）或者宿主来源的危险信号分子（DAMPs），募集和激活促炎症蛋白酶Caspase-1。活化的Caspase-1在天然免疫防御过程中，可通过切割作用促进细胞因子前体pro-IL-1β和pro-IL-18的成熟和分泌。炎性小体的活化还能够调节Caspase-1依赖的程序性细胞死亡，即细胞焦亡（pyroptosis），诱导细胞在炎性和应激的病理条件下死亡。

1. 炎性小体的种类 目前已经确定多种炎性小体参与针对多种病原体的宿主防御反应，而病原体也已经进化出多种相应的机制来抑制炎性小体的活化。已发现的炎性小体主要有5种，即NLRP1炎性小体、NLRP3炎性小体、NLRC4炎性小体、IPAF炎性小体和AIM2炎性小体。已知发现的炎性小体一般均含有凋亡相关微粒蛋白（apoptosis-associated speck-like protein containing CARD，ASC）、Caspase蛋白酶以及一种NOD样受体（NOD-like receptor，NLR）家族蛋白（如NLRP1）或HIN200家族蛋白（如AIM2）。其中研究较为广泛和深入的炎性小体是NLRP3/6。

2. NLRP3炎性小体的结构和功能 大部分炎性小体的基础结构是以NLR或ALR蛋白家族作为受体蛋白、ASC作为接头蛋白、Caspase作为效应蛋白。NLRP3受体蛋白含有PYD、NACHT、LRR三个结构域，炎性小体组装时，其PYD结构域和ASC的PYD结构域结合形成同型PYD：PYD相互作用（PPI），而ASC中的CARD结构域又可以和效应蛋白的CARD结构域结合形成类似的CARD：CARD相互作用，这样ASC在这里起到桥梁作用，连接受体蛋白和效应蛋白。在受体蛋白受到激动剂刺激时，通过以上相互作用最后激活Caspase-1，诱导其自切割并活化。活化的Caspase-1可以切割并促使细胞白介素和其他细胞因子的成熟，而细胞白介素的释放对于细胞的炎症反应起到重要作用。除此之外，Caspase-1的成熟对于细胞的死亡也起到重要作用。

NLRP3炎性小体作为固有免疫的重要组分，在机体免疫反应和疾病发生过程具有重要作用。由于能被多种类型的病原体或危险信号所激活，NLRP3炎症小体在多种疾病过程（包括家族性周期性自身炎症反应、2型糖尿病、阿尔兹海默症和动脉粥样硬化症等）中都具有关键作用。因此，作为炎症反应的核心，NLRP3炎症小体可能为各种炎症性疾病的治疗提供新的靶点。

NLPR3 的激活因素较多，大体有以下几种：钙离子的胞质压力、活性氧（ROS）压力、氢质子的胞质压力、钾离子外流、细菌 mRNA、氧化线粒体 DNA 压力、溶酶体不稳定等。对于激动剂-受体蛋白具体的作用机制和信号轴尚不完全清楚。有研究认为，高尔基体反面网状结构的解体可能对此过程的信号传递可能起到了至关重要的作用。

3. NLR 家族的其他炎性小体　其他常见的 NLR 家族炎性小体有 NLRP1、NLRP12、NLRP6、NLRP7、NAIP 和 NLRP4C，常见的非 NLR 家族（ALR）炎性小体有 AIM2、IFI16。在这里着重介绍 NLRP4C 和 ALR 家族。

NLRP4C 炎性小体不含 PYD 结构域而含有 CARD 结构域，其不需要 ASC 蛋白作为"桥梁"，可以直接通过 CARD：CARD 相互作用和效应蛋白连接。而 NLRP4C 的组装是通过与 NAIPs 的相互作用完成的，鼠伤寒菌的入侵是该过程的激动剂。同时，蛋白激酶 PKC-δ 对 NLRP4C 的激活也是必要的。

AIM2 是一类 DNA 感受器，可以通过其 C 端 HIN200 结构域识别并结合自体或异体的 DNA，这一过程是不依赖 DNA 序列就能完成的。IFI16 炎性小体被认为可以在细胞核内识别一些病毒（如 KSHV）的 DNA，其结构与 AIM2 类似，都需要 ASC 作为"桥梁"发挥连接作用。

除 NLRP4C 之外，NLRP1b 炎性小体受体蛋白也不含 PYD 结构域而含有 CARD 结构域，可以直接和效应蛋白结合，不需要 ASC 的帮助。NLRP16 和 NLRP12 都可被炭疽杆菌感染所激活。

4. 炎性小体的作用机制和生物学效应

①病原/危险相关分子模式可以激活炎性小体复合物的形成，从而激活蛋白酶 Caspase-1。

②Caspase-1 激活可以调控促炎细胞因子 IL-1β、IL-18 的成熟和诱导细胞焦亡。

③炎性小体复合物中的新成员，如蛋白激酶 Nek7 和 Gasdermin D 具有新的特殊功能，可以分泌非常规蛋白，诱导细胞自噬。

④不依赖炎性小体复合体形式的一些炎性小体，在不同的生理过程中发挥作用，如 AIM2 可抑制肿瘤形成，NLRP3/6/12 可调控 T 细胞免疫。

第三节　炎症的类型

关于炎症的分类，有多种分类方法。

第一种是按炎症发生经过的快慢、持续时间的长短，可将炎症分为：①超急性炎症，呈暴发性经过，整个病程数小时到数天，短期内就引起组织器官的严重损害，甚至导致机体死亡。②急性炎症，从几天到一个月，是指起病急，症状明显，病程短的炎症，其性质多以渗出或变质为主。③亚急性炎症，病程为 1~6 个月，介于急性与慢性炎症之间，常由急性炎症迁延所致。④慢性炎症，慢性炎症发展缓慢，症状缓和，病程经过长，且有反复，病程长达半年到数年。慢性炎症局部病变以组织、细胞增生变化为主，浸润的细胞主要为淋巴细胞和浆细胞。慢性炎症可由急性炎症转变而来，也可以在起病时就具有慢性过程的特点。

第二种是按炎症发生的部位来划分，即脏器名加"炎"，如肝炎、肺炎、肠炎、肾炎、脑膜炎等。这种分类法是临床最常用的方法。

第三种是以炎症过程的三种基本变化为依据，把炎症分为变质性炎、渗出性炎及增生性炎三大类。任何一个炎症都具有变质、渗出、增生三种基本变化，三者缺一不可。但在具体炎症过程中，这三种基本病变表现并非均等，常常是以其中一种病变表现比较突出，占优势地位，并决定炎症的基本性质。此分类法即是根据炎症过程中的本质特点来划分的。

一、变质性炎

变质性炎的主要特征是炎灶内以组织变质、营养不良或渐进性坏死的变化为主，同时伴以炎性渗出和增生，但渗出和增生性反应较弱。这种炎症常见于心、肝、肾、脑等实质性器官，常是某些重症感染、中毒的结果。主要病变为组织器官的实质细胞的各种变性和坏死。例如，急性重型肝炎时，肝脏病变主要为肝细胞广泛溶解、坏死，而渗出和增生性改变轻微；鸡沙门氏菌病、猪副伤寒，引起肝脏局灶性坏死；猪、牛的口蹄疫和鸡沙门氏菌病引起的心肌炎时，心肌纤维明显变性、坏死。此时虽有炎症细胞的浸润和炎性渗出，或同时存在少量细胞的增生，但仍然以变质过程为主。脏器的功能不同程度地受到损害，严重时可危及生命。

二、渗出性炎

渗出性炎症是以渗出性变化为主，变质、增生反应较轻的炎症，以在炎症灶内形成大量渗出物为其特征。此时往往伴有一定程度的组织细胞变性和坏死，而增生性改变一般较轻。由于致炎因子和机体、组织反应性状态和病程等的不同，渗出物的主要成分往往有所不同。此类型炎症最为常见。多为急性炎症，且种类也很多。根据炎症发生的部位、渗出物的性质或主要成分及病变特点的不同，渗出性炎症可分为浆液性炎、卡他性炎、纤维蛋白性炎、化脓性炎和出血性炎等5种类型。

（一）**浆液性炎**（serous inflammation）

浆液性炎是以渗出较大量的浆液（血清）为特征的炎症。渗出的主要成分为浆液，呈淡黄色半透明的液体，其中混有少量炎性细胞和纤维蛋白。浆液内含有3%～5%的蛋白质，主要是白蛋白。此类炎症常发生于黏膜、浆膜、皮肤、肺、淋巴结等组织疏松部位。如皮肤Ⅱ度烧伤时渗出液蓄积于表皮内，形成的水疱。发生在浆膜腔，则可引起浆膜腔积液。浆液不仅来自血管渗出，而且也来自间皮细胞的分泌增加，如结核性胸膜炎、风湿性关节炎等。浆膜或黏膜浆液性炎时，间皮或上皮细胞也发生变性、坏死和脱落。组织病理学观察可见由于渗出液弥漫浸润，组织间隙扩大，其间播散少量白细胞，血管充血明显。镜下可见浆液性渗出物呈现为均质化淡红色物质，因为其中蛋白含量的不一，着色深浅不一。

浆液性炎一般较轻，易于消退。但有时因浆液渗出过多可导致严重后果。如胸腔和心包腔内有大量浆液时，可影响呼吸和心脏功能。

1. 浆膜的浆液性炎 可见浆膜腔内积有轻度浑浊的（含有少量白细胞）或淡红色的（含有少量红细胞）浆液，即炎性积液。浆膜血管扩张、充血、肿胀、透亮，甚至增厚。

2. 皮肤的浆液性炎 常表现为水疱，这是由于渗出液积聚于表皮与真皮之间，同时表皮细胞也发生空泡变性，如鸡痘、猪水疱病、口蹄疫和传染性口疮等，挫伤时也可见。

3. 黏膜的浆液性炎 黏膜的浆液性炎称浆液性卡他。

（二）**卡他性炎**（catarrhal inflammation）

卡他性炎是指发生于黏膜的急性渗出性炎症。以在黏膜表面有大量渗出物流出为特征，常伴有黏膜腺分泌亢进。Catarrh一词来自希腊语，意为"流溢，流淌"。当黏膜发生轻度炎症时，由于分泌增强，浆液和黏液性渗出物从表面多量流出，故称卡他性炎。凡有黏膜附着处，均可发生卡他性炎。组织病理学变化呈现炎症时血液循环障碍与血管变化的特征：黏膜上皮变性、脱落，固有层中毛细血管扩张、充血，甚至出血、水肿及白细胞浸润，黏液分泌增强。在呼吸道、肠道可见杯状细胞明显增多，渗出物的主要成分为黏蛋白，其中混有脱落的上皮细胞及或多或少的白细胞，主要是中性粒细胞或嗜酸性粒细胞及少量淋巴细胞。因渗出物的性质不同，卡他性炎又可分为浆液性卡他、黏液性卡他、脓性卡他、纤维蛋白性卡他及血性卡他等。

1. 浆液性卡他　以浆液渗出为主，如感冒早期鼻黏膜流清鼻涕，渗出液稀薄透明。

2. 黏液性卡他　由于黏膜的黏液分泌亢进，导致渗出物黏稠而不透明，如支气管卡他，菌痢的早期肠卡他。

3. 脓性卡他　黏膜的化脓性炎，渗出物为灰黄或浅绿色的脓性分泌物，如淋病时尿道黏膜脓性卡他等。

（三）纤维蛋白性炎（fibrinous inflammation）

纤维蛋白性炎是以渗出物中含大量纤维蛋白为特征的炎症。纤维蛋白来源于血浆中的纤维蛋白原，渗出后受到损伤组织释放出的酶的作用，即凝固成为淡灰黄色的纤维蛋白。常发生于浆膜、黏膜和肺等组织。纤维蛋白原的大量渗出，说明血管壁损伤较重。纤维蛋白性炎多由于某些微生物的感染而引起，如见于鸡痘、猪瘟、牛急性卡他热、鸡喉气管炎、猫传染性肠炎等；或由于某些细菌毒素（如白喉杆菌、痢疾杆菌、肺炎双球菌的毒素）或各种内源性或外源性毒性物质所引起（如尿毒症时的尿素和汞中毒导致的纤维蛋白性炎）。另外，某些真菌感染也可引起纤维蛋白性炎。这些致病因子引起的组织损伤较重，血管壁受损严重，以致血浆中纤维蛋白原外渗。根据病变特征不同，纤维蛋白性炎又分为浮膜性炎和固膜性炎。

1. 浮膜性炎（croupous inflammation）　发生于黏膜和浆膜上，其特点是渗出的纤维蛋白凝固而形成一层淡黄色、有弹性的膜状物（称伪膜），被覆于炎灶的表面。由于组织损伤较轻，渗出的纤维蛋白大部分积聚于黏膜或浆膜表面，凝固形成一层薄的易于剥离的薄膜，膜剥离后，其下的黏/浆膜结构无损。因此，又称**伪膜性炎**（pseudomembranous inflammation）。

在光镜下，除了上述浆液性炎的病变外，在苏木素-伊红染色片上可见大量红染的纤维蛋白交织呈网状，间隙中有中性粒细胞及坏死细胞的碎屑。大片纤维蛋白在镜下表现为片状、均匀红染的结构。纤维蛋白积聚在管状器官的表面时，可形成管状伪膜，如牛发生纤维蛋白性肠炎时，这种管状伪膜随着粪便排出。

猪、牛、羊、马的纤维蛋白性肺炎是以浮膜性肺炎形式出现，纤维蛋白除在小支气管凝固外，还以致密网状的结构积聚在肺泡内。在纤维蛋白网之间有数量不等的红细胞、白细胞，故肺组织质地变坚实，似肝脏样，所以称为肝变。

2. 固膜性炎（diphtheritic inflammation）　又称纤维蛋白性坏死性炎（fibrinonecrotic inflammation），特征是黏膜发炎时，渗出的纤维蛋白形成一层与深层组织牢固结合的纤维蛋白膜（痂）不易剥离，若强行剥离，则在黏膜面上留下溃疡病灶、出血。这是因为组织损伤较重，黏膜层发生坏死，纤维蛋白透入坏死组织中而凝固所致。如仔猪副伤寒、猪瘟后期肠道上的扣状肿（淋巴滤泡），鸡新城疫肠黏膜上的枣核样溃疡灶等，均属于此情况，其病变本质为局限性纤维素性坏死性肠炎。浆膜上一般为浮膜性炎。

发生于心外膜上的纤维蛋白性炎，如牛创伤性网胃心包炎、鸡沙门氏菌病、大肠杆菌病时，纤维蛋白被覆于心外膜上，因为心脏活动时不停地摩擦，使心外膜上的纤维蛋白形成无数绒毛状物，覆盖于心脏的表面，所以称为绒毛心（cor villosum）。心包膜发生慢性结核性纤维蛋白性炎时可发展成盔甲心。此外，大叶性肺炎的红色和灰色肝变期均有大量纤维蛋白原渗出。

3. 纤维蛋白性炎的结局 纤维蛋白性炎一般为急性经过。少量的纤维蛋白可以被中性粒细胞及坏死组织释放的溶蛋白酶溶解液化并通过淋巴管、血管吸收或经自然管道排出，对机体不造成明显损伤。如果组织损伤轻微，则修复迅速。但是，正常血清和组织中含有一定量的抗胰蛋白酶，它可在一定程度上对抗中性粒细胞及坏死组织释放的溶蛋白酶的作用。因此，如果渗出的纤维蛋白较多，加之中性粒细胞所释出的溶蛋白酶较少或组织内抗胰蛋白酶较多时，纤维蛋白不可能被完全溶解吸收，同时如果组织坏死较重（固膜性炎中），常常通过结缔组织增生而修复。浆膜发生的纤维蛋白性炎，通常发生机化，引起浆膜增厚和粘连，甚至浆膜腔闭塞，严重影响器官功能，成为顽固的病理状态。

（四）化脓性炎（suppurative or purulent inflammation）

化脓性炎是以中性粒细胞大量渗出，并伴有不同程度的组织坏死和脓液形成特征的炎症。化脓性炎是临床上常见的一种炎症，多由葡萄球菌、链球菌、肺炎双球菌、大肠杆菌等化脓菌引起，亦可因某些化学物质（如松节油）和机体坏死组织所致。

脓性渗出物称为脓液（pus）。脓液是一种混浊的凝乳状液体，呈灰黄色或黄绿色，由脓球和脓汁组成。脓球是指变性坏死的中性粒细胞，镜下只见细胞碎片，即中性粒细胞的尸体。脓汁是呈液化状态的坏死崩解的组织碎屑和少量浆液，其中含有白蛋白、球蛋白、水、细菌等。脓汁的形成是由于中性粒细胞释放的蛋白水解酶的作用结果。脓液的颜色、性状随感染微生物的种类及动物的种类不同而不同。由葡萄球菌引起的脓液，其质浓稠；链球菌引起的脓液，则较稀薄。脓液中的中性粒细胞除少数保持其吞噬能力外，大多数白细胞已发生变性和坏死。

1. 表现形式 发生在不同部位的化脓性炎，有不同的表现形式。

（1）脓性卡他 指黏膜表面的化脓性炎。

（2）脓性浸润 深部组织化脓时，脓性渗出物能使局部组织溶解，细胞分离，脓液弥漫渗透在组织间隙中，称为脓性浸润，是化脓性炎早期的特点。

（3）积脓（蓄脓） 浆膜发生化脓性炎时，脓性渗出物大量蓄积于体腔内，称为**积脓**（empyema）。如化脓性胸膜炎、化脓性腹膜炎、牛创伤性化脓性心包炎。

（4）脓肿 组织内局限性化脓性炎，主要特征为组织发生坏死溶解，形成充满脓液的腔，称为**脓肿**（abscess）。可发生于皮下或内脏，脓肿多由金黄色葡萄球菌等引起。由于金黄色葡萄球菌等细菌能产生毒素，使局部组织坏死，继而大量中性粒细胞浸润，以后粒细胞崩解释放出蛋白水解酶将坏死组织液化，形成含有脓液的腔。又因葡萄球菌能产生血浆凝固酶，使局部渗出的纤维蛋白原转变成纤维蛋白，因而病变比较局限，时间稍长即在脓肿边缘由多量纤维组织和毛细血管形成脓肿壁包围脓肿，使脓液增多，导致脓肿腔压力逐渐升高，脓肿不断扩大，最后脓肿壁薄弱处可被穿破以致脓液排出。脓液穿破组织流至体外所经过的通道，即只有一个开口的病理性盲管，称为**窦道**（sinus）。如果脓肿一端向身体表面突破，另一端穿入体腔或某一脏器的腔内，称为**瘘管**（fistula），即指连接于体外与有腔器官之间或两个有腔器官之间的，有两个以上开口的病理性盲管。如肛门瘘管，其一端通入直肠或肛门，另一端通到皮肤。此外，空腔器官之间的通道也称瘘管，如气管瘘、食管瘘。皮肤或黏膜发生化脓性炎时，由于皮肤或黏膜坏死、崩解脱落，可形成局部缺损，即**溃疡**（ulcer）。

小脓肿可被吸收；进而消散。较大脓肿则由于脓液过多，吸收困难，需要切开排脓或穿刺抽脓，而后由肉芽组织修复，形成瘢痕。

（5）**蜂窝织炎**（cellulitis）　疏松结缔组织内发生的弥漫性化脓性炎，称为蜂窝织炎（phlegmonous inflammation）。见于皮下、肌肉及肠壁等处，范围常较大，与健康组织无明显界限，脓性渗出物弥漫地浸润于组织之间。多由溶血性链球菌引起，此菌能产生透明质酸酶和溶纤维蛋白酶，使组织基质的透明质酸和纤维蛋白溶解。加之原有组织疏松，因此，细菌易于通过组织间隙和淋巴管蔓延扩散，弥漫地浸润于间质之中，破坏机体的防御屏障，以致炎症不易局限，而易于扩散。炎症灶内除充血、水肿外，尚有大量中性粒细胞呈弥漫性浸润，与正常组织分界不清，炎症灶内组织坏死不明显。

2. 结局　化脓性炎多为急性经过，在早期脓性浸润阶段，病因消除后可逐渐康复。浅在性脓灶，坏死组织腐脱后发展为糜烂或溃疡。组织深部的脓肿，自行穿破或用外科切开法使脓液排出后，所遗留的局部损伤，均需通过肉芽组织的增生而修复。化脓性炎若波及静脉和淋巴管（脓性静脉管炎和淋巴管炎），在机体抵抗力降低的条件下，病原体进入血流和淋巴流，在血中大量繁殖，能引起致命的败血症或脓毒败血症（septicopyaemia）。后者可见在全身各器官，特别是肺、肝、肾，甚至脑等形成多发性转移性脓肿。窦道、瘘管的形成，是化脓性炎的慢性经过情况。

（五）出血性炎（hemorrhagic inflammation）

渗出物中含有多量红细胞，称**出血性炎**。它不是一种独立的炎症类型，上述任何一型炎症，只要炎症灶内的血管壁损伤较重，渗出物中含有大量红细胞，均可称为出血性炎。常见于猪瘟、鸡新城疫、兔瘟、流行性出血热，钩端螺旋体病或鼠疫等。由于病原体及其毒素严重损害毛细血管壁，使其通透性极度升高，以致大量红细胞漏出。如流行性出血热、猪瘟、鸡瘟和兔瘟等病毒性疾病都具有出血性病变。

出血性炎常常与其他炎症混合发生，如浆液出血性炎（即浆液＋红细胞）、纤维蛋白性出血性炎、化脓性出血性炎。因为出血性炎是毛细血管受损出血，所以外观出血多为点状出血。炭疽引起的病变则常常是出血性坏死性炎。

三、增生性炎

增生性炎（proliferative inflammation）是指在炎症过程中，组织细胞的增生比较明显，而变质和渗出较轻微的一类炎症。可分为普通增生性炎/非特异性增生性炎和特异性增生性炎/肉芽肿性炎两大类。

（一）普通增生性炎/非特异性增生性炎

普通增生性炎又称为非特异性增生性炎，包括急性增生性炎症和慢性增生性炎症两种类型。

1. 急性增生性炎　病程呈急性经过，病变特征是以组织细胞的增生为主，变质、渗出较轻微的增生性炎症。例如，急性肾小球肾炎时，肾小球毛细血管内皮与球囊上皮的显著增生；镜下可见，肾小球细胞数量明显增多，肾小球毛细管内腔缩小，可见点状的中性粒细胞的痕迹。又如仔猪副伤寒、鸡沙门氏菌病时，肝脏上形成副伤寒结节，此结节是由于肝细胞局灶性点状坏死，网状细胞（由枯否氏细胞转化而来）增生而形成的细胞性副伤寒结节。仔猪副伤寒引起的增生性淋巴结炎，主要表现是网状细胞大量增生充满淋巴窦，淋巴索中浆细胞成片增生，同时还可见大量的中性粒细胞浸润于淋巴窦中。

2. 慢性增生性炎 是以结缔组织细胞增生为主，并伴有少量组织细胞、淋巴细胞、浆细胞和肥大细胞浸润的炎症，增生的结缔组织包含有成纤维细胞、血管和纤维等成分。组织增生是慢性炎症的主要特征。因此，各器官组织的炎症若表现为慢性经过时，都会出现组织增生。此时，主要是间质中纤维结缔组织的增生，其中也常合并有淋巴细胞和浆细胞的增生浸润。慢性增生性炎常导致器官组织硬化，这是由于结缔组织弥漫增生的结果，同时实质细胞萎缩。

病理变化特点：

（1）炎症灶内主要是单核巨噬细胞、淋巴细胞浸润，表明了机体对损伤的持续反应。

（2）有较明显的成纤维细胞及小血管增生。实验证明，血小板衍生的生长因子和纤维粘连蛋白分解产物对成纤维细胞有趋化作用。血小板衍生的生长因子、巨噬细胞和淋巴细胞产生的细胞因子都可在体外刺激成纤维细胞增生并产生大量胶原。因此，慢性炎症的纤维结缔组织增生常伴有瘢痕形成，以致造成管道性器官的狭窄和浆膜面粘连。巨噬细胞产生的可溶性因子可刺激机体血管增生。

（3）局部组织的某些特殊成分如炎症灶的被覆上皮、腺上皮及其他实质细胞也可发生明显增生，这是再生修复性的增生。有时还可形成炎性息肉和炎性假瘤。①炎性息肉（inflammatory polyp）：是在致炎因子的长期刺激下，局部黏膜上皮细胞和腺体及肉芽组织过度增生而突出黏膜表面的带蒂的炎性肿块。常见的有鼻息肉、宫颈息肉等。息肉大小不一，大者可达数厘米。息肉表面有分化良好的黏膜上皮被覆，上皮下为增生的腺体和疏松结缔组织，并有淋巴细胞、浆细胞浸润及少量液体渗出等。②炎性假瘤（inflammatory pseudotumor）：是慢性炎症时，局部组织和细胞增生而形成界线清楚的肿瘤样团块。

在慢性增生性炎症过程中单核巨噬细胞的浸润是此类炎症的一个重要特征。单核细胞从血管游出后转化为巨噬细胞。淋巴细胞（包括浆细胞）是慢性增生性炎症中常见的另一类炎症细胞。淋巴细胞运动到炎症灶，主要是由于淋巴细胞化学趋化因子介导的。中性粒细胞常常是急性炎症的标志，但在某些慢性炎症时也可见到大量的中性粒细胞，并可形成脓肿；反之，淋巴细胞浸润也并非总是慢性炎症的特征，在急性病毒感染如急性病毒性肝炎时，淋巴细胞则为炎症浸润的主要细胞成分。

（二）特异性增生性炎/肉芽肿性炎

特异性增生性炎又称肉芽肿性炎症（chronic granulomatous inflammation），是由某些病原微生物（鼻疽杆菌、结核分枝杆菌等）引起的以特异性肉芽组织增生为特征的炎症过程。它是由于致炎因子长期持续性刺激所致迟发型变态反应，以在炎症局部形成的具有特殊的细胞和特殊的细胞排列方式、界线清楚的结节状病灶为特征的慢性炎症。之所以称为特异性增生性炎，是与普通增生性炎增生的结缔组织形态对比而言的。特异性增生性炎的炎灶内主要成分为巨噬细胞，它可能变成类上皮样细胞和多核巨细胞，四周围绕纤维组织，并有淋巴细胞和浆细胞浸润。如结核分枝杆菌、霉菌等引起的炎症，在病理形态上常表现为肉芽肿。肉芽肿的结节直径一般为 0.5～2cm。

1. 肉芽肿形成的条件 病原体（如结核分枝杆菌）或异物（矿物油）不能被消化，长期刺激机体，造成慢性炎症。如果局部有某些难以降解的抗原刺激持续存在，如细胞内寄生菌（如结核分枝杆菌）、某些真菌（如荚膜组织胞浆菌、隐球菌）、某些寄生虫（如血吸虫虫卵的可溶性抗原）、某些病毒持续感染等，可引起细胞介导的迟发性变态反应（即IV型变态反应），出现以单核细胞浸润为主的炎症，以及由于巨噬细胞释放溶酶体水解酶和淋巴细胞释放出淋巴毒素所引起的组织坏死等病理现象。这些均可为肉芽肿的形成创造条件。

2. 肉芽肿性炎的常见类型 不同原因可引起形态不同的肉芽肿。由病原微生物引起的肉芽肿称为感染性肉芽肿；由异物刺激引起的肉芽肿则称为异物性肉芽肿。

（1）感染性肉芽肿 由于感染了特殊的病原微生物或寄生虫后形成的有相对诊断意义的特征性肉芽肿。常见的有结核性肉芽肿、伤寒性肉芽肿、风湿性肉芽肿等。以结核结节为例，从结节中心向外，肉芽肿的组成成分依次为：

干酪样坏死组织：为无结构的粉红色染色区，内含坏死组织细胞和白细胞，还有结核分枝杆菌。它是细胞介导免疫反应的结果。

上皮样细胞（epithelioid cell）：干酪样坏死灶周围可见大量胞体较大、界线不清的细胞。这些细胞的胞核呈圆形或卵圆形，染色质少，甚至可呈空泡状，核内可有 1～2 个核仁，胞浆丰富，染色较淡。其形态与上皮细胞相似，故称为上皮样细胞。它们是巨噬细胞聚集并转变形态而形成的。

多核巨细胞（multinucleated giant cell）：在上皮样细胞之间散在多核巨细胞。结核结节中的多核巨细胞又称为朗汉斯巨细胞。这种巨细胞体积很大，直径达 $40～50\mu m$，胞核形态与上皮样细胞核相似，数目可达几十个或百余个，排列在细胞周边部，呈马蹄铁形或环形，胞浆丰富。多核巨细胞是由上皮样细胞融合而成。上皮样细胞首先伸出胞浆突起，然后胞体互相靠近，融合形成多核巨细胞。

淋巴细胞：在上皮样细胞周围可见大量的淋巴细胞浸润，主要为 T 细胞。

成纤维细胞和胶原纤维：在结核结节外围常常还有多少不等的成纤维细胞及胶原纤维分布，尤其在已经钙化的结核病灶外围，纤维结缔组织成分更为明显。

（2）异物性肉芽肿 异物性肉芽肿的结构通常是以进入组织内的不易被消化的异物（木片、缝线、滑石粉、尿酸盐结晶等）为核心，周围有巨噬细胞、成纤维细胞和异物巨细胞（foreign body giant cell）等包绕。异物巨细胞内胞核数目不等，有数个到数十个，甚至百个以上。与多核巨细胞不同的是异物巨细胞的胞核多杂乱无章地集聚于细胞的中央区，胞浆内常有吞噬的异物。异物性肉芽肿内很少有淋巴细胞浸润。

第四节　炎症时机体的变化及结局

一、炎症时机体的变化

（一）发热

炎症反应严重时，因为组织分解产物的吸收，或某些生物性病原因子的作用引起致热原释放，影响体温调节中枢的功能，导致体温升高，称为**发热**。

一定程度的体温升高，能使机体代谢增强，促进抗体形成，增强吞噬细胞的吞噬功能和肝的解毒功能，从而提高机体的防御能力。但高热和长期发热，可影响机体的代谢过程，引起各系统尤其是中枢神经系统的损害和功能紊乱，给机体带来危害。如果炎症病变严重，体温反而不升高，说明机体反应性差，抵抗力低下，是预后不良的征兆。

（二）单核巨噬细胞系统的变化

许多炎症可引起单核巨噬细胞系统增生，使其吞噬力增强，抗体产生增多，加强机体防御功能。最常见的是局部淋巴结的反应性增生和肿大。若炎灶较大，还可引起全身性单核巨噬细胞系统的反应，引起单核巨噬细胞系统增生，主要表现为局部淋巴结、脾、肝肿大。骨髓、肝、脾、淋巴结中的巨噬细胞增生，吞噬消化能力增强。淋巴组织中的 T 淋巴细胞和 B 淋巴细胞也增生，同时释放淋巴因子和分泌抗体的功能增强。单核巨噬细胞系统和淋巴组织的细胞增生是机体防御反应增强的表现。

（三）血液的变化

炎症时血液最主要的变化是白细胞数目增多。炎症时，由于内毒素、C3 片段、白细胞崩解产物等可促进骨髓干细胞增殖，生成并释放白细胞进入血流，使外周血液中的白细胞总数明显增多。增多的白细胞的类型，因所感染病原体的不同而不同。在大多数细菌感染、急性炎症的早期和发生化脓性炎症时，以中性粒细胞为主；在传染性单核细胞增多症、慢性炎症（百日咳）或病毒感染（腮腺炎、风疹）时，常以淋巴细胞增多为主；过敏性炎症和寄生虫感染时，则以嗜酸性粒细胞增多为主。在伤寒杆菌、流感病毒感染时，血中白细胞数常减少。

（四）实质器官的病变

炎症时由于病原微生物及其毒素的作用，以及局部血液循环障碍、发热等因素的影响，心、肝、肾等器官的实质细胞可发生不同程度的变性、坏死和功能障碍。例如，肝炎时肝细胞的变性坏死，鸡白痢和禽霍乱时的肝脏小点状坏死，口蹄疫时心肌发生脂肪变性等。

二、炎症的结局

炎症的结局主要取决于机体的抵抗力和反应性。致炎因子的性质、刺激强度和作用时间的长短等因素也有影响。在炎症过程中，致炎因子引起的损害与机体抗损害反应的斗争贯穿于整个炎症过程的始终，决定着炎症的发生、发展、经过和结局。若损伤占优势，则炎症加重，并向全身扩散；如果抗损伤占优势，则炎症逐渐趋向痊愈。炎症的结局，可有下列 3 种情况。

1. 痊愈

（1）痊愈或吸收消散　多数情况下，由于机体抵抗力较强或经过适当的治疗，病原微生物被消灭，炎症灶内坏死组织及渗出物被溶解吸收，通过周围健康细胞的再生修复，最后完全恢复其正常的结构和功能。

（2）不完全痊愈或修复愈合　少数情况下，由于机体抵抗力较弱，炎症灶坏死范围较大，周围组织细胞再生能力有限或渗出的纤维蛋白较多，不容易完全被溶解吸收，则通过肉芽组织增生机化形成瘢痕或纤维性粘连，不能完全恢复其正常的结构和功能。

2. 迁延不愈或转为慢性 由于治疗不及时、不彻底或机体抵抗力低下，致炎因子持续作用，造成局部炎症过程迁延不愈，时好时坏，反复发作，最后转为慢性炎症，如急性病毒性肝炎转变为慢性迁延性肝炎。

3. 蔓延扩散 在机体抵抗力低下，或病原微生物毒力强、数量多的情况下，如脓性浸润、蜂窝织炎时，病原微生物在局部大量繁殖，向周围组织蔓延或经淋巴道、血道扩散而引起严重后果，如果治疗不及时，可引起死亡。

(1) 局部蔓延 炎症局部的病原微生物可经组织间隙或器官的自然通道向周围组织、器官扩散。例如，肺结核病时，结核分枝杆菌可沿组织间隙向周围组织蔓延，使病灶扩大；亦可沿支气管扩散，在肺的其他部位形成新的结核病灶。

(2) 淋巴道扩散 病原微生物经组织间隙侵入淋巴管，随淋巴液引流到达局部淋巴结或远处淋巴结，引起淋巴结炎。例如，牙龈感染时下颌淋巴结肿大；足部感染时下肢因淋巴管炎可出现红线；腹股沟淋巴结炎表现为局部淋巴结肿大、疼痛等。淋巴系统内的病原微生物也可经胸导管入血，引起血路扩散。

(3) 血道扩散 炎症灶内的病原微生物侵入血液或其毒素被吸收入血，引起菌血症、病毒血症、虫血症、毒血症、败血症和脓毒败血症，严重者可危及生命。畜禽传染病常常导致败血症而引起死亡。

三、多器官功能障碍综合征

多器官功能障碍综合征（multiple organ dysfunction syndrome，MODS）是指动物在严重创伤、休克和感染期间或经复苏病情平稳以后，同时或相继出现 2 个以上的系统或器官功能衰竭的现象。慢性病患者在原发器官功能障碍基础上激发另一器官功能障碍，如肺性脑病、肝-肾综合征等，均不属于 MODS。

1975 年，Baue 提出了多器官衰竭（multiple organ failure，MOF）的概念。为涵盖血液、消化等系统，1976 年 Border 建议修正为多系统器官衰竭（multiple system organ failure，MSOF）。1991 年美国胸科和危重医学会会议建议改用多器官功能障碍综合征来取代MSOF，以此适应有些器官损伤早期只有功能障碍，没有衰竭的状况。

1. 原因和发病经过 一般来说，凡是能引发休克的原因均可导致 MODS 的发生，且多呈复合性。MODS 发生原因分为感染性和非感染性原因。感染性原因常见于败血症或严重的感染；而非感染性原因常见于大手术或严重创伤。MODS 的发病经过分为两种类型：其一是单相速发型，此型是指由致病因子直接引起，原无器官功能障碍的患者同时或短时间内相继发生两个以上器官系统的功能障碍。该型病情发展迅速，器官功能损伤只有一个高峰，病程只有一个时相，故又称为原发型或一次打击型。其二是双相迟发型，此型是指机体受到创伤、失血、感染等原发因子（第一次打击）的影响，经过一定时间或治疗后得以缓解或有所恢复，经过一个相对稳定的缓解期（通常 3～5d），但以后又迅速出现脓毒症，遭受致炎因子的第二次打击，随后发生 MODS。该型病程有两个高峰，第一次打击可能较轻、可以恢复，而第二次打击是由激发因素所引起，病情严重，可能有致死的危险，故又称为继发型或二次打击型。

2. 发病机制 MODS 的发生机制十分复杂，涉及机体神经、体液、内分泌等诸多方面。目前认为失控的全身炎症反应综合征（systemic inflammatory response syndrome，SIRS）是其重要的发病机制。SIRS是指感染或非感染性致病因子作用于机体，过量激活炎症细胞，导致各种炎症介质过量释放，产生的一系列连续反应的一种全身性过度炎性反应状态。该综合征典型的病理生理学变化包括：①广泛的炎性细胞激活，各种细胞因子、炎性介质的失控性释放，致病因子可过度激活如中性粒细胞、单核巨噬细胞、血小板和内皮细胞等炎性细胞，导致TNF、IL-1、IL-2、IL-6、IL-8、IFN、集落刺激因子、趋化因子等细胞因子，以及花生四烯酸、PAF、补体、激肽、凝血和纤溶因子、氧自由基等炎症介质过度释放。②全身性持续高代谢状态。创伤后的高代谢本质是一种防御性应激反应，其交感-肾上腺髓质系统高度兴奋是MODS高代谢的主要原因。③高动力循环。

3. MODS防治的病理生理学基础 MODS的防治与休克防治一样，应针对病因学和发病学环节。在病因学防治方面，应积极防治引起休克和MODS的原发病，控制感染病灶，正确使用有效的抗生素。在发病学防治方面，积极有效改善微循环，提高组织灌流量是发病学治疗的中心环节。其中主要的治疗措施是扩充血容量、纠正酸中毒、合理使用血管活性药物。

第十一单元 败 血 症☆

一、概 念

败血症是指由病原微生物引起的全身性病理过程。在疾病过程中，血液内持续存在病原微生物及其毒素和毒性产物，造成广泛的组织损害，临床上出现严重的全身反应，这种全身性病理过程，称为败血症。败血症是病原微生物突破机体屏障，由局部感染灶不断经过血液向全身扩散的结果。

败血症有两个主要标志：一是血液中有病原微生物存在，如细菌、病毒、寄生虫。二是上述病原微生物入血液后，未能被及时清除，并且在其中繁殖，产生毒素，则造成**毒血症**（toxemia），即病原微生物的毒素或其毒性产物被吸收入血，为毒血症。临床上出现高热、寒战等中毒症状，同时伴有心、肝、肾等实质细胞的变性或坏死，严重时甚至出现中毒性休克。例如，毒力强的细菌入血后未被清除，并大量生长繁殖，产生毒素，引起全身中毒症状和病理变化，称为**菌血症**。此时，机体除具有毒血症的症状和体征外，常出现皮肤黏膜的多发性出血斑点，巨噬细胞系统增生活跃，尤以脾和全身淋巴结肿大明显。血液中常可培养出致病菌。如果是化脓菌引起的败血症，并继发引起全身性、多发性小脓肿灶，则称为**脓毒败血症**。镜下，脓肿的中央及尚存的毛细血管或小血管中常见到细菌菌落，说明脓肿是由栓塞于器官毛细血管内的化脓菌引起的，故称之为**栓塞性脓肿**（embolic abscess）或**转移性脓肿**（metastatic abscess）。又如，病毒在血液中持续存在引起的，称**病毒血症**；寄生虫大量进入血液引起的，称虫血症。

二、原因和发病机理

1. 原因　引起败血症的病原主要是细菌和病毒等病原微生物，包括传染性和非传染性病原体。传染性病原体包括各种可引起传染性败血症的病原微生物，常见的如巴氏杆菌、炭疽杆菌、丹毒杆菌、各种瘟症（猪瘟、兔瘟、鸡瘟）病毒等。非传染性病原体如葡萄球菌、链球菌、大肠杆菌、绿脓杆菌、腐败梭菌等引起的败血症，多是由于局部创伤，继发感染此类病菌，引起局部炎症，在局部炎症基础上发展成败血症，此种败血症不传染其他动物，故将此类病毒原体归为非传染性病原体。此外，某些原虫（如牛泰勒虫、弓形虫等）也可成为败血症的病原。

2. 传入门户或感染门户　病原体侵入机体的部位称为传入门户或感染门户。病原体常在传入门户增殖并引起炎症，如果机体以局部炎症形式不能控制或消灭病原微生物，病原体则可沿着淋巴管或血管扩散，引起相应部位的淋巴管炎或静脉炎以及淋巴结的病变，由此可查明感染门户。如果机体的防御能力显著降低，往往不经过局部炎症过程，就直接进入循环血液内，引起败血症。

3. 发病机理　病原体经皮肤和黏膜侵入机体，特别是皮肤或黏膜有损伤时，更易造成感染。当动物体的免疫力低或病原微生物的毒力很强时，病原微生物可在局部组织繁殖生长。非传染性病原体一般先引起侵入门户局部感染性炎症。在机体抵抗力低下、治疗不及时的情况下，病原体大量增殖，炎症加剧，侵害血管和淋巴管，病原体经局部淋巴管和血管进入循环血液，扩散至全身，同时病原体在体内产生大量的毒素，引起全身中毒症状和病理变化，结果导致败血症。

三、病理变化

败血症的病理变化包括侵入门户的局部病变和全身病变。非传染性病原菌引起的败血症和脓毒败血症，侵入门户常出现明显的炎症或化脓等病理变化。如化脓菌和坏死杆菌感染引起的产后子宫化脓性内膜炎，创伤感染引起的蜂窝织炎。侵入门户的病变可能多种多样，但其炎症的性质多是化脓性炎或坏死性炎。病毒和传染性细菌侵入机体后在局部组织不引起明显的眼观病理变化，或只引起轻微的病变。

不同病原微生物引起的败血症的病理变化特点相似。各种败血症动物死后剖检均具有如下共同特点：

1. 尸僵不全　由于死于败血症的动物，在病原微生物和毒素的作用下，尸体很易发生变性、自溶和腐败，尤其是肌肉很快发生变性，因此往往呈现尸僵不完全或尸僵不明显。血液呈紫黑色黏稠状，凝固不良呈酱油样；很多病例发生溶血，大血管和心脏的内膜被染成污红色。黏膜和皮下组织可呈现黄疸色彩。

2. 全身出血　由于病原微生物和毒素的作用，全身小血管和毛细血管发生严重的损伤，结构被破坏，剖检时可见全身皮肤、浆膜与黏膜上多发性出血点或出血斑，见于猪瘟、猪肺疫、鸡新城疫、禽流感、兔瘟等。有的可见浆膜下、黏膜下和皮下结缔组织中大量浆液性或浆液出血性浸润。浆膜腔内有积液，其中混有丝状或片状纤维蛋白。

3. 免疫器官发生急性炎症变化　败血症时全身淋巴结肿大、充血或出血，中性粒细胞浸润，呈现急性淋巴结炎的病变。组织病理学观察可见淋巴窦壁细胞增生，有时还可见细菌团块或局灶性组织坏死。

扁桃体和肠相关淋巴组织也呈现轻重不同的水肿、充血、出血、变性或坏死等急性炎症病变；有的出现增生性炎的变化。

脾脏呈急性脾炎的变化，依病原不同，其体积可肿大数倍（见于败血型炭疽、急性猪丹毒、猪肺疫等）或肉眼不见肿大但可见有出血性梗死（见于猪瘟等）。肿大的脾脏质地松软易碎，切面紫红色、隆起，固有的微细结构模糊不清，脾组织容易刮脱。

4. 内脏器官肿胀变性 实质器官（心、肝、肾）外观明显淤血、肿大，实质细胞发生不同程度的颗粒变性、空泡变性、透明变性或脂肪变性等退行性变化，严重者发生点状或片状坏死。有的发生明显的变质性炎症变化。有些疾病，肾小球血管袢基底膜上有免疫复合物沉着，肾小管上皮发生明显的空泡变性或透明变性。肺常常发生明显的淤血、水肿或伴发出血性支气管炎的变化。

5. 神经、内分泌系统水肿变性 败血症时中枢神经系统常无明显的肉眼可见病变，组织病理学观察常可见明显的充血、水肿变化。神经细胞发生不同程度的变性。常见局灶性出血，胶质细胞普遍增生。严重者神经细胞发生坏死，出现卫星现象或形成胶质细胞结节。肾上腺呈明显的变性，类脂质消失，皮质呈浅红色，并且出血。

综上，当心肌、脑组织发生变性坏死时，往往就是败血症造成死亡的原因所在。

四、结局及对机体的影响

1. 治愈 败血症出现后，如果抢救及时，用药合理，是可以治愈的。

2. 死亡 在机体与病原体的斗争中，败血症的出现是机体抵抗力不足，病原体攻击力占明显优势的表现。若治疗不及时，动物常因出现败血性休克或重要器官机能衰竭而死亡。

第十二单元 肿 瘤★

第一节 概 述

一、概 念

肿瘤（tumour or neoplasm）是机体在体内、外某些致瘤因素的作用下，正常细胞发生基因结构改变或基因表达机制失常，在体内呈异常无限制地分裂增殖所形成的细胞群。肿瘤细胞是从正常细胞转化而来，但具有异常的形态、代谢和功能，当致瘤因素停止作用后，仍然持续增长。瘤组织常以压迫或侵蚀形式直接损害瘤体周围健康组织；生长期较久的瘤体或恶性肿瘤还可转移，不但夺取患病动物的营养，还产生有害物质，破坏机体的整体功能而对机体造成严重危害。

二、肿瘤的一般形态与结构

（一）肿瘤的外形

在皮肤和浆膜面呈局限性增生的肿瘤，其形态为结节状、蕈状、息肉状、乳头状和分叶状等，有时也呈弥漫性增生。在表面生长的肿瘤，因组织坏死可生成溃疡。起源于深层组织的良性肿瘤大多为结节状、类圆形。这种肿瘤可呈实体性，也可以是囊性的。良性肿瘤和周围的正常组织之间多具有明显的界限，肿瘤多半呈结节状生长；而恶性肿瘤和周围正常组织的界限不明显，主要呈浸润性生长，如同树根状向周围组织伸展，但恶性肿瘤的转移灶呈界限清晰的结节状。

（二）肿瘤的大小和数目

肿瘤的大小与生长时间的长短、肿瘤的性状及发生的部位有关，大小极不一致。生长在狭小管腔内的肿瘤（如脊椎管），因增长受限，体积可能很小，也可能来不及充分生长，动物已经死亡。但生长在体表或体腔的肿瘤，其体积可能很大，生长时间长而体积大的肿瘤多半属于良性。恶性肿瘤多在达到巨大体积以前，由于其呈浸润性生长和转移而常导致动物死亡。肿瘤的数目多少不一，有的是单个发生称为肿瘤单中心性生长；有时在一个器官或机体的各部位发生多个肿瘤病灶，称为多中心性生长。一般来说，良性肿瘤数量较少，恶性肿瘤由于易于转移，数目相对较多。

（三）肿瘤的颜色

肿瘤的颜色与肿瘤的组织种类及含血量多少有关。例如，黑色素瘤呈黑色，脂肪瘤、肾上腺瘤呈淡黄色，血管瘤呈红色，纤维瘤呈灰白色，淋巴肉瘤与纤维肉瘤呈鱼肉色。此外，由于肿瘤组织的变性、坏死和出血等，也可形成不同的颜色。

（四）肿瘤的硬度

取决于肿瘤的组织种类，以及肿瘤内的实质与间质的比例。从组织种类来看，由骨、软骨组织形成的肿瘤（骨瘤）质地坚硬；脂肪瘤和黏液瘤却表现柔软。富有间质结缔组织的肿瘤坚硬，称硬性瘤；富含细胞成分、间质很少的肿瘤则柔软，称软性瘤或髓样瘤。肿瘤组织发生变性、坏死时，可使硬性瘤变软且脆弱，但坏死部有钙盐沉着时则又变硬。

（五）肿瘤的一般结构

可分为实质与间质两部分。实质是构成该肿瘤的瘤细胞；间质由结缔组织组成，起着支架与营养的作用。

1. 肿瘤的实质 它是特异的，是由原发组织的细胞突变、增殖而来。它多少带有原发组织的特性，在形态和机能上也类似其原发组织，但其分化程度低，增殖旺盛。肿瘤的实质细胞，一般由一种瘤细胞构成，但也有由两种或多种细胞构成的。

2. 肿瘤的间质 由结缔组织构成，是在肿瘤细胞增生的同时由原发组织的结缔组织生成。当肿瘤浸润邻近正常组织或转移至他处时，肿瘤细胞即利用该处的原有结缔组织增生组成。肿瘤的间质一般属疏松结缔组织，间质内含有血管，淋巴管不太发达，这在恶性肿瘤尤为如此。肿瘤的间质内有时见有神经，其一部分属于病变组织原有，而有些则是新生的。一般认为肿瘤无神经支配，只是通过血管与整个机体发生联系。

肿瘤的实质与间质都是肿瘤整体不可分割的两个部分。肿瘤的良性和恶性，取决于肿瘤实质细胞的良性和恶性。肿瘤的生长与肿瘤的间质和机体的免疫状态有关。肿瘤的间质或实质内常有淋巴细胞浸润，这不一定是慢性炎症反应，而是机体对肿瘤呈现的细胞免疫反应。

三、肿瘤的异型性

肿瘤组织的构造，一般和其发生组织类似，但在形态上有一定程度的不同，这称为**异型性**（atypia）。

（一）肿瘤组织结构的异型性

肿瘤的实质和间质，有的密切交缠难于区分，有的两者非常分明，这和实质与间质的组织发生有密切关系。

由间叶组织生成的肿瘤，因为其间质也是由间叶组织生成，所以实质和间质互相交缠，不易区分。此种构造类似正常的组织，称**类组织性**（histoid）**肿瘤**。反之，实质由上皮性组织构成的肿瘤，其间质属于间叶组织，故两者组成清晰，实质细胞集聚在一起，形成**细胞巢**（cell nest），其周围由间质包围，这种构造类似脏器，故称此为**类脏器性**（organoid）**肿瘤**。

（二）肿瘤细胞形态的异型性

又称**肿瘤细胞的间变**，即正常细胞拟向分化过程中的细胞状态。它是指肿瘤细胞失去正常的形态和功能。恶性肿瘤细胞一般分化程度较低，细胞体积和核体积比较大，但细胞质较少，因此肿瘤细胞的核显得密集。核染色质有的增多稠密，核膜增厚，但也有的染色质淡薄稀少。恶性肿瘤常出现核分裂象。细胞质有时可呈嗜碱性。

四、肿瘤的生长

肿瘤细胞的生长和正常细胞一样，有间接分裂和直接分裂。肿瘤生长迅速，有很多肿瘤，在其发生之前有一个前驱的病变阶段，这称为肿瘤前期变化。例如，人的胃癌可发生于胃溃疡；皮肤癌可发生于慢性湿疹；肝癌可发生于肝硬化之后。但这种肿瘤前期组织变化是相对的，因为在这些变化的基础上，有的会发生肿瘤，有的未必发生肿瘤。肿瘤生长方式可分为下列 4 种。

（一）膨胀性生长

有些肿瘤生长缓慢，并且不向周围组织内伸展，只将周围组织往四周排挤，这称为肿瘤的**膨胀性生长**。这样生长的肿瘤，在其周围有时可增生一层纤维性被膜，与周围健康组织形成明显的界限。它对组织、器官只起压迫作用，一般不影响器官的功能，多为良性肿瘤的生长方式。

（二）浸润性生长

肿瘤细胞长入周围组织内，瘤组织与周围组织交错，并破坏周围组织，同周围组织的界限不明。浸润性生长主要是恶性肿瘤的生长方式。由于这种方式破坏周围健康组织，所以又称破坏性生长。

（三）外生性生长

多见于体表、体腔、脏器腔等处发生的上皮性肿瘤，常突出于表面或腔内，形成息肉状、乳头状和菜花状等，又称突起性生长。良性肿瘤和恶性肿痛都具有外生性的生长方式。

（四）内生性生长

上皮性肿瘤不是向体表、体腔及脏器腔内生长，而向皮肤的真皮或黏膜下层生长称为内生性生长。例如，鼻黏膜的乳头状瘤即具此种生长方式。

五、肿瘤的扩散

恶性肿瘤不仅可以在原发部位生长，而且可以从原发部位向机体其他部位蔓延，称为肿瘤的扩散。肿瘤的扩散有下述两种方式。

（一）直接蔓延

呈浸润性生长的恶性肿瘤，由原发部位肿瘤细胞连续蔓延，侵入邻近组织或器官，称为肿瘤的直接蔓延。例如，乳腺癌通过胸壁蔓延到胸膜或肺脏。

（二）转移

肿瘤细胞由原发组织被运送到机体的其他部位，并在此部位又形成了与原肿瘤性质相同的肿瘤，这种运转过程称为肿瘤的转移。转移是恶性肿瘤的特性之一。

1. 转移的类型

（1）局部性转移　例如，肝脏的原发性肿瘤转移到同一肝脏的其他部位。

（2）所属性转移　向邻近淋巴结的转移。

（3）远部位转移　从原发肿瘤移至远隔部位的组织或器官内。

2. 肿瘤的转移途径

（1）淋巴管转移　肿瘤细胞经淋巴管沿淋巴流转移到局部淋巴结，或经淋巴流再入血流转移，生成新的转移瘤。癌多经淋巴管途径转移。

（2）血管转移　肿瘤细胞经血流转移到其他部位后，首先形成肿瘤细胞性栓塞，并在此生长、增殖生成新肿瘤。肉瘤多经血管途径转移。

（3）移植性转移　生长于浆膜腔内的恶性肿瘤，当一些恶性肿瘤细胞脱离原瘤后，可以发生瘤细胞的接种现象，即这些瘤细胞黏附在邻近或远处的浆膜上，发展而成为瘤结节。这一过程又称种植性转移或接种性转移。

第二节　肿瘤的命名与分类

一、肿瘤的命名原则

肿瘤一般是按其组织来源而命名，同时也按肿瘤组织的分化程度及其对机体的影响而分为良性肿瘤与恶性肿瘤。

1. 良性肿瘤的命名　一般是在发生组织名称之后加一"瘤"字，如脂肪组织发生的肿瘤称为脂肪瘤，软骨组织发生的肿瘤称为软骨瘤，腺上皮发生的肿瘤称为腺瘤等。但是也有根据形态而命名的，如皮肤或黏膜发生的类似乳头的上皮瘤，称为乳头状瘤。

2. 恶性肿瘤的命名 恶性肿瘤因种类不同而有不同的称谓。

（1）癌（carcinoma） 来源于上皮组织的恶性肿瘤。在组织或解剖部位的名词后加癌字，如腺癌、肝癌和胃癌等。

（2）肉瘤（sarcoma） 由间叶组织发生的恶性肿瘤，在其发生组织的名称之后加肉瘤二字，如软骨肉瘤、纤维肉瘤、淋巴肉瘤等。

（3）母细胞瘤（blastoma） 由未成熟的胚胎组织和神经组织发生的肿瘤，一般在发生器官或组织的名称之后加"母细胞瘤"，如肾母细胞瘤、神经母细胞瘤等。

（4）某些特殊的恶性肿瘤 在肿瘤前冠以"恶性"或专门的名称，如恶性黑色素瘤、恶性畸胎瘤、白血病及鸡的马立克氏病。

二、肿瘤的分类

一般根据肿瘤组织的来源分类。同时，每一类又按其分化程度分为良性与恶性。具体分类见表5-5。

表5-5 肿瘤的分类

组织来源	良性肿瘤	恶性肿瘤
上皮组织		
鳞状上皮	乳头状瘤	鳞状细胞癌、基底细胞癌
腺上皮	腺瘤	腺癌
变移上皮	乳头状瘤	变移上皮癌
间叶组织		
纤维结缔组织	纤维瘤	纤维肉瘤
黏液结缔组织	黏液瘤	黏液肉瘤
脂肪组织	脂肪瘤	脂肪肉瘤
骨组织	骨瘤	骨肉瘤
软骨组织	软骨瘤	软骨肉瘤
肌肉组织		
平滑肌	平滑肌瘤	平滑肌肉瘤
横纹肌	横纹肌瘤	横纹肌肉瘤
滑膜组织	滑膜瘤	滑膜肉瘤
淋巴造血组织		
淋巴组织	淋巴瘤	淋巴肉瘤（恶性淋巴瘤、造淋巴细胞组织增生病）
		网织细胞肉瘤
造血组织		淋巴白血病、成红细胞性白血病、髓细胞瘤

（续）

组织来源	良性肿瘤	恶性肿瘤
脉管组织		
血管	血管瘤	血管肉瘤
淋巴管	淋巴管瘤	淋巴管肉瘤
间皮组织	间皮细胞瘤	间皮细胞肉瘤
神经组织		
神经节细胞	神经节细胞瘤	神经节细胞肉瘤
室管膜上皮	室管膜瘤	室管膜母细胞瘤
胶质细胞	胶质细胞瘤	多形性胶质母细胞瘤
神经鞘细胞	神经鞘瘤、神经纤维瘤	恶性神经鞘瘤
神经鞘膜组织	神经纤维瘤	神经纤维肉瘤
其他		
黑色素细胞	黑色素瘤	恶性黑色素瘤
三个胚叶组织	畸胎瘤	恶性畸胎瘤
几种组织	混合瘤	恶性混合瘤、癌肉瘤
生殖细胞		精原细胞癌、胚胎性癌

三、良性肿瘤与恶性肿瘤的区别

良性肿瘤和恶性肿瘤在病理学方面主要依据肿瘤的组织结构、肿瘤细胞的形态特征及其生物学特性加以鉴别。良性肿瘤与恶性肿瘤的区别见表 5-6。

表 5-6　良性肿瘤与恶性肿瘤的区别

生物学特性	良性肿瘤	恶性肿瘤
生长方式	膨胀性生长	浸润性生长或膨胀性生长
生长速度	缓慢	迅速
转移	无	常发生
复发	手术摘除后很少复发	常复发
异型性	异型性小，与原发组织形态相似	异型性明显，与原发组织形态差异大
细胞分化程度	良好	分化程度低

（续）

生物学特性	良性肿瘤	恶性肿瘤
核分裂象	极少	较多
核染色质	较少，接近正常	增多
对机体的影响	无严重影响	影响大，如后期可引起机体恶病质

四、肿瘤对机体的影响

（一）局部性影响

肿瘤组织增生、膨大，可使周围组织受到机械性压迫，特别是压迫血管、神经、管道和器官等，可导致营养障碍、变性、坏死，良性或恶性肿瘤都有此种作用，但呈浸润性生长的恶性肿瘤影响更大。肿瘤组织侵入器官可损害其机能，压迫神经可引起神经痛或神经麻痹，压迫或侵入血管及淋巴管可引起局部淤血、贫血和水肿。肿瘤位于支气管或胃肠管道，可形成堵塞，甚至闭锁。

（二）全身性影响

恶性肿瘤生成的代谢产物可使机体中毒。肿瘤的过度生长和蔓延，可夺取大量营养物质，致使病畜出现极度衰弱、厌食、消瘦、衰竭、贫血和负氮平衡，呈恶病质状态。并发症在恶性肿瘤中多见。在极少数的内分泌器官，如果发生肿瘤，可引起激素分泌紊乱等变化。例如，甲状旁腺肿瘤病畜可出现纤维性骨营养不良症状。良性肿瘤如果发生在中枢神经系统和心脏等部位，也可对动物生命造成危险。

第三节　动物常见肿瘤的病理变化

一、畜禽常见肿瘤的病理变化

（一）上皮组织肿瘤

1. 乳头状瘤（papilloma）　乳头状瘤是由表皮或黏膜上皮异常增生形成的良性上皮瘤。各种动物都可发生，但以反刍动物较为多发。根据其含间质的多少，分为硬性乳头状瘤和软性乳头状瘤两种。硬性乳头状瘤多发生在皮肤、口腔、舌、膀胱及食管黏膜，瘤细胞为复层上皮细胞，常常角化，含间质较多，故质地较硬。软性乳头状瘤多发生于胃、肠、子宫或膀胱等部的黏膜，瘤细胞为柱状或变移上皮细胞，含间质较少，质地柔软且易出血。

眼观：肿瘤的上端呈分支的乳头状突起，表面形如菜花或绒毛，根部有根蒂与基底组织相连。

镜检：乳头状突起由富含毛细血管、呈分支状分布的间质构成其轴心。其表面覆盖着增生的上皮，形如"手套"。增生的上皮细胞，在基底部不呈浸润性生长。其被覆的上皮随不同的发生部位而异，有鳞状上皮、柱状上皮或移行上皮等。

例如，由兔肝球虫引起的肝胆管上皮乳头状瘤，眼观可见肝表面为灰白色圆形或条索状的结节。镜下可见，乳头状突起的中心为含有血管的分支状结缔组织，表面覆盖增生的胆管上皮，形如"手套"，增生的上皮内有球虫寄生（图 5-5）。

2. 腺瘤（adenoma）　　是由腺器官的上皮发生的良性肿瘤，机体各部分的腺体均可发生。但多发生于卵巢、甲状腺和肺脏等器官。临床上以猪、牛、鸡等动物多见。

眼观：黏膜的腺瘤多呈息肉状，肿瘤基部有蒂或无蒂，切面似增厚的黏膜，此称息肉样腺瘤。腺器官内的腺瘤，多呈结节状，外有完整的包膜。腺瘤可分为实性或囊性腺瘤。实性腺瘤切面外翻，其颜色和结构与正常的腺组织相似，但有时可见坏死、液化或出血。囊性腺瘤切面有囊腔，囊内含有大量液体，囊壁上皮呈不同程度的乳头增生。根据腺腔内所含内容物的性质不同，可将之分为浆液性囊腺瘤和胶样囊腺瘤等。由一个囊腔组成的囊腺瘤，称为单层性囊腺瘤；由多个囊腔组成的称为多层性囊腺瘤。

镜检：可见腺瘤细胞的形态和大小稍不一致，腺瘤管腔的排列、大小和形态不整齐，小叶构造不明显，大小不均。腺瘤上皮的周围是间质结缔组织，内含有血管。如果腺瘤的上皮细胞比间质结缔组织的量多时称为单纯性腺瘤；反之，间质结缔组织比腺瘤的上皮细胞多时则称为纤维性腺瘤。

3. 鳞状上皮细胞癌（squamous cell carcinoma）　　简称鳞癌，最常发生于皮肤的鳞状上皮以及有这种上皮的黏膜（如消化道、泌尿生殖道等）。发生鳞状化生的组织亦可转化为此种癌。在动物中较为常见，如皮肤鳞状细胞癌、鼻咽鳞状细胞癌及鼻旁窦鳞状细胞癌等。

眼观：鳞癌常呈菜花状或结节状，质地较坚硬，也可坏死脱落而发生溃疡、出血。切面颜色呈灰白色，粗颗粒状，与周围组织分界不清。

镜检：可见增生的上皮突破基底膜向深层浸润，形成条索状或不规则形癌细胞巢。癌细胞巢的最外层相当于表皮的基底细胞层，其内层为棘细胞层、颗粒细胞层，在癌巢中心可见类似表皮的层状角化物，称为角化珠（keratin pearl）或癌珠。分化较差的鳞癌无角化珠形成，癌细胞呈明显的异型性，并见较多的核分裂象。

4. 腺癌（adenocarcinoma）　　是由腺上皮发生的恶性肿瘤。腺癌多发生于胃肠、乳腺、子宫、卵巢、鼻腔、鼻窦及各种腺器官。

眼观：大多数腺癌的形态不规则，多呈团块状，一般无包膜，与周围健康组织分界不清。癌组织呈灰白色质硬、脆弱，其表面常有坏死与溃疡。腺癌分泌黏液较多的，称黏液癌。黏液癌呈灰白色，湿润，半透明如胶冻样。

镜检：癌细胞由黏膜的柱状上皮、腺体排泄管上皮和管状腺细胞组成。细胞的大小、高度和形态不整。癌细胞的排列极度紊乱，可排列为腺管状、条索状、团块状或筛状等。癌细胞常不规则地排列成多层，腺腔样结构，核大小不一，呈明显的异型性，癌细胞有的突入腺腔内呈乳头状，有的显著扩张呈囊状。黏液癌时，可见黏液聚积在腺腔样结构的癌细胞内或腺腔内，并将其胞核挤向一侧，或使腺体崩解。恶性程度较高的癌巢为实体性，无腺腔样结构，癌细胞异型性高，核分裂象多见。有的癌巢小而少，间质结缔组织多，质地硬，称为硬癌（scirrhous carcinoma）。有的癌巢较大较多，间质结缔组织相对较少，质软如脑髓，称为髓样癌（medullary carcinoma）。

5. 肝癌（hepatic carcinoma）　　由肝细胞生成的癌，称肝细型肝胞癌；由胆管上皮生成的癌，称胆管细胞型肝癌。原发性肝癌可见于猪、牛、羊、鸡、鸽、鸭、犬、猫和鱼等许多动物，多由于长期饲喂霉变饲料所引起，主要是黄曲霉毒素慢性中毒的结果，特别是在鸭和猪，往往地区性的发病率极高。

眼观：原发性肝癌在外观形态上可区分为结节型、弥漫型和巨块型三种，但以前两型多见。结节型的特征是在肝组织内形成大小不等的类圆形结节，大小从粟粒大到数厘米，癌结节通常多个同时出现，不均匀地分布于各个肝叶，有时可呈菜花样外观，与周围组织分界明显，切面呈灰白色、灰红色、淡绿色或黄绿色不等，这往往与出血、坏死或是否含有胆汁有关。弥漫型的特征是一般不形成界限分明的结节。由于癌组织广泛浸润于肝叶各个部分，在肝表面和切面有许多不规则的灰白色或灰黄色的特殊斑点或斑块。巨块型的特点是在肝内形成巨大癌块，癌块周围常有若干卫星性结节。

镜检：原发性肝癌可区分为肝细胞型肝癌、胆管细胞型肝癌和混合型肝癌三种类型。肝细胞型肝癌的癌细胞为多边形，胞浆淡染伊红，可见有胆色素颗粒，核圆形或椭圆形，常见分裂象。癌细胞呈条索状、团块状排列，也有呈腺管状排列的，细胞团块之间有结缔组织分隔。胆管细胞型肝癌的癌细胞多为立方形或柱状，胞浆较少，嗜碱性或透明状，核较小，呈圆形或卵圆形，染色较深。癌细胞多呈腺管状排列，少数呈乳头状及双行细胞索排列。分化差的胆管细胞型肝癌，癌细胞较大，多呈高柱状，排列不整齐，腺腔大小不规则，常见核分裂象。胆管细胞型肝癌内一般纤维结缔组织较多，并常见数量不等的淋巴细胞浸润。混合型肝癌的特征为癌组织中包含有肝细胞型肝癌和胆管细胞型肝癌两种组织相。

（二）间叶组织肿瘤

1. 纤维瘤（fibroma）　由结缔组织细胞（成纤维细胞）和胶原纤维组成。通常可分为硬性纤维瘤和软性纤维瘤。前者多发生于肌膜、骨膜和腱等部位，后者多发生于皮下、黏膜、浆膜下、子宫等部位。

眼观：硬性纤维瘤一般呈圆形或卵圆形，与周围组织的分界清晰，有包膜，质地坚韧，切面呈灰白色或淡红色，有时可见错综排列的束状纹理。软性纤维瘤多呈疣状、息肉状或弥漫性肥厚，质地柔软，切面呈水肿样。纤维瘤的大小差异较大，从粟粒大到排球大。

镜检：硬性纤维瘤由致密成纤维细胞和大量的胶原纤维构成，可见纤维排列成束状，粗细不等，互相编织。瘤细胞呈梭形或星形，核呈卵圆形，淡染，有多个核仁，一般不见核分裂象。软性纤维瘤可见瘤细胞排列疏松，胶原纤维少，瘤细胞和纤维之间常发生水肿和黏液样变。

2. 脂肪瘤（lipoma）　是良性肿瘤中最常见的一种，多发生于四肢与躯干的皮下组织及机体存有脂肪组织的部位（如大网膜、肠系膜、肠浆膜、乳腺等）。各种畜禽均可发生。

眼观：瘤体呈球形、扁圆形或分叶状，表面光滑，有包膜，与周围组织分界明显。若发生于肠系膜、肠壁等处，则具有较长的蒂。脂肪瘤大小不等，小者有榛子大、核桃大，大者可达十几千克。肿瘤质地柔软，其色泽随动物种类而异，牛的脂肪瘤为黄色，马为深黄色，羊的近似白色。脂肪瘤有时发生坏死而变为灰白色，质地较硬，呈粉末状。

镜检：脂肪瘤与正常脂肪组织构造相似，主要的区别主在于有包膜，瘤组织分叶大小不规则，并有不均等的纤维组织间隔，内有血管。

3. 海绵状血管瘤（cavernous hemangioma）　由增生的毛细血管构成。常见于犬、猫、马、奶牛、绵羊和猪，可发生在身体的任何部位，但以皮肤、皮下组织和肝脏多见。

眼观：肿瘤呈卵圆形，中等硬度，轮廓明显，呈紫红色。切面可见大小不等的血腔，其间有薄的间隔，类似海绵。

镜检：瘤组织血管密集，壁薄，可见由分化较好的单层扁平内皮细胞组成的充满血液的血管腔。常见血管内有血栓形成，机化和钙化。有时血管瘤团块被玻璃样变的结缔组织分割。

4. 平滑肌瘤（leiomyoma） 是由平滑肌组织生成的良性肿瘤。常见于牛、猪、犬、马、鸡等动物，以子宫、膀胱、阴道、胃壁、肠管等部位多发。

眼观：肿瘤呈结节状，表面光滑或凸凹不平，界限清楚，大小差别很大。肿瘤组织呈灰白色，有纤维样构造，结构致密，质地坚硬。

镜检：肿瘤细胞呈梭形，较正常平滑肌细胞密集，细胞核呈长杆状，细胞排列成粗细不一的束状，肌束纵横交错。如果横切肌纤维，肿瘤细胞呈圆形，核也呈圆形。在肌束之间有不等量的结缔组织，如果结缔组织的含量过多，称纤维肌瘤。

5. 间皮瘤（mesothelioma） 是来源于间皮组织的良性肿瘤。常发生于鸡、鸭、牛和猪等动物，以胸膜和腹膜处多发。

眼观：肿瘤呈大小不等的结节状，呈单发或多发，多发时常见多个瘤连接成堆或呈弥漫性分布。肿瘤结节为圆形、椭圆形、扁平或片状，有完整的包膜，质地坚实，切面呈灰白色，均质，无浸润或转移现象。

镜检：瘤组织可分为纤维型和上皮型两种结构。纤维型瘤细胞呈梭形，似纤维瘤样结构，上皮型瘤细胞则排列成腺管样结构或呈小岛状排列。

6. 纤维肉瘤（fibrosarcoma） 是恶性间叶组织肿瘤中最常见的一种，可发生于各种动物，但最常见于犬和猫。其发生部位与纤维瘤相似，以皮下组织、骨膜、肌膜等部位多发。

眼观：肿瘤呈不规则的结节状，瘤体积大小不一，切面呈灰白色或粉红色，湿润，均质如鱼肉状，瘤内常有坏死和出血。

镜检：瘤细胞大小不一，为梭形或圆形。分化差的纤维肉瘤，表现为瘤细胞形态不一，核肥大深染，核仁明显，核分裂象多见，瘤细胞成分多，胶原纤维甚少。

7. 淋巴肉瘤（lymphosarcoma） 是从淋巴组织发生的一种不成熟的恶性肿瘤，可发生多种畜禽，但最易发生于猪、牛和鸭等动物。

眼观：瘤体呈大小不等的结节或团块状，常与周围组织互相粘连，切面呈灰白色，质地比较柔软，均质如鱼肉样。较大的肿瘤组织中常有出血或坏死。

镜检：肿瘤的成分主要为具异型性的成淋巴细胞和淋巴细胞样瘤细胞。这种成淋巴细胞的体积大于一般的淋巴细胞，胞浆多，核圆，染色较淡，呈空泡状，并见核分裂象。淋巴细胞样瘤细胞核圆而浓染，核分裂象也多见。肉瘤细胞间可见丝状的网状纤维，肿瘤实质中无正常的淋巴小结和淋巴窦结构。

8. 鸡马立克氏病（Marek's disease，MD） 是由马立克氏病病毒引起鸡的一种肿瘤性传染病。患鸡的病理特征是在外周神经、内脏、皮肤和眼虹膜有多形态肿瘤化的淋巴细胞增殖或形成肿瘤。

马立克氏病病毒（MDV）是疱疹病毒科（Herpesviridae）的病毒。MDV包括禽疱疹病毒2型（gallid herpers virus 2，GaHV-2）和禽疱疹病毒3型（GaHV-3）。其中，GaHV-2是MD的主要病原体，可以使感染鸡发生肿瘤，但其不同毒株间致病性的强弱有很大的差别。

MD在临床上分为急性、慢性两型。急性型 MD 主要发生于英、美等养鸡业高度发达的国家，其特征是突然暴发、流行迅速、病程短促、病鸡外周神经不肿大，但死亡率高，内脏器官可出现肿瘤。我国流行的主要是慢性型。慢性型又分为 4 种基本病理形态，即神经型、内脏型、皮肤型和眼型。

MD的病理变化最常见于外周神经和内脏。外周神经中又以坐骨神经受害为多发，病变多发生于一侧。肉眼观察坐骨神经呈局限性或弥漫性增粗，但粗细不均，呈灰白或灰黄色，常见细小颗粒状突起，有时因水肿使神经纤维表面的横纹消失。受损坐骨神经所支配的后肢发生萎缩。组织学检查坐骨神经横切面，可在神经外膜、神经束膜、神经纤维间，尤其在小动脉周围，见大量多形态淋巴细胞呈弥漫性浸润或局灶性堆积，从形态看有大、中、小淋巴细胞及浆细胞、网状细胞、原淋巴细胞、马立克氏病细胞。马立克氏病细胞大小与原淋巴细胞相似，胞核浓染，胞浆强嗜碱性。一般认为这是一种退行性变性的成淋巴细胞的胚型细胞。研究证明，上述浸润增生的细胞成分75％左右来自 T 淋巴细胞，其中多数为肿瘤化的淋巴细胞，少数为炎性浸润细胞。此外，还可见神经纤维变性，表现为髓鞘脱失，轴突肿胀、消失，因髓鞘脱失使神经轴突与神经内膜之间出现空白区。臂神经丛、腹腔神经丛、肠系膜神经丛等其他外周神经也可发生与坐骨神经类似的变化。

患鸡内脏器官和组织发生淋巴细胞性肿瘤的顺序依次是卵巢、肾、脾、肝、心、肺、肠系膜、腺胃和肠道等，肿瘤大小不等，呈灰白色，质地坚实，切面平整而富有光泽，可弥漫性分布于器官表面或内部。肿瘤组织的细胞成分与外周神经所见相似。通常法氏囊和胸腺发生萎缩。有的病鸡眼虹膜发生肿瘤性淋巴细胞浸润而呈斑点状或同心圆状，以致弥漫性的淡灰色或灰白色，瞳孔缩小，边缘不整，导致一侧或双眼失明。淋巴细胞性肿瘤发生于皮肤时，可见皮肤毛囊形成小结节状或瘤状物。

9. 鸡淋巴细胞性白血病（lymphoid leukemia，LL）　是由淋巴细胞性白血病病毒引起鸡的另一种肿瘤性传染病。其病理特征是，肿瘤首先发生于法氏囊，然后转移到肝、脾等内脏器官，故肿瘤细胞形态基本一致。淋巴细胞性白血病病毒（LLV）是反转录病毒科（Retroviridae）、禽 C 型反转录病毒群（Avian type C retroviruses）中的一种外源性病毒。LLV主要由患病母鸡经卵垂直传染给子代。同时消化系统和血液中的病毒也可通过污染环境而造成水平传播。LLV 侵入健康鸡体内后攻击的靶器官主要是法氏囊。LLV 缺乏病毒癌基因（即转化基因），但它可激活细胞的原癌基因使之转变成细胞癌基因，导致 B 细胞肿瘤化。因此，本病的原发病灶是法氏囊，肿瘤化的 B 细胞转移到肝、脾、肾、肺、性腺、心肌、骨髓等器官组织，形成细胞成分基本一致的淋巴细胞肿瘤。

LL 常呈慢性经过，剖检时可在多器官中发现肿瘤病灶。作为原发性病灶的法氏囊，外形不规则，高度肿大，其黏膜皱褶大小不均一，有些皱褶肿胀、变形，形成许多大小不等的结节状瘤块。组织学检查，瘤细胞为形态基本一致的肿瘤化的成淋巴细胞，核较大呈圆形，染色质多向核膜处边集，中央呈空泡状，核仁明显，胞浆微嗜碱性，有时可见较多的核分裂象。法氏囊原有的淋巴滤泡结构多数已被破坏，正常淋巴细胞极为少见。由上述肿瘤细胞转移而构成的肿瘤结节可见于肝、脾、肾、肺、性腺、心肌和骨髓等器官或组织，其中以肝、脾最为多见。肝体积肿大 5～6 倍，表面红褐色（相对正常的肝组织）与灰白色（肿瘤细胞部位）区域相间存在，而呈色彩斑驳，质地较软，切面上肿瘤部为灰白色且富有光泽。镜检见肿瘤细胞密集呈结节状膨胀性生长，有的瘤细胞发生坏死，呈散在的或小灶性的核破碎，局部染色变浅，残留的肝组织发生萎缩被分割成不规则的条索状。肝细胞呈现变性或坏死性变化。

LL 和内脏型 MD 在眼观病变上不易区别，但病理组织学检查有助于确诊。其中 MD 是多形态肿瘤化的淋巴细胞增生和浸润，多数为 T 细胞，可检出细胞表面的 MDTSA；LL 的肿瘤结节是肿瘤化的 B 淋巴细胞构成的，绝大多数来自 B 细胞，其表面带有 IgM 抗原标记。

（三）其他组织肿瘤

1. 肾母细胞瘤（nephroblastoma） 又称肾胚胎瘤，是来源于后肾胚芽（中胚组织）的一种胚胎性恶性肿瘤。主要发生于幼兔、鸡、猪、牛、犬、羊等动物，肾脏或靠近肾脏的组织是肾母细胞瘤常发部位。

肾母细胞瘤肿瘤可见于一侧或两侧肾脏，外观为结节状、分叶状或巨块状，颜色灰白。巨大的肾母细胞瘤往往压迫周围组织，并常侵犯肾上腺、肝脏和其他邻近器官。后期，瘤体常与腹腔内脏器发生粘连，瘤组织中见有坏死。

镜检可见肿瘤实质中主要有胚胎性上皮样细胞和肉瘤样细胞两种成分。胚胎性上皮样细胞胞质很少，呈圆形、椭圆形或立方形，略嗜碱性，呈弥漫状浸润或团块状分布。常可见到一些肾小管或肾小球样结构。这些肾小管样结构是由层次不同的小圆形细胞或不规则的立方状、柱状细胞排列而成，肾小球样结构实际上是一团小圆形细胞的堆集。肉瘤样细胞成分为分化程度不同的梭形细胞、纤维组织、黏液组织、脂肪组织以及各种肌组织和骨组织等。

2. 畸胎瘤（teratoma） 是由内、中、外三个胚叶分化的组织纤维生成的肿瘤。可分为实性畸胎瘤和囊性畸胎瘤两种。前者常发生于睾丸，通常为恶性；后者多发生于卵巢，一般为良性。在皮下、胸腔、腹腔等部位也可发生。多发生于马、骡、猪、犬、兔、鸡等动物。

眼观实性畸胎瘤多为实体性。镜下，除见皮肤组织及皮肤附件外，还可见由立方上皮构成的腺体、气管、肠黏膜、骨、软骨、脑、平滑肌等组织结构，各种组织基本上已分化成熟。少数可恶变为鳞状细胞癌。实性畸胎瘤常见有分化不良的神经外胚层成分。该瘤常可转移到盆腔及远处器官。囊性畸胎瘤呈圆形或椭圆形，为单房或多房，内壁为颗粒状，粗糙不平，常有结节状隆起，有时能见到小块骨、软骨等，囊腔内有皮脂、毛发，甚至可见牙。

3. 癌肉瘤（carcinosarcoma） 同一种肿瘤组织中既有癌又有肉瘤成分者，称为癌肉瘤。癌的成分可分为鳞状细胞癌、移行细胞癌、腺癌等；肉瘤成分可为纤维肉瘤、平滑肌肉瘤、横纹肌肉瘤、骨肉瘤、软骨肉瘤等。癌和肉瘤的成分可按不同比例混合，通常含癌和肉瘤成分各有一种，有时不止一种，如腺癌与平滑肌肉瘤和骨肉瘤混合。癌肉瘤可能以多种形式发生，如上皮组织和间叶组织同时发生恶变，多能干细胞向癌和肉瘤两种方向分化，癌诱导其间质发生恶变，癌细胞部分发生间叶组织化生和恶变等。

4. 恶性胚胎瘤（embryonal carcinoma） 卵巢未分化上皮细胞的一种恶性肿瘤。肿块小，切面灰色或灰红色，有出血和坏死区。瘤块为实体性。镜下，癌细胞大，高度异型，胞浆染双色，边界不清，核分裂象多。瘤细胞排列成腺状、管状、乳头状或实体团块。癌细胞可直接播散或经淋巴管转移。

二、宠物常见肿瘤的病理变化

1. 犬恶性淋巴瘤（canine malignant lymphoma） 是犬的一种进行性致死性肿瘤疾病，又称犬淋巴瘤或犬淋巴性白血病。病因尚不清楚。特征为淋巴组织发生肿瘤性增生，并出现受害器官的相应体征。以德国牧羊犬、金色猎犬和虎头犬的发生率为高，多见于5岁以上的犬。临床表现多种多样，有多中心型、消化器型、前纵隔膜型和皮肤型四种。剖检可见浅表和内脏淋巴结对称性肿大，脾脏和肝脏肿大，表面有小结节；病理组织切片可见有淋巴结、肝、脾等结节样或弥散性肿瘤细胞增生、浸润。皮质类固醇、烷化剂、叶酸拮抗剂和长春新碱等化学药剂治疗，可缓解病情和延长部分患犬的生命。

2. 精原细胞瘤（seminoma） 是发源于睾丸曲细精管的原始生殖细胞的恶性程度较小的肿瘤，又称生殖细胞癌（germinocarcinoma）或精原细胞癌。它是动物睾丸最常见的肿瘤，尤其是3岁以上的犬和老龄马很常见，其次为驴、骡、牛、羊。在禽类，鸭、鹌鹑和虎皮鹦鹉也有报道。通常是单侧性发生，右侧略多于左侧，很少双侧同时发生。该肿瘤常与间质细胞瘤或支持细胞瘤同时发生。病因及致病机理尚不十分清楚，可能与品种、隐睾、化学致癌物质和内分泌异常等因素有关。

眼观，睾丸多肿大，甚至达正常体积的3～5倍。后期睾丸正常组织几乎被肿瘤组织替代。瘤体常呈结节状，结节体积大小不一，直径从几毫米到6cm，常为3～5cm。因睾丸白膜较厚韧，难以被肿瘤破坏，故睾丸的轮廓常无明显改变。瘤组织多被纤维组织分隔成小叶，外有包膜，质地坚实。瘤组织切面外翻，色泽均匀，呈灰黄、灰白或灰红色，如鱼肉样。肿瘤与健康组织界限清楚，瘤组织偶见坏死与出血。光镜下，瘤细胞在曲细精管内呈团块或条索状生长，也可呈弥漫性生长。根据组织学特点不同，精原细胞瘤可分为三种类型：①典型精原细胞瘤。瘤细胞被纤维结缔组织分隔成团块状，瘤细胞体积大而形圆，比较均一，胞质淡染，有时呈颗粒状，染色较深。核大而圆，位于中央，有1～2个明显的核仁，核膜清楚而厚，染色质粗大，核分裂象少见。偶见巨核或多核瘤巨细胞。散见出血和坏死。瘤组织周围曲细精管内生精细胞变性、萎缩。间质中有数量不等的淋巴细胞浸润，有时还见淋巴滤泡形成。此特点可作为诊断该肿瘤的依据。偶尔还可见由上皮样细胞和多核巨细胞构成的肉芽肿。②精母细胞性精原细胞瘤。瘤细胞来源于低分化的精母细胞。也常称生殖细胞癌。肿块长在睾丸组织内，呈结节状，肿瘤质地柔软，切面粗，呈分叶状，颜色呈灰黄/灰白或淡红色，有一定光泽，部分区域呈胶冻状或囊状。瘤组织常发生出血或坏死。镜下，瘤细胞大，呈圆形或多边形，胞浆丰富，略嗜碱性或嗜酸性；核大，分裂象多。瘤细胞排列成片状、条状或管状，间质中纤维组织少。组织学上瘤细胞有三种类型：第一种是瘤细胞体积小，形似淋巴细胞，实际是未成熟的精母细胞（图5-6）；第二种是瘤细胞中等大小，核仁形圆，胞质嗜伊红着染；第三种瘤细胞为多核瘤巨细胞。③分化不良性或未分化型精原细胞瘤：瘤细胞分化程度低或未分化，大小不一，核粗大，常见分裂象。虽然呈现"恶性"外观，但大部分预后都是良性的。禽的精原细胞瘤较大而无边界，有明显包膜，瘤组织中有纤细的基质穿插形成的松散板层或致密的肌束，瘤细胞大而圆，核呈圆形或卵圆形，核仁明显。有时还可见到合胞体，有丝分裂象多。

精原细胞瘤预后一般良好，对放疗很敏感，很少发生转移，偶尔可见转移到邻近腹股沟淋巴结、髂淋巴结、主动脉周围淋巴结及肺等，血管转移较少见。精母细胞性精原细胞瘤一般不发生转移。

3. 睾丸间质细胞瘤（leydig cell tumor）　睾丸间质细胞的肿瘤。常见于较老龄犬，马和牛也可发生。单侧或双侧发生，肿块常呈球形，眼观呈黄色，结节状或呈弥漫性生长，大小不一，质较软或有韧性。镜下，肿瘤实质由大的圆形或多形性的细胞组成。瘤细胞较大，圆形或椭圆形，胞质稀疏，富含大小不一的空泡结构，瘤细胞界限不清。胞浆内含大量脂类，间质少，分裂象少见。此瘤能造成性激素分泌紊乱，出现包皮下垂、性机能消失、秃毛和棘皮症。

瘤细胞间质血管扩张、充血，局部有出血。瘤组织旁的曲细精管可因受挤压而萎缩、退化，普遍空化，很少见精细胞，但未见明显异型性变化。其他如附睾等结构，未见明显异常，但管腔内不见精子。

4. 黑色素肉瘤（melanosarcoma）　或称为**恶性黑色素瘤**（malignant melanoma），是犬常发的肿瘤病之一，多发生于头、面部、眼部皮肤或接近皮肤的黏膜，也见于软脑膜和脉络膜。肿瘤起源于外胚叶的神经嵴。正常黑色素细胞位于表皮层内，与基底细胞间插排列，细胞产生色素后，通过树状突将黑色素颗粒输送到基底细胞和毛发内。黑色素瘤可由表皮黑色素细胞、痣细胞或真皮成黑色素细胞组成。正常黑色素细胞瘤变的真正原因尚不清楚，可能与下列因素有关：①良性黑色素斑块，即黑痣，其中交界痣最易恶变，混合痣较少，内皮痣则极少。②阳光和紫外线照射，多见于曝光部位。③其他，遗传、外伤、慢性机械刺激等，也可为致病因素。临床表现按其形态可分为浅表型黑色素瘤和结节型黑色素瘤两型。浅表型黑色素瘤，又称湿疹样瘤，生长较慢，转移也较迟。结节型黑色素瘤，特点是病变呈结节状高出皮面，周围绕以红晕，表面呈息肉样或菜花样，颜色多呈黑色，也可为褐色、蓝黑色、灰白色和淡红色，发展迅速可自行溃破。此型很早发生血行和淋巴转移，出现区域性淋巴结肿大，并常转移至肺、脑、肝等脏器。晚期出现恶病质。

恶性黑色素瘤显微镜下可见肿瘤组织与表皮的基底层细胞紧密接触，由表皮的黑色素细胞发源而来。表皮下真皮层全被含有黑色素颗粒的瘤细胞所占据。肿瘤细胞黑色素含量极高，由大小不一的多形、深浅不一的上皮样或球形细胞构成（图5-7）。瘤组织呈膨胀性生长，与周围真皮层其他的结构间界限较分明；肿瘤组织表面的皮肤大面积破溃、脱落（图5-7）。

5. 肛周腺瘤与肛周腺癌　是发源于肛周腺或肝样腺上皮的良性或恶性肿瘤，是犬最常见的肿瘤病之一，以萨摩耶犬常发。

在犬和猫的肛门处有两种皮肤的特化结构，一是**肛囊**，二是**肝样腺体**。

肛囊特别容易受损伤。猫和犬的肛囊属于双侧性的憩室，位于内外肛门括约肌之间，其导管在皮肤黏膜交界处通往肛门。管道和肛囊由分层的鳞状上皮细胞排列构成。猫的囊壁有皮脂腺和大汗腺分布，而犬的囊壁只存在大汗腺。肛囊在分泌性物质的刺激下会肿胀，受创伤后会导致破裂，并进一步引发相邻组织的细菌性感染和慢性炎症（即异物反应）。犬的肛囊癌变往往与肿瘤细胞产生的甲状旁腺激素相关蛋白（PTHrP），以及恶性肿瘤的体液性高钙血症有关。

肝样腺体多位于肛门周围的皮肤中（如肛周），同时也可存在于包皮、尾巴、体侧部及腹股沟附近的皮肤中。这些肝样腺体，无特定导管。主要由外周储备细胞构成。储备细胞包围类似肝细胞的分化细胞，因此得名为肝样腺体。雄性犬肛周腺瘤的形成通常与睾酮有关。

肛周腺瘤（perianal gland adenoma）的发生部位在尾根部肛门周围。良性肿瘤外观呈结节状，组织病理学观察见瘤组织与周围组织间界限分明。肿瘤组织由大的、多边形的、肝细胞样细胞及其周边小的储备细胞组成，不同区域的瘤细胞形态基本一致。瘤细胞排列成团块状或宽带状，呈膨胀性生长。有的区域可见瘤细胞形成囊腺样结构，囊腔内含有均质红染的分泌物（图5-8）。瘤组织表面黏膜上皮常出现变性、水肿，或坏死脱落，并常见有大量的中性粒细胞及多量淋巴细胞浸润。瘤细胞中见少量的核分裂象。

肛周腺癌（perianal adenocarcinoma）的肿瘤组织多位于肛门黏膜下，呈团块或片状分布。肿瘤组织由大的、多边形的、胞质丰富的肝样细胞，或卵圆形细胞组成，不同区域瘤组织结构基本一致。与肛周腺瘤的不同点在于瘤细胞大小不一，排列不规，瘤组织呈侵袭性生长，常侵入肌肉组织深层。瘤细胞中多见异型性分裂象（图5-9）。

6. 乳腺癌（breast adenocarcinoma） 是发源于乳腺上皮的恶性肿瘤，是犬常见的肿瘤病。根据肿瘤组织的结构成分不同，分为乳头状乳腺癌、腺泡型乳腺癌、腺房型/管状实体型乳腺癌、硬型乳腺癌及混合型乳腺癌5种类型。其共同的特点是癌组织均位于表皮下，癌组织及癌细胞的异型性强，并多见癌细胞分裂象。不同点在于：乳头状乳腺癌的肿瘤组织中癌细胞主要发源于腺上皮细胞，而且排列呈乳头状。腺泡型乳腺癌的肿瘤组织中癌细胞主要发源于腺泡上皮细胞，癌细胞呈不规则的腺泡状排列，有的腺泡腔内还可见均质红染的乳汁蛋白。腺房型/管状实体型乳腺癌的肿瘤组织中癌细胞主要发源于腺泡上皮细胞或腺管上皮细胞，癌细胞呈致密的团块状排列，细胞间无间隙。硬型乳腺癌的癌组织内纤维结缔组织丰富，癌细胞巢呈大小不一的结节状、条索状或管腔状分布，癌细胞巢边缘的细胞常排列呈条索状。癌细胞呈类圆形或纺锤形，胞质少，具双染性，彼此游离无连接，多见异型性分裂象。局部可见有出血、坏死变化。混合型乳腺癌是恶性程度最大的一种乳腺癌。癌组织位于表皮下真皮中。癌细胞排列成片块或巢状，癌细胞巢大多为腺泡样结构，少数为腺管样结构，并见由低分化癌细胞排列成不规则的实性条索或小梁形成的大实体瘤。癌细胞分化程度很低，胞核大而空亮，胞膜不清，常见异型性分裂象。癌组织间纤维组织丰富，血管显著扩张、充血，常见多发性大面积出血；癌组织边缘常见成片的淋巴细胞浸润，局部见中性粒细胞大片浸润。

7. 脑膜瘤（meningioma） 起源于软脑膜（蛛网膜）帽细胞的肿瘤，是猫脑内最常见的肿瘤，也可见于犬、牛和马。包括11种类型，脑膜内皮型、纤维型、混合型、砂粒体型、血管型、微囊型、分泌型、透明细胞型、脊索样型、淋巴浆细胞型及化生型。肿块位于硬膜下，肿瘤切面呈暗红色，可在片状脂质沉积的奶黄色区见编织状结构，有时见钙化砂粒，少数有囊性变。脑膜瘤的组织形态有多种表现，但各类型都多少具有脑膜瘤的基本结构，含有脑膜内皮细胞成分，细胞排列也常保留蛛网膜绒毛及蛛网膜颗粒的一些特点，即呈漩涡状或同心圆状，这些同心圆的中部容易发生透明变性或钙化，瘤组织中可见纤维组织、血管组织、脂肪、骨或软骨以及黑色素等。

第十三单元　器官系统病理学概论★★★★★

第一节 呼吸系统

由于呼吸系统与外界相通，每天吸入大量气体，因而易受空气中各种病原微生物、有毒气体和粉尘的损伤，有些致病因子可通过血流入侵呼吸器官。但动物呼吸系统有较为完备的防御功能（反射机能、机械性排送机能如气管和支气管的黏膜上皮的纤毛经常向出口方向摆动、吞噬功能以及黏膜的分泌机能），可减弱或消除有害因子的损伤作用。因此，只有在呼吸系统防御功能低下或机体整体抵抗力下降时，才会受到诸如病原微生物等有害因子的侵犯而发病。此外，其他系统病变也可引起呼吸系统的病变（如大循环中发生的血栓、细菌感染），导致肺血管阻塞或继发感染灶的发生。

呼吸系统疾病较多，本节主要介绍几种动物常见病：气管炎、小叶性肺炎、大叶性肺炎及间质性肺炎的病理学特征。

一、气管炎的病理特征

气管黏膜以及黏膜下层组织的炎症，称为**气管炎**（tracheitis）。是各种动物常见的呼吸系统疾病。本病常与喉炎、支气管炎并发，依据并发症临床上称为**喉气管炎**或**气管支气管炎**。临床常以较为剧烈的咳嗽、呼吸困难为特征。

原发性气管炎主要由于受寒感冒引起，也可因吸入异物如饲料或外界环境中粉尘、霉菌孢子或投药时药物误投等引起；也可继发于其他疾病，如牛传染性鼻气管炎、牛和羊的出血性败血症、马鼻疽、猪瘟、犬瘟热、鸡传染性气管炎等传染性疾病，此外，一些非传染性疾病如喉炎或肺炎蔓延至气管、支气管，也可导致本病发生。

根据病程，常将其分为急性气管炎（急性气管支气管炎）和慢性气管炎（慢性气管支气管炎）。依据病变的性质，又分为卡他性、化脓性和坏死性等类型。

（一）急性气管炎（急性气管支气管炎）的病理变化

主要表现为：眼观可见气管或支气管黏膜肿胀，充血，颜色加深，黏膜表面附着大量渗出物，病初为浆液性或黏液性渗出物，随后渗出物为黏液性或脓性物，黏膜下组织水肿。若发生纤维素性炎症，在黏膜表面可见有多少不等的灰白色纤维素性渗出物。镜下可见黏膜水肿、充血，黏膜上皮细胞变性、坏死脱落，黏膜层和黏膜下层常有不同程度的坏死、充血、出血及炎性细胞浸润。气管和支气管腔内可见多量黏液、脱落的上皮细胞以及炎性细胞，其中有时混有数量不等的红细胞。此时患病动物临床表现为咳嗽、流浆液性鼻液或黏液性鼻液，呼吸时发出湿啰音。

（二）慢性气管炎（慢性气管支气管炎）的病理变化

常因急性炎症转变而来，其病程长、易反复发作。病理变化主要表现为：眼观气管、支气管黏膜充血增厚，粗糙，有时有溃疡出现。黏膜表面黏附少量黏性或黏液脓性物。镜下可见黏膜上皮细胞变性、坏死脱落，支气管纤毛上皮消失或有不规则上皮细胞增生。气管、支气管固有层有明显的结缔组织增生、浆细胞和淋巴细胞浸润，严重时可见支气管腔狭窄或变形。若为寄生虫感染引起时，可见大量嗜酸性粒细胞浸润。患病动物临床常表现为持续咳嗽。

二、小叶性肺炎（支气管肺炎）的发病机制和病变特征

病变始发于支气管或细支气管，然后蔓延到邻近肺泡引起的肺炎，每个病灶大致在一个肺小叶范围内，所以称为小叶性肺炎（lobular pneumonia）；因病变起始于支气管，后波及肺组织，故又称为支气管肺炎（bronchopneumonia）。小叶性肺炎是动物肺炎的一种最基本的形式，常发生于幼畜和老龄动物。患病动物表现为咳嗽、体温升高，呈弛张热型，肺部听诊有啰音，叩诊呈灶状或片状浊音。

引起小叶性肺炎的原因主要为病原微生物，如巴氏杆菌、链球菌、坏死杆菌、葡萄球菌、马棒状杆菌等细菌。上述细菌多为呼吸道黏膜常在的条件性致病菌，正常情况下多不呈现致病性。当条件发生变化时（如寒冷、感冒、长途运输、过劳、维生素 A 缺乏等），动物机体抵抗力、呼吸道防御机能下降，细菌繁殖，细菌由支气管到达细支气管，顺着管腔蔓延，直达肺泡（气源性途径）；或随血流达到支气管周围的血管、间质及肺泡（血源性途径）；或经由支气管周围的淋巴管扩散到间质，最后到达邻近的肺泡，引起相应部位的炎症。因此，这种肺炎在体内呈散在的灶状分布。

1. 眼观病理变化 支气管肺炎多发部位是肺的心、尖、膈叶前下部，病变为一侧性或两侧性。发炎的肺小叶灰红色，质地变实。病灶的形状不规则，呈岛屿状散在分布，其间间杂着灰黄色或灰白色（气肿）的肺小叶。切开时，切面略隆起、粗糙、质地较硬，挤压时，可从小气管内流出浑浊的黏液或脓性渗出物。

2. 镜检病理变化 初期渗出以浆液为主，在细支气管和肺泡内见有浆液性渗出物，其中混有较多的中性粒细胞和脱落的上皮细胞。细支气管壁增厚、充血、水肿及白细胞浸润。肺泡壁毛细血管扩张，充血。随后，细支气管腔和肺泡腔内中性粒细胞和脱落的上皮细胞明显增多，并混有少量纤维素、红细胞。病灶周围的肺组织出现代偿性肺气肿，因支气管、细支气管炎性渗出物阻塞，形成局部肺不张，即"肺萎陷"。

三、大叶性肺炎（纤维素性肺炎）的发病机制和病变特征

肺泡内有大量的纤维素性渗出为特征的一种急性肺炎，称为**纤维素性肺炎**（fibrinous pneumonia）。因病灶波及一个大叶或更大范围，甚至一侧肺或全肺，故又称为**大叶性肺炎**。本病常伴发于某些传染病经过中。

大叶性肺炎的病因是病原微生物，主要见于一些特殊性的传染病过程中。牛传染性胸膜肺炎（牛肺疫），山羊传染性胸膜肺炎，牛、绵羊、猪巴氏杆菌病，马传染性胸膜肺炎，犬、猫、兔等巴氏杆菌引起的肺炎过程中，往往有大叶性肺炎的发生。某些传染病如猪瘟、炭疽、禽霍乱、犊牛副伤寒等疾病中，常伴发大叶性肺炎。此外，某些条件改变如受冷、感冒、刺激性气体、过劳、长途运输等可诱发本病。

病原微生物主要经气源性感染，通过支气管树播散，炎症始发于呼吸性细支气管，并迅速蔓延至邻近的肺泡、支气管、细支气管、血管周围淋巴管以及肺间质淋巴管，直至整个肺叶，病变可局限于一侧或双侧；有的病原可通过支气管周围的结缔组织和淋巴管播散，如支原体、巴氏杆菌等；也有经血源性感染的可能，如败血性沙门氏菌病时，偶尔可伴发大叶性肺炎。

大叶性肺炎的病理学特征表现为：①肺炎经过有明显的阶段性，且在同一肺叶或同侧肺

交替发生，故外观呈大理石样。②炎症波及范围大，且炎灶内以纤维素性渗出物为主。③家畜的纤维素性肺炎通常是融合性纤维素性肺炎，即只在小叶或小叶群发生纤维素性肺炎，然后炎灶相互融合，直至波及一个大叶或整个肺。④消散期在家畜纤维素性肺炎中较为少见。

　　大叶性肺炎的病理变化有一定阶段性，根据变化的特点，常将其分为 4 期：

　　1. 充血水肿期　眼观病变的肺叶肿大，呈暗红色；切面湿润，按压时有大量血样泡沫液体流出。此种肺组织切块在水中呈半沉状态。镜检可见肺泡壁毛细血管扩张充血，肺泡腔内有大量浆液、红细胞以及少量白细胞、脱落的肺泡上皮细胞等。此时患病动物临床表现为咳嗽、流淡黄色浆液性鼻液；听诊时，可有肺部干性啰音及湿性啰音，甚至捻发音。

　　2. 红色肝变期　眼观病变的肺叶肿大，暗红色，质地变硬如肝脏，故称为红色肝变；病灶切面稍干燥，呈细颗粒状（纤维素突出）。此种肺组织切块能完全沉入水中。此时肺小叶间质增宽、水肿，外观呈黄色胶冻状；胸膜增厚变混浊，表面有灰白色纤维素性渗出物覆盖。镜检可见肺泡壁毛细血管充血明显，肺泡腔内大量的网状的纤维素和红细胞，以及一定数量的中性粒细胞和脱落的肺泡上皮细胞。支气管周围、小叶间质和胸膜下组织明显增宽，充盈大量纤维素性渗出物，其中混有一定量的中性粒细胞。

　　3. 灰色肝变期　眼观病变的肺叶仍肿大，颜色转变为灰红色和灰色，质硬如肝，故称为灰色肝变；病灶切面干燥，颗粒状。此种肺组织切块能完全沉入水中。镜检可见肺泡壁的毛细血管收缩，充血现象消失，肺泡腔内充满大量网状纤维素，红细胞几乎溶解消失；此期间质和胸膜的变化与红色肝变期基本相同。肝变期的患病动物临床表现为高热稽留，呼吸困难，流铁锈色鼻液（因渗出红细胞被巨噬细胞吞噬，将血红蛋白分解转化为含铁血黄素所致）；肺部叩诊时发浊音，听诊时可出现支气管呼吸音。

　　4. 消散期　眼观病变肺组织呈灰黄色，质地变软；切面湿润，挤压时有浑浊的脓样液体流出。镜下可见纤维素逐渐被溶解，中性粒细胞数量大为减少，多呈变性、坏死状态，巨噬细胞明显增加。病程继续，肺泡壁曾被挤压的毛细血管血流开始恢复，肺组织再生，功能得以恢复。此时，肺部可听到各种啰音和肺泡呼吸音。

四、间质性肺炎（非典型性肺炎）的发病机制和病变特征

　　间质性肺炎（interstitial pneumonia）是指发生于肺间质的炎症过程，主要累及肺泡壁、支气管周围、气管周围以及小叶的间质。

　　间质性肺炎发生原因主要有：病毒感染，如绵羊进行性肺炎、犬瘟热及流感等病毒性传染病等；支原体及细菌感染，如猪地方流行性肺炎、布鲁氏菌病等；牛、羊和猪肺线虫病、蛔虫幼虫移行等寄生虫性疾病中；某些气体和过敏原，如小多孢菌、抗原性粉尘等也可引起；此外，可继发于支气管炎、纤维蛋白性肺炎等过程中。上述病因经血源或气源途径到达肺泡中隔或肺泡，引起肺泡隔毛细血管受损，或局部产生对支气管无纤毛上皮（clara cell）有毒性的代谢产物，致肺泡上皮受损，间质淋巴细胞及单核细胞浸润，结缔组织增生。

　　有学者将由支原体、衣原体、立克次氏体、腺病毒以及其他一些不明微生物引起的一种呼吸道感染综合征，称为非典型性肺炎（atypical pneumonia），或原发性非典型性肺炎（primary atypical pneumonia）。其临床特点表现为症状多样，X 线检查肺部出现不同程度的片状、斑状

浸润性阴影，使用抗生素如磺胺、青霉素治疗无效，其病理学本质为间质性肺炎。

下面以猪支原体性肺炎为例，介绍间质性肺炎的病变特征。支原体肺炎是由肺炎支原体引起的，其突出症状为阵发性剧烈咳嗽，病灶呈灶性或节段性，多累及一个肺叶。患病和带菌动物是肺炎支原体病的主要传染源，猪、鸡、羊的肺炎支原体主要经呼吸道飞沫传播，可侵犯整个呼吸道，引起炎症。

猪支原体肺炎的眼观病变表现为肺脏肿胀、呈暗红色，切面充血、水肿和不同程度的出血，挤压时可见有少量血样泡沫状液体流出，支气管和小支气管腔内有黏液性或黏液脓性渗出物。镜下可见支气管、细支气管周围组织以及肺泡间隔明显增宽、充血、水肿以及多量淋巴细胞和单核细胞浸润，肺泡腔内无渗出物或少量浆液和单核细胞。气管、支气管、细支气管黏膜充血，黏膜上皮细胞变性、坏死，甚至脱落，可见少量中性粒细胞浸润。此外，在猪支原体性肺炎过程中，还可出现较为明显的肺气肿以及支气管淋巴结髓样肿胀，病程较长时，可出现肺胰样变。

五、坏疽性肺炎

坏疽性肺炎（gangrenous pneumonia）又称腐败性肺炎（septic pneumonia），是在支气管肺炎或纤维蛋白性肺炎的基础上，继发感染腐败菌，使发炎肺组织呈腐败分解为特征的炎症。有时也见于食管疾病、咽喉头炎、破伤风和喉神经麻痹等疾病时，由于吞咽困难而将食物误咽于肺内所致，这种情况可称为异物性肺炎。如果将药物吞入肺内，也可首先引起支气管炎，然后在此基础上感染了腐败菌，使发炎的肺组织腐败分解，形成坏疽性肺炎。

眼观，发炎的肺组织膨大，触摸坚硬，切面呈灰绿色斑块状，边缘不整，肺组织腐败分解成污绿色豆腐渣样，放出恶臭。有时病变部因腐败、液化而形成空洞，流出污秽液体。肺炎若因误咽所致，则在坏死的支气管内常可找到误咽的异物。患坏疽性肺炎的病畜，其呼出的气也带有恶臭。

六、肺水肿、肺气肿及肺萎陷

（一）肺气肿（pulmonary emphysema）

是指肺组织内空气含量过多而致肺脏体积过度膨大的现象。它通常不是一种独立的疾病，而是支气管和肺脏疾病的一种并发症。多以末梢肺组织，即细支气管、肺泡管、肺泡囊和肺泡内的含气量过多和过度膨胀为特征，严重时肺泡隔破裂，使之互相融合而形成较大的气囊腔，甚至气体进入间质而引起间质性气肿（图5-10）。发生肺气肿的肺组织，其病变特点为弹性回缩力减退，组织容积增大，贫血而苍白，肺功能活动减弱。一般根据肺气肿发生的部位不同，将之分为肺泡性肺气肿和间质性肺气肿，其中以肺泡性肺气肿在临床上较为多见。

1. 肺泡性肺气肿（alveolar emphysema）　是指肺泡内含气量过多而使肺泡过度扩张的现象，多由小支气管通气障碍或代偿失去呼吸功能的肺组织而引起，常发生于肺炎、支气管痉挛和肺丝虫等疾病。

（1）病因及分型　引起肺泡性肺气肿的原因很多，分型各异。

1）根据病因，可将其分为以下三型。

①代偿性肺气肿。是指一部分肺组织失去呼吸功能后，而另一部分肺组织发生代偿性充

气过多的现象，如肺肉变病灶周围的局限性肺气肿。

②慢性阻塞性肺气肿。是指由于小气道阻塞性通气障碍而引起的肺气肿。常见于慢性支气管炎，特别是牛、羊及猪的肺线虫疾病过程中。

③老龄性肺气肿。也称为萎缩性肺气肿。这是由于随着动物年龄的增长，其肺泡壁的弹力纤维减小，肺组织伸展性降低，弹性回缩力减小，呼吸时肺泡不能充分扩张和回缩，故导致肺组织含量过多而发生肺气肿。此种肺气肿多无其他肺部疾患相伴。

2) 按病程的长短而将肺泡性肺气肿分为急性和慢性两型。

①急性肺泡性肺气肿。是指短时间内即可出现的肺气肿，常见于呼吸增强时，如剧烈的咳嗽或濒死期呼吸增强等。这是由于高度加强的吸气和呼气及痉挛的咳嗽使肺脏经常过度膨胀，肺泡壁弹性逐渐丧失。当肺泡壁弹性减弱时，在呼气末了肺泡中会残存部分气体，又因每一次不等呼气结束，氧气的缺乏又激起一次新的吸气，终使吸进的空气愈来愈多地存留于肺泡中，而导致肺泡过度膨胀，发生肺气肿。此外，当炎性渗出物和异物等迅速阻塞支气管时也可发生。这是由于阻塞的支气管在吸气时，可通过扩张作用而吸入较多的空气，当呼气时因为支气管收缩，阻塞部更为狭小，结果大量气体残留于肺泡而引起肺泡膨大，严重时可导致肺泡破裂。

②慢性肺泡性肺气肿。是指在一些慢性疾病过程中逐渐而形成的肺气肿。长期不合理的剧烈使役、过劳或赶运是发生本病变的主要因素。这是因为当重剧劳役或过度运动时，机体为氧化产能，反射地使呼吸加深加快，支气管扩张，空气吸入量增多；而呼气时由于呼吸频速，支气管扩张不充分，不能将肺泡内的全部气体呼出，于是肺泡内余气量增多而发生肺气肿。与此同时，扩张的肺泡又可压迫肺泡壁的毛细血管，因而使肺泡壁营养障碍，促使肺泡壁弹性逐渐减退，这也是发生肺气肿的重要环节。

(2) 病理变化　肺泡性肺气肿按病程可分为急性肺泡性肺气肿和慢性肺泡性肺气肿两类。

①急性肺泡性肺气肿。眼观，肺脏表面不平整，气肿部位膨大，高出于肺表面，色泽不均，病变部呈淡粉红黄色，弹性减弱，触摸或刀刮时常发生捻发音，切面比较干燥。镜检，肺泡腔增大，肺泡壁毛细血管因空气压迫呈闭锁状，此型肺气肿的肺泡壁一般无明显破损。

②慢性肺泡性肺气肿。眼观，肺组织体积显著膨大，边缘钝圆，质地柔软而缺乏弹性，指压留痕，肺组织比重减轻。由于肺组织受气体的压迫而相对贫血，故肺组织呈灰白色。有时在肺脏的表面还可见到肋骨的压痕。用刀刮肺表面时常可听到捻发音。切面上肺组织呈海绵状，扩大的肺泡腔大如帽针头，甚至可出现较大的空腔。镜检，肺泡极度扩张，肺泡壁变薄，肺泡隔破裂，相连的肺泡往往融合成较大的囊腔。肺泡隔的毛细血管常因受压而呈贫血状，甚至管腔闭塞。

(3) 结局和对机体的影响　急性肺泡性肺气肿一般不致肺组织有明显的损伤，故在病因消除后，肺内过多的气体随着肺泡功能的恢复而逐渐排出或吸收，进而痊愈。

慢性肺泡性肺气肿发生较缓，轻度时，通常不显临床症状，仅在重剧劳役时，才能表现出呼吸促迫等症状。一旦除去病因后，也可恢复。严重的肺气肿，病畜的胸廓外形往往发生改变，肋间隙增宽，呼吸运动浅表而弱，长期保持吸气状态。临床叩诊时因肺过度充气而呈过清音，心浊音缩小；听诊，呼吸音减弱。由于气体交换不足，因而机体呈缺氧状态，黏膜发绀，有时因肺胸膜破裂而造成气胸。患慢性肺泡性肺气肿的动物，最终常因心脏负担过重，从而导致心力衰竭死亡。

2. 间质性肺气肿（interstitial emphysema）　是因剧烈而持久深呼吸或胸部外伤后细支气管和肺泡发生破裂，空气进入肺间质而引起。由于这种肺气肿是气体进入肺间质而不是肺泡所产生，故称之为间质性肺气肿。间质性肺气肿常发生于硫磷等中毒和牛黑斑病甘薯中毒等疾病过程中。

剖检，见于胸膜下和小叶间的结缔组织内，有多量大小不等呈串珠样气泡，此种气泡有时可波及全肺叶的间质。发生于牛和猪的间质性肺气肿，因其间质增宽而疏松，故上述病变甚为明显。严重时，肺间质中的小气泡可汇集成直径 $1\sim2cm$ 的大气泡，进而直接压迫周围的肺组织而引起肺萎缩。如果肺胸膜下的气泡，在肺间质中有大气泡形成的情况下发生破裂，则可导致气胸。胸腔中的气体有时可经肺根部进入纵隔或从胸腔入口而到达颈部、肩部或背部皮下，故常引起纵隔和皮下的气肿。镜下可见间质扩张，结构松散。

间质性肺气肿的发生与肺泡壁和支气管壁的破裂有关。当肺泡壁和支气管壁破裂以后，由于肺泡壁和支气管壁的收缩作用，将不断有空气被挤入肺间质中，每一次吸气时的抽吸作用以及每一次呼气或者咳嗽时肺泡内压力的增高又进一步促进空气继续进入间质中。进入间质中的小气泡散布于整个肺脏中，部分还汇合成逐渐增大的气泡，但大部分随着肺脏的运动流向肺门的方向，可能达到纵隔，最后达到胸腔入口处的皮下组织中，它们将邻近的肺泡群压缩，从而使呼吸面缩小而出现呼吸困难。后者又进一步使尚未直接受间质性肺气肿侵害的肺部发生急性肺泡气肿，因此常有间质性和肺泡性气肿同时存在。

（二）肺水肿

肺水肿（pulmonary edema）是指肺泡、支气管及小叶间质内蓄积多量浆液的病变。

1. 病因与分型　肺水肿常发生于急、慢性左心功能不全，发生化学毒剂（如光气、双光气和滴滴涕等）中毒的情况下，以及伴发细菌性或病毒性肺炎的经过中。此外，肿瘤或脓肿等压迫迷走神经时，亦可引起神经性肺水肿。

肺脏在发生淤血的基础上发生肺水肿，肺泡壁毛细血管的通透性增高或某些物质（细菌的外毒素等）直接损伤毛细血管壁使之通透性增大，导致血液中的液体成分由血管内大量渗出到肺泡、肺泡隔或支气管内，并于此蓄积而使肺组织内液体成分逐渐增多，形成肺水肿。伴发于肺炎时的肺水肿，称为炎性肺水肿或称浆液性肺炎；单纯因肺淤血而引起的肺水肿，称为非炎性肺水肿。

2. 病理变化　发生肺水肿的动物，其颈静脉怒张，可视黏膜发绀，从鼻孔流出泡沫样鼻液。由于肺血管充血，在肺胸膜下、支气管、肺泡和间质内都充满浆液，故使肺脏的体积增大，重量增加，色泽加深，呈暗红色。肺胸膜湿润有光泽。用手触之可留有指压痕。切开肺脏观察，可见肺间质明显增宽并且湿润，从支气管和细支气管的断端流出多量泡沫样液体。镜检，非炎性肺水肿时，可见肺泡壁毛细血管高度扩张充血，其内含有多量红细胞，肺泡明显扩大，肺泡腔中充满淡红色液体或微细颗粒状凝固物，其中混有少量脱落的肺泡上皮。炎性肺水肿除有上述变化外，还可见肺泡腔内蓄积的水肿液中含有较多的蛋白质，并混有较多的炎性细胞（图 5-11）。肺水肿时，肺间质因水肿液的蓄积而显著增宽，结缔组织呈疏松网状。淋巴管高度扩张，严重的病例可出现淋巴栓。

（三）肺萎陷

肺萎陷（pulmonary collapse）又称继发性肺不张，是指正常呼吸和气体交换的肺组织因某些病因的作用而使得肺泡内含气量明显减少以至塌陷。一般根据引起肺萎陷的原因不同而将之分为以下两型。

1. 压迫性肺萎陷（compressive collapse）　是由肺外的或肺内的压迫所致。肺外的压迫可来自水胸、气胸、脓胸、胸膜肿瘤、动脉瘤、纵隔肿瘤、肿大的支气管淋巴结、胸腔变形以及大量腹水使膈向前移位等。肺内的压迫常见于肺内的肿瘤、脓肿、或寄生虫（如棘球蚴等）对邻近组织的挤压。被压迫的肺组织因吸入的空气不能进入肺泡内，而肺泡内的残余空气已逐渐被挤压排出或吸收，故呈瘪缩状。

眼观，受压的肺组织体积缩小，含血量减少呈灰白色或灰红色，肺胸膜增厚间或有皱纹，切面干燥平滑，挤压无液体流出，质地柔韧。镜检，肺泡壁平行排列并相互靠近，肺泡管和呼吸性细支气管也瘪缩，显得非常致密。细支气管也呈扁平状，肺泡腔和细支气管腔内无炎性反应。

压迫性肺萎陷随着病因作用的部位不同可以是一侧性或两侧性，也有的只侵害部分肺叶。一般而言，由水胸、气胸、脓胸和腹水使膈向前移位等所致的肺萎陷多为一侧或两侧性的大叶性萎陷。此时不仅肺脏有病变，而且在胸腔可发现浆液或脓性渗出物。由肿瘤、脓肿和寄生虫等所引起的肺萎陷多是局灶性萎陷，并于萎陷的肺组织附近可发现肿瘤、脓肿或棘球蚴囊泡等病灶。

2. 阻塞性肺萎陷（obstructive collapse）　是由支气管阻塞所引起，多发生于支气管或细支气管被炎性渗出物、肿胀的黏膜、异物、寄生虫所堵塞的场合或肿瘤压迫的情况下。

重要的是，支气管或细支气管被阻塞时，既可引起肺气肿，又能导致肺萎陷。当阻塞是完全或侧流通气不充分时，则该支气管所属的肺泡内的空气逐渐被吸收后，就会发生肺萎陷；反之，则否。

一般肺萎陷的区域与被阻塞的支气管所辖区域的大小相一致。眼观，病变的肺组织体积缩小，表面低于周围健康的肺组织。与压迫性肺萎缩不同的是，阻塞性肺萎陷的肺组织常发生充血或淤血，因此病变部的色泽暗红或紫红，切面较湿润。有时常因伴发局灶性肺水肿，切面上见有多量漏出液流出。质地似肉样，缺乏弹性。镜检，肺泡腔、肺泡管和呼吸性细支气管均有不同程度的瘪缩，肺泡壁毛细血管扩张、充血，肺泡腔内常见均质的液体或脱落的肺泡上皮。

肺膨胀不全与肺萎陷虽然均是指肺实质的肺泡内空气含量过度减少，使肺泡呈瘪缩塌陷状态，但两者不论在发病原因方面，还是病理变化的特点上均有区别。

肺膨胀不全一般是指肺泡从未被空气所扩张过的肺脏，多为先天性或胎生性的，主要见于死胎或胎儿出生时细支气管被黏液、脱落的上皮细胞、胎粪及吸入的羊水等所阻塞而妨碍空气的吸入，也有因脑部有病变而影响呼吸中枢，导致呼吸运动机能减弱所致。死胎性肺膨胀不全时，整个肺组织的体积缩小呈紫红色，质地似肉。投入水中则下沉。镜检见肺组织呈胎生时的状态，肺泡隔宽厚，其内的毛细血管扩张、充血，肺泡上皮细胞呈立方形，肺泡呈腺腔样。肺泡腔中有少量液体。

由胎儿呼吸道被异物阻塞而引起的膨胀不全可以是全肺性的，也可以是局限的。前者的病变与死胎的膨胀不全相同；后者通常呈斑状分布。该部界限清楚，表面较周围组织下陷，色泽紫红；切面似肝脏，挤压时则有多量血液流出。镜检，除见肺泡壁紧密相接和毛细血管扩张充血外，肺泡腔内尚可见到一些液体、细胞碎屑、吞噬细胞和异物等。

七、呼吸机能不全的概念、分类、发生原因和发病机理

在动物的生命活动过程中，需要不断地与外界环境进行气体交换，以便摄取氧，排出二氧化碳，这一过程就是呼吸。一般所讲的呼吸一词，均为狭义的，系指外呼吸而言的。因为外呼吸发生严重障碍时，常可引起呼吸功能不全。

（一）呼吸功能不全的概念与分类

呼吸功能不全（respiratory insufficiency）系指由于外呼吸功能发生障碍以致动物在海平面上、静息状态并能吸入充足空气的条件下，动脉血氧分压（PaO_2）仍偏低（低于80mmHg），或伴有二氧化碳分压（$PaCO_2$）增高（高于40mmHg）并出现一系列临床症状的情况。当 PaO_2 低于60mmHg 或 $PaCO_2$ 高于50mmHg 并伴发较严重的临床症状时，则称为呼吸衰竭（respiratory failure）。一般而论，呼吸功能不全与呼吸衰竭之间并无截然的界限。呼吸功能不全的分类比较复杂。一般有以下几种分类法。

一是根据引起呼吸功能不全的病变部位的不同，可将之分为中枢性及外周性呼吸功能不全。中枢性呼吸功能不全主要是指中枢神经受损使呼吸运动协调发生障碍而言，多见于颅脑和脊髓的病变、毒素作用、电击等情况，并因这些因素直接或间接地抑制呼吸中枢或影响神经传导系统的功能所致。外周性呼吸功能不全主要是指参与呼吸运动的各组织和器官受损而引起的呼吸性功能不全。多因呼吸器官（特别是小支气管和肺）或胸壁、胸腔病变所致。

二是根据呼吸功能不全发生的速度有异，可将之分为急性和慢性呼吸功能不全两种。急性呼吸功能不全时，由于机体的代偿功能往往不能充分发挥，故可迅速地出现严重的病变，对病畜的危害较大。慢性呼吸功能不全时，由于在早期轻度发生时可被代偿，只有代偿失调时才能发生机能、代谢及形态的改变，故对机体的危害较小。

三是根据气体代谢的特点不同，可将呼吸功能不全分为两大类，即低氧血症性呼吸功能不全和低氧血症伴发高碳酸血症性呼吸功能不全。前者仅有 PaO_2 降低而 $PaCO_2$ 并不增高；后者在 PaO_2 降低的同时，还伴发 $PaCO_2$ 增高。后一种情况也可称为窒息。

此外，还可依据呼吸功能不全发生的病理机制不同，将之分为通气性呼吸功能不全和换气性呼吸功能不全等。

（二）发生原因

呼吸运动的正常进行有赖于呼吸中枢的调节、健全的胸廓和呼吸肌的活动及其神经支配、畅通的气道、完整的肺泡及正常的肺循环。上述任何一个或多个环节遭受损害，均可引起呼吸功能不全。通常，引起呼吸功能不全的原因主要有：

1. 呼吸中枢受损　若呼吸中枢受损或被抑制时，必然使呼吸中枢的调节机能发生障碍，从而引起呼吸功能不全。能使呼吸中枢受损的疾病，常见的有脑创伤、脑震荡、脑肿瘤、脑出血、脑炎（流行性乙型脑炎等）以及中毒（如麻醉药和杀虫剂）等。

2. 呼吸道及肺部疾病　当呼吸道及肺部患有严重影响气体出入的疾病时，均可引起呼吸功能不全。这些常见的疾病有喉头炎、气管炎、喉头麻痹、慢性支气管炎、呼吸道阻塞（肿瘤、异物、分泌物），以及肺部炎症、肺气肿、肺水肿、肺不张、肺肉变、肺脓肿和肺栓塞等。

3. 呼吸肌功能障碍 正常呼吸运动的发生有赖于呼吸肌的协同运动。当呼吸肌受致病因素的作用发生严重损伤而失去或减弱收缩机能时，则易引起呼吸功能不全。其常见的疾病有肌营养不良、低血钾症（血钾过低）、有机磷中毒，以及其他一些易使横膈活动受限制的疾病，如膈肌痉挛和急性胃扩张等。

4. 胸廓活动障碍 胸廓活动有助于呼吸运动的正常进行，当胸廓发生严重的疾病时，也可影响呼吸功能。其常见的疾病有胸廓畸形、胸壁严重外伤、纤维素性骨营养不良（易造成肋骨骨折）、严重佝偻病（容易引起胸廓变形）、胸膜粘连增厚、气胸和胸腔积液等。

5. 血液循环障碍 正常的血液循环是维持正常呼吸运动的重要条件。一旦由于全身性疾病或循环系统本身的疾病使肺泡的血液供应量明显减少或使肺部的循环途径发生改变，也能引起呼吸功能不全。这些常见的病变有肺血栓、肺淤血、严重的创伤、烧伤和休克（这些疾病均可引起肺内动、静脉短路）等。

（三）发病机理

外呼吸的正常功能是通过气道和肺泡以血液为媒介来摄取氧和排出二氧化碳。其生理活动包括通气和换气两个过程，一旦这两个过程发生严重障碍时，就会引起呼吸功能不全。

1. 通气功能障碍 通气是指肺泡与外界进行气体交换的过程。其目的是将外界含氧较多的空气吸入肺泡，而把肺泡中的二氧化碳呼出体外。机体维持正常的通气主要依赖于胸廓、肺脏的生理性扩张和回缩以及呼吸道的畅通。一般来说，胸部、肺脏的扩张与回缩是通气发生的动力，而呼吸道的扩张与回缩则可限制气体的出入，是通气发生的阻力。任何疾病只要使通气的动力减弱或阻力增大，都可引起呼吸功能不全。通常根据通气障碍发生的部位和作用的不同可将之分为限制性通气障碍和阻塞性通气障碍两种。

（1）限制性通气障碍 是指由于胸廓或肺的活动受阻，呼吸运动的动力减弱，呼吸受限而引起的通气障碍。

正常时，呼吸运动是在呼吸中枢的调节下，主要靠膈肌及肋间外肌收缩而完成的。当膈肌收缩时，横膈向后移，使胸腔的前后径加大。当肋间外肌收缩时，又使胸腔的左右横径增大；这样随着胸腔的扩大，肺脏也随之扩大，以致肺内压力低于大气压，空气经过呼吸道进入肺内，这就是吸气。一旦呼吸中枢抑制或吸气肌的神经调节发生障碍或发生病变以及胸部、胸腔及肺脏本身有病变，均可使吸气受限，从而导致通气障碍。例如，当膈神经或颈部脊髓受到损伤时，可以引起膈肌的麻痹和痉挛。当腹腔内有病变时（如腹水、胃肠臌胀或肿瘤等）时，可使膈肌前移，引起呼吸障碍。再如，当动物患胸腔积水、气胸、胸膜炎（如马、牛、羊的传染性胸膜肺炎、化脓性肺炎及肺结核等）或肿瘤时，均可使患侧受压，肺内压力增高而发生膨胀不全，严重时引起通气障碍。

平静时的呼气运动主要靠胸壁和肺的弹性回缩力来完成的。胸壁与肺的弹性通常用顺应性来表示。顺应性是指单位压力变化所引起的容量变化。其公式为：

$$顺应性（C）= \frac{容量改变（V）（mL）}{压力改变（P）（cmH_2O）}$$

由于胸壁和肺脏各自均有顺应性，因此，总顺应性＝胸壁顺应性＋肺顺应性。由此来看，不论是胸壁顺应性，还是肺脏的顺应性，当其降低时，均可引起通气障碍。

肺脏的顺应性取决于其容量和弹性回缩力（呼吸过程中的顺应性还与呼吸道的阻力有关）。肺容量绝对降低（肺实质受损）或功能性肺单位数量减少（如肺实质或肺不张等）均可降低顺应性。肺顺应性降低多见于肺肉变、肺淤血、肺水肿、肺不张和化脓性肺炎等。

胸壁的顺应性取决于胸壁的发育良好和活动性正常。无论是胸壁形状的改变（胸廓畸形和佝偻病等），还是活动受限（如胸壁外伤、骨折、胸膜粘连、胸腔积液及胸廓肌肉麻痹等），均可使胸壁的顺应性降低。

由于上述因素可使呼气的动力减弱，总顺应性降低，故可引起通气障碍。

（2）**阻塞性通气障碍**　这是较常见的一种通气障碍。它是由于气道的阻力增加，使肺泡的通气量减少所致。气道阻力是指气流内部和气流与呼吸道内壁产生的一种摩擦力。通气过程需克服这种阻力。可影响气道阻力的因素有气道的管径、长度、形态、气流速度及气体的性状等。在平直气流（层流）条件下，阻力与气道长度特征、气体的黏度和气流速度成正比。一般来说，管径小、曲折、管壁粗糙、气体流速快以及气流在气道内突然改变方向或通过狭窄部位而形成涡流状态，气体黏度及密度大者，其阻力就增大。这些因素中以气道的管径影响最大。气道任何部位的狭窄均可大大影响阻力而引起阻塞性通气障碍，如支气管痉挛、气道堵塞（喉头水肿、支气管炎、大量分泌物或异物造成的阻塞）、气道受压（肿瘤）等时，均将极大地增加气道阻力而引起通气障碍。阻塞性通气障碍还常见于慢性支气管炎、阻塞性肺气肿、马的变态反应性支气管哮喘症等。此时气道阻力甚至可达正常的 $10\sim20$ 倍。例如，患慢性支气管炎的病畜，由于其支气管黏膜充血、水肿，使管腔狭小，再加之分泌物增加、变黏、纤毛被破坏而削弱其清除能力，因此可形成大小不等的黏液栓子而引起程度不同的气道阻塞。轻者（不完全阻塞）可明显影响呼气运动，使肺泡内的余气量增多，甚至导致肺泡气肿和破裂；重者（完全阻塞）肺泡内完全没有气体进出，形成无气肺。

总之，不论是限制性还是阻塞性通气障碍，均可使肺泡通气量明显减小，因而使氧的吸入和二氧化碳的排出都受阻。同时由于呼吸运动的加强，呼吸动作的增加，机体耗氧量及产生 CO_2 量均增加，故肺泡气的氧分压降低，而二氧化碳分压升高，血液流经肺泡壁毛细血管时不能充分动脉化，所以通气障碍性呼吸功能不全时，既有低氧血症，又有高碳酸血症。

2. 换气功能障碍　换气是指肺泡和肺毛细血管间的气体交换。正常时，由于流经肺泡壁毛细血管的静脉血，其氧分压较肺泡中的低，而二氧化碳分压却比肺泡中的高，故肺泡中的氧和血流中的二氧化碳各自借其分压差而分别流入血液和肺泡，进行气体交换。交换的结果是使含二氧化碳多的静脉血变成含氧多的动脉血。进入肺泡中的二氧化碳，则随呼吸道运动的发生被排出体外。倘若由某些原因使二者的关系发生改变，即可引起气体交换功能障碍，从而导致肺呼吸功能不全。

（1）**弥散障碍**　氧和二氧化碳通过肺泡壁进行气体交换的过程称为弥散。气体弥散的速度和数量主要取决于血液与肺泡的气体分压差、气体在液体中的溶解度、肺泡弥散膜的面积及其厚度等。其公式如下：

$$弥散速度 = \frac{气体分压差、溶解度、肺泡弥散膜面积}{弥散膜厚度}$$

正常时，弥散膜很薄，面积很大，气体极易通过。但当肺泡发生疾病（如肺炎、肺水肿、肺气肿、肺膨胀不全），常可使肺泡的弥散膜面积减小，厚度增加，引起弥散障碍。例如，发生肺炎或肺水肿时，由于炎性渗出物或水肿液填充于肺泡腔，从而使气体不能进入肺泡内而丧失气体交换的作用；肺膨胀不全时，由于部分肺组织萎缩；肺气肿时，由于肺泡过度膨胀以至发生破裂，肺泡相互融合等。这些因素均可使肺泡弥散面积大大减小。当减小到可降低顺应性。肺顺应性降低多见于肺肉变、肺淤血、肺水肿、肺不张和化脓性肺炎等。

胸壁的顺应性取决于胸壁的发育良好和活动性正常。无论是胸壁形状的改变（胸廓畸形和佝偻病等），还是活动受限（如胸壁外伤、骨折、胸膜粘连、胸腔积液及胸廓肌肉麻痹等），均可使胸壁的顺应性降低。

由于上述因素可使呼气的动力减弱，总顺应性降低，故可引起通气障碍。

（2）阻塞性通气障碍　这是较常见的一种通气障碍。它是由于气道的阻力增加，使肺泡的通气量减少所致。气道阻力是指气流内部和气流与呼吸道内壁产生的一种摩擦力。通气过程需克服这种阻力。可影响气道阻力的因素有气道的管径、长度、形态、气流速度及气体的性状等。在平直气流（层流）条件下，阻力与气道长度特征、气体的黏度和气流速度成正比。一般来说，管径小、曲折、管壁粗糙、气体流速快以及气流在气道内突然改变方向或通过狭窄部位而形成涡流状态，气体黏度及密度大者，其阻力就增大。这些因素中以气道的管径影响最大。气道任何部位的狭窄均可大大影响阻力而引起阻塞性通气障碍，如支气管痉挛、气道堵塞（喉头水肿、支气管炎、大量分泌物或异物造成的阻塞）、气道受压（肿瘤）等时，均将极大地增加气道阻力而引起通气障碍。阻塞性通气障碍还常见于慢性支气管炎、阻塞性肺气肿、马的变态反应性支气管哮喘症等。此时气道阻力甚至可达正常的 $10\sim20$ 倍。例如，患慢性支气管炎的病畜，由于其支气管黏膜充血、水肿，使管腔狭小，再加之分泌物增加、变黏、纤毛被破坏而削弱其清除能力，因此可形成大小不等的黏液栓子而引起程度不同的气道阻塞。轻者（不完全阻塞）可明显影响呼气运动，使肺泡内的余气量增多，甚至导致肺泡气肿和破裂；重者（完全阻塞）肺泡内完全没有气体进出，形成无气肺。

总之，不论是限制性还是阻塞性通气障碍，均可使肺泡通气量明显减小，因而使氧的吸入和二氧化碳的排出都受阻。同时由于呼吸运动的加强，呼吸动作的增加，机体耗氧量及产生 CO_2 量均增加，故肺泡气的氧分压降低，而二氧化碳分压升高，血液流经肺泡壁毛细血管时不能充分动脉化，所以通气障碍性呼吸功能不全时，既有低氧血症，又有高碳酸血症。

2. 换气功能障碍　换气是指肺泡和肺毛细血管间的气体交换。正常时，由于流经肺泡壁毛细血管的静脉血，其氧分压较肺泡中的低，而二氧化碳分压却比肺泡中的高，故肺泡中的氧和血流中的二氧化碳各自借其分压差而分别流入血液和肺泡，进行气体交换。交换的结果是使含二氧化碳多的静脉血变成含氧多的动脉血。进入肺泡中的二氧化碳，则随呼吸道运动的发生被排出体外。倘若由某些原因使二者的关系发生改变，即可引起气体交换功能障碍，从而导致肺呼吸功能不全。

（1）弥散障碍　氧和二氧化碳通过肺泡壁进行气体交换的过程称为弥散。气体弥散的速度和数量主要取决于血液与肺泡的气体分压差、气体在液体中的溶解度、肺泡弥散膜的面积及其厚度等。其公式如下：

$$弥散速度 = \frac{气体分压差、溶解度、肺泡弥散膜面积}{弥散膜厚度}$$

正常时，弥散膜很薄，面积很大，气体极易通过。但当肺泡发生疾病（如肺炎、肺水肿、肺气肿、肺膨胀不全），常可使肺泡的弥散膜面积减小，厚度增加，引起弥散障碍。例如，发生肺炎或肺水肿时，由于炎性渗出物或水肿液填充于肺泡腔，从而使气体不能进入肺泡内而丧失气体交换的作用；肺膨胀不全时，由于部分肺组织萎缩；肺气肿时，由于肺泡过度膨胀以至发生破裂，肺泡相互融合等。这些因素均可使肺泡弥散面积大大减小。当减小到

3. 呼吸肌功能障碍 正常呼吸运动的发生有赖于呼吸肌的协同运动。当呼吸肌受致病因素的作用发生严重损伤而失去或减弱收缩机能时，则易引起呼吸功能不全。其常见的疾病有肌营养不良、低血钾症（血钾过低）、有机磷中毒，以及其他一些易使横膈活动受限制的疾病，如膈肌痉挛和急性胃扩张等。

4. 胸廓活动障碍 胸廓活动有助于呼吸运动的正常进行，当胸廓发生严重的疾病时，也可影响呼吸功能。其常见的疾病有胸廓畸形、胸壁严重外伤、纤维素性骨营养不良（易造成肋骨骨折）、严重佝偻病（容易引起胸廓变形）、胸膜粘连增厚、气胸和胸腔积液等。

5. 血液循环障碍 正常的血液循环是维持正常呼吸运动的重要条件。一旦由于全身性疾病或循环系统本身的疾病使肺泡的血液供应量明显减少或使肺部的循环途径发生改变，也能引起呼吸功能不全。这些常见的病变有肺血栓、肺淤血、严重的创伤、烧伤和休克（这些疾病均可引起肺内动、静脉短路）等。

（三）发病机理

外呼吸的正常功能是通过气道和肺泡以血液为媒介来摄取氧和排出二氧化碳。其生理活动包括通气和换气两个过程，一旦这两个过程发生严重障碍时，就会引起呼吸功能不全。

1. 通气功能障碍 通气是指肺泡与外界进行气体交换的过程。其目的是将外界含氧较多的空气吸入肺泡，而把肺泡中的二氧化碳呼出体外。机体维持正常的通气主要依赖于胸廓、肺脏的生理性扩张和回缩以及呼吸道的畅通。一般来说，胸部、肺脏的扩张与回缩是通气发生的动力，而呼吸道的扩张与回缩则可限制气体的出入，是通气发生的阻力。任何疾病只要使通气的动力减弱或阻力增大，都可引起呼吸功能不全。通常根据通气障碍发生的部位和作用的不同可将之分为限制性通气障碍和阻塞性通气障碍两种。

（1）限制性通气障碍 是指由于胸廓或肺的活动受阻，呼吸运动的动力减弱，呼吸受限而引起的通气障碍。

正常时，呼吸运动是在呼吸中枢的调节下，主要靠膈肌及肋间外肌收缩而完成的。当膈肌收缩时，横膈向后移，使胸腔的前后径加大。当肋间外肌收缩时，又使胸腔的左右横径增大；这样随着胸腔的扩大，肺脏也随之扩大，以致肺内压力低于大气压，空气经过呼吸道进入肺内，这就是吸气。一旦呼吸中枢抑制或吸气肌的神经调节发生障碍或发生病变以及胸部、胸腔及肺脏本身有病变，均可使吸气受限，从而导致通气障碍。例如，当膈神经或颈部脊髓受到损伤时，可以引起膈肌的麻痹和痉挛。当腹腔内有病变时（如腹水、胃肠臌胀或肿瘤等）时，可使膈肌前移，引起呼吸障碍。再如，当动物患胸腔积水、气胸、胸膜炎（如马、牛、羊的传染性胸膜肺炎、化脓性肺炎及肺结核等）或肿瘤时，均可使患侧受压，肺内压力增高而发生膨胀不全，严重时引起通气障碍。

平静时的呼气运动主要靠胸壁和肺的弹性回缩力来完成的。胸壁与肺的弹性通常用顺应性来表示。顺应性是指单位压力变化所引起的容量变化。其公式为：

$$顺应性（C）=\frac{容量改变（V）（mL）}{压力改变（P）（cmH_2O）}$$

由于胸壁和肺脏各自均有顺应性，因此，总顺应性＝胸壁顺应性＋肺顺应性。由此来看，不论是胸壁顺应性，还是肺脏的顺应性，当其降低时，均可引起通气障碍。

肺脏的顺应性取决于其容量和弹性回缩力（呼吸过程中的顺应性还与呼吸道的阻力有关）。肺容量绝对降低（肺实质受损）或功能性肺单位数量减少（如肺实质或肺不张等）均一种慢性病变，也称肝纤维化。

（一）发病机理

能引起动物肝硬化的因素很多，如各种传染性肝炎、急性肝中毒（由农药、重金属、除草剂等引起的中毒）、药源性肝损伤、慢性肝炎、肿瘤、长期肝淤血等，都可能导致肝细胞大量坏死，并促使间质结缔组织增生。

肝细胞大量坏死由狄氏隙内的伊突细胞（Ito 细胞）的维生素 A 脂储存细胞产生胶原来填补。在肝脏疾病时，正常基质变异、炎性细胞释放细胞因子以及上述致各种病因子的直接刺激，使 Ito 细胞激活，失去其原有的储存功能而变为成纤维细胞样细胞，分泌Ⅰ型和Ⅲ型胶原（是肝脏门脉区的主要间质胶原）。随着胶原纤维不断在肝小叶狄氏隙内沉积，肝组织不断扩大纤维化，最终导致肝硬化。

（二）肝硬化的病理变化

【剖检】肝脏被膜增厚，体积缩小，质地变硬，表面粗糙，常见凹凸不平的颗粒状或结节状。切面肝小叶结构消失，见许多圆形或类圆形的岛屿状结节，大小和表面的一致。结节的周围为纤维束包绕。若发生胆汁淤滞，则肝脏染成绿褐色或污绿色。

【镜检】肝组织间质明显增宽，结缔组织明显增多，伴有淋巴细胞和单核细胞浸润。增生的纤维束将肝细胞分割成大小和形状不一的岛屿状，即假小叶。假小叶内肝细胞变性，一般无中央静脉，有时有偏位的中央静脉或有两个中央静脉。假小叶边缘有成堆的新生毛细胆管细胞，而很少见胆管腔。病程久长的病例，肝组织可能全部由结缔组织取代。寄生虫性肝硬化，除有以上间质结缔组织增生外，还有大量寄生虫结节，结节中心是虫体，虫体死亡后常有钙盐沉着，虫体周围有厚层结缔组织围绕，结缔组织外周有嗜酸性粒细胞或淋巴细胞浸润。若是胆汁瘀滞性肝硬化，除可见胆色素沉积外，还见胆管扩张、胆汁栓形成等病变。

八、胰腺炎的发病机理及病变特点

（一）病因与发病机理

1. 病因 细菌、病毒（脑心肌炎病毒、呼肠孤病毒、柯萨奇病毒、流行性腮腺炎病毒等）、肺炎支原体、寄生虫（马线虫和双腔吸虫等）感染，以及中毒（山扁豆、单端孢霉菌素 T2 中毒）、胰腺局部缺血或脉管炎、药物、外伤、邻近炎症扩散、胆囊疾病（胆结石、胆道阻塞）、胰导管疾病（胰导管异常阻塞）、内分泌失调与代谢病（如营养不良、高脂肪与高蛋白日饲、高脂血症、高钙血症、血红色素沉着症、尿毒症、糖尿病性酮酸中毒）等，都可引起急性胰腺炎。其中，以胆结石、胰导管阻塞、寄生虫感染、外伤是引起动物胰腺炎最为常见的病因。尚有相当比例的病因与发病机理不明的急性胰腺炎，被称为自发性胰腺炎（spontaneous or idiopathic pancreatitis）。自发性胰腺炎常见于犬，肥胖不愿活动的母犬尤为易发。

2. 发病机理 在正常生理条件下，胰液中含有大量可降解食源性脂肪、蛋白质和碳水化合物的酶，如胰脂肪酶、磷酸酶、胰蛋白酶、胰凝乳酶、淀粉酶、氨基肽酶、弹力蛋白酶等。胰酶多以酶原的形式存在于胰液中，同时受到胰液中的胰酶抑制剂的监控，以避免胰腺自体消化。在神经-内分泌的双重调节下，这些酶原进入十二指肠后，被十二指肠内的肠肽酶（enteropeptidase）和胆囊收缩素-促胰酶素激活，发挥其生理功能。急性胰腺炎最基本的致病机理是胰腺内激活酶的自体消化过程，即胰腺内蛋白质溶解、脂肪溶解以及硬弹力酶所致的出血。因此，蛋白酶（胰酶、胰凝乳酶）、脂酶、磷脂酶（降低脂质和膜磷脂）以及硬弹力酶（分解血管弹力纤维组织）在胰脏内的激活和释放对胰腺的损害甚为关键。被胰酶激活的其他酶也可将血管舒缓素原变成血管舒缓素，激活激肽系统，从而又间接激活凝血与补体系统，进一步加重了局部炎症、血栓形成、组织损伤及胰腺出血。引起胰腺中的胰酶外渗的主要机制是：

（1）胰管阻塞 胰总管约在胆总管的 2/3 处或在十二指肠壶腹部汇入胆总管（不同动物有所差异）。如果胰总管或十二指肠壶腹部阻塞，能引起胰导管阻塞，不断分泌出的胰液使胰导管压力增大，导致毛细胰腺管破裂，胰液外渗进入间质。

（2）胰腺腺泡细胞受损 某些毒素、药物或传染性因子直接作用于胰脏腺体细胞，使其变性、坏死，导致胰液在细胞间泄漏。

（3）胰酶在细胞内转运发生紊乱 有些病因可直接影响胰腺腺体细胞的顶浆分泌，胰酶被错误地包裹在含溶酶体酶的空泡内，导致这些细胞器的破裂和酶的激活。

（二）病理变化

胰腺炎（pancreatitis）是指胰脏外分泌腺细胞受损，使胰消化酶（胰蛋白酶、胰脂酶、胰淀粉酶、磷脂酶等）在胰脏内消化分解胰腺组织，导致胰腺溶解坏死、出血及炎症的病理过程。

1. 急性胰腺炎（acute pancreatitis） 急性胰腺炎指以胰腺水肿、出血、坏死为特征的胰腺炎，又称急性出血性胰腺坏死。通常认为本病的发生大多与十二指肠的炎症、结石、肿瘤或寄生虫感染的背景，以致十二指肠憩室部阻塞或胰导管阻塞，胰液过多地在胰脏内蓄积而发生的组织自溶有关。

【剖检】胰腺肿大、质脆，湿润，表面和切面见出血点和出血斑，以及灰白色或灰黄色的大小不一的坏死灶。偶尔可见被结缔组织包裹成大小不一的液化性囊腔。

【镜检】胰组织广泛充血、水肿、出血和微血栓形成。胰腺实质内出现局灶性或片状凝固性坏死区，有时则为大片弥漫性坏死（患流感的鸡），坏死灶周围中性粒细胞浸润。病损胰腺邻近组织的脂肪及肠系膜脂肪出现坏死性炎症。

2. 慢性胰腺炎（chronic pancreatitis） 慢性胰腺炎又称慢性复发性胰腺炎，是指以胰腺呈弥漫性纤维化、体积显著缩小为特征的胰腺炎。多由急性胰腺炎迁延所致。

【剖检】胰脏体积显著缩小，呈现卷曲、皱缩、结节团块状，质地硬固，表面粗糙，常与周围组织粘连。断面见胰导管扩张，含有多量黏稠的炎性渗出物。有时可见钙化灶和白色、坚实的胰腺结石与假性囊肿。

【镜检】胰腺腺泡数量减少、体积缩小。胰腺间质内结缔组织广泛增生，大多数胰岛和腺泡组织被增生的结缔组织所取代。坏死的胰腺组织外周有炎性细胞浸润。胰导管有不同程度的阻塞，导管上皮萎缩、增生或机化。

第三节 心血管系统

一、心包炎的概念及病理特征

心包炎（pericarditis）是指心包的脏层和壁层的炎症，通常伴发于其他疾病的过程中。

当脏层和壁层发生炎症时，心包腔内常蓄积着大量炎性渗出物，根据炎性渗出物的性质可区分为浆液性、纤维蛋白性、化脓性、出血性、腐败性和混合性等类型。心包炎多见于猪、牛、羊、马及家禽。较常见的心包炎有浆液-纤维蛋白性心包炎、创伤性心包炎及慢性缩窄性心包炎等几种类型。

（一）浆液-纤维蛋白性心包炎（serofibrinous pericarditis）

浆液-纤维蛋白性心包炎是指大量浆液和纤维蛋白渗出为特征的心包炎症。

1. 病因与发病机理 浆液-纤维蛋白性心包炎主要是由病原微生物所引起，多发生于各种传染病的经过中，如牛传染性胸膜肺炎、气肿疽、牛散发性传染性胸脊髓炎、猪格拉瑟病（Glasser's disease）、各种动物的巴氏杆菌病及猪、羊、马的链球菌病等。病原微生物通常经血流或相邻器官的直接蔓延或随淋巴渗透（从心肌或胸膜）侵入心包，即可导致心包炎。炎症初期的渗出物常为浆液性，随着炎症发展，毛细血管损伤加重，导致纤维蛋白原渗出，因而渗出物变为浆液-纤维蛋白性或纤维蛋白性。此外，饲养管理不当如过劳、受凉等，均可导致动物机体抵抗力下降，也可促进心包炎的发生。

2. 病理变化 心包表面的血管扩张充血，多量渗出物蓄积于心包，故心包甚为紧张。剪开心包时，可见心包腔内蓄积大量浆液性、浆液-纤维蛋白性或纤维蛋白性渗出物。心包腔蓄积的渗出液，最多量马可达 30～40L，牛 18.5L，犬 0.5L。浆液性渗出物初呈淡黄色、透明的水样物，后因混有脱落的间皮细胞以及渗出的白细胞而稍混浊。浆液-纤维蛋白性渗出物中因混有絮状的纤维蛋白团块和较多的白细胞或少许红细胞，常呈灰黄色、混浊。心包本身水肿、增厚，心外膜的小血管也扩张充血，往往散发点状出血，无光泽，常被覆薄层黄白色、易于剥离的纤维蛋白。当发生纤维蛋白性心包炎和心外膜炎时，纤维蛋白不断沉积。当慢性经过时，被覆在心包壁层和脏层的纤维蛋白往往发生机化，附着在心外膜上的炎性渗出物及机化物随心脏跳动而摩擦牵引，使心外膜表面成纤毛状，称为绒毛心。

【镜检】初期心外膜上有少量浆液-纤维蛋白性渗出物，其中可见一定数量的白细胞。心外膜下血管充血和出血，间皮肿胀、增生、变性及脱落。与外膜相邻的心肌出现颗粒变性与脂肪变性，心肌间有充血、水肿和白细胞浸润等炎症性反应。

（二）创伤性心包炎（traumatic pericarditis）

创伤性心包炎是由于受到机械性损伤所引起的心包炎症。常发生于牛，偶见于羊。本病常与创伤性网胃炎同时发生。

1. 病因与发病机理 牛口腔黏膜角化乳头丰富，对硬性刺激物的感觉较迟钝，且采食时咀嚼粗放、吞咽迅速，故容易将铁钉、铁丝、玻璃碎片等尖锐物体混入食团而误咽入胃内。由于网胃的前部仅以薄层的膈与心包相连，故当网胃肌肉收缩时，往往使混入食物中的尖锐物体刺破网胃和膈进而穿入心包，此时胃内微生物也伴随侵入，引发创伤性心包炎。

2. 病理变化 眼观心包增厚，扩张而紧张。心包腔内蓄积多量污秽的纤维素性化脓性渗出物，内含气泡，恶臭。心外膜被覆较厚的污浊或污绿色的纤维素性化脓性渗出物，剥离后心外膜混浊粗糙，并出现充血与点状出血。在心包腔的渗出物中或于心尖、心脏左侧或右缘上，常可发现尖锐的异物。

【镜检】渗出物由纤维素、中性粒细胞、巨噬细胞、红细胞与脱落的间皮组成。心外膜间皮细胞消失，其下方结缔组织水肿、充血、出血及白细胞浸润。病程若呈慢性经过，渗出物往往溶崩、浓缩而变成干酪样，并可发生机化。损伤深及心肌时，可引起化脓性心肌炎。

（三）结局及对机体的影响

心包炎的结局及影响取决于心包的损伤程度、心包腔内炎性渗出物的蓄积量以及对周围组织如心肌的损伤程度等。当心包损伤轻微、心包腔内渗出物量较低时，可因渗出物的液化、吸收而痊愈。一旦渗出物蓄积量较大、动物机体溶解吸收缓慢或困难，初期压迫心脏，可使心脏舒张受阻（尤其是右心房），可引起静脉回流减少，动物体循环淤血，部分组织水肿。经时较久时，渗出物可由新生的肉芽组织将其机化导致心包增厚，甚至脏层与壁层发生粘连，心脏活动受限，严重时会引起心力衰竭。创伤性心包炎时，尖锐物体若损及心肌，可引起创伤性心肌炎，一旦渗出物腐败分解，可转变为腐败性脓肿，继而续发脓毒败血症；炎症蔓延至邻近组织、器官，则可伴发肺炎、胸膜炎、心肌炎等，常可导致动物死亡。

二、心肌炎的概念及病变特点

心肌炎（myocarditis）是指由各种原因引起心肌的局部性或弥漫性炎症。动物原发性心肌炎极少见，通常伴发于某些传染病、中毒性疾病、寄生虫病、变态反应性疾病等全身性疾病过程中。它是心肌的一种常见病变。根据发生的原因，常将心肌炎分为病毒性心肌炎、细菌性心肌炎、中毒性心肌炎、寄生虫性心肌炎和免疫反应性心肌炎等；根据心肌炎发生的部位和性质，可分为实质性心肌炎、间质性心肌炎和化脓性心肌炎等。

（一）实质性心肌炎（parenchymatous myocarditis）

实质性心肌炎是指心肌纤维出现变质性变化为主的炎症过程，其间质内可见不同程度的渗出和增生性变化。

1. 病因与发病机理 实质性心肌炎较为常见，通常伴发于犊牛和仔猪恶性口蹄疫、牛恶性卡他热、马传染性贫血、鸡白痢（沙氏菌感染）、猪（或啮齿类动物、非人灵长类动物）脑心肌炎病毒感染、犬细小病毒感染以及猫传染性腹膜炎等病毒性疾病过程中。一般来说，这些病毒具有亲心肌的特性，可直接破坏心肌细胞，也可通过细胞免疫反应间接损害心肌，导致发生实质性心肌炎。

2. 病理变化

【剖检】心肌松弛、柔软，暗灰色，宛如煮肉。心室常呈扩张状态，且以右心室更为明显。炎症性病变多为局灶状，呈灰黄色或灰白色斑块或条纹，散布于黄红色心肌的背景上。这种病灶在心内膜和心外膜下均可见到。当沿心冠部横切心脏时，可见灰黄色条纹围绕心腔，排列呈环层状，形似虎皮的斑纹，称为虎斑心。

【镜检】轻度心肌炎，心肌纤维仅有颗粒变性或轻度脂肪变性，重症病例，心肌细胞还可出现水泡变性以及蜡样坏死，甚至肌纤维断裂、崩解，经时较久，尚可见心肌纤维的钙化现象。在变性、坏死的心肌纤维周围常见不同数量的中性粒细胞或异嗜性白细胞（鸡、兔）、淋巴细胞、巨噬细胞、浆细胞等浸润。间质出现不同程度的渗出性变化，主要表现为毛细血管充血、出血及浆液性水肿，成纤维细胞增生通常较轻微，但随着病程发展也可见纤维结缔组织明显增生，并伴有肌纤维细胞增多。此外，猫传染性腹膜炎伴发心肌炎时，还可形成肉芽肿；犬细小病毒感染引起心肌炎时，常见肿大、变性的心肌纤维核内有嗜碱性或嗜双性包涵体。

（二）间质性心肌炎

间质性心肌炎（interstitial myocarditis）是以心肌间质的渗出性与增生性变化为主，而

1/2 以上时，就可引起弥散障碍，严重时可导致呼吸功能不全。再如，当肺泡间隔水肿和肺炎等时，常因肺泡弥散膜的水肿和纤维组织增生或因肺泡壁表面黏附一层纤维蛋白而使弥散膜增厚，从而引起气体的弥散障碍。

弥散障碍时，主要是氧由肺泡弥散到血液的过程受阻，故 PaO_2 降低，肺泡氧与动脉血氧分压差增大，但动脉血 $PaCO_2$ 可能正常。这是因为二氧化碳的溶解度大，其弥散系数比氧的弥散系数大 20 倍，排出受影响较小。有时，甚至可因缺氧、反射地使呼吸加深加快而使 CO_2 排出增多，反而使 $PaCO_2$ 降低。由此可知，单纯性弥散障碍（不伴有通气障碍）所引起的呼吸功能不全多属低氧血症性呼吸功能不全。

（2）肺泡的通气与血流的比例失调　这是一般肺脏疾病引起低氧血症最常见的发病机理。有效的换气不仅需要肺泡有足够的通气量和充分的血流量，而且还要求二者必须有一定的比例。动物在正常平和呼吸时，肺泡通气量和血流量的比例（VA/Q）约为 0.85。此时，由于肺泡与血液之间的换气最充分，故动脉血氧含量最高，肺泡氧分压及动脉血氧分压差最小，肺泡二氧化碳分压与动脉血中的二氧化碳分压差几乎为零。任何原因，只要能使一部分肺泡的通气或血流发生改变，以致二者的比例偏离正常范围，就可引起明显的换气功能障碍，从而导致呼吸功能不全的发生。一般常见的表现形式有以下两种。

①动-静脉分流增加。动-静脉分流主要指静脉血未经氧合即流入体循环动脉血中的现象。多发生于部分肺泡通气减少的情况下。例如，当肺脏发生肺不张、肺实变等疾病时，虽然肺泡通气发生障碍，但其血流却无相应的减少，于是造成 VA/Q 明显小于正常，结果静脉血流通过该处时，气体交换受阻，使该处血液中 $PaCO_2$ 降低、$PaCO_2$ 增高，表现出功能性动-静脉分流增加。此时，其余肺泡则因缺氧产生代偿性过度通气，又使其 VA/Q 大于正常，于是肺泡呼出大量二氧化碳，而不致发生高碳酸血症。

此外，解剖分流增加，也是引起低氧血症的一个重要原因。在生理情况下，有一小部分静脉血经由支气管静脉和心内最小静脉分别流入肺静脉与左心，最后进入体循环，由于其分流量较小，占心输出量的 2%～3%，故对机体的影响不大。但当机体患有严重创伤、烧伤和休克等疾病时，导致肺内动-静脉短路，使解剖分流量增加，大量不经肺泡进行气体交换的静脉血液流入动脉，从而使 PaO_2 降低，而引起低氧血症。由动-静脉分流增加所引起的动脉血中 PaO_2 降低、$PaCO_2$ 不变的直接原因之一是，动-静脉血间氧分压差和二氧化碳分压差不同。正常时，由于动、静脉血氧和二氧化碳的分压差分别为 60mmHg 和 6mmHg，故动-静脉分流所产生的动脉血氧分压降低远较二氧化碳的升高为明显。

②无效腔样通气发生。所谓无效腔样通气，主要是指气体进入病变部肺泡后失去了换气功能或不能充分进行气体交换的现象。常由能使部分肺泡血流减少的一些疾病引起，如肺动脉分支栓塞时，虽然栓塞部以下肺泡通气正常，但因为此处血流断绝，所以气体交换不能发生，从而呈现出腔样效应。此时，健肺可因血流量增多，而通气相对不足，其 VA/Q 小于正常，故可导致血液 PaO_2 降低，$PaCO_2$ 增高。但由于机体代偿而常使总通气量增大，故健肺有些部位肺泡的 VA/Q 增大，结果可使动脉血中的 $PaCO_2$ 降到正常，甚至更低。

总之，当肺泡的通气与血流比例失调时，可出现两种结果：其一是，一部分肺泡通气少而血流量相对增多，造成血液 PaO_2 增高；其二是，另一部分肺泡血流量少而通气相对增多，造成该处 $PaCO_2$ 降低，而 PaO_2 增高却甚少（因此时常是氧离曲线的平坦部分）。这两

部分的血流混合后，往往只出现低氧血症，而不出现高碳酸血症。这主要是由氧和二氧化碳的解离曲线不同所致。

应该强调指出，在呼吸功能不全的发病机理中，单纯由通气障碍或单纯由换气障碍所致都是很少见的，常常是几种因素共同作用的结果。例如，阻塞性肺气肿既存在由广泛性细支气管炎和肺组织弹性减退所致的阻塞与限制性通气障碍，又有因间质纤维组织增生及肺泡总面积减少导致的弥散障碍，还有因支气管阻塞与肺病变的程度不一致所引起的肺泡通气与血流比例失调等几种障碍的同时出现。

八、呼吸功能不全时机体的主要变化

当动物发生呼吸功能不全时，机体各系统的机能及代谢均可发生改变，主要是由于低氧血症、高碳酸血症以及由此而引起的酸碱平衡障碍。一般来说，在呼吸功能不全的发生过程中，由缺氧或缺氧伴有二氧化碳滞留所造成的损伤作用，与机体内的一系列抗损伤反应组成一对矛盾，相互进行斗争。其斗争的激烈与否主要取决于低氧血症与高碳酸血症发生的速度和程度、持续的时间以及机体原有的机能代谢状况等。在发病的早期或缺氧较轻时，常以机体的代偿适应性抗损伤反应占优势，于是出现一系列代偿适应反应，如增强肺通气与换气功能，提高血液运氧能力和速度以改善组织的供氧，改造器官的机能和代谢以适应新的环境等。与之相反，当损伤性变化占优势时便可出现一系列机能和代谢障碍。其中由氧所引起的各代偿适应变化和机能、代谢障碍及其发病机理，由呼吸功能不全所致的酸碱平衡失调已分别在缺氧和酸碱平衡障碍等章节予以讲述，现仅就呼吸功能不全所致的呼吸系统、神经系统和循环系统的变化简要进行叙述。

1. 呼吸系统的变化 呼吸功能不全时，动脉血氧分压降低，化学感受器受到刺激而反射地兴奋呼吸中枢，使呼吸加深加快；但缺氧对中枢神经系统的直接作用，则是损伤性的使其机能降低，而二氧化碳与 H^+ 对呼吸中枢的作用则以直接兴奋为主。呼吸功能不全时，一定程度的低氧血症、高碳酸血症及酸中毒可使肺通气加强，因而具有代偿意义。但上述变化严重时，则可引起相反的作用。例如，吸入气中若含有 $CO_2 1\%\sim2\%$ 时，通气量即可明显增大，含量增至 10% 时通气量增加 10 倍。但当 $PaCO_2$ 高于 $90\sim100mmHg$ 时，呼吸中枢即被抑制，通气量显著减少。

呼吸功能不全时，由于受到缺 O_2 而 CO_2 潴留与酸碱平衡紊乱以及原有疾病的影响，故常使呼吸运动的深度、频率以及节律发生明显改变。这些改变常表现为开始时呼吸加深加快，随后变浅变慢或发生呼吸节律改变，以致呼吸稀、弱且不规则，最后呼吸停止。

（1）呼吸频率和深度的改变 常见有以下几种形式。

①深快呼吸。多见于动脉中氧含量降低、酸中毒和吸入二氧化碳过多等情况。其发生机理是当动脉血中的 O_2 含量降低时，就可刺激颈动脉窦和主动脉体的化学感受器，反射地引起呼吸加深加快；而血中 CO_2 含量增多和酸度增大时，又可直接刺激延髓的呼吸中枢，使呼吸加深加快。这种深而快的呼吸具有代偿意义。它可使肺换气量增多，有效的肺泡呼吸面积得到充分地利用。由于它可使机体吸入大量的氧和排出蓄积于体内的 CO_2，具有明显的代偿意义，故又称为代偿性呼吸困难。

②浅表呼吸。多见于肺炎、肺水肿、肺气肿、肺淤血、胸膜炎和胸腔积液等疾病。其发生机理主要是由于吸气过早被抑制，呼吸提前兴奋。一般认为，浅快呼吸的代偿意义极为有

限。这是因为它可使肺内余气量增加，潮气量减少，大大地降低肺泡的有效通气量，严重地影响换气过程。

③深慢呼吸。多见于上呼吸道狭窄性疾病，如喉头水肿和肿瘤压迫等。因此又有狭窄性呼吸之称。其发生机理是当呼吸道狭窄时，空气进入肺泡的速度就减缓，不能很快地引起肺泡扩张而使牵张感受器兴奋，这样吸气时间延长。同时，上呼吸道和肺内气流速度慢时，常可使兴奋性降低，这也是导致呼吸深沉一个重要原因。深沉的呼吸常可使换气增加，具有一定的代偿意义，但严重的狭窄则能使换气量显著降低，从而影响气体交换，导致呼吸功能不全的发生。

(2) 呼吸困难 是指患畜呼吸运动加强，耗能率增加，在临床上表现出痛苦不安，呼吸时常需辅助肌群参与活动的情况。呼吸困难常因呼吸道通气障碍，呼吸肌无力或麻痹，肺弹性减弱，肺泡呼吸面积减小，以及体内外感受器遭受强烈刺激而发生。一般根据呼吸困难的部位和性质不同可将其分为以下三种。

①吸气性呼吸困难。主要是气体的吸入发生困难。其特征为吸气用力、时间延长，病畜在临床上常表现为鼻孔开张，头颈伸直，肘头外展，肋骨上移，肛门内陷，并常可听到类似口哨声的狭窄音。吸气性呼吸困难主要是由上呼吸道狭窄所致。

②呼气性呼吸困难。主要为气体的呼出发生障碍。其特征是呼气用力，呼气时间明显延长。在临床上患畜背腰弓起，肷窝变平，腹部容积变小，并于肋骨和肋软骨结合处形成一条喘沟。这是由腹肌强烈收缩所致。呼气性呼吸困难常见于呼吸道狭窄或阻塞、小支气管痉挛，肺水肿及肺组织弹性降低等情况。

③混合性呼吸困难。是指气体的吸入与呼出均发生困难的情况，为临床上最为常见的一种呼吸困难。其特征是换气量增加，可超过安静时换气量的4～5倍。在临床上病畜于吸气或呼气时几乎均出现同等程度的困难并常伴有呼吸次数的增加。混合性呼吸困难不仅见于肺炎、胸腔积液等肺和胸腔疾患，而且还常见于急性胃扩张和肠膨胀等腹腔疾病，以及贫血、酸中毒、心输出量减少、高山缺氧等情况下。

(3) 周期性呼吸 是指呼吸中枢发生严重的障碍时，呼吸节律发生明显改变而出现周期性变化的特殊呼吸。

①潮式呼吸。又称陈施二氏呼吸，是指呼吸运动先逐渐加强、加深和加快，当达到高峰以后，又逐渐变弱、变浅和变慢，以至停止的呼吸形式。经数秒乃至15～30s后，呼吸重新以上述方式发生。如此周而复始，呈现出周期性的呼吸变化。潮式呼吸主要发生于严重的大脑缺氧、尿毒症、肺炎、心力衰竭、全身麻醉、中毒和大出血等情况。潮式呼吸的发生是呼吸中枢衰竭的一种指征，表明机体的呼吸机能已发生严重的障碍。其预后常不乐观。

②间歇式呼吸。又称毕欧氏呼吸，是指呼吸加深加快与暂停相互交替发生的呼吸形式。即在一连串的呼吸运动之后，出现一个短时间暂停，此后又是一连串的呼吸运动和暂停。此型呼吸多见于脑炎、脑膜炎、热射病和中毒等。间歇式呼吸的发生是呼吸中枢兴奋性显著降低的表现，是病情危重的标志。

③深长呼吸。又称库斯摩尔氏呼吸，是指吸气深慢，呼气短促，在每一个深长的单呼吸之后，又出现一个长时间暂停，而后又出现单个深而长的呼吸运动形式。在临床上病畜呼吸的次数明显减少，有时每分钟仅呼吸3～4次，并带有明显的呼吸杂音，如啰音、飞箭音和鼾音等。深长呼吸多见于沉郁型脑脊髓炎、尿毒症、脑水肿等疾病，是呼吸中枢的晚期表

现，也是病情危重的标志。

除周期性呼吸障碍之外，还有一种节律不规则的呼吸运动称为临终呼吸或濒死性呼吸。发生于动物临死之前。其特点是呼吸稀少，极不规则。在临床上患畜呼气和吸气均加强，呼吸辅助肌也积极参与活动。吸气时患畜口鼻张开，喉头上引，仿佛吞噬空气，有时还伴发全身性痉挛。最后，呼吸逐渐减弱而停止。临终呼吸的出现是呼吸中枢已处于深度抑制状态，常常导致病畜死亡。

2. 中枢神经系统的变化　呼吸功能不全时，常出现以中枢神经功能障碍为主要表现的综合征（如患畜兴奋不安、肌肉震颤或昏迷、反射消失等），可称之为肺性脑病。其发生的根本原因是低氧血症、高碳酸血症和酸碱平衡紊乱，常为多种因素共同作用的结果。

（1）高碳酸血症及 pH 下降对中枢的抑制作用　高浓度的 CO_2 对中枢神经系统具有抑制作用。一般当 $PaCO_2$ 达到 80mmHg 时，就开始出现精神和反射活动障碍。当 $PaCO_2$ 升到 $100\sim200$mmHg 时，则出现昏迷、反射消失等。可见肺性脑病的发生常与 $PaCO_2$ 的上升和 pH 的下降有关。但也并非完全如此，例如，在慢性 CO_2 潴留时，由于肾代偿性重吸收 $NaHCO_3$，常使 pH 无明显变化。此时尽管 $PaCO_2$ 增高，但却不一定出现中枢神经功能紊乱。这说明肺性脑病的发生并不完全与 $PaCO_2$ 的高低而平行。同时也显示出，二氧化碳潴留的速度和体内碱代偿能力的强弱均对肺性脑病的发生具有重要影响。

目前，关于二氧化碳对中枢神经系统的抑制作用原理一般认为：CO_2 主要是通过改变脑脊液及脑组织的 pH 来完成的。生理情况下，脑脊液的缓冲能力较血液为低，正常脑脊液 pH 为 $7.33\sim7.40$，较血液低，而二氧化碳分压则较血液高（8mmHg 左右）。因此，当 $PaCO_2$ 升高后，脑内的 pH 就变得更低，因而导致酸中毒。此时，胞外的 H^+ 内移，这就加重了脑细胞的酸中毒。其结果是进入脑细胞中 H^+ 能够降低溶酶体膜的稳定性，使之释放出各种水解酶。这样一方面可促使脑细胞的死亡与分解，另一方面又有缓激肽的生成。后者又使脑血管扩张，加重脑的循环障碍，因而使脑的机能受损。

（2）低氧血症的作用　急性缺氧可引起脑神经症状和意识障碍。其作用主要是通过引起脑水肿而实现的。缺氧时，一方面可使小血管壁的通透性增高，另一方面又可使能量产生障碍，导致脑细胞膜的钠泵不能正常运转，引起细胞内 Na^+ 增高，细胞内渗透压增高，于是出现一系列以中枢神经变化为主的症候群。

此外，呼吸功能不全时，由于病畜常伴有酸中毒，故血中 Ca^{2+} 浓度升高。另外，再加上有低钾、低钠、低氯等电解质的变化，因此常可使神经肌肉的兴奋性发生明显改变。如果并发有肾功能不全时，则可发生氮质血症；如并发肝功能不全时，亦可发生血氨增高症等。这些变化均可促进肺性脑病的发生。

3. 循环系统的功能变化　呼吸功能不全时，由于血液氧分压降低和二氧化碳潴留，可反射地引起心血管中枢和交感神经兴奋，从而使腹腔内脏血管收缩，回心血量增多，脑及心脏血管舒张，借以改善脑及心脏血量和氧的供应。心脏收缩力加强，心率加快，心输出量增加，使血压升高。这种反射活动在急性呼吸功能不全时表现得尤为明显。

严重的缺氧，二氧化碳蓄积及酸中毒时，即可引起循环功能障碍。这在慢性呼吸功能不全时尤为多见。呼吸功能不全所引起的心功能不全，常以右心功能不全为主。其发生机理如下：

（1）肺动脉高压的形成　正常肺动脉压取决于肺循环阻力与肺血流量。当呼吸功能不全

时，缺氧可使肺血管收缩；氢离子浓度升高，则具有提高肺血管对缺氧的敏感性，于是使肺血管收缩更为明显，结果肺循环的阻力就大大增加。与此同时，呼吸功能不全的病畜，常有肺部正常结构和功能以及肺血管的明显改变。如肺小动脉壁增厚，肺毛细血管网的破坏和减少，毛细血管内皮肿胀或微血栓栓塞，因肺泡内压增大使肺泡中的毛细血管受压迫而闭锁等。

（2）心肌受损　呼吸功能不全时引起的缺氧、高碳酸血症、酸中毒及电解质代谢紊乱等，均可使心肌受损，使心肌收缩力减弱。长期持续的缺氧常可引起心肌脂肪变性、坏死、灶状出血及纤维化等病变，其结果常可导致全心功能衰竭。

（3）红细胞增多　慢性呼吸功能不全时，常伴有红细胞增多等现象。由于血液中红细胞数目增多，故使血液黏稠度大大增加，因而加重了右心负担，促使右心衰竭的发生。

此外，二氧化碳对心脏的直接作用也能使心肌收缩力减弱，心率变慢。因此，长时间地高碳酸血症也是导致心力衰竭的一个原因。

第二节　消化系统

一、胃肠溃疡的病变特点

胃、肠溃疡（gastro-enterelcosis）是指胃、肠黏膜至黏膜下层甚至肌层组织坏死脱落后留下明显的组织缺损病灶。这种缺损将由病灶周围肉芽组织增生来填充，常留下不同程度的瘢痕。

剖检可见在病畜的胃底及幽门口、食管下与贲门口、回肠后段、回盲袢等部位，见有圆形、椭圆形或面积较大、不整形的组织缺损灶（即坏死组织脱落后呈现的溃疡灶），急性期溃疡常呈黑红色或深褐色，病程较久的溃疡呈灰黄色。溃疡底部粗糙不平，周边稍隆起。溃疡不断向深部发展，可达胃肠浆膜层，甚至引起胃肠穿孔及腹膜炎。断乳幼畜（犊牛、幼驹、犬、猫等）常由于断乳而发生胃溃疡，称为**胃蛋白酶性胃溃疡**（peptic ulcer），是指胃黏膜局部被胃蛋白酶消化而发生的组织缺损，因此也称为消化性溃疡。

二、肠炎的类型及其病变特点

（一）卡他性肠炎的病变特点

1. 急性卡他性肠炎（acute catarrhal enteritis）　是肠黏膜的一种急性炎症，其主要特征为黏膜充血伴浆液渗出以及杯状细胞分泌大量黏液。

【剖检】病变肠段松弛。剖开肠管，见肠腔内充满灰白色或黄绿色黏液，从黏膜面轻刮去黏液，黏膜呈轻度或明显肿胀，黏膜弥漫性充血，有些病例可见散在斑点状出血。黏膜下淋巴小结肿胀，呈半球状或球状凸起，直径可达 2～3cm，呈灰白色，周围有清晰的充血性红晕。

【镜检】肠绒毛上皮有变性、脱落；肠腺和上皮杯状细胞显著增生；黏膜固有层血管扩张充血、水肿，有时有轻度出血；在上皮及固有层常有炎性细胞浸润；黏膜下层有充血、水肿及炎性细胞浸润；肠腔内可见有脱落肠绒毛及上皮细胞。

2. 慢性卡他性肠炎（chronic catarrhal enteritis）　是一种病程较久的慢性肠炎。

【剖检】肠管积气，内容物稀少，黏膜面覆盖多量灰白色黏稠的黏液，黏膜面平滑呈灰

白色，有些病例因黏膜下结缔组织增生而肠壁轻度肥厚。

【镜检】肠绒毛变短或消失，上皮细胞变性、萎缩、脱落，肠腺数量减少，有时肠腺呈囊腔状扩张。肠黏膜下淋巴小结淋巴细胞消失。黏膜固有层结缔组织轻度增生并有炎性细胞浸润。

（二）出血性肠炎的病变特点

出血性肠炎（hemorrhagic enteritis）是一种急性肠炎，常见于急性败血性传染病（如产气荚膜梭菌病、炭疽、犬细小病毒感染、仔猪弧菌性痢疾和钩端螺旋体病等）、寄生虫病（鸡组织滴虫病、球虫病等）以及某些化学毒物或霉菌中毒（砷中毒、牛黑斑病甘薯中毒等）的情况下。

【剖检】肠壁水肿、增厚，严重出血病例肠浆膜下呈弥漫性或斑块状暗红色出血。肠黏膜肿胀，呈暗红色或黑红色，其间有出血点或出血斑。肠腔内有暗红色稀薄内容物，或在干燥的肠内容物表面沾染暗红色血凝块。

【镜检】肠黏膜上皮有不同程度的变性、坏死、脱落。黏膜固有层及黏膜下层甚至肠壁全层有不同量的红细胞及炎性细胞浸润。同时可见肠腔内有坏死脱落的肠绒毛及混杂其中的红细胞等。

（三）坏死性肠炎的病变特点

坏死性肠炎（necrotic enteritis）是指肠黏膜及黏膜肌层发生坏死的一种炎症。坏死性部位常伴有多量纤维蛋白渗出，而且渗出的纤维蛋白与坏死组织凝固在一起，在肠黏膜上形成一种不易剥离的凝固物，此称为**纤维素性坏死性肠炎**（fibrino-necrotic enteritis）又称固膜性肠炎。常见于猪瘟、鸡新城疫、小鹅瘟等疾病过程中。

【剖检】病变肠管肿胀，浆膜充血失去光泽，严重坏死肠管外观污秽不洁而且易破裂。肠腔内有时充满腐臭的污物，肠黏膜肿胀充血或有出血斑点。同时可见特征性增厚、稍硬、隆起的凝固病灶，其表面粗糙呈不同色泽，如糠麸状，大小范围不一。若用力剥离该病变部，可见被剥离部黏膜充血、出血、溃疡。猪瘟病例该病变常呈现特征性轮层状（称扣状肿）。小鹅瘟等病变常呈火山口状。该病变多见于回肠末端、回盲袢、结肠、盲肠等部位。

【镜检】坏死部肠黏膜表面，为嗜伊红均质状纤维蛋白与坏死组织团块，其周围组织充血、出血并有大量炎性细胞浸润。

（四）增生性肠炎的病变特点

增生性肠炎（proliferative enteritis）是指肠壁明显增厚的一种炎症。多见于慢性疾病过程中，如结核、副结核、组织胞浆菌病等病例，常见肠壁肥厚，故又称**肥厚性肠炎**（pachynsis enteritis）。

【剖检】肠管粗细不均匀，肠壁增厚，弹性减退，肠黏膜肥厚出现脑回样皱襞，黏膜表面常覆盖多量黄白色或橙黄色黏稠物，有些病例黏膜面可见斑点状出血。该病变多见于小肠后段和结肠。

【镜检】肠绒毛变形、缩短，上皮细胞变性、坏死脱落，杯状细胞增多。造成肠壁增厚的成分与不同病因有关：结核分枝杆菌、副结核分枝杆菌等病原感染，主要引起肠黏膜固有层及黏膜肌层大量上皮样细胞、巨噬细胞、淋巴细胞、浆细胞增生；马的肥厚性肠炎，主要是黏膜固有层及黏膜下层结缔组织增生及炎性细胞浸润。

三、肝炎的类型及其病变特点（包括肝周炎）

肝炎是指肝脏在某些致病因素的作用下发生的以肝细胞变性、坏死或间质增生为主要特征的一种炎症过程。根据发生的原因及病变特点，将其分为以下几种。

（一）传染性肝炎（infectious hepatitis）

1. 病毒性肝炎（viral hepatitis）　**病毒性肝炎**主要是由对肝有亲嗜性的病毒引起，如雏鸭肝炎病毒、火鸡包涵体肝炎病毒、犬传染性肝炎病毒等。

【剖检】肝不同程度肿大、边缘钝圆，被膜紧张，切面外翻，呈暗红色与土黄色相间斑驳色彩，表面和切面可见灰黄、灰白色大小不一的坏死灶。

【镜检】肝小叶中央静脉扩张，小叶内出血和坏死。肝细胞有广泛变性，淋巴细胞浸润。小叶间卵圆形细胞增生。有的还可在肝细胞的胞浆、核内形成特异性病毒包涵体。

2. 细菌性肝炎（bacterial hepatitis）　引起细菌性肝炎的细菌种类很多，如沙门氏菌、坏死杆菌钩端螺旋体和各种化脓性细菌等。以肝组织变性、坏死、形成脓肿或肉芽肿为主要的病理特征。

（1）以变性为主要变化的细菌性肝炎

【剖检】急性期时，肝脏充血肿大，土黄色或橙黄色（脂变、淤胆），见点状或斑块状出血，灰黄及灰白色坏死灶。禽类被膜上有条状和膜状纤维素性渗出物。

【镜检】中央静脉扩张、肝窦充血，肝细胞有广泛变性（颗粒、脂肪或水泡变性）和坏死，中性粒细胞为主的炎性细胞浸润。

（2）以坏死为主的细菌性肝炎

【剖检】肝肿胀，表面及切面散在大小不一、灰白色或灰黄色坏死灶。禽霍乱（巴氏杆菌病）：坏死灶小点状、散在分布，密集（玉米粉肝或锯屑肝）。鸡白痢：坏死灶，充血和出血变化。钩端螺旋体病：坏死灶，肝呈黄绿色（瘀滞胆汁）。

【镜检】呈凝固性坏死，坏死灶集中于肝小叶内，呈局灶性或弥漫性，外围常有炎性细胞浸润。此外，肝细胞还见有颗粒与脂肪变性。

（3）以化脓为主要变化的细菌性肝炎

【剖检】肝表面或实质内可见大小不一化脓灶。

【镜检】肝组织脓性溶解，可见大量的中性粒细胞聚集，病程长的可见坏死灶周围结缔组织增生形成的脓肿壁。

（4）肉芽肿形式出现的细菌性肝炎　该类型的肝炎常见于慢性传染病（结核分枝杆菌、鼻疽杆菌、放线菌等所致）。

【剖检】肝脏内出现结节状病变，结节重型或坏死或钙化。

【镜检】结节病灶为特殊的肉芽肿的结构：即中心为干酪样坏死，粉末或颗粒状无结构的物质。外围有大量的上皮样细胞、异型巨细胞，再外围为淋巴细胞浸润和结缔组织包绕。结节与周围组织分界明显。

3. 寄生虫性肝炎（parasitic hepatitis）　是指各种蠕虫（绦虫、线虫、吸虫）、鼻腔舌形虫以及原虫引起的肝脏与胆道的局灶性炎症，因某些寄生虫在肝脏内、胆管内寄生，虫卵沉积或幼虫移行造成。如鸡的组织滴虫病致盲肠肝炎，猪蛔虫幼虫移行致增生性肝炎（乳斑肝）。寄生虫性肝炎是畜、禽最常见的一种肝炎类型。由于寄生虫的种类、发育史、侵入门

户以及致病机理不同，其表现形式各异。基本的病变有：①多发性坏死。以大小不等、形状各异的虫道、溃疡和凝固性坏死灶为主，是急性寄生虫性肝炎的早期表现。坏死灶的中心或边缘有虫卵或虫体以及组织碎屑，周围为凝固性坏死和嗜酸粒细胞浸润为主的炎症反应。多见于细颈囊尾蚴、蛔虫、线虫的幼虫移行、弓形体以及原虫感染等。②结节与囊泡形成。在肝脏表面出现数量不等、大小不一、形状不定的淡黄色或灰白色结节，常为脓性，随后干酪化，形似结核结节，有的则形成肉芽肿性结节。有些寄生虫如发育至中期的棘球蚴，可在肝脏内形成囊泡。随着囊泡不断长大，肝实质受到严重破坏。③钙化与疤痕化。钙化与疤痕化是慢性寄生虫性肝炎的后期主要表现。由于寄生虫结节或坏死灶钙盐沉着，纤维性结缔组织增生，轻者导致肝脏表面粗糙、高低不平与疤痕形成，重者导致肝脏体积变小，质地坚硬，表面和切面有密集的灰白色钙化结节，形成所谓的"砂粒肝"。

【剖检】如鸡盲肠肝炎可见肝肿大，表面有多量圆形下陷的坏死灶，黄色或黄绿色。出现乳斑肝，即肝表面散在条状，圆点状的灰白色条纹，肝硬度增高。

【镜检】鸡盲肠肝炎肝细胞弥漫性坏死，外围有大量的组织滴虫和巨噬细胞，并有大量的淋巴细胞浸润。较陈旧的病灶见有大量的结缔组织增生。"乳斑肝"肝细胞轻度受损，小叶间质组织明显增生，其中有嗜酸性粒细胞浸润。

（二）肝周炎的病变特点

肝周炎（parahepatitis）是指肝脏被膜的炎症。常见于禽大肠杆菌病和鸭疫里氏杆菌病等疾病引起的浆膜炎症过程中，伴发于气囊炎、心包炎及腹膜炎。

【剖检】肝脏肿大，肝被膜增厚，初期可见肝边缘有大量橘黄色胶冻状物附着，随病程延长，肝被膜附着一层纤维蛋白性伪膜，被膜下散在有大小不一的出血点及坏死灶。

四、中毒性肝病

由各种毒性物质引起动物以肝细胞严重变性和坏死为特征的一类急性或慢性病征，可为一种独立疾病或为其他疾病的并发症。多见于猪、马、骡、牛、羊和犬等。临诊主要表现黄疸、消化障碍和肝功能不全。急性时肝细胞变性、坏死十分明显，故曾称肝中毒性营养不良。也可见炎症细胞浸润或渗出，如畜禽黄曲霉毒素中毒时有多量淋巴细胞浸润，因而也称中毒性肝炎。慢性过程的特征是肝发生纤维化（肝硬化）。

中毒性肝病又称非传染性肝病，由病原微生物以外其他毒性物质引起的肝病，归为四类：①化学毒物，如药物、四氯化碳、砷、汞等。②植物毒素，有毒植物被误食。③霉菌毒素，如黄曲霉毒素。④机体代谢障碍时产生的大量中间代谢产物引起的自体中毒。

中毒性肝炎一般表现肝脏肿大，边缘钝圆，呈黄褐色或土黄色，质地脆弱，表面及切面散在、大小不一的坏死灶。镜下可见肝小叶内散在局灶性或中心性凝固坏死，其外围肝细胞严重颗粒变性或脂肪变性。中央静脉及肝窦扩张。小叶间质水肿，出血，少量炎性细胞浸润。慢性病例的汇管区与小叶间质纤维结缔组织增生，导致肝硬化。

（一）病因与发病机理

由于解剖学位置及其功能的特殊性，肝脏容易受到外源性或内源性毒物的侵害。外源性毒物是指饲料源性植物毒素、化学毒物（农药、化药与药源性代谢毒）及生物毒物（霉菌毒素）。常见的植物毒素为含吡咯烷生物碱的有毒植物。常见的化学毒物有磷及磷的化合物、卤代烃化合物、亚硝胺、铜及铜的化合物、砷及砷的化合物、汞、锑、氯仿、

硫酸亚铁、四氯化碳、四氯乙烯、煤酚等。重要的生物毒物有黄曲霉毒素 B、红青霉毒素 B、岛青霉毒素、黄米毒素、赤霉烯酮等。内源性毒物是指代谢性毒素或由胃肠道机能障碍所致的肠道自体毒素，如引起肝脑病、肝性肾功能衰竭的肠道胺类、酚类、硫化氢、甲烷等有毒产物。

发病机理：①毒素对肝细胞的直接损伤。②无毒或毒性较小的化合物在肝脏生物转化过程中，产生出比原毒性更强的中间产物（代谢毒）。在生理情况下，脂溶性化合物的代谢转化必须依靠肝细胞内混合功能氧化酶系统（MFO 系统）或细胞色素 P-450 系统。MFO 系统位于肝细胞滑面内质网内，它很少表现出对底物的特异性，但具有很强的诱发性。当该系统代谢产物增多时，肝脏内这些酶的数量也增多；而在生物转化中，一种化合物可通过一种或几种酶代谢途径，产生有毒的代谢中间体，造成肝细胞的原发性损伤。由于肝细胞的 MFO 系统及 P-450 系统分布区域不同，肝细胞变性、坏死发生区域也有差异。如四氯化碳可被肝细胞滑面内质网中的 MFO 代谢为三氯化碳自由基。四氯化碳引起的肝细胞病变在小叶中央带最为严重，是因为其在此处滑面内质网最为丰富，也是三氯化碳自由基活化浓度最高的部位。相反，丙烯醇被小叶周边带最为丰富的乙醇脱氢酶活化。因此，丙烯醇所致的肝细胞损伤在小叶周边带最为严重。营养不良性肝病由肝血液循环障碍和必需营养物质（维生素 E、硒、含硫氨基酸、胆碱、微量元素等）缺乏引起。故其发病机理：①缺血、缺氧引起肝细胞物质代谢障碍，使肝的解毒、排毒功能下降。如缺氧可引起肝小叶中央带肝细胞的变性、坏死。②肝细胞膜及其细胞器和酶合成的原料缺乏，使膜的稳定性和完整性受到影响。维生素 E 和硒缺乏使肝细胞内的自由基不能迅速被清除，致肝细胞膜受损。肝细胞内 MFO 系统和细胞色素 P-450 系统因原料不足而生成减少，在营养不良性肝病的发生上起着重要作用。

（二）病理变化

1. 急性中毒性肝病 肝细胞发生颗粒变性、脂肪变性和凝固性坏死。因动物种属、年龄和毒物类型、剂量以及病程不同，病变有明显差异。眼观，肝表面呈黄色（脂肪变性）、灰白色（坏死）、红色（淤血）或杂色（红、灰白及黄色相间）斑纹。轻度肿大，边缘钝圆，质地脆。切面也呈红白相间的斑纹状。病变常发生于肝左叶，严重时可累及所有肝叶。当大部分肝实质受损时，肝中度肿大，表面光滑，肝实质淤血呈暗红色。若病变为局灶性或多灶性发生，则肝脏可因小叶性变性和/或坏死而体积变小，被膜色棕黄，皱缩塌陷，边缘变薄，质地柔软，呈"急性黄色肝萎缩"特征；若发生严重坏死和淤血和/或出血，则呈"急性红色肝萎缩"外观。如进一步发展，则为慢性变化。光镜下，肝细胞与肝窦内皮细胞呈程度不等的坏死变化，但通常的特征是在肝小叶中央带或中间带严重坏死，周边带坏死较少发生，且坏死多为凝固性坏死（图 5-12）。当小叶中央带的肝细胞坏死、崩解后，可被淤血或出血所取代，并逐渐向周围扩散，小叶中间带的部分肝细胞呈现脂肪变性或水泡变性，周边带呈颗粒变性。有的病例则相反，小叶周边带肝细胞严重坏死、崩解，肝小叶塌陷呈红色，而中间带与中央带肝细胞呈不同程度变性。严重时，坏死可弥漫性波及整个肝小叶而无变性痕迹，只见大量红细胞、肝细胞碎屑、脂肪小滴、胆色素等散存于不完整的支持组织中。最后肝小叶的结构完全丧失。

2. 慢性中毒性肝病 与急性肝中毒性肝病相比，许多慢性中毒性肝病除肝细胞渐进性坏死外，主要表现增生和再生变化，如胆管增生、纤维化，肝细胞结节性再生形成假小叶，

有的病例见有巨肝细胞以及不同程度胆汁淤积，晚期纤维组织广泛增生，以致肝硬化。黄曲霉毒素中毒可引起典型的中毒性肝炎，病程经过可以呈急性，也可以是慢性经过，主要病变特点是肝细胞程度不同的变性或坏死，胆管增生及纤维组织大面积增生，大量淋巴细胞浸润。后期可引起肝硬化，以致肝癌。慢性中毒性肝病：肝失去原有结构，纤维结缔组织弥漫性增生，残存的肝细胞严重萎缩。

（三）结局及对机体的影响

致死性急性病例不论其病因如何在临诊和眼观特征上均相对一致。病畜在经过短期的反应迟钝、厌食、腹痛以及包括痉挛在内的多种神经症状（肝脑病）之后死亡。亚致死性的急性肝中毒性营养不良，可能出现轻症和暂时性的肝功能不全或转化为慢性肝中毒性营养不良。后者因为病程较长可呈亚临诊性或表现出肝硬化时的肝功能不全或肝功能衰竭综合征，通常预后不良。

五、肝功能不全

肝功能不全（hepatic insufficiency）是指肝细胞广泛性损伤已超过肝脏的代偿功能而出现的物质代谢紊乱、胆汁淤积与黄疸、腹水、有毒产物体内蓄积、昏迷等一系列临床症状的综合征。肝功能不全可分为急性和慢性两种，其临床症状有所不同，但有相当部分的临床症状是相互重叠的。当肝功能丧失超过 80％时，被定为肝功能衰竭（hepatic failure）。

（一）病因与发病机理

肝功能不全可作为一种独立的疾病出现（如与胆汁运输有关的关键酶缺乏），但大多数为其他疾病的并发症。能引起肝功能不全的病因和疾病较多，大致可分为五个主要类型。

1. 弥漫性肝坏死 主要病因有：①一些传染性致病因子、药物和毒物及其代谢产物能直接或间接地作用于肝细胞，使肝细胞发生弥漫性变性与坏死，导致肝功能受损。在家畜，常见于病毒性肝炎（急性马传染性贫血、马传染性脑脊髓炎）、药源性肝炎与中毒（乙酰氨基酚、异胭肼、氟烷中毒）、化学毒物与生物毒素中毒（四氯化碳、四氯乙烯、磷酸、硫酸亚铁、毒蘑菇、煤酚、棉酚等中毒）、腐败产物与代谢产物中毒（腐败饲料、胃肠炎、肠梗阻等）。②营养性因子的缺乏与中毒。此类因子在肝细胞代谢过程中发挥重要作用。例如，仔猪缺硒时，肝细胞受到负氧离子自由基的广泛性损伤；饲料中胆碱、蛋氨酸等营养物质缺乏，肝内磷脂合成减少，引起血浆脂蛋白减少，影响肝内脂肪的运输，形成脂肪肝；硫酸亚铁中毒时，肝细胞呈中心性或弥漫性坏死。

2. 胆汁排泄受阻 肝内、肝外胆管阻塞，使胆汁淤积在肝内，毛细胆管内压升高、破裂，胆汁进入血液。一般而言，如果没有胆道疾病，肝细胞性胆汁淤积本身并不引起明显的肝损伤。然而，由于胆汁排泄受阻，长期的胆汁淤积不仅能引起肝小叶中央区肝细胞的泡沫状变性，而且能引起泛小叶性的肝细胞坏死。常见的疾病有胆道结石、肝外胆管闭锁、胆道寄生虫感染、胆管狭窄与胆总管囊肿等。

3. 慢性肝病 特点是：①有效的肝细胞数量明显减少。②肝内结缔组织慢性增生，肝实质组织改建。③血管改建后形成经肝窦完成的动-静脉吻合。常见的疾病有慢性进行性肝炎、肝硬化、心源性后腔静脉血流受阻、后腔静脉阻塞性血栓形成、收缩性心包炎、心包积液、创伤性心包炎，由于肝长期淤血、水肿及肝细胞变性、坏死，结缔组织增生，最终引起肝硬化。

4. 肝细胞的超微结构病变 有些病因可引起肝细胞的无明显坏死的超微结构病变，但损伤肝细胞的功能。此型肝损伤在动物中研究甚少。

5. 肝脏肿瘤 当肝胆系统的原发性和继发性肿瘤发展到一定程度时，可引起严重的肝功能障碍。常见于猪、牛、鸡和鸭等动物，如原发性弥漫性肝细胞性肝癌与胆管癌、白血病、鸡马立克氏病。肝外肿瘤，如肝外胆管癌、胰头胰腺癌也能损伤肝功能。

(二) 主要临床表现与病理变化

1. 代谢性紊乱

(1) 血清肝性酶水平升高 在肝细胞坏死的活动期，血清中乳酸脱氢酶（LDH）、丙氨酸氨基转移酶/谷氨酸-丙酮酸转移酶（ALT/GPT）、天门冬氨酸氨基转移酶/谷氨酸草酸乙酰转移酶（AST/GOT）升高。这些肝性酶水平的升高与肝损伤的面积或严重程度成正比。LDH 的升高是相对非特异性的。

(2) 血清胆红素升高 总胆红素代谢紊乱，超过了肝细胞分泌与排泄速度，引起高胆红素血症与黄疸。

(3) 低血糖症 肝功能不全时，肝糖原分解成葡萄糖的过程明显降低，导致低血糖。同时胰岛素在肝脏灭活减少，引起血浆胰岛素含量升高，更加重低血糖的发生。

(4) 低白蛋白血症 在肝细胞坏死活动期，肝细胞白蛋白生成减少，血浆白蛋白水平降低，出现低白蛋白血症。在慢性肝病时，由于门脉高压症，血浆白蛋白丧失也增加（进入腹水或肠道），加重了这一病理过程。

(5) 凝血病 在急性肝功能不全时，肝脏合成、分泌纤维蛋白、凝血酶原、凝血因子（如凝血因子Ⅱ、Ⅴ、Ⅶ、Ⅸ、Ⅹ）减少，使血凝时间延长，易造成机体出血，发生凝血病。维生素 K 吸收不良可加剧此病程。

(6) 弥漫性血管内凝血 （DIC）急性肝功能不全时，凝血因子Ⅶ被激活，且排出受阻，引起 DIC 的发生。

(7) 高血氨症 肝功能受损时，血浆氨基酸含量升高，其中以酪氨酸、亮氨酸、蛋氨酸、谷氨酸、天冬氨酸最为显著，而血液、尿液中的尿素含量减少。

(8) 激素紊乱 在生理条件下，机体的许多激素是在肝脏内灭活的。肝功能障碍时，对激素的灭活作用减弱，出现激素代谢紊乱。雌激素灭活障碍，引起高雌激素症（hyperestrogenism），导致母畜卵巢功能紊乱与公畜性腺机能减退（hypogonadism）；醛固酮及抗利尿激素灭活障碍，引起低钾血症和肝性水肿（低钠血症）。低磷血症和低钙血症则与血清降钙素升高有关。

(9) 光敏反应 光敏反应可分为原发性和继发性。肝功能不全或胆道阻塞时，因采食的植物性叶绿胆红素与其他胆红素排泄受阻，血液中叶绿胆红素水平升高，并在皮肤组织中沉着。当紫外线照射激活叶绿胆红素后，引起皮肤的炎症。病变只局限于无毛、少毛或无色素、色素较少的皮肤区。

2. 其他系统功能紊乱综合征

(1) 腹水 常见于有肝功能不全的犬、猫，其次是羊，马和牛较少见。慢性肝病时，经常伴有广泛的疤痕形成。由于肝组织与血管改建、门脉-动脉吻合、门脉高压症，使肝血管系统内形成较高压力，流进肝脏的血液经窦周隙至肝淋巴管或经肝被膜渗漏进入腹腔，形成腹水与低白蛋白血症。血浆胶体渗透压下降可促成腹水形成过程。长期的腹水时，通过膈淋

巴管的腹水可以外渗，引起右胸腔积水。

（2）门脉高压症 门脉高压症可分为肝前性、肝性和肝后性三种病因。大多数肝前病因是门脉阻塞性血栓形成与门脉狭窄。大多数肝后病因是严重的右心衰竭、收缩性心包炎和肝静脉流出受阻。肝性病因主要是肝硬化。门脉高压症的发生原因：①门脉血流在肝窦处阻力增加。②肝周纤维化所致的中央静脉受压。③肝实质结节的膨胀力增加。④疤痕内动-静脉吻合，使压力高的动脉血流直接进入压力较低的静脉系统，最终导致腹水、肝脾综合征及肝脑病。

（3）肝肾综合征 是指患急性肝功能衰竭病畜所伴发的肾功能衰竭，病畜没有肾功能衰竭所固有的形态学或功能上的改变。此综合征出现的典型先兆是肾脏尿液形成减少即少尿，血液中脲氮和肌酸酐升高，肾脏尚有浓缩尿的功能。肾脏病理变化为体积增大、湿润，被胆汁色素浸染。镜检：肾小管上皮细胞完好无损，细胞内和管型内有胆汁色素，故被称为胆汁性肾病（biliary nephropathy）。肝肾综合征是由于血液中醛固酮和抗利尿激素浓度升高，肾血管收缩导致进入肾脏的血流量减少（尤其是肾皮质部）或因肾皮质与髓质部血液吻合，伴发肾小球滤过率降低以及肾保钠功能增加。随着肝功能的恢复，此型肾功能衰弱则能得到明显改善。

3. 结局 肝功能不全可以是某个或多个肝功能障碍。轻症急性肝功能不全发生时，查找病因，及时采取相应的保守疗法或手术治疗（如手术摘除胆管结石），可使肝细胞迅速再生，肝功能得以恢复。若病情进一步发展，由肝功能不全转至肝功能衰竭时则预后不良。

六、肝性脑病

肝性脑病（hepatic encephalopathy）是急性或慢性肝功能衰竭的一种神经系统功能紊乱的综合征。急性肝功能衰竭常见于马，慢性肝功能衰竭主要发生于牛、羊以及患门脉-动脉吻合的犬和猫。各种动物的表现有所不同。羊以沉郁、反应淡漠、不愿运动、强迫性咀嚼及痉挛为特征。牛、马以狂躁为主，定向运动障碍，具有攻击性。犬和猫等食肉动物表现为行为异常、厌食与呕吐。在本病的后期，所有动物的生理反射活动消失，甚至昏迷，故又称肝性昏迷（hepatic coma）或门脉系统脑病（portosystemic encephalopathy）。

肝功能不全时，由于氨基酸代谢障碍，血液和脑脊液中氨含量增高是肝脑病的主要原因，并且在肝功能正常但缺乏尿素循环酶的动物中得到证实。其次是 γ-酪氨酸（gamma-aminobutyric acid，GABA）及其相应的神经受体。血氨主要干扰脑的能量代谢，可与脑内三羧酸循环中的 α-酮戊二酸结合，形成谷氨酸和谷氨酰胺或干扰脑内苹果酸穿梭系统。这些过程要消耗大量 ATP。如果大量的血氨进入脑，ATP 严重减少，脑细胞缺乏足够能量供应，功能受到抑制。GABA 是脑内一种异常的神经传递介质。在肝功能衰竭时，不仅血液中 GABA 升高，穿透血-脑屏障的能力增加，而且脑内 GABA 受体的数量相应增加。当 GABA 进入血-脑屏障后，可竞争性的取代脑内正常的神经传递介质，降低神经传导功能。其他进入血-脑屏障的氨和短链脂肪酸也是竞争性的异常神经传递介质。

七、肝硬化的发病机理及病变特点

肝硬化（liver cirrhosis）是指大部分肝细胞由间质结缔组织取代，使肝脏变形、变硬的

心肌纤维变质性变化相对比较轻微的炎症。

1. 病因与发病机理 引起间质性心肌炎的主要原因有某些寄生虫感染及变态反应。其中，寄生虫主要是侵袭动物心肌的寄生虫（如肉孢子虫、猪囊尾蚴、猪浆膜丝虫、旋毛虫及弓形虫）。如肉孢子虫是一种细胞内寄生虫，在中间宿主（草食动物、杂食动物、禽类、啮齿动物等）骨骼肌和心肌寄生的虫体是一种包囊结构，称为米氏囊。完整的包囊通常不引起炎症性反应，但当包囊变性或破裂时，由包囊内释放出肉孢囊素，导致心肌纤维变性、坏死，甚至断裂、崩解，间质出现多量炎性细胞浸润，而出现明显的间质性心肌炎。

变态反应所致的间质性心肌炎常见于风湿病、犬系统性红斑狼疮、结节性多动脉炎以及某些药物（如磺胺、青霉素、四环素等）过敏。其发病机理与机体先前的致敏作用有关。

2. 病理变化 间质性心肌炎的眼观变化与实质性心肌炎基本相似。镜检，病变初期在间质内有充血、出血以及浆液性渗出，以后间质增生明显，有大量炎性细胞浸润，主要是单核细胞、淋巴细胞、浆细胞和成纤维细胞。心肌纤维出现局灶性变性、坏死。慢性过程中，局部心肌纤维变性、坏死，甚至消失，间质结缔组织明显增生，修复变性坏死病变部，结成瘢痕组织，此时心脏体积正常或缩小，硬度增加，因间质病灶是沿血管或间质分布，与正常心肌纤维相互交杂，而呈局灶性或弥漫性，故在心脏表面可见明显的灰白色斑块。

（三）化脓性心肌炎（suppurative myocarditis）

化脓性心肌炎是以大量中性粒细胞渗出和脓液形成为特征的心肌炎症。

1. 病因与发病机理 化脓性心肌炎常由化脓性细菌如葡萄球菌、链球菌等所引起。化脓性细菌可来源于子宫、乳房、关节等化脓灶，以及鞍伤、去势伤、烧伤、四肢化脓灶的转移性细菌栓子，随血流到达心肌，在心肌内形成化脓性栓塞，继而引起心肌化脓性炎症。溃疡性心内膜炎、化脓性心外膜炎、牛创伤性网胃心包炎直接蔓延，也可引发化脓性心肌炎。此外，肋骨骨折损伤心脏后继发感染，也可导致化脓性心肌炎的发生。

2. 病理变化

【剖检】在心肌内见有大小不等的化脓灶，或为孤立散在性脓肿。新形成的化脓灶，在其周围心肌部位，有充血、出血性变化。慢性经过时，化脓灶的外围有结缔组织形成的包囊。化脓灶内的脓液，因感染细菌的不同，可呈灰白色、灰绿色或灰黄色等。

【镜检】初期见血管栓塞部的出血性浸润，其后为纤维蛋白-化脓性渗出，在其周围有充血、出血及中性粒细胞的炎性反应带。化脓灶邻近心肌纤维发生变性坏死。慢性化脓时，脓肿周围有结缔组织性包围，其中含有组织化脓崩解产物和部分以中性粒细胞为主的炎性细胞。

（四）结局及对机体的影响

心肌炎的发生发展过程中，受损的心肌纤维会由邻近的结缔组织增生而机化，形成灰白色斑块样的疤痕，其结果是可使心肌收缩力减弱，继而导致心脏机能不全。化脓性心肌炎所引起的脓肿随着心肌炎的发展，往往发生钙化、包囊形成或纤维化，有时发生在心肌中的脓肿可向心腔内破溃，脓汁及脓汁中的细菌混入血液，细菌在血液中繁殖、生长并随血液到达全身各处，可在各组织中形成转移性化脓灶，甚至出现脓毒败血症。

三、心内膜炎的概念及病变特点

心内膜炎（endocarditis）是指心内膜的炎症。根据病因不同，可分为细菌性心内膜炎（bacterial endocarditis）和非细菌性心内膜炎（nonbacterial endocarditis）；依据发生的部位不同，可分为瓣膜性、心壁性、腱索性和乳头肌性心内膜炎，其中以瓣膜性心内膜炎最为常见；根据心内膜炎的病理变化特点不同，又可将其分为疣性心内膜炎和溃疡性心内膜炎两种类型。

（一）疣状心内膜炎

疣状心内膜炎（verrucose endocarditis）是以心瓣膜损伤轻微和形成疣状赘生物为特征的心内膜炎症，又称为单纯性心内膜炎（simple endocarditis）。

1. 病因与发病机理　疣状心内膜炎多半是由毒力较弱的细菌（如链球菌、肠球菌等）所致，常伴发于慢性猪丹毒等疾病过程中。其发病机理是一种自身变态反应的局部表现。实验证明，用猪丹毒杆菌培养物，多次注射健康猪可复制出典型的疣状心内膜炎。因此，一般认为，机体遭受某些细菌感染后，菌体蛋白与胶原纤维的黏多糖结合，形成复合性自身抗原，继而刺激机体产生相应的抗体，然后抗原抗体在胶原纤维上结合，激活补体，心内膜或瓣膜内皮下结缔组织呈现水肿，结缔组织细胞肿胀，胶原纤维发生坏死，组织间白细胞浸润。与此同时，瓣膜或心内膜上的内皮细胞肿胀、变性、坏死，甚至脱落，暴露出内皮下的胶原纤维，吸引血小板等，继而在局部形成血栓，此即疣状心内膜炎的早期赘生物。由于细菌繁殖和自身变态反应的继续作用，导致心内膜炎进一步的发展。

已证实猪丹毒杆菌抗原与瓣膜和心肌抗原之间存在交叉免疫反应。体外试验和静脉内注射猪丹毒杆菌后，该菌能选择性地黏附于猪心瓣膜的内皮上，且以腱索基部黏附最多，由此说明血液中的细菌可直接侵袭心内膜或瓣膜，引起心内膜炎。此外，心瓣膜容易受损可能与其不停地运动、机能负荷较大，加之瓣膜的游离缘缺乏血管、营养供应较差、自身抵抗力较低有一定关系。病程较久时，瓣膜基底部成纤维细胞和毛细血管增生，上述血栓被完全机化，即形成血栓机化性赘生物。

2. 病理变化　疣状心内膜炎是以心瓣膜上发生疣状血栓为特征的炎症。其疣状物常见于二尖瓣的心房面及主动脉半月状瓣的心室面。

【剖检】早期由于瓣膜内皮细胞受损、瓣膜结缔组织变性和水肿，故瓣膜比正常增厚，失去光泽。继而在瓣膜游离缘可见到体积很小，呈串珠状或散在、灰黄色或灰红色、易于剥离的疣状物。随着炎症的继续发展，瓣膜上的疣状物不断增大，呈灰黄色或黄褐色。后期由于瓣膜基部结缔组织增生，疣状赘生物则变为硬实、灰白色，并与瓣膜紧密相连，不易剥离。

【镜检】炎症初期见心内膜内皮细胞肿胀、变性、坏死及脱落，内皮下水肿，内膜的结缔组织细胞肿胀变圆，原纤维结构消失。疣状物为血栓凝块，由纤维素、白细胞和血小板构成。内膜深层结构多数尚可见到，心内膜下显示充血、出血和白细胞浸润。后期由于肉芽组织的形成，血栓被结缔组织取代而机化。

（二）溃疡性心内膜炎

溃疡性心内膜炎（ulcerative endocarditis）是以心瓣膜严重损伤并散发多数溃疡为特征的心内膜炎症，也称为败血性心内膜炎（septic endocarditis）。

1. 病因与发病机理　溃疡性心内膜炎常见于毒力较强的细菌性感染，如化脓棒状杆菌、溶血性链球菌、金黄色葡萄球菌等。当上述细菌侵入瓣膜后，可引起瓣膜发生炎症，并在瓣膜上形成淡黄色混浊的小斑点，小斑点融合后则形成表面粗糙的坏死灶，由于血流的冲击发生脱落或脓性溶解，继而出现溃疡性缺损。瓣膜坏死过程向深层发展，可继发瓣膜穿孔、破裂，进而损及腱索和乳头肌，甚至波及心壁引起壁性心内膜炎。从瓣膜溃疡面脱落的含有细菌的碎片，可成为栓子，随血流运行至其他组织、器官，可形成继发感染灶或转移性脓肿。此外，在疣状心内膜炎的发生发展过程中，瓣膜继发细菌感染后，也可引起溃疡性心内膜炎。

2. 病理变化 溃疡性心内膜炎常见于二尖瓣，有时也见于三尖瓣和肺动脉瓣。心内膜的病变在表层时，形成血栓；在深层时，并发坏死而出现溃疡，且溃疡常见于瓣膜的连接处和瓣膜的游离缘。

【剖检】初期瓣膜上出现淡黄色混浊的小斑点，以后融合为干燥、坚实、表面粗糙的坏死灶。由于坏死块的剥离或脓性溶解，便出现溃疡，表面被覆有淡黄色或污褐色薄膜，溃疡边缘因结缔组织增生稍肥厚。

【镜检】心内膜的坏死变化最显著，瓣膜固有结构崩解并波及深层组织，HE 染色时，呈均匀粉红色。瓣膜表面有纤维素、崩解的细胞和大量的菌落构成的血栓凝块。在坏死组织边缘，常有多量中性粒细胞浸润和肉芽组织形成。

(三) 结局和对机体的影响

心内膜炎发生后，由于结缔组织增生及瘢痕形成，易引起瓣膜的严重变形和腱索增粗缩短，致使心瓣膜口狭窄和（或）闭锁不全。若发生瓣膜穿孔或腱索断裂，则可引起急性瓣膜功能不全。当动物出现瓣膜口狭窄（如二尖瓣狭窄）时，早期心脏舒张期从左心房流入左心室的血流受阻，舒张末期仍有部分血液滞留在左心房内，加上由肺静脉回流的血液，易导致左心房代偿性扩张，甚至出现左心房代偿性肥大。后期左心房滞留的血液增多，心房肌收缩不断加强，时久则发生左心房代偿失调，左心房明显扩张，血液淤积，肺静脉回流受阻，继而易导致肺淤血、肺水肿或出血。当动物出现瓣膜闭锁不全（如二尖瓣闭锁不全）时，在心收缩期左心室部分血液返流到左心房内，加上接纳肺静脉的血液，左心房血容量较正常增多，久而出现左心房代偿性肥大。在心舒张期，左心房内大量血液涌入左心室，使左心室发生代偿性肥大。继而左心室和左心房均可发生代偿性失调（左心衰竭），依次出现肺淤血、肺动脉高压、右心室和右心房代偿性肥大、右心衰竭和大循环淤血。

心内膜炎过程中形成的赘生物或坏死组织脱落进入血液，可引起各器官的栓塞，常见于脑、肾脏和脾脏。若赘生物内的细菌毒力较弱或栓子多来自血栓的外层，不含病原菌，其栓塞后多引起非感染性梗死。如果赘生物或脱落的坏死组织内细菌毒力较强，可引起败血症、器官梗死和转移性感染灶。

四、心 肌 病

心肌病（cardiomyopathy）是指一组性质不同的累及心肌的疾病。它不是一个独立的疾病实体。习惯上将冠状动脉疾病或畸形、血管疾病或畸形、全身性高血压等所引起的心肌疾病除外。人类心肌病一般分为原发性和继发性两大类。动物心肌病曾报道于猫、犬、猪、牛、仓鼠及禽类（鸡、鸭、鹅）等，其分类法类似于人类。

(一) 病因与发病机理

心肌病的发病原因和发病机理目前不十分清楚，一般认为该病多见于继发性，主要见于各种原因引起的心肌炎、代谢性疾病（如糖原贮积病等）、营养不良性疾病及心脏肿瘤等。但除肥大型心肌病外，其共同的特征为：心肌收缩性降低和心室扩张，而德国短毛猎犬和长毛垂耳犬则有明显的家族史倾向。有关人类地方性心肌病——克山病的发生原因和机理方面的研究证实，克山病的发生与柯萨奇 B 族病毒的感染、低硒及营养失衡有关。这些研究是否适合动物心肌病，目前无相关证据。

（二）病理变化

1. 猫心肌病　动物的心肌病以猫最为多发。猫心肌病可有多种类型：充血（扩张）型心肌病、肥厚型心肌病、限制性心肌病及心内膜肌炎等。所有各型最常见于成年公猫。

（1）充血（扩张）型心肌病　剖检可见患猫心室及心房极度扩张而呈大球形，乳头肌和室小梁变平、萎缩。二尖瓣瓣膜小叶变短、肥厚，腱索短而粗或长而薄；三尖瓣间隔小叶与室间隔粘连，侧小叶直接插入乳头肌内。大多数患猫尚见胸膜渗出物，偶有腹水和肺水肿，约有 1/3 患猫出现主动脉血栓栓塞。镜检可见心肌细胞比正常细小，常被细胞外水肿基质或结缔组织分离，并常见心肌细胞溶解。

（2）肥厚型心肌病　患猫多为 6 月龄至 16 岁。其剖检变化主要是左心室游离壁、乳头肌及室间隔肥厚，相对心脏重量明显重于正常，且约有 51％患猫出现主动脉血栓栓塞。镜检可见心肌细胞肥大，染色质丰富，在肥大的心肌细胞内或其周围出现间质纤维化，个别心肌细胞或心肌细胞群显示肌浆凝固、颗粒状、空泡化、断裂或溶解。

（3）限制型心肌病　又称为缩窄型心肌病，患猫年龄多为 1～11 岁。病变的主要特征为心内膜心肌显著纤维化，心室舒缩受阻。剖检可见患猫相对心脏重量明显重于正常猫，左心房、右心室及右心房极度扩张，左心室中度扩张或正常。左心室流出道、流入道、乳头肌、游离室壁及腱索均常见严重的心内膜纤维化和肥厚，并见有附壁血栓或主动脉血栓栓塞。镜检，左心室游离壁、室间隔等部位心内膜纤维化和心肌纤维化，心内膜极度增厚，偶见有软骨样化生，心肌中常见心肌细胞肥大与间质纤维增殖。

（4）心内膜肌炎　患猫多为 2.5 月龄至 8 岁。剖检早期病变为心内膜下散发点状或弥漫性出血，慢性病例的心内膜被覆混浊、灰白色纤维性物质。镜检，急性心内膜肌炎患猫，心肌和心内膜有淋巴细胞、浆细胞、组织细胞及少量中性粒细胞浸润，相邻心肌细胞出现颗粒变性、断裂及溶解，心内膜表面被覆核碎屑和纤维蛋白。慢性病例，其炎症性变化则由肉芽组织和纤维结缔组织所取代，心内膜、心肌纤维间及间质显示纤维化，相邻心肌细胞溶解。

2. 犬心肌病　犬心肌病多见于公犬。通常将犬心肌病分为充血（扩张）型心肌病和肥厚型心肌病两类。

（1）充血（扩张）型心肌病　剖检可见患犬的相对心脏重量明显重于正常犬的心脏，心室极度扩张，心脏呈圆形。二尖瓣和三尖瓣孔周径增大，心内膜混浊。心外膜表面的血管弯曲、扩张。左心室游离壁和室间隔厚度变薄，胸腔和腹腔积液。组织病变见心肌细胞细小、呈波纹状，常被水肿基质或纤维结缔组织所分隔，在心肌内常见心肌细胞溶解，但常不见特异的炎性细胞浸润。本病预后多不良。

（2）肥厚型心肌病　通常比充血（扩张）型少见。患犬心脏重量比正常犬明显增重，左室腔呈中度或严重减小，左心房中度扩张，心瓣膜正常。室间隔及左心室游离壁厚度增加，并在左心室邻近二尖瓣前面的流出道的室间隔上见有纤维性心内膜斑块或弥漫性纤维组织形成。组织学检查可见室间隔的肌纤维排列紊乱，心肌细胞结构异常显著。

3. 猪心肌病　猪心肌病也常分为充血（扩张）型心肌病和肥厚型心肌病两类。

（1）充血（扩张）型心肌病　患猪心脏扩张，呈球形。相对心脏重量较正常心脏重，心房及心室扩张，心室乳头肌和小梁扁平、萎缩，左心室游离壁和室间隔增厚。镜检，心肌细胞变细小且细胞间被细胞外基质与纤维组织所填充，在心肌细胞中可见呈波纹状的心肌纤维区。

（2）肥厚型心肌病　患猪心脏相对重量比正常心脏重或正常，左心室游离壁及室间隔肥厚，左心房扩张与肥大，左心室流出道和乳头肌处常见不规则的纤维性斑块，左室腔狭窄。镜检，心肌纤维肥大，核大呈长方形、深染，室间隔的心肌细胞结构异常。

(三) 结局及对机体的影响

心肌病对动物机体的结局及影响主要表现为：①由于心肌细胞变性、崩解以及纤维化，可引起心肌收缩力下降，继而出现心力衰竭。②二尖瓣及三尖瓣瓣膜的形态改变，可引起瓣膜闭锁不全。③疾病过程中所形成的附壁血栓脱落进入血流，可引起血管栓塞，进而导致多器官出现栓塞或梗死。④心脏起搏和传导系统受损害，动物会出现心律不齐、心电图异常等临床症状。⑤严重时，可导致动物死亡。

五、心力衰竭

心力衰竭（cardiac failure）指由于心肌收缩力减弱，以致在静息或轻微活动的情况下，心输出量相对或绝对地减少，不能满足机体组织细胞物质代谢的需要，而出现全身性机能、代谢和结构改变的病理过程。它不是一种独立的疾病，是多种疾病过程中的一种综合征。临床上也称为心脏机能不全（cardiac insufficiency）。

心力衰竭的产生有其发生发展的过程，且发生发展的速度、时间的长短、发生的部位和范围等的不同，所引起的影响有所不同。心力衰竭有时发生急骤、有时缓慢，故有急性心力衰竭和慢性心力衰竭之分。前者发生急骤，机体来不及代偿，往往会导致严重后果；后者发生缓慢，病程较长，在心脏机能不全发生前有比较长的代偿过程，往往有明显的心肌肥大和心脏扩大，并且对其他组织、器官、系统有较大的影响。根据心肌收缩力减弱发生部位和范围的不同，将心力衰竭分为左心心力衰竭、右心心力衰竭和全心心力衰竭。左心心力衰竭常见于心肌变性、心肌炎、二尖瓣和主动脉瓣闭锁不全、高血压等；右心心力衰竭除继发于左心心力衰竭外，主要见于心肌炎、因肺气肿（尤其是马）和间质性肺炎所致的肺阻力增加、心包积水、瓣膜病变等；如果病变发生在全心，如心肌炎、心肌病等，则可同时出现左、右心心力衰竭。

根据心力衰竭后心输出量的大小，将心力衰竭分为高输出量和低输出量性心力衰竭。心脏机能不全多为低输出量性，即心输出量低于正常，如慢性心瓣膜病、原发性心肌病、高血压性心脏病等引起的心力衰竭，均属于此类；高输出量性心力衰竭的心输出量也并不高，可在正常范围的高水平或稍高于正常水平，但低于患畜在发生心力衰竭前的心输出量，此类心力衰竭主要见于严重贫血、维生素 B_1 缺乏等疾病。

(一) 心脏机能不全的原因

心脏机能不全不是一种独立的疾病，而是许多疾病过程中都可以发生的一种综合征。因此，任何引起心肌收缩力减弱、心输出量降低的因素，都可成为心脏机能不全的原因。

1. 原发性心肌舒缩功能障碍 这是最常见的原因。

（1）心肌的病变 主要见于急性或慢性传染病、中毒性疾病、某些营养代谢障碍（如硒缺乏、维生素 B_1 缺乏）等引起的心肌炎、心肌变性、坏死及心肌纤维化，可使心肌收缩力减弱，导致心脏机能不全。这类原因的心脏机能不全，由于心肌病变的可复性较差，故一般预后较差。

（2）心肌代谢障碍 主要见于心肌缺血、缺氧，如冠状动脉痉挛、血栓形成或栓塞、重度贫血等。由于心肌血液供应不足，心肌缺血或缺氧，心肌能量代谢障碍，酸性代谢产物蓄积，继而引起心肌收缩力减弱，导致心脏机能不全。

2. 心脏负荷过度 心脏负荷过度分为容量负荷过度（volume overload）和压力负荷过度（pressure overload）。

（1）容量负荷过度 容量负荷取决于心室舒张期末的容积，此容积增大，则要求每搏输出量增加，从而可使心脏负荷加重。如贫血、维生素 B_1 缺乏时，由于外周血管扩张，静脉回流加速，心室舒张期末容积就可增加；主动脉瓣关闭不全时，在舒张期有部分主动脉内血液倒流入左心室，使左心室舒张期末容积增加。

（2）压力负荷过度 压力负荷取决于心脏射血时所遇到的阻力。阻力大时，心肌必须更有力的收缩才能将血液搏出，心脏的负荷因而增加。压力负荷过度主要见于主动脉瓣狭窄、肺栓塞、肺气肿、肺纤维化、肺动脉高压等。

3. 心脏舒张受限 由于外在机械性因素对心脏活动的限制，导致心脏舒张期充盈障碍。常见发生心包疾患（如急性心包炎和心包积血）时，由于积血或积液导致心包内压增高，心房和大静脉受压迫，静脉回流受阻，加之心脏舒张障碍，致使心脏充盈不足、心输出量减少，结果引起冠状循环供应不足，而发生心肌收缩力减弱，心脏机能不全。

此外，临床上绝大部分心脏机能不全的发生发展与电解质代谢紊乱、酸碱平衡失调、心律失常、妊娠、分娩及感染（特别是呼吸道感染）等诱因有关。

（二）心脏机能不全的发生机理

引起心力衰竭的原因虽然不同，但其基本的发病环节都是心肌收缩力减弱。由于动物心功能存在一系列如紧张源性扩张、心率加快、反射性心肌收缩力增强以及心肌肥大等代偿机制，仍能维持必需的心输出量，因而可以不出现心力衰竭时的心输出量减少、静脉系统淤血等临床症状。只有当心肌负荷或心肌损伤等原因继续加重，心肌收缩力进一步减弱或心脏代偿功能不全时，动物才会出现心力衰竭。因此，心力衰竭的发生是心功能由充分代偿发展到代偿不全的过程。心肌收缩力减弱是心力衰竭发生的基本环节，其发生主要是心肌结构的破坏、心肌能量代谢障碍以及在心肌的兴奋-收缩偶联中钙离子运转障碍的结果。

1. 心肌结构的破坏 心肌纤维大量坏死是导致心力衰竭的主要原因之一。当心肌缺血、心肌病变（如感染、炎症）时，产生局部性或弥漫性心肌变性或坏死、纤维化，使大量心肌丧失了收缩功能，使心肌收缩减弱、泵功能减退，可引起心力衰竭。一般情况下，当心肌丧失量大于左心室心肌的 20％时，可导致左心心力衰竭。

2. 心肌的能量代谢障碍 心肌收缩过程中，需要有充分的能量供应和利用。心肌的能量代谢过程大致分为能量产生、储存和利用三个阶段，其中任一阶段发生障碍，都会导致心肌收缩减弱，甚至发生心力衰竭。

（1）能量产生障碍 由于心肌缺血和/或缺氧（见于休克、严重贫血等）以及维生素 B_1 缺乏时，心肌正常的有氧代谢发生障碍或丙酮酸氧化脱羧障碍，无氧酵解过程加强，使能量物质三磷酸腺苷（ATP）生成减少，心肌处于绝对或相对的"饥饿"状态，不仅心肌收缩缺能，也使 Ca^{2+} 参与的"兴奋-收缩偶联"过程受阻，"肌球-肌动蛋白复合体"解离障碍，从而导致心肌收缩和舒张功能异常。

（2）能量储存障碍 当甲状腺机能亢进时，甲状腺素分泌过多，心肌的代谢过程加强，但是氧化磷酸化过程减弱，产生的能量不能以高能磷酸化合物（ATP）的形式贮存，而以热能形式放散出去，结果导致心肌能量储备不足。

（3）能量利用障碍 发生于长期负荷重而肥大的心肌，此时心肌的耗氧量和ATP的含量并不比正常心肌低，但完成的机械功却减少。这可能是由于心肌负荷过重造成肌球蛋白分子发生极微细的变化，使其ATP酶活性降低，肌球蛋白和肌动蛋白的结合强度减弱，以致心肌收缩力减弱。

3. 钙离子运转障碍 Ca^{2+}在心肌"兴奋-收缩偶联"活动中起着重要作用。在心肌收缩期，心肌张力发展的速度取决于肌浆内Ca^{2+}浓度增加的速度，心肌舒张的速度则取决于Ca^{2+}浓度减少的速度。此外，心肌细胞内ATP酶的活化同样需要生理浓度的Ca^{2+}来激活。因此，一些因素特别是压力负荷过度和心肌病变等引起Ca^{2+}运转障碍时，势必导致心肌收缩与舒张功能的异常。

（1）肌浆网摄取、储存和释放Ca^{2+}障碍。

（2）Ca^{2+}内流障碍。

（3）肌钙蛋白与Ca^{2+}结合障碍。

（三）心力衰竭时的机体机能和代谢的变化

心力衰竭时，心输出量减少和静脉回流受阻是导致机体机能和代谢改变的主导环节。

1. 心血管系统的变化 由于心输出量减少，心腔的排空困难，长期的心脏负荷过重导致心脏的被动性扩张——肌源性扩张。由此而引起一系列血液动力学改变，主要表现为腔静脉血液回心受阻，心输出量减少，动脉压降低，静脉压升高，血流缓慢及全身性淤血等。

（1）心功能的变化 心功能降低是心力衰竭时最根本的变化，主要表现为心脏泵血功能低下，从而可引起一系列血流动力学变化。通常用于评价心脏泵血功能的指标均会发生改变，如心力储备降低，心泵功能降低〔表现为心输出量减少，心脏指数降低，心室舒张末期压力（或容积）升高〕；同时，心室收缩功能和舒张功能均发生明显变化。

（2）动脉血压的变化 急性心力衰竭（如急性心肌梗死）时，因心输出量急剧减少，使动脉血压下降，组织灌流量减少，甚至发生心源性休克。慢性心力衰竭时，机体可通过压力感受器反射使外周小动脉收缩和心率加快以及血量增多等代偿活动，一般可使动脉血压维持正常。

（3）器官组织血流量改变，血液重新分配及血量增多 心排出量的减少，使动脉系统充盈不足，同时又通过压力感受器反射性引起外周小血管收缩，故而组织器官的血流量减少。然而，由于各脏器的血管对交感神经兴奋的反应不一致，导致血液的重新分配。心力衰竭时，血量减少最显著的是肾脏（30%～50%），其次是皮肤和肝脏。由于交感神经兴奋时脑血管并不收缩，而冠状血管反而有所舒张，故脑和心脏的血液供应可不减少。这种血液的重新分布具有重要的代偿意义。

（4）淤血和静脉压升高 心力衰竭时，由于钠、水潴留使血量增加，又因心腔舒张末期容积增大和压力升高以及静脉回流发生障碍，导致血液在静脉系统中淤滞，以致静脉压升高。

（5）可视黏膜发绀 心力衰竭时，由于静脉淤血，血液中氧含量降低，还原血红蛋白增多，血液呈暗红色，因而使皮肤和可视黏膜呈蓝紫色。

2. 呼吸功能的变化 肺呼吸功能的改变是左心衰竭时最早出现的症状，主要表现呼吸困难。患病动物在静息或轻微活动时发生喘气，其特点是浅而频的呼吸，临床上称为心性呼吸困难。导致呼吸困难的机制主要主要涉及以下几方面：

（1）肺淤血对肺组织的顺应性降低，此时要维持正常的通气量，就必须增加呼吸肌的收缩力，结果又增加了机体的氧耗量，从而发生呼吸困难。

（2）肺淤血时肺泡壁毛细血管内压升高，刺激血管壁的压力感受器通过 Churchill-Cope 二氏反射使呼吸中枢兴奋，引起呼吸加快变浅，使呼吸感到吃力。

（3）肺淤血严重时，肺毛细血管与肺泡间的气体交换受到影响，使动脉血氧分压降低、二氧化碳分压升高，通过化学感受器和直接刺激呼吸中枢引起呼吸运动增强。

（4）肺淤血引起水肿时，刺激肺泡壁迷走神经末梢，引起 Herng-Breuer 二氏反射的敏感，当吸入少量气体时就使吸气中枢抑制而开始呼气，故呼吸变浅。

3. 其他系统器官功能的改变

（1）肝脏的变化　右心衰竭时，由于体循环静脉回流受阻，后腔静脉血回流受阻，首先造成肝淤血、肿大；又由于心排出量减少，使肝动脉血液灌流不足，引起肝功能障碍。时间久后，肝细胞即可发生脂肪变性，引起所谓的"槟榔肝"变化。时间再久，肝细胞可发生坏死乃至纤维组织增生，最终可发展为心源性肝硬化。若在短时间内右心衰竭急剧加重，可出现肝急剧肿大，常伴有肝区压痛或剧痛和黄疸，血清谷丙转氨酶活性显著升高。

（2）消化系统的变化　心力衰竭时由于胃肠淤血、缺氧，引起消化液分泌减少，蠕动减弱，进而引起消化不良和胃肠膨胀。肝脏可因淤血发生变性、坏死、淤血性肝硬化，以致发生肝功能降低和黄疸。

（3）泌尿系统的变化　慢性心力衰竭时，肾血流量减少，一方面由于肾小球滤过率降低，原尿形成减少，另一方面肾脏缺血、缺氧，导致肾素分泌增多，因而引起醛固酮和抗利尿激素分泌增多，造成钠、水潴留。另外，肾脏因缺氧，代谢障碍，使肾小球毛细血管通透性升高，以及肾小管上皮细胞变性、坏死，而出现少尿和蛋白尿等变化。

（4）中枢神经系统的变化　由于心输出量减少，脑组织供血不足而发生缺氧。早期通过机体的代偿作用，脑组织尚可得到正常的血液供应，一般无大变化。晚期由于缺氧严重，动物出现精神沉郁以至昏迷等。

4. 水和电解质代谢紊乱　心力衰竭时，水和电解质代谢紊乱主要表现为钠、水潴留和水肿。心力衰竭引起的水肿称心源性水肿或心性水肿。左心衰竭引起肺水肿，右心衰竭引起全身性水肿和积水。

六、血管的炎症

（一）动脉炎

动脉炎（arteritis）是指动脉壁的炎症。根据炎症发生的部位，可分为动脉内膜炎（endoarteritis）、动脉中膜炎（mesarteritis）和动脉周围炎（periarteritis）。动脉各层均发炎，称为全动脉炎（panarteritis）。动脉炎常见的类型有急性动脉炎、慢性动脉炎和结节性动脉周围炎。

1. 急性动脉炎（acute arteritis）

（1）病因与发病机理　急性动脉炎可由细菌、病毒、寄生虫、真菌等生物性因子所引起，也可由机械性、物理性以及变态反应等因素引起。常见于疾病（如牛坏死杆菌病、猪瘟、猪丹毒、霉菌病、毛霉菌病、马病毒性动脉炎以及水貂阿留申病）的经过中，均伴发一定程度的急性动脉炎。急性动脉炎时动脉壁各层的变化通常依据病原入侵的路径不同，而有所区别。由血管周围的炎症扩展而来的，首先引起动脉周围炎，然后是中膜炎、内膜炎，如坏死杆菌病牛的子宫中的中、小型动脉炎；病原菌经动脉壁内的滋养血管而来的，首先引起动脉外膜炎和中膜炎；经血流侵入的，首先引起动脉内膜炎，如化脓性细菌进入血流后，经右心转移到肺动脉，在肺动脉分支中形成细菌性栓塞，可引起动脉内膜炎和血栓形成。

（2）病理变化

【剖检】动脉管壁增厚、变硬，失去原有弹性，内膜表面粗糙不平、管腔狭窄，有时可见血栓。

【镜检】动脉内皮细胞肿胀、变性或坏死，甚至脱落，管腔有血栓形成。内膜与中膜水肿及炎性细胞主要是中性粒细胞浸润，中膜平滑肌细胞变性，弹性纤维断裂、凝集、溶解。血管外膜充血、出血、水肿及炎性细胞浸润。

2. 慢性动脉炎（chronic arteritis）

（1）病因与发病机理　慢性动脉炎多由急性炎症发展而来，常见于血管壁正在修复、血栓进行机化以及慢性炎灶中的血管，如马普通圆线虫幼虫在动脉壁内的寄生，可导致动脉壁细胞变性、坏死，继而刺激结缔组织，尤其是中膜和外膜中的结缔组织增生，炎症细胞浸润，从而引发慢性动脉炎。

（2）病理变化

【剖检】动脉壁如瘤样肥厚，横切见管腔狭窄，管壁肥厚，有时管壁扩张，甚至破裂及血栓形成等变化。

【镜检】动脉固有结构破坏，动脉局部结缔组织增生，尤以外膜和中膜明显，伴有淋巴细胞、浆细胞浸润，管腔中的血栓常被机化。

3. 结节性动脉周围炎（nodular periarteritis）

（1）病因与发病机理　结节性动脉周围炎又称为结节性多动脉炎（nodular polyarteritis）或结节性全动脉炎（nodular panarteritis）。主要侵害中、小型动脉，曾报道见于牛、猪、马、绵羊、犬、鹿、大鼠、小鼠、猫及狐等动物。本型动脉炎的病因尚不明了，但急性病变常由免疫复合物诱发，因此认为本病可能是某些传染病（如恶性卡他热、马传染性贫血、牛散发性脑膜脑炎等）过程中因变态反应（Ⅲ型和/或Ⅳ型）所引起。本病的特点是可同时或先后累及多数器官的中、小型动脉出现纤维素样坏死及炎性细胞浸润。

（2）病理变化

【剖检】各器官和肌肉的中型动脉血管变粗、呈结节状或索状肥厚，血管的横切面显著增宽，管腔狭窄或闭塞。在心脏和肾脏有时因小动脉闭塞而发生贫血性梗死，小动脉的变化通常只有在镜检时方可发现。

【镜检】早期内皮细胞变性、脱落，动脉中膜和外膜水肿，继之中膜的平滑肌细胞和弹性纤维崩解，发生纤维素样坏死，有时纤维素样坏死可累及血管各层，并伴发管腔中血栓形成。与此同时，外膜和坏死的中膜出现中性粒细胞浸润。随病程的发展，动脉壁坏死组织被增生的肉芽组织组织所取代，浸润的中性粒细胞逐渐消失，取而代之的是单核细胞、嗜酸性粒细胞、淋巴细胞以及浆细胞等。管腔中的血栓常被机化，导致管腔闭塞。

（二）静脉炎

静脉炎（phlebitis）是指静脉壁的炎症。与动脉炎一样，也可分为急性和慢性两种。

1. 急性静脉炎（acute phlebitis）

（1）病因与发病机理　急性静脉炎多由感染和中毒引起。由静脉周围组织的炎症蔓延到静脉，可引起静脉周围炎；病原菌经血管腔扩散，则引起静脉内膜炎；外伤感染（如颈静脉穿刺消毒不严）可引起颈静脉炎；出生动物的脐带感染，可引发脐静脉炎。急性静脉炎在败血症的发生上有着重要意义，它往往是败血症感染门户的病变之一，是病原微生物经血源性播散的重要指标。

（2）病理变化

【剖检】静脉肿胀、变硬，内膜粗糙。一旦出现化脓性炎症（如脐静脉炎）时，可见管腔充满浓稠的脓性坏死性物质。

【镜检】血管周围和血管壁发生多量炎性细胞浸润及水肿，内膜内皮细胞肿胀变性，管腔内有血栓形成。有时可见血栓外周出现机化，中心部分发生坏死。

2. 慢性静脉炎（chronic phlebitis）

（1）病因与发病机理　慢性静脉炎常为急性静脉炎的结局，多继发于邻近组织的慢性炎症，如结核病经过中。

（2）病理变化

【剖检】静脉管壁明显增厚、变硬，有时呈结节状或索状增厚，内膜粗糙不平，管腔狭窄。

【镜检】血管壁高度增生，肌层肥厚，并有少量淋巴细胞浸润。

七、淋巴管炎

淋巴管炎（angileucitis）是淋巴管的炎症。多数是由局部创口或溃疡灶感染细菌所致，也有一些没有明确的细菌侵入口，感染由淋巴管传播到局部的淋巴结所致。急性淋巴管炎是致病菌从破损的皮肤或感染灶蔓延至邻近淋巴管内，所引起的淋巴管及其周围组织的急性炎症。通常由化脓性链球菌引起。链球菌最常通过肢端的擦伤、创伤或感染灶（通常为蜂窝织炎）进入淋巴管。在一个肢端出现红色、不规则、灼热、触痛的线条，并由外周的损害向邻近的局部淋巴结蔓延。典型的淋巴结增大并有触痛。全身性表现（如发热、寒战、心动过速）常见，且常较皮肤表现所显示的情况为重。偶尔它们比局部感染的表现更早出现。白细胞增多有时常很明显，像蜂窝织炎一样，除非有脓液、开放性伤口或出现菌血症，否则常不能分离出病原菌。可出现菌血症伴转移性感染灶，速度快得惊人。沿受累淋巴管出现蜂窝织炎伴化脓，坏死和溃疡较少见，大多数病例对抗生素治疗敏感。

八、动脉粥样硬化

动脉粥样硬化（atherosclerosis）是指动脉内膜发生脂质沉积及坏死所形成的粥样病灶，并伴发动脉内膜纤维组织增生的硬化性病变，是一种与脂质代谢障碍有关的疾病。本病多见于中老年人。动物也常见动脉粥样硬化，从研究人类疾病的动物模型出发有较大的价值。由于动物种类不同，对本病的敏感性不同，通常以兔、鸡、猪、犬和猫较常见，而牛、山羊和鼠对其有一定的抵抗力。

（一）病因与发病机理

动脉粥样硬化的病因和发病机理尚未完全阐明。脂质代谢失常、血流动力学改变和动脉壁本身的变化是主要因素，神经内分泌系统功能失调具有重要影响。从对人类和动物该病的研究来看，促使其发生的主要因素有高脂血症、高血压、年龄、性别以及遗传因素等。大量资料证明，血浆低密度脂蛋白（LDL）、极低密度脂蛋白（VLDL）水平的持续升高和高密度脂蛋白（HDL）水平的降低与动脉粥样硬化呈正相关。动物试验表明，血脂过多是动脉粥样硬化病变的起因。血脂主要成分是胆固醇、甘油三酯、磷脂和游离脂肪酸。它们与蛋白质结合后成为水溶性，可转运到组织中，其中低密度脂蛋白（β脂蛋白）含胆固醇最多，极低密度脂蛋白（前β脂蛋白）富含甘油三酯。血液中增高的胆固醇和甘油三酯以β脂蛋白和前β脂蛋白形式，通过内膜沉积在动脉壁上。此外，动脉壁自身也合成脂质，可能构成粥样斑块的一部分。引起高脂血症的原因主要是进食过多的动物性脂肪和富含胆固醇食物。其次是遗传因素、肝病、神经过分紧张和内分泌失调等。

有研究证明，LDL被动脉壁细胞氧化修饰后具有一系列促进粥样斑块形成的作用，主要表现在氧化LDL对内皮细胞有细胞毒性作用，引起内皮细胞损伤；氧化LDL能抑制内皮细胞对血管平滑肌张力的调节等。同时LDL、VLDL颗粒小，易于通过血管内皮细胞进入内皮下间隙，从血浆中被清除的速度较慢，有较多的机会进入动脉壁，刺激周围结缔组织增生而形成粥样斑块。相反，HDL颗粒较大，可通过逆向转运机制清除动脉壁中的胆固醇，阻止胆固醇在细胞内的堆积，从而防止动脉粥样硬化的发生。高血压时，血流对血管壁的机械性压力和冲击作用较强；高血压及高血压有关的肾素、儿茶酚胺和血管紧张素可改变动脉壁的代谢，导致血管内皮损伤，从而造成脂蛋白渗入内膜增多、血小板和单核细胞黏附等变化。临床报道，饲喂包括胆固醇在内的高脂质饲料的老龄猪、老龄鹦鹉以及老龄鸡本病发生率较高。这提示本病的发生可能与年龄的增长有关。研究认为，随着年龄的增长，接触到动脉粥样硬化因素的机会相对增多，加之动脉壁自身的增龄性改变，有助于脂质沉积在内膜。总之，动脉粥样硬化的发生机制较为复杂，参与的因素很多，可能是血液因素（如脂蛋白、高脂血症、血液动力学、血小板、单核细胞等）与动脉壁因素（包括内皮细胞、平滑肌细胞、基质等）相互作用，以及动脉壁细胞间相互作用的结果。

（二）病理变化

动物的动脉粥样硬化的病理变化与人类的病理变化基本相似，但由于动物种类不同，其病理变化稍有差异。在猪、鸡、火鸡、兔、犬、非人灵长类动物、大熊猫、斑马和老虎中均见有主动脉粥样硬化。

1. 猪 据统计各种猪发生本病约占16%，而3岁以上的屠宰猪发病率可达35%，且病变主要发生于主动脉、大脑动脉及额动脉。冠状动脉发病较晚，发病率也较低。主要累及左冠状动脉。心肌内动脉比心肌外动脉病变发展快。猪动脉粥样硬化的发生率可由于日粮中胆固醇的增加而升高。饲喂高胆固醇日粮，同时用气球导管术损伤动脉内膜细胞可使发病率升高。如果用丙烷基硫尿嘧啶诱导，进行胸前区X线照射，可诱发心肌梗死。

2. 鸡 动脉粥样硬化多发生于1岁以上的鸡，病变主要见于冠状动脉、主动脉弓及其头臂动脉。病理变化首先出现在动脉内膜，形成亮的小圆点，以后逐渐增大、融合变成黄白色圆形或狭长的斑块，并向管腔隆起。动脉中膜出现脂质（主要胆固醇结晶）沉积、巨噬细胞源性泡沫细胞浸润，弹性纤维碎裂、溶解，伴发坏死与钙盐沉着。动脉内膜内皮细胞肿胀、增生，内膜结缔组织增生和脂质沉积。外膜则见淋巴细胞浸润。

可通过实验诱发鸡的动脉粥样硬化，鸡长期（10个月）用己烯雌酚刺激或饲喂含有1%～2%胆固醇和4%～10%脂肪的日粮，可很快发病。如果更长时间饲喂含0.25%胆固醇日粮，也可诱发病变。主要发生在主动脉弓、头臂动脉和冠状动脉。延长喂给该日粮，病变可向末梢动脉发展。

3. 火鸡 宽胸古铜色雄性火鸡可自然发生动脉粥样硬化，伴有高血压和动脉瘤破裂。

发生在8～16周龄，主要在冠状动脉和远腹主动脉，通常靠近肾动脉起始部，除动脉瘤和破裂外，还见内膜溃疡和增厚、钙盐沉积及组织中胆固醇裂隙。

4. 兔　兔过渡型动脉内膜脂肪斑纹多发生在1～4周龄幼兔，断奶后消退，常伴发于血浆胆固醇和甘油三酯大量增加的情况下。通过饲喂高胆固醇饲料，可诱发动脉粥样硬化。兔动脉粥样硬化常发生于主动脉弓、心肌内小动脉、颈动脉、肺动脉及静脉等血管，病变主要表现为脂肪斑纹形成，多器官脂质和胆固醇的沉积。

5. 犬　犬不常发生自发性动脉粥样硬化，常继发于动脉内膜纤维化病、高胆固醇血症、甲状腺机能低下等。在饲喂高胆固醇（每天10g）和高脂（20％～40％）日粮的情况下，需要用丙烷基硫尿嘧啶处理，方可诱发动脉粥样硬化。如果喂给高胆固醇和氢化椰子油，一年内也可诱发本病，但出现一种温和的胆固醇血症。受损血管主要是小肌型动脉，其次是大的弹性动脉，而静脉往往正常。肉眼观察可见动脉壁中膜增厚、变粗、较脆弱，在内膜上散在细小的黄褐色、稍隆起的结节，并相互融合形成黄色的斑块，其外观呈颗粒状、大团块状或呈结晶状。镜检动脉中膜脂质沉积、增厚，脂质沉积区及其周围可见纤维性结缔组织增生、透明化以及铁盐沉积。动脉内膜内皮细胞肿胀、增生，并出现内膜结缔组织增生及脂质或结晶沉积。

6. 非人灵长类动物

（1）猕猴　饲喂含很少或不含胆固醇的猴食时，很少见自发性动脉粥样硬化，但是，喂含1.5％胆固醇的日粮，可引起高发病率，伴有相当厚的内膜和主动脉胆固醇聚集增多。而有趣的是这种病变罕见发生在吃不含胆固醇日粮的猕猴，即使它们有同样的血浆胆固醇水平。日粮胆固醇的影响似乎是增加血浆低密度脂蛋白的胆固醇水平，同时降低血浆高密度脂蛋白的胆固醇。猕猴的病变主要发生在主动脉、髂动脉和颈动脉窦，很少见于冠状动脉。并发症包括钙化、血栓形成、新生小血管形成、冠状动脉粥样硬化性心肌梗死等。猕猴饮食引起的早期脂肪斑纹病变，在恢复低脂肪、无胆固醇的日粮后可以消退，粥样斑块面积和脂质含量也可缩减，但胶原和矿物质相对增多。

（2）断尾猕猴　饲喂含胆固醇或蔗糖或糊精的日粮，可在主动脉、颈动脉、股动脉以及肾、睾丸、脾、膀胱、胰、肺和脑的动脉见粥样硬化病变。饲喂硬化日粮的断尾猕猴，由于出现高血压，增加了冠状动脉和主动脉的粥样硬化。

（3）狒狒　自发动脉脂肪斑纹的出现率很高，达75％。在4～6岁以前，很少自发粥样硬化斑块病变。饲喂硬化日粮后，几乎不见冠状动脉粥样硬化。

（4）非洲绿猴　主动脉粥样硬化的出现率相当高，大约50％。饲喂硬化日粮引起的病变如同人类，但颅内动脉罕见。血浆中低密度和中密度脂蛋白浓度轻度升高，高密度和极低密度的脂蛋白浓度不变。

（5）食蟹猴　食蟹猴比猕猴自发动脉粥样硬化更常见，饲喂硬化日粮出现血浆胆固醇水平上升和主动脉、冠状动脉及其他主要动脉粥样硬化病变。

7. 野生动物　大熊猫、东北虎、斑马等圈养野生动物均发现有自发性动脉粥样硬化。发生部位主要见于主动脉弓近心脏处，在大熊猫可延展到胸、腹主动脉。斑马的动脉粥样硬化眼观与人类的相似，可形成粥瘤（图5-13）。

大熊猫的动脉粥样硬化多发生于高龄时（10岁以上），其病变特点是动脉内膜泡状水肿或纤维斑块形成和内膜表面附壁性血栓机化。内弹性膜纤维断裂，平滑肌细胞增生并移向内膜，其周围或胞浆内见有苏丹红阳性物质，基质成分为奥辛蓝阳性的黏多糖。偶见中膜局灶性纤维化。扫描电镜观察发现，粥样硬化的血管表面粗糙不平，严重者胆固醇与其他脂类交织在一起，形成膜样结构卷曲于血管表面。胆固醇等脂类结晶形态不一，呈条块状或瓦片状沉积或堆积于血管表面，在眼观光滑的血管壁表面也见散在沉积有结晶状物，结晶物沉积处血管内膜出现明显裂缝，结晶物即由此裂缝插入内膜（图5-14），从血管壁的断面可见大量的胆固醇结晶物沉积于血管内膜下及中膜的细胞间隙中。

东北虎的动脉粥样硬化比大熊猫的轻，扫描电镜下胆固醇结晶呈菊花瓣状分布。组织病理学观察主要病变特点是内膜水肿，内膜下平滑肌细胞和内弹性膜纤维变性、断裂，走向紊乱，脂质广泛沉积于平滑肌细胞间，以致镜下结构紊乱呈网状。病变可波及血管的中膜。

（三）结局及对机体的影响

动物动脉粥样硬化病可能会出现下列结局或继发性病变。

1. 斑块内出血 因斑块边缘或基底新生毛细血管管壁较薄，易于破裂，容易造成而形成血肿，斑块进一步扩大隆起，导致动脉阻塞。

2. 斑块破裂 斑块外层的纤维帽较薄，破裂常发生于此。一旦斑块破裂，容易形成溃疡（粥样斑性溃疡）和血栓，粥样物质脱落进入血流可导致血管栓塞。如火鸡自发性动脉粥样硬化后期，腹主动脉可出现斑块破裂及溃疡。

3. 血栓形成 粥样斑块破裂形成溃疡后，胶原纤维暴露，吸引血小板，激活凝血系统，形成血栓，引起动脉腔阻塞而致器官梗死。

4. 钙化和铁盐沉积 钙化和铁盐沉积常见于老龄动物或经时较久者，钙盐和铁盐沉积于粥样病灶及纤维帽内，从而导致动脉壁变硬、变脆，失去原有弹性，影响器官组织的血液供应。

5. 动脉瘤形成 严重病例因粥样斑块底部的中膜萎缩、变薄，在血管内压力作用下，动脉壁局部扩张膨出，形成动脉瘤。此外，血流可从斑块溃疡处侵入动脉中膜，或中膜内血管破裂，致使中膜撕裂，形成夹层动脉瘤。

第四节 泌尿生殖系统

一、肾炎的分类、发病机理及病变特点

肾炎（nephritis）是指以肾小球、肾小管和肾间质的炎症性变化为特征的疾病。肾炎分为肾小球肾炎、化脓性肾炎、间质性肾炎和肾盂肾炎。

（一）肾小球肾炎（glomerulonephritis，GN）

这是一组以肾小球损害为主的变态反应性疾病。肾小球肾炎分为原发性和继发性。**原发性肾小球肾炎**是指原发病变在肾小球；**继发性肾小球肾炎**是指在全身性或系统性疾病中出现的肾小球病变，如过敏性肾炎、红斑狼疮性肾炎，高血压、代谢性疾病及糖尿病等引起的肾小球病变。本节仅介绍原发性肾小球肾炎。

1. 病因与发病机理 肾小球性肾炎的原因和发病机理尚不十分明了。大量肾小球性肾炎动物试验研究表明，大多数（90%以上）肾小球性肾炎的发生都与免疫反应有关，主要机制是由于抗原抗体免疫复合物在肾小球毛细血管上沉积所引起的变态反应。能引起肾小球性

肾炎的抗原如下：

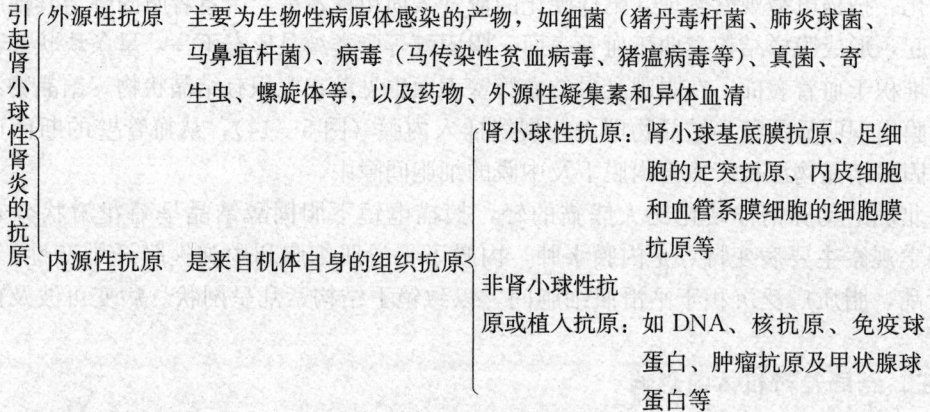

引起肾小球性肾炎的抗原
- 外源性抗原　主要为生物性病原体感染的产物，如细菌（猪丹毒杆菌、肺炎球菌、马鼻疽杆菌）、病毒（马传染性贫血病毒、猪瘟病毒等）、真菌、寄生虫、螺旋体等，以及药物、外源性凝集素和异体血清
- 内源性抗原　是来自机体自身的组织抗原
  - 肾小球性抗原：肾小球基底膜抗原、足细胞的足突抗原、内皮细胞和血管系膜细胞的细胞膜抗原等
  - 非肾小球性抗原或植入抗原：如 DNA、核抗原、免疫球蛋白、肿瘤抗原及甲状腺球蛋白等

抗原抗体免疫复合物的形成可通过下述两种方式或途径：

（1）原位免疫复合物形成

①抗肾小球基膜性肾炎（anti-GBM GN）。抗体直接与肾小球基膜（GBM）本身的抗原成分发生反应，在肾小球基膜原位形成免疫复合物，导致肾小球的损伤。

②Heymann 肾炎。大鼠的 Heymann 肾炎试验是用肾小管上皮细胞刷状缘抗原免疫大鼠，大鼠体内产生抗肾小管上皮细胞刷状缘抗体而引起的肾小球肾炎。

③抗植入性抗原（planted antigen）肾小球性肾炎。抗体与原先植入于肾小球的抗原在原位发生反应，形成免疫复合物，引起肾小球肾炎。

（2）循环免疫复合物（circulating immune complex）沉积　此种类型属于Ⅲ型变态反应。由非肾小球性的内源性或外源性可溶性抗原引起的免疫反应所产生的相应的抗体，对肾小球成分无免疫特异性，在血液中形成免疫复合物，这些抗原抗体免疫复合物随血液流经肾时由于它的理化性质和特有的血液动力因素沉积于肾小球而引起肾小球的损伤。

免疫复合物在肾小球内沉积后，可被巨噬细胞和系膜细胞吞噬、分解，炎性改变随之消退。若大量抗原持续存在，免疫复合物不断形成并在肾内沉积，可引起慢性膜性增生性改变。

除免疫复合物沉积可导致肾小球损伤外，针对肾小球细胞抗原的抗体可直接引起细胞损伤，即抗体依赖的细胞毒反应。如抗系膜细胞抗原的抗体可引起系膜溶解，随后出现系膜细胞增生；抗内皮细胞抗原的抗体引起内皮细胞损伤、血栓形成。

2. 病理变化　临床上主要表现为蛋白尿、血尿、管型尿、水肿和高血压。肾小球肾炎是变态反应性炎症，故其基本病理变化既有免疫复合物产生，又具有炎症反应具有的基本病变，即变质、渗出、增生。

（1）增生性病变　增生性病变是肾小球肾炎的主要病变。肾小球中几乎所有的组织、细胞均可增生。

（2）变质性病变　早期，可见肾小球毛细血管内皮细胞和血管系膜细胞肿胀。严重的可出现毛细血管壁节段性或局灶性纤维素样坏死，并可伴有微血栓形成。

（3）炎性渗出性病变　在急性炎症，肾小球毛细血管扩张充血，毛细血管通透性增强，血浆蛋白、中性粒细胞等渗出并浸润于毛细血管袢、血管系膜、肾球囊、肾小球及肾间质中。

（4）基底膜增厚　基底膜的增厚可以是基底膜本身的增厚，也可以由内皮下、上皮下或基底膜本身的蛋白性物质（免疫复合物、淀粉样物质）的沉积引起。增厚的基底膜理化性状发生改变，通透性增高，代谢转换率下降，不易被分解和清除，最终引起血管袢或肾小球硬化。

3. 分类及病变特点　原发性肾小球肾炎的分类（WTO，1982）：

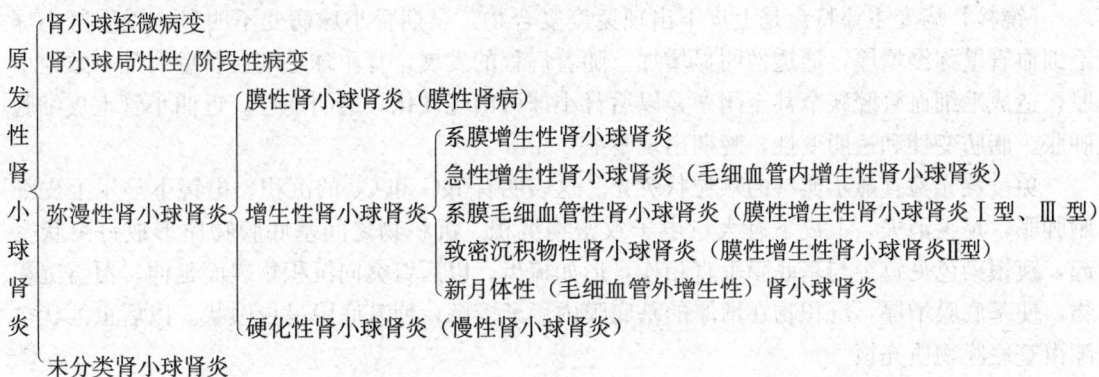

原发性肾小球肾炎：
- 肾小球轻微病变
- 肾小球局灶性/阶段性病变
- 弥漫性肾小球肾炎
  - 膜性肾小球肾炎（膜性肾病）
  - 增生性肾小球肾炎
    - 系膜增生性肾小球肾炎
    - 急性增生性肾小球肾炎（毛细血管内增生性肾小球肾炎）
    - 系膜毛细血管性肾小球肾炎（膜性增生性肾小球肾炎Ⅰ型、Ⅲ型）
    - 致密沉积物性肾小球肾炎（膜性增生性肾小球肾炎Ⅱ型）
    - 新月体性（毛细血管外增生性）肾小球肾炎
  - 硬化性肾小球肾炎（慢性肾小球肾炎）
- 未分类肾小球肾炎

（1）**急性增生性肾小球性肾炎**（acute proliferative glomerulonephritis）　又称毛细血管内增生性肾小球肾炎，增生的细胞以毛细血管丛的系膜细胞和内皮细胞为主。大多数病例与链球菌感染有关，因此，又有**感染后肾炎**和**急性链球菌感染后肾炎**之称。本型为临床最常见的类型。主要表现为急性肾炎综合征，预后良好。

【剖检】肾脏体积轻度到中度肿大，重量增加，被膜紧张，表面充血，有大红肾之称。被膜易于剥离，剥离后见肾表面和切面常见有小点出血，又有蚤咬肾之称。切面皮质增厚，纹理不清。表面和切面可见针尖大灰白色小颗粒，这是肾小体肿大的表现。

【镜检】两侧肾绝大部分肾小球广泛受累，肾小球体积增大，细胞数量增多。肾小球毛细血管内皮细胞和系膜细胞增生、肿大，中性粒细胞和单核细胞浸润，肾球囊腔狭窄呈裂隙状。肾小球早期表现为渗出性炎症的变化，而后表现为以毛细血管内皮细胞和系膜细胞增生为特征的细胞增生性病变。毛细血管基底膜无明显病变，病理组织切片采用Masson三色染色时，可见基底膜外侧有少量较大的嗜复红蛋白沉淀物。有时伴有脏层上皮细胞的增生。这些病变引起毛细血管腔狭窄或闭塞，管腔内出现纤维蛋白沉积，以致肾小球血流量减少。严重时肾小球毛细血管壁可发生节段性纤维蛋白样坏死，并有微血栓形成。由于肾小球缺血，肾近曲小管上皮细胞发生颗粒变性或脂肪变性，肾小管管腔内可出现蛋白管型、红细胞管型和细胞分解产物聚集形成的颗粒管型。肾间质出现充血、水肿，有少量的中性粒细胞和淋巴细胞浸润，并可见局灶性出血。病变广泛的病例称为坏死性出血性肾小球肾炎，并可由于壁层上皮细胞明显增生而发展成为新月体性肾小球肾炎。多数病例随着病程的进展肾小球渗出性病变可逐渐被吸收，内皮细胞增生肿胀性病变逐渐消散，毛细血管腔开启。

（2）**膜性肾小球肾炎**（membranous glomerulonephritis）　本病是一种免疫复合物沉积病。因其病变早期细胞增生和渗出等炎症变化不明显，缺乏细胞反应，故又称为**膜性肾病**。本病后期出现弥漫性的毛细血管基底膜增厚，并在上皮下出现含有免疫球蛋白的电子致密沉积物，因此还有**膜上皮性肾小球肾炎**、**膜外性肾小球肾炎**、**膜周性肾小球肾炎**之称。因为此病是以肾小球毛细血管基底膜弥漫增生为特点，因此称之为"膜性"。在动物患病（如猪瘟、兔瘟、水貂阿留申病及某些药物中毒）的过程中会发生此类肾炎的变化。临床上以大量蛋白尿和肾病综合征为特征。

【剖检】病变初期肾脏体积增大，颜色苍白，故有"大白肾"之称。切面可见皮质明显增宽。晚期肾体积缩小纤维化，表面凸凹不平。

【镜检】病变主要特点是上皮下出现免疫复合物。早期肾小球病变不明显，以后肾小球毛细血管壁弥漫增厚，通透性明显增加。随着病程的发展，肾小球毛细血管壁明显一致地增厚，造成毛细血管腔狭窄甚至闭塞，以后肾小球可出现硬化，透明变性。近曲小管上皮细胞肿胀、脂肪变性和透明变性，晚期出现萎缩。

免疫荧光检查显示典型的颗粒状荧光。这表明有 IgG 和 C3 的沉积。电镜下显示上皮细胞肿胀，足突消失，上皮下有大量电子致密物沉积。沉积物之间基底膜物质形成钉突状突起，镀银染色见钉突与基底膜垂直相连，形如梳齿。以后钉突向沉积物表面延伸，覆盖沉积物，使基底膜增厚，沉积物在增厚的基底膜内逐渐溶解，使基底膜呈虫蚀状。以后虫蚀状空隙由基底膜物质充填。

膜性肾小球肾炎主要表现为肾病综合征。由于基底膜损伤严重，通透性增高，除小分子蛋白外，大分子蛋白也可滤过，因此临床上可出现非选择性蛋白尿，并因之出现低蛋白血症、高度水肿和高脂血症。

（3）新月体性（毛细血管外增生性）肾小球肾炎、快速进行性肾小球肾炎或亚急性肾小球性肾炎（subacute glomerulonephritis）　为一组凶险的病情急速发展的肾小球肾炎，临床由蛋白尿、血尿等迅速发展为严重少尿和无尿，肾功能发生进行性障碍，如不及时予以适当治疗，常在数周至数月内因肾衰竭而死亡。病理学特征是多数肾小球（50%）囊壁层上皮细胞增生，形成新月体。

【剖检】肾脏体积显著肿大，被膜紧张，易于剥离，有时与肾表面稍有粘连。肾脏质地柔软，色泽苍白或灰黄，易见出血点。切面隆突，皮质增宽，纹理不清，但皮髓质界限清楚。

【镜检】较为特征性的变化是肾球囊壁的上皮细胞显著增生，增生的上皮细胞肿大，呈立方形或梭形，成层堆积在肾球囊，形成新月体结构，称为细胞性新月体。在新月体的上皮细胞之间，可见少量纤维素、中性粒细胞及红细胞。随后，细胞性新月体中纤维成分逐渐增多，形成细胞-纤维性新月体；最终新月体的上皮细胞和渗出物逐渐被纤维组织所取代，形成纤维性新月体，故有新月体性肾小球性肾炎之称。新月体形成后，压迫毛细血管丛，严重时可引起肾小球与肾球囊粘连，以致逐渐将球囊腔闭塞，最后使整个肾小球发生纤维化和玻璃样变，以致肾小球功能丧失。此时，肾小管上皮细胞颗粒变性或脂肪变性更为广泛，管腔内形成多量蛋白质性管型，并见部分肾小管因球囊腔闭塞而萎缩和消失。间质内可见不同程度的炎性细胞（淋巴细胞、浆细胞、单核细胞）浸润和结缔组织增生。后期，间质纤维增生。

（二）化脓性肾炎

化脓性肾炎（suppurative nephrite）是指肾实质因感染化脓性细菌而发生的化脓性炎症。常见于猪、牛和马。

1. 病因与发病机理　引起化脓性肾炎的细菌主要有链球菌、葡萄球菌、放线菌、大肠杆菌、化脓性棒状杆菌和肾炎志贺氏菌等。化脓性肾炎往往是机体其他器官的化脓性炎症（如化脓性肺炎、创伤性心包炎、蜂窝织炎、化脓性关节炎、化脓性脐炎、化脓性膀胱炎等）的化脓性细菌团块向肾脏转移的结果。化脓性细菌可通过以下两种感染途径引起化脓性肾炎。

（1）血源（下行）性感染　当机体发生败血症或化脓性肺炎、创伤性心包炎、蜂窝织炎、化脓性关节炎时，化脓菌经血液进入肾脏，首先在肾小球毛细血管丛形成细菌性栓塞，随后在肾小球形成化脓灶并逐渐向肾小球四周扩展，亦即以肾小球为中心形成化脓灶。

（2）尿源（上行）性感染　为常见的感染途径。下位尿路发生感染（尿道炎、膀胱炎）时，化脓菌沿输尿管或输尿管周围的淋巴结上行至肾盂、先引起肾盂肾炎，在该处形成化脓灶，进而由肾乳头集合管而进入肾实质，形成化脓性肾炎。病原菌以大肠杆菌为主，病变可为单侧或双侧。

2. 病理变化

【剖检】肾脏肿大，被膜易剥离，表面散布粟粒至黄豆大稍隆起的黄色或黄白色圆形化脓灶。其周边常有红色充血的炎症反应带。切面肾髓质内有黄色条纹，并向皮质延伸，条纹融合处常有脓肿形成。

【镜检】特征是肾组织化脓性改变或脓肿形成。上行性感染引起的化脓性肾炎首先累及肾盂，组织病理学可见黏膜血管扩张充血，组织水肿，有大量中性粒细胞浸润，其中杂有淋巴细胞和炎性渗出物，并可见到细菌团块。早期病变局限于肾间质，以后可累及肾小管，受累肾小管管腔内出现大量中性粒细胞，可形成白细胞管型。通常，肾小球较少受累。血源性感染引起的化脓性肾炎，常先累及肾皮质，尤其是肾小球和肾小球周围的间质。以后病灶逐渐扩大，破坏临近组织，并向肾盂蔓延。急性经过后，中性粒细胞被巨噬细胞、淋巴细胞及浆细胞取代，病变组织内纤维结缔组织明显增生，逐渐形成瘢痕。

（三）间质性肾炎

间质性肾炎（interstitial nephritis）是指肾间质并波及肾实质内呈现以单核细胞浸润和结缔组织增生为特征的原发性非化脓性炎症。通常是全身性感染和全身性疾病的一部分。由于肾小管和肾间质关系密切，肾间质病变必然波及肾小管，而且很多变态反应引起的间质性肾炎始发损伤部位在肾小管，因此现已更名为**肾小管间质性肾炎**。常见于牛、猪、马、羊、犬，禽类也可发生。无论哪种原因引起的此病，炎症首先始于肾小管的间质，表现为浆液性渗出和以淋巴细胞、浆细胞、巨噬细胞为主的炎性细胞浸润。随着病程的发展，间质结缔组织细胞开始增生并逐渐增多，炎性细胞逐渐减少。

1. 病因与发病机理　肾小管间质性肾炎常与感染、各种内外源性毒物（植物毒素、寄生虫毒素及代谢性毒物等）中毒、过敏反应及免疫损伤性因素有关。据病因不同，肾小管间质性肾炎可分为**感染性肾小管间质性肾炎、过敏性肾小管间质性肾炎和代谢障碍性肾小管间质性肾炎**。

（1）**感染性肾小管间质性肾炎**　常由于某些传染性疾病而引起。如马传染性贫血、布鲁氏菌病、大肠杆菌病、牛恶性卡他热、弓形虫病及钩端螺旋体病等。以大肠杆菌病和其他杂菌上行性感染造成的肾盂肾炎较为常见。

（2）**过敏性肾小管间质性肾炎**　很多种药物如β-内酰胺类抗生素、非类固醇抗炎药物、利尿药等，病原体感染，以及免疫复合物沉积（如抗基底膜抗体、狼疮性肾炎和干燥综合征等），可通过过敏反应的途径导致肾小管间质性肾炎。

（3）代谢障碍性肾小管间质性肾炎　由于先天性的或继发性代谢障碍，导致体内某些物质增多，并在肾脏内浓缩、沉积，进而导致肾小管和肾间质的病变。如痛风肾（尿酸肾病）、胱氨酸肾病、草酸盐肾病和高钙性肾病等均可见肾小管上皮细胞变性、肾间质水肿、肾小管逐渐发生萎缩。在肾小管和肾间质内有上述相应的结晶物质沉积，导致化学性炎症反应，以致异物巨细胞形成和纤维化。

2. 病理变化　肾小管间质性肾炎的病理变化可随病程而不同。

【剖检】初期（急性期），体积肿大，被膜紧张，容易剥离，表面平滑，表面和切面皮质部均散在针尖到米粒大的灰白色或灰黄色点状病灶。中期（亚急性期），病灶扩大或互相融合，形成豆大或更大的灰白色斑块，称为白斑肾。病灶具油脂样光泽，有时可深达髓质部。此时，肾脏质地稍硬，被膜增厚，不易剥离。后期（慢性期），病变部结缔组织显著增生，质地变硬，实质萎缩。随着结缔组织纤维的收缩，肾脏体积缩小，表面呈现凹凸不平的颗粒状，也称为皱缩肾。

【镜检】急性期，肾小管间质内呈现淋巴细胞、浆细胞、巨噬细胞及中性粒细胞等显著浸润或灶状集聚，并伴有不同程度的结缔组织增生。病灶周围肾组织显著充血或伴有出血。此时，肾小球和肾小管无明显的变化。亚急性期，肾小球和肾小管因受多量炎性细胞和结缔组织纤维压迫而发生萎缩。肾小管上皮细胞可出现颗粒变性或脂肪变性。慢性期，肾小球的压迫性萎缩更为显著，进而发展为透明变性和纤维化。肾小管管腔狭窄，上皮细胞呈扁平状。部分肾小管腔堵塞，以致逐渐消失。由于排尿困难，可见少数肾小管扩张呈大小不等的囊泡状。未受损的肾小球则呈代偿性肥大。

二、肾病的病因及病变特点

肾病（nephropathy）是指肾小管发生变性和坏死而炎症变化不明显的疾病。引起肾病的原因主要是内源性或外源性的高肾毒物。外源性的毒物主要有铅、砷、汞、铬、铋等重金属毒物，氯仿、四氯化碳、栎树叶及其籽实等有机化合物，新霉素、多黏霉素、磺胺类等抗菌药物。内源性的毒物常由于代谢障碍，导致体内某些代谢产物增多，或某些疾病过程中产生的毒素经肾排出时，在肾脏内浓缩、沉积，进而导致肾小管上皮的变性与坏死性病变。常见的有高钙血症性肾病、淀粉样变性肾病、尿酸肾病、低钾血症性肾病和糖尿病肾病。

（一）高钙血症性肾病（hypercalcemic nephropathy）

高血钙可引起人和多种动物发生肾病。在人类，原发性副甲状腺功能亢进、肺癌、肾癌、多发性骨髓瘤、变形性骨炎和维生素 D 中毒等均可造成慢性高血钙症，进而导致肾小管间质损伤和进行性肾功能不全。组织病理学变化最初主要发生于远曲小管、亨利氏降袢和集合管，呈现局灶性上皮细胞变性、坏死，由于上皮坏死造成肾小管堵塞和尿液在肾内滞留，促使钙盐沉淀和病原微生物感染。继而肾小管萎缩和代偿性扩张，肾间质纤维化、单核细胞浸润和钙盐沉积（肾钙盐沉积病）。同时在肾小球和肾动脉管上也可见钙盐沉积。由于原尿不能充分浓缩，在临床上表现多尿症和夜泻症。肾小球血流量和滤过率减少，远曲小管酸中毒和存在大量钾和钠。最终，游离血钙过多致使肾小管间质严重损伤和明显的肾功能衰竭。

人类和各种动物的高钙血症和高钙血症性肾病有许多相似的发病条件，特别是肿瘤和维生素 D 的影响。

动物试验表明，小鼠患可移植的纤维肉瘤时可发生高血钙症，其机制是由于这种纤维肉瘤可产生具有很强作用的骨骼再吸收因子——前列腺素 E2，其活性可被前列腺素抑制剂（indomethacin）减弱。在 Fischer 344 大鼠局部移植睾丸瘤后，可发生有规律的高钙血症和磷的清除增多。

兔可在移植 VX2 癌瘤后 3～4 周内发生极严重的高钙血症和高钙血症性肾病，但不出现骨变形，并且这种高钙血症可因原发肿瘤的切除而逆转。肿瘤的活性物质也可能是前列腺素 E2，可被前列腺素抑制剂所抑制。

犬的自发性高钙血症性肾病较为常见，多伴发有淋巴瘤、恶性肛周腺瘤和副甲状腺功能亢进等疾病。高钙血症性肾病往往导致病犬肾功能衰竭。

马采食了含有合成维生素 D 生物活性物质（1,25 -二羟维生素 D_3）的植物后可诱发高钙血症的肾硬化、肾结石。恶性淋巴瘤和原发性肾功能衰竭症也可继发高钙血症性肾病。曾有报道在南美牛因吃茄属植物（*Solanum malacoxylon*）引发自发性高钙血症。

（二）淀粉样变性肾病（amyloid nephropathy）

该病是指淀粉样变性病在肾脏的表现，在淀粉样变性病的病例中 90% 出现淀粉样变性肾病。根据病变分布的特点、淀粉样蛋白的生化组成和前驱性疾病的有无，可将淀粉样变性病分为原发性、继发性、多发性骨髓瘤伴发性、家族性、老年性和局灶性等类型。上述这些不同类型的淀粉样变性病引起的淀粉样变性肾病的变化相似。

淀粉样变性肾病的肾脏眼观弥漫性肿大，质地硬而脆，色泽灰白，切面呈灰黄色半透明的蜡样和油脂状。镜下可见淀粉样物质沉积于肾脏的各部分，尤以肾小球受侵最严重。淀粉样物质首先沉积于肾小球的系膜区，进而毛细血管基底膜弥漫性增厚，毛细血管腔变狭窄甚至闭塞，严重者导致整个肾小球功能丧失。肾脏的小动脉和细动脉血管壁也常可见有淀粉样物质沉积。严重时肾小管基底膜和肾间质中也出现淀粉样物质沉积。

鉴定淀粉样物质可采用刚果红染色，淀粉样物质呈砖红色。免疫组化 IgG、IgM 呈阳性反应，κ 及 λ 轻链蛋白也呈阳性反应。电镜观察，淀粉样蛋白具有特殊的超微结构，呈长 30～1 000nm、宽 80～100Å 的无分支的纤维状。

（三）尿酸肾病（uric acid nephropathy）

高尿酸血症是尿酸肾病的发病基础。尿酸是人类和禽类嘌呤类化合物的分解代谢产物，正常情况下机体内尿酸的产生和清除维持着动态平衡，尿酸排泄障碍或生成过多均可导致高尿酸血症，而引起尿中尿酸过高，进而造成尿酸及其盐类在肾脏内沉积，引起尿酸肾病。如鸡日粮中蛋白含量过高、钙磷比例不当（钙过高）和维生素 AD 缺乏等均可引起高尿酸血症，导致尿酸肾病。

高尿酸血症可引起三种类型的尿酸肾病：第一为急性尿酸肾病。由于大量核蛋白分解，使血液中尿酸含量突然增高，当这些尿酸经肾排出时，尿酸盐结晶即在肾小管、集合管、肾盂等处急剧沉积，使肾小管内压增高，肾小球滤过率下降，导致急性肾功能衰竭。第二是慢性尿酸肾病或痛风（gouty nephropathy）。由于原发性高尿酸血症和肾脏的排泄功能下降，痛风患者 100% 有肾脏的损伤。此种肾病，病理切片观察可见在肾小管和肾间质中有大量尿酸和尿酸盐结晶沉积，特别是在肾髓质和肾乳头处的沉积尤显。因为肾乳头处钠离子浓度较高，所以尿酸钠很易于在此处沉积。尿酸盐的沉积刺激可引起化学性炎症反应，因而在病理变化中可观察到淋巴细胞、单核细胞和异物巨细胞在尿酸沉积部位浸润。慢性尿酸肾病后期可发生纤维化。第三是尿酸结石形成。

（四）低钾血症性肾病（hypokalemic nephropathy）

该病又称空泡性肾病（vacuolar nephropathy），由于钾摄入不足或排出过多造成体内长期缺钾，引起低钾血症，进而使肾脏发生功能和结构的改变，称低钾血症性肾病。低血钾是临床常见的电解质紊乱，见于摄入不足（禁食、昏迷、神经性厌食、消化道梗阻等）、胃肠道丢失过多（呕吐、腹泻、引流及胃肠瘘管等）以及尿中丢失过多（大量利尿、肾小管酸中毒及慢性肾脏疾病等）。

各种原因引起血钾过低时，近曲小管上皮细胞的基底部出现大空泡，电镜显示上皮细胞的基底皱褶明显扩张。当低钾血症纠正后，病理形态学改变可逐渐消失。如果长期严重的缺钾，则空泡变性的肾小管上皮会进一步出现崩解、肾小管萎缩和肾间质纤维化，晚期可导致肾小球硬化。

（五）糖尿病肾病（diabetic nephropathy）

该病是糖尿病的严重并发症。糖尿病对肾的影响是多方面的，可波及肾小球、肾小管、肾血管和肾间质。

糖尿病导致的肾小球病变具有一定的病理学特点，即形成糖尿病肾小球硬化症（diabetic glomerulosclerosis）。发生糖尿病肾小球硬化症时，肾脏的外观均匀肿大，皮质增厚，色苍白。组织病理学观察可见肾小球的病变有两种表现：一种为结节性糖尿病肾小球硬化症（nodular diffuse diabetic glomerulosclerosis），病变特点是在肾小球的系膜区出现圆形或卵圆形均质嗜伊红的结节，镀银染色呈同心圆层状结构，即 Kimmelstiel-Wilson 结节，这种结节对周围毛细血管有压迫现象，有的呈小血管瘤样扩张。在一个肾小球中可以出现一个这种结节，也可能出现多个结节。另一种为弥漫性糖尿病肾小球硬化症（diffuse diabetic glomerulosclerosis）：肾小球系膜基质弥漫性增多，毛细血管基底膜弥漫性增厚。肾小管基底膜也呈现弥漫性增厚的病变。近曲小管上皮细胞含有较多的糖原，呈现空泡变性，称为糖原性肾病（glycogen nephrosis）或 AE 病变（Armanni-Ebstein lesion），随着肾小球硬化病变的进展，肾小管出现相应的萎缩、肾间质纤维化、淋巴样细胞浸润。

糖尿病肾病的超微结构变化特点是肾小球毛细血管基底膜弥漫性增厚，上皮细胞与足突融合。血浆蛋白漏出性病变表现为颗粒状电子致密物沉积，类似细动脉的玻璃样变性。免疫组化染色显示，IgG 及复合血浆蛋白沿肾小球毛细血管壁细线状沉积，这是非特异性血浆蛋白在变性的毛细血管壁内沉积的结果。

三、肾功能不全和尿毒症

（一）肾功能不全

由于各种病因引起肾脏泌尿和重吸收功能发生严重障碍，肾脏不能排出代谢产物和其他有毒物质，不能重吸收水分及电解质以维持机体内环境的稳定时称为**肾功能不全**（renal insufficiency）。它不是一种独立的疾病，而是由于各种病因引起的水和电解质、酸碱平衡紊乱以及肾脏某些内分泌功能障碍的一种综合征。

根据发病的缓急和病程的长短，肾功能不全可分为急性肾功能不全和慢性肾功能不全两种。

1. 急性肾功能不全

急性肾功能不全（acute renal insufficiency）是指由各种病因引起肾脏泌尿功能在短时间内急剧降低，以致不能维持体液内环境的稳定，从而引起水、电解质和酸碱平衡紊乱及代谢产物聚积体内的一种综合征。急性肾功能不全突出的表现是少尿或无尿。

（1）病因　根据引起肾功能不全的始动环节不同，急性肾功能不全的病因可分为如下三类。

1）肾前性因素　由于各种原因使全身性血液循环障碍、水盐代谢障碍和/或神经体液调节机能障碍引起肾脏血液灌流不足，以致肾脏缺血和肾小球滤过率降低，而造成急性肾功能不全。

2）肾性因素　由于各种病因引起肾脏发生器质性病变而引起急性肾功能不全。最常见的是由中毒或缺血性损伤引起的急性肾小管坏死（acute tubular necrosis），如重金属（汞、砷、铅）中毒、化学药物（四氯化碳、磺胺类药物、庆大霉素、链霉素）中毒及生物毒素（蛇毒）中毒等，均可使肾功能受到损害。其次是肾脏本身的病变，常见的有急性肾小球肾炎、肾动脉血栓形成及肾脏肿瘤等。

3）肾后性因素　各种原因所致尿路急性梗阻，均可引起急性肾功能不全。如双侧尿路结石、血凝块、磺胺药物结晶、尿酸盐结晶堵塞尿路，或者输尿管受附近肿瘤、妊娠子宫的压迫等引起尿路急性梗阻。

（2）发病机理　急性肾功能不全的发病机理主要是肾缺血或肾毒性物质的作用，引起急性肾小管坏死。

1）肾小管坏死　肾中毒和持续性肾缺血都可导致急性肾小管坏死。临床上最为常见的急性肾功能衰竭大多由急性肾小管坏死所引起。

①肾脏的实质细胞肿胀。由于缺血和缺氧，引起肾小管上皮细胞和肾血管内皮细胞膜钠泵的功能障碍，细胞内水分增多，以致细胞肿胀。肾脏的实质细胞肿胀，压迫肾内小血管，从而使肾血流供应更加减少，肾小球滤过率进一步降低。

②肾小管阻塞。肾小管上皮细胞坏死后，脱落的上皮阻塞肾小管管腔。药物析出及肾小管上皮水肿压迫等，也可引起肾小管阻塞，加重肾功能不全。

③原尿漏回和肾间质水肿。在持续性肾缺血和肾毒素的作用下，肾小管上皮细胞发生变性、坏死和脱落，引起肾小管阻塞，使管腔内的尿液排泄障碍，并通过损伤的肾小管基底膜漏入肾间质，经间质血管吸收入血，因而引起尿量减少，出现氮质血症以及电解质和酸碱平衡紊乱。又因肾间质水肿，压迫肾小管及肾球囊，则又加重了尿液排出障碍。另外，肾球囊内压升高导致肾小球滤过率进一步降低。

2）持续性肾缺血　急性肾功能不全时肾血管持续收缩，肾皮质动脉变窄，肾血流量可降至正常值的1/2以下。持续性肾缺血的机制与下列两方面的因素有关：

①交感-肾上腺髓质系统兴奋。在严重创伤、大失血、休克和脱水等情况下，不仅使肾血流量减少，肾小球滤过率降低，而且可引起交感-肾上腺髓质系统兴奋，造成肾脏皮质部血管痉挛收缩，皮质部缺血。这样，一方面使肾小球血流量减少和滤过率降低，另一方面又使近曲小管缺血、缺氧而发生变性、坏死和脱落，阻碍尿液的排出，最后导致急性肾功能不全。

②肾素-血管紧张素增多。在失血、脱水、中毒、休克等情况下，肾脏缺血可使近曲小

管周围的血流量减少，或近曲小管由于缺氧及毒物的作用而发生功能障碍，引起肾小管上皮细胞对钠的重吸收减少，使流经远曲小管的尿液中的钠和氯浓度增高，刺激致密斑，使肾小球旁细胞释放肾素增多，致使血管紧张素Ⅱ增多。引起肾脏小动脉（特别是肾皮质入球小动脉）收缩。结果，一方面造成肾血流量减少和肾小球滤过率降低，另一方面由于肾脏缺血进一步加重，近曲小管上皮的重吸收机能障碍进一步加剧，最终导致急性肾功能不全。

（3）机能和代谢变化

1）尿液成分的变化　急性肾功能不全时，尿液中可出现下列四种异常成分。

①蛋白尿（proteinuria）。尿液中出现蛋白质称为蛋白尿。急性肾功能不全时，由于肾缺血缺氧、肾小球性肾炎及中毒等，使肾小球毛细血管壁及滤过膜通透性增高，蛋白滤出增多，同时由于肾小管损伤对原尿蛋白质重吸收减少，因而产生蛋白尿。

②血红蛋白尿（hemoglobinuria）。即尿中出现游离的血红蛋白。伴有溶血反应的肾功能不全时，由于大量的血管内溶血，血液中游离血红蛋白显著增多，从肾小球滤出，故呈现血红蛋白尿。

③肌红蛋白尿（myohemoglobinuria）。当严重外伤引起急性肾功能不全时，由于肌肉损伤病变（如创伤、中毒和感染），可见到肌红蛋白随尿排出，呈现肌红蛋白尿。

④管型（圆柱）尿（cylinderuria）。尿液中出现圆柱状管型样物质称为管型尿。管型尿主要是由蛋白质、脱落上皮细胞、红细胞、白细胞和细胞碎片经酸化、浓缩、凝固、沉淀于肾小管内而成。

2）尿量的变化　急性肾功能不全时，动物初期少尿或无尿，中期多尿，后期逐渐恢复正常尿量。

3）电解质代谢紊乱　在急性肾功能不全的少尿期，电解质代谢发生紊乱。其主要表现是：

①高钾低钠血症。高钾血症主要是由钾从肾脏排出减少及细胞破坏崩解（如肾小管上皮细胞崩解、溶血等）释放钾增多所致。血钾过高可引起心肌中毒、心律失常、心室颤动，甚至心脏停搏。低钠血症主要是由水潴留使血钠随水肿液进入组织间隙所致。此时体内总钠量可不减少，仅是血浆钠浓度降低。严重的低血钠症可引起脑细胞水肿，以致临床上出现全身无力、嗜睡，甚至出现惊厥、昏迷等症状。

②高磷低钙血症。高磷血症是因肾脏排磷减少所致。由于磷不能从肾脏排出，而由肠道随粪便排出（磷同饲料中的钙结合成难溶的磷酸钙），从而妨碍钙的吸收，导致低钙血症。低钙血症可引起病畜抽搐，并可加重高血钾对心肌的毒害作用。

③高镁低氯血症。高镁血症的发生与高钾血症相同。它能引起神经症状，并能抑制心脏的活动。低氯血症常伴发于低钠血症，一般无临床意义。

4）代谢性酸中毒　急性肾功能功能不全时，由于尿生成减少，酸性代谢产物（如硫酸盐、磷酸盐及有机酸等）不能及时排出，同时体内分解代谢增强，可导致酸性代谢产物增多，加上肾脏排酸保碱的能力降低，因而造成代谢性酸中毒。

5）氮质血症（azotemia）　血液中残余氮（非蛋白氮）含量增多，称为氮质血症。急性肾功能不全时，肾小球滤过功能障碍，蛋白质分解产生的含氮代谢产物（尿素、尿酸、肌酐、氨基酸、氨等）随尿排出受阻，以致血中非蛋白氮含量增多，形成氮质血症。另外，严重的创伤、休克、感染等情况下，由于组织严重损伤和分解，以及蛋白质分解代谢加强，非蛋白氮产生增多，而肾脏的排出功能减弱，则更易出现氮质血症。

6）肾性水肿 在急性肾功能不全时，由于少尿或无尿，特别是肾前性因素引起的肾小球滤过率下降，而肾小管仍有回收钠的功能时，常导致水、钠在体内潴留而发生水肿。肾功能不全少尿期如补液过多，也会加重肾性水肿的发生。由于水潴留体内，细胞外液呈低渗状态，水移至细胞内引起细胞水肿，机体表现为全身软组织水肿、稀释性低血钠症。严重时可引起肺水肿、脑水肿和心功能不全。

2. 慢性肾功能不全

慢性肾功能不全（chronic renal insufficiency）是指在肾脏疾患的晚期，由于肾实质为慢性病变所破坏，肾单位数目逐渐减少，肾功能恶化，引起泌尿功能下降，导致代谢产物和毒性物质在体内潴留，水、电解质、酸碱平衡紊乱以及肾脏内分泌机能紊乱的综合征。

（1）病因与发病机理 慢性肾功能不全最常见的原因是慢性肾小球性肾炎。此外，尚可见于慢性肾盂肾炎、多囊肾、慢性尿路阻塞、肾硬化及尿道结石等，也可继发于急性肾功能不全，但都比较少见。

各种原因引起的慢性肾功能不全，其发病机理基本上是一致的。一般认为，在慢性肾炎过程中，一部分受损的肾单位完全丧失了功能，同时有一部分未受损的残存肾单位仍具有代偿功能。在慢性肾功能不全的早期，这些残存的肾单位可以发生肥大和代偿。但是，它们经不起各种额外的负荷，此时任何加重肾负担或减少肾血流量的情况（如感染、脱水、中毒等），都会促使这些肾单位的结构破坏。随着病情的恶化，肾单位不断地被破坏，以致残存的肾单位越来越少，不足以代偿全部肾功能，便发展为慢性肾功能不全。这两种肾单位数量比例的变化，决定着慢性肾功能不全的发展过程。

（2）机能和代谢变化

①尿量的变化。慢性肾功能不全的临床特征是多尿。这是因为在慢性肾功能不全的早期，仍有一定数量的残存肾单位具有代偿功能，这些残存肾单位的血流量增多，使单个的肾小球滤过率代偿性升高，而肾小管对水的重吸收减少，因而尿量增加。到了慢性肾功能不全的晚期，肾单位被广泛破坏，肾小球滤过率下降和滤过面积减少，血中含氮物质增多，使原尿溶质增多，出现渗透性利尿，加上肾小管广泛受损，重吸收面积减少，对尿的浓缩功能降低，故尿量也增多。随着病情的恶化，肾单位进一步遭受严重的破坏，尿量才逐渐减少。

②尿质的变化。由于肾小球毛细血管壁通透性增高和肾小管对蛋白质的重吸收能力下降，故出现蛋白尿和管型尿。

③肾性脱水。慢性肾功能不全时，由于肾小管对钠的重吸收能力降低，水分也相应排出增多，容易引起肾性脱水。

④电解质代谢紊乱。在慢性肾功能不全的多尿期，由于渗透性利尿和肾小管浓缩功能障碍，钠、钾排出过多，可出现低钾血症。如果出现少尿，则因肾小管不能充分排钾而导致高钾血症。磷、钙代谢在初期无明显变化，至少尿期，因磷排出受阻而引起高磷血症。低血钙症的发生，一方面由于进入肠道的磷与饲料中的钙结合成为难溶解的钙盐造成钙吸收障碍，另一方面由于肾小管上皮的羟化酶活性降低或消失，使 $1,25$-二羟维生素 D_3 不能形成，直接影响钙的吸收。

⑤代谢性酸中毒。慢性肾功能不全时，由于肾单位大量被破坏，肾小球滤过功能降低，

排酸保碱功能减退，同时体内的碱储（HCO_3^-）被内源性酸持续地消耗，因此，常发生代谢性酸中毒。

⑥氮质血症。在慢性肾功能不全的晚期，血液中非蛋白氮含量升高，可出现氮质血症。这是由于代谢产物不能充分经肾排出的结果。

（二）尿毒症

尿毒症（uremia）是指急性或慢性肾功能不全发展到严重阶段（即肾功能衰竭）时，由于代谢产物蓄积和水、电解质和酸碱平衡紊乱以致内分泌功能失调，因而引起机体出现的一系列自体中毒症状。

1. 病因与发病机理 尿毒症的发生与以下几方面因素有关。

（1）胍类物质的作用 胍类物质是体内蛋白质代谢的异常产物，包括甲基胍和胍琥珀酸等。在尿毒症时，血液和尿液中胍类物质浓度均升高。它们可使病畜发生胃肠炎、溶血性贫血、血小板功能缺陷及抽搐等。

（2）酚类物质的作用 在正常情况下，肠内细菌可将苯环氨基酸（苯丙氨酸、酪氨酸等）转变为酚类物质，后者被吸收后经肾排出。在肾功能不全时，肾脏不能充分地将这些物质排出，故在血液中蓄积而引起中毒。

（3）尿素潴留 尿毒症时，血中尿素含量明显升高。尿素进入肠腔后，在肠道内经细菌作用产生氨，对机体产生毒性作用。

2. 对机体的影响 尿毒症不是一个独立的疾病，而是一种综合征候群，是临床危重病征之一。它除表现为肾功能不全所引起的水、电解质代谢和酸碱平衡障碍和氮质血症外，还表现为机体自体中毒引起的其他器官系统的机能障碍。

（1）肺 病畜可发生尿毒症性肺炎。临床上可见病畜呼吸加深加快，严重时可出现周期性呼吸。

剖检见肺脏呈暗紫红色、重量增加，切面有少量液体流出。

镜检见肺泡和肺泡管充满水肿液，内含纤维素，并见少量巨噬细胞，肺泡壁上形成透明膜。

（2）肠道 小肠后段和结肠前段可发生浮膜性炎，引起病畜食欲降低、呕吐和腹泻。

（3）皮肤 可出现皮肤瘙痒症状。

（4）心脏 常发生纤维素性心包炎，这是严重尿毒症的表现之一。

（5）脑 大脑组织明显水肿、充血和小点状出血，神经细胞变性。临床上病畜出现神经症状，如精神沉郁、昏迷或抽搐等。

四、膀 胱 炎

膀胱炎（urocystitis）指膀胱黏膜的炎症。炎症过程可波及黏膜层，甚至整个膀胱壁。本病多见于牛。

（一）病因与发病机理

膀胱炎多因细菌感染所致，常见的细菌有大肠杆菌、葡萄球菌、链球菌、绿脓杆菌、坏死杆菌及变形杆菌等。此外，膀胱结石长期机械刺激、某些含有刺激性的植物（毛茛、蕨类）中毒，也常引起膀胱炎。饲料中碘缺乏时，能使毛细血管通透性改变，引起出血性膀胱炎。

　　在正常情况下，膀胱对细菌感染有强大的抵抗力，外来的细菌很快随尿液排出，故一般不易发生原发性感染。但在结石堵塞、膀胱麻痹及膀胱括约肌痉挛等情况下，尿液潴留，为细菌的停留和系列提供了条件。细菌经常接触膀胱黏膜以及尿液发酵产物（如氨）持续刺激和损伤黏膜，使膀胱黏膜易发生感染并引起炎症，称为上行性（尿源性）感染。在肾炎时，病原体可随尿液经输尿管到达膀胱，继发膀胱炎，称为下行性（肾源性）感染。在某些传染病或其他系统的疾病，其病原可随血液循环到达膀胱而引起膀胱炎，称为血源性感染。

　　（二）病理变化

　　1. 急性膀胱炎　根据病理变化的特点，急性膀胱炎又可分为卡他性膀胱炎、纤维蛋白性膀胱炎、出血性膀胱炎、化脓性膀胱炎等。

　　（1）卡他性膀胱炎

　　【剖检】膀胱黏膜充血、肿胀，散在出血点，并有浆液性渗出物覆盖，黏膜下水肿。尿液混浊。

　　【镜检】黏膜上皮细胞变性、坏死和脱落，黏膜下层显著充血、出血和水肿，并有以中性粒细胞为主的炎性细胞浸润，其中混有少量巨噬细胞和淋巴细胞。

　　（2）纤维蛋白性膀胱炎　可由其他类性膀胱炎转变而来。

　　【剖检】黏膜表面有较多量污黄色的纤维素性渗出物，大部分黏膜发生坏死脱落。坏死组织常与渗出的纤维素结合，使黏膜表面被覆着一层灰白色或黑褐色的薄膜或痂。有时可见浅层糜烂。

　　【镜检】黏膜呈固膜性炎的特征性病变。

　　（3）出血性膀胱炎

　　【剖检】膀胱黏膜显著肿胀，散在出血点或出血斑。严重时则形成大小不等的黑褐色血肿，致使黏膜高低不平。膀胱内容物呈血样红色。

　　【镜检】黏膜大量红细胞聚集成团呈现出弥漫性分布，有时可见黏膜内形成充满血液的囊腔。出血灶外周显著充血、水肿和炎性细胞浸润。

　　（4）化脓性膀胱炎

　　【剖检】膀胱黏膜表面常附有黏稠脓液，黏膜面粗糙或糜烂。膀胱内的尿液因混有脓液而变得混浊。黏膜下化脓时，往往构成蜂窝织炎景象。

　　【镜检】黏膜及黏膜下层多量中性粒细胞浸润（牛以淋巴细胞为主）。肌层肌纤维肿胀、变性和坏死。间质充血、水肿，有少量炎性细胞浸润。

　　2. 慢性膀胱炎　慢生膀胱炎可由急性膀胱炎迁延而来，也可伴发于是膀胱结石。此外，某些细菌（棒状杆菌）也可直接引起慢性膀胱炎。

　　【剖检】膀胱壁显著肥厚、变硬，弹性减弱。黏膜增厚，呈灰白色皱褶状，有时呈绒毛状或息肉状增生。膀胱体积往往明显缩小，但亦有呈被动扩张者。少数病例尿液中的尿素在细菌作用下分解，形成氨与镁的磷酸盐沉着于黏膜表面。严重时可在黏膜面形成一层硬壳，并伴有黏膜溃疡。

　　【镜检】黏膜上皮脱落，黏膜下层有多量淋巴细胞和单核细胞浸润，并有结缔组织增生。肌层明显肥厚。

第五节　免疫系统

一、脾炎的类型及病变特点

脾脏的炎症称为**脾炎**。多伴发于各种传染病，也可见于血液原虫病，是脾脏最常见的一种疾病。根据病变特征可分为急性脾炎、坏死性脾炎、化脓性脾炎和慢性脾炎等类型。

（一）急性脾炎

是指伴有脾脏明显肿大的急性炎症。多见于炭疽、急性猪丹毒、急性副伤寒等急性败血性传染病，故常称为**败血脾**。也可见于急性经过的血液原虫病，如牛泰勒虫病。

病理变化

【剖检】脾脏体积增大，可比正常大 2～3 倍，甚至 5～10 倍，被膜紧张，边缘钝圆。切开时流出血样液体，切面隆起并富有血液，明显肿大时犹如血肿样，呈暗红色或黑红色，白髓和脾小梁不清，脾髓质软，用刀轻刮切面，可刮下大量富含血液的糊状脾髓。

【镜检】脾髓内充血、淤血，引起脾脏含血量增多。脾实质细胞因弥漫性坏死、崩解而明显减少，如白髓体积缩小，甚至完全消失，红髓中固有的细胞成分也大为减少。在充血的脾髓中还可见病原菌和散在的炎性坏死灶，由渗出的浆液、中性粒细胞和坏死崩解的实质细胞混杂而成，大小不一，形状不规则。

（二）坏死性脾炎

是指脾脏实质坏死明显而体积不肿大或轻度肿大的急性脾炎。多见于巴氏杆菌病、弓形虫病、猪瘟、鸡新城疫和鸡传染性法氏囊病等急性传染病。

病理变化

【剖检】脾脏体积不肿大或轻度肿大，在表面或切面可见针尖大至粟粒大灰白色坏死灶。猪瘟时可在脾脏的边缘见有出血性梗死灶。

【镜检】脾脏白髓和红髓均可见散在的坏死灶，其中多数淋巴细胞和网状细胞已坏死，胞核溶解或破碎，细胞肿胀、崩解。坏死灶内见浆液渗出和中性粒细胞浸润，有些粒细胞也发生核破碎。脾脏含血量不增多，故脾脏肿大不明显。

（三）化脓性脾炎

是指伴有组织脓性溶解的脾炎。主要由机体其他部位化脓灶内的化脓菌经血源性播散所致，在脾脏形成大小不等的化脓灶，即脾脓肿（splenic abscess），由于脓毒性栓塞嵌留在脾脏引起的化脓性疾病。病因除脓毒败血症的致病因子外，还可继发于牛创伤性网胃-腹膜炎、马的金属性异物穿刺创经过中。临床上可见厌食、心跳加快和体温升高。触诊脾脏疼痛，伴发腹膜炎的病例，临床上不愿走动，拱背，腹痛，白细胞总数显著增多，贫血，结膜苍白，腹下浮肿，最后多死于败血症。可试用抗生素等药物实施保守疗法。

病理变化

【剖检】脾脏可见一个或数个大小不等的脓肿。

【镜检】初期脾组织内有大量中性粒细胞聚集、浸润，以后中性粒细胞变性、坏死、崩解，局部组织坏死而形成脓汁。后期，化脓灶周围常见结缔组织增生、包绕。

（四）慢性脾炎

是指伴有脾脏肿大的慢性增生性脾炎。多见于亚急性或慢性马传染性贫血、结核、牛传染性胸膜肺炎和布鲁氏菌病等病程较长的传染病。

病理变化

【剖检】脾脏体积轻度肿大或比正常大 1～2 倍，被膜增厚，边缘稍显钝圆，质地硬实。切面平整或稍隆突，白髓和小梁区域扩大。

【镜检】淋巴细胞和巨噬细胞增生过程明显，支持组织内结缔组织增生，因而使被膜增厚和小梁变粗。在结核、布鲁氏菌病等疾病的脾脏内，可见由上皮样细胞和多核巨细胞形成的肉芽肿。

二、淋巴结炎的类型及病变特点

淋巴结的炎症称为**淋巴结炎**。单个或某一组淋巴结发炎，表明输入该淋巴结的淋巴流区域有局部感染、创伤或炎灶；若多处或全身淋巴结发炎，则表明发生了全身性感染。按炎症发展过程，淋巴结炎可分为急性和慢性两种类型。

（一）急性淋巴结炎

急性淋巴结炎是以变质和渗出为主要表现的淋巴结炎。根据病变特点，又可区分为浆液性淋巴结炎、出血性淋巴结炎、坏死性淋巴结炎、化脓性淋巴结炎等。

1. 浆液性淋巴结炎　是以充血和浆液渗出为主要表现的急性淋巴结炎，也称为**单纯性淋巴结炎**，是其他各种渗出性淋巴结炎的基础。常见于急性传染病的早期，或某一组织器官有急性炎症时。

病理变化

【剖检】可见发炎淋巴结肿大，色鲜红或紫红，切面隆起、潮红，湿润多汁。

【镜检】主要有被膜和淋巴组织内的毛细血管充血，淋巴窦明显扩张，内含多量浆液或纤维素，其中混有中性粒细胞、淋巴细胞和红细胞，巨噬细胞肿大、增生，有时在窦内大量堆积（称为窦卡他）。

2. 出血性淋巴结炎　是指伴有严重出血的单纯性淋巴结炎。常见于出血败血性传染病，如炭疽、巴氏杆菌病、猪瘟、急性猪链球菌病等，也可见于某些急性原虫病（如牛泰勒虫病）。

病理变化

【剖检】淋巴结肿大，呈暗红或黑红色，切面隆突、湿润。出血轻的，淋巴结被膜潮红、散在少许出血点；中等程度出血时，于被膜下和沿小梁出血而呈黑红色条斑，使淋巴结切面呈大理石样外观；严重出血的淋巴结，因被血液充斥，酷似血肿（图 5-15）。

【镜检】出血部位的淋巴窦内聚集多量红细胞，淋巴小结、副皮质区内也有出血（图 5-16）。此外，尚见淋巴细胞坏死、浆液渗出和炎性细胞浸润。

3. 坏死性淋巴结炎　是指伴有明显实质坏死的淋巴结炎。见于坏死杆菌病、炭疽、牛泰勒虫病和猪弓形虫病等，多是在浆液性淋巴结炎或出血性淋巴结炎的基础上发展而来的。

病理变化

【剖检】淋巴结肿大，呈灰红色或暗红色，切面湿润、隆突，有大小不等的灰黄色坏死灶散在分布，后期淋巴结切面干燥，因出血、坏死而呈砖红色。

【镜检】淋巴细胞大量坏死、崩解，数量明显减少，有时也见网状细胞坏死，坏死呈灶状或弥漫性的。坏死灶周围充血、出血，并可见中性粒细胞和巨噬细胞浸润。

4. 化脓性淋巴结炎 指伴有组织脓性溶解的淋巴结炎。多见于马腺疫和猪链球菌病的下颌淋巴结，也发生于组织、器官化脓性炎症时累及的局部淋巴结。

病理变化

【剖检】淋巴结肿大，呈灰黄色，表面或切面有大小形状不一的化脓灶，脓液多为灰黄色或灰绿色。有时形成较大的脓肿，并由包囊包裹，后期脓液干涸。

【镜检】炎症初期淋巴窦内聚集浆液和大量中性粒细胞，窦壁细胞增生、肿大，进而中性粒细胞大量聚集、变性、崩解，局部组织发生溶解形成脓液。经时较久，则见化脓灶周围有纤维组织增生而形成包囊。

（二）慢性淋巴结炎

慢性淋巴结炎是由病原因素反复或持续作用所引起的以细胞或结缔组织显著增生为主要表现的淋巴结炎，故又称为增生性淋巴结炎。通常见于慢性经过的传染病（如布鲁氏菌病、副结核病、慢性马传染性贫血等）或组织器官发生慢性炎症时，也可以由急性淋巴结炎转变而来。慢性淋巴结炎又可区分为增生性淋巴结炎和纤维性淋巴结炎。

1. 增生性淋巴结炎 指以细胞增生为主要表现的慢性淋巴结炎。

病理变化

【剖检】淋巴结肿大，呈灰白色，质地稍硬实。切面皮质、髓质结构不清，呈一致的灰白色，很像脊髓或脑组织的切面，故有髓样肿胀之称。特殊肉芽肿性淋巴结炎，切面可见灰白色结节状病灶，结节中心发生干酪样坏死或钙化。

【镜检】淋巴小结增大、增多，并具有明显的生发中心。皮质、髓质界限消失，淋巴窦也被增生的淋巴组织挤压或占据，淋巴细胞弥漫地分布于整个淋巴结。在淋巴细胞之间也可见巨噬细胞有不同程度的增生。充血和渗出现象不明显。

2. 纤维性淋巴结炎 指以结缔组织增生和网状纤维胶原化为主要表现的慢性淋巴结炎。

病理变化

【剖检】淋巴结不肿大，甚至可能缩小，质地硬实。切面可见灰白色的纤维成分不规则的交错分布，淋巴结的固有结构消失。

【镜检】淋巴结被膜、小梁和血管周围的结缔组织明显增生，网状纤维变粗发生胶原化，最后整个淋巴结变成一种纤维性结缔组织小体。

三、法氏囊炎的病变特点

法氏囊炎是由病原微生物引起的法氏囊的炎症。主要见于鸡传染性法氏囊病、鸡新城疫、禽流感及禽隐孢子虫感染等传染性疾病。按病变性质可分为卡他性炎、出血性炎及坏死性炎等。

病理变化

【剖检】法氏囊肿大，质地变硬实，潮红或呈紫红色，似血肿。切开法氏囊，腔内常见灰白色黏液、血液或干酪样坏死物，黏膜肿胀、充血、出血，或见灰白色坏死点。后期法氏囊萎缩，壁变薄，黏膜皱褶消失，色变暗无光泽，腔内可含有灰白色或紫黑色干酪样坏死物。

【镜检】法氏囊淋巴滤泡内实质细胞发生不同程度的变性坏死，见许多崩解破碎的细胞核，有的滤泡充满浆液或血液，滤泡间充血、出血、炎性细胞浸润。后期淋巴滤泡萎缩消失，间质结缔组织增生，严重时法氏囊淋巴组织被结缔组织取代而发生纤维化。

四、扁桃体及黏膜相关淋巴组织常见病变

家畜的咽部扁桃体，禽的盲肠扁桃体及眼结膜哈德氏腺，兔的回盲交界处的圆小囊和盲肠蚓突，畜禽的消化道、呼吸道及生殖道黏膜固有层的淋巴滤泡或相对集中的弥散性淋巴组织，是免疫系统的重要组成部分，在畜禽疾病过程中发挥着重要的防御作用。动物发生全身性组织损伤的急性传染病（如猪瘟、兔出血症、鸡新城疫）时，上述淋巴组织均表现出不同程度的炎症反应，形成许多疾病的特征性病变。

【常见病变】扁桃体及黏膜相关淋巴组织主要表现为急性出血-坏死性炎或慢性增生性炎。淋巴滤泡常可见散在的单个细胞排空或坏死，而呈现"星空样变"。急性出血-坏死性炎时，眼观淋巴组织所在部位的黏膜肿胀、充血、出血或者发生溃疡，有时可形成局部化脓性炎灶，甚至发生穿孔。兔伪结核病或沙门氏菌病时，圆小囊及蚓突见散在或弥漫性灰白色坏死灶。镜检局部淋巴组织坏死、崩解，坏死灶内见充血、出血，浆液、纤维素渗出，炎性细胞浸润。

慢性增生性炎时，黏膜局灶性肿胀隆起，兔圆小囊及盲肠蚓突壁显著增厚。鸡新城疫肠黏膜局部表面常发生坏死性炎。慢性猪瘟时，大肠黏膜淋巴组织发生纤维素-坏死性炎，呈典型的纽扣状溃疡。镜检，局部淋巴组织显著增生。淋巴滤泡增多，体积增大，生发中心明显，滤泡间为弥漫性增生的淋巴细胞、巨噬细胞。

第六节 神经系统

一、神经系统的基本病理变化

（一）神经元病变

神经元由胞体和突起组成。胞体的病变主要表现为以下方面。病变的出现及其严重程度与神经元的类型及病变的种类有关。对疾病反应敏感的神经元及某些急性传染病、败血症、中毒和缺氧时，较常出现病变且更为严重，因此对疾病的诊断有重要意义。神经元突起（轴突和树突）也可发生病变，如见于有髓神经纤维的沃勒变性。

1. 染色质溶解或虎斑溶解 指神经元胞质内尼氏小体（粗面内质网和多聚核糖体）的溶解。这是神经细胞变性的主要形式之一。溶解发生在细胞核附近时称中央染色质溶解，发生于胞质周边时称周边染色质溶解。①中央染色质溶解见于中毒和病毒感染，如铅中毒、禽传染性脑脊髓炎等疾病。在轻度缺血时，也可发生中央染色质溶解。当脊髓腹角和脑干中运动神经元的轴突断裂后，胞体中央染色质溶解，故称为"轴突反应"。中央染色质溶解表现为神经元胞体肿大变圆，核附近的尼氏小体崩解成粉末状并逐渐消失，核周围呈空白区，而细胞周边的尼氏小体仍存在。溶解是可复性变化，但若病因持续存在，神经元病变可进一步发展，乃至死亡。②周边染色质溶解见于进行性肌麻痹中的脊髓腹角运动神经元，在某些中毒的早期和病毒性感染（如鸡新城疫、狂犬病）时也可出现。其病变表现为胞体中央聚集较

多的尼氏小体，而周边尼氏小体消失呈空白区，胞体常缩小变圆。后期神经元肿大，胞核及胞质内染色质全部溶解消失，以致细胞死亡（图 5 - 17）。

2. 急性肿胀　见于缺氧、中毒和感染，如乙型脑炎、鸡新城疫、猪瘟及狂犬病等疾病时，病变神经元胞体肿胀变圆，染色变浅，中央染色质或周边染色质溶解，树突肿胀变粗，核肿大淡染、靠边。急性肿胀是可复性变化，但若肿胀时间长，神经元逐渐坏死，则可见核破裂、溶解消失，胞质染色变淡或完全溶解。

3. 胞质空泡形成　神经元胞质内出现小空泡，常见于病毒性脑脊髓炎。例如，羊痒病和牛海绵状脑病时，脑干某些神经核的神经元和神经纤维网中出现大小不等的圆形或卵圆形空泡；乙型脑炎脑神经元胞质内出现微小空泡。空泡形成也见于溶酶体蓄积病及老龄公牛等。单纯性空泡变性是可复性的，严重时则发生坏死。

4. 神经元凝固　见于缺血、缺氧、低血糖症、维生素 B_1 缺乏、有机汞中毒等抑制氧或葡萄糖的利用时以及外伤和重度癫痫的反复发作之后等，又称缺血性损伤。是早期软化灶内见到的一种不可逆变化。一般发生于大脑皮质中层、深层和海马角齿状核的锥体细胞。病变神经元胞质收缩，呈三角形，嗜酸性增加，苏木素-伊红染色呈均匀红色，胞体周隙显现。细胞核缩小，与胞质界限不清，染色加深，核仁不清或不能辨认。此病变早期为变性，最终可转变为缺血性坏死。此时在细胞表面或树突近端常见小三角形或卵圆形嗜碱性小体（"结痂"）。小脑浦金野细胞的缺血性损伤表现为均质变化，故也称均质化病，细胞质均质红染，胞体萎缩，核萎缩，核染色质向核仁周围密集成三角形或锥形，有时核膜消失。

5. 神经元皱缩　多见于慢性感染、慢性中毒、慢性缺血性疾病和长期低氧状态等过程，也见于放射损伤。又称固缩性变化或慢性神经元损伤。病变多发生于大脑皮层，呈慢性经过，受损的神经元只占少数。有时也出现在急性疾病过程中。特征性病变为神经元发生皱缩或硬化，细胞外形不整，胞体和胞核不规则缩小、浓染。细胞横径皱缩，胞体被拉长，树突和轴突过度变尖与屈曲，整个细胞变成枯树根样。细胞染色质凝集成大团块，胞浆与树突呈深暗嗜碱性染色。核固缩成锐角同时被拉长，呈弥漫性暗黑嗜碱性染色，难与胞浆区别。最后神经元发生硬化，失去细微结构，胞质和胞核凝固为蓝色质块，细胞突起呈螺旋状。有时，在硬化的细胞表面可见到钙质沉着。

6. 神经核性萎缩　有些神经元对轴突损伤的反应不是染色质溶解，而是萎缩。这种神经元多为组成神经核的细胞。一般由神经核发出的神经束均起止于中枢神经系统内，当其轴突受损而发生轴突反应时，神经元胞体则继续萎缩以至于完全消失，此种变化称为神经核性萎缩。神经核性萎缩可伴有神经元的缩小和尼氏小体消失。

7. 神经元内物质沉着　常见的物质沉着有：①脂褐素沉着。在神经元胞体的一侧或细胞核周围出现淡黄褐色细小颗粒，是一种老化性变化，又称色素性萎缩，大多不认为是病理变化。而脂质沉着则见于传染病和中毒，常规染色切片在细胞质内呈弥漫性脂质空泡，多伴有其他变性性变化。②钙质沉着是继神经元坏死后发生的，也常见于脑软化灶或脓肿周围。常规染色切片中钙质沉着局部呈无结构的蓝色颗粒状。③铁质沉着是慢性坏死的神经元胞体表面、细胞质内或胞体与树突全部被铁质替代的病理现象。因为铁质常常被染成黑色，与钙盐相类似，而且有铁质沉着的神经元内也常含有少量钙盐，故又称钙质浸润或"钙化""硬化"。这种病变常见于陈旧性挫伤的边缘、疤痕、脑炎和脓肿的边缘以及肿瘤附近的皮质中。④含铁血黄素沉着。主要见于大脑出血或其邻近的神经元内，呈细小的深棕色颗粒、黑色颗粒或多角形的结晶状物质。

8. 神经元内包涵体形成　神经细胞中包涵体形成可见于某些病毒性疾病。包涵体的大小、形态、染色特性及存在部位，对一些疾病具有证病意义。在狂犬病，大脑皮质海马的锥体细胞及小脑浦金野细胞胞质中出现嗜酸性包涵体，也称 Negri 氏小体。在犬瘟热时，病犬脑组织中神经元及星形胶质细胞核内可见嗜酸性包涵体。

9. 多核神经元　正常情况下每个神经元只有 1 个细胞核，若出现 2 个或 2 个以上的细胞核则是病态的表现。较常见 2 个细胞核，偶见 3～4 个核。多核变化表示神经细胞反应性增生，但它不能成功分裂为两个细胞。这表明在病理状态下，神经细胞也可以增生，但其分裂、增生能力很差，只能是细胞核分裂，而不能分裂成两个子细胞。这种病变多见于缺血和全身性麻痹等疾病。

10. 神经元纤维变性　指神经元中的神经元纤维聚合、变粗而致神经元固有形态发生改变。病变初期，胞质中有一些原纤维聚合、变粗，然后另一些原纤维也变粗，并与原有的平行或相互扭曲成钩状、勺状或篮网状。病变的神经元纤维可使部分细胞体突出，但在尼氏染色时这部分不着染，尼氏小体消失。这种变性的神经元纤维可能与淀粉样物质沉着有关。

（二）神经纤维变性或沃勒变性

神经纤维被切断、挫压、挤压或过度牵拉时，在距神经元胞体近端和远端的轴突及其所属的髓鞘发生变性、崩解和被吞噬细胞吞噬，又称轴突变性。此变化于 1850 年，最先由英国医生沃勒描述。造成中枢和外周神经系统轴突损伤的原因有如下五方面：外伤性断裂、挤压和冲撞、治疗性神经切除术、神经牵张性损伤和中毒。沃勒变性发生的速度与神经纤维的直径成正比，轴突直径越大，变性发生越快。同时相应神经元胞体发生中央染色质溶解。沃勒变性过程包括轴突变化、髓鞘崩解和细胞反应三个阶段。

（1）轴突变化　轴突出现不规则的肿胀、断裂并收缩成椭圆形小体或崩解形成串珠状，并逐渐被吞噬细胞吞噬消化。

（2）髓鞘崩解　髓鞘损伤的特征是肿胀、崩解，形成单纯的脂质和中性脂肪，称脱髓鞘现象，脂类小滴可被苏丹Ⅲ染成红色，在 HE 染色切片中脂滴溶解成空泡。

（3）细胞反应　在神经纤维损伤处，从血液来的单核细胞及小胶质细胞受到变性分解产物的刺激，迅速活化并转变为吞噬细胞，对崩解轴突和髓鞘的碎片进行吞噬、清除，因此，吞噬细胞胞浆中常出现大量未被消化的脂质成分使细胞质呈泡沫状，称为泡沫细胞。泡沫细胞见于神经损伤时，小胶质细胞吞噬轴索碎片和髓鞘，将髓磷脂转变成中性脂肪。在 HE 切片上，这种细胞体积增大，细胞质呈窗格状，又称格子细胞。除小胶质细胞外，大单核和少突胶质细胞也能形成泡沫细胞。它们的出现是髓鞘损伤的指征，也为清除和消化神经纤维的崩解产物及神经纤维的再生创造了条件。

（三）胶质细胞的变化

1. 小胶质细胞的变化　小胶质细胞属于单核巨噬细胞系统，是神经组织中的吞噬细胞，来源于中胚层，分布在脑灰质及白质中，在 HE 染色中仅见圆形或椭圆形的胞核，胞浆少。小胶质细胞对损伤的反应主要表现为肥大、增生和吞噬。

（1）肥大　一般在神经组织损伤的早期，小胶质细胞很快发生肥大。可见胞体增大，胞浆和原浆突肿胀，核变圆而淡染，在 HE 染色时可见淡红色的胞浆。病程比较缓慢时，肥大的细胞形成杆状细胞，表现为突起回缩，核显著变大，胞浆聚集在细胞的两极。

（2）**增生与吞噬** 小胶质细胞的增生呈弥漫型和局灶型两种形式。常见于中枢神经组织的各种炎症过程，特别是在病毒性脑炎时，如禽脑脊髓炎、马乙型脑炎、猪瘟的非化脓性脑炎。小胶质细胞具有吞噬作用，可吞噬变性的髓鞘和坏死的神经元，在吞噬过程中，胞体变大变圆，胞核暗紫圆形，或杆状，胞浆呈泡沫状或格子状空泡，增生的小胶质细胞围绕在变性的神经细胞周围，称为卫星现象（satellitosis），一般由 3~5 个细胞组成。神经细胞坏死后，小胶质细胞也可进入细胞内，吞噬神经元残体，称此为噬神经元现象。在软化灶处小胶质细胞呈小灶状增生，并形成胶质小结，细胞数量由几个至十几个甚至几十个组成，不过其中常有来源于浸润的单核细胞。有时小胶质细胞形成棒状细胞，这时小胶质细胞的核延长，往往是原来的 3~4 倍，核深染。

2. 星形胶质细胞的变化 有两种类型，即原浆型和纤维型。原浆型主要位于灰质，胞体大而脑浆丰富，染色淡，有放射状突起和较多分支；纤维型主要位于白质，细胞小而染色深，突起与分支少。在 HE 染色的切片中，核呈圆形或椭圆形，染色质呈细粒，着色浅，胞浆不显示。用特殊染色可显示胞浆和突起分支，在分支的末端膨大，附着于毛细血管和软脑膜下层，形成足板。星形胶质细胞主要起支持作用。此外，在物质代谢、血脑屏障、抗原传递、神经介质和体液缓冲的调节中也起着重要的作用。星形胶质细胞对损伤的反应主要有以下几种形式。

（1）**细胞型转变和细胞肥大** 在大脑灰质结构损伤时，星形胶质细胞由原浆型转变为纤维型，在脑组织损伤处积聚形成胶质痂。当脑组织局部缺血、缺氧水肿时，在梗死、脓肿及肿瘤周围，星形胶质细胞可发生肥大，表现为胞体肿大，胞浆增多且嗜伊红深染，核偏位。在电镜下，可见胞浆中充满线粒体、内质网、高尔基复合体、溶酶体和胶质纤维。

（2）**细胞增生** 在脑组织缺血、缺氧、中毒和感染而发生损伤时，星形胶质细胞可出现增生性反应，当大量增生时称为神经胶质增生或神经胶质瘤。按其性质可分为反应性增生和营养不良性增生两类。前者表现为纤维型胶质细胞增生并形成大量胶质纤维，最后成为胶质瘢痕；后者是代谢紊乱的一种表现形式。当神经组织完全丧失时，星形胶质细胞主要围绕在缺损的边缘，中间含有透明的液体，往往形成囊肿。

3. 少突胶质细胞的变化 少突胶质细胞体积小，胞浆少，突起短而少，核呈圆形，染色深似淋巴细胞。少突胶质细胞主要存在于神经细胞周围，近似于小胶质细胞形成的卫星现象，但这种现象不是病理变化，而是围绕神经细胞的一种保护性作用。此外，在神经纤维之间和血管周围也可见少突胶质细胞，形成中枢神经的有髓神经的髓鞘，与外周神经的雪旺氏细胞相似，在血管周围聚集成丛。少突胶质细胞在疾病过程中可发生急性肿胀、增生和类黏液变性。

（1）**急性肿胀** 表现为胞体肿大、胞浆内形成空泡，核浓缩，染色变深。多见于中毒、感染和脑水肿。该变化是可复性的，当病因消除后，细胞形态可恢复正常。若液体积聚过多，胞体持续肿胀，甚至破裂崩解，在局部可见崩解的细胞碎片。

（2）**增生** 表现为少突胶质细胞数量增多。见于脑水肿、狂犬病、破伤风、乙型脑炎等疾病。少突胶质细胞增生与急性肿胀常同时发生，增生的细胞发生急性肿胀并可相互融合，形成胞浆内含有空泡的多核细胞。在慢性增生时，少突胶质细胞也可围绕在神经元周围呈卫星现象，在白质内的神经纤维内形成长条状的细胞索，或聚集于血管周围。

（3）**类黏液变性** 在脑水肿时，少突胶质细胞胞浆出现黏液样物质，HE 染色呈蓝紫色，黏蛋白卡红染色呈鲜红色，同时胞体肿胀，核偏于一侧。

二、脑炎的分类及其病变特点

根据病变特点，脑炎可分为非化脓性脑炎和化脓性脑炎两类。

（一）非化脓性脑炎

非化脓性脑炎（nonsuppurative encephalitis）是指主要由病毒感染引起的脑组织的炎症过程。其病变特征是神经组织的变性坏死、血管反应，以及胶质细胞增生等变化。

1. 病因 非化脓性脑炎多见于病毒性传染病，如猪瘟、非洲猪瘟、猪传染性水疱病、伪狂犬病、乙型脑炎、捷申病、马传染性贫血、马脑炎、牛恶性卡他热、牛瘟、鸡新城疫、禽传染性脑脊髓炎等疾病，因此，又称病毒性脑炎（viral encephalitis）。

2. 病理变化 非化脓性脑炎的基本病变为神经细胞变性坏死、胶质细胞增生和血管反应。

（1）神经细胞变性坏死 神经细胞变性时表现为肿胀或皱缩。肿胀的神经细胞体积增大，染色变淡，核肿大或消失；皱缩的神经细胞体积缩小，染色深，核皱缩或核与胞质界限不清。变性的神经细胞有时出现中央染色质溶解或周边染色质溶解现象。变性细胞可进一步发生坏死，并溶解液化，在局部形成软化灶。

（2）胶质细胞增生 以小胶质细胞增生为主，可呈弥漫性或局灶性增生。非化脓性脑炎的后期出现星形胶质细胞的增生，以修复损伤组织。

（3）血管反应 见不同程度的充血和围管性细胞浸润。浸润的细胞主要成分是淋巴细胞，同时也有数量不等的浆细胞和单核细胞，在小动脉和毛细血管周围形成一层或几层，即管套形成，或称血管袖套现象。

（二）化脓性脑炎

化脓性脑炎（suppurative encephalitis）是指脑组织由于化脓菌感染所引起的有大量中性粒细胞渗出，同时伴有局部组织的液化性坏死和形成脓汁为特征的炎症过程。一般化脓性脑炎同时出现化脓性脑脊髓膜炎，引起化脓性脑膜脑脊髓炎。

1. 病因与发病机理 引起化脓性脑炎的病原主要是细菌，如葡萄球菌、链球菌、棒状杆菌、巴氏杆菌、李氏杆菌、大肠杆菌等。主要是通过血源性感染或组织源性感染而引起。

（1）血源性感染 常继发于其他部位的化脓性炎，在脑内形成转移性的化脓灶，如细菌性心内膜炎、牛化脓性棒状杆菌感染、绵羊败血性巴氏杆菌病、驹肾炎志贺氏菌感染、绵羊嗜血杆菌感染、鸡葡萄球菌感染等所引起的化脓性脑炎。

（2）组织源性感染 一般由于脑附近组织，如筛窦、内耳、鼻旁窦、额窦等组织的严重损伤与化脓性炎，可通过直接蔓延引起化脓性脑炎。

2. 病理变化 眼观见脑组织有灰黄色或灰白色小化脓灶，其周围有一薄层囊壁，内为脓汁。镜检，血源性化脓性炎，在小血管内常形成细菌性栓塞，呈蓝染的粉末状团块，在其周围有大量中性粒细胞渗出，并崩解破碎，局部形成化脓性软化灶，在化脓灶周围充血、水肿，且常伴有化脓性脑膜炎和化脓性室管膜炎的发生。此外，在化脓性脑炎也见小胶质细胞和单核细胞增生与浸润，血管周围中性粒细胞和淋巴细胞浸润形成管套。耳源性化脓性炎多发生于脑桥脑角周围，在绵羊和猪多见。在多发性脓肿时，一般病程短，动物在短期内死亡，而孤立性脓肿时可能存活较长时间，下丘脑或大脑内的化脓灶可扩展至脑室，引起脑室积脓。

由链球菌引起的脑组织和脑膜的化脓性炎症多见于猪。病变轻者，主要在脑脊髓膜出现化脓性炎。眼观见脑脊髓的蛛网膜及软膜血管充血、出血。镜检见血管内皮细胞肿胀、增生或脱落，其周围有大量中性粒细胞、少量单核细胞及淋巴细胞浸润和增生。病变严重时，在灰质浅层有中性粒细胞呈散在性或局灶性浸润，甚至在白质也可见血管充血、出血以及在血管周围形成以中性粒细胞、淋巴细胞和单核细胞组成的管套。神经细胞呈急性肿胀、空泡变性，甚至坏死液化，胶质细胞呈弥漫性或局灶性增生形成胶质小结。病变也可见于间脑、中脑、小脑、延脑和脊髓。有时，也可出现化脓性室管膜炎，见室管膜细胞变性脱落，局部充血，中性粒细胞浸润，并可进一步蔓延至脑组织。

由李氏杆菌引起的化脓性脑炎的病变特征为脑实质形成细小化脓灶和血管管套。病变部位主要存在于延脑、脑桥、丘脑、脊髓颈段。镜检可见神经组织局灶性坏死崩解，形成小化脓灶。胶质细胞增生，并可形成胶质小结。血管周围出现以单核细胞为主的围管性细胞浸润所形成的管套。脑膜充血，并有淋巴细胞、单核细胞和中性粒细胞浸润。在白质出现化脓性炎时，也容易出现血管炎，在其外周有浆液和纤维素渗出。

三、脑膜炎的病因及病变特点

脑膜炎（meningitis）是发生于脑膜的炎症，临床上以发热、皮肤感觉过敏、颈背强直、脑脊髓液成分改变为特征的软脑膜（即软脑膜、蛛网膜下腔及与其毗连的蛛网膜）弥散性炎性疾病。它常常是由于中枢神经系统受到侵袭后继发波及软脑膜，而不是硬脑膜的炎症。主要由链球菌、葡萄球菌和化脓杆菌等侵害所致，也可由耳、咽、鼻副窦等邻接器官化脓病灶的蔓延或转移发病。临床上见体温升高，精神沉郁或呈嗜眠昏睡，或兴奋，颈直，角弓反张，瞳孔散大或缩小，呼吸疾速或徐缓，甚至呈陈-施二氏呼吸。治疗宜用抗生素等进行对症疗法，还可对头部冷敷并投服镇静安神药物。根据病程，脑膜炎可以分为急性、亚急性及慢性三种；据病因不同，又可分为化脓性、嗜酸性粒细胞性、非化脓性及肉芽肿性脑膜炎四种类型。

（一）病因与发病机理

在动物，脑膜炎最常是由大肠杆菌、链球菌等细菌感染引起，还有单核细胞增多性李斯特氏菌、巴氏杆菌和化脓性放线菌感染均可引起脑膜炎。这些细菌通过血源穿过软脑膜和蛛网膜下腔侵入软脑膜，细菌还可以直接通过血源性或白细胞的聚集而播散。炎性渗出液及炎性细胞主要位于蛛网膜下腔。在单核细胞增多性李斯特菌感染时，感染源除了可直接通过血源性或白细胞的聚集而播散外，还可沿着神经轴突逆行播散。

颅腔硬脑膜的特定部位的炎症可以发生于硬膜外。它是继发于骨髓炎、硬膜外脓肿和脑垂体脓肿形成以及软脑膜炎波及相关的颅骨和硬脑膜内的炎症。脑垂体脓肿时常可发生于牛，从脑垂体脓肿的病例常分离出的细菌包括巴氏杆菌和化脓性放线菌。脓肿可以由后鼻窦感染上行所致，也可能通过直接播散或静脉循环而引起。感染可通过第三脑室的漏斗形凹陷进入到脑室系统，引起脑室炎、室管膜炎及积脓症。新生儿全身性细菌感染常常由急性化脓性和纤维蛋白性脑膜炎所致。在动物，继发性病毒感染仅发生于软脑膜的脑膜炎非常罕见，而且常见与病毒介导的脑炎的混合感染。

（二）病理变化

动物患细菌性化脓性脑膜炎时，可见在蛛网膜下腔出现主要由中性粒细胞、单核炎性细胞和细菌、细胞碎片、水肿液及纤维蛋白混合组成的淡黄色、浓稠的渗出液，这些渗出液也可出现在脑沟中。由于炎性水肿及脑实质受挤压，以致外观整个脑的脑回变得平整，在这些脑沟处软脑膜的蛛网膜腔内含有由中性粒细胞、单核炎性细胞和细菌、细胞碎片、水肿液及纤维蛋白组成的混合物。脑垂体脓肿时，垂体的切面可见浓而黏稠、不透明、黄褐色至黄色的渗出物，这些变化可上延到垂体周围的硬脑膜。

脑膜炎的其他病变还包括：①随着软脑膜炎症的扩散，可伴发硬膜外骨膜的炎症、硬膜外化脓以及硬膜内受侵。②对病原入侵的反应性变化包括硬膜内间皮细胞、蛛网膜细胞、成纤维细胞以及软脑膜细胞的增生。此外，还可见有与老化和变性相关的病变，如在蛛网膜外表面间皮样细胞巢形成，蛛网膜钙化。在犬还可见脊髓的硬膜钙化和骨化。犬的硬脑膜骨化可波及颈部、腹部和腰部脊髓的硬膜，这种变化最常发生于大型犬，小型犬也可受侵。

四、脑软化的病因及病变特点

脑组织坏死后，坏死部脑组织分解变软，称为**脑软化**。软化的脑组织在镜下呈现微细空腔如海绵状，甚至形成肉眼可见的空腔与囊肿。

(一) 病因

引起脑软化的病因有如下方面。

(1) 生物性因素　主要是病毒。朊病毒 (prion) 感染引起羊痒病 (scrapie)、牛海绵状脑病 (bovine spongiform encephalopathy, BSE)、人类的克-雅氏病 (Creutzfeldt-Jakob disease, CJD) 等。朊病毒是一类具有传染性的纤维样蛋白，对理化因素抵抗力强，常用消毒药如醛类、醇类、非离子型去污剂及紫外线消毒无效；对强氧化剂敏感，在 NaOH 溶液中2h 以上，$134\sim138℃$ 高温 30min，可使其失活。牛海绵状脑病是由于牛采食含绵羊痒病病毒的饲料添加剂、肉骨粉所致。经口感染后病原先集聚在被感染动物的脾脏，然后随淋巴组织扩散而侵入中枢神经系统。机体对朊病毒的感染不产生炎性反应和免疫应答反应。

(2) 中毒或化学性因素　一些化学物质中毒可导致动物发生脑软化，如猪食盐中毒、牛铅中毒在大脑皮质发生层状坏死；马霉玉米中毒引起脑组织白质软化；羔羊局灶性对称性脑软化与产气荚膜杆菌产生的 D 型毒素中毒有关。由于毒物的种类不同，引起脑软化的机理是不相同的。食盐中毒的脑软化发生机理可能与硫胺素缺乏有关。霉玉米中的镰刀菌毒素对马属动物的脑白质具有选择性毒性作用，毒素损伤髓鞘使其溶解。

(3) 营养性因素　维生素 B_1、维生素 E 和硒缺乏，以及缺铜常引起动物发生脑软化。维生素 B_1 缺乏引起脑软化的机理尚不完全清楚，一般认为与引起丙酮酸代谢障碍有关。维生素 E 和微量元素硒具有抗氧化作用，维生素 E 能降低自由基的产生和中和细胞膜形成的自由基；硒是谷胱甘肽过氧化物酶 (GSH - PX) 的组成成分，GSH - PX 能分解过氧化物，保护细胞膜及细胞器的膜性结构不受破坏。另外，硒也能加强维生素 E 的抗氧化作用，并通过 GSH - PX 阻止自由基产生的脂质过氧化物反应，维持细胞的正常结构，使 DNA、RNA 和酶进行正常的合成与分解代谢，保证细胞正常的分裂生长过程。机体缺铜时，胺氧化酶和细胞色素氧化酶活性降低，神经脱髓鞘和神经细胞损伤，出现脑软化。

（二）病理变化

脑软化灶在发生初期眼观呈羹状，以后可完全溶解液化呈液状，甚至有时形成空腔与囊肿。有的软化灶细小，眼观不易发现。镜检，软化灶内神经细胞溶解消失，神经组织液化呈筛网状或海绵状。由于病因不同，软化灶形成的部位、大小及数量具有某些特异性。下面介绍畜禽几种常见出现脑软化灶的疾病的病理变化。

1. 牛海绵状脑病 该病眼观病变不明显。镜检见脑干灰质发生两侧对称性变性。在脑干的某些神经核的神经元和神经网中散在分布有中等大小呈卵圆形的空泡，其边缘整齐，很少形成不规则的孔隙。脑干的迷走神经背核、三叉神经束核、孤束核、前庭核、红核网状结构等，在其神经细胞核周围和轴突内含有大的界限明显的胞浆内空泡，空泡为单个或多个，有的明显扩大，致使胞体呈气球样，使局部呈海绵样结构。此外，在神经细胞内尚见类脂质——脂褐素颗粒沉积，有时还见圆形单个坏死的神经元或噬神经元现象，以及胶质细胞的轻度增生。一般在血管周围无炎性细胞浸润现象。

2. 羊痒病 羊痒病的病变主要集中于中枢神经系统。眼观脑脊液有一定程度的增多，其他变化不明显。镜检见延脑、中脑、丘脑、纹状体等脑干内的神经元发生空泡变性与皱缩。神经元内的空泡呈圆形或椭圆形，界线明显，细胞核被挤压于一侧甚至消失；神经纤维分解形成许多小空泡，局部疏松呈海绵状。星形胶质细胞肥大、增生，呈弥漫性或局灶性增多，在脑干的灰质核团和小脑皮质内更多见。

3. 马霉玉米中毒脑白质软化 马霉玉米中毒由串珠镰刀菌的毒素所引起。

【剖检】 硬膜下腔积液、出血，软脑膜充血、出血，蛛网膜下、脑室及脊髓中央管内脑脊液增多。在大脑半球、丘脑、脑桥、四叠体及延脑的白质中形成大小不一的软化灶，呈浅黄色糊状，或伴有明显的出血呈灰红色。大的软化灶常为单侧性，在脑表面有波动感。

【镜检】 脑膜血管和脑血管扩张充血，其周围间隙积聚水肿液和红细胞，附近脑组织因水肿而疏松。脑组织崩解呈颗粒状，结构破坏，并有大量水肿液积聚。病灶周围胶质细胞增生，有时可形成胶质小结。其他部位的神经元变性，并出现卫星现象与噬神经元现象。

4. 羊肠毒血症 由产气荚膜梭菌 D 型引起。神经系统主要表现基底神经节、灰质和丘脑背侧出现两侧对称性的软化灶，软化灶直径可达 1～1.5cm，呈红色，历时较长后变为灰黄色，常伴有出血。镜检，内囊、皮质下白质和小脑脚的神经纤维髓鞘脱失，神经元坏死、液化、出血明显，初期有中性粒细胞浸润，后期则见小胶质细胞增生。这可能是病羊生前出现神经症状的主要原因。

5. 雏鸡维生素 E-硒缺乏引起的脑软化 雏鸡维生素 E-硒缺乏所致的脑软化，病变主要出现在小脑、纹状体、延髓、中脑和脊髓。在发病初期，雏鸡小脑脑膜水肿充血，甚至有出血点。脑实质肿胀柔软，脑回变平。病程稍长的病例，在小脑可见绿黄色混浊的软化灶，与周围脑组织有明显的界线；纹状体的坏死灶呈苍白色，界限明显；脊髓腹面扁平，普遍肿胀。镜检，脑膜血管充血，脑膜疏松水肿，出现小灶状出血，毛细血管内有微血栓形成。小脑白质和脊髓神经束出现局灶性或弥漫性的脱髓鞘现象，神经元变性、皱缩呈三角形，周边染色质溶解，在浦金野细胞和大的运动核病变更显著。

五、脑 水 肿

脑水肿（cerebral edema）是指脑组织水分增多而使脑体积肿大。根据原因和发生机理可将脑水肿分为细胞毒性脑水肿和血管源性脑水肿两种类型。

1. 细胞毒性脑水肿　是指水肿液蓄积在细胞内。内外源性毒物中毒时，细胞内的三磷酸腺苷（ATP）产生发生障碍，对细胞膜的钠泵供能不足，钠离子在细胞内蓄积而细胞的渗透压升高所致。另外，低渗性水中毒时也可产生细胞毒性脑水肿。

眼观变化类似于血管源性脑水肿，但更多见于灰质。镜下可见星形细胞肿胀变形，突起断裂，糖原颗粒积聚。如肿胀持续存在，并逐渐加重时，则核崩解，晚期周边部的星形细胞肥大增生，并有纤维性胶质疤痕形成。少突胶质细胞的胞体变大，核浓缩变形，胞浆呈颗粒状。神经细胞也可表现为胞体肿大，胞核大而淡染，染色质溶解，细胞均质化或液化，特别在大型的神经细胞更多见。

2. 血管源性脑水肿　是由血管壁的通透性升高所致。可见于细菌内毒素血症、弥漫性病毒性脑炎、金属毒物（铅、汞、锡和铋）中毒以及内源性中毒（如肝病、妊娠中毒、尿毒症）等。另外，任何占位性的病变，如脑内肿瘤、血肿、脓肿、脑包虫等压迫静脉而使血液回流障碍，血浆渗出增多，蓄积于脑组织，造成脑水肿。

血管源性脑水肿既可以是局灶性的，也可以是全脑性的。一般在白髓更容易发生。这与白髓的结构有关，液体容易在神经纤维间积聚。在铅中毒时，灰质与白质同样会有水肿液出现。维生素 B_1 缺乏时，灰质水肿更明显。

全脑性脑水肿表现为硬脑膜紧张，脑回扁平，蛛网膜下腔变狭窄或阻塞，色泽苍白，表面湿润，质地较软。切面稍突起，白质变宽，灰质变窄，灰质和白质的界线不清楚，脑室变小或闭塞，小脑因受压迫而变小并出现脑疝。局部性脑水肿可出现中线旁移，胼胝体和脑室受压变形，出现一侧或两侧性脑疝形成。若是静脉受压引起的局部水肿，灰质也有严重的水肿，或有出血，其色泽为粉红色或黄色。镜下可见血管外周间隙和细胞周围增宽充满液体，组织疏松。水肿区着色浅，有 PAS 阳性物质，髓鞘肿胀，轴突不规则增粗或成串球状变化，有时有血浆蛋白渗出或炎性细胞浸润。

六、神经系统机能障碍的病因及表现形式

（一）神经系统机能障碍的病因

1. 物理性因素　神经组织因受打击、震荡、压迫损伤，也可因受热（中暑）、受冷、放射性射线照射等物理性因素导致损伤，出现神经系统机能障碍。

2. 化学性因素　多种化学物质对神经系统有毒性作用。如重金属（铅、汞、锡等）中毒，有机化合物（苯、苯胺、甲醇等）中毒，无机物（一氧化碳）中毒，以及内科疾病中机体自体中毒时的内源性毒物等，均可引起神经系统的机能和形态发生改变。某些营养物质缺乏也能引起神经机能障碍，如维生素 E 缺乏引起鸡的脑软化，维生素 B_1 缺乏引起多发性神经炎，羔羊缺铜出现运行失调。

3. 生物性因素　一些细菌、病毒、寄生虫感染能引起动物中枢与外周神经系统的机能和形态改变。如李氏杆菌、链球菌等细菌感染引起化脓性脑炎；乙脑病毒、狂犬病病毒、猪瘟病毒、鸡新疫病毒等多种病毒感染损伤脑脊髓，引起非化脓性脑炎；脑多头蚴、囊尾蚴寄生于脑组织造成脑组织损伤等。

4. 血液循环障碍　脑脊髓血栓形成、栓塞、缺血、淤血及出血等血液循环障碍，均可引起不同程度的神经系统机能障碍。

5. 肿瘤 发生在神经组织的原发性或继发性肿瘤可引起神经系统的活动障碍。如生长于脑膜的脑膜瘤，生长于脉络丛的乳头状瘤，在脑实质的胶质细胞瘤、神经母细胞瘤等。在鸡马立克氏病，常见外周神经有瘤细胞的浸润和增生，引起运动障碍。

（二）神经系统机能障碍的主要表现形式

神经系统机能障碍主要表现为感觉障碍、运动障碍、自主神经系统机能紊乱和疼痛等。

1. 感觉障碍 感觉障碍主要表现为感觉缺乏或感觉减退、感觉过敏和感觉异常等。

（1）感觉缺乏或感觉减退 在感觉通路被破坏或机能受损时，出现感觉全部消失或感觉减退。包括痛觉、温觉、触觉、深层感觉（位置觉、震动觉）的消失或减退。

（2）感觉过敏 指对刺激物的感受性增高，轻微刺激引起强烈感觉的现象。这是由神经中枢或感觉神经末梢兴奋性升高所致。感觉过敏常与局部有比较轻微的病灶，或邻近部位有较强的刺激灶有关。

（3）感觉异常 是机体产生的感觉与刺激物的性质无关。常在非疼痛刺激引发疼痛感觉，如轻划皮肤而有疼痛等。多发生于外周神经遭受各种病理性刺激时，如发生神经炎、皮炎、胆酸盐中毒等。

2. 运动障碍 运动障碍主要表现为麻痹、不自主运动和共济失调。

（1）麻痹 指运动机能完全消失或部分消失。根据引起麻痹时神经系统受损的部位不同，麻痹可分为中枢性和外周性两类。

①中枢性麻痹。是由中枢神经不同部位的损伤或传导障碍引起。在大脑、脑干和小脑出血、血栓形成或发生肿瘤，均可导致相应部位的麻痹。中枢性麻痹常表现为偏瘫、单瘫和截瘫三种类型。

偏瘫是指身体一侧的肌肉发生麻痹。多见于内囊或大脑皮层损伤时。

单瘫是指一个肢体发生麻痹。可因大脑皮层部分区域受损或脊髓半横断而引起。

截瘫是指脊髓全部横断，损伤处以后的半截身躯发生麻痹。

中枢性麻痹时，下运动神经元完好，因此反射性运动尚能保存，但因中枢对其抑制调节作用减弱或消失，反射运动可出现异常增强的现象。

②外周性麻痹。是指因下运动神经元或外周运动神经纤维受损引起的麻痹。如发生脊髓腹角灰白质炎、外周神经干损伤、多发性神经炎时均可发生外周性麻痹。此型麻痹的特点是相应部位的肌肉反射运动消失，其紧张性明显下降，随意运动丧失，并继发麻痹部位的肌肉萎缩。

（2）不自主运动 指肌肉的某一部分、某块肌肉或某些肌群出现的不受神经支配的运动。常表现为震颤、痉挛、抽搐、四肢徐动、舞蹈等。不自主运动的产生主要与锥体外系统的功能失调有关。锥体外系统包括基底节系统各结构和小脑系统各结构，以及它们之间的纤维联系。

①震颤。主要表现为肌肉的幅度小、频率快、有节律的运动。可见于肢体、躯干等部位。

②痉挛。指锥体性运动过强。按其表现形式可分为阵发性痉挛和强直性痉挛两种。

阵发性痉挛的特点是肌肉的收缩与弛缓交替发生。临床上可见肢体、躯干和头部发生交替的屈直和伸直。阵发性痉挛是持续发作的，是由大脑皮层受到刺激产生兴奋所致。

强直性痉挛的特点是屈肌和伸肌都处于紧张状态，但以伸肌的紧张占优势。临床上可见机体保持着一种因屈体和伸肌痉挛而造成的强迫状态，即出现所谓角弓反张现象。强直性痉挛是周期性发作的。主要是皮层下神经组织兴奋所致。

③抽搐。是指一块肌肉或一组肌肉快速的、重复性的、无节律无意识性的收缩。常为一组肌肉或多组肌肉同时产生收缩，如面肌抽搐。

④四肢徐动。是指肢体的远端呈缓慢的强直性伸展性运动。

(3) 共济失调 是指各肌肉或各个运动之间出现协调功能障碍，表现为躯体的平衡失调、步态踉跄、动作混乱等。根据受损部位的不同，可分为脊髓性、小脑性和迷路性、大脑性三类。

①脊髓性共济失调。发生于脊髓背根受损或机能障碍时，表现为本体感受机能丧失，动作不协调和不准确。如将动物的肢体人为地摆成某种不适当的姿势，在一定时间内动物将保持这种姿势。

②小脑性和迷路性共济失调。由于小脑和迷路受损，其同侧的肌肉紧张性降低，不能维持正常体位平衡而出现动作不准确。

③大脑性共济失调。是因大脑皮层额叶和颞叶受损所致。其特点是患体易向受损部位的对侧跌倒。

3. 自主神经系统机能紊乱 当自主神经系统及与其有关的中枢神经损伤时，可引起自主神经系统机能紊乱。根据受损部位，分为交感或副交感神经系统机能紊乱和中枢神经系统植物性机能紊乱两种。

(1) 交感性或副交感神经系统机能紊乱 多由外伤、炎症、中毒、肿瘤和疤痕性因素引起。因受损神经的性质和程度不同，表现为机能亢进或机能脱失。当交感神经受到病变刺激发生机能亢进时，相应部位的皮肤血管收缩，休表温度下降，泌汗增多，竖毛反射加强。而交感神经因受刺激机能丧失时，则出现皮肤血管扩张、充血，发热，竖毛反射消失，排汗减少。

(2) 中枢神经系统自主机能障碍 主要由发生于脊髓、延髓、下丘脑和大脑皮层的病变所致。当脊髓外伤、炎症或肿瘤时，可引起相应部位的血管舒缩、竖毛、出汗等自主机能紊乱。延髓的自主性中枢受损时，出现泪腺与唾液腺分泌增多、吞咽困难，以及呼吸、循环、泌尿与排尿障碍等一系列症状。下丘脑受损时，发生尿崩症、食欲紊乱、性机能不全、体温异常等。大脑皮层存在机能性或器质性变化时，也可发生与自主神经障碍有关的疾病，如甲状腺机能障碍与溃疡病等。

4. 疼痛 是机体对有害刺激的一种反应，具有适应防卫意义。许多疾病出现疼痛症状。

致痛因素的刺激，由神经末梢感受后，其冲动沿背根进入脊髓背角，由相应的神经细胞转换到对侧脊髓，沿侧柱上行至视丘，再转换神经元，一方面到达大脑皮层产生疼痛感觉，另一方面转换至第三脑室和灰白结节的植物性神经中枢，引起相应的内脏和内分泌腺机能紊乱。因此，机体产生疼痛时，可引起肾上腺素、垂体后叶素等分泌增加，导致心率加快、血压升高、消化液分泌减少、胃肠运动减弱等一系列症状。

一般将疼痛区分为丘脑性疼痛和皮层性疼痛两种。丘脑性疼痛的痛觉阈较高，无准确定位；皮层性疼痛痛觉阈较低，感觉精细，定位明显。因大脑皮层抑制皮层下的感觉，只有大脑皮层机能丧失时，才会出现丘脑性疼痛。

疼痛可发生在身体各个部分，其疼痛强度并不一致。例如，皮肤对疼痛反应敏锐，疼痛剧烈，定位精确，且疼痛可波及受刺激的周围部分；内脏与深部躯体的疼痛定位不明显，易于弥散，不及皮肤疼痛剧烈；神经组织的疼痛因神经组织内存在刺激病灶，痛觉中枢或感觉神经兴奋性升高，常表现为轻微的刺激产生剧烈的疼痛。

第七节 生殖系统

一、繁殖障碍

繁殖障碍是指公畜或母畜暂时或永久地不能繁衍后代，又称不育（infertility）。引起繁殖障碍的原因很多，主要是母畜和公畜性器官的先天性缺陷和获得性疾病，以及家畜饲养、管理或使用不当，人工繁殖技术性错误等。

（一）母畜的繁殖障碍

母畜的繁殖障碍通称为不孕症，指已达到配种年龄的母畜暂时或永久性不能繁殖。母畜繁殖障碍表现为不孕、流产、早产、死胎、木乃伊胎、畸形胎、弱仔或少仔等。母畜常见的繁殖障碍有以下几种。

1. 先天性繁殖障碍 先天性繁殖障碍主要是动物性染色体异常，生殖器官发育不全或者生殖细胞生物学上的缺陷，而丧失繁殖能力。

（1）两性畸形 动物亲代生殖细胞在减数分裂过程中，性染色体由于缺失、易位或不分离等畸变，造成后代性染色体异常，表现为两性畸形（intersex，hermaphrodite）。根据性腺不同，将两性畸形分为两类：①真半雌雄体，同时具有卵巢和睾丸组织，生殖道的特征介于雌雄两性之间。②假半雌雄体，只有一种性别性腺，但其生殖器官却像另一种性别。假半雌雄体的病因是胎儿睾丸不能产生足够的激素，使雄性生殖器官不充分分化，结果造成雌性的外生殖器官（雄性假半雌雄体），或者雌性胎儿分泌雄性激素过度，影响雌性生殖器官发育，因而表现某些雄性特征（雌性半雌雄体）。两性畸形与近亲繁殖有关，多发于猪和乳山羊，其他家畜少见。两性畸形家畜不能繁殖，只可作肉用或役用。

（2）幼稚病 幼稚病（infantilism）是指母畜达到配种年龄时不发情，有时虽然发情但屡配不孕。其主要原因是由于脑垂体促性腺激素分泌不足，或甲状腺及其他内分泌腺机能紊乱引起。动物表现为生殖器官某些部分发育不全，如子宫角特别细小、卵巢小如豌豆、阴道和阴门特别细小，无法交配。

2. 疾病性繁殖障碍 疾病性繁殖障碍主要由传染病和产科疾病引起，繁殖障碍只是这些疾病的症状之一。

（1）传染病引起的繁殖障碍 猪的繁殖障碍主要由感染性因素引起，如猪细小病毒、伪狂犬病病毒、流行性乙型脑炎病毒、猪繁殖与呼吸综合征病毒、布鲁氏菌、钩端螺旋体、衣原体、胎儿弯杆菌和李氏杆菌感染。随着我国集约化养猪生产的发展，病毒引起的猪繁殖障碍危害越来越严重。

仔猪和母猪感染细小病毒后常表现亚临床症状，唯一明显的症状是怀孕母猪产出木乃伊、死胎、畸形胎、弱胎及母猪不孕。母猪怀孕早期（10～30d）感染细小病毒后胎儿死亡被吸收，母猪可重新发情而屡配不孕；怀孕中期（30～70d）感染细小病毒引起胎儿死亡或木乃伊化。剖检可见母猪子宫内膜有轻度炎症，胎盘不全钙化，子宫内有大小不等、死亡时间长短不一的胎儿。

患伪狂犬病的动物大多表现为奇痒，但猪因年龄不同表现的症状有差异。新生仔猪可出现共济失调、角弓反张、盲目转圈等神经症状，断奶仔猪常伴有流鼻涕、咳嗽、发热等呼吸系统症状。新生仔猪死亡率高。病理组织学检查可见广泛的非化脓性脑炎。育肥猪主要表现为呼吸症状，若无继发感染，病程 6～10d 可康复。而怀孕母猪主要表现为流产、产死胎和弱仔等繁殖障碍症状。

怀孕母猪感染猪繁殖与呼吸综合征病毒，表现为厌食、发热、打喷嚏、咳嗽、呼吸困难，并且大批流产，出现早产、死胎、弱仔和胎儿木乃伊化。造成大群母猪生殖失败，尤以初产母猪为甚。

猪流行性乙型脑炎主要由蚊类等吸血昆虫传播，怀孕母猪感染后表现为流产和死胎。

布鲁氏菌、钩端螺旋体、衣原体、胎儿弯杆菌和李氏杆菌感染母猪，主要引起母猪散发性流产、死胎和子宫内膜炎。

（2）产科疾病引起的繁殖障碍　牛的繁殖障碍常由产科疾病引起，如卵巢机能减退、卵巢囊肿和子宫内膜炎等。

卵巢机能减退使动物发情周期延长、长期不发情或安静发情。此时，卵巢的形状或质地没有明显改变，也摸不到卵泡或黄体，有时可在一侧卵巢上感觉到有一个很小的黄体残迹。卵巢萎缩时，往往变硬，体积显著缩小，卵巢中既无黄体也无卵泡。

卵巢囊肿、子宫内膜炎等疾病都可使家畜生殖机能受到破坏，使卵巢机能紊乱，造成不育。

3. 饲养管理性繁殖障碍　饲养性繁殖障碍是指饲料供给不足或过多，使家畜生殖机能衰退，造成暂时性繁殖障碍。饲养管理改善后，家畜可恢复繁殖能力。

饲养性繁殖障碍可能是饲料供给数量不足，动物长期饥饿，或饲料品种单一，或饲料中缺乏某些必需的营养物质，如蛋白质、矿物质或维生素。长期饲养不当造成动物瘦弱，其生殖机能受到抑制，如瘦弱的马、驴能发情，但可能不排卵，造成多卵泡发育，卵泡交替发育或卵泡发育到某种程度停顿下来，最后卵泡被吸收或形成囊肿。日粮能量过高、营养过剩，同时缺少运动，引起动物过度肥胖，不易受孕。在过肥的母猪，有时即使不引起不孕，也可导致少胎。

管理性繁殖障碍是指由于过度使役或泌乳而引起母畜生殖机能减退或停止，这种不育常发生于马、驴、牛，而且往往与饲料不足或营养不良共同引起。营养不良或使役过度引起家畜生殖激素分泌减少、卵巢机能降低，造成暂时性繁殖障碍或永久性繁殖障碍。

饲养管理性繁殖障碍的母畜卵巢体积小、不含卵泡，如有黄体常为持久黄体，临床上表现不发情。

4. 其他原因性繁殖障碍

（1）衰老性繁殖障碍　未达到绝情期的母畜，生殖机能过早衰退，失去繁殖能力。

（2）气候性繁殖障碍　母畜的生殖机能与日照、气温、湿度、饲料营养以及其他外界因素有密切关系，这在季节性发情的动物更加明显，天气严寒、酷热或将母畜转移到与原来气候不相同的地方，都可以影响母畜生殖机能而暂时繁殖障碍。气候性繁殖障碍的母畜生殖器官正常，只是不发情或发情现象轻微，有的虽有发情征候但不排卵。一旦母畜适应气候或环境改变，生殖机能即恢复正常。

（3）繁殖技术性繁殖障碍　集约化畜牧业生产大多采用人工授精技术，如人工授精技术不良、精液处理和输精技术不当、识别母畜发情经验不足，往往可造成大批母畜不孕。

（二）公畜的不育

种公畜的不育是不能授精或者精子不能使卵子受精。常见的公畜不育是由于精液品质不良、阳痿、竖阳不射精等原因引起。

精液品质不良是公畜精子达不到使母畜卵子受精的标准，主要表现为无精子、少精子、精子畸形、精子活力不强或死精子。精液品质不良是公畜不育最常见的原因。而饲养管理不良是引起公畜不育的最主要因素。生殖器官疾病，如隐睾、睾丸发育不良、睾丸炎、附睾炎，都可造成少精、无精或死精。副性腺有炎症时，常使精子死亡或使精液中带有脓血分泌物。

阳痿（impotency）是公畜在配种时性欲不旺盛，阴茎不能勃起，此病是公畜特别是种马不育中较常见的原因。饲养管理不好、饲喂过度、缺乏运动可使公畜肥胖虚弱，脑垂体促性腺激素分泌不足，配种过度均可引起阳痿。

竖阳不射精（inability to ejaculate）是公畜性欲正常，阴茎也能勃起，而且能够交配，但不射精或不能完成射精过程，常见于马、驴。引起阳痿的原因也可引起竖阳不射精。由于外界突然刺激而中断配种，可发生不射精现象。马患某些疾病造成尿道阻塞，也不能顺利完成射精过程。

二、子宫内膜炎的类型及病变特点

子宫内膜炎（endometritis）是指子宫黏膜或内膜的炎症。它是雌性动物常发的疾病之一。尤其在乳牛多见，也是子宫炎中最常见的一种。对于非妊娠动物，通常是由精液或者细菌感染所致。

（一）病因与发病机理

子宫内膜炎多因感染某些病原细菌所引起。常见的有链球菌、葡萄球菌、化脓性棒状杆菌、大肠杆菌、坏死杆菌及恶性水肿杆菌等。另外，胎儿弯杆菌、结核分枝杆菌和布鲁氏菌等也可引起子宫内膜炎。疱疹病毒感染也会造成牛的子宫内膜炎。妊娠期动物微生物感染导致胎盘炎和胎儿感染。妊娠失败同样可引起子宫内膜的炎症。产后子宫内膜炎是指经过正常的妊娠期和分娩过程之后发生的炎症，不正常的分娩过程或子宫复原不良导致的子宫内膜炎更普遍，而且更严重。产后排出的恶露是很适宜细菌滋生的主要营养物质。

病原菌侵入子宫的途径可分上行性感染（阴道感染）和下行性感染（血源性或淋巴源性感染）两种，但以上行性感染较常见。因为分娩时胎儿产出或胎盘剥离易导致子宫黏膜创伤，同时子宫内还可能滞留胎盘、胎膜碎片和血液凝块。特别是产道开张或胎衣停滞，更易引起细菌感染和繁殖，从而引起子宫内膜炎。下行性感染虽较少见，但当机体某些部位存在败血性病灶（如腹腔内败血性病灶）时，病原菌可经血源和淋巴源而蔓延到子宫，引起子宫内膜炎。此外，母畜分娩产仔时，机体抵抗力降低，不仅容易引起外源性感染，而且在正常时就存在于子宫或阴道内的细菌可进入机体迅速繁殖、毒性增强，导致自体感染而引起子宫内膜炎。

马属动物可通过交配导致持久性子宫内膜炎，此类炎症的发生大多由于母马子宫的收缩力减弱，精液持续在子宫内存留（24～36h）引发局部效应，导致子宫持久性水肿。子宫内膜的功能失调或氮氧化物的释放，都会引起子宫收缩力下降，从而引起子宫内膜炎。

（二）病理变化

根据病程经过的时间不同，子宫内膜炎可分为急性子宫内膜炎和慢性子宫内膜炎两种。

急性子宫内膜炎常表现为急性卡他性炎症，慢性子宫内膜炎可以表现为慢性卡他性炎、慢性化脓性炎两种形式。

1. 急性卡他性子宫内膜炎

【剖检】急性子宫内膜炎轻度的大体病变并不明显，眼观子宫黏膜通常无明显变化。严重的病例，外观子宫肿大、松软，剖开子宫后，可见子宫腔内有多量炎性渗出物，黏膜肿胀，外观呈皱褶状，充血或出血，表面被覆有污红色的浆液-黏液性渗出物，尤其是在子宫及其周围充血与出血更为严重。黏膜表面粗糙、混浊和坏死，并有坏死组织碎片覆盖，碎片可脱落而游离于子宫腔内。当发生纤维蛋白性子宫内膜炎时，可见多量纤维蛋白性渗出物在黏膜表面形成一层糠麸样坏死组织碎片，严重时可见到糜烂或溃疡灶。炎症变化如发生于一侧子宫角，则病侧子宫角膨大，往往与另一侧不对称。

【镜检】可见黏膜上皮变性、坏死和脱落。毛细血管和小动脉显著扩张、充血、出血和微血栓形成，同时见大量中性粒细胞、巨噬细胞及淋巴细胞等炎性细胞广泛浸润。黏膜上皮和部分浅层子宫腺管上皮发生变性、坏死和脱落，黏膜表面被覆大量含有脱落上皮及白细胞的黏液。病变严重时，白细胞浸润和水肿可侵及子宫壁深层。纤维蛋白性子宫内膜炎时，可见多量纤维蛋白性渗出物凝集，内含有白细胞、红细胞与坏死脱落的黏膜上皮细胞等，坏死灶内见大量炎性细胞浸润，肌层肌纤维变性。急性化脓性子宫内膜炎时，初期可见黏膜层有大量中性粒细胞和浆细胞浸润，随后浸润的细胞与黏膜组织呈现变性、坏死、溶解以致脱落。黏膜固有层见浆细胞、中性粒细胞和淋巴细胞等炎性细胞显著浸润，子宫腺有不同程度萎缩。

2. 慢性子宫内膜炎 慢性子宫内膜炎多继发于急性子宫内膜炎或者发炎初期即呈慢性经过。

（1）慢性卡他性子宫内膜炎 慢性卡他性子宫内膜炎的病理形态表现呈多样性，这取决于病原体的性质和病程的长短。初期，黏膜显著充血、水肿，表现白细胞渗出等轻度的急性炎症变化。以后则出现浆细胞和淋巴细胞大量浸润、成纤维细胞增生等变化，浆细胞多密集于黏膜浅层、子宫腺管及其周围，造成子宫黏膜肥厚。由于黏膜内细胞浸润、腺体和腺管间的纤维结缔组织增生不均匀，变化显著的部位则向腔内呈息肉状隆起，形成所谓慢性息肉状子宫内膜炎。随着炎症的发展，黏膜表层增生，由于纤维性结缔组织大量增生使子宫腺受压以致堵塞，分泌物蓄积在部分腺腔内，构成大小不等的囊腔，内含无色或混浊的液体，此称为慢性囊性子宫内膜炎。有的病例黏膜层结缔组织呈弥漫性增生，使黏膜均匀地增厚。继而因结缔组织收缩和腺体萎缩，使子宫内黏膜变薄，此称为慢性萎缩性子宫内膜炎。

（2）慢性化脓性子宫内膜炎（子宫积脓） 继发于子宫内膜炎或者子宫炎，以子宫扩张和子宫内脓汁蓄积为主要特点。慢性化脓性子宫内膜炎常见于猪和牛，常发生于分娩和流产后有胎儿或胎膜滞留时感染化脓菌所致。由于子宫腔内蓄积大量脓液，以致子宫腔显著扩张、子宫体积明显增大，触摸时有波动感。剖检可见子宫腔内有大量脓液流出，脓液的颜色依感染化脓菌的种类不同而不同。感染大肠杆菌时，脓液为棕色浓稠状；感染葡萄球菌时，脓液呈米黄色。子宫内膜面可见有坏死灶、溃疡灶和出血灶，并可见干燥白色增厚的变化或细小囊状区域，黏膜面粗糙不平、污秽无光，常呈糠麸样变化。组织病理学观察可见黏膜内有大量中性粒细胞、淋巴细胞和浆细胞浸润。上述干燥白色增厚的区域为增生或鳞状化生变化，囊状区域是囊状的黏膜增生所致。

继发于子宫蓄脓的生殖道之外的病变，可见髓外造血和免疫复合物沉着性肾小球疾病，此情况在母犬中很常见。

三、乳腺炎的病因、发病机理、类型及病变特点

乳腺炎（mastitis）指母畜乳腺或乳房的炎症，又称乳房炎。各种动物均可发生，其中以乳牛和奶山羊最常发生。奶牛乳腺炎是奶牛非常重要的疾病。

1. 病因与发病机理　大多数乳腺炎由细菌感染所致。病原体可通过三个途径进入乳腺而引起乳腺炎：①通过乳头孔、输乳管进入乳腺，是主要的感染途径。②通过损伤的乳房皮肤由淋巴道侵入乳腺。③经血液循环运行至乳腺。

此外，机械性和物理性因素（如挤奶方法和技术不当）所致的乳头创伤，某些毒性物质的作用也可引起乳腺炎。不按时挤奶、产后无仔畜吸乳或断奶后喂给大量多汁饲料以致乳汁分泌过于旺盛时，可使乳汁在乳腺内积滞、发生酸败等，均可使细菌在乳腺内生长繁殖引起乳腺炎。

根据感染来源不同，将引起乳腺炎的病原体分为两大类：一类是以乳腺为居留处的内源性微生物，如无乳链球菌、金黄色葡萄球菌和支原体；另一类是来源于外环境排泄物、土壤、水或垫料中的外源性微生物，如大肠杆菌。内源性微生物的感染途径为牛群之间的相互传播，而外源性微生物主要是通过乳头末端感染。奶牛为期60d干奶期的第1周和后2周较易感染环境中的病原微生物，此时奶牛发生乳腺炎的概率最高。

另一种引起乳腺炎的病原体分类方法是根据病原体所引发的疾病来确定的。根据毒性和效力主要分三类：包括可引起全身性疾病的革兰氏阴性菌、导致严重急性坏死性疾病的革兰氏阳性菌和导致慢性化脓性乳腺炎的革兰氏阳性菌。革兰氏阴性菌尤其是大肠杆菌，其释放的内毒素可引起急性乳腺炎和全身性症状。革兰氏阳性菌则可导致从隐性型到坏疽型不同程度的乳腺炎，大部分可引发慢性化脓性疾病。

革兰氏阴性菌侵入乳腺并释放内毒素，释放的内毒素因子会引起坏疽及明显的出血。内毒素及细胞因子可诱导机体发热、厌食、白细胞减少、血纤维过多和低血钙等全身反应。这种病变特征容易与产后热相混淆。乳房及其周围组织发生显著的水肿。局部病变包括腺组织坏死和吸收，乳腺内部分区域变干、易碎，周围出现因充血或出血形成的红色边缘。由于水肿使乳腺明显肿胀、变硬，乳汁呈水样或含有纤维蛋白。

引起乳腺炎的主要病原菌是链球菌，其次是葡萄球菌、化脓性棒状杆菌、大肠杆菌、绿脓杆菌、坏死杆菌、巴氏杆菌等。此外，结核分枝杆菌、放线菌、布鲁氏菌及口蹄疫病毒等也可能引起乳腺炎。

2. 病理变化　通常按病因和发病机理不同，可将乳腺炎分为急性弥漫性乳腺炎、慢性弥漫性乳腺炎、慢性化脓性乳腺炎、支原体性乳腺炎和肉芽肿性乳腺炎等5种。

（1）急性弥漫性乳腺炎　这是母牛泌乳初期最常发生的一种乳腺炎，多由葡萄球菌、大肠杆菌感染，或由链球菌、葡萄球菌和大肠杆菌混合感染所引起。此类乳腺炎的发生无固定的单一特异病菌，发病后易于波及乳房的大部分乳腺，所以也称为非特异性弥漫性乳腺炎。

严重的急性乳腺炎由进入乳腺的坏死性革兰氏阳性菌引起，包括致命的金黄色葡萄球菌和链球菌。在严重的葡萄球菌性乳腺炎时，中性粒细胞在数分钟至数小时内进入组织，其产物会造成乳腺组织的坏死。细胞表面物质（黏附因子、蛋白A和荚膜多糖）和细胞外分泌

物（白细胞毒素、细胞外酶和凝固酶）会对细菌造成损害。以上综合结果导致乳腺出血和坏死，并伴随部分或整个乳腺形成坏疽、硬化、干燥、变黑。由细胞因子引起的严重的全身性急性反应，包括发热、厌食、体重减轻、白细胞减少和血纤维蛋白过多。

【剖检】病变发生于乳腺的一个或几个腺叶。外观乳腺肿大、坚实、易于切开。切面可见多量炎性渗出物流出。由于炎性渗出物的性质不同，急性弥漫性乳腺炎的病理变化也不一致。如浆液性乳腺炎可见乳腺湿润有光泽、颜色稍苍白，乳腺小叶呈灰黄色；卡他性乳腺炎时乳腺切面稍干燥，呈淡黄色颗粒状，压之有混浊的液体流出；出血性乳腺炎乳腺切面光滑、暗红；纤维素性乳腺炎乳腺硬实，切面干燥、呈白色或黄白色；化脓性乳腺炎可见乳池和输乳管内有灰白色脓液，黏膜糜烂或溃疡。此外，多数乳腺炎时乳腺淋巴结常肿大，切面呈灰白色髓样肿胀。

【镜检】急性弥漫性乳腺炎可见腺泡上皮细胞发生颗粒变性或脂肪变性，不同程度的坏死脱落、中性粒细胞、单核细胞及淋巴细胞等炎性细胞广泛浸润。如属浆液性乳腺炎，则可见乳腺小叶和间质明显充血、水肿。卡他性乳腺炎可见腺泡内有大量的白细胞浸润和脱落的腺泡上皮，间质明显水肿。出血性乳腺炎则见腺泡内有多量红细胞蓄积，乳腺间质充血和微血栓形成。纤维素性乳腺炎的腺泡内有较多的纤维素渗出，并见少量中性粒细胞和大单核细胞浸润。化脓性乳腺炎则见腺泡内的渗出物中有大量坏死崩解的组织碎片和脓细胞，间质内见大量中性粒细胞浸润。

（2）慢性弥漫性乳腺炎　慢性弥漫性乳腺炎是由无乳链球菌和乳腺炎链球菌引起的一种链球菌性乳腺炎，也可由急性弥漫性乳腺炎转化而来。常呈慢性经过，乳用母牛较多见。病变特征是乳腺实质萎缩，间质结缔组织增生。

【剖检】通常侵害一个乳叶，且常发生于后侧乳叶。初期病变以卡他性或化脓性炎症为特征。可见病变乳叶肿大、硬实，容易切开，切面呈白色或灰白色。乳池和输乳管扩张，其内充满黄褐色或黄绿色的脓样液体，或混有血液和乳凝块的黏稠物，挤压流出多量混浊的液体。乳池和输乳管黏膜充血，呈颗粒状结构。随后，病变由初期的卡他性化脓性炎症逐渐发展为慢性增生性炎症，即表现为间质内结缔组织显著增生，乳腺组织逐渐减少。继而因结缔组织纤维化收缩，使病变部乳腺萎缩和硬化。乳腺淋巴结显著肿胀。

【镜检】乳腺腺泡缩小，腺泡腔内的炎性渗出物中混有多量中性粒细胞和脱落上皮。随后输乳管周围可见淋巴细胞和浆细胞显著浸润，结缔组织增生，乳腺组织萎缩，甚至可见腺上皮化生现象。

（3）慢性化脓性乳腺炎　当化脓性细菌如金黄色葡萄球菌和链球菌等不能诱发急性坏疽、血管病变或全身病症时，就可能引发慢性化脓性乳腺炎。这些细菌引发中性粒细胞的反应，从而导致机体损伤并使大量的脓细胞聚集。它们引发的这些损伤位于乳导管和乳池中心，其中充满脓性分泌物。化脓隐秘杆菌、牛支原体、停乳链球菌及其他好氧和厌氧微生物是主要病原体。这些病原微生物尤其是化脓隐秘杆菌引发的感染，会造成非哺乳期或干奶期奶牛长期用药。对于干奶期母牛，若病情发生在夏季，则称为"夏季乳腺炎"。这时细菌培养可发现有隐秘杆菌、链球菌属、类杆菌属、消化链球菌属和梭菌属的细菌。这些细菌属于环境性病原微生物。因为不常监测干奶期奶牛，所以其易形成典型的慢性乳腺炎，病变可见有些乳房腺泡内有大量的分泌物，有的乳房腺泡发生纤维化。化脓隐秘杆菌引起的乳腺炎，在哺乳期、非哺乳期甚至是幼龄奶牛乳腺中出现乳导管脓肿。从肉眼到镜检都可以观察到脓肿的结构。脓肿可能从乳头基部形成瘘管。脓肿壁的纤维化会使小的乳导管减少、卷绕和实质纤维化，导致奶牛无法排乳。

（4）支原体性乳腺炎 由支原体引起的奶牛乳腺炎，呈个体散发或群体暴发。多种支原体都能引起牛的乳腺炎，但牛支原体是最常见的致病原因。牛支原体引发的乳腺炎能感染一个或所有乳房。血液传播和乳头创伤感染是乳腺感染支原体的主要途径。受感染处最初呈扩大、硬实、淡棕色、含有一个结节的组织样灶。结节可扩大形成直径为10cm的脓疮。在感染早期，可在小叶间质和腺泡中发现大量的中性粒细胞浸润。若为慢性经过，炎性细胞中还可见淋巴细胞和巨噬细胞。腺泡上皮在形成空泡和变性后会出现增生，然后化生为相对未分化的多层的上皮组织。乳导管上皮可因感染、化脓而发生点状溃疡，这些溃疡灶可被肉芽组织替代。小叶间质和周围的乳导管有淋巴细胞浸润。在后期，发生间质纤维化和小叶萎缩。

（5）肉芽肿性乳腺炎 奶牛肉芽肿性乳腺炎可由经乳头注射防治药物时感染星形诺卡氏菌、新型隐球菌、非典型性分枝杆菌（不同于牛型分枝杆菌）或念珠菌而引起。这些传染性病原体可导致动物体自发的乳腺疾病。诺卡氏菌乳腺炎会在牛群中出现暴发性感染。严重感染的奶牛可出现持续数周的发热。由于感染引发体内全身性细胞因子的释放，病牛变得嗜睡且体重减轻。乳腺发热、膨胀并可能出现多发性脓肿或肉芽肿。分泌液中可能会发现小的白色微粒。因为乳管炎症状突出，所以乳腺的损害主要集中在乳突导管和乳池。由于感染呈慢性并上行，因此小叶的感染程度不同。镜检，主要为肉芽组织或脓性肉芽组织，通常被纤维化组织包围，导致乳腺被纤维化组织所替代，出现大量炎性细胞浸润和中心坏死的组织碎片。患隐球菌乳腺炎时，乳腺的典型病变是出现黄色凝胶状物质，这种病变在身体的其他部位也可以见到。

四、睾丸炎及附睾炎

（一）睾丸炎的类型及病变特点

睾丸炎（orchitis）是指发生于睾丸的炎症。原发性的睾丸炎通常是血源性的，包括公牛的流产布鲁氏菌病、公羊的假结核棒状杆菌病和公猪的布鲁氏菌病引起的睾丸炎。

1. 根据病变特性分类 睾丸炎可分为小管内睾丸炎、坏死性睾丸炎及肉芽肿性睾丸炎等。

（1）小管内睾丸炎 主要发生在曲精细管内，因而被认为是睾丸炎症反应的开始。起初受感染的曲精细管内可见有急性炎症碎片，管壁的内层结构被破坏，但曲精细管的轮廓依然存在。炎灶由单个曲精细管逐渐扩大，当达到1cm大小的黄色病灶开始转变为质地坚实的白色病灶时，即开始转为慢性炎症。精子肉芽肿也时常伴随发生。在肉芽肿中心区的巨噬细胞和组织中有游离的精子，巨噬细胞和淋巴细胞环绕精子，随时间推移病灶边缘可见胶原纤维沉积。当主要病变发生于间质时，即为**间质性睾丸炎**（interstitial orchitis）。此时可见大量结缔组织增生，精子聚集的周围有肉芽肿性炎，破损的曲精细管内可见钙盐沉积，炎灶周围的间质中有淋巴细胞和浆细胞浸润。

（2）坏死性睾丸炎 主要由流产布鲁氏菌和猪布鲁氏菌引起，是睾丸炎最严重的一种形式。坏死性睾丸炎是比小管内或间质性睾丸炎更为严重的表现形式。在某些病例中受侵袭的部位呈现严重的炎症反应，固有的结构呈干酪样坏死。灰褐色病灶起初柔软，后期变坚实，大部分睾丸实质被不规则的坏死灶替代。少数极为严重的病例可形成阴囊瘘。猫患传染性腹膜炎时，主要病变之一可表现为睾丸的纤维化和坏死。

（3）肉芽肿性睾丸炎 尤其是结核性睾丸炎在已经根除了牛分枝杆菌的国家已不多见，但在我国还时有发生。

急性睾丸炎时，睾丸肿胀，被膜紧张、发红，质地变硬，切面湿润，实质明显隆起，炎症常波及被膜，引起睾丸鞘膜炎。当大量渗出物压迫引起局部血液循环障碍时，睾丸实质发生广泛凝固性坏死。显微镜下可见曲精小管内及间质中有中性粒细胞、淋巴细胞和浆细胞浸润、毛细血管充血、炎性水肿，可见组织坏死。

慢性睾丸炎多继发于急性炎症，以局灶性或弥漫性肉芽组织增生为特征。睾丸体积小、质地坚硬、表面粗糙、被膜增厚，切面干燥，常见有钙盐沉着。

2. 根据病原不同分类

（1）布鲁氏菌性睾丸炎 布鲁氏菌性睾丸炎在公牛最常见，病原是流产布鲁氏菌。布鲁氏菌性睾丸炎常呈急性，且不易痊愈，多为单侧性。由于睾丸有坚韧的白膜包裹，故肿胀不明显。但睾丸实质易发生压迫性坏死，鞘膜腔内常有化脓性纤维蛋白性渗出物蓄积，睾丸表面有厚层湿润的黄色纤维蛋白沉着；睾丸实质内出现散在的黄色坏死灶，随着病情发展，病灶可以相互融合，以致整个睾丸坏死，有时坏死病灶并不扩展与融合。病灶被纤维结缔组织包围而长期保留，这些病灶通常是多发性的，并引起器官肿大，但最终因结缔组织瘢痕化而体积缩小。

显微镜下：鞘膜炎症痊愈后常造成壁层和脏层粘连。睾丸内，感染沿着曲精小管的管腔蔓延，曲精小管上皮坏死脱落，在坏死的细胞和曲精小管管腔内可见大量病原菌。早期，睾丸间质中有大量白细胞浸润，并在曲精小管周围形成"袖套"。随着病变的发展，曲精小管管壁和间质组织发生坏死，大部分病例睾丸病变仍是局灶性的，该病变是对死亡精子产生的类似于结核病灶的肉芽肿反应。

（2）结核性睾丸炎 牛的结核性睾丸炎比较少见，附睾和鞘膜比睾丸更常受侵害。病变的睾丸肿大、质地变硬，附睾头部特别明显。病变睾丸可以表现为粟粒型结核性睾丸炎、慢性型结核性睾丸炎两种病变。粟粒型可见大小不等的干酪样病变和钙化灶，不规则地遍布整个睾丸，但附睾常不受侵害；慢性型在睾丸切面上呈现辐射状的干酪样坏死带，附睾通常受累。

（3）乙型脑炎病毒性睾丸炎 乙型脑炎是人兽共患病，可感染马、牛和猪，在公猪主要表现睾丸炎。表现为睾丸肿胀，鞘膜腔内潴留多量黄褐色至淡红色不透明液体；睾丸组织潮红，切面上有大小不等的不规则坏死灶，外周常有出血。慢性病例睾丸体积缩小、变硬，阴囊与睾丸粘连，大部分睾丸实质被结缔组织代替。

显微镜下：病的早期可见睾丸的部分曲精小管上皮变性、坏死，局部间质有充血、出血、水肿及单核细胞浸润。随着病情发展，小管变性坏死范围扩大，一部分曲精小管轮廓虽保持，但管腔内充满破碎崩解的组织；有的曲精小管完全坏死，结构消失，相互融合成大片的坏死区，间质的炎症也十分明显。在慢性病例，小的坏死灶可溶解吸收，较大的坏死灶则逐渐被增生的纤维组织所取代，形成大小不等的瘢痕。

（二）附睾炎

附睾炎（epididymitis）经常与其他副性腺炎症同时发生，但在大部分动物中比睾丸炎常见。睾丸炎通常伴有附睾炎，并可能是附睾炎的延伸。散发性附睾炎可由泌尿生殖道感染引起，但常发生于布鲁氏菌病、放线菌病、结核病和犬瘟热等疾病。急性附睾炎，附睾肿胀、发热，尤其单侧性附睾炎两侧不对称更加明显。大约90%的附睾病变发生在附睾尾部，附睾内有一个或几个囊肿，囊内含有黄白色液体，睾丸一般正常。慢性附睾炎，附睾尾可能肿大4～5倍，质地变硬，白膜有纤维素性渗出物附着，鞘膜腔内含有大量浆液，炎症后期白膜与鞘膜之间有一处或多处粘连，睾丸萎缩。

显微镜下：附睾炎早期在附睾尾部血管周围发生水肿和淋巴细胞浸润，随后渗出物中出现中性粒细胞、巨噬细胞和可能已吞噬精子的多核巨细胞。附睾小管扩张，甚至形成囊肿，间质内结缔组织增生，由于纤维化和小管上皮增生，使管腔闭塞，引起内容物停滞。由于中性粒细胞浸润或邻近阻塞处的小管萎缩与破裂，使上皮崩解，附睾管破裂，精子外渗。大多数外渗发生在附睾尾闭塞部附近，少数精子外渗发生在附睾头和附睾体。外渗的精子可引起精子肉芽肿，或者精子进入鞘膜腔引起严重的炎症，进而发生粘连。患这种类型的附睾炎，没有原发性睾丸炎，睾丸的变化是继发于曲精小管内精子停滞，常引起钙化，组织学上可以见到大小不等的精子肉芽肿、纤维化或小囊肿。

五、卵巢炎与卵巢硬化

卵巢炎（oophoritis）较少见。如果发生，通常是化脓性的。急性炎症时，卵巢肿大、柔软。化脓性炎症时，卵巢表面或其实质内有小脓肿。牛布鲁氏菌感染时，卵巢可能发生浆膜肉芽肿，肉眼可见红色小结节。类似病变还可在邻近生殖器官浆膜面上见到。这种感染性肉芽肿常只局限在卵巢浆膜内，并不穿透浆膜。卵巢发生慢性炎症时，卵巢体积变小，质地变硬，实质变性，淋巴细胞和浆细胞浸润，结缔组织增生，白膜增厚，称为卵巢硬化。

六、卵巢囊肿

卵泡或黄体内积聚多量分泌物称为卵巢囊肿（ovarian cysts）。卵巢囊肿见于各种动物，如牛、猪、马、鸡。卵巢囊肿可分为卵泡囊肿和黄体囊肿。

卵泡囊肿（follicular cyst）一般是由卵泡成熟后没有破裂排卵而形成的。其原因主要是垂体前叶释放的促黄体生成素（LH）不足，虽然可使卵泡发育至成熟，但不能刺激卵泡到足以破裂排卵的程度。1个或多个卵泡囊肿累及一侧或两侧卵巢。囊肿大小不等，大的直径可大于2.5cm，小的与正常卵泡无明显差异。囊壁较厚且紧张，其中充满清亮液体。囊肿内不见卵子，颗粒层萎缩，被一层扁平细胞所代替，衬着囊肿的内壁，有时扁平细胞也消失，只遗留一层纤维组织。长期有卵泡囊肿的牛，最明显的特征是无规律的频繁发情，甚至出现慕雄狂。表现为阴唇水肿、阴蒂增大、子宫颈开放、分泌特征性灰白色黏液、子宫壁水肿、黏膜囊肿性腺体增生。

黄体囊肿（lutein cyst）是指黄体中心部呈囊泡状扩张所形成的囊肿。多发生于排卵之后，随着黄体组织的发展，其中央有囊肿形成。黄体囊肿多为单侧性，大小不等，囊内容物为透明液体。如伴有出血，则内容物为血样液体。黄体囊肿壁由多层黄体细胞构成，一端厚，另一端较薄。黄体细胞大，呈圆形或多角形，内含大量脂质和黄色素，故囊肿呈黄色。患黄体囊肿的牛表现为长期不发情。

七、输卵管炎

输卵管炎（salpingitis）指由于致病菌感染造成输卵管的炎症变化。输卵管炎通常是双侧性的。可以表现为浆液性、卡他性或纤维素性炎症。轻度输卵管炎，输卵管肿大不明显，只是黏膜受累。镜检可见黏膜淤血，单核细胞浸润，上皮绒毛丧失或上皮细胞脱落。稍重的输卵管炎在管腔内常有卡他性渗出物，黏膜由于炎性细胞浸润而增厚，形成皱褶、淤血，大面积上皮细胞脱落。慢性卡他性输卵管炎，黏膜可完全被破坏，并被增生的结缔组织和炎性细胞浸润所取代，常可发展为输卵管积水，严重者可发生输卵管闭锁。若感染了化脓菌，则可导致化脓性输卵管炎。

输卵管积水（hydrosalpinx）：为慢性输卵管炎症中较为常见的类型。在输卵管炎后，或因粘连闭锁，黏膜上皮细胞的分泌液积存于管腔内，或因输卵管炎症发生峡部及伞端粘连，阻塞后形成输卵管积脓，当管腔内的脓细胞被吸收后，最终成为水样液体，也有的液体被吸收剩下一个空壳，当做造影时显示出积水影。大家畜可通过直肠检查确诊。一侧性的一般不影响繁殖，两侧性的不能再用于繁殖。

输卵管闭锁（atresia of uterine tube）：输卵管管腔封闭，卵子不能通过。继发于输卵管炎，由黏膜发生粘连而引起。输卵管液和炎性分泌物也不能通过，液体潴留而形成输卵管积液或积脓。有时输卵管多段发生粘连而闭锁，多处积液而形成串珠状。本病诊断困难，无有效疗法。大家畜通过直肠检查触诊到积液，可间接证明输卵管发生了闭锁。

化脓性输卵管炎（purulent salpingitis）：由卡他性输卵管炎发展而来，常呈脓性卡他性炎。黏膜上皮出现糜烂和溃疡，炎症可波及肌层。当炎症引起管腔闭塞，脓性分泌物不能排出时，即形成输卵管积脓。本病诊断困难，无有效疗法。

八、与繁殖障碍有关的其他病症

(一) 子宫内膜萎缩与增生

子宫内膜萎缩（endometrial atrophy）是卵巢功能丧失的结果。其可以发生在：①间情期。②营养缺乏和恶病质。③性别发育紊乱（DSD）。在马有时可发生不明原因的灶状萎缩，镜检可见萎缩的子宫内膜变薄。在母马纵向皱褶不清，在母牛肉阜扁平。间情期的子宫内膜中有短而直的腺体，含有立方上皮细胞和腺上皮细胞。

子宫内膜增生呈局限性或广泛性，是羊、犬、猫的重要损伤，母马中较少见。囊性滤泡、粒层细胞瘤、植物雌激素是引起牛子宫内膜增生的原因。在羊常常是由于长时间持续过高水平的雌激素引起，如食入含有雌激素的三叶草类植物（如地三叶草和红三叶草）。在羊，子宫内膜增生引起的子宫张力减退，可导致产羔减少、难产和子宫脱出。子宫内膜腺体可以在宫颈黏膜内生长。即使没有怀孕，母羊的乳腺也会增大。肉阜旁侧或下方可以形成子宫内膜囊肿，囊肿的直径约 1cm，其内充满清亮的液体。在母猪，从霉变饲料中食入玉米烯酮可以引起子宫内膜囊肿。在犬或猫，囊性子宫内膜增生（CEH）是间情期子宫常见的反应。在犬，细菌是可能的病因，因为在患有 CEH 的犬子宫内常有细菌存在。在发情前期或死胎早期，孕酮浓度升高，异常的激素水平可能会引起其受体表达的改变。细菌（或其他物质，如缝线或油）引起的刺激和炎症可导致子宫内膜增生或早期妊娠的其他变化（即蜕膜变化反应）。虽然单一的子宫内膜增生灶可能不易见到，但当子宫壁局限性或弥漫性增厚时，在显微镜下可以观察到。当发生囊性增生时，在外科手术和尸检中均易见到。子宫内膜增生，在显微镜下主要病变为腺体的体积和数量的增加，基质水肿。怀孕前期可见腺上皮细胞增生、肿胀，呈圆柱状，细胞质含有水泡。随着腺上皮分泌物滞留，压力增大，腺体呈囊性，腺上皮呈扁平或呈鳞状上皮样（压迫性萎缩）。子宫积黏液和子宫积水使子宫腔内黏液和液体聚集。子宫内膜可产生液体和/黏液，子宫颈开放时流出。先天或后天因素导致这些液体流出受阻是其发生的原因。子宫积水或子宫积黏液随着过多雌激素的产生而发展。假孕常常发生子宫积黏液和子宫积水，可自行恢复。

在年龄较大的犬和猫，常见损伤是子宫内膜息肉。其发生机理还不很清楚，但常与囊性子宫内膜增生一同出现。它们呈局限性，通常是子宫内膜基质和腺体的有蒂增生性结节，大小差异大，显微镜下可见几厘米大，可以引起子宫腔阻塞和子宫积液。

（二）子宫内膜异位

子宫内膜异位是在子宫肌层内出现子宫内膜，对家畜的影响不大。子宫内膜异位可发生于牛、犬和猫。普遍认为，怀孕和子宫蓄脓的压力，导致子宫内膜进入子宫肌层或上皮细胞发生迁移。在灵长类动物，子宫内膜异位是指子宫内膜存在于异常位置。子宫内膜异位时，子宫内膜可出现于浆膜表面、卵巢周围或胸部。这些部位的异位现象家畜中未见报道。子宫内膜异位的宏观表现是子宫肌呈局限性增厚。在大量的临床病例中，子宫肌层可以见到囊肿。有时在犬科动物的近子宫颈处的子宫可见局限性非对称性或弥漫性对称性增大。显微镜下可见，子宫肌层内有子宫内膜腺体和基质。

（三）精子肉芽肿

雄性生殖系统的炎症反应与其他系统的不同之处是，在雄性生殖系统中存在着精子的炎症反应。在血睾屏障外部，精子和生殖细胞具有抗原性，精液中也存在许多抗原成分，精子具有吸引免疫细胞和非特异性免疫球蛋白的抗原。这些抗原通过精子凝集反应和调理素作用，直接引发组织的一些微效应。某些情况下，这些效应更加明显，对精子的免疫可导致更严重的炎症反应。这种炎症可以是局部的或者在某些组织-精子屏障功能最弱的部位，精子被"攻击"。在许多物种，这些被"攻击"的区域是输出小管和附睾。这种精子的"自身免疫反应"可通过试验复制，但临床上不太常见。睾丸实质的直接损伤能导致生精小管发生肉芽肿性炎症，即小管内睾丸炎。精子暴露于身体组织的反应就是肉芽肿性炎。精子周围可见巨噬细胞和多核巨细胞，最初出现的是大量的 $CD4^+$ T 细胞，接着可见免疫球蛋白生成细胞，尤其是 IgG 生成细胞。肉芽肿外表层由特征性上皮样细胞和多核巨细胞构成，淋巴细胞和浆细胞围绕在纤维组织周围。晚期病例可见含纤维囊的浓缩精子，纤维囊及其产生的收缩进一步引起各相邻管道和小管的堵塞，结果增加了精液瘤、精液囊肿和精子肉芽肿的持续形成。因此，该类炎症可对生殖力产生破坏性的影响。

精子肉芽肿（spermatic granuloma）多见于羊和犬，其他动物较少见。通常发生在附睾头部，多为单侧性，偶为双侧性。因为附睾管很长且极其迂曲，患附睾炎时附睾管可被炎性渗出物阻塞而闭锁，闭锁部位前方管壁由于过度扩张而致破裂，精子外渗进入间质内，引起特征性的肉芽肿反应。精子肉芽肿的组织学特征与结核结节十分相似，肉芽肿内有黄色干酪样物质，其中混有多量精子和吞噬精子的巨噬细胞，并有较多的淋巴样细胞浸润。陈旧的病灶周围形成纤维结缔组织的包囊，此时病灶内的多种细胞和组织都发生坏死。

（四）隐睾

隐睾发生在睾丸不完全下降的时候。大多数哺乳动物，通常在出生时睾丸即下降到阴囊。单侧隐睾比双侧隐睾更常见。同侧隐睾具有种属依赖性，大多动物的隐睾发生在右侧。在马左右相等，在牛常发生在左侧。隐睾发生的部位可以在从尾端到肾脏，再到阴囊的沿途各个部位，但通常发生在腹股沟管内部、腹股沟管内或刚好在腹股沟管外部的皮下部位。附睾和睾丸发育相一致，因此发生隐睾时，附睾的发育也迟缓。隐睾是最常见的性发育异常，患病动物大多为 XYSRY 阳性睾丸，有性发育异常表型。有人在多基因基础上提出了一种合理的假说：限性常染色体隐性遗传模式，其结果是一个或多个基因不能够正常产生或调节、雄性激素受体、INSL3/ INSL3 受体和/降钙素基因相关蛋白。引带异常可因发育失败、定位不当、过度生长或退化异常而导致隐睾。

隐睾的病理变化

隐睾在发育期依然很小，可能是由于其温度高于最适温度所致。发育后的隐睾可发生较严重的萎缩。眼观睾丸明显变小，质地变坚实。镜下可见间质胶原纤维沉积，管腔膜透明、增厚，生精上皮细胞变性，仅有少数精原干细胞仍保持与支持细胞（塞托利细胞）的相互辅助作用。在犬的隐睾病例，可见精子完全消失，支持细胞保持正常的现象。

隐睾的阴囊部位易发生肿瘤。在犬，塞托利细胞瘤较多发生于睾丸中腹部，而精原细胞瘤多发生于睾丸的腹股沟部。

（五）睾丸萎缩

眼观发育期后的睾丸体积减小叫萎缩。镜下变化特点是曲精细管退化。睾丸萎缩是雄性动物常见的病变。

1. 睾丸萎缩的病因　引起睾丸萎缩的具体原因是多方面的。无论最初的影响是否是下丘脑-垂体-性腺内分泌轴，还是塞托利细胞-间质细胞-生精细胞轴，生精细胞凋亡增加是许多原因中的一种普遍因素。阴囊皮肤炎症所致的发热或局部温度增高是睾丸变性的经典原因。精子流梗阻也可导致睾丸变性。梗阻可能是发育异常（如中肾管衍生物分段性先天性萎缩、局部损伤或附睾炎症）的结果。血管异常（如老化损伤、扭转或精索严重破碎）也会导致睾丸变性。全身性损伤因子包括营养缺乏症（如维生素 A、B 族维生素、维生素 C、维生素 E 缺乏）、激素异常、毒素中毒、放射线照射和氧化应激。维生素 A 减少症和锌缺乏症为特异性营养缺乏症，一般营养不足也会导致睾丸变性。GnRH 的干扰、LH 及其对间质内分泌细胞产生的雄激素的调控，或者 FSH 及其对塞托利细胞产生雄激素结合蛋白的影响，这些都能够对生精上皮产生有害影响。例如，当脑垂体肿瘤引起脑垂体、下丘脑局部或两者均受压时，就可能发生这种干扰。一些治疗药物，如两性霉素 B、庆大霉素和化疗化合物均可导致睾丸变性。

2. 病理变化　轻度的睾丸萎缩只有在显微镜下才能观察到。当睾丸发生严重的萎缩或者慢性睾丸萎缩时，睾丸变小、质地坚硬。萎缩可以是单侧，也可能是双侧，这取决于病因是局部的还是全身的。生长发育期的雄性动物，根据形态学特征难于区别睾丸萎缩和发育不全。由于发育不全的睾丸容易发生退化，因此这两种病变往往同时存在。当有阻塞时，炎症可促进萎缩的发生，导致背压增加、曲精细管破裂和精子肉芽肿形成。轻度萎缩的睾丸在损伤因子消除后可能恢复到正常水平。

许多毒物能够导致睾丸变性，受损最严重的是精原细胞和分裂的初级精母细胞，但是有一些是损伤后期阶段的精母细胞，以及精子细胞或者塞托利细胞。睾丸变性初期质地柔软，随变性过程的发展睾丸体积变小。正常睾丸和急性变性睾丸的切面外翻凸起。急性期后睾丸质地变坚实，并伴有小斑点或大面积的钙化灶，在反刍动物尤为明显。变性可以波及整个睾丸，也可以是局灶性发生。公牛发生于睾丸的腹侧，而公羊常发生于睾丸的背侧部（附睾头附近）。如果是精索血管缺血引起的睾丸变性，由于附睾血管和睾丸被膜的氧气扩散，睾丸被膜下的实质可以在血管梗塞的条件下呈小岛状区域性存活。

变性初期，在光镜下可见精子发生停于在生精周期的一个或多个时期。曲精细管直径变狭窄。变性过程进一步发展，出现基底膜增厚，精子细胞减少，塞托利细胞发生空泡变性，精细管内见有多核精子，间质纤维化。睾丸变性与睾丸发育不全病变的不同之处是：睾丸变性见有波浪状的基底膜，是由于受影响的精细管在某个阶段扩张达到最大，随后发生萎缩，从而形成了波浪状的基底膜。睾丸变性的末期，塞托利细胞是唯一残留的衬里细胞，但随病程的发展这些支持细胞会消失，仅残留基底膜。变性精细管内的细胞碎片、细精管的基底膜以及间质中均可见钙化。

第八节　皮肤及运动系统

一、皮肤病理

（一）皮炎

皮炎（dermatitis）是指真皮的炎症。

1. 急性皮炎　急性皮炎的发生伴有主动性充血（血流量增加）、水肿、白细胞移行，由细胞因子及其他急性炎症介质的释放引起。主动性充血是因小动脉血管扩张，导致血流量增加，引起毛细血管床和毛细静脉的血流速度减慢所致。水肿由毛细血管通透性增加而引起。液体主要通过增宽的血管内皮间隙流出血管。随着血管通透性轻微的增加，水肿渗出液会变得清亮（浆液），这是由于其中有少数的血浆蛋白。随着血管通透性增加或内皮细胞损伤的加剧，大分子蛋白质，如纤维蛋白原，能流出血管，因此水肿液变得更具嗜酸性，且呈现更加明显的纤维状（含纤维蛋白）。急性皮炎的下一步是白细胞从血管中移行，进入真皮血管周围。血管内皮细胞表达的结合白细胞的黏附分子和缓慢的血液，为急性炎症中白细胞的移行提供了条件。缓慢的血流同时还使得白细胞能够从血流速度快的血管中心移动至血流速度慢的边缘，接触并黏附到活化的内皮细胞上。在与活化的内皮细胞黏附之后，白细胞通过内皮细胞间隙移行至真皮血管周围。移行的白细胞类型及细胞渗出的顺序取决于炎症不同阶段黏附分子的类型和趋化因子的活性。在许多急性炎症中，中性粒细胞是第一个移行至真皮的炎症细胞。在受伤的 6～24h 内，以中性粒细胞为主；在 24～48h 内，则以巨噬细胞为主。炎症细胞渗出的顺序是不定的，如在 IgE 交联介导的 I 型过敏性反应中，位于真皮血管周围的肥大细胞受刺激后，在几秒钟之内即释放颗粒，合成并释放炎症介质（前列腺素、白三烯及各种细胞因子），导致大量嗜酸性粒细胞、嗜碱性粒细胞、CD^+ TH2 淋巴细胞及巨噬细胞渗出。肥大细胞的脱颗粒作用以及 TH2 淋巴细胞的活化，引起大量嗜酸性粒细胞聚集。在抗寄生虫炎症反应和其他过敏反应中，嗜酸性粒细胞常占白细胞的大多数。

急性皮炎的结局通常有如下四种情况。

①痊愈，在刺激持续时间短且组织损伤范围小的情况下，可完全修复。

②形成脓肿，发生在化脓性细菌感染时。

③纤维结缔组织取代损伤区域形式的愈合（即疤痕），出现于较严重的组织损伤中（如深度烧伤），实质性组织遭到破坏，且无法再生。

④急性皮炎转变为慢性皮炎。

2. 慢性皮炎　是持续数周或数月的皮肤炎症。慢性皮炎的组织学特征包括巨噬细胞、淋巴细胞及浆细胞的聚集，炎性细胞对部分组织造成破坏，以及纤维化和血管再生等宿主修复性反应。慢性皮炎通常由持续性感染所致，通常与迟发型超敏反应和肉芽肿形成（如分枝杆菌）、皮肤内存在异物（如嵌入的缝线）以及自身抗原激起的自身免疫反应［即免疫系统对宿主组织不断的免疫炎症应答（如红斑狼疮）］等相关。巨噬细胞是慢性皮炎中至关重要的细胞，源于外周血液中的单核细胞。成熟巨噬细胞的主要功能是吞噬作用。巨噬细胞也会被致敏性 T 淋巴细胞分泌的细胞因子（如 γ-干扰素）激活，激活的巨噬细胞能够分泌多种组织损伤介质（有毒氧代谢产物、蛋白酶以及凝血因子），这些物质都能促进慢性炎症和纤维化的发展（生长因子、血管生成因子及胶原酶）。慢性炎症中出现的淋巴细胞和浆细胞，可作为宿主免疫应答的指标。

急性和慢性皮炎发展过程中的炎症环境，可能会因其他叠加因素的作用而变得更为复杂，其中包括自身创伤所致的物理损伤，表面创伤引发的继发性细菌感染，损伤处气味或渗出物招致的昆虫蜇咬，以及宿主免疫应答或治疗所参与的调节等。因此，真皮炎症对不同刺激的应答往往具有相互重叠的组织学特点，这对皮肤病理学家的诊断提出了挑战。即便如此，白细胞的分布、炎性细胞类型以及其他形态学变化相结合往往有助于疾病的鉴别诊断和确定特定疾病病因与发病机制。真皮炎症模型已用于血管周围性皮炎、界面性皮炎（炎症影响表皮基底层和真皮浅层，往往表皮与真皮界面不清）、结节性弥漫传染性皮炎以及结节性弥漫非传染性炎症的组织学诊断。如血管周围性皮炎中出现的嗜酸性粒细胞，提示超敏反应与寄生虫或其他抗原有关；界面性皮炎中出现的淋巴细胞，提示对表皮细胞的免疫反应，如红斑狼疮或多形性红斑；结节性皮炎中出现的巨噬细胞（肉芽肿性炎）表明持续刺激，如抗酸菌或真菌的感染。因此，将炎症与浸润细胞成分相结合有助于微观诊断。

（二）常见皮肤病变的定义

1. 骨痂　增厚的皮肤皱褶变厚，并出现无毛的斑块。

2. 粉刺　由更多的角质蛋白、皮脂及细胞碎屑进入到毛囊腔堵塞毛囊所致。见于肾上腺皮质亢进时。如犬的光敏性皮肤病、下颌粉刺、雪纳瑞犬粉刺综合征。

3. 痂皮（crusts）　是覆盖于皮肤表面干燥的渗出物。是由渗出表皮表面的液体和细胞碎片变干后形成的，是由血小板和纤维蛋白凝结而成的块状物，伤口或创口血液、淋巴、坏死组织等凝固形成的暗褐色凝块，可在伤口或疮口痊愈后自行脱落。可见，痂皮为渗出性病变的早期指征。痂皮检测虽不是特异性的诊断方法，但却是诊断某些疾病的关键。例如，天疱疮中老化的脓疱形成的痂皮，为多层状，并含有大量棘细胞。在真菌菌丝和孢子感染时，痂皮中还会含有毛干。痂皮具有黏合创缘、防止继发感染、保护肉芽组织生长的作用，如由葡萄球菌感染引起的脓疱病的慢性阶段。猪的渗出性皮炎可见在体表出现大面积痂皮。

4. 囊肿　充满角质上皮并填充有液体或半固体物质，多定位于真皮层或皮下组织的囊腔，如毛囊囊肿、皮样囊肿及大汗腺腺囊肿。

5. 表皮囊肿　可向周围扩展的、平或轻微隆起的环状鳞屑，如皮肤浅表的细菌感染、昆虫叮咬、真菌感染等均可引起此病变。

6. 糜烂　局部部分表皮破损、缺失，凹陷破溃，湿润，有光泽损伤。见于皮肤浅表的创伤，或继发于皮肤的囊泡或脓疱破裂后形成的损伤。

7. 表皮脱落　表皮的线性缺失。见于划痕和擦伤。

8. 裂缝　从表皮层到真皮层的线性裂缝或断裂缝隙。动物的爪垫裂缝可见于叶状天脓疱，坏死性皮炎或过度角化症。

9. 苔藓样变　由于持续性的摩擦、搔抓或刺激后形成的粗糙而增厚的表皮。见于慢性皮炎。

10. 斑疹　直径小于 1cm，平的、与皮肤颜色不同的局灶性病灶，如出血斑、雀斑及白斑等。斑疹是单纯的皮肤颜色改变，可暂时出现或长期存在，仅是表现皮肤局部发红，皮肤表面既不隆起，也不凹陷。根据颜色的不同，可分红斑和其他各种色素异常引起的斑疹。压诊可检出，斑疹若为红色炎症性充血性，则压之褪色；若为血管炎性斑，为出血性的，则压之不褪色。按发病原理，可分为 3 种：①红斑。由刺激或炎症使皮肤毛细血管充血所致，如日晒红斑。②出血斑。由血液自血管溢出到皮肤及黏膜内引起，压之不褪色，直径 2mm 以内者称淤点，3～5mm 者称为紫癜，大于 5mm 者称为淤斑。③色素斑。包括色素沉着与脱失两种。

11. 赘生物　即肿瘤。异常的组织肿块，其生长速度超过正常组织，导致正常组织异常增生，在去除诱发异常的刺激因素后仍继续以过度增生的方式生长，如脂肪瘤、肥大细胞瘤及鳞状上皮细胞癌等。

12. 瘤　突出于皮肤的、坚实的，直径大于 1cm 的局灶性损伤。见于细菌或霉菌感染、传染性或无菌性肉芽肿。

13. 丘疹　突出的、坚实的，直径小于 1cm 的局灶性病灶。见于蚊虫叮咬及浅表性毛囊炎。

14. 斑块　突出于表皮的表面扁平的、坚实的病灶，直径大于 1cm。见于皮肤的钙质沉着症、反应性组织细胞增生、嗜酸性斑块。

15. 表皮脓疱　隆起于表皮，并积聚于表皮内的脓性囊泡。见于细菌感染及叶状天疱疮。

16. 鳞屑　碎片，角质化细胞，鳞状皮肤，不规则的，厚的或薄的，干的或油腻的。见于角化紊乱、皮质淋巴细胞性炎、鱼鳞病。

17. 疤痕　发生损伤或真皮撕裂后，薄厚不等的纤维组织取代正常组织。见于创伤愈合处。

18. 囊泡　突起的，局限性的，直径小于 1cm 充满液体的病灶。

19. 大疱　大的囊状病灶，直径大于或等于 1cm。见于烧伤、病毒感染、大疱性类天疱疮等免疫介导性疾病。

20. 鞭痕　是一种突起的、呈不规则的皮肤水肿区域；坚实的，迅速消失的损伤。见于蚊虫叮咬、荨麻疹、变态反应。

21. 脓疱　脓疱或微脓肿，是指炎性细胞（脓汁）在表皮内的集聚。根据疾病发生的机制不同，表皮脓疱内的炎性细胞类型及其在表皮出现的位置会发生变化。在浅表性细菌感染所致的脓疱内，角质层之下通常会出现变质的中性粒细胞和球状的细菌。在外寄生虫性过敏症、叶状天疱疮、猫嗜酸性斑块等疾病中，其脓疱充满大量嗜酸性粒细胞。含瘤样淋巴细胞（波特利埃微脓肿）的小脓疱则在趋上皮性的淋巴瘤中存在。

22. 角化不良症　是表皮分化的改变，其特征为表皮生发层细胞的过早角化。出现角化不良症的胶质细胞收缩，与邻近正常角质细胞分离，核固缩，因角蛋白微丝聚集使胞浆呈明显的嗜酸性。上皮成熟紊乱如锌应答性皮肤病，会发生角化不良症。角化不良症也是表皮发育不良的特征，而表皮发育不良是光化性角化症恶化的前兆。

(三) 毛囊炎

毛囊炎 (folliculitis) 是指整个毛囊的炎症。常由多种病因素引起。根据受影响的组织学部位和浸润的炎性细胞类型不同，毛囊炎可分为毛囊周围炎、壁性毛囊炎、毛球炎及腔性毛囊炎。

1. 毛囊周围炎　毛囊炎症起始于毛囊周围的血管。白细胞从毛囊周围的血管移行至真皮，引发毛囊周围炎，炎症出现于毛囊周围，但不涉及毛囊。毛囊周围炎并不是某种特定的疾病类型，而是毛囊炎最初的发展阶段。毛囊周围炎的炎症细胞移行至毛囊壁上，致壁性毛囊炎，即仅限于毛囊壁的炎症。根据炎症反应过程的不同，白细胞可保留在毛囊壁，也可发展进入毛囊管腔。

2. 壁性毛囊炎　在壁性毛囊炎中，大部分白细胞局限于毛囊壁内。根据毛囊壁的位置、类型，以及病变的严重程度不同，可将壁性毛囊炎进一步细分为不同类型。位于毛囊壁的外层称为界面型，炎症大多数炎性细胞渗入毛囊壁者称为浸润型，在毛囊壁上出现脓疱者称为脓疱型，毛囊壁发生坏死和破裂者为坏死型。如壁性脓疱性毛囊炎为叶状天疱疮的特征之一，而界面性壁性毛囊炎是蠕形螨病的特征之一。

3. 毛球炎　是指毛囊最深处 (即毛球) 的炎症。斑秃症就是毛球炎的一个典型例子。毛球炎可在马、牛、犬和猫发生，表现为生长在毛球周围或其中的淋巴细胞浸润，最终导致脱毛。在马和犬，细胞免疫和体液免疫参与抗毛囊作用。浸润毛球的细胞主要是产细胞毒素的 $CD8^+$ 淋巴细胞及 $CD1^+$ 树突状抗原递呈细胞，而毛球周围浸润的细胞，则以 $CD8^+$ 以及 $CD4^+$ 淋巴细胞为主。自身抗体结合的靶组织有毛透明蛋白、毛发角蛋白及其他毛囊结构。毛球毛基质细胞的损伤会导致毛干营养不良。斑秃可自然修复，但新生毛发不含色素，呈白色，这可能由毛球中黑素细胞损伤所致。

4. 腔性毛囊炎　是指毛囊腔和毛囊壁的炎症。腔性毛囊炎发生时，白细胞从毛囊壁移行至毛囊腔，这常常是毛囊腔受刺激的结果，如毛囊感染细菌 (葡萄球菌)、皮肤真菌 (如小孢子菌属、发癣菌属) 或寄生虫 (蠕形螨)。炎症可使毛囊壁变薄，进而导致其破裂，毛囊内的成分外溢至真皮中，即为疖。疖也可以由一些其他的原因引起，如皮肤表面创伤导致的毛囊开口处的表皮增生，角质层导致的毛囊堵塞，以及包括腺体分泌物 (粉刺形成) 在内的毛囊组分蓄积。腔性物质的逐步蓄积可引起毛囊扩张和毛囊壁变薄，从而导致其破裂。除了疖的引发原因外，毛发碎片、胶质蛋白、皮脂以及真皮上可能的感染因子的存在，引起化脓性炎症的反应，并发展成长期的慢性脓性肉芽肿炎症和疤痕形成。毛囊周围炎、腔性毛囊炎及疖常按照一定的顺序出现。适当的治疗可以消除炎症。当炎症蔓延到真皮的深层和膜中时，形成开口于皮肤表面的窦道，则较难治愈。严重的炎症可导致附属结构的彻底破坏，并由疤痕组织替代。

二、骨骼肌病理

(一) 白肌病

白肌病 (white muscle disease) 是各种幼龄动物常发的一种营养缺乏性疾病。多见于羔羊、犊牛、仔猪和家禽，偶见于幼驹、动物园有蹄兽和水貂，肉食动物很少见，实验动物 (如小鼠) 也可发生。其主要病变特征为骨骼肌和心肌变性和凝固性坏死，色泽变苍白，故称白肌病。

1. 病因与发病机理 引起白肌病的最主要原因为硒和维生素 E 缺乏，其次为蛋白质供应不足，尤其是含硫氨基酸。此外，还与其他维生素缺乏有关。

硒是体内谷胱甘肽过氧化物酶的重要组成成分，而谷脱甘肽过氧化物酶在分解体内过氧化物方面起着至关重要的作用。缺硒必然引起此酶合成不足，过氧化物因不能被及时清除而大量蓄积，随之氧化细胞和细胞器（如线粒体、溶酶体等）的脂质膜，造成细胞的变性、坏死。

维生素 E 能抑制体内不饱和脂肪酸的过氧化过程，对细胞、亚细胞脂质膜起保护作用。

含硫氨基酸的缺乏也会影响谷胱甘肽过氧化物酶的合成。而维生素缺乏，尤其 B 族维生素缺乏，常会导致三羧循环或电子传递过程受阻，细胞代谢紊乱，能量不足，引起细胞病理性损伤。

2. 病理变化 白肌病的基本病理变化为横纹肌变性和蜡样坏死，因而肌肉色泽苍白。病变发生于全身各部位肌肉，但以持续活动的肌肉（心肌、膈肌和肋间肌）和负重较大的肌肉（胸肌、肩胛肌、臀肌、背肌、四肢肌和骨盆肌等）最常发生。病变往往两侧对称，在不同病例，肌肉病变的形式和严重程度可能有一定差异。一般来说，肌肉病变有三种类型，即心型、胸型（包括膈肌）和骨骼肌型。

心型白肌病的病变主要在心脏，病畜往往突然死亡。剖检可见肺严重水肿，胸、腹腔及心包腔积液，心肌弛缓、扩张，有灰白色条纹或斑块。在犊牛，这种病变主要位于左心室壁、室中隔、乳头肌和腱索；在羔羊，主要位于右心内膜下的心肌；在仔猪，心肌除白色病灶外，心内、外膜下的心肌有大量红色斑点，故心脏外观似紫红色桑葚或草莓样，称为桑葚心。镜检，受损心肌发生玻璃样变，似有钙盐沉着，巨噬细胞浸润，最终可导致瘢痕形成和纤维化。电镜下，受损心肌细胞线粒体肿胀、钙化，肌原纤维溶解、坏死。

胸型白肌病常并发肺炎，膈肌和肋间肌发生变性和坏死。临床表现呼吸困难和腹式呼吸。

骨骼肌型白肌病主要侵染骨骼肌，病畜表现对称性的衰弱和跛行。触诊患部肌肉，急性病例肿胀、变硬，慢性病例则因肌肉萎缩而呈橡皮状。剖检时，可见肌肉凝固性坏死，肌纤维中的肌红蛋白释出，绝大部分随尿排出体外，因此肌肉变为淡粉红色、淡黄红色、灰白色，甚至白色，且混浊无光似煮肉样。病变肌肉缺乏弹性，干燥，比正常肌肉坚实，容易撕裂。变性肌肉常发生钙化，在外观及手摸时具有一种白垩斑块的感觉。在一块病变肌肉内，变性的肌纤维分布是不一样的。如在一条肌肉柱内，有时中心为变性纤维，周围是正常纤维，有时则正好相反。有时是一整条肌束发生变性，有时仅为其中一段。变性区与周围健康组织界限清楚。

光镜下，肌纤维主要是蜡样坏死。另外，也可见呈斑块样分布的颗粒变性和液化性坏死的节段。在幼龄动物，肌纤维的再生过程比较完全。当肌纤维发生坏死后，因吸水、膨胀使肌纤维在横切面上呈中空的环状。当坏死完全，凝固的肌浆变成同质性，深染伊红时，在靠近肌纤维膜处的胞核及其周围的少量胞浆可以发生增生和开始再生过程。

因为坏死凝固的肌浆仅有轻微的刺激性，所以病变肌肉组织内的炎症反应比较轻微，有少量巨噬细胞、淋巴细胞、中性粒细胞及嗜酸性粒细胞浸润。坏死的肌肉有钙和磷沉着，含钙量可比正常肌肉增加 20 倍，含磷量增加 2 倍。若病变较轻，数周后，坏死肌浆可被全部清除掉，肌纤维膜鞘里面重新充满肌浆和肌原纤维。再生完成后，炎症反应消失，肌肉机能部分或全部恢复。

仔猪白肌病死亡率可高达 50%～70%，6 月龄以下仔猪多发，肝、心同时受损，且比骨骼肌更加严重。

在幼禽，尤其是幼火鸡和幼鸭，除肌肉病变外，肌胃和肠道平滑肌坏死十分严重。切开胃壁，可看到许多散在的白色及淡黄色病灶，在肠道常有许多散在的白色环状坏死区。

［附］猪、鸡、鸭应激性肌损伤

猪的应激性肌损伤（stress myopathy）是指肥猪在屠宰之前受到外界环境中的各种应激刺激（如捆扎、运输、驱赶等），在宰后出现以骨骼肌的水肿、变性、坏死及炎症为主要特征的病变，眼观肌肉色泽苍白，柔软和渗出物增多，俗称白肌肉（pale，soft，exudative pork，PSE）。其发生原因还不十分清楚，一般认为与品种的遗传性易感素质有关。尤其是处于关闭饲养状态，且肌肉生长丰满的长白猪，极易发生。目前认为 PSE 属于猪应激综合征（porcine stress syndrome，PSS）的一种表现形式。

PSE 的屠猪生前不显临床症状，而在宰后表现为半腱肌、半膜肌等处的肌肉色泽苍白，质地松软，有液体渗出。镜下为肌纤维发生轻度变性和肌间组织明显水肿，但无炎症变化。PSE 的肌肉 pH 在宰后 45min 低于 6.0，病变越严重，其 pH 也越低，其他器官均无明显的肉眼变化。

鸡、鸭应激时也常常引起腿部深层肌肉发生变性、坏死、出血和炎症变化（图 5-18、图 5-19）。后期，坏死的肌组织被增生的纤维组织逐渐填充或替代。

（二）肌炎

肌炎（myositis）是肌纤维、肌囊及其间结缔组织发生的炎性疾病。常见的是由寄生虫引起的肌炎和一种原因不明的嗜酸性粒细胞性肌炎。

1. 旋毛虫病　旋毛虫病（trichinosis）是由旋毛虫的幼虫侵袭所引起。成虫寄生在肉食动物的小肠内，草食动物可人工感染。最重要的宿主是鼠和猪，鼠是猪感染旋毛虫病的主要来源，猪则是人发生感染的重要来源。

（1）病因与发病机理　人或动物吞食了含有旋毛虫的肉食后，在胃液作用下，旋毛虫的包囊被溶解，幼虫自包囊逸出，迅速进入肠黏膜，经四次蜕皮成为成虫，并与雄虫交配，产仔，幼虫分批由肠黏膜钻入淋巴管，随淋巴入血，到达全身各部肌肉，尤其是活动性较强的肌肉（如膈肌、咬肌、舌肌等），然后进一步发育，虫体周围则形成包囊。在虫体周围尚未形成包囊之前或形成包囊之后，即发生两种变化即钙化和机化，也就是肌旋毛虫的死亡过程。钙化的发展过程一般可分为从包囊到虫体和自虫体到包囊两种情况，而机化则是首先在虫体（未形成包囊前）或包囊周围形成肉芽肿，进而破坏包囊，吞噬虫体，最后形成各种肉芽肿结构。

（2）病理变化　眼观一般看不出变化，只有当包囊发生钙化或形成肉芽肿时，剥去肌膜可见肌肉表面散在灰白色小点。

镜检可见肌组织内分布有大小不等的梭形、卵圆形或带状的旋毛虫病灶。其病变依结构不同分为 5 类。

①非包囊型病变。主要表现为肌纤维肿胀，横纹消失，肌浆呈浅蓝色或灰色着染。在病、健交界处常见多少不等的肌细胞增殖，致使病灶的轮廓形似包囊，但无囊壁结构。

②包囊型病变。包囊的纵轴与肌纤维平行，单个或成丛分布。发育完全的包囊，其轮廓分明，囊壁呈淡红色着染，内深外浅，囊内为嗜碱性变的肌浆，这种肌浆在包囊结构中，一般称此为基质。基质中有肿大、淡染的核，常见虫体的纵横断面。

③肉芽肿型病变。肉芽肿是由增生的细胞和毛细血管聚集而成。其细胞成分主要为成纤维细胞，因形似结核病变中的上皮样细胞，故称之为类上皮细胞。此外，尚有淋巴细胞、嗜酸性粒细胞、单核细胞和成肌细胞。有的病灶中心可见坏死或钙化灶。

④包囊性肉芽肿。中心为包囊结构，周围为数量不等、细胞成分各异的肉芽组织。

⑤淋巴细胞结节。少数病例，在肌纤维间见新生的淋巴组织样结构，有的甚至形似淋巴小结。结节周围有薄层结缔组织膜，与邻近组织界限明显。

2. 肉孢子虫病　肉孢子虫病（sarcosporidiasis）是一种以横纹肌和心肌形成米氏囊为特征的细胞内寄生虫病。家畜肉孢子虫病以牛、羊、猪最为常见，其他哺乳动物、鸟类、爬行动物及人也可感染。

（1）病因与发病机理　本病的病原为肉孢子虫，主要经消化道感染。终末宿主吞食了含有肉孢子虫的中间宿主肉而受感染。被食入的米氏囊中的缓殖子在小肠内直接进行配子生殖，产生卵囊，后者在肠壁或外界再孢子化，形成4个子孢子。孢子囊或卵囊被中间宿主吞食后，其中子孢子经血流到达各器官，先在网状细胞内进行裂体增殖，产生的裂殖子再侵入肌纤维形成米氏囊。当米氏囊破裂或虫体死亡后，可引起周围组织的炎症反应。

（2）病理变化　肉孢子虫在动物体内主要寄生于肌肉组织，如骨骼肌、心肌、舌肌、膈肌内，少数寄生于食管外膜，偶见于脑组织。在肌肉寄生时，常呈不同大小的黄白色或灰白色线头状与肌纤维平行，长度可达2～3mm。

米氏囊囊壁由两层组成：外层随虫种和成熟程度而不同，有的为薄而无构造的膜，有的则厚而有绒毛状或放射状构造；内层很薄，向囊腔延伸成很多中隔，将囊腔分隔成若干个小室。成熟包囊的内腔可分为两区：缘区充满卵圆形、能进行内双芽增殖的母细胞（滋养母细胞）；中心区充满香蕉状的缓殖子，其形象颇似球虫的裂殖子，是由母细胞分裂而成，大小约$12\mu m \times 5\mu m$，核偏于一侧，通常称此为雷氏小体。

【镜检】米氏囊位于肌纤维内，呈梭形或细杆状，囊内有许多深蓝色新月形缓殖子，肌纤维呈梭形膨大，横纹清晰，虫体周围无炎症反应，这表明虫体仍然存活。虫体死亡后，包囊呈深蓝色，孢子呈深蓝色颗粒状或块状。有些已发生钙化，引起肌纤维变性、坏死、崩解，周边形成肉芽肿结构，其主要成分为嗜酸性粒细胞、淋巴细胞、类上皮样细胞、纤维细胞，其次为少量浆细胞、单核或多核成肌细胞及新生毛细血管。但随病程发展过程不同，上述各种成分在肉芽肿内的比例也不一样。

3. 嗜酸性粒细胞性肌炎　本病是一种慢性、非肉芽肿性肌炎，多发于1～3岁的牛，也见于猪、鸡和填鸭，偶见于羊。其发病原因尚不完全明了。可能与应激刺激有一定的关系。若侵染骨骼肌，动物外观并无症状。若侵染心肌，可能会引起动物猝死。

嗜酸性粒细胞性肌炎最常发生于心肌、膈肌、食管、舌和咬肌，鸡、鸭常发生于深大腿肌。病变呈局灶性或弥漫性。病变肌肉中存在渗出物，所以外观上为灰色、黄色或绿色。新病灶多为绿色且有光泽，但暴露在空气中会很快褪色，用过氧化氢处理，可使绿色恢复。老病灶呈灰色、绿灰色或黄色和纤维化。病变肌肉中常见多发性的和局灶性病变，也有的是形成灰色或绿色的长条纹状的弥漫性病灶，条纹长达数厘米，宽2～8mm。

显微镜下，可同时发现急性渗出和慢性增生两个病理过程。主要特征是出现大量嗜酸性粒细胞。这种细胞浸润造成肉眼上肌肉中的淡绿色病灶。大量嗜酸性粒细胞积聚在肌膜和肌束膜内，肌纤维一般不发生严重变性，但有些病例肌纤维可以发生坏死。肌纤维的变性坏死常呈节段性发生，当局部肌纤维节段坏死者，嗜酸性粒细胞便浸润至坏死的组织中。病程久后，当渗出性反应消失之后，浸润的嗜酸性粒细胞即被淋巴细胞、浆细胞和组织细胞取代。同时发生纤维结缔组织增生，取代坏死的肌纤维，使肌肉组织硬化或瘢痕化。在慢性过程，可见大量结缔组织成片增生替代或填充变性坏死的肌组织（图5-20）。

三、骨关节病理

骨组织是一种特殊的、坚硬的结缔组织，构成全身骨骼的主要部分，具有支持、保护及造血机能。骨骼的生长发育过程十分复杂，其外形与内部结构不断进行改建，这种生长与改建过程若受到不利因素的干扰，就会导致骨骼发育不良。

骨骼发育有两种方式：软骨内骨化与膜内骨化。骨营养不良性疾病多见于软骨内骨化所形成的骨骼。

软骨内骨化过程共有四个步骤：

（1）软骨生长　间叶组织增生并分化为软骨细胞，产生软骨基质。

（2）软骨钙化　软骨基质有钙盐沉着，继而软骨细胞变性、坏死。

（3）骨化　间叶组织增生并分化为破骨细胞和骨细胞，已经钙化的软骨被破骨细胞吸收，骨细胞产生基质而形成骨样组织，进一步钙化为骨组织，取代软骨。

（4）骨结构的改建　有些骨质被吸收，而产生新的骨质补充，以适应全身动力活动的需要。

骨组织由骨细胞、胶原纤维和骨基质组成。骨基质与胶原纤维结合成骨板，骨细胞位于骨板之间。成熟的骨小梁是复层结构，层板之间有蓝色的接合线，其边缘则有休止线。骨皮质中，骨板以哈佛氏管为中心作规则的复层排列。

骨组织的再生能力很强，不同来源的间叶细胞都可增生并分化为骨母细胞，而骨母细胞又可分泌基质包绕自身形成骨小囊，包围胞浆突起形成骨小管。

生活的骨组织不断进行新陈代谢，骨细胞通过基质中的骨小管系统进行物质交换，衰老的细胞经常要被新生的骨细胞所取代。骨质的吸收与形成始终保持着动态平衡，骨质的吸收依靠破骨细胞来完成。一般认为，破骨细胞能贴近骨小梁表面，分泌酶将骨小梁休止线、基质中的钙盐和胶原纤维相继溶解，最后将从骨基质游离出来的骨细胞吞噬消化。骨小梁表面可看到骨质吸收后留下的凹陷，称为陷窝性吸收。若由于病因作用，使骨质生成或吸收的某一环节发生了障碍，就会导致骨营养不良的发生。本节主要介绍纤维素性骨营养不良、佝偻病和骨软症。

（一）纤维素性骨营养不良

纤维素性骨营养不良是一种营养代谢病，主要发生于马属动物，有时也见于羊和猪，毛皮动物也可发生。其病理特征是骨组织被溶解吸收和纤维结缔组织增生。临床表现为骨质疏松，易骨折和负重疼痛，骨体积增大，重量减轻。X线检查可见到广泛的骨质疏松区。

1. 病因与发病机理　本病的直接原因是甲状旁腺机能亢进。原发性甲状旁腺机进亢进主要由甲状旁腺瘤所引发，但很少见。继发性甲状旁腺机能亢进常由缺钙或磷过剩刺激甲状旁腺增生所致。不论是原发性的甲状旁腺机能亢进还是继发性甲状旁腺机能亢进，都会导致破骨细胞增生，骨质溶解、吸收过程加快，骨质吸收与形成的动态平衡遭到破坏，导致骨质疏松。

至于成纤维细胞增生的原因，现在还不清楚，一般认为骨母细胞在营养障碍的情况下，并不继续分裂增殖为骨细胞和产生骨基质形成骨样组织，而是转变为成纤维细胞，分泌胶样物质，形成胶原纤维，结果在受损的骨组织中出现大量结缔组织，使骨组织变软。也有人提出另外观点，1972年Jeffree研究发现，在纤维素性骨营养不良患者，增生的成纤维细胞呈碱性磷酸酶强阳性且与骨母细胞可移行，这与纤维肉瘤等同类细胞碱性磷酸酶阴性不同，但与骨母细胞组织化学完全一致，故有人称之为组织化学上的骨母细胞，并据此推测这些增生的成纤维细胞可能为前骨母细胞或功能不活跃的骨母细胞，其增生主要是由成骨过程中前骨母细胞向骨母细胞分化过程受阻所致。

由于骨质脱钙及大量成纤维细胞增生，必然造成骨韧性下降、易骨折、易变形、重量减轻、体积增大等。

2. 病理变化　本病的特征性病变为面骨和四肢关节肿大，尤其下颌骨肿大最为明显。病变较重者，可见整个上颌骨、泪骨、翼骨，甚至鼻骨、额骨也肿大，面部呈圆桶状外观。除头部外，脊椎骨、肋骨也明显肿大，肋骨弓变平。四肢骨接近躯体的骨骼较远端骨骼严重。骨骼除变形外，尚有质地柔软，以至用刀即可切断，其重量不到正常的一半。长骨的关节面也常有病变，结缔组织增生，关节面凹凸不平。

骨骼的组织学变化为破骨性吸收显著增强，被吸收的骨组织被纤维组织所取代。纤维组织量明显增多，外观如纤维瘤一般。哈氏管扩大，有的被结缔组织所填充，骨小梁周围及增生的纤维组织中常有多量多核巨细胞（即破骨细胞），后者可导致骨小梁的陷窝性吸收。在病灶中央部骨基质及钙盐同时被吸收，由于该处的血液供应不足，组织坏死液化后，常形成大小不等的囊肿。在骨质吸收和纤维化的同时，迅速形成新骨以修复和代偿缺损。新形成的骨组织呈海绵状，新形成的骨小梁呈放射状从骨外膜形成，因此使骨骼体积增大，小梁之间的间隙充满纤维组织，骨小梁或不发生骨化而长期保持或部分发生骨化。

猪的纤维素性骨营养不良通常继发于佝偻病或软骨症，大都见于生长中的幼猪，病猪呈现骨营养不良的症状，但一般不见特征性的头骨肿大。

（二）佝偻病

佝偻病（rickets）是生长幼畜和幼禽维生素D缺乏以及钙、磷代谢障碍所致的营养不良。病变特点是长骨弯曲、骨端和肋骨的软骨结合部膨大呈串珠状。本病常见于犊牛、羔羊、仔猪和幼犬，幼驹、幼禽、毛皮动物及其他经济动物也可发生。

1. 病因与发病机理　钙、磷和维生素D缺乏以及钙、磷比例不平衡是导致佝偻病发生的主要原因。通常情况下，羔羊和犊牛易缺磷，而仔猪易缺钙。但若维生素D充足，一般情况下，不会发生佝偻病。这表明维生素D在完成成骨细胞钙化过程中具有特殊重要的意义。

维生素D具有维生素D_2和维生素D_3两种活性型，其生理作用基本相同。维生素D_2主要来源于干草，而维生素D_3则通过皮肤接受日光照射获得。维生素D在小肠中以乳糜微形式吸收，胆盐可促进其吸收。维生素D经肠吸收后，经肝内线粒体和线粒体酶作用分别转化为25-羟胆钙化醇（25-OHD_3）和25-羟麦角钙化醇（25-OHD_2），在肾皮质细胞内经羟化酶作用再转化为最具活性的钙三醇，即1,25-二羟胆钙化醇或1,25-二羟麦角钙化醇。钙三醇具有很强的生物活性，可作用于体内肠、肾及骨等靶器官。其作用为：

（1）促进小肠黏膜微绒毛上皮细胞合成钙结合蛋白，后者可促进肠道内钙的主动吸收，同时伴随磷的吸收。

（2）促进肾小管对钙、磷的重吸收。

（3）刺激破骨性吸收，能使成骨细胞数目和活性增加，刺激骨钙蛋白合成和血浆水平升高，并可将骨钙蛋白转移至骨内。

引起维生素 D 缺乏的因素有如下几方面。

①光照不足。长期舍饲的幼畜及集约化程度高的笼养鸡，常年在高纬度与气候相对温和的牧场上放牧的动物，长期不食干草的草食动物，都易发生佝偻病。

②维生素 D 摄入不足。其原因有三方面，一是饲料中缺乏维生素 D；二是钙、磷缺乏或比例失调，使得动物对维生素 D 的需求量成倍增加；三是因饲料中含锶、铍等元素过多，妨碍了机体对维生素 D 的吸收和利用。

③受其他疾病影响。如胃肠、肝胆疾病可影响脂溶性维生素 D 的吸收以及钙、磷的吸收和利用。肝、肾的严重损害还可使维生素 D 的羟化受阻，钙三醇合成减少。

当维生素 D 缺乏尤其是钙三醇缺乏时，肠道对钙、磷吸收减少，血钙、血磷水平下降。低血钙可引起甲状旁腺机能亢进，甲状旁腺素（PTH）分泌增加，而 PTH 有促进破骨细胞溶解骨盐的作用，使骨质脱钙进入血中，以维持血钙的正常水平，从而调节维生素 D 缺乏所致的血钙过低。PTH 又可抑制肾小管对磷的重吸收，使尿磷增加，血磷减少。这样，维生素 D 缺乏时，血钙在正常或偏低水平，而血磷减少。结果，钙磷浓度减小，钙磷沉积不能进行，骨样组织不能骨化而大量堆积于骨骺软骨处，使之四周膨大。肋骨-软骨交界处形成串珠状畸形，骨端膨大，长骨因负重而弯曲。

2. 病理变化 佝偻病的病变主要表现在骨骼，其病变包括未钙化的骨样组织形成过多，软骨内骨化障碍，已成骨组织的钙盐减少。

除上述长骨弯曲、肋骨 软骨接合部形成佝偻病串珠外，尚见部分肿大的关节发生钙化。将长骨纵行锯开，可见骨骺软骨异常增宽。骨组织质地变柔软，用刀可以切开。患畜出牙不规则，磨损迅速，由于下颌生长停滞，牙齿排列紊乱，严重时可造成两颌不能关闭，乳齿脱落，长出的牙齿牙槽稀疏，磨损迅速和不均。

光镜下，从骨骼软骨、骨内膜和骨外膜产生的未钙化的骨样组织增多，骨样组织染淡红色，与染蓝色的钙化骨组织不同。当骨样组织高度增生时，会造成骨髓腔缩小和在骨的表面形成骨痂。软骨内骨化障碍，表现为软骨细胞增生，软骨细胞增生带加宽，超过正常数倍，软骨细胞的大小、排列都不正常，一个包囊内常见几个细胞，软骨缺乏钙化。骨与软骨的分界线变得极不整齐，呈锯齿状，失去正常成长骨所具有的纤细整齐的界线。软骨内骨化障碍时骨骼软骨过度增生，该部体积增大，因而在长骨的骨端肿大，肋骨与肋软骨接合部肿大，自然排列成行，形成佝偻病串珠。

已成骨组织的钙盐减少，即骨质中的钙盐脱出而变为骨样组织，钙盐脱出是通过钙盐溶解（骨软化）或陷窝性吸收的方式而发生的。陷窝性吸收是骨内膜沿骨小梁增生并形成破骨细胞，然后吸收骨质和骨样组织而造成陷窝。

轻度的佝偻病可以痊愈，骨样组织中有钙盐沉积，变成真正的骨组织，同时软骨内骨化过程也恢复正常。在重度病畜，由于骨骼弯曲和变形，则长期保留而不能消除，这些病例的骨骼在痊愈后由于骨小梁增粗，骨皮质变厚而重量增加，并变得粗糙。

（三）骨软症

骨软症（Osteomalacia）是成年动物在软骨内骨化作用完成后发生的一种骨营养不良。

由于饲料中钙或磷缺乏及二者的比例不当而发生。在反刍动物，主要是磷缺乏，在猪主要是钙缺乏。病理特征是骨质的进行性脱钙，呈现骨质疏松及形成过剩的未钙化的骨基质。

1. 病因与发病机理 本病主要发生于牛和绵羊。虽然有人认为骨软症也可见于猪，但猪和山羊的所谓"骨软症"通常以纤维素性骨营养不良为特征，至于马的所谓"骨软症"，实际上就是纤维素性骨营养不良。牛的原发性骨软症主要发生于土壤严重缺磷的地区，而继发性骨软症则因日粮中补充过剩的钙所致，以泌乳和妊娠后期的母牛发病率最高。长期干旱地区，因植物根部吸收磷减少，易发生骨软症。高纬度寒冷地区，因太阳与水平面角度小于30°，波长较短的紫外线折射回大气中，加之光线强度小，时间短，使得维生素 D 不能被激活，易导致动物发生骨软症。绵羊的皮肤大部分被厚厚的羊毛所覆盖，因此较易发生骨软症。

在正常情况下，生长的骨组织不断进行新陈代谢，骨细胞通过基质中的骨小管系统进行物质交换，衰老的骨细胞经常要被新生的骨细胞取代。自幼龄开始，骨骼系统不断进行着骨质吸收与骨质形成过程，这两个过程始终保持动态平衡。当钙、磷或维生素 D 缺乏时，钙盐沉着受阻，而由破骨细胞完成的骨质吸收过程相对加强，从而造成骨质钙盐沉着减少，骨质疏松及形成过剩的未钙化的骨基质。

2. 病理变化 骨骼对压力和张力的抵抗力降低，易骨折。沿骨干部的骨质弥漫性增厚，易切断或锯断，并永久变形。头部尤其是颧弓部及上、下颌外形变圆和不整齐，外观明显肿大；骨盆变形、狭窄；脊柱前凸或后凸；肋骨和腰椎横突下垂，胸骨突出；牙齿松动和脱落。

光镜下的特点为骨的活动性吸收和存在多量骨样组织。疏松的骨小梁大小和数量减少；绝大部分骨小梁中心部分钙化（淡黄色），周围部分为缺钙的骨样组织（淡红色）。病程久的病例，小梁变形，并完全成为骨样组织。致密骨哈氏系统同心圆状排列的骨板界限消失，成为均质的骨质。哈氏管扩张，周围为一圈骨样组织。

四、关 节 病

（一）关节炎

关节炎（arthritis）是兽医临床常见的畜禽关节各部位的炎症病变。

急性关节炎通常表现为浆液性、纤维素性和化脓性炎。急性浆液性关节炎大多由轻微外伤（如关节捩伤、挫伤、脱位等）引起，关节囊扩张，内有多量滑液形成，外观呈波动状肿胀，关节和滑膜面轻度充血。若病因较重，渗出物中除浆液外，尚有多量纤维蛋白，表现为浆液纤维素性炎。若感染细菌、病毒、支原体等，可引发纤维素性关节炎。若感染化脓菌，可引起化脓性关节炎。此时关节常发生糜烂，并剧烈疼痛，周围组织水肿。猪、鸡的链球菌病、家禽的葡萄球菌病，典型病变为化脓性关节炎。此时，关节滑膜明显充血及水肿，关节腔内有多量渗出液，内含较多的纤维素及中性粒细胞。滑膜表面亦见一层纤维素性脓性渗出物被覆。关节软骨很快被炎症波及而坏死、液化、变薄，呈不规则形。切开关节囊，可见黏稠的脓性液体流出，蛋白质含量高而糖含量减少。关节液涂片检查，见有大量球球和中性粒细胞。临床上所见的纤维素性或化脓性关节炎，多见于某些全身性败血症或脓毒败血症时的局部病变，如猪丹毒、坏死杆菌病、大肠杆菌病、滑液支原体病等。也有一部分由开放创导致局部细菌感染所引起，最常见的是幼畜因脐带感染引发的脓毒败血症。

慢性关节炎是由急性关节炎发展而来，各种关节损伤，如关节的扭伤、挫伤、关节骨折等，都是慢性关节炎的发生原因，甚至关节的轻微损伤，如骨小梁破坏、骨内出血及韧带附着部的微小断裂等引起轻微的几乎不易见到临床症状的病理过程，最终均可发展为慢性关节炎。此外，慢性关节炎也可继发于风湿病、布鲁氏菌病及化脓性关节炎等。

慢性关节炎主要是关节囊表面的间质和软组织的增生性病变，并常长入关节腔，引起突然的剧烈疼痛。有些有蒂的突出物会自行脱落，形成圆形的游离小体，当关节面受压迫时，即引起剧痛，偶尔游离小体中有软骨形成。

如果炎症过程破坏了关节的平滑关节面，在两层关节面之间有可能发生纤维素性或骨性粘连。病程持续数月之后，骨关节之间可被新生的骨组织完全接连在一起，这种骨质性愈合过程称为关节强硬，这种闭合的关节称为发生强硬的关节。

（二）滑膜炎

滑膜炎（synovitis）是以关节囊滑膜层病理变化为主的渗出性炎症。常发于马、牛、鸡、猪，羊也有发生。其病因为外伤或病原微生物经血源性途径感染。马的鬐甲瘘、头项病、骨病，牛的水囊瘤，鸡的传染性滑膜炎是典型的滑膜炎的表现形式。

鬐甲瘘和头项病是马的两种严重的滑膜炎，前者发生在项韧带和第一胸椎之间的滑膜，后者侵害项韧带和寰椎之间的滑膜。两者都是化脓性、肉芽肿性滑膜炎，都有可能在皮肤上产生瘘管，或发展为蜂窝织炎及附近骨骼的骨炎。

骨病是马的滑车滑膜炎症，主要症状为以蹄尖负重，蹄踵不着地。

水囊瘤是牛腕关节常发的一种滑膜炎，其发病原因除外伤外，最常见于布鲁氏菌感染，尤其是大的水囊瘤。

鸡的传染性滑膜炎是由滑膜支原体（又称滑液支原体）所引起。病禽主要表现为腱鞘炎、滑膜炎和骨关节炎。开始时水肿，有渗出物，最初清亮渐次混浊，最终呈干酪样。关节黄红，有时关节软骨出现糜烂。

组织病理学上，软组织水肿，腱鞘和滑液囊有嗜异性细胞浸润，随后因单核细胞和浆细胞浸润而变厚。有时嗜异性细胞炎症变化扩展到下层骨，形成纤维素性变性。

五、蹄 叶 炎

蹄叶炎（laminitis）是蹄壁真皮的乳头层和血管层的弥漫性、无菌性、浆液性炎症，是马、骡的常发病，有时也见于牛。常见两前蹄同时发病，也有两后蹄或四蹄同时发病的，但单蹄发病很少。

关于蹄叶炎的发生原因尚不确定，一般认为与如下因素有关。①摄入精料过多，引起急性消化不良。②运动不足或过度使役后，突然饮用冷水或淋冷雨。③在坚硬的地面上站立或驱赶过久。④刺激性泻剂的使用。⑤传染性胸膜肺炎、流感、肺炎、疝痛等病的并发症或继发病。此外，蹄部构造缺陷（如广蹄、低蹄），修蹄及装蹄不当（如蹄叉过削、削蹄不均），延迟改装期，以及蹄铁面过狭等，均可引发蹄叶炎。

蹄叶炎的发病机理也还不十分清楚。许多学者从各方面进行了研究。有人用放射酶法检查了患蹄叶炎病马的血浆，证明血浆中组胺水平升高，说明组胺与本病发生有关。更多的学者认为血液循环障碍或紊乱是引起本病的重要因素。也有学者认为真皮微血管形成血栓与蹄叶炎的发生有直接关系。有人根据血小板数、血小板存活时间、血小板在血管壁的黏性、凝血时间和全血再钙化时间，确定了患蹄叶炎马的凝血过程发生改变。有人用放射同位素闪烁图研究，结合组织学检查和反向动脉造影，证实马蹄叶炎时蹄壁真皮血管有血栓形成。

据临床表现，蹄叶炎一般分为急性、亚急性和慢性三种类型。急性蹄叶炎常伴有发热和心跳、呼吸加快等全身性症状，蹄部因血流淤滞而疼痛，严重者发生化脓。触诊蹄温升高，特别是靠近蹄冠处，指（趾）动脉亢进。亚急性蹄叶炎症状较轻微，蹄温变化或指（趾）动脉亢进不明显。慢性蹄叶炎多因急性蹄叶炎发展而来，常有蹄形改变。如蹄踵壁增宽，蹄轮不规则等，最终可形成芜蹄，蹄匣本身变狭长，蹄踵壁几乎垂直，蹄尖壁近乎水平。X线检查，可发现蹄骨转位及骨质疏松，蹄骨尖被迫向下，并压挤至蹄底角质。

第十四单元 动物病理剖检诊断技术☆

第一节 概　　述

一、病理剖检的意义及病理剖检诊断的依据

动物病理剖检也称为尸体剖检，是兽医病理学的一种基本研究方法和技术。它是运用病理学的基本知识，通过检查尸体的病理形态学变化，来研究疾病发生、发展和转归的规律，为临床诊断和疾病防治提供科学依据。尸检技术是动物疾病诊断的重要方法之一，其特点是方便、迅速、客观、直接、准确。通过尸体剖检可以检验生前对疾病的诊治是否正确，及时总结经验，积累资料，不断提高诊疗工作的质量，为促进兽医学科和医学的发展积累更多的资料。

不同致病因素引起的动物疾病，有的病理变化可能缺乏特异性，但有些疾病却具有比较典型的病理形态变化。例如，牛结核可在肺部、胸膜、淋巴结等处形成具有特殊形

态结构的结核结节；患口蹄疫动物在口腔黏膜、蹄部和乳房皮肤发生水疱和溃烂；硒与维生素 E 缺乏可引起多种仔畜的白肌病、肝坏死，鸡渗出性素质。掌握并应用病理学的基本知识和技能，正确识别病理变化，是建立病理剖检诊断的依据，也是进一步做出病理组织学诊断的基础。

二、动物死后的尸体变化

动物死亡后，受体内存在酶和环境中细菌的作用，将逐渐发生一系列的变化。

1. 尸冷 动物死亡后，由于动物体内新陈代谢的停止，产热过程停止，尸体温度逐渐降至与外界环境温度一致的水平。尸体温度下降的速度，在最初几小时较快，以后逐渐变慢。通常在室温条件，平均每小时下降 1℃。当外界温度低时，尸冷发生快。尸温的检查有助于确定死亡的时间。

2. 尸僵 动物在死亡后，肢体的肌肉收缩变硬，关节固定，整个尸体发生僵硬，称为尸僵。尸僵一般在死后 3～6h 发生，10～20h 最明显，24～48h 开始缓解。尸僵通常是从头部开始，而后向颈部、前肢、躯干和后肢发展。检查尸僵是否发生，可按下颌骨的可动性和四肢能否屈伸来判定。解僵时，尸体按原来尸僵发生的顺序开始消失，肌肉变软。根据尸僵的发生和缓解情况，大致可以判定家畜死亡的时间。心肌的尸僵在死后半小时左右即可发生。肌肉发达的动物尸僵较明显。死于破伤风的动物，尸僵发生快而明显；死于败血症的动物，尸僵不显著或不出现；心肌变性或心力衰竭的心肌，则尸僵不出现或尸僵不完全。

3. 尸斑 家畜死亡后，全身肌肉僵直收缩，心脏和血管也发生收缩，将心脏和动脉系统内的血液驱入静脉系统中，并由于重力的关系，血管内的血液逐渐向尸体下垂部位发生沉降，一般反映在皮肤和内脏器官（如肺、肾等）的下部，呈青紫色的淤血区，称为坠积性淤血。尸体倒卧侧皮肤的坠积性淤血现象，称为尸斑（死后 2～4h 出现）。初期，用指压该部位可使红色消退，并且这种暗红色的斑可随尸体位置的变动而改变。后期，由于发生溶血使该部位组织染成污红色（死后 24h 左右出现），此时指压或改变尸体位置时也不会消失。在某些中毒病例，尸斑的颜色可以作为推测死因的参考，如一氧化碳、氰化物中毒时尸体呈樱红色，亚硝酸盐中毒时为灰褐色，硝基苯中毒时为蓝绿色。尸斑检查，对于判定死亡时间和死后尸体位置有一定的意义。

4. 尸体自溶和尸体腐败 尸体自溶是指体内组织受到酶（细胞溶酶体酶）的作用而引起自体消化过程，表现最明显的是胃和胰腺。**尸体腐败**是指尸体组织蛋白由于细菌作用而发生腐败分解的现象。参与腐败过程的细菌主要是厌氧菌。它们主要来自消化道，但也有从体外进入的。尸体可表现为腹围膨大、尸臭、内脏器官腐败等。

5. 死后凝血 动物死后不久，在心脏和大血管内的血液即凝固成血凝块。死亡快时，血凝块呈一致的暗紫红色。死亡较慢时，血凝块往往分为两层，上层呈黄色鸡油样，是血浆层，下层是暗红色红细胞层（鸡脂样凝血块）。死于败血症或窒息、缺氧的动物，血液凝固不良或不凝固。

三、剖检前的准备

1. 剖检场地的要求 为了防止病原扩散和污染环境，同时也为了保护剖检人员的自身安全和便于消毒，剖检尸体、特别是传染病尸体，应在有一定条件的病理剖检室内进行。在室外剖检时，应选择地势较高、环境较干燥，远离水源、道路、房舍和畜禽舍的地点进行。剖检前挖深达 2m 的深坑，剖检后将内脏、尸体连同被污染的土层投入坑内，再撒上石灰或10％的石灰水、3％～5％的来苏儿或臭药水，然后用土掩埋。

2. 器械和药品的准备　剖检最常用的器械有剥皮刀、脏器刀、脑刀、外科剪、肠剪、骨剪、外科刀、镊子、骨锯、锯、斧、阔唇虎头钳、量尺、量杯、注射器和针头、天平等。

剖检常用的消毒药品有 3％～5％来苏儿、石炭酸、臭药水、0.2％高锰酸钾液、70％酒精、3％碘酒等。最常用的固定液是 10％甲醛溶液。此外，还应准备凡士林、滑石粉、肥皂、棉花和纱布等。

剖检人员的工作服、胶皮或塑料围裙、胶手套、线手套、工作帽、胶鞋、口罩和眼镜也应置备齐全。

3. 剖检前尸体的处理　剖检前应在尸体体表喷洒消毒液，搬运尸体，特别是搬运炭疽、开放性鼻疽等传染病尸体时，应先用浸透消毒液的棉花团塞住天然孔，并用消毒液喷洒体表，然后方可运送，运送用的车辆和绳索等工具，都要严格消毒。污染的土层、草料等要焚烧后深埋。

4. 临床病史的了解　进行尸体剖检前，剖检者必须先仔细了解病死畜禽生前的病史，临床各种化验、检查、诊断结果及死因。根据临床症状、流行病学调查所做出的初步诊断，确定动物尸体能否进行剖检。属于国家规定的禁止剖检的患病动物尸体，一定不能剖检，如炭疽动物尸体。

四、剖检的注意事项

1. 了解病史　尸体剖检前，应先详尽了解病畜所在地区的疾病的流行情况、生前病史，包括临床症状、检查、临床诊断治疗，以及饲养管理和临死前的表现等。

2. 尸体剖检的时间　剖检应在动物死后立即进行。尸体放久后，容易腐败分解，尤其在夏天，这会影响对原有病变的观察和诊断。一般死后超过 24h 的尸体，就失去剖检意义。此外，剖检最好在白天进行，因在灯光下，一些病变颜色（如黄疸、变性等）不易辨认。

3. 脏器的检查、摘取和取材　在采取某一脏器前，应先检查与该脏器有关的各种联系。例如，发现肝脏有慢性淤血时，应对心脏、肾脏和肺脏进行检查，以判明原因。

已摘下的器官，在未切开之前，先称其重量，然后测其长、宽和厚度。

切脏器的刀、剪应锋利，切开脏器时要由前向后，一刀切开，不要由上向下挤压，或做拉锯式的切法。切未经固定的脑和脊髓时，应先使刀口浸湿，然后再下刀，以使切面平整。

五、剖检的步骤

为了保证剖检质量和提高工作效率，尸体剖检必须按一定的方法和顺序进行。但有时因剖检的目的和具体条件不同，也可有一定的灵活性。通常采用的剖检顺序为：外部检查→剥皮和皮下检查→内部检查→腹腔脏器的取出和检查→盆腔脏器的取出和检查→胸腔脏器的取出和检查→颅腔检查和脑的取出和检查→口腔和颈部器官的取出和检查→鼻腔的剖开和检查→脊椎管的剖开和检查→肌肉和关节的检查→骨和骨髓的检查。

六、剖检病变的描述

对于病理变化的描述，要客观地运用通俗易懂的语言文字加以表达，不可直接用病理学术语或名词代替病变的描述。如病变情况复杂，可绘图并配以文字说明，以求尽可能客观地反映病变的真实情况。为了描述不失真，用词必须准确，不能含糊不清。

1. 位置　指各脏器的位置有无异常表现，脏器彼此间或脏器与体腔壁间有无粘连等。如肠扭转时，可用扭转180°、360°等表示。

2. 大小、重量和体积　最好用数字表示，一般以 cm、g、mL 为单位。如因条件所限，也可用实物比喻，如针尖大、米粒大、黄豆大、蚕豆大、鸡蛋大等，不宜用"肿大""缩小""增多""减少"等主观判断的术语。

3. 形状　一般用实物比拟，如圆形、椭圆形、菜花形、结节状等。

4. 表面　指脏器表面及浆膜的异常表现，可采用絮状、绒毛样、凹陷或突起、斑点、干酪样、粉末样、光滑或粗糙、晦暗等表示。

5. 颜色　单一的颜色可用鲜红、淡红、苍白、棕色、灰色、淡黄、鲜黄、暗黄等。两种颜色应用紫红、灰白、棕黄等（前者表示次色，后者表示主色）形容。

6. 湿度　一般用湿润、干燥等表述。

7. 透明度　一般用混浊、透明、半透明等表述。

8. 切面　常用平整或突起、详细结构不清、血样物流出、呈海绵状等表示。

9. 质地和结构　用坚硬、柔软、有弹性、脆弱、胶样、水样、粥样、干酪样、髓样、肉样、颗粒状、结节状等表示。

10. 气味　常用恶臭、酸败味等。

11. 管状结构　常用扩张、狭窄、闭塞、弯曲等表示。

12. 正常与否　对于无肉眼变化的器官，一般不用"正常""无变化"等名词，因为无肉眼变化不一定说明无细胞组织变化，通常可用"无肉眼可见变化"来概括。

七、剖检记录的整理分析和病理报告的撰写

病理报告的内容主要包括以下四部分：概述、剖检记录、病理解剖学诊断和结论。

（一）概述

概述部分主要记载动物的主人包括动物所属单位及畜主姓名，动物的种类、性别、年龄、毛色、用途、特征等，临床摘要及临床诊断，发病日期，死亡时间，剖检时间，剖检地点和剖检者的姓名等。

临床摘要及临床诊断的内容，包括简要病史、发病经过、主要症状、临床诊断、治疗经过、有关流行病学材料及有关实验室检验的各项结果等。上述内容可作为诊治疾病时的一个参考，作为查明发病原因的一个线索。

（二）剖检记录

病理剖检记录是对剖检所见动物呈现的病理变化和其他有关情况所做的客观记载，是病理报告的重要依据，也是进行综合分析病症、研究疾病的原始资料之一。剖检记录最好在尸体剖检过程中进行，一般由术者口述，专人记录。条件不允许时，应在剖检完毕后立即补

记。尸检记录可用预先印好的表格，临用时填写，也可用空白纸直接记录。最好用印制的剖检报告书写，可以避免遗漏。

1. 尸体剖检记录要客观 在剖检过程中或补记时，对观察到的病变要进行如实描述，实事求是，应反映出发生的病理变化的原貌。

2. 尸体剖检记录既要详细全面，又要突出重点 详细全面表现为在剖检时，应仔细地、尽可能地找到尸体的全部病变，同时把这些病理变化逐一记录下来。同时，在记录时应突出重点，就是要全力找出主要病变，以便进行诊断。

（三）病理解剖学诊断

病理解剖学诊断是根据剖检所见眼观变化，结合病理组织学检查，进行综合分析，判断病变主次，采用病理学术语加以概括，肯定病变的性质。例如，出血性肠炎、肝淤血、肺水肿、肝脂肪变性等。

（四）结论

根据病理解剖学诊断，结合病畜（禽）生前的临床症状及其他临床诊断资料进行综合分析，找出病变之间、病变与临床症状之间的关系，最后做出结论性判断，阐明动物发病和致死的原因，进一步做出疾病诊断，提出处理意见和建议，如猪瘟、棉籽饼中毒等。

若无法做出疾病诊断，则仅列出病理解剖学诊断。最后，主检者签名并注明报告时间。

八、病理组织学材料的摘取和固定

为了详细查明原因，做出正确的诊断，需要在剖检的同时摘取病理组织材料，及时固定，送至病理切片实验室制作切片，进行病理组织学检查。

①有病变的器官或组织，要选择病变显著部分或可疑病灶。取样要全面而具有代表性，能显示病变的发展过程。在同一块组织中应包括病灶和正常组织两个部分，且应包括器官的重要结构部分。如胃、肠，应从浆膜到黏膜各层组织。肾脏应包括皮质、髓质和肾盂。心脏应包括心房、心室及其瓣膜各部分。对于较大而重要病变处，可分别在不同部位采取组织多块，以代表病变各阶段的形态变化。

②各种疾病病变部位不同，选取病理材料时也不完全一样。遇病因不明的病例时，应多选取组织，以免遗漏病变。

③选取病理材料时，切勿挤压或损伤组织。切取组织块所用的刀剪要锋利，切取组织块时必须迅速而准确。

④组织块在固定前不要用水冲，非冲不可时只可以用生理盐水或 PBS 轻轻冲洗。

⑤为了防止组织块在固定时发生弯曲、扭转，对易变形的组织如胃、肠、胆囊等，切取后将其浆膜面向下平放在稍硬厚的纸片上，然后徐徐浸入固定液中。对于较大的组织片，可用两片细铜丝网放在其内外两面系好，再行固定。

⑥选取组织块的大小。通常长宽 $1\sim1.5cm$，厚度为 $0.4cm$ 左右，必要时组织块的大小可增大到 $1.5\sim3cm$，但厚度最厚不宜超过 $0.5cm$，以便固定液容易穿透。

⑦组织固定瓶上应贴好标签，标签上应注明动物品种、编号、采样时间及所用的固定液。相类似的组织应分别置于不同的瓶中或切成不同的形状，以便区别。

⑧为了尽量保持生前状态，切取的组织块应及时投放入固定液中固定。常用的固定液是10％福尔马林固定液（即4％的甲醛溶液），固定时间需24～48h。为避免材料的挤压和扭转，装盛容器最好用广口瓶。固定液要充足，最好要10倍于该组织体积。固定液容器不宜过小。容器底部可垫以脱脂棉花，以防止组织固定不良或变形。肺脏组织含气多，易漂浮于固定液面，要盖上薄片脱脂棉花，保证固定效果。

⑨固定液的配制。10％福尔马林液的配制：市售的甲醛液1份加水3份混合而成。为了保持固定液的中性反应，可加入少量碳酸钙或碎大理石，用其上层清液（目的是为了防止固定液变酸性，出现福尔马林高铁血黄素沉着）。有条件的，应该选用10％中性缓冲福尔马林固定液。

10％中性缓冲福尔马林固定液（1 000mL）的配制方法：

甲醛（液体）	100mL
磷酸二氢钠（NaH_2PO_3）	4g
磷酸氢二钠（Na_2HPO_3）	6.5g
蒸馏水	900mL

混合溶解后备用，pH 7.2～7.4。

九、病理组织学材料的包装与运送

剖检者不但要注意病尸的形态学变化，而且需要研究病原微生物和各种毒物。因为有时形态学的变化比较轻微，而病原微生物检查或毒物的分析却能找到动物发病与死亡的原因，故剖检者要负责采集材料。如果要运送至外单位进行检查化验，剖检者还应将采集的材料进行初步处理，附上详细说明，方可寄送。对于需要外送的病理组织学样品，应注意如下几点。

1. 密封　如将标本运送他处检查时，应严格密封后，并防止破碎和震动。送大块标本时，先将标本固定几天之后，取出标本，用数层浸渍有固定液的纱布包裹，先装入金属容器或塑料容器中，然后再放入邮寄包装箱中。

将固定完全和修整后的组织块，用浸渍固定液的脱脂棉花包裹，放置于广口瓶或塑料袋内，并将其口封固，即可派人运送。同时应将整理过的尸体剖检记录及有关材料一同送出。并在送检单上说明送检的目的，组织块的名称、数量等。

传染病病例的标本，一定要先固定杀菌，后置金属容器中包装，切不可麻痹大意，以免途中散布传染。

2. 防冻结　冬季寒冷时，为防止运送中冻坏组织，可先用10％福尔马林固定，以后再用30％～50％甘油福尔马林或甘油酒精固定运送。

3. 备份　执行剖检的单位，最好留有各种脏器的代表组织，以备必要时复检之用。

十、病原学检测病料的采集及运送

为了使检查结果可靠，采集病原材料应在病畜死后越早越好，夏天不超过24h，冬天可稍长一些。同时各种材料的采集最好在剖开胸腹腔后、未取出脏器之前，以免受污染而影响检查结果。在运送材料时，应说明该动物的饲养管理情况、死亡日期与时间，病料采集的日期与时间，申请检查的目的，病料性状及可疑疾患等。若疑为传染病，应说明家畜发病率、死亡率及剖检所见。

（一）细菌学检查病料的采集与运送

采集细菌学检查用的病料，要求无菌操作，以避免污染。使用的工具要煮沸消毒，使用前再经火焰消毒。在实际工作中不能做到时，最好取新鲜的整个器官或大块的组织及时送检。在剖检时，器官表面常污染，故在采集病料之前，应先清洁及杀灭器官表面的杂菌。在切开皮肤之前，局部皮肤应先用来苏儿消毒；摘取内脏时，不要触及其他器官。如果当场进行细菌培养，可用调药刀在灯上烤至红热，烧灼取材部位，使该处表层组织发焦，而后立即取材接种。

1. 心血 以毛细吸管或 20mL 的注射器穿过心房，刺入心室内。毛细吸管制法：将玻璃管加热拉长，从中折断即可。现在常用一次性注射器采血，但针头要粗些。心血抽取困难时可以挤压肝脏。

2. 实质脏器 用无菌用具采取组织块放于灭菌的试管或广口瓶中，取的组织块大小约 $2cm^2$ 即可。若不是当时直接培养而是外送检查，组织块要大些；要注意各个脏器组织分别装于不同的容器内，避免相互感染。

3. 胸腹水、心囊液、关节液及脑脊髓液 以消毒的注射器和针头吸取，分别注入经过消毒的容器中。

4. 其他 脓汁和渗出物用消毒的棉拭子采取后，置于消毒的试管中运送。检查大肠杆菌、肠道杆菌时，可结扎一段肠道送检；或先烧灼肠浆膜，然后自该处穿破肠壁，用吸管或棉拭子采取内容物检查，或装在消毒的广口瓶中送检。痰液也可用此法。细菌性心瓣膜炎可采取赘生物培养及涂片检查。

5. 涂片或印片 此项工作在细菌学检查中颇有价值，尤其是对于难培养的细菌更是不可缺少的手段。普通的血液涂片或组织印片用美蓝或革兰氏染色。结核分枝杆菌、副结核分枝杆菌等用抗酸染色。一般原虫疾病，则需作血液或组织液的薄片及厚片。厚片的制作：用洁净玻片，滴一滴血液或组织液于其上，使之摊开约 1cm 大小，平放于洁净的 37℃ 温箱中，干燥 2h 后取出，浸于 2％冰醋酸 4 份及 2％酒石酸 1 份的混合液中，5～10min，以脱去血红蛋白，取出后再脱水，并于纯酒精中固定 2～5min，备用（进行染色检查）。若是本单位缺乏染色条件，需寄送外单位进行检查，还应该把一部分涂片和印片用甲醇固定 3min 后不加染色一起寄出。此外，脓汁和渗出物也可以采用本方法。

6. 取作凝集试验、沉淀试验、补体结合试验及中和试验用的血液、脑脊髓液或其他液体 均需用干燥消毒的注射器及针头采取，并置于干的玻璃瓶或试管中。如果是血液，应该放成斜面，避免震动，防止溶血，待自然凝固析出血清后再送检或者抽出血清送检。

上述送检材料均应保持正立、系缚于木架上，装入保温瓶中或将材料放入冰筒内，外套木（纸）盒，盒中塞紧锯末等物。玻片可用火柴棒间隔，但表面的两张要把涂有病料的一面向内，再用胶布裹紧，装在木盒中寄送。

（二）病毒学检查病料的采集与运送

用于病毒学检查的病料也必须采用无菌操作方法采样。选取病毒材料时，应考虑到各种病毒的致病特性，选择各种病毒侵害的组织。在选取过程中，力求避免细菌的污染。病料置于消毒的广口瓶内或盖有软木塞的玻璃瓶中。用作病毒检查的心血、血清及脊髓液，应用无菌方法采取，置于灭菌的玻璃瓶中，冷藏在冰筒内送检。如果暂时运送不了，应将病料保存于－80℃或－20℃冰柜中。

疑为狂犬病的尸体，应在死后立刻将其头颅取下，置于不漏水的容器中，周围放冰块。也可以将脑剖出，切开两侧大脑半球，一半置于未稀释的中性甘油中，另一半放在10%福尔马林溶液中。传染性马脑脊髓炎病例，最好在死后立即以无菌操作将脑取出，采取大脑与小脑组织若干块，装入盛有50%灭菌甘油生理盐水的瓶中。

十一、毒物学检查病料的采集及运送

死于中毒的动物，常因食入有毒植物、杀虫农药或其他毒物所致。若怀疑动物死于中毒，采集的送检病料应包括肝、肾组织和血液标本，还要采取胃、肠、膀胱等内容物，以及饲料样品等。各种内脏及内容物应分别装于无化学杂质的玻璃容器内。为防止发酵影响化学分析，可以冰冻，保持冷却运送。容器需先用重铬酸钾-硫酸洗涤液洗涤，再用常水冲洗，再用蒸馏水冲洗两三次即可。所取的材料应避免化学消毒剂污染；送检材料中切不可放入化学防腐剂。

根据剖检结果并参照临床资料及送检样品性状，亦可提出可疑的毒物，作为实验室诊断的参考。送检时应附有尸检记录。例如，疑似铅中毒，实验室可先进行铅分析，以节省不必要的工作。

十二、剖检后动物尸体的消毒和无害化处理

尸体剖检完毕，尸体不得随意处理，应按有关规定处置，严禁食用肉尸和内脏，未经处理的皮毛等物也不得利用。根据条件和疾病的性质，对尸体进行掩埋或焚烧处理。可立即将尸体、垫料和被污染的土层一起投入坑内，撒上生石灰或喷洒消毒液后，用土掩埋。有条件的，最好进行焚烧。剖检后的场地要彻底消毒，剖检器械、衣物都要消毒和洗净。

需要强调的是，对于患炭疽病畜禽的尸体，根据《病死及病害动物无害化处理技术规范》（农医发〔2017〕25号）的规定，只能进行焚毁处理，不能掩埋，更不能剥皮或食用。

十三、剖检人员的自身防护

为了保障人和动物健康，在剖检过程中应保持清洁并注意严格消毒。剖检时，剖检人员应穿好工作服、胶靴，围上围裙，戴好口罩、工作帽，戴好乳胶手套，外加薄棉纱手套。剖检操作时要稳妥，万一不慎割破皮肤，应立即停止剖检，以碘酒消毒伤口，更换剖检人员。剖检完毕后，剖检人员双手先用肥皂洗涤，再用消毒液冲洗，为了消除粪便和尸腐臭味，可先用0.2%高锰酸钾溶液浸洗，再用2%～3%草酸溶液洗涤退去棕褐色后，再用清水冲洗。将用具、衣物清洗干净、消毒，一次性物品消毒后深埋或焚烧。经常参加剖检工作的人员应做好相关疾病的疫苗接种。

第二节　动物病理剖检的方法

一、马属动物的病理剖检方法

（一）外部检查

1. 营养状况　根据肌肉的发育和皮下脂肪的蓄积状态来判断。

2. 可视黏膜　注意检查眼结膜、鼻腔、口腔、肛门和生殖器等处黏膜。着重观察有无贫血、淤血、出血、黄疸、溃疡和外伤等；天然孔的开闭状态；有无分泌物、排泄物及其性状等。

3. 体表一般检查　检查有无新旧外伤、被毛光泽度、厚度，有无脱毛、褥疮、溃疡、脓肿、创伤、肿瘤、外寄生虫、皮下（尤其是腹部皮下）浮肿和脓肿等。

（二）内部检查

包括剥皮、皮下检查、各体腔的剖开、内脏的采出及内脏器官的检查等。马的腹腔右侧被盲肠和大结肠占据，为便于腹腔器官的采出，在剖开腹腔时应取右侧卧位。剖开腹腔前，先将左前肢与左后肢自尸体分离。

1. 剥皮　先由下颌部至胸正中线切开皮肤，至脐部后把切线分为两条，绕开生殖器或乳房，最后会合于尾根部。然后沿四肢内面的正中线切开皮肤，到球节做环形切线，再从这些切线剥下全身皮肤。因传染病而死亡动物的尸体，一般不剥皮，以防病原体传播。在剥皮过程中，应注意检查浅表淋巴结的状态，要特别注意下颌、肩前、股前、乳房和浅腹股沟淋巴结的检查。检查肌肉状态，注意肌肉丰瘦、色泽和有无炎症、坏死或寄生虫病变。乳房检查要注意外形、体积、硬度和各乳头有无病变，然后沿腹面正中线切开乳房，分左右两半将乳房割下。乳房内部检查可做若干平行切面，注意其内乳汁的性状，排乳管的状态，实质与间质的比例，内部有无结节、脓肿、坏死、钙化、纤维化、囊肿或肿瘤等。公马外生殖器官检查，可先将其由腹壁切离至骨盆边缘，视检阴囊后，留待与骨盆腔中的内生殖器官同时取出检查。

2. 切离前、后肢

（1）前肢　沿肩胛骨前缘切断臂头肌和颈斜方肌，再在肩胛骨的后缘切断背阔肌，在肩胛软骨部切断胸斜方肌，最后将前肢向上方牵引，由肩胛骨内侧切断胸肌、血管、神经、下锯肌、菱形肌等，取下前肢。

（2）后肢　在股骨大转子部切断臀肌及股后肌群，将后肢向背侧牵引，由内侧切断股内侧肌群、髋关节的回韧带和副韧带，即可取下后肢。

3. 腹腔脏器的采出

（1）切开腹腔　先将睾丸或乳房从腹壁切离。从肷窝沿肋弓切开腹壁至剑状软骨，再从肷窝沿髂骨体切开腹壁至耻骨前缘。切开腹壁后，立即检查腹腔液的量和性状；腹膜是否光滑，有无充血、淤血、出血、破裂、脓肿、粘连、肿瘤和寄生虫；腹腔内脏的位置是否正常，肠管有无变位、破裂，膈的紧张程度及有无破裂，大网膜脂肪的含量等。

（2）肠的摘出　用两手握住大结肠的骨盆曲部，往腹腔外前方引出大结肠。将小肠全部拿到腹腔外的背部，剥离十二指肠结肠韧带，在十二指肠与空肠之间结上两道结扎，从中间切断。用左手抓住空肠的断端，向身前牵引，使肠系膜保持紧张，右手将刀从空肠断端开始，靠近肠管切断系膜，直到回盲瓣处进行两道结扎，并从中间切断，取出小肠。在采出小肠的同时，要注意做到边切边检查肠系膜和淋巴结等有无变化。

将小结肠拿回到腹腔内，再将直肠内的粪球向前方压挤，从直肠的起始部切断。抓住小结肠断端，切断后肠系膜，在十二指肠结肠韧带处，结扎小结肠，切断后取出。

用手触摸前肠系膜动脉根，检查有无寄生虫性动脉瘤。然后将结肠上的两条动脉和盲肠上的两条动脉从肠壁上剥离，距前肠系膜动脉根约 30cm 处切断，并将其断端交由助手牵引。这时剖检者用左手握住小结肠断端，向自身的方向牵引，用右手剥离附在大结肠胃状膨大部和盲肠底部的胰脏，然后将胃膨大部、盲肠底部和背部联结的结缔组织充分剥离，即可将大结肠、盲肠全部取出。

（3）脾、胃和十二指肠的摘出　左手抓住脾头向外牵引，使其各部韧带呈紧张状态，并切断之，然后将脾和大网膜一起拿出。胃和十二指肠的采出，先从膈的食管孔切开膈肌，抓住食管用力牵引并切断，然后再切断胃和十二指肠周围的韧带，便可采出。

（4）胰腺、肝脏、肾脏和肾上腺的摘出　胰腺可由左叶开始逐渐切下，或将胰腺附于肝门部和肝脏一同取出，也可随腔动脉、肠系膜一并采出。采出肝脏时，先切断左叶周围的韧带及后腔静脉，然后切断右叶周围的韧带、门静脉和肝动脉，便可取出。采出肾脏和肾上腺时，肾上腺与肾脏同时采出，也可单独采出。

4. 胸腔脏器的采出

（1）锯开胸腔　锯开胸腔之前，先检查肋骨的高低及肋骨与肋软骨结合部的状态。剖开胸腔的方法有二：其一是将膈的左半部从季肋部切下，用锯把左侧肋骨上端从靠近脊柱处和下端与胸骨连接处锯断，只留第一肋骨，这样即可将左胸腔全部暴露。其二是用骨剪剪断靠近胸骨的肋软骨，用刀逐一切断肋骨之间的肋间肌，分别将每根肋骨向背侧扭转。并将肋骨小头周围的关节韧带扭断，一根一根地去除肋骨，暴露左侧胸腔。打开胸腔后，要注意检查胸腔液的量和性状；胸腔内有无血液、脓汁；胸膜面是否光滑，有无出血、炎症、肥厚，肺胸膜和肋胸膜有无粘连，纵隔和纵隔淋巴结、食道、大动脉和静脉有无异常；幼畜胸腺有无变化等。

（2）心脏的采出　在心包左侧中央做十字形切口，将手洗净，把食指与中指插入心包腔，提起心尖，检查心包液的量和性状；沿心脏的左纵沟左右各1cm处，切开左、右心室，检查血量及其性状；将左手拇指与食指伸入心室的切口内，轻轻牵引，然后切断心基部的血管，取出心脏。

（3）肺脏的采出　切断纵隔膜的背侧部，检查右侧胸腔液的量和性状；切断纵隔膜的后部；切断胸腔前部的纵隔膜、气管、食管和前腔动脉，并在气管轮上做一小切口，将左手指和中指伸入切口牵引气管，即可将肺脏采出。

（4）腔动脉的采出　从前腔动脉至后腔动脉的最后分支部，沿胸椎、从腰椎的下面切断肋间动脉，即可将腔动脉和肠系膜一并取出。

5. 骨盆腔脏器的采出　首先锯断髂骨体，然后锯断耻骨和坐骨的髋臼支。除去锯断的骨体，用刀切离直肠与盆腔上壁的结缔组织。母马还要切离子宫与卵巢，再由骨盆腔下壁切离膀胱颈、阴道及生殖腺等，最后切断附着于直肠的肌肉，将肛门、阴门做圆形切离，即可取出骨盆腔脏器。

6. 口腔及颈部器官的采出　切断咬肌；在下颌的第一臼齿前，锯断左侧下颌骨支；切断下颌骨支内面的肌肉和后缘的腮腺、下颌关节的韧带及冠状突周围的肌肉，将左侧下颌骨支取下；用左手握住舌头，切断舌骨及其周围组织，再将喉、气管和食管的周围组织切离，直至胸腔入口处一并取出。

7. 颅腔的打开与脑的采出

（1）切断头部　沿环枕关节横断颈部，使头与颈分离，然后再除去下颌骨体及右侧下颌骨支。切除颅顶部附着的肌肉。

（2）取脑 将头骨平放，沿两颞窝前缘横锯额骨；距前锯线往后 2～3cm 再锯一平行线；从颞窝前缘连线的中点至两颧弓上缘各锯一线；由颧弓至枕骨大孔，左右各锯一线。用锤和凿子撬去额部两条锯线间的骨片，将凿子伸入锯口内，用力揭开颅顶，即可使脑露出。然后用外科刀切离硬脑膜，并切断脑底部的神经，取出大脑、小脑、延脑和脑垂体。

8. 鼻腔的锯开 先沿两眼的前缘用锯横行锯断，然后在第一臼齿前缘锯断上颌骨，最后用锯纵行锯断鼻骨和硬腭，打开鼻腔，取出鼻中隔。

9. 脊髓的采出 先锯下一段胸骨（5～15cm），而后取一段肋软骨，插入椎管内、顶出脊髓；或沿椎弓的两侧与椎管平行锯开椎管，取出脊髓。

10. 脏器的检查 脏器的检查是尸体剖检的重要一环，也是病理学诊断的重要依据。在检查中，对各脏器进行认真细致的检查，客观地描述各种病理变化，并及时记录下来。

（1）腹腔器官的检查

胃的检查：首先检查胃的大小，胃浆膜面的色泽，有无粘连，胃壁有无破裂。然后用肠剪由贲门沿大弯剪至幽门，检查胃内容物的量、性状、臭味、有无寄生虫等。最后检查胃黏膜的色泽，有无水肿、出血、炎症等。

大肠和小肠检查：打开肠管之前，应先检查肠管浆膜的色泽，有无粘连、肿瘤、寄生虫结节，同时检查淋巴结的性状等。小肠由十二指肠开始，沿肠系膜附着部向后剪开；盲肠沿纵带由盲肠底剪至盲肠尖；大结肠由盲肠结口开始，沿大结肠纵带剪开；小结肠沿肠系膜附着部剪开。各部肠管剪开时，要做到边剪开边检查肠内容物的量、性状、臭味以及有无血液、异物、寄生虫等。去掉肠内容物后，检查肠黏膜的性状。看不清时，可用水轻轻冲洗后检查。注意黏膜的色泽、厚度、淋巴组织（淋巴小结）的性状以及有无炎症等。

脾脏检查：先检查脾脏大小、硬度、边缘的厚薄以及脾淋巴结的性状。然后检查脾脏被膜的性状和色泽。最后进行切面检查，从脾头切至脾尾，检查脾髓的色泽，脾小体和脾小梁的性状，并用刀背或刀刃轻轻刮脾髓，检查血量的多少。

肝脏的检查：先检查肝脏的大小，被膜的性状，边缘的厚薄，实质的硬度和色泽，以及肝淋巴结、血管、肝管等的性状。然后做切面，检查切面的血量、色泽，切面是否隆突，肝小叶的结构是否清晰，有无脓肿、肝砂粒症及坏死灶等变化。

胰脏检查：检查胰脏的色泽和硬度，沿胰脏的长径做切面，检查有无出血和寄生虫。

肾脏检查：检查肾脏大小、硬度，切开后检查被膜是否容易剥离，肾表面的色泽、平滑度，有无疤痕、出血等变化。然后，检查切面皮质和髓质的色泽，有无淤血、出血、化脓和坏死，切面是否隆突，以及肾盂、输尿管、肾淋巴结的性状。

肾上腺检查：检查其外形、大小、色泽和硬度，然后做纵切或横切，检查皮质、髓质的色泽及有无出血。

（2）胸腔器官的检查

心脏检查：首先检查心脏纵沟、冠状沟的脂肪量和性状，以及有无出血。然后检查心脏的大小、色泽，以及心外膜有无出血和炎性渗出物。检查心外膜后，沿左纵沟左侧的切口，切至肺动脉的起始部；再沿左纵沟右侧的切口，切至主动脉起始部。然后将心脏翻转过来，沿右纵沟的左右侧各 1cm 处做平行切口；切至心尖与左侧切口相连接，通过房室口切至左心房及右心房。打开心腔后，检查心内膜色泽和有无出血，瓣膜是否肥厚，心肌的色泽、硬度，以及有无出血和变性等。

肺脏检查：检查肺脏的大小，肺胸膜的色泽，以及有无出血和炎性渗出物等。然后用手触摸各肺叶，检查有无硬块、结节和气肿，并检查肺淋巴结的性状。然后用剪剪开气管和支气管，检查黏膜的性状、有无出血和渗出物等。最后将左右肺叶横切，检查切面的色泽和血液量的多少，有无炎性病变、鼻疽结节和寄生虫结节等。

（3）口腔、鼻腔及颈部器官的检查

口腔检查：检查牙齿的变化，口腔黏膜的色泽，有无外伤、溃疡和烂斑，舌黏膜有无出血与外伤。

咽喉检查：检查黏膜色泽、淋巴结的性状。

鼻腔检查：脑组织取出后，将头骨于距正中线 0.5cm 处纵行锯开，把头骨分成两半，其中一半带有鼻中隔，用刀将鼻中隔沿其附着部切下，检查鼻中隔和鼻道黏膜的色泽、外形，有无出血、结节和溃疡，必要时可在额骨部做横行锯线，检查额窦和鼻甲窦。

下颌及颈部淋巴结检查：检查下颌及颈部淋巴结的大小、硬度、有无出血和化脓等。

（4）脑的检查　打开颅腔后，检查硬脑膜和软脑膜，有无充血、淤血、出血。切开大脑，检查脉络丛的性状及脑室有无积水。然后，横切脑组织，检查有无出血及液化性坏死等。

（5）骨盆腔器官的检查

膀胱检查：检查膀胱的大小、尿量、色泽以及黏膜有无出血和炎症等。

子宫检查：沿子宫体背侧剪开左右子宫角，检查子宫内膜的色泽，有无充血、出血及炎症等。

（6）肌肉的检查　通常只对眼观有明显变化的部分进行检查，注意其色泽、硬度和病变的性质等。

（7）脊髓的检查　先检查脊髓硬膜，注意脊髓液的数量和性状，再切断与脊髓相联系的神经，切断脊髓的上、下两端，即可将所分离的脊髓取出。脊髓检查要注意软脊膜状况和脊髓的色泽、外形与质地，再将脊髓做多个横切，检查切面上灰质、白质和中央管的状况。

二、反刍动物（牛、羊）的病理剖检方法

牛、羊是反刍动物，其腹腔脏器的解剖结构（主要是胃、肠）与马有很大差异，因此，剖检方法上也要有相应的改变。

反刍动物有 4 个胃，占腹腔左侧的绝大部分及右侧中下部，前至 6～8 肋间，后达骨盆腔。因此，牛的尸体剖检，通常采取左侧卧位，这样便于检查腹腔内肠管等其他器官。羊由于体躯小，故以背卧位（仰卧）更便于采取脏器。切开羊胸腔的方法是先用刀或骨剪切断肋软骨和胸骨联结部，再用刀伸入胸腔，划断脊柱左右侧胸壁肋骨与胸椎连接的关节，敞开胸腔，这样便于将胸腔内的心脏、肺脏和气管一并采出。

（一）腹腔的剖开

从右侧䏚窝部沿肋骨弓至剑状软骨切开腹壁，再从髋结节至耻骨联合切开腹壁，然后将被切成楔形的右腹壁向下翻开，即露出腹腔。

（二）腹腔脏器的采出

腹腔剖开后，在剑状软骨部可见网胃，右侧肋骨后缘为肝脏、胆囊和皱胃，右䏚部见盲肠，其余的脏器均为网膜所覆盖。为了采出腹腔脏器，应先将网膜切除，然后依次采出小肠、大肠、胃和其他器官。

1. 网膜的切除 以左手牵引网膜，右手执刀，将大网膜浅层和深层分别自其附着部切离，再将小网膜从其附着部切离，此时小肠和肠盘均显露出来。

2. 空肠和回肠的采出 在右侧骨盆腔前缘找到盲肠，提起盲肠，沿盲肠体向前可见连接盲肠和回肠的三角韧带，即回盲韧带。切断回盲韧带，分离一段回肠，在距盲肠约15cm处将回肠做二重结扎并切断，由此断端向前分离回肠和空肠直至空肠起始部，即十二指肠空肠曲，再做二重结扎并切断，取出空肠和回肠。

3. 大肠的采出 在骨盆腔口找出直肠，将直肠内粪便向前方挤压，在其末端做一次结扎，并在结扎的后方切断直肠。然后握住直肠断端，由后向前把降结肠从背侧脂肪组织中分离出来，并切离肠系膜直至前肠系膜根部。再将横行结肠、肠盘与十二指肠回行部之间的联系切断。最后把前肠系膜根部的血管、神经、结缔组织一并切断，取出大肠。

4. 胃、十二指肠和脾脏的采出 先检查有无创伤性网胃炎、横膈炎和心包炎，以及胆管、胰管的状态。如有创伤性网胃炎、横膈炎和心包炎，应立即进行检查，必要时将心包、横膈和网胃一同采出。

通常先分离十二指肠肠系膜，切断胆管、胰管和十二指肠的联系。将瘤胃向后方牵引，露出食道，在其末端结扎并切断。助手用力向后下方牵引瘤胃，术者用刀切离瘤胃与背部相联系的结缔组织，并切断脾膈韧带，即可将胃、十二指肠、胰腺和脾脏同时采出。

5. 腹腔内其他脏器的采出 其方法和马属动物基本相同。

（三）胃的检查

先将瘤胃、网胃、瓣胃之间的结缔组织分离，使其有血管和淋巴结的一面向上，按皱胃在左、瘤胃在右的位置平放在地上。用剪刀沿皱胃小弯部剪开，至皱胃与瓣胃交界处，则沿瓣胃的大弯部剪开，至瓣胃与网胃口处，又沿网胃大弯剪开，最后沿瘤胃上、下缘剪开。这样胃的各部分可全部展开。如网胃有创伤性炎症，可顺食道沟剪开，以保持网胃大弯的完整性，便于检查病变。胃内容物和黏膜的检查，与马的检查基本相同。检查网胃时，应特别注意有无异物和创伤。

（四）颅腔剖开

牛的颅腔剖开方法与马的相同。为了便于打开颅腔，可从枕骨大孔沿枕骨片的中央及顶骨和额骨的中央缝加做一纵锯线，最后用力将左右两角压向两边，颅腔即可暴露。脑的病变主要依靠组织学检查。

三、单胃动物（猪、犬、猫、兔）的病理剖检方法

猪的剖检法基本上与大家畜的剖检法相同，仅就以下不同点加以说明。

1. 尸体取背卧位 在剖开体腔前可以不剥皮。皮下检查可在切开体腔过程中进行。

2. 腹腔的剖开和腹腔脏器的采出 从剑状软骨后方沿白线由前向后，直至耻骨联合做第一切线。然后再从剑状软骨沿左、右两侧肋骨后缘至腰椎横突做第二、三切线，使腹壁切成两个大小相等的楔形，使其向两侧翻开，即可露出腹腔。腹腔剖开后，见结肠呈盘状卷曲，位于腹腔后2/3稍偏右方。盲肠位于左腰部，其盲端及于骨盆。小肠位于腹腔的左前方与右后方，在胃与结肠之间为网膜。

（1）脾脏和网膜的采出 在左季肋部可见脾脏。提起脾脏，并在接近脾脏部切断网膜和其他联系后取出脾脏。然后再将网膜从其附着部分分离采出。

（2）空肠和回肠的采出 将结肠盘向右侧牵引，盲肠拉向左侧，显露回盲韧带与回肠。在离盲肠约15cm处，将回肠做二重结扎切断。然后握住回肠断端，用刀切离回肠、空肠上附着的肠系膜，直至十二指肠空肠曲，在空肠起始部做二重结扎并切断。取出空肠和回肠。

（3）大肠的采出 在骨盆腔口分离出直肠，将其中粪便挤向前方做一次结扎，并在结扎后方切断直肠。从直肠断端向前方切离肠系膜，至前肠系膜根部。分离结肠与十二指肠、胰腺之间的联系，切断前肠系膜根部血管、神经和结缔组织，以及结肠与背部之间的联系，即可取出大肠。然后依次将胃和十二指肠、肾脏、肾上腺、胰腺和肝脏采出，采出方法与马的相同。

3. 胸腔的剖开 用刀切断两侧肋骨与肋软骨的接合部，再切离其他软组织，除去胸壁腹面，胸腔即可露出。胸腔器官的采出和检查方法，均与马的剖检法相同。

4. 剖检小猪 可自下颌沿颈部、腹部正中线至肛门切开，暴露胸、腹腔，切开耻骨联合露出骨盆腔。然后将口腔、颈部、胸腔、腹腔和骨盆腔的器官一起取出。

5. 颅腔剖开 清除头部的皮肤和肌肉，先在两侧眶上突后缘做一横锯线，从此锯线端经额骨、顶骨侧面至枕脊外缘做二平行的锯线，再从枕骨大孔两侧做一Ｖ形锯线与二纵锯线相连。此时将头的鼻端向下立起，用锤敲击枕嵴，即可揭开颅顶，露出颅腔。

四、家禽的病理剖检方法

家禽的解剖结构与大动物不同，在家禽的消化系统中，有发达的肌胃，肠管较短，而十二指肠较大，盲肠有两条。肺小，并固定在肋间隙中，有和肺相通的气囊。两侧肾脏固定在腰荐部，各三叶，无膀胱，输尿管直接通入泄殖腔。左侧卵巢发达，成年禽类右侧的卵巢退化，输卵管通入泄殖腔，睾丸位于腰区。鸡无淋巴结，淋巴组织是在其他组织和器官中散在的，但在泄殖腔上边却有一个独特的淋巴器官即法氏囊（或腔上囊）。在性成熟时（鸡4～5月龄，鸭3～4月龄）最大，以后逐渐萎缩，变小。现以鸡为代表，说明家禽尸检的顺序和方法。

（一）外部检查
外部检查主要包括羽毛、营养状况、天然孔、皮肤、骨和关节。

1. 羽毛的检查 注意是否粗乱，有无脱落，泄殖腔周围羽毛有无粪便污染等。

2. 天然孔的检查 注意口、鼻、眼等有无分泌物及其数量与性状。检查鼻窦时，可用剪刀在鼻孔前将口喙的上颌横向剪断，以手稍压鼻部，注意有无分泌物流出。视检泄殖腔的状态，注意其内腔黏膜的变化、内容物的性状，以及其周围的羽毛有无粪便污染等。

3. 皮肤的检查 检查头冠、肉髯，注意头部及其他各处的皮肤有无痘疮、皮疹或其他病变。观察腹壁及嗉囊表面皮肤的色泽。检查各关节的粗细，有无肿胀，龙骨突有无变形、弯曲等现象。营养状况的检查，可用手触摸胸骨两侧的肌肉丰满度及龙骨的显突状况。

（二）体腔的剖开
用消毒药浸渍羽毛后，拔除颈、胸和腹部的羽毛。切割两翅和两趾内侧基部与躯体的联系，并将翅-趾压下，使尸体仰卧固定，由下颌间隙沿体正中线至泄殖孔切开皮肤并向两侧分离。从泄殖腔至胸骨后端纵切开体腔。在胸骨两侧的体壁上向前延长纵形切口，将两侧体壁剪开。再用骨剪剪断乌喙骨和锁骨，手锯龙骨嵴，向上前方用力搬拉，揭开胸骨，割离肝、心与胸骨的联系及其周围的软组织，即暴露体腔。注意气囊有无病菌生长或其他变化，特别要检查体腔内的炎性渗出物、体腔积血及浆膜炎。

（三）内部检查

1. 脏器的采出

（1）体腔内器官的采出　可先将心脏连心包一起剪离，再采出肝，然后将肌胃、腺胃、肠、胰腺、脾脏及生殖器官一同采出。肺脏和肾脏位于肋间隙内及腰荐骨的凹陷部，可用外科刀柄剥离取出。

（2）颈部器官的采出　先用剪刀将下颌骨、食道、嗉囊剪开。注意食道黏膜的变化，以及嗉囊内容物的分量、性状和嗉囊内膜的变化。再剪开喉头、气管，检查其黏膜及腔内分泌物。颈部皮下注意检查胸腺的颜色，大小。

（3）脑的采出　可先用刀剥离头部皮肤，再剪除颅顶骨，即可露出大脑和小脑。然后轻轻剥离，将前端的嗅脑、脑下垂体及视神经交叉等部逐一剪断，即可将整个大脑和小脑采出。

2. 脏器的检查　检查的方法，基本上和家畜相同。

（1）心脏　将心包囊剪开，注意心包腔液的多少、心包囊与心壁有无粘连。剪开两侧心房及心室，检查心内膜及观察心肌的色泽及性状。

（2）肺　注意观察其形态、色泽和质地，有无结节，切开检查有无炎症、坏死灶等变化。

（3）腺胃和肌胃　先将腺胃、肌胃一同切开，检查腺胃胃壁的厚度，内容物的性状，黏膜及腺体的状态，有无寄生虫。再剥离肌胃的角质膜，检查胃壁性状。

（4）肠　检查黏膜和其内容物的性状，以及有无充血、出血、坏死、溃疡和寄生虫等。两侧盲肠也应剪开检查。

（5）肝　检查肝的形态、大小、色泽、质地，表面有无坏死灶、坏死点、出血点、结节，以及切面的性状。

（6）脾　注意检查脾的形态、大小、色泽、质地，表面及切面的性状等。

（7）肾　分为3叶，分界不明显，无皮质髓质区别，检查时注意其大小、色泽、质地、表面及切面的性状等。肾有尿酸盐沉着时，可见灰白色点，肾肿大。

（8）胰　分为3叶，分别开口于十二指肠，且与胆管开口部相邻。注意检查有无出血等病变。

（9）睾丸　成年禽注意其大小、表面及切面的状态。

（10）卵巢和输卵管　左侧卵巢较发达，右侧常萎缩。输卵管与卵巢接近处为漏斗部，其后为卵白分泌部。检查输卵管时，注意其黏膜和内容物的性状，有无充血、出血和寄生虫。

（11）法氏囊（腔上囊）　是重要的免疫器官，注意有无出血、渗出和坏死等变化。

（12）脑　注意脑膜血管有无充血、出血及切面脑实质的变化。

第六篇

兽医药理学

兽医药理学是研究药物与动物机体（含病原体）之间相互作用规律的一门学科，是一门为兽医临床合理用药防治疾病提供基本理论的基础学科。一方面，研究机体对药物处置的动态变化，包括药物在体内的吸收、分布、生物转化及排泄过程中浓度随时间变化的规律，称为**药代动力学**，简称药动学。另一方面，研究药物对机体的作用、作用原理及作用规律，阐明药物防治疾病的原理，称为**药效动力学**，简称药效学。

学习兽医药理学的目的主要是培养兽医正确选药、合理用药、提高药效、减少不良反应；避免兽药残留遏制病原体耐药，保障动物源性食品安全和公共卫生安全；为进行兽药临床前药理试验研究、开发新兽药及新兽药制剂创造条件。新兽药开发与研究的过程包括临床前研究、临床研究和上市后兽药监测三个阶段。

第一单元　总　　论

第一节　基本概念

一、药物与毒物

药物是指用于预防、治疗、诊断疾病，或者有目的地调节机体生理机能的物质。应用于动物的药物统称为兽药。兽药主要包括血清制品、疫苗、诊断制品、微生态制剂、中药材、中成药、化学药品、抗生素、生化药品、放射性药品及外用杀虫剂、消毒剂等。兽药的使用对象为家畜、家禽、宠物、野生动物、水产动物、蜂和蚕等。

毒物是指能对动物机体产生损害作用的物质。药物超过一定剂量或用法不当，对动物也能产生毒害作用，所以药物与毒物之间没有绝对的界限，它们的区别主要在于使用剂量。如果药物使用剂量过大或使用时间过长，都有可能成为毒物。

二、剂型与制剂

药物原料来自植物、动物、矿物、化学合成和生物合成等。药物原料一般不能直接用于动物疾病的治疗或预防，必须进行加工，制成安全、稳定和便于应用的形式，称为药物的**剂型**。临床常用的剂型一般分为三类：①液体剂型，如溶液剂、酊剂、注射液等。②半固体剂型，如软膏剂、乳膏剂、糊剂等。③固体剂型，如粉剂、预混剂、颗粒剂、片剂、胶囊剂、栓剂等。剂型是集体名词，其中任何一个具体品种，如片剂中的恩诺沙星片、注射剂中的注射用青霉素钠等则称为**制剂**。

三、处方药与非处方药

为了加强兽药监督管理，促进兽医临床合理用药，保障动物产品安全，我国实行兽用处方药和非处方药分类管理制度。**处方药**是指凭兽医的处方才能购买和使用的兽药，因此，未经兽医开具处方，任何人不得销售、购买和使用处方兽药；**非处方药**是指由国务院兽医行政管理部门公布的、不需要凭兽医处方就可以自行购买并按照说明书使用的兽药。对处方药和非处方药的标签和说明书，管理部门有特殊的要求和规定。通过兽医开具处方后购买和使用兽药，可以防止滥用兽药（特别是抗生素和合成抗菌药），遏制细菌耐药、避免兽药残留问题，达到保障动物用药规范、安全有效的目的。

第二节 药代动力学

研究药物在生物体内吸收、分布、生物转化（又称代谢）和排泄过程中药物的变化规律，称为药代动力学，简称药动学。**药代动力学**是研究药物的体内过程中浓度随时间变化的动态规律的科学。在给动物用药后的不同时间采血测定其血药浓度，然后再借助特定的数学模型及数学表达式，计算出一系列药代动力学参数，从速度与量两个方面进行描述、概括并推测药物在体内的动态变化过程规律。药物从进入动物机体至排出体外的过程称药物的体内过程。这个过程分为吸收、分布、生物转化和排泄。事实上这个过程在药物进入机体后是相继发生、同时进行的。在药代动力学上，把分布、生物转化和排泄称为机体对药物的处置，分布、生物转化和排泄称为转运，生物转化和排泄称为**消除**。

一、药物转运的方式

1. 简单扩散 又称被动扩散。大部分药物均通过这种方式转运，其特点是顺浓度梯度，扩散过程与细胞代谢无关，故不消耗能量；没有饱和现象。扩散速率主要决定于膜两侧的浓度梯度和药物的性质，药物分子小、脂溶性大、极性小、非解离型（分子态）的药物易通过生物膜。药物的解离度也因其 pKa（酸性药物解离常数的负对数）及所在体液的 pH 不同而不同。多数药物为弱酸性或弱碱性药物。弱酸性药物在酸性环境中解离少，非解离型多，易通过生物膜；弱碱性药物在酸性环境中则相反。

弱酸性药物（如水杨酸盐、青霉素、磺胺类等）在碱性较高的体液中有较高的浓度；弱碱性药物（如吩噻嗪类、赛拉嗪、红霉素、土霉素等）则在酸性较强的体液中浓度高。在选择抗菌药物治疗奶牛乳腺炎时，利用上述规律，应选择碱性药物，因为乳汁（pH 为 6.5～

6.8）比血浆（pH 为 7.4）有较高的酸度，故碱性药物在乳中有较高的浓度。

2. 主动转运 药物由膜的一侧转运到另一侧，不受浓度差的影响，也可由药物浓度低的一侧转运到较高的一侧。这种转运方式需要消耗能量及膜上的特异性载体蛋白，如 Na^+-K^+-ATP 酶参与，这种转运能力有一定限度，即载体蛋白有饱和性；同时，同一载体转运的两种药物之间可出现相互竞争。

3. 易化扩散 也是有载体介导的转运，但它是顺浓度梯度转运，不需消耗能量，这是与主动转运的区别。

4. 胞饮作用 是生物膜内陷将大分子药物或蛋白质吞饮进入细胞内的一种转运方式。胞吐作用则是将大分子药物从细胞内转运到细胞外，如腺体细胞分泌。

5. 离子对转运 有些高度解离的化合物，如磺胺类和某些季铵盐化合物能从胃肠道吸收，现认为这些高度亲水性的药物，在胃肠道内可与某些内源性化合物结合，如与有机阴离子黏蛋白结合，形成中性离子对复合物，既有亲脂性又具水溶性，可通过被动扩散穿过脂质膜。这种方式称为离子对转运。

二、药物的吸收

吸收是指药物从用药部位进入血液循环的过程。给药途径、剂型、药物的理化性质对药物吸收过程有明显的影响，不同种属的动物对同一药物的吸收也有差异。不同给药途径，吸收率由低到高的顺序为皮肤给药、内服、皮下注射、肌内注射、呼吸道吸入、静脉注射。

1. 内服给药 多数药物可经内服给药吸收，主要吸收部位是小肠。因为小肠绒毛有很大的表面积和丰富的血液供应，所以弱酸、弱碱或中性化合物均可在小肠吸收。弱酸性药物在犬、猫胃中呈非解离状态，也能通过胃黏膜吸收。

内服药物的吸收还受其他因素的影响，主要有：①排空率。排空速率影响药物进入小肠的快慢。不同动物有不同的排空率，如马胃容积小，不停进食，排空时间很短，牛则没有排空。此外，排空率还受其他生理因素、胃内容物的容积和组成等影响。②pH。胃肠液的 pH 能明显影响药物的解离度，不同动物胃液的 pH 有较大差别，是影响吸收的重要因素。胃内容物的 pH：马 5.5，猪、犬 3～4，牛前胃 5.5～6.5，真胃约为 3，鸡嗉囊 3.17。一般酸性药物在胃液中多不解离、容易吸收，碱性药物在胃液中解离、不易吸收，要在进入小肠后才能吸收。③胃肠内容物的充盈度。大量食物可稀释药物，使浓度变得很低，影响吸收。据报道，猪饲喂后对土霉素的吸收少而且慢，饥饿猪的生物利用度可达 23%，饲喂后的猪血药峰浓度仅是饥饿猪的 10%。④药物的相互作用。有些金属或矿物质元素（如钙、镁、铁、锌等）的离子可与四环素类、氟喹诺酮类等在胃肠道发生螯合作用，从而阻碍药物吸收或使药物失活。⑤首过效应。内服药物从胃肠道吸收入门静脉系统在到达血液循环前必须先通过肝脏，在肝药酶和胃肠道上皮酶的联合作用下进行首次代谢，使进入全身循环的药量减少的现象称首过效应，又称"首过消除"或"首过代谢"。不同药物的首过效应强度不同，强首过效应的药物可使生物利用度明显降低，机体可利用的有效药物量少，若治疗全身性疾病，则不宜内服给药。有的药物在被吸收进入肠壁细胞后被代谢掉一部分，也属首过效应。

2. 注射给药 常用的注射给药主要有静脉、肌内和皮下注射。其他还包括组织浸润及关节内、结膜下腔和硬膜外注射等。

快速静脉注射可立即产生药效，并且可以控制用药剂量。静脉滴注是达到和维持稳态浓度的理想技术，达到稳态浓度的时间取决于药物的消除速率。

药物从肌内、皮下注射部位吸收一般 0.5～2h 达峰值，吸收速率取决于注射部位的血管分布状态。其他影响因素包括给药浓度、药物解离度、非解离型分子的脂溶性和吸收表面积。机体不同部位的吸收也有差异，同时使用能影响局部血管通透性的药物也可影响吸收（如肾上腺素）。缓释剂型能减缓吸收速率，延长药效。

3. 呼吸道吸入 气体或挥发性液体麻醉药和其他气雾剂型药物可通过呼吸道吸收。肺有很大的面积（如马 500m²、猪 50～80m²），血流量大，经肺的血流量为全身的 10％～12％，肺泡细胞结构较薄，故药物极易吸收。气雾剂中的颗粒很小，可以悬浮于气体中，可以沉着在支气管树或肺泡内，从肺直接吸收入血。药物经呼吸道吸入的优点是吸收快、免去首过效应，特别是呼吸道感染，可直接局部给药使药物到达感染部位发挥作用；主要缺点是难以掌握剂量，给药方法比较复杂。

4. 皮肤给药 浇淋剂是经皮肤吸收的一种剂型，必须具有两个条件：一是药物必须从制剂基质中溶解出来，然后穿过角质层和上皮细胞；二是由于通过被动扩散吸收，故药物必须是脂溶性。在此基础上，药物浓度是影响吸收的主要因素，其次是基质，如二甲基亚砜、氮酮等可促进药物吸收。但由于角质层是药物穿透皮肤的屏障，一般药物在完整皮肤均很难吸收，目前的浇淋剂其最好的生物利用度不足 20％。因此，用抗菌药或抗真菌药治疗皮肤较深层的感染，全身治疗常比局部用药效果更好。

三、药物的分布

分布是指药物从血液循环转运到各组织器官的过程。药物在动物体内的分布多呈不均匀性，而且经常处于动态平衡，各器官、组织的药物浓度一般与血浆浓度呈平行关系。影响药物分布的因素有：

1. 药物的理化性质 脂溶性高、非解离型、小分子药物的分布范围较广。

2. 血浆蛋白结合率 药物在血浆中能与血浆清蛋白结合、解离，因此药物常以两种形式存在，即游离型与结合型，且二者经常处于动态平衡。结合型药物不能跨膜转运，暂时失去药理活性，也不能被代谢和排泄。当血浆中游离药物的浓度随着分布、消除而降低时，结合型药物可释出游离药物，延缓药物从血浆中消失的速度，使消除半衰期延长。因此，与血浆蛋白结合实际上是一种贮存形式，且具有饱和性与竞争性。药物与血浆蛋白结合是可逆性的，也是一种非特异性结合，但有一定的限量。药物剂量过大超过饱和时，会使游离型药物大量增加，有时可引起中毒。药物与血浆蛋白结合的特异性低，同时使用两个结合于同一位点的血浆蛋白结合率都很高的药物，可发生竞争性置换的相互作用。例如，动物用抗凝血药双香豆素，几乎全部与血浆蛋白结合（结合率 99％），如同时合用保泰松，则可竞争与血浆蛋白的结合，把双香豆素置换出来，使游离药物浓度急剧增加，可能导致出血不止。

药物与血浆蛋白结合率的高低主要决定于化学结构，但同类药物中也有很大的差别，如磺胺二甲氧嘧啶（SDM）在犬的血浆蛋白结合率为 81％，而磺胺嘧啶（SD）只有 17％。另外，动物种属、生理病理状态也可影响血浆蛋白结合率。

3. 器官血流量 药物由血液向组织器官分布的速度主要与组织器官的血流量和膜的通透性有关。单位时间、重量的器官血液流量较大，一般药物在该器官的浓度也较大，如肝、肾、肺等。

4. 药物对组织细胞的亲和力　药物与组织细胞的结合是由于药物与某些组织细胞成分具有特殊亲和力，使药物的分布具有一定的选择性。这种结合常使药物在组织中的浓度高于血浆游离药物的浓度。例如，碘在甲状腺的浓度比在血浆和其他组织约高1万倍，硫喷妥钠在给药3h后约有70%分布于脂肪组织，四环素可与Ca^{2+}络合贮存于骨组织中。药物与某些组织亲和力强而结合是药物作用部位具有选择性的重要原因。

5. 体液的pH和药物的解离度　在正常生理情况下，细胞内液pH（约为7.0）略低于细胞外液pH（约为7.4）。由于弱酸性药物在较碱性的细胞外液中解离较多，因而细胞外液浓度高于细胞内液，碱化血液可使弱酸性药物由细胞内向细胞外转运，酸化血液可使弱酸性药物由细胞外向细胞内转运。根据这一原理，巴比妥类弱酸性药物中毒时，用碳酸氢钠碱化血液可使药物由脑细胞向血浆转运，同时碱化尿液可减少巴比妥类药物在肾小管的重吸收，促进药物从尿中排出。

6. 体内屏障　或称细胞膜屏障，如血脑屏障和胎盘屏障。

血脑屏障是指由毛细血管壁与神经胶质细胞形成的血浆与脑细胞之间的屏障和由脉络丛形成的血浆与脑脊液之间的屏障。这些膜的细胞间连接比较紧密，比一般的毛细血管壁多一层神经胶质细胞，因此，通透性较差，许多分子较大、极性较高的药物不能穿过此膜进入脑内，与血浆蛋白结合的药物也不能进入。初生幼畜的血脑屏障发育不全或脑膜炎患畜，血脑屏障的通透性增加，药物进入脑脊液增多。

胎盘屏障是指胎盘绒毛血流与子宫血窦间的屏障，其通透性与一般毛细血管没有明显差别。大多数母体所用药物均可进入胎儿，故胎盘屏障的提法对药物来说是不准确的。但因胎盘和母体交换的血液量少，故进入胎儿的药物需要较长时间才能和母体达到平衡，即使脂溶性很大的硫喷妥钠也需要15min，这样便限制了进入胎儿的药物的浓度。

四、药物的生物转化

药物在体内发生化学结构的变化称为**生物转化**，又称为**药物代谢**。药物代谢的结果是使药理活性改变，由具活性药物转化为无活性的代谢物，称为**灭活**；而由无活性药物变为活性药物，或药物活性较低变为活性较强称为**活化**。药物代谢是药物在体内消除的重要途径。药物经代谢后作用一般降低或完全消失，但也有经代谢后药理作用或毒性反而增高者。因此，药物在体内的生物转化对保护机体避免蓄积中毒有重要意义。药物在体内代谢的器官主要在肝脏，但血浆、肾脏、肺、脑、胎盘、肠黏膜、肠道微生物、皮肤亦能进行部分药物的代谢。参与药物代谢的酶主要为肝脏的微粒体酶系，主要为混合功能氧化酶。

大多数药物代谢发生在吸收进入血液后、肾脏排泄之前，也有少数药物代谢发生在肠腔和肠壁细胞内。药物的生物转化通常分为Ⅰ相和Ⅱ相反应。Ⅰ相反应包括氧化、还原和水解反应，通过引入或脱去功能基团（—OH、—NH_2、—SH），使原形药生成极性增高的代谢产物。这些代谢产物多为无活性的，但也有一些仍然有活性。Ⅱ相反应是结合反应，内源性物质如葡萄糖醛酸、硫酸、醋酸、甘氨酸等与Ⅰ相反应产物的新功能基团结合，生成具有高度极性的（使水溶性增强）、通常无活性的结合物后经肾脏排泄。

1. 细胞色素P-450（CYP450）**单氧化酶系**　药物在体内的生物转化是在各种酶的催化作用下完成的。参与生物转化的酶主要是肝脏微粒体药物代谢酶系，简称药酶，包括催化氧化、还原、水解和结合反应的酶系。其中最重要的是细胞色素P-450混合功能氧化酶系，又称单氧化酶系。CYP450 为一类亚铁血红素-硫醇盐蛋白的超家族，参与内源性物质和包括药物、环境化合物在内的外源性物质的代谢。CYP450 是一个超大家族，已发现 200 多种酶，存在着复杂的多态性。许多研究表明，CYP450 的多态性是产生药物作用种属和个体差异的最重要的原因之一。除肝中存在 CYP450 外，哺乳动物的肾上腺、肝、肠、脑、脾等也存在，只是其活性较低。例如，肝中 CYP450 的相对活性为 100；其他器官的 CYP450 的相对活性为：肺 10～20、肾 8、肠 6、胎盘 5、肾上腺 2、皮肤 1。

2. 药酶的诱导与抑制　有些药物能兴奋 CYP450 单氧化酶系，促进其合成增加或活性增强，称为**酶的诱导**。现已发现有 200 种以上药物具有诱导 CYP450 氧化酶的作用。这些药物一般具脂溶性，在较长期给药时即可产生诱导作用。常用药物主要有苯巴比妥、安定、苯妥英、水合氯醛、氨基比林、保泰松、苯海拉明等。酶的诱导可使药物本身或其他药物的代谢速率提高，使药理效应减弱，这就是某些药物产生耐受性的重要原因。相反，某些药物可使 CYP450 氧化酶的合成减少或酶的活性降低，称为**酶的抑制**。具有抑制 CYP450 氧化酶作用的药物主要有有机磷杀虫剂、氯霉素、乙酰苯胺、异烟肼、对氨水杨酸等。

CYP450 氧化酶的诱导和抑制均可影响药物代谢的速率，使药物的效应减弱或增强。因此在临床同时使用两种以上药物时，应该注意药物对 CYP450 氧化酶的影响。例如，犬应用氯霉素可使戊巴比妥的代谢减慢，使血中浓度升高，麻醉时间延长。

五、药物的排泄

排泄是指药物的原形和/或代谢产物通过各种途径从体内排出的过程。药物的消除包括生物转化和排泄，大多数药物都通过生物转化和排泄两个过程从体内消除，但极性药物和低脂溶性的化合物主要是从排泄消除。有少数药物则主要以原形排泄，如青霉素、二氟沙星等。药物及其代谢物主要经肾脏排泄，其次是通过胆汁随粪便排出。此外，少部分药物可经乳腺、肺、唾液、汗腺排泄。

1. 肾排泄　肾排泄是极性高（离子化）的代谢产物或原形药的主要排泄途径。排泄方式包括三种机制：肾小球滤过、肾小管分泌和肾小管重吸收。

肾小球毛细血管的通透性较大，在血浆中的游离和非结合型药物，可从肾小球基底膜滤过，肾小球滤过药物的数量决定于药物在血浆中的浓度和肾小球的滤过率。

有些药物及其代谢物可在近曲小管分泌（主动转运）排泄，这个过程需要消耗能量。参与转运的载体相对来说是非特异性的，既能转运有机酸，也能转运有机碱。同时其转运能力有限。如果同时给予两种利用同一载体转运的药物，则出现竞争性抑制，亲和力较强的药物就会抑制另一药物的排泄。临床上可利用这种特性延长某些药物的作用。例如，青霉素和丙磺舒合用时，丙磺舒可抑制青霉素的排泄，使其血中浓度升高约 1 倍，消除半衰期延长约 1 倍。

从肾小球血管排泄进入小管液的药物，若为脂溶性或非解离的弱有机电解质，可在远曲小管发生重吸收。因为重吸收主要是被动扩散，故重吸收的程度取决于药物的浓度和在小管液中的解离程度。重吸收程度受尿液 pH 影响，改变尿液的 pH，可减少肾小管对酸性药物或碱性药物的重吸收；药物本身的 pKa 对重吸收也有影响。例如，弱酸性药物在碱性溶液中高度解离，重吸收少、排泄快；在酸性溶液中则解离少，重吸收多、排泄慢。对弱碱性药物则相反。一般肉食动物的尿液呈酸性，犬、猫尿液 pH 为 5.5～7.0；草食动物尿液呈碱性，如马、牛、绵羊尿液 pH 为 7.2～8.0。因此，同一药物在不同种属动物的排泄速率往往有很大差别，这也是同一药物在不同动物的药动学特征有差异的原因之一。分子小、极性低、脂溶性高、非解离型药物容易被重吸收，而排泄减少。临床上可通过调节尿液的 pH 来加速或延缓药物的排泄，用于解毒急救或增强药效。

从肾排泄的原形药物或代谢产物由于小管液水分的重吸收，生成尿液时可以达到很高的药物浓度，有的可产生治疗作用。例如，青霉素、链霉素大部分以原形从尿液排出，有利于治疗泌尿道感染；但有的可能产生毒副作用，如磺胺代谢产生的乙酰磺胺由于浓度高可析出结晶，引起结晶尿或血尿，尤其犬、猫尿液呈酸性更容易出现，故应同服碳酸氢钠，提高尿液 pH，增加溶解度，减少重吸收，加快排泄。

肾功能受损时，以肾排泄为主要消除途径的药物消除速度减慢。因此，给药量应相对减少或延长给药间隔时间，以避免蓄积中毒。

2. 胆汁排泄　虽然肾脏是原形药物和大多数代谢产物最重要的排泄器官，但也有些药物主要从肝进入胆汁排泄，这主要是相对分子质量在 300 以上并有极性基团的药物。在肝脏与葡萄糖醛酸结合可能是药物、第一步代谢物和某些内源性物质从胆汁排泄的决定因素。胆汁排泄对于因为极性太强而不能在肠内重吸收的有机阴离子和阳离子是重要的消除机制。不同种属动物从胆汁排泄药物的能力存在差异，较强的是犬、鸡，中等的是猫、绵羊，较差的是兔和恒河猴。被分泌到胆汁内的药物及其代谢物经胆道及胆总管进入肠腔，随粪便排泄。

从胆汁排泄进入小肠的药物中，某些具有脂溶性的药物（如四环素）可被重吸收，葡萄糖醛酸结合物则可被肠道微生物的 β-葡糖苷酸酶水解并释放出原形药物，然后被小肠上皮细胞重吸收，经肝脏进入血液循环。这种药物在肝脏、胆汁、小肠间的循环称肝肠循环。当药物剂量的大部分可进入肝肠循环时，便会延缓药物的消除，延长消除半衰期。已知己烯雌酚、土霉素、红霉素、吗啡等能形成肝肠循环。

3. 乳腺排泄　大部分药物均可从乳汁排泄，一般为被动扩散机制。由于乳汁的 pH（6.5～6.8）较血浆低，故碱性药物在乳中的浓度高于血浆，酸性药物则相反。药物的 pKa 越小，乳汁中浓度越低。在犬和羊的研究中发现：静脉注射碱性药物易从乳汁排泄，如红霉素、TMP 的乳汁浓度高于血浆浓度；酸性药物如青霉素等则较难从乳汁排泄，乳汁中浓度均低于血浆。药物从乳汁排泄与消费者的健康密切相关，尤其对抗菌药物、抗寄生虫药物等要规定弃奶期。

六、血药浓度-时间曲线☆

药物在体内的吸收、分布、代谢和排泄是一种连续变化的动态过程。在药代动力学研究中，静脉注射或血管外给药后于不同时间采集血样，测定其药物浓度，以时间作横坐标，以血药浓度（或其对数）作纵坐标，绘出的曲线称为血药浓度-时间曲线，简称**药时曲线**。血药浓度可反映药物在作用部位的浓度和效应强度，通过曲线可定量地分析药物在体内动态变化的规律性和特征。

一般把非静脉注射给药的药时曲线分为三个期：潜伏期、持续期和残留期。潜伏期指给药后到开始出现药效的一段时间，快速静脉注射给药一般无潜伏期；持续期是指药物维持有效浓度的时间；残留期是指体内药物已降到有效浓度以下，但尚未完全从体内消除的时间。持续期和残留期的长短均与消除速率有关。残留期长反映药物在体内有较多的贮存，一方面要注意多次反复用药可引起蓄积作用甚至中毒，另一方面在食品动物要确定较长的休药期。

药时曲线升段反映药物吸收和分布过程，曲线的峰值反映给药后达到的最高血药浓度，曲线的降段反映药物的消除。当然，药物吸收时消除过程已经开始，达峰值时吸收也未完全停止，只是升段时吸收大于消除，降段时消除大于吸收。达峰浓度时，吸收和消除达到平衡。

七、主要药动学参数及其临床意义☆

1. 消除半衰期（$t_{1/2}$）　　指体内血浆中药物总量或浓度消除一半所需的时间。表示药物在体内的消除速度，是决定药物有效维持时间的主要参数。按一级动力学消除的药物，其消除半衰期为常数，不受药物初始浓度和给药剂量的影响，仅取决于 Ke（消除速率常数）值的大小。不论何种房室模型，$t_{1/2} = 0.693/Ke$。

根据 $t_{1/2}$ 可确定给药间隔时间。一般来说，$t_{1/2}$ 长，给药间隔时间长；$t_{1/2}$ 短，给药间隔时间短。按一级动力学消除的药物经过 5~6 个 $t_{1/2}$ 后可从体内基本（96.88%~98.44%）消除。因此，根据 $t_{1/2}$ 可以预测停药后药物从体内消除所需要的时间。

按零级动力学消除的药物，其 $t_{1/2} = 0.5C_0/K_0$。式中 K_0 是零级消除速率常数，C_0 为初始浓度。表明，$t_{1/2}$ 与初始浓度有关，即剂量越大，消除半衰期越长。

2. 药时曲线下面积（AUC）　　AUC 理论上是时间从 $t_0~t_\infty$ 的药物浓度围成的曲线下面积，反映到达全身循环的药物总量。在实际工作中 AUC 多用梯形法求算，准确方便。大多数药物 AUC 与剂量成正比。AUC 常用作计算生物利用度和其他参数的基础参数，如矩量法的参数就是根据 AUC 计算出来的。

3. 表观分布容积（Vd）　　Vd 是指药物在体内的分布达到动态平衡时，药物总量按血浆药物浓度在体内分布时所需的总容积。Vd 是体内药量与血浆药物浓度的比值，即 $Vd = D/C$。

由于表观分布容积并不代表真正的生理容积，纯是一个数学概念，故称表观分布容积。Vd 值反映药物在体内的分布情况，表示药物在组织中的分布范围是否广泛，结合程度高不高。一般 Vd 值越大，药物穿透入组织越多，分布越广，血中药物浓度越低；Vd 值越小，血药浓度越高。许多研究表明，如果药物在体内均匀分布，则 Vd 值接近于 0.8~1.0L/kg。当 Vd 值大于 1.0L/kg 时，药物的组织浓度高于血浆浓度，药物在体内分布广泛，或者组织蛋白对药物有高度结合。脂溶性的有机碱，如吗啡、利多卡因、氟喹诺酮类药物等，在体液和组织中有广泛的分布，Vd 值均大于 1.0L/kg。相反，当药物的 Vd 值小于 1.0L/kg 时，则药物的组织浓度低于血浆浓度，如水杨酸、保泰松、青霉素等在血浆中常呈离子化状态，所以 Vd 值较小（小于 0.25L/kg）。

4. 体清除率（Cl_B）　　体清除率简称清除率，是指机体消除器官在单位时间内清除药物的血浆容积，即单位时间内有多少毫升血浆中所含药物被机体清除。单位以 mL/min 或 L/h 表示。

体清除率是体内各种清除率的总和，包括肾清除率、肝清除率和其他（如肺、乳汁、皮肤）清除率等。因为药物的消除主要靠肾排泄和肝的生物转化，故体清除率为肾清除率与肝清除率之和。

5. 峰浓度（C_{max}）**与峰时**（t_{max}） 给药后达到的最高血药浓度称血药峰浓度（简称峰浓度）。它与给药剂量、给药途径、给药次数及达到时间有关。达峰浓度时，药物吸收等于消除。达到峰浓度的时间称峰时。

6. 稳态血药浓度（C_{ss}） 兽医临床多数疾病的治疗必须采用多剂量给药方可达到有效治疗目的。随着连续多次给药，机体内药量不断增加，经过一段时间后达到稳态，此时的血药浓度即为稳态血药浓度，又称坪值。例如，若按固定剂量及消除半衰期给药，经 $5\sim6$ 个消除半衰期后，血中药物吸收速率与消除速率几乎相等，即达到稳态血药浓度（C_{ss}）。

7. 生物利用度（F） 指某剂型的药物以一定的剂量从给药部位吸收进入全身循环的速度和程度。这个参数是决定药物量效关系的首要因素。

绝对生物利用度的计算方法，是在相同的动物、相等的剂量条件下，内服或其他非血管给药途径所得的 AUC 与静脉注射的 AUC 的比值，即 $F_{绝对} = AUC_{血管外给药}/AUC_{静脉注射} \times 100\%$。也可以比较相同制剂的相对生物利用，如采用内服或肌内注射参比制剂的 AUC 做比较，这时所得的称为相对生物利用度，此时 $F_{相对} = AUC_{受试制剂}/AUC_{参比制剂} \times 100\%$。

当药物的绝对生物利用度小于 100% 时，可能和药物的理化性质和/或生理因素有关，如药物制剂在胃肠液中解离不好（固体剂型），在胃肠内容物中不稳定或有效成分被灭活，在穿过黏膜上皮屏障时转运不良，在进入全身循环前在肠壁或肝发生首过效应。如果由于首过效应，药物的生物利用度很低，则可能误认为吸收不良。内服剂型的生物利用度存在相当大的种属差异，尤其单胃动物与反刍动物之间。

8. 生物等效性 是指不同兽药厂生产的同一种药物制剂在相同实验条件下，给予相同的剂量，其吸收速度与程度的主要药物动力学参数无统计学差异。当吸收速度的差别没有临床意义时，某些药物制剂的吸收程度相同而速度不同也可以认为生物等效。生物等效性与药学等效性不同，药学等效性是指同一药物相同剂量制成同一剂型，但非活性成分不一定相同，含量、纯度、均匀度、崩解时间、溶出速率符合同一规定标准。药学等效性不能反映药物制剂在体内的情况。

第三节 药效动力学

一、药物作用的基本表现

药物作用是指机体在药物的作用下，机体的生理、生化机能会发生各种变化，总的表现为兴奋或抑制。凡能使机体生理和生化反应加强的称为兴奋，主要引起兴奋的药物称为**兴奋药**；而使机能活动减弱的称为抑制，主要引起抑制的药物称为**抑制药**。

二、药物作用的方式

药物对机体的作用有多种方式，有的药物在用药局部发挥作用，称为**局部作用**，如松节油涂擦皮肤、局部麻醉药注入神经末梢产生的局部麻醉作用。有的药物吸收进入血液循环，分布于全身而发挥作用，称为**吸收作用**或**全身作用**，如吸入麻醉药或全身麻醉药。药物吸收后直接到达某一器官产生的作用，称为**直接作用**或**原发作用**，如洋地黄毒苷被吸收后，对心脏产生直接作用，加强心肌收缩力；而强心作用的结果，间接增加肾的血流量，增加滤过率和尿量，表现利尿作用，这种作用称为**间接作用**，又称**继发作用**。

三、药物作用的选择性

药物作用的选择性是指机体各种组织和器官对药物的敏感性不同，而表现强弱有明显不同的药物效应。如治疗量的洋地黄毒苷对心脏有高度的选择性，使心脏收缩加强，而对其他器官基本没有作用。选择性的基础涉及如下几方面：药物在体内分布不均匀、机体组织细胞的结构不同、生化功能存在差异等。

药物作用的选择性是治疗作用的基础，选择性高、针对性强，能产生很好的治疗效果，很少或没有不良反应；反之，选择性低、针对性不强，副作用较多。

四、药物的治疗作用与不良反应☆

药物在防治动物疾病时，产生好的治疗效果，有利于改变患病动物的生理、生化功能或病理过程，使患病动物恢复正常，称为治疗作用。

治疗作用又可分为**对因治疗**和**对症治疗**。前者针对病因，用药目的在于消除原发致病因子，彻底治愈疾病，或称治本，如化疗药杀灭病原微生物以控制感染。后者针对症状改善，或称治标，如解热药可降低发热动物的体温。对症治疗不能根除病因，但对病因未明暂时无法根治的疾病却是必不可少的。

不良反应是指与用药目的无关甚至对机体不利的作用。临床用药时，应设法最大限度发挥药物的治疗作用，而尽量减少药物的不良反应。少数较严重的不良反应较难恢复，称为药源性疾病，如庆大霉素引起的神经性耳聋。不良反应可分为：

1. 副作用 药物副作用是指用治疗量时，药物出现与治疗无关的不适反应。有些药物选择性低、药理效应广泛，利用其中一个作用为治疗目的时，其他作用便成了副作用。如用阿托品作麻醉前给药，主要目的是抑制腺体分泌和减轻对心脏的抑制，其同时产生的抑制胃肠平滑肌的作用便成了副作用。由于治疗目的不同，副作用和治疗作用也是可变化的，如阿托品抑制平滑肌的作用可用于马痉挛疝缓解或消除疼痛，这时抑制腺体分泌反而成了副作用。副作用一般是可预见的，往往很难避免，临床用药时应设法纠正。

2. 毒性作用 指用药剂量过大或时间过长使药物在体内蓄积过多所致的机体损害性反应。大多数药物都有一定的毒性，只不过毒性反应的性质和程度不同而已。用药后立即发生的毒性称急性毒性，多由用药剂量过大所引起，常表现为心血管、呼吸功能的损害；在长期蓄积后逐渐产生的毒性称为慢性毒性，多数表现为肝、肾、骨髓的损害；少数药物还能产生特殊毒性，即致癌、致畸、致突变作用（简称"三致"作用）。此外，有些药物在常用剂量时也能产生毒性，如氯霉素可抑制骨髓造血机能，氨基糖苷类有较强的肾毒性等。药物的毒性作用一般是可以预知的，应该设法减轻或防止。

3. 变态反应 又称过敏反应，其本质是药物产生的病理性免疫反应。药物多为外来异物，虽不是全抗原，但许多可作为半抗原，如抗生素、磺胺等与血浆蛋白或组织蛋白结合后形成全抗原，便可引起机体体液性或细胞性免疫反应。这种反应与剂量无关，反应性质与药物原有效应无关，用药理性拮抗药解救无效，很难预知。致敏原可能是药物本身或其在体内的代谢产物，也可能是药物制剂中的杂质。药物过敏反应在动物时有发生，但可能由于缺乏细致的观察和记录，似乎没有人类那样普遍。

4. 继发性反应 是药物治疗作用引起的不良效应，也称治疗矛盾。如成年草食动物胃肠道有许多微生物寄生，菌群之间维持平衡的共生状态，长期应用四环素类广谱抗生素时，对药物敏感的菌株受到抑制，菌群间相对平衡状态受到破坏，而不敏感的微生物（如真菌、厌氧菌、耐药菌等）大量繁殖，造成中毒性胃肠炎和全身感染。这种继发性感染称为"二重感染"。

5. 后遗效应 指停药后血药浓度已降至阈值以下时的残存药理效应。可能由药物与受体的牢固结合，靶器官药物尚未消除，或者由药物造成不可逆的组织损害所致。如长期应用皮质激素，由于负反馈作用，垂体前叶和/或下丘脑受到抑制，即使肾上腺皮质功能恢复至正常水平，对应激反应在停药半年以上的时间内也可能尚未恢复，这也称药源性疾病。后遗效应能产生不良反应，但有些药物也能产生对机体有利的后遗效应，如抗生素后效应、抗生素后白细胞促进效应，可提高吞噬细胞的吞噬能力，使抗生素的给药间隔时间延长。

6. 特异质反应 少数特异质病畜对某些药物特别敏感，导致产生不同的损害性反应。其反应与药物的固有药理作用基本一致，严重程度与剂量成正比。特异质反应多由先天遗传异常所致。

五、药物的相互作用

1. 配伍禁忌 两种以上药物配伍或混合使用时，可能出现药物中和、水解、破坏失效等理化反应，结果可能是产生混浊、沉淀、气体或变色等外观异常的现象，称为配伍禁忌。例如，在静脉滴注酸性药液中加入磺胺嘧啶钠（SD）注射液，SD 在 pH 降低时便可析出结晶。

2. 药动学的相互作用 同时使用两种以上药物治疗动物疾病，在药物的吸收、分布、生物转化和排泄过程中可能相互影响，使药动学参数发生变化，称为药动学的相互作用。例如，青霉素与丙磺舒同时使用，可使青霉素的主动排泄减慢，提高青霉素的血浆浓度，延长消除半衰期；又如，四环素、恩诺沙星等可与钙、铁、镁等金属离子发生螯合，影响吸收或使药物失活。

3. 药效学的相互作用 对动物同时使用两种以上药物，由于药物效应或作用机理的不同，可使总效应发生改变，称为药效学的相互作用。两药合用的总效应大于单药效应的代数和，称协同作用。两药合用的总效应等于它们分别单用的代数和，称相加作用。两药合用的总效应小于它们单用效应的代数和，称拮抗作用。如磺胺类药抑制二氢叶酸合成酶而抑制细菌生长繁殖，TMP 与磺胺类药物表现协同作用是由于抑制二氢叶酸还原酶对叶酸代谢起"双重阻断"作用。青霉素与链霉素合用有很好的协同作用，是由于青霉素阻断了细菌细胞壁的合成，使链霉素更容易进入细胞起杀菌作用。除了药物的治疗作用存在相互作用外，药物的毒性作用也可出现上述三种情况。例如，犬肌内注射头孢氨苄的肾毒性可由于合用庆大霉素而增强。

六、药物的构效关系

药物的构效关系指特异性药物的化学结构与药物效应有密切关系。化学结构类似的化合物一般能与同一受体或酶结合，产生相似（拟似药）或相反的作用（拮抗药）。例如，去甲肾上腺素、肾上腺素、异丙肾上腺素为拟肾上腺素药，普萘洛尔为抗肾上腺素药。许多化学结构完全相同的药物还存在光学异构体和不同的晶型，具有不同的药理作用。多数化合物的左旋体有药理活性，而右旋体无作用。例如，左氧氟沙星具有抗菌活性，左旋咪唑有抗线虫活性等，但它们的右旋体没有作用。

七、药物的量效关系

1. 量效关系 指一定范围内，药物的效应随着剂量或浓度的增加而增强，它可定量地分析和阐明药物剂量与效应之间的规律。

药物剂量的大小一般与进入体内作用靶部位的浓度高低有关，直接影响药物的效应。药物剂量过小，不产生任何效应，称无效量；能引起药物效应的最小剂量，称最小有效量或阈剂量。随着剂量增加，效应也逐渐增强，其中对 50% 个体有效的剂量，称半数有效量，用 ED_{50} 表示；直至达到最大效应。称最大效能。这是量变过程。出现最大效应的剂量，称为极量。此时若再增加剂量，效应不再加强，反而出现毒性反应，药物效应产生了质变。出现中毒的最低剂量称为最小中毒量；引起死亡的量称致死量；引起半数动物死亡的量称半数致死量，用 LD_{50} 表示。给药剂量若小于最小中毒量是安全的。药物的临床常用量或治疗量应比最小有效量大、比极量小。临床用药一定要按规定剂量用药，不能随意增加或减少用药剂量。

2. 量效曲线 以效应强度为纵坐标，以药物剂量或浓度为横坐标，制图，即得量效曲线。

3. 量反应 药理效应呈连续增减的变化，可用具体数量或最大反应的百分率来表示。从量反应的量效曲线上可看出下列特定位点：①最小有效量或最低有效浓度。②最大效应。③半最大效应浓度，即能引起 50% 最大效应的浓度。④效价强度，即能引起等效反应（一般采用 50% 效应量）的药物相对浓度或剂量，其值越小则强度越大。

4. 质反应 在一定的药物浓度或剂量下，使单个患畜产生特殊的效应，以有或无、阳性或阴性表示，称为质反应，也称全或无反应。如死亡与存活、惊厥与不惊厥等。从质反应的量效曲线上可看出下列特定位点：①半数有效量或半数致死量。②治疗指数（药物 LD_{50}/ED_{50} 的比值）。

5. 药物安全性评价指标

(1) 治疗指数 该指数越大，药物安全性越高。但是仅靠治疗指数来评价药物的安全性是不够精确的，因为药物的有效剂量与其致死剂量之间可能会有重叠。

(2) LD_1/ED_{99} 的比值 该比值越大，药物安全性越高。

(3) 安全范围 指最小有效量与最小中毒量之间的距离。该距离越大，药物安全性越高。

八、药物的作用机理

药物作用机理是药效学研究的主要内容，目的是阐明药物在动物体或病原体内作用的部位及产生药物效应的生理生化原理，使用药更为科学、合理。

药物根据作用机理不同，分为非特异性药物和特异性药物。非特异性药物的作用机理与药物的理化性质，如解离度、溶解度、表面张力等有关。例如，许多全身麻醉药的脂溶性很高，对神经细胞膜有高度亲和力，抑制膜功能从而产生抑制中枢的作用；金属解毒剂二巯基丙醇的解毒作用是，能与汞、砷等络合形成无毒的环状络合物，解除后者毒性。

特异性药物的作用机理则与其化学结构有密切关系。因此，具有相同的有效基团的药物，一般具有类似的药理作用。它们的作用机理：有的对酶活性有影响而产生作用，如有机磷能与胆碱酯酶结合使其失活，不能水解乙酰胆碱而产生驱虫作用；有的影响体内活性物质而产生作用，如解热镇痛抗炎药能抑制体内前列腺素的生物合成；有的影响递质的释放，如麻黄碱作用于肾上腺素能神经末梢，促进去甲肾上腺素释放；有的影响离子通道而产生作用，如钙离子通道阻断剂等。

特异性药物大多数都通过受体机制而产生特定的生理生化功能的变化，从而发挥药物作用，称为受体学说。受体是指能与药物结合产生效应的细胞成分，多是位于细胞膜上、胞浆内和细胞核内的大分子蛋白质。受体可分为三类：细胞膜受体，如乙酰胆碱受体；胞浆受体，如肾上腺皮质激素受体；胞核受体，如甲状腺素受体。

对受体具有识别能力并能与之结合的物质称为**配体**。包括各种药物和内源性的神经递质、激素或生物活性物质等。药物与受体结合必须具有亲和力，但还需要有内在活性，才能产生药理效应。将与受体结合后能产生药理效应的药物称为**激动剂**，如毛果芸香碱是 M 受体的激动剂；将与受体结合但不产生药理效应的药物称为**拮抗剂**，如阿托品是 M 受体的拮抗剂。

第四节 影响药物作用的因素与合理用药

药物作用的强弱取决于靶组织效应部位游离药物浓度的大小。效应部位的药物浓度与给药剂量、途径和动物的种类、年龄、性别等有关，同时还受其他许多因素的影响。在制订药物的给药方案时，对各种因素都应该全面考虑。

一、影响药物作用的因素☆

（一）药物方面

1. 剂量 药物剂量是决定动物体内血药浓度及药物作用强度的主要因素。药物的常用量（或治疗量）有一个剂量范围，应根据病理情况准确地选择用量才能获得预期的药效。药物的作用或效应在一定剂量范围内随着剂量的增加而增强。例如，巴比妥类药小剂量产生催眠作用，随着剂量增加可表现出镇静、抗惊厥和麻醉作用，这些都是对中枢的抑制作用，可以看作量的差异。但是也有少数药物，随着剂量或浓度的不同，作用的性质会发生变化。例如，人工盐小剂量时有健胃作用，大剂量则表现为泻下作用。兽医临床用药时，除根据《中华人民共和国兽药典》《兽药产品说明书范本》决定用药剂量外，兽医师可以根据适应证的病情发展的需要适当调整剂量，更好地发挥药物的治疗作用。

2. 剂型 药物剂型对药物的吸收影响很大，常用的剂型中注射剂的吸收快，内服剂型如粉剂、预混剂、片剂、胶囊剂、颗粒剂等吸收较慢，水溶液吸收较快。例如，内服溶液剂比片剂吸收的速率要快得多，因为片剂在胃肠液中有一个崩解过程，药物的有效成分要从赋形剂中溶解释放出来，受许多因素的影响。剂型的选择常根据畜禽的疾病种类、病情、治疗方案或用药目的而定。

3. 给药途径 常用的给药途径主要有内服、肌内注射、皮下注射、静脉注射、乳房灌注等。一般来说，给药途径取决于药物的剂型，如注射剂必须注射，片剂内服。不同给药途径由于药物进入血液的速度和数量不同，产生药效的快慢和强度也有很大差别，甚至产生质的差别。例如，硫酸镁溶液内服起泻下作用，若静脉注射则起中枢抑制作用。另外，内服给药的生物利用度受动物种属影响较大，如单胃动物内服容易吸收，反刍动物则吸收很少，因许多药物可被瘤胃微生物分解破坏。动物由于集约化饲养，群体给药时，为方便给药多采用混饮或混饲的给药方式，但要根据不同气候、疾病发生过程及动物摄入饲料或饮水量的不同，适当调整药物的浓度。

除根据疾病治疗需要选择给药途径外，还应根据药物的性质选用。例如，肾上腺素内服无效，必须注射给药；氨基糖苷类抗生素内服很难吸收，进行全身治疗时也必须注射给药。有的药物内服时有很强的首过效应，生物利用度很低，全身用药时也应选择肠外给药途径。

4. 疗程 有些药物给药一次即可能奏效，如解热镇痛药。但大多数药物必须按规定的剂量和时间间隔多次给药，才能达到治疗效果。达到治疗效果的用药持续的时间，称为疗程。抗菌药物要求有充足的疗程才能保证稳定的疗效，并避免产生耐药性，决不可给药1～2次出现药效就立即停药。例如，抗生素一般要求 2～3d 为一个疗程，磺胺药则要求 3～5d 为一个疗程。对于慢性感染，则需要更长的疗程。

5. 联合用药 为了增强药效或减少药物的不良反应，临床上常采用联合用药。联合用药时，两种以上的药物常产生相互作用。

（二）动物方面

1. 种属差异 畜禽的种属不同对同一药物的反应有很大差异。例如，对赛拉嗪，牛最敏感，其达到化学保定作用的剂量仅为马、犬、猫的 1/10；猪最不敏感，临床化学保定使用剂量是牛的 20～30 倍。有少数动物因缺乏某种药物代谢酶，对某些药物特别敏感。如猫缺乏葡萄糖醛酸酶活性，故对水杨酸盐特别敏感，作用时间很长。内服阿司匹林（每千克体重 10mg）应间隔38h给药一次，而马静脉注射水杨酸钠（每千克体重 3.5mg），每 6h 给药一次。同一药物在不同动物的消除半衰期往往不同，药效维持时间亦有差异，如 SMM 在猪的半衰期为 8.87h，在奶山羊则为 1.45h。因此，不同种属动物不能仅用体重大小作为给药剂量的依据。

药物在不同种属动物的作用除表现量的差异外，少数药物还可表现质的差异。例如，吗啡对人、犬、大鼠、小鼠表现为抑制作用，但对猫、马和虎则表现为兴奋作用。

2. 生理差异 不同年龄、性别或怀孕动物对同一药物的反应也有差别。老龄动物肝肾功能减退，对药物较为敏感，幼龄及孕畜也较敏感，临床用药时应适当调整剂量。除了作用于生殖系统的某些药物外，一般药物对不同性别动物的作用并无差异，只是怀孕动物对拟胆碱药、泻药或能引起子宫收缩加强的药物比较敏感，可能引起流产，临床用药必须慎重。哺乳动物则因大多数药物可从乳汁排泄，会造成乳中的药物残留，故要执行牛奶废弃期规定，废弃期内的牛奶不得供人食用。

3. 病理因素 各种病理因素都能改变药物在健康机体的正常转运与转化，影响血药浓度，从而影响药物效应。如肾功能损害时，药物经肾排出受阻而引起积蓄；肝功能不全时，代谢减少，可引起血药浓度升高或药物消除半衰期延长，使其作用增强。炎症过程使动物的生物膜通透性增加，影响药物的转运。例如，头孢西丁在试验性脑膜炎犬脑内的浓度比健康犬高 5 倍。

严重的寄生虫病、失血性疾病或营养不良患畜，由于血浆蛋白质大大减少，可使高血浆蛋白结合率药物的血中游离型药物浓度升高，一方面使药物作用增强，同时也使药物的生物转化和排泄增多，消除半衰期缩短。

4. 个体差异　同种动物在基本条件相同的情况下，有少数个体对药物特别敏感，称高敏性；另有少数个体则特别不敏感，称耐受性。这种个体之间的差异，在最敏感和最不敏感之间约差 10 倍。动物对药物作用的个体差异还表现为生物转化过程的差异。已发现某些药物（如磺胺、异烟肼等）的乙酰化存在多态性，分为快乙酰化型和慢乙酰化型，不同型个体之间存在非常显著的差异。例如，对磺胺类的乙酰化，人、猴、反刍动物和兔均存在多态性的特征。

产生个体差异的主要原因是动物对药物的吸收、分布、生物转化和排泄的差异，其中生物转化是最重要的因素。研究表明，药物代谢酶类（尤其细胞色素 P - 450）的多态性是影响药物作用个体差异的最重要的因素之一，不同个体之间的酶活性可能存在很大的差异，从而造成药物代谢速率上的差异。

（三）饲养管理和环境因素

1. 饲养管理　饲养管理条件的好坏、日粮配合是否合理均可影响药物的作用。许多药物的治疗作用必须在动物体具有抵抗力的条件下才得以发挥。例如，用磺胺类药治疗感染性疾病时，病原体的最后消除必须靠机体的防御系统。动物如果营养不良，对不同药物的反应也不同。

2. 环境因素　环境条件、动物饲养密度、通风情况、厩舍温度和光照等均可影响药物的效应或不良反应的强弱。例如，不同季节、温度和湿度均可影响消毒药、抗寄生虫药的疗效。环境中若存在大量的有机物，可大大减弱消毒药的作用；通风不良、空气污染（如高浓度的氨气）可增加动物的应激反应，加重疾病过程，影响药物疗效。

二、合理用药

使用药物治疗动物疾病的目的是，使机体的病理学过程恢复到正常状态或将病原体清除以保护机体的正常功能。为了达到这个目的，做到合理用药，必须对动物、疾病、药物三者有全面系统的认识，因为动物的种属、年龄、性别，疾病的类型和不同病理学过程，药物的剂型、剂量和给药途径均可影响药动学或药效学发生不同程度的变化。

合理用药的含义是指以现代的、系统的医药知识，在了解疾病和药物的基础上，安全、有效、适时、简便、经济地使用药物，以达到最大疗效和最小的不良反应。要做到合理用药不是一件容易的事情，必须理论联系实际，不断总结临床用药的实际经验，在充分考虑上述影响药物作用各种因素的基础上，正确选择药物，制订对动物和病理过程都合适的给药方案。下面是合理用药的基本原则。

（一）正确的诊断和明确的用药指征

任何药物合理应用的先决条件是正确的诊断，对动物发病的原因、病理学过程要有充分的了解才能对因、对症用药，否则非但无益，还可能影响诊断，耽误疾病的治疗。每种疾病都有其特定的病理学过程和临床症状，用药必须对因下药。例如，动物腹泻可由多种原因引起，如细菌、病毒、原虫等均可引起腹泻，有些腹泻还可能由于饲养管理不当引起，因此不能凡是腹泻都使用抗菌药，首先要作出正确的诊断，要针对患畜的具体疾病指征，选用药效可靠、安全、给药方便、价廉易得的药物。反对滥用药物，尤其不能滥用抗菌药物。

（二）熟悉药物在靶动物的药动学特征

药物的作用或效应取决于作用靶位的浓度，每种药物有其特定的药动学特征，只有熟悉药物在靶动物的药动学特征及其影响因素，才能做到正确选药并制订合理的给药方案，达到预期的治疗效果。例如，阿莫西林与氨苄西林的体外抗菌活性很相似，但前者在犬体内的口服生物利用度比后者高约 1 倍，血清药物浓度高 1.5～3 倍，因此在治疗犬全身性感染时，阿莫西林的疗效比氨苄西林好；如果胃肠道感染时则宜选择后者，因其吸收不良，胃肠道有较高的药物浓度。

（三）预期药物的治疗作用与不良反应

临床使用药物防治疾病时，可能产生多种药理效应，大多数药物在发挥治疗作用的同时，都存在程度不同的不良反应，这就是药物作用的两重性。合理的用药必须根据病理过程的需要，结合药物的药动学、药效学特征，发挥药物的最佳疗效。一般药物的疗效是可以预期的。同样，药物的不良反应如一般的副作用和毒性反应也是可预期的，药物在发挥治疗作用的同时就会产生，应该把不良反应尽量减少或消除。例如，反刍动物用赛拉嗪后可产生大量的唾液，因此要做好必要的预防措施，用赛拉嗪时可使用阿托品抑制唾液分泌。但阿托品在发挥抑制唾液分泌的治疗作用时，又可产生抑制胃肠蠕动的副作用，由于胃蠕动停止可引起瘤胃臌胀，因此需预先给予制酵药防止发酵。当然，有些不良反应，如变态反应、特异质反应等是不可预期的，可根据患畜反应的情况采取必要的防治措施。

（四）制定合理的给药方案

对疾病动物进行治疗时，要针对疾病的临床症状和病原诊断制定给药方案。给药方案包括选药、给药剂量、途径、频率（间隔时间）和疗程。在确定治疗药物后，首先确定用药剂量，一般按《中华人民共和国兽药典》规定的剂量用药。兽医师可根据病畜情况在规定范围内进行必要的调整。剂量的频率是由药物的药动学、药效学和经证实的药物维持有效作用的时间决定的，每种药物或制剂有其特定的作用时间。例如，泰拉霉素比泰乐菌素对猪有更长时间的抗菌作用，因此前者一个疗程用药一次即可。药物的给药途径主要决定于制剂。但是，选择给药途径还受疾病类型和用药目的的限制。例如，利多卡因在非静脉注射给药时，对控制室性心律不齐是无效的。多数疾病必须反复多次给药一定时期才能达到治疗效果，不能在动物体温下降或病情好转时就停止给药，这样往往会引起疾病复发或诱导产生耐药性，给后来的治疗带来更大的困难，其危害是十分严重的。

（五）合理的联合用药

在确定诊断以后，兽医师的任务就是选择最有效、安全的药物进行治疗。一般情况下应避免同时使用多种药物（尤其抗菌药物），因为多种药物治疗极大地增加了药物相互作用的概率，也增加了对患畜的危险。除了具有确实的协同作用的联合用药外，要慎重使用固定剂量的联合用药（如某些复方制剂），因为它使兽医师失去了根据动物病情需要去调整药物剂量的机会。

（六）正确处理对因治疗与对症治疗的关系

对因治疗与对症治疗的关系前已述及，一般用药首先要考虑对因治疗，但也要重视对症治疗，两者巧妙结合将能取得更好的疗效。我国传统中医理论对此有精辟的论述："治病必求其本，急则治其标，缓则治其本。"

（七）避免动物源性食品中的兽药残留

食品动物用药后，药物的原形或其代谢产物和有关杂质可能蓄积、残存在动物的组织、器官或食用产品（如蛋、奶）中，这样便造成了兽药在动物性食品中的残留（简称兽药残留）。兽药残留对人的潜在危害作用正在被逐步认识，把兽药残留减到最低限度直至消除，保障动物源性食品安全，是兽医师用药应该遵循的重要原则。

1. 做好使用兽药的登记工作 避免兽药残留必须从源头抓起，严格执行兽药使用的登记制度，兽医师及养殖人员必须对使用兽药的品种、剂型、剂量、给药途径、疗程或添加时间等进行登记，以备检查。

2. 严格遵守休药期规定 根据调查，兽药残留产生的主要原因是没有遵守休药期的规定。因此，严格执行休药期规定是减少兽药残留的关键措施。使用兽药必须遵守有关规定，严格执行休药期，以保证动物源性产品没有兽药残留超标。

3. 避免标签外用药 药物的标签外应用是指在标签说明以外的任何应用，包括种属、适应证、给药途径、剂量和疗程。一般情况下，食品动物禁止标签外用药，因为任何标签外用药均可能改变药物在体内的动力学过程，使食品动物出现药物残留。在某些特殊情况下需要标签外用药时，必须采取适当的措施避免动物产品的兽药残留。兽医师应熟悉药物在动物体内组织分布和消除的资料，采取超长的休药期，以保证消费者的安全。

4. 严禁非法使用违禁药物 为了保证动物性产品的安全，近年来各国都对食品动物禁用药物品种作了明确的规定，我国兽药管理部门也规定了禁用药品清单。兽医师和食品动物饲养场均应严格执行这些规定。

第二单元 化学合成抗菌药☆

第一节 概 述

一、常用术语

1. 抗微生物药 是指对细菌、支原体、衣原体、真菌和病毒等病原微生物具有抑制或杀灭作用的化学物质，包括化学合成抗菌药和抗生素。

2. 化学合成抗菌药 用化学方法制成的抗菌药物，包括磺胺类、喹诺酮类、喹噁啉类、硝基咪唑类等。

3. 化学治疗药（化疗药） 这类药物对病原微生物具有明显的选择性作用，而对动物机体没有或仅有轻度的毒性作用，称为化学治疗药或简称化疗药，包括抗微生物药、抗寄生虫药、抗肿瘤药等。

4. 化疗三角 我国兽医常见病和多发病往往由细菌、病毒和寄生虫引起，在使用化疗药防治畜禽疾病的过程中，药物、机体、病原微生物三者之间存在着复杂的相互作用关系，被称为"化疗三角"，用药时要注意处理好三者的关系。

5. 化疗指数　化疗指数为动物的半数致死量（LD_{50}）与治疗感染动物的半数有效量（ED_{50}）之比值，或以动物的 5％致死量（LD_5）与治疗感染动物的 95％有效量（ED_{95}）之比值来衡量。化疗指数是评价化疗药安全度及治疗价值的标准。化疗指数越大，表明药物的毒性越小、疗效越好，临床应用价值越高。一般认为，抗菌药的化疗指数大于 3，才有实际应用价值。但化疗指数高的药物，毒性虽小或无，但非绝对安全。例如，青霉素的化疗指数高达 1 000 以上，但仍可能引起过敏性休克的不良反应。

6. 抗菌谱　抗菌药物的抗菌范围，即对一定范围的病原微生物具有抑制或杀灭作用，称为**抗菌谱**。抗菌药物可分为窄谱抗菌药和广谱抗菌药。抗菌谱是兽医临床选药的基础。例如，仅对革兰氏阳性菌或革兰氏阴性菌有作用的抗生素称窄谱抗生素，如青霉素主要对革兰氏阳性细菌有作用，链霉素主要作用于革兰氏阴性细菌。除对革兰氏阳性菌、阴性菌有作用外，对支原体、衣原体或立克次氏体等也有抑制作用的抗生素，称广谱抗生素，如四环素类、酰胺醇类等。

7. 抗菌活性　抗菌活性是指抗菌药抑制或杀灭病原微生物的能力。可用体外抑菌试验和体内试验治疗方法测定。体外抑菌试验对临床用药具有重要参考意义。体外测定抗菌活性或病原菌敏感性的方法主要有试管二倍稀释法和纸片法。前者可以测定抗菌药的**最小抑菌浓度**（MIC，即能够抑制培养基内细菌生长的最低浓度）或**最小杀菌浓度**（MBC，即能够杀灭培养基内细菌生长的最低浓度），是一种比较精确的方法。后者操作比较简便，通过测定抑菌圈直径的大小来判定病原菌对药物的敏感性。抗菌药的抑菌作用和杀菌作用是相对的，有些抗菌药在低浓度时呈抑菌作用，而高浓度呈杀菌作用。临床上所指的抑菌药是指仅能抑制病原菌生长繁殖而无杀灭作用的药物，如磺胺类、四环素类、酰胺醇类等。杀菌药是指具有杀灭病原菌作用的药物，如 β-内酰胺类、氨基糖苷类、氟喹诺酮类等。

8. 抗菌药后效应　抗菌药后效应（PAE）是指细菌与抗菌药短暂接触后，当抗菌药物完全除去，细菌的生长仍然受到持续抑制的效应。PAE 以时间的长短来表示，它几乎是所有抗菌药的一种特性。由于最初只对抗生素进行研究，故称为抗生素后效应。现在发现人工合成的抗菌药也能产生 PAE，称之为抗菌药后效应更为准确。此外，处于 PAE 期的细菌再与亚抑菌浓度的抗菌药接触后，可以进一步被抑制，这种作用称为抗菌药后效应期亚抑菌浓度作用。能产生抗菌药后效应的药物主要有 β-内酰胺类、氨基糖苷类、大环内酯类、林可胺类、四环素类、酰胺醇类和氟喹诺酮类等，但其 PAE 长短有所不同。

9. 耐药性　耐药性又称抗药性，分为天然耐药性和获得耐药性两种。前者属细菌的遗传特征，不可改变，如铜绿假单胞菌对大多数抗生素不敏感。获得耐药性即一般所指的耐药性，是指病原菌在多次接触抗菌药后，产生了结构、生理及生化功能的改变，而形成具有抗药性的菌株，尤其在药物浓度低于 MIC 时更易形成耐药菌株，对抗菌药的敏感性下降，甚至消失。某种病原菌对一种药物产生耐药性后，往往对同一类的药物也具有耐药性，这种现象称为交叉耐药性。例如，多杀性巴氏杆菌对磺胺嘧啶产生耐药后，对其他磺胺类药均产生耐药。因此，在临床轮换使用抗菌药时，应选择不同类型化学结构的药物。病原菌对抗菌药产生耐药性是兽医临床的一个严重问题，不合理使用和滥用抗菌药是耐药性产生的重要原因。

二、抗菌药的合理使用

抗微生物药是目前我国兽医临床使用最广泛和最重要的抗感染药物，对控制畜禽的传染性疾病和保证养殖业的持续发展起着重要的作用。但目前不合理使用尤其是滥用的现象较为严重，不仅造成药品的浪费、增加生产成本，而且导致畜禽不良反应增多、细菌耐药性产生和动物性食品兽药残留等，给兽医工作、公共卫生及人民健康带来不良的后果。耐药菌株的增加，药物选用不当，剂量与疗程的不足，不恰当的联合用药，以及忽视药物的药动学因素对药效学的影响等，往往导致抗菌药物临床治疗的失败。为了充分发挥抗菌药的疗效，降低药物的不良反应，减少细菌耐药性的产生，提高药物治疗水平，必须切实合理使用抗菌药物。

1. 严格掌握抗菌谱和适应证　正确诊断是选择药物的前提，只有了解致病菌，才能根据抗菌谱选择对病原菌高度敏感的药物。如有条件，可做细菌学的分离鉴定和药敏试验来选用抗菌药，尽量选择窄谱、作用强、不良反应少的药物。例如，革兰氏阳性菌感染可选择青霉素类、大环内酯类等，革兰氏阴性菌感染则应选择氨基糖苷类等。

应尽力避免在无临诊指征或指征不强时使用抗菌药。例如，各种病毒性感染不宜用抗菌药，对真菌性感染也不宜选用一般的抗菌药，因为目前多数抗菌药对病毒和真菌无作用，但合并细菌性感染者除外。

2. 掌握药物动力学特征及制定合理的给药方案　抗菌药在机体内要发挥杀灭或抑制病原菌的作用，必须在靶组织或器官内达到有效的浓度，并能维持一定的时间。因此，应在考虑各药的药物动力学、药效学特征的基础上，结合畜禽的病情、体况，制订合理的给药方案，包括药物品种、给药途径、剂量、间隔时间及疗程等。例如，对动物的细菌性或支原体性肺炎的治疗，除选择对致病菌敏感的药物外，还应考虑选择能在肺组织中达到较高浓度的药物，如大环内酯类、氟喹诺酮类和四环素类药物；细菌性的脑部感染首选磺胺嘧啶，因为该药在脑脊液中的浓度高。合适的给药途径是药物取得疗效的保证。一般来说，危重病例应肌内注射或静脉注射给药；消化道感染以内服为主；严重消化道感染与并发败血症、菌血症应内服，并配合注射给药。剂量要准确，疗程应充足，杀菌药以 2～3d 为一个疗程，抑菌药（如磺胺类药）的疗程要有 3～5d，支原体感染一般疗程应更长。切忌病情稍有好转或体温下降就停用抗菌药，导致疾病复发或诱发耐药性。

3. 避免耐药性的产生　随着抗菌药物的广泛应用，细菌耐药性的问题也日益严重，其中以金黄色葡萄球菌、大肠杆菌、胸膜肺炎放线杆菌、铜绿假单胞菌及结核分枝杆菌最易产生耐药性。为了防止耐药菌株的产生，应注意以下几点：①严格掌握适应证，不滥用抗菌药物。凡属不一定要用的尽量不用，单一抗菌药物有效的就不采用联合用药。②严格掌握用药指征，剂量要够，疗程要恰当。③尽可能避免局部用药，并杜绝不必要的预防应用。④病因不明者，不要轻易使用抗菌药。⑤发现耐药菌株感染，应改用对病原菌敏感的药物或采取联合用药。⑥尽量减少长期用药。

4. 防止药物的不良反应和残留　应用抗菌药治疗畜禽疾病的过程中，除要密切注意药效外，同时要注意可能出现的不良反应。例如，青霉素和头孢菌素容易引起犬、马的过敏反应；四环素类静脉注射常可引起马的严重反应，甚至死亡；氨基糖苷类对听神经有严重毒性等。在肝功能或肾功能不全的患畜，易引起由肝脏代谢或肾脏消除的药物的蓄积，产生不良反应。对于这样的病畜，应调整给药剂量或延长给药间隔时间。

此外，随着畜牧业的高度集约化，大量使用抗菌药物防治疾病，随之而来的是动物性食品（肉、蛋、奶）中抗菌药物的残留给人类健康带来严重的威胁；各种饲养场大量粪、尿或排泄物向周围环境排放，抗菌药又成为环境的污染物，给生态环境带来许多不良影响。

5. 合理联合用药 联合应用抗菌药的目的主要在于扩大抗菌谱、增强疗效、减少用量、降低或避免毒副作用，减少或延缓耐药菌株的产生。在兽医临床联合应用取得成功的实例有不少，如磺胺药与抗菌增效剂 TMP 或 DVD 合用，使细菌的叶酸代谢双重阻断，抗菌作用增强，抗菌范围扩大；青霉素与链霉素合用，青霉素使细菌细胞壁合成受阻，使链霉素易于进入细胞而发挥作用，同时扩大了抗菌谱；阿莫西林与克拉维酸合用，能有效地治疗由产生 β-内酰胺酶的致病菌引起的感染；林可霉素与大观霉素合用；泰妙菌素与金霉素合用等。

为了获得联合用药的协同作用，必须根据抗菌药的作用特性及机理进行选择和组合，防止盲目联合。目前，一般将抗菌药分为四大类：Ⅰ类为繁殖期或速效杀菌剂，如青霉素类、头孢菌素类；Ⅱ类为静止期或慢效杀菌剂，如氨基糖苷类、多黏菌素类；Ⅲ类为速效抑菌剂，如四环素类、酰胺醇类、大环内酯类；Ⅳ类为慢效抑菌剂，如磺胺类等。Ⅰ类与Ⅱ类合用一般可获得增强作用，如青霉素和链霉素合用。Ⅰ类与Ⅲ类合用常出现拮抗作用，如青霉素与四环素合用出现拮抗，在四环素的作用下，细菌蛋白质合成迅速抑制，细菌停止生长繁殖，青霉素便不能发挥抑制细胞壁合成的作用。Ⅰ类与Ⅳ类合用，可能无明显影响，但在治疗脑膜炎时，合用可提高疗效，如青霉素与 SD 合用。Ⅱ类与Ⅲ类合用常表现相加或无关作用。还应注意，作用机理相同的同一类药物的联合应用，疗效并不增强，而可能相互增加毒性，如氨基糖苷类之间合用能增加对第八对脑神经的毒性；酰胺醇类、大环内酯类、林可霉素类，因作用机理相似，均竞争细菌同一靶位，有可能出现拮抗作用。此外，联合用药时应注意药物之间的理化性质、药物动力学和药效学之间的相互作用与配伍禁忌。

第二节 磺胺类药物

磺胺类药物具有其独特的优点：抗菌谱较广，性质稳定，使用方便，价格低廉，国内能大量生产等。特别是甲氧苄啶和二甲氧苄啶等抗菌增效剂的发现，磺胺药与抗菌增效剂联合使用后，使抗菌作用大大加强，疗效显著提高。因此，磺胺类药至今仍为畜禽抗感染治疗中的重要药物之一。本类药物的缺点是较易产生耐药性，尤其对大肠杆菌、金黄色葡萄球菌。

【分类】磺胺类的基本化学结构是对氨基苯磺酰胺。根据内服后的吸收情况可分为肠道易吸收、肠道难吸收及外用三类。肠道易吸收的磺胺药主要有：磺胺噻唑（ST）、磺胺嘧啶（SD）、磺胺二甲嘧啶（SM₂）、磺胺甲噁唑（新诺明，SMZ）、磺胺对甲氧嘧啶（磺胺-5-甲氧嘧啶，SMD）、磺胺间甲氧嘧啶（磺胺-6-甲氧嘧啶，SMM）、磺胺喹噁啉（SQ）、磺胺氯吡嗪。肠道难吸收的磺胺药主要有：磺胺脒（SM；SG）、酞磺胺噻唑（酞酰磺胺噻唑，PST）。外用磺胺药主要有：醋酸磺胺米隆（甲磺灭脓，SML）、磺胺嘧啶银（烧伤宁，SD-Ag）。

【药动学】

1. 吸收 多数磺胺药内服易吸收，但其生物利用度因药物和动物种类不同而有差异。一般而言，肉食动物内服后 3～4h，草食动物 4～6h，反刍动物 12～24h，血药达峰浓度。

尚无反刍机能的犊牛和羔羊，其生物利用度与肉食、杂食的单胃动物相似。

2. 分布 磺胺类药吸收后分布于全身各组织和体液中，大部分与血浆蛋白结合率较高。磺胺类中以 SD 与血浆蛋白的结合率较低，因而进入脑脊液的浓度较高（为血药的 $50\% \sim 80\%$），故可作为脑部细菌感染的首选药。

3. 代谢 磺胺药主要在肝脏代谢，最常见的方式是对位氨基经乙酰化灭活。乙酰化物溶解度较原药低，易在肾小管析出结晶。肉食及杂食动物由于尿中酸度比草食动物高，较易引起磺胺及乙酰磺胺的沉淀，导致结晶尿的产生，损害肾功能。部分磺胺药原形及其代谢物与葡萄糖醛酸结合从尿液排出。各种磺胺药在同种动物的代谢和消除半衰期不同，同一药物在不同畜禽的消除半衰期亦有较大差别。

4. 排泄 内服肠道难吸收的磺胺类主要随粪便排出，肠道易吸收的磺胺类主要通过肾脏排出。同服碳酸氢钠碱化尿液可促进磺胺及其代谢物排出。少量由乳汁、消化液及其他分泌液排出。

【抗菌作用】磺胺类属广谱慢作用型抑菌药，对大多数革兰氏阳性菌和部分革兰氏阴性菌有效，对衣原体和某些原虫也有效。对磺胺类高度敏感的病原菌有：链球菌、肺炎球菌、沙门氏菌、化脓棒状杆菌等；次敏感菌有：葡萄球菌、变形杆菌、巴氏杆菌、大肠杆菌、产气荚膜梭菌、炭疽杆菌、李氏杆菌、副鸡嗜血杆菌等。SMM、SMD 还对球虫、卡氏白细胞虫、疟原虫、弓形虫等有效，但对螺旋体、立克次氏体、结核分枝杆菌等无作用。磺胺类与抗菌增效剂 TMP、DVD 合用，可使抗菌活性提高几倍至几十倍，有的可由抑菌作用变为杀菌作用。因此，磺胺类药一般均应与抗菌增效剂合用。

【作用机理】磺胺药是通过干扰敏感菌的叶酸代谢过程而抑制其生长繁殖。细菌不能直接从生长环境中利用外源叶酸，而是利用对氨基苯甲酸（PABA）、二氢喋啶和谷氨酸，在二氢叶酸合成酶的催化下合成二氢叶酸，再经二氢叶酸还原酶催化还原为四氢叶酸。四氢叶酸是一碳基团转移酶的辅酶，参与嘌呤、嘧啶、氨基酸的合成。磺胺类的化学结构与 PABA 的结构相似，能与 PABA 竞争二氢叶酸合成酶，抑制二氢叶酸的合成，或者形成以磺胺代替 PABA 的伪叶酸，最终使核酸合成受阻，结果细菌生长繁殖被阻止。因此，磺胺类属慢作用型抑制药。

【耐药性】细菌对磺胺类易产生耐药性，尤以葡萄球菌最易产生，大肠杆菌、链球菌等次之。各磺胺药之间可产生程度不同的交叉耐药性，但与其他抗菌药之间无交叉耐药现象。

【应用】

1. 全身感染 常用药有 SD、SM₂、SMZ、SMD、SMM 等。主要用于乳腺炎、子宫内膜炎、腹膜炎、巴氏杆菌病、败血症及其他敏感菌感染等。一般与 TMP 合用，可提高疗效，缩短疗程。对于病情严重病例或首次用药，则可以考虑静脉注射或肌内注射给药。

2. 肠道感染 选用肠道难吸收的磺胺类，如 SG、PST 等为宜。可用于仔猪黄痢及白痢、大肠杆菌病等的治疗。常与 DVD 合用以提高疗效。

3. 泌尿道感染 选用抗菌作用强、尿中排泄快、尿中药物浓度高的磺胺药，如 SMM、SMD、SMZ 和 SM₂ 等，亦常与 TMP 合用。

4. 局部软组织和创面感染 选外用磺胺药较合适，如 SN、SD‑Ag 等。SN 常用其结晶性粉末，撒于新鲜伤口，以发挥其防腐作用。SD‑Ag 对铜绿假单胞菌的作用较强，且有收敛作用，可促进创面干燥结痂。

5. 原虫感染 选用 SQ、磺胺氯吡嗪、SM₂、SMM 等，用于禽球虫病、兔球虫病、鸡卡氏白细胞虫病、猪弓形虫病等。

6. 其他 治疗脑部细菌性感染，宜采用 SD；治疗乳腺炎宜采用在乳汁中含量较高的 SM₂。

【不良反应】

1. 急性中毒 多见于静脉注射磺胺类钠盐时速度过快或剂量过大，内服剂量过大时也会发生。表现为神经兴奋、共济失调、肌无力、呕吐、昏迷、厌食和腹泻等。雏鸡中毒时出现大批死亡。

2. 慢性中毒 常见于剂量偏大或连续用药超过 1 周以上的长期用药。主要症状为出现结晶尿、血尿和蛋白尿等；消化系统障碍和草食动物的多发性肠炎等；家禽慢性中毒时增重减慢，蛋鸡产蛋率下降，蛋破损率和软蛋率增加。

【注意事项】

(1) 首次剂量加倍，疗程 3~5d。急性或严重感染时，宜选用本类药物的钠盐注射。但忌与酸性药物如维生素 C、氯化钙、青霉素等配伍。

(2) 用药期间应充足提供饮水，幼畜、杂食或肉食动物宜与等量的碳酸氢钠同服，以碱化尿液，加速排出，避免结晶尿损害肾脏。

(3) 磺胺药可引起肠道菌群失调，B 族维生素和维生素 K 的合成与吸收减少，此时宜补充相应的维生素。

(4) 蛋鸡产蛋期禁用。

第三节 抗菌增效剂

能增强磺胺药和多种抗生素抗菌活性的一类药物，称为**抗菌增效剂**。它们是人工合成的二氨基嘧啶类。国内常用甲氧苄啶和二甲氧苄啶两种，后者为动物专用品种。

甲氧苄啶（TMP）

又名三甲氧苄氨嘧啶。

【抗菌作用】 抗菌谱广，与磺胺类相似而活性较强。对多种革兰氏阳性菌及阴性菌均有抗菌作用。

本品作用机理是抑制二氢叶酸还原酶，使二氢叶酸不能还原成四氢叶酸，因而阻碍敏感菌叶酸代谢和利用，从而妨碍菌体核酸合成。TMP 或 DVD 与磺胺类合用时，可从两个不同环节同时阻断叶酸代谢而起双重阻断作用。合用时抗菌作用增强几倍至几十倍，甚至使抑菌作用变为杀菌作用，并且可减少耐药菌株的产生。TMP 还可增强四环素、庆大霉素等多种抗生素的抗菌作用。

【应用】 常以 1 : 5 比例与 SMD、SMM、SMZ、SD、SM₂、SQ 等磺胺药合用。

含 TMP 的复方制剂主要用于链球菌、葡萄球菌和革兰氏阴性杆菌引起的呼吸道感染、泌尿道感染及蜂窝织炎、腹膜炎、乳腺炎、创伤感染等。亦用于幼畜肠道感染、猪萎缩性鼻炎、猪传染性胸膜肺炎、猪弓形虫病。对家禽大肠杆菌病、鸡白痢、鸡传染性鼻炎、禽伤寒、霍乱及鸡卡氏白细胞虫病等均有良好的疗效。

【不良反应】毒性低、副作用小，偶尔引起白细胞、血小板减少等。但孕畜和初生仔畜应用易引起叶酸摄取障碍，宜慎用。

【注意事项】

（1）本品易产生耐药性，不宜单独应用。

（2）大剂量长期应用可抑制骨髓造血机能。

（3）动物试验有致畸作用，怀孕动物禁用。

二甲氧苄啶（DVD）

又名二甲氧苄氨嘧啶。

【抗菌作用】本品抗菌作用比 TMP 弱，作用机理两者相同。内服吸收很少，其最高血药浓度约为 TMP 的 1/5。与抗球虫的磺胺药合用对球虫的抑制作用比 TMP 强。

【应用】常以 1∶5 比例与 SQ 等合用。DVD 的复方制剂主要用于防治禽球虫病、兔球虫病及畜禽肠道感染等。

第四节　喹诺酮类

喹诺酮类是人工合成的具有 4-喹诺酮环结构的药物。6 位氟取代称为氟喹诺酮类药物。这类药物具有下列特点：①抗菌谱广，对革兰氏阳性菌和革兰氏阴性菌、支原体等均有作用。②杀菌力强，在体外很低的药物浓度即可显示高度的抗菌活性。③吸收快、体内分布广泛，组织药物浓度高，可治疗各个系统或组织的感染性疾病。④抗菌作用机理独特，与其他抗菌药无交叉耐药性。⑤使用方便，不良反应小。

我国批准在兽医临床应用的有 6 种为动物专用的喹诺酮类药物，即氟甲喹、恩诺沙星、达氟沙星（单诺沙星）、二氟沙星（双氟哌酸）、沙拉沙星、马波沙星。此外，还有人医也在使用的环丙沙星（环丙氟哌酸）。

钙、镁、铁、铝等多价金属离子能与本类药物螯合，内服合用影响吸收。氟喹诺酮类药物能抑制咖啡因、茶碱的代谢，可使后者的血药浓度异常升高，甚至出现中毒的症状。

【抗菌作用】氟喹诺酮类为广谱杀菌性抗菌药。对革兰氏阳性菌、革兰氏阴性菌、支原体、某些厌氧菌均有效。例如，对大肠杆菌、沙门氏菌、巴氏杆菌、克雷伯氏菌、变形杆菌、铜绿假单胞菌、嗜血杆菌、波氏杆菌、丹毒杆菌、金黄色葡萄球菌、链球菌、化脓棒状杆菌、支原体等均敏感。对耐甲氧西林的金黄色葡萄球菌、耐磺胺＋TMP 的细菌、耐庆大霉素的铜绿假单胞菌、耐泰乐菌素或泰妙菌素的支原体也有效。

【作用机理】氟喹诺酮类的抗菌作用机理是抑制细菌脱氧核糖核酸（DNA）回旋酶，干扰 DNA 复制产生杀菌作用。DNA 回旋酶由 2 个 A 亚单位及 2 个 B 亚单位组成，能将染色体正超螺旋的一条单链切开、移位、封闭，形成负超螺旋结构。本类药物可与 DNA 和 DNA 回旋酶形成复合物，进而抑制 A 亚单位，只有少数药物还作用于 B 亚单位，使细菌最终不能形成负超螺旋结构，阻断 DNA 复制，导致细菌死亡。由于细菌细胞的 DNA 呈裸露状态（原核细胞），而畜禽细胞的 DNA 呈包被状态（真核细胞），故这类药物易进入菌体直接与 DNA 相接触而呈选择性作用，对动物毒性小。动物细胞内有与细菌 DNA 回旋酶功能相似的酶，称为拓扑异构酶Ⅱ，治疗量的氟喹诺酮类对此酶无明显影响。

【耐药性】随着氟喹诺酮类的广泛应用，耐药问题已十分突出，尤其对大肠杆菌和金黄色葡萄球菌。细菌产生耐药性的机理主要是由于 DNA 回旋酶 A 亚单位多肽编码基因的突变，使药物失去作用靶点；其次是细菌膜孔道蛋白改变，阻碍药物进入菌体内；再者，细菌的外排泵系统将药物排出对耐药性产生也起着重要作用。

【不良反应】

(1) 可使幼龄动物软骨发生变性，引起跛行及疼痛。

(2) 消化系统反应有呕吐、腹痛、腹胀。

(3) 肉食动物高剂量用药偶尔可出现结晶尿，损伤尿道。

(4) 皮肤反应有红斑、瘙痒、荨麻疹及光敏反应等。

【注意事项】

(1) 不适用于 8 周龄前的犬。禁用于蛋鸡产蛋期。

(2) 对中枢神经系统有潜在兴奋作用，诱导癫痫发作，癫痫患犬慎用。

(3) 肾功能不良患畜慎用。

(4) 本类药物内服适口性差，大多数动物减食，猪混饲给药大多拒食。

氟 甲 喹

【抗菌作用】本品为第二代喹诺酮类药物。主要对革兰氏阴性菌有效，敏感菌有大肠杆菌、沙门氏菌、巴氏杆菌、变形杆菌、克雷伯氏菌、假单胞菌、鲑单胞菌、鳗弧菌等。对支原体也有一定效果。

【应用】用于畜禽革兰氏阴性菌引起的消化道、呼吸道感染。

恩 诺 沙 星

【药动学】大多数单胃动物内服给药后吸收迅速，且较完全。成年反刍动物内服给药的生物利用度很低，须采用注射给药。肌内注射吸收完全，除了中枢神经系统外，几乎所有组织的药物浓度都高于血浆，这种分布有利于全身感染和深部组织感染的治疗。本品通过肾和非肾代谢方式进行消除，15%～50%药物以原形通过尿排泄。恩诺沙星在动物体内的代谢主要是脱乙基成为环丙沙星。

【抗菌作用】本品为广谱杀菌药，对支原体有特效，其抗支原体的效力比泰乐菌素或泰妙菌素强，对耐泰乐菌素或泰妙菌素的支原体亦有效。对革兰氏阴性杆菌的作用也较强。其作用有明显的浓度依赖性，血药浓度大于 8 倍 MIC 时可发挥最佳治疗效果。

【应用】本品适用于牛、猪、禽、猫、犬和水生动物的敏感菌或支原体所致的消化系统、呼吸系统、泌尿系统及皮肤软组织的各种感染性疾病。主要用于支原体病、巴氏杆菌病、大肠杆菌病、沙门氏菌病，以及犬的外耳炎、化脓性皮炎等。

达 氟 沙 星

【药动学】其特点是在肺组织的药物浓度可达血浆的 5～7 倍。内服、肌内和皮下注射的吸收迅速，生物利用度高。

【抗菌作用】本品抗菌作用与恩诺沙星相似，尤其对畜禽的呼吸道致病菌有良好的抗菌活性。

【应用】本品适用于牛、猪、禽的敏感细菌及支原体所致各种呼吸道感染性疾病，例如，牛的巴氏杆菌病、支原体病，猪传染性胸膜肺炎、喘气病，禽败血支原体病、大肠杆菌病、禽霍乱等。

二 氟 沙 星

【药动学】本品内服、肌内注射吸收迅速，生物利用度高，猪内服、肌内注射几乎完全吸收。消除半衰期较长。

【抗菌作用】本品抗菌谱与恩诺沙星相似，抗菌活性略低于恩诺沙星。对畜禽呼吸道致病菌有良好的抗菌活性，尤其对葡萄球菌有较强的作用。

【应用】本品用于治疗猪、禽的敏感细菌及支原体所致各种感染性疾病，如猪传染性胸膜肺炎、喘气病、巴氏杆菌病，禽霍乱、鸡败血支原体病等。

沙 拉 沙 星

【药动学】本品内服吸收较缓慢，生物利用度较低，猪内服吸收 52%。肌内注射吸收迅速，生物利用度较高。

【抗菌作用】本品抗菌谱与恩诺沙星相似，抗菌活性略低于恩诺沙星。对鱼的杀鲑产气单胞菌、杀鲑弧菌、鳗弧菌等也有效。

【应用】本品用于猪、鸡的敏感细菌及支原体所致各种感染性疾病。常用于猪、鸡的大肠杆菌病、沙门氏菌病、支原体病和葡萄球菌感染等，也用于鱼敏感菌感染性疾病。

马 波 沙 星

【药动学】动物内服马波沙星后，生物利用度高，体内分布广泛，除中枢神经系统外，所有组织的药物浓度均高于血浆。

【抗菌作用】本品属杀菌性广谱抗菌药，对革兰氏阳性菌、革兰氏阴性菌和支原体均有较强作用，对厌氧菌作用弱。对溶血性巴氏杆菌、多杀性巴氏杆菌及昏睡嗜血杆菌也有较高活性。

【应用】主要应用于犬和猫的急性上呼吸道感染、尿道感染、深部皮肤感染、浅表皮肤感染和软组织感染，以及母猪产后乳房炎-子宫炎-无乳综合征。

环 丙 沙 星

【药动学】内服、肌内注射吸收迅速，生物利用度种属间差异大。内服的生物利用度不完全，比恩诺沙星低。

【抗菌作用】本品的抗菌谱、抗菌活性、抗菌机理等与恩诺沙星相似，对革兰氏阴性细菌的体外抗菌活性略强于恩诺沙星。

【应用】本品适用于敏感细菌及支原体所致畜禽及小动物的各种感染性疾病。主要用于鸡的大肠杆菌病、传染性鼻炎、禽霍乱、禽伤寒、败血支原体病、葡萄球菌病、仔猪黄痢与白痢等。

第五节　喹噁啉类

喹噁啉类衍生物主要有卡巴多司（卡巴氧）、乙酰甲喹（痢菌净）、喹乙醇和喹烯酮。已发现卡巴多司、喹乙醇具有潜在的致癌作用，目前欧美等许多国家和我国已禁用卡巴多司和喹乙醇。

乙酰甲喹（痢菌净）

【抗菌作用】具有广谱抗菌作用，对革兰氏阴性菌的作用强于革兰氏阳性菌，对猪痢疾密螺旋体的作用尤为突出。其抗菌机理为抑制细菌脱氧核糖核酸（DNA）的合成。

【应用】主要用于治疗猪密螺旋体痢疾，常用作首选药。此外，对仔猪黄痢及白痢、犊牛副伤寒、鸡白痢、禽大肠杆菌病等均有效。

【不良反应】使用高剂量或长时间应用可引起不良反应，甚至死亡，家禽较为敏感。

【注意事项】本品只能作治疗用药，不能用作促生长剂。

第六节　硝基咪唑类

硝基咪唑类是一类具有抗原虫和抗菌活性的药物，同时亦具有很强的抗厌氧菌作用。在兽医临床常用的有甲硝唑、地美硝唑。由于本类药物有致癌作用，许多国家禁止本类药物用于食品动物，我国规定不能用的有洛硝达唑、替硝唑。

甲硝唑（灭滴灵）

本品具有抗滴虫和阿米巴原虫的作用，对革兰氏阳性和阴性厌氧菌作用强。主要用于治疗牛毛滴虫病、鸽毛滴虫病、犬贾第虫病、禽组织滴虫病等。此外，还可用于厌氧菌感染。

地美硝唑（二甲硝唑）

本品具有抗原虫和广谱抗菌作用。主要有抗组织滴虫、纤毛虫、阿米巴原虫作用，对厌氧菌、大肠弧菌和密螺旋体亦有作用。主要用于禽组织滴虫病、猪密螺旋体性痢疾和厌氧菌感染。

第七节　其他类合成抗菌药

小　檗　碱

【药动学】有盐酸小檗碱和硫酸小檗碱。内服吸收差，注射后迅速吸收，广泛分布于各器官与组织，其中以心、骨、肺、肝中为多。肌内注射后血药浓度可达到有效抑菌浓度，适用于全身性感染的治疗。在体内组织中滞留时间短暂。肌内注射后的血药浓度低于最低抑菌浓度。

【抗菌作用】抗菌谱广，体外对多种革兰氏阳性菌及革兰氏阴性菌均具抑菌作用，其中对溶血性链球菌、金黄色葡萄球菌、霍乱弧菌、脑膜炎球菌、痢疾志贺菌、伤寒沙门氏菌、白喉杆菌等有较强的抑制作用。对流感病毒、阿米巴原虫、钩端螺旋体、某些皮肤真菌也有一定抑制作用。体外试验证实，本品能增强白细胞及肝网状内皮系统的吞噬能力。痢疾志贺菌、溶血性链球菌、金黄色葡萄球菌等极易产生耐药性，与青霉素、链霉素等无交叉耐药性。

【应用】主要用于治疗胃肠炎、细菌性痢疾等肠道感染。

【注意事项】

(1) 内服不良反应较少，偶有恶心、呕吐，停药后即消失。

(2) 静脉注射或滴注可引起血管扩张，血压下降等反应。

乌 洛 托 品

【药动学】 内服可吸收，大部分以原形随尿排出。

【抗菌作用】 在酸性尿液中缓慢水解成氨和甲醛，甲醛能使蛋白质变性，因此在尿道中发挥非特异抗菌作用。

【应用】 用于尿路感染。

第三单元　抗生素与抗真菌药物★★★★★

第一节　β-内酰胺类

β-内酰胺类系指化学结构中含有β-内酰胺环的一类抗生素。兽医常用药物主要包括青霉素类和头孢菌素类。

一、青霉素类

本类药物包括青霉素、普鲁卡因青霉素、苄星青霉素、氨苄西林、阿莫西林、苯唑西林、氯唑西林、苄星氯唑西林等。

青霉素（青霉素G）

【药动学】 本品内服易被消化酶和胃酸破坏，生物利用度极低。

【抗菌作用】 青霉素属窄谱的杀菌性抗生素。抗菌作用很强，属杀菌剂。青霉素对革兰氏阳性和阴性球菌、革兰氏阳性杆菌、放线菌和螺旋体等高度敏感，常作为首选药。葡萄球菌、肺炎球菌、脑膜炎球菌、链球菌、丹毒杆菌、化脓棒状杆菌、炭疽杆菌、破伤风梭菌、李氏杆菌、产气荚膜梭菌、牛放线杆菌和钩端螺旋体等对青霉素敏感。大多数革兰氏阴性杆菌对青霉素不敏感。青霉素对处于繁殖期正大量合成细胞壁的细菌作用强，而对已合成细胞壁、处于静止期的细菌作用弱，故称繁殖期杀菌剂。哺乳动物的细胞无细胞壁结构，故对动物和人毒性小。

【作用机理】青霉素类能与细菌细胞质膜上的青霉素结合蛋白结合，引起转肽酶、羧肽酶、内肽酶活性丢失，导致敏感菌黏肽的交叉联结受阻，细胞壁缺损从而使细菌死亡。

【应用】用于革兰氏阳性球菌所致的链球菌病、马腺疫、猪淋巴结脓肿、葡萄球菌病，以及乳腺炎、子宫炎、化脓性腹膜炎和创伤感染等；革兰氏阳性杆菌所致的炭疽、恶性水肿、气肿疽、猪丹毒、放线菌病、气性坏疽，以及肾盂肾炎、膀胱炎等尿路感染；钩端螺旋体病。青霉素与氨基糖苷类合用表现为抗菌协同作用，与红霉素、四环素类和酰胺醇类合用表现为拮抗作用。

【不良反应】除局部刺激外，主要是过敏反应，严重时表现为过敏性休克。过敏性休克可选用肾上腺素和糖皮质激素药物治疗。

【注意事项】本品遇酸、碱或氧化剂等迅速失效。本品的水溶液对温度敏感，30℃放置24h，效价降低50％以上。注射液应临用前配制。

普鲁卡因青霉素

动物肌内注射本品后，在局部水解释放出青霉素后被缓慢吸收，具缓释长效作用。血药浓度较低，作用较青霉素持久，限用于对青霉素高度敏感的病原菌，对严重感染需同时注射青霉素钠。

主要用于对青霉素敏感的革兰氏阳性菌感染，亦用于放线菌及钩端螺旋体等感染。

苄 星 青 霉 素

本品为长效青霉素，吸收和排泄缓慢，血中浓度较低，只适用于青霉素高度敏感细菌所致的轻度或慢性感染，如牛的肾盂肾炎、子宫蓄脓、复杂骨折等。

氨苄西林（氨苄青霉素）

本品耐酸，但不耐 β-内酰胺酶。

【药动学】内服或肌内注射较易吸收，单胃动物内服的生物利用度可达到30％～50％；反刍动物的生物利用度则极低，绵羊内服只有2.1％。

【抗菌作用】本品属半合成广谱抗生素。对大多数革兰氏阳性菌的效力不及青霉素。对革兰氏阴性菌，如大肠杆菌、沙门氏菌、变形杆菌、嗜血杆菌、布鲁氏菌和巴氏杆菌等均有较强的作用。本品作用与氯霉素、四环素相似或略强，但不如卡那霉素、庆大霉素和多黏菌素。本品对耐药金黄色葡萄球菌、铜绿假单胞菌无效。对产生 β-内酰胺酶耐药菌所致感染可与克拉维酸、舒巴坦联合用药。

【应用】适用于敏感菌所致的呼吸系统感染、泌尿道感染和革兰氏阴性杆菌引起的某些感染等。例如，犊、驹肺炎，牛巴氏杆菌病、肺炎、乳腺炎，猪传染性胸膜肺炎，鸡白痢、禽伤寒及大肠杆菌病等。

【不良反应】干扰胃肠道正常菌丛，成年反刍动物不可内服；马属动物不宜长期服用。

阿莫西林（羟氨苄青霉素）

本品耐酸可内服，但不耐 β-内酰胺酶。

本品属半合成广谱抗生素。本品的作用、应用、抗菌谱与氨苄西林基本相似。对肠球菌属和沙门氏菌的作用较氨苄西林强 2 倍。细菌对本品和氨苄西林有完全的交叉耐药性。严重感染时，可与氨基糖苷类抗生素（如链霉素、庆大霉素、卡那霉素等）合用以增强疗效。对产生 β-内酰胺酶耐药菌所致感染可与克拉维酸、舒巴坦联合用药。

苯唑西林（苯唑青霉素）

本品为半合成的耐酸、耐 β-内酰胺酶青霉素。对青霉素耐药的金黄色葡萄球菌有效，但对青霉素敏感菌株的杀菌作用不如青霉素。主要用于对青霉素耐药的金黄色葡萄球菌感染，如败血症、肺炎、乳腺炎、烧伤创面感染等。与庆大霉素合用能增强对肠球菌的抗菌活性。

氯唑西林（邻氯青霉素）

本品为半合成的耐酸、耐 β-内酰胺酶青霉素。对青霉素耐药的菌株有效，尤其对耐药金黄色葡萄球菌有很强的杀菌作用，故被称为"抗葡萄球菌青霉素"。常用于治疗动物的骨骼、皮肤和软组织的葡萄球菌感染。

苄星氯唑西林

本品属于 β-内酰胺类抗生素。本品耐酸、耐酶，不易被青霉素酶水解。通过与膜上相应的青霉素结合蛋白（PBPs）结合并影响其功能，从而阻碍细胞壁黏肽合成，使细菌壁破损，菌体膨胀裂解。对大多数革兰氏阳性菌特别是耐青霉素金黄色葡萄球菌有效，但对不产酶菌株及 A 组溶血性链球菌、肺炎链球菌、草绿色链球菌、表皮葡萄球菌等革兰氏阳性球菌的抗菌活性比青霉素弱。粪肠球菌对本品耐药。常用于治疗敏感菌引起的奶牛干奶期乳房炎。

二、头孢菌素类

头孢菌素类又名先锋霉素类，是一类广谱半合成抗生素，包括头孢唑啉、头孢氨苄、头孢西丁、头孢噻呋、头孢喹肟等，与青霉素类一样，都具有 β-内酰胺环，不同的是前者为 7-氨基头孢烷酸的衍生物，而后者为 6-氨基青霉烷酸衍生物。头孢菌素的抗菌谱与广谱青霉素相似，对革兰氏阳性菌、革兰氏阴性菌及螺旋体有效。作用机理同青霉素。

头 孢 洛 宁

本品属于动物专用的第一代头孢菌素。

【抗菌作用】 通过与细菌胞质膜上的青霉素结合蛋白结合，造成敏感菌内黏肽的交叉联结受到阻碍，细胞壁缺损，从而使细菌裂解死亡。具有广谱的抗菌活性，对青霉素酶与 β-内酰胺酶稳定。头孢洛宁对葡萄球菌、链球菌、大肠杆菌、化脓隐秘杆菌等奶牛乳房内感染常见病原菌均有较好的体外抑菌作用。

【应用】用于治疗干乳期隐性乳房炎和预防由葡萄球菌、链球菌、大肠杆菌等敏感菌引起的干乳期新发感染。

头孢氨苄（先锋霉素Ⅳ）

本品属于第一代头孢菌素类抗生素。

【抗菌作用】本品具有广谱杀菌作用。对革兰氏阳性菌抗菌活性较强，肠球菌除外。对大肠杆菌、奇异变形杆菌、克雷伯氏菌、沙门氏菌、志贺氏菌有抗菌作用。

【应用】用于敏感菌所致的呼吸道、泌尿道、皮肤和软组织感染。

【不良反应】

(1) 可引起犬流涎、呼吸急促和兴奋不安，猫呕吐、体温升高。

(2) 肾毒性虽小，但病畜肾功能受损或合用其他对肾有害的药物时易发生。

头 孢 噻 呋

本品属于动物专用的第三代头孢菌素。

【抗菌作用】本品具有广谱杀菌作用，对革兰氏阳性菌、革兰氏阴性菌均有效。敏感菌主要有多杀性巴氏杆菌、溶血性巴氏杆菌、胸膜肺炎放线杆菌、沙门氏菌、大肠杆菌、链球菌、葡萄球菌等。本品抗菌活性比氨苄西林强，对链球菌的活性比喹诺酮类强。

【应用】用于革兰氏阳性菌和革兰氏阴性菌感染。如 1 日龄雏鸡沙门氏菌感染，猪传染性胸膜肺炎，牛巴氏杆菌性肺炎、乳腺炎。

【不良反应】

(1) 可引起胃肠道菌群紊乱或二重感染。

(2) 有一定的肾毒性。

(3) 在牛可引起特征性的脱毛和瘙痒。

【注意事项】

(1) 马在应激条件下应用本品可伴发急性腹泻，可致死。若发生，应立即停药，并采取相应的治疗措施。

(2) 肾功能障碍的动物注意调整剂量。

头 孢 维 星

本品属于动物专用的第三代头孢菌素。

【抗菌作用】本品具有广谱杀菌作用。和其他头孢类抗生素一样，头孢维星通过破坏细菌细胞壁的合成而杀死细菌。头孢维星对革兰氏阳性及革兰氏阴性菌均有杀菌作用，对 β-内酰胺酶有更强的抵抗力。

【应用】主要用于犬、猫。治疗皮肤和软组织感染，对皮肤和皮下创伤、脓肿和脓皮病有效，也可以治疗犬、猫细菌性尿道感染。治疗犬的脓皮病、创伤，以及由中间葡萄球菌、β-溶血性链球菌、大肠杆菌或巴氏杆菌引起的脓肿。治疗猫的皮肤及软组织脓肿和多杀性巴氏杆菌、梭杆菌属引起的伤口感染。

头 孢 喹 肟

本品属于动物专用的第四代头孢菌素。

【抗菌作用】本品具有广谱杀菌作用。对革兰氏阳性菌、革兰氏阴性菌的抗菌活性较强。敏感菌主要有金黄色葡萄球菌、链球菌、肠球菌、大肠杆菌、沙门氏菌、多杀性巴氏杆菌、溶血性巴氏杆菌、胸膜肺炎放线杆菌、克雷伯氏菌、铜绿假单胞菌等。另外，对耐青霉素的葡萄球菌和肠球菌也有较强的抑菌活性。本品的抗菌活性比头孢噻呋、阿莫西林强。

【应用】主要用于治疗敏感菌引起牛、猪的呼吸系统感染及奶牛乳腺炎。例如，牛、猪溶血性巴氏杆菌或多杀性巴氏杆菌引起的支气管肺炎，猪放线杆菌性胸膜肺炎、渗出性皮炎等。

头 孢 泊 肟 酯

本品属于第三代头孢菌素类抗生素。

【抗菌作用】本品内服具有广谱杀菌作用，经胃肠道吸收后经酯酶水解为头孢泊肟发挥抗菌作用，对革兰氏阳性菌和阴性菌均有效。本品的作用机理为通过抑制细胞壁的合成而达到杀菌作用。敏感菌主要有葡萄球菌、链球菌和革兰氏阴性菌（如巴氏杆菌、变形杆菌和埃希氏菌）。本品对大多数专性厌氧菌（如假单胞菌或肠球菌）无抗菌活性。

【应用】用于治疗由金黄色葡萄球菌、中间型葡萄球菌、犬链球菌、大肠杆菌、多杀性巴氏杆菌和奇异变形杆菌等引起的皮肤感染（创伤与脓肿）。

三、β-内酰胺酶抑制剂

β-内酰胺酶抑制剂是一种β-内酰胺类药物，分为非竞争性两类和竞争性。非竞争性β-内酰胺酶抑制剂不与底物竞争酶的活性部位，而是与酶的某些位点结合，使酶改变后失活，此类酶抑制剂为数不多。竞争性β-内酰胺酶抑制剂分为可逆性和不可逆性两种。可逆的β-内酰胺酶抑制剂通过与底物竞争β-内酰胺酶的活性部位而起抑制作用，当抑制剂消除后，酶可以复活，耐酶青霉素（甲氧西林、异噁唑类青霉素等）即属此类；不可逆的β-内酰胺酶抑制剂与酶牢固结合而使酶失活，清除抑制剂后也不能使酶复活，舒巴坦和克拉维酸皆属此类。

克拉维酸（棒酸）

【药理作用】本品抗菌机理同青霉素等内酰胺类抗生素，但抗菌活性微弱，对多数肠杆菌科细菌的 MIC 为 $34\sim64\mu g/mL$，对金黄色葡菌球菌、溶血性链球菌等革兰氏阳性球菌的 MIC 为 $12\sim15\mu g/mL$，绿脓杆菌和肠球菌属对本品完全耐药。本品可与多数β-内酰胺酶结合形成不可逆性结合物，从而对金黄色葡萄球菌和多种革兰氏阴性菌所产生的β-内酰胺酶均有快速抑制作用。这种作用可使阿莫西林、氨苄西林等不耐酶抗生素的抗菌谱增广，抗菌活性增强，从而产生协同抗菌作用。本品与阿莫西林混合，已有人用和兽用制剂。此种联用制剂的体外药敏试验，证明对以下多种兽医临床病原菌（包括产生β-内酰胺酶的细菌）均有效：金黄色葡萄球菌、表皮葡萄球菌、中间葡萄球菌、链球菌（粪链球菌等）、支气管炎博德特菌、棒状杆菌（化脓棒状杆菌等）、大肠杆菌、变形杆菌（奇异变形杆菌）、肠杆菌属、肺炎克雷伯氏菌、鼠伤寒沙门氏菌、巴氏杆菌（多杀性巴氏杆菌、溶血性巴氏杆菌等）、猪丹毒丝菌。

【作用】本品单独应用无效。常与青霉素类药物联用，以克服细菌产生 β-内酰胺酶引起的耐药性，而提高疗效。主要用于产酶和不产酶金黄色葡萄球菌、葡萄球菌、链球菌、大肠杆菌、巴氏杆菌等引起的犬、猫皮肤和软组织感染，也用于敏感菌所致的呼吸道和泌尿道感染。

第二节　大环内酯类、截短侧耳素类及林可胺类

一、大环内酯类

大环内酯类是由链霉菌产生的一大类弱碱性抗生素。化学结构中含有一个内酯结构的十四碳、十五碳或十六碳大环，因此，称为大环内酯类抗生素。含有十四碳大环内酯环的抗生素包括竹桃霉素、红霉素，分子中有 $1\sim2$ 个糖基通过 α-或 β-糖苷链连于糖苷配基。本类产品还包括吉他霉素（北里霉素）、泰乐菌素、泰万菌素、替米考星、泰拉霉素、加米霉素、泰地罗新等。

大环内酯类抗生素的抗菌谱和抗菌活性基本相似，主要对多数革兰氏阳性菌、革兰氏阴性球菌、厌氧菌及军团菌、支原体、衣原体有良好作用。本类药物作用机理是与细菌核糖体的 50S 亚单位可逆性结合，阻断转肽作用和 mRNA 位移而抑制细菌蛋白质的合成。

临床上，本类药物主要用于控制革兰氏阳性菌和支原体引起的畜禽感染。在兽药特别是药物饲料添加剂中，占有比较重要的地位。

红　霉　素

【抗菌作用】本品对革兰氏阳性菌的作用与青霉素相似，但其抗菌谱较青霉素广，敏感的革兰氏阳性菌有金黄色葡萄球菌（包括耐青霉素金黄色葡萄球菌）、肺炎球菌、链球菌、炭疽杆菌、猪丹毒杆菌、李斯特菌、腐败梭菌、气肿疽梭菌等。敏感的革兰氏阴性菌有流感嗜血杆菌、脑膜炎双球菌、布鲁氏菌、巴氏杆菌等。此外，红霉素对弯曲杆菌、支原体、衣原体、立克次氏体及钩端螺旋体也有良好作用。

【应用】主要用于耐青霉素金黄色葡萄球菌所致的严重感染和对青霉素过敏的病例。对禽的慢性呼吸道病（败血支原体病）也有较好的疗效。红霉素虽有强大的抗革兰氏阳性菌的作用，但其疗效不如青霉素，因此若病原体对青霉素敏感者，宜首选红霉素。

【不良反应】

（1）本品与其他大环内酯类一样，具有刺激性，肌内注射可引起剧烈的疼痛，静脉注射可引起血栓性静脉炎及静脉周围炎，乳房给药可引起炎症反应。

（2）动物内服红霉素后可出现剂量依赖性的胃肠道紊乱，如恶心、呕吐、腹泻、胃肠疼痛等。马属动物的腹泻症状尤其严重。

（3）2～4月龄幼驹使用本品后，可出现体温升高、呼吸困难，在高温环境中易出现。

【注意事项】

（1）本品忌与酸性物质配伍。

（2）本品内服易被胃酸破坏，犬、猫可应用肠溶片。

（3）本品是肝微粒体酶抑制剂，可抑制某些药物的体内代谢。

吉他霉素（北里霉素）

本品的抗菌谱近似红霉素，对大多数革兰氏阳性菌的抗菌作用略低于红霉素，对支原体的作用近似泰乐菌素。对耐药金黄色葡萄球菌的作用优于红霉素、氟苯尼考和四环素。

主要用于猪、鸡支原体及革兰氏阳性菌等感染，也可用于防治猪的弧菌性痢疾。临床上主要作为猪、鸡的饲料添加剂以促进动物的生长，提高饲料利用率。

泰 乐 菌 素

本品为动物专用抗生素，常将泰乐菌素制成酒石酸盐或磷酸盐。欧盟从 1999 年起禁止磷酸泰乐菌素作饲料添加促生长剂。

【抗菌作用】 本品抗菌谱与红霉素相似。对细菌的作用较弱，对支原体属病原作用强，是大环内酯类中对支原体作用最强的药物之一。敏感菌对本品可产生耐药性，金黄色葡萄球菌对本品和红霉素有部分交叉耐药现象。

【应用】 主要用于防治鸡、火鸡和猪的支原体感染，牛的摩拉氏菌感染，猪的弧菌性痢疾、传染性胸膜肺炎，以及犬的结肠炎等。

【不良反应】

（1）牛静脉注射可引起震颤、呼吸困难和精神沉郁等，马属动物注射本品可致死。

（2）本品可引起兽医接触性皮炎。

【注意事项】

（1）本品的水溶液遇铁、铜、铝、锡等离子可形成络合物而减效。

（2）细菌对其他大环内酯类耐药后，对本品常不敏感。

（3）蛋鸡产蛋期和泌乳奶牛禁用；禁用于马属动物。

泰 万 菌 素

本品为动物专用抗生素，常将其制成酒石酸盐。本品的抗菌作用与泰乐菌素相似。主要用于治疗猪和鸡的支原体感染，猪赤痢螺旋体及其他敏感细菌的感染。

替 米 考 星

本品为动物专用抗生素。

【抗菌作用】 本品的抗菌作用与泰乐菌素相似，主要对革兰氏阳性菌、少数革兰氏阴性菌和支原体等有抑制作用；对胸膜肺炎放线杆菌、巴氏杆菌及畜禽支原体具有比泰乐菌素更强的抗菌活性。

【应用】 主要用于防治家畜肺炎（由胸膜肺炎放线杆菌、巴氏杆菌、支原体等感染引起）、禽支原体病及泌乳动物的乳腺炎。

【不良反应】 本品对动物的毒性作用主要是心血管系统，可引起心动过速和收缩力减弱。

牛一次静脉注射每千克体重 5mg 即可致死；皮下注射每千克体重 50mg 可引起心肌毒性，每千克体重 150mg 则致死。猪肌内注射每千克体重 10mg 可引起呼吸增数、呕吐和惊厥，每千克体重 20mg 可使大部分试验猪死亡。

【注意事项】本品禁止静脉注射，与肾上腺素合用可增加猪的死亡。

泰 拉 霉 素

本品为动物专用抗生素。

【抗菌作用】本品对一些革兰氏阳性和革兰氏阴性细菌均有抗菌活性，对引起猪、牛呼吸系统疾病的病原菌尤其敏感，如溶血性巴氏杆菌、多杀性巴氏杆菌、睡眠嗜血杆菌、支原体、胸膜肺炎放线杆菌、支气管败血波氏杆菌、副猪嗜血杆菌等，对引起牛传染性角膜结膜炎的牛莫拉菌也具有很好的抗菌活性。

【应用】主要用于治疗和预防溶血性巴氏杆菌、多杀性巴氏杆菌、睡眠嗜血杆菌和支原体引起的牛呼吸道疾病；胸膜肺炎放线杆菌、多杀性巴氏杆菌、肺炎支原体引起的猪呼吸道疾病。

【不良反应】牛皮下注射本品时常会引起注射部位出现短暂性的疼痛反应和局部肿胀。

【注意事项】本品不能与其他大环内酯类抗生素或林可霉素同时使用。

加 米 霉 素

【抗菌作用】加米霉素为 15 元环的半合成氮杂内酯类，主要通过与细菌核糖体 50S 亚基结合，阻止多肽链延长，抑制细菌蛋白质的合成。体外试验数据表明，加米霉素以抑菌方式对牛溶血性曼氏杆菌、多杀性巴氏杆菌以及猪胸膜肺炎放线杆菌、多杀性巴氏杆菌和副猪嗜血杆菌起作用。加米霉素内酯环的 7a 位为烷基化氮，在生理 pH 条件下能快速吸收，并在靶动物肺组织中维持长时间的作用。

【应用】用于治疗对加米霉素敏感的溶血性曼氏杆菌、多杀性巴氏杆菌和支原体等引起的牛呼吸道疾病；胸膜肺炎放线杆菌、多杀性巴氏杆菌和副猪嗜血杆菌等引起的猪呼吸道疾病。

【不良反应】牛皮下或猪肌内注射本品时，注射部位可能会出现短暂的肿胀，并偶尔伴有轻微疼痛。

【注意事项】

（1）禁用于对大环内酯类抗生素过敏的动物。

（2）禁与其他大环内酯类或林可胺类抗生素同时使用。

（3）禁用于泌乳期奶牛。

（4）禁用于预产期在 2 个月内的怀孕母牛。

（5）本品对怀孕的母猪未进行安全性评估，请根据兽医师的风险评估使用。

（6）加米霉素可能对眼睛和/或皮肤有刺激性，应避免接触皮肤和/或眼睛。如不慎接触，应立即用水清洗。

泰 地 罗 新

【抗菌作用】泰地罗新为具有 16 元环的半合成大环内酯类抗生素，可与细菌核糖体的

50S亚基结合，阻断肽链的延长，抑制细菌必需蛋白质的合成从而产生抑菌或杀菌作用。泰地罗新抗菌谱包括牛呼吸道疾病常见的致病菌，如溶血性曼氏杆菌、睡眠嗜组织菌和多杀性巴氏杆菌。泰地罗新对不同病原菌显示出不同的抗菌作用——抑菌或杀菌。体外研究显示，泰地罗新对溶血性曼氏杆菌和睡眠嗜组织菌具有杀菌作用，而对多杀性巴氏杆菌具有抑菌作用。

【应用】 用于治疗和预防对泰地罗新敏感的细菌引起的感染性呼吸道疾病。

【注意事项】

(1) 不得与其他大环内酯类或林可胺类抗生素联合使用。

(2) 应采用多点注射，以免产生肿胀。

二、截短侧耳素类

泰妙菌素（泰妙灵）

本品为动物专用抗生素。

【抗菌作用】 抗菌谱与大环内酯类相似。对革兰氏阳性菌（如金黄色葡萄球菌、链球菌）、支原体（鸡毒支原体、猪肺炎支原体）、猪胸膜肺炎放线杆菌及猪密螺旋体等有较强的抗菌作用。

【应用】 主要用于防治鸡慢性呼吸道病、猪喘气病、传染性胸膜肺炎、猪密螺旋体性痢疾等。本品与金霉素以1∶4配伍混饲，可增强疗效。

【不良反应】 本品能影响抗球虫药莫能菌素、盐霉素等的代谢，合用时易导致中毒，引起鸡生长迟缓、运动失调、麻痹瘫痪，严重者甚至死亡。用于马可干扰大肠菌丛和导致结肠炎。

【注意事项】 本品禁止与聚醚类抗球虫药合用；禁用于马。

沃 尼 妙 林

本品是新一代截短侧耳素类半合成抗生素，属二萜烯类，是泰妙菌素的同类药物。动物专用抗生素。

【抗菌作用】 本品抗菌谱广，对革兰氏阳性菌、部分革兰氏阴性菌和支原体均有作用，对葡萄球菌、链球菌、猪肺炎支原体、猪滑液支原体、猪胸膜肺炎放线杆菌、猪痢疾短螺旋体、结肠菌毛样短螺旋体、细胞内劳森菌等均有较强的抑制作用，特别是对支原体属和螺旋体属高度敏感。

【应用】 主要用于治疗由猪肺炎支原体引起的猪地方性肺炎、猪痢疾密螺旋体引起的猪痢疾、猪胸膜肺炎放线杆菌引起的传染性胸膜肺炎、细胞内劳森菌引发的猪增生性肠炎。

【不良反应】 猪主要表现为发热、食欲不振，严重时出现共济失调、喜卧、浮肿或红斑（主要在臀部）、眼睑水肿。

三、林可胺类

林可胺类能够从肠道很好吸收，在动物体内分布广泛，对细胞屏障穿透力强。它们的作用部位都是细菌核糖体上的50S亚基，干扰细菌蛋白质合成的延长阶段产生抗菌作用。本类抗生素对革兰氏阳性菌和支原体有较强的抗菌活性，对厌氧菌也有一定作用，但对大多数需氧革兰氏阴性菌无效。

林可霉素（洁霉素）

【抗菌作用】本品抗菌谱与大环内酯类相似。对革兰氏阳性菌如溶血性链球菌、葡萄球菌和肺炎球菌等有较强的抗菌作用，对破伤风梭菌、产气荚膜梭菌、支原体也有抑制作用；对革兰氏阴性菌无效。

【应用】用于敏感的革兰氏阳性菌，尤其是金黄色葡萄球菌（包括耐药金黄色葡萄球菌）、链球菌、厌氧菌所致感染，以及猪、鸡的支原体病。本品与大观霉素合用，对鸡支原体病或大肠杆菌病有协同作用。

【不良反应】

（1）本品的主要毒性是能引起马、兔和其他草食动物严重的和致死性腹泻。马内服或注射可引起出血性结膜炎、腹泻，甚至可能致死。牛内服可引起厌食、腹泻、酮血症、产奶量减少。

（2）本品具有神经肌肉阻断作用。

克林霉素磷酸酯

【抗菌作用】克林霉素磷酸酯为化学合成的克林霉素衍生物，在体外无抗菌活性，进入机体迅速水解为克林霉素发挥抗菌活性，敏感菌包括金黄色葡萄球菌、中间型葡萄球菌、表皮葡萄球菌、链球菌、肺炎球菌、丙酸杆菌、真杆菌、放线菌、拟杆菌、和产气荚膜梭菌等。主要作用于细菌核糖体的 50S 亚基，通过抑制肽链的延长影响蛋白质的合成而发挥抗菌作用。

【应用】用于治疗由革兰氏阳性需氧敏感菌引起的犬皮肤感染（创伤、脓肿和深层感染）。

【不良反应】

（1）偶尔会观察到呕吐和腹泻。

（2）克林霉素磷酸酯有时会导致耐药性梭菌和酵母菌等非敏感微生物的过度生长，在继发感染的情况下，应停止使用，并应根据临床情况采取相应的措施。

【注意事项】

（1）不得用于兔、豚鼠、仓鼠、马和反刍动物。

（2）不得用于对林可胺类药物过敏的动物。

（3）本品具有神经肌肉阻滞特性，可能会提高其他神经肌肉阻滞药的作用。

（4）本品与酰胺醇类、大环内酯类药物有拮抗作用，不应同时使用。

（5）本品与卡那霉素、新生霉素等存在配伍禁忌。

（6）本品不宜与抑制肠道蠕动和含白陶土的止泻剂合用。

第三节　氨基糖苷类

本类抗生素的化学结构中含有氨基糖分子和非糖部分的糖原结合而成的苷，故称为氨基糖苷类抗生素。常用的有链霉素、庆大霉素、卡那霉素、新霉素、阿米卡星、大观霉素及安普霉素等。它们具有下列共同特征：

（1）均为有机碱，能与酸形成盐。常用制剂为硫酸盐，水溶性好，性质稳定。在碱性环境中抗菌作用增强。

（2）作用机理均为抑制细菌蛋白质的生物合成。对静止期细菌的杀灭作用较强，为静止期杀菌剂。

（3）内服吸收很少，几乎完全从粪便排出，可作为肠道感染治疗药。注射给药后吸收迅速，大部分以原形从尿中排出，故适用于全身性感染和泌尿道感染。

（4）属窄谱抗生素，对需氧革兰氏阴性杆菌的作用强，对厌氧菌无效。

（5）本类药物与 β-内酰胺类抗生素作用于细菌细胞壁的药物配伍应用具有协同杀菌作用。

（6）不良反应主要是损害第八对脑神经、肾脏毒性及对神经肌肉的阻断作用。

（7）细菌易产生耐药性，本类药物之间可产生完全的或部分的交叉耐药性。

链 霉 素

【抗菌作用】对大多数革兰氏阴性菌有较强的抗菌作用，抗结核分枝杆菌的作用在氨基糖苷类中最强。例如，对大肠杆菌、沙门氏菌、布鲁氏菌、变形杆菌、痢疾杆菌、鼠疫杆菌、鼻疽杆菌等的抗菌作用较强，对钩端螺旋体、放线菌也有效。对金黄色葡萄球菌等多数革兰氏阳性球菌的作用差。链球菌、铜绿假单胞菌和厌氧菌对本品固有耐药。

【应用】主要用于敏感的革兰氏阴性菌所致的感染，如大肠杆菌引起的腹泻、乳腺炎、子宫炎、败血症、膀胱炎等，巴氏杆菌所引起的牛出血性败血症、犊牛肺炎、猪肺疫、禽霍乱等。

本品与青霉素类或头孢菌素类合用有协同作用；与头孢菌素、红霉素合用，可增强本品的耳毒性。

【不良反应】

（1）耳毒性。链霉素最常引起前庭损害，这种损害呈剂量依赖性。

（2）猫对链霉素较敏感，常用量即可引起恶心、呕吐、流涎及共济失调等。

（3）神经肌肉阻断作用常由链霉素剂量过大导致。全身麻醉剂和肌肉松弛剂对神经肌肉阻断有增强作用。

（4）长期应用可引起肾脏损害。

【注意事项】

（1）链霉素与其他氨基糖苷类有交叉过敏现象，对氨基糖苷类过敏的患畜禁用。

（2）患畜出现脱水（可致血药浓度增高）或肾功能损害时慎用。

（3）用本品治疗泌尿道感染时，宜同时内服碳酸氢钠使尿液呈碱性。

庆 大 霉 素

【抗菌作用】在本类药物中抗菌谱较广，抗菌活性最强。对革兰氏阴性菌和阳性菌均有作用。在阴性菌中，对大肠杆菌、变形杆菌、嗜血杆菌、铜绿假单胞菌、沙门氏菌和布鲁氏菌等均有较强的作用，特别是对肠道菌及铜绿假单胞菌有高效。在阳性菌中，对耐药金黄色葡萄球菌的作用最强。对链球菌、结核分枝杆菌、厌氧菌无效。

【应用】主要用于敏感的革兰氏阴性菌和阳性菌引起的呼吸道、肠道、泌尿生殖道感染和败血症等。内服还可用于肠炎和细菌性腹泻。本品对肾脏有较严重的损害作用，临床应用不要随意加大剂量及延长疗程。

本品与β-内酰胺类合用有协同作用，与四环素、红霉素、酰胺醇类等合用可能出现拮抗作用。

【不良反应】 主要造成前庭功能损害，还可致可逆性肾毒性，这与其在肾皮质部蓄积有关。与头孢菌素合用，可使肾毒性增强。

卡 那 霉 素

【抗菌作用】 其抗菌谱与链霉素相似，但抗菌活性稍强。对多数革兰氏阴性杆菌（如大肠杆菌、变形杆菌、沙门氏菌和巴氏杆菌等）有效，但对铜绿假单胞菌无效；对结核分枝杆菌和耐青霉素的金黄色葡萄球菌亦有效。

【应用】 内服用于治疗敏感菌所致的肠道感染。肌内注射用于多数革兰氏阴性杆菌和部分耐青霉素金黄色葡萄球菌所引起的感染，如呼吸道、肠道和泌尿道感染，以及败血症、乳腺炎、鸡霍乱等。此外，亦可用于治疗猪萎缩性鼻炎。

新 霉 素

抗菌谱与链霉素相似。在本类药物中，本品毒性最大，一般禁用于注射给药。内服给药，用于治疗畜禽的肠道细菌感染；子宫或乳管内注入，治疗奶牛、母猪的子宫内膜炎和乳腺炎；局部外用（0.5%溶液或软膏），治疗皮肤、黏膜化脓性感染。

阿 米 卡 星

【抗菌作用】 阿米卡星对各种革兰氏阴性菌和阳性菌，特别是绿脓杆菌等均有较强的抗菌活性。

【应用】 用于由大肠杆菌、变形杆菌敏感菌引起的犬的泌尿生殖道感染（膀胱炎），以及由假单胞菌、大肠杆菌等引起的皮肤和软组织感染。

【不良反应】

（1）具不可逆的耳毒性。

（2）长期用药可导致耐药菌过度生长。

【注意事项】

（1）禁用于患有严重的肾损伤的犬。

（2）未进行繁殖试验，繁殖期的犬禁用。

（3）慎用于需敏锐听觉的特种犬。

大 观 霉 素

对革兰氏阴性菌（如布鲁氏菌、克雷伯氏菌、变形杆菌、铜绿假单胞菌、沙门氏菌、巴氏杆菌等）有较强作用，对革兰氏阳性菌（如葡萄球菌）作用较弱。对支原体亦有较好作用。在兽医临床上，本品多用于防治大肠杆菌病、禽霍乱、禽沙门氏菌病。本品常与林可霉素合用，可显著增加对支原体的作用并扩大抗菌谱，主要用于防治仔猪腹泻、猪的支原体性肺炎和鸡毒支原体病等。

安 普 霉 素

抗菌谱广，对革兰氏阴性菌（大肠杆菌、沙门氏菌、变形杆菌、克雷伯氏菌）、革兰氏阳性菌（某些链球菌）、密螺旋体和某些支原体有较好的抗菌作用。主要用于治疗猪大肠杆菌和其他敏感菌感染，鸡的大肠杆菌、沙门氏菌及支原体感染等。猫较敏感，易产生毒性。

第四节　四环素类及酰胺醇类

一、四环素类

本类抗生素的抗菌谱很广，对革兰氏阳性菌和阴性菌、螺旋体、立克次氏体、支原体、衣原体、原虫（球虫、阿米巴原虫）等均可产生抑制作用，故称为广谱抗生素。酰胺醇类也属广谱抗生素。

本类药物的盐酸盐性质较稳定，易溶于水。水溶液不稳定，宜现用现配。兽医临床常用的有土霉素、四环素、多西环素和金霉素。按其抗菌活性大小，顺序为多西环素＞金霉素＞四环素＞土霉素。

四环素类药物的抗菌作用机理主要是抑制细菌蛋白质的合成。本类药物可与细菌核蛋白体 30S 亚单位氨酰基的 A 位结合，妨碍氨酰基-tRNA 连接，从而抑制蛋白质合成的延伸过程。此外，本类药物还能抑制核蛋白体与释放因子相结合，阻碍已合成的肽链的释放，从而抑制蛋白质合成的终止过程，抑制细菌的生长繁殖。本类药物仅在高浓度时有杀菌作用。

土 霉 素

内服吸收不规则、不完全，主要在小肠上段被吸收。胃肠道内的镁、钙、铝、铁、锌、锰等多价金属离子能与本品形成难溶的螯合物，而使药物吸收减少，因此不宜与含多价金属离子的药品或饲料、乳制品共服。

【抗菌作用】为广谱抗生素，起抑菌作用。对革兰氏阳性菌（如葡萄球菌、溶血性链球菌、破伤风梭菌、梭状芽孢杆菌等）作用较强，但不如 β-内酰胺类。对革兰氏阴性菌（如大肠杆菌、沙门氏菌、巴氏杆菌、布鲁氏菌、克雷伯氏菌等）较敏感，但不如氨基糖苷类和酰胺醇类抗生素。本品对衣原体、支原体、立克次氏体、螺旋体、放线菌和某些原虫（如边虫）都有一定的抑制作用。

【耐药性】细菌对本品能产生耐药性，但产生较慢。四环素类之间存在交叉耐药性，对一种药物耐药的细菌通常也对其他同类药物耐药。

【应用】

（1）大肠杆菌或沙门氏菌引起的下痢，如犊牛白痢、羔羊痢疾、仔猪黄痢和白痢、雏鸡白痢等。

（2）多杀性巴氏杆菌引起的牛出血性败血症、猪肺疫、禽霍乱。

（3）支原体引起的牛肺炎、猪喘气病、鸡慢性呼吸道病等。

（4）局部用于坏死杆菌所致各种动物组织的坏死、子宫脓肿、子宫内膜炎。

（5）放线菌病、钩端螺旋体病等。

（6）近年有不少用于治疗猪附红细胞体病的报道。

【不良反应】

（1）二重感染　成年草食动物内服剂量过大或疗程过长时，易引起肠道菌群紊乱，导致消化机能失常，造成肠炎和腹泻，并形成二重感染。

（2）局部刺激　本品盐酸盐水溶液属强酸性，刺激性大，最好不采用肌内注射给药。

【注意事项】

（1）除土霉素外，其他均不宜肌内注射。静脉注射时勿漏出血管外，注射速度应缓慢。

（2）成年反刍动物、马属动物和兔不宜内服给药。

四　环　素

抗菌谱与土霉素相似。但对革兰氏阴性杆菌的作用较好，对革兰氏阳性球菌（如葡萄球菌）的作用不如金霉素。内服后血药浓度较土霉素或金霉素高。对组织的渗透力较强，易透入胸腹腔、胎畜循环及乳汁中。用于治疗畜禽敏感的革兰氏阳性菌和阴性菌、支原体、立克次氏体、螺旋体、衣原体等所致的感染。

多西环素（强力霉素）

抗菌谱与其他四环素类相似，体内、外抗菌活性较土霉素、四环素强。本品对土霉素、四环素等存在交叉耐药性。本品内服后吸收迅速，生物利用度较高，维持有效血药浓度时间长，对组织渗透力强，分布广泛，易进入细胞内。主要用于治疗畜禽的支原体病、大肠杆菌病、沙门氏菌病、巴氏杆菌病和鹦鹉热等。本品在四环素类中毒性最小，但有报道，给马属动物静脉注射可致心律不齐、虚脱和死亡。

金　霉　素

抗菌谱与土霉素相似。对耐青霉素的金黄色葡萄球菌感染的疗效优于土霉素和四环素。低剂量常用作畜禽的促生长剂，改善饲料利用率。中、高剂量可预防畜禽的支原体感染和肠道感染。

二、酰胺醇类

又称氯霉素类。包括氯霉素、氟苯尼考及甲砜霉素。

氯霉素属广谱抑菌性抗生素，对革兰氏阳性菌和阴性菌都有作用，但对阴性菌的作用较阳性菌强。其不良反应主要是抑制骨髓造血机能。由于动物和人骨髓造血细胞内线粒体的核蛋白体属70S亚基，氯霉素可能影响其造血功能。症状表现主要为可逆性的血细胞减少和不可逆的再生障碍性贫血。由于上述原因，目前世界上大多数国家（包括中国）均禁止氯霉素用于所有食品源性动物。甲砜霉素及氟苯尼考不会引起骨髓抑制或再生障碍性贫血。

本类药物的作用机理是与细菌70S核蛋白体的50S亚基上的A位结合，阻碍肽酰基转移酶的转肽反应，使蛋白质肽链不能延伸，从而抑制菌体蛋白质的合成。

氟苯尼考（氟甲砜霉素）

属动物专用的抗生素。

【抗菌作用】为广谱抑菌性抗生素。对革兰氏阳性菌和阴性菌都有作用，但对阴性菌的作用较阳性菌强。对其敏感的革兰氏阴性菌有伤寒杆菌、副伤寒杆菌、大肠杆菌、沙门氏菌、布鲁氏菌及巴氏杆菌等；革兰氏阳性菌有炭疽杆菌、链球菌、棒状杆菌、葡萄球菌等。对少数衣原体、立克次氏体亦有一定的疗效，但对铜绿假单胞菌无效。抗菌活性优于氯霉素和甲砜霉素，对耐氯霉素和甲砜霉素的大肠杆菌、沙门氏菌、克雷伯氏菌亦有效。

【应用】主要用于牛、猪、鸡的细菌性疾病，如牛的呼吸道感染、乳腺炎，猪传染性胸膜肺炎、巴氏杆菌病、黄痢、白痢，鸡大肠杆菌病、禽霍乱等。

【不良反应】有胚胎毒性，妊娠动物禁用；长期内服可引起消化功能紊乱，导致二重感染；有一定的免疫抑制作用。

【注意事项】疫苗接种期或免疫功能严重缺损的动物禁用。

甲　砜　霉　素

【抗菌作用】属广谱抗生素。敏感菌主要有伤寒杆菌、副伤寒杆菌、沙门氏菌、大肠杆菌、巴氏杆菌、布鲁氏菌等革兰氏阴性菌，以及链球菌、炭疽杆菌、肺炎球菌、棒状杆菌、葡萄球菌等革兰氏阳性菌。

【应用】主要用于畜禽的细菌性疾病，尤其是沙门氏菌及大肠杆菌感染。

第五节　多　肽　类

本类抗生素包括多黏菌素类、杆菌肽等。多黏菌素类抗生素有 A、B、C、D、E 五种成分。兽医临床应用的有多黏菌素 B、黏菌素和多黏菌素 M 三种，目前多用黏菌素。

黏　菌　素

又名黏杆菌素、多黏菌素 E、抗敌素。

【抗菌作用】为窄谱杀菌剂，对革兰氏阴性杆菌的抗菌活性强。敏感菌有大肠杆菌、沙门氏菌、巴氏杆菌、布鲁氏菌、弧菌、痢疾杆菌、铜绿假单胞菌等。尤其对铜绿假单胞菌和弧菌具有强大的杀菌作用。杀菌机理是破坏细菌细胞膜，使菌体内物质外漏，也能影响细菌核质和核糖体的功能，导致细菌死亡。本品与杆菌肽锌（1：5）合用有协同作用。

由于存在对人用黏菌素产生耐药性的风险问题，我国已禁止本品用于畜禽的促生长。

【应用】内服不吸收，用于治疗畜禽的大肠杆菌性腹泻和对其他药物耐药的细菌性腹泻。外用用于烧伤和外伤引起的铜绿假单胞菌局部感染。

【不良反应】注射给药可引起肾毒性和神经毒性作用；与能损伤肾功能的药物合用，可增强其肾毒性。

杆　菌　肽

抗菌谱和抗菌机理与青霉素相似。对革兰氏阳性菌有杀菌作用，包括耐药金黄色葡萄球菌、肠球菌、链球菌，对螺旋体和放线菌也有效，但对革兰氏阴性杆菌无效。临床上局部应用于革兰氏阳性菌所致的皮肤、伤口感染，眼部感染和乳腺炎等。欧盟从 1999 年开始禁用杆菌肽锌作饲料添加促生长剂。

第六节　多　糖　类

阿　维　拉　霉　素

【抗菌作用】主要对葡萄球菌、链球菌、肠道球菌及肺炎球菌等革兰氏阳性菌有效，对革兰氏阴性菌的作用较差。通过与细菌核糖体结合而抑制蛋白质合成；对大肠杆菌还可影响其鞭毛及对宿主黏膜细胞表面的黏附，达到抗感染作用。本品内服吸收在肠道难吸收，畜禽体内残留水平较低。

【应用】用于预防由产气荚膜梭菌引起的肉鸡坏死性肠炎。

第七节　抗真菌药

真菌种类很多，可引起动物的不同感染。根据感染部位可分为两类：一类为浅表真菌感染，如皮肤、羽毛、趾甲、鸡冠、肉髯等，引起多种癣病，有的人畜之间可以互相传染；另一类为深部真菌感染，主要侵犯机体的深部组织及内脏器官，如念珠菌病、犊牛真菌性胃肠炎、牛真菌性子宫炎和雏鸡曲霉菌性肺炎等。

兽医临床应用的抗真菌药有水杨酸、制霉菌素、克霉唑、酮康唑、氟康唑、伊曲康唑、盐酸特比萘芬等。

水　杨　酸

【抗菌作用】有中等程度的抗真菌作用。在低浓度（1%～2%）时有角质增生作用，能促进表皮的生长；高浓度（10%～20%）时可溶解角质，对局部有刺激性。在体表真菌感染时，可以软化皮肤角质层，角质层脱落的同时也将菌丝随之脱出，起到一定程度的治疗作用。

【应用】治疗皮肤真菌感染。

制　霉　菌　素

【抗菌作用】本品的抗真菌作用与两性霉素 B 基本相同，但其毒性更大，不宜用于全身感染的治疗。内服不易吸收，多数随粪便排出。

【应用】内服治疗胃肠道真菌感染，如犊牛真菌性胃炎、禽曲霉菌病；局部应用治疗皮肤、黏膜的真菌感染，如念珠菌病和曲霉菌所致的乳腺炎、子宫炎等。

克 霉 唑

对浅表真菌的疗效与灰黄霉素相似，对深部真菌作用比两性霉素 B 差。主要用于体表真菌病，如耳真菌感染和毛癣。

酮 康 唑

【抗菌作用】为广谱抗真菌药，对全身及浅表真菌均有抗菌活性。一般浓度对真菌有抑制作用，高浓度时对敏感真菌有杀灭作用。对芽生菌、球孢子菌、隐球菌、组织胞浆菌、小孢子菌和毛癣菌等真菌有抑制作用，对曲霉菌、孢子丝菌作用弱，对白念珠菌无效。

【应用】用于治疗球孢子菌病、组织胞浆菌病、隐球菌病、芽生菌病，亦可防治皮肤真菌病等。

氟 康 唑

【抗菌作用】为广谱抗真菌药物，对深部和浅表真菌都有较强的抗菌作用。抗菌活性比酮康唑强 10～20 倍，且毒性低。念珠菌和隐球菌对本品最敏感，对表皮癣菌、皮炎芽生菌和组织胞浆菌也有较强的作用，但对曲霉菌效果差。

【应用】用于浅表、深部敏感菌引起的感染。主要用于犬、猫的念珠菌病和隐球菌病。

伊 曲 康 唑

【抗菌作用】伊曲康唑通过抑制真菌细胞色素 P450 依赖甾醇 14α-脱甲基酶的活性、阻止真菌细胞膜重要成分麦角固醇的合成来达到抑制真菌增殖、促进真菌死亡的目的，其主要代谢产物羟基伊曲康唑也具有与伊曲康唑等效的抗真菌活性，对皮肤癣菌（毛癣菌属、小孢子菌属）、酵母菌（念珠菌属、马拉色菌属）、多种双相型真菌、接合菌均有活性。

【应用】主要用于由犬小孢子菌等敏感真菌引起的猫皮肤癣菌病。

盐酸特比萘芬

【抗菌作用】能特异地干扰真菌固醇的早期生物合成，主要是通过抑制真菌麦角鲨烯环氧化酶，使真菌细胞膜形成过程中麦角鲨烯环氧化反应受阻，影响真菌细胞膜的生成，从而发挥杀灭和抑制真菌的作用。盐酸特比萘芬抗菌谱较广，体外抑菌表明对念珠菌、癣菌、霉菌、孢子丝菌等多种真菌有抑制或杀灭作用，其中最敏感的为皮肤癣菌。药物具有强亲脂性，蓄积于皮肤深层，停药后仍能持续发挥药效。药物在皮肤、毛发等组织浓度较高，能渗入并储存于皮肤角质层和新生的毛发、指（趾）甲角质部分。

【应用】用于治疗由犬小孢子菌、石膏样小孢子菌、须毛癣菌等真菌引起犬的皮肤感染。

【不良反应】偶尔在用药部位出现刺痛感，犬会出现轻微挣扎现象，不必停药。过敏反应较少发生，发生后请立即停药。少数出现瘙痒、红肿等轻型的皮肤反应。

第四单元 消毒防腐药☆

　　消毒防腐药是杀灭病原微生物或抑制其生长繁殖的一类药物。消毒药是指能杀灭病原微生物的药物，主要用于环境、厩舍、动物排泄物、用具和器械等非生物表面的消毒。防腐药是指能抑制病原微生物生长繁殖的药物，主要用于抑制局部皮肤、黏膜和创伤等表面的微生物感染，也用于食品及生物制品等的防腐。但两者并无绝对的界限，低浓度消毒药只有抑菌作用，反之，有的防腐药高浓度时也有杀菌作用。

　　消毒防腐药的作用机理各不相同，可归纳为：① 使菌体蛋白变性、沉淀，故称为"一般原浆毒"，适用于环境消毒。如酚类、醛类、醇类、重金属盐类等。②改变菌体细胞膜的通透性。表面活性剂等的杀菌作用是通过降低菌体的表面张力，增加菌体细胞膜的通透性，使细胞内酶和营养物质漏失，水则向菌体内渗入，使菌体溶解和破裂。③干扰或损害细菌生命必需的酶系统。当消毒防腐药的化学结构与菌体内的代谢物相似时，可与酶竞争性或非竞争性地结合，抑制酶的活性，导致菌体的抑制或死亡；也可通过氧化、还原等反应损害酶的活性基团，如氧化剂的氧化、卤化物的卤化等。

　　影响消毒防腐药作用的因素：①病原微生物种类与生理状态。不同种类的细菌和处于不同生理状态的微生物，对消毒药的敏感性不同。②浓度和作用时间。当其他条件一致时，消毒药的杀菌效力一般随其溶液浓度和作用时间的增加而增强。③温度。大多数消毒药的杀菌效果随着环境温度的升高而增强，即温度越高、杀菌力越强。④pH。环境或组织的 pH 对有些消毒防腐药作用的影响较大，如含氯消毒剂作用的最佳 pH 为 5～6。⑤有机物的存在。环境中粪、尿等或创伤部位的脓血、体液等有机物的存在，会影响消毒药的杀菌效力。⑥水质。消毒药稀释用水中的 Ca^{2+} 和 Mg^{2+} 可与季铵盐类、氯己定或碘附等结合，形成不溶性盐类，从而降低其抗菌效力。⑦化学拮抗剂。过氧化物杀菌作用可被还原剂拮抗（如过氧乙酸可被硫代硫酸钠中和），阳离子表面活性剂的杀菌作用可被阴离子活性剂所抵消（如氯己定、苯扎溴铵不可与肥皂合用）。

第一节 消毒防腐药分类

　　按杀菌能力，消毒药可分为高效消毒剂、中效消毒剂、低效消毒剂三类。其中高效消毒剂可杀灭各种微生物（包括细菌芽孢），如戊二醛、过氧乙酸、含氯消毒剂、高锰酸钾等；

中效消毒剂可杀灭各种细菌繁殖体（包括结核分枝杆菌）以及多数病毒、真菌，但不能杀灭细菌芽孢，如含碘消毒剂、醇类、酚类等；低效消毒剂可杀灭细菌繁殖体和亲脂性病毒，如苯扎溴铵、氯己定等。预防消毒时，根据消毒对象和消毒任务的需要选择适当类别和种类的消毒剂进行消毒。若有疫病发生，最好选用高效消毒剂进行扑灭性的紧急消毒。

按化学性质，消毒防腐药分为酚类、醛类、醇类、卤素类、季铵盐类（或表面活性剂）、氧化剂、酸类、碱类、染料类等。

按用途，消毒防腐药可分为环境消毒药和皮肤、黏膜消毒防腐药等。

一、环境消毒药

主要用于周围环境、厩舍、动物排泄物、术手器械等的消毒。常用的环境消毒药有苯酚、复合酚、甲醛、戊二醛、氢氧化钠（烧碱）、氧化钙、含氯石灰、二氯异氰脲酸钠（优氯净）、三氯异氰脲酸、二氧化氯、过氧乙酸等。

二、皮肤、黏膜消毒防腐药

主要用于动物体表，如皮肤、黏膜、创面等抗微生物感染，也用于食品及生物制品的防腐。常用于皮肤、黏膜的消毒防腐药有乙醇、苯扎溴铵、醋酸氯己定（醋酸洗必泰）、癸甲溴铵（百毒杀）、辛氨乙甘酸、碘酊、聚维酮碘、过氧化氢、高锰酸钾等。

第二节　常用消毒防腐药

一、酚　类

苯　酚

【药理作用】苯酚为原浆毒。0.1%～1%溶液有抑菌作用，1%～2%溶液有杀灭细菌和真菌作用，5%溶液可在48h内杀死炭疽芽孢。碱性环境、脂类、皂类等能减弱其杀菌作用。

【应用】配成2%～5%溶液，用于用具、器械和环境等消毒。

【注意事项】由于苯酚对动物和人有较强的毒性，不能用于创面和皮肤的消毒。

复　合　酚

能杀灭多种细菌和病毒，用于畜舍及器具等的消毒。喷洒用配成0.3%～1%的水溶液，浸泡用配成1.6%的水溶液。本品对皮肤、黏膜有刺激性和腐蚀性。

甲　酚

【药理作用】甲酚为原浆毒，使菌体蛋白凝固变性而呈现杀菌作用。抗菌作用比苯酚强3～10倍，毒性大致相等，但消毒用药液浓度较低，故较苯酚安全。可杀灭一般繁殖型病原菌，对芽孢无效，对病毒作用较弱。是酚类中最常用的消毒药。

【应用】用于器械、厩舍、场地、排泄物的消毒。喷洒或浸泡：器械、厩舍或排泄物等消毒，配成5%～10%甲酚皂溶液。

二、醛　类

甲　醛　溶　液

【药理作用】甲醛不仅能杀死细菌的繁殖型，也能杀死芽孢（如炭疽芽孢），以及抵抗力强的结核分枝杆菌、病毒及真菌等。甲醛对皮肤和黏膜的刺激性很强，但不损坏金属、皮毛、纺织物和橡胶等。甲醛的穿透力差，不易透入物品深部发挥作用。具滞留性，消毒结束后即应通风或用水冲洗，甲醛的刺激性气味不易散失，故消毒空间仅需相对密闭。

【应用】主要用于厩舍、仓库、孵化室、皮毛、衣物、器具等的熏蒸消毒，以及标本、尸体防腐，消毒温度应在20℃以上。低浓度内服可用于胃肠道制酵。

内服：一次量，牛8～25mL，羊1～3mL。内服时用水稀释20～30倍。标本、尸体防腐，配成5%～10%溶液。熏蒸消毒：每立方米15mL。器械消毒，配成2%溶液。

多　聚　甲　醛

【药理作用】多聚甲醛遇热解聚产生甲醛气体，能使微生物蛋白质凝固变性，使病原微生物死亡。甲醛能杀死细菌繁殖体、芽孢（如炭疽芽孢）、结核分枝杆菌、病毒及真菌等。

【应用】主要用于畜禽舍、饲养用具、孵化室、种蛋、蚕体蚕座等的熏蒸消毒。

戊　二　醛

【药理作用】戊二醛具有广谱、高效和速效的杀菌作用。对细菌繁殖体、芽孢、病毒、结核分枝杆菌和真菌等均有很好的杀灭作用。

【应用】主要用于动物厩舍及器具消毒，也可用于疫苗制备时的鸡胚消毒。

橡胶、塑料制品及手术器械消毒，配成2%溶液。喷洒使浸透，配成0.78%溶液，保持5min或放置至干。

三、醇　类

乙　醇

【药理作用】乙醇是目前临床上使用最广泛，也是较好的一种皮肤消毒药。能杀死繁殖型细菌，对结核分枝杆菌、囊膜病毒也有杀灭作用，但对细菌芽孢无效。乙醇可使细菌胞浆脱水，并进入蛋白肽链的空隙破坏构型，使菌体蛋白变性和沉淀。乙醇可溶解类脂质，不仅易渗入菌体破坏其胞膜，而且能溶解动物的皮脂分泌物，从而发挥机械性除菌作用。

【应用】75%的水溶液用于手、皮肤、体温计、注射针头和小件医疗器械等消毒。

四、卤　素　类

（一）氯制剂

含　氯　石　灰

【药理作用】含氯石灰加入水中生成次氯酸，后者释放活性氯和初生氧而呈现杀菌作用。

其杀菌作用快而强，但不持久。含氯石灰对细菌繁殖体、细菌芽孢、病毒及真菌都有杀灭作用，并可破坏肉毒杆菌毒素。

【应用】用于饮水消毒和厩舍、场地、车辆、排泄物等的消毒。饮水消毒，每 50L 水1g；畜舍等消毒，配成 5%～20%混悬液。

三 氯 异 氰 脲 酸

【药理作用】本品在水中可水解为次氯酸，具有强氧化性，次氯酸遇水产生具有杀菌力的次氯酸和次氯酸离子，次氯酸又可放出活性氯和初生态氧。一般认为三氯异氰脲酸粉的杀菌（病毒）机制包括次氯酸的氧化作用、新生氧作用和氯化作用。

【应用】主要用于禽舍、畜栏、器具、种蛋及饮水消毒。

畜禽饲养地的消毒，配成 0.16%溶液（以有效氯计）；饲养用具消毒，配成 0.04%溶液；饮水消毒，每 1L 水 0.4mg，作用 30min。

溴 氯 海 因

【药理作用】本品为有机溴氯复合型消毒剂。有广谱杀菌作用，药效持久。其杀菌消毒机理为次氯酸的氧化作用、新生氧作用和卤化作用。由于本品中的溴氯海因能同时解离出溴和氯，分别形成次氯酸和次溴酸，二者对杀灭细菌起到了协同增效作用。本品对炭疽芽孢无效。

【应用】主要用于动物厩舍、运输工具等消毒。

喷洒、擦洗或浸泡：环境或运载工具消毒，口蹄疫按 1∶400 稀释，猪水疱病按 1∶200稀释，猪瘟按 1∶600 稀释，猪细小病毒病按 1∶60 稀释，鸡新城疫、传染性法氏囊病按1∶1 000稀释；细菌繁殖体按 1∶4 000 稀释。

二氯异氰脲酸钠（优氯净）

【药理作用】二氯异氰脲酸钠在水中分解为次氯酸和氰脲酸，次氯酸释放出活性氯和初生态氧，对细菌原浆蛋白产生氯化和氧化反应而呈杀菌作用。本品杀菌谱广，可杀灭细菌繁殖体、芽孢、病毒、真菌孢子。杀菌作用较大多数氯胺类强，作用受有机物影响小。主要用于厩舍、鱼塘、排泄物和水的消毒。有腐蚀和漂白作用。

【应用】用于水、食品加工场地及器具、车辆、厩舍、蚕室、鱼塘的消毒。0.5%～1%浓度用于杀灭细菌和病毒；5%～10%浓度用于杀灭细菌芽孢。鱼塘消毒用 0.3g/m³，饮水用 0.5g/m³，其他消毒用 50～100g/m³。

二 氧 化 氯

【药理作用】为新一代高效、广谱、安全的消毒杀菌剂，是氯制剂最理想的替代品。二氧化氯杀菌作用依赖其氧化作用，其氧化能力较氯强 2.5 倍，可杀灭细菌的繁殖体及芽孢、病毒、真菌及其孢子。一般多用于饮水消毒。二氧化氯消毒具有如下优点：①用量小，pH越高杀菌效果越好。②易从水中驱除，不具残留毒性。③兼有除臭、去味作用。

【应用】本品 1g 加水 10mL 溶解，加活化剂 1.5mL 活化后，加水至 150mL 备用。厩舍、饲喂器具消毒：15～20 倍稀释；饮水消毒：200～1 700 倍稀释。

用于食品、食品加工、制药、医院、公共环境等的消毒，防霉和食品的防腐保鲜等，发达国家已广泛应用二氧化氯替代氯气进行饮用水的消毒。

城市饮用水的消毒：每 1 000L 水不超过 10g，一般是现场将氯气通入含亚氯酸钠的二氧化氯发生器中，产生的二氧化氯通入饮水系统即可。

（二）碘制剂

碘具有强大的杀菌作用，也可杀灭细菌芽孢、真菌、病毒、原虫。碘主要以分子（I_2）形式发挥杀菌作用，其原理可能是碘化和氧化菌体蛋白的活性基因，并与蛋白的氨基结合而导致蛋白变性和抑制菌体的代谢酶系统。

2％碘溶液不含酒精，适用于皮肤的浅表破损和创面消毒，以防止细菌感染。在紧急条件下可用于饮水消毒，每 1L 水中加入 2％ 碘酊 5～6 滴，15min 后可供饮用，水无不良气味，且水中各种致病菌、原虫和其他微生物可被杀死。浓碘酊（含碘 10％）对皮肤有较强的刺激作用，外用于局部组织作刺激药。

1. 碘甘油　涂患处。用于口腔、舌、齿龈、阴道等黏膜炎症与溃疡。

2. 碘附　手术部位和手术器械消毒，配成 0.5％～1％溶液（以有效碘计）；厩舍、器具、种蛋消毒，配成 0.015％～0.03％溶液；饮水消毒，配成 0.001 5％～0.003％溶液。

3. 碘酊　术前和注射前的皮肤消毒，2％碘酊；皮肤的浅表破损和创面消毒，2％碘酊；治疗腱鞘炎、滑膜炎等慢性炎症，5％碘酊；作刺激药涂搽于患部皮肤，10％浓碘酊。

4. 复合碘溶液（水产用）　用于防治水产养殖动物细菌性和病毒性疾病，用水稀释后全池泼洒：每 $1m^3$ 水体 0.1mL。

5. 碘仿　一般创伤，用撒布剂或 5％～15％软膏涂敷患处；瘘管，与乙醚配成 5％～10％溶液，用纱布条浸泡后填塞瘘管。

6. 聚维酮碘溶液　皮肤消毒及治疗皮肤病，配成 5％溶液；奶牛乳头浸泡，配成 0.5％～1％溶液；黏膜及创面冲洗，配成 0.1％溶液。

五、季铵盐类（或表面活性剂）

苯扎溴铵（新洁尔灭）

【药理作用】本品为阳离子表面活性剂，对细菌（如化脓杆菌、肠道菌等）有较好的杀灭能力，苯扎溴铵对革兰氏阳性菌的杀灭能力要比革兰氏阴性菌强。对病毒的作用较弱，对亲脂性病毒如流感病毒、牛痘病毒、疱疹病毒等有一定的杀灭作用；对亲水性病毒无效。对结核分枝杆菌与真菌的杀灭效果甚微，对细菌芽孢只能起到抑制作用。

【应用】创面消毒，0.01％溶液；皮肤、手术器械消毒，0.1％溶液。应用时禁与肥皂及其他阴离子活性剂、盐类消毒剂、碘化物和过氧化物等配伍使用。术者用肥皂洗手后，务必用水冲净后再用本品。

癸甲溴铵（百毒杀）

【药理作用】癸甲溴铵是双链季铵盐消毒剂，对多数细菌、真菌和藻类有杀灭作用，对亲脂性病毒也有一定作用。

【应用】厩舍、器具消毒，配成 0.015％～0.05％溶液；饮水消毒，配成 0.002 5％～

0.005%溶液。

醋酸氯己定（醋酸洗必泰）

【药理作用】为阳离子表面活性剂，抗菌谱广，对多数革兰氏阳性及阴性细菌都有杀灭作用，对铜绿假单胞菌也有效。抗菌作用强于苯扎溴铵，作用迅速且持久，毒性低，无刺激性。本品不易被有机物灭活，但易被硬水中的阴离子沉淀而失去活性。

【应用】常用于术前手、皮肤及器械等的消毒。

【注意事项】

（1）禁与肥皂、碱性物质和其他阴离子表面活性剂配伍。

（2）忌与碘酊、高锰酸钾、升汞、硫酸锌、甲醛合用。

（3）浓溶液可刺激黏膜等，偶见皮肤过敏。

（4）与铁、铝等金属物质可发生反应，配制时禁忌用金属制品，水溶液贮存于中性玻璃瓶中，每隔两周换1次。

（5）器械消毒时需加0.5%亚硝酸钠防腐。

六、氧 化 剂

过 氧 化 氢

【药理作用】过氧化氢有较强的氧化作用，在与组织或血液中的过氧化氢酶接触时，迅速分解，释出新生态氧，对细菌产生氧化作用，干扰其酶系统的功能而发挥抗菌作用。

【应用】用于皮肤、黏膜、创面、瘘管的清洗。

高 锰 酸 钾

【药理作用】本品为强氧化剂，遇有机物或加热、加酸或碱等均可释放出新生态氧（非游离态氧，不产生气泡）而呈现杀菌、除臭、氧化作用。

【应用】常用于皮肤创伤及腔道炎症的创面消毒、止血和收敛，也用于有机物中毒的解救。腔道冲洗及洗胃，配成0.05%~0.1%溶液；创伤冲洗，配成0.1%~0.2%溶液。

过硫酸氢钾复合盐

【药理作用】本品在水中经过链式反应连续产生次氯酸、新生态氧，氧化和氯化病原体，干扰病原体的DNA和RNA合成，使病原体的蛋白质凝固变性，进而干扰病原体酶系统的活性、影响其代谢，增加细胞膜的通透性，造成酶和营养物质流失、病原体溶解破裂，进而杀灭病原体。

【应用】浸泡或喷雾（喷洒）：①畜舍环境消毒、饮水设备消毒、空气消毒、终末消毒、设备消毒、孵化场消毒、脚踏盆消毒，1:200稀释。②饮用水消毒，1:1 000稀释。③对特定病原体消毒，大肠杆菌、金黄色葡萄球菌、猪水疱病病毒、传染性法氏囊病病毒，1:400稀释；链球菌，1:800稀释；禽流感病毒，1:1 600稀释；口蹄疫病毒，1:1 000稀释。④水产养殖鱼、虾消毒，用水稀释200倍后全池均匀喷洒，每1m³水体0.6~1.2g。

过 氧 乙 酸

【药理作用】过氧乙酸是一种强氧化剂。有很强的杀菌能力，能杀灭细菌、芽孢、真菌、病毒。0.1%过氧乙酸1min内能杀灭大肠杆菌和皮肤癣菌，0.5%过氧乙酸能杀灭所有芽孢菌。5%以上时有灼伤皮肤作用。过氧乙酸能分解成乙酸和水，同时释放氧气。这些产物对环境、动物无害。

【应用】主要用于杀灭厩舍、用具、衣物等的细菌、芽孢、真菌和病毒。喷雾消毒：畜禽厩舍，1∶（200～400）稀释；熏蒸消毒：畜禽厩舍每立方米使用5～15mL；浸泡消毒：畜禽食具、工作人员衣物、手臂等，1∶500稀释；饮水消毒，每10L水加本品1mL。

七、酸 类

硼 酸

【药理作用】本品为弱防腐剂，与细菌蛋白质中的氨基结合，对细菌及真菌抑制作用较弱，但无刺激性。

【应用】可用于皮肤、黏膜的防腐，急性皮炎、湿疹渗出的湿敷液，也可用作口腔、咽喉漱液，外耳道、慢性溃疡面、褥疮洗液，以及真菌、脓疱疮感染的杀菌液。

【注意事项】大面积外用吸收过量可发生急性中毒，出现呕吐、腹泻、皮疹、中枢神经系统先兴奋后抑制，可发生脑膜刺激症状和肾损伤。严重者可发生循环障碍和（或）休克。

枸 橼 酸

【药理作用】为有机酸类消毒剂，杀菌谱广。其杀菌消毒机理为枸橼酸溶于水产生 H^+ 和自由基，由于枸橼酸有3个 H^+ 可以电离，通过改变细胞内的pH改变微生物生存环境，同时由于枸橼酸溶于水后产生自由基，破坏微生物的DNA、RNA、酶和蛋白质结构，造成新陈代谢活动紊乱，进而导致微生物死亡。

【应用】用于环境或器具（械）的消毒。

八、碱 类

氢 氧 化 钠

【药理作用】消毒用氢氧化钠又名烧碱，属细胞原浆毒，对病毒和细菌的杀灭作用均较强，高浓度溶液可杀灭芽孢，OH^- 能水解菌体蛋白和核酸，使酶系统和细胞结构受损，并能抑制代谢机能，分解菌体中的糖类，使细菌死亡。

【应用】主要用于污染病毒的场所、器械等消毒，如畜舍、车辆等的消毒，也可用于牛、羊新生角的腐蚀。消毒用1%～2%热溶液，50%溶液用于腐蚀动物新生角。

九、染 料 类

乳酸依沙吖啶（利凡诺，雷佛奴耳）

【药理作用】是染料中最有效的消毒防腐药。当解离为阳离子后，对革兰氏阳性菌呈现最大的作用，对各种化脓菌均有较强作用。抗菌活性与其在不同 pH 溶液中的解离常数有关。

注射使用乳酸依沙吖啶，能刺激子宫肌肉收缩，使子宫肌紧张度增加，可应用于中期妊娠引产，用药后除阵缩疼痛外无其他不适症状，胎儿排出快，效果尚可。

【应用】 常以 0.1%～0.3% 的水溶液，用于外科创伤、皮肤黏膜的洗涤和湿敷。

【注意事项】 不能与含氯化物的溶液或碱性溶液配伍，以免析出沉淀。要避光贮藏。

甲紫（龙胆紫、结晶紫）

【药理作用】 是一类碱性染料，对革兰氏阳性菌有强大的选择作用，也有抗真菌作用。对组织无刺激性，有收敛作用。

【应用】 外用：治疗创面感染和溃疡，配成 1%～2% 水溶液或醇溶液；治疗烧伤，配成 0.1%～1% 水溶液。

十、其　他

松　馏　油

【药理作用】 本品具有防腐、溶解角质、止痒、促进炎性物质吸收和刺激肉芽生长等作用。可用于治疗慢性皮肤病，如湿疹、皮癣、过敏性皮炎、脂溢性皮炎和生长迟缓的肉芽创等。

【应用】 主要用于治疗蹄病，如蹄叉腐烂等。

鱼　石　脂

本品作用温和，能消炎、消肿，促进组织肉芽生长，临床可用于慢性关节炎、蜂窝组炎、肌腱炎、慢性睾丸炎、冻伤、溃疡与湿疹等。

第五单元　抗寄生虫药★★★★★

抗寄生虫药是指能驱除、杀灭或抑制寄生虫生长和繁殖的药物，分为抗蠕虫药、抗原虫药和杀虫药。

由于对寄生虫的生理生化功能和细胞生物学了解不够深入，不少抗寄生虫药的作用机理至今还没有完全阐明。不过根据现有的知识，认为抗寄生虫药主要是影响寄生虫的细胞物质转运、代谢、神经肌肉信息传递和生殖系统功能等。由于有些寄生虫的细胞结构、代谢酶、代谢过程和神经递质等与宿主存在某些相同或相似之处，因而使得部分抗寄生虫药具有选择性差或安全范围窄的缺点，使用时应特别注意剂量的准确性和不良反应的发生。

第一节　抗蠕虫药

抗蠕虫药是指对动物寄生蠕虫具有驱除、杀灭或抑制活性的药物。根据寄生于动物体内的蠕虫类别，抗蠕虫药相应地分为抗线虫药、抗绦虫药、抗吸虫药。但这种分类是相对的，有些药物对多种蠕虫有作用，如吡喹酮具有抗绦虫和抗吸虫作用，苯并咪唑类具有抗线虫、抗吸虫和抗绦虫作用。

一、抗线虫药

哌　嗪

【药理作用】哌嗪的各种盐类（如枸橼酸哌嗪、磷酸哌嗪），性质比哌嗪更稳定，均为低毒、有效的驱蛔虫药。此外，对食道口线虫、尖尾线虫也有一定效果。哌嗪曾广泛用于兽医临床。

哌嗪各种盐类的驱虫作用，取决于制剂中的哌嗪基质，国际上通常以哌嗪水含物相等值表示，即 100mg 哌嗪水合物相当于 125mg 枸橼酸哌嗪或 104mg 磷酸哌嗪。

哌嗪的驱虫活性，取决于对蛔虫的神经肌肉接头处发生抗胆碱样作用，从而阻断神经冲动的传递，同时阻断虫体产生琥珀酸的功能。药物是通过虫体抑制性递质 γ-氨基丁酸（GABA）而起作用。哌嗪的抗胆碱活性是由于兴奋 GABA 受体和阻断非特异性胆碱能受体的双重作用，结果导致虫体麻痹，失去附着宿主肠壁的能力，并借助肠道蠕动而随粪便排出体外。哌嗪对未成熟虫体效果较差。

【应用】哌嗪各种盐类的制剂，通常以混饲或混饮的方式投药。

（1）哌嗪对马副蛔虫具有极佳驱除效果，对马尖尾线虫（马蛲虫）也有一定效果，但对马普通圆形线虫和三齿线虫效果较差，对马胃线虫（柔线虫）、绦虫无效。

（2）哌嗪对猪蛔虫和食道口线虫驱虫效果极佳，但对趋组织期幼虫的作用有限。

（3）哌嗪对鸡蛔虫驱除率极佳，但对鸡异刺线虫效果较差。

（4）哌嗪对犬科、猫科野生动物的驱虫谱和驱虫效果大致与家养动物相似。

（5）由于哌嗪对反刍动物食道口线虫、牛弓首蛔虫作用有限，加之对皱胃、小肠内寄生线虫基本无效，而无临床应用意义。

【注意事项】

（1）应用哌嗪时不能并用泻剂，因为迅速地排除药物，导致驱虫失败。与吩噻嗪类药物并用时，能使药物毒性增强。与噻嘧啶、甲噻嘧啶合用时，有拮抗作用。与氯丙嗪合用可诱发癫痫发作。动物在内服哌嗪和亚硝酸盐后，在胃中哌嗪可转变成亚硝基化合物，形成 N，N-硝基哌嗪或 N-单硝基哌嗪，二者均为致癌物质。

（2）由于未成熟虫体对哌嗪没有成虫那样敏感，通常应重复用药。

（3）哌嗪的各种盐对马的适口性较差，混饲给药时，常因拒食而影响药效，此时以溶液剂灌服为宜。

枸橼酸乙胺嗪

【药理作用】乙胺嗪为哌嗪的衍生物，对网尾线虫、原圆线虫、后圆线虫、犬恶丝虫以及马、羊脑脊髓丝状虫均有防治作用。乙胺嗪对易感微丝蚴有两种作用：一是抑制肌肉活动，使虫体固定，这可能是由药物的过度极化作用，促使虫体脱离原寄居部位；二是改变微丝蚴体表膜，使之更易遭受宿主防御功能的攻击破坏。乙胺嗪对成虫的杀灭机制还不太清楚。

【应用】乙胺嗪对牛、羊网尾线虫，特别是成虫驱除效果极佳，因此适用于早期感染，但通常必需每天一次，连用 3d。对羊原圆线虫和猪后圆线虫也有一定效果。乙胺嗪对马、羊脑脊髓丝状虫有良好效果，但必须连用 5d。乙胺嗪是传统的犬恶丝虫预防药，虽不能杀死成虫，但对感染性第 3 期、第 4 期幼虫有特效。在犬恶丝虫病流行地区，在用乙胺嗪前，必须先用杀成虫药和杀微丝蚴药。犬猫一次内服大剂量（50～100mg/kg）才能驱除蛔虫，但此时已出现不良反应，因此临床实用意义不大。

【注意事项】

（1）由于个别微丝蚴阳性犬，应用乙胺嗪后会引起过敏反应，甚至致死，因此微丝蚴阳性犬，严禁使用乙胺嗪。

（2）为保证药效，在犬恶丝虫病流行地区，在整个有蚊虫季节以及此后 2 个月内，实行每天连续不断喂药措施（6.6mg/kg），每隔 6 个月检查一次微丝蚴，若为阳性，则停止预防，重新采取杀成虫、杀微丝蚴措施。

（3）驱蛔虫，大剂量喂服时，常使空腹的犬、猫呕吐，因此，宜喂食后服用。因药物对蛔虫未成熟虫体无效，10～20d 后再用药一次。

阿苯达唑（丙硫咪唑）

【药理作用】本品是畜、禽常见胃肠道线虫、肺线虫、肝片吸虫和绦虫的有效驱虫药，也是驱除混合感染多种寄生虫的有效药物。本品对牛、猪囊尾蚴感染有效。对囊尾蚴的作用强、毒副作用小，为治疗囊尾蚴的良好药物。本品不但对成虫作用强，对未成熟虫体和幼虫也有较强作用，还有杀虫卵效能。作用机理主要是与线虫的微管蛋白结合，阻止微管组装的聚合而发挥作用。

【应用】用于畜禽线虫病、绦虫病和吸虫病。阿苯达唑可用于驱除马副蛔虫、马尖尾线虫的成虫和第 4 期幼虫、马圆线虫、无齿圆线虫、普通圆线虫和安氏网尾线虫等；驱除牛奥斯特线虫、血矛线虫、毛圆线虫、细颈线虫、古柏线虫、牛仰口线虫、食道口线虫、网尾线虫等成虫及第 4 期幼虫，肝片形吸虫成虫和莫尼茨绦虫；也用于绵羊、山羊和猪的体内寄生虫控制。用于犬和猫毛细线虫病、猫肺并殖吸虫病和犬的丝虫感染；还可用于禽类鞭毛虫和绦虫病。

【注意事项】阿苯达唑不应用于产奶牛。本品具有致畸作用，禁用于动物妊娠前期 45d。

芬苯达唑（硫苯咪唑）

【药理作用】芬苯达唑的抗虫谱不如阿苯达唑广，作用略强。用于畜禽线虫病和绦虫病。

【注意事项】

（1）单剂量对于犬、猫一般无效，必须连用 3d。

（2）禁用于供食用的马。

奥 芬 达 唑

【药理作用】 奥芬达唑为芬苯达唑的衍生物（亚砜），属广谱、高效、低毒的新型抗蠕虫药，其驱虫谱大致与芬苯达唑相同，但驱虫活性更强。

奥芬达唑与阿苯达唑同为苯并咪唑类中内服吸收量较多的驱虫药。但反刍动物吸收量明显低于单胃动物，而且舍饲反刍动物比放牧时吸收量多。吸收后，奥芬达唑在体内主要的代谢途径是在苯硫基 4′-碳端发生羟基化，以及氨基甲酸酯的水解和亚砜的氧化和还原。4′-羟代谢物与糖苷酸和硫酸结合而经尿排泄。

【应用】 奥芬达唑对牛奥斯特线虫、血矛线虫、毛圆线虫、古柏线虫、仰口线虫、食道口线虫、网尾线虫、贝氏莫尼茨绦虫均有高效。

治疗量对羊奥斯特线虫、毛圆线虫、细颈线虫成虫，以及细颈线虫、奥斯特线虫、血矛线虫、夏伯特线虫、网尾线虫幼虫能全部驱净；对古柏线虫、食道口线虫、血矛线虫、夏伯特线虫、毛首线虫成虫及莫尼茨绦虫也有良好驱除效果。奥芬达唑对乳突类圆线虫效果较差。

对猪蛔虫、有齿食道口线虫、红色猪圆线虫成虫及幼虫均有极佳驱除效果。但对毛首线虫作用有限。

奥芬达唑对马亦属广谱驱虫药，几乎对胃肠道所有线虫都有效。如对马蛔虫、马副蛔虫、马圆形线虫、三齿属线虫、艾氏毛圆线虫、尖尾线虫、小型圆形线虫成虫有高效，对马尖尾线虫、小型圆形线虫、马普通圆形线虫未成熟体也有良好效果。但对柔线属线虫和大口德拉希线虫无效。

奥芬达唑对犬蛔虫、钩虫成虫及幼虫也有较好效果。

【注意事项】

（1）本品能产生耐药虫株，甚至产生交叉耐药现象。

（2）本品与芬苯达唑相同，不能与杀片形吸虫药溴胺杀并用，否则会引起绵羊死亡和母牛流产。

（3）奥芬达唑治疗量（甚至 2 倍量）虽对妊娠母羊无胎毒作用，但在妊娠 17d 时，用量为 22.5mg/kg 对胚胎有毒而有致畸影响，因此妊娠早期动物以不用本品为宜。

奥 苯 达 唑

【药理作用】 奥苯达唑为高效低毒苯并咪唑类驱虫药，虽然毒性极低，但因驱虫谱较窄，仅能高效驱杀胃肠道线虫，因而应用不广。

【应用】

（1）马 奥苯达唑对马大多数胃肠线虫及幼虫均有高效驱杀作用，如对大型圆线虫（无齿圆线虫、马圆线虫、普通圆线虫）、小型圆形线虫（杯冠线虫、杯环线虫、双冠线虫、三齿线虫、盅口线虫、辐首线虫）、马副蛔虫、韦氏类圆线虫成虫（用高限剂量）具有极佳驱虫效果。此外，对胎生普氏线虫、马尖尾线虫成虫及幼虫也有良效。

奥苯达唑对艾氏毛圆线虫作用不稳定，对肺线虫、柔线虫、马丝状线虫无效。

（2）牛 对牛血矛线虫、奥斯特线虫、毛圆线虫、类圆线虫、细颈线虫、古柏线虫、仰口线虫、毛细线虫、毛首线虫成虫及幼虫以及食道口线虫成虫均有高效驱杀作用。本品对莫尼茨绦虫作用不强。

（3）羊 奥苯达唑对羊血矛线虫、奥斯特线虫、毛圆线虫、细颈线虫、古柏线虫、食道口线虫、夏伯特线虫、毛首线虫成虫及幼虫均有优良效果。但对马歇尔线虫、网尾线虫、肝片形吸虫无效。

（4）猪 一次用药对猪蛔虫有极佳驱除效果，并能使食道口线虫患猪粪便中虫卵全部转阴。若以 0.05%～0.1% 药料喂猪 14d，不仅可防止蛔虫感染所引起的致死作用，而且可阻止幼虫移行所致的肺炎症状。

奥苯达唑对毛首线虫作用不稳定，对姜片吸虫无效。

（5）犬 对于犬钩虫、管形钩虫感染犬，按每天 10mg/kg 的量，连用 5d，粪便虫卵几乎全部转阴。也有报道，一次内服 10mg/kg，对犬蛔虫、犬钩虫粪便虫卵转阴率均超过 90%。

（6）禽 一次内服 40mg/kg，对鸡蛔虫成虫、幼虫以及鸡异刺线虫有效率接近 100%，对卷棘口吸虫也有良效。本品对钩状唇旋线虫、毛细线虫无效。

（7）野生动物 国内有资料证实，以每天 10mg/kg 的量，连服 2d，对动物园喂养的狮、虎、熊、豹、猞猁等的狮弓蛔虫、多乳突弓蛔虫和猫弓首蛔虫虫卵转阴率接近 100%。象用 2.5mg/kg 的量，对胃肠道多种线虫也颇有效。

甲 苯 达 唑

【药理作用】甲苯达唑不仅对动物多种胃肠线虫有高效驱杀作用，而且对某些绦虫亦有良效，并且是为数不多治疗旋毛虫的良药之一。甲苯达唑早在 20 世纪 80 年代已广泛用于世界各国的医学和兽医临床。

甲苯达唑对虫体的作用，通常认为能抑制虫体对葡萄糖的摄取。虫体内葡萄糖一般通过被动运转和主动扩散由虫体肠腔液经单细胞层肠壁而至假体腔液，而甲苯达唑能干扰葡萄糖的转运，从而导致虫体糖原耗尽，ATP 减少，虫体受抑制死亡。

【应用】

（1）马 甲苯达唑对马大多数线虫有高效驱除效果，如对马尖尾线虫、马副蛔虫、马圆线虫、无齿圆线虫、普通圆线虫、多种小型圆形线虫、胎生普氏线虫有良好驱除效果。按 15～20mg/kg 量，给驴连用 5d，对安氏网尾线虫疗效极佳。按上述剂量一次应用，对马叶氏裸头绦虫有效率达 96%～99%。

甲苯达唑治疗量对马大裸头绦虫、大口德拉希线虫、艾氏毛圆线虫、类圆线虫、网尾线虫、蝇柔线虫无效。

（2）羊 治疗量对普通奥斯特线虫、蛇形毛圆线虫、微管食道口线虫、乳突类圆线虫有极强驱除效果。对其他线虫（如血矛属、古柏属、毛圆属、细颈属、仰口属、夏柏特属、毛首属），除非增大剂量（35mg/kg），否则作用有限。对羊肺线虫作用很弱。

（3）犬、猫 甲苯达唑对犬、猫驱虫谱较广，对犬弓首蛔虫、猫弓首蛔虫、野猫弓首蛔虫、犬鞭虫、犬钩口线虫、欧洲犬钩口线虫、豆状带绦虫、泡状带绦虫、细粒棘球绦虫均有良效。以治疗量连用5d，对上述虫体均有极佳驱除效果。

（4）禽 以60mg/kg药料连用7d，对气管比翼线虫、鸡蛔虫、异刺线虫、毛细线虫成虫及幼虫均有高效驱除作用。较大剂量（25～50mg/kg）对棘盘赖利绦虫、有轮赖利绦虫驱除率100%。本品对长鼻分咽线虫效果不佳。

对于感染气管比翼线虫的火鸡，患裂口线虫或混合感染鹅裂口线虫和细颈棘头虫的鸭、鹅，按125mg/kg的药料，连喂14d，症状可全部消失。

（5）野生动物 据国内动物园经验，野生反刍兽，每天按5mg/kg量连喂14d，或者野生马属动物，按1mg/kg量连用14d，几乎能使粪便中毛首线虫、毛细线虫、原圆线虫、圆形线虫、马副蛔虫虫卵全部转阴。

（6）水产动物 以每立方米水体1～1.5g甲苯达唑，对淡水养殖的青鱼、草鱼、鲢、鳙、鳜的指环虫、伪指环虫、三代虫等单殖吸虫有效，对欧洲鳗、美洲鳗的单殖吸虫则需用2.5～5.0g/m³。我国用于水产动物的通常为复方甲苯达唑粉，含甲苯达唑40%、盐酸左旋咪唑10%。

（7）杀灭虫卵 甲苯达唑可抑制粪便中十二指肠钩口线虫、美洲板口线虫和犬钩口线虫虫卵发育，动物按140mg/kg药料连喂14d，能100%杀灭在黏膜组织中的包囊期旋毛虫幼虫。

【注意事项】

（1）长期应用本品能引起蠕虫产生耐药性，而且存在交叉耐药现象。

（2）本品毒性虽然很小，但治疗量即引起个别犬厌食、呕吐、精神委顿及出血性下痢等现象。

（3）甲苯达唑对实验动物具致畸作用，应禁用于妊娠母畜。

（4）甲苯达唑药物颗粒的大小能明显影响驱虫强度和毒性反应。例如，虽然微细颗粒（<10.62μm）比粗颗粒（<21.27μm）驱虫作用更强，但毒性亦增加5倍。

（5）本品能影响产蛋率和受精率，蛋鸡以不用为宜。此外，鸽子、鹦鹉因对本品敏感而应禁用。

噻 苯 达 唑

【药理作用】噻苯达唑对动物多种胃肠道线虫均有驱除效果，对成虫效果好，对未成熟虫体也有一定作用。噻苯达唑是虫体延胡索酸还原酶的一种抑制剂。延胡索酸还原酶的催化反应是糖酵解过程中必不可少的一个部分，很多寄生性蠕虫都是通过这一过程获得能量来源，如果这一过程受阻，则虫体代谢发生障碍。由于寄生虫糖酵解过程和无氧代谢与其需氧的宿主基本代谢途径不同，因此噻苯达唑对宿主无害。另外，据体外试验证实，噻苯达唑是通过寄生虫角质层的类脂质屏障而被吸收。

目前普遍认为，苯并咪唑类驱虫药都是细胞微管蛋白抑制剂，同时也是能量代谢抑制剂，即药物能与寄生虫细胞一种摄取营养所必需的结构蛋白质——微管蛋白结合，特别是与二聚体微管蛋白结合，从而妨碍了在微管装配过程中微管蛋白的聚合。加之，对虫体的高度选择性作用，而发挥高效、低毒的抗寄生虫效应。噻苯达唑对皮炎芽生菌、白念珠菌、青霉菌和发癣菌等均有抑制作用，亦可减少饲料中黄曲霉毒素的形成。

【应用】对牛、绵羊和山羊的大多数胃肠线虫成虫和幼虫都有良好驱除效果，如对血矛线虫、毛圆线虫、仰口线虫、夏伯特线虫、食道口线虫、类圆线虫成虫，应用低限剂量有良好效果，而古柏线虫、细颈线虫、奥斯特线虫成虫及敏感虫种的幼虫必须用高限剂量（100mg/kg）才能获得满意效果。噻苯达唑对丝状网尾线虫、胎生网尾线虫作用不稳定，对毛首线虫无效。低剂量（50mg/kg）对马圆形线虫、小型圆形线虫、艾氏毛圆线虫、韦氏类圆线虫及马尖尾线虫成虫有良好驱除效果。对马蛔虫需用高剂量。对幼虫效果极差。猪的红色猪圆线虫、有齿食道口线虫对噻苯达唑最敏感。常用的治疗量对猪蛔虫、毛首线虫无效。噻苯达唑对犬钱癣和皮肤霉菌感染疗效明显，按每日每千克体重100mg量混饲，连用8d，钱癣痊愈，连用3周后霉菌症状全部消失。在饲料中添加0.1‰噻苯达唑，连喂2～3周，能有效地控制气管比翼线虫，但对鸡蛔虫和鸡异刺线虫无效。

噻苯达唑对胃肠腔内未成熟虫体有杀灭作用，但对趋组织期幼虫无效。由于噻苯达唑在用药1h后可抑制虫体产卵，还能杀灭动物排泄物中虫卵或抑制虫卵发育，加之能驱除寄生幼虫，故在动物转场前给药，能明显减轻对新牧场污染。

【注意事项】

（1）连续长期应用，能使寄生蠕虫产生耐药性，而且有可能对其他苯并咪唑类驱虫药也产生交叉耐药现象。

（2）由于本品用量较大，对动物的不良反应亦较其他苯并咪唑类驱虫药严重，因此，过度衰弱、贫血及妊娠动物以不用为宜。

（3）由于并用免疫抑制剂，有时能诱发内源性感染，因此，在用噻苯达唑驱虫时，禁用免疫抑制剂。

非 班 太 尔

【药理作用】非班太尔本身无驱虫活性，在动物体内转化为芬苯达唑、芬苯达唑亚砜（奥芬达唑）和奥芬达唑砜而显驱虫活性。其作用同芬苯达唑。

【应用】用于驱除羊、猪胃肠道线虫及肺线虫。

【注意事项】禁止与吡喹酮合用于怀孕动物。若合用，会增加早期流产风险。

莫 奈 太 尔

【药理作用】莫奈太尔属于氨基乙腈衍生物（AAD）类抗蠕虫药。本品作用于线虫特异性烟碱乙酰胆碱受体亚基 Hco - MPTL - 1，具有快速、高效和渗透性的神经肌肉效应，通过引起线虫体壁肌肉过度收缩导致咽前部麻痹、痉挛性收缩，并最终死亡。本品对耐受其他类别药物的线虫有效。

【应用】用于治疗和控制绵羊胃肠线虫感染。

【注意事项】

（1）本品可用于繁殖绵羊，包括怀孕和哺乳母羊。

（2）用于生产供人类食用乳品的母羊禁用。

（3）本品对体重不足10kg绵羊的疗效尚不明确，对体重不足10kg或不足2周龄绵羊的安全性尚不明确。

（4）为确保精确给药，应尽可能准确称量动物体重。给药前，检查给药器具的准确度和正常运行情况。

（5）如群体给药，应根据动物体重分组，并按组内动物最大体重确定给药量，以避免药量不足。使用后清洗给药设备。

（6）为避免因产生耐药性影响疗效，应避免以下操作：在持续一段时间内，过度频繁和重复使用同类抗螨虫药；因体重估计不准确或未校准剂量给药器具导致给药不足。建议一年内使用本品不超过两次。

左旋咪唑（左咪唑）

【药理作用】本品对牛和绵羊的皱胃线虫（血矛线虫、奥斯特线虫）、小肠线虫（毛圆线虫、古柏线虫、细颈线虫、仰口线虫）、大肠线虫（食道口线虫、夏伯特线虫）和肺线虫（胎生网尾线虫）的成虫期具有良好的活性，对尚未发育成熟的虫体作用差，对类圆线虫、毛首线虫和鞭虫作用差或不确切，对牛的滞留幼虫无效。目前，左旋咪唑耐药虫株问题日趋严重。

本品除了具有驱虫活性外，还能明显提高免疫反应。对于其免疫促进作用的机理尚不完全了解。它可恢复外周 T 淋巴细胞的细胞介导免疫功能，兴奋单核细胞的吞噬作用，对免疫功能受损的动物作用更明显。

【应用】主要用于畜禽胃肠道线虫病、肺丝虫病和猪肾虫感染，对犬、猫心丝虫病也有效。也用于免疫功能低下动物的辅助治疗和提高疫苗的免疫效果。

【注意事项】

（1）马和骆驼较敏感，马应慎用，骆驼禁用。

（2）在动物极度衰弱或有明显的肝肾损伤时，牛因免疫、去角、阉割等发生应激时，应慎用或推迟使用。

（3）泌乳期动物禁用。

（4）本品中毒时可用阿托品解毒和其他对症治疗。

噻　嘧　啶

【药理作用】噻嘧啶为广谱、高效、低毒的胃肠线虫驱除药。

噻嘧啶对寄生线虫和脊椎动物宿主都是一种去极化神经肌肉阻断剂。药物所引起的虫体麻痹是由于虫体肌肉收缩所致。它与乙酰胆碱促使肌肉收缩的作用相似。虽然噻嘧啶、甲噻嘧啶所引起的肌肉收缩作用比乙酰胆碱慢，但作用要比乙酰胆碱强 100 倍。值得注意的是，乙酰胆碱的上述作用是可逆的，而噻嘧啶和甲噻嘧啶是不可逆的。

噻嘧啶对宿主的药理作用与甲噻嘧啶、左旋咪唑和枸橼酸乙胺嗪相似，都具有乙酰胆碱的生物学特性。这些药物的主要作用与机体内神经递质——乙酰胆碱过量时所产生的作用相同，就是使自主神经节、肾上腺髓质、颈动脉体和主动脉体的化学感受器和神经肌肉接点，先兴奋后麻痹，与烟碱样作用类似。

【应用】马用噻嘧啶双羟萘酸盐或酒石酸盐的各种专用剂型均对下列虫体有高效：马副蛔虫（成虫 88%～100%，未成熟虫体 100%），普通圆形线虫（92%～100%），马圆形线虫（100%），胎生普氏线虫（93%～100%）。但对无齿圆形线虫（42%～100%）、小型圆形线虫（69%～99%）、马尖尾线虫（成虫 7%～100%、未成熟虫体 33%～100%）效果较差或作用不稳定。双羟萘酸噻嘧啶对回盲肠绦虫（叶状裸头绦虫）必须用双倍治疗量（13.2mg/kg）才能有效。按每天 2.64mg/kg，连续饲喂酒石酸噻嘧啶，对马大型圆形线虫、小型圆形线虫、蛔虫、蛲虫成虫和幼虫均有良好效果，可明显减轻牧场的污染，并减弱移行期幼虫对动物肺、肝的损害。噻嘧啶对马胃虫（蝇柔线虫、大口德拉西线虫）、韦氏类圆线虫、艾氏毛圆线虫作用有限或无效。对马胃蝇蛆，如果不并用其他药物，也属无效。

酒石酸噻嘧啶对猪蛔虫和食道口线虫很有效。噻嘧啶对猪鞭虫、肺线虫无效。

酒石酸噻嘧啶 25mg/kg 剂量对羊捻转血矛线虫（包括对噻苯达唑耐药虫株）、奥氏奥斯特线虫、普通奥斯特线虫、艾氏毛圆线虫、蛇形毛圆线虫、细颈线虫、古柏线虫、仰口线虫驱虫率均超过 96％。对食道口线虫、夏伯特线虫作用稍差。对类圆线虫无效。

对牛的驱虫谱大致与羊相似，即治疗量（25mg/kg）酒石酸噻嘧啶对奥斯特线虫、捻转血矛线虫、毛圆线虫、细颈线虫、古柏线虫均有高效。对未成熟虫体的驱除效果较羊稍差。

双羟萘酸噻嘧啶一次用 5mg/kg 剂量，对犬普通钩虫（犬钩口线虫、欧洲犬钩虫）、蛔虫（犬弓首蛔虫、狮弓蛔虫）有 95％疗效。双羟萘酸噻嘧啶对犬鞭虫、绦虫、心丝虫无效。按 20mg/kg 剂量用于猫时，对普通钩虫（管状钩虫）、蛔虫（猫弓首蛔虫）都极有效。本品对猫比犬安全，4～6 周龄幼猫连续用大剂量（100mg/kg）3d，均安全无恙。

【注意事项】

（1）由于噻嘧啶具有拟胆碱样作用，因此妊娠及虚弱动物禁用本品（特别是酒石酸噻嘧啶）。

（2）用本品饲喂时必须注意动物摄食量，以免因减少摄入量而影响药效。

（3）由于酒石酸噻嘧啶易吸收而安全范围较窄，用于大动物（特别是马）时，必须精确计量。

（4）因为噻嘧啶（包括各种盐）遇光易变质失效，所以双羟萘酸盐混悬液配制好后应及时用完。

（5）由于噻嘧啶对宿主具有较强的烟碱样作用，因此忌与安定药、肌松药以及其他拟胆碱药、抗胆碱酯酶药（如有机磷驱虫剂）并用。与左旋咪唑、乙胺嗪并用时，亦能使毒性增强，用时应慎重。

（6）噻嘧啶的驱虫作用与哌嗪相互拮抗，故不能伍用。

精 制 敌 百 虫

【药理作用】敌百虫曾广泛用于国内临床，不仅对消化道线虫有效，而且对布氏姜片吸虫、血吸虫也有一定效果。此外，还用于防治外寄生虫病。敌百虫的抗虫机理是，能与虫体的胆碱酯酶相结合，使乙酰胆碱大量蓄积，从而使虫体神经肌肉功能失常，先兴奋，后麻痹，直至死亡。此外，由于本品对宿主胆碱酯酶活性也有抑制效应，使胃肠蠕动增强，加速虫体排出体外。

【应用】敌百虫对马副蛔虫成虫及未成熟虫体、马尖尾线虫成虫和马胃蝇蛆（包括在胃内以及移行期虫体）均有高效，治疗量均能获得 100％灭虫效果。

猪内服 50～80mg/kg 剂量敌百虫，对猪蛔虫成虫和未成熟虫体、食道口线虫成虫的灭虫率均接近 100％。但对毛首线虫作用不稳定。敌百虫对猪后圆线虫、猪巨吻棘头虫和猪冠尾线虫（肾虫）作用极弱。极大剂量（150mg/kg）对猪布氏姜片吸虫的减虫率为 85.2％。

治疗量对牛血矛吸虫、羊血矛线虫、辐射食道口线虫、奥氏奥斯特线虫、艾氏毛圆线虫、牛弓首蛔虫、牛皮蝇蛆和羊鼻蝇蛆有高效，但牛必须在灌药前先灌服 10％碳酸氢钠溶液或 10％硫酸钠溶液 60mL，关闭食道沟，否则效果较差。据国内经验，对水牛血吸虫病，按每日 15mg/kg 内服（极量 4.5g），连用 5d，效果良好，但对黄牛效果不佳。由于牛、羊对敌百虫反应严重，且投药方法烦琐，除特殊情况外，通常以不用为宜。

对犬弓首蛔虫、犬钩口线虫和狐狸毛首线虫，按 75mg/kg 剂量，连用 3 次（间隔 3～5d），有良好驱虫效果。此外，对蠕形螨、蜱、虱、蚤也有杀灭作用。

【注意事项】

（1）敌百虫安全范围较窄，治疗量即使动物出现不良反应，且有明显种属差异。如对马、猪、犬较安全；反刍动物较敏感，常出现明显中毒反应，应慎用；家禽，特别是鸡、鹅、鸭最敏感，以不用为宜。

（2）敌百虫肌内注射时，中毒反应更为严重。

（3）畜禽敌百虫中毒症状，主要为腹痛、流涎、缩瞳、呼吸困难、大小便失禁、肌痉挛、昏迷直至死亡。轻度中毒，通常动物能在数小时内自行耐过；中度中毒应用大剂量阿托品解毒；严重中毒病例，应反复应用阿托品（0.5～1mg/kg）和解磷定（15mg/kg）解救。

（4）极度衰弱及妊娠动物应禁用敌百虫，用药期间应加强动物护理。

（5）由于敌百虫对宿主胆碱酯酶亦存在抑制效应，因此，在用药前后 2 周内，动物不宜接触其他有机磷杀虫剂、胆碱酯酶抑制剂（毒扁豆碱、新斯的明）和肌松药，否则毒性大为增强。

（6）由于碱性物质能使敌百虫迅速分解成毒性更大的敌敌畏，因此忌用碱性水质配制药液，并禁与碱性药物配伍使用。

蝇　毒　磷

【药理作用】蝇毒磷是常用的杀虫药和驱虫药，是为数不多能用于泌乳动物的驱虫药。蝇毒磷的驱虫机理同敌百虫。

【应用】25mg/kg 高剂量混饲或者内服，对牛血矛线虫、毛圆线虫、古柏线虫、毛首线虫、毛细线虫、乳突类圆线虫有高效，但上述剂量（特别是灌服）对牛已出现明显中毒反应而很少应用。对仰口线虫及多数虫种幼虫效果极差或无效。蝇毒磷对羊的驱虫效果与牛相似。

据动物园临床治疗试验，在白尾鹿、站鹿、黑尾鹿、野牛、美洲驼饲料中每天按每千克体重添加 2mg 蝇毒磷，连喂 6d，能明显降低粪便中虫卵数。

连续喂药对鸡毛细线虫驱除效果最佳，对鸡蛔虫和盲肠虫（异刺线虫）疗效稍差。

外用 0.05％蝇毒磷药浴或喷淋，可杀灭畜禽体表的蜱、螨、虱、蝇、牛皮蝇蛆和创口蛆等。

【注意事项】

（1）蝇毒磷安全范围较窄，特别是水剂灌服时毒性更大。通常二倍治疗量即引起牛、羊中毒，甚至死亡，因此，反刍动物多推荐低剂量连续喂饲法。

（2）禁止与有机磷化合物及其他胆碱酯酶抑制剂并用。

（3）有色品种产蛋鸡群，对蝇毒磷的毒性反应较白色品种鸡更为严重，以不用为宜。

（4）畜禽发生严重蝇毒磷中毒症状时，必须联合和反复使用解磷定和阿托品，因为单用一种药物，解毒效果不佳。

伊 维 菌 素

【药理作用】 本品是新型的广谱、高效、低毒大环内酯类半合成的抗寄生虫药，对线虫和节肢动物有极佳疗效，但对吸虫、绦虫及原虫无效。

本品抗虫作用机理独特，作用于线虫及节肢动物后，能增加抑制性递质 γ-氨基丁酸（GABA）的释放，GABA 作用于突触前神经末梢，从而引起抑制，使虫体麻痹、死亡。但吸虫及绦虫没有 GABA 神经递质，因而对其不产生驱虫作用。

【应用】 本品兽医临床应用极广泛。对牛、羊及猪等胃肠道线虫、肺线虫及寄生节肢动物都有驱杀作用；对猫、犬肠道线虫、耳螨、疥螨，犬的蠕形螨，家禽肠道线虫及寄生膝螨等也有驱杀作用。

1. 牛、羊　内服或皮下注射，对胃肠道内多种线虫，如血矛线虫、毛圆线虫、奥斯特线虫、古柏线虫、圆形线虫、仰口线虫等都有极高的驱杀效力；同样也可用于驱杀多种节肢动物，如蝇蛆（牛皮蝇、羊狂蝇及纹皮蝇）、螨（牛疥螨、羊痒螨）和虱（牛血虱和绵羊颚虱）等。牛、羊内服伊维菌素，也能抑制粪便中的蝇、蜱的繁殖力，使蝇的幼虫不能发育为成虫。

2. 猪　对猪具有广谱驱线虫作用。对猪蛔虫、食道口线虫、后圆线虫等成虫及幼虫有效，对猪血虱和猪疥螨等也有效。

3. 犬、猫　对猫蛔虫、犬蛔虫、犬心丝虫微丝蚴、犬钩口线虫、犬钩口线虫等，以及猫和犬耳螨、疥螨、犬肺刺螨、犬蠕形螨都有疗效。

4. 禽　对家禽线虫（如鸡蛔虫）和寄生于家禽的节肢动物（如膝螨）都有效。

【注意事项】

（1）注射剂仅限于皮下注射，因肌内注射、静脉注射易引起中毒反应。每个皮下注射点，不宜超过 10mL。

（2）柯利牧羊犬对本品异常敏感，禁用。

（3）伊维菌素对虾、鱼及其他水生生物有剧毒，临床用药时不得污染水体。

（4）本品用于食品动物时，应严格执行休药期。

阿 维 菌 素

阿维菌素对寄生虫的作用与伊维菌素基本相似。用于治疗畜禽的线虫病、螨病，以及蜱、虱、蝇等寄生性昆虫病。但阿维菌素的毒性较伊维菌素稍强，敏感动物慎用。

乙酰胺基阿维菌素

【药理作用】 本品属大环内酯类体内外杀虫剂，其作用机理与伊维菌素相同。抗虫谱与伊维菌素相似，对绝大多数线虫和节肢昆虫的幼虫和成虫都有效，但对虫卵及吸虫、绦虫无效。杀虫活力高，皮下注射本品对大多数常见线虫的成虫和幼虫驱杀率为95％。本品对古柏线虫、辐射食道口线虫和蛇形毛圆线虫的杀灭作用强于伊维菌素。

对牛皮蝇的幼虫有 100% 杀灭作用，对牛蜱有较强的杀灭作用。本品的透皮剂对牛多种线虫的成虫和幼虫的驱杀率都超过 99%。

乙酰胺基阿维菌素经乳排泄少，在乳中含量低，在奶中的药物浓度远低于血浆中药物浓度和最高残留限量（20ng/mL），这是其可用于泌乳牛驱虫的主要依据。

【应用】牛以 0.5mg/kg 剂量背部外用给药，对牛胃肠道线虫如柏氏血矛线虫、奥氏奥斯特线虫（包括第 4 期幼虫）、艾氏毛圆线虫、蛇形毛圆线虫、具钩古柏线虫、点状古柏线虫、细颈线虫、牛仰口线虫、辐射结节线虫、鞭虫（成虫），肺线虫如胎生网尾线虫成虫和第 4 期幼虫，牛蛆如纹皮蝇蛆和牛皮蝇蛆，虱如牛毛虱、牛长颚虱、牛血虱、水牛盲虱，疥螨如牛疥癣，以及蝇类（如角蝇等）成虫和幼虫 100% 有效，皮肤外用给药（浇泼剂）21d后对牛胎生网尾线虫，7d 后对角蝇仍然有控制效果。

赛 拉 菌 素

【药理作用】动物专用。赛拉菌素对犬、猫体内（线虫）和体外（节肢昆虫）寄生虫均有杀灭活性。作用机理与其他阿维菌素类药物作用相同。

【应用】赛拉菌素对犬的蛔虫、钩虫、疥螨、跳蚤和虱均有很好的效果。无论对动物体表，还是动物垫料中的跳蚤成虫、幼虫、卵，均有很好的杀灭作用，主要通过阻断跳蚤生活史而发挥作用。本品对心丝虫的成虫无效，但可减少微丝蚴数量。对已经感染心丝虫成虫的动物，使用本品可防止感染的进一步发展。本品对犬耳螨、疥螨的效果甚佳。赛拉菌素对猫的肠道钩虫（管形线虫）、蛔虫（猫弓首蛔虫）、耳螨有较好的效果。

米 尔 贝 肟

【药理作用】大环内酯抗寄生虫药。米尔贝肟对某些节肢动物和线虫具有高度活性，是专用于犬的抗寄生虫药。

【应用】米尔贝肟对内寄生虫（线虫）和外寄生虫（犬蠕形螨）均有高效。对犬恶丝虫发育中幼虫极敏感，主要用于预防微丝蚴和肠道寄生虫（如犬弓首蛔虫、犬鞭虫和钩口线虫等）。本品虽对钩口线虫属钩虫有效，但对弯口属钩虫不理想。米尔贝肟是强有效的杀犬微丝蚴药物。

【注意事项】
（1）本品不能与乙胺嗪并用，必要时至少应间隔 30d。
（2）米尔贝肟虽对犬毒性不太，安全范围较广，但长毛牧羊犬对本品仍与伊维菌素同样敏感。本品治疗微丝蚴时，患犬亦常出现中枢神经抑制、流涎、咳嗽、呼吸急促和呕吐。

莫 昔 克 丁

【药理作用】莫昔克丁与其他多组分大环内酯类抗寄生虫药（如伊维菌素、阿维菌素、美贝霉素）的不同之处，在于它是单一成分，以及维持更长时间的抗虫活性。莫昔克丁具有广谱驱虫活性，对犬、牛、绵羊、马的线虫和节肢动物类寄生虫有高度驱除活性。

【应用】莫昔克丁较低剂量时即对体内寄生虫（线虫）和体外寄生虫（节肢动物）产生高度驱除活性。本品主要用于反刍兽和马的大多数胃肠线虫和肺线虫，反刍兽的某些节肢动物类寄生虫，以及犬恶丝虫发育中的幼虫。

【注意事项】莫昔克丁对动物较安全，而且对伊维菌素敏感的长毛牧羊犬用之亦安全，但高剂量时，个别犬可能会出现嗜睡、呕吐、共济失调、厌食、腹泻等症状。

多 拉 菌 素

【药理作用】本品属大环内酯类抗体内外寄生虫药，其主要作用和抗虫谱与伊维菌素相似。对胃肠道线虫——奥氏奥斯特线虫、竖琴奥斯特线虫、帕莱斯（氏）血矛线虫感染，肺线虫——胎生网尾线虫、眼丝虫和心丝虫感染等；体外寄生虫——牛皮蝇、蜱、蚤、虱、痒螨、疥螨等，但抗虫活性稍强，毒性较小。作用机理与伊维菌素相同。

【应用】用于治疗猪的线虫病和疥螨等体外寄生虫病。

二、抗绦虫药

吡 喹 酮

【药理作用】本品具有广谱抗血吸虫和抗绦虫作用。对各种绦虫的成虫具有极高的活性，对幼虫也具有良好的活性。对血吸虫有很好的效果。对羊的莫尼茨绦虫、球点斯泰绦虫和无卵黄腺绦虫有驱杀作用，对胰阔盘吸虫和矛形歧腔吸虫有效；对牛和羊的细颈囊尾蚴和日本分体血吸虫也有很好的效果；对猪的细颈囊尾蚴有较好的效果；对犬、猫、禽的各种绦虫均有效。

【应用】主要用于动物血吸虫病，也用于绦虫病和囊尾蚴病。

【不良反应】

（1）高剂量时，牛偶见血清谷丙转氨酶轻度升高，部分牛会出现体温升高、肌肉震颤、臌气等。

（2）犬内服后可引起厌食、呕吐或腹泻，但发生率少于5%。猫的不良反应很少见。注射用药可使不良反应发生率升高，在犬可见注射部位疼痛、嗜睡和步态蹒跚，有些猫可见腹泻、呕吐、衰弱、流涎、嗜睡、暂时厌食和注射部位疼痛。

【注意事项】不推荐将吡喹酮用于4周龄以内犬和6周龄以内的猫。

氯硝柳胺（灭绦灵）

【药理作用】本品是一种杀绦虫药。对马的裸头绦虫、叶状裸头绦虫和侏儒副裸头绦虫有良好的驱除作用；对牛、羊的莫尼茨绦虫、无卵黄腺绦虫和条纹绦虫有效，对绦虫头节和体节作用相同；对犬、猫的犬腹孔绦虫、豆状带绦虫、泡状带绦虫和带状带绦虫有效，对犬细粒棘球绦虫作用差；对禽的赖利绦虫、漏斗带绦虫有驱杀作用；还具有杀灭钉螺及血吸虫尾蚴、毛蚴作用。

【应用】用于畜禽绦虫病、反刍动物同盘吸虫感染。

【注意事项】①犬、猫对本品较敏感，2倍治疗量可使犬、猫出现暂时性下痢，4倍治疗量可使犬肝脏出现病灶性营养不良，肾小球出现渗出物。②对鱼类毒性强。

三、抗吸虫药

硝　氯　酚

【药理作用】本品属驱吸虫药，对牛、羊和猪的片形吸虫成虫具有杀灭作用。对某些发育未成熟的片形吸虫也有效，但所用剂量需增加，临床上不安全。其抗虫机理为抑制虫体琥珀酸脱氢酶，从而影响片形吸虫的能量代谢而发挥抗吸虫作用。

【应用】用于牛、羊片形吸虫病。

【注意事项】治疗量对动物比较安全，过量引起的中毒症状（如发热、呼吸困难、窒息）。可根据症状选用尼可刹米、毒毛花苷K、维生素C等对症治疗，但禁用钙剂静脉注射。

碘　醚　柳　胺

【药理作用】本品属驱吸虫药，主要对肝片吸虫和大片形吸虫的成虫具有杀灭作用，对未成熟虫体也有很高的活性。此外，对牛血矛线虫、仰口线虫成虫，对羊的成虫和未成熟虫体和羊鼻蝇蛆的各期寄生幼虫均有很高的有效率。

【应用】用于治疗牛、羊肝片吸虫病。

【注意事项】泌乳期禁用。为彻底消除未成熟虫体，用药3周后，最好重复用药一次。

三　氯　苯　达　唑

【药理作用】本品为苯并咪唑类中专用于抗片形吸虫的药物，对各种日龄的肝片形吸虫均有明显驱杀效果。对牛、绵羊、山羊肝片吸虫，对牛大片形吸虫、鹿肝片吸虫、鹿大片形吸虫、马肝片吸虫等均有效。

【应用】用于治疗牛、羊肝片吸虫病。

硝　碘　酚　腈

【药理作用】硝碘酚腈是国外传统使用的杀片形吸虫药。

硝碘酚腈的抗吸虫作用机理，是阻断虫体的氧化磷酸化作用，降低ATP浓度，使细胞分裂所需能量不足而导致虫体死亡。硝碘酚腈给牛、羊内服后，在瘤胃内降解而失去部分活性。由于注射给药吸收良好，杀虫效果更佳，而目前多采用注射法给药。吸收后药物排泄缓慢，经尿、粪排泄长达31d。

【应用】硝碘酚腈对牛肝片形吸虫有良好效果，10mg/kg皮下注射，可使粪便虫卵转阴，并显著改善临床症状。对大片形吸虫亦有100%疗效。对肝片形吸虫未成熟虫体效果较差，必须加大剂量，但此剂量已能使部分动物出现不良反应，而不宜推广应用。硝碘酚腈对羊肝片形吸虫的作用与牛相似。对肝片形吸虫病猪，皮下注射10mg/kg，用药后粪便虫卵检出率全部转阴。

【注意事项】

（1）本品安全范围较窄，过量常引起动物呼吸增快、体温升高。此时应保持动物安静，并静脉注射葡萄糖生理盐水。

（2）注射液对局部组织有刺激性。以犬的反应最为严重，除半数以上出现严重局部反应外，甚至引起肿疡。

（3）本品排泄时，能使乳汁及尿液染黄，故应注意垫料的及时更换。此外，药液亦能使羊毛、毛发染黄，故注射时应防止药液泄漏。

第二节　抗原虫药

畜禽原虫病是由单细胞原生动物引起的一类寄生虫病。此类疾病以鸡、兔、牛和羊的球虫病危害最大，不仅流行广，而且可以造成大批畜禽死亡。另外，还有锥虫病和梨形虫病。抗原虫药可分为抗球虫药、抗锥虫药和抗梨形虫药。

一、抗球虫药

地 克 珠 利

【药理作用】本品为三嗪类新型广谱抗球虫药，具有杀球虫作用，对球虫发育的各个阶段均有作用，是目前混饲浓度最低的一种抗球虫药。对鸡的柔嫩艾美耳球虫、堆型艾美耳球虫、毒害艾美耳球虫、布氏艾美耳球虫、巨型艾美耳球虫，以及鸭球虫、兔球虫等均有良好的效果。作用峰期是在子孢子和第一代裂殖体的早期阶段。本品的缺点是长期用药易出现耐药性，故应穿梭用药或短期使用。

【应用】用于预防家禽、兔球虫病。

【注意事项】

（1）本品药效期短，停药 1d，抗球虫作用明显减弱，用药 2d 后作用基本消失。因此，必须连续用药，以防球虫病再度暴发。

（2）本品混饲浓度极低（每吨饲料 1g），拌料必须充分混匀。

托 曲 珠 利

【药理作用】托曲珠利属三嗪酮类新型广谱抗球虫药。杀球虫机理是干扰球虫细胞核分裂和线粒体，影响虫体的呼吸和代谢功能，并能使细胞内质网膨大，发生严重空泡化，从而使球虫死亡。主要作用于球虫裂殖生殖和配子生殖阶段。对鸡堆型艾美耳球虫、布氏艾美耳球虫、巨型艾美耳球虫、和缓艾美耳球虫、毒害艾美耳球虫、柔嫩艾美耳球虫，以及火鸡腺状艾美耳球虫、大艾美耳球虫、小艾美耳球虫均有杀灭作用，对其他抗球虫药耐药的虫株亦敏感。

【应用】用于治疗和预防鸡球虫病。本品对哺乳动物球虫、住肉孢子虫和弓形虫也有效。

沙 咪 珠 利

【药理作用】沙咪珠利属于三嗪类抗球虫药，主要作用于球虫的裂殖生殖和配子生殖阶段，作用峰期为感染后 3～4d。对鸡的柔嫩艾美耳球虫、堆型艾美耳球虫、毒害艾美耳球虫和巨型艾美耳球虫感染有良好的防治效果。本品长期用药可出现耐药性，与地克珠利和托曲珠利存在部分交叉耐药。

【应用】用于预防鸡球虫病。

【注意事项】

(1) 由于本品与地克珠利和托曲珠利存在部分交叉耐药，临床使用时与非三嗪类抗球虫药轮换使用。

(2) 本品体外试验血浆蛋白结合率为 92%～98%，故应慎与血浆蛋白结合率高的药物联合使用。

莫 能 菌 素

【药理作用】莫能菌素为单价离子载体类抗球虫药，具有广谱抗球虫作用。其杀球虫作用机理是通过干扰球虫细胞内 K^+、Na^+ 的正常渗透，使大量的 Na^+ 进入细胞内。为了平衡渗透压，大量的水分进入球虫细胞，引起肿胀而死亡。它对鸡的毒害艾美耳球虫、柔嫩艾美耳球虫、巨型艾美耳球虫、变位艾美耳球虫、堆型艾美耳球虫、布氏艾美耳球虫等均有很好的杀灭效果。对火鸡腺艾美耳球虫、鹌鹑的分散艾美耳球虫和莱泰艾美耳球虫、羔羊雅氏艾美耳球虫和阿撒地艾美耳球虫亦有效。莫能菌素的作用峰期是在球虫生活周期的最初 2d，对子孢子及第一代裂殖体都有抑制作用，在球虫感染后第 2 天用药效果最好。

【应用】用于预防鸡球虫病。

【注意事项】

(1) 本品不可与泰乐菌素、泰妙菌素、竹桃霉素等合用，否则有中毒危险。

(2) 10 周龄以上火鸡、珍珠鸡及鸟类对本品敏感，不宜应用。

(3) 产蛋鸡禁用。

(4) 工作人员搅拌饲料时，应防止本品与皮肤和眼睛接触。

盐 霉 素

【药理作用】本品为聚醚类离子载体类抗球虫药，作用及机理均与莫能菌素相似。对鸡的毒害艾美耳球虫、柔嫩艾美耳球虫、巨型艾美耳球虫、和缓艾美耳球虫、堆型艾美耳球虫、布氏艾美耳球虫等均有作用，尤其对巨型艾美耳球虫及布氏艾美耳球虫效果最强。对鸡球虫的子孢子、第一和二代裂殖子均有明显作用。

【应用】用于预防鸡球虫病。

【注意事项】

(1) 本品安全范围较窄，应严格控制混饲浓度。若浓度过大或使用时间过长，会引起鸡采食量下降、体重减轻、共济失调和腿无力。

(2) 禁与泰妙菌素合用，因后者能阻止盐霉素代谢而导致体重减轻，甚至死亡。

(3) 对成年火鸡、鸭毒性大，禁用。

(4) 蛋鸡产蛋期禁用。

甲基盐霉素（那拉菌素）

【药理作用】本品为单价聚醚类离子载体抗球虫药。其抗球虫效应大致与盐霉素相当。对鸡的堆型艾美耳球虫、布氏艾美耳球虫、巨型艾美耳球虫、毒害艾美耳球虫等的抗球虫效果有显著差异。

【应用】用于预防鸡的球虫病。

【注意事项】

(1) 本品毒性较盐霉素更强，对鸡安全范围较窄，使用时必须准确计算用量。

(2) 因为甲基盐霉素对鱼类毒性较大，所以应注意喂药鸡的粪便及残留药物的用具不可污染水源。

(3) 蛋鸡产蛋期禁用。

(4) 禁止与泰妙菌素、竹桃霉素合用。

马度米星（马杜霉素）

【药理作用】本品为一价单糖苷离子载体抗球虫药，抗球虫谱广，其活性较其他聚醚类抗生素强。对鸡的毒害艾美耳球虫、巨型艾美耳球虫、柔嫩艾美耳球虫、堆型艾美耳球虫、布氏艾美耳球虫、变位艾美耳球虫等有高效，而且也能有效控制对其他聚醚类抗球虫药具有耐药性的虫株。马度米星能干扰球虫生活史的早期阶段（即球虫发育的子孢子期和第一代裂殖体），不仅能抑制球虫生长，且能杀灭球虫。

【应用】主要用于预防鸡球虫病。

【注意事项】

(1) 蛋鸡产蛋期禁用。

(2) 本品毒性较大，仅用于鸡，禁用于其他动物。

(3) 高剂量（饲料添加浓度超过 7mg/kg）可对鸡产生明显不良影响，甚至引起死亡。因此，勿随意加大使用浓度，且混料时必须充分搅拌均匀。

(4) 鸡喂马度米星后的粪便切勿用作牛、羊等动物的饲料，否则可能引起中毒，甚至死亡。

拉 沙 洛 西

【药理作用】属双价聚醚离子载体抗生素，除用于鸡球虫病外，还可用于火鸡、羔羊和犊牛球虫病的防治。拉沙洛西的抗球虫机理与莫能菌素相似，通过捕获或释放双价阳离子（莫能菌素为单价阳离子）而实现抗虫活性。本品对球虫子孢子以及第1代、第2代无性周期的子孢子、裂殖子均有明显抑杀作用。

【应用】本品为广谱高效抗球虫药，除对堆型艾美耳球虫作用稍差外，对鸡柔嫩艾美耳球虫、毒害艾美耳球虫、巨型艾美耳球虫、和缓艾美耳球虫等的抗球虫效应，甚至超过同类的莫能菌素和盐霉素。拉沙洛西按 75～110mg/kg 饲料浓度，可使动物获得良好的增重率与饲料报酬率。

拉沙洛西是美国 FDA 准许用于绵羊球虫病的两种药物之一（另一个药物为磺胺喹沙啉）。绵羊按每天每头 15～70mg 剂量给药，能有效地预防绵羊艾美耳球虫病、类绵羊艾美耳球虫病、小艾美耳球虫病和错乱艾美耳球虫病。此外，拉沙洛西对水禽、火鸡、犊牛球虫病也有明显效果。

【注意事项】

(1) 本品在应用上比莫能菌素、盐霉素安全，但马属动物仍极敏感，而应避免接触。

(2) 在实际应用时，为获得最佳疗效，应根据球虫的感染严重程度及时调整用药浓度。

(3) 拉沙洛西达 75mg/kg 饲料浓度时，能严重抑制宿主对球虫的免疫力产生，在应用过程中停药常易暴发更严重的球虫病。

（4）高剂量下能增加潮湿鸡舍中雏鸡的热应激反应，使死亡率增高。有时能使鸡体内水分的排泄明显增加，从而导致垫料潮湿。

海 南 霉 素

【药理作用】属单价糖苷聚醚离子载体抗生素，为我国研制的一种聚醚类抗球虫药。海南霉素的抗球虫作用机理和抗球虫作用均不太清楚。

【应用】国内试验表明，本品对鸡柔嫩艾美耳球虫、毒害艾美耳球虫、巨型艾美耳球虫、堆型艾美耳球虫、和缓艾美耳球虫等均有一定的抗球虫效果，其卵囊值、血便及病变值均优于盐霉素，但增重率低于盐霉素。

【注意事项】

（1）本品是聚醚类抗生素中毒性最大的一种抗球虫药，治疗浓度即能明显影响增重。估计对鸡以外的其他动物的毒性更大（如小鼠 LD_{50} 仅为 1.8mg/kg），在应用时需要加强防护措施，喂药的鸡粪不能加工成饲料，更不能污染水源。

（2）本品仅用于鸡，禁用于蛋鸡产蛋期及其他动物。

（3）禁与其他抗球虫类药物合用。

二 硝 托 胺

【药理作用】二硝托胺为硝基苯酰胺化合物，在兽医临床上曾广泛用于鸡球虫病的预防与治疗。本品主要作用于第一代裂殖体，同时对卵囊的子孢子形成有抑杀作用。有人认为，二硝托胺连续使用 6d 仅对球虫表现出抑制作用，长期应用时呈现杀球虫效应。二硝托胺不影响机体产生对球虫的免疫力。二硝托胺经内服吸收后在机体内代谢迅速，停药24h 后鸡肉残留量即低于 0.1mg/kg。

【应用】二硝托胺对鸡毒害艾美耳球虫、柔嫩艾美耳球虫、布氏艾美耳球虫、巨型艾美耳球虫等均有良好的防治效果，特别是对小肠致病性最强的毒害艾美耳球虫的作用最佳，但本品对堆型艾美耳球虫作用稍差。对火鸡的小肠球虫病具有良好的防治效果，可长期连续用药（至 16 周龄）。二硝托胺可有效地预防家兔球虫病的暴发。

【注意事项】

（1）本品粉末颗粒的大小是影响其抗球虫作用的主要因素，使用时应制成极微细粉末。

（2）用于预防肉鸡球虫病时，必须连续应用一段时间。中断使用常致球虫病的复发。

（3）产蛋鸡禁用。

尼 卡 巴 嗪

【药理作用】尼卡巴嗪对鸡的多种艾美耳球虫，如柔嫩艾美耳球虫、脆弱艾美耳球虫、毒害艾美耳球虫、巨型艾美耳球虫、堆型艾美耳球虫、布氏艾美耳球虫等均有良好的防治效果。主要对球虫的第二代裂殖体有效，其作用峰期是感染后第 4 天。

【应用】主要用于防治鸡球虫病。

【注意事项】

（1）夏天高温季节应慎用，否则会增加应激，使鸡死亡率升高。

（2）本品能使产蛋率、受精率及蛋品质量下降，以及棕色蛋壳色泽变浅，故蛋鸡产蛋期及种鸡禁用。

氨　丙　啉

【药理作用】本品为广谱抗球虫药，对鸡的各种球虫均有作用，其中对柔嫩艾美耳球虫与堆型艾美耳球虫的作用最强，对毒害艾美耳球虫、布氏艾美耳球虫、巨型艾美耳球虫、和缓艾美耳球虫等的作用较弱。主要作用于球虫第 1 代裂殖体，阻止其形成裂殖子，作用峰期在感染后的第 3 天。此外，对球虫有性繁殖阶段和子孢子亦有抑制作用。

【应用】主要用于防治禽球虫病。

【注意事项】饲料中维生素 B_1 的含量在 10mg/kg 以上时与本品有明显的拮抗作用，抗球虫作用降低。因此，在用氨丙啉治疗时，应适当减少饲料中维生素 B_1 的用量。

乙氧酰胺苯甲酯

【药理作用】本品为氨丙啉等抗球虫药的增效剂，一般不单独使用，多配成复方制剂。乙氧酰胺苯甲酯的抗球虫作用及机理与磺胺药和抗菌增效剂相同。

【应用】乙氧酰胺苯甲酯对鸡巨型艾美耳球虫、布氏艾美耳球虫及其他小肠球虫具有较强的抑制作用，可弥补氨丙啉对这些球虫作用不强的不足，而乙氧酰胺苯甲酯又对柔嫩艾美耳球虫等缺乏活性，反之又为氨丙啉的有效活性所补偿，从而决定了本品不宜单用而多与氨丙啉并用的药理学基础。

【注意事项】本品很少单独应用，多与氨丙啉、磺胺喹噁啉等配成预混剂使用。

盐　酸　氯　苯　胍

【药理作用】本品属胍基衍生物，广泛用于禽、兔球虫病的防治。抗球虫作用机理是通过影响三磷酸腺苷，从而干扰球虫蛋白质代谢。氯苯胍对球虫的作用峰期主要在第 1 代裂殖体阶段，能阻止裂殖体形成裂殖子。有人证实，氯苯胍对第 2 代裂殖体也有抑制作用，甚至还可抑制卵囊的发育。本品对机体的抗球虫免疫力无明显抑制作用。

【应用】氯苯胍对家禽柔嫩艾美耳球虫、毒害艾美耳球虫、布氏艾美耳球虫、巨型艾美耳球虫、堆型艾美耳球虫、和缓艾美耳球虫和早熟艾美耳球虫的单独或混合感染均有良好的防治效果，其中对柔嫩艾美耳球虫、堆型艾美耳球虫、巨型艾美耳球虫、布氏艾美耳球虫的预防效果优于氯羟吡啶。已证实，本品按 60mg/kg 拌料浓度对毒害艾美耳球虫、和缓艾美耳球虫的抗球虫效果与氯羟吡啶（125mg/kg）相似。建议对急性球虫病的暴发仍应以 60mg/kg 拌料浓度为宜。

氯苯胍除对兔肠艾美耳球虫作用稍差外，对大多数兔艾美耳球虫（如中型艾美耳球虫、无残艾美耳球虫等）均有良好的防治效果。

【注意事项】

（1）由于氯苯胍已长期被连续应用，临床上已引起严重的耐药性，对于是否使用、如何使用应进行合理的评价。

（2）本品使用较大的剂量如 60mg/kg 拌料浓度，能使鸡肉、鸡肝、鸡蛋出现令人厌恶的不良气味，在较低的拌料浓度（30mg/kg）时则不会发生上述现象。因此，对急性暴发性球虫病，宜先用高剂量拌料浓度，1～3周后再转用较低浓度维持。

（3）本品在应用时不宜停药过早，否则常导致球虫病的复发。

（4）产蛋鸡禁用。

氯 羟 吡 啶

【药理作用】本品对鸡柔嫩艾美耳球虫、毒害艾美耳球虫、布氏艾美耳球虫、巨型艾美耳球虫、堆型艾美耳球虫、和缓艾美耳球虫和早熟等艾美耳球虫有效，特别是对柔嫩艾美耳球虫的作用最强，对兔球虫亦有一定的效果。氯羟吡啶对球虫的作用峰期是子孢子期，即感染后第1天，主要对其产生抑制作用。在用药后60d内，可使子孢子在肠上皮细胞内不能发育。因此，必须在雏鸡感染球虫前或感染时给药，才能充分发挥抗球虫作用。

【应用】主要用于预防禽、兔球虫病。

【注意事项】适用于预防用药，对球虫病治疗无意义。本品能抑制鸡对球虫产生免疫力，过早停药往往导致球虫病暴发。球虫对氯羟吡啶易产生耐药性。

常 山 酮

【药理作用】本品对鸡的柔嫩艾美耳球虫、毒害艾美耳球虫、巨型艾美耳球虫、堆型艾美耳球虫、布氏艾美耳球虫，以及火鸡的小艾美耳球虫、腺艾美耳球虫均有较强的抑制作用。对兔艾美耳球虫亦有作用。常山酮对第一、二代裂殖体和子孢子均有杀灭作用。用药后能明显控制球虫病症状，并完全抑制卵囊排出，从而减少再感染的机会。其抗虫指数超过某些聚醚类抗球虫药，对其他药物耐药的球虫仍然有效。

【应用】主要用于家禽球虫病。

【注意事项】

（1）本品对珍珠鸡敏感，禁用；能抑制鹅、鸭生长，应慎用。

（2）混料浓度达6mg/kg时可影响适口性，使鸡采食减少；9mg/kg时大部分鸡拒食。因此，药料应充分拌匀，否则影响疗效。

（3）鱼等水生生物对常山酮极敏感，故喂药鸡粪及盛药容器切勿污染水源。

（4）12周龄以上火鸡、8周龄以上雏鸡及蛋鸡产蛋期禁用。

（5）禁与其他抗球虫药合用。

癸 氧 喹 酯

【药理作用】癸氧喹酯属喹啉类抗球虫药，主要作用是阻碍球虫子孢子的发育，作用峰期为球虫感染后的第1天。

【应用】主要用于预防鸡的球虫病。

磺胺喹噁啉（SQ）

【药理作用】本品为磺胺类药物中专用于治疗球虫病的药物，至今在临床上仍广泛使用。磺胺喹噁啉对鸡巨型艾美耳球虫、布氏艾美耳球虫、堆型艾美耳球虫等作用最强，但对毒害艾美耳球虫、柔嫩艾美耳球虫的作用较弱，需要较大剂量才有效果。本品抗球虫活性作用峰期是第二代裂殖体（一般为球虫感染第4天），对第一代裂殖体也有一定作用。应用磺胺喹嘧啉不会影响禽类对球虫的免疫力，由于同时具有较强的抗菌作用，从而更好地加强了对球虫病的治疗效果。

【应用】临床上主要用于治疗鸡巨型艾美耳球虫、布氏艾美耳球虫和堆型艾美耳球虫感染，较高使用剂量对柔嫩艾美耳球虫、毒害艾美耳球虫感染亦可取得较好效果。本品常与另一种抗球虫药氨丙啉或抗菌增效剂联合应用，可扩大抗虫谱和增强抗球虫效应。对火鸡球虫病也具良好的防治效果（150～175mg/kg 拌料浓度）。

治疗家兔球虫病，可按 250mg/kg 饲料浓度连用 30d，或按 1 000mg/kg 饲料浓度连喂 2 周，或按 200mg/L 饮水浓度连用 3～4 周，均能有效地控制兔的艾美耳球虫病；治疗水貂等孢球虫病，可按 240mg/L 饮水浓度连续饮用，能有效地抑制卵囊的排出；对于羔羊球虫病，可用其钠盐配成 250mg/L 饮水浓度，连用 2～5d；治疗犊牛的球虫病，可按 0.1% 饲料浓度连用 7～9d。

【注意事项】

（1）本品对雏鸡有一定的毒性，较高给药剂量（如拌料浓度在 0.1% 以上）连用 5d 以上时，可引起与维生素 K 缺乏有关的出血与组织坏死现象。即使按推荐拌料浓度 125mg/kg，连续使用 8～10d，亦可导致鸡红细胞和淋巴细胞减少。因此，治疗鸡球虫病时，连续喂饲不得超过 5d。

（2）磺胺药已引起细菌和球虫产生较严重的耐药性，磺胺喹噁啉与其他磺胺类药物之间存在交叉耐药性。本品宜与其他种类抗球虫药联合应用（如与氨丙啉或抗菌增效剂等）。

（3）本品禁用于产蛋鸡，导致产蛋率下降、蛋壳变薄等。

磺 胺 氯 吡 嗪

【药理作用】磺胺氯吡嗪为磺胺类专用抗球虫药，多用于球虫暴发时短期应用。其抗球虫的活性峰期是球虫第二代裂殖体，对第一代裂殖体亦有一定作用。抗球虫作用机理同磺胺喹噁啉。本品内服后在消化道迅速吸收，3～4h 达到血药浓度峰值，并迅速经尿排泄。

【应用】对家禽球虫病的作用特点与磺胺喹噁啉相似，但本品具有更强的抗菌作用，可治疗禽霍乱及禽伤寒等，因此，本品在国外多用于球虫病暴发时治疗用。应用本品不影响宿主对球虫的免疫力。本品对兔球虫病有效，按每 1 000kg 饲料中添加 600g 磺胺氯吡嗪钠，连喂 5～10d。对羔羊球虫病，可用 3% 磺胺氯吡嗪钠溶液按每千克体重内服 1.2mL，连用 3～5d。

【注意事项】

（1）本品毒性较磺胺喹噁啉低，但长期应用仍可出现磺胺药中毒症状。肉鸡应用时，按推荐剂量一般只连用 3d，最多不得超过 5d。

（2）与其他磺胺类药物一样，球虫已产生较严重耐药性，甚至交叉耐药性。在临床上一旦出现疗效不佳，应及时更换其他类药物。

（3）禁用于产蛋鸡以及 16 周龄以上鸡群。

二、抗锥虫药

喹嘧胺（安锥赛）

本品主要为注射用剂。注射用喹嘧胺为 4 份喹嘧氯胺与 3 份甲硫喹嘧胺经混合而成的灭菌粉末。

【药理作用】喹嘧胺是常用的抗锥虫药。喹嘧胺对锥虫无直接溶解作用，而是影响虫体的代谢过程，使生长繁殖抑制。体外试验证明，本品仅能阻碍锥虫的细胞分裂，但当剂量不足时虫体易产生耐药性。甲硫喹嘧胺易溶于水，经注射后吸收迅速，而喹嘧氯胺难溶于水，注射后吸收缓慢。因此，喹嘧氯胺一般用于预防性给药，甲硫喹嘧胺用作锥虫病的治疗用药。

【应用】喹嘧胺的抗锥虫作用谱较广，对伊氏锥虫、马媾疫锥虫、刚果锥虫、活跃锥虫作用明显，但对布氏锥虫作用较差。临床主用于防治马、牛、骆驼的伊氏锥虫病和马媾疫。

注射用喹嘧胺多在流行地区用于预防性给药，通常用药一次的有效预防期，马为 3 个月，骆驼为 3～5 个月。

【注意事项】

（1）本品具有一定的毒性作用，尤以马属动物最为敏感。通常在注射后 15min 到 2h 之间，动物出现兴奋不安、呼吸急促、肌肉震颤、心率增快、频排粪尿、腹痛、全身出汗等症状，一般可自行耐过，但严重者可致死。因此，在用药后必须注意观察，必要时可注射阿托品及其他支持与对症疗法。

（2）严禁采用静脉注射。皮下或肌内注射时，常见注射部位出现肿胀，甚至引起硬结，经 3～7d 可消退。当用量过大时，宜分点多次注射。

三、抗梨形虫病

三氮脒（贝尼尔）

【药理作用】本品对家畜的锥虫、梨形虫及边虫（无形体）均有作用。对驽巴贝斯虫、马巴贝斯虫、牛双芽巴贝斯虫、牛巴贝斯虫、柯契卡巴贝斯虫、羊巴贝斯虫等梨形虫效果显著，对牛环形泰勒虫、边虫、马媾疫锥虫、水牛伊氏锥虫亦有一定的治疗作用，但对其他梨形虫病的预防效果不佳。对犬巴贝斯虫和吉氏巴贝斯虫引起的临床症状均有明显消除作用，但不能完全使虫体消失。

【应用】用于家畜巴贝斯虫病、泰勒虫病、伊氏锥虫病和媾疫锥虫病。

【注意事项】

（1）本品毒性大、安全范围较小。应用治疗量，有时马、牛也会出现不安、起卧、频繁排尿、肌肉震颤等不良反应。

（2）骆驼敏感，通常不用；马较敏感，忌用大剂量；水牛较黄牛敏感，连续应用时应慎重。大剂量应用可使乳牛产奶量减少。

（3）水牛不宜连用，一次即可；其他家畜必要时可连用，但须间隔24h，不得超过 3 次。

（4）局部肌内注射有刺激性，可引起肿胀，应分点深层肌内注射。

二丙酸咪多卡

【药理作用】本品可直接作用于寄生虫，引起核酸的数量和大小发生变化，以及细胞形态学发生改变。抗原虫活性为对寄生虫的糖酵解过程发挥作用，引起宿主血糖降低，能选择性抑制寄生虫 DNA 的复制。

【应用】用于治疗和预防肉牛巴贝斯虫病。

【不良反应】给药后动物可能表现出类胆碱的症状。用盐酸阿托品治疗可能会缓解副作用。

【注意事项】

（1）不得用于静脉注射或肌内注射，每个注射位点注射体积不多于 10mL；不得重复给药和过量给药。

（2）若无兽医师指导，严禁与抗胆碱活性药物一同使用。

青 蒿 琥 酯

【药理作用】青蒿琥酯对红细胞内疟原虫裂殖体有强大杀灭作用，但通常认为是作用于虫体的生物膜结构，干扰细胞表膜与线粒体功能，从而阻断虫体对血红蛋白的摄取，最后膜破裂死亡。本品在人医临床上用作抗疟药。在兽医临床上作为牛、羊泰勒虫和双芽巴贝斯虫用药。对青蒿琥酯在牛体内的药动学研究证实，消除半衰期为 0.5h，表现分布容积为 0.9～1.1L/kg，部分青蒿琥酯代谢为活性代谢物——双氢青蒿素。但经内服给药时，血药浓度极低。青蒿琥酯在单胃动物经内服后，吸收迅速，0.5～1h 即达血药峰值，广泛分布于各组织，并以胆汁浓度最高，肝、肾、肠次之，可通过血脑屏障及胎盘屏障。

【应用】本品可用于防治牛、羊泰勒虫和双芽巴贝斯虫感染。此外，还能杀灭红细胞内的配子体，减少细胞分裂及虫体代谢产物的致热原作用。

【注意事项】本品对实验动物具有明显的胚胎毒作用，妊娠畜慎用。

硫酸喹啉脲（阿卡普林）

【药理作用】本品对家畜的巴贝斯虫有特效。对马巴贝斯虫、驽巴贝斯虫、牛双芽巴贝斯虫、牛巴贝斯虫、羊巴贝斯虫、猪巴贝斯虫、犬巴贝斯虫等均有良好的效果。一般于用药后 6～12h 出现药效，12～36h 病畜体温下降，症状改善，外周血液内原虫消失。本品对牛早期的泰勒虫病有一些效果，对无浆体效果较差。

【应用】主要用于家畜巴贝斯虫病。

【注意事项】本品毒性较大，禁止静脉注射。肌内或皮下注射大剂量可发生血压骤降，导致休克死亡。治疗量可出现胆碱能神经兴奋的症状，如站立不安、流涎、出汗、肌肉震颤、疝痛、血压下降、脉搏增快、呼吸困难等副作用，一般持续 30～40min 逐渐消失。为减轻或防止副作用，可将总剂量分成 2～3 份，间隔几小时应用，也可在用药前注射小剂量硫酸阿托品或肾上腺素。

第三节 杀 虫 药

杀虫药系指能杀灭节肢昆虫，主要是螨、蜱、虱、蚤、蝇、蚊等外寄生虫，从而防治由这些外寄生虫所引起的畜禽皮肤病的一类药物。控制外寄生虫感染的杀虫剂很多，国内目前应用的主要是有机磷类、拟除虫菊酯及双甲脒等。另外，阿维菌素类近年来亦广泛用于驱除动物体表寄生虫。一般说来，所有杀虫药对哺乳动物都有一定的毒性，甚至按推荐剂量使用也会出现程度不同的不良反应。因此，在选用杀虫药时，尤应注意其安全性，不可直接将农药用作杀虫药；在产品质量上，要求较高的纯度和极少的杂质。在应用时，除严格掌握剂量、浓度和使用方法外，还需要加强动物的饲养管理，注意人、畜的防护，并妥善处理盛过杀虫药的废弃物。

一、有机磷化合物

有机磷化合物是传统使用的杀虫药，包括有机磷酸酯类和硫代有机磷酸酯类。有机磷杀虫药的作用特点是杀虫效力强、杀虫谱广、残效期短，对人、畜毒性一般较大。本类药物的作用机理是能与胆碱酯酶结合，使胆碱酯酶失去水解乙酰胆碱的活性，致使乙酰胆碱在虫体内蓄积，使昆虫神经系统过度兴奋，引起昆虫肢体震颤、痉挛、麻痹而死亡。由于乙酰胆碱也是畜禽的神经递质，因此用药过量也可使畜禽中毒。另外，一些有机磷化合物具有潜在致畸作用。

由于有机磷化合物对人、畜毒性较大，因此有机磷杀虫剂用于杀灭畜禽体表寄生虫时，应严格掌握用药浓度、使用范围、用药方法，以免造成人畜中毒。如遇有中毒迹象，应立即采取抢救措施。中毒时，宜选用阿托品或阿托品和胆碱酯酶复活剂进行解救。常用的有机磷杀虫药有二嗪农、敌敌畏、辛硫磷、巴胺磷、蝇毒磷、马拉硫磷、倍硫磷、甲基吡啶磷等。除蝇毒磷外，其他有机磷杀虫剂一般不适用于泌乳奶牛。

二　嗪　农

【应用】主要用于驱杀寄生于家畜体表的疥螨、痒螨、蜱、虱等。

【注意事项】

（1）二嗪农对禽、猫及蜜蜂毒性较大，慎用。

（2）药浴时必须精确计量药液浓度，动物全身浸泡时间以 1min 为宜。为提高对猪疥癣病的治疗效果，可用软刷助洗。

（3）禁止与其他有机磷化合物和胆碱酯酶抑制剂合用。

敌　敌　畏

【药理作用】为广谱杀虫、杀螨剂。具有触杀、胃毒和熏蒸作用。触杀作用比敌百虫效果好，对害虫击倒力强而快。本品是一种高效、速效和广谱的杀虫剂。对畜禽的多种外寄生虫，如马胃蝇、牛皮蝇、羊鼻蝇具有熏蒸、触杀和胃毒三种作用，其杀虫力比敌百虫强 8～10 倍，毒性亦高于敌百虫。

【应用】

（1）环境杀虫，杀虫效力强，杀虫速度快。

（2）杀灭厩舍、家畜体表的寄生虫，如蜱、螨、蚤、虱、蚊、蝇等。

（3）驱杀马胃蝇蚴（对鼻胃蝇、肠胃蝇第一期蚴有 100％杀灭作用，对东方胃蝇、鼻胃蝇、黑角胃蝇和肠胃蝇第二、三期蚴亦均有良好作用）及羊鼻蝇蚴（对第一期蝇蛆效果尤佳）。

【注意事项】

（1）原液及乳油应避光密闭保存。稀水溶液易分解，宜现配现用，30℃时 18d 敌敌畏可水解 50％。

（2）喷洒药液时应避免污染饮水、饲料、饲槽、用具及动物体表。

（3）敌敌畏对人畜毒性较大，易从消化道、呼吸道及皮肤等途径吸收而中毒。其毒性较敌百虫大6～10倍。家畜出现中毒的主要表现及解救方法同敌百虫。

（4）禽对本品敏感，应慎用。

辛 硫 磷

又称肟硫磷，倍腈松，腈肟磷。

【药理作用】辛硫磷具有高效、低毒、杀虫谱广、击倒力强的特点，以触杀和胃毒作用为主，无内吸作用。对蚊、蝇、螨、虱的速杀作用仅次于敌敌畏和胺菊酯、马拉硫磷、倍硫磷等。对人、畜毒性较低，对蜜蜂有触杀和熏蒸毒性。水生生物最大耐受浓度：鲤和鳟为0.1～1.0 mg/L；金鱼为1～10 mg/L。室内喷洒残效期长，可达3个月左右，但在室外因对光不稳定，很快分解，所以环境残留期短、残留危险小。

【应用】

（1）驱除家畜体表寄生虫，如羊螨、猪疥螨等。

（2）杀灭环境中的蚊、蝇、蟑螂等。

【注意事项】本品对光敏感，应避光保存。室外应用残效期短。

巴 胺 磷

又称胺丙畏，烯虫磷。

【药理作用】本品为广谱有机磷杀虫剂，主要通过触杀、胃毒起作用，不仅能杀灭家畜体表寄生虫（如螨、蜱），还能杀灭卫生害虫（如蚊、蝇）等。另外，还可使雌蜱不育。主要用于防治蟑螂、苍蝇和蚊等卫生害虫，也能防治家畜体外寄生螨类。20 mg/L巴胺磷30 min内可使螨虫麻痹，3.5 h内全部死亡。羊痒螨在药浴（20 mg/L巴胺磷）后，一般于2d内全部死亡。

【应用】主要驱杀牛、羊、猪等家畜体表螨、蚊、蝇、虱等害虫。

【注意事项】

（1）对严重感染的羊，药浴时最好人工辅助擦洗，数日后再药浴一次，效果更好。

（2）对家禽、鱼类具明显毒性。

蝇 毒 磷

见抗线虫药。

马 拉 硫 磷

【应用】马拉硫磷主要用于杀灭畜禽外寄生虫，如牛皮蝇、牛虻、体虱、羊痒螨、猪疥螨等，也可用于杀灭蚊、臭虫、蟑螂等卫生害虫。

【注意事项】

（1）本品对眼睛、皮肤有刺激性。本品对蜜蜂有剧毒，对鱼类毒性也较大。

（2）为增加其水溶液的稳定性和除去药物的臭味，可在50%马拉硫磷溶液100mL中加1g过氧化苯甲酰，振荡至完全溶解，可获良好效果。

（3）家畜体表用马拉硫磷后数小时内应避免日光照射和风吹。必要时隔2～3周可再药浴或喷雾一次。

二、拟除虫菊酯类

除虫菊酯为菊科植物除虫菊干燥花絮的有效成分，具有杀灭各种昆虫的作用，击倒力甚强，对各种害虫有高效速杀作用，对人、畜无毒。拟除虫菊酯类的作用机理是作用于昆虫神经系统，通过特异性受体或溶解于膜内，选择性作用于膜上的钠离子通道，延迟离子通道的关闭，造成 Na^+ 持续内流，引起昆虫过度兴奋、痉挛，最后麻痹而死。

由于除虫菊人工栽培产量有限，加之天然除虫菊酯性质不稳定，遇光、热易被氧化而失效，杀灭害虫力度不强，且不能彻底杀死。为此，人们在天然除虫菊酯结构基础上，合成了一系列除虫菊酯拟似物，即拟除虫菊酯类。这类药物具有高效、速效、对畜毒性低、性质稳定、残效期较长等特点，但长期使用易产生耐药性。兽医临床使用的有氰戊菊酯、溴氰菊酯、氟氰胺菊酯和氟氯苯氰菊酯等。

氰 戊 菊 酯

【应用】用于驱杀畜禽体表寄生虫（如螨、虱、蜱、虻等）；也用于杀灭环境、畜禽厩舍的有害昆虫，如蚊、蝇等。

【注意事项】

（1）配制溶液时，水温以12℃为宜，如水温超过25℃会降低药效，水温超过50℃时则失效。

（2）避免使用碱性水，并忌与碱性药物合用，以防药液分解失效。

（3）治疗畜禽外寄生虫病时，无论是喷淋、喷洒，还是药浴，都应保证畜禽的被毛、羽毛被药液充分湿透。

（4）本品对蜜蜂、鱼虾、家蚕毒性较强，使用时不要污染河流、池塘、桑园、养蜂场所。

溴 氰 菊 酯

【应用】用于防治牛、羊体外寄生虫病。

【注意事项】

（1）本品对人、畜毒性小，但对皮肤、黏膜、眼睛、呼吸道有较强的刺激性，特别对大面积皮肤病或组织损伤者影响更为严重，用时注意防护。

（2）本品对鱼类及其他冷血动物毒性较大，使用时切勿将残余药液倾入鱼塘。蜜蜂、家禽亦较敏感。

三、其他杀虫药

兽医临床上常用的其他体外杀虫药有双甲脒、升华硫、环丙氨嗪和非泼罗尼等。

双 甲 脒

【药理作用】双甲脒为广谱杀虫药，主要为接触毒，兼有胃毒和内吸作用。

【应用】主要用于杀螨，如疥螨、痒螨、蜂螨等；也用于杀灭蜱、虱等外寄生虫。

【注意事项】

（1）本品对皮肤有刺激作用，使用时要防止药液沾污皮肤和眼睛。

（2）对鱼有剧毒，勿使药液污染鱼塘、河流。

（3）产奶山羊和水生食品动物禁用。

升华硫（硫黄）

【药理作用】本品与皮肤及组织分泌物接触后，生成硫化氢、五硫磺酸等多硫化合物，具有杀灭细菌、真菌和疥虫的作用，并能去除油脂、软化表皮、溶解角质。

【应用】

（1）治疗家畜疥螨病、痒螨病。

（2）用于蚕室、蚕具的消毒，防治僵蚕病、蜜蜂小蜂螨病等。

【注意事项】

（1）避免接触眼睛和其他黏膜（如口、鼻黏膜等）。

（2）本品应密闭在阴凉处保存。

（3）与汞制剂共用可引起化学反应，释放有臭味的硫化氢，有较强的刺激性，且能形成色素使皮肤变黑。

环 丙 氨 嗪

【药理作用】环丙氨嗪为昆虫生长调节剂，可抑制双翅目幼虫的蜕皮，特别是幼虫第一期蜕皮，使蝇蛆繁殖受阻，也可使蝇蛹不能蜕皮而死亡。鸡内服给药，即使在粪便中含药量极低，也可彻底杀灭蝇蛆。

【应用】主要用于控制动物厩舍内蝇蛆的繁殖生长，杀灭粪池内蝇蛆，以保护环境卫生。

【注意事项】

（1）本品饲喂浓度过高时对鸡可能产生一定的影响。药料浓度达 25mg/kg 时可使饲料消耗量增加，500mg/kg 以上时使饲料消耗量减少，1 000mg/kg 以上长期喂养时鸡可能因摄食过少而死亡。

（2）每公顷土地以用饲喂本品的鸡粪 1～2t 为宜，超过 9t 以上可能对植物生长不利。

非 泼 罗 尼

【药理作用】非泼罗尼通过受干扰 GABA 调控的氯离子通道，导致昆虫和蜱中枢神经系统混乱，直至死亡。主要通过胃毒和触杀起作用，也具有一定的内吸作用。

【应用】兽医临床主要用于驱除犬、猫体表的跳蚤，犬蜱，以及其他体表害虫。

【注意事项】本品对人畜有中等毒性，对鱼高毒，使用时应注意防止污染河流、湖泊、鱼塘。

吡 丙 醚

【药理作用】吡丙醚是一种昆虫生长调节剂（IGR），为昆虫保幼激素类似物，可使成年跳蚤失去产卵能力并抑制幼蚤的发育，通过阻止卵、幼虫和蛹的发育，防止二次感染。

【应用】兽医临床主要用于预防跳蚤卵发育为成虫，从而预防跳蚤增殖。

吡 虫 啉

【药理作用】吡虫啉为氯代烟碱杀虫剂，对昆虫的中枢神经系统突触后烟碱型乙酰胆碱受体具有较高亲和性，可抑制乙酰胆碱活性，导致寄生虫麻痹和死亡。吡虫啉对成年跳蚤和环境中的幼蚤有杀虫作用。

本品为皮肤用药。局部给药后，药液可迅速分布于动物体表。

【应用】用于预防和治疗犬的跳蚤感染，治疗犬的咬虱（犬啮毛虱）感染。

【不良反应】

（1）本品味苦。如动物在给药后立即舔舐给药部位可能会导致流涎，无须治疗，几分钟后会自行消失。

（2）在极少情况下，给药部位可能出现脱毛、瘙痒和/或炎症反应，也可见不安和定位异常。极个别动物出现流涎和神经症状，如共济失调、震颤和抑郁。

【注意事项】

（1）8周龄下的未断奶犬禁用。对本品过敏的动物勿用。基于现有的研究结果，对怀孕及哺乳期动物无不良作用。

（2）本品仅限局部外用，不得经口给药。

（3）为了防止药物从动物身体的侧面流下，应注意不要在一个点使用太多；为防止舔舐，按推荐的用法使用。本品仅用于动物健康皮肤上。宠物主应防止刚给药的动物间互相舔舐给药部位。

（4）首次治疗后，环境中孵化出的跳蚤会继续感染动物，至少持续6周。为了能杀灭这些跳蚤，根据环境中的跳蚤数量，可能需要多次使用本品。作为治疗的辅助手段，建议使用能杀死成年跳蚤及其幼虫的产品来处理动物的垫料和圈舍。

（5）动物偶尔接触水（如淋雨、游泳）后不会降低本品的作用。但如果频繁游泳或用清洁剂洗澡后，可能需要重复使用本品，这取决于动物周围环境中的跳蚤数量，但频率不得超过每周一次。用于治疗犬的咬虱时，建议给药后30d复查，因为一些动物需要使用本品2次。

（6）极个别动物发生药物过量或舔舐给药部位后，见神经症状（如痉挛、震颤、共济失调、瞳孔放大或缩小、嗜睡）。动物不慎经口摄入本品后的中毒情况不太可能发生。如发生，应在兽医指导下给予对症治疗。目前，无针对本品的特效解救药。如误食，口服活性炭可有助于解毒。

氟 雷 拉 纳

【药理作用】氟雷拉纳是一种异噁唑啉类的杀虫剂和杀螨剂，通过拮抗 γ-氨基丁酸受体和谷氨酸受体门控氯离子通道，使氯离子无法渗透进入突触后膜，干扰神经系统的跨膜信号传递，导致昆虫神经系统紊乱，进而死亡。氟雷拉纳与狄氏剂不具有交叉耐药性。氟雷拉纳为全身性抗寄生虫药，驱杀犬体表的跳蚤和蜱的作用可持续12周。氟雷拉纳对猫栉首蚤和犬栉首蚤有驱杀作用，对成年跳蚤起效快，持续时间长，还可阻止跳蚤产卵，因此破坏了跳蚤的生命周期。氟雷拉纳对蓖籽硬蜱（幼蜱、若蜱和成蜱）、六角硬蜱、肩突硬蜱、全环硬蜱、网纹革蜱、变异革蜱及血红扇头蜱也有杀灭作用。

氟雷拉纳内服容易吸收，1d内可达最大血药浓度，食物可促进其吸收。氟雷拉纳呈全身性分布，脂肪中浓度最高，其次为肝脏、肾脏和肌肉。氟雷拉纳在犬体内几乎不被代谢，血浆消除半衰期约为12d，使氟雷拉纳在给药期间可维持有效血药浓度。最大血药浓度和血浆消除半衰期存在个体差异。氟雷拉纳约 90% 以原形经粪便排泄，少量经肾排泄。

【应用】用于治疗犬体表的跳蚤和蜱感染，还可辅助治疗因跳蚤引起的过敏性皮炎。

【不良反应】极个别犬（1.6%）会出现轻微短暂的胃肠道反应，如腹泻、呕吐、食欲不振、流涎。

【注意事项】

（1）本品不得用于 8 周以下的幼犬和/或体重低于 2kg 的犬。

（2）对本品过敏的犬勿用。

（3）本品的给药间隔不得低于 8 周。

（4）可用于种犬、妊娠期和泌乳期的母犬。

（5）氟雷拉纳与血浆蛋白结合率高，可能与其他高蛋白结合率的药物竞争血浆蛋白，如非甾体抗炎药、香豆素衍生物（如华法林）等。但体外血浆孵育试验，未发现氟雷拉纳与卡洛芬和华法林竞争结合血浆蛋白。临床试验未发现氟雷拉纳与犬的日常用药存在相互作用。

（6）若出现任何严重反应或不良反应，请及时就医。

（7）本品起效快，可降低虫媒病的传播风险，但跳蚤和蜱必须接触宿主并且开始进食才能接触活性药物成分，跳蚤（猫栉首蚤）在接触后 8h 内起作用，蜱（蓖籽硬蜱）接触后 12h 内起作用，因此，在极其恶劣条件下，不能完全排除以寄生虫为媒介进行疾病传播的风险。

（8）除直接饲喂以外，可将本品混入犬粮中饲喂，给药时观察犬，确认犬吞下药物。

沙 罗 拉 纳

【药理作用】沙罗拉纳是异噁唑啉类抗寄生虫药，作用于神经肌肉接头，通过抑制 γ-氨基丁酸受体和谷氨酸受体功能，导致动物体表外寄生虫神经肌肉活动失控，进而死亡。沙罗拉纳内服吸收迅速。沙罗拉纳呈全身性分布，血浆蛋白结合率高（不低于 99.9%），在犬体内代谢极低，主要以原形经胆汁和粪便排泄。

【应用】用于预防和治疗犬跳蚤感染，治疗和控制犬蜱感染。

【不良反应】沙罗拉纳可能会引起异常的神经症状，如颤抖、本体感受意识减弱、共济失调、威胁反射减弱或消失和/或癫痫。

阿 福 拉 纳

【药理作用】阿福拉纳是一种异噁唑啉类的杀虫剂与杀螨剂，通过作用于配体门控氯离子通道，尤其是抑制神经递质 γ-氨基丁酸（GABA）门控性通道，从而阻断氯离子从突触前膜到突触后膜的传递，导致跳蚤、蜱神经元活性增强，兴奋过度死亡。阿福拉纳在犬体内代谢为亲水性更强的化合物，代谢物与原形主要通过胆汁排泄，但无肝肠循环，部分通过尿液排泄。

【应用】用于治疗犬跳蚤、蜱感染。

【不良反应】柯利牧羊犬以 5 倍剂量内服（25mg/kg）时可引起腹泻和呕吐。

【注意事项】

（1）对孕犬、8 周龄以下和/或体重 2kg 以下犬，需根据兽医意见谨慎使用。

（2）跳蚤和蜱必须接触犬体表并开始进食才可接触到药物的有效成分，因此不能完全排除以寄生虫为媒介进行疾病传播的风险。

乐替拉纳

【药理作用】乐替拉纳是异噁唑啉类的体外抗寄生虫药，通过抑制 γ - 氨基丁酸（GABA）门控氯离子通道，导致昆虫出现阵挛性麻痹，引起死亡。乐替拉纳是异噁唑啉类药物的一种纯的对映异构体，对跳蚤（猫栉首蚤和犬栉首蚤）以及蜱（网纹革蜱、六角形硬蜱、蓖籽硬蜱和血红扇头蜱等）具有快速和持久的杀灭活性。跳蚤、蜱对有机氯杀虫剂（环戊二烯类杀虫剂，如狄氏剂）、苯基吡唑类杀虫剂（如非泼罗尼）、新烟碱类杀虫剂（如吡虫啉）、甲脒类杀虫剂（如双甲脒）和拟除虫菊酯类杀虫剂（如氯氰菊酯）的耐药性并不影响乐替拉纳的活性。对于跳蚤，药物活性成分与跳蚤接触 4h 内即可产生杀灭活性，效力可持续 1 个月。给药后 6h 内可杀死给药前附着在犬身上的跳蚤。对于蜱，药物活性成分与蜱接触 48h 内即可产生杀灭活性，效力可持续 1 个月。在给药后 8h 内可杀灭给药前附着在犬身上的蓖籽硬蜱等。对于给药前犬身上已经存在和给药后新感染的跳蚤，本品可在跳蚤产卵前将其杀灭。因此，本品能阻断跳蚤的生命周期，预防犬在活动区域中被环境中的跳蚤感染。

【应用】用于控制犬和猫的跳蚤、蜱感染。

【不良反应】可能有震颤、共济失调或者神经性症状，但非常罕见，且在大多数病例中这些症状都是短暂的。

【注意事项】

(1) 对 8 周龄以下和/或体重 1.3kg 以下犬，需根据兽医意见谨慎使用。

(2) 跳蚤和蜱必须接触犬体表并开始进食才可接触到药物的有效成分，因此不能完全排除通过寄生虫进行疾病传播的风险。

第六单元 外周神经系统药物★

第一节 胆碱受体激动剂

胆碱受体激动药是一类直接作用于 M、N 胆碱受体，产生与乙酰胆碱相似作用的药物。根据对受体选择性的不同，可分为 M、N 胆碱受体激动药（如氨甲酰胆碱）、M 胆碱受体激动药（如毛果芸香碱）和 N 胆碱受体激动药（如烟碱）三类。兽医临床极少用到 N 胆碱受体激动药。

氨 甲 酰 胆 碱

【药理作用】属完全拟胆碱药，具有直接兴奋 M、N 胆碱受体的作用，并且可促进胆碱能神经末梢释放乙酰胆碱发挥间接拟胆碱作用。性质稳定，不易为胆碱酯酶水解破坏，故作用强而持久。

对胃肠、膀胱、子宫等平滑肌作用强，小剂量即可促进消化液分泌，加强胃肠收缩，促进内容物迅速排出，增强反刍动物瘤胃的反刍机能。阿托品可阻断本品上述兴奋效应。一般剂量对骨骼肌无明显影响。

【应用】用于家畜的胃肠弛缓、前胃弛缓，也可用于分娩后胎衣不下、子宫蓄脓等。由于本品是胃肠、子宫平滑肌的强兴奋药，使用时要严格控制剂量并注意观察。

【不良反应】大剂量可引起血压下降、呼吸困难、肌束震颤乃至麻痹。

【注意事项】

（1）禁用于老年、瘦弱、妊娠、患心肺疾病及机械性肠梗阻的动物。

（2）本品只可皮下注射，不可肌内注射和静脉注射。

（3）本品中毒时可用阿托品进行解毒，但对 N 受体兴奋症状无效。

（4）为避免不良反应，可将一次剂量分为 2～3 次皮下注射，每次间隔约 30min。

氯化氨甲酰甲胆碱

【药理作用】本品直接兴奋胆碱能受体，主要起蕈毒碱样作用，增强食管蠕动和降低食道括约肌的紧张性，增强胃和肠道的蠕动和张力，增加胃和胰腺的分泌，增加膀胱逼尿肌的张力和减少膀胱的容量。

【应用】用于刺激小动物的膀胱收缩。也可用作食道或胃肠道的兴奋剂。

【注意事项】

（1）禁用于膀胱颈或其他尿道闭塞、膀胱壁的完整性存在问题、甲状腺功能亢进症、消化性溃疡性疾病或存在其他炎性胃肠道损伤、刚做完胃肠道切除/吻合手术、胃肠道阻塞或腹膜炎、对此药过敏、癫痫、哮喘、冠状动脉疾病或闭塞、低血压、严重的心动过缓或迷走神经紧张或不稳定性的血管舒缩的病例。

（2）不应与其他拟胆碱药或抗胆碱酯酶药联合应用；奎尼丁、普鲁卡因酰胺、肾上腺素或阿托品能拮抗氯化氨甲酰甲胆碱的作用；氯化氨甲酰甲胆碱与神经节阻断药物联合应用时能引起严重的胃肠道反应和低血压。

毛 果 芸 香 碱

【药理作用】本品直接选择兴奋 M 胆碱受体，产生与节后胆碱能神经兴奋时相似的效应。其特点是对多种腺体和胃肠平滑肌有强烈的兴奋作用，但对心血管系统及其他器官的影响较小，一般情况下并不使心率减慢、血压下降。大剂量时亦能出现 N 样作用及兴奋中枢神经系统。例如，在毛果芸香碱影响下，机能增强尤其表现在唾液腺、泪腺和支气管腺，其次为胃肠腺体、胰腺和汗腺。

对眼部作用明显，无论是局部点眼还是注射，都能使瞳孔缩小，这是兴奋虹膜括约肌上的 M 胆碱受体，使虹膜括约肌收缩引起的。另外，还具有降低眼内压的作用。

【应用】主要用于动物胃肠弛缓、前胃弛缓、不完全阻塞性肠便秘等。本品作用比较温和，使用时应先行软化粪便，隔 30～60min 每次小量、皮下注射 20～40mg。1%～3%毛果芸香碱（缩瞳药）与扩瞳药（1%～2%阿托品）交替点眼可治疗虹膜炎，防止粘连。

【不良反应】不良反应主要为流涎、呕吐和出汗等。

【注意事项】

（1）禁用于老年、瘦弱、妊娠、心肺有疾患的动物。

（2）对严重脱水的便秘病畜能使脱水加剧（因能促进消化腺及汗腺大量分泌），用药前应补液，并灌服盐类泻药以软化粪便。

（3）忌用于肠道完全阻塞性便秘，以防肠管剧烈收缩，导致肠破裂。

（4）应用本品如出现呼吸困难或肺水肿，可注射氨茶碱扩张支气管，注射氯化钙制止渗出。

（5）中毒时可用阿托品解救。

第二节 抗胆碱酯酶药

抗胆碱酯酶药是一类能与胆碱酯酶（ChE）结合，使其丧失水解乙酰胆碱（Ach）活性的药物。ChE 受到抑制，导致 Ach 在神经突触部位"蓄积"，从而加强并延长了 Ach 在体内的作用，表现出胆碱受体被激动的效应。抗胆碱酯酶药可分为易逆性抗胆碱酯酶药和难逆性抗胆碱酯酶药。前者主要有新斯的明，后者主要为有机磷酸酯类。对眼有缩瞳、降低眼内压的作用。对胃肠道有兴奋作用，可促进胃肠道蠕动及胃酸分泌，因此对胃张力下降患者有一定疗效，但有胃溃疡患者慎用。对骨骼肌神经肌接头有直接兴奋作用，可逆转由竞争性神经肌肉组织药引起的肌肉松弛，但并不能有效拮抗由除极化型肌松药引起的肌肉麻痹。对其他部位的作用，低剂量可增强神经冲动所致的腺体分泌作用，高剂量可使基础分泌率升高。另外，对心血管系统也有影响，可引起心率减慢、心输出量下降，大剂量尚见血压下降。

新 斯 的 明

【药理作用】本品能可逆性地抑制胆碱酯酶，使其不能水解乙酰胆碱，生理效应得到加强和延长，表现出乙酰胆碱的 M 样和 N 样作用。本品对心血管、腺体、支气管平滑肌作用较弱，对胃肠、膀胱平滑肌作用较强；对骨骼肌的作用最强，是因为除抑制胆碱酯酶外，还能直接激动骨骼肌运动终板上的 N_2 胆碱受体和促进运动神经末梢释放乙酰胆碱所致。

【应用】临床上适用于牛、羊前胃弛缓或马肠道弛缓，子宫收缩无力和胎衣不下，动物重症肌无力，竞争性神经肌肉阻滞药箭毒过量中毒，以及腹气胀和尿潴留。1%溶液用作缩瞳药。

【注意事项】患机械性肠梗阻、胃肠完全阻塞或麻痹、痉挛疝的动物以及孕畜等禁止使用。用药过量中毒时，可用阿托品解救。

第三节 胆碱受体阻断药

胆碱受体阻断药又称抗胆碱药，是一类作用于节后胆碱神经支配的效应细胞，阻断节后胆碱能神经兴奋效应的药物。依据作用的受体不同，分为 M 胆碱受体阻断药和 N 胆碱受体阻断药。前者主要有阿托品、东莨菪碱等。后者主要是 N_2 受体阻断药（骨骼肌松弛药），如琥珀胆碱、筒箭毒碱等。

阿　托　品

【药理作用】阿托品能与乙酰胆碱竞争 M 胆碱受体，阻断受体与乙酰胆碱或其他胆碱能激动药结合，产生竞争性抑制作用。对 M 受体选择性极高，当接近中毒剂量时也能阻断 N_1 受体。由于 M 受体分布广泛，因此阿托品的药理作用很广泛。

1. 平滑肌松弛作用　其作用强度与平滑肌的机能状态有关。当平滑肌过度收缩或痉挛时，松弛作用极显著。阿托品对胃肠平滑肌解痉作用最强，对支气管平滑肌和输尿管平滑肌作用较弱。还可松弛虹膜括约肌和睫状肌，表现为散瞳、眼内压升高和调节麻痹。

2. 抑制腺体分泌　能抑制唾液腺、汗腺、支气管腺、胃肠道腺体和泪腺等的分泌。小剂量能使唾液腺、支气管腺及汗腺（马除外）分泌减少，较大剂量可减少胃液分泌。但对胰腺、肠腺等分泌影响很小。

3. 对心血管系统的影响　治疗量对正常心血管系统无明显影响。大剂量能扩张外周及内脏器官血管，改善微循环。能提高窦房结的自律性，加快心率，促进房室传导，对抗因迷走神经过度兴奋所致的传导阻滞及心律失常。

4. 中枢兴奋作用　大剂量阿托品吸收后，可兴奋迷走神经中枢、呼吸中枢和大脑机能。中毒量时引起大脑和脊髓的强烈兴奋，动物表现兴奋不安、运动亢进、肌肉震颤，随后动物由兴奋转为抑制、昏迷，最终可因呼吸麻痹而死亡。

【应用】

（1）麻醉前给药，抑制腺体过多分泌及改善心脏活动。

（2）缓解平滑肌痉挛，主要用于胃肠道及支气管平滑肌过度痉挛，也用作马疝痛的解痉药。

（3）有机磷酸酯类中毒的解毒药，可与胆碱酯酶复活剂配合应用。

（4）0.5%～1%溶液用作散瞳，治疗虹膜炎、周期性眼炎，以及做眼底检查。

【不良反应】本品的副作用与用药目的有关，其毒性作用往往是使用剂量过大所致。在麻醉前给药或治疗消化道疾病时，易致肠臌胀、瘤胃臌胀和便秘等。

各种动物的中毒症状基本类似，即表现为口干、瞳孔扩大、脉搏快而弱、兴奋不安和肌肉震颤等，严重时则出现昏迷、呼吸浅表、运动麻痹等，最终可因惊厥、呼吸抑制及窒息而死亡。

【注意事项】中毒解救宜作对症治疗，可用拟胆碱药对抗其外周作用，中枢兴奋作用可用短效巴比妥类、水合氯醛对抗，呼吸抑制时可用尼可刹米。此外，应加强护理，如注意导尿、维护心脏功能等。肠梗阻、尿潴留等患畜禁用。

东　莨　菪　碱

【药理作用】为竞争性 M 受体拮抗剂，作用与阿托品相似，但扩大瞳孔和抑制腺体分泌的作用较阿托品强，对心血管、支气管和胃肠道平滑肌的作用较弱。对中枢的作用因动物种属不同而异。

【应用】用于解除胃肠道平滑肌痉挛、抑制腺体分泌过多和动物兴奋不安等。

【不良反应】

(1) 马属动物常出现中枢兴奋。

(2) 用药动物可出现胃肠蠕动减弱、腹胀、便秘、尿潴留或心动过速等不良反应。

【注意事项】 心律失常或慢性支气管炎患畜慎用。

第四节　肾上腺素受体激动药

肾上腺素受体激动药又称拟肾上腺素药，能与肾上腺素受体结合，并激动受体，产生与肾上腺素相似的药理作用。根据对受体选择性的不同，可分为 α、β 肾上腺素受体激动药（如肾上腺素）、主要作用于 α 受体激动药（如去甲肾上腺素、右美托咪定）和主要作用于 β 受体激动药（如异丙肾上腺素）三类。

肾 上 腺 素

【药理作用】 本品可激动 α 与 β 受体，从而产生较广泛而复杂的作用，并随剂量而不同。本品对 β 受体的作用强于 α 受体，使心肌收缩力加强，兴奋性增高，传导加速，心输出量增多。对全身各部分血管的作用，不仅有作用强弱的不同，而且还有收缩或舒张的不同。对皮肤、黏膜和内脏（如肾脏）的血管呈现收缩作用，对冠状动脉和骨骼肌血管呈现扩张作用等。由于它能直接作用于冠状血管引起血管扩张，改善心脏供血，因此是一种作用快而强的强心药。肾上腺素还可松弛支气管平滑肌及解除支气管平滑肌痉挛。利用其兴奋心脏收缩血管及松弛支气管平滑肌等作用，可以缓解心跳微弱、血压下降、呼吸困难等症状。

【应用】 用于动物心脏骤停的急救，如麻醉过度、一氧化碳中毒、溺水等；治疗急性、严重的过敏反应，如过敏性休克等；亦常与局部麻醉药如普鲁卡因等配伍，以延长其麻醉持续时间。

【不良反应】 本品可诱发兴奋、不安、颤抖、呕吐、高血压（过量）、心律失常等。局部重复注射可引起注射部位组织坏死。

【注意事项】

(1) 本品与全麻药（如水合氯醛）合用时，易发生心室颤动；亦不能与洋地黄、钙剂合用。

(2) 器质性心脏疾患、甲状腺机能亢进、外伤性及出血性休克等患畜慎用。

去 甲 肾 上 腺 素

【药理作用】 为 α_1、α_2 受体激动药，对 β_1 受体激动作用较弱，对 β_2 受体几乎无作用。

1. 血管　激动血管 α_1 受体，使血管特别是小动脉和小静脉收缩。以皮肤黏膜血管收缩最明显，其次是肾脏血管，对脑、肝、肠系膜、骨骼肌血管也有收缩作用。但可使冠状动脉血流量增加。

2. 心脏　去甲肾上腺素对心脏 β_1 受体有一定的激动作用，可加强心肌收缩力、加速心率和加快传导，提高心肌的兴奋性，但对心脏的兴奋作用较肾上腺素弱。在整体，由于血压升高反射性兴奋迷走神经反而使心率减慢。剂量过大、静脉注射过快时，可引起心律失常，但较肾上腺素为少见。

3. 血压　去甲肾上腺素有较强的升压作用，可使外周血管收缩，心脏兴奋，收缩压和舒张压升高，脉压略加大。较大剂量时血管强烈收缩，外周阻力明显增高，使血压明显升高。

4. 其他　仅在大剂量时才出现血糖升高。对中枢神经系统的作用较弱。

【应用】用于动物外周循环衰竭休克时的早期急救。

【注意事项】

（1）限用于动物休克早期的应急抢救，并在短时间内小剂量静脉滴注。若长期大剂量应用可导致血管持续强烈收缩，反而加重组织缺血、缺氧，使休克的微循环障碍恶化。

（2）静脉滴注时严防药液外漏，以免引起局部组织坏死。

<h3 style="text-align:center">右 美 托 咪 定</h3>

【药理作用】右美托咪定是一种高特异的 α_2 肾上腺素受体兴奋药。α_2 肾上腺素受体的激活能在多个器官与组织中产生多种反应，其中主要是降低交感神经的活性，产生镇静和止痛作用。这些作用的深度和过程与药物浓度相关。右美托咪定对其他中枢抑制剂（如麻醉剂）具有显著的增效作用，并能够显著降低麻醉剂的剂量。应用推荐剂量的右美托咪定做前驱麻醉，可以减少插管法注射用药剂量的 30%～60%。推荐剂量的右美托咪定可以减少吸入麻醉药物的浓度 40%～60%。麻醉药物的剂量可以根据病畜的反应进行滴加。

【应用】用于犬、猫的镇静剂和止痛剂，便于临床检查、临床治疗、小手术和牙处理。也可用作犬深度麻醉前的前驱麻醉剂。

【不良反应】使用本品后，动物的血压会升高，随后会恢复正常或稍低于正常水平。也能导致呼吸频率减少和体温降低。体温降低的程度和过程与药物剂量相关。可能会引起胃肠蠕动减慢。同时由于抑制胰岛素的释放，导致血糖升高，从而引起尿量增加。某些犬采用右美托咪定镇静后可能会出现本能性的肌肉收缩（颤搐）。α_2 肾上腺素受体激动剂可对猫的脑中枢产生刺激作用引发呕吐。本品像所有的 α_2 肾上腺素兴奋药一样存在潜在的过敏反应，还可能出现反常反应（兴奋）。

【注意事项】

（1）在使用右美托咪定前，应对犬猫禁食 12h。

（2）为防止镇静状态下由于黑暗反射引起的角膜干燥，可以使用润滑剂。

（3）在使用右美托咪定注射后，动物应先休息 15min，5～15min 产生镇静及止痛作用，注射后 15～30min 达到最佳效果。

（4）禁用于具有下列症状的犬猫，包括心血管症状、呼吸系统症状、肝肾症状，或由炎热、寒冷或疲劳引起的条件性休克、重度虚弱或应激。

（5）使用右美托咪定注射液引发的副反应可采用阿替美唑注射液进行救治。由于右美托咪定的镇静与止痛作用被逆转，恢复之后依然会有痛感，仍需要疼痛护理。

（6）在接触已被镇静的动物时要多加小心，任何操作或突然的刺激均可能引起看似深度镇静的动物表现出具有攻击性的自我保护行为。

<h1 style="text-align:center">第五节　肾上腺素受体阻断药</h1>

肾上腺素受体阻断药又称抗肾上腺素药，能与肾上腺素受体结合，阻碍去甲肾上腺素能

神经递质或拟肾上腺素药与肾上腺素受体结合，从而产生抗肾上腺素作用。依据对不同受体的选择性，分 α 受体阻断药（阿替美唑、酚妥拉明）和 β 受体阻断药（普萘洛尔）两类。

阿 替 美 唑

【药理作用】 阿替美唑是一种高效的 α_2 肾上腺素受体阻断剂（拮抗剂），能选择性、竞争性地抑制 α_2 肾上腺素受体。阿替美唑能消除（或抑制） α_2 肾上腺素受体兴奋剂右美托咪定注射液或美托咪定注射液引起的镇静与止痛作用。阿替美唑不会逆转其他类别的镇静剂、麻醉剂或止痛剂的作用。阿替美唑主要在肝中氧化，代谢产物主要在尿液中排泄。

【应用】 用于解除犬和猫右美托咪定的镇静和止痛作用，并逆转其他作用，如心血管作用和呼吸作用。

【不良反应】 偶尔可能出现呕吐、气喘、心动过速、大小便失禁与肌肉颤动。有时，注射阿替美唑的犬会出现激动或挑衅情况。阿替美唑的其他不良作用包括过度流涎、腹泻与震颤。

【注意事项】

（1）阿替美唑注射液能够产生突然的镇静和止痛逆转。在处理由镇静中苏醒的犬时应该考虑到不安或挑衅行为的潜在可能，特别是有神经过敏或恐惧倾向的犬，这时应避免刺激犬。

（2）关于阿替美唑与其他药物联合使用的信息不多，因此多种药物联合使用时要谨慎。应密切监视动物的持续体温降低、心搏徐缓与呼吸抑制等症状，直到完全恢复。老年、体虚的动物使用麻醉剂时应谨慎。

（3）当阿替美唑逆转右美托咪定或美托咪定镇静有关的临床症状时，生理状况完全转至处理前的状态可能不是立即的或者可能是暂时的，因此，应该监测镇静作用的复发。

（4）尚未开展阿替美唑注射液对怀孕动物的安全性评价，因此，该药物不推荐用于怀孕、泌乳的动物或用于繁殖的动物。

（5）禁用于出现以下症状的犬：心脏病、呼吸失常、肝或肾疾病、休克、严重虚弱，或者处于极度热、冷或疲劳的犬。禁用于对该药物过敏的犬。

第六节 局部麻醉药

局部麻醉药简称局麻药，是一类能在用药局部可逆性地阻断感觉神经发出的冲动与传导，使局部组织痛觉暂时丧失的药物。

局麻药的化学结构一般由亲脂性的芳香烷基、中间连接部分和亲水性的烷胺基三个部分组成。亲脂性的芳香烷基有利于药物渗入神经组织发挥局麻作用；亲水性的烷胺基具有中等强度碱性，有利于制成水溶性盐酸盐；中间连接部分以酯键或酰胺键结合成芳香酯类（如普鲁卡因、丁卡因）或酰胺类（如利多卡因）。

一、局麻作用及作用机理

（一）局麻作用

局麻药对任何神经都有抑制其兴奋、阻断传导的作用。本类药进入组织后，缓慢水解，释放游离碱基才发挥作用。当急性炎症时，组织中 pH 偏低，不利于游离碱释放，故局麻作用较弱。在局麻药的作用下，各种神经纤维麻醉的先后顺序为：植物神经、感觉神经、运动神经；各种感觉消失的先后顺序是：痛觉、嗅觉、味觉、冷热温觉、触觉、关节感觉和深部感觉。

（二）作用机理

目前认为，局麻药的作用机理是阻断钠离子内流，阻断动作电位的产生与传导。局麻药通过与神经细胞膜上的钠离子通道结合，阻断钠离子通道开放，钠离子无法进入膜内，膜内钾离子无法流出膜外，从而阻断神经冲动的传导，产生局部麻醉作用。

（三）局麻方法

常用局麻的方法有表面麻醉、浸润麻醉、传导麻醉、硬膜外麻醉和封闭疗法。

1. 表面麻醉　将穿透性强的局部麻醉药滴在或喷雾在黏膜表面，使黏膜下的感觉神经麻醉。适用于眼、鼻、咽喉、尿道、气管等黏膜部位麻醉。

2. 浸润麻醉　将局麻药注入皮下、皮内和肌层组织中，使用药部位的感觉神经麻醉。适用于各种浅表小手术。

3. 传导麻醉　将局麻药注入神经干周围，使其支配的区域感觉丧失，阻断传导。

4. 硬膜外麻醉　将局麻药注入硬膜外腔，阻断通过此孔的脊神经，使后躯麻醉。

5. 封闭疗法　将局麻药注入患部周围或神经通路，阻断该部位的神经冲动向中枢传导。

二、常用局麻药

兽医上常用的局麻药有普鲁卡因、利多卡因、丁卡因等。

普鲁卡因（奴佛卡因）

【药理作用】本品为酯类局麻药。对皮肤、黏膜穿透力差，故不适于表面麻醉。对组织刺激性小、毒性较低，适合浸润麻醉、传导麻醉、硬膜外麻醉和封闭疗法。注射后 1～3min 呈局麻效应，可持续 45～60min。本品具有扩张血管的作用，加入微量缩血管药物肾上腺素（用量一般为每 100mL 药液中加入 0.1% 盐酸肾上腺素 0.2～0.5mL），则局麻时间延长。吸收作用主要是对中枢神经系统和心血管系统的影响，小剂量时中枢轻微抑制，大剂量时则兴奋。另外，能降低心脏的兴奋性和传导性。

【应用】兽医上常用普鲁卡因注射液，0.25%～0.5% 溶液用于浸润麻醉、封闭疗法，2%～5% 溶液用于传导麻醉，2%～5% 溶液用于马、牛硬膜外麻醉。

【注意事项】

（1）剂量过大易出现吸收作用，可引起中枢神经系统先兴奋后抑制的中毒症状，应进行对症治疗。马对本品比较敏感。

（2）本品应用时常加入 0.1% 盐酸肾上腺素注射液，以减少普鲁卡因的吸收，延长局麻时间。

利 多 卡 因

【药理作用】本品属酰胺类局麻药。局麻作用较普鲁卡因强 1～3 倍，穿透力强、作用快、维持时间长（1～2h）。扩张血管作用不明显，其吸收作用表现为中枢神经抑制。此外，还能抑制心室自律性、缩短不应期，故可用于治疗心律失常。

【应用】用于表面麻醉、浸润麻醉、传导麻醉和硬膜外麻醉，还可用于治疗室性心律失常。兽医上常用利多卡因注射液，0.25%～0.5%溶液用于浸润麻醉，2%～5%溶液用于表面麻醉，2%溶液用于传导麻醉和硬膜外麻醉。本品用于治疗心律失常时，必须静脉注射给药。

【注意事项】

(1) 本品用于硬膜外麻醉和静脉注射时，不可加肾上腺素。

(2) 剂量过大易出现吸收作用，可引起中枢抑制、共济失调、肌肉震颤等。

丁 卡 因

【药理作用】为酯类局麻药。脂溶性高、组织穿透力强，局麻作用比普鲁卡因强10倍，麻醉维持时间长，可达3h左右。但麻醉潜伏期较长，需5～10min。毒性较普鲁卡因大，为其10～12倍。

【应用】0.5%～1%等渗溶液用于眼科表面麻醉，1%～2%溶液用于鼻、喉头喷雾或气管插管，0.1%～0.5%溶液用于泌尿道黏膜麻醉。

【不良反应】大剂量可致心脏传导系统抑制。

【注意事项】

(1) 因毒性大、作用出现慢，一般不用于浸润麻醉。

(2) 药液中宜加入0.1%盐酸肾上腺素（1∶100 000）。

第七单元　中枢神经系统药物★★☆

第一节　中枢兴奋药

中枢兴奋药是能选择性地兴奋中枢神经系统，提高其机能活动的一类药物。根据药物的主要作用部位，可分为大脑兴奋药、延髓兴奋药和脊髓兴奋药三类。

1. 大脑兴奋药　能提高大脑皮层的兴奋性，促进脑细胞代谢，改善大脑机能，可引起动物觉醒、精神兴奋与运动亢进，如咖啡因。

2. 延髓兴奋药　又称呼吸兴奋药，主要兴奋延髓呼吸中枢，增加呼吸频率和呼吸深度，改善呼吸功能，如尼可刹米、戊四氮、樟脑等。

3. 脊髓兴奋药　能选择性地兴奋脊髓，小剂量可提高脊髓反射兴奋性，大剂量易导致强直性惊厥，如士的宁。

咖　啡　因

【药理作用】咖啡因有兴奋中枢神经系统、兴奋心肌和松弛平滑肌等作用。小剂量即能提高大脑皮层对外界的感应性与反应能力，使动物精神活泼。治疗量时，增强大脑皮层的兴奋过程，提高精神与感觉能力，减少疲劳，短暂的增加肌肉工作能力。较大剂量可兴奋延髓呼吸中枢和血管运动中枢，大剂量咖啡因可兴奋包括脊髓在内的整个中枢神经系统，中毒量可引起强直或阵挛性惊厥，甚至死亡。咖啡因能直接作用于心脏和血管，使心肌收缩力增强、心率加快，使冠状血管、肾血管、肺血管和皮肤血管扩张。咖啡因还可松弛支气管平滑肌，但强度不如氨茶碱。

【作用机理】咖啡因兴奋中枢的作用机理是阻断腺苷受体，主要与竞争性拮抗 A_1 型嘌呤受体有关；其兴奋心肌、松弛平滑肌的作用机理主要是抑制细胞内磷酸二酯酶的活性，减少环磷酸腺苷受磷酸二酯酶分解，提高细胞内环磷酸腺苷的水平。

【应用】用于中枢性呼吸、循环抑制，如加速麻醉药的苏醒过程，解救镇静催眠药的过量中毒、急性严重感染、毒物中毒和过度劳役等引起的呼吸、循环衰竭等。

【不良反应】剂量过大可引起反射亢进、肌肉抽搐乃至惊厥。

【注意事项】

（1）大家畜心动过速（100 次/min 以上）或心律不齐时禁用。

（2）剂量过大或给药过频易发生中毒。中毒时，可用溴化物、水合氯醛或巴比妥类药物对抗兴奋症状。

尼　可　刹　米

【药理作用】对延髓呼吸中枢具有选择性直接兴奋作用，也可作用于颈动脉窦和主动脉体化学感受器，反射性兴奋呼吸中枢，提高呼吸中枢对缺氧的敏感性，使呼吸加深加快。对大脑皮层、血管运动中枢和脊髓有较弱的兴奋作用。对其他器官无直接兴奋作用。

【应用】常用于解救各种原因引起的呼吸中枢抑制，如中枢抑制药中毒、疾病引起的中枢性呼吸抑制、新生仔畜窒息，或用于加速麻醉动物的苏醒等。

【不良反应】剂量过大可引起血压升高、出汗、心律失常、震颤及肌肉僵直等。

【注意事项】

（1）本品静脉注射速度不宜过快。

（2）如出现惊厥，应及时静脉注射地西泮或小剂量硫喷妥钠。

戊　四　氮

【药理作用】本品作用与尼可刹米相似，主要兴奋脑干，对大脑及脊髓亦有兴奋作用。作用比尼可刹米稍强。

【应用】主要用于解救呼吸中枢抑制。

【不良反应】本品选择性较差、安全范围小，过量易引起惊厥甚至呼吸麻痹。

【注意事项】

(1) 静脉注射本品时，速度应缓慢。

(2) 不宜用于普鲁卡因中毒的解救。

士　的　宁

又称马钱子碱或番木鳖碱。

【药理作用】可选择性兴奋脊髓，增强脊髓反射的应激性，提高骨骼肌的紧张度。对大脑皮层亦有一定的兴奋作用。中毒剂量对中枢神经系统的所有部位都有兴奋作用，使全身骨骼肌同时挛缩，出现典型的强直性惊厥。

【作用机理】士的宁的作用机理是通过与甘氨酸受体结合，竞争性地阻断脊髓润绍细胞释放的抑制性神经递质甘氨酸对神经元的抑制，从而引起脊髓兴奋效应。

【应用】临床用于脊髓性不全麻痹，如后躯麻痹、膀胱麻痹、阴茎下垂等。

【不良反应】本品毒性大、安全范围小，过量易出现肌肉震颤、脊髓兴奋性惊厥、角弓反张等。

【注意事项】

(1) 本品排泄缓慢，长期应用易蓄积中毒，故使用时间不宜太长，反复给药应酌情减量。

(2) 因过量出现惊厥时应保持动物安静，避免外界刺激，并迅速肌内注射苯巴比妥钠等进行解救。

(3) 孕畜及中枢神经系统兴奋症状的患畜忌用。

(4) 肝肾功能不全、癫痫及破伤风患畜禁用。

第二节　镇静催眠药

镇静药是指对中枢神经系统具有轻度抑制作用，从而起到减轻或消除动物狂躁不安，恢复安静的一类药物，如地西泮、氯丙嗪等。主要用于兴奋不安或具有攻击行为的动物或患畜，以使其安静。这类药物在大剂量时还能缓解中枢病理性过度兴奋症状，具有抗惊厥作用。

地西泮（安定）

【药理作用】本品为长效苯二氮䓬类药物。具有镇静、催眠、抗惊厥、抗癫痫及中枢性肌肉松弛作用。小于镇静剂量的地西泮可明显缓解狂躁不安等症状。较大剂量时可产生镇静、中枢性肌松作用。能使兴奋不安的动物安静，使有攻击性、狂躁的动物变为驯服，易于接近和管理。具有较好的抗癫痫作用，对癫痫持续状态的疗效显著，但对癫痫小发作的效果较差。抗惊厥作用强，能对抗电惊厥、戊四氮与士的宁中毒所引起的惊厥。

【作用机理】地西泮与苯二氮䓬（BDZs）受体结合后，能激活 γ-氨基丁酸（GABA）受体，促进 GABA 与受体结合，增加氯离子内流，使神经细胞膜超极化，从而产生多种中枢神经性抑制作用。

【应用】用于狂躁动物安静、保定、抗惊厥和抗癫痫，如治疗犬癫痫、破伤风及士的宁中毒，以及防止水貂等野生动物攻击等；也可用于动物的基础麻醉及术前给药，如牛和猪麻醉前给药等。

【不良反应】

（1）镇静剂量用于马时，可引起马肌肉震颤和共济失调。

（2）猫可产生行为改变（兴奋、抑郁等），并可能引起肝损害。

（3）犬可出现兴奋效应，不同个体可出现镇静或癫痫两种极端效应。

【注意事项】

（1）所有食品动物禁止用作促生长剂。

（2）肝肾功能障碍患畜慎用，孕畜忌用。

（3）与镇痛药（如哌替啶）合用时，应将后者的剂量减少 1/3。

（4）静脉注射宜缓慢，以防止引起心血管和呼吸抑制。

（5）本品对于犬并不是一种理想的镇静药。

氯 丙 嗪

又名氯普马嗪。

【药理作用】氯丙嗪为中枢多巴胺受体阻断剂，具有多种药理活性。对中枢神经系统、自主神经系统、内分泌系统均有一定作用，尚有抗休克作用。

1. 对中枢神经系统的作用

（1）镇静、催眠作用　氯丙嗪主要抑制大脑边缘系统和脑干网状结构上行激活系统，使动物对外界刺激的反应性降低、安静嗜睡，加大剂量不引起麻醉。可减弱动物的攻击性行为，使之驯服，易于接近。

（2）镇吐作用　小剂量能抑制延髓催吐化学感受区，大剂量能直接抑制催吐中枢，表现出镇吐作用。

（3）降温作用　能抑制下丘脑体温调节中枢，使体温显著降低。

（4）强化中枢抑制药（如麻醉药、镇痛药与抗惊厥药）的药理作用。

2. 对自主神经系统的作用　能明显阻断 α 受体，使肾上腺素的升压作用翻转。还能抑制血管运动中枢，直接舒张血管平滑肌，使血压下降。

3. 对内分泌系统的作用　能解除下丘脑多巴胺神经介质对催乳素的抑制作用，使动物催乳素分泌增加；可降低促肾上腺皮质激素释放因子在应激时的释放，抑制神经垂体的分泌。

4. 抗休克作用　因氯丙嗪可阻断外周 α 受体，直接扩张血管，解除小动脉和小静脉痉挛，可改善微循环，故有抗休克作用。

【应用】用于强化麻醉和使动物安静，如临床用于破伤风的辅助治疗、缓解脑炎的兴奋症状、驯服狂躁动物及消除攻击行为等。麻醉前给药能显著增强麻醉药效果，减少麻醉药的用量，减轻麻醉药的毒副反应。

【不良反应】

（1）马用本品常兴奋不安，易发生意外，故不主张使用。

（2）过大剂量可使犬、猫等动物出现心律不齐，四肢与头部震颤，甚至四肢与躯干僵硬等不良反应。

【注意事项】

（1）禁止用作食品动物的促生长剂。

（2）过量引起的低血压禁用肾上腺素解救，但可选用去甲肾上腺素。

（3）静脉注射前应进行稀释，注射速度宜慢。

（4）不可与 pH 5.8 以上的药液配伍，如青霉素钠（钾）、戊巴比妥钠、苯巴比妥钠、苯妥英钠、氨茶碱、碳酸氢钠等。

第三节　抗惊厥药

抗惊厥药是指能对抗或缓解中枢神经因病变造成的过度兴奋状态，从而消除或缓解全身骨骼肌不自主强烈收缩的一类药物。常用药物有硫酸镁注射液、巴比妥类药、水合氯醛、地西泮等。

硫酸镁注射液

【药理作用】硫酸镁注射给药主要发挥镁离子的作用。镁为动物机体必需元素之一，对神经冲动传导及神经肌肉应激性的维持均起重要作用，亦是机体多种酶的辅助因子，参与蛋白质、脂肪和糖等许多物质的生化代谢过程。当血浆中镁离子浓度过低时，神经及肌肉组织的兴奋性升高。注射硫酸镁可使血中镁离子浓度升高，出现中枢神经抑制作用；镁离子拮抗钙离子的作用，可减少运动神经末梢乙酰胆碱的释放，在神经肌肉接头阻断神经冲动的传导而使骨骼肌松弛。此外，过量的镁离子还可直接松弛内脏平滑肌和扩张外周血管，使血压降低。因此，硫酸镁注射给药能产生较强的抗惊厥、解痉和降低血压作用。

【应用】用于破伤风及其他痉挛性疾病，如缓解破伤风、脑炎及中枢兴奋药（如士的宁）中毒所致的惊厥等。

【注意事项】

（1）静脉注射速度过快或过量可导致血镁过高，引起血压剧降、呼吸抑制、心动过缓、神经肌肉兴奋传导阻滞，甚至死亡，故静脉注射宜缓慢。若发生呼吸麻痹等中毒现象时，应立即静脉注射钙剂解救。

（2）肾功能不全、严重心血管疾病、呼吸系统疾病的患畜慎用或不用。

（3）与硫酸黏菌素、硫酸链霉素、葡萄糖酸钙、盐酸普鲁卡因、四环素、青霉素等药物存在配伍禁忌。

苯 巴 比 妥

【药理作用】为长效巴比妥类药物，其中枢抑制作用随剂量而异，具有镇静、催眠和抗惊厥作用。在低于催眠剂量时即有抗惊厥作用，亦可抗癫痫。本品抗癫痫作用确实，对各种癫痫发作都有效。本品能提高癫痫发作的阈值，减少病灶部位异常兴奋向周围神经元的扩散。对癫痫大发作及持续癫痫状态有良效，但对癫痫小发作的疗效差，且单用本药治疗时还能使发作加重。

本品对丘脑新皮层通路无抑制作用，故镇痛作用弱。但能增强解热镇痛药的镇痛作用。

【应用】用于缓解脑炎、破伤风等疾病及中枢兴奋药（如士的宁）中毒所致的惊厥，亦可用于犬、猫的镇静和癫痫的治疗。

【不良反应】

（1）本品是肝药酶诱导剂，与氨基比林、利多卡因、氢化可的松、地塞米松、睾酮、雌激素、孕激素、氯丙嗪、多西环素、洋地黄毒苷及保泰松合用时可使其代谢加速，疗效降低。

（2）犬可能表现抑郁与躁动不安综合征，犬、猪有时出现运动失调。

（3）猫对本品敏感，易致呼吸抑制。

（4）本品超大剂量应用，可抑制延髓生命中枢，引起中毒死亡。

【注意事项】

（1）肝肾功能不全、支气管哮喘或呼吸抑制的患畜禁用，严重贫血、心脏疾患的患畜及孕畜慎用。

（2）中毒时可用安钠咖、戊四氮、尼可刹米等中枢兴奋药解救。

（3）内服本品中毒的初期，可先用 1∶2 000 高锰酸钾洗胃，再以硫酸钠（忌用硫酸镁）导泻，并结合用碳酸氢钠碱化尿液以加速药物排泄。

（4）与其他中枢抑制药（如全麻药、抗组胺药、镇静药等）合用，则中枢抑制作用加强。

第四节　麻醉性镇痛药

临床上缓解疼痛的药物，按其作用机制、缓解疼痛的强度和临床用途可分为两类：一类是能选择性地作用于中枢神经系统，缓解疼痛作用较强，用于剧痛的一类药物，称镇痛药；另一类作用部位不在中枢神经系统，缓解疼痛作用较弱，多用于钝痛，同时还具有解热消炎作用，即解热镇痛抗炎药，临床多用于肌肉痛、关节痛、神经痛等慢性疼痛。

镇痛药可选择性地消除或缓解痛觉，减轻由疼痛引起的紧张、烦躁不安等，使疼痛易于耐受，但对其他感觉无影响并保持意识清醒。此类药物多数属于阿片类生物碱，如吗啡、可待因等，也有一些是人工合成代用品（如哌替啶）等。属于须依法管制的药物之一。

哌替啶（度冷丁）

本品是常用人工合成的麻醉性镇痛药，亦为阿片受体激动剂，可作为吗啡的良好代替品。

【药理作用】

1. 对中枢神经系统的作用

（1）镇痛　其镇痛作用为吗啡的 1/10～1/8，维持时间亦较短。哌替啶通过与中枢内的阿片受体特异性结合而产生镇痛作用。对大多数剧痛，如急性创伤、手术后及内脏疾病引起的疼痛均有效。

（2）呼吸抑制　与吗啡等效剂量时，对呼吸有相同程度的抑制作用，但作用时间短。

（3）对催吐化学感受区也有兴奋作用，易引起恶心、呕吐。

2. 对胃肠平滑肌的作用　对胃肠平滑肌有类似阿托品样作用，强度为阿托品的 1/20～1/10，能解除平滑肌痉挛。在消化道发生痉挛时可同时起镇静和解痉作用。

【应用】其注射液用于缓解创伤性疼痛和某些内脏疾患的剧痛，也可用于犬、猫、猪等麻醉前给药。

【不良反应】

（1）具有心血管抑制作用，易致血压下降。

（2）可导致猫过度兴奋。

（3）过量中毒可致呼吸抑制、惊厥、心动过速、瞳孔散大等。

【注意事项】

（1）不宜用于妊娠动物、产科手术。

（2）过量中毒时，除用纳洛酮对抗呼吸抑制外，尚须配合使用巴比妥类药物以对抗惊厥。

（3）禁用于患有慢性阻塞性肺部疾患、支气管哮喘、肺源性心脏病和严重肝功能减退的患畜。

（4）对注射部位有较强刺激性。

第五节　全身麻醉药

全身麻醉药是指对中枢神经系统有广泛作用，导致意识、感觉及反射活动逐渐消失、特别痛觉消失，以便于进行外科手术的一类药物。

全身麻醉药又分为诱导麻醉药、吸入麻醉药与非吸入麻醉药。

一、诱导麻醉药

常用于诱导麻醉的药物有硫喷妥钠和丙泊酚。

硫　喷　妥　钠

【药理作用】 本品为超短时的巴比妥类药物。硫喷妥钠脂溶性高、亲脂性强，能透过血脑屏障。静脉注射后随血流迅速进入脑组织中，因而作用迅速而强烈，随后又转移到体内各脂肪组织中，使脑内的浓度降低，因此本品作用时间短暂。一次静脉注射后迅速产生麻醉，约数秒即奏效，无兴奋期，但维持麻醉时间很短。一次麻醉可维持 20～30min。易调节麻醉深度。其麻醉深度和维持时间与静脉注射速度有关。

【应用】 主要用于各种动物的诱导麻醉和基础麻醉。本品麻醉时镇痛效果差，肌松不完全。取得浅麻醉时，再改用较安全的麻醉药来维持。本品也单独用于小手术的全身麻醉。临床上也用于中枢兴奋药中毒对抗解救及脑炎或破伤风引起的惊厥。

【不良反应】

（1）猫注射后可出现窒息、轻度的动脉低血压。

（2）马可出现兴奋和严重的运动失调（单独应用时）。此外，还可出现一过性白细胞减少，以及高血糖、窒息、心动过速和呼吸性酸中毒等。

【注意事项】

（1）仅静脉注射给药，不可漏出血管外，否则易引起静脉周围组织炎症。不宜快速注射，否则将引起血管扩张和低血糖。

（2）反刍动物麻醉前需注射阿托品，以减少腺体分泌。

（3）肝肾功能障碍、重病、衰弱、休克、腹部手术、支气管哮喘（可引起喉头痉挛、支气管水肿）动物禁用。

（4）本品过量引起的呼吸与循环抑制，可用戊四氮等解救。

丙泊酚（异丙酚）

【药理作用】本品为烷基酚类的短效静脉麻醉药。静脉注射给药后迅速分布于全身，在十余秒内可产生睡眠，进入麻醉状态，麻醉强度较硫喷妥强，起效迅速，持效时间短，苏醒快而完全。

【应用】兽医临床主要用于全身麻醉的诱导和维持。也可用于抗癫痫。可与镇痛药、肌松药及其他吸入麻醉药同用。适用于动物（猫、犬）门诊用药。

【注意事项】本品对呼吸有深度抑制作用，会导致呼吸暂停。在用于诱导麻醉时可能会出现轻度兴奋现象。本品镇痛作用差，不是良好的外科麻醉药。

二、吸入麻醉药

吸入麻醉药多为挥发性液体（如氟烷），少数为气体（如氧化亚氮），均可经呼吸道迅速进入体内而发挥麻醉作用。其麻醉深度多随脑中麻醉药的分压而变化。麻醉的诱导与苏醒的速度可通过调节吸入气体中的药物浓度加以控制。在吸入麻醉药中以异氟醚（异氟烷）较为安全，氟烷起效最快。

麻 醉 乙 醚

【药理作用】乙醚能广泛抑制中枢神经系统，随血药浓度的升高，首先抑制大脑皮层，使各种感觉逐渐消失。麻醉浓度的乙醚对呼吸、血压几乎无影响，对心脏、肝脏和肾脏毒性小，安全范围广。

【应用】主要用于犬、猫等中小动物或实验动物的全身麻醉。

【不良反应】麻醉浓度的乙醚对呼吸道黏膜有刺激作用，可引起呼吸道分泌增多。

【注意事项】
（1）极易燃烧爆炸，使用场合不可有开放火焰或电火花。
（2）肝功能严重损害、急性上呼吸道感染患畜忌用。

氟 烷

本品麻醉强度比乙醚强，对黏膜无刺激性，麻醉诱导期短，不易引起唾液和支气管腺分泌液增多，不产生喉痉挛，也不易发生呕吐。通常用作外科手术时的吸入麻醉药。本品镇痛与肌肉松弛作用较差。麻醉时诱导期与苏醒期较长。

异氟醚（异氟烷）

本品对黏膜无刺激性，诱导麻醉比乙醚快。麻醉时肌松作用较强，但比乙醚弱。具有良好的麻醉作用，诱导麻醉与苏醒均较快。药物在体内较少分解，以原形从呼吸道呼出。本品在麻醉较深时对循环与呼吸系统均有抑制作用，但不易发生术后呕吐，故可用于各种手术的麻醉。

七 氟 烷

【药理作用】作用同异氟烷。本药麻醉诱导期短、平稳、舒适，麻醉深度易于控制，病畜苏醒快，对心脏功能影响较小。快速麻醉诱导期和苏醒期后，此药的血气分配系数很低（0.6），可经面罩给药使动物快速进入诱导麻醉。在各种动物中报道的最低肺泡有效浓度（MAC，%）为：犬，2.09～2.4；猫，2.58；马，2.31；羊，3.3；猪，1.97～2.66。

【应用】快速诱导和/或快速苏醒的吸入麻醉。

【注意事项】

（1）禁用于曾有恶性体温过高病史，或易发生恶性体温过高的病患。

（2）对脑脊液增加、头部损伤或肾脏机能不全患畜慎用。

（3）注意在诱导阶段不要过量给药。

（4）对于家兔不是良好的吸入麻醉药。

（5）可能出现剂量相关的低血压。

（6）老龄动物可能要减少吸入麻醉剂量。

三、非吸入麻醉药

非吸入麻醉药主要由静脉注射给药，有操作简便、麻醉快、兴奋期短等优点。在兽医临床上应用最普遍。临床常用药物有戊巴比妥、异戊巴比妥、氯胺酮、水合氯醛等。

戊 巴 比 妥

【药理作用】本品属于中效巴比妥类药物，具有镇静、催眠、麻醉和抗惊厥作用，其作用具有高度选择性，无镇痛作用，其作用机理为抑制脑干网状结构上行激活系统。

【应用】用作中小动物的全身麻醉药。还可用于各种动物的镇静药、基础麻醉药、抗惊厥药及中枢兴奋药中毒的解毒药。

【注意事项】麻醉剂量的戊巴比妥钠有明显的呼吸抑制。巴比妥类药物用于麻醉手术后，注射葡萄糖可导致重新进入麻醉或休克而致死，这一现象称为"葡萄糖反应"。用戊巴比妥进行麻醉，过量或产生术后休克时，不宜静脉注射葡萄糖。

异 戊 巴 比 妥

【药理】本品作用与戊巴比妥相似。小剂量能镇静、催眠，随剂量增加能产生抗惊厥和麻醉作用。麻醉维持时间约为30min。

【应用】用于中小动物的镇静、抗惊厥和麻醉。

【不良反应】在苏醒时有较强烈的兴奋现象。

【注意事项】

（1）苏醒期较长，动物手术后在苏醒期应加强护理。

（2）静脉注射不宜过快，否则可出现呼吸抑制或血压下降。

（3）肝、肾、肺功能不全患畜禁用。

（4）本品中毒可用戊四氮等解救。

氯 胺 酮

【药理作用】氯胺酮是一种作用迅速的全身麻醉药，具有明显的镇痛作用，对心肺功能几乎无影响。氯胺酮在抑制丘脑新皮层冲动传导的同时又能兴奋脑干和边缘系统，产生"分离"麻醉。麻醉期间，动物意识模糊，但各种反射，如咳嗽反射、吞咽反射、光反射和角膜反射依然存在，肌肉张力不变或增加，在一些动物可出现程度不等的强直或"木僵样"症状。

【应用】本品可用于马、猪、牛、羊和野生动物的化学保定、全身麻醉、基础麻醉。

【不良反应】

（1）本品可使动物血压升高、唾液分泌增多、呼吸抑制和呕吐等。

（2）高剂量可产生肌肉张力增加、惊厥、呼吸困难、痉挛、心搏暂停和苏醒期延长等。

【注意事项】

（1）反刍动物应用时，麻醉前常需禁食 12～24h，并给予小剂量阿托品抑制腺体分泌；常与赛拉嗪合用，可取得较好麻醉效果。

（2）马静脉注射应缓慢。

（3）对咽喉或支气管的手术或操作，不宜单用本品，必须合用肌肉松弛剂。

（4）驴、骡及禽类不宜用本品。

（5）怀孕后期动物禁用。

第六节　化学保定药

化学保定药亦称制动药，可在不影响意识和感觉的情况下，使动物情绪转为平静和温驯、嗜睡或肌肉松弛，从而停止抗拒和各种挣扎活动，以达到类似保定的目的。

一、镇痛性化学保定药

赛拉嗪（隆朋）

【药理作用】本品为一种强效 α_2 肾上腺素受体激动剂，具有明显的镇静、镇痛和肌肉松弛作用。尽管赛拉嗪的许多药理作用与吗啡相似，但在猫、马和牛不会引起中枢兴奋，而是引起镇静和中枢抑制。对骨骼肌的松弛作用与其在中枢水平抑制神经冲动传导有关，肌内注射后常可诱导猫呕吐，犬亦偶尔出现呕吐。

【应用】可用于各种动物的镇静和镇痛，达到化学保定效果。也可与某些麻醉药合用于外科手术。此外，有时也用于猫的催吐。

【不良反应】

（1）犬、猫用药后常出现呕吐、肌肉震颤、心搏徐缓、呼吸频率下降等。另外，猫出现排尿增加。

（2）反刍动物对本品敏感，用药后表现唾液分泌增多、瘤胃弛缓、膨胀、逆呕、腹泻、心搏缓慢和运动失调等。妊娠后期的牛会出现早产或流产。

（3）马属动物用药后可出现肌肉震颤、心搏徐缓、呼吸频率下降、多汗及颅内压增加等。

【注意事项】

（1）马静脉注射速度宜慢，给药前可先注射小剂量阿托品，以免发生心脏传导阻滞。

（2）牛用本品前应禁食一定时间，并注射阿托品；手术时应采用伏卧姿势，并将头放低，以防异物性肺炎及减轻瘤胃胀气时压迫心肺。妊娠后期牛不宜应用。

（3）犬、猫用药后可引起呕吐。

（4）有呼吸抑制、心脏病、肾功能不全等症状的患畜慎用。

（5）中毒时，可用 α_2 受体阻断药及阿托品等解救。

赛拉唑（静松灵）

【药理作用】本品为我国合成的一种具有镇静、镇痛与中枢性肌松作用的化学保定药。作用与赛拉嗪基本相似。静脉注射后 1min 或肌内注射后 10min 显效。动物呈现镇静和嗜睡状态，站立不稳，肌肉松弛可持续 1h 左右。反刍动物牛比较敏感。肌内注射后常可诱导猫呕吐，犬亦偶尔出现呕吐。

【应用】【不良反应】【注意事项】参见赛拉嗪。

二、骨骼肌松弛药

本类药物主要作用于神经肌肉接头，能与 N_2 胆碱受体结合，产生神经肌肉阻断作用，使骨骼肌松弛，故称骨骼肌松弛药（或神经肌肉阻断药），代表药物为琥珀胆碱。

琥 珀 胆 碱

【药理作用】为 N_2 胆碱受体阻断药，即骨骼肌松弛药（简称肌松药）。肌松药分除极化型（非竞争型）和非除极化型（竞争型）两种类型。除极化型肌松药（如琥珀胆碱）能与运动终板膜上的 N_2 胆碱受体相结合，在肌肉细胞膜产生与乙酰胆碱相似但较持久的除极化作用，使骨骼肌松弛。抗胆碱酯酶药（新斯的明）不能阻断该类药物的肌肉松弛作用。非除极化型肌松药（如筒箭毒碱）能与运动终板膜上的 N_2 胆碱受体相结合，形成无活性的复合物，阻碍运动神经末梢释放的乙酰胆碱与 N_2 胆碱受体结合，因而不能产生除极化，致使骨骼肌松弛。抗胆碱酯酶药能阻断该类药物的肌肉松弛作用。

本品为超短时除极化型肌松药。肌内注射本品后 2～3min 开始起效，维持 10～30min。肌肉松弛性麻痹先从头、眼部肌肉开始，随后是喉、胸、腹肌、四肢肌肉，最后为膈肌。

【应用】

（1）肌松性保定药，可用于梅花鹿、马鹿锯茸或野生动物断角时的保定。常采用肌内或皮下注射给药。也可用于猫、犬和马。

（2）外科手术时用作肌松药。

【不良反应】

（1）过量易引起呼吸肌麻痹。

（2）本品使肌肉持久去极化而释放出钾离子，使血钾升高。

（3）使唾液腺、支气管腺和胃腺的分泌增加。

【注意事项】

（1）反刍动物对本品敏感，用药前应停食半日，以防影响呼吸或造成异物性肺炎。用药前可注射小剂量阿托品，以制止唾液腺和支气管腺的分泌。

（2）用药过程中如发现呼吸抑制时，应立即将舌拉出，输氧，同时静脉注射尼可刹米，但不可用新斯的明解救。

（3）年老体弱、营养不良和妊娠家畜忌用本品。

（4）有机磷驱虫药能抑制胆碱酯酶活性，显著增加动物对本品的敏感性。驱虫期间避免使用本品。

第八单元　解热镇痛抗炎药★

第一节　解热镇痛抗炎药

解热镇痛抗炎药是一类具有退热、减轻局部钝痛的药物，其中大多数还有抗炎、抗风湿作用。本类药物抗炎作用特殊，与甾体类糖皮质激素不同，故又称为非甾体类抗炎药（NSAIDs）。

本类药在化学结构上虽然各不相同，但都具有抑制前列腺素合成的共同作用机理。主要是通过抑制中枢前列腺素合成酶，减少中枢前列腺素合成而发挥解热作用。能使升高的动物体温恢复正常，但不能使正常的体温下降，这与氯丙嗪、水合氯醛的降温作用不同。本类药主要通过抑制外周前列腺素的合成而产生镇痛作用。本类药能抑制环氧化酶，减少前列腺素的合成与释放，从而产生抗炎、抗风湿作用。

阿司匹林（乙酰水杨酸）

【药理作用】本品既可抑制环氧化酶，又可抑制血栓烷合成酶和肾素的生成。其解热、镇痛效果较好，抗炎、抗风湿作用强。阿司匹林还可抑制抗体产生及抗原抗体结合反应，阻止炎性渗出，对急性风湿症有效，抗风湿的疗效确实。能抑制血小板凝集，防止血栓的形成。阿司匹林较大剂量时还可抑制肾小管对尿酸的重吸收，增加尿酸排泄，故有抗痛风作用。

【应用】本品主要用于发热、风湿症、肌肉和关节疼痛、软组织炎症和痛风症的治疗。

【不良反应】

（1）本品能抑制凝血酶原合成，连续长期应用可发生出血倾向。

（2）对胃肠道有刺激作用，剂量较大时易导致食欲不振、恶心、呕吐，甚至消化道出血，长期使用可引起胃肠溃疡。

（3）猫因缺乏葡萄糖苷酸转移酶，对本品代谢很慢，容易造成药物蓄积，故对猫的毒性大。

【注意事项】

（1）胃炎、胃溃疡患畜慎用，与碳酸钙同服可减少对胃的刺激。不宜空腹投药。发生出血倾向时，可用维生素 K 防治。

（2）用于解热时，动物应多饮水，以利于排汗和降温，否则会因出汗过多而造成水和电解质平衡失调或昏迷。

（3）老龄动物、体弱或体温过高患畜，解热时宜用小剂量，以免大量出汗。

（4）动物发生中毒时，可采取洗胃、导泻、内服碳酸氢钠、静脉注射5％葡萄糖和0.9％氯化钠等解救。

水 杨 酸 钠

【药理作用】 水杨酸钠的镇痛作用较阿司匹林、非那西汀、氨基比林弱。临床上主要用作抗风湿药，风湿性关节炎用药数小时后关节疼痛显著减轻、肿胀消退、风湿热消退。另外，本品还有促进尿酸排泄的作用，可用于痛风。生物利用度在种属间差异较大，猪和犬吸收最好，马较差，山羊极少吸收。水杨酸钠能分布到各组织中，并透入关节腔、脑脊液及乳汁中，也易通过胎盘屏障。主要在肝中代谢，代谢物为水杨尿酸等，与部分原药一起由尿排出。排泄速度受尿液酸碱度影响，碱性尿液排泄加快，酸性尿液则相反。

【应用】 用于风湿症等。

【不良反应】

（1）长期大剂量应用，可引起耳聋、肾炎等。

（2）因抑制凝血酶原合成而产生出血倾向。

【注意事项】

（1）猪中毒时，出现呕吐、腹痛等症状，可用碳酸氢钠解救。

（2）有出血倾向、肾炎及酸中毒的患畜禁用。

卡 巴 匹 林 钙

【药理作用】 本品为阿司匹林钙与尿素络合的盐。猪、鸡口服卡巴匹林钙后，水解为阿司匹林（乙酰水杨酸）。阿司匹林吸收快，主要经肝脏代谢，在体内迅速降解为水杨酸。本品主要通过阿司匹林发挥解热、镇痛和抗炎作用。

【应用】 用于猪、鸡的发热和疼痛的缓解。

【注意事项】

（1）不得与其他水杨酸类解热镇痛药合用。

（2）糖皮质激素能刺激胃酸分泌、降低胃及十二指肠黏膜对胃酸的抵抗力，与本品合用可使胃肠出血加剧。与碱性药物合用，使疗效降低，一般不宜合用。

对乙酰氨基酚（扑热息痛）

【药理作用】 本品具有解热、镇痛作用。其抑制丘脑下部前列腺素合成与释放的作用较强，抑制外周前列腺素合成与释放的作用较弱。解热作用类似阿司匹林，但镇痛作用较差，几乎无抗炎抗风湿作用。对血小板及凝血机制无影响。

【应用】 主要作为中小动物的解热镇痛药，用于发热、肌肉痛、关节痛的治疗。

【不良反应】 其代谢物亚氨基醌在体内能氧化血红蛋白使之失去携氧能力，可造成组织缺氧、发绀、红细胞溶解、黄疸和肝脏损害等不良反应。治疗量的不良反应较少，偶见发绀、厌食和呕吐等；大剂量可引起肝、肾损害，在给药后12h内使用乙酰半胱氨酸或蛋氨酸可以预防肝损害。

【注意事项】

(1) 猫禁用，因给药后可引起严重的毒性反应。

(2) 肝、肾功能不全的患畜及幼畜慎用。

安 乃 近

【药理作用】本品内服吸收迅速，作用较快，药效维持 3～4h。解热作用较显著，镇痛作用亦较强，并有一定的消炎和抗风湿作用。对胃肠运动无明显影响。

【应用】用于动物肌肉痛、疝痛、风湿症及发热性疾病等。

【不良反应】长期应用可引起粒细胞减少。

【注意事项】

(1) 可抑制凝血酶原的合成，加重出血倾向。

(2) 不宜用于穴位注射，尤其不适于关节部位注射，否则可能引起肌肉萎缩和关节机能障碍。

安 替 比 林

【药理作用】本品解热作用迅速，但维持时间较短，并有一定的镇痛、抗炎作用。

【应用】可作为中、小动物的解热镇痛药。很少单独应用，只在复方制剂（安痛定注射液）中作为组方的一种成分。

【不良反应】剂量过大或长期应用，可引起虚脱、高铁血红蛋白血症、缺氧、发绀、粒细胞减少症等。

氨 基 比 林

【药理作用】本品解热作用强而持久，为安替比林的 3～4 倍，强于对乙酰氨基酚（扑热息痛），还有抗风湿和抗炎作用。可治疗急性风湿性关节炎，疗效与水杨酸类相近。

【应用】用于肌肉痛、风湿症、发热性疾病及疝痛的治疗等。如用于马、牛、犬等动物的解热和抗风湿，也可用于马和骡的疝痛，但镇痛效果较差。

【注意事项】长期应用可引起粒性白细胞减少症，应定期检查血象。

萘 普 生

【药理作用】本品抗炎作用明显，亦有镇痛和解热作用。对前列腺素合成酶的抑制作用为阿司匹林的 20 倍。对类风湿性关节炎、骨关节炎、强直性脊椎炎、痛风、运动系统（如关节、肌肉及腱）的慢性疾病以及轻中度疼痛，均有疗效，药效比保泰松强。

【应用】用于肌炎、软组织炎疼痛所致的跛行和关节炎等。

【不良反应】

(1) 能明显抑制白细胞游走，对血小板黏着和聚集亦有抑制作用，可延长凝血时间。

(2) 本品副作用较阿司匹林、保泰松轻，但仍有胃肠道反应，如溃疡甚至出血。

(3) 偶致黄疸和血管性水肿。长期应用应注意肾功能损害。

【注意事项】

(1) 犬对本品敏感，可见溃疡出血或肾损伤，慎用。

（2）消化道溃疡患畜忌用。

氟尼辛葡甲胺

【药理作用】本品为新型动物专用的解热镇痛抗炎药，具有镇痛、解热、抗炎和抗风湿作用。本品是一种强效环氧化酶抑制剂。镇痛作用是通过抑制外周的前列腺素或痛觉增敏物质的合成，从而阻断痛觉冲动传导所致。其抗炎作用可能是通过抑制外周组织的环氧化酶、减少前列腺素前体物质形成，以及抑制其他介质引起局部炎症反应所致。

【应用】用于家畜及小动物的发热性、炎性疾病，以及肌肉痛和软组织痛等。

【不良反应】

（1）大剂量或长期使用，马可发生胃肠溃疡。

（2）牛连用超过 3d，可能会出现便血和血尿。

（3）犬的主要不良反应为呕吐和腹泻。

（4）与其他非甾体类抗炎药合用会加重胃肠道反应如溃疡、出血等，不应合用。

【注意事项】

（1）不得用于胃肠溃疡、胃肠道及其他组织出血、对氟尼辛葡甲胺过敏、心血管疾病、肝肾功能紊乱及脱水的动物。

（2）勿与其他非甾体类抗炎药同时使用。

美 洛 昔 康

【药理作用】本品主要通过抑制环氧化酶（COX）的活性、减少前列腺素的产生发挥镇痛抗炎作用。本品能选择性地抑制 COX-2，而对 COX-1 的抑制作用较轻。因此，与其他同类药物相比，本品对胃肠道或肾脏的不良反应较轻。

【应用】用于缓解犬由急性、慢性骨骼-肌肉疾患引起的炎症和疼痛。

【不良反应】出现食欲不振、呕吐、腹泻。通常是暂时性的，极少数引起死亡。

【注意事项】

（1）不推荐用于妊娠期、泌乳期或不足 6 周龄的犬。

（2）禁用于对本品过敏的犬。

（3）存在肾毒性的潜在风险，慎用于脱水、血容量减少或低血压的动物。

（4）禁用于胃肠道溃疡或出血、心血管疾病、肝肾功能紊乱及出血异常的动物。

（5）禁与糖皮质激素、其他非甾体类抗炎药或抗凝血剂合用。

托 芬 那 酸

【药理作用】本品为非甾体类抗炎药。具有抗炎、抗渗出和止痛的作用，同时还具有解热作用。托芬那酸的作用机理与其他非甾体抗炎药一样，通过抑制环氧化酶来阻断重要的炎性介质花生四烯酸类物质的合成、减少前列腺素的产生而发挥解热镇痛抗炎作用。

【应用】用于治疗犬的骨骼-关节和肌肉-骨骼系统疾病引起的炎症和疼痛，用于猫发热综合征。

【不良反应】可能出现厌食、呕吐、腹泻和便血。治疗过程中呕吐和腹泻现象极少发生，患畜仅伴有渴感和多尿表现，而随着治疗结束这些症状会自行消失。

【注意事项】

（1）患有心脏病或肝病的动物可能引起胃肠道溃疡或出血等，勿使用本品；对本品过敏的动物勿使用本品。

（2）勿超剂量使用或延长使用时间。给药后的止痛效果可能会因疼痛的严重程度和给药持续时间不同而受到影响。

（3）勿在 24h 内与其他非甾体类抗炎药同时使用。在治疗细菌感染的并发炎症时，与抗菌药物联合使用可增强疗效。

（4）用于 6 周龄以下或年老动物，可能会有风险。如果这种情况不可避免，可能需要降低使用剂量并加以临床观察。

（5）怀孕动物慎用。

（6）用于猫时不可使用肌内注射。

（7）全麻动物勿使用本品。

替 泊 沙 林

【药理作用】 本品为环氧化酶和脂氧化酶抑制剂，双重阻断花生四烯酸代谢，阻止前列腺素和白三烯生成。抗炎作用明显，亦有镇痛作用。

【应用】 用于控制犬肌肉骨骼病所致的疼痛和炎症。

【不良反应】 老年或敏感犬偶见呕吐，稀便或腹泻、血便，食欲不振或嗜睡。

【注意事项】

（1）连续使用不得超过 4 周。

（2）对于不到 6 月龄、体重 3kg 以下或老龄犬，应密切监视胃肠血液损失。如果发生不良反应，应立即停止用药。

（3）禁用于有心、肝、肾疾病，或胃肠溃疡、出血，或对本品极度敏感的犬。

（4）因有导致肾毒性增加的危险，禁用于脱水、低血容量犬。

（5）禁止与其他非甾体类抗炎药或糖皮质激素合用。

卡 洛 芬

【药理作用】 卡洛芬和其他非甾体类抗炎药一样，通过抑制环氧化酶、磷脂酶 A_2 和前列腺素的合成，表现出止痛、消炎和退热活性。卡洛芬主要通过葡萄糖苷酸化和氧化在肝脏中代谢，70%～80%的量从粪便中排出，10%～20%从尿液中排出，有肝肠再循环。

【应用】 卡洛芬适用于减轻犬的疼痛和炎症。

【注意事项】

（1）本品禁用于有出血障碍和对非甾体类抗炎药有严重反应史的犬。

（2）慎用于老年或有慢性疾病（如肠炎、肾或肝功能衰退）动物。

（3）不满 6 周龄犬、妊娠犬、种犬或泌乳犬慎用。

（4）避免卡洛芬与其他易引起溃疡的药物（如糖皮质激素或其他非甾体类抗炎药）合用。与阿司匹林合用时卡洛芬的血浆浓度会下降，并增加出现胃肠道不良反应（失血）的可能性。

（5）丙磺舒可引起卡洛芬的血清浓度升高和半衰期延长。

（6）当与其他非甾体类抗炎药和氨甲蝶呤合用时会出现严重的毒性。

（7）卡洛芬可降低呋塞米的排盐和利尿效应，并且增加地高辛的血清浓度，慎用于患严重心力衰竭的动物。

（8）卡洛芬可降低犬体内 T_4 和 TSH 的总浓度，但不影响游离 T_4 的浓度。

维 他 昔 布

【药理作用】维他昔布是选择性环氧酶-2抑制剂。环氧酶有环氧酶-1（COX-1）和环氧酶-2（COX-2）两种亚型。环氧酶-1负责维持基本的生理过程（如血小板凝聚、胃黏膜保护、肾灌注），环氧酶-2负责合成炎性介质。非甾体类抗炎药的抗炎镇痛作用与抑制 COX-2 的活性有关，而胃肠道及血液系统等不良反应与抑制 COX-1 的活性有关。维他昔布通过选择性抑制 COX-2 来阻断花生四烯酸合成前列腺素而发挥作用。犬体外全血试验结果表明，维他昔布对 COX-2 活性抑制的 IC_{50} 为 $0.34\mu g/mL$，对 COX-1 活性抑制的 IC_{50} 为 $19.40\mu g/mL$，对 COX-2 的活性抑制具有选择性（IC_{50} COX-1 与 IC_{50} COX-2 比值为 56.96）。治疗浓度的维他昔布对 COX-1 没有抑制作用，因此，胃肠道不良反应发生率明显下降。

【应用】用于治疗犬、猫围手术期及临床手术等引起的炎症和疼痛。

【注意事项】

（1）对维他昔布有过敏史的动物禁用。

（2）由于非甾体类抗炎药具有潜在发生胃溃疡和/或穿孔的风险，因此在使用本品时应当避免使用其他抗炎类药物，如糖皮质激素类药。

（3）本品对患有胃肠道出血、血液病或其他出血性疾病的犬、猫禁用。

（4）如果患病犬、猫之前对非甾体类抗炎药不耐受，应在兽医的严格监测下使用本品。如果观察到下列症状，如反复腹泻、呕吐、粪便隐血、体重突然下降、厌食、嗜睡、肾或肝功能退化，应停止用药。

（5）繁殖、妊娠或泌乳犬、猫，或幼犬（如 10 周龄以下或体重小于 4kg 的犬）、幼猫（如 6 周龄以下或体重小于 2kg 的猫），或疑似和确诊有肾、心脏或肝功能损害的犬、猫，应在兽医的指导下使用。

（6）宠物主人应该警惕诸如厌食、精神萎靡、无力等症状和体征，而且当发现宠物有上述任何症状或体征，应该马上寻求兽医帮助。

非 罗 考 昔

【药理作用】非罗考昔可通过选择性抑制环氧酶-2（COX-2）介导的前列腺素合成，发挥解热、镇痛和抗炎作用。在犬体外全血检测中，非罗考昔对 COX-2 的选择性约为 COX-1 的 380 倍。

犬内服非罗考昔后吸收迅速，与血浆蛋白质结合率约为 96%，主要在肝脏内经脱烷基化及葡萄糖醛酸化代谢，并通过胆汁及胃肠道消除。

【应用】用于缓解犬骨关节炎及临床手术等引起的疼痛和炎症。

【不良反应】

（1）偶见短暂的呕吐和腹泻，停药后可恢复正常。推荐剂量下，犬罕见（发生率

1/10 000～10/10 000）发生神经系统紊乱，十分罕见（发生率＜1/10 000）发生肝肾功能紊乱。

（2）与其他 NSAIDs 相同，可能会发生严重不良反应。在十分罕见的情况下，可能是致命的。

【注意事项】

（1）禁用于怀孕或哺乳期母犬。

（2）禁用于 10 周龄以下或体重不足 3kg 的犬。

（3）禁用于患有消化道出血、血液恶病质或者出血性疾病的犬，禁用于任何脱水、血容量减少或低血压的犬。

（4）禁止与糖皮质激素或其他 NSAIDs 联合使用，禁止与其他潜在的具有肾脏毒性的药物同时使用。

（5）如果出现反复腹泻、呕吐、粪便潜血、体重突然减轻、厌食、嗜睡、肝肾生化指标下降等，应停止用药。

（6）由于麻醉药可能会影响肾脏的血流灌注，因此在手术过程中应考虑使用静脉输液，以减少在围手术期使用本品导致的潜在肾脏并发症。

（7）本品应避免与其他高血浆蛋白结合率的药物联合使用，以免竞争结合血浆蛋白，使游离药物的浓度升高而出现不良反应。

西 米 考 昔

【药理作用】西米考昔通过抑制环氧合酶的活性，从而抑制花生四烯酸最终生成前列环素（PG1）、前列腺素（PGE-1，PGE-2）和血栓素 A2（TXA2）；抑制淋巴细胞活性和活化的 T 淋巴细胞的分化，减少对传入神经末梢的刺激；直接作用于伤害性感受器，阻止致痛物质的形成和释放。体内外研究试验证实，西米考昔是一种选择性环氧合酶-2（COX-2）抑制剂。它在抑制炎症前列腺素合成的同时并不抑制生理性前列腺素的合成，用于抗炎治疗时，很少或不会发生类似经典 NSAIDs 对胃肠道、肾、血小板和肺的典型不良反应。

犬口服西米考昔存在肝肠循环。吸收后主要通过胆汁排泄。在尿液中的代谢物主要为脱甲基西米考昔和葡萄糖醛酸结合物，在粪便中仅出现脱甲基代谢物。

【应用】用于犬进行整形外科手术和软组织手术前后的止痛，用于犬关节炎的止痛和消炎。

【不良反应】在治疗过程中可能会出现短暂腹泻或呕吐。此外，可能引起食欲下降或嗜睡，出现胃肠道出血或溃疡。大多数症状在停药后自行消失。

【注意事项】

（1）禁用于患有胃病或消化系统紊乱或正在出血的犬。

（2）繁殖期、怀孕期或哺乳期犬慎用。

（3）禁用于对西米考昔或产品中含有的其他成分过敏的犬。

（4）对患有脱水、低血容量或低血压的犬避免使用本品，可能会增加潜在肾脏毒性的风险。

（5）禁用于小于 10 周龄的幼犬。对小于 6 月龄的犬使用本品时，应在兽医的密切监视下进行。

（6）不可与糖皮质激素或其他 NSAIDs 同时使用，对已经使用其他抗炎药物的犬使用本品时，应间隔一段时间。

（7）对心脏或肝脏功能不全的犬使用本品时，应进行临床观察。

（8）犬连续给药会出现呕吐和腹泻。

第二节 糖皮质激素类药物

肾上腺糖皮质激素是一种肾上腺皮质激素。肾上腺皮质激素是肾上腺皮质所分泌的激素的总称，属甾体类化合物。根据其生理功能，可分为三类：①盐皮质激素，由球状带分泌，包括醛固酮和去氧皮质酮等；②糖皮质激素，由束状带合成和分泌，有可的松、氢化可的松、泼尼松、氢化泼尼松、甲基泼尼松、甲基氢化泼尼松、去炎松、地塞米松、倍他米松、氟地塞米松等，可的松与氢化可的松的分泌和生成受促皮质素（ACTH）的调节；③氮皮质激素，包括雄激素和雌激素，由网状带所分泌。

临床常用的皮质激素是指糖皮质激素。糖皮质激素属甾体类抗炎药，在药理剂量下，表现出良好的抗炎、抗过敏、抗毒素、抗休克等作用。根据它们的消除半衰期，可分为短效、中效和长效糖皮质激素。短效的有氢化可的松、可的松、泼尼松、泼尼松龙、甲基氢化泼尼松，中效的有去炎松，长效的有地塞米松、氟地塞米松和倍他米松。

一、药理作用

1. 抗炎作用 本类药物能够抑制细胞内磷脂酶，从而抑制细胞膜上的磷脂分解为花生四烯酸。花生四烯酸是致炎物质前列腺素、白三烯、血栓烷等的前体。因此，这类药物抗炎作用的机制之一是能抑制炎性产物的生成。其抗炎特点是对各种炎性刺激（如辐射、机械刺激、药物、免疫及感染等）和炎症反应的各个阶段（从红肿到瘢痕形成）均有作用。

2. 抗免疫作用 糖皮质激素能抑制淋巴细胞的生成，并抑制抗体和细胞因子生成。

3. 抗毒素作用 糖皮质激素能对抗内毒素对机体的损害作用。

4. 抗休克作用 糖皮质激素对各种休克（如过敏性休克、中毒性休克、低血容量休克等）都有一定的疗效，可增强机体对抗休克的能力。其抗休克作用主要与稳定溶酶体膜作用有密切的关系。

5. 对代谢的影响 皮质激素具有升高血糖、增加肝糖原、提高蛋白质分解代谢、抑制蛋白质合成代谢、促进脂肪分解等作用。大剂量时能引起钠重吸收增加，钾、钙、磷排出增加，长期用药可出现水肿。

二、作用机理

糖皮质激素的大多数作用，都是基于其与特异性糖皮质激素受体的相互作用。糖皮质激素受体位于靶细胞的细胞质内，与热休克蛋白联在一起。糖皮质激素以被动方式进入细胞，特异性地与受体结合，热休克蛋白脱离，活化的受体-药物复合物迁移到核内。核内受体-药物复合物与靶基因上的调节蛋白结合，引起基因转录，诱导和抑制靶蛋白的合成。诱导合成的蛋白质有脂肪分解酶原-1、β_2 肾上腺素受体、血管紧张素转化酶等。合成受抑制的蛋白质，有细胞因子、一氧化氮合成酶、环氧化酶-2等。糖皮质激素作用的强弱，与受体的数量直接相关。受体数量下调，生物学效应降低。

三、临床应用

1. 酮血症　糖皮质激素对牛的酮血症有显著的疗效。它可使牛的血糖很快升高到正常，酮体慢慢下降，食欲在 24h 内改善，产奶量开始回升。

2. 妊娠毒血症　妊娠毒血症是一种以高酮血症为特征的急性代谢性疾病，羊较常见。应用糖皮质激素可起到快速降血酮作用。

3. 关节炎　用于马、牛、猪、犬的关节炎治疗。如果动物在治疗期间没有完全恢复，则停药后常会复发。

4. 感染性疾病　一般的感染性疾病不宜使用糖皮质激素治疗。但当感染对动物生命或将来的生产力可能带来严重危害时，用皮质激素控制过度炎症反应是必须的。在感染伴有毒血症时，糖皮质激素治疗具有重要意义。它对内毒素中毒能提供保护作用，如各种败血症、中毒性肺炎、中毒性菌痢、腹膜炎、产后急性子宫炎等。但应与大剂量的抗菌药一起应用。

5. 眼科疾病　用于眼科疾病的治疗，可以抑制液体的渗出，防止粘连和疤痕的形成，防止角膜混浊。

6. 皮肤疾病　糖皮质激素对于皮肤的非特异性或变态反应性疾病有较好疗效。如荨麻疹、急性蹄叶炎、湿疹、脂溢性皮炎、外耳炎和其他化脓性皮炎等。

7. 休克　糖皮质激素对各种休克都有较好的疗效。

8. 引产　为了使母畜产仔同期化，便于生产管理，地塞米松已被用于牛、羊、猪的同步分娩。

9. 预防手术后遗症　糖皮质激素可用于剖宫产、瘤胃切开、肠吻合等外科手术后，以防脏器与腹膜粘连，减少创口疤痕化。

四、不良反应

糖皮质激素停药和长期应用均可产生不良反应，急性肾上腺功能不全是糖皮质激素长期使用后突然停药的结果。动物表现为发热、软弱无力、精神沉郁、食欲不振、血糖和血压下降等。

糖皮质激素的留钠排钾作用，常致动物出现水肿和低钾血症，还可使动物出现骨质疏松等，幼年动物出现生长抑制等。

多尿和饮欲亢进是糖皮质激素过量（无论内源性，还是外源性）的经典症状。

五、注意事项

具有抗炎作用而无抗菌作用，是只治标不治本。因此，在治疗感染性疾病时，应同时用抗菌药。此时，选用杀菌药优于抑菌药。对病毒感染禁用。

糖皮质激素对机体全身各个系统均有影响，可能使某些疾病恶化。不得用于骨软化及骨质疏松症、骨折治疗期、妊娠期、疫苗接种期、结核菌素或鼻疽菌素诊断期。对患肾功能衰竭、胰腺炎、胃肠道溃疡和癫痫的动物应慎用。

对非感染性疾病，应严格掌握适应证。一旦症状改善并基本控制，应逐渐减量停药。

六、常用药物

氢化可的松

属天然皮质激素，多用其静脉注射制剂，以治疗严重的中毒性感染或其他危险病症。肌内注射吸收很少，作用较弱。

主要用于炎症性疾病（如关节炎、腱鞘炎）、过敏性疾病，牛酮血症和羊妊娠毒血症，以及急慢性挫伤、肌腱劳损等。

泼 尼 松

是人工合成的皮质激素。其抗炎作用较天然皮质激素强4～5倍。由于用量较小，故其水、钠潴留的副作用亦显著减轻。泼尼松进入体内后转化为氢化泼尼松而起作用。主要用于牛酮血症、羊妊娠毒血症、炎症性疾病（如某些皮肤炎症和眼睛炎症）及过敏性疾病等。

氟 轻 松

为外用糖皮质激素，作用强而副作用小。局部涂敷，对皮肤炎症、黏膜炎症、瘙痒和皮肤过敏反应等都能迅速显效，止痒效果尤好。低浓度（0.025%）有明显效果。主要用于各种皮肤病，如湿疹、过敏性皮炎、皮肤瘙痒等。局部细菌性感染时应与抗菌药配伍使用。

地 塞 米 松

【药理作用】本品的作用较氢化可的松强约25倍，而水、钠潴留的副作用极弱。因为本品可增加钙在粪便中的排泄，故可能产生钙负平衡。

【应用】用于家畜、宠物炎症性疾病和过敏性疾病，以及牛酮血症和羊妊娠毒血症等。

【注意事项】

(1) 易引起孕畜早产。

(2) 急性细菌性感染时应与抗菌药物合用。

(3) 禁用于骨质疏松症和疫苗接种期。

倍 他 米 松

本品的作用、应用与地塞米松相似，但其抗炎作用较地塞米松强，为氢化可的松的30倍，钠潴留的作用稍弱于地塞米松。用于犬、猫炎症性疾病和过敏性疾病等。

第九单元　　作用于消化系统的药物

饲养管理不善、饲料不良、某些疾病均可能引起胃肠消化机能异常。无论原发性还是继发性的消化系统疾病，其治疗原则都是相同的，即在解除病因、改善饲养管理的前提下，针对其消化系统机能障碍，合理使用调节消化功能的药物，才能取得良好的效果。作用于消化系统的药物主要通过调节胃肠道的运动和消化腺的分泌机能，维持胃肠道内环境和微生态平衡，从而改善和恢复消化系统机能。根据其药理作用和临床应用可分为健胃药、助消化药、瘤胃兴奋药（反刍促进药）、制酵药、消沫药、泻药及止泻药等。

第一节　　健胃药与助消化药

健胃药是指提高食欲、促进唾液和胃肠消化液分泌、提高食物消化机能的一类药物。分苦味健胃药、芳香性健胃药和盐类健胃药三种。在养殖场中，多用健胃药提高动物的消化机能，提高食欲。

助消化药系指能促进胃肠消化过程的药物，多为消化液中成分或促进消化液分泌的药物。在消化道分泌不足时，具有代替疗法的作用。在兽医临床上健胃与助消化密切相关，多同时使用。

人 工 矿 泉 盐

又名人工盐。由干燥硫酸钠、碳酸氢钠、氯化钠、硫酸铵钾等制成。

【药理作用】具有多种盐类的综合作用。内服少量时，能轻度刺激消化道黏膜，促进胃肠的分泌和蠕动，增加消化液分泌，从而产生健胃作用。内服大量时，其主要成分硫酸钠在肠道中可离解出 Na^+ 和不易被吸收的 SO_4^{2-}，借助渗透压作用，在肠管中保持大量水分，并刺激肠管蠕动，软化粪便，可起缓泻作用。

【应用】小剂量用于消化不良、前胃弛缓和慢性胃肠卡他等，大剂量用于早期大肠便秘。

【注意事项】

（1）禁与酸性药物配伍应用。

（2）作泻药用时宜大量饮水。

胃 蛋 白 酶

【药理作用】本品内服后在胃内可使蛋白质初步分解为蛋白胨，有利于蛋白质的进一步分解吸收。在酸性环境中作用强，pH 为 1.8 时其活性最强。

【应用】用于胃液分泌不足或幼畜因胃蛋白酶缺乏引起的消化不良。

【注意事项】

（1）宜同时服用稀盐酸。

（2）忌与碱性药物、鞣酸、重金属盐等配合使用。

（3）温度超过 70℃时迅速失效，剧烈搅拌可破坏其活性。

稀　盐　酸

【药理作用】 盐酸是胃液的主要成分之一。适当浓度的稀盐酸可激活胃蛋白酶原，使其转变成为有活性的胃蛋白酶，并提供酸性环境使胃蛋白酶发挥消化蛋白质的作用。另外，胃内容物保持一定酸度有利于胃的排空及钙、铁等矿物质的溶解与吸收，还有抑菌制酵作用。

【应用】 适用于胃酸缺乏引起的消化不良、胃内异常发酵等。

【注意事项】

（1）禁与碱类、盐类健胃药、有机酸、洋地黄及其制剂合用。

（2）用药浓度和剂量不宜过大，否则因食糜酸度过高，反射性引起幽门括约肌痉挛，影响胃排空，产生腹痛。

干　酵　母

【药理作用】 干酵母富含 B 族维生素。每克酵母含硫胺素 $0.1\sim0.2mg$、核黄素 $0.04\sim0.06mg$、烟酸 $0.03\sim0.06mg$。此外，还含有维生素 B_6、维生素 B_{12}、叶酸、肌醇、转化酶、麦芽糖酶等。这些物质均是体内酶系统的重要组成物质，能参与体内糖、蛋白质、脂肪等的代谢和生物转化过程。

【应用】 临床用于维生素 B_1 缺乏症，如多发性神经炎、糙皮病、酮血症等的治疗，以及消化不良的辅助治疗。

【注意事项】

（1）可拮抗磺胺类药物的抗菌作用，不宜合用。

（2）用量过大可发生轻度下泻。

乳酶生（表飞鸣）

为乳酸类链球菌的干燥制剂。每克含活菌数 1 000 万个以上。

【药理作用】 本品内服后在肠内分解糖类产生乳酸，在肠内提高酸度，进而抑制腐败菌的繁殖、防止蛋白质发酵、减少肠道内产气。

【应用】 用于家畜的消化不良、肠臌气和幼畜腹泻等。

【注意事项】 不宜与抗菌药或吸附药同服。

孟　布　酮

【药理作用】 孟布酮为动物专用利胆药，具有刺激胃肠消化液分泌的作用，能够使动物胆汁分泌量增加 2 倍左右，胃液和胰液的分泌量达到正常分泌量的 5 倍左右，而对副交感神经系统及其支配器官（如子宫平滑肌及心肌）无兴奋作用。本品可使胆酸盐、胃蛋白酶、胰蛋白酶、胰脂肪酶和胰淀粉酶等分泌增加，促进胃肠内脂肪、蛋白质和淀粉等的消化吸收。

【应用】用于猪消化不良、食欲减退和便秘腹胀等胃肠机能障碍。本品可以单独使用，也可作为辅助治疗药与其他药物联合使用。

【注意事项】

(1) 本品不宜用于小于 10 日龄的仔猪。

(2) 本品禁与含钙制剂或含普鲁卡因青霉素或 B 族维生素制剂同时使用。

第二节　瘤胃兴奋药

瘤胃兴奋药是指能加强瘤胃收缩、促进蠕动、兴奋反刍的药物，又称反刍兴奋药。临床上常用的瘤胃兴奋药有拟胆碱药和抗胆碱酯酶药（如氨甲酰胆碱、新斯的明等）及浓氯化钠注射液、酒石酸锑钾等。

浓氯化钠注射液

【药理作用】静脉注射本品能增加血液中 Na^+、Cl^-，对调节渗透压、维持电解质平衡和神经-肌肉兴奋性起重要作用，从而可提高瘤胃运动机能，促进蠕动。

【应用】用于反刍动物前胃弛缓、瘤胃积食、马胃扩张和马属动物便秘等。

【注意事项】

(1) 静脉注射时不能稀释，速度宜慢，且不可漏至血管外。

(2) 心力衰竭和肾功能不全患畜慎用。

第三节　制酵药与消沫药

凡能制止胃肠内容物异常发酵的药物称为制酵药，常用药物有鱼石脂等。另外，抗生素、磺胺药、消毒防腐药等都有一定程度的制酵作用。消沫药则是指能降低泡沫液膜的局部表面张力，使泡沫破裂的药物，如二甲硅油、松节油等。

鱼　石　脂

【药理作用】鱼石脂有较弱的抑菌作用和温和的刺激作用，内服能制止发酵、祛风和防腐，促进胃肠蠕动。外用具有局部消炎和刺激肉芽生长的作用。

【应用】用于胃肠道制酵，如瘤胃臌胀、前胃弛缓、胃肠臌气、急性胃扩张等。

【注意事项】禁与酸性药物（如稀盐酸、乳酸等）混合使用。

芳　香　氨　醑

【药理作用】本品中的氨、乙醇和茴香中所含茴香醚及挥发油，均具有挥发性和局部刺激性，也有抑菌作用。内服后可抑制胃肠道内细菌的发酵作用，并刺激胃肠使蠕动加强，有利于气体排出；同时由于刺激胃肠道增加消化液分泌，可改善消化机能。

【应用】主要用于瘤胃臌气、胃肠积食和气胀，也可用于急慢性支气管炎的辅助治疗。

乳　　酸

【药理作用】 内服有防腐、制酵和增强消化液分泌的作用，有助于胃肠道消化。

【应用】 配成 2% 溶液，用于马属动物急性胃扩张和牛羊前胃弛缓。

二 甲 硅 油

【药理作用】 本品表面张力低，内服后能迅速降低瘤胃内泡沫液膜的表面张力，使小气泡破裂，融合成大气泡，随嗳气排出，产生消除泡沫的作用。

【应用】 用于泡沫性臌气病。

第四节　泻药与止泻药

一、泻　　药

泻药是一类能促进肠道蠕动、增加肠内容积、软化粪便、加速粪便排泄的药物。临床上主要用于治疗便秘、排出胃肠道内的毒物及腐败分解物，还可与驱虫药合用驱除肠道寄生虫。根据作用方式和特点，可分为容积性泻药、刺激性泻药和润滑性泻药三类。

硫 酸 钠

【药理作用】 本品内服后在肠内可解离出 Na^+ 和 SO_4^{2-}，提高肠内渗透压，在肠管中保持大量水分，扩大肠管容积，软化粪便，并刺激肠壁增强其蠕动，从而产生泻下作用。

【应用】 用于大肠便秘，排出肠内毒物、毒素，或作为驱虫药的辅助用药。

【注意事项】

（1）治疗大肠便秘时，硫酸钠的适宜浓度为 4%～6%。

（2）因为易继发胃扩张，所以不适用于小肠便秘的治疗。

（3）肠炎患畜不宜用本品。

硫 酸 镁

【药理作用】 内服后在肠内可解离出 Mg^{2+} 和 SO_4^{2-}，提高肠内渗透压，在肠管中保持大量水分，扩大肠管容积，软化粪便，并刺激肠壁增强其蠕动，从而产生泻下作用。

【应用】 用于大肠便秘，排出肠内毒物、毒素，或作为驱虫药的辅助用药。

【不良反应】 导泻时，动物若服用浓度过高的溶液，其可从组织中吸取大量水分而致动物脱水。

【注意事项】

（1）在某些情况（如机体脱水、肠炎等）下，镁离子吸收增多会产生毒副作用。

（2）因为易继发胃扩张，所以不适用于小肠便秘的治疗。

（3）肠炎患畜不宜用本品。

液 状 石 蜡

【药理作用】 内服后在肠道内不被吸收，也不发生变化，以原形通过肠管，能阻碍肠内水分的吸收，对肠黏膜有润滑作用，并能软化粪块。液状石蜡泻下作用缓和，对肠黏膜无刺激性，比较安全。

【应用】用于便秘。

【注意事项】

（1）不宜多次服用，以免影响消化功能，阻碍脂溶性维生素及钙、磷的吸收。

（2）用于猫，可加温水灌服。

蓖　麻　油

【药理作用】蓖麻油本身并无刺激性，内服到达十二指肠后，一部分经胰脂肪酶作用，皂化分解为蓖麻油酸钠和甘油。蓖麻油酸钠通过刺激小肠黏膜、促进小肠蠕动而引起泻下。未被分解的蓖麻油对肠道和粪块起润滑作用。

【应用】主要用于家畜便秘。

【注意事项】

（1）蓖麻油对肠道有刺激性，不宜用于孕畜、肠炎患畜。

（2）哺乳母畜内服后有一部分经乳汁排出，可使幼畜腹泻。

（3）蓖麻油能促进脂溶性物质的吸收，不宜与脂溶性驱虫药合用，以免增加后者的毒性。

（4）蓖麻油内服后易黏附于肠表面，影响消化机能，故不可多次重复使用。

（5）对大家畜特别是牛导泻效果不确实。

二、止　泻　药

止泻药是一类能制止腹泻、保护肠黏膜、吸附有毒物质或收敛消炎的药物。依据作用特点可分为保护性止泻药、抑制肠蠕动止泻药、吸附性止泻药等。

碱 式 硝 酸 铋

【药理作用】本品内服难吸收，小部分在胃肠道内解离出铋离子，与蛋白质结合，产生收敛及保护黏膜作用。大部分碱式硝酸铋被覆在肠黏膜表面，同时游离的铋离子在肠道内还可与硫化氢结合，形成不溶性硫化铋，覆盖于肠表面，对肠黏膜呈机械性保护作用，并可减少硫化氢对肠黏膜的刺激作用。

【应用】用于胃肠炎和腹泻。

【注意事项】

（1）对于由病原菌引起的腹泻，应先用抗菌药控制其感染后，再用本品。

（2）碱式硝酸铋在肠内溶解后，可形成亚硝酸盐，量大时能被吸收引起中毒。

碱 式 碳 酸 铋

【药理作用】【应用】同碱式硝酸铋，但副作用较轻。

药 用 炭

【药理作用】药用炭颗粒细小、表面积大，吸附能力很强。内服到达肠道后，能与肠道中有害物质或毒素结合，阻止其吸收，从而能减轻对肠壁的刺激，使肠蠕动减弱，发挥止泻作用。

【应用】用于生物碱等中毒，以及腹泻、胃肠臌气等。

【注意事项】能吸附其他药物和影响消化酶活性。

白　陶　土

【药理作用】白陶土具有一定的吸附作用，但吸附能力较药用炭差。另外，兼有收敛作用。

【应用】内服用于腹泻，外用可作敷剂和撒布剂的基质。

【注意事项】能吸附其他药物和影响消化酶活性。

第十单元　作用于呼吸系统的药物★

第一节　平　喘　药

平喘药是指能解除支气管平滑肌痉挛、扩张支气管的一类药物。有些镇咳性祛痰药因能减少咳嗽或促进痰液的排出，减轻咳嗽引起的喘息而有良好的平喘作用。

平喘药按其作用特点分为支气管扩张药和抗过敏性平喘药。支气管扩张药主要使支气管平滑肌松弛。这些药物作用于支气管平滑肌和支气管黏膜上肥大细胞时，能激活这些细胞内腺苷酸环化酶，使细胞内 ATP 分解为 cAMP，提高细胞内 cAMP 浓度。cAMP 具有多种生理功能，既能使平滑肌松弛，又能抑制支气管黏膜上肥大细胞释放活性物质，从而减少由这些物质引起的黏膜充血性水肿、腺体分泌和支气管痉挛。临床常用药物有拟肾上腺素类药物（如麻黄碱、异丙肾上腺素）和茶碱类药物（如氨茶碱）等。抗过敏性平喘药包括糖皮质激素类和肥大细胞稳定药，但在兽医临床很少应用。

氨　茶　碱

【药理作用】本品对支气管平滑肌有较强的松弛作用。其作用机制是抑制磷酸二酯酶，使 cAMP 的水解速度变慢，升高支气管平滑肌组织中 cAMP/cGMP 比值，抑制组胺和慢反应物质等过敏介质的释放，促进儿茶酚胺释放，使支气管平滑肌松弛；同时还有直接松弛支气管平滑肌的作用，从而解除支气管平滑肌痉挛，缓解支气管黏膜的充血水肿，发挥平喘功效。另外，本品还有较弱的强心和继发利尿作用。

【应用】主要用于缓解家畜支气管哮喘症状，也用于心功能不全或肺水肿（如牛、马肺气肿，犬的心性气喘症）。

【不良反应】

（1）与红霉素、四环素、林可霉素等合用时，可降低本品在肝脏的清除率，使血药浓度升高，甚至出现毒性反应。

（2）与儿茶酚胺类及其他拟肾上腺素类药合用，可使心律失常的发生率升高。

【注意事项】

（1）静脉注射或静脉滴注用量过大、浓度过高或速度过快时，都可强烈兴奋心脏和中枢神经，故需稀释后注射并注意掌握速度和剂量。

（2）注射液碱性较强，可引起局部红肿、疼痛，应做深部肌内注射。

（3）肝功能低下、心衰患畜慎用。

第二节 祛痰镇咳药

祛痰药是能增加呼吸道分泌、使痰液变稀并易于排出的药物。祛痰药还有间接的镇咳作用。因为炎性的刺激使支气管分泌增多，或因黏膜上皮纤毛运动减弱，痰液不能及时排出，黏附气管内并刺激黏膜下感受器引起咳嗽，所以痰液排出后，减少了刺激，便可缓解咳嗽。

咳嗽是机体的防御性反射，通过咳嗽能使呼吸道异物或炎症产物排出。轻度咳嗽有助于祛痰，对机体有利。剧烈和频繁的咳嗽易导致肺气肿或心脏功能障碍等不良后果，应使用镇咳药。镇咳药是能抑制咳嗽中枢或抑制咳嗽反射弧中某一环节，从而能减轻或制止咳嗽的药物。根据其作用部位可分为中枢性镇咳药和外周性镇咳药。具有中枢性镇咳作用的药物，依据其是否有成瘾性又可分为成瘾性和非成瘾性两类。成瘾性镇咳药又称麻醉性镇咳药，如可待因等，镇咳作用较好，但有成瘾性，应用上受到一定限制。非成瘾性中枢镇咳药，如喷托维林等，临床上治疗急性或慢性支气管炎时，常配合应用祛痰药，但对无痰干咳可单用镇咳药。在有痰剧咳的情况下，可在应用祛痰药的同时，适当配合少量作用较弱的镇咳药，以减轻咳嗽，但不应单独使用强镇咳药，如可待因等。

氯 化 铵

【药理作用】氯化铵内服后可刺激胃黏膜迷走神经末梢，反射性引起支气管腺体分泌增加，使稠痰稀释，易于咳出，因而对支气管黏膜的刺激减少，咳嗽也随之缓解。此外，本品被吸收至体内后，有小部分从呼吸道排出，带出水分使痰液变稀而利于咳出，对止咳也起一定作用。

氯化铵为强酸弱碱盐，是一个有效的体液酸化剂，可使尿液酸化，在弱碱性药物中毒时，可加速药物的排泄。

【应用】作为祛痰药主要用于支气管炎初期；作为体液酸化剂用于有机碱中毒时，可加速药物或毒物的排出。

【注意事项】

（1）单胃动物用后有呕吐反应。

（2）肝脏、肾脏功能异常的患畜，内服氯化铵容易引起血氯过高性酸中毒和血氨升高，应慎用或禁用。

（3）忌与碱性药物、重金属盐、磺胺药等配伍应用。本品遇碱或重金属盐类分解；与磺胺类药物合用，可能使磺胺药在尿道析出结晶，发生泌尿道损害（如尿闭、血尿）等。

碳 酸 铵

本品为碳酸氢铵与氨基甲酸铵的混合物。

【药理作用】本品作用、应用与氯化铵类似，但较弱。在体内不会引起酸血症。

【应用】祛痰镇咳。

碘 化 钾

【药理作用】本品内服后部分从呼吸道腺体排出，刺激呼吸道黏膜，使腺体分泌增加，痰液稀释，呈现祛痰作用；被吸收的部分碘离子可从呼吸道腺体排出，刺激腺体，促进其分泌，使痰液稀释而易于咳出。

【应用】用于慢性支气管炎的治疗，以及防治碘缺乏症。

【注意事项】

(1) 碘化钾在酸性溶液中能析出游离碘。

(2) 肝、肾功能低下患畜慎用。

(3) 不适用于急性支气管炎症。

盐 酸 溴 己 新

【药理作用】本品属于祛痰药。主要作用于气管、支气管黏膜的黏液产生细胞，抑制痰液中酸性黏多糖蛋白的合成，并可使痰中的黏蛋白纤维断裂，使气管、支气管分泌的流变学特性恢复正常，黏痰减少，痰液稀释易于咳出。另外，还可以促进呼吸道黏膜表面的纤毛运动，促进痰液的排出，从而改善肺的功能和防御能力。

【应用】用于以黏液堵塞呼吸道为主要特征的鸡呼吸道疾病的辅助治疗。

第十一单元　血液循环系统药物★★☆

第一节　治疗充血性心力衰竭的药物

凡能提高心肌兴奋性、加强心肌收缩力、改善心脏功能的药物称为强心药。具有强心作用的药物种类很多，其中有些是直接兴奋心肌，而有些则是通过调节神经系统来影响心脏的机能活动。常用强心药物有肾上腺素、咖啡因、强心苷等。它们的作用机制、适应证均有所不同，如肾上腺素适用于心脏骤停时的急救，咖啡因适用于过劳、中暑、中毒等过程中的急性心衰，而强心苷适用于急性、慢性充血性心力衰竭。

心功能不全（心力衰竭）是指心肌因收缩力减弱或衰竭，致使心排出血量减少、静脉回流受阻等而呈现的全身血液循环障碍的一种临床综合征。此病以伴有静脉系统充血为特征，故又称充血性心力衰竭。临床表现以呼吸困难、水肿及发绀为主的综合症状。

一、强心苷类药物

强心苷类是治疗充血性心力衰竭的首选药物。临床常用的强心苷类药物有洋地黄毒苷、地高辛、毒毛花苷 K 等。各种强心苷对心脏的作用基本相似，主要是加强心肌收缩力，但作用强度、快慢及持续时间长短有所不同。洋地黄毒苷为慢作用强心苷，毒毛花苷 K、地高辛为快作用强心苷，临床上均主要用于治疗各种原因引起的慢性心功能不全。

【药理作用】

1. 正性肌力作用 强心苷对心脏具有高度选择作用，治疗剂量能明显加强衰竭心脏的收缩力，使心输出量增加和心肌耗氧量降低。

2. 负性心率和负性频率作用 强心苷通过增强迷走神经活性、降低交感神经活性，减慢心率和房室传导速率。

3. 继发性利尿作用 在强心苷作用下，衰竭的心功能得到改善，使得流经肾脏的血流量和肾小球滤过功能加强，继发产生利尿作用。

【作用机理】强心苷的正性肌力作用主要是强心苷类药物与 $Na^+ - K^+ - ATP$ 酶（俗称 $Na^+ - K^+$ 泵）结合后，诱导该酶构象发生变化，抑制其活性，导致细胞内外 Na^+ 和 K^+ 转运受阻，细胞内 Na^+ 浓度升高，K^+ 浓度减少。细胞内 Na^+ 浓度的增加，降低了细胞膜两侧的 Na^+ 跨膜梯度，使得细胞外的 Na^+ 离子与细胞内的 Ca^{2+} 交换减少，细胞内 Ca^{2+} 浓度增加。因此，在强心苷作用下，心肌细胞内可利用的 Ca^{2+} 量增加，从而使心肌收缩力加强。

【心脏毒性机理】过量的强心苷明显抑制位于心肌细胞膜上的 $Na^+ - K^+ - ATP$ 酶，导致细胞内缺 K^+，膜电位减小，自律性增高，传导减慢而引起心律失常。

洋地黄毒苷

洋地黄毒苷内服易吸收，生物利用度较高，有肝肠循环，故作用持久。主要用于慢性充血性心力衰竭、阵发性室上性心动过速和心房颤动等。

洋地黄毒苷安全范围窄，剂量过大时，常因抑制心脏的传导系统和兴奋异位节律点而导致各种心律失常的中毒症状。中毒症状有精神抑郁、运动失调、厌食、呕吐、腹泻、严重虚弱、脱水和心律不齐等。犬最常见的心律不齐包括心脏房室传导阻滞、室上性心动过速、室性心悸。毒性作用存在种属差异，猫对本品较敏感。

中毒的有效治疗方法是立即停药，内服或注射补充钾盐，维持体液和电解质平衡，停止使用排钾利尿药。中度及严重中毒引起的心律失常，应用抗心律失常药，如苯妥英钠或利多卡因治疗。

【不良反应】①胃肠道功能紊乱，如厌食、腹泻、呕吐、体重减轻。②较高剂量可引起心律失常。③毒性作用存在种属差异性，猫对本品较敏感。

【注意事项】

（1）本品有蓄积性。心内膜炎、急性心肌炎、心包炎等患畜慎用。用药期间忌用钙注射液。

（2）用药期间动物可出现胃肠道功能紊乱，如厌食、腹泻、呕吐、体重减轻等症状。

（3）较高剂量可引起心律失常。治疗期间应监测心电图变化，以免发生毒性反应。在过去 10d 内用过任何强心苷类药物的动物，使用时剂量应减少，以免中毒。

（4）低血钾能增加心脏对强心苷类药物的敏感性，不应与高渗葡萄糖、排钾利尿药合用。适当补钾可预防或减轻强心苷的毒性反应。

（5）除非有充血性心力衰竭发生，否则动物休克、贫血、尿毒症等均属禁忌证。

（6）在用钙盐或拟肾上腺素类药物（如肾上腺素）时慎用。

地高辛、毒毛花苷 K

为快作用强心苷。

地高辛内服吸收较洋地黄毒苷差，可内服、静脉注射给药。毒毛花苷 K 内服吸收很少且吸收不规则，常用针剂静脉注射。毒毛花苷 K 静脉注射作用快，3～10min 即显效，0.5～2h 作用达高峰，作用持续时间 10～12h。在体内排泄快，蓄积性小。

临床上均主要用于治疗各种原因引起的慢性心功能不全（充血性心力衰竭）。

【不良反应】【注意事项】参见洋地黄毒苷。

二、匹莫苯丹

【药理作用】匹莫苯丹为苯并咪唑哒嗪酮衍生物，是一种非拟交感、非苷类正性肌力药物。通过增强心肌纤维对钙离子的敏感性和抑制磷酸二酯酶（Ⅲ型）活性发挥正性肌力作用，同时可通过抑制磷酸二酯酶起到舒张血管的作用。匹莫苯丹与利尿剂呋塞米等联合使用，可有效改善扩张型心肌病犬或心脏瓣膜关闭不全病犬的生活质量并延长预期寿命。单独使用治疗大型种犬临床前扩张型心肌病（无症状，经超声心动图诊断伴随左心室收缩末期和舒张末期直径加大）时，匹莫苯丹可延迟犬发生心衰或突然死亡的年龄，并延长犬的存活时间。

治疗犬临床前黏液瘤性二尖瓣疾病（无症状的心脏收缩期二尖瓣杂音和心脏增大）时，匹莫苯丹可使心脏体积减小。犬发生心衰临床症状或心源性死亡的时间约延长 15 个月，同时心脏体积减小，总生存时间延长约 170d。

匹莫苯丹在体内氧化去甲基化后形成具有生物活性的代谢物，再与硫酸盐或葡萄糖醛酸结合，主要通过粪便排泄途径消除。匹莫苯丹及其活性代谢物在犬血浆中的平均蛋白结合率达 90% 以上。

【应用】用于治疗由心脏瓣膜关闭不全（二尖瓣和/或三尖瓣返流）或扩张型心肌病引起的犬充血性心衰；用于治疗大型犬临床前扩张型心肌病（无症状，经超声心动图诊断伴随左心室收缩末期和舒张末期直径加大）；用于治疗犬临床前黏液瘤性二尖瓣疾病（无症状的心脏收缩期二尖瓣杂音和心脏增大）；延缓充血性心衰临床症状的发生。

【不良反应】

（1）极少数患犬中可能发生轻微的心率加快和呕吐，与给药剂量相关，减小剂量后症状可自行消失。极少数患犬可能出现短暂的腹泻、厌食或昏睡。

（2）在极少数患犬中可能影响初期止血作用（黏膜出血或皮下出血）。目前尚不确定与匹莫苯丹相关，但在停止治疗后可自行恢复。

（3）在极少数情况，治疗犬二尖瓣疾病可能引起二尖瓣返流增加。

【注意事项】

（1）禁用于肥大型心肌病或基于临床非功能性或生理性原因（如大动脉狭窄）不宜增加心输出量的患犬；由于本品主要经肝脏代谢，禁用于严重肝功能不全的患犬。

（2）目前尚无用于治疗杜宾犬无症状扩张性心肌病（伴随房室纤维性颤动或持续心室性心搏过速）的试验数据。

（3）本品尚未获得无症状黏液瘤二尖瓣疾病伴显著室上性或室性心律失常的研究数据。

（4）在大鼠和兔的研究表明，该药对繁殖性能无影响，仅在母代高剂量毒性剂量下可能产生胚胎毒性，可通过乳汁排泄；尚未有用于怀孕或哺乳期母犬的安全性研究数据，应在兽医进行利益/风险评估指导下使用。

（5）用于治疗糖尿病患犬时应定期测定血糖。

（6）用于治疗临床前阶段的扩张性心肌病（无症状伴随左心室收缩末期和舒张末期直径增大）前，应进行综合性心脏病检查诊断（包括超声心动图及动态心电图监测等）。

（7）用于治疗临床前黏液瘤二尖瓣疾病（美国兽医内科学学院的犬黏液瘤二尖瓣疾病诊疗共识的 B2 阶段，无症状的二尖瓣杂音≥3/6 和心脏增大），应进行全面的心脏检查（包括超声心动图和放射学检查等）。

（8）治疗时建议监测心脏功能及形态。

（9）不要超剂量使用。如超剂量使用，可能发生心率加快或呕吐，应立即减少剂量，并适当对症治疗。

（10）在健康比格犬上进行 3 倍和 5 倍超剂量的长期暴露（6 个月）研究中，部分犬出现二尖瓣增厚和左心室肥大，这些变化源于药效学作用。

三、贝那普利

【药理作用】贝那普利为一种前体药物，在动物体内水解为贝那普利拉。贝那普利拉可抑制血管紧张素转换酶（ACE）的功能，从而阻止血管紧张素Ⅰ（无活性）转化为血管紧张素Ⅱ（有活性）。盐酸贝那普利片可降低所有由血管紧张素Ⅱ所介导的效应，包括动脉与静脉的血管收缩，肾脏水钠潴留与重吸收。此外，也可通过抑制肾素-血管紧张素-醛固酮系统，减轻由其介导的血管收缩和钠潴留等症状。因此，贝那普利对心衰的犬具有降压与减轻心脏负荷的作用，改善其临床症状（如减轻咳嗽等），延长心衰患犬的寿命。

贝那普利在犬体内对血管紧张素转换酶（ACE）产生持续抑制，可达 24h。

【应用】用于治疗犬的充血性心衰。

【不良反应】犬对盐酸贝那普利片耐受良好。少数犬可能出现呕吐、运动失调、短暂性疲劳等症状。

【注意事项】

（1）禁用于对血管紧张素转换酶抑制剂过敏的犬。

（2）禁用于妊娠期或泌乳期母犬。

（3）禁用于血压过低、血容量不足（血容量过低）、低钠血症或急性肾衰的犬。

（4）用于治疗患有严重充血性心衰的犬，必须密切监测。

（5）对于患有慢性肾病的犬，建议在治疗期间监测血浆尿素和肌酐水平。

（6）对体重不足 2.5kg 犬的疗效和安全性未明确。

第二节 抗凝血药与促凝血药

血液系统中存在着凝血和抗凝血两种对立统一的机制，并由此保证血液的正常流动性。凝血过程是有许多成分（凝血因子）参与的复杂过程。可概括为以下四个步骤：①在血管或组织损伤后，凝血因子经一系列的递变而形成因子Xa。②在后者与Ca^{2+}、因子V和血小板磷脂的作用下，使凝血酶原（因子II）变成凝血酶（IIa）。③在凝血酶的作用下，纤维蛋白原（因子I）变成纤维蛋白（因子Ia），产生凝血块而止血。④纤维蛋白在纤维蛋白溶酶的作用下，成为纤维蛋白降解产物，使纤维蛋白（血凝块）溶解。

含有抗凝血物质和存在纤维蛋白溶解系统是保持循环流动的血液不会在血管中凝固的主要原因。促凝血药（止血药）和抗凝血药则是通过影响血液凝固和溶解过程中的不同环节而发挥止血和抗凝血作用。

常用抗凝血药有肝素、枸橼酸钠等，临床常用于输血、血样保存、实验室血样检查、体外循环及防治具有血栓形成倾向的疾病。

促凝血药既可通过影响某些凝血因子、促进或恢复凝血过程而止血，又可通过抑制纤维蛋白溶解系统而止血。后者亦称抗纤溶药，包括氨甲苯酸、氨甲环酸等。能降低毛细血管通透性的药物（如安络血）也常用于止血。

一、常用抗凝血药

肝 素

【药理作用】肝素在体内外均有抗凝血作用，作用快而强，几乎对凝血过程的每一环节都有抑制作用。

肝素的抗凝血机制是通过激活抗凝血酶III（$ATIII$）而发挥抗凝血作用。$ATIII$是一种血浆α_2球蛋白。低浓度的肝素可与$ATIII$可逆性结合，引起$ATIII$分子结构变化，对许多凝血因子的抑制作用增强，尤其对凝血酶和凝血因子Xa的灭活作用显著增强。肝素还有促进纤维蛋白溶解、抗血小板凝集的作用。

【应用】主要用于马和小动物弥散性血管内凝血的治疗，也用于各种急性血栓性疾病（如手术后血栓的形成、血栓性静脉炎等）。体外用于输血及检查血液时体外血液样品的抗凝。

【不良反应】

(1) 过量可导致出血（严重出血的特效解毒药是鱼精蛋白）。

(2) 连续应用可引起红细胞显著减少。

【注意事项】

禁用于出血性素质和伴有血液凝固延缓的各种疾病，慎用于肾功能不全、妊娠、产后、流产、外伤及手术后动物。

鱼精蛋白硫酸盐为肝素的拮抗剂，在动物体内可与肝素结合，使其迅速失效。因此，当出现肝素过量引起的严重出血时，可静脉注射鱼精蛋白注射剂急救。

枸 橼 酸 钠

【药理作用】本品含有的枸橼酸根离子能与血浆中钙离子形成难解离的可溶性络合物，使血中钙离子浓度迅速降低而产生抗凝血作用。

【应用】主要用于血液样品的抗凝。

【注意事项】大量输血时，应另外注射适量钙剂，以预防低血钙。

二、促凝血药

维 生 素 K

维生素 K 广泛分布于自然界。天然维生素 K 存在于苜蓿、菠菜、西红柿等之内，分为维生素 K_1、维生素 K_2。维生素 K_1、维生素 K_2 是脂溶性的，其吸收有赖于胆汁的增溶作用，胆汁缺乏时吸收不良。维生素 K_3 和维生素 K_4 均为人工合成品，前者为亚硫酸氢钠甲萘醌，后者为甲萘氢醌。维生素 K_3、维生素 K_4 是水溶性的，吸收不需胆汁。

【药理作用】维生素 K 为肝脏合成凝血酶原（因子 Ⅱ）的必需物质，还参与凝血因子 Ⅶ、Ⅸ、Ⅹ 的合成。缺乏维生素 K 可致上述凝血因子合成障碍，影响凝血过程而引起出血倾向或出血。此时给予维生素 K 可达到止血目的。

【应用】用于维生素 K 缺乏所致的出血和各种原因引起的维生素 K 缺乏症。

酚磺乙胺（止血敏）

【药理作用】酚磺乙胺能增加血小板数量，并增强其聚集性和黏附力，促进血小板释放凝血活性物质，缩短凝血时间，加速血块收缩而产生止血作用。此外，尚有增强毛细血管抵抗力、降低其通透性、减少血液渗出等作用。本品止血作用迅速。

【应用】适用于各种出血，如手术前后出血、消化道出血等。亦可与其他止血药（如维生素 K）合用。

【注意事项】预防外科手术出血，应在术前 15～30min 用药。

安络血（安特诺新）

【药理作用】本品主要作用于毛细血管，能增强毛细血管对损伤的抵抗力，促进毛细血管收缩，降低毛细血管通透性，促进断裂毛细血管端回缩而止血，对大出血无效。安络血的某些作用能被抗组胺药抑制。

【应用】临床主要用于毛细血管渗透性增加所致的出血，如鼻出血、内脏出血、血尿、视网膜出血、手术后出血及产后子宫出血等。

【注意事项】

（1）抗组胺药能抑制本品的作用，用前 48h 应停用抗组胺药。

（2）对大出血、动脉出血无效。

第三节　抗贫血药

单位容积循环血液中红细胞数和血红蛋白量低于正常时称为贫血。抗贫血药是指能增进机体造血机能、补充造血必需物质、改善贫血状态的药物。

临床上按病因可将贫血分为三种类型，即缺铁性贫血、巨幼红细胞性贫血和再生障碍性贫血。兽医临床常用的抗贫血药主要是指用于防治缺铁性贫血和巨幼红细胞性贫血的药物。缺铁性贫血是由于机体摄入的铁不足或损失过多，导致供造血用的铁不足所致。兽医临床上常见的缺铁性贫血有哺乳期仔猪贫血、急慢性失血性贫血等。铁制剂（如硫酸亚铁、右旋糖苷铁等）是防治缺铁性贫血的常用药物。巨幼红细胞性贫血则可用叶酸治疗，辅以维生素 B_{12}。

硫 酸 亚 铁

【药理作用】铁为构成血红蛋白、肌红蛋白和多种酶（细胞色素氧化酶、琥珀酸脱氢酶、黄嘌呤氧化酶等）的重要成分。因此，铁缺乏不仅引起贫血，还可能影响其他生理功能。通常正常的日粮摄入足以维持体内铁的平衡，但在哺乳期、妊娠期和某些缺铁性贫血情况下，铁的需要量增加，补铁能纠正因铁缺乏引起的异常生理症状和血红蛋白水平的下降。

【应用】本品用于防治缺铁性贫血，如慢性失血、孕畜及哺乳期仔猪贫血等。

【不良反应】①内服对胃肠道黏膜有刺激性，大量内服可引起肠坏死、出血，严重时可致休克。②铁能与肠道内硫化氢结合生成硫化铁，使硫化氢减少，减少了对肠蠕动的刺激作用，可致便秘，并排黑粪。

【注意事项】禁用于消化道溃疡、肠炎等。

右 旋 糖 苷 铁

【药理作用】本品作用同硫酸亚铁。肌内注射后，右旋糖苷铁主要通过淋巴系统缓慢吸收。注射后 3d 内约有 60% 的铁被吸收，1~3 周后吸收达到 90%。从右旋糖苷中解离的铁立即与蛋白分子结合形成含铁血黄素、铁蛋白或转铁蛋白。右旋糖苷则被代谢或排泄。

【应用】主要用于驹、犊、仔猪、幼犬和毛皮兽的缺铁性贫血。

【注意事项】

（1）猪注射铁剂偶尔会出现不良反应，临床表现为肌肉无力、站立不稳，严重时可致死亡。

（2）肌内注射时可引起局部疼痛，应深部肌内注射。给超过 4 周龄的猪注射有机铁，可引起臀部肌肉着色。

（3）需防冻，久置可发生沉淀。

叶 酸

【药理作用】叶酸进入体内被还原并甲基化为具有活性的 5-甲基四氢叶酸而起辅酶作用。5-甲基四氢叶酸作为甲基供体使维生素 B_{12} 转变为甲基维生素 B_{12}，自身则变成四氢叶酸。四氢叶酸作为一碳基团转移酶的辅酶，参与体内多种氨基酸、嘌呤及嘧啶的合成和代谢，并与维生素 B_{12} 共同促进红细胞的生长和成熟。

饲料中的叶酸多以蝶酰多谷氨酸形式存在，进入肠道后在小肠黏膜上皮细胞内经 α-L-

谷氨酰胺转移酶水解生成单谷氨酸，再经还原和甲基转移作用形成 5-甲基四氢叶酸后被吸收。

叶酸缺乏时，氨基酸、嘌呤及嘧啶的合成受阻，以致核酸合成减少，细胞分裂与发育不完全。主要病理表现为巨幼红细胞性贫血、腹泻、皮肤功能受损、生长发育受阻等。

【应用】临床上主要用于防治因叶酸缺乏所致的畜禽、犬、猫贫血症。与维生素 B_{12} 合用效果更好。

【注意事项】

（1）对甲氧苄啶等所致的巨幼红细胞性贫血无效。

（2）对维生素 B_{12} 缺乏所致"恶性贫血"，大剂量叶酸治疗可纠正血象，但不能改善神经症状。

维 生 素 B_{12}

【药理作用】维生素 B_{12} 又称钴铵素或氰钴铵素，为合成核苷酸的重要辅酶的成分，参与体内甲基转换及叶酸代谢，促进 5-甲基四氢叶酸转变为四氢叶酸。维生素 B_{12} 需在肝内转变为脱氧腺钴胺素和甲钴胺素两种活性形式，才能参与体内多种代谢活动。脱氧腺钴胺素是甲基丙二酰辅酶 A 变位酶的辅酶，参与丙二酸与琥珀酸的互变和三羧酸循环。甲钴胺素是甲基转移酶的辅酶，参与蛋氨酸、胆碱及嘌呤和嘧啶的合成。其他多种酶系也含钴胺。

维生素 B_{12} 缺乏时，可致叶酸缺乏，并因此导致 DNA 合成障碍，使机体的细胞、组织生长发育受到抑制，红细胞生成减少尤为明显，可引起动物恶性贫血。此外，其他组织代谢也发生障碍，如神经系统损害等。叶酸不足，维生素 B_{12} 缺乏症的表现更为严重。叶酸和维生素 B_{12} 在核酸代谢过程中都起辅酶作用，但叶酸的代谢依赖于维生素 B_{12}，因为维生素 B_{12} 可影响 5-甲基四氢叶酸生成四氢叶酸。在治疗和预防巨幼红细胞贫血症时，两者配合使用可取得较理想的效果。

饲料中的维生素 B_{12} 通常与蛋白质结合，在胃酸和胃蛋白酶的消化作用下释放。在肠道微碱性环境中，维生素 B_{12} 与"内因子"（肠黏膜细胞分泌的一种糖蛋白）结合形成二聚复合物，在钙离子存在下又游离出来从回肠末端吸收。在血中与 α、β 球蛋白结合转运到全身各组织，其中大部分分布于肝脏，主要从尿和胆汁排泄。

【应用】用于维生素 B_{12} 缺乏所致的贫血和幼畜生长迟缓等。

【注意事项】在防治巨幼红细胞贫血症时，本品与叶酸配合应用可取得更好的效果。

第十二单元 泌尿生殖系统药物★★☆

第一节 利尿药与脱水药

利尿药是一类作用于肾脏、增加电解质和水的排泄、使尿量增多的药物。利尿药通过影响肾小球的滤过、肾小管的重吸收和分泌等功能，特别是影响肾小管的重吸收而实现其利尿作用。临床主要用于治疗各种类型的水肿、急性肾功能衰竭及促进毒物的排出。

脱水药又称渗透性利尿药，是一种非电解质类物质。脱水药在体内不被代谢或代谢较慢，但能迅速提高血浆渗透压，且很容易从肾小球滤过，在肾小管内不被重吸收或吸收很少，从而提高肾小管内渗透压。因此，临床上可以使用足够大的剂量，以显著增加血浆渗透压、肾小球滤过率和肾小管内液量，产生利尿脱水作用。临床主要用于消除脑水肿等局部组织水肿。

呋塞米（速尿）

【药理作用】是一种高效利尿药物，主要作用于肾小管髓袢升支髓质部，抑制其对 Cl^- 和 Na^+ 的重吸收，对升支的皮质部也有作用。其结果是管腔液 Na^+、Cl^- 浓度升高，髓质间液 Na^+、Cl^- 浓度降低，肾小管浓缩功能下降，从而导致水、Na^+、Cl^- 排泄增多。由于 Na^+ 重吸收减少，远曲小管 Na^+ 浓度升高，促进 Na^+-K^+ 和 Na^+-H^+ 交换增加，因此 K^+、H^+ 排泄增多。

【应用】主要用于治疗各种原因引起的全身水肿及其他利尿药无效的严重病例。也可用于预防急性肾功能衰竭及药物中毒时加速药物排出。具体包括：

（1）心性、肝性、肾性水肿，如充血性心力衰竭、肺水肿等。

（2）胸腔积液、腹水、尿毒症、高钾血症。

（3）牛产后乳房水肿等。

（4）苯巴比妥、水杨酸盐等中毒时加速药物排出。

【不良反应】

（1）可诱发低钠血症、低钙血症、低钾血症等电解质平衡紊乱及胃肠道功能紊乱。另外，在脱水动物易出现氮血症。

（2）大剂量静脉注射可能使犬听觉丧失。

【注意事项】

（1）无尿患畜禁用。电解质紊乱或肝损害的患畜慎用。

（2）长期大量用药可出现低血钾、低血氯及脱水，应补钾或与保钾性利尿药（安体舒通、氨苯蝶啶）配伍或交替使用，并定时监测水和电解质平衡状态。

（3）应避免与氨基糖苷类抗生素合用。

氢 氯 噻 嗪

【药理作用】是一种中效利尿药物，主要作用于髓袢升支皮质部和远曲小管的前段，抑制 Na^+、Cl^- 的重吸收，从而起到排钠利尿作用。由于流入远曲小管和集合管的 Na^+ 的增加，促进 K^+-Na^+ 的交换，故 K^+ 的排泄也增加。

【应用】用于治疗肝性、心性、肾性水肿。也可用于治疗局部组织水肿，如产前浮肿、牛乳房水肿等，以及某些急性中毒时加速毒物排出。

【不良反应】

（1）大剂量或长期应用可引起体液和电解质平衡紊乱，导致低钾性碱血症、低氯性碱血症。

（2）可产生胃肠道反应（如可引起呕吐、腹泻等）。

【注意事项】

（1）严重肝、肾功能障碍和电解质平衡紊乱的患畜慎用。

（2）宜与氯化钾合用，以免发生低钾血症。

甘　露　醇

【药理作用】 本品为高渗性脱水剂。静脉注射高渗甘露醇后可提高血浆渗透压，使组织（包括眼、脑、脑脊液）细胞间液水分向血浆转移，产生组织脱水作用，从而可降低颅内压和眼内压。

【应用】 临床用于预防急性肾功能衰竭，降低眼内压和颅内压，用于脑水肿、脑炎的辅助治疗，加速某些毒素的排泄，以及辅助其他利尿药以迅速减轻水肿或腹水。

【不良反应】

（1）大剂量或长期应用可引起水和电解质平衡紊乱。

（2）静脉注射过快可能引起心血管反应，如肺水肿及心动过速等。

（3）静脉注射时药物漏出血管，可使注射部位水肿、皮肤坏死。

【注意事项】

（1）严重脱水、肺充血或肺水肿、充血性心力衰竭及进行性肾功能衰竭患畜禁用。

（2）脱水动物在治疗前应补充适当体液。

（3）静脉注射时勿漏出血管外，以免引起局部肿胀、坏死。

山　梨　醇

【药理作用】 本品为甘露醇的同分异构体，作用和应用与甘露醇相似。进入体内后，因部分在肝脏转化为果糖，因此相同浓度的山梨醇脱水效果较甘露醇弱。

【应用】 用于脑水肿、脑炎的辅助治疗。

【注意事项】 同甘露醇，但局部刺激作用比甘露醇大。

第二节　生殖系统药物

哺乳动物的生殖系统受神经和体液的双重调节，但通常以体液调节为主。当生殖激素分泌不足或过多时，机体的生殖系统机能将发生紊乱，引发产科疾病或繁殖障碍。性激素及其类似物广泛用于控制动物的发情周期，提高或抑制繁殖能力，调控繁殖进程，治疗内分泌紊乱引起的繁殖障碍及增强抗病能力等。

一、子宫收缩药

缩宫素（催产素）

【药理作用】 能选择性兴奋子宫，加强子宫平滑肌的收缩。其兴奋子宫平滑肌的作用因剂量大小、体内激素水平而不同。小剂量能增加妊娠末期子宫平滑肌的节律性收缩，收缩舒张均匀；大剂量则能引起子宫平滑肌强直性收缩，使子宫肌层内的血管受压迫而起止血作用。此外，缩宫素能促进乳腺腺泡和腺导管周围的肌上皮细胞收缩，促进排乳。

【应用】主要用于产前子宫收缩无力时催产、引产及产后出血、胎衣不下和子宫复原不全的治疗。

【注意事项】产道阻塞、胎位不正、骨盆狭窄及子宫颈尚未开放时禁用于催产。

卡贝缩宫素

【药理作用】卡贝缩宫素是一种合成的缩宫素类似物，可以选择性结合到子宫平滑肌纤维上的缩宫素特异性受体，刺激钙离子流入和抑制 ATP-依赖钙离子流出，从而改善子宫平滑肌的收缩性，使不规律的弱宫缩变成有规律的强宫缩。产后早期注射卡贝缩宫素还可以促进子宫复旧。此外，卡贝缩宫素可以作用于乳腺，促进腺泡和小乳腺管周围的肌上皮细胞收缩，同时使乳头括约肌松弛，促进排乳。

【应用】用于预防母牛胎衣不下，缩短母猪产程和产仔间隔。

【注意事项】如果宫口未开或有机械原因导致分娩延迟，如产道阻塞、胎位和胎势异常、产时抽搐、子宫破裂、子宫扭转、胎儿相对过大或产道畸形，严禁用于催产。

垂 体 后 叶 素

【药理作用】垂体后叶素含缩宫素和加压素。对子宫的作用与缩宫素相同，其所含加压素有抗利尿和升高血压的作用。

【应用】用于催产、产后子宫出血和胎衣不下等。

【注意事项】临产时，若产道阻塞、胎位不正、骨盆狭窄、子宫颈尚未开放等，禁用。用量大时可引起血压升高、少尿及腹痛。

麦 角 新 碱

【药理作用】本品能选择性地作用于子宫平滑肌，作用强而持久。临产前子宫或分娩后子宫最敏感。麦角新碱对子宫体和子宫颈均有兴奋效应，稍大剂量即引起强直收缩，故不适于催产和引产。但由于子宫肌强直性收缩，机械压迫肌纤维中的血管，可阻止出血。

【适应证】主要用于产后子宫出血及加速子宫复原。

【注意事项】
(1) 胎儿未娩出前或胎衣未排出前均禁用。
(2) 不宜与缩宫素及其他收缩子宫制剂联用。

二、性 激 素

丙 酸 睾 酮

【药理作用】丙酸睾酮的药理作用与天然睾酮相同，可促进雄性生殖器官及副性征的发育、成熟，引起性欲及性兴奋，还能对抗雌激素的作用，抑制母畜发情。

睾酮还具有同化作用，可促进蛋白质合成，引起氮、钠、钾、磷的潴留，减少钙的排泄。通过兴奋红细胞生成刺激因子，刺激红细胞生成。大剂量睾酮通过负反馈机制，抑制促黄体素的分泌，进而抑制精子生成。

【应用】兽医临床可用于雄激素缺乏症的辅助治疗。

【注意事项】

（1）具有水钠潴留作用，肾、心或肝功能不全病畜慎用。

（2）可以用于治疗，但不得在动物性食品中检出。

苯 丙 酸 诺 龙

【药理作用】苯丙酸诺龙为人工合成的睾酮衍生物，其蛋白质同化作用较强，雄激素活性较弱。能促进蛋白质合成和抑制蛋白质异化作用，并有促进骨组织生长、刺激红细胞生成等作用。

【应用】兽医临床用于慢性消耗性疾病的恢复期，也可用于某些贫血性疾病的辅助治疗。

【不良反应】可引起钠、钙、钾、水、氯和磷潴留，以及繁殖机能异常，亦可引起肝脏毒性。

【注意事项】

（1）可以用于治疗，但不得在动物性食品中检出。

（2）禁止作促生长剂应用。

（3）肝、肾功能不全时慎用。

雌 二 醇

【药理作用】雌二醇能促进雌性器官和副性征的正常生长和发育。引起子宫颈黏膜细胞增大和分泌增加，阴道黏膜增厚，促进子宫内膜增生和增加子宫平滑肌张力。本品对骨骼系统也有影响，能增加骨骼钙盐沉积，加速骨骺闭合和骨的形成，并有促进蛋白质合成，以及增加水、钠潴留的作用。

【应用】用于发情不明显动物的催情及胎衣、死胎排出。

【注意事项】

（1）妊娠早期的动物禁用，以免引起流产或胎儿畸形。

（2）可以用于治疗，但不得在动物性食品中检出。

黄 体 酮

【药理作用】在雌激素作用基础上，黄体酮可促进子宫内膜及腺体发育，抑制子宫肌收缩，减弱子宫肌对催产素的反应，起"安胎"作用；通过反馈机制抑制垂体前叶促黄体素的分泌，抑制发情和排卵。另外，与雌激素共同作用，刺激乳腺腺泡发育，为泌乳做准备。

【应用】用于预防习惯性或先兆性流产和控制母畜同期发情。

【注意事项】长期应用可使妊娠期延长。

三、促性腺激素与促性腺激素释放激素

绒促性素（绒膜激素）

【药理作用】绒促性素具有促卵泡素（FSH）和促黄体素（LH）样作用。对母畜可促

进卵泡成熟、排卵和黄体生成，并刺激黄体分泌孕激素。对未成熟卵泡无作用。对公畜可促进睾丸间质细胞分泌雄激素，促使性器官、副性征的发育、成熟，使隐睾病畜的睾丸下降，并促进精子生成。

【应用】主要用于诱导排卵、同期发情，治疗卵巢囊肿、习惯性流产和公畜性机能减退。

【注意事项】

（1）不宜长期应用，以免产生抗体和抑制垂体促性腺功能。

（2）本品溶液极不稳定且不耐热，应在短时间内用完。

血　促　性　素

具有促卵泡素和促黄体素样作用。用于母畜催情和促进卵泡发育，也用于胚胎移植时的超数排卵。

促黄体素释放激素

【药理作用】促黄体素释放激素能促使动物垂体前叶释放促黄体素（LH）和促卵泡素（FSH），兼具有促黄体素和促卵泡素作用。

【应用】用于治疗奶牛排卵迟滞、卵巢静止、持久黄体、卵巢囊肿，也可用于鱼类诱发排卵。

【注意事项】使用本品后一般不能再用其他类激素，剂量过大时可致催产失败。

氨基丁三醇前列腺素 $F_{2\alpha}$

【药理作用】氨基丁三醇前列腺素 $F_{2\alpha}$ 又名地诺前列腺素，也被称为黄体溶解素。本品能溶解黄体，使孕酮产生减少和停止，结果是黄体期缩短，使母畜提早发情和排卵，有利于配种、人工同期授精或胚胎移植。对于卵巢黄体囊肿或永久性黄体，本品可使黄体萎缩退化，促进发情和排卵。本品能兴奋子宫平滑肌，对妊娠和未妊娠的子宫都有作用。妊娠末期的子宫对本品尤为敏感，可使子宫张力增加，子宫颈松弛，适用于催产、引产和人工流产。

【应用】有溶解黄体作用，主要用于控制母牛同期发情，以及怀孕母猪诱导分娩。

【注意事项】

（1）本品能导致多种动物流产或诱导分娩，注射本品前必须确定妊娠状态。

（2）排卵后 5d 内给药无效。

布　舍　瑞　林

【药理作用】布舍瑞林是一种合成的促性腺激素释放激素，其活性与天然促性腺激素释放激素（GnRH）相似，可刺激垂体释放促卵泡素（FSH）和促黄体素（LH）到血液中。给药剂量高于临床推荐剂量时不会进一步刺激释放 FSH 和 LH。同时刺激性腺类固醇分泌，用于母猪集中排卵、奶牛同期发情等。

【应用】用于诱导母猪排卵，提高奶牛受孕率。

【注意事项】

（1）仅用于健康猪，且至少发情过一次的性成熟母猪，不得用于妊娠期和哺乳期母猪。

（2）在个别情况下，给予本品后 30～33h，动物可能不一定准时发情，可在稍后出现发情迹象时进行人工授精。

（3）不按推荐方案使用本品可能导致卵泡囊肿的形成，从而可能对动物生殖能力产生不良影响。

氯 前 列 醇

【药理】本品为人工合成的前列腺素 $F_{2\alpha}$ 同系物。具有强大的溶解黄体作用，能迅速引起黄体消退，并抑制其分泌；对子宫平滑肌也具有直接兴奋作用，可引起子宫平滑肌收缩，子宫颈松弛。对性周期正常的动物，注射用药后通常在 2～5d 内发情。在妊娠 10～150d 的怀孕牛，通常在注射用药后 2～3d 出现流产。

【应用】可用于诱导母畜同期发情，治疗母牛持久黄体、黄体囊肿和卵泡囊肿等疾病。也可用于妊娠猪、羊的同期分娩，以及治疗产后子宫复原不全、胎衣不下、子宫内膜炎和子宫蓄脓等。

【不良反应】在妊娠 5 个月后应用本品，动物出现难产的风险将增加，且药效下降。

【注意事项】

（1）不需要流产的妊娠动物禁用。

（2）由于本品可诱导流产及急性支气管痉挛，因此妊娠妇女和患有哮喘及其他呼吸道疾病的人员操作时应特别小心，不应直接接触。

（3）氯前列醇易通过皮肤吸收，不慎接触后应立即用肥皂和水进行清洗。

（4）不能与非甾体类抗炎药同时应用。

烯 丙 孕 素

【药理作用】烯丙孕素是一种人工合成的孕激素，与天然黄体酮的作用类似。给药期间能够抑制脑垂体分泌促性腺激素（LH 和 FSH），阻止卵泡发育及发情；给药结束后，脑垂体恢复分泌促性腺激素，促进卵泡发育与发情。停药时卵泡发育程度一致，加上促性腺激素的分泌同步恢复，促使所有动物在停药5～8d 后同期发情。

【应用】用于控制后备母猪同期发情。

【不良反应】给药量不足可能导致卵泡囊肿。

【注意事项】

（1）仅用于至少发情过一次的性成熟的母猪。

（2）每头动物单独给药，确保每日给药剂量。

（3）有急性、亚急性、慢性子宫内膜炎的母猪慎用。

（4）操作时应穿防护服和戴手套，操作后和用餐前应洗手。

（5）妊娠和育龄妇女应避免接触本品，如必须操作，应非常小心。意外接触可能导致月经紊乱或妊娠期延长，因此，应尽量避免皮肤直接接触，如意外渗漏至皮肤，应立即用肥皂和水清洗。

第十三单元　调节组织代谢药物★

第一节　维生素类药

　　维生素是动物维持体正常代谢和机能所需的一类低分子化合物，大多数必须从食物中获得，仅少数可在体内合成或由肠道内的微生物合成。动物机体每日对维生素的需要量很少，但其作用是其他物质所无法替代的。现知多数维生素是体内某些酶的辅酶（或辅基）的组分，在物质代谢中起着重要的催化剂作用。每一种维生素对动物机体都有其特定的功能，机体缺乏时可引起一类特殊的疾病，称作"维生素缺乏症"，如代谢机能障碍，生长停顿，生产性能、繁殖力和抗病力下降等，严重的甚至可致死亡。维生素类药物主要用于防治维生素缺乏症，临床上也可用于某些疾病的辅助治疗。

　　根据维生素的溶解性能，将其分为脂溶性和水溶性维生素两类。

一、脂溶性维生素

　　脂溶性维生素易溶于大多数有机溶剂，不溶于水。在食物中常与脂类共存，脂类吸收不良时其吸收亦减少，甚至发生缺乏症。常用的脂溶性维生素包括维生素 A、维生素 D、维生素 E、维生素 K 等。脂溶性维生素吸收后可在机体肝、脂肪组织中贮存，长期超量使用超过机体的贮存限量时可引起动物中毒。

维　生　素　A

　　【药理作用】维生素 A 具有促进生长、维持上皮组织正常机能的作用，并参与视紫红质的合成，增强视网膜感光力。另外，还参与体内许多氧化过程，尤其是不饱和脂肪酸的氧化。

　　【应用】用于防治维生素 A 缺乏症所致角膜软化症、干眼病、夜盲症及皮肤粗糙等，亦可用于皮肤黏膜炎症的辅助治疗。体质虚弱的畜禽、妊娠和泌乳母畜补充适量维生素 A，可增强机体对感染的抵抗力；局部用于烧伤和皮肤炎症，有促进愈合的作用。

维　生　素　D

　　【药理作用】维生素 D 对钙、磷代谢及幼畜骨骼生长有重要影响，主要生理功能是促进钙、磷在小肠内的正常吸收。维生素 D 的代谢活性物质能调节肾小管对钙的重吸收，维持循环血液中钙的水平，并促进骨骼的正常发育。

　　【应用】用于防治维生素 D 缺乏所致的疾病，如佝偻病、骨软症等。

维 生 素 E

【药理作用】维生素 E 可阻止体内不饱和脂肪酸及其他易氧化物质的氧化，保护细胞膜的完整性，维持其正常功能。维生素 E 与动物的繁殖机能也密切相关，具有促进性腺发育、促成受孕和防止流产等作用。另外，维生素 E 还能提高动物对疾病的抵抗力，增强抗应激能力。

【应用】用于治疗因维生素 E 缺乏所致的不孕症、白肌病和雏鸡渗出性素质等。

【不良反应】本品毒性小，但过高剂量可诱导雏鸡、犬凝血障碍。日粮中高浓度的维生素 E 可抑制雏鸡生长，并可加重钙、磷缺乏引起的骨钙化不全。

二、水溶性维生素

水溶性维生素包括 B 族维生素和维生素 C，均易溶于水。已发现的 B 族维生素有 20 多种。动物胃肠道内微生物，尤其是反刍动物瘤胃内的微生物能合成部分 B 族维生素，因此，成年反刍动物一般不会缺乏，但家禽、犊牛、羔羊等需要从饲料中获得足够的 B 族维生素，才能满足其生长发育的需要。水溶性维生素在体内不易贮存，摄入的多余量全部由尿排出，因此毒性很低。

维 生 素 B_1

【药理作用】维生素 B_1 在体内与焦磷酸结合成焦磷酸硫胺素（辅羧酶），参与体内糖代谢中丙酮酸、α-酮戊二酸的氧化脱羧反应，为糖类代谢所必需。维生素 B_1 对维持神经组织、心脏及消化系统的正常机能起着重要作用。

【应用】用于防治维生素 B_1 缺乏症，如多发性神经炎、各种原因引起的疲劳和衰竭。另外，还可用于高热、重度损伤，以及牛酮血症、神经炎、心肌炎的辅助治疗。

维 生 素 B_2

【药理作用】维生素 B_2 是体内黄素酶类辅基的组成部分。黄素酶在生物氧化还原中发挥递氢作用，参与体内碳水化合物、氨基酸和脂肪的代谢，并对中枢神经系统的营养、毛细血管功能具有重要影响。

【应用】用于防治维生素 B_2 缺乏症，如口炎、皮炎、角膜炎等。

维 生 素 B_6

【药理作用】维生素 B_6 是吡哆醇、吡哆醛、吡哆胺的总称。它们在动物体内有着相似的生物学作用。维生素 B_6 在体内经酶作用生成具有生理活性的磷酸吡哆醛和磷酸吡哆醇，是氨基转移酶、脱羧酶及消旋酶的辅酶，参与体内氨基酸、蛋白质、脂肪和糖的代谢。此外，维生素 B_6 还在亚油酸转变为花生四烯酸等过程中发挥重要作用。

【应用】用于防治维生素 B_6 缺乏症，如皮炎、周围神经炎等。

复 合 维 生 素 B

用于防治 B 族维生素缺乏所致的多发性神经炎、消化障碍、癞皮病、口腔炎等。

维 生 素 C

【药理作用】维生素C在体内和脱氢维生素C形成可逆的氧化还原系统。此系统在生物氧化还原反应和细胞呼吸中起重要作用。维生素C参与氨基酸代谢及神经递质、胶原蛋白和组织细胞间质的合成，可降低毛细血管通透性，具有促进铁在肠内吸收、增强机体对感染的抵抗力及增强肝脏解毒能力等作用。

【应用】用于防治维生素C缺乏症。亦常用于各种传染性疾病和高热、外伤或烧伤，以增强抗病力和促进伤口愈合。此外，还用于贫血、有出血倾向、高铁血红蛋白血症和过敏性皮炎等的辅助治疗。也用于砷、汞、铅和某些化学药品中毒，以提高机体解毒能力。

第二节 钙、磷与微量元素

钙和磷广泛分布于土壤和植物中，为动植物的生长所必需。在现代畜牧业生产中，钙和磷常以骨粉或钙、磷制剂的形式按适当比例混合添加在动物日粮中，以保证畜禽健康生长。

动物机体所必需的微量元素有铁、硒、钴、铜、锰、锌等，其对动物的生长代谢过程起着重要的调节作用。缺乏时可引起各种疾病，并影响动物生长和繁殖性能；过多也会引起动物中毒，甚至死亡。

一、钙 和 磷

钙

【药理作用】

(1) 促进骨骼和牙齿钙化形成　动物机体中的钙99％沉积在骨骼和牙齿中，以促进其生长发育，维持其形态与硬度。正在生长的动物、泌乳和怀孕的家畜、产蛋的家禽更需要从日粮中获得必需的钙，以保持骨的正常结构。当钙、磷不足时，成年动物出现骨软症，幼年动物出现佝偻病。

(2) 维持神经正常的兴奋性　血浆钙浓度过低、神经肌肉兴奋性过高，可呈现强直惊厥、昏迷；反之，血浆钙过高、神经肌肉兴奋性下降，表现出肌张力下降。

(3) 促进凝血　钙离子是重要的凝血因子，参与凝血酶原激活物的形成，可激活凝血酶，维持正常凝血过程。

(4) 消炎、抗过敏　钙离子能增加毛细血管的致密度，降低其通透性，减少渗出，达到消炎、抗过敏作用。

(5) 参与神经递质的释放与调节激素的分泌　自主神经末梢释放递质和内分泌激素的释放，都需有钙离子参与。当细胞外钙离子浓度升高，并进入细胞内时，递质和激素的释放速度加快。

(6) 对抗镁离子作用　钙离子和镁离子在中枢神经系统内有竞争性对抗作用。增加钙离子浓度能排挤受体上结合的镁离子。当动物发生镁离子中毒时，可用钙盐解救。

【应用】

(1) 产后瘫痪　乳牛产后瘫痪（或猪产前瘫痪）亟须补充钙制剂。

（2）软骨病 日粮中钙、磷及维生素 D 等营养物质缺乏，或钙磷比例失调，或因吸收障碍所致骨组织骨化不全或脱钙脱磷，出现骨质疏松、软脆、变形等。成年鸡腿软无力、行走困难，奶牛出现跛行，应适当补钙、磷，配合给予维生素 D 治疗。

（3）佝偻病 对于正在生长发育的幼畜，或因缺钙缺磷或因维生素 D 不足导致骨化减缓或停止，使骨骼变形、变软，早期可用补钙磷制剂，配合维生素 D 治疗，防止病情进一步发展，但对已变形骨骼的治疗效果不佳。

（4）消炎、抗过敏 可用于各种过敏性疾病，如荨麻疹、渗出性水肿、瘙痒性皮肤病（如湿疹）。

【常用钙制剂】

（1）葡萄糖酸钙注射液 本品主要用于急性、慢性钙缺乏症，如猪、牛等产前或产后瘫痪、骨软症及佝偻病。也可用于毛细血管渗出性增高的过敏性疾病，如血管神经渗出性水肿、荨麻疹、皮肤瘙痒病，以及对抗硫酸镁中毒等。

（2）氯化钙注射液 与葡萄糖酸钙的应用相同，但刺激性强、含钙量比较高、安全性较差。应用时，先用等量葡萄糖注射液稀释，缓缓静脉注射。本品不得皮下或肌内注射，也不得溢出血管外，否则会导致剧痛或组织坏死。

（3）氯化钙葡萄糖注射液 本品是含氯化钙 5％、葡萄糖 10％～20％的注射液，用于消炎、抗过敏，治疗急性或慢性钙缺乏症和解救硫酸镁中毒。

（4）碳酸钙和乳酸钙 主要供内服补充钙，用于骨软症、产后瘫痪等钙缺乏症。碳酸钙也用作抗酸药中和胃酸，或用作吸附剂进行止泻等。

磷

【药理作用】

（1）磷与钙参与骨和齿的形成 磷和钙都是骨和齿的主要成分。磷不仅是骨盐结晶成分，还有促进骨盐沉淀和加速钙转运的作用，因而磷不足和缺乏也可发生软骨症。

（2）维持细胞膜结构功能的完整性 磷脂为磷在体内重要的存在方式，是细胞膜、微粒体膜、肌浆体膜、线粒体膜的组成成分。因此，磷也是细胞膜的正常结构和功能必不可少的成分。磷脂在血浆中与蛋白质结合成脂蛋白，参与调节和运输胆固醇等物质。

（3）参与机体能量代谢 磷酸为三磷酸腺苷、二磷酸腺苷和磷酸肌酸的组成成分。这些都为高能键化合物，在脱去磷酸的水解过程中，能释放出大量能量，成为机体细胞活动能量的来源。

【应用】

（1）防治佝偻病和骨软症 生长期的幼龄动物缺磷钙时，骨基质上钙盐沉积不良或停止，骨骼变软或变形，行走困难；成年个体磷和钙缺乏，可使骨组织骨化不全或脱钙脱磷、骨骼疏松或松脆。母畜和产蛋家禽由于钙、磷需要量增加，因而病情更加突出，母畜可出现产后瘫痪，成年鸡则腿软无力、行走困难。

（2）防治低血磷症 慢性缺磷症，如呕吐、吸收不良等引起低磷血时，应补给磷制剂。

【常用磷制剂】

（1）布他磷 促进肝脏功能，使肌肉运动系统疲劳的功能恢复，降低应激反应。用于动物急性、慢性代谢紊乱。

超过 36h，其活性难以恢复。因此，应用胆碱酯酶复活剂治疗有机磷中毒时，在中毒早期用药效果较好，而治疗慢性有机磷中毒无效。本品对由有机磷引起的烟碱样症状的治疗作用明显。

【应用】对轻度有机磷中毒，可单独应用本品或阿托品控制中毒症状。中度或重度中毒时，因为本品对体内已蓄积的乙酰胆碱无作用，所以必须并用阿托品。阿托品能解除有机磷中毒症状，有助于体内磷酰化胆碱酯酶的复活。因此，临床上治疗有机磷中毒时，必须及时、足量地给予阿托品。

【不良反应】本品注射速度过快可引起呕吐、心率加快和共济失调。大剂量或注射速度过快还可引起血压波动、呼吸抑制。

【注意事项】

（1）有机磷中毒的动物应先用 2.5% 碳酸氢钠溶液彻底洗胃（敌百虫除外）。由于消化道下部也可吸收有机磷，因此应用本品至少维持 48～72h，以防延迟吸收的有机磷加重中毒程度，甚至致死。

（2）用药过程中应定时测定血液胆碱酯酶水平，作为用药监护指标。血液胆碱酯酶水平应维持在 50%～60% 或以上。必要时应及时重复应用本品。

（3）因为本品能增强阿托品的作用，所以与阿托品联合应用时，可适当减少阿托品剂量。

氯解磷定（氯磷定）

【药理作用】【应用】【注意事项】与碘解磷定相似，但其重活化作用强。1g 氯磷定的作用相当于 1.53g 碘解磷定。

三、高铁血红蛋白还原剂

亚甲蓝（美蓝）

【药理作用】亚甲蓝本身是氧化剂，但根据其在血液中浓度的不同，对血红蛋白产生两种不同的作用。当低浓度时，体内 6-磷酸-葡萄糖脱氢过程中的氢离子传递给亚甲蓝（MB），使其转变为还原型白色亚甲蓝（MBH_2）；白色亚甲蓝又将氢离子传递给带 Fe^{3+} 的高铁血红蛋白，使其还原为带 Fe^{2+} 的正常血红蛋白，与之同时白色亚甲蓝又被氧化成亚甲蓝。亚甲蓝的作用类似还原型辅酶Ⅱ高铁血红蛋白（NADPH·MHb）还原酶的作用，可作为中间电子传递体，促进高铁血红蛋白还原为正常血红蛋白，并使血红蛋白重新恢复携氧的功能，因此临床上使用小剂量（1～2mg/kg）解救高铁血红蛋白症。当使用大剂量（≥5mg/kg）时，血中形成高浓度的亚甲蓝，NADPH 脱氢酶的生成量不能使亚甲蓝全部转变为还原型亚甲蓝，此时血中高浓度的氧化型亚甲蓝可使血红蛋白氧化为高铁血红蛋白。

【应用】用于解救动物的亚硝酸盐中毒（≥5mg/kg）和氰化物中毒（1～2mg/kg）。

四、氰化物解毒剂

亚 硝 酸 钠

【药理作用】氰化物中毒时，氰离子（CN^-）能迅速与氧化型细胞色素氧化酶的 Fe^{3+} 结合，从而阻碍酶的还原，抑制酶的活性，使组织细胞不能得到足够的氧，导致动物中毒。亚硝酸钠为氧化剂，可使血红蛋白中的二价铁（Fe^{2+}）氧化成三价铁（Fe^{3+}），形成高铁血红蛋白，后者中的 Fe^{3+} 与 CN^- 的亲和力比氧化型细胞色素氧化酶的 Fe^{3+} 强，可使已与氧化型细胞色素氧化酶结合的 CN^- 重新释放，恢复酶的活性。但是高铁血红蛋白与 CN^- 结合后形成的氰化高铁血红蛋白，在数分钟后又逐渐解离，释出的 CN^- 又重现毒性，此时宜再注射硫代硫酸钠。本品仅能暂时性地延迟氰化物对机体的毒性。

【应用】用于解救氰化物中毒。

硫 代 硫 酸 钠

【药理作用】在肝内硫氰生成酶的催化下，能与体内游离的或已与高铁血红蛋白结合的 CN^- 结合，使其转化为无毒的硫氰酸盐而随尿排出。

【应用】主用于解救氰化物中毒，也可用于砷、汞、铅、铋、碘等中毒。

【注意事项】本品解毒作用产生较慢，应先静脉注射亚硝酸钠再缓慢注射本品，但不能将两种药液混合静脉注射。

五、其他解毒剂

乙酰胺（解氟灵）

【药理作用】乙酰胺为有机氟杀虫和杀鼠药氟乙酰胺、氟乙酸钠等中毒的解毒剂。解毒机理是：由于其化学结构与氟乙酰胺相似，乙酰胺的乙酰基与氟乙酰胺争夺酰胺酶，使氟乙酰胺不能脱氨转化为氟乙酸；乙酰胺被酰胺酶分解生成乙酸，阻止氟乙酸对三羧酸循环的干扰，恢复组织的正常代谢功能，从而消除有机氟对机体的毒性。

【应用】用于解救氟乙酰胺等有机氟中毒。

【注意事项】本品酸性强，肌内注射时局部疼痛，可配合应用普鲁卡因或利多卡因，以减轻疼痛。

图书在版编目（CIP）数据

2024 年执业兽医资格考试（兽医全科类）基础科目应试指南/《执业兽医资格考试应试指南》编写组编. —北京：中国农业出版社，2024.3
ISBN 978-7-109-31856-4

Ⅰ.①2… Ⅱ.①执… Ⅲ.①兽医师－资格考试－自学参考资料 Ⅳ.①S851.63

中国国家版本馆 CIP 数据核字（2024）第 061996 号

2024 年执业兽医资格考试（兽医全科类）基础科目应试指南

2024 NIAN ZHIYE SHOUYI ZIGE KAOSHI （SHOUYI QUANKE LEI） JICHU KEMU YINGSHI ZHINAN

中国农业出版社出版
地址：北京市朝阳区麦子店街 18 号楼
邮编：100125
策划编辑：武旭峰 刘 伟 责任编辑：刘 伟 神翠翠
版式设计：王 晨 责任校对：吴丽婷
印刷：中农印务有限公司
版次：2024 年 3 月第 1 版
印次：2024 年 3 月北京第 1 次印刷
发行：新华书店北京发行所
开本：787mm×1092mm 1/16
印张：43.75
字数：1092 千字
定价：90.00 元